PALAEOHISTORIA

PALAEOHISTORIA

*ACTA ET COMMUNICATIONES
INSTITUTI ARCHAEOLOGICI
UNIVERSITATIS GRONINGANAE*

39/40

1997/1998

A.A.BALKEMA/ROTTERDAM/BROOKFIELD/2000

Editorial staff: P.A.J. Attema, Mette Bierma, J.N. Lanting, A.J. Nijboer & Miriam Weijns
Address: Groningen Institute of Archaeology, Poststraat 6, 9712 ER Groningen, Netherlands

Published by

A.A. Balkema, P.O. Box 1675, 3000 BR Rotterdam, Netherlands
Fax: +31.10.4135947; E-mail: balkema@balkema.nl; Internet site: http://www.balkema.nl

A.A. Balkema Publishers, Old Post Road, Brookfield, VT 05036, USA
Fax: 802.276.3837; E-mail: info@ashgate.com

ISSN 0552-9344

ISBN 90 5410 465 1

© 2000 A.A. Balkema, Rotterdam

Printed in the Netherlands

CONTENTS

V

TWO 'EPI-AHRENSBURGIAN' SITES IN THE NORTHERN NETHERLANDS: OUDEHASKE (FRIESLAND) AND GRAMSBERGEN (OVERIJSSEL)

LYKKE JOHANSEN

Institut for Arkæologi og Etnologi, København, Denmark

DICK STAPERT

Groninger Instituut voor Archeologie, Groningen, Netherlands

ABSTRACT: Two open-air sites in the northern half of the Netherlands are described: Oudehaske in the valley of the Boorne (Friesland) and Gramsbergen in the valley of the Vecht (Overijssel). The sites are ascribed to the 'Epi-Ahrensburgian' (after Gob, 1988), a transitional group between the Ahrensburgian and the Mesolithic, which can be dated to the first half of the Preboreal. Sites of this group are characterized by a predominance of simple microliths among the points while tanged points are scarce or absent, and by a 'Late Palaeolithic' blade technology aiming at the production of quite large blades. At both sites, several blades longer than 10 cm are present (but no 'bruised blades'). A refitting analysis of the flint material from both sites was performed by the first author, the results of which are discussed extensively.

KEYWORDS: Late Palaeolithic, Epi-Ahrensburgian, northern Netherlands, refitting analysis of flint artefacts

1. THE 'EPI-AHRENSBURGIAN'

The main aims of this paper are to present the sites at Gramsbergen and Oudehaske (fig. 1) with new drawings of all the tools and cores; to report on the extensive refitting analyses of the flint artefacts from both sites performed by the first author; and to discuss the results of our work in a wider context.

Until quite recently, it was believed that the Ahrensburgian was confined to the southern half of the Netherlands, i.e. to the area south of the zone in which the rivers Rhine and Meuse flow from east to west in the central Netherlands. Quite a number of Ahrensburgian sites are known in the southern Netherlands; the best-known sites in this area are Vessem and Geldrop (Arts & Deeben, 1981; Bohmers & Wouters, 1962; Deeben, 1994; 1995; 1996). The sites at Gramsbergen and Oudehaske lie north of the rivers Rhine and Meuse. Several other Ahrensburgian sites in the northern half of the country (Ede, Lunteren, Kootwijkerzand, Reutum, Havelterberg, St. Johannesga) have also been reported in recent years (e.g. Van Noort & Wouters, 1987; 1989; 1993; Wouters, 1990). It now seems clear that Ahrensburgian people lived also in the northern Netherlands. However, it appears that most of the sites in this area do not date from Dryas 3, as do many of the southern sites, but from the first half of the Preboreal. The climate during Dryas 3 may have been too harsh for human occupation of the north (e.g. Lanting & Van der Plicht, 1995/1996).

'Ahrensburgian tanged points' have always been regarded as 'type fossils' of the Ahrensburgian, and their presence is often considered imperative for ascribing any site to this tradition (most recently: Baales,

Fig. 1. Map of the Netherlands, showing the locations of the sites at Oudehaske (1) and Gramsbergen (2). Drawing by Lykke Johansen.

1996). These are relatively small tanged points (mostly with lengths between 1.7 and 5.5 cm, according to the classification of Taute, 1968: p. 12). Ahrensburgian tanged points are smaller than the long and sturdy

1

tanged points of the Brommean tradition in southern Scandinavia, which can be dated mainly to the Allerød. One of the hypotheses concerning the origin of the Ahrensburgian is that it is derived from the Brommean (Taute, 1968), implying not only that the Brommean tanged points 'evolved' into the smaller Ahrensburgian ones, but possibly also that the bearers of the Brommean tradition followed the reindeer southwards during Dryas 3, and became Ahrensburgians in the process. An alternative hypothesis, put forward by e.g. Paddayya (1971) and Rozoy (1978), views the Ahrensburgian as derived from the *Federmesser* tradition, in which case no movement of groups of people across the landscape needs to be envisaged. If one derives the Ahrensburgian from the Brommean, the *Federmesser* elements occurring in the oldest Ahrensburgian sites may be considered to indicate contacts between migrants from the north and people of the *Federmesser* tradition living in central and northern Europe. Alternatively, the *Federmesser* elements may be seen as indications of a cultural evolution from *Federmesser* to Ahrensburgian on the basis of essentially the same indigenous population. One might summarize these options as follows: tanged points were either brought here, or they were invented here. However that may be, in a general sense it can be noted that tanged points are associated with the hunting of reindeer. Sites including some *Federmesser* elements but otherwise characterized by the presence of many tanged points, such as Vessem-Rouwven (Arts & Deeben, 1981) and several sites at Geldrop (Deeben, 1994; 1995; 1996), seem to represent the oldest phase of the Ahrensburgian. In this connection reference is often made to the radiocarbon date obtained for Geldrop 1: 10,960±85 BP (Lanting & Van der Plicht, 1995/1996). However, this does not necessarily date the Ahrensburgian material at the site; it might in fact date charcoal eroded out of the locally occurring Layer of Usselo; the sample was not taken from a distinct hearth (Deeben, 1994: p. 94). Nevertheless, the site can certainly be dated to Dryas 3 on stratigraphical grounds.

Although the 'classic' Ahrensburgian sites such as Stellmoor (Rust, 1943), up to the end of Dryas 3 or even the earliest Preboreal, are characterized by a predominance of tanged points, microlithic points were present from the start. In the closing phase of the Ahrensburgian, however, it seems that progressively fewer tanged points occurred, while microlithic points increased in importance, until finally tanged points virtually disappeared. It has long been recognized that at some Ahrensburgian sites tanged points are rare or even absent, while microlithic points occur in quantity. Taute (1968: pp. 220-221) included several sites with hardly any or no tanged points in the Ahrensburgian (his 'Didderse-Lavesum-*Gruppe*') instead of assigning them to the Mesolithic, especially because of the presence of large blades, including *Riesenklingen*. He suggested that such sites might represent a late phase of the Ahrensburgian, dating from the last part of Dryas 3 or the first part of the

Preboreal (Taute, 1968: p. 236).

The sites to be discussed in this paper, Gramsbergen (province of Overijssel) and Oudehaske (province of Friesland), are here attributed to a late phase of the Ahrensburgian. At both sites we encounter a 'Late Palaeolithic' blade technology, with a tendency towards the production of large blades. The presence of *Grossklingen* (blades longer than 12 cm) is certain or very probable at both sites. Furthermore, both sites show a clear predominance of microlithic points. At Oudehaske a single tanged point of Ahrensburgian type was found, at Gramsbergen none (however, see under 4.4.4 for a stray find of a tanged point near Gramsbergen). Finally, at both sites *Federmesser* elements are absent. Independently of these archaeological arguments, the stratigraphy of both sites suggests that they can hardly be older than the end of Dryas 3. In fact, a dating in the first half of the Preboreal seems perfectly plausible, especially in the case of Gramsbergen.

As noted above, some authors tend to classify sites with only microlithic points (no tanged points) as Mesolithic. Gramsbergen would then have to be placed in the Early Mesolithic. Oudehaske, however, because of the single tanged point, would be classified as Ahrensburgian. Apart from that, however, the two sites are very similar, also with respect to their point inventories. In some respects, the Gramsbergen material makes an even more convincing 'Palaeolithic' impression than that of Oudehaske. It does not make sense to us that, because of a difference of one tanged point, these sites should have to be ascribed to different cultural traditions. Other authors, most notably Gob (e.g. 1988; 1991) have argued that the 'type fossil' approach might in this case be misleading. Gob introduced the term 'Epi-Ahrensburgian' for the last phase of the Ahrensburgian. This phase is characterized by a predominance of simple microlithic points, while tanged points are rare or absent. Sites such as Gramsbergen and Zonhoven (Huyge, 1985) would belong to this phase. It appears that this phase can be dated to the first half of the Preboreal (see also Lanting & Van der Plicht, 1995/1996). An important reason to consider sites of this group as being still part of the Ahrensburgian instead of the Mesolithic, is the occurrence of regularly formed and quite large blades (including, at many sites, *Grossklingen* or *Riesenklingen* as defined by Taute, 1968). The blade technology of the Epi-Ahrensburgian was rather different from that of the 'pure' Mesolithic. In the northern Netherlands, the large blades disappear roughly halfway through the Preboreal. In fact, we see a general decrease in the quality of the exploited flint nodules, and blades become shorter and less regular. It is conceivable that there existed a correlation with the vegetation: the more densely the landscape became covered by vegetation, the more difficult it would have been to find good quality flint nodules at the surface (Stapert, 1985).

It seems that the Epi-Ahrensburgian can be dated mainly to the Friesland and Rammelbeek phases of the

Preboreal, during which the vegetation was not yet very dense. The Rammelbeek phase is a brief colder and drier period within the Preboreal (e.g. Van der Hammen & Wijmstra, 1971), which has aptly been called the 'Youngest Dryas' (Baales, 1996: p. 338). According to Lanting & Van der Plicht (1995/1996: p. 83), the Rammelbeek phase can be dated to about 9900-9700 BP. During at least part of the first half of the Preboreal, reindeer might still have roamed the northernmost zones of the North European Plain. From about 9600 BP on, Holocene forest vegetations took hold definitively, and Mesolithic traditions, in this area characterized by smaller blades and axes, took over (e.g. Bokelmann, 1991; Niekus et al., 1997). Bedburg (Street, 1989; 1991; 1993) seems to be one of the earliest 'Mesolithic' sites in the region: the blades are still rather long, but the reindeer had already gone.

2. NOTES ON THE REFITTING ANALYSIS

The work undertaken for this paper is part of a larger project, the 'ANALITHIC project'. A major goal of this project is to develop an integrated computer package for spatial analysis of Stone Age sites. At present, the ANALITHIC package comprises operational modules for cartography, ring-and-sector analysis, density analysis, refitting analysis and use-wear analysis (Boekschoten & Stapert, 1993; 1996; Boekschoten et al., 1997; Johansen & Stapert, in prep.). The refitting module in the package was built on the basis of ideas of the first author (Johansen, 1993; 1998; in press a). Files under the format of the ANALITHIC package, including all refitting data, were built by the first author for both the site of Gramsbergen I (discussed in this paper) and for the Ahrensburgian site of Sølbjerg 1 in Denmark (discussed in Johansen, in prep.; in press c; see also Vang Petersen & Johansen, 1991; 1994; 1996). The Oudehaske site is not suited for treatment with the ANALITHIC package, because of the absence of spatial data. At the end of this paper we will briefly discuss what has been achieved by subjecting three Ahrensburgian sites (Sølbjerg 1, Oudehaske and Gramsbergen I) to refitting analyses by the same analyst, using the same methodology for recording and analysing the results in each case.

Refitting is a multifacetted technique, not only resulting in data on prehistoric flint technology, but also producing insights into 'import and export' of artefacts, and in spatial patterns at the site level. A refitting analysis may significantly contribute to a better understanding of the site's function. An important concept in refitting studies is the *chaîne opératoire*: the complete chain of operations from selection of nodules, through the production of blades and tools, to their use and eventual discarding (e.g. Karlin & Julien, 1994; Pelegrin et al., 1988). Refitting may reveal which parts of the sequence are documented by the artefacts at any site, and which

are absent, thus producing clues to the function of the site. The spatial component of refitting analysis helps to produce dynamic pictures. When the results of refitting are mapped, different types of movement of material across the site can be observed, for example from points of production to activity areas, or from the latter to dumps. Refitting may thus contribute to a better understanding of the processes underlying the static spatial data recorded during excavation (Keeley, 1991). A fascinating aspect of refitting is that it may allow the identification of individual flint knappers on the basis of differences in level of skill (e.g. Bodu et al., 1990; Karlin & Julien, 1994; Boekschoten et al., 1997; Johansen & Stapert, in press).

Although refitting produces unambiguous data (artefacts either fit together or they do not), there are many ways to document and present the results. After a somewhat chaotic period, the presentations of refitting analyses have become more 'standardized', and therefore more comparable, especially through the efforts of Erwin Cziesla (Cziesla, 1990; see also: Cziesla et al., 1990). Since then, refitting analysis has undergone only minor changes in its basic methodology (the interpretation of refitting data is of course another matter). The first author has developed a system of recording and analysing refitting data which is largely based on the principles outlined by Cziesla, but with a number of refinements. One of these is the concept of 'refitting clusters' (Johansen, 1993; 1998; in press a): subareas within any site which have a relatively high number or percentage of artefacts involved in refits, and may be compared with each other in several ways. Refitting clusters are especially useful in the spatial analysis of sites which have been carefully and exhaustively excavated. The site of Oudehaske was disturbed before excavation, so any more detailed analysis of its spatial structures is precluded. The situation at the Gramsbergen site is slightly better; in this case the finds were essentially collected by the square metre. In the case of Oudehaske we are dealing with a disturbed site; the artefacts derive from the ploughed topsoil. Moreover, the field must have been burned repeatedly in recent times, resulting in quite a large proportion of burnt flints and also in many fractures. One could therefore wonder why a refitting analysis, a time-consuming task, was nevertheless performed. An important advantage of Oudehaske is that the material from the site was collected more or less completely, by sifting the soil through sieves with a mesh width of 4 mm. We therefore possess a more or less complete assemblage. Because of this circumstance, several types of data produced by refitting will still be valuable, and interesting enough to make the exercise worthwhile. One of these aspects is the study of Late Ahrensburgian blade technology and its *chaîne opératoire*. Another interesting phenomenon that can be studied profitably by refitting is import and export of flint artefacts.

A few terms used in this paper have to be clarified before we can proceed (for a more extensive discussion, see: Johansen, in press a). *Refitted groups* are the working units in refitting analysis: 'compositions' consisting of artefacts fitting together. For each refitted group, a *refitting diagram* is made; it shows the artefacts, represented by symbols per artefact type, and lines of different types connecting them, in schematic form. We employ the Cziesla system for classifying and drawing *refitting lines* (Cziesla, 1990). The most important types of refitting line are: *sequences* (ventral/dorsal refitting), *breaks*, and *burin/burin spalls*. (In this text, the word *conjoining* is sometimes used for refitting in the ventral/dorsal way.) We use the word *refit* as an equivalent to refitting line: the number of refits is the number of refitting lines. It has to be noted that different systems of generating refitting lines will result in different numbers of refits. Though each refit refers to a refitting line, connecting two artefacts, there is no simple relationship between the number of refits and the number of artefacts involved in refitted groups. It is therefore important always to distinguish clearly between refits, refitted groups, and refitted artefacts. One reason to count the numbers of refits of several types, instead of the numbers of artefacts per refitting category, is the circumstance that artefacts can be involved in all types of refit simultaneously: imagine a sequence, involving among other artefacts a burin consisting of several fragments, with a burin spall fitted to it. Counting the number of lines per refit type, on the other hand, can be done unambiguously once a clear system of generating lines is adopted.

3. OUDEHASKE

3.1. The site and its excavation

The Oudehaske site was discovered in March 1989, by amateur archaeologist Gerrit Jonker of Heerenveen. The site is located in the field south of Jousterweg No. 150, about 2 km west of Heerenveen; the coordinates on the Topographical Map of the Netherlands are: X=188.30/Y=552.34. Jonker (together with an unnamed friend) collected a total of 507 flint artefacts from the ploughed field. An excavation at the site was made possible through the efforts of E. Kramer of the Fries Museum in Leeuwarden, acting as an intermediary. The Fries Museum acquired the artefacts collected by Jonker (including those found by his friend G. Jonker, pers. comm. 1989), and all the excavation finds from Oudehaske are also kept at this museum. In the summers of 1990 and 1991, excavations were carried out by the Groningen Institute of Archaeology (then Biologisch-Archaeologisch Instituut) of Groningen University, in cooperation with the Fries Museum at Leeuwarden and the Argeologysk Wurkferbân of the Fryske Akademy. Several brief reports in Dutch about this work have appeared (Stapert, 1989a; 1991; Dijkstra et al., 1992).

In total, 58 square metres were investigated. The site was found to be totally disturbed: no artefacts in situ were recovered. All artefacts derive from the ploughed topsoil, or from mole tunnels, root traces and the like just beneath the topsoil. The topsoil and 20 to 25 cm of the sand underneath were sifted by the square metre, using sieves with a mesh width of 4 mm. In total, 2050 artefacts were collected in this way. The richest square metre contained 196 flint artefacts. Together with the collection of Jonker (n=507), and other stray finds from the field (n=64), in total 2621 artefacts are now known from the site. We are convinced that not much remains at the site; the total number of artefacts ≥ 4 mm will originally not have been much over 3000. Of the total of 2621 artefacts collected at Oudehaske, 1706 (65.1%) are chips: artefacts smaller than 1.5 cm (excluding recognizable tool fragments). Of the remaining 915 artefacts, 61 are classified as tools or tool fragments: 6.7% of the total excluding chips (the percentage of tools among all collected artefacts is 2.3%). Since all material comes from the ploughed topsoil, spatial data are of limited value in this case. The spatial component of the refitting data is therefore not considered. The

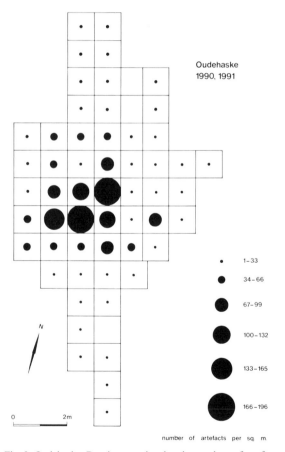

Fig. 2. Oudehaske. Density map showing the numbers of artefacts per square metre, collected during the excavations of 1990 and 1991. All artefacts derive from the ploughed topsoil. Drawing by Dick Stapert/J.M. Smit.

numbers of artefacts per square metre, collected by sifting, are presented in a density map (fig. 2). The map suggests that we are dealing with a relatively small concentration, some 4 to 5 m across. Not much more can be deduced from this map.

3.2. Geography of the region

In the province of Friesland, three areas with different types of landscape can be distinguished: 1) the area covered by marine clays in the west and north, 2) the marshland area in the middle, with many lakes resulting from peat-digging, and 3) the relatively high, sandy area in the south, southeast and east. Oudehaske is situated on the inner flank of the so-called Frisian Coversand Belt, which is part of area 3 (after Veenenbos, 1954; see also: Cnossen & Heijink, 1965; De Groot et al., 1987). This belt, up to about 10 km wide in its central part, is characterized by relatively thick deposits (in many places more than 2 m) of aeolian sands dating from the Late

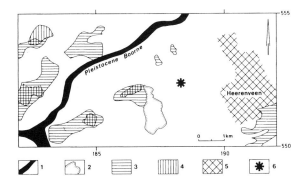

Fig. 3. Occurrences of boulderclay (northerly moraine deposits) in the vicinity of the site at Oudehaske. Key: 1. The Pleistocene precursor of the river Boorne; 2. The Haskerwijd, a lake resulting from peat-digging in the 18th and 19th centuries; 3. Boulderclay within 2 m from the surface (after De Groot et al., 1987); 4. Bouderclay within 1.2 m from the surface (after StiBoKa, 1976); 5. The town of Heerenveen; 6. The Ahrensburgian site at Oudehaske. Drawing by Dick Stapert/J.M. Smit.

Glacial ('coversand'). In general, these sands were deposited during both Dryas 2 and 3: 'Younger Coversands I and II', respectively. At many places, these two coversand layers are separated by the 'Layer of Usselo', a palaeosoil dating from the Allerød Interstadial (Van der Hammen, 1952; De Groot et al., 1987; Stapert, 1982). The Frisian Coversand Belt lies in the shape of a boomerang around the lowland peat area in the middle of Friesland, to the east and south of it. The Oudehaske site is located on the northern periphery of the southern arm of the belt. Most rivers in this area run from ENE to WSW, and the many coversand dunes also often display this orientation.

A few kilometres north of the site, the Pleistocene precursor of the river Boorne flowed from ENE to WSW (Cnossen & Zandstra, 1965; De Groot et al., 1987), see fig. 3. The Oudehaske site is located near the northern bank of a small stream that most probably was a tributary of the Pleistocene Boorne. This former watercourse is visible neither on the geological map nor on the pedological map. It is evident, however, in a contour map of the field (fig. 4). The site lies on the highest part of a low coversand dune, overlooking the slope towards the valley south of it. This little valley most probably carried water at least during parts of the Late Glacial (see 3.3), though it is partly filled up with Younger Coversand II. Many Late Palaeolithic sites in the northern Netherlands are situated near river banks; as an example the Hamburgian site at Oldèholtwolde may be mentioned, which was located about 10 m from the bank of the Late Glacial precursor of the river Tjonger (Stapert, 1982). At Oudehaske, the river bank must have been much farther away, at some 75-100 m from the site. Perhaps there was a marshy zone between the site and the river bank. Apart from the wish to camp on dry soil, however, the site's location on top of the low dune might also have been chosen because of the better view across the landscape it provided. On the basis of the *Hoogtepuntenkaart van Nederland* (*blad* 11 west), a contour map was constructed of the surroundings of the site (fig. 5). Though the picture is not very clear, the site seems to be located on the northern bank of a stream

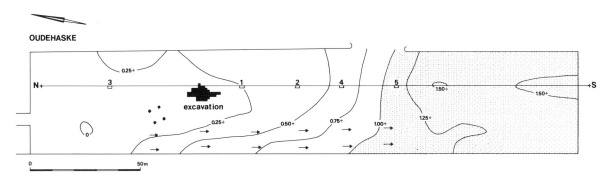

Fig. 4. Map of the field in Oudehaske. Contour lines with intervals of 25 cm. Areas below -1 m NAP (Dutch Ordnance Datum) are stippled. The strip along the western edge of the field indicated by arrows was lowered by sand-digging in recent times. About 15 m northwest of the site, 4 dots indicate the location of a power pylon. N-S: profile represented in fig. 8; 1-5: profile trenches. Drawing by Dick Stapert/J.H. Zwier.

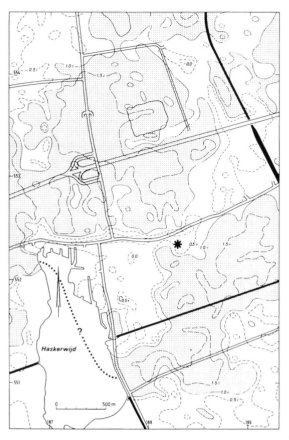

Fig. 5. Contour map of the surroundings of the site at Oudehaske. Contour lines with 0.5 m intervals. Areas below -1 m NAP are stippled. The site (indicated by an asterisk) lies on the northern bank of a small river. Drawing by Dick Stapert/J.M. Smit.

running ENE to WSW. At about 1 km to the west of the site, the Haskerwijd, a lake resulting from peat-digging, seems to have been part of the same valley, which then continues in a northwesterly direction: probably towards the Pleistocene Boorne.

The area around Oudehaske was largely stripped of its cover of lowland peat during the 18th and 19th centuries (De Groot et al., 1987; StiBoKa, 1976). The stippled areas in figure 5, more than 1 m below NAP (Dutch Ordnance Datum), are mainly the result of peat-digging. This is clearly visible on the old topographical map of the Netherlands, sheet 11-III, dating from 1854/55 (republished by Wolters-Noordhoff, 1990). We suppose this is because the peat was thicker within river valleys than on the higher grounds outside the valleys. In some respects, the peat-digging brought back Late Glacial topography: it once again exposed the surface of the Weichselian sand deposits. The contour map seems to suggest that the site was located at a narrow corridor separating two valleys. Such places may have been part of reindeer migration routes. This suggests that the site's location might be connected to the hunting of reindeer during their spring or autumn migration. The

reconstruction of probable reindeer migration routes has contributed much to the understanding of the spatial distribution of Late Glacial sites across the landscape (see e.g. Vang Petersen & Johansen, 1991; 1994; 1996; Baales, 1996).

At the site and in its immediate surroundings, boulderclay—moraine deposits dating from the Saalian — was beyond the reach of Palaeolithic man. The top of the boulderclay lies about 3 m below the present surface at the site. The Ahrensburgian people must have collected their lithic material at places where the boulderclay occurred at the surface. In figure 3, occurrences of boulderclay are mapped on the basis of two sources: a) boulderclay within 2 m (De Groot et al., 1987) and b) boulderclay within 1.2 m (StiBoKa, 1976). The vertically hatched areas in the map especially may be considered possible sources of both the flints and the other stones collected at the site. The flint material at Oudehaske is of good quality; people probably invested quite some energy in locating and collecting good flint nodules. The most probable source is the boulderclay outcrop near the northwestern corner of the Haskerwijd. This would imply that the Ahrensburgian people transported their raw materials over at least 1.5 km. It is to be expected that the first testing and preparation of the collected flint nodules was carried out at the source, in order to reduce the weight of the material to be carried back to the site. Such 'workshops' at raw material procurement sites have not been found near Oudehaske. Although many such sites dating from the Late Palaeolithic must exist, so far only a few have been recognized in the Netherlands (Arts, 1984; Beuker, 1981).

3.3. Stratigraphy at the site

The stratigraphy at the site was investigated on the basis of several excavation profiles, five sections dug outside the find scatter, and by a series of borings on a N-S line across the field (see fig. 4). One of the borings revealed the occurrence of a layer of brown peat at a depth of about 1.5 m, intercalated in sands. Subsequently, a profile trench (No. 3 in fig. 4) was dug at this spot, which is situated some 35 m north of the artefact concentration. The stratigraphy observed in this trench is shown in figure 6. From top to bottom (the vertical scale shows elevations with respect to NAP): 1. Ploughed topsoil; 2. Black peat, Holocene; 3. A2 horizon of Holocene podsol, at the top of a layer of coversand; 4. B horizon of Holocene podsol, and C horizon: a layer of yellowish coversand with thin infiltration bands; 5. Compact, brown *waterhard* level, in the lowest part of the same coversand layer. The coversand layer (3-5) can only be Younger Coversand II, dating mainly to Dryas 3; 6. Brown peat, about 30 cm thick, dating from the Allerød Interstadial; 7. Laminated greyish sand (either Younger Coversand I or Older Coversand).

Radiocarbon dates for the uppermost and lowermost

1 cm of the brown peat were produced by the Centrum voor Isotopen Onderzoek, Groningen. The results are as follows:

Uppermost 1 cm; GrN-18783: 11,120±70 BP;
Lowermost 1 cm; GrN-18784: 11,390±65 BP.

On the basis of these results, the peat layer can be dated to the second half of the Allerød Interstadial. A pollen analysis of the peat layer was carried out by Sytze Bottema and Betty Mook-Kamps; their results are presented in a paper appended to this one.

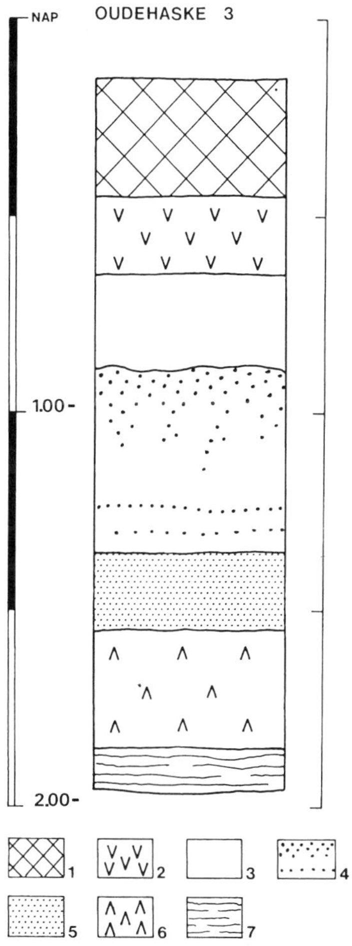

For the purpose of comparison, two other occurrences of Allerød peat in this region, dated by radiocarbon, are mentioned here. In the Haskerveenpolder, north of the Jousterweg, a section with Allerød peat was studied by Cnossen & Zandstra (1965); the peat layer was about 30 cm thick and occurred at a depth of about 2 m. Two samples of the lowermost part of the peat were dated in Groningen:

GrN-2136: 11,600±70 BP,
GrN-3585: 11,750±100 BP.

At the site of Oldeholtwolde, less than 10 km southeast of Oudehaske, an Allerød peat layer was present in the valley of the river Tjonger (Stapert, 1982; 1986). A pollen diagram of this peat layer is presented in the paper by Bottema & Mook-Kamps (this volume). The lowermost 1 cm of this layer was dated in Groningen:

GrN-11264: 11,340±100 BP.

At the type-locality of Usselo in the eastern Netherlands, Van der Hammen (1952) could demonstrate that the so-called 'Layer of Usselo' is a palaeosoil, dating from the Allerød Interstadial. At Usselo, this light podsol laterally merged into a brown peat layer that could be dated to the Allerød by pollen analysis (see also Van Geel et al., 1989; Lanting & Van der Plicht, 1995/1996; Stapert & Veenstra, 1988). The same situation of an Usselo soil merging laterally into an Allerød peat layer could be investigated at Oldeholtwolde in the Tjonger valley (Stapert, 1982), and once again at the site of Oudehaske, within the drainage area of the river Boorne.

At the spot of the artefact concentration at Oudehaske, several sections were studied and drawn. One of these is presented in figure 7; the section revealed three layers of coversand. Between about 80 and 90 cm below the surface, the Layer of Usselo is present (fig. 7: e). By means of a series of borings in the field, it could be established that this soil merges into the peat layer described above (see fig. 8). The stratigraphy visible in the excavation section, going from top to bottom, is as follows:

Fig. 6. Oudehaske. Stratigraphy observed in profile trench No. 3 (see fig. 4). NAL = Dutch Datum Level; scale in metres. For key: see text under 3.3. Drawing by Dick Stapert/J.M. Smit.

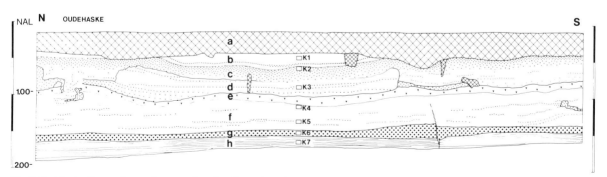

Fig. 7. Oudehaske. Excavation section over a length of 8 m, oriented north-south, in the central part of the excavated terrain. For key: see text under 3.3. Drawing by Dick Stapert/J.M. Smit.

1. Ploughed topsoil, 0-30 cm (fig. 7: a). Locally the topsoil contains peat remnants (black peat, dating from the Holocene);

2. Yellow coversand, 30-80 cm (fig. 7: b-d). At the top of this sand the B horizon of the Holocene podsol is preserved (c), and in a few places also parts of the A2 horizon (b). In view of the stratigraphy as a whole, this layer can only be Younger Coversand II, dating mainly to Dryas 3; it is not distinctly layered;

3. Yellow coversand with vague parallel lamination, 80-140 cm (fig. 7: e-g). In the top part of this layer a palaeosoil is present, known as 'Layer of Usselo', a leached horizon with charcoal particles, 80-90 cm (fig. 7: e). Locally, this horizon is overlain by a hard brown infiltration level, a few centimetres thick. The bottom part of this layer, 10 to 20 cm thick, consists of a very compact infiltration level (fig. 7: g). The sand layer as a whole is most probably Younger Coversand I, dating mainly to Dryas 2;

4. Greyish, fine sand, somewhat loamy, with clear parallel lamination, 140->165 cm. This deposit is most probably Older Coversand II, dating from the last part of the Upper Pleniglacial and Dryas 1.

A small frost fissure is visible in the section; though its upper part is not clearly visible as a result of bioturbation, it is nevertheless certain that it comes from the uppermost layer of coversand. Several frost fissures were observed in other sections at Oudehaske too. These frost cracks most probably date from Dryas 3. Similar frost fissures from Dryas 3 are also known at Oldeholtwolde (Stapert, 1982) and at many other places (e.g. Van der Tak-Schneider, 1968). Compact brown infiltration levels like the one at the bottom of the section (g) are called 'waterhard' by Dutch pedologists, because they do not lose their hardness when permanently wet. The brown material consists mainly of organic material (humus). They are found in sand layers which are, or

formerly were, covered by peat (Dekker et al., 1991). As noted above, it is known that the Oudehaske area formerly bore a layer of Holocene peat; it has largely disappeared through peat-digging. K1-K7 in figure 7 are samples taken and analysed by the Geological Survey of the Netherlands. According to grain-size analyses, both the Younger Coversands I and II show fining upward; the Older Coversand seems to have been deposited mainly in a wet environment (A. Bosch, letter of August 19, 1991).

On the basis of all available information, a schematic (and partly speculative) N-S cross-section of the field at Oudehaske was drawn over a distance of about 260 m (fig. 8). The brown Allerød peat probably accumulated in a small oxbow lake, which was later filled up with coversand – during Dryas 3. The Ahrensburgian site is situated on top of a coversand dune, largely made up of Younger Coversand I (Dryas 2). The Younger Coversand II, dating from Dryas 3, seems to be a more or less continuous layer at this locality, filling up depressions in the landscape. To the south of the site, the small river, noted earlier in the contour-map of the area (fig. 5), is visible in the cross-section; it is largely filled up with riversand. At a depth of about 1 m, a humic level is visible in this sand; it probably represents the Allerød Interstadial. Presumably this small watercourse held water during the occupation of the site.

As noted above, the Ahrensburgian artefacts all come from the ploughed topsoil. On the basis of the observed stratigraphy, especially the occurrence of the Allerød soil at a depth of 80-90 cm, the flint material originally must have lain at the top of the Younger Coversand II. It therefore cannot be much older than the end of Dryas 3. We consider it altogether likely that the site dates from the first half of the Preboreal.

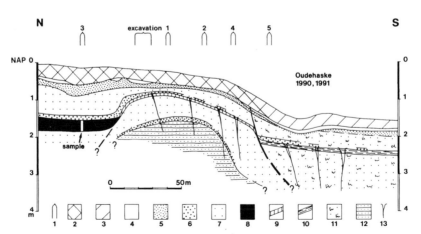

Fig. 8. Schematic sketch of the stratigraphy at the site of Oudehaske, based on borings, profile trenches and excavation profiles; for location see fig. 4. Key: 1. Profile trenches; 2. Ploughed topsoil; 3. Topsoil consisting of sand transported from the levelled part of the field (fig. 4); 4. A2 horizon of the podzol soil; 5. B1 horizon of the podzol soil; 6. *Waterhard* levels; 7. Yellow coversand; 8. Brown peat dating from the Allerød Interstadial; 9. Layer of Usselo: soil dating from the Allerød; 10. Humic level; 11. Brook sand; 12. Older Coversand, horizontally laminated, light-grey; 13. Frost fissures. Drawing by Dick Stapert/J.M. Smit.

3.4. The flint artefacts, and the refitting analysis

3.4.1. *General remarks*

All flint artefacts at Oudehaske were manufactured from nodules deriving from northerly moraine deposits, dating from the Saalian. As noted above, sources of flint and other rocks are available locally, though not in the immediate vicinity of the site. In general, the flint is of good quality (Senonian). Most flint artefacts of Oudehaske are hardly patinated and in fact look quite fresh. Some show a very slight white patina, but a clear soil sheen is absent. Dr Helle Juel Jensen (Aarhus University, Denmark) had a look at the flints, and concluded that the material is suitable for a use-wear analysis (pers. comm. 1996). Unfortunately, a functional analysis of the material has not been performed. Below, the various categories of artefact are briefly described, together with a discussion of the refitting results. The reason to arrange the text in this way is that a higher degree of compactness might thus be achieved.

In the case of Oudehaske, a total of 688 artefacts were included in the refitting analysis: all the tools, including waste products from tool manufacture (n=83), and unmodified artefacts larger than about 2 cm (excluding some heavily burnt fragments). Blades or blade fragments constitute the largest group among the latter category: 413; furthermore, 187 flakes and 6 cores were included. Of the 688 artefacts subjected to analysis, 185 could be refitted in one way or another. The refitting percentage, based on the sample subjected to analysis, is 26.9% (based on the total number of artefacts larger than 1.5 cm (n=919) it is 20.1%). In total, 68 refitted groups were created, the largest of which comprises 9 artefacts. Most of the refitted groups, 51 out of the total

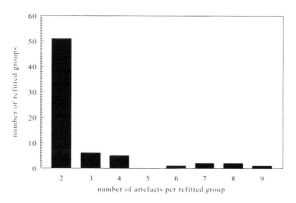

Fig. 9. Oudehaske. Numbers of artefacts involved in the 68 refitted groups. In total, 185 artefacts are in refitted groups. Drawing by Lykke Johansen/Dick Stapert.

of 68 (75.0%), consist of only two artefacts. A diagram showing the numbers of artefacts involved in the refitted groups is shown in figure 9.

If we count the number of refits according to the Cziesla system (Cziesla, 1990), i.e. the number of refitting lines between pairs of artefacts, a total of 141 results. Refits can be split up according to types of refit, as follows (fig. 10: A): sequences: 88 (62.4%), breaks: 50 (35.5%), and burin/burin-spall refits: 3 (2.1%). Among the 50 refits of breaks, there are 18 cases in which the fracture was most probably caused by heat. Since we assume that most of the burning occurred in recent times, a second diagram showing the numbers of refits per type is shown in figure 10: B, in which breaks resulting from heat are omitted. Of the remaining 123 refits, 71.5% are of the sequence type.

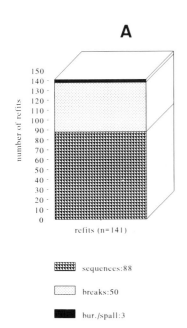

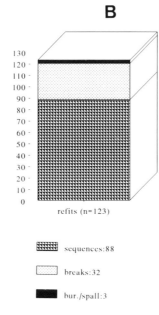

Fig. 10. Oudehaske. A. Types of refit; numbers of refits are counted according to the system of Cziesla (1990). B. Types of refit; in this diagram the breaks resulting from heat are omitted because most of these probably occurred recently. Drawing by Lykke Johansen/Dick Stapert.

Table 1. Oudehaske. List of artefacts. Numbers counted before the refitting analysis.

A. Flint tools	N	Percentage of subtotal
Points	39	63.9
Tanged point, (near-)compl.	1	
Zonhoven points, (near-)compl.	5	
B-points, (near-)compl.	6	
A-point, (near-)compl.	1	
Point fragments	26	
Scrapers	12	19.7
Long (blades)	5	
Short? (blade fragments)	3	
Short (3 flakes, 1 nodule)	4	
Burins	7	11.5
On break, A (single: 3, double: 1)	4	
Dihedral, AA (single: 2, double: 1)	3	
Retouched blades	3	4.9
Subtotal	61	100.0
	(2.3% of total)	

B. Flint non-tools		Percentage of total
Burin spalls	11	0.4
'Microburins of Krukowski type'	11	0.4
Blades or blade fragments	471	18.0
Flakes	344	13.1
Chips (< 1.5 cm)	1706	65.1
Blocks	11	0.4
Cores	6	0.2
Total	2621	99.9

C. Other artefacts		
Hammerstones	2	

3.4.2. *The tools*

The 61 tools of Oudehaske consist of 39 points or point fragments, 12 scrapers, 7 burins and 3 retouched blades (see table 1).

The points (n=39). Tanged points are normally the predominant point type during the Ahrensburgian. In the Epi-Ahrensburgian, however, they are rare or absent (see under 1). Only one tanged point is present at Oudehaske (fig. 11: 1). The remaining points are microliths. The classification of microlithic points employed here is based on Bohmers (1956; Bohmers & Wouters, 1956; see also Arts, 1988). A-points have a retouched side from tip to base; at Oudehaske there is only one more or less complete specimen: fig. 11: 9. B-points only have an oblique truncation at the tip. Zonhoven

points combine an oblique truncation at the tip with additional retouch at the base (B-points and Zonhoven points are called 'Zonhoven points without or with basal retouch', respectively, by Taute (1968)). Two of the complete Zonhoven points (fig. 11: 2 and 3) have a concavely retouched base; the other specimens (fig. 11: 4-6) are more irregularly retouched at the base. Most point fragments cannot be confidently classified as to type. It is noteworthy, however, that several basal fragments have a retouched base (e.g. fig. 12: 19, 22, 25): probably fragments of Zonhoven points. Though it is not possible to be precise, there seem to be somewhat more tip fragments than basal fragments. Of the 13 more or less complete points in figure 11, 6 have their tip at the bulbar end, and 7 at the distal end. When the tip faces upwards, 8 of the points have a truncation at the right side, and 5 at the left side.

Only one point at Oudehaske can be refitted in a dorsal/ventral sequence; it is conjoined with two blade fragments (fig. 11: 13). This point, a B-point, was most probably produced on the site; its tip is missing though we cannot be sure whether or not this is a result of use. The other points, however, were probably all made elsewhere, and imported to the site. At several other Late Palaeolithic sites too, most or all of the points seem to have been imported. For example, none of the points of the Hamburgian site at Oldeholtwolde can be refitted in sequences (Stapert & Krist, 1990). Points were evidently carried during travel, at least partly in a hafted state. At encampments, damaged points would have been removed from their hafts and replaced by newly-made ones (this process has been called 'retooling' by Keeley, 1982). Another possibility is that quite a few of the points were carried as a stock, and subsequently used during occupation. In this connection it may be noted that 26 of the 39 tools classified as points are merely fragments; moreover, 9 of the 13 more or less complete points have damaged tips.

The scrapers (n=12). The scrapers from Oudehaske (figs 13 and 14) were made on different types of blank. One was made on a small nodule of flint with cortex on both the dorsal and the ventral faces (fig. 13: 10). The only modification consists of the retouch of the scraper-edge and a little retouch along one of the sides. This burnt tool is a stray find from the field; we cannot be certain that it is part of the Ahrensburgian assemblage. Another scraper was made on a broad flake consisting of two fitting fragments (fig. 13: 2). It is in fact a double scraper; the scraper edges are located on both sides of the flake, not proximally and distally as is usually the case. A second double scraper is also made of a flake (fig. 13: 3). In this case the scraper-edges are located proximally and distally. The scraper is only 1.8 cm long and 2.2 cm wide. Four scrapers occur in a fragmented state (fig. 13: 4, 7, 8 and 11). One is probably made of a flake (11), while the other three seem to have been made on blades; the largest fragment is only 2.0 cm

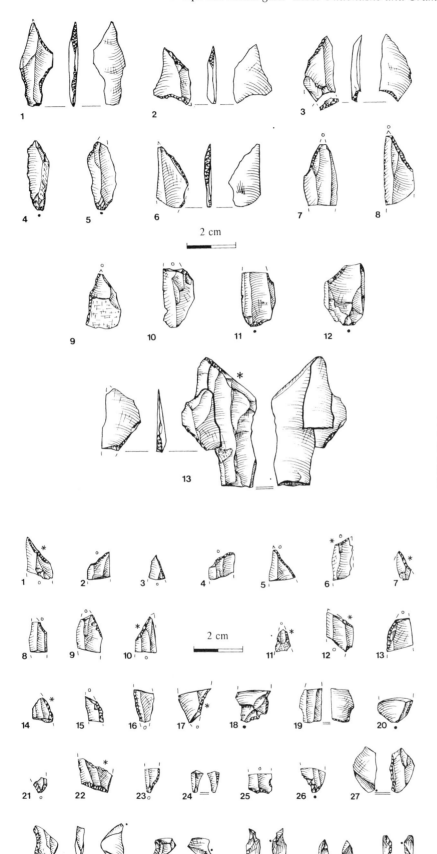

2 cm

Fig. 11. Oudehaske. 1. Tanged point; 2-6. Zonhoven points; 7-8, 10-12. B-points; 9. A-point; 13. Sequence including one B-point; one blade is burnt, indicated by an asterisk. Drawing by Lykke Johansen.

2 cm

Fig. 12. Oudehaske. 1-26. Point fragments; 27-32. 'Microburins of Krukowski type'. Drawing by Lykke Johansen.

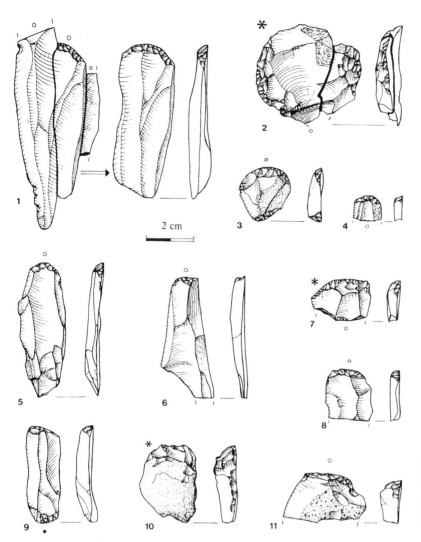

2 cm

Fig. 13. Oudehaske. 1. Sequence including one blade-scraper; 2. Double flake-scraper refitted from two fragments, the break was the result of burning; 3. Double flake-scraper; 4, 7, 8, 11. Fragments of scrapers; 5, 6, 9. Blade-scrapers; 10. Scraper on a small nodule. Drawing by Lykke Johansen.

long. Two of the four scraper fragments have the scraper-edge at the bulbar end (8 and 11), while the other two have a distally located scraper-edge (4 and 7). Four other scrapers are made on good blades with lengths of 3.8-6.1 cm (one is fragmented). One of these has the scraper-edge at the distal end (fig. 13: 9), the others at the bulbar end (fig. 13: 1, 5, 6). The longest of these four scrapers (fig. 13: 1) is the only one that can be refitted into a sequence, with two blades. This short sequence probably was not produced on the site, because no knapping waste is present. All three blades are of good quality, and suited for the production of tools, which is probably the reason why they were imported to the site.

The last scraper is made on a very long blade, almost a *Grossklinge* according to the definition of Taute (1968); its max. length is 10.8 cm, and its max. width 3.1 cm (fig. 14: 1). It is made of a whitish/greyish, fine-grained Senonian flint of good quality. Apart from this scraper, which consists of two refitted fragments, eight other

blades or blade fragments of the same flint were collected at the site (fig. 14: 2-5). Of these blades, only one short sequence (dorsal/ventral), consisting of three blades, could be refitted. No flakes or chips of this particular flint were found on the site, nor any core. All blades of this flint are quite large; they were probably the best products of a core knapped somewhere else, and imported to the site. Most of these blades occurred in a fragmented state at Oudehaske.

The mean scraper angle is 63° (n=14, range 38-75, standard deviation 10.4). It is important to note that most scrapers were probably discarded because they were used up. The angles of used-up scrapers will in general be larger than the angles during the optimal use stage.

In conclusion it can be said that probably none of the scrapers were made of blades or flakes produced on the site. In the case of the long scrapers we can be certain of this; they were either imported as scrapers or made from

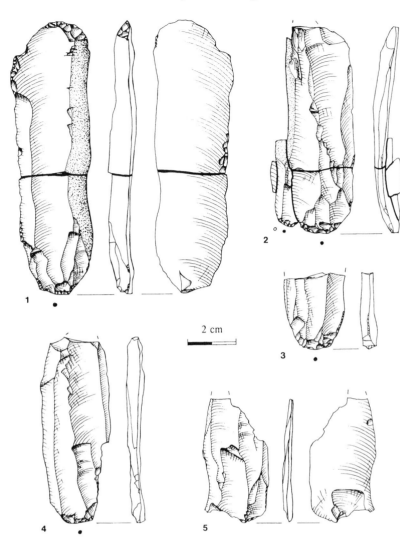

2 cm

Fig. 14. Oudehaske. Group of artefacts made of a characteristic greyish white, fine-grained flint (one blade fragment of this group is not represented in the figure). 1. Blade-scraper refitted from two fragments; 2. Short sequence of three blades (all fragmented); 3-5. Blade fragments. Drawing by Lykke Johansen.

imported blades. None of the short scrapers could be refitted into sequences, so it seems that most or all of these too were imported to the site.

The burins (n=7). The burins (figs 15 and 16) do not show much variation in the way the burin-edge was created. They are either simple angle-burins (on a break, or on the end of a blade) or dihedral burins (A-burins or AA-burins, respectively, in the classification of Bohmers, e.g. 1956). We apply the term 'dihedral' for burins where the burin edge is formed by the intersection of two burin-spall negatives (this may be called the 'screwdriver type'). Some AA-burins could simply be the result of resharpening an A-burin. There are no burins on truncation (RA-burins in Bohmers' typology), nor any distinct *Querstichel* as defined by Taute (1968).

Two specimens are dihedral burins, with a burin edge created by burin spalls along both sides of the burin (fig. 15: 3 and 5). One of these has the burin edge

at the bulbar end (5), the other at the distal end of the blade (3). One burin (fig. 16: 1) can be described as an atypical, double dihedral burin. The burin edge at the bulbar end is missing due to burning; it must have been a normal AA-burin. The burin edge at the distal end of the blade is partly formed by one of the burin spalls removed from the bulbar end; it is a plunging spall of which only a fragment has been recovered. Only one burin spall was removed at the distal end, using the negative of the plunging spall as a striking platform; in this way a burin edge of the AA type was created. The burin shown in figure 15: 4 is a double burin. The burin at the bulbar end can best be described as a failed dihedral burin; the attempted removal of one of the burin spalls resulted in splintering of the edge. After this unsuccessful attempt at making, or resharpening, a burin edge, the then 6.2 cm long blade was broken, probably intentionally, and a new burin, of the A type, was made by removing one spall from the fracture surface. The

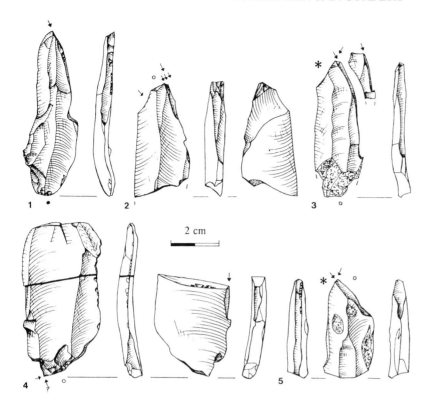

Fig. 15. Oudehaske. 1-2. Burins on break (A-burins); 3. Burnt dihedral burin (AA-burin) with a fitting fragment of the burin spall (unburnt); 4. Double burin on break, made on a blade fragment fitting to another fragment (one of the burins may be a dihedral one); 5. Dihedral burin. Drawing by Lykke Johansen.

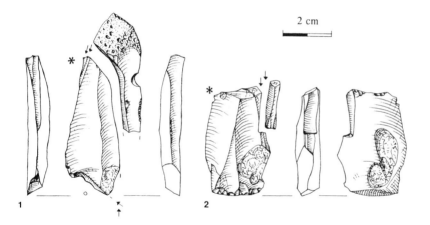

Fig. 16. Oudehaske. 1. Double burin (burnt): burin on break and dihedral burin, the fitting fragment of the burin spall is unburnt; 2. Burin on break (burnt); the fitting burin spall is unburnt. Drawing by Lykke Johansen.

remaining three burins are all A-burins. One of these (fig. 15: 2) shows several burin-spall negatives from an oblique fracture at the proximal end of a blade; the removal of the last burin spall failed, resulting in the destruction of the burin. Two burins are simple A-burins, with only a single burin-spall negative; in one case the spall was removed from a fracture surface (fig. 16: 2), in the other case from the distal end of the blade (fig. 15: 1).

None of the burins can be refitted into production sequences. Three burins can be refitted with in each case one burin spall (two of these spalls are fragmented), which shows that some burins at least were resharpened on the site. In another case (fig. 15: 4), though there are no fitting burin spalls, it seems probable that an imported burin was transformed into a double burin on the site, after resharpening of the original burin edge failed. Our conclusion is that none of the burins were made from blades produced on the site. Probably most or all of the burins were imported to the site as burins; three or four of them were resharpened or repaired on the site, in one way or another.

Retouched blades (n=3). One blade (fig. 17: 1) is clearly retouched along both sides, though only partially. The two remaining tools are atypical. One is a burnt proximal

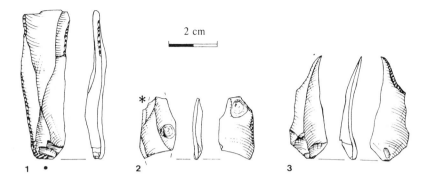

2 cm

Fig. 17. Oudehaske. 1-3. Retouched blades. Drawing by Lykke Johansen.

fragment of a blade, showing partial ventral retouch along one of the sides (fig. 17: 2). The last specimen also shows ventral retouch, at the distal end of a small blade (fig. 17: 3). In the latter two cases we are not completely certain that we are dealing with intentional retouch; indeed, in the last-mentioned case we consider it possible that the retouch was created recently.

3.4.3. *Waste products from tool manufacture*

'Microburins of Krukowski type' (n=11). In figure 12 (Nos 27-32) six so-called 'microburins of Krukowski type' are illustrated; in all, 11 specimens are known from Oudehaske (for a discussion, see: Brezillon, 1983 (1968)). These are not 'microburins' at all (by the way, the term 'microburin' itself is also confusing; it would be preferable to replace it by 'notch remnant', in analogy to the German *Kerbreste*). 'Microburins of Krukowski type' probably resulted from accidents during retouching (Bordes, 1957). In producing or repairing points, especially in retouching the tips of points, sometimes too large a chip was removed, either by too hard a blow or by a wrongly placed blow. Such a removal carries off a retouched part on the 'dorsal' side, not half a notch as in true 'microburins', and has a 'facet' on the back next to a remnant of the ventral face of the blank. 'Microburins of Krukowski type' are quite common at sites of the Hamburgian, Federmesser and Ahrensburgian traditions. Unambiguous 'microburins' were not observed in the Oudehaske material (a single specimen mentioned in Dijkstra et al., 1992, was reclassified by us as of Krukowski type).

Burin spalls (n=11). Small burin spalls, especially if fragmented, will tend to be underrepresented; they are difficult to identify and will moreover often pass through a sieve with a mesh width of 4 mm. Large or plunging burin spalls are more easily found and identified, and also have a greater chance of being refitted to the burins from which they derive. Seven burin spalls at Oudehaske are primary, and four are secondary. One of the primary and two of the secondary burin spalls were refitted to

burins. The remaining burin spalls probably derive from burins that were carried off the site.

3.4.4. *The cores*

Six cores were found at the site. Somewhat surprisingly, it proved possible to refit blades to only two cores. Probably the last blades struck from the other four cores were taken away from the site. The four cores which cannot be conjoined with any blades or flakes (figs 18 and 19) are quite small: between 4.4 and 5.0 cm long. Three of them clearly have two opposite platforms; one core (fig. 18: 2) shows only blade negatives coming from one platform but a small remnant of a platform is present at the opposite end. The core-angles, between the platform and the core-front, are 70 and 82° (fig. 18: 1), 72° (fig. 18: 2), 70 and 82° (fig. 18: 3), 60 and 77° (fig. 19). It has to be noted that all these cores are used-up ones; core-angles would have been smaller in the optimal production state.

The fifth core (fig. 20) is made of a characteristic type of flint: light-brown, fine-grained Senonian flint containing Bryozoan fossils. The core has two opposite platforms, and shows blade negatives coming from both. The angles between the platforms and the core-front are 55° and 70°. The core is a residual one. Of the same flint there are also 21 blades or blade fragments and two flakes. The two flakes can be refitted ventrally/dorsally to each other, but not to the core. One of the blades is totally covered by cortex dorsally, and many of the other blades or blade fragments also show remnants of the cortex. No tools of this flint type are present at the site. Only one blade can be refitted to the core. Two or three unsuccessful blades were struck off afterwards, all with large hinges. They damaged the core beyond repair, so that it became totally useless. The hinged blades were not recovered. A dorsal/ventral sequence of five blades of the same flint could be refitted (fig. 21). These blades were clearly produced during an early stage of the core's exploitation, though not at the very start of it. They show that the core must then have been longer than 10.2 cm. The sequence suggests that the

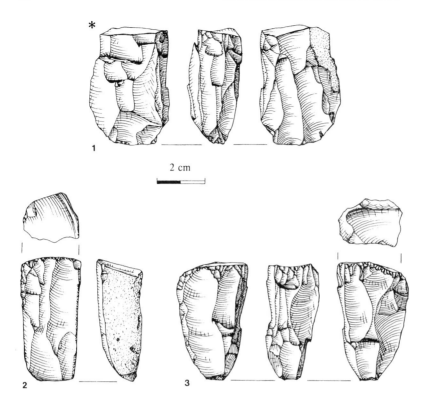

2 cm

Fig. 18. Oudehaske. 1-3. Cores to which no artefacts could be refitted. Drawing by Lykke Johansen.

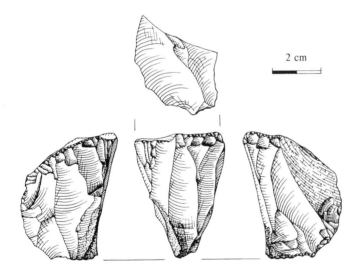

2 cm

Fig. 19. Oudehaske. Core to which no artefacts could be refitted. Drawing by Lykke Johansen.

platform was prepared before the knapping of each blade. This involved the removal of flakes from the platform resulting in a shortening of the core by two or three millimetres.

The artefacts of this light-brown flint present on the site, and the results of refitting, show that this nodule was worked on the site, probably from the beginning. The two flakes fitting to each other, and especially the

blade totally covered by cortex, seem to suggest this, as does the occurrence of a relatively large number of blades of this flint. The refitted sequence shows that blade production was quite successful, at least in the early stages of exploitation. Some blades broke during manufacture, and most of these were left on the site. Many good and complete blades must have been produced, which are not present at the site. These must

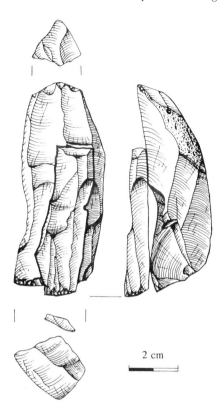

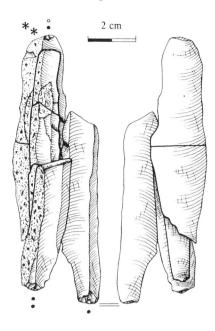

Fig. 21. Oudehaske. Sequence of five blades (some fragmented), of the same material as the artefacts shown in fig. 20; two blades are burnt. Drawing by Lykke Johansen.

Fig. 20. Oudehaske. Core with one refitted blade. The artefacts shown in fig. 21 are made of the same material: light-brown, fine-grained flint. Drawing by Lykke Johansen.

have been taken elsewhere. It is conceivable that this core was among the last ones knapped on the site, because there are no tools of this flint. The best products of this core may well have been part of the toolkit carried during travel, either in the form of tools or as unmodified blanks.

The last core again has two opposite platforms (fig. 22). Also this core is used up, but in this case not because of accidents during knapping; it simply had become too short to be useful any longer. The core-angles in its used-up state are 70° and 90°. The core is made of light-grey, fine-grained flint, with coarser-grained parts occurring throughout. Of the same type of flint, also 23 blades or blade fragments and two flakes are present. No tools of this flint were recovered. A sequence of eight blades can be refitted to the core. Evidently, none of these was considered suitable for tool-production; they are either too thick, too short, or came off the core in a broken state. Three other blades could be refitted in a sequence (fig. 23); at least two of these are quite sturdy. This little group cannot be refitted to the core. Again, it appears that the platform was trimmed regularly during blade-production. Just like the core described above, it is probable that this one too was knapped just prior to abandonment of the site. The

best blades struck off this core must have been taken away; only unusable blades were left behind.

Though technically a blade fragment, the piece illustrated in figure 24 is described here. It is the distal part of a heavily plunging blade. Quite a large part of the core was taken away by this blade. It is remarkable that nothing can be fitted to this artefact; moreover, the core is missing. Maybe the remnant of the core was still suitable for blade-production, and therefore taken off the site.

3.4.5. *The blades*

In total, 413 blades or blade fragments were subjected to the refitting operation. These can be subdivided into several categories as shown in table 2. Only 89 blades are complete (21.5% of the total). A rather high rate of breakage is also suggested by the fact that of the 324 blade fragments, 85 are medial fragments (21%). In principle, all blade fragments larger than about 2 cm were included in the analysis. However, several blade fragments from the site are so heavily burnt that the surface of the flints has splintered off in places; these were omitted in the analysis, because it is impossible to refit such pieces. Among the 413 blades or blade fragments that were subjected to refitting, 72 despite being heavily burnt were nevertheless considered potentially 'refittable'. Two blades or blade fragments are plunging; one of these has already been discussed (under 3.4.4). Distinct primary crested blades, deriving from the first preparation of core-fronts, are absent.

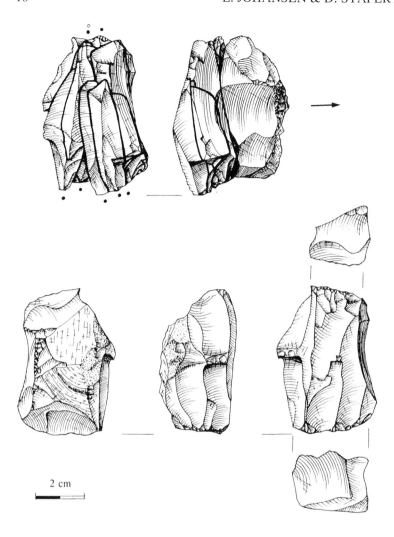

2 cm

Fig. 22. Oudehaske. Core with refitted sequence of eight blades. The artefacts shown in fig. 23 are made of the same material: pale grey, fine-grained flint. Drawing by Lykke Johansen.

Most of the cresting observed on the dorsal faces of some blades resulted from repairing the core-front during later stages of blade-production.

None of the blades at Oudehaske can be classified unambiguously as *Grossklinge* or *Riesenklinge* in the sense of Taute (1968), though several come close. A blade-scraper (consisting of two fitting fragments) with a maximum length of 10.8 cm has already been mentioned (fig. 14: 1); it cannot be refitted in the ventral/dorsal way. Neither can a complete blade of 10.0 cm (fig. 25: 3) be refitted with any other blade from the site. An incomplete blade of 10.4 cm consists of three fitting fragments (fig. 25: 2); it fits to another incomplete blade, 8.6 cm in length, also consisting of three fitting fragments. A third incomplete blade is 10.8 cm long (fig. 25: 1); this is probably a distal fragment of a *Grossklinge*. It cannot be refitted with any other artefact. A fourth blade, consisting of two fitting fragments, is complete in the refitted state; its length is 10.4 cm (fig. 26). Most probably, none of these 'long' blades was produced on the site. Only one of the five blades

Table 2. Oudehaske: the blades and blade fragments subjected to the refitting analysis.

	N	Percentage
Complete blades	89	21.5
Proximal fragments	130	31.5
Medial fragments	85	20.6
Distal fragments	109	26.4
Total	413	100.0

mentioned above is in a dorsal/ventral sequence, which consists of no more than two blades; both these blades probably broke during the site's occupation.

Some summarizing statistics of the metrical attributes of the complete blades at Oudehaske are given in table 3. Frequency distributions of the length, width and thickness of complete blades are presented in figures 27-29. Most blades are between 3.5 and 6.5 cm in length; the longest blade is 10.0 cm (it may be noted here that several blade fragments, and blades consisting of fitting fragments, are longer than 10 cm). It can be seen that the distribution is positively skewed. The larger blades especially will have played a functional role; by contrast, many of the smaller ones in fact must have been part of the flint waste. Therefore, the 'sample' consisting of all complete blades that were left behind

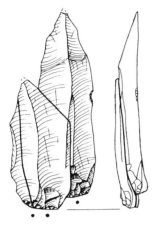

Fig. 23. Oudehaske. Sequence of three blades, of the same material as the artefacts shown in fig. 22. Drawing by Lykke Johansen.

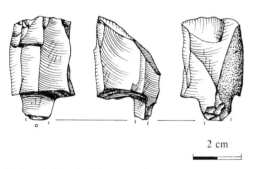

2 cm

Fig. 24. Oudehaske. Distal fragment of plunging blade. Drawing by Lykke Johansen.

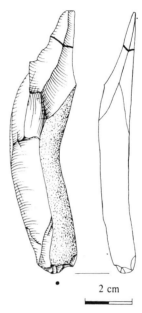

2 cm

Fig. 26. Oudehaske. Blade longer than 10 cm, consisting of two fitting fragments. Drawing by Lykke Johansen.

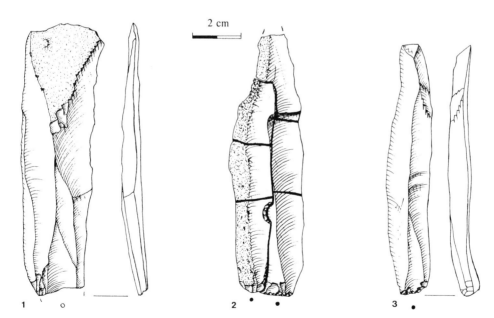

2 cm

1   2   3

Fig. 25. Oudehaske. Blades or blade fragments longer than 10 cm. 1. Distal blade fragment; 2. Sequence of two blades, both consisting of three fitting fragments; the longer blade, which is still incomplete, is longer than 10 cm; 3. Complete blade. Drawing by Lykke Johansen.

Table 3. Oudehaske: metrical attributes of the complete blades. N=89. V: coefficient of variation (100 x standard deviation/mean).

	Length	Width	Thickness	L/W	L/Th
Range	28-99 mm	8-33 mm	3-12 mm	2.0-6.2	6.2-18.0
Modal class	41-45 mm	17-18 mm	5 mm	2.5-2.9	8-9
Median	5.2 cm	1.7 cm	5 mm	3.0	10.0
Mean	5.4 cm	1.7 cm	5.5 mm	3.2	10.1
Stand. dev.	1.48	0.50	1.93	0.80	2.50
V	27.4%	29.4	35.1	25.0	26.3

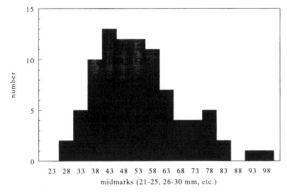

Fig. 27. Oudehaske. Length of complete blades (n=89) in intervals of 5 mm. Drawing by Dick Stapert.

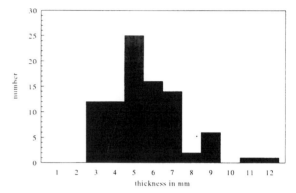

Fig. 29. Oudehaske. Thickness of complete blades in intervals of 1 mm. Drawing by Dick Stapert.

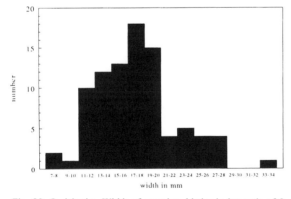

Fig. 28. Oudehaske. Width of complete blades in intervals of 2 mm. N=89. Drawing by Dick Stapert.

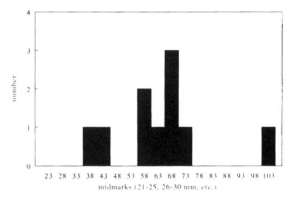

Fig. 30. Oudehaske. Length of complete blades consisting of fitting fragments (n=10). These blades cannot be refitted in the dorsal/ventral way. Drawing by Dick Stapert.

at Oudehaske cannot be taken as being representative of what the occupants of the site considered to be 'good', that is useful blades.

After refitting breaks, 10 blades resulted that are complete in the refitted state and that cannot be fitted into production sequences. Most of these blades therefore were probably imported to the site, and broke during its occupation. This sample, though small, may be considered to represent functional blades as defined by the occupants of Oudehaske. Their lengths are presented in figure 30. It is quite clear that these blades are on

average longer than the 89 complete blades discussed above (means 6.4 and 5.4 cm, respectively). The difference is even more clearly shown by the modal classes: 66-70 mm and 41-45 mm, respectively. Mean width of these blades is 1.9 cm (standard deviation 0.8) and mean thickness 6.4 mm (standard deviation 2.8).

Metrical attributes of all the complete blades left behind at any site may give a misleading picture, as noted above. These are in fact a selection, in which the larger blades, used as such or transformed into tools, are underrepresented. Used long blades will have had a

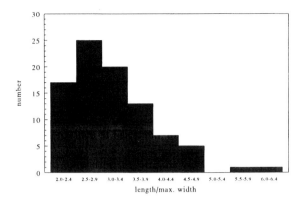

Fig. 31. Oudehaske. Length/width index for the complete blades (n=89), in intervals of 0.5. Drawing by Dick Stapert.

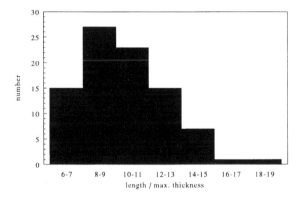

Fig. 32. Oudehaske. Length/thickness index for the complete blades, in intervals of 2. Drawing by Dick Stapert.

relatively large chance of breaking during occupation. Furthermore, a significant proportion of good blades produced on the site will have been taken away. Indices, i.e. ratios of two attributes, might be less affected by this bias, and therefore give a more reliable impression of the quality of the blade technology. Two indices were calculated: ratio of length to maximum width, and ratio of length to maximum thickness. The frequency distribution of the length/width index is shown in figure 31, and that of the length/thickness index in figure 32. Both distributions are positively skewed. Most blades are 2.5-2.9 times longer than wide, and a few are more than 5 times longer than wide, up to 6.2 times. Most blades are about 10 times as long as they are thick, the extreme case being a blade 18 times as long as thick.

In cases such as these, with a moderate skewness, the median values are perhaps the best summarizing measurements of the central tendency. For the length/ width index the median is 3.0, for the length/thickness index it is 10.0. These values are indeed not very different from those obtained for the 10 complete blades consisting of fitting fragments: 3.6 and 9.8 respectively. The first index shows a somewhat higher value, which

is probably due to the occurrence of several stepped or hinged blades in the sample of 89 complete blades.

It has been noted above that the blades at Oudehaske were struck from cores with two opposite platforms. The 89 complete blades in total show 276 dorsal negatives whose striking direction can be established. Almost 78% of these have the same striking direction as the blades on which they occur (fig. 33). This proportion may at first sight seem surprisingly high, assuming that the two platforms were used alternately. However, most blades did not extend over the full length of the core-front, but stopped somewhere between half and two-thirds of its length. Therefore the observed proportions are probably roughly what should be expected in the case of bipolar cores.

Of the 413 blades or blade fragments subjected to analysis, 156 are involved in refitted groups: 37.8%. After refitting as many broken blades as possible, 370 blades or blade fragments resulted: 43 fewer than before refitting. In total, 100 blades or blade fragments among these 370 could be fitted into production sequences, 70 of which occur in sequences consisting only of blades. Above, we have already discussed the refitted groups containing blades fitting to tools or to cores. Here we shall consider refitted groups consisting of blades only. In total, there are 53 such groups. Refitted groups consisting only of blade fragments fitting together number 28; most of these consist of two fragments, only two consist of three fragments. There are 17 refitted groups consisting only of sequences. Finally, there are 8 refitted groups involving both refitted breaks and sequences. The maximum number of refits (i.e. refitting lines) per refitted group is 13. In total there are 25 refitted groups involving sequences. If we look at the number of blades in these sequences, counting blades consisting of several fitting fragments as 1, it can be noted that most sequences are very short. Of the 25 sequences, 15 (60%) only consist of two blades, and 6 (24%) of three; the maximum number is eight (one sequence) (see fig. 34). The sequence involving eight

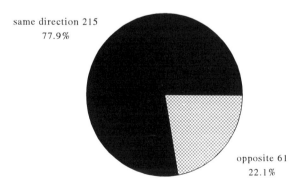

Fig. 33. Oudehaske. Directions of dorsal negatives on complete blades: identical or opposite to the striking direction of the blade. N=89. Drawing by Dick Stapert/Lykke Johansen.

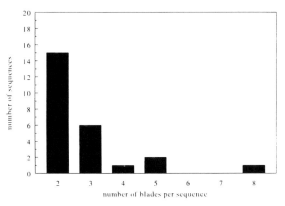

Fig. 34. Oudehaske. Numbers of blades in 25 sequences consisting only of blades; blades consisting of several fitting fragments are counted as one. Drawing by Lykke Johansen/Dick Stapert.

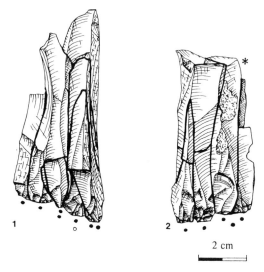

2 cm

Fig. 35. Oudehaske. Two sequences, consisting of 8 blades (1) and 5 blades (2). Drawing by Lykke Johansen.

blades, and one of the sequences involving five blades, are shown in figure 35. Most of these sequences in fact do not seem to document flint-knapping at the site at all, but are merely little groups of conjoining imported blades, produced elsewhere. The occurrence of so many short sequences can partly also be explained by the removal of many good blades produced on the site. Both explanations boil down to the same general conclusions: the site must have been occupied only for a brief period, and the Ahrensburgian people carried quite a lot of good blades and tools during travel, and also some prepared cores.

Above, in the discussion of the cores with conjoining blades, two distinctive types of flint were noted. On the basis of the refitted groups consisting only of blades, two more characteristic flint types can be distinguished.

One of these is a quite coarse-grained, white flint, with small black spots. Two production sequences of this flint are present, each consisting of three blades. The refitted groups make it clear that the core from which these blades derive was longer than 9 cm. Apart from the two refitted groups, eight non-conjoinable blades of this flint are present (one consists of two fitting fragments). The core is absent, no tools of this flint were collected, nor are there any flakes. Most of the blades of this flint are of quite good quality, suitable for tool production, though some are rather small fragments, mainly bulbar ends. Such fragments of otherwise probably good blades could be waste material from tools made on the site, which were eventually exported from the site. Our interpretation is that the blades of this flint are a selection of blades knapped elsewhere. Another characteristic type of flint is marbly, showing an alternation of light-grey and dark-grey coloured parts. In total, 13 artefacts of this flint are present. Eight blades or blade fragments can be refitted into a long sequence (fig. 35: 1), showing that the core must have been at least 9 cm in length. Several fragments of thin and narrow blades, not suitable for tool-production, occur in this sequence. The other artefacts in this sequence are three blades or blade fragments and two chips. No tools of this flint type are present, nor is there a core. Because of the quite long knapping sequence, and the presence of chips and fragments of poor quality blades, at least part of the exploitation of the missing core must have taken place on the site. The core was probably still usable for blade production, and therefore taken away from the site.

It is difficult, on the basis of the refitting analysis, to estimate how many of the blades present on the site were knapped there. Most sequences are rather short, however, and many blades cannot be fitted into sequences at all. This state of affairs suggests that quite a number of blades were imported to the site, and also that many blades produced on the site were subsequently 'exported'. Though this cannot be quantified precisely, the proportion of blades made, used and discarded at the site seems to be quite small. This points to a fairly short occupation period.

3.4.6. *The flakes*

In total, 187 flakes or flake fragments were included in the refitting analysis. Very small flakes and chips were excluded. Some 66 of the included flakes are quite heavily burnt, the rest not or only slightly. Only 11 flakes can be refitted, exclusively into sequences. The longest sequence consists of 7 *tablets*: core-rejuvenation flakes, reshaping the platform. The two remaining sequences consist of only two flakes, and one of these again involves platform-renewing flakes. None of the refitted flakes show dorsally only cortex or old frost-split faces. Some of the larger flakes resulted from shaping or repairing the front of a core. The smaller flakes were produced during preparation of core-plat-forms, prior to the detachment of a blade.

3.4.7. *The* chaîne opératoire

The flint nodules exploited at Oudehaske were mostly brought to the site in an already prepared state ('pre-cores'). This is suggested by the presence of only very few cortex flakes; one cortex blade is present. The first testing and preparing of the nodules must have been done at the place where they were gathered. The blade-cores at Oudehaske are bipolar, with two opposite plat-forms used in alternation. Preparation of core-fronts by cresting was absent or rare. In a few cases, however, core-fronts were repaired by cresting at later stages in the blade-production process; this kind of cresting never covers the whole core-front but only parts. Platforms were regularly repaired, prior to the detachment of almost each blade. Most flakes produced in repairing platforms are rather small, often no more than chips.

Blades were the blanks from which nearly all Ahrens-burgian tools were made (except a few flake-scrapers). The Ahrensburgians sought to produce quite long blades, and probably one or two *Grossklinge* in the sense of Taute (1968) were present, given the occurrence of for example a blade fragment 10.8 cm long. Probably all of the long blades left behind at the site, 10 cm or more in length, had been brought to the site. The blades were

struck off by direct percussion, using soft hammerstones. On the ventral faces of some blades, near the bulbar end, it can be observed that a 'bulb-flake' split off when the blade was struck off the core. The negatives of such 'bulb-flakes' are very different from bulbar scars. Bulb-flakes leave negatives with the same striking direction as the blade itself, unlike bulbar scars. The presence of 'bulb-flakes' seems to be characteristic of knapping with a soft hammerstone, for example one of sandstone. Some examples of blades with 'bulb-flake' negatives are illustrated in figure 36. Blades were knapped from both platforms, often in alternation. This was probably done to keep the core in functional shape for as long as possible without much repairing. Core-angles, between the platform and the adjacent part of the core-front, were mostly between 50° and 70° during the blade-production stage. Many good blades produced at the site were eventually taken away, either as blanks or as tools, and this is one of the reasons why the majority of the production sequences as reconstructed by refitting are quite short.

3.5. Other artefacts

Two hammerstones were found at Oudehaske. One is made of rather compact sandstone; it has a weight of 90 gr (fig. 37: 1). A larger hammerstone consists of hard quartzite; its weight is 240 gr (fig. 37: 2). If also hammerstones of softer rocks were used, as is suggested by the presence of 'bulb-flakes' as described above, then these must have been taken away from the site. Apart from the two hammerstones, several stones of various kinds were collected from the topsoil at Oudehaske. We cannot be sure that they were part of the Ahrensburgian assemblage. Materials dating from more recent periods were also present in the topsoil, including sherds of pottery and fragments of clay pipes. Two rounded flint pebbles with diameters around 5 cm are remarkable, however (fig. 38). Neither pebble shows any traces of use or other modifications. Such flint pebbles seem to occur only rarely in the boulderclay. Perhaps they had been collected out of curiosity. Similar rounded flint pebbles, mostly with diameters of 3-5 cm, are known from several other Late Palaeolithic sites in the Netherlands (e.g. Westelbeers: Arts & Deeben, 1976).

3.6. Some conclusions

The period of occupation at Oudehaske must have been quite brief. Although the refitting analysis shows that flint-knapping was done at the site, complete production sequences, spanning the whole of the *chaîne opératoire*, are absent. There probably were no cores whose blades were all used and discarded at the site; this is in contrast to, for example, several completely refitted nodules at Oldeholtwolde (Boekschoten et al., 1997; Johansen, in press b). Most of the tools and long blades at the site

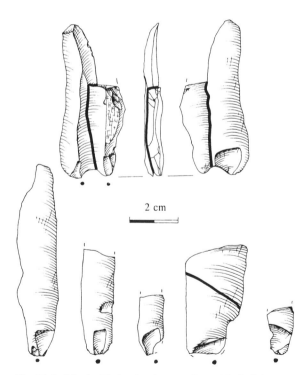

2 cm

Fig. 36. Oudehaske. Blades showing negatives of 'bulb-flakes' on their ventral faces, suggesting the use of soft hammerstones. Drawing by Lykke Johansen.

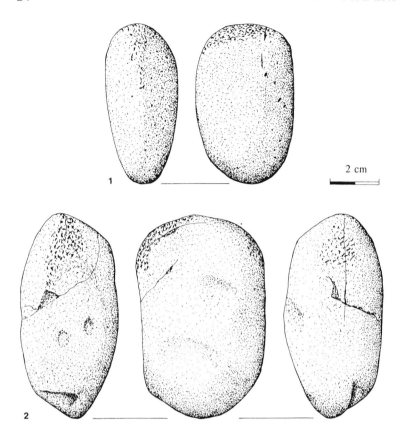

2 cm

Fig. 37. Oudehaske. Two hammerstones.
1. Sandstone; 2. Quartzite. Drawing by
Lykke Johansen.

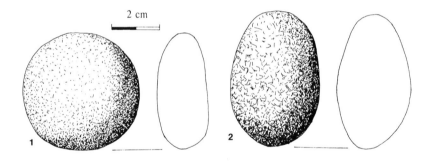

2 cm

Fig. 38. Oudehaske. Two rolled flint pebbles (*Wallensteine*), showing no traces of
use: brown (1) and grey (2). Drawing by
Lykke Johansen.

must have been made elsewhere, and imported to the
site. Good blades produced on the site must have been
taken away when the occupants left. The site at
Oudehaske does not seem to have been a 'base camp'
used for any extended length of time. In view of the
predominance of points in the tool assemblage it is
suggested that the site was briefly occupied in connection
with hunting activities, by only a few individuals.

4. GRAMSBERGEN

4.1. The site and its excavation

4.1.1. *Gramsbergen II*

The Gramsbergen site complex is situated in a new
housing development area, called 'De Esch' (or 'De
Hoge Esch'), southwest of Gramsbergen (fig. 39). The
first concentration of flint artefacts (somewhat
confusingly named 'Gramsbergen II') was discovered
by amateur archaeologist A.G. Kleinjan (Den Ham)
during Christmas 1972 (A.G. Kleinjan, letter to D.
Stapert, March 1st, 1977). Some 190 flint artefacts, and

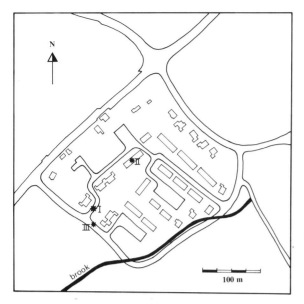

Fig. 39. Gramsbergen. Housing development area 'De Esch', southwest of Gramsbergen. Houses are indicated by their outlines. Asterisks: Flint concentrations (I and II: Ahrensburgian, III: Neolithic?). Drawing by Lykke Johansen.

a possible *retouchoir* made of quartzite, were collected from loose soil of a building pit for a house (for a brief description and drawings of the artefacts, see 4.7). This was done partly by sifting the soil, by a team of local amateur archaeologists including H. van Dorsten, A. Goutbeek, R. Klarenbeek, A.G. & G. Kleinjan and J. Wijnberger (see: Goutbeek, 1974). Later, about 20 flint artefacts were collected at the same spot by Kars of the municipal works department of Gramsbergen. No excavation was carried out at Gramsbergen II. We are convinced that the collection of some 210 flint artefacts is only a small part of the original assemblage. According to the discoverer, A.G. Kleinjan, a roundish spot with a black colour was observed in the building excavation: possibly a hearth. The finds include a small series of microlithic points very similar to those of the large artefact concentration found later, which is called 'Gramsbergen I'. It is therefore conceivable that the sites of Gramsbergen I and II are (more or less) contemporaneous. The first author has attempted to refit flint artefacts between the two concentrations, but without any success.

4.1.2. *Gramsbergen I*

Gramsbergen I, located about 100 m to the southwest of Gramsbergen II, was discovered in May 1973 by A.G. Kleinjan and B. van Daalen (Ens) during the digging of a sewer trench in the same development area (Goutbeek, 1974). In this case it was evident that a large part of the concentration was still present in an undisturbed state. The first finds were shown to district archaeologist A.D.

Verlinde (of the R.O.B., Amersfoort). The R.O.B. was unable to carry out an excavation at the spot, however, and Verlinde advised Kleinjan and his friends to excavate the site themselves. With the support of the local authorities and of Verlinde, an excavation was carried out in the second half of May and the first half of June of 1973 by a group of amateur archaeologists including R. van Beek, H. van Dorsten, A. Goutbeek, R. Klarenbeek, A.G. Kleinjan and J. Wijnberger. The topsoil was removed by a machine, and the terrain was divided into grid cells of 1×1 m. The finds were indicated by dots on maps of each square metre (with a scale of 1 to 10) but not individually numbered. On each find, however, the square metre from which it derived was marked in pencil, by a combination of a letter and a number. The letters were used on the NE-SW axis, and the numbers on the SE-NW axis (see fig. 40). In the distribution maps in this paper, a numerical division of both axes is employed (NE-SW axis: A=0-1 m, B=1-2 m, etc.; SE-NW axis: 1=0-1 m, 2=1-2 m, etc.). No sifting of the soil was carried out at Gramsbergen I. In total, an area of about 91 square metres was investigated in this way. Essentially, the spatial data in this case consist of frequencies per square metre. Because of this, horizontal distributions of artefact groups are mostly represented in this paper by density maps, using a grid with cells of 1×1 m.

Within the area excavated by the group of amateur archaeologists, an irregularly formed pit was found (in squares X=0-1/Y=9-10 and X=0-1/Y=10-11, see fig. 40), containing both flint artefacts and charcoal particles. The cross-section of the pit was asymmetrical, one of the sides being much steeper than the other. Most of the flint artefacts collected from the pit occurred at its bottom. The pit certainly does not represent a hearth; the most probable hypothesis is that the pit was created by a tree fall. The charcoal particles were studied by Dr W.A. Casparie (formerly of the Biologisch-Archaeologisch Instituut). He concluded that they consisted of *Pinus*; several showed small holes bored by insects indicating that the wood had been dead for some time (Casparie, pers. comm., 6 June 1975). The charcoal was dated by the Radiocarbon Laboratory at Groningen: 9320±60 BP (GrN-7793). During the pretreatment procedure in the laboratory it turned out not to be pure charcoal but instead partly carbonized wood. Because of this, recent humic contaminations could not with certainty be removed completely, so the date is probably too young (Lanting & Van der Plicht, 1995/1996: p. 115). Given this, and the circumstance that the pit most probably resulted from a tree fall after human occupation at the spot, the date must be considered as at best a *terminus ante quem* of the Ahrensburgian material. The flints collected by the group of amateur archaeologists from the fill of the pit comprised: 1 blade, 4 blade fragments, 2 flakes and 2 chips. Of the 9 artefacts, 6 were burnt. This is a high proportion, but elsewhere in these two square metres burnt flints were not very

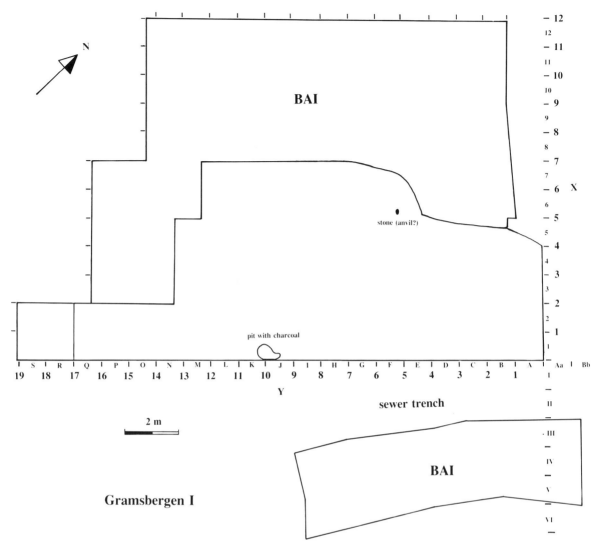

Fig. 40. Gramsbergen I. Excavation areas of the group of amateur archaeologists and of the Biological-Archaeological Institute (B.A.I.) in 1973. The coordinate systems of both excavations are given along the axes; the letters and numbers between the dashes were used by the group of amateur archaeologists. Drawing by Lykke Johansen/Dick Stapert.

common. For a discussion of the horizontal distribution of burnt flints at Gramsbergen I, see 4.4.2.

In the second week of June, 1973, Verlinde contacted the Biologisch-Archaeologisch Instituut of Groningen University (now Groningen Institute of Archaeology), with the request to supervise the excavation. On 12 June, the second author visited the site, in the company of R. van Beek, P. Houtsma, A. Meijer (formerly of the B.A.I.), and A.D. Verlinde. Most of the concentration had by then been dug away. It was nevertheless decided that the B.A.I. should excavate the remaining part. This excavation took place from 18-26 June, 1973. The team included two assistants of the municipal works department, and K. Klaassens (B.A.I.), E. Kramer (then a B.A.I. student, now of the Frisian Museum, Leeuw-

arden), A. Meijer, D. Stapert (B.A.I.) and J.H. Zwier (B.A.I.). A pit of about 93 square metres was opened immediately to the northwest and southwest of the area already excavated by the amateur archaeologists (see fig. 40). It soon became clear that the central part of the concentration had already been excavated; only parts of the periphery of the artefact scatter could be investigated. Some 100 artefacts were measured in individually; the soil was not sifted. Several sections, both within the excavation trench and outside it (in house-building pits) were drawn (fig. 44), and several borings were done (for details about the stratigraphy, see 4.3). Several preliminary reports were published (Stapert & Verlinde, 1974; Stapert, 1979). Immediately southeast of the trench excavated by the group of amateur archaeologists, the

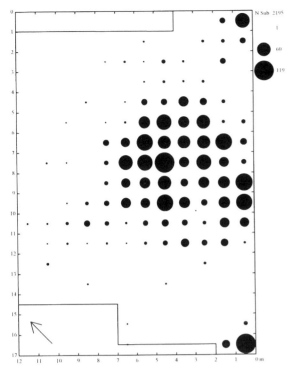

Fig. 41. Gramsbergen I. Density map (grid-cells of 1<maal>1 m) of all flint artefacts in the main excavation trench (north of the sewer trench). The map is based on all the flints bearing readable identification labels as to the square metre from which they derive. No classes are employed in the density map, and the diameters of the circles are drawn according to the peripheral option, stressing lower cell frequencies. Drawing by Lykke Johansen/Dick Stapert.

soil was totally disturbed over a width of 2 to 3 m by the sewer trench mentioned above (the digging of which led to the discovery of the concentration). To the southeast of the sewer trench, an area of about 30 square metres was investigated, but hardly any artefacts were collected (a total of 4: a flake, a blade 6.8 cm in length, a block and a burnt core fragment). The density map of all the flint artefacts from Gramsbergen I west of the sewer trench (fig. 41) makes it clear that quite a few artefacts must have been present in the area that was destroyed by the sewer trench; the concentration could therefore not be fully excavated (see also 4.4.1).

Apart from flint artefacts, quite a few potsherds were also found at Gramsbergen, mostly directly underneath the *Plaggen* soil (*es* layer) (see Stapert & Verlinde, 1974). These include: one TRB sherd, a few sherds of *Kümmerkeramik*, and several hundred sherds of La Tène pots. The La Tène sherds derive from an Iron Age arable layer underneath the *Plaggen*-soil deposit. Represented are pots of Ruinen-Wommels types I-III. At the eastern margin of the *es*, a concentration of finds dating from the Roman period was found, near to remnants of a round well. Finally, some sherds of *Kugeltopf* and Pingsdorf ware were found, dating from the Middle Ages.

4.1.3. *Gramsbergen III*

Gramsbergen III is a collection of 30 flints, collected some 25-30 m south of Gramsbergen I (see figs 39 and 43). These finds derive from loose soil excavated from a sewer trench and from cleaning the section in the sewer trench. Most of the artefacts were gathered by Kleinjan in May 1973; some others were found by Van Beek in June 1973. A few charcoal particles were noticed at the spot. The artefacts of Gramsbergen III most probably have nothing to do with the Ahrensburgian occupation at Gramsbergen I and II. They are made of pale greyish flint of poor quality (with a lot of internal frost cracks); part of the artefacts are patinated white. The finds include: 1 small 'scraper', 2 cores, 13 flakes, 6 chips, 6 blocks, 1 unclassifiable burnt fragment and 1 nodule. The scraper is very small (19/14/4 mm) and was made of a frost-split piece of flint. Our guess is that this material dates from the Neolithic or Early Bronze Age.

4.2. Geography of the region

Gramsbergen is located in the valley of the river Vecht. Many remnants of old meanders of the Vecht can be discerned in the topography. Oxbow lakes must have formed also during the Late Glacial; in some of these, peat dating from the Allerød is preserved, as at the site of Gramsbergen (see 4.3). This area features many sand dunes, mainly dating from the Late Glacial: Younger Coversands I and II (Dryas 2 and 3, respectively). The site of Gramsbergen is located on one of these dunes, within the valley (fig. 42). It is probable that the formation of at least some of the dunes in the valley, 'river dunes' made up of local sands, continued for some time during the Preboreal. If this was also the case at Gramsbergen, then the Ahrensburgian artefacts most probably were left behind during the Preboreal, since they were present in the podzol soil at the top of the sand dune. The river Vecht deposited clays, loams and sands. In the low areas surrounding the sand dunes, peat accumulated during the Holocene, also outside the valley of the Vecht. At about 80 m to the south of the site, a small brook, a tributary of the Vecht, is still clearly visible in the landscape (figs 39, 42, 43); we presume that it held water during the site's occupation. The Ahrensburgian sites of Gramsbergen I and II are not located on the highest part of the sand dune, but about halfway down the slope to the brook, on a slight shelf (fig. 43). Nevertheless, the view across the landscape must have been good. Gramsbergen is located in an area with ice-pushed hills, mostly consisting of moraines (boulder-clay), dating from the Saalian (see fig. 42). These hills are the most probable sources of flints and other rocks during the Late Glacial. Several of these outcrops of boulderclay are situated about 3 to 4 km from the site – on the other side of the river Vecht, and these were probably the nearest sources of lithic raw materials for the Ahrensburgians. Another source, on the same side of the Vecht, is located about 10 km south of the site.

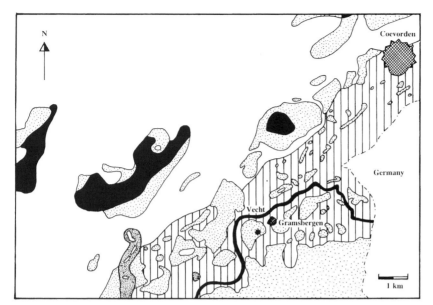

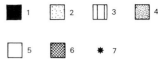

Fig. 42. Geological map of the surroundings of Gramsbergen (based on the 1930 geological map by the Geological Survey). Key: 1. Bouderclay at or near the surface; 2. Coversand; 3. River sediments (mostly clays, locally sands); 4. Driftsands, Holocene; 5. Peat; 6. Towns; 7. Location of the site near Gramsbergen. Drawing by Lykke Johansen.

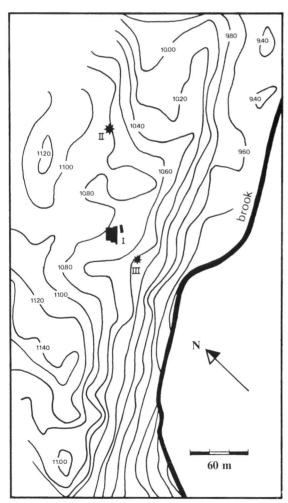

Fig. 43. Contour map of the vicinity of the sites at Gramsbergen, based on information provided by the Municipal Works Department of Gramsbergen. Intervals of 20 cm. Drawing by Lykke Johansen.

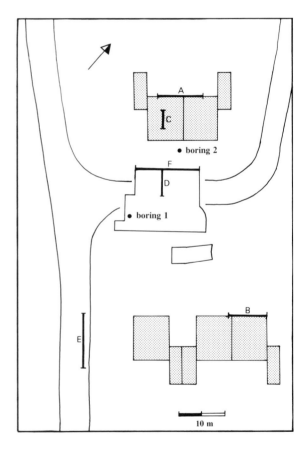

Fig. 44. Gramsbergen I. The excavation trenches, and their position with respect to two building excavations for houses (stippled) in 'De Esch', 1973. Six sections were drawn: in the main excavation area (D, F), in the two building excavations (A-C), and in a road cutting (E). One of these, A, is shown in fig. 46. The locations of two hand borings are also indicated. Drawing by Lykke Johansen.

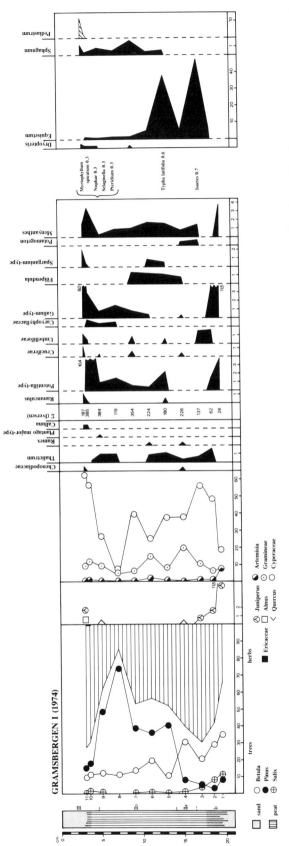

Fig. 45. Pollen diagram of the Allerød peat layer at Gramsbergen I (see under 4.3). After the original diagram made by W.A. Casparie in 1974. Drawing by W.A. Casparie/Lykke Johansen.

4.3. Stratigraphy at the site

The second author performed several borings at Gramsbergen I (the locations of borings Nos 1 and 2 are
indicated in fig. 44). The stratigraphy is as follows, from
top to bottom:

- Ploughed topsoil, c. 0-20 cm;

- *Es* layer (*Plaggen* soil), down to about 60 or 70 cm;

- Podzol in sand, in some places with an intact A1
horizon, and with a B horizon to about 1.3 or 1.4 m; the
flint artefacts occurred in the A2 horizon and in the top
part of the B1 horizon;

- Yellow coversand (C horizon), down to about 2.2
or 2.3 m;

- Greenish loam with plant remains, 10 to 20 cm
thick;

- Coarse sand, c. 1 cm thick (in boring 1, not in boring
2);

- Brown peat, 15 to 20 cm thick, to a depth of about
2.6 m;

- Yellow coversand, to a depth of about 3.3 m;

- Coarse sand with gravel particles; end of the borings
at about 4 m below the surface.

In June 1974, the brown peat at a depth of about 2.5
m below the surface (= c. 8.5 m +NAP) was sampled by
E.A. van de Meene of the Geological Survey (district
East), for radiocarbon dating and for pollen analysis.
Several borings were done at a little distance from the
excavation site at Gramsbergen I (we were unable to
retrieve the exact locations). The observed stratigraphy
was virtually the same as in borings 1 and 2, described
above.

A pollen analysis was performed by Dr W.A. Casparie; the following information is based on his report
(8 August 1974) and a letter by him to the second author
(3 March 1998). The pollen diagram is presented in
figure 45. Especially the *Pinus* phase of the Allerød
Interstadial, and the transition to Dryas 3, seem to be
well represented. Samples 1-3, provisionally placed in
Dryas 2, might alternatively date to the first half of the
Allerød. At the beginning of Dryas 3, *Pinus* seems to
have disappeared rather quickly: within 100-200 years,

or even more quickly. In the top part of the pollen
diagram, many plants indicating wet conditions are
represented (*Nuphar, Myriophyllum, Menyanthes,
Pediastrum*). Possibly, a permafrost was briefly present
during the transition of IIb/III, as was also suggested in
the case of Een-Schipsloot by Casparie & Ter Wee
(1981). The locally occurring coarse sand layer and the
loam layer, both lying immediately on top of the peat,
must have been deposited in open water, possibly connected to the existence of a permafrost. Evidently a
reversal of topography occurred here during Dryas 3: an
oxbow lake became filled with coversand, and gradually
a dune developed here. The variations in the thickness
of both the loam and the peat between the various
borings (in one boring by the Geological Survey no peat
was encountered) can be explained by cryoturbation,
dating to the Dryas 3. Casparie's interpretation of the
pollen diagram was supported by a radiocarbon date of
the peat: 11,130±60 BP (GrN-8074). The sand lying on
top of the loam/peat complex must therefore date from
Dryas 3 and possibly also from the first part of the
Preboreal. The artefacts lay in the A2 horizon and in the
top part of the B horizon. This probably means that the
artefacts were left behind on top of the dune, after its
formation was completed, and therefore cannot be older
than the last part of Dryas 3. If coversand deposition
indeed continued for some time into the Preboreal, the
finds could date from the first half of the Preboreal, as
the radiocarbon date seems to suggest. At any rate, it can
be definitely excluded that the artefacts date from the
first half of Dryas 3.

Several sections were studied at the site, both inside
the excavation pit and in its surroundings (see fig. 44 for
locations). Only one of these, profile A, is shown here
(fig. 46). At the top we find a *Plaggen*-soil deposit;
below that an arable layer mainly dating from the Iron
Age is locally present, on top of the coversand. The base
of the *Plaggen*-soil deposit runs quite horizontally.
Below it, however, the situation is more complicated.
The surface of the coversand originally showed an irregular topography – with many depressions and dunes.

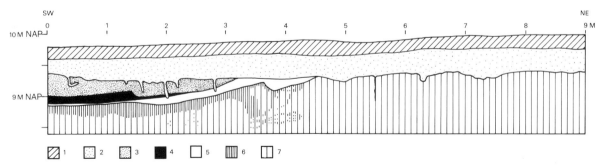

Fig. 46. Gramsbergen I. Section A; for location see fig. 44. Altitude in m NAP (Normal Amsterdam Level). Key: 1. Ploughed topsoil; 2. *Plaggen*
soil (*es* layer; medieval); 3. Arable layer of (mainly) Iron Age; 4. Remnants of the dark humic A0 horizon of the podzol; 5. Light-grey A1 horizon
of podzol; 6. B1 horizon of podzol; 7. B2 horizon and C horizon. The podzol developed in the top part of a Younger Coversand II layer. Drawing
by Dick Stapert/Lykke Johansen.

A complete podzol soil at the top of the coversand was preserved only in the lower parts of the original landscape. Higher parts seem to have been 'truncated', and this was caused at least partly by wind erosion. Within the arable layer, especially at its top, thin bands of driftsand were observed in several places, for example in profile C. Erosion also occurred in parts of the excavated area, implying some movement of artefacts. In general, however, this will have meant that artefacts were displaced downwards; not much horizontal movement will have occurred. It was noted that in the parts with an intact podzol the flints were generally patinated brown, while in the parts where the podzol had been eroded away, white patina could often be seen. The presence of different patinas somewhat hampered the refitting analysis: in many cases white patinated artefacts fitted to brown patinated ones. Finally, it may be mentioned here that in some profiles, for example in profile B, the coversand was deformed by cryoturbation, which must date to Dryas 3. Distinct frost fissures were not observed, however.

4.4. The artefacts of Gramsbergen I, and the refitting analysis

4.4.1. *General remarks*

The flint artefacts at Gramsbergen were produced from nodules deriving from northern moraine deposits (boulderclay dating from the Saalian). During the period of occupation, flint nodules could not have been collected in the immediate surroundings of the site. Outcrops of boulderclay are present in the region, however (see fig. 42); the nearest sources are 3 to 4 km WSW and N of the site (on the other side of the river Vecht). The quality of the flint is generally quite good at Gramsbergen, but the range from very fine-grained to coarse-grained varieties is much larger than for example at Oudehaske and Sølbjerg 1 in Denmark (Johansen, in prep.). The flint artefacts of Gramsbergen I and II are mostly patinated, but the degree is variable: from virtually unpatinated to heavily patinated. The degree and kind of patination are connected to very local situations; it was noted above that the stratigraphical position of the flints is variable, owing to wind erosion. Both white and reddish-brown patinas occur, while some flint artefacts in addition show a low gloss. Fitting fragments of single blades are in many case quite differently patinated. The flints have not been inspected by a use-wear analyst; we believe that most or all artefacts are unsuitable for a micro-wear study because of patination. Below, the various artefact groups are described, including the results of the refitting analysis. Apart from some dozen stray finds or very small artefacts that were unnumbered, a total of 2218 lithic artefacts are included in the Gramsbergen I data file (2195 flint artefacts and 23 stones of other kinds). In creating the data file, we used the square-metre labels written on the artefacts.

The main concentration of artefacts is quite large: some 8-10 m in diameter (fig. 41). The density map in figure 41 (produced by the ANALITHIC program) has no intervals: each frequency has its own diameter. It is a 'peripheral' density map, stressing lower frequencies (see Boekschoten & Stapert, 1996; Cziesla, 1990). A linear density map employing six classes (advocated by Cziesla, 1990), for the central concentration, is shown in figure 50.

The site was not excavated completely; part of the southeastern periphery of the concentration was disturbed prior to excavation by the digging of the sewer trench. In the extreme southern and eastern corners of the excavated area, additional find scatters are shown on the distribution map, which are evidently incomplete. Moreover, the quality of the spatial data in these scatters is much lower than is the case within the main concentration. The artefacts in the eastern corner were collected at the start of the excavation by the group of amateur archaeologists. The artefacts plotted in square X=1/Y=1 in fact were collected from a larger 'test pit', the precise extent of which is unknown to us. The artefacts in the other squares in the eastern corner, however, were collected by the square metre in the same way as the artefacts in the central concentration. The finds occurring in the eastern corner can be shown by refitting to be contemporaneous with the main concentration. The finds in the area between X=0-3 and Y=0-3 include the following (n=107): 3 B-points, 2 scrapers, 1 burin, 2 burin spalls, 9 complete blades, 28 blade fragments, 35 flakes, 23 chips, 2 cores and 2 blocks. Among these artefacts, 16 are burnt (c. 15%). The composition of this assemblage is not unlike that of Gramsbergen I as a whole. It does not make the impression of being a dump or some other kind of special activity area. Nevertheless, there are some indications that part of the scatter in the eastern corner may be a dump (see under 4.4.2 and 4.4.3). On the other hand, in the eastern corner we may also be dealing with the peripheral zone of another find concentration, similar to the central one at Gramsbergen I. It is also conceivable that both ideas are correct.

None of the finds in the extreme southern corner were systematically collected by the square metre. Most were collected in the sewer trench prior to the systematical excavation, mainly by R. van Beek. He indicated the approximate position of these finds with respect to the excavation grid to the second author during the B.A.I. excavation, but the exact location could not be established (following Van Beek, these artefacts were labelled 'PQ1' or 'PQ1/2'). To check whether there was any additional concentration in that area, a few square metres were excavated beyond the line Y=17, immediately to the south of the location indicated by Van Beek. Since in this area no artefacts at all were encountered during the B.A.I. excavation, we do not feel certain about the existence of a separate find scatter in that location. In fact, we consider it possible that these artefacts derive from the part of the sewer trench bordering to the main concentration, and thus belong to it. These finds are in any case related to the main concentration by refittings. The finds plotted in this area (X=0 to 2 and Y=15 to 17) by the group of amateur archaeologists include the following (n=143 flints and 1 other stone): 3 points, 1 scraper, 3 burin spalls, 12 complete blades, 34 blade fragments, 39 flakes, 50 chips, 1 block and a fragment of a possible cooking stone. Among the flint artefacts, only 2 are burnt (1.4%).

In this paper, we will be mainly concerned with the central artefact concentration. On subsequent distribution maps in this paper, the area south of Y=14 is omitted, because of the uncertainties described above. As already noted, the excavation was done essentially by collecting artefacts by the square metre. In the automated data file, artefacts were therefore assigned coordinates in the centres of the square metres. However, results of refitting cannot be mapped in that way, because all artefacts from the same square metre would then lie on top of each other. To make refitting maps readable, we randomized the artefact locations per square metre. One has to realize this when looking at the refitting maps in this paper. Refitting lines to artefacts mapped by the group of amateur archaeologists in the southern corner are not shown in the maps, because the locations of those artefacts are uncertain (see above). Distributions of various artefact groups, without refitting lines, are systematically shown as density maps, based on the frequencies per square metre.

4.4.2. Burnt flint artefacts

As noted above, an irregularly shaped pit was excavated by the group of amateur archaeologists; it contained charcoal and artefacts, with quite a high proportion of burnt artefacts (see 4.1.2). The charcoal from this pit produced the radiocarbon date discussed earlier. We are now convinced that this pit had a natural genesis, and does not represent the remains of a hearth. The pit was probably created by an ancient tree fall, and the burning of the artefacts could therefore very well date from after the Ahrensburgian occupation at the site. Did the Ahrensburgians have a hearth, and if so, where was it? In order to investigate this, a density map was made of burnt flint artefacts (fig. 47). As can clearly be seen, two cells (X=2-3, Y=6-8) had high numbers of burnt artefacts and fall in the highest interval (19-22). It seems probable that these artefacts became burnt in a man-made hearth. In these two square metres, no pits or other structures were observed during excavation, however. If there was a hearth here, it either was a simple surface hearth, or, alternatively, any structures and charcoal present here originally were destroyed by subsequent erosion. If the concentration of burnt flints can be taken as a reliable indicator of the position of the hearth, then its position may be reconstructed as being at about X=2.5/Y=7.0. This reconstructed location of the hearth is indicated by

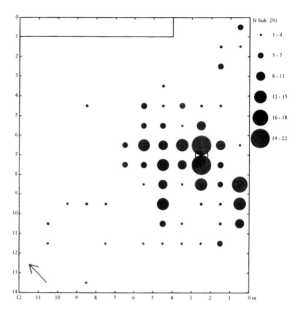

Fig. 47. Gramsbergen I. Burnt flint artefacts. The centre of the reconstructed hearth is set between the two richest cells. Drawing by Dick Stapert/Lykke Johansen.

a circle (or another symbol) in all distribution maps in the remainder of this paper.

An alternative way to investigate the distribution of burnt flints is by a proportion map, in which the percentages of burnt artefacts for all square metres are indicated: fig. 48. In this map, cells with a higher percentage than that of burnt flints over the whole area (14.2%) have an infilled circle, those with a lower percentage an empty circle. In order to avoid spurious pictures, a threshold value can be set by the ANALITHIC program; in this case only cells with at least 5 flint artefacts are represented in the map. It can be seen that higher proportions of burnt artefacts occur in the central part of the concentration, at the reconstructed hearth location. It is interesting that higher proportions also occur in the periphery, possibly as a result of clearing out; the pattern suggests some kind of 'centrifugal effect'. The cells with very high proportions of burnt flints in the extreme eastern corner might represent a dump. Finally, a density map was made of fragments of flint artefacts which were burnt so heavily that they could not be classified as to type (fig. 49). The idea behind this map is that, at least partly, such heavily burnt artefacts would have lain in the hearth for quite a long time. Since they easily crumble, they would also have had a smaller chance of being cleared away. Therefore, these heavily burnt fragments may indicate the position of the hearth more clearly than a map showing all burnt artefacts including those with only weak alterations by heat. It is satisfying to find that these artefacts indeed show a distinct clustering in the centre of the main artefact concentration, at the reconstructed hearth location. A density map of

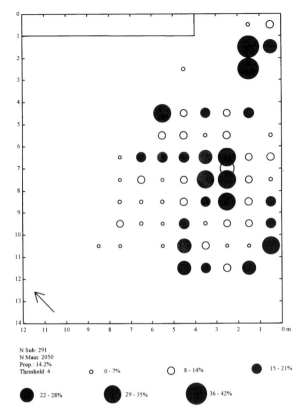

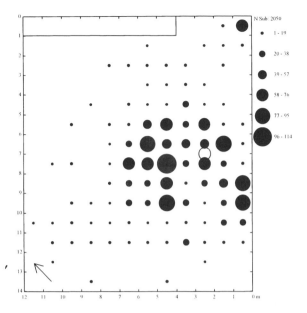

Fig. 50. Gramsbergen I. The part of the excavated area selected for the analysis of spatial patterns in the remainder of this paper. The reconstructed hearth is shown as a circle. All flint artefacts in this area are shown in a density map according to the principles of Cziesla (1990): a linear division into six classes. Drawing by Dick Stapert/Lykke Johansen.

Fig. 48. Gramsbergen I. Burnt flints as a percentage of all flint artefacts per square metre. Only cells with at least 5 flint artefacts are represented. The reconstructed hearth is indicated by a circle. Drawing Dick Stapert/Lykke Johansen.

all flint artefacts in the area selected for analysis is shown in figure 50; this is a linear density map with 6 intervals: the approach advocated by Cziesla (1990; see also Boekschoten & Stapert, 1996). The reconstructed hearth is indicated by a circle. It can be seen that the richest cells occur some 2 m west of the reconstructed hearth. However, several rich cells occur to its south, close to the edge of the excavation; it is obvious that part of the concentration was destroyed.

4.4.3. *The refitting analysis: general results*

Included in the refitting analysis were all tools and tool fragments, waste products from tool production, cores, all blades and blade fragments larger than 1.5 cm, and flakes larger than 2.5 cm. In total, 1432 artefacts were involved in the refitting analysis, of which 299 could be refitted, resulting in 104 refitted groups; the refitting percentage is 20.9%. Most of the refitted groups only contain a few fitting artefacts; 66 of them consist of two artefacts (63.5% of all refitted groups). One refitted group stands out: it contains 33 artefacts. The numbers of artefacts per refitted group are shown in a diagram (fig. 51). Refitting lines are drawn according to the system of Cziesla (1990). In total, 242 refitting lines connect the refitted artefacts in the 104 groups. In the case of Gramsbergen I, these lines can be split up into five different types of refit. There are three primary types of line: sequences, breaks and burins/burin spalls.

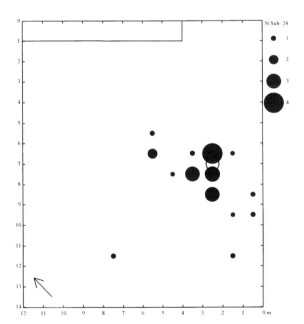

Fig. 49. Gramsbergen I. Density map of unclassifiable burnt fragments of flint artefacts. Drawing by Dick Stapert/Lykke Johansen.

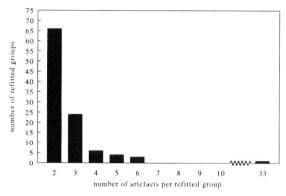

Fig 51. Gramsbergen I. Numbers of artefacts involved in the 104 refitted groups. In total, 299 artefacts are involved in refitted groups. Drawing by Dick Stapert/Lykke Johansen.

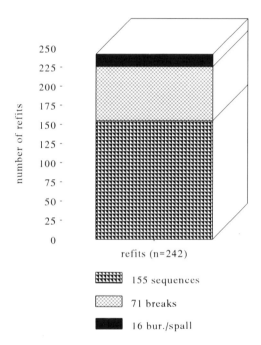

refits (n=242)

▤ 155 sequences

▨ 71 breaks

■ 16 bur./spall

Fig. 52. Gramsbergen I. The total of 242 refits (= refitting lines) are divided into three categories: sequences, breaks and burin/ burin spalls. Refitting lines are generated according to the system of Cziesla (1990). Drawing by Dick Stapert/Lykke Johansen.

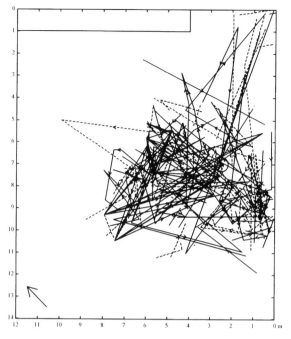

Fig. 53. Gramsbergen I. Within the area shown in fig. 50, a total of 231 refits (= refitting lines) were produced by the refitting analysis, which are all shown here. This and similar figures in this paper are based on the randomized file. The refitting lines are generated according to the system of Cziesla. In this and following figures, three types of line are employed: unbroken line with arrow: sequences, the arrow is directed towards the core; broken line with arrow: burin/burin spall, the arrow points towards the burin; broken line without arrow: breaks. Drawing by Lykke Johansen/Dick Stapert.

In figure 52, the frequencies of these three types of refit are shown in a diagram. At Gramsbergen I, there are 155 dorsal/ventral refits, 16 lines connecting burin spalls to burins, and 71 refits of breaks. Within the last category, 21 breaks are due to heat, and 3 to frostsplitting; for the remainder of the breakage refits, the process responsible for the break is undetermined.

It was noted above (under 4.4.1) that in the maps showing the results of refitting, lines to artefacts in the area Y >14 m have been omitted. Of the total of 242 recorded refits, 231 connect artefacts within the area

selected for analysis; all these lines are shown in figure 53. Three line types were employed in this map: normal lines with an arrow: dorsal/ventral sequences (the arrow points towards the core); broken lines with an arrow: burin spall/burin (the arrow points from spall to burin); broken lines without an arrow: breaks. In the map, the reconstructed hearth is indicated by a circle. It can be noted that most refitting lines cluster in two areas, west and south of the hearth. Moreover, it may be noted that quite a lot of refitting lines connect the main concentration to the artefact cluster in the extreme eastern corner of the excavated area.

It is of interest to study the length of refit lines. In the case of Gramsbergen I, however, it has to be remembered that the artefacts were given random locations within the square metres from which they were collected; this means that there is no point in looking at small line lengths. Based on the randomized data file, length classes of 1 m for the refit lines are shown in figure 54. As usual, shorter refit lines predominate. The longest refit line is between 11 and 12 m long. We decided to study the relative frequencies of the different types of refit per length class (see Cziesla, 1990). In figure 55, the refit lines are divided into 4 length classes: 0-1.50 m, 1.51-

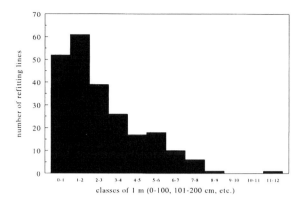

Fig. 54. Gramsbergen I. The lengths of the 231 refitting lines within the area shown in fig. 50, presented in classes of 1 m. Drawing by Lykke Johansen/Dick Stapert.

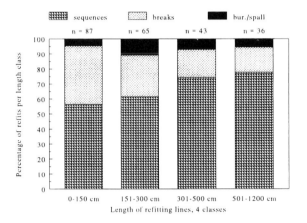

Fig. 55. Gramsbergen I. The 231 refits within the area shown in fig. 50 are split up according to 3 refit types and 4 distance classes. Note that the longer the refitting lines, the higher the proportion of sequences among the refits. Drawing Lykke Johansen/Dick Stapert.

3.00 m, 3.01-5.00 m and 5.01-12.00 m. As can be seen, the proportion of sequences systematically increases with longer refit lines, while that of breaks decreases. This seems to indicate that it is relatively rare for fitting fragments (breaks) to end up very far from each other. On the other hand, it is not infrequent that artefacts fitting in the ventral/dorsal way end up far apart; this may partly reflect the circumstance that blades and tools often were carried from the production spot, where flint knapping was done, to activity areas elsewhere. The highest proportion of burin/burin spall refits occurs in the length class of 1.5-3 m.

In figures 56-59, all refit lines are shown per length class. The short lines (fig. 56) occur especially clustered to the west/northwest and south of the reconstructed hearth. It is probable that the northwestern cluster reflects a flint-knapping location. The refit lines of 1.5-3 m (fig. 57) essentially present the same picture; it is noteworthy,

however, that sequences predominate in the northwestern cluster, while break refits predominate in the southern cluster. This may indicate that in the northwestern cluster a good deal of flint knapping took place, while in the southern cluster tools and blades were intensively used, resulting in breaks. In other words: flint knapping was proportionally much more important in the western cluster than in the southern one. We will later investigate whether or not there are also other differences between these two subareas, for example in terms of tool types. The lines of 3-5 m length show a heavy clustering to the west of the reconstructed hearth (fig. 58). The lines longer than 5 m (fig. 59) show an interesting pattern. A dense bundle of lines connects an area at about 5 m west of the hearth with the immediate surroundings of the hearth. Moreover, this map shows how the scatter in the eastern corner is connected by refit lines to the area around the reconstructed hearth.

Up till now, all refitting maps only showed the refit lines, not the artefacts. In figures 61-65, refit lines of several categories are shown, together with symbols for various artefact groups. The key to the artefact symbols used in distribution maps in the remainder of this paper is shown in figure 60. It has to be noted that artefact classifications were done before the refitting analysis. As a result of refitting, the classification of some artefacts changed; this applies to burin spalls especially. In the refitting maps shown below, burin spalls are in some cases represented by a blade symbol. The change in classification in such cases is evident from the line type: a broken line with an arrow indicates the refitting of a burin spall to a burin. All dorsal/ventral sequences are shown in figure 61. It can again be noted that these cluster heavily in the area west and northwest of the reconstructed hearth. Most of the cores are also present in this area. A smaller cluster of sequence lines is present to the south of the hearth, and a few cores are also present in that area. Refits of burin spalls to burins are shown in figure 62. The two clusters northwest and south of the hearth show up again. It is interesting to note, however, that two burin spalls in the southern cluster fit to burins in the northwestern cluster. These burins were made (or resharpened) next to the hearth in the southern cluster, and then transported to spots at quite a distance west or northwest of the hearth, were they presumably played a functional role. All refits of breaks whose causative process is unknown are shown in figure 63. The two clusters once again show up. Furthermore, it is of interest that a couple of these refit lines connect the area around the hearth with the scatter in the extreme east corner. This seems to support the idea that part of the artefacts in the eastern corner were in a dump context. In figure 64, all breaks resulting from heat are mapped. There is a concentration of refit lines close to the reconstructed hearth, but several fitting fragments occurred at some distance. Several refit lines clustering to the south of the hearth may represent a secondary burning event (connected to the pit with

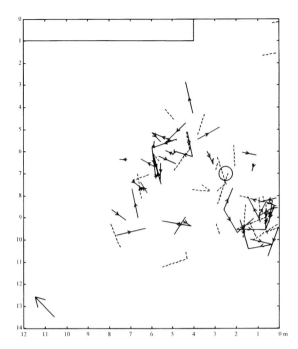

Fig. 56. Gramsbergen I. All refitting lines of 0-150 cm within the area shown in fig. 50, n=87. For types of line, see fig. 53. Drawing by Lykke Johansen/Dick Stapert.

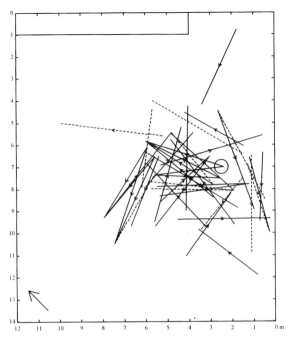

Fig. 58. Gramsbergen I. All refitting lines of 301-500 cm, n=43. Drawing by Lykke Johansen/Dick Stapert.

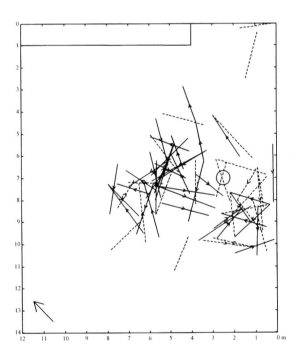

Fig. 57. Gramsbergen I. All refitting lines of 151-300 cm, n=65. Drawing by Lykke Johansen/Dick Stapert.

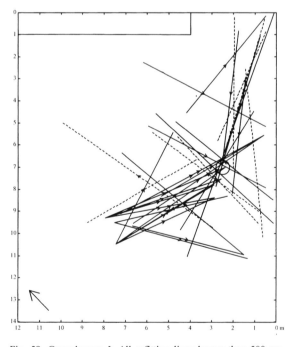

Fig. 59. Gramsbergen I. All refitting lines longer than 500 cm, n=36. Drawing by Lykke Johansen/Dick Stapert.

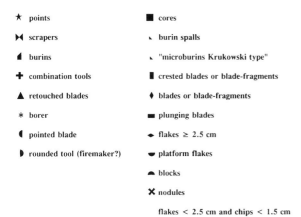

★ points
⋈ scrapers
◀ burins
✚ combination tools
▲ retouched blades
✳ borer
◀ pointed blade
▶ rounded tool (firemaker?)

■ cores
◣ burin spalls
◣ "microburins Krukowski type"
▮ crested blades or blade-fragments
◆ blades or blade-fragments
▬ plunging blades
◗ flakes ≥ 2.5 cm
◖ platform flakes
◣ blocks
✖ nodules

flakes < 2.5 cm and chips < 1.5 cm

Fig. 60. Gramsbergen I. Key to symbols used in refitting maps. Drawing by Lykke Johansen.

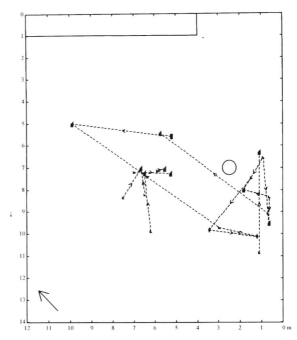

Fig. 62. Gramsbergen I. All refits of burin spalls to burins, n=16. In total, 23 artefacts are involved. Note that some artefact classifications changed as a result of the refitting analysis. Drawing by Lykke Johansen/Dick Stapert.

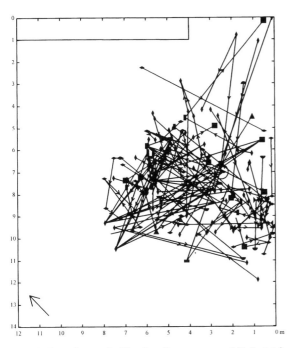

Fig. 61. Gramsbergen I. All refits of sequences, n=149. In total, 182 artefacts are involved. Drawing by Lykke Johansen/Dick Stapert.

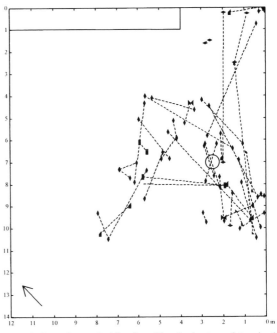

Fig. 63. Gramsbergen I. All refits of breaks due to undetermined causes, n=42. In total, 81 artefacts are involved. Drawing by Lykke Johansen/Dick Stapert.

charcoal in that area: see under 4.1.2). Finally, figure 65 shows the few refit lines that can be ascribed to frost-splitting. Of interest is a core that broke along a hidden frost crack during its exploitation (fig. 101: 3). The fact that half of the broken core turned up in the extreme east seems again to support the idea that at least part of the artefacts in that area occurred in a dump.

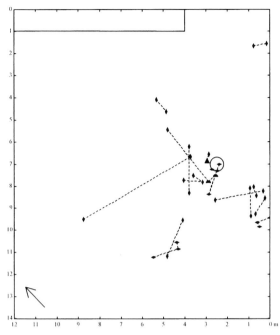

Fig. 64. Gramsbergen I. All refits of breaks caused by burning, n=21. In total, 36 artefacts are involved. Drawing by Lykke Johansen/Dick Stapert.

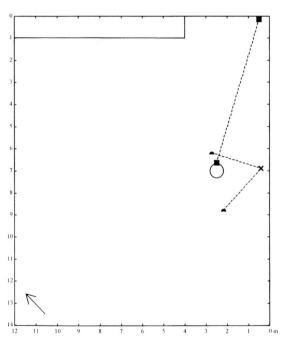

Fig. 65. Gramsbergen I. All refits of breaks caused by frost-splitting, n=3. Five artefacts are involved. Drawing by Lykke Johansen/Dick Stapert.

4.4.4. *The tools*

In total, 164 tools are known from Gramsbergen I; they are listed in table 4. All tools are described and illustrated below.

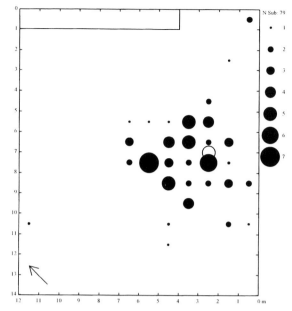

Fig. 66. Gramsbergen I. Density map (linear) of the points (n=79). Open circle: reconstructed hearth. Drawing by Lykke Johansen/Dick Stapert.

2 cm

Fig. 67. Stray find of a tanged point, said to have been found near Gramsbergen. After Wouters (1990: p. 50). Drawing by Lykke Johansen.

The points (n=82). In total, 82 points of Gramsbergen I have been included in our data file, but according to notes made by the group of amateur archaeologists several more existed that were lost prior to our study. Probably some 85 to 90 points were present originally. No tanged points were found during the excavations at Gramsbergen I (nor at Gramsbergen II). However, a stray find of one tanged point at 'Gramsbergen' is reported by Wouters (1990). This point (fig. 67) is said to have been found by H. Teusink in 1988. No information was given concerning the precise findspot, and we did not succeed in tracing the finder.

Points are clustered especially on one side of the reconstructed hearth: to its north and west (fig. 66). The richest cell, containing 7 points, occurs at a distance of about 3 m northwest of the hearth. However, most of the points are located relatively close to the hearth; for example, a square containing 6 points occurs in its immediate vicinity. Most points were made of blade

Table 4. Gramsbergen I. List of artefacts. Numbers counted before refitting analysis.

A. Flint tools

	N	Percentage of subtotal
Points	82	50.0
Zonhoven points, (near-)compl.	8	
B-points and point fragments	74	
Scrapers	43	26.2
on blades	9	
on blade fragments	21	
on flakes (including 4 double scrapers)	13	
Burins	29	17.7
on break, A (single: 5, double: 6, triple: 1)	12	
on truncation, RA (single: 7, double: 4)	11	
dihedral, AA (single: 3, combined with A or RA: 3)	6	
Combination tools (scraper/burin)	2	1.2
Borer	1	0.6
Pointed blade	1	0.6
Retouched blades	5	3.0
Tool with rounded end (possible 'strike-a-light'):	1	0.6
Subtotal	164 (7.5% of total)	99.9

B. Flint non-tools

	N	Percentage of total
Burin spalls	48	2.2
'Microburins of Krukowski type'	10	0.5
Blades or blade fragments	826	37.6
Flakes	621	28.3
Chips (<1.5 cm)	458	20.9
Blocks and nodules	26	1.2
Cores	18	0.8
Unclassifiable burnt fragments	24	1.1
Total	2195	100.1

C. Other artefacts

Ochre?	1
Probable and possible cooking stones:	16
Hammerstones:	2
Iron concretions:	3
Anvil stone?	1

fragments, and we believe that most breaks occurring opposite the truncations at the tips of the points were intentional, in order to give the point a desired length. There is hardly or no evidence that the 'microburin technique' was used to divide the blades into parts. Sometimes, however, probably unintentionally, microburin-like artefacts were produced in the manufacture of points. These are so-called 'microburins of Krukowski type'.

In total, 10 of these artefacts are present at Gramsbergen I. Since they are produced in the manufacture or repair of points, their horizontal distribution is discussed here.

The microburins of Krukowski type are nicely concentrated to the west of the reconstructed hearth (fig. 94), and have a much more restricted distribution than the points. The concentration may reflect a spot where damaged points were repaired or new points made. Though there is a concentration of points in this area (including the richest cell, containing 7 points), most of the other points are located closer to the reconstructed hearth. This can be understood if we envisage two different activities: making or repairing points (flint-working), and repairing the composite projectiles of which points were a part (presumably arrows). The latter activity probably took place near the hearth, because heat was needed for attaching the new points to their hafts with resin. The difference between the two density maps seems to suggest that production or repairing of flint insets was done at some distance from the hearth, while the hafting was done close to the hearth. In many sites, points are close to hearths; in general these must be used ones, removed from the hafts prior to the insertion of newly-made ones. In this connection it is interesting that none of the points of Gramsbergen I can be refitted with any other artefact

(the same goes for the microburins of Krukowski type). This must clearly mean that none of the points was made on the site. They were imported to the site in a hafted state, and left behind as a result of what Keeley (1982) has called 'retooling'. They were taken out of their hafts, and replaced by newly-made ones, which were subsequently taken away from the site.

Eight points can be described as Zonhoven points: points combining a truncation at the tip with basal retouch (fig. 68: 1-8); one of these has a concavely retouched base (No. 4). Only one seems to be complete (No. 3), five lack part of the tip (Nos 2, 4, 6, 7 and 8) and one is damaged both at the tip and at the base (No. 5). Three of these points have the truncation at the right and five at the left (if the tip faces upwards). The tip is located distally in five cases, and proximally on the remaining three points. All the other points can probably be best classified as B-points: simple microliths with an

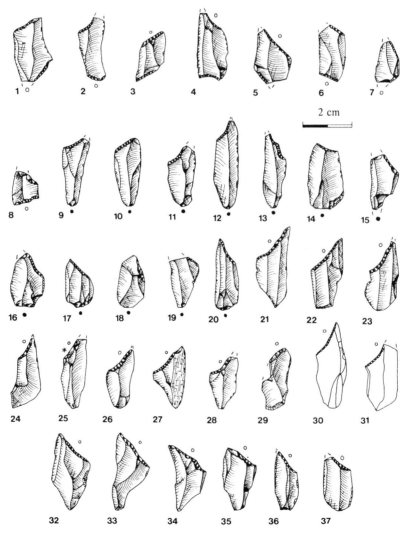

Fig. 68. Gramsbergen I. 1-8. Zonhoven points; 9-37. B-points. An asterisk indicates that the tool is burnt. Nos 30 and 31 were lost. Drawing by Lykke Johansen.

2 cm

Fig. 69. Gramsbergen I. 1-45. B-points and point fragments. Drawing by Lykke Johansen.

oblique truncation at the tip. Of these, 29 points are 'complete' in the sense that there is no break opposite the tip (fig 68: 9-37). Two of these points were lost during an exhibition, but schematic drawings of them were kept at the B.A.I. (Nos 30 and 31). Of these 29 points, 12 have their tip at the distal end, while the remaining 17 have their tip at the proximal end. Left truncations occur 15 times, right truncations 14 times. The remaining 45 points combine an oblique truncation at the tip with a break at the opposite end (fig. 69). In principle it is not possible to know whether these are fragments of either B-points or Zonhoven points or complete B-points with an intentional break at the base. Our guess is that most of them have intentional breaks, but some are fragmented as a result of use. Of these points, 16 have their tips at the distal ends, and 29 at the bulbar ends. Left truncations occur on 25 of these points, and right truncations on 20.

If we take all 82 points together, the location and the lateralization of the tips can be summarized as follows:

	Right	Left	Total
Distal	18	15	33 (40.2%)
Bulbar	21	28	49 (59.8%)
Total	39 (47.6%)	43 (52.4%)	82

We will return to these attributes in the final chapter of this paper.

The scrapers (n=43). The scrapers are located mainly in two concentrations (fig. 70): a dense one to the south of the reconstructed hearth (close to the excavation's edge), and a less dense scatter northwest of the hearth. Compared to the points (fig. 66), the scrapers occur on average at a much greater distance from the reconstructed hearth. This phenomenon has also been noted at many other Upper or Late Palaeolithic sites (Stapert, 1992), and may be explained by the fact that some types of hide-working require a good deal of working space. Among the scrapers, 22 are complete while 21 are fragmented; only one of the fragmented scrapers became complete as a result of refitting. All single scrapers have the working edge opposite the bulbar end; the four double scrapers have one of their working edges proximally. Most of the scrapers show edge-damage along the sides, maybe (partly) as a result of hafting. Nine single scrapers are on complete blades, measuring 3-8 cm in length (fig. 71: 1-6, fig. 72: 1-2, and fig. 76: 1).

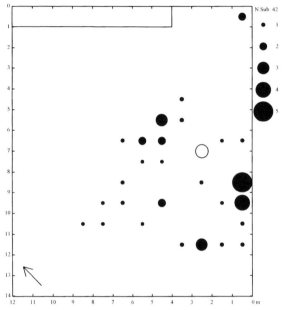

Fig. 70. Gramsbergen I. Density map of the scrapers (n=42). Drawing by Lykke Johansen/Dick Stapert.

Nine complete single scrapers are on flakes (fig. 72: 3-9, and fig. 73: 1-2). The four double scrapers were also made on flakes (fig. 73: 3-6). Most of the 21 scrapers occurring in a fragmented state are on blade fragments (fig. 74: 1-12, 14-15, fig. 75: 1-4, and fig. 76: 3); two are on flake fragments (fig. 74: 13 and fig. 75: 5). The edge angles of the scrapers were measured (n=47). The range is quite large: 32-80 degrees; the mean is 56.6°, standard deviation: 10.1; the modal class is 56-60 degrees (fig. 81).

Five of the scrapers can be refitted with other artefacts; they are part of five different refitted groups. All refits involving scrapers are shown in figure 78. Four of the refitted groups involving scrapers cluster in the area with the largest concentration of scrapers, south of the reconstructed hearth; one occurs to the north of the hearth. One scraper was made on the thickest flake in a sequence of four flakes (fig. 73: 1). At any rate the last flake removed in this sequence is a platform flake; however, there is no core that can be fitted to this series. Another scraper on a flake can be refitted dorsally/ventrally with a platform flake (fig. 73: 2). The core of this production sequence was not found, and no other flakes with the same heavily weathered cortex as that on the scraper were found. One fragment of a scraper can be fitted with a blade fragment (fig. 74: 2), but it cannot be refitted into a dorsal/ventral sequence. One complete scraper on a blade can be refitted in the dorsal/ventral way with another blade (fig. 76: 1). Another scraper on a blade fragment can be fitted with two blade fragments, completing the tool, and this can be refitted dorsally/ventrally to another blade (fig. 76: 3). These two short sequences involving scrapers consist of artefacts from

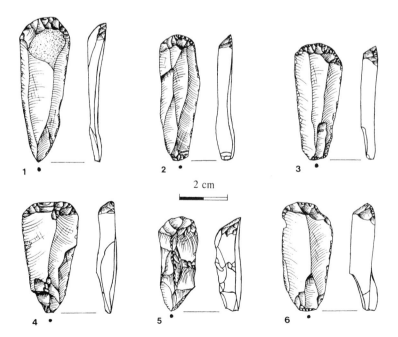

Fig. 71. Gramsbergen I. 1-6. Blade scrapers. Drawing by Lykke Johansen.

2 cm

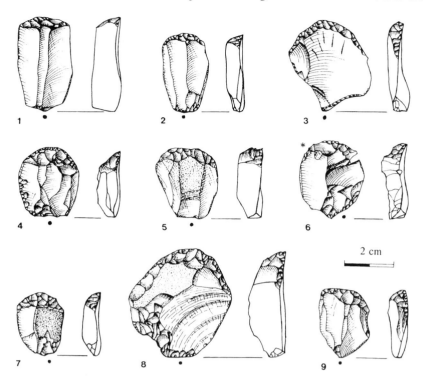

Fig. 72. Gramsbergen I. 1-2. Short blade scrapers; 3-9. Flake scrapers. Drawing by Lykke Johansen.

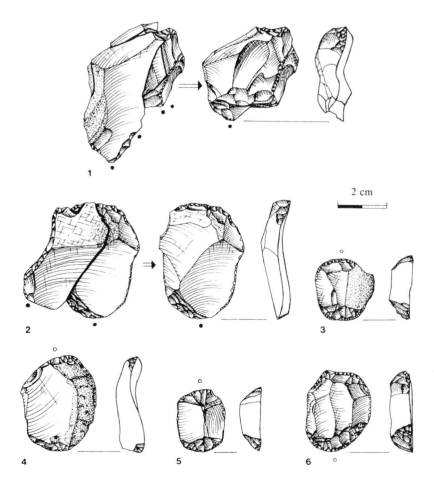

Fig. 73. Gramsbergen I. 1-2. Flake scrapers refitted into short sequences; 3-6. Double scrapers. Drawing by Lykke Johansen.

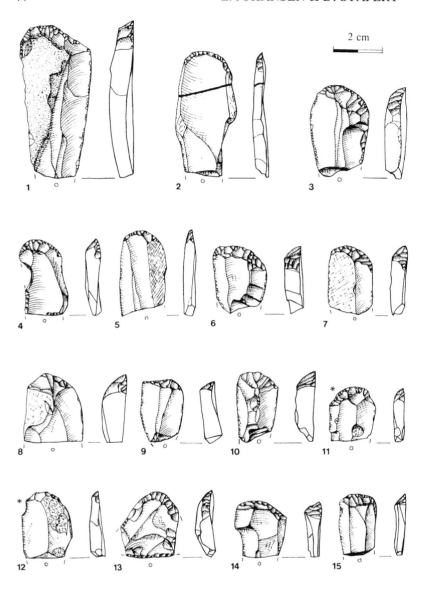

2 cm

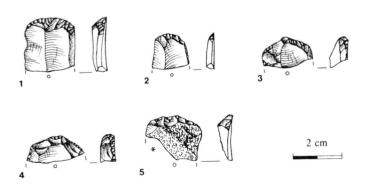

Fig. 74. Gramsbergen I. 1-15. Scrapers on blade fragments. Drawing by Lykke Johansen.

2 cm

Fig. 75. Gramsbergen I. 1-5. Scrapers on blade fragments. Drawing by Lykke Johansen.

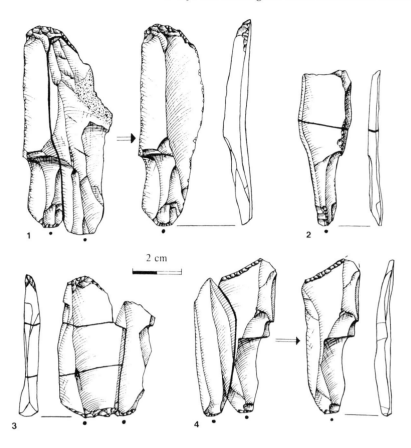

2 cm

Fig. 76. Gramsbergen I. In figs 76 and 77 all artefacts made of a distinctive type of flamed flint are presented. 1, 3. Blade scrapers fitted ventrally/dorsally to one blade in each case; 2, 4. Other artefacts of flamed flint, including a truncated blade fitted to a blade (4). Drawing by Lykke Johansen.

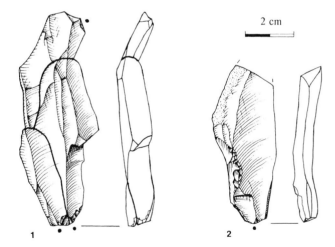

2 cm

Fig. 77. Gramsbergen I. Artefacts made of flamed flint (see also fig. 76). 1. Three fitting blades; 2. Crested blade. Drawing by Lykke Johansen.

the same flint nodule. It concerns a flamed variety of fine-grained flint, with shades of light or dark brown, depending on the degree of patination. Several other blades of the same type of flint also occur on the site. One of these blades has an oblique truncation, and this tool can be refitted dorsally/ventrally with another blade (fig. 76: 4). Another blade of the same flint consists of two fitting fragments (fig. 76: 2). Three other blades of

the same flint can be fitted in the dorsal/ventral way (fig. 77: 1). Only one blade of this flint is not involved in any refitted group; it is a proximal end of a blade (fig. 77: 2). Apart from this one, all the other blades and tools of this type of flint are complete after refitting. The five refitted groups of this flint and the isolated blade fragment can not be refitted to each other. Furthermore, no flakes or core of this particular type of flint were found on the

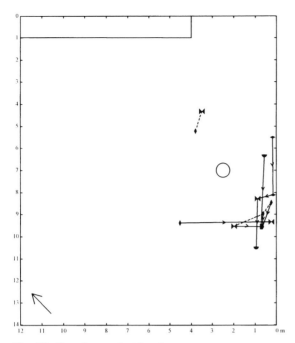

Fig. 78. Gramsbergen I. All refits involving scrapers, n=11. Fourteen artefacts are involved. Drawing by Lykke Johansen/ Dick Stapert.

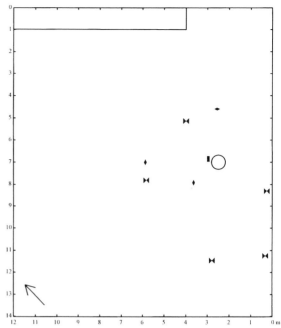

Fig. 80. Gramsbergen I. All artefacts made of a distinctive dark-brown flint with a thick cortex, including five scrapers, n=9. These artefacts cannot be refitted to each other. The map shows locations on the basis of the randomized file. Drawing by Lykke Johansen/Dick Stapert.

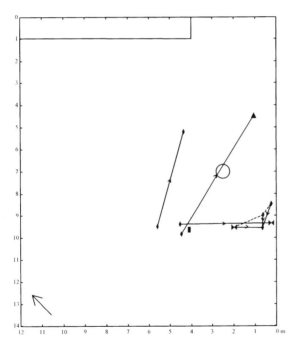

Fig. 79. Gramsbergen I. All artefacts made of flamed flint (n=11), and the refits they are involved in (n=8). Drawing by Lykke Johansen/Dick Stapert.

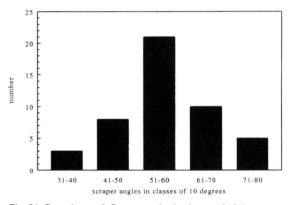

Fig. 81. Gramsbergen I. Scraper angles in classes of 10 degrees. Drawing by Dick Stapert.

site. In total, there are eight blades and three tools on blades of this flint. We believe that these artefacts were imported to the site, and that they represent a selection of good blanks from a single episode of blade-production done elsewhere. All artefacts of this particular type of flint, and their refitting lines within the area selected for analysis, are shown in figure 79 (3 of the total of 14 artefacts belong in the extreme south corner not shown in this map). If these artefacts were carried to Gramsbergen from a site elsewhere, and used during the first phase of occupation at Gramsbergen, then the refitting lines shown by this group seem to indicate that most of the area around the reconstructed hearth was occupied from the start.

Five scrapers (four of which on flakes) are made of

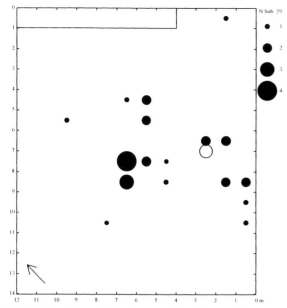

Fig. 82. Gramsbergen I. Density map of the burins, n=29. Drawing by Lykke Johansen/Dick Stapert.

a dark-brown flint with a rather thick white cortex (fig. 72: 5, 7 and 8; fig. 73: 4 (double scraper); fig. 74: 1). Four other artefacts from the site consist of the same flint and have the same cortex: three short blades (one is crested) and a flake. The locations of these artefacts are shown in figure 80 (remember that the locations are randomized within each square metre). Some other blades and tools might be of the same flint, but we cannot be sure of that because they are without cortex (these are not shown in fig. 80). Neither other flakes nor a core of this type of flint were found on the site. This could indicate that these artefacts were all imported to the site, either in the form of blades and flakes, or as tools. The horizontal distribution of the artefacts of this flint shows that they are spread all over the main concentration.

In conclusion it can be said that there is no proof, on the basis of the refitting analysis, that any of the scrapers were made of blanks produced on the site. Therefore, most or even all of the scrapers were imported to the site, like the points, or made there on imported blanks.

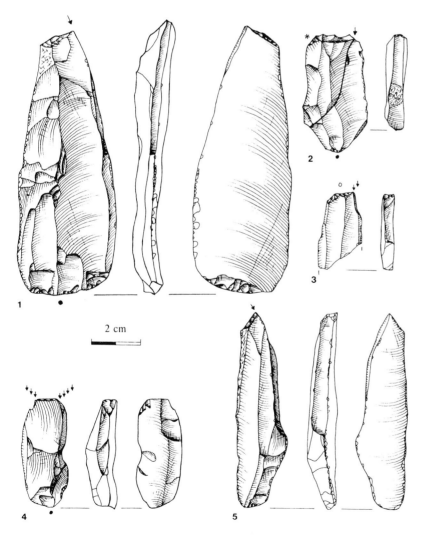

2 cm

Fig. 83. Gramsbergen I. 1-5. Burins on truncations. No. 4 is a double burin. A plunging burin spall could be fitted to burin No. 2. Drawing by Lykke Johansen.

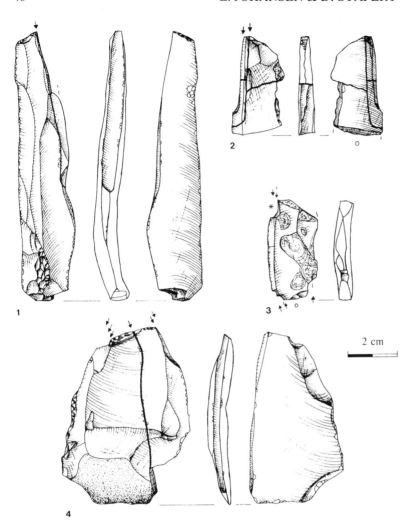

2 cm

Fig. 84. Gramsbergen I. 1-4. Burins on truncations. A fragment of the burin spall could be fitted to No. 1. No. 2 has a fitting (broken) burin spall; the burin broke and the proximal fragment was subsequently turned into a burin on a break by two spalls (both missing). Nos 3 and 4 are double burins. In the case of No. 4, a secondary burin spall could be fitted to the burin. Drawing by Lykke Johansen.

It is worth noting that at the Hamburgian site of Oldeholtwolde refitting also showed that all the points and most of the scrapers were either imported or made of imported blanks (Stapert & Krist, 1990; Johansen, in press b).

Burins (n=29). The horizontal distribution of the burins shows that they occur in several clusters. One lies close to the reconstructed hearth, the others at a few metres' distance from it. The densest concentration of burins occurs to the west of the hearth, at a distance of about 3 m (fig. 82). In the same area the densest clusters of points and microburins of Krukowski type were also present. Therefore, burins seem to have roughly the same horizontal distribution as points, while scrapers show a rather different distribution.

Ten burins are on truncations ('RA-burins' in the classification of Bohmers; fig. 83: 1-5; fig. 84: 1, 2 and 4; fig. 85: 1, 2). Four of these burins were made on very long and/or broad blades or flakes. The two longest are 10.4 and 10.7 cm long and 4.0 and 2.2 cm wide (fig. 83:

1 and fig. 84: 1). Two others were made on flakes 7.5 and 7.0 cm long and 4.3 and 5.0 cm wide; in both cases their thickness is only 0.9 cm (fig. 84: 4 and fig. 85: 1). Seven of the burins on truncations only show negatives of burin spalls along one side (fig. 83: 1-3 and 5; fig. 84: 1-2); three are double, having negatives along both sides, on the same end of the blank (fig. 83: 4; fig. 84: 4; fig. 85: 1). Of the ten burins on truncations, three are fragmented. One of the broken burins can be refitted with a burin that shows a burin blow from the fracture surface (fig. 85: 2); it is impossible to tell whether the burin in its refitted state originally had one or two burin edges. Two other burin fragments can also be fitted; the refit shows that first this was a burin on truncation, with at least two burin spalls removed. Later it broke in two pieces, one of which was then transformed into a burin again by two burin spalls struck off from the fracture surface (fig. 84: 2). One burin on truncation was destroyed by a plunging burin spall (fig. 83: 2).

Eight burins have burin spalls struck off from both ends of the blank (fig. 84: 3; fig. 85: 3-6; fig. 86: 1-4).

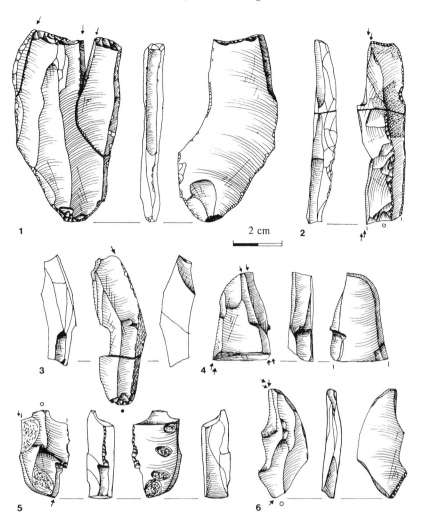

2 cm

Fig. 85. Gramsbergen I. 1-2. Burins on truncations (No. 2 is combined with a burin on a break); 3. Double burin on a break; 4-6. Dihedral burins, combined with a burin on a break in No. 4 and with a burin on a truncation in No. 6. In the cases of Nos 4 and 5 we are dealing with a special version of the dihedral burin (see text). Drawing by Lykke Johansen.

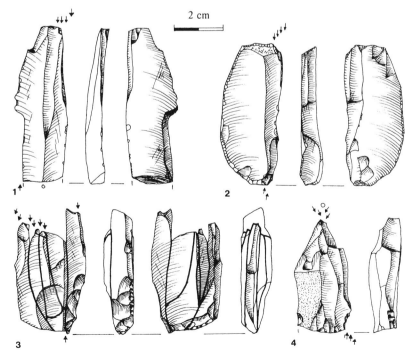

2 cm

Fig. 86. Gramsbergen I. 1-3. Double burins on breaks; 4. Double burin: dihedral burin and burin on a break. Drawing by Lykke Johansen.

2 cm

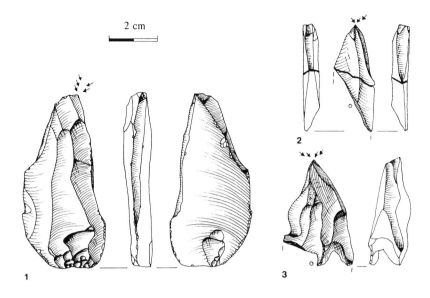

Fig. 87. Gramsbergen I. 1-3. Dihedral burins. Drawing by Lykke Johansen.

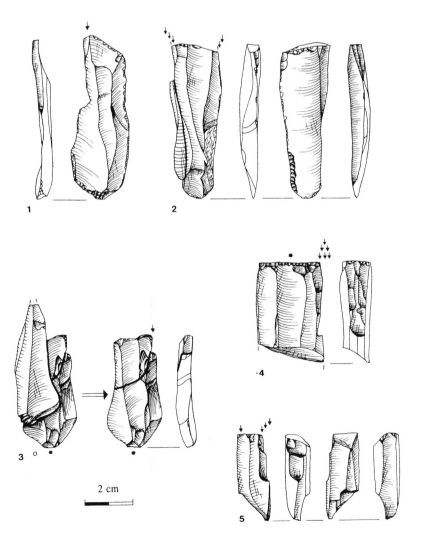

2 cm

Fig. 88. Gramsbergen I. 1-5. Burins on breaks. Nos 2 and 5 are double burins. No. 3 has a fitting plunging burin spall, and is refitted with a blade. Drawing by Lykke Johansen.

These tools show various combinations of burin-edge types (on truncation, from a break, dihedral). Two of these burins occur in a broken state, the others are complete (at least as burins, not always as blanks). One of these double burins can be fitted to a proximal blade fragment (fig. 85: 3). Three burins are single dihedral burins (fig. 87: 1-3); only one of these is complete. One of the fragmented burins can be fitted with a medial blade fragment (fig. 87: 2). Five burins show one or two burin edges, shaped by burin blows made from a fracture surface, a platform remnant or some other type of un-prepared face (fig. 88: 1-5). One of these burins could be refitted in the ventral/dorsal way with a blade frag-ment (fig. 88: 3).

Burin spalls can be fitted to eight burins. In one case, five burin spalls could be fitted to a single burin (fig. 86: 3). All refitting lines connecting burin spalls with burins are shown in figure 89. Once again, two clusters show up: one to the south of the reconstructed hearth, and one to its northwest. As noted earlier, the two clusters are connected by two refit lines, in both cases involving burin spalls in the southern cluster and burins in the northwestern cluster. In three of the cases where burin spalls could be fitted to burins, the last burin spall damaged or destroyed the burin, because it plunged (fig. 83: 2; fig. 86: 3; fig. 88: 3). Also one other burin was destroyed by a plunging burin spall, which was not found (fig. 88: 5).

Four burins must have been manufactured (as tools,

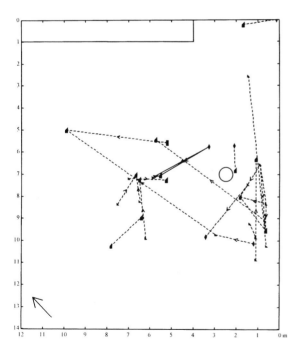

Fig. 89. Gramsbergen I. All burins and burin spalls involved in refits. Note that some artefact classifications changed as a result of the refitting analysis. In total, there are 24 refits, involving 34 artefacts. Drawing by Lykke Johansen/Dick Stapert.

not necessarily as blanks) on the site (fig. 83: 2; fig. 84: 1; fig. 85: 1; fig. 88: 3), because after refitting burin spalls to them we end up with complete blades or flakes. Several other burins could also have been made on the site; especially if burin spalls were quite thin there is a good chance that they were not found during excavation (no sifting was done). Though it can be proved that several blanks were transformed to burins on the site, the blanks themselves were most probably not produced on the site. Only one burin can be refitted in the ventral/dorsal way: with one blade fragment. It seems that most or even all of the burins were imported to the site from elsewhere, either as blanks or as finished tools.

Scraper/burin combinations (n=2). Combination tools are quite rare in the Ahrensburgian, compared to some of the other Late Palaeolithic traditions; for example, they are quite common in the Hamburgian. In the Meso-lithic, combination tools are virtually absent. The two specimens at Gramsbergen I are both scraper/burin combinations (fig. 90). Neither of these tools can be refitted to any other artefact at the site. The locations of these tools are shown in figure 93; both of them do appear to 'belong' to the main 'scraper cluster', rather than to the main 'burin cluster' (compare with figs 70 and 82).

Borer (n=1). Borers and *becs* are very rare in the Ahrens-burgian, compared to for example the Hamburgian. At Gramsbergen I there is only one tool that may be classified as a borer, with retouch on both sides of the borer tip, part of which had broken off (fig. 91: 4).

Pointed blade (n=1). One tool must be classified as a 'pointed blade', because it is only retouched on one side at the tip (fig. 91: 2). Edge damage can be observed at the other side, however, so the tool was probably used as a borer.

Blades with retouch (n=5). Five blades show retouch in various locations, either along one of the sides or at the proximal or distal ends. Three of these are illustrated in figure 91 (Nos 3, 5 and 6) and one in figure 100 (No. 4).

Blade with rounded end: possible 'strike-a-light' (n=1). At many Upper or Late Palaeolithic sites in Europe, finds include flint artefacts with rounded ends. To men-tion just one example, several rounded tools, found at Hengistbury Head, were illustrated with microscope photos by Barton (1992). Similar rounded tools are known from the Mesolithic and Neolithic. For example, both rounded flint tools and pieces of pyrite are known from the Early Mesolithic site at Star Carr (Clark, 1954). In the Netherlands, blades with one or two rounded ends are known from the Hamburgian (Oldeholtwolde: two, Vledder: one, Sassenhein: at least four), the Federmesser Group (Usselo: one), and the Ahrensburgian (Johansen & Stapert, 1995; Stapert, in press). From the Ahrens-

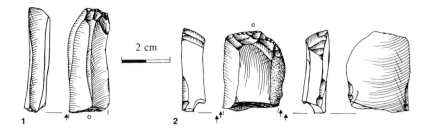

Fig. 90. Gramsbergen I. 1-2. Combination tools: scraper/burin. Drawing by Lykke Johansen.

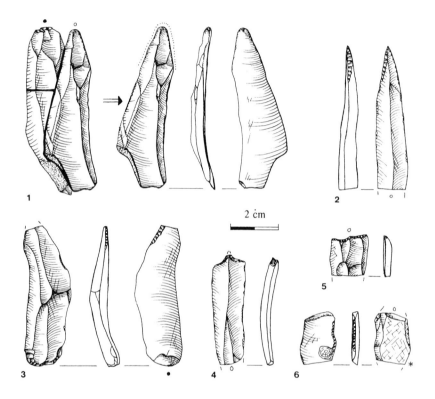

Fig. 91. Gramsbergen I. 1. Tool with heavily rounded end (strike-a-light?), ventrally/dorsally fitting to a blade; 2. Pointed blade; 3, 6. Retouched blades; 4. Borer; 5. Truncated blade fragment. Drawing by Lykke Johansen.

burgian so far two specimens are known to us: one from Gramsbergen I (described below) and one from Geldrop 1 (Deeben, 1994: p. 40 and fig. 20: 10). Rounded tools are also known from Hamburgian sites in Germany and Denmark (for the Hamburgian site at Sølbjerg in Denmark, see: Johansen, in press c; Stapert & Johansen, in press).

We have carried out experiments concerning this tool type, at the Lejre Experimental Research Centre, Denmark. We are convinced that most implements with rounded ends were used to make fire, in combination with pyrite (Johansen & Stapert, 1996). On the rounded parts, massive parallel scratching can be observed with a stereomicroscope, in addition to gloss. It is of interest to note that in a few cases (Oldeholtwolde and Sølbjerg 3) very small particles containing sulphur and iron have been detected with the help of a scanning electron microscope; these may be pyrite particles, though no mineralogical determination was carried out.

The presumed strike-a-light from Gramsbergen I (fig. 91: 1) shows heavy rounding of the bulbar end. The rounding was clearly created after the blade was knapped (it extends to the ventral face), so the rounding is not due to abrading the platform edge on the core prior to knapping off the blade. A photo made by a scanning electron microscope shows the rounded part very clearly (fig. 92). The strike-a-light can be refitted in the dorsal/ventral way to another blade, though they only have a very small contact area at the distal ends. No other blades from the site can be refitted to them, which most probably implies that both blades were imported to the site.

4.4.5. *Waste products from the manufacture of tools*

'Microburins of Krukowski type' (n=10). For a general discussion about this type of artefact, see 3.4.3. Two specimens are illustrated in figure 95. The spatial distri-

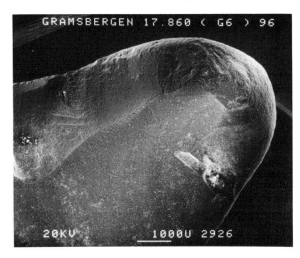

Fig. 92. Gramsbergen I. SEM photo of the rounded end of the tool illustrated in fig. 91: 1. The scale bar is 1 mm. Photo by H.J. Bron (Groningen University).

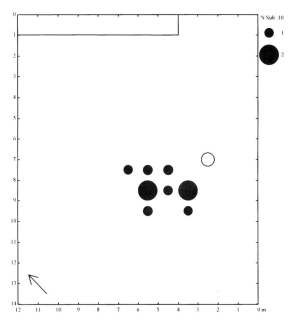

Fig. 94. Gramsbergen I. Density map of 'microburins of Krukowski type', n=10. Drawing by Lykke Johansen/Dick Stapert.

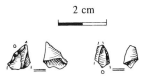

Fig. 95. Gramsbergen I. Two specimens of 'microburins of Krukowski type'. Drawing by Lykke Johansen.

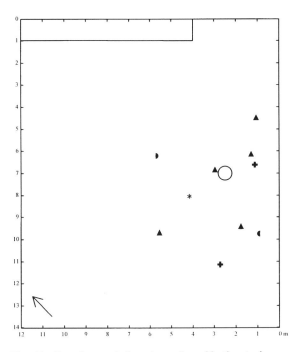

Fig. 93. Gramsbergen I. Locations of combination tools, retouched blades (including truncation), rounded tool (strike-a-light?), borer and pointed blade. Note: locations are randomized per square metre. Drawing by Lykke Johansen/Dick Stapert.

bution (fig. 94) was already discussed above, under points. The number of 'microburins of Krukowski type' is quite small, compared with the large number of points. This, and the fact that no points can be refitted in the dorsal/ventral way with other artefacts may indicate that very few points if any at all were produced on the site.

Burin spalls (n=48). As noted above, the soil was not sieved at Gramsbergen I, so quite a few small or fragmented burin spalls will have escaped notice. Therefore, large, thick or plunging burin spalls will be over-represented. In three cases two burin-spall fragments can be fitted together (resulting in two complete burin spalls and a still incomplete one). After the refitting of breaks this leaves 45 burin spalls. Burin spalls were found especially in the peripheral zones of the main concentration around the hearth, and do not show much clustering (fig. 96). Many burin spalls are quite long, showing that a considerable number of long burins were produced or resharpened on the site; most of these must have been subsequently taken elsewhere. The longest spall is 7.1 cm in length and ends in a hinge, so the burin must have been even longer. Of the 45 burin spalls (after refitting breaks), 30 are primary and 15 secondary burin spalls. Seven burin spalls are plunging. In total, 13 burin spalls can be fitted to burins; these have been discussed and illustrated above (of these, four are plunging).

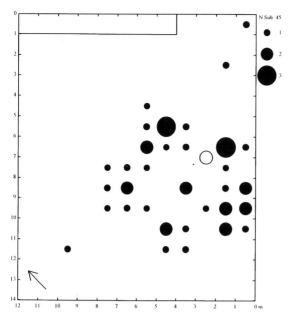

Fig. 96. Gramsbergen I. Density map of burin spalls, n=45. Drawing by Lykke Johansen/Dick Stapert.

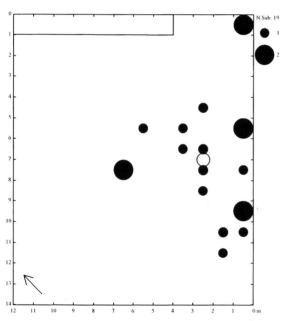

Fig. 97. Gramsbergen I. Density map of the cores, n=19. Drawing by Lykke Johansen/Dick Stapert.

4.4.6. *The cores and core fragments (n=19)*

The cores occurred especially in the periphery of the main concentration around the hearth (fig. 97). As at many other Upper or Late Palaeolithic sites, the cores are on average located farther from the hearth than the tools, as a result of the 'centrifugal effect' (e.g. Stapert,

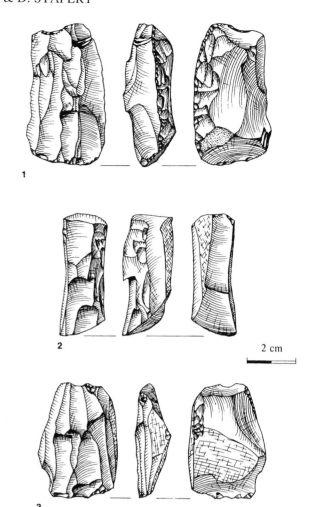

Fig. 98. Gramsbergen I. 1-3. Cores. Drawing by Lykke Johansen.

1992). It may also be noted that quite a few cores occurred to the east of the hearth, while most of the tools lay west of it. After refitting breaks there are 18 cores, 16 of which have two opposite platforms. The cores are 3.1-6.0 cm long in their used-up state; mean: 4.5 cm; stand. dev.: 0.8.

Cores without fitting blades or flakes. It proved impossible to refit any artefacts to nine cores or core fragments; eight of these are illustrated here (fig. 98: 1-3, fig. 99: 1-4, and fig. 100: 1). These are all rather small cores (3.8-5.6 cm) and almost or totally used up. In most cases it does not seem that a hinge or some other accident during flint knapping caused the cores to be discarded, but rather that they had simply become too short to be of any further use. Most of these cores have two opposite platforms. The measurable platform angles of these cores range from 34 to 80 degrees; mean: 59 degrees; stand. dev.: 14.4.

Most of the cores have been worked in a competent

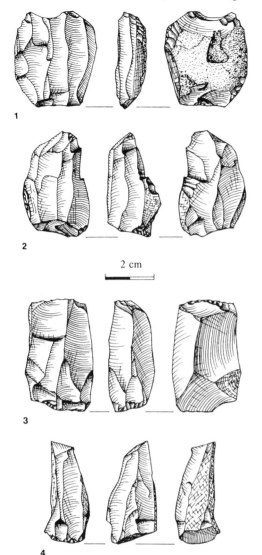

1

2 cm

2

3

4

Fig. 99. Gramsbergen I. 1-4. Cores. Drawing by Lykke Johansen.

way, which implies that there was at least one experienced knapper on the site. Cores such as those illustrated in fig. 98: 3 and fig. 99: 1 were exploited to the very limit. Not many negatives of hinged or plunging blades are present, though these will normally occur fairly often when cores become so small and light. The two residual cores mentioned above are only 1.2 and 1.3 cm thick. All these cores must have been imported to the site in a more productive state. The total absence of fitting blades can be explained by assuming that the final sequences of blades knapped from these cores were carried away from the site.

Eight cores with fitting blades and/or flakes. To eight of the cores (one consists of two fitting fragments), 2 to 32 other artefacts could be fitted. These cases are briefly discussed here one by one.

One core (fig. 100: 2) can be refitted with a complete blade and a flake. These are the two last blanks knapped off the core. After the last blade was struck off, many small flakes or chips were knapped off from the same platform as used for the blade. Most of these ended in hinges, however, and the core was then given up. The core had two platforms opposite each other, as was normal in Ahrensburgian flint technology (core angles are 77 and 70 degrees). Although not much can be refitted to the core it nevertheless appears that the core was worked by a fairly experienced knapper. The fact that the last attempts at producing blades failed does not necessarily mean that the knapper was unskilled: it is quite difficult to strike good blades from such a light and small core. It seems that the core entered the site in an already partly used state.

Another core (fig. 100: 3) could be refitted with a retouched blade and two complete blades. The core is the shortest of all the cores from the site (3.1 cm), but it is in a broken state. The refittings show that the core was at least 6.5 cm long at an earlier stage. After the three refitted blades were struck off, the core probably broke into two pieces, one of which was not found. The core was then already very thin (about 1.2 cm). The missing part might still have been a usable blank for a tool, e.g. a burin, which could have been exported. The refittings show that the core originally had two opposite platforms, only one of which is present now (with a core angle of 58 degrees). The core must have been knapped by a fairly experienced knapper, even though he ran into problems created by several hinged blades. After the core broke, a few short blades or flakes were removed prior to its abandonment. This core also seems to have been imported in an already prepared and partly used state.

The third core (fig. 101: 1) can be refitted with a hinged blade and a platform flake. The refittings show that the core was originally at least 5.8 cm long; its length in the residual state is 4.0 cm. The core has two opposite platforms (core angles are 76 and 70 degrees). To one of these, one platform-shaping flake can be refitted. After the platform was renewed, a failed attempt to produce a blade was made. A hinged blade coming from the second platform can be fitted to the core. After this, at least three other hinged blades were knapped off from the same platform. Though the knapper then tried to repair the platform, the core was soon given up. The core had been imported to the site in an already partly used state. The shape of the core must still have been quite good, however. The refittings show that no good-quality products were knapped off this core on the site. The refitted platform-flake was partly successful, but it did not create perfect angles and almost all subsequent strokes resulted in hinges. This might imply that a relatively inexperienced flint-knapper worked this core on the site, but the refitted sequence is too short to be certain of this. It is hard to understand why no more artefacts could be fitted to the core. The core consists of

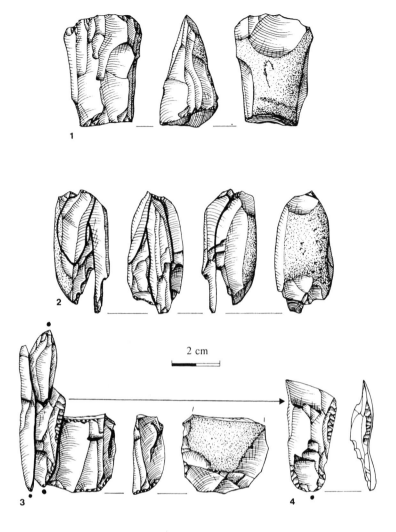

2 cm

Fig. 100. Gramsbergen I. 1-3. Cores. To No. 3, three blades are fitted, one of which is retouched: No. 4. Drawing by Lykke Johansen.

a rather distinctive type of flint, so we can be quite sure that no other artefacts of this flint occurred on the site.

The fourth core (fig. 101: 2) can be refitted with three blades or blade fragments. An interesting feature of this core is the heavy abrasion of one of the side-edges near the platform (best seen on the drawing of the back of the core). This was done by forcefully crushing some ridges. This kind of core-preparation is quite well known from sites of the Havelte Group of the Hamburgian (Johansen, in press c), but is rarely seen in the Ahrensburgian. The crushing cannot have resulted from use as a hammerstone, because that would have produced a much coarser crushing of the flint. The core in its refitted state (fig. 101: 2) seems to be the form in which it was brought to the site. It has two opposite platforms. Two blades were struck from the upward-facing platform, the second of which ended in a hinge. A few more short blades were then knapped off from the other platform; the last of these broke and the proximal fragment can be fitted to the core. The crushing of platform edges or ridges between scars, before striking off a blade, is sometimes done by modern experimental archaeologists to prevent

the detachment of an excessively short, thin or hinged blade. But although the crushing is very heavy on this core, the knapper placed the first stroke too deep, so a very thick blade was produced. The next stroke was too soft, and resulted in too thin a blade that moreover hinged. The knapper of this core may have had some experience, but his work was certainly not very successful. It has to be noted, however, that this core was already rather small and light; it is not easy to exploit such a core, even for an experienced knapper.

The fifth case involves two fitting core fragments, refitted with two flakes and one crested blade (fig. 101: 3). The artefacts consist of a characteristic type of flint containing small fossils. This flint is less fine-grained than most other kinds of flint present on the site. It also had some hidden frost cracks, causing problems for the knapper. It is difficult to tell in which state the core entered the site. Some eleven flakes of the same type of flint were found on the site, some of which are partly covered by cortex. Six of these flakes can be refitted in three pairs: two pairs in the dorsal/ventral way and one a refitted broken flake. None of these small refitted

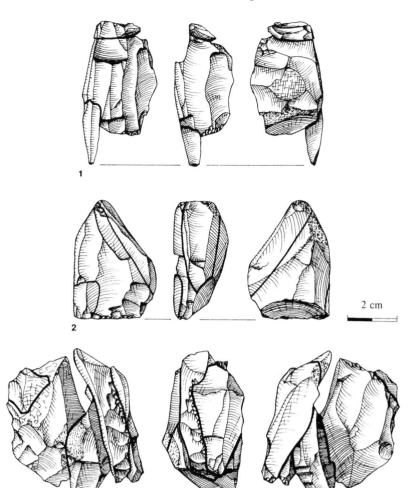

2 cm

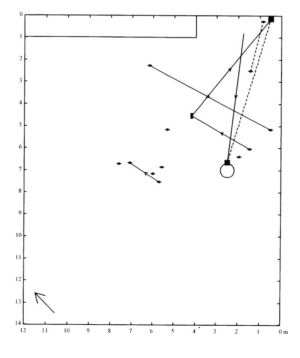

Fig. 101. Gramsbergen I. 1-3. Cores with refitted flakes and blades. No. 2 shows heavy crushing. No. 3 consists of two cores (broken along a hidden frost crack) with several refitted flakes and blades; it is made of a distinctive type of orange-coloured, glossy flint (see fig. 102). Drawing by Lykke Johansen.

groups can be fitted to the core, however. The distribution map of the core with its refits and the associated eleven flakes shows that most of these artefacts occurred in the eastern part of the excavated area (fig. 102). An additional scatter of flakes occurred in the cluster to the northwest of the hearth. It seems probable that this core was imported at quite an early stage of production, with cortex still covering some of its surface. A series of rather short blades must have been produced, which were most probably exported from the site. Then the first of the flakes refitted to the core was struck off. The shape of the core was not very good, so a crest was made and a crested blade was detached. A little further knapping then was done, but failed to result in any usable blades. The next thing to happen was that the core split into two pieces along a hidden frost crack in the flint. Some

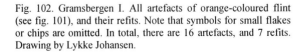

Fig. 102. Gramsbergen I. All artefacts of orange-coloured flint (see fig. 101), and their refits. Note that symbols for small flakes or chips are omitted. In total, there are 16 artefacts, and 7 refits. Drawing by Lykke Johansen.

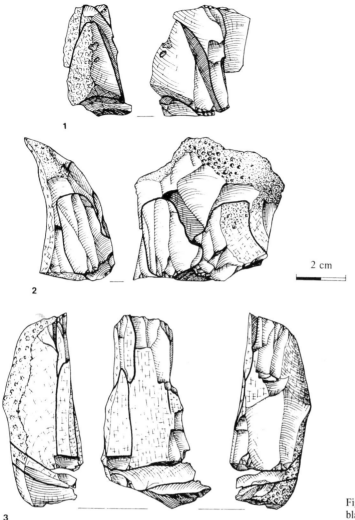

2 cm

Fig. 103. Gramsbergen I. 1-3. Cores with fitting flakes and blades. Drawing by Lykke Johansen.

knapping was attempted with both cores, without resulting in any blades. These last flakes were not found on the site. It can be noted, however, that several of the refitted artefacts of these cores were found close to the edge of the excavation or in the extreme eastern corner, so part of the flints belonging to these cores may have been missed. The poor standard of knapping in this case indicates that this core was not worked by a very experienced knapper. Admittedly, the hidden frost cracks in the flint presented some problems. But it can be noted that the way the platforms were created was not very skilful, and the knapping was consistently done with overly forceful strokes. Because of all this we believe that this knapper was still a learner of the art of flintworking, probably an older boy.

The sixth core (fig. 103: 1) could be refitted with a medial blade fragment, a plunging blade and a block. The core consists of flint of quite poor quality. The chalky part of the cortex is totally gone and where it was is now a heavily crushed area, with numerous fracture cones. Associated with the crushed surface are many cracks inside the flint. The core was probably made out of a thick cortex flake. Because of the many cracks, it was difficult to work this core. A block split off at one end of the core along a hidden crack, and the break surface was then used as a platform for blade production. An attempt was also made to create a second platform at the opposite end of the core, but this resulted only in a few chips being struck off. The last of the refitted artefacts is a short plunging blade. After this happened, one other blade was struck off (not found) before the core was finally discarded. Its length was then only 3.3 cm. It is curious why any flint knapper should select such a bad piece of flint for a core. Even at the very start of the work it was very small, with a maximum length of some 4.5 cm. The quality of flint-knapping is rather poor, but maybe not much more could be expected of such a miserable nodule. Our conclusion is that the flint-knapper who worked this core was not very skilled. It might have been the same person as in the previous case.

The seventh core (fig. 103: 2) could be refitted with two flakes. The core was made of good-quality flint, a nodule covered by both cortex and old frost-split faces. The original dimensions of the nodule were 5.8x3.0x6.1 cm. The cortex is very characteristic, and because of that we are pretty sure that no other flakes with the same cortex were found on the site. This must mean that the core was shaped at another place and brought to the site in a prepared state. Only two flakes can be refitted, but two more flakes must have been knapped off later. None of these flakes was of good quality, and two of them ended in hinges. An attempt was made to create a platform, but it was not very successful (platform angle on the refitted core is 80 degrees). Hardly any steps of the Ahrensburgian *chaîne opératoire* were followed in this case, but that would indeed have been difficult with a nodule shaped like this one. A good flint-knapper probably would not have selected such a nodule, so we seem to be once again in the presence of a rather inexperienced knapper.

The eighth core (fig. 103: 3) can be refitted with two flakes, a complete blade and a distal blade fragment. Three sides of the core still show the old, natural surfaces of the nodule. The first knapping of the core was an attempt to create a platform. Then one blade was struck off, but the core angle was bad: about 100 degrees. Subsequently about four flakes were knapped off, two of which can be refitted. From the new platform, still not very good (with a core angle of about 82 degrees) only a few small, hinged flakes and a blade were knapped off. On the opposite end of the core a natural surface was used as a platform. From that platform a series of hinged blades were knapped off, one of which could be refitted. Most of the blades and flakes from this core ended in hinges. The quality of the knapping is rather poor in this case. The prepared platform never possessed a good angle, and the knapper kept on trying to make blades in places where he had previously created hinges, resulting in more hinges. Much better products could have been struck from this core if the normal Ahrensburgian technology had been applied. This knapper was probably a learner, possibly the same as in previous cases.

The distributions of the eight refitted groups involving cores described so far are shown in figure 104. As can be seen, the refits cover a large area. None of these groups is associated with a dense scatter of debitage, which normally indicates a knapping location. In most cases only very few artefacts could be refitted to these cores.

A core for Grossklingen. The last core to be described (No. 293) presents a very different story; it could be refitted with 32 other artefacts (figs 105-108). The raw material probably came to the site in the form of a largely unworked nodule; it was not prepared previously but probably only tested. The rather coarse-grained flint is not of very high quality. On two sides of the refitted group, remnants of the natural outer surface of the

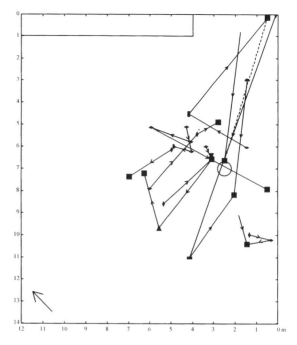

Fig. 104. Gramsbergen I. All refitted groups involving cores, except the large refitted group No. 92. In total there are 23 refits, involving 31 artefacts. Drawing by Lykke Johansen.

nodule can be seen. The original size of the nodule must have been larger than 16x7.5x7 cm. Two opposite platforms were created. Along one of the sides a long crest was made, over the whole length of the core (see fig. 105: a). An attempt was then made to strike off a long crested blade, but without success: it stopped halfway. The remaining part of the crest was then detached from the opposite platform, resulting in a second crested blade. After this preparatory stage, several attempts were made to strike off very long blades, of up to 15 cm long. Only one blade of 12.1 cm came off successfully. It later broke into two pieces, one of which was later fragmented by heat into four pieces (fig. 109). The blade was probably used on the site.

At the other side of the core too a crest was made (fig. 106: c), but the blade that should have removed the crest became too thick and removed too much material of the core; it became a large flake instead, damaging the blade-producing potential of that side of the core. Only much later were several small blades taken from this side.

Seven platform flakes could be refitted to one of the core's platforms. From the first four platforms only a few blades and flakes were struck, because the platform angles were too wide. The three later platforms were more productive, but it is clear that the flint-knapper had some difficulties in making good platforms, especially in creating good angles between the platform and the core-front. In creating the opposite platform, flakes were also removed (see fig. 108: g and h), but these had

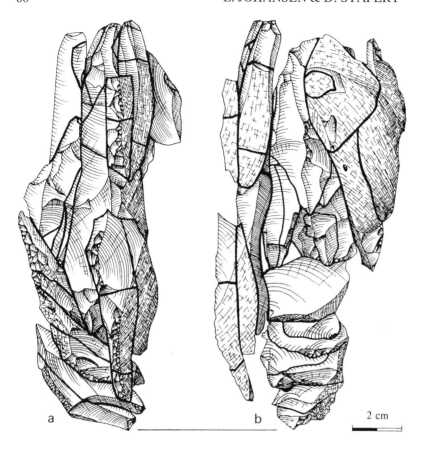

a   b   2 cm

Fig. 105. Gramsbergen I. Refitted group No. 92: two views (see also figs 106-108). This group involves a core, and consists of 33 artefacts in total. Drawing by Lykke Johansen.

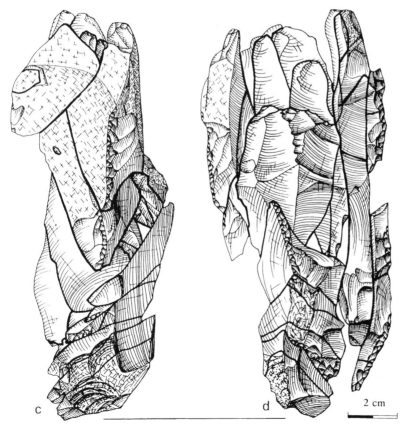

c   d   2 cm

Fig. 106. Gramsbergen I. Refitted group No. 92: two views (see fig. 105). Drawing by Lykke Johansen.

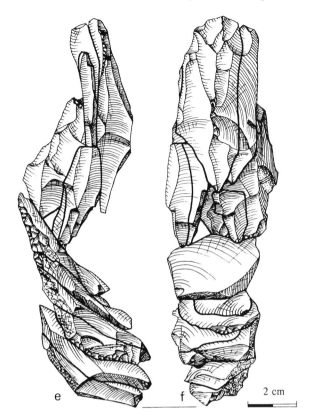

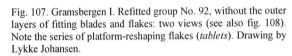

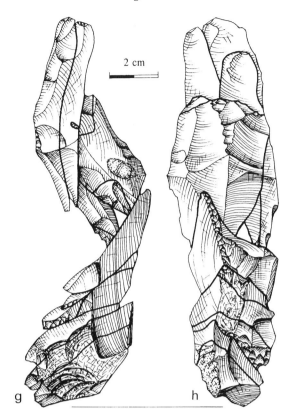

Fig. 107. Gramsbergen I. Refitted group No. 92, without the outer layers of fitting blades and flakes: two views (see also fig. 108). Note the series of platform-reshaping flakes (*tablets*). Drawing by Lykke Johansen.

Fig. 108. Gramsbergen I. Refitted group No. 92, without the outer layers of fitting blades and flakes: two views (see fig. 107). Drawing by Lykke Johansen.

the size of chips and it proved impossible to refit them.

Blades were produced from both platforms, but also from both sides of the core. Normally, Ahrensburgian cores have only one blade-producing front, and a non-productive back, but this core had two fronts – at least during parts of its exploitation. At a certain stage, one of the core-fronts developed a bad protrusion in the middle part (the core became too 'pointed'; see fig. 107: e). The flint-knapper tried to remedy this by a little cresting in that area (fig. 107: f). Afterwards, four blades were detached from one platform, and only two blades and some flakes from the opposite platform; the last blank was a hinged flake that could be refitted to the core (fig. 107: f). The used-up core that was finally discarded on the site is less then 6 cm long. The flint-knapper who exploited this core was skilled in all the technological tricks of Ahrensburgian flintworking, such as the use of two opposite platforms, preparing and repairing core-fronts by cresting, and creating the right core angles. Nevertheless, he had to face quite a lot of problems during the knapping of this core. Some of these problems arose from the presence of fossils in the flint, resulting in fractures. From the refitting it is clear that quite a long sequence of blades from this core were taken away, most of which must have been of good quality, and quite

long. The distribution of this refitted group is illustrated in figure 110. Most of the knapping must have been done northwest and west of the reconstructed hearth, though there is no single very dense cluster of flint waste. It seems probable that the core's exploitation took place in several phases, and moreover quite a few of its products were transported over the site; for example, several blades ended up near the hearth. The residual core ended up to the east of the hearth. It was probably thrown away to the side of the hearth where not many daily activities went on; most tools are located to the west and south of the hearth. This pattern is also known from many other Upper or Late Palaeolithic sites.

To conclude: it appears that at least two different flint-knappers were active at Gramsbergen I. One of these was quite experienced, while the second was still in the process of learning the craft. We think it very probable that we are dealing here with a man and a not very young boy. All considered, including the non-specialized tool inventory, it seems that at Gramsbergen I a family with at least one child camped for some time. Similar conclusions were reached for other Late Palaeolithic sites, for example in the case of Oldeholt-wolde (Johansen & Stapert, in press).

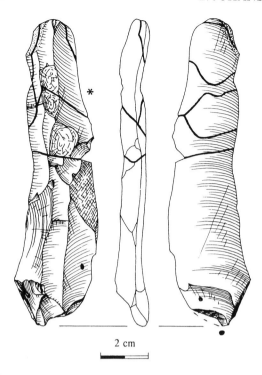

2 cm

Fig. 109. Gramsbergen I. Large blade, refitted from several fragments. The blade is part of refitted group No. 92 (see figs 105-108). The distal half (4 fragments) is burnt (indicated by an asterisk). Drawing by Lykke Johansen.

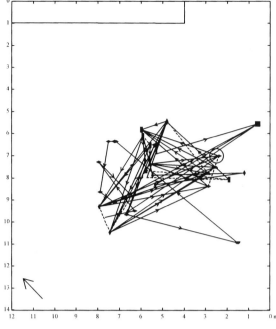

Fig. 110. Gramsbergen I. The large refitted group No. 92, consisting of 33 artefacts. In total, there are 58 refitting lines. Note that the core is located outside the areas in which it was exploited, to the east of the reconstructed hearth. Drawing by Lykke Johansen/Dick Stapert.

4.4.7. *The blades*

General remarks and spatial patterns. In total, 826 blades or blade fragments larger than 1.5 cm were excavated at Gramsbergen I. Of these, 53 are blades or blade fragments with cresting (6.4%). A few specimens of crested blades are illustrated in figure 111. There are eight plunging blades. Numbers and proportions of complete and fragmented blades (normal and crested) can be found in table 5. Among the 'normal' blades (n=765), 197 are complete: almost 26%. More than half of the crested blades are complete (27 out of 53). The overall rate of breakage is lower than in the case of Oudehaske. For example, of all blades and blade

fragments, about 16% are medial fragments, whereas this proportion is about 21% in Oudehaske. A linear density map showing the distribution of blades and blade fragments (fig. 112) shows a large concentration northwest and west of the hearth and a second, smaller one to the south of the hearth. If we look at separate maps for complete blades, proximal, medial and distal blade fragments (not illustrated) we would in each case see roughly the same distribution. It may be noted, however, that a slight overrepresentation of blade fragments can be observed in the area immediately around the hearth and to the northwest of it, probably due to trampling.

Some of the blades from Gramsbergen I can be described as *Grossklingen* as defined by Taute (1968).

Table 5. Gramsbergen I. Blades and blade fragments.

	Normal		Crested		Total	
	N	Perc.	N	Perc.	N	Perc.
Complete blades	197	25.8	27	50.9	224	27.4
Proximal fragm.	243	31.8	11	20.8	254	31.1
Medial fragm.	124	16.2	7	13.2	131	16.0
Distal fragm.	201	26.3	8	15.1	209	25.6
Total	765	100.1	53	100.0	818	100.1

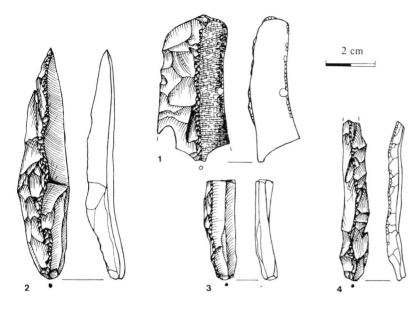

2 cm

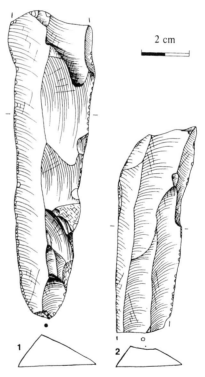

Fig. 111. Gramsbergen I. 1-4. Crested blades or blade fragments. Drawing by Lykke Johansen.

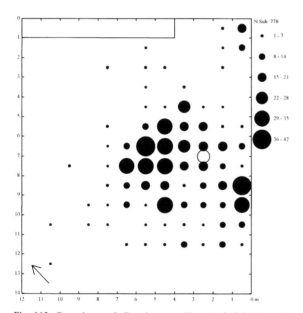

Fig. 112. Gramsbergen I. Density map (linear) of all blades and blade fragments. Drawing by Dick Stapert/Lykke Johansen.

2 cm

Fig. 113. Gramsbergen I. 1, 2. Fragments of large blades. Drawing by Lykke Johansen.

One proximal blade fragment is 12.2 cm long, and appears to have been appreciably longer (fig. 113: 1). Another large blade, already mentioned above, is part of refitted group 92 (see figs 105-108); its length is 12.1 cm (fig. 109). Four other blade fragments are 4.0, 4.0. 3.8 and 3.7 cm wide, and must in their complete state have been quite long (fig. 114: 2, 4-6). Three of these broad blade fragments (fig. 114: 4-6), and a fourth less broad one, consist of the same type of flint and must derive from a single core. They are all made of a beautiful fine-grained, dark-brown to cream-coloured, flamed

flint. None of these large blades can have been produced on the site, because nothing else of this type of flint is present.

Ten blades or blade fragments are longer than 8.0 cm but not very broad (fig. 113: 2, fig. 114: 1, fig. 115: 1-4 and fig. 116: 1-4); five of these are crested blades.

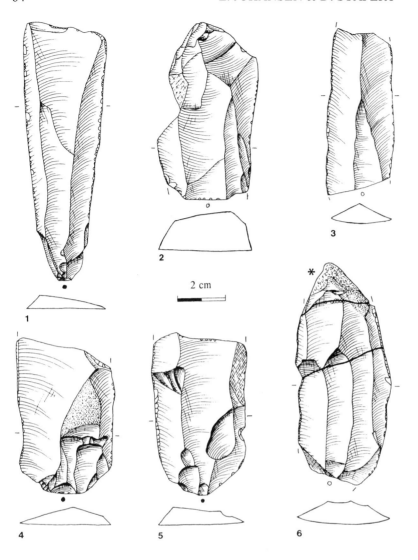

2 cm

Fig. 114. Gramsbergen I. 1. Blade; 2-6. Blade fragments. No. 6 consists of three fitting fragments of which one is burnt. Drawing by Lykke Johansen.

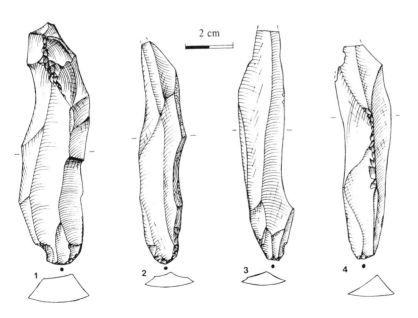

2 cm

Fig. 115. Gramsbergen I. 1-4. Blades or blade fragments longer than 8 cm. Drawing by Lykke Johansen.

2 cm

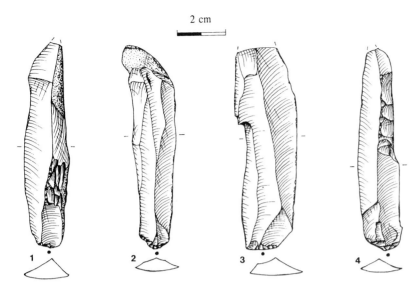

Fig. 116. Gramsbergen I. 1-4. Blades or blade fragments longer than 8 cm. Drawing by Lykke Johansen.

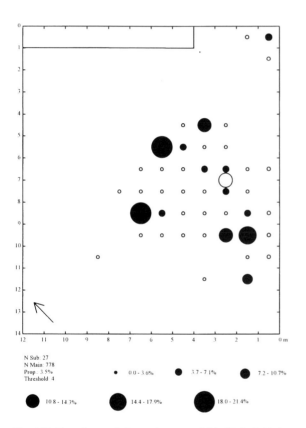

N Sub: 27
N Main: 778
Prop: 3.5%
Threshold: 4

· 0.0 - 3.6%   ● 3.7 - 7.1%   ● 7.2 - 10.7%

● 10.8 - 14.3%   ● 14.4 - 17.9%   ● 18.0 - 21.4%

Fig. 117. Gramsbergen I. Proportion map of 'big blades': blades or blade fragments longer than 8 cm and/or wider than 2.5 cm (n=27). Expressed as a percentage of all blades and blade fragments per square (n=778). Only cells with at least 5 blades or blade fragments. Cells with a percentage higher than that over the whole area (3.5%) have infilled circles. Note the tendency of big blades to occur in higher proportions in the periphery. Drawing by Dick Stapert.

None of these blades longer than 8.0 cm can be refitted in any dorsal/ventral sequence, which indicates that they were imported to the site. In total, there are 27 blades or blade fragments longer than 8 cm and/or broader than 2.5 cm. These are mapped in a so-called proportion map (fig. 117). In this map these 'big blades' are represented as percentages of all blades and blade fragments per cell of 1×1 m; only cells with at least 5 blades and/or blade fragments are shown. It can be clearly seen that large blades are located especially in the periphery of the concentration around the reconstructed hearth. They comprise as much as 21.4% here, while over the whole area their percentage is only 3.5%. This pattern illustrates the 'centrifugal effect' that must have been working on the larger artefacts. Note, however, that a few cells close to the reconstructed hearth also have a slightly higher number of big blades than average. The pattern of figure 117 might partly have been created by the barrier effect of a tent wall. In this case, unfortunately, we cannot confidently state whether or not a dwelling structure was present (see also under 4.6).

Some metrical attributes of the complete blades are summarized in table 6. Frequency distributions of the length, width and thickness of complete blades are presented in figures 118-120. Especially the distribution of the lengths is positively skewed. As in the case of Oudehaske (under 3.4.5), two indices were calculated for Gramsbergen I: the ratio of length to maximum width (fig. 121) and the ratio of length to maximum thickness (fig. 122). When comparing these diagrams with those for Oudehaske, it will be noted that at Gramsbergen higher values of these indices are found occur (see also tables 3 and 6). The highest value for the length/width ratio is 6.8 (at Oudehaske: 6.2), and that for the length/thickness ratio is 20.5 (at Oudehaske: 18).

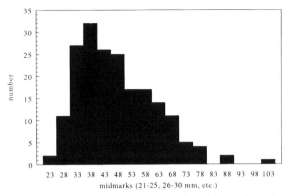

Fig. 118. Gramsbergen I. Lengths of complete blades, in intervals of 5 mm. N=194. Drawing by Dick Stapert.

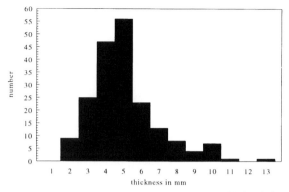

Fig. 120. Gramsbergen I. Thicknesses of complete blades, in intervals of 1 mm. Drawing by Dick Stapert.

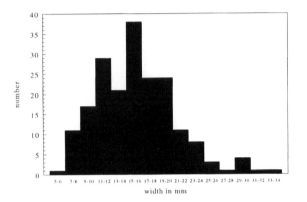

Fig. 119. Gramsbergen I. Widths of complete blades, in intervals of 2 mm. Drawing by Dick Stapert.

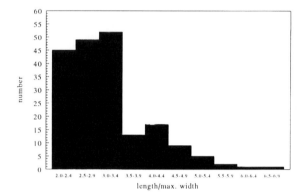

Fig. 121. Gramsbergen I. Frequency distribution of the length/width index, for all complete blades. Drawing by Dick Stapert.

Table 6. Gramsbergen I: metrical attributes of the complete blades. N=194. V: coefficient of variation (100 x standard deviation/mean).

	Length	Width	Thickness	L/W	L/Th
Range	24-102 mm	6-34 mm	2-13 mm	2.0-6.8	4.3-20.5
Modal class	36-40 mm	15-16 mm	5 mm	3.0-3.4	8-9
Median	4.5 cm	1.6 cm	5 mm	3.0	10.0
Mean	4.8 cm	1.6 cm	5.1 mm	3.2	10.0
Stand. dev.	1.41	0.51	1.92	0.88	2.87
V	29.5%	31.9	37.6	27.5	28.7

This difference can be largely explained by the fact that the sample at Gramsbergen is larger. The median values are the same at both sites: 3.0 (length/width) and 10.0 (length/thickness).

From 221 complete blades, the striking direction of dorsal negatives could be recorded. In total, these blades show 681 negatives, of which 531 (78.0%) have the same striking direction as the blades on which they occur (fig. 123). This proportion is remarkably similar to that found at Oudehaske. This seems to be more or less the normal proportion when cores were predominantly exploited from two opposite platforms.

Refitted groups consisting of blades. Above we already discussed blades refitting with tools or with cores. Here we will consider the 48 refitted groups consisting only of blades (or blades and a few flakes). In total, 156 blades or blade fragments are involved in these refittings, within the area selected for analysis (36 complete blades, 41 proximal blade fragments, 33 medial blade fragments

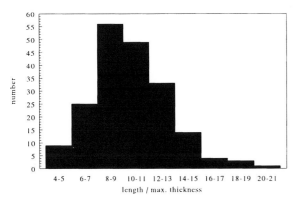

Fig. 122. Gramsbergen I. Frequency distribution of the length/thickness index, for all complete blades. Drawing by Dick Stapert.

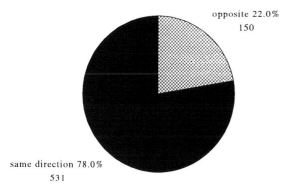

Fig. 123. Gramsbergen I. Direction of dorsal negatives on complete blades: identical or opposite to that of the blades themselves. N=221. Drawing by Dick Stapert.

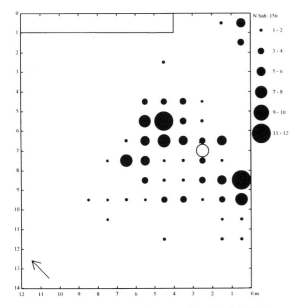

Fig. 124. Gramsbergen I. Density map (linear) of all blades or blade fragments involved in refits (n=156). Drawing by Lykke Johansen/Dick Stapert.

and 46 distal blade fragments). A density map of these blades shows the now familiar pattern of two clusters near the reconstructed hearth, northwest and south of it (fig. 124).

In total, 29 refitted groups of blades are sequences. If we look at the numbers of blades in sequences (counting blades consisting of several fitting fragments as one), it may be noted that most are very short. Of the 29 sequences, 22 consist of only two blades (76%), four of three blades (14%), one of four blades (3%) and two of five blades (7%). Few of these sequences seem to document flint-knapping on the site; most of them consist of imported series of blades produced elsewhere. There are some sequences from a core's early phases of blade production (fig. 125: 3-4 and fig. 126). But the cores belonging to these sequences were not found on the site. A sequence of several flakes and one blade (fig. 125: 1) reflects some of the first steps in shaping a core, which, again, was not found on the site. Among the 19 refitted groups consisting of broken blades, seven cases can be attributed to the effect of heat. After broken blades were fitted, 13 complete blades resulted. Their lengths are: 4.6, 5.4, 6.1, 6.5, 6.5, 7.2, 7.3, 7.5, 7.6, 8.3, 9.0, 9.3 and 10.1 cm. The average length of these blades is 7.3 cm: much more than the average length of the complete blades (4.8 cm); for an example, see figure 125: 2.

The main conclusion of the refitting analysis of the blades and blade fragments from Gramsbergen I is that a large part of the blades were imported to the site. Quite an amount of flint-knapping was done on the site, but most of the produced blades were exported out of the site. The impression we get, as in the case of Oudehaske, is that a considerable number of blades, either in the form of blanks or as tools, were carried during travel. Because few of the blades produced on the site were also discarded there, people must have stayed at these sites for relatively brief periods, and the same goes for Sølbjerg 1 in Denmark (Johansen, in prep.). Among the three sites (Gramsbergen I, Oudehaske and Sølbjerg 1), the Gramsbergen site was probably in use longer than the other two.

4.4.8. *The flakes and chips*

At Gramsbergen I, a total of 621 flakes were recovered, of which 556 occurred in the area selected for analysis. Of these 621 flakes, 303 are smaller than 2.5 cm. Platform-shaping flakes or flakes renewing platforms (*tablets*) number 27 in total. Flakes occur concentrated in the two clusters northwest and south of the hearth, but also in fairly large numbers near the hearth (fig. 127). Flakes smaller than 1.5 cm are classified as chips: a total of 458, of which 407 were found within the area selected for analysis. Their distribution (fig. 128) shows that they occurred mainly in two concentrations. The largest of these is located to the northwest of the hearth, and a much smaller one to the east of and close to the hearth. It is of interest to note that not many chips are located to

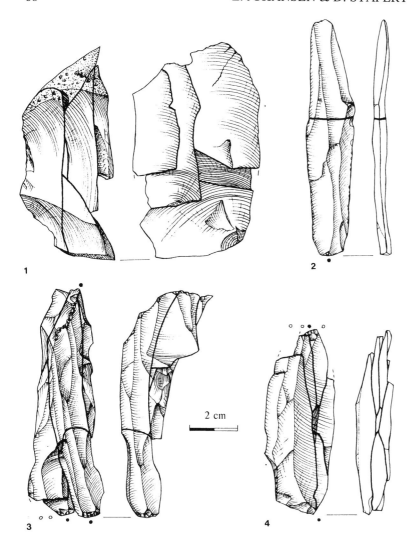

Fig. 125. Gramsbergen I. 1. Sequence involving several flakes and a blade; 2. Blade consisting of two fitting fragments; 3, 4. Short sequences of blades or blade fragments. Drawing by Lykke Johansen.

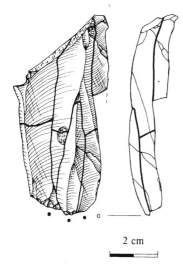

Fig. 126. Gramsbergen I. Sequence involving several blades and blade fragments. Drawing by Lykke Johansen.

the south of the reconstructed hearth. This is in contrast to flakes, the densest cluster of which occurs to the south of the hearth. Dense concentrations of chips may be interpreted as flint-knapping locations or as dumps (Johansen & Stapert, 1998). In the case of Gramsbergen I, most of the flint-knapping seems to have been done to the northwest of the hearth.

4.4.9. *Other artefacts*

In total, 28 stones of other kinds than flint were excavated (of six the location is unknown). Most of these were determined by the late A.P. Schuddebeurs (a few pieces were too small). Sandstones are the most common type (n=15); these sandstones (dating from the Cambrium or older periods, derived from southern Sweden) must have been collected from northern moraines. One sandstone has three rubbed sides, but its exact findspot is unknown and it might date from a much later period.

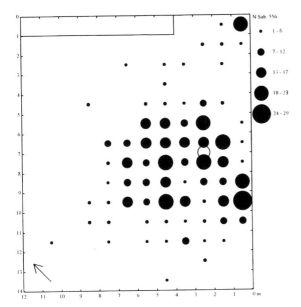

Fig. 127. Gramsbergen I. Density map (linear) of all flakes within the area selected for analysis (n=556). Drawing by Dick Stapert/ Lykke Johansen.

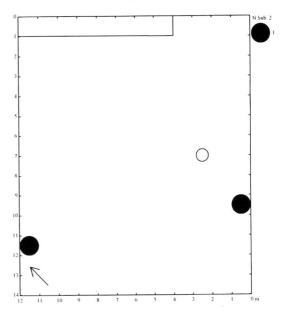

Fig. 129. Gramsbergen I. Locations of two possible hammer-stones of sandstone. Drawing by Lykke Johansen/Dick Stapert.

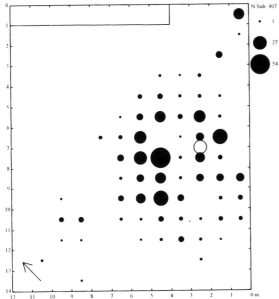

Fig. 128. Gramsbergen I. Density map of all chips (flakes smaller than 1.5 cm; n=407). This is a peripheral density map, stressing the lower frequencies. There are no classes; in the key, extreme values and the middle value are indicated. Drawing by Dick Stapert/Lykke Johansen.

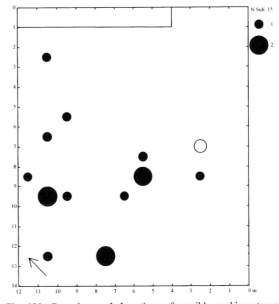

Fig. 130. Gramsbergen I. Locations of possible cooking stones (mostly sandstone). Drawing by Lykke Johansen/Dick Stapert.

Furthermore, four granites, two gneisses, a porphyry, and a quartzite breccia were collected, also derived from moraine deposits. Three pieces of iron concretions are present, which have a local origin. Finally, two small stones covered by a thin layer of red ochre were excavated. Except the porphyry (discussed below), most

of these stones are quite small.

Two possible hammerstones are present (fig. 129). Both consist of sandstone and are fragmented (weights are 50 and 75 gr). About 15 stones are burnt, and may have been used as cooking stones. Most of these are sandstones, but three granites are also burnt, as are the two gneisses and the breccia. The distribution of the presumed cooking stones is illustrated in figure 130. Many occurred quite far away from the reconstructed hearth, in the westernmost part of the excavated area. This pattern may be explained by clearing-up behaviour; most of the used-up (broken) cooking stones seem to have been flung away from the central activity area around the hearth. The largest stone of Gramsbergen I is a porphyry (find No. 115) with a weight of 1.4 kg (its dimensions are 16.0x9.3x7.4 cm). It has a damaged area on its surface, some 8 cm in diameter. Within the damaged area, with a maximum depth of about 0.5 cm, a red colouration is present suggesting red ochre, but which according to Schuddebeurs does not consist of ochre. The stone was found with the damaged area facing upwards during excavation, about 2 metres north of the reconstructed hearth (fig. 40). It may have been used as an anvil.

It proved impossible to refit any of the stones, though several occur in a fragmented state. However, it is difficult to refit stones with a very damaged or coarse-grained surface and from which most of the original surface has disappeared.

4.4.10. *The* chaîne opératoire *of blade production*

Most of the flint nodules exploited at Gramsbergen I were brought to the site in an already prepared state ('pre-cores'). Only one nodule was worked at the site from a very early stage (refitted group No. 92, the largest 'composition' described above: see figs 105-108). It also seems that pre-cores were prepared at the site, and then exported from the site; from these only some cortex flakes or blades are present. Nearly all the cores of Gramsbergen I are bipolar ones, with two opposite platforms used in alternation. The platform flakes are normally rather small (chips), and therefore difficult to refit. But some are quite large, for example several included in refitted group 92. The cores were often prepared by cresting the front, and sometimes the sides or the back of the cores were also crested. In total, there are 53 crested blades or blade fragments; these all show a real crest, not just remnants of a crest. This is quite a large number for an Ahrensburgian site. The technique of preparing cores by cresting was very common in the Hamburgian and the Magdalenian but less so in the Ahrensburgian. The knappers at Gramsbergen I seem to have liked this way of shaping their cores. One attempt at making very long blades (*Gross-klingen*) was made on the site, but most long blades on the site were imported from elsewhere. It seems clear that Late Ahrensburgian people had a preference for long blades. At Gramsbergen and Sølbjerg 1, burins especially were made out of long blades, and at Oudehaske in some cases also scrapers. At all three sites, distinct bruised blades (*pièces mâchurées*), as described by Fagnart (1997) for northwestern France and by Barton (1989) for southeastern England, however, are absent.

Blades were struck off by direct percussion. Most of the blades have a small lip along the edge between the platform remnant and the bulbar face, and this is mainly seen with soft percussion techniques. A number of blades show a 'bulb-flake', but proportionally less than at Oudehaske (see under 3.4.7). Platform remnants are normally very small and crescent-shaped or virtually absent: less than 1 mm thick. Bulbs are normally not prominent. All these features indicate a predominantly soft percussion technique, in which use was made of soft hammerstones and/or antler hammers. Blades were knapped from two opposite platforms, often in alternation. This was done to keep the core in a functional shape for as long as possible, and also because accidents such as hinges may be quite easily repaired by removing the next blade from the opposite platform. For optimum blade production, core angles (between the platform and the core front) would generally be between 50 and 70 degrees.

4.5. 'Refitting clusters' and summarizing remarks about the refitting analysis of Gramsbergen I

4.5.1. *Import and export of flint*

One of the most important results of the refitting analysis of Gramsbergen I relates to the phenomenon of import and export of tools and blanks. Most of the blades cannot be refitted in the dorsal/ventral way, and the relatively few tools and blades that can are mostly part of rather short sequences. Obviously, this means that most tools and blades found at the site were carried to the site from elsewhere. Only one more or less complete blade-production sequence is documented, by refitted group No. 92; the best products from this core were subsequently exported from the site. A consequence of this situation is that the whole *chaîne opératoire* is rarely if ever represented by any one refitted group. In other words, we do not see tools or blades from cores knapped on the site being used and eventually discarded on the site. The same is true for Oudehaske and Sølbjerg 1, and this was also noted at Kartstein by Baales (1996) and at Zonhoven-Molenheide (Vermeersch & Creemers, 1994; see also Peleman et al., 1994; Vermeersch et al., 1996). Tools made, used and discarded at a single site are known from many other Upper or Late Palaeolithic sites; for example, at the Hamburgian site of Olde-holtwolde such tools include most of the *Zinken*, burins and notched tools (Stapert & Krist, 1990; Boekschoten et al., 1997).

There may be several reasons for this situation. One obvious explanation is that the period of occupation was very short in the case of the Ahrensburgian sites. Another approach would be that the function of the sites, and the season of occupation, have something to do with it. Gramsbergen and Oudehaske might represent specialized sites, 'extraction camps' dedicated to hunting activities, while sites such as Oldeholtwolde might represent 'base camps', where apart from hunting also many other activities took place. Differences in 'flint economy' may also have played a role. If we compare a series of sites with refitting data from northwestern Europe, it seems that two different flint economies are represented. One system, in which substantial numbers of blanks and tools, and probably also prepared cores, were carried during travel, may be exemplified by Gramsbergen I and Oudehaske. This system might operate in a situation where over large parts of the landscape it was difficult or even impossible to collect good flint nodules. Therefore, people carried a large bag of blades and finished tools with them, to enable them to 'survive' in areas where hardly or no flint could be collected, and still have enough left for a next encampment. The second system of flint economy would be expected in situations where flint was relatively abundant in large parts of the landscape, so that it was not necessary to carry a great deal of flint, but only a collection of tools for use during travel and the first phase of occupation at the next encampment. This is what we seem to see at some Hamburgian sites, for example Oldeholtwolde. In the Netherlands, it may well have been much more difficult to find good flint nodules during the Late Ahrensburgian than in Hamburgian times, because in the meantime much more wind-blown sand had been deposited. It has to be noted, however, that it is impossible to prove the existence of such differences, because of another variable influencing the picture: the duration of the sites' occupation.

4.5.2. *Individual flint-knappers*

A refitting analysis brings out the *chaîne opératoire* of blade production, even in cases, such as Gramsbergen and Oudehaske, where mainly short sequences can be documented. An important aspect is that the level of technical skill of the knapper or knappers can be studied to a certain extent. Refitting is therefore one of the few methods allowing us to come quite close to individual Stone Age people, at least those people who did some flint-knapping. At the site of Gramsbergen I at least two flint-knappers seem to have been active: a learner who still made a lot of mistakes without knowing how to repair them, and a second one who had fully mastered the flint technology of Ahrensburgian times. The experienced flint-knapper was probably also responsible for all the imported good blades, and especially for the blades longer than 8 cm.

Three refitted groups can be attributed to the master knapper, among which is the large refitted group No. 92. Four refitted groups can be attributed to the learner with a fair probability. The total numbers of refitted artefacts are 40 for the master and only 17 for the learner. In figures 131 and 132, linear density maps are shown for both groups, together with all refit lines. If we first look at the work of the master knapper (fig. 131), the familiar cluster northwest of the hearth is clearly

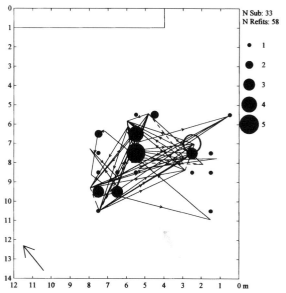

Fig. 131. Gramsbergen I. Density map of all refitted artefacts that can be attributed to the master flint knapper, combined with the refit lines. The picture is dominated by the large refitted group No. 92 (see fig. 110). Drawing by Lykke Johansen/Dick Stapert.

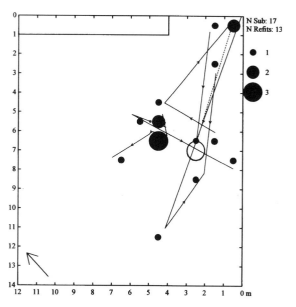

Fig. 132. Gramsbergen I. Density map of all refitted artefacts that can be attributed to an inexperienced flint knapper, combined with the refit lines. Drawing by Lykke Johansen/Dick Stapert.

visible; most of the knapping must have been done there and a compact set of refit lines connects this area with the vicinity of the hearth. The distribution of artefacts associated with the inexperienced knapper shows a very different picture (fig. 132). The densest cluster is located next to the one of the master knapper, but somewhat closer to the hearth. There is an additional, smaller cluster in the easternmost corner (possibly in a dump context). The refit lines do not show a distinct pattern, and it seems that these artefacts were moved around quite a lot. Two other cores with a few fitting artefacts (not mapped here) were possibly worked by the learner; one group among these artefacts occurs to the west of the hearth, a second in the southern cluster.

On the basis of ethnographical sources concerning subrecent hunter/gatherers (e.g. Murdock & Provost, 1973), it seems probable that both flint-knappers were male: probably a man and a boy. In this case we could be dealing with a father and son. Since there also were quite a few scrapers, supposedly tools predominantly used by women, it is a reasonable hypothesis that Gramsbergen I briefly was the home of a family.

4.5.3. *Refitting clusters and spatial patterns*

On sites with less import and export of flint artefacts, mapping of refitting lines will generally show quite clearly at which locations flint-knapping took place. At Gramsbergen I this is a problem, because of the severe effect of import and export of flints. Even the largest refitting group (No. 92: 33 artefacts) shows no distinct knapping location if we look at the map of refit lines (fig. 110). In such cases it may be helpful to combine the refit lines with a density map of the included artefacts (as in fig. 131); in this case the densest concentration of artefacts occurs about 2.5 m northwest of the reconstructed hearth, and it is reasonable to assume that this core was worked here. At Gramsbergen I, the problem is partly caused by the circumstance that the

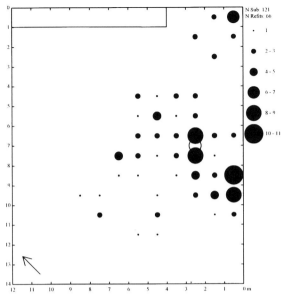

Fig. 134. Gramsbergen I. All artefacts involved in refitted breaks. Drawing by Lykke Johansen/Dick Stapert.

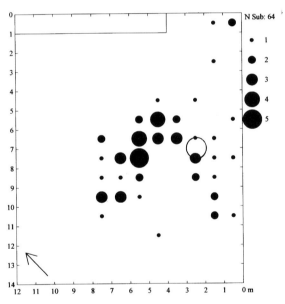

Fig. 135. Gramsbergen I. All artefacts in sequences involving a core. Drawing by Lykke Johansen/Dick Stapert.

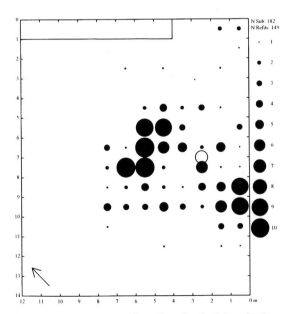

Fig. 133. Gramsbergen I. All artefacts involved in refitted sequences. Drawing by Lykke Johansen/Dick Stapert.

soil was not sieved, so most of the chips from knapping were not collected. Normally, knapping locations are visible quite clearly as dense concentrations of small chips (see Johansen & Stapert, 1998, for examples); these locations are often smaller than 0.5 m across.

In this connection it is interesting to study separate density maps of two groups of artefacts that are part of refitted groups: artefacts involved in sequences (fig.

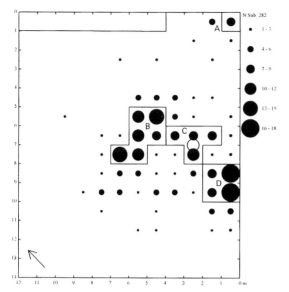

Fig. 136. Gramsbergen I. The areas selected as 'refitting clusters' (labelled A-D), on the basis of a density map of all refitted artefacts. Drawing by Lykke Johansen.

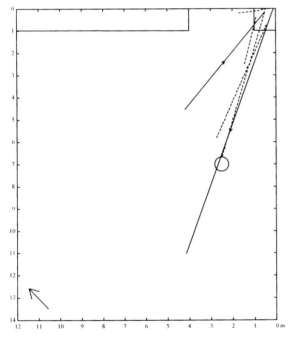

Fig. 137. Gramsbergen I. All refit lines (n=6) crossing the boundaries of refitting cluster A. Drawing by Lykke Johansen.

133) and artefacts involved in refitted breaks (fig. 134). Refitted breaks occur especially in the 'southern cluster' and much less in the 'northwestern cluster'. Artefacts involved in refitted breaks also occur in high numbers close to the reconstructed hearth; these breaks can be attributed to heat. Artefacts involved in sequences,

however, are well represented in both the northwestern and the southern clusters. We have seen that many imported blades and tools can be refitted in short sequences; these are not expected to show refit lines with cores. Therefore it may be interesting to show only artefacts that are in sequences with cores (fig. 135). Now only one dense cluster is visible: northwest of the hearth. This prompts the provisional conclusion that most of the flint-knapping went on in that area. In the area to the south of the hearth, many blades and tools broke, and we assume that in this area a lot of work was done involving both imported tools and tools made on the site. An important group of sequence lines in the southern cluster connect imported tools, especially scrapers. No distinct knapping locations are present in that area.

Mapping the results of refitting may reveal patterns of artefact movements around the site, for example from knapping locations to activity areas, and from there to dumps. To investigate this matter more fully, the first author has introduced the concept of 'refitting clusters' (Johansen, 1993; 1998; in press a). Refitting clusters are subareas with a relatively high number or proportion of refitted artefacts. These clusters are often centres of activity on the site. In using the ANALITHIC computer program, it is possible to show only the refit lines crossing the boundaries of the defined refitting clusters, while omitting the inner lines. In the case of Gramsbergen I four refitting clusters were defined, labelled A-D (fig. 136); these are areas with seven or more refitted artefacts.

Refitting cluster A is in the easternmost corner of the excavated area, cut off by the excavation's edge. The refitting lines from cluster A nearly all go to the main concentration around the hearth, but are few in number (fig. 137). If we expand this cluster to an area of 3x3 m, many more lines appear (fig. 138). Most of these lines connect the easternmost corner with the cluster south of the reconstructed hearth. We believe that the easternmost corner is partly a dump area, connected to the main activity area around the hearth. Cluster B is located to the northwest of the reconstructed hearth. This is the largest cluster; it covers six square metres. Most of the refitting lines crossing its perimeter are sequence lines, connecting this cluster with the area close to and south of the hearth (fig. 139). Cluster B probably saw most of the flint-knapping. Cluster C is the area in the centre, including the reconstructed hearth (fig. 140). The refitting lines crossing its perimeter show connections with cluster B (mostly sequence lines), cluster D to the south of the hearth (mostly refits of breaks) and cluster A (in the easternmost corner). Some of these lines are quite long, up to 6 metres. Cluster D is located south of the reconstructed hearth (fig. 141). This cluster of four square metres includes two square metres with the highest numbers of refitted artefacts on the site, close to the edge of the excavation. The refitting lines crossing

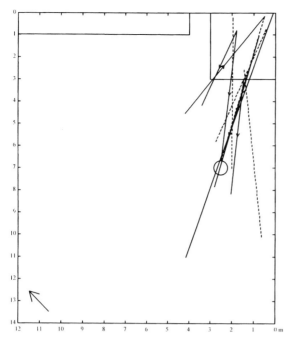

Fig. 138. Gramsbergen I. All refit lines (n=11) extending from an area of 3<maal>3 m in the easternmost corner (compare with fig. 137). Drawing by Lykke Johansen.

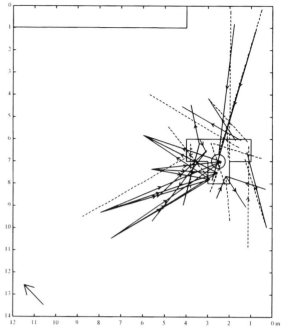

Fig. 140. Gramsbergen I. All refit lines (n=41) crossing the boundaries of refitting cluster C. Drawing by Lykke Johansen.

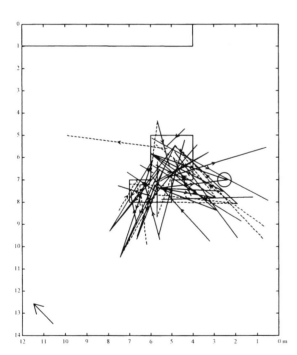

Fig. 139. Gramsbergen I. All refit lines (n=50) crossing the boundaries of refitting cluster B. Drawing by Lykke Johansen.

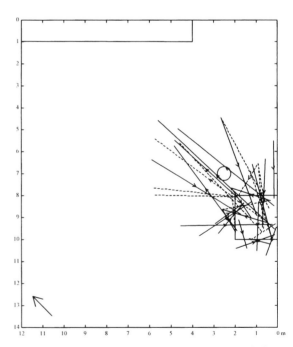

Fig. 141. Gramsbergen I. All refit lines (n=34) crossing the boundaries of refitting cluster D. Drawing by Lykke Johansen.

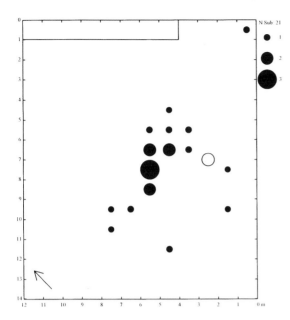

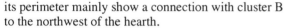

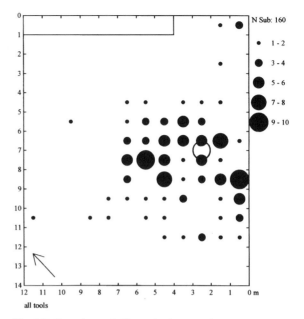

Fig. 142. Gramsbergen I. Blades refitted into sequences involving a core. Drawing by Lykke Johansen/Dick Stapert.

Fig. 143. Gramsbergen I. Linear density map of all tools (n=160). Drawing by Dick Stapert/Lykke Johansen.

its perimeter mainly show a connection with cluster B to the northwest of the hearth.

Looking at these patterns, and comparing them with the distributions of the three main tool types (points, burins and scrapers), we can begin to build up a spatial picture of the site and its occupants. It seems that there are two main activity areas around the hearth: to its northwest and to its south. Cluster D to the south contained most of the scrapers, and probably no flint-knapping was done there: presumably a woman's working area. Interestingly, most refittings in this area concern breaks. Cluster B to the northwest contained most of the points and burins, and is moreover a knapping area: probably a man's working area. It may be noted that artefacts refitted in sequences involving cores are concentrated in this area, and this applies most clearly to blades (fig. 142). We will discuss some of these patterns more extensively in the next section.

4.6. Gender patterns at Gramsbergen I?

In many of the distribution maps presented so far, two artefact clusters show up: one to north/northwest of the reconstructed hearth and one to its south. The same clusters are evident in a linear density map of all tools within the area selected for analysis (fig. 143). The northwestern cluster is clearly associated with flint-knapping, and contains most of the points and burins. The possible 'strike-a-light' is also located in this area. The southern cluster contains most of the scrapers. Much less flint knapping seems to have been done in the latter area; instead, we see many refits of breaks, pointing to an intensive use of tools and blades. It is not possible

to investigate whether the (reconstructed) hearth of Gramsbergen I was in the open air or inside a dwelling. The spatial data, counts per square metre, are in this case not precise enough for a reliable application of the ring and sector method. In applying that method, the use of individual coordinates for all the tools is the best approach; grid-cell data can be used only if the cells are not larger than 50x50 cm (see Stapert & Johansen, 1995/1996).

If we look at the distribution of the tools over 8 sectors, within 6 m from the centre of the reconstructed hearth, it can be observed that the western half is the tool-richest one (fig. 144). This is a sector graph, in which the centre has the value zero, and the circle represents the average number of artefacts per sector. Sectors with a higher number than the average have a bar outwards, sectors with a lower number a bar inwards. This and following sector graphs are based on the randomized data file. Although we do not know whether the hearth of Gramsbergen I was in the open air or inside a dwelling, it may be noted that this type of asymmetry, with most of the tools located on the western side of the hearth, was found to be quite common in Upper or Late Palaeolithic sites with a hearth in the open air (Stapert, 1989 b). It has to be remembered that the sectors are not all complete in this case, owing to the proximity of the eastern excavation boundary; the sector graphs in this paper must therefore be interpreted with caution.

Density maps of the various tool groups have been presented above. One of the results was that points are located on average much closer to the hearth than burins and scrapers. Based on the randomized data file, the average distance between point locations and the hearth

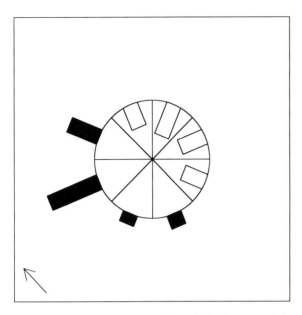

Fig. 144. Gramsbergen I. Sector graph, employing 8 sectors, of all tools within 6 m of the centre of the reconstructed hearth (n=150; see text under 4.6). Note that the tool-richest half is the western half. Drawing by Dick Stapert.

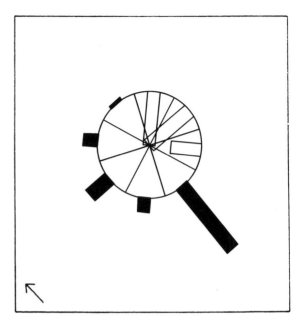

Fig. 146. Gramsbergen I. Sector graph of the scrapers (n=38). Drawing by Dick Stapert.

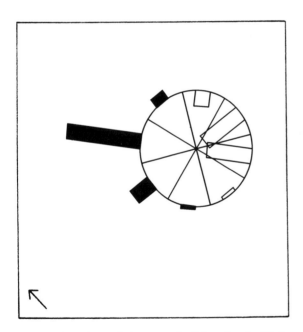

Fig. 145. Gramsbergen I. Sector graph of the points (n=76). In figs 145-147, the 'richest sector option' was used, in order to bring out any tendency to cluster. Drawing by Dick Stapert.

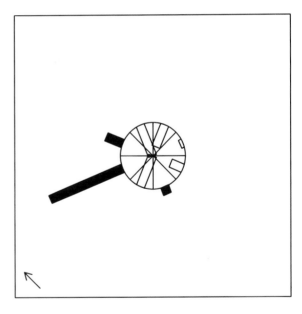

Fig. 147. Gramsbergen I. Sector graph of the burins (n=26). Drawing by Dick Stapert.

centre is 2.2 m, that of burins 3.1 m, and that of scrapers 3.2 m. This is the normal picture, encountered in many sites (Stapert, 1992). Here, we would like to take a closer look at their distributions in the space around the hearth, with the help of sector graphs. The ANALITHIC

program can optimize sector graphs, by rotating the sector wheel to the position in which one or more sectors contain the highest possible number of any selected group of artefacts. Any tendencies towards clustering are brought out very clearly in this way (see e.g. Stapert

& Street, 1997). In figures 145-147, sector graphs according to this 'richest sector option' are illustrated for the three main tool groups. Once again, it can be seen that points and burins occur clustered to the northwest of the hearth, and scrapers to its south.

Though the general pattern is clear, it has to be noted that the differences between the two clusters are in no way absolute. Points also occur in the southern cluster, as do burins, and scrapers occur also in the northwestern cluster. It is also of interest that quite a few burin spalls turned up in the southern cluster, some of which fit to burins in the northwestern cluster. Finally, though most flint-knapping was done in the northwestern cluster, some knapping undoubtedly occurred in the southern cluster, where both *tablets* and crested blades were found. It is of interest that all refitted artefacts assigned to the master knapper occur in the northwestern cluster. At least one core that was possibly worked by the inexperienced knapper was uncovered in the southern cluster.

It is attractive to interpret the differences between the two clusters in terms of gender patterns in space, with a man's working area to the northwest of the hearth (points, burins), and a woman's to its south (scrapers). We tried to investigate this hypothesis by chi-square tests on the basis of counts per quarter (4 sectors). However, because chi-square tests require that not more

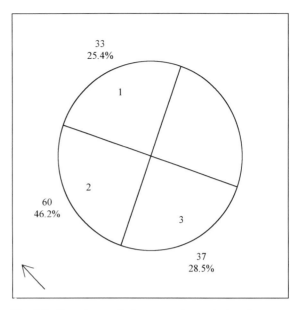

Fig. 148. Gramsbergen I. Sector graph, employing 4 sectors (quarters), of points + scrapers + burins. The sector wheel is located in such a way that the total number of tools in three of the sectors is maximized. The poorest sector, not labelled, contains 10 tools. The numbers of points, scrapers and burins in sectors 1-3 were subjected to chi-square tests (see text under 4.6). Drawing by Dick Stapert.

Table 7. Gramsbergen II. List of artefacts.

A. Flint tools	N	Percentage of subtotal
Points	6	46.2
Scrapers (including a double scraper on flake)	2	15.4
Burins	1	7.7
Pointed blade	1	7.7
Retouched blades	3	23.1
Subtotal	13 (6.2% of total)	100.1

B. Flint non-tools		Percentage of total
Burin spalls	3	1.4
Blades and blade fragments	84	40.0
Flakes	89	42.4
Chips (<1.5 cm)	7	3.3
Blocks	6	2.9
Cores	6	2.9
Unclassifiable burnt fragments	2	1.0
Total	210	100.1

C. Other artefacts		
Retouchoir	1	
Small stone, burnt	1	

than 20% of the expected values are below 5, numbers are too low for that approach. The ANALITHIC program can calculate the position of the sector wheel in which three adjacent sectors out of four contain the maximum possible number of tools. This position is shown in figure 148; the poorest sector, unlabelled, contains only ten tools and will not be included in the chi-square tests. The numbers of points, scrapers and burins in sectors 1-3 are as follows:

Sectors	Points	Scrapers	Burins	Total
1 (north)	21	7	15	43
2 (west)	38	11	11	60
3 (south)	13	18	6	37
Total	72	36	22	130

Chi-square tests were performed for each pair of tool types. Only the difference between points and scrapers is significant in a statistical sense: two-tailed p <0.01 (the chi-square values are: points/scrapers 12.02; points/burins 0.99; scrapers/burins 3.14). It may be noted that the numbers of burins and scrapers are much lower than the number of points, a circumstance somewhat hindering the interpretation of the results. It is clear, however, that there is not much difference between points and burins; the difference between burins and scrapers is distinct, but owing to the small numbers significance cannot be achieved. In our opinion, the outcomes support the hypothesis that the two activity areas near the hearth were, at least partly, gender-dominated, though the differences are not absolute. In combination with the results of the refitting analysis (see 4.5.2), this leads to the conclusion that probably a family sojourned here, consisting of at least a man, a woman and a boy.

4.7. Gramsbergen II

At this concentration, 210 flint artefacts and two stones of other kinds were collected. The finds are listed in table 7. In total, only 13 flint tools are present (fig. 149). The six points can be described as B-points, and are similar to those from Gramsbergen I. Furthermore, there

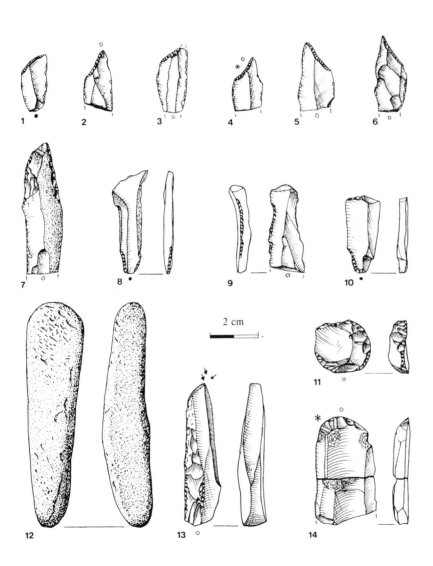

2 cm

Fig. 149. Gramsbergen II. 1-6. B-points; 7. Pointed blade; 8-10. Retouched blades; 11 and 14. Scrapers; 13. Burin; 12. *Retouchoir* made of quartzite. Drawing by Lykke Johansen.

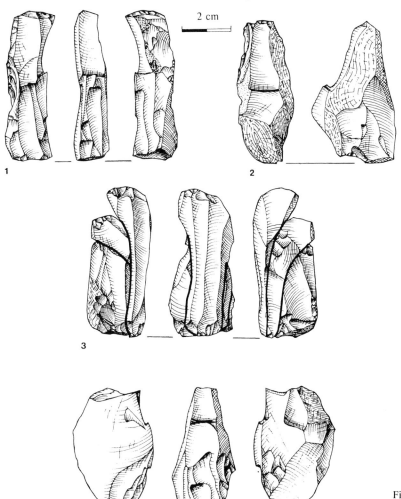

2 cm

Fig. 150. Gramsbergen II. 1-4. Cores. To No. 3 two plunging blades could be refitted. Drawing by Lykke Johansen.

are two scrapers, one burin and a pointed blade. The pointed blade has sturdy retouch along both sides, and is similar to the *Spitzklinge* from Kartstein (Baales, 1996: pp. 49-51). One of the scrapers is a double one, made of a flake. The second scraper, on a blade, consists of two fitting parts and is still incomplete; one of the fragments is burnt. The single burin is of the dihedral type. In total, six cores were uncovered (figs 150 and 151). These are all rather small and used-up cores. To one of them (fig. 150: 3) we could refit two plunging blades, which totally destroyed the core. In addition to an unclassifiable small, burnt stone, a *retouchoir* was present at Gramsbergen II (fig. 149: 12). It consists of quartzite and has a long narrow shape; its dimensions are 88x22x18 mm. Because of the layered structure of the stone, the impact damage is not very distinct. Stone *retouchoirs* are quite common in both Federmesser and Ahrensburgian contexts (e.g. Taute, 1965), though wider and flatter shapes occur more often than narrow ones. A narrow and long *retouchoir* is also known from Geldrop-3.1; it consists of lydite (Deeben, 1995).

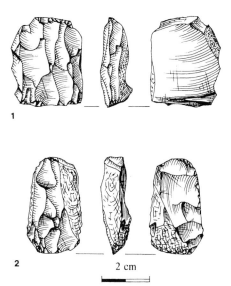

2 cm

Fig. 151. Gramsbergen II. 1, 2. Cores. Drawing by Lykke Johansen.

4.8. Some conclusions

As at Oudehaske, the period of occupation must have been quite short at Gramsbergen I. Though one core, for *Grossklingen*, could be refitted with 32 other artefacts, most good blades struck from this core were exported from the site. Most tools and larger blades present on the site were probably imported from elsewhere, not made on the site. Once again, therefore, few if any tools were made, used and discarded at the site, and the best explanation for this situation is that the site was occupied only briefly. All tool classes are represented, and the degree of 'specialisation' is less extreme than in the case of Oudehaske. On the basis of the refitting analysis and the analysis of spatial patterns, it seems reasonable to suppose that the site was occupied by a family, comprising at least a man, a woman and a boy.

5. DISCUSSION OF A FEW SELECTED TOPICS

5.1. Proportions of points, burins and scrapers

In this section, we will be concerned only with the three main tool types: points, burins and scrapers. At most Ahrensburgian sites, other tool types are represented only in very small numbers or not at all. In figure 152, the percentages of points, burins and scrapers are given for Oudehaske, Gramsbergen I and Sølbjerg 1, based on the total number of tools of the three types (n=58, 154 and 46, respectively). Though it may be noted that Oudehaske has a relatively high proportion of points, and Sølbjerg 1 a fairly low proportion of burins, the differences between the three sites are not extreme in any way. (Although two-tailed p 0.05 when we submit the tool numbers of the three types for all three sites to a chi-square test, none of the p's for each pair of sites falls below 0.05)

For comparison, we have calculated tool percentages for nine other (Epi-)Ahrensburgian sites: Geldrop-1 (n=104; Deeben, 1994), Geldrop-2 (n=126; Deeben,

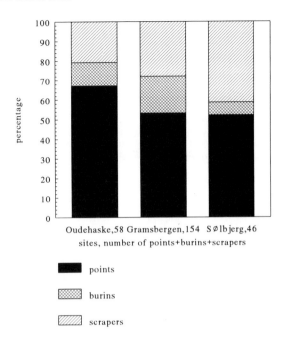

Fig. 152. Oudehaske, Gramsbergen I and Sølbjerg 1. Percentages of points, burins and scrapers, based on the total number of tools of these three types. Drawing by Dick Stapert.

1994), Geldrop-3.1 (n=186; Deeben, 1995), Geldrop-3.2 East (n=222; Deeben, 1996), Vessem-Rouwven (n=428; Arts & Deeben, 1981), Teltwisch-West (n=57), Teltwisch-Mitte (n=357), Teltwisch-Ost (n=83), and Teltwisch-2 (n=298; for the Teltwisch sites, see: Tromnau, 1975). The proportions of the three tool types, for all twelve sites, are presented in figure 153; the sites are ordered according to decreasing point percentages (the raw data on which this figure is based can be found in table 8). It is quite clear that several types of sites are represented in the sample, though it is difficult to tell to what extent differences in preservation and excavation technique have contributed to the picture (when the whole contingency table of 3 types x 12 sites

Table 8. Twelve Ahrensburgian sites: numbers of points, burins and scrapers.

Sites	Points	Burins	Scrapers	Total
Oudehaske (OH)	39	7	12	58
Geldrop 1 (G-1)	67	15	22	104
Geldrop 3.2 East (G-3.2)	137	31	54	222
Vessem-Rouwven (V-R)	251	67	110	428
Gramsbergen I (Gr-I)	82	29	43	154
Sølbjerg 1 (S-1)	24	3	19	46
Geldrop 3.1 (G-3.1)	85	32	69	186
Geldrop 2 (G-2)	54	34	38	126
Teltwisch-Ost (T-O)	14	12	57	83
Teltwisch-2 (T-2)	19	55	224	298
Teltwisch-Mitte (T-M)	22	65	270	357
Teltwisch-West (T-W)	2	16	39	57

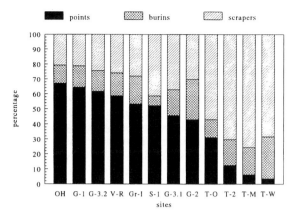

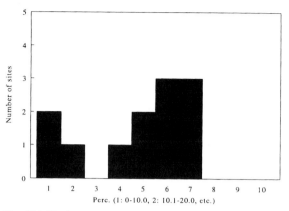

Fig. 153. Twelve Ahrensburgian sites. Percentages of points, burins and scrapers, based on the total number of tools of these types. For key to abbreviations of site names, see Table 8. Drawing by Dick Stapert.

Fig. 154. Twelve Ahrensburgian sites. Percentages of points in intervals of 10 percent. A slight bimodality can be seen. Drawing by Dick Stapert.

is submitted to a chi-square test, two-tailed p turns out to be essentially zero; the value of chi-square is 599!).

Points show the widest range in proportions. Among the twelve sites, Oudehaske has the highest percentage of points: 67.2%. The Teltwisch sites are characterized by quite low point percentages; Teltwisch-West is extreme in this respect, with its percentage of only 3.5 (2 points). In general, there is a negative correlation between the total number of tools and the proportion of points: the smaller the site, the higher the point percentage. This can be understood by assuming that hunting sites (predominance of points) were occupied for only short periods. There are two notable exceptions, however. Teltwisch-West is a small site (tools of the three main types total 57), but points make up only 3.5%. As at the other Teltwisch sites, scrapers are represented very well (68.4%). Such sites may be special activity areas within a larger site complex. More difficult to understand is the situation at Vessem-Rouwven. It is the largest site (tools of the three types total 428), but the percentage of points is moderately high: 58.8%. One explanation might be that multiple occupations took place.

Scrapers also show quite a wide range in proportions. Oudehaske has the lowest percentage (20.7) and Teltwisch-Mitte the highest (75.6). Burins in most cases occur in moderate proportions; the range is from 6.5% (Sølbjerg 1) to 28.1 (Teltwisch-West). It is of interest to note here that some small sites are without burins; for example, Richter (1981) reports that the German Ahrensburgian site at Gahlen contained 34 points (4 tanged points and 30 microliths) and 7 scrapers, but no burins.

A subdivision of the sites into 'point sites' and 'scraper sites' seems to be suggested by frequency diagrams of the proportions of the three tool types, in which the percentages per tool type are grouped in intervals of 10%. Points (fig. 154) and scrapers (fig. 156) show weak bimodal distributions, while burins (fig. 155)

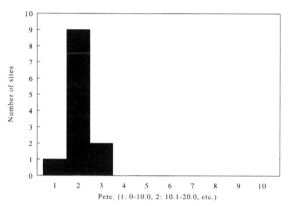

Fig. 155. Twelve Ahrensburgian sites. Percentages of points in intervals of 10 percent. This is a clearly unimodal pattern. Drawing by Dick Stapert.

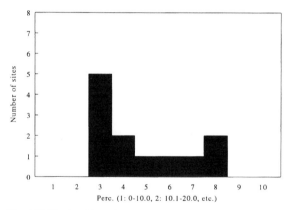

Fig. 156. Twelve Ahrensburgian sites. Percentages of scrapers in intervals of 10 percent. A slight bimodality can be seen. Drawing by Dick Stapert.

display a distinct unimodal pattern. Three sites have point percentages below 20 and scraper percentages above 65 (Teltwisch-2, Teltwisch-Mitte and Teltwisch-West). The remaining nine sites have point percentages above 30 and scraper percentages below 60.

It is necessary to be very cautious in interpreting these patterns. The main reason is that differences in excavation technique may have great consequences for the resulting tool proportions if tool types are markedly different in size. Whether or not sifting of the soil has been done has huge consequences especially for the proportion of microliths. Oudehaske can serve as an illustration. The amateur collection predating the excavation included 5 points (27.8%), 5 burins (27.8%) and 8 scrapers (44.4%). Excavation involved sifting the soil. The final total collection (excavation finds plus amateur collection) includes 39 points (67.2%), 7 burins (12.1%) and 12 scrapers (20.7%): a very different composition. As noted above, the three sites with very low point percentages in our sample are all Teltwisch sites. At these sites, no sifting of the soil was done (for a description of the excavation technique used, see Tromnau, 1975: p. 17). This certainly must have brought down the proportion of the points. It is worth noting, however, that at several sites with relatively high point proportions, such as Geldrop-1, Geldrop-3.2 East and Vessem-Rouwven, sifting was also omitted.

5.2. Right or left lateralization of points

When tips point upwards, the truncations at the tips can be at the left or right. This lateralization is regarded as a possible stylistic attribute by some authors (e.g. Close, 1978; Gendel, 1989). We have calculated percentages of left and right truncations for Oudehaske, Gramsbergen and Sølbjerg 1; for comparison, percentages were also calculated for both tanged points and microlithic points at Vessem-Rouwven (based on Arts & Deeben, 1981). The data can be found in table 9. In this table, the results of chi-square one-sample tests are also presented. It may be noted that none of the four sites are marked by a significant lateralization. Therefore, we consider this attribute as most probably non-stylistic.

5.3. Proximal or distal location of point tips

Point tips can be located proximally (at the bulb end) or distally on the blanks from which the points were manufactured. According to Fischer (1978; 1991), a trend in time can be discerned in northern Germany and Denmark: in the older Ahrensburgian sites (exemplified by Teltwisch-Mitte) the tips of tanged points were thought to be located predominantly distally (as is also the case with the preceding Bromme points), while in the younger Ahrensburgian sites (exemplified by Stellmoor) tips would be located predominantly at the bulbar ends of the blades. Unfortunately, the basis for this supposed trend is rather weak. Teltwisch-Mitte has no radiocarbon dates. Stellmoor produced a series of radiocarbon dates of around 10,000 BP (Fischer & Tauber, 1986; Lanting & Van der Plicht, 1995/1996), but it is possible that the site was occupied over a long period.

We have calculated percentages of the two locations of point tips for Oudehaske, Gramsbergen I and Sølbjerg 1; again, for comparison, percentages were also calculated for Vessem-Rouwven (based on Arts & Deeben, 1981). The data can be found in table 10. In this table, the results of one-sample chi-square tests can also be found. It will be seen that Vessem-Rouwven and Sølbjerg 1 produced significantly more distal point tips than bulbar ones. In figure 157, the four sites are arranged according to increasing percentages of bulbar tips; tanged points and microlithic points were lumped together. If we really were dealing with a chronological trend, Sølbjerg 1 would be the oldest site of the four. This stands in stark contrast to the view of Lanting & Van der Plicht (1995/1996: p. 112), who think it probable that this site dates from the first half of the Preboreal.

Most of the points at Sølbjerg 1 are tanged points (only one certain microlithic point is present). Only about 20% of the points have bulbar tips. At Gramsbergen I, where tanged points are absent, about 60% of the points have bulbar tips. At Oudehaske, with only one tanged point in the point assemblage, the percen-

Table 9. Left or right lateralization of points (tip pointing upwards), at four Ahrensburgian sites. Chi-square one-sample tests.

Sites	N	Right		Left		Chi-squared	p (two-tailed)
		N	%	N	%		
Vessem-Rouwven, tanged points	70	39	55.7	31	44.3	0.91	0.3 <p <0.5
Vessem-Rouwven, microliths	30	13	43.3	17	56.7	0.53	0.3 <p <0.5
Vessem-Rouwven, all points	100	52	52.0	48	48.0	0.16	0.5 <p <0.7
Sølbjerg 1	15	8	53.3	7	46.7	0.07	0.7 <p <0.8
Gramsbergen I	82	39	47.6	43	52.4	0.20	0.5 <p <0.7
Oudehaske	13	8	61.5	5	38.5	0.69	0.3 <p <0.5

Table 10. Proportions of point tips at bulbar (= proximal) and distal ends, at four Ahrensburgian sites. Chi-squared one-sample tests. *: significant (two-tailed p smaller than 0.05). The difference in proportions of point tips at bulbar (= proximal) and distal ends between the two groups of points from Vessem-Rouwven (tanged points and microliths), is significant according to the chi-square test. Using the correction of Yates, chi-squared = 7.75; 0.001 <p (two-tailed) <0.01*.

Sites	N	Right		Left		Chi-squared	p
		n	%	n	%		(two-tailed)
Vessem-Rouwven, tanged points	186	44	23.7	142	76.3	51.63	p <0.001*
Vessem-Rouwven, microliths	30	15	50.0	15	50.0	≈ 0	0.95 <p
Vessem-Rouwven, all points	216	59	27.3	157	72.7	44.46	p <0.001*
Sølbjerg 1	24	5	20.8	19	79.2	8.17	0.001 <p <0.01*
Gramsbergen I	82	49	59.8	33	40.2	3.12	0.05 <p <0.1
Oudehaske	13	6	46.2	7	53.8	0.08	0.7 <p <0.8

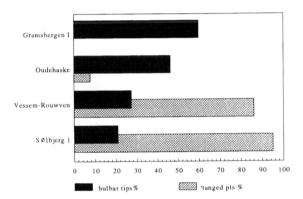

Fig. 157. Four Ahrensburgian sites. Seriations according to the percentage of tanged points among all the points, and the percentage of bulbar tips of points. Drawing by Dick Stapert.

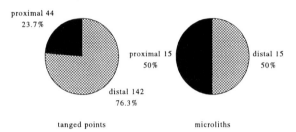

Fig. 158. Vessem-Rouwven. Proportions of bulbar tips on tanged points and microlithic points. Drawing by Dick Stapert.

tage of bulbar tips is about 46. As noted in the introduction, many authors consider sites with a predominance of B-points or Zonhoven points to be relatively late. If we plot the percentage of tanged points of the same four sites (see fig. 157), Sølbjerg 1 has the highest value (about 95%), and Gramsbergen I the lowest (zero); this suggests once again that Sølbjerg 1 is the oldest site. Therefore, if Fischer's typological seriation is a reliable chronological one as well, Sølbjerg 1 should be dated to the end of the Allerød Interstadial, instead of the beginning of the Preboreal (we agree with Lanting & Van der Plicht that occupation during Dryas 3 in Denmark is unlikely).

At Vessem-Rouwven, the numbers of both tanged points and microlithic points are large enough for calculating percentages of bulbar tips for both groups of points (fig. 158). Interestingly, a significant difference exists: bulbar tips occur on only about 24% of the tanged points, but on 50% of the microlithic points (for

the data, see table 10). Since tanged points predominate, the percentage of bulbar tips is relatively low when all points are considered together (as in fig. 157). In other words, the proportion of bulbar tips is dependent of the proportion of tanged points: the fewer tanged points, the fewer bulbar tips. The proportion of bulbar tips at Gramsbergen I and Oudehaske, where tanged points are rare or absent, is broadly comparable with that of the microlithic points at Vessem-Rouwven. It seems that in the case of microlithic points, the proportion of bulbar tips falls around 50%; in other words: the location of the tip is a mere matter of chance.

Unfortunately, no radiocarbon dates for the site of Sølbjerg 1 are available. We do not consider the evidence presented in this paragraph as decisive, but the possibility that the site dates to the transition period from Allerød to Dryas 3, rather than the Preboreal, cannot at present be ruled out.

5.4. Seasonal models and the Epi-Ahrensburgian

Several researchers have developed seasonal models of occupation for the Ahrensburgian. In the Netherlands, the model presented by Arts & Deeben (1981) has been quite influential. It entailed summer occupation in the plains of the southern Netherlands, and winter occupation in the Ardennes hills.

An overview of previous models and of the present state of the evidence is given by Baales (1996). In his important book, seasonal indications in the faunal assemblages from Kartstein, Hohle Stein (Kallenhardt) and Remouchamps are presented in great detail. In Baales' model, as in several other models, seasonal patterns in the Ahrensburgians' use of the landscape are seen as largely determined by seasonal movements of the reindeer. In his opinion, the main summer grazing areas of the reindeer were in the *Mittelgebirge* area (including the Ardennes) and the uplands of central England, while during the autumn the reindeer migrated to their wintering areas in the northern plains (including the southern part of the North Sea). Sites such as Remouchamps and Kartstein were occupied during the spring, when the reindeer migrated to the south, whereas sites such as Stellmoor were occupied in autumn, during the reindeer's trek to the north. This model then led Baales to suppose that Oudehaske, in the northern Netherlands, was located in the area where the Ahrensburgians "... *die harten Winter verbrachten*". It is of interest to note that Baales' model is more or less the opposite of that of Arts & Deeben, who lacked the seasonal data relating to Remouchamps which became available only later.

Baales' work is impressive and we find his model very attractive. In Denmark too, patterns in the Late Palaeolithic settlement distribution across the landscape have been associated with reindeer migration routes (Vang Petersen & Johansen, 1991; 1994; 1996; Johansen, in press c), and Sølbjerg is believed to have been located on one of these routes. Unfortunately, in the Netherlands and Denmark seasonal indicators at Ahrensburgian sites are absent. Artefacts made of bone or antler, probably at least partly dating from Ahrensburgian times, have only been found in secondary contexts (see for finds in the Netherlands, e.g. Arts, 1987; 1988; Van Noort & Wouters, 1987; Wouters, 1982; Verhart, 1988), and can neither support nor refute the model, as Baales himself remarks.

A more general problem is posed by the existence of an 'Epi-Ahrensburgian' phase dated to the first half of the Preboreal, as proposed by Gob (e.g. 1988; 1991). We have ascribed Gramsbergen I and Oudehaske to the Epi-Ahrensburgian. This phase may be characterized by the circumstance that tanged points are rare or absent while blade technology still has a 'Late Palaeolithic' character, and many tools such as burins and scrapers are made of relatively large blades (see under 1). Sites such as Gahlen (Richter, 1981), Höfer (Veil, 1987), Duisburg (Tromnau, 1980) and Bedburg (Street, 1989; 1991; 1993) may also be assigned to this phase. At several of these sites, for example at Höfer and Bedburg, no tanged points are present, just as at Gramsbergen. In the title of Veil's paper, this type of assemblage is characterized as follows: "*Ein Fundplatz der Stielspitzen-Gruppe ohne Stielspitze ...*". Baales' model views the Ahrensburgian (as defined by the presence of tanged points) as essentially a Dryas 3 phenomenon. However, we might be dealing with two very different climatic periods, Dryas 3 and the Preboreal, and there is no compelling reason to assume that seasonal patterns in settlement systems remained unchanged in the two periods over the large area covered by the model. As noted above, new datings of Stellmoor fall around the transition of Dryas 3 to the Preboreal. Two of the three radiocarbon dates of Kartstein fall in the Preboreal too, but are provisionally explained away by the assumption of insufficient treatment to eliminate more recent contamination (Baales, 1996: p. 42); new dates are being made (Baales, pers. comm. 1998). Of course, the presence or absence of tanged points may also be due to functional factors, instead of chronological positions, as both Veil and Baales point out. The situation is furthermore complicated by the brief, colder Rammel-beek phase in the first half of the Preboreal (see under 1).

Epi-Ahrensburgian and related sites seem to span a gradual transition phase from 'Late Palaeolithic' to 'Mesolithic', during the first 500 years or so of the Holocene. At Bedburg we seem to have arrived at the end of this phase; there no longer were any reindeer, and apart from the presence of relatively large blades not much in terms of 'palaeolithic' traits has endured. In general, we get the (untestable) impression that tanged points were associated with reindeer hunting, and were therefore carried northwards by hunters following the reindeer in the early centuries of the Holocene. In this respect it is of interest that tanged points still occur in 'mesolithic' contexts in Norway (see e.g. Bang-Andersen, 1990; Bjerck, 1990).

6. ACKNOWLEDGEMENTS

Several dozen students and amateur archaeologists took part in the excavations at Oudehaske. We cannot name them all here, but several must be mentioned. In the first place, we greatly profited from the vigorous help of the late Mr Jan Klaas Boschker (1935-1995), field assistant of the Fries Museum at Leeuwarden (for an obituary, see Stapert, 1996). Thanks are due to the Fries Museum for supporting the investigation at Oudehaske. Alexander Jager, Ydo Dijkstra and Marcel Niekus (all of them former students of the Groningen Institute of Archaeology) did a lot of work during the excavations at Oudehaske. We are grateful to the Argeologysk Wurkferbân of the Fryske Akademy, and to its secretary H. de Jong (Heerenveen), for their enthusiastic cooperation at Oudehaske. The owner of the field at Oudehaske, Mr E. Huttinga of Oudehaske, not only gave us permission for the excavation, but also kindly helped in other respects.

We thank Dr A.D. Verlinde and the municipal works

department of Gramsbergen for their support of the field work at Gramsbergen. We are grateful to Mr G.J. de Roller, who wrote a useful master's thesis on the material of Gramsbergen (1986). The second author remembers in gratitude the late Mr A. Meijer (deceased in 1997), formerly field assistant of the Groningen Institute, for his help at Gramsbergen, and the late Mr A.P. Schuddebeurs, a dedicated amateur geologist who helped us in identifying the rocks other than flint found at Gramsbergen.

Palaeobotanists Dr W.A. Casparie (a former staff member of the Groningen Institute), Professor S. Bottema and Betty Mook-Kamps analysed pollen samples from the sites discussed in this paper, for which we are grateful (a contribution by Bottema and Mook-Kamps is appended to this paper). We thank Michael Baales (Neuwied) for critically reading a first draft. Finally, we thank Xandra Bardet (Groningen) for the friendly way in which she expertly corrected our English text.

7. REFERENCES

ARTS, N., 1984. Waubach: a Late Upper Palaeolithic/Mesolithic lithic raw material procurement site in Limburg, the Netherlands. *Helinium* 24, pp. 209-220.

ARTS, N., 1987. Vroegmesolithische nederzettingssporen en twee versierde hertshoornen artefakten uit het Maaskantgebied bij 's-Hertogenbosch. *Brabants Heem* 39, pp. 2-22.

ARTS, N., 1988. A survey of Final Palaeolithic archaeology in the southern Netherlands. In: M. Otte (ed.), *De la Loire à l'Oder. Les civilisations du Paléolithique final dans le nord-ouest européen* (= BAR Intern. Series, 444). B.A.R., Oxford, pp. 287-356.

ARTS, N. & J. DEEBEN, 1976. *Een Federmesser nederzetting langs de Kapeldijk te Westelbeers, provincie Noord-Brabant* (= Bijdragen tot de studie van het Brabantse Heem, XV). Stichting Brabants Heem, Eindhoven.

ARTS, N. & J. DEEBEN, 1981. *Prehistorische jagers en verzamelaars te Vessem: een model* (= Bijdragen Studie Brabants Heem, 20). Stichting Brabants Heem, Eindhoven.

BAALES, M., 1996. *Umwelt und Jagdökonomie der Ahrensburger Rentierjäger im Mittelgebirge*. R.G.Z.M./Rudolf Habelt, Bonn.

BANG-ANDERSEN, S., 1990. The Myrvatn Group, a Preboreal find-complex in Southwest Norway. In: P.M. Vermeersch & Ph. van Peer (eds), *Contributions to the Mesolithic in Europe*. Leuven University Press, Leuven, pp. 215-226.

BARTON, R.N.E., 1989. Long blade technology in southern England. In: C. Bonsall (ed.), *The Mesolithic in Europe*. John Donald, Edinburgh, pp. 264-271.

BARTON, R.N.E., 1992. *Hengistbury Head. Vol. 2: The Late Upper Palaeolithic & Early Mesolithic sites* (= Oxford University Committee for Archaeology, Monograph 34). Oxford.

BEUKER, J.R., 1981. Een vindplaats met primair bewerkt vuursteenmateriaal bij Uffelte, gem. Havelte. *Nieuwe Drentse Volksalmanak* 98, pp. 99-111.

BJERCK, H.B., 1990 (1989). Mesolithic site types and settlement patterns at Vega, Northern Norway. *Acta Archaeologica* 60, pp. 1-32.

BODU, P., C. KARLIN & S. PLOUX, 1990. Who's who? The Magdalenian flintknappers of Pincevent, France. In: E. Cziesla, S. Eickhoff, N. Arts & D. Winter (eds), *The Big Puzzle; international symposium on refitting stone*. Holos Verlag, Bonn, pp. 143-163.

BOEKSCHOTEN, G.R. & D. STAPERT, 1993. Rings and sectors: a computer package for spatial analysis; with examples from Oldeholtwolde and Gönnersdorf. *Helinium* 33, pp. 20-35.

BOEKSCHOTEN, G.R. & D. STAPERT, 1996. A new tool for spatial analysis: 'Rings & Sectors 3.1 plus Density Analysis and Tracelines'. In: H. Kamermans & K. Fennema (eds), Interfacing the past. Computer applications and quantitative methods in archaeology, CAA95. *Analecta Praehistorica Leidensia* 28, pp. 241-250.

BOEKSCHOTEN, G.R., L. JOHANSEN & D. STAPERT, 1997. ANALITHIC; report of the project 'Putting activities in place'. Groningen Institute of Archaeology, Groningen.

BOHMERS, A., 1956. Statistics and graphs in the study of flint assemblages. II. A preliminary report on the statistical analysis of the Younger Palaeolithic in Northwestern Europe. *Palaeohistoria* 5, pp. 7-25.

BOHMERS, A. & A. WOUTERS, 1956. Statistics and graphs in the study of flint assemblages. III. A preliminary report on the statistical analysis of the Mesolithic in northwestern Europe. *Palaeohistoria* 5, pp. 28-38.

BOHMERS, A. & A. WOUTERS, 1962. Belangrijke vondsten van de Ahrensburg-cultuur in de gemeente Geldrop. *Brabants Heem* 14, pp. 3-20.

BOKELMANN, K., 1991. Duvensee, Wohnplatz 9. Ein präborealzeitlicher Lagerplatz in Schleswig-Holstein. *Offa* 48, pp. 75-114.

BORDES, F., 1957. La signification du microburin dans le Paléolithique supérieur. *L'Anthropologie* 61, pp. 578-582.

BOTTEMA, S. & B. MOOK-KAMPS, 1997/1998 (this volume). A note on the Allerød vegetation of southeastern Friesland. *Palaeohistoria* 39/40.

BRÉZILLON, M.N., 1983 (1968). *La dénomination des objets de pierre taillée*. C.N.R.S., Paris.

CASPARIE, W.A. & M.W. TER WEE, 1981. Een-Schipsloot – the geological-palynological investigation of a Tjonger site. *Palaeohistoria* 23, pp. 29-44.

CLARK, J.G.D., 1954. *Excavations at Star Carr. An Early Mesolithic site at Seamer near Scarborough*. Cambridge University Press, Cambridge.

CLOSE, A.E., 1978. The identification of style in lithic artifacts. *World Archaeology* 10, pp. 223-237.

CNOSSEN, J. & W. HEIJINK, 1965. Het Jongere Dekzand en zijn invloed op het ontstaan van de veenkoloniën in de Friese Wouden. *Boor en Spade* 14, pp. 42-61.

CNOSSEN, J. & J.G. ZANDSTRA, 1965. De oudste Boorneloop in Friesland en veen uit de Paudorftijd nabij Heerenveen. *Boor en Spade* 14, pp. 62-87.

CZIESLA, E., 1990. *Siedlungsdynamik auf steinzeitlichen Fundplätzen; methodische Aspekte zur Analyse latenter Strukturen*. Holos Verlag, Bonn.

CZIESLA, E, S. EICKHOFF, N. ARTS & D. WINTER, 1990. *The Big Puzzle; international symposium on refitting stone*. Holos Verlag, Bonn.

DEEBEN, J., 1994. De laatpaleolithische en mesolithische sites bij Geldrop (N.Br.). Deel 1. *Archeologie* 5, pp. 3-57.

DEEBEN, J., 1995. De laatpaleolithische en mesolithische sites bij Geldrop (N.Br.). Deel 2. *Archeologie* 6, pp. 3-52.

DEEBEN, J., 1996. De laatpaleolithische en mesolithische sites bij Geldrop (N.Br.). Deel 3. *Archeologie* 7, pp. 3-79.

DEKKER, L.W., A.H. BOOIJ, H.R.J. VROON & G.J. KOOPMAN, 1991. Waterhardlagen: indicatoren van een voormalig veendek. *Grondboor en Hamer* 45, pp. 25-30.

DIJKSTRA, Y., M. NIEKUS & D. STAPERT, 1992. Het onderzoek van de Ahrensburg-vindplaats te Oudehaske. *Paleo-aktueel* 3, pp. 37-43.

FAGNART, J.-P., 1997. *La fin des temps glaciaires dans le nord de la France* (= Mémoires de la Société Préhistorique Française, 24). Paris.

FISCHER, A., 1978. På sporet af overgangen mellem palaeoliticum og mesoliticum i Sydskandinavien. *Hikuin* 4, pp. 27-50 and 150-153.

FISCHER, A., 1991. Pioneers in deglaciated landscapes: the expansion and adaptation of Late Palaeolithic societies in southern

Scandinavia. In: Barton, N., A.J. Roberts & D.A. Roe (eds), *The Late Glacial in north-west Europe: human adaptation and environmental change at the end of the Pleistocene* (= CBA Research Report, 77). C.B.A., London, pp. 100-121.

FISCHER, A. & H. TAUBER, 1986. New 14C datings of Late Palaeolithic cultures from northwestern Europe. *Journal of Danish Archaeology* 5, pp. 7-13.

GEEL, B. VAN, G.R. COOPE & T. VAN DER HAMMEN, 1989. Palaeoecology and stratigraphy of the Lateglacial type section at Usselo (the Netherlands). *Review of Palaeobotany and Palynology* 60, pp. 25-129.

GENDEL, P.A., 1984. *Mesolithic social territories in Northwestern Europe* (= BAR Intern. Series, 218). B.A.R., Oxford.

GOB, A., 1988. L'Ahrensbourgien de Fonds-de-Fôret et sa place dans le processus de Mésolithisation dans le nord-ouest de l'Europe. In: M. Otte (ed.), *De la Loire à l'Oder. Les civilisations du Paléolithique final dans le nord-ouest européen* (= BAR Intern. Series, 444). B.A.R., Oxford, pp. 259-285.

GOB, A., 1991. The early Postglacial occupation of the southern part of the North Sea Basin. In: N. Barton, A.J. Roberts & D.A. Roe (eds), *The Late Glacial in north-western Europe: human adaptation and environmental change at the end of the Pleistocene* (= CBA Research Report, 77). C.B.A., London, pp. 227-233.

GOUTBEEK, A., 1974. Een Jong Paleolithische vuursteen werkplaats aan de Overijsselse Vecht bij Gramsbergen. *Westerheem* 23, pp. 306-314.

GROOT, T.A.M. DE et al., 1987. *Toelichtingen bij de geologische kaart van Nederland 1:50.000. Blad Heerenveen West (11W) en blad Heerenveen Oost (11O)*. Rijks Geologische Dienst, Haarlem.

HAMMEN, T. VAN DER, 1952. Late-Glacial flora and periglacial phenomena in the Netherlands. *Leidse Geologische Mededelingen* 17, pp. 71-183.

HAMMEN, T. VAN DER & T.A. WIJMSTRA (eds), 1971. The Upper Quaternary of the Dinkel Valley. *Mededelingen Rijks Geologische Dienst* NS 22, pp. 55-213.

HUYGE, D., 1985. An early Mesolithic site at Zonhoven-Kapelberg. *Notae Praehistorica* 5, pp. 37-42.

JOHANSEN, L., 1993. Flint og mennesker på Vænget Nord. Unpublished report, Copenhagen University.

JOHANSEN, L., 1998. Refitting analysis of the Mesolithic site at Vænget Nord in Denmark. In: N.J. Conard & C.-J. Kind (eds), *Aktuelle Forschungen zum Mesolithikum/Current Mesolithic research* (= Urgeschichtliche Materialhefte, 12). Mo Vince Verlag, Tübingen, pp. 175-188.

JOHANSEN, L., in prep. The Ahrensburgian site at Sølbjerg 1, Lolland, Denmark.

JOHANSEN, L., in press a. About documenting and analysing refitting data. In: L. Janik & S. Kaner (eds), *From the Jomon to Star Carr*. Proceedings of a congress at Cambridge/Durham, 1996.

JOHANSEN, L., in press b. The refitting analysis of the Hamburgian site at Oldeholtwolde. In: L. Johansen & D. Stapert (eds), *ANALITHIC; a workshop on spatial patterns at Stone Age sites*. Balkema, Rotterdam.

JOHANSEN, L., in press c. The Late Palaeolithic of Denmark. In: P. Bodu, M. Christensen & B. Valentin (eds), *L'Europe septentrionale dans le Tardiglaciaire*. Proceedings of a congress at Nemours (Fr.), May 1997.

JOHANSEN, L. & D. STAPERT, 1995. 'Vuur-stenen' in het laat-paleolithicum. *Paleo-aktueel* 6, pp. 12-15.

JOHANSEN, L. & D. STAPERT, 1996. Experiments relating to 'fire-making tools', Lejre Research Centre, 1995; a preliminary report. Report for the Lejre Experimental Research Centre for Archaeology and History. Lejre.

JOHANSEN, L. & D. STAPERT, 1998. Dense flint scatters: knapping or dumping? In: N.J. Conard & C.-J. Kind (eds), *Aktuelle Forschungen zum Mesolithikum/Current Mesolithic research* (= Urgeschichtliche Materialhefte, 12). Mo Vince Verlag, Tübingen, pp. 29-41.

JOHANSEN, L. & D. STAPERT, in press. Een gezin met drie

vuursteenbewerkers; de *refitting*-analyse van het vuursteen-materiaal van Oldeholtwolde (Fr.). *Paleo-aktueel* 9.

JOHANSEN, L. & D. STAPERT (eds), in prep. *ANALITHIC; a workshop on spatial patterns at Stone Age sites*. Balkema, Rotterdam.

KARLIN, C. & M. JULIEN, 1994. Prehistoric technology: a cognitive science? In: C. Renfrew & E.B.W. Zubrow (eds), *The ancient mind; elements of cognitive archaeology*. Cambridge University Press, Cambridge, pp. 152-164.

KEELEY, L.H., 1982. Hafting and retooling: effects on the archaeological record. *American Antiquity* 47, pp. 798-809.

KEELEY, L.H., 1991. Tool use and spatial patterning. In: E.M. Kroll, E.M. & T.D. Price (eds), *The interpretation of archaeological spatial patterning*. Plenum, New York, etc., pp. 257-268.

LANTING, J.N. & J. VAN DER PLICHT, 1995/1996. De 14C-chronologie van de Nederlandse pre- en protohistorie. I: Laat-Paleolithicum. *Palaeohistoria* 37/38, pp. 71-125.

MURDOCK, G.P. & C. PROVOST, 1973. Factors in the division of labor by sex: a cross-cultural study. *Ethnology* 12, pp. 203-225.

NIEKUS, J.L.T., P. DE ROEVER & J. SMIT, 1997. Een vroeg-mesolithische nederzetting met tranchetbijlen bij Lageland (Gr.). *Paleo-aktueel* 8, pp. 28-32.

NOORT, G. VAN & A.M. WOUTERS, 1987. De jagers/verzame-laars van de Ahrensburgkultuur. *Archaeologische Berichten* 18, pp. 63-138.

NOORT, G. VAN & A.M. WOUTERS, 1989. Ahrensburgien van de Havelterberg. *Archeologie* 1, pp. 59-61.

NOORT, G. VAN & A.M. WOUTERS, 1993. Nieuwe stippen en aanvullingen op de verspreidingskaart van de Ahrensburgkultuur. *APAN/EXTERN* 2, pp. 39-51.

PADDAYYA, K., 1971. The Late Palaeolithic of the Neteherlands – a review. *Helinium* 11, pp. 257-270.

PELEGRIN, J., C. KARLIN & P. BODU, 1988. 'Chaînes opératoires': un outil pour le préhistorien. In: J. Tixier (ed.), *Technologie préhistorique*. C.N.R.S., Paris, pp. 55-62.

PELEMAN, C., P.M. VERMEERSCH & I. LUYPAERT, 1994. Ahrensburg nederzetting te Zonhoven-Molenheide 2. *Notae Praehistorica* 14, pp. 73-80.

RICHTER, J., 1981. Der spätpaläolithischer Fundplatz bei Gahlen, Ldkr. Dinslaken. *Archäologisches Korrespondenzblatt* 11, pp. 181-187.

ROLLER, G.J. DE, 1986. De Ahrensburg vindplaats bij Grams-bergen; materiaal-beschrijving. Unpubl. Master's thesis, University of Groningen.

ROZOY, J.-G., 1978. *Les derniers chasseurs; L'Epipaléolithique en France et en Belgique*. Soc. Arch. Champénoise, Reims.

RUST, A., 1943. *Die alt- und mittelsteinzeitlichen Funde von Stellmoor*. Wachholtz Verlag, Neumünster.

STAPERT, D., 1979. Zwei Fundplätze vom Übergang zwischen Paläolithikum und Mesolithikum. *Archäologisches Korrespondenzblatt* 9, pp. 159-166.

STAPERT, D., 1982. A site of the Hamburg tradition with a constructed hearth near Oldeholtwolde (province of Friesland, the Netherlands); first report. *Palaeohistoria* 24, pp. 53-89.

STAPERT, D., 1985. A small Creswellian site at Emmerhout (province of Drenthe, the Netherlands). *Palaeohistoria* 27, pp. 1-65.

STAPERT, D., 1986. Two findspots of the Hamburgian tradition in the Netherlands dating from the Early Dryas stadial: stratigraphy. *Mededelingen Werkgroep Tertiaire en Kwartaire Geologie* 23, pp. 21-41.

STAPERT, D., 1989a. Een vindplaats van de Ahrensburg-traditie bij Oudehaske (Fr.). *Paleo-aktueel* 1, pp. 16-20.

STAPERT, D., 1989b. The ring and sector method: intrasite spatial patterns of Stone Age sites, with special reference to Pincevent. *Palaeohistoria* 31, pp. 1-57.

STAPERT, D., 1991. Het onderzoek van de Ahrensburg-vindplaats te Oudehaske (Fr.) in 1990. *Paleo-aktueel* 2, pp. 19-24.

STAPERT, D., 1992. Rings and sectors: intrasite spatial analysis of Stone Age sites. Dissertation, University of Groningen.

STAPERT, D., 1996. Een veldarcheoloog te fiets: Jan Klaas Boschker

(1935-1995). *Paleo-aktueel* 7, pp. 18-19.

STAPERT, D., in press. The Late Palaeolithic in the northern Netherlands. In: P. Bodu, M. Christensen & B. Valentin (eds), *L'Europe septentrionale au Tardiglaciaire*. Proceedings of a congress held in Nemours (Fr.), May 1997.

STAPERT, D. & L. JOHANSEN, 1995/1996. Ring & sector analysis, and site 'IT' on Greenland. *Palaeohistoria* 37/38, pp. 29-69.

STAPERT, D. & L. JOHANSEN, in press. Flint and pyrite: making fire in the Stone Age. *Geologie en Mijnbouw*.

STAPERT, D. & J.S. KRIST, 1990. The Hamburgian site of Oldeholtwolde (NL): some results of the refitting analysis. In: E. Cziesla et al. (eds), *The Big Puzzle; an international symposium on refitting stone*. Holos Verlag, Bonn, pp. 371-404.

STAPERT, D. & M. STREET, 1997. High resolution or optimum resolution? Spatial analysis of the *Federmesser* site at Andernach, Germany. *World Archaeology* 29, pp. 172-194.

STAPERT, D. & H.J. VEENSTRA, 1988. The section at Usselo; brief description, grain-size distributions, and some archaeological remarks. *Palaeohistoria* 30, pp. 1-28.

STAPERT, D. & A.D. VERLINDE, 1974. Gramsbergen. *Nieuws-bulletin K.N.O.B.* 73, pp. 246-248.

StiBoKa, 1976. *Bodemkaart van Nederland, schaal 1:50.000. Toelichting bij kaartblad 11 West Heerenveen*. StiBoKa, Wageningen.

STREET, M., 1989. *Jäger und Schamanen. Bedburg-Königshoven; ein Wohnplatz am Niederrhein vor 10000 Jahren*. RGZM, Mainz.

STREET, M., 1991. Bedburg-Königshoven: a Pre-Boreal Mesolithic site in the Lower Rhineland, Germany. In: N. Barton, A.J. Roberts & D.A. Roe (eds), *The Late Glacial in north-west Europe: human adaptation and environmental change at the end of the Pleistocene* (= CBA Research Report, 77). C.B.A., London, pp. 256-270.

STREET, M., 1993. Analysis of Late Palaeolithic and Mesolithic faunal assemblages in the Northern Rhineland, Germany. Thesis, University of Birmingham.

TAK-SCHNEIDER, U. VAN DER, 1968. Cracks and fissures of post-Allerød age in The Netherlands. *Biul. Perygl.* 17, pp. 221-225.

TAUTE, W., 1965. Retouscheure aus Knochen, Zahn und Stein vom Mittelpaläolithikum bis zum Neolithikum. *Fundberichte aus Schwaben N.F.* 17 (Festschrift Riek), pp. 76-102.

TAUTE, W., 1968. *Die Stielspitzen-Gruppen im nördlichen Mitteleuropa*. Böhlau Verlag, Köln/Graz.

TROMNAU, G., 1975. *Neue Ausgrabungen im Ahrensburger Tunnel-tal*. Wachholtz Verlag, Neumünster.

TROMNAU, G., 1980. Eine endpaläolithische Freilandstation am Kaiserberg in Duisburg. *Ausgrabungen im Rheinland* '79, pp. 23-25.

VANG PETERSEN P. & L. JOHANSEN, 1991. Sølbjerg 1 – An Ahrensburgian site one a reindeer migration route through Eastern Denmark. *Journal of Danish Archaeology* 10, pp. 20-37.

VANG PETERSEN, P. & L. JOHANSEN, 1994. Rensdyrjægere ved Sølbjerg på Lolland. *Nationalmuseets Arbejdsmark* 1994, pp. 80-97.

VANG PETERSEN, P. & L. JOHANSEN, 1996. Tracking Late Glacial reindeer hunters in Eastern Denmark. In: L. Larsson (ed.), *The earliest settlement of Scandinavia*. Almquist & Wiksell Intern., Stockholm, pp. 75-88.

VEENENBOS, J.S., 1954. Het landschap van zuidoostelijk Friesland en zijn ontstaan. *Boor en Spade* 7, pp. 111-136.

VEIL, S., 1987. Ein Fundplatz der Stielspitzen-Gruppe ohne Stielspitze bei Höfer, Ldkr. Celle. Ein Beispiel funktionaler Variabilität paläolithischer Steinartefaktinventare. *Archäologisches Korrespondenzblatt* 17, pp. 311-322.

VERHART, L.B.M., 1988. Mesolithic barbed points and other implements from Europoort, The Netherlands. *Oudheidkundige mededelingen uit het Rijksmuseum van Oudheden te Leiden* 68, pp. 145-194.

VERMEERSCH, P.M. & G. CREEMERS, 1994. Early Mesolithic sites at Zonhoven-Molenheide. *Notae Praehistorica* 13, pp. 63-69.

VERMEERSCH, P.M., C. PELEMAN, V. ROTS & R. MAES, 1996. The Ahrensburgian site at Zonhoven-Molenheide. *Notae Praehistorica* 16, pp. 117-121.

WOUTERS, A., 1982. Een zeer bijzondere Lyngbybijl uit Overijssel. *Archaeologische Berichten* 11/12, pp. 233-234.

WOUTERS, A., 1990. Ahrensburgien van de 'Wolfsberg' onder Reutum (gem. Tubbergen). *Archeologie* 2, pp. 46-50.

A NOTE ON THE ALLERØD VEGETATION OF SOUTHEASTERN FRIESLAND
(WITH EMPHASIS ON THE OUDEHASKE AREA)

SYTZE BOTTEMA & BETTY MOOK-KAMPS

Groninger Instituut voor Archeologie, Groningen, Netherlands

ABSTRACT: Pollen assemblages dated to the Allerød oscillation in a peat sediment from Oudehaske are compared with those from other Allerød deposits in southeastern Friesland. Palynological information obtained from sediments collected from pingo scars turned out to be very identical. The information of this group of pollen sites differs from the results obtained from shallow bogs, which points to fundamental differences in Allerød vegetation around the two types of catchment sites.

Measuring of birch pollen in the Allerød of Oudehaske, to separate dwarf birch from tree birch, points to a dominance of dwarf birch. Crowberry is claimed to be an indicative pollen type for the Younger Dryas, but shallow peat bogs in eastern Friesland contain important pollen percentages of this plant, suggesting that it occurred locally already in the Allerød, but not in connection with pingo scars.

KEYWORDS: Allerød, Oudehaske, Friesland, dwarf birch, crowberry.

1. INTRODUCTION

The pollen zone known as Allerød is formally characterized by the presence of substantial *Betula* percentages with increasing values of *Pinus*. This characterization is based mainly upon definitions of Allerød formulated outside the northern Netherlands. However, examination of the various pollen diagrams with special consideration of the location whence they originate, reveals considerable differences in pollen values. Diagrams from the Drenthe Plateau, mainly from pingo scars but also small and large peat bogs, do not vary so much in pollen types as they do in the values of those types. This phenomenon is especially stressed by Mook-Kamps (1995) in a study of the Younger Dryas on the Drenthe Plateau. The pollen evidence points to a highly diverse landscape in terms of vegetation. The landscape of the northern Netherlands in the Allerød as in other periods did not have the diversity of a mountain landscape but the distribution of the plant and tree species was very patchy and related to small differences in elevation and available moisture. The quality of the soil, ranging from coversand with almost no organics to peat, and the depth of the sand overlying the boulderclay, dictated the dominance of sedge marsh, dwarf-birch scrub, scattered pines and tree birches, occasional blankets of crowberry on leached sands, 'ruderal' plants such as wormwood and goosefoot, or light-demanding species such as sea buckthorn.

The Allerød pollen-precipitation patterns lead to one conclusion: there is no single typical Allerød pollen assemblage. There are different Allerød pollen assemblages that can be obtained from various kinds of sediment that developed under a variety of conditions during the same period. The authors are of the opinion that changes in the pollen assemblages and palynological differences between locations are fairly local phenomena, although they are subordinated to a general climatic pattern.

According to radiocarbon dates the Allerød period lasted from c. 11,800 to c. 10,800 BP (Lanting & Van der Plicht, 1995/1996). The age of the organic deposits in the coversands of southeastern Friesland was established by this method. The pollen zones which have been dated to the Allerød are compared on the basis of these dates. The conclusion is that we have a highly variable Allerød pollen pattern in southeastern Friesland and quite probably all over the Drenthe plateau.

In his excavation of the Ahrensburg site of Oudehaske (Friesland), Stapert found a 30 cm thick peat layer in coversand. The location and stratigraphy of this layer are given in this volume by Stapert, fig. 8. Stapert's peat layer was radiocarbon-dated between 11,120±70 BP (the uppermost cm) and 11,390±65 BP (the lowermost cm). He believes the peat layer to have been formed in an oxbow lake of a small rivulet that was a tributary of the Boorne.

In the northern Netherlands, Allerød deposits that are suitable for palynological study and informative about contemporary vegetation and other environmental conditions mostly originate from pingo scars. These depressions formed a special habitat that offered water and sheltered conditions where plants and low trees could grow in situations not found on the open, flat land. In comparison to peat sediments, small pingo lakes receive a relatively broad regional pollen precipitation (Kolstrup, 1997).

The dating of Late-Glacial sediment formed in pingo scars is problematic because of seepage water moving

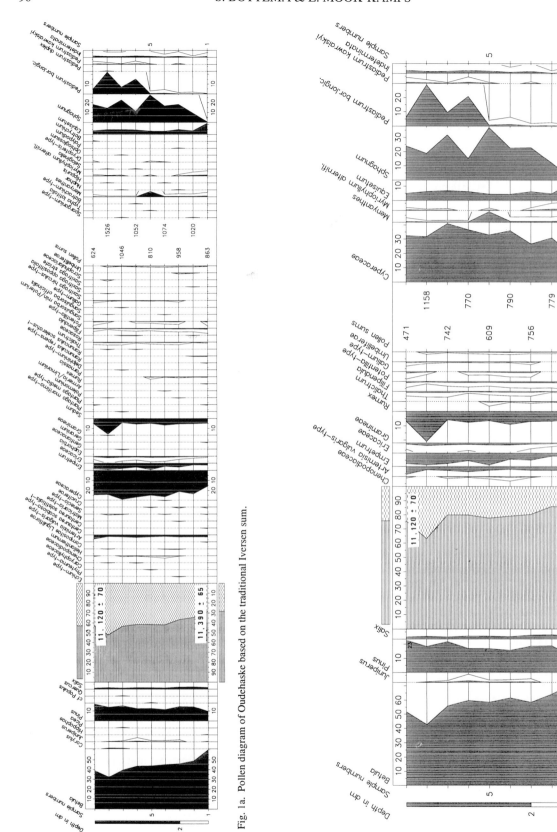

Fig. 1a. Pollen diagram of Oudehaske based on the traditional Iversen sum.

Fig. 1b. Pollen diagram of Oudehaske based on a sum from which the Cyperaceae have been excluded.

upward through the Saale-Glacial boulder clay. This seepage water is depleted in ^{14}C, due to exchange processes between atmospheric CO_2 dissolved in percolating precipitation and fossil carbonate of marine origin in the subsoil. (This is often, but erroneously called hard water effect.) The pingo mounds most probably were formed by water pressed through a layer of permafrost and boulder clay. After the collapse of a pingo frostmound, the depression continued to receive ^{14}C-depleted water for some time. Thus Late-Glacial sediments may yield a date that is too old and consequently the pollen contents may be dated too far back.

The purpose of this study is to reconstruct the Allerød vegetation and environment on the basis of pollen evidence. The part of Friesland where Oudehaske is situated has been studied quite intensively as far as the Late-Glacial is concerned from samples of shallow peat layers and pingo sediments from several locations.

2. MATERIAL AND METHODS

The sediment of Oudehaske consists of horizontally layered, compressed peat and was sampled at 3 cm intervals. The compression was caused by the 1.5 m of coversand that overlay the peat. The peat contains fine silt and sand that must be of aeolian origin. The amount of sand increases upwards. At a depth of 17 cm the peat contains about 5% of sand. The amount of sand or silt in the peat samples is also an indicator of the scantiness of vegetation during the Allerød; at Oudehaske the vegetation no longer consolidated the soil after 11,120 BP, when coversand started to accumulate on the bog.

The preservation of the pollen varies. Some is well-preserved, but others are corroded, suggesting that the basin did not always contain much water. Pollen concentration is high, probably owing to the compression of the peat. Pieces of peat 0.5 cm thick and with a volume of one half to three quarters of a cm^3 were sufficient for preparing samples according to the traditional methods.

The pollen sum used for calculating the diagram is the so-called 'Iversen sum', which while excluding wetland plants, does include sedge pollen. This is primarily because the glacial conditions offered a habitat in which trees could not thrive, in contrast with the subsequent Holocene. For this reason, the pollen of those herbs that are of non-local origin are also included in the pollen sum. In this case the sedges are as usual included in the pollen sum. Iversen believed sedges to have been an important component of the upland vegetation, but this assumption is debatable. However, one has to be careful in attributing the Cyperaceae to a non-local vegetation. There is circular reasoning in drawing conclusions on the basis of pollen evidence, and subsequently using these conclusions to establish a pollen sum that is in turn used to reconstruct the vegetation. Clumps of 40 to 50 pollen grains in some of

the Oudehaske samples suggest a very local origin of the Cyperaceae, since clumps of pollen do not travel well. The reason for nonetheless using an Iversen pollen sum is that otherwise not much pollen is left.

The origin of regional sedge vegetations (Cyperaceae) can be studied in modern examples, for instance in the Arctic. Cotton-grass (*Eriophorum*) can be a dominant species in parts of Spitsbergen in moist surroundings where water stagnates on permafrost. Allerød conditions in Oudehaske may in some respects resemble modern Arctic glacial conditions, but there are also fundamental differences between the two, for instance day length and continental versus Atlantic climate, while permafrost is said to have been absent during the Allerød. It is quite possible that Late-Glacial sedges (Cyperaceae) only occurred in local marshy situations in the northern Netherlands, because the coversands were too dry for them. If sedges did grow in important numbers on the sandy plains one must consider whether permafrost was indeed absent during the Allerød, given the case nowadays of for instance the Spitsbergen Boheman Flua where sedges grow in the wet soil of melting top layers.

Since the GRAPPA computer programme allows the rapid calculation and drawing of diagrams based on any pollen sum, various sums have been used and their visual effect studied. In this paper a traditional diagram is given (fig. 1a) and a simplified version that shows a selection of curves calculated on a sum from which the Cyperaceae have been excluded (fig. 1b).

3. DISCUSSION OF THE OUDEHASKE POLLEN DIAGRAM, AND NOTES ON THE ENVIRONMENT

The pollen diagram of Oudehaske is discussed as a single coherent zone. The spectrum numbers will be referred to, wherever necessary. The assemblages contain a series of pollen taxa which are normally present in Late-Glacial deposits of the northern Netherlands. As usual, some represent genera, for instance birch (*Betula*), others represent families, e.g. grasses (Gramineae). Some types can be attributed to species, for instance crowberry (*Empetrum nigrum*). The indicative value of the various taxa varies; abundant types with continuous curves may be less diagnostic than single occurrences with a high ecologically indicative value.

Tree pollen in Oudehaske is dominated by birch (*Betula*) attaining about 40-50%. It is an open question whether this is tree birch (*Betula pubescens/verrucosa*) or dwarf birch (*Betula nana*). Both birches can be proved by macrofossils but are very difficult to identify by pollen analysis except by pollen size. However, size is not always a reliable indicator since size may change due to conditions of preservation of the pollen in the sediment. To demonstrate the presence of tree or dwarf birch pollen in one pollen sample, one has to measure

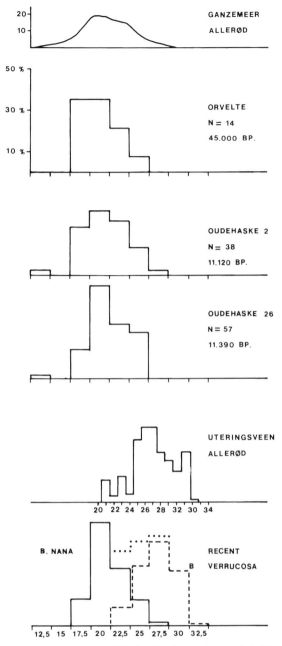

Fig. 2. Measurements (μ) of birch pollen from various periods. The lowest curves show measurements of modern birch pollen. The composite curve for both tree and dwarf birch is indicated by a dotted line.

the pollen grains (Usinger, 1978; Kolstrup, 1982). It is assumed that a normal Gauss distribution of size will appear if only one taxon grew in an area. If both tree and dwarf birch were present, a double-peaked graph should appear. The relative abundance of both tree and dwarf birch might even be concluded from the height of the two peaks.

Birch pollen grains in the lowermost spectrum 1 and in the uppermost spectrum 9 were measured (fig. 2). In both samples a single-peaked curve of the same shape was found, suggesting that only one species of birch grew in the Oudehaske area. Birch pollen in the gyttja sediment, dated 45,000 BP, in which mammoth bones were found near Orvelte were also measured. Dwarf birch was demonstrated there by the presence of its seeds (Cappers et al., 1993). Although the number of pollen grains is small, their measurements closely resemble those of Oudehaske. The shape of the curve of birch-pollen sizes in an Allerød sample from the pingo of Ganzemeer (fig. 3) produced by Bakema (1983) is somewhat different (fig. 2) and points to two different size classes. Compared with the curves presented by Usinger (1978: fig. 1) for Schleswig-Holstein or by Cleveringa et al. (1977: fig. 3) for the Uteringsveen (the Netherlands), the Oudehaske measurements all match the lower values (left part) of those curves. The measured birch pollen in the Uteringsveen samples were preserved in glycerine. This medium generally enlarges pollen somewhat in contrast to pollen kept in silicone oil, the embedding material used at the Groningen Institute.

Modern pollen, *Betula nana* from Flatruet (Sweden) and *Betula verrucosa* (collected by Woldring in Lettelbert, Groningen) was measured by the first author (fig. 2). The left part of the curve shows the dimensions of dwarf-birch pollen, which closely match those of the subfossil material. The right-hand part of the curve represents the tree-birch pollen which is consistently larger. It can be seen in fig. 2 that the curve of the modern pollen grains is double-peaked. The shape of the measurement curves and the size of the pollen strongly point to the presence of dwarf birch during the Allerød in southeastern Friesland, whereas tree birches do not seem to have been present in this area. Dwarf birches quite probably fringed the wetter places: marshes, bogs or small pingo lakes. Tree birches must have grown in many parts of northwestern Europe during the Allerød, as has been demonstrated by Usinger (1978) for Schleswig-Holstein. For the northwestern part of that area, Usinger could even show that tree birches were present during the Bølling period. He also states that it was dwarf birch that grew on Bornholm during the older Allerød.

Scots pine (*Pinus sylvestris*) produces pollen that can travel over considerable distances. The relative pine percentages become more pronounced when the local pollen production of other types becomes insignificant, as for instance in steppe or desert. A sample of the modern pollen precipitation of the salt steppe near Bouara on the border of Syria and Iraq shows 12% pine pollen (Gremmen & Bottema, 1991) although the nearest pine trees grow at a distance of about 500 km. The main reason for this important share of pine in the modern pollen precipitation in this part of the Near East is the travelling capacity of pine pollen and the very scarce vegetation of the local salt flats. This observation also stresses the problem of relative values as opposed to absolute values. To calculate the absolute pollen precipitation is a very difficult task that requires conclusive and accurate dating to reveal the exact number of years represented in a pollen sample. The number of years in a given sediment is only very rarely measurable.

The value of pollen, and in this case pine pollen, is measured in relative percentages of a chosen sum. Thus the level of these values only allows us to assess whether pine grew locally or not. Fortunately, we have evidence of the present-day pollen rain and the modern vegetation (e.g. Van Zeist et al., 1975). Hence, the behaviour of many taxa with regard to pollen production, distribution and representation, also in relative calculations, is fairly well-known. Small numbers of pollen of particular wind-pollinating types can be explained as either a rare local occurrence of a plant or tree, or as a larger number of such plants or trees growing further away. Even in the flat plains of northwestern Germany, conditions are not so homogeneous that one may speak of a closed front of pine trees moving northward at the end of the Pleistocene when conditions became suitable during the Late Glacial. Pictorial information on the northern European pine limit in Finland and Norway, kindly made available by Professor Matti Eronen (Helsinki), shows how pine fills local patches where its requirements are met. Of course Late-Allerød conditions near Oudehaske differ from the modern situation near the Scandinavian tree limit, for instance in soil conditions.

At Oudehaske, the differences in elevation, although slight, will have been responsible for the variations in pine-growth opportunities during the Allerød. Moisture regime and soil properties in drift-sand regions are today factors defining the growth of Scots pine. Since this tree can withstand very low temperatures, this will not have been the limiting factor during the Allerød. As with many plant and tree species, the conditions for germination are decisive for the occurrence of pine. In this respect, moisture in the dry coversands must have played an important role. Evidence for the effect of fire in pine forest is often brought to bear in connection with the 'Layer of Usselo', and can be obtained from present-day circumstances in the Veluwe region (central Netherlands). There the destruction by fire of (planted) pine forest led immediately to the development of birch forest. Even twenty years after a catastrophical fire, the burnt pine area near 't Harde is covered by birch only. During the Allerød, extensive forest fires are thought to have occurred, as demonstrated by charcoal finds in the 'Layer of Usselo'. Even so, such forest fires must have been fairly local for several reasons, one of these being that otherwise a widespread dip in the pine-pollen curve of the Allerød would have been the result. Natural fire, caused by lightning, occurs fairly frequently. It is almost impossible to prove human activity during this period, but such a factor cannot be excluded.

Willow (*Salix*) is present in reasonable numbers if the insect-pollinating nature of this genus is taken into account. Several willow species, for instance creeping willow (*Salix repens*), may have occurred in the Oudehaske area during the period concerned. Juniper (*Juniperus communis*) is present in insignificant pollen numbers and it is concluded that this species was not very common in the area. Only one pollen grain of sea buckthorn (*Hippophaë rhamnoides*) is found at Oudehaske. Today this species inhabits sandy sea coasts in the Netherlands, but is also known from steppic areas or high mountains, for instance Sechzuan, China. The pollen production and dispersal of sea buckthorn are not very efficient, according to studies on the modern pollen precipitation of this shrub. On the other hand, the type is common in daily counts of airborne pollen for hayfever sufferers in the western part of the Netherlands. In the Oudehaske area sea buckthorn will not have played an important role.

An interesting feature are the fairly high values (2-6%) of crowberry pollen (*Empetrum nigrum*). The crowberry is considered a typical plant of the Younger Dryas period, where its pollen is found in fair amounts. The modern habitat of this heather-like plant is found in large open areas, heaths, open pine/birch stands in heaths, dune valleys poor in lime and on the fringe of drift-sand areas. Crowberry thrives in places where a slow accumulation of drift-sand occurs. It collects sand and in this way can form low hillocks. The evergreen blanket of crowberry is able to grow over tree-stumps. In modern times its vulnerability to low winter temperatures has been obvious. Severe frost turns the modern crowberry vegetation in the province of Drenthe (the Netherlands) into a brown carpet. The plants generally are not completely killed but will sprout again from the base. Because flowering crowberries are present throughout the younger part of the Allerød in Oudehaske, as is evident from the pollen finds, one may assume that such vegetation was protected during the winter by sufficient snow cover. The absence or near-absence of crowberry pollen in pingo sediments during the Allerød makes their growing there doubtful, while the presence of a vegetation filter around the depression may have prevented influx of pollen from further away. The pingo habitat supported a vegetation with trees providing enough shade to prevent the growth of crowberry. During the Younger Dryas this vertical vegetation screen may have disappeared, allowing increasing numbers of crowberry pollen to reach the lake deposit.

Crowberry pollen is severely under-represented in the modern pollen rain. Pollen values of this species in the Hijkerveld (province of Drenthe), where crowberry is dominant in certain parts, have been studied by R. Bakker (Groningen Institute of Archaeology). Bakker demonstrates that *Empetrum* is generally not represented in the pollen precipitation at 100 m from its growing stands. In a small oak stand on the heath, crowberry had a value of 4.2% in the soil. It is likely that in this case crowberry pollen originated from stands that were there before the oaks were planted. The presence of 2-6%

crowberry pollen in the Oudehaske diagram points to local abundance. The low percentages in other diagrams from the area may indicate the occurrence of *Empetrum* at a distance.

The vegetation cover of the upland areas must have been rather scanty. The openness of the landscape is deduced from certain pollen types that represent light-demanding plants. A reasonably common species is wormwood (*Artemisia*). Various wormwood species are common in the Near Eastern steppe and desert-steppe nowadays, and even more so during the Glacial. The species included in this genus are palynologically classified into two groups: *Artemisia herba-alba* type and *Artemisia vulgaris* type. The pollen found at Oudehaske is mainly of the latter type, which includes mug-wort (*A. vulgaris*), Breckland wormwood (*A. campestris*) and sea wormwood (*A. maritima*). The wormwood species present in the Netherlands at present flower from late summer to early autumn and are deeprooting perennials, resistant to drought. They need plenty of light, which is the reason why their habitat is the open sea coast or the new agricultural steppe, a man-made habitat devoid of trees.

A species not occurring in the Netherlands nowadays but still found in countries to the north is Jacob's ladder (*Polemonium caeruleum*). The typical pollen of this plant is very rarely encountered in Glacial periods. Today Jacob's ladder is a garden plant up to one metre high, but in the Arctic, for instance where the first author found it at Gypsbukta in Spitsbergen, it is represented by a low creeping form that avoids catching the cold wind. The presence of Jacob's ladder at Oudehaske indicates that the area was not only open but still had minerals in the soil.

The Oudehaske deposit contains a series of types that must be considered to be local marsh plants growing where there is perennial moisture and often these plants contribute to the peat formation. These pollen types are also present in other sediments of this period. These plants produced the organic material which, in various stages of decay, remains today as evidence of the period. The spores of *Sphagnum*, peat-building mosses, are present in high percentages, apart from spectrum 1. The mosses must have grown along the edge of the Oudehaske depression. Bogbean (*Menyanthes trifoliata*) was a common plant in these wet surroundings. We do not know which species of meadow rue (*Thalictrum*) occurred, but it is likely to have been the large marsh species (*Thalictrum flavum*). Rosaceae are represented by members of the genus cinquefoil (*Potentilla*), very probably of local origin. A lower plant whose spores are common is horsetail (*Equisetum*). This species thrives in locations with seepage water rich in certain minerals. The coversand itself is, at least to-day, poor in lime. In the water of the Oudehaske depression, however, seepage water percolating through the Saale boulder clay may have come up, stimulating the growth of horsetail. Horsetail is most numerous in the oldest part of the

sediment, formed at a time when seepage was likely. Sealed off by the growing sediment, the seepage later stagnated. The rare find of pollen of mare's tail (*Hippuris vulgaris*) also points to a relatively high mineral content.

Part of the Oudehaske depression, be it an oxbow lake or a depression filled with seepage water, still contained open water during the peat formation. This is deduced from the presence of pollen of alternate-flowered water milfoil (*Myriophyllum alterniflorum*), a plant that can survive the near drying-up of a body of water but that demands open water for its normal growth. At the same time green algae (*Pediastrum*) are found, which also indicate the presence of open water. One is *Pediastrum boryanum* var. *longicorne*, whereas *Pediastrum kawrayskii* is less common. Both algae are rare or absent during the Holocene of the northern Netherlands.

4. COMPARISON OF THE OUDEHASKE DIAGRAM WITH PALYNOLOGICAL EVIDENCE FROM OTHER ALLERØD DEPOSITS IN SOUTHEASTERN FRIESLAND

A pollen diagram by Cnossen & Zandstra (1965), from a peat layer of the Haskerveen polder north of the Jousterweg (fig. 3), shows a section dated to the Allerød (GrN-2136: 11,600±70 BP) in the lower part. The Haskerveen polder originally was a basin filled with fluvial material from the Boorne, as can be deduced from the secondary pollen present in the pre-Allerød deposit. The Allerød deposit in the Haskerveen polder is part of a large marsh and the upland vegetation must have been at quite a distance from its centre compared with the relatively small peat deposit that Stapert found

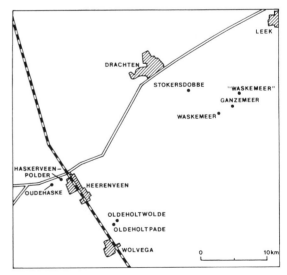

Fig. 3. Map of the area with the location of the coring sites.

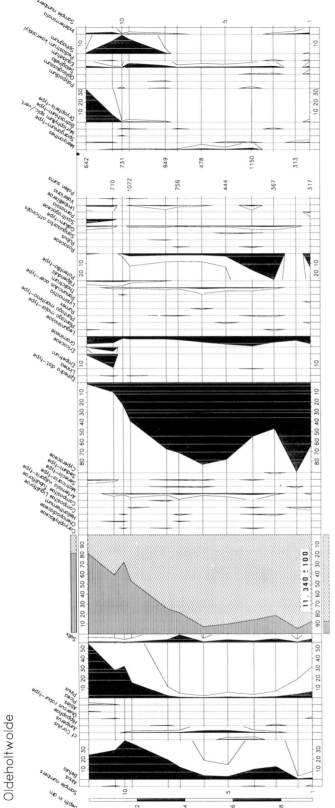

Fig. 4. Pollen diagram of Oldeholtwolde calculated as in Fig. 1a.

in Oudehaske. Compared with the pollen diagram from the Haskerveen polder, representatives of upland vegetation are more common in the Oudehaske sequence. The values of crowberry at Oudehaske point to its common occurrence there at least during the latter part of the Allerød.

Allerød deposits have been demonstrated at Oldeholtwolde, about 10 km from Oudehaske (fig. 3). The base of a peat layer near the Palaeolithic site of Oldeholtwolde, excavated by Stapert (1982) is dated 11,340±100 BP (GrN-11264). A pollen diagram of the Oldeholtwolde peat was prepared by the first author (fig. 4). Throughout the Late Glacial, from about 11,400 BP onward, we see very low tree-pollen percentages. Pine pollen remains under 5% and is often not more than 1%. Birch pollen fluctuates between 3 and 10%. The pollen precipitation on the Oldeholtwolde marsh is dominated by Cyperaceae and *Potentilla*-type (cinquefoil). The absence of crowberry pollen and of other Ericaceae is striking, whereas nearby Oldeholtpade reveals values of 2-5%.

Two Allerød deposits have been identified 2 km southwest of Oldeholtwolde (De Jong, 1992). These sites have been recorded as Oldeholtpade I and III. Location I has radiocarbon dates of 11,960±80 (GrN-14449) and 10,860±60 (GrN-14448). The pollen diagram of Oldeholtpade I is characterized by very low pine pollen values of about 2%. Birch values gradually increase from about 10 to 30%. Ericaceae are present with a few percent. De Jong divides the Allerød into two subzones: a and b. Because of the low tree-pollen values, De Jong believes subzone a, the lower part of the Allerød, to be present in Oldeholtpade I. Oldeholtpade III is not radiocarbon-dated and pollen assemblages have been ascribed to various biozones according to their characteristics. Pine-pollen values are somewhat higher (10%) than in the nearby core Oldeholtpade I and De Jong (1992) attributes them to subzone b of the Allerød. Birch percentages are 60% in the deepest sample only, which is ascribed to subzone a. The four spectra that represent subzone b, have birch values of 10 to 30%. De Jong is of the opinion that subzone b is missing in the Allerød of Oldeholtpade I. Late-Glacial sediments of the northern Netherlands often show abrupt changes or gaps in the sequence. This is mainly caused by sand drifts in bogs.

Sites separated by one kilometre only show large differences in local upland cover, whereas the pollen production of the local peat basins is remarkably similar.

The tremendous differences in pollen assemblages in Allerød deposits are illustrated by the evidence from three pingo scars located 25 km to the northeast of Oudehaske. Evidence has been obtained on the Late Glacial and the beginning of the Holocene from two pingo scars near the hamlet of Waskemeer, called Waskemeer (Casparie & Van Zeist, 1960) and Ganzemeer (Bakema, 1983), and from the Stokersdobbe between Drachten and Waskemeer. Sedimentation in such

small but relatively deep holes guarantees continuous deposits, which is not the case in shallow peat deposits in sand-drift areas. The palynozone attributed to the Allerød in the Ganzemeer diagram is characterized by pine-pollen values of 50%. Birch pollen decreases from an initial 70% to about 30% in the uppermost part. Crowberry pollen is present in the upper part, but only attains about 1%. The Stokersdobbe (Paris et al., 1979) produces pine pollen values of about 40% in the youngest part of the Allerød. Birch pollen in the Stokersdobbe diagram amounts to 80% in the oldest part of the Allerød, which decreases to about 50% in the youngest part. Crowberry pollen is present but in small numbers only.

The highly dynamic and instable character of the Allerød landscape did not essentially differ from that of the Dryas periods. For a discussion on this subject the reader is referred to Kolstrup (1997).

5. CONCLUSION

The Allerød landscape in southeastern Friesland had a diverse character. The chronology is not always definite, the peat in Oudehaske seems to have been formed by plants growing above the water mainly, but plants growing under water cannot be excluded. Vegetation developed only in favourable spots. In many parts there was not much difference from more Glacial conditions. Microrelief was more pronounced than it is nowadays. Water was present in the pingo scars and in shallow marshes, but it was rare, as shown by the scarcity of organic deposits. Aeolian activity during the Allerød was less than in the preceding Older Dryas or in the following Younger Dryas, but sand and finer fractions were still transported. The deposition of coversand on the peat must have started around 11,120 BP (radiocarbon dated) without delay, because if the loamy peat had not been sealed by sand, it would have been oxidized and the pollen corroded.

The situation in southeastern Friesland may have resembled that of the present Veluwe region in the central Netherlands: driftsands and sporadic pine trees. The tree birch, present on the Veluwe nowadays, is conspicuously absent in Friesland and Drenthe in the Allerød. Pollen measurements suggest that dwarf birches were the only birch in and around bogs on the Drenthe plateau.

Contrasting with the Younger Dryas is the scarcity of crowberry, but this plant was certainly present during the Allerød; be it far more locally.

6. ACKNOWLEDGEMENTS

The authors are very grateful for the stimulating discussions with Professor E. Kolstrup (Uppsala, Sweden), Drs P. Cleveringa (Rijks Geologische Dienst,

Haarlem) and Drs J.N. Lanting (G.I.A., Groningen). They acknowledge the help of Drs R. Bakker with aspects of modern pollen rain. For general information, the *Nederlandse Oecologische Flora* (Weeda et al., 1985-1994) was consulted. Drawings were made by G. Delger and the manuscript was prepared by Mrs G. Entjes-Nieborg (G.I.A. Groningen). The English text was corrected by Ms A.C. Bardet.

7. REFERENCES

BAKEMA, J., 1983. Het Ganzemeer. Een palynologisch onderzoek van een meerafzetting. Doctoraalscriptie B.A.I.

CAPPERS, R.T.J., J.H.A. BOSCH, S. BOTTEMA, G.R. COOPE, B. VAN GEEL, E. MOOK-KAMPS & H. WOLDRING, 1993. De reconstructie van het landschap. *Mens en mammoet*. Drents Museum Assen, pp. 27-41.

CASPARIE, W.A. & W. VAN ZEIST, 1960. A Late-Glacial lake deposit near Waskemeer (prov. of Friesland). *Acta Botanica Neerlandica* 9, pp. 191-196.

CLEVERINGA, P., W. DE GANS, E. KOLSTRUP & F.P. PARIS, 1977. Vegetational and climatic developments during the Late Glacial and the early Holocene and aeolian sedimentation as recorded in the Uteringsveen (Drenthe, the Netherlands). *Geologie en Mijnbouw* 56, pp. 234-242.

CNOSSEN, J. & J.G. ZANDSTRA, 1965. De oudste Boorneloop in Friesland en veen uit de Paudorftijd nabij Heerenveen. *Boor en Spade* 14, pp. 62-87.

GREMMEN, W.H.E. & S. BOTTEMA, 1991. Palynological investigations in the Syrian Gazira. In: H. Kühne (Hrsg.), *Die rezente Umwelt von Tall Seh Hamad und Daten zur Umweltrekonstruktion der assyrischen Stadt Dur-katlimmu*. Berlin, pp. 105-116.

JONG, J. DE, 1992. Rapport Nr. 1150: Oldeholtpade. Lokatie I & III.

KOLSTRUP, E., 1997. Wind-blown sand and palynological records in past environments. *Aarhus Geoscience* 7, pp. 91-100.

KOLSTRUP, E., 1982. Late-Glacial pollen diagrams from Hjelm and Draved Mose (Denmark) with a suggestion to the possibility of drought during the earlier Dryas. *Review of Palaeobotany and Palynology* 36, pp. 35-63.

MOOK-KAMPS, E., 1995. Palynological investigations of Younger Dryas sediments in the northern Netherlands. *Geologie en Mijnbouw* 74, pp. 261-264.

LANTING, J.N. & J. VAN DER PLICHT, 1995/1996. De ^{14}C-chronologie van de Nederlandse pre- en protohistorie. I: Laat-Paleolithicum. *Palaeohistoria* 37/38, pp. 71-126.

PARIS, F.P., P. CLEVERINGA & W. DE GANS, 1979. The Stokersdobbe. Geology and palynology of a deep pingo remnant in Friesland (the Netherlands). *Geologie en Mijnbouw* 58, pp. 33-38.

STAPERT, D., 1982. A site of the Hamburg tradition with a constructed hearth near Oldeholtwolde (province of Friesland, the Netherlands); first report. *Palaeohistoria* 24, pp. 53-90.

USINGER, H., 1978. Pollen- und grossrestanalytische Untersuchungen zur Frage des Bölling-Interstadials und der spätglazialen Baumbirken-Einwanderung in Schleswig-Holstein. *Schriften des naturwissenschaftlichen Vereins Schleswig-Holstein* 48, pp. 48-61.

WEEDA, E.J., R. WESTRA, CH. WESTRA & T. WESTRA, 1985-1994. *Nederlandse Oecologische Flora. Wilde planten en hun relaties*. 5 vols. Published by IVN.

ZEIST, W. VAN, H. WOLDRING & D. STAPERT, 1975. Late Quaternary vegetation and climate of southwestern Turkey. *Palaeohistoria* 17, pp. 53-143.

DE ^{14}C-CHRONOLOGIE VAN DE NEDERLANDSE PRE- EN PROTOHISTORIE
II: MESOLITHICUM

J.N. LANTING
Groninger Instituut voor Archeologie, Groningen, Netherlands

J. VAN DER PLICHT
Centrum voor Isotopen Onderzoek, Groningen, Netherlands

ABSTRACT: This paper deals first with calibration of the radiocarbon time-scale, climate, bio- and chronostratigraphy and sea-level rising during the earlier part of the Holocene. Then the existing typochronologies of the Mesolithic in the Low Countries are analysed. As a result the presently used typochronologies are rejected, and the existence of a De Leijen-Wartena complex is denied. The most likely developments in the flint industries in the northern Netherlands and southern Netherlands/low Belgium are described, in connection with a review of the Mesolithic in southern Scandinavia/northern Germany, Great Britain/Ireland and southern Germany/western Switzerland/eastern France. Finally the radiocarbon dates for the Mesolithic in the Netherlands are listed.

KEYWORDS: Radiocarbon dating, calibration, climate, Early Holocene, Mesolithic.

1. INLEIDING

1.1. Definities en inhoud

Het Mesolithicum is de periode tussen het Paleolithicum en het Neolithicum, gedurende welke groepen jagers-vissers-voedselverzamelaars zich aanpasten aan de snelle ecologische veranderingen samenhangend met de opwarming aan het begin van het Holoceen, en vervolgens aan de ontwikkeling van boreale en Atlantische bossen. Technologisch is 'Mesolithicum' een overkoepelend begrip voor vuursteentradities waarin klingtechnologie aanvankelijk niet meer dominant is, en waarin microlithische en geometrische artefacten een belangrijke rol spelen. Er is de neiging om het begin van het Mesolithicum gelijk te stellen aan het begin van het Holoceen, respectievelijk het Preboreaal, en daar nogal arbitrair een ouderdom van 10.000 BP aan te verbinden. Het is echter zeker dat de laatpaleolithische Ahrensburg-traditie in NW-Europa voortduurt tot ver in het Preboreaal, tot ca. 9600 BP. De vroege mesolithische vuursteenindustrieën in dit gebied zijn duidelijk geënt op de late Ahrensburg-traditie en kunnen dus niet vóór 9600 BP, respectievelijk het laatst van het Preboreaal zijn ontstaan. Helaas correspondeert 9600 BP met een plateau in de ijkcurve (zie 1.2). In grote delen van Europa eindigde het Mesolithicum rond 6000 BP, vaak op het moment dat de eerste landbouwers/veetelers ter plaatse verschenen. Het is vrijwel zeker dat een direct verband tussen beide verschijnselen bestaat (zie 4.2.1). Alleen in de randzones, waar het Neolithicum later zijn intrede deed, kon de mesolithische levenswijze zich handhaven, o.a. in Denemarken en Zuid-Zweden en in Groot-Brittannië en Ierland tot ca. 5300-5200 BP.

In dit artikel zal eerst de ijking van de ^{14}C-tijdschaal worden behandeld. Vervolgens wordt aandacht besteed aan klimaatsontwikkeling, bio- en chronostratigrafie en aan zeespiegelstijging. Tenslotte worden de huidige chronologische onderverdelingen van het Mesolithicum in Nederland en direct aangrenzende gebieden kritisch behandeld. Na evaluatie van het Mesolithicum in Zuid-Scandinavië/Noord-Duitsland, Groot-Brittannië/Ierland en Zuid-Duitsland/West-Zwitserland/Oost-Frankrijk worden de meest waarschijnlijke ontwikkelingen in de vuursteeninventarissen beschreven.

In dit artikel worden conventionele ^{14}C-ouderdommen aangeduid met BP, dendrodateringen en dateringen verkregen na jaarringijking van ^{14}C-dateringen met cal BC.

1.2. De ijking van de ^{14}C-tijdschaal

Dit artikel bestrijkt de periode 9600-6000 BP in ^{14}C-jaren. Volgens de meest recente jaarring-ijkcurves correspondeert dat met de periode 9200/8900-4900 cal BC (ongelukkigerwijs valt 9600 BP in een plateau van de jaarring-ijkcurve). We baseren ons hierbij op de curve van Kromer & Spurk (1998), die op hun beurt gebruik maken van een grondige revisie van de jaarring-chronologie van het laboratorium in Hohenheim (Spurk et al., 1998). Om de zaak niet nodeloos gecompliceerd te maken, worden hier alleen de wijzigingen in de gepubliceerde jaarringchronologie van Becker (1993) en recente aanvullingen en verbeteringen beschreven. Tussentijdse correcties worden niet vermeld.

Na de dood van Becker in 1994 zijn alle metingen door een team van medewerkers in Hohenheim gecontroleerd en is samenwerking met het dendrolaboratorium in Göttingen gezocht, waar een onafhankelijke jaarringchronologie tot 7197 cal BC uitgewerkt was. Het bleek, dat in Beckers eikenchronologie twee correcties nodig waren, bij 5242 en 7792 cal BC. Door enkele foute metingen bleken in de chronologie van 1993 41 jaren te missen bij 5242 cal BC. Vergelijking met de Göttingen-chronologie toonde aan dat 5242 cal BC in feite 5283 cal BC was. Na deze correctie, die inmiddels met nieuwe houtvondsten onafhankelijk is overbrugd, bleken Hohenheim en Göttingen tot 7197 cal BC perfect gesynchroniseerd te zijn. Toen vervolgens vastgesteld kon worden dat een 578 ringen omvattende 'zwevende' eikenchronologie in Göttingen goed inpasbaar was in de pre-7197 cal BC Hohenheim-chronologie, werd deze synchronisatie verlengd tot 7736 cal BC. Bij 7792 cal BC bleek de eikenchronologie van Becker een tweede zwakke punt te bevatten, veroorzaakt door een slechts 35 jaren tellende, en dus te korte overlap van een 'zwevend' stuk curve en de lange curve. Nieuwe houtvondsten brachten uitkomst, met als resultaat een aanpassing van het 'zwevende' deel, die 54 jaren eerder ligt dan in 1993 werd aangenomen. In vergelijking met 1993 is dit deel van de eikenchronologie nu 41+54=95 jaren ouder geworden; 7793 cal BC (1993) is dus 7888 cal BC nu. Nieuwe eikenvondsten leidden vervolgens tot een betrouwbare overbrugging van het gat tussen de gereviseerde lange curve en een 507 ringen omvattende 'zwevende' eikencurve uit het Bovenrijngebied, resulterend in een verlenging van de eikenchronologie tot 8480 cal BC. Voor de aanpassing van de 'zwevende' dennenchronologie bleek deze verlenging essentieel. De jaarring-ijkcurve kon tot buiten het 8800 BP-plateau in de ^{14}C-curve verlengd worden en bevat nu ook het steile stuk tussen 8900 en 9200 BP. Dit steile deel en het 8800-plateau zijn ook in de dennen-ijkcurve aanwezig. Beide curves kunnen nu door middel van *wigglematching* aanzienlijk beter aan elkaar gepast worden dan mogelijk was toen de eikencurve nog in het 8800-plateau eindigde; de onzekerheid is slechts ±20 jaren. Bij nader onderzoek bleek, dat ook de dennencurve een 'zwakke' periode bevatte tussen 9250 en 9350 cal BC. Nieuwe metingen, die overigens nog bevestigd moeten worden door nieuwe bomen, suggereren dat het oudere deel van de curve 31 jaren ouder wordt ten opzichte van het jongere deel en dat de totale dennencurve tussen 7951 en 9922 cal BC (±20 jaren) ligt. De nieuwe *wigglematching* resulteert in een veroudering van het jongere deel van de dennencurve van 199 (±20) jaren en van het oudere deel van 230 (±20) jaren ten opzichte van de in 1993 gepubliceerde Heidelberg-getallen, maar van 274 (±20) resp. 243 (±20) jaren t.o.v. de in 1993 gepubliceerde Seattle-getallen. Het verschil is het gevolg van een door Becker in 1992 alleen aan Seattle doorgegeven correctie.

In het oudste deel van de dennencurve zijn de ringen zeer dun. Na 9580(±20) cal BC worden ze tweemaal zo dik. Deze verdikking hangt kennelijk samen met de klimaatsverbetering die het Preboreaal inluidt, die in het Groenlandse ijs op 9600±90 (GRIP) en 9690±240

(GISP-2) cal BC is gedateerd en in de warven van Lake Gosciaz (Goslar, Arnold & Tisnerat-Laborde, 1998) op 9570±24 cal BC. Dat doet vermoeden dat de jaarringchronologie nu 'correct' is, al is het wachten nog op een dendrochronologische correlatie van eik en den die de laatste onzekerheid wegneemt. De oudste 340 ringen van de dennencurve zijn nog tijdens Dryas 3 gevormd. Het ziet ernaar uit dat de jaarringchronologie nog verder verlengd kan worden. Een 304 ringen omvattende larixchronologie uit de buurt van het Meer van Genève is volgens ^{14}C-dateringen deels ouder dan de dennenchronologie, terwijl fossiele dennen uit de omgeving van Cottbus volgens ^{14}C-dateringen weer deels ouder dan de larixen zijn.

Becker, Kromer & Trimborn (1991) wilde het Preboreaal laten beginnen daar waar in het hout van de dennencurve sterke stijgingen van δ^2H- en δ^{13}C-curves optraden. Lanting & Van der Plicht (1995/1996a: pp. 76-78) hadden al aannemelijk gemaakt dat dit onjuist was en dat deze stijgingen eerder met de klimaatsverbetering aan het eind van de Rammelbeek-fase, het koude intermezzo in het Preboreaal, in verband gebracht dienden te worden. De betreffende stijgingen worden nu tussen 9350 en 9250 cal BC gedateerd, d.w.z. in de 'zwakke' periode in de dennencurve (zie boven). In deze periode tonen de dennen groeiproblemen, resulterend in missende ringen. In sommige bomen werd gedurende 3-5 opeenvolgende jaren geen ring gevormd (Spurk et al., 1998). Deze groeiproblemen moeten aan klimatologische verschijnselen worden geweten, of wel aan de Rammelbeek-fase. Deze dendrochronologisch verkregen datering van de Rammelbeek-fase correspondeert goed met de datering van een korte koude fase in het Groenlandse ijs (Stuiver, Grootes & Braziunas, 1995: fig. 11), rekening houdend met de onzekerheidsmarges.

De bovenbeschreven correcties in de jaarringcurves houden in dat alle tot nu toe gepubliceerde, op basis van ijkcurves uit 1986 en 1993 gecalibreerde ouderdommen onjuist zijn. Voor ^{14}C-ouderdommen tussen ca. 6300 BP en ca. 8700 BP zijn de fouten relatief klein. Maar voor ^{14}C-ouderdommen voor ca. 8700 BP, en met name voor die voor ca. 8900, zijn de fouten aanzienlijk. Een vereenvoudigde versie van de nieuwe jaarring-ijkcurve is in dit artikel opgenomen (fig. 1).

1.3. Klimaat

Een eerste, zij het zeer globale, indruk van het klimaat tijdens het Holoceen wordt verkregen uit de $\delta)^{18}$O-curve van het Groenlandse ijs (Dansgaard et al., 1993; Stuiver, Grootes & Braziunas, 1995). In vergelijking met Boven-Pleniglaciaal en laat-Glaciaal zijn de fluctuaties van δ^{18}O tijdens het Holoceen klein na de snelle stijging tijdens Preboreaal en vroege Boreaal. Afgezien van een kortdurende terugval rond 6200 cal BC is de δ^{18}O-curve tamelijk stabiel tussen 8000 en 0 cal BC. Die korte terugval wijst op een koudere fase rond 7300 BP

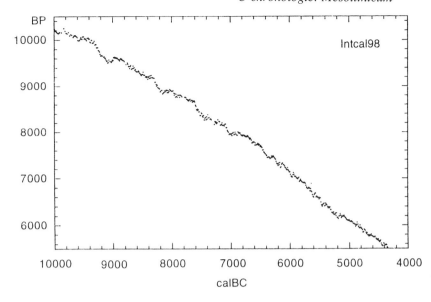

Fig. 1. De nieuwe jaarring-ijkcurve voor het Mesolithicum, gebaseerd op INTCAL 98.

in ¹⁴C-jaren. Na 0 cal BC toont de δ¹⁸O-curve een geleidelijke, zij het zwakke daling die zich tot de huidige tijd voortzet. Een en ander wijst op stabiele oceanische en atmosferische circulatiepatronen in het noordelijke Atlantische gebied tijdens het Holoceen. De curve kan daarom, met het nodige voorbehoud, ook gebruikt worden voor een reconstructie van het klimaat in NW-Europa. Het is duidelijk dat tussen 8000 en 0 cal BC met hogere temperaturen moet worden gerekend dan momenteel. De curve geeft wat dat betreft zelfs een licht vertekend beeld: door het afsmelten van grote hoeveelheden landijs tijdens de eerste duizenden jaren van het Holoceen werd het oceanische ¹⁸O-gehalte verlaagd, en als gevolg ook δ¹⁸O in de neerslag op Groenland (Stuiver, Grootes & Braziunas, 1995: pp. 344-345).

Nu zijn die hogere temperaturen tijdens het late Boreaal, Atlanticum en Subboreaal geen nieuw gegeven. Uit het regelmatig voorkomen van stuifmeel van vogellijm (*Viscum album*) in Denemarken tijdens het late Boreaal, Atlanticum en Subboreaal had Iversen (1944) al geconcludeerd dat de zomers destijds warmer moeten zijn geweest. Overeenkomstig wees het voorkomen van stuifmeel van klimop (*Hedera helix*) en hulst (*Ilex aquifolium*) op hogere wintertemperaturen. Andere aanwijzingen voor hogere zomertemperaturen zijn het voorkomen van waternoot (*Trapa natans*) tot in Midden-Zweden en Zuid-Finland (Nordhagen, 1933: pp. 155-158, fig. 57; Lang, 1994: pp. 208-210, Abb. 4.4.3-8), het optreden van hazelaar (*Corylus avellana*) in Midden-Zweden (Nordhagen, 1933: p. 155, fig. 54) en van de Europese moerasschildpad (*Emys orbicularis*) in Denemarken en Zuid-Zweden (Degerbøl & Krog, 1951) en in het noorden van de voormalige DDR (Lehmkuhl, 1989). De moerasschildpad komt in genoemde gebieden al in het Boreaal voor. Overeenkomstige aanwijzingen zijn bekend uit westelijker gelegen gebieden. De waternoot is gevonden in laatmesolithische,

respectievelijk vroeg-Atlantische context aan De Leijen en het Bergumermeer in Friesland (Siebinga, 1944: p. 15; Casparie & Bosch, 1995: p. 273) en uit laatneolithische, subboreale context in Hekelingen (Louwe Kooijmans, 1985: p. 87). In de tweede helft van het Subboreaal komt *Trapa natans* nog voor in het gebied van de huidige monding van de Ems (Behre, 1970: p. 42). Pollen van de waternoot in twee veentjes bij Skipsea, North Humberside, Engeland (Flenley et al., 1975) dateert eveneens uit het Subboreaal, maar moet gezien het ontbreken van aanwijzingen voor eerder voorkomen in dit gebied op een late introductie door de mens wijzen. Dat de waternoot daar op dat moment wilde groeien wijst overigens op hogere zomertemperaturen dan tegenwoordig. In Nederland is de moerasschildpad bekend uit laatneolithische/subboreale context bij Voorschoten (Van Maren & Van Wijngaarden-Bakker, 1972) en uit middenneolithische/laat-Atlantische of vroeg-subboreale context in Den Bosch-Maaspoort (Verhart & Wansleeben, in: Verwers, 1990: pp. 108-110). Laatstgenoemde vondst betreft een compleet schild en een aantal van de door het schild omsloten beenderen (Van Wijngaarden-Bakker, 1996). Een stukje van de hoornlaag van het schild werd gedateerd: 5400±70 BP, UtC-2362. Deze datering lijkt aan de oude kant. Een verklaring zou humusverontreiniging kunnen zijn, waar de δ¹³C van -32.5‰ sterk op wijst. Het monster werd alleen met zuur voorbehandeld. Fossiele, postglaciale vondsten van dit reptiel zijn ook bekend uit België (Schoep, 1943) en uit ZO-Engeland (Smith, 1964: p. 18). Eén vondst, uit Three Holes Cave in Torbryan Valley, Devon, dus in ZW-Engeland, is ¹⁴C-gedateerd: 4650±70 BP (OxA-3889; Hedges et al., 1996: p. 397. Hier had δ¹³C een acceptabele waarde van -21.3‰). De vondst wijst niet per se op voorkomen van de moerasschildpad in ZW-Engeland. Dit beest, of zijn schild, kan van elders in Engeland aangevoerd zijn. De moerasschildpad moet Engeland bereikt hebben vóór de afscheiding van het continent, die tussen 8000 en 7500 BP plaatsvond. Ook in (het oosten van) Engeland was het klimaat vóór het eind van het Boreaal dus warmer dan nu.

De langetermijn-trend van de Groenlandse δ^{18}O-curve wijst dus op stabiele oceanische en atmosferische circulatiepatronen. Maar de curve toont verder korte- en middellangetermijn-fluctuaties die samenhangen met schommelingen in zonne-activiteit. In de Groenlandse curve zijn de 10e-12e-eeuwse 'middeleeuwse warme periode' en de 15e-18e-eeuwse 'kleine ijstijd' herkenbaar (Stuiver, Grootes & Braziunas, 1995: fig. 4). Het effect van deze schommelingen moet niet onderschat worden. Tussen ca. 1880 en ca. 1960 vond in Europa een opwarming plaats. Op het Deense weerstation Fanø nam de gemiddelde jaartemperatuur toe van 7.8 tot 8.4 °C (Peterson & Larsen, 1984), in Dublin van 8.7 tot 9.6 °C (Rohan, 1986). Tegelijk nam ook de gemiddelde neerslag toe, van ca. 650 tot ca. 750 mm per jaar in Fanø, van ca. 650 tot ca. 800 mm in Dublin. De schommelingen in de gemiddelde temperaturen en neerslagcijfers in Zwitserland gedurende de 16e-19e eeuw zijn van dezelfde orde van grootte (Pfister, 1984).

Casparie & Streefkerk (1992) hebben op basis van gedetailleerd onderzoek van Nederlandse venen en van literatuurstudies conclusies getrokken met betrekking tot temperatuur en neerslag in het verleden. Gedurende Preboreaal, Boreaal en de eerste helft van het Atlanticum is alleen sprake van moerasveenvorming. Pas in de tweede helft van het Atlanticum begint hoogveenvorming plaatselijk op gang te komen. De sterke uitbreiding van de hoogvenen begint pas in het Subboreaal. Voor hoogveenvorming lijken een minimale jaarlijkse neerslag van ca. 700 mm een gemiddelde jaartemperatuur beneden 9.5 °C en gemiddelde juli-temperaturen van 16 à 17 °C nodig te zijn, te oordelen naar de huidige verspreiding van levend hoogveen. Aangezien de gemiddelde jaartemperaturen in Nederland momenteel tussen 9 en 10 °C liggen en de gemiddelde juli-temperaturen tussen 16 en 17.5 °C liggen, lijken deze voorwaarden in tegenspraak met aanwijzingen voor duidelijk hogere temperaturen tot in het Subboreaal, zoals bovenbeschreven zijn. Sommige onderzoekers denken daarbij zelfs aan 1.5 tot 2 °C hogere temperaturen. Overigens moet erop gewezen worden dat Pons (1992: p. 12) uitgaat van gemiddelde jaartemperaturen beneden 11 °C en een neerslagoverschot van meer dan 150 mm per jaar als voorwaarden voor hoogveenvorming. Zijns inziens zijn deze voorwaarden vanaf het Preboreaal aanwezig geweest. Tegelijk wijst hij echter op de aanzienlijk hogere verdamping door dennenbossen vergeleken met loofbossen, namelijk 700 in plaats van 400 mm per jaar. De verdringing van de dennenbossen van het Preboreaal en Boreaal door loofbossen vanaf het eind van het Boreaal/begin van het Atlanticum, zou tot het neerslagoverschot hebben geleid, dat uiteindelijk hoogveenvorming mogelijk maakte. Het is niet duidelijk waar Pons zijn temperatuurcriterium op baseert. Zijn verwijzing naar een rapport van Streefkerk & Casparie (1987) is in ieder geval niet juist. Anderzijds lijken zijn getallen wel realistischer: zij laten ruimte voor een hogere temperatuur in het verleden, waarbij veenvorming nog mogelijk was. Volgens de criteria van Streefkerk en Casparie zou de vorming van hoogveen momenteel in de Peel nauwelijks mogelijk zijn en uitgesloten bij duidelijk hogere temperaturen dan thans optreden. Anderzijds gaan ook zij er vanuit dat tot in het Subboreaal duidelijk hogere temperaturen voorkwamen.

Overigens maken Casparie & Streefkerk (1992: hfdst. 3.1.3.2) duidelijk dat paleobotanisch/veenstratigrafisch onderzoek geen directe informatie levert over klimaat en klimaatsverandering. Het onderzoek geeft gegevens over de natheid en de veranderingen in de natheid. Naast temperatuur en neerslag spelen lokale factoren een grote rol. Dat blijkt bijvoorbeeld uit de vergelijking van twee veenprofielen in het Bourtanger Veen bij Emmen, die slechts 2 km van elkaar liggen en desondanks wezenlijke verschillen in lokale vernatting tonen (Casparie & Streefkerk, 1992: fig. 6). Moore (1991) had al eenzelfde waarschuwing laten horen.

1.4. Bio- en chronostratigrafie

De biostratigrafie van het Holoceen is gebaseerd op de palynologie, zoals dat ook het geval is voor het laat-Glaciaal. In de toenemende bebossing van West-Europa na de definitieve opwarming aan het einde van de Jongere Dryas zijn duidelijke ontwikkelingen herkenbaar, die o.a. samenhangen met de migratiesnelheden van de verschillende thermofiele soorten, concurrentie en klimaat. In pollendiagrammen zijn dientengevolge ontwikkelingsstadia herkenbaar, in de vorm van pollenzones. De ontwikkelingen zijn uiteraard regionaal verschillend, en de door de verschillende onderzoekers beschreven pollenzones hebben dan ook slechts een regionaal karakter. In de meeste gevallen hebben deze onderzoekers gekozen voor een nummering van hun pollenzones. In Nederland is het echter gebruikelijk om voor deze zones de namen te gebruiken die de Noorse plantengeograaf Blytt en de Zweedse geoloog Sernander aan het eind van de 19e eeuw invoerden voor een klimatologische onderverdeling van het Holoceen, namelijk Preboreaal, Boreaal, Atlanticum, Subboreaal en Subatlanticum. Een beschrijving van de Nederlandse pollenzones is o.a. te vinden bij Casparie (1972: p. 46).

Aangezien de grenzen van de pollenzones gedefinieerd zijn op basis van het verschijnen en uitbreiden van thermofiele soorten en deze niet overal in NW-Europa op hetzelfde moment zijn verschenen, zullen de dateringen van de zones niet overal dezelfde zijn. Op grond van de weinige beschikbare ^{14}C-dateringen kunnen in Nederland voor de drie pollenzones die in dit artikel van belang zijn de volgende ^{14}C-dateringen worden aangehouden:

Preboreaal   10.100/200   -   9500/9400 BP
Boreaal   9500/9400   -   ca. 8000 BP
Atlanticum   ca. 8000   -   ca. 5000 BP

Ongelukkigerwijze vallen de begindata in plateaus van de ¹⁴C-ijkcurve (zie 1.2). Naast een biostratigrafie die van de door Blytt en Sernander ingevoerde namen gebruik maakt, bestaat ook een chronostratigrafische indeling die deze namen gebruikt, ingevoerd door Mangerud et al. (1974). In dit systeem zijn de namen gebruikt voor periodes met vaste grenzen in conventionele ¹⁴C-jaren:

Preboreaal   10.000   -   9000 BP
Boreaal   9000   -   8000 BP
Atlanticum   8000   -   5000 BP

Preboreaal en Boreaal zijn bovendien nog onderverdeeld in 'vroeg' en 'laat' met grenzen bij 9500 resp. 8500 BP; Atlanticum in 'vroeg', 'midden' en 'laat', met grenzen bij 7000 en 6000 BP.

Het gebruik van dezelfde namen voor twee verschillende stratigrafieën is in de praktijk minder verwarrend dan het op het eerste gezicht lijkt. In de praktijk is alleen het verschil in datering voor het begin van het Boreaal van belang. Daar is dus van belang te weten of een auteur een biostratigrafische dan wel een chronostratigrafische indeling hanteert. In veel gevallen houden auteurs overigens een eigen indeling aan. Voor minstens zoveel verwarring zorgen dateringen voor pollenzones, die door Van Zeist (1955) werden gepubliceerd, die echter gebaseerd zijn op monsters die onvoldoende voorbehandeling, d.w.z. alleen zuur i.p.v. zuur-loog-zuur, hebben gehad. Casparie (1972) gebruikt dezelfde dateringen. Beiden laten het Preboreaal rond 8800 BP eindigen en het Boreaal rond 7500 BP. Ook Casparie & Streefkerk (1992: table 1) maken nog van deze oude dateringen gebruik. Het zou geen kwaad kunnen om dezelfde pollenzones in hetzelfde gebied nog eens te laten dateren, maar dan na grondige voorbehandeling. Ongetwijfeld zal dan blijken, dat de betreffende zones vroeger begonnen dan de oude dateringen suggereren.

In de Belgische, Franse, Zwitserse en Zuid-Duitse literatuur betreffende het Mesolithicum wordt veelvuldig gebruik gemaakt van een globale tijdsindeling, afgeleid van een biostratigrafische zonering die gebruik maakt van de namen van de klimaatzones die Blytt en Sernander ooit introduceerden, dus Preboreaal, Boreaal en Atlanticum. Op zich zou dat geen problemen hoeven op te leveren, ware het niet dat de bijbehorende 'absolute' dateringen (d.i. ¹⁴C-jaren) afwijken van de dateringen in Noord-Europa. Zo is het gebruikelijk het Preboreaal te dateren tussen 10.000/10.200 BP en 8700/8800 BP en het Boreaal tussen 8700/8800 BP en 7800 of 7500 BP (Gob, 1981; Gendel, 1984; Munaut, 1984; Thévenin, 1990; Taute, 1978; Spier, 1987). De biostratigrafische zonering in ZW-Duitsland, Zwitserland en Oost-Frankrijk is gebaseerd op het systeem van Firbas, dat een modificatie is van het systeem dat Jessen

ontwikkelde voor Zuid-Scandinavië. De definities voor de grenzen van de pollenzones zijn in vele gevallen vergelijkbaar. Zo is ook in het Firbas-systeem het begin van het Boreaal gebaseerd op de eerste sterke toename van *Corylus*. Het is dan ook bij voorbaat onwaarschijnlijk dat het Boreaal in het noorden van Europa eerder zou beginnen dan in zuidelijk Midden-Europa. Dankzij het werk van o.a. Lotter en Ammann is het niet moeilijk om aan te tonen, dat de bovengenoemde dateringen inderdaad correcties behoeven. Lotter et al. (1992) geven een handig overzicht van de biostratigrafie op het Zwitserse plateau en van de criteria voor de biozonering. Verder wijzen zij op de verschillen tussen de biostratigrafie en de chronostratigrafie volgens Mangerud en volgens het lokale Welten-systeem. De betreffende publicatie gaat verder in op de ¹⁴C-dateringen van terrestrische macrofossielen in meersedimenten uit laat-Glaciaal en vroeg-Holoceen. Deze laten o.a. de plateaus van ca. 10.100/200 en ca. 9500/9600 BP zien, die ook uit de jaarring-ijkcurves bekend zijn. Aangezien een directe correlatie van pollenanalytisch onderzocht sediment en ¹⁴C-dateringen aanwezig is, is duidelijk dat de overgang van de biozones Preboreaal en Boreaal gezocht moet worden in het plateau van 9500/9600 BP, en kennelijk zelfs vroeg in dit plateau. Dat betekent, dat de overgang Preboreaal-Boreaal niet later plaats vindt dan in Noord-Europa (waar de overgang ook in dit plateau ligt), maar kennelijk zelfs iets vroeger (want in Noord-Europa lijkt de overgang aan de jongere kant van het plateau te liggen: zie 3.2). Voor de overgang Boreaal-Atlanticum, gekenmerkt door de snelle toename van het *Quercetum mixtum* geldt ongetwijfeld hetzelfde. Die overgang zal in zuidelijk Midden-Europa eveneens rond 8000 BP of zelfs iets vroeger gedateerd moeten worden.

Een groot probleem van zo'n periodisering gebaseerd op biostratigrafie is, dat de toewijzing in vele gevallen niet op pollenanalyse gebaseerd is. In gevallen, waarin dit wel het geval was, zijn bovendien de resultaten aanvechtbaar. In de Abri de la Cure bij Baulmes (Zw.) ligt o.i. de grens Preboreaal-Boreaal niet tussen de monsters 48 en 49, zoals Leroi-Gourhan & Girard (1971) willen, maar bij monster 51. Hier is het probleem overigens, dat Leroi-Gourhan & Girard een afwijkende definitie van het begin van het Boreaal gebruiken, namelijk het snijpunt van de stijgende *Corylus*-curve met de dalende *Pinus*-curve (zie ook Sainty, 1992: p. 6). Overigens zouden wij in Abri de la Cure de grens Boreaal-Atlanticum niet tussen monsters 37 en 38, maar op archeologische gronden bij monster 35 willen leggen. Noch de sterke toename van *Quercetum mixtum*, noch de door Leroi-Gourhan & Girard gebruikte eerste snijding van dalende *Corylus*-curve en stijgende *Quercetum mixtum*-curve lijkt hier een goed criterium te vormen. In de Jagerhaus-Höhle aan de Boven-Donau in ZW-Duitsland wil Filzer (1978) de overgang Preboreaal-Boreaal tussen de lagen 11 en 12 leggen, terwijl deze o.i. tussen de lagen 12 en 13 moet liggen. De overgang Boreaal-Atlanticum kan o.i. beter in laag

8 worden geplaatst, zoals ook Schweingruber (1978) wil, dan tussen de lagen 6 en 7. De ^{14}C-dateringen (zie Oeschger & Taute, 1978: p. 18) ondersteunen deze correctie.

In andere gevallen (zie o.a. Crotti & Pignat, 1988) gebruiken auteurs een chronostratigrafie, met een Preboreaal tussen 10.000-9000 BP en een Boreaal tussen 9000-8000 BP, maar gebruiken dit alsof het een biostratigrafische indeling is, waarin pollenanalyses zonder meer ingepast kunnen worden. Overigens lijken bij Crotti & Pignat (1988) de toewijzingen aan een periode voornamelijk op een gemeten of veronderstelde ^{14}C-ouderdom te berusten.

1.5. Zeespiegelstijging

In de afgelopen decennia is veel aandacht besteed aan de constructie van relatieve stijgingscurves van de zeespiegel gedurende het late Glaciaal en het Holoceen en aan de vorming van de zuidelijke Noordzee (Bennema, 1954; Jelgersma, 1961; 1979; Louwe Kooijmans, 1970/1971; 1974; 1985; Ludwig et al., 1975; Van de Plassche, 1982; Behre et al., 1984; Verhart, 1995a). Probleem hierbij was en is het gebrek aan betrouwbare transgressiecontacten in de eerste helft van het Holoceen en tijdens het late Glaciaal. Aanvankelijk werden pollenanalytisch of radiometrisch gedateerde monsters basisveen gebruikt of opgebaggerde/opgeviste archeologische vondsten uit het Noordzeebekken, waarbij werd aangenomen dat deze min of meer op toenmalig zeespiegelniveau waren gevormd, resp. achtergelaten. Dat leidde tot een vrij vlakke stijgingscurve en tot zeer vroege dateringen voor de vorming van de zuidelijke Noordzee. Griede (1978) heeft echter duidelijk gemaakt, dat het begin van de vorming van basisveen geen verband houdt met de zeespiegelstand op dat moment. Bruikbaarder zijn daarom monsters van de bovenzijde van het basisveen, of van oppervlakteveen waarvan vaststaat, dat de veengroei geëindigd is door mariene invloed. Onder toepassing van deze criteria werden de stijgingscurves geleidelijk steiler in de periode voor 6000 BP (Jelgersma, 1979: -65 m rond 10.000 BP, -36 m rond 8700 BP, -20 m rond 7800 BP; Verhart, 1995: -70 m rond 10.000 BP, -50 m rond 9000 BP, -30 m rond 8300 BP, -20 m rond 7800 BP).

Waarschijnlijk zijn deze curves nog niet steil genoeg. Behre et al. (1984) hebben namelijk een transgressiecontact geconstrueerd op -42,5 m NAP rond 8150 BP, ca. 50 km ten NW van Terschelling. Dit punt ligt ruim onder Verharts curve. In dezelfde categorie horen ook de monsters Bollingawier III (ca. -9 m rond 6250 BP) en Engwierumer Polder IV (ca. -6,5 m rond 5500 BP), beide genomen van de top van een laag basisveen, en beide mariene invloed tonend (Griede, 1978: pp. 48-49). Verder kan het transgressiepunt van -14 à -15 m rond 7000 BP in Velzen (Van de Plassche, 1982: pp. 19-20) worden gebruikt. Realistischer lijken dan ook relatieve zeespiegelstanden van ca. -40 m rond 8000 BP en -15 m rond 7000 BP, wat neerkomt op stijgingen van c. 2 m per 100 ^{14}C-jaren. Dat zou een relatieve zeespiegel van -90 m aan het begin van het Holoceen inhouden of -65 m rond 9000 BP, van -52,5 m rond 8500 BP en -27,5 m rond 7500 BP. Na 7000 BP neemt de snelheid van stijging duidelijk af.

De reconstructie van de vorming van de zuidelijke Noordzee is gebaseerd op de combinatie zeespiegelstijgingscurve en contourlijnenkaart van de zeebodem. Dat is echter niet probleemloos. Die contourlijnen hebben een eigen nulpunt: gemiddeld springtij-laagwater, dat ca. 1,5 m beneden NAP ligt. De stijgingscurve is gerelateerd aan NAP. Maar veel belangrijker is, dat het reliëf van de zeebodem wordt bepaald door subrecente en recente sedimenten, met name in de kustzones. Zo ligt ter plaatse van Behre's transgressiecontact 1,8 m middeleeuws en jonger zand op de boreale en vroeg-Atlantische sedimenten. Daardoor ligt dit transgressiecontact van -42,5 m in 8150 BP ruim binnen de -40 m contourlijn! Het zal duidelijk zijn dat die contourlijnen dus maar beperkt bruikbaar zijn. Bovendien betekenen kleine veranderingen in de helling van de stijgingscurve al gauw verschillen van meerdere eeuwen voor de datering van bepaalde zeespiegelstanden. De reconstructies van de vorming van de zuidelijke Noordzee moeten daarom als grove benaderingen worden gezien. Desondanks geven de reconstructies van Louwe Kooijmans (1985: p. 13), Jelgersma (1979) en Verhart (1995a: fig. 2) wel een aardig beeld van de snelheid waarmee het zuidelijke Noordzeegebied is verdronken. Zelfs met de bovengenoemde 'correcties' kan ervan worden uitgegaan, dat de afscheiding van Groot-Brittannië van het Continent vóór 7600 BP plaatsvond, en dat rond 7300 min of meer de huidige kustlijn was bereikt, al stond de zee ruim 20 m lager!

2. DE GESCHIEDENIS VAN DE BESTUDERING VAN HET MESOLITHICUM IN NEDERLAND EN BELGIË

2.1. De periode vóór 1965

De bestudering van het Mesolithicum in Nederland is in de eerste helft van deze eeuw voornamelijk een zaak van 'amateurs' geweest, waarbij namen als Voerman, Popping, Siebinga, Beijerink, Butter en Oppenheim genoemd kunnen worden. Ook in de literatuur is dat te merken. Zo begint Van Giffen zijn bijdrage aan het handboek 'Drente' van 1943 met het Neolithicum en worden Paleolithicum en Mesolithicum overgelaten aan Voerman, die overigens met betrekking tot het Mesolithicum weinig te melden heeft. Siebinga (1944) geeft daarentegen een uitstekend overzicht, waarbij gebruik wordt gemaakt van pollenanalytische dateringen. Hij maakt onderscheid tussen noordelijke Maglemose- en zuidelijke Tardenoisien-invloeden. De Maglemose-cultuur in Zuid-Scandinavië plaatst hij in het Boreaal, waarbij er met nadruk op wordt gewezen, dat toen nog geen trapezia voorkwamen. Het Tardenoisien komt volgens hem alleen in een late, Atlantische versie in Friesland voor. Veel aandacht besteedt Siebinga aan de beschrijving van zijn opgraving op het Zwartveen bij De Leijen. Deze vindplaats kan op grond van de pollen-analyse in het vroege Atlanticum worden gedateerd. De aanwezige trapezia maken duidelijk, dat het niet om Maglemose gaat, maar eerder om Gudenaa of Oldesloe. Overigens stelt hij voor de vindplaats Zwartveen en vergelijkbare sites onder te brengen in een zelfstandige Leijen-groep. Wat in de jaren daarna werd gepubliceerd, valt tegen. In het gedenkboek *Een kwart eeuw oudheidkundig bodemonderzoek in Nederland* beschrijft Bohmers alleen jongpaleo-lithische culturen. Dat hij in de titel van zijn bijdrage ook het vroege Mesolithicum noemt, is te wijten aan het feit, dat de Tjonger-groep op dat moment nog in het Preboreaal werd gedateerd, overigens op basis van pollenanalyse. Popping (1952) wijdt weliswaar twee hoofdstukken aan het Mesolithicum, maar weet nauwelijks iets te vertellen. Ook Boeles (1951) komt niet verder dan een summiere samenvatting van Siebinga. Het onderzoek krijgt een stimulans als Bohmers zich halverwege de jaren '50 met het Mesolithicum gaat bezighouden, in samenwerking met Wouters. Deze samenwerking leidt tot een baanbrekend artikel (Bohmers & Wouters, 1956), waarin voor de eerste keer duidelijke typebeschrijvingen van de verschillende mesolithische werktuigen worden gegeven. Deze beschrijvingen worden in de Nederlandse archeologische literatuur nu nog gebruikt. Verder wordt door middel van simpele statistische methoden geprobeerd tot een bruikbare onderverdeling van de verschillende vuursteenvindplaatsen te komen. Bohmers heeft daarnaast gezorgd voor een serie 14C-dateringen van mesolithische vindplaatsen, in samenwerking met o.a. Houtsma en Wouters.

Voor een overzicht van de geschiedenis van het onderzoek in België kan verwezen worden naar Gob (kort: 1979; uitgebreider: 1981). Dit onderzoek startte eerder dan dat in Nederland. Na een 'ontdekkingsfase' tussen 1885 en 1906, waaraan namen als De Puydt en De Loë verbonden zijn, volgt de periode van de belangrijke opgravingen tussen 1906 en 1935 onder leiding van Rahir, Rutot, Lequeux en Hamal-Nandrin. Sites als Zonhoven, Sougné, La Roche-aux-Faucons en Station Leduc worden onderzocht. Hamal-Nandrin onderscheidt een *Tardenoisien primitif* dat aansluit bij de laat-paleolithische culturen en o.a. in Remouchamps en Zonhoven voorkomt, en een *Tardenoisien typique*, dat hij, in navolging van de toenmalige Franse leermening, ziet als het werktuigenspectrum van neolithische ('Robenhausien') vissers. Pas in 1935 herroept hij deze theorie. Tussen 1935 en 1965 staat het onderzoek vrijwel stil. De belangrijkste ontwikkeling is de onderverdeling in Sauveterrien, een ouder Mesolithicum zonder trapezia, met *feuilles de gui* en Wommerson-kwartsiet, en Tardenoisien, een jonger Mesolithicum met trapezia.

In *De voorgeschiedenis der Lage Landen* van 1959 behandelen De Laet & Glasbergen het Mesolithicum vrij uitvoerig. Hun relaas lijkt deels terug te gaan op Siebinga's publicatie van 1944, deels op de publicatie van Bohmers & Wouters van 1956. Zij maken onderscheid tussen jagers/vissers/voedselverzamelaars met een Maglemose-inventaris die zich bij meren, moerassen en rivieren in met dicht bos begroeide gebieden ophouden, en jagers/vissers/voedselverzamelaars met een Tardenoisien-inventaris die op met licht bos begroeide drogere zandgronden verbleven. Daarbij wordt overigens niet geaarzeld allerlei benen werktuigen uit het Belgische Scheldegebied aan Maglemose toe te wijzen, evenals de kano van Pesse. Trapezia worden aan het Atlantische Tardenoisien toegeschreven. De door Bohmers & Wouters onderscheiden subgroepen en bijbehorende 14C-dateringen worden genoemd. Min of meer in navolging van Siebinga wordt het materiaal van de vindplaats De Leijen toegeschreven aan de Oldesloe-cultuur. Ook enkele Zuid-Nederlandse vindplaatsen, o.a. Kessel-Eyck worden tot deze cultuur gerekend. Een nieuw element is de beschrijving van het Pre-Campignien, dat voornamelijk in de omgeving van Luik wordt gevonden, en dat de materiële cultuur zou zijn van een laatmesolithische groep die zich o.a. met vuursteenwinning bezighield. In de jaren '60 stagneert het onderzoek, o.a. door het gedwongen vertrek van Bohmers. Wel blijven met name in Brabant verschillende amateurs actief bezig met het onderzoek van mesolithische vindplaatsen.

2.2. De periode na 1965

Het mesolitische onderzoek raakt in een stroomversnelling met de komst van Newell, en het verschijnen van zijn dissertatie over de invloed van het lokale Mesolithicum op de vuursteenindustrie van de Bandceramiek in Nederland. Deel I van de dissertatie van Newell (1970a) is in feite een nogal traditionele bewerking van een groot aantal mesolithische vuursteen-collecties in Nederland, België en NW-Duitsland. Doel is voornamelijk de herkomst en ontwikkeling te beschrijven van een laatmesolithische groep in het Maasdal, die een aanzienlijke invloed zou hebben gehad op de ontwikkeling van de Bandceramische vuursteen-industrie, beschreven in de delen II-IV (Newell, 1970c; 1972). Hij leunt hierbij overigens zwaar op het werk van Schwabedissen (1944), Bohmers & Wouters (1956), Siebinga (1944) en anderen.

Het 'inheemse' Mesolithicum in Nederland, België en aangrenzend Duitsland behoort volgens Newell tot het West-Europese Mesolithicum, dat zich van het Noord-Europese Mesolithicum o.a. onderscheidt door het ontbreken van kern- en afslagbijlen. Het 'inheemse' Mesolithicum zou zich ontwikkeld hebben uit een mengsel van late Ahrensburg- en *Federmesser*-elementen, als antwoord op de snel toenemende bebossing gedurende het Preboreaal. Na een aanvankelijke typologische uniformiteit over een groot gebied – Newells *Basal Mesolithic*, dat overigens slechts van een klein aantal vindplaatsen bekend is – ontstaan geleidelijk twee subgroepen, aangeduid als *Rhine Basin Kreis* en *Northwest Kreis*. In beide subgroepen vinden echter vergelijkbare ontwikkelingen plaats, zodat beide onderverdeeld kunnen worden in de ontwikkelingsstadia *Boreal Mesolithic* en *Late Mesolithic*. In de Rhine Basin Kreis onderscheidt Newell bovendien nog een later stadium, *Late Mesolithic Survival*. De tamelijk diffuse grens tussen beide subgroepen ligt in Nederland tussen de Rijn en de Overijsselse Vecht.

Het *Basal Mesolithic* wordt gekenmerkt door korte en brede A- en B- spitsen, en door Zonhovenspitsen (waar Newell B-spitsen met basisretouche onder verstaat). Verder zijn grote, onregelmatige driehoeken die meestal gelijkbenig zijn, diagnostisch. Tijdens *Boreal Mesolithic* treden C-spitsen, segmenten en ongelijkbenige driehoeken voor het eerst op. In de Rhine Basin Kreis doen bovendien Sauveterre-spitsen, bladspitsen, *feuilles de gui* en driehoeken met oppervlakteretouche hun intrede. Ook wordt in deze Kreis nu Wommersomkwartsiet gebruikt. Tijdens *Boreal Mesolithic* kwamen sporadisch al smalle trapezen voor. Kenmerkend voor *Late Mesolithic* zijn brede trapezen in verschillende vormen (symmetrisch, asymmetrisch, rhomboïde, rechthoekig), terwijl smalle trapezen in gebruik blijven. Voor de *Northwest Kreis* zijn lange, smalle, ongelijkbenige driehoeken, smalle segmenten en naaldvormige spitsen kenmerkend. Het verschijnen van trapezen gaat ten koste van het aandeel 'ouderwetse' spitstypen, hoewel deze wel in gebruik blijven. Door uitwisseling van deze typen vervaagt het onderscheid tussen Rhine Basin Kreis en Northwest Kreis. Tijdens *Late Mesolithic Survival* onderscheidt Newell twee varianten. Enerzijds zijn er vindplaatsen met een 'inheemse' *Late Mesolithic*-industrie, waaraan een aantal *Western Oldesloe*-elementen als kern- en afslagbijlen, discoïde schrabbers en transversale spitsen zijn toegevoegd. Deze komen voornamelijk in NW-Duitsland voor, in een zone langs de rand van een heuvelland. In Noord-Nederland ontbreken deze vindplaatsen zo goed als volledig (*Late Mesolithic Survival* I). Anderzijds zijn vindplaatsen bekend van de Veluwe en van de zandgronden van Zuid-Nederland en België, dus in de Rhine Basin Kreis, die gekenmerkt worden door een dominantie van brede trapezen en het volledig ontbreken van *Western Oldesloe*-invloeden. Dit zouden de resten zijn van cultureel totaal geïsoleerde gemeenschappen, behorend tot de 'inheemse' mesolithische bevolking overlevend in gebieden die voor de immigranten van *Western Oldesloe* niet aantrekkelijk waren (*Late Mesolithic Survival* II).

Een belangrijke plaats in deel I van Newells dissertatie neemt de beschrijving van *Western Oldesloe* in. De Oldesloe-cultuur ontstond volgens Newell toen de Gudenaa-cultuur in Jutland expandeerde en het territorium van de Duvensee-cultuur in Noord-Duitsland bezette. Gelijktijdig ontstond een *Western Oldesloe*-groep

die zich kenmerkt door de aanwezigheid van een aantal typen behorend tot het lokale *Late Mesolithic*, zoals bladspitsen zonder oppervlakteretouche, *double points*, Zonhoven-spitsen, C-spitsen en brede, rechthoekige trapezen, die in Oldesloe niet voorkomen, terwijl een aantal typische Oldesloe-vormen slechts in kleine aantallen, en vaak in kleinere en ruwere uitvoering optreedt. Oldesloe en *Western Oldesloe* behoren op grond van de aanwezigheid van kern- en afslagbijlen tot het Noord-Europese Mesolithicum. Volgens Newell treedt *Western Oldesloe* vanaf de overgang Boreaal-Atlanticum in Nederland en NW-Duitsland op, als gevolg van migratie vanuit het verdrinkende gebied van de zuidelijke Noordzee. De dragers van deze cultuur vestigden zich in de rivierdalen en langs grote, open waters, in tegenstelling tot de 'inheemse' mesolithische bevolking, die zich voornamelijk ophield op de hogere zandgronden, langs beekjes, pingo's en vennetjes. Uiteindelijk drong *Western Oldesloe* door tot in het Maasgebied in Zuid-Nederland en België, waar de dragers in contact kwamen met de Bandceramische boeren. Een jongere fase van *Western Oldesloe* onderscheidt zich, volgens Newell, door afname van het aantal lokale Rhine Basin Kreis-vormen, ten gunste van trapezen, transversale spitsen en naaldvormige spitsen van noordelijk type. Newell schrijft de succesvolle expansie van *Western Oldesloe* toe aan een efficiëntere exploitatie van het milieu (*a state of primary forest efficiency*), waardoor met kleinere territoria konden worden volstaan, minder getrek nodig was en permanentere woonplaatsen mogelijk werden.

In een volgende publicatie zag Newell (1970b) zich genoodzaakt een belangrijke wijziging aan te brengen. Het was hem inmiddels duidelijk geworden, dat de Gudenaa-cultuur niet had bestaan, maar beschreven was op basis van een mengsel van oudere en jongere mesolithische artefacten in oppervlakteverzamelingen. Bovendien was duidelijk, dat de Maglemose-cultuur van het Boreaal in Denemarken tijdens het Atlanticum was vervangen door de Kongemose-cultuur. Daarmee werd ook het bestaan van een Oldesloe-cultuur onzeker, temeer omdat goed opgegraven en gepubliceerde vindplaatsen niet voorhanden bleken. Onder invloed van deze ontwikkelingen trok Newell zijn migratiehypothese in en liet hij de naam *Western Oldesloe* vallen. In plaats daarvan introduceerde hij de naam De Leijen-Wartena Complex. Dit complex behoort tot het grotere kern- en afslagbijlcultuurgebied. Volgens Newell moet De Leijen-Wartena beschouwd worden als een ontwikkeling parallel aan de Kongemose-cultuur in Denemarken. Hij wijst er echter ook op dat het onjuist is De Leijen-Wartena direct met Kongemose te vergelijken, zonder rekening te houden met het tussenliggende gebied en zijn cultuur/culturen. Bovendien houdt hij de mogelijkheid open, dat De Leijen-Wartena door overdracht van ideeën in plaats van migratie is ontstaan. De voorzichtigheid was echter van korte duur. Al in zijn volgende publicaties blijkt Newell (1972; 1975: p. 43) nog steeds vast te houden aan migratie van mensen uit het verdrinkende Noordzeegebied, behorende tot het Noord-Europese Mesolithicum.

In 1973 blijkt Newell de fase *Boreal Mesolithic* te hebben opgesplitst in *Early Mesolithic* en *Boreal Mesolithic*. Uit een afbeelding (Newell, 1973: graph 3, die in deze congresbundel door een misverstand niet is opgenomen, maar die identiek is aan Newell, 1975: fig. 1) blijkt dat de *Early Mesolithic* C- en D- spitsen voor het eerst optreden, evenals segmenten, terwijl in *Boreal Mesolithic* lancet- en bladspitsen, *feuilles de gui* en oppervlakteretouche hun intrede doen. De nieuwe indeling moet overigens al eerder zijn uitgewerkt, want Louwe Kooijmans (1970-1971, verschenen in 1972) vermeldt deze al.

In zijn dissertatie is Newell nog betrekkelijk vaag over dateringen, maar uit latere publicaties blijkt dat gedacht moet worden aan de volgende chronologie (Newell, 1973: graph 4):

Basal Mesolithic	10.300 - 9000 BP
Early Mesolithic	9000 - 8200 BP
Boreal Mesolithic	8200 - 7700 BP in de Northwest Kreis
	8200 - 7500 BP in de Rhine Basin Kreis
Late Mesolithic	7700/7500 - 7300 BP
Late Mesolithic Survival	7300 - 6200 BP
De Leijen-Wartena	7700 - 6800 BP in de Northwest Kreis

Voor de jongere fase van De Leijen-Wartena in het Maasgebied waren geen dateringen beschikbaar.

In zijn publicaties van 1973 en 1975 houdt Newell zich o.a. bezig met een analyse van plattegronden van mesolithische sites, waarbij het vooral om opgravingen van Bohmers c.s. gaat. Newell meent in een bestand van c. 40 opgravingsplattegronden vier typen nederzettingen te kunnen onderscheiden op basis van vorm, afmetingen, aantal vuurstenen werktuigen (en daaruit voortvloeiend: aantal werktuigen per m²), hoeveelheid vuursteenafval, aantallen grondsporen en hun verspreiding. Type A is min of meer trapezoidaal van vorm en heeft afmetingen variërend van 20,5x13 tot 40x26 m. Het aantal werktuigen ligt tussen 153 en 400. De grondsporen (d.i. voornamelijk haarden) liggen binnen het verspreidingsgebied van de werktuigen, dat zelf binnen dat van het afval ligt. Type B is ovaal van vorm met afmetingen van 7x4 tot 9x5 m. Het aantal werktuigen is 34 tot 40. Zowel werktuigen als grondsporen liggen binnen het verspreidingsgebied van het afval. Type C is min of meer rond met afmetingen van 2x1,5 tot 4,3x3,5 m. Het aantal werktuigen is 6 tot 37. Dit type komt zowel in enkele als in twee- of drievoudige vorm voor. Type D is elliptisch van vorm met afmetingen tussen ca. 66x27 en ca. 92x40 m. Het aantal werktuigen ligt, naar schatting, tussen 5000 en 5500. Type D is alleen bekend van de De Leijen-Wartena-groep. De nederzettingstypen A-C vallen volgens Newell op door hun functionele uniformiteit. Op grond van antropologische parallellen interpreteert hij type A als een basis- of onderhoudskamp en typen B en C als ondergeschikte kampen voor spe-

ciale activiteiten door een deel van de groep. Nederzettingen A-C passen in een jaarlijkse migratiecyclus. De grootte van de nederzettingen van type D en de grote aantallen werktuigen verklaart Newell met een grotere mate van permanente bewoning van de De Leijen-Wartena-groep, gecombineerd met een bevolkingsgroei tijdens het jongere Mesolithicum.

Newells belangrijkste bijdrage aan het veldwerk is de opgraving van site S64-B aan het Bergumermeer (Fr.) tussen 1970 en 1974. Helaas is deze opgraving niet gepubliceerd, los van enkele samenvattingen van de belangrijkste resultaten (Newell, 1980; Bloemers et al., 1981: pp. 33-35).

Op initiatief van Newell startte in 1970 ook een samenwerkingsproject van B.A.I. en University of Michigan. Dit resulteerde o.a. in een opgraving van mesolithische sites bij Havelte-'De Doeze' in 1970 en 1971 onder leiding van Whallon en Price, en in een proefschrift van Price over mesolithische nederzettingssystemen in Nederland (Price, Whallon & Chappell, 1974; respectievelijk Price, 1975). Hoewel deze Amerikaanse inbreng van korte duur was, zijn de resultaten niet onbelangrijk. Het onderzoek in Havelte maakte duidelijk dat, meer dan tot dan was gebeurd, rekening gehouden moest worden met herhaalde bewoning, respectievelijk bewoning uit verschillende tijden op dezelfde plaats en dat haarden niet zonder meer tot de vuursteenconcentratie mogen worden gerekend waarbinnen ze liggen.

In zijn dissertatie onderwierp Price de traditionele typenindeling van de microlithen aan een zorgvuldige analyse, waarbij hij o.a. vaststelde dat in Noord-Nederland geen verschil kan worden gemaakt tussen smalle en brede trapezen. Price analyseerde ook de nederzettingsplattegronden en kwam in een bestand van 17 opgravingsplattegronden (Price, 1975: p. 277) tot een afwijkende indeling. Hij onderscheidde: *small sites*, cirkelvormig tot ovaal, 2-5 m diameter, 5-15 m² in oppervlak met een artefactendichtheid van 8,5-17,5/m², *medium sites*, lang-ovaal, 5-10 m lang en 4-8 m breed, 15-45 m² in oppervlak en een artefactendichtheid van 8,5-22,2/m², en *large sites*, ruwweg cirkelvormig met twee of meer duidelijke artefactenconcentraties, 8-12 m in diameter, ca. 45 m² in oppervlak. De artefactendichtheid ligt tussen 17,5 en 43/m². Price onderscheidde 3 subtypes, waarvan no. C de *very large site* Rotsterhaule is. Volgens Price corresponderen de *small sites* met Newells type C, de *large site* van subtype C (= Rotsterhaule) met Newells type A. Er is echter geen overeenkomst tussen de *medium sites* en *large sites* van subtypen A en B met Newells type B. De verschillen tussen beide onderzoeken worden o.a. verklaard met een andere selectie uit de oude gegevens, toevoeging van de opgravingsresultaten van Havelte-'De Doeze' en het gebruik door Price van een groter aantal variabelen. Price beschouwt Rotsterhaule als een aggregatiekamp, zijn *medium sites* en *large sites* van subtype A en B als basiskampen en de *small sites* als kortdurig bewoonde kampjes voor specifieke activiteiten. In een latere publicatie onderscheidt Price (1978) zelfs vijf typen in een vrijwel identiek bestand van 17 sites. De kleine nederzettingen worden onderverdeeld in extractiekampen en kleine basiskampen, de middelgrote nederzettingen in kortdurig en langdurig gebruikte basiskampen, terwijl de enige grote nederzetting (Rotsterhaule) als een aggregatiekamp wordt geduid. Deze publicatie leidde overigens tot een heftig conflict (Newell, 1984; Price, 1984), waarvan de naweeën nog lang voelbaar waren (Newell & Constandse-Westermann, 1991) en dat het onderzoek in Nederland zeker beïnvloed heeft.

Na ca. 1978 houdt Newells directe bemoeienis met het veldwerk en de bestudering van het Nederlandse Mesolithicum op. Het werk wordt slechts ten dele door anderen overgenomen: Arts en Verhart in Zuid-Nederland, Groenendijk en Smit in Noord-Nederland. Arts (1988) publiceert een nieuwe indeling voor het Zuid-Nederlandse Mesolithicum, gebaseerd op een kritische herbestudering van Newells typologie, nieuwe gegevens uit België, en ingegeven door problemen die zich in de praktijk voordoen bij het inpassen van mesolithische vuursteeninventarissen in Newells schema. Hij onderscheidt een vroeg-Mesolithicum tussen 10.000-8700 BP, gekenmerkt door A-, B- en Zonhovenspitsen en driehoeken, een midden-Mesolithicum tussen 8700 en 6700 BP, waarin als nieuwe elementen C- en D-spitsen, lancetspitsen, segmenten kleine aantallen smalle en brede symmetrische trapezia, en microlithen met oppervlakteretouche optreden, en een laat-Mesolithicum tussen 6700 en 6000 BP, dat grote hoeveelheden smalle en brede symmetrische trapezia, rhombische trapezia, driehoeken en microlithen met oppervlakteretouche kent, naast A-, B-, C- en D-spitsen. Verhart houdt zich bezig met het Mesolithicum in het kader van het 'Maasdalproject' (Wansleeben & Verhart, 1990; Verhart & Wansleeben, 1991). Daartoe vindt een inventarisatie van mesolithische vondsten in het Maasgebied tussen 's-Hertogenbosch en Maastricht plaats, worden in enkele deelgebieden intensieve veldverkenningen uitgevoerd, en worden veelbelovende sites opgegraven, zoals Merselo-Haag (Verhart & Wansleeben, 1989) en Posterholt (Verhart, 1994).

Groenendijk en Smit hebben zich voornamelijk beziggehouden met het Mesolithicum in de Groninger Veenkoloniën en randgebieden. Publicaties van vuursteeninventarissen heeft dit niet of nauwelijks opgeleverd. Wel zijn grote series ¹⁴C-dateringen aan mesolithische haarden verricht op grond waarvan uitspraken over de bewoning van dit gebied in het algemeen en van bepaalde vindplaatsen in het bijzonder kunnen worden gedaan. In zijn dissertatie maakt Groenendijk (1997) duidelijk, dat de bewoning van de zogenaamde Hunze-vlakte rond 7300 BP ophoudt. Dat kan niet het gevolg zijn van vernatting en veengroei, want veengroei van enige betekenis begint pas na 5900

BP. Zijn conclusie is, dat de bewoning eindigde vanwege toenemende bebossing, waarbij een dichte en weinig gevarieerde begroeiing ontstond.

Verhart & Groenendijk (in druk) hebben samen het hoofdstuk 'Middle and Late Mesolithic' voor het handboek *Prehistorie van Nederland* geschreven. Dit hoofdstuk bevat een serie behartenswaardige, kritische opmerkingen met betrekking tot het werk van Newell en Price. Zij wijzen erop dat Newells typochronologie niet gebaseerd is op compleet opgegraven en geanalyseerde vuursteeninventarissen, maar op een combinatie van opgegraven materiaal, van oppervlakteverzamelingen en op een combinatie van beide. Zo'n gegevensbestand is wel geschikt voor globale chronologische en functionele classificaties, maar niet voor de gedetailleerde indeling waaraan behoefte bestaat. Zij pleiten voor een nieuwe aanpak, te beginnen met het opstellen van typologische raamwerken in kleinere geografische eenheden, gebaseerd op materiaal van goed opgegraven sites die kortdurig in gebruik waren, in combinatie met ¹⁴C-dateringen van betrouwbare contexten. Binnen elk raamwerk kunnen vervolgens de morfologische veranderingen in de spitsen en andere werktuigen, en het gebruik van grondstoffen bestudeerd worden. Daarna kan geprobeerd worden andere sites in de resulterende typochronologie in te passen. Dat betekent wel, dat oudere opgegraven sites opnieuw geanalyseerd moeten worden.

Verhart & Groenendijk beschouwen het Noord-Nederlandse Mesolithicum als een onderdeel van het Noord-Europese Mesolithicum (Maglemose/Kongemose-traditie) en het Zuid-Nederlandse als een onderdeel van het West-Europese Mesolithicum (Sauveterre/Tardenoisien-traditie). Het Zuid-Nederlandse Mesolithicum kan als Rhine-Meuse-Schelde Complex aangeduid worden. Noord en zuid verschillen in artefactentypologie, maar tonen niettemin veel overeenkomsten. Verhart & Groenendijk wijzen het bestaan van een De Leijen-Wartena Complex af en gaan ervan uit, dat de aan deze groep toegeschreven tranchetbijlen in Zuid-Nederland tot Michelsberg behoren. Zij pleiten verder voor een indeling in slechts drie fasen, althans op basis van de huidige gegevens. In Zuid-Nederland is dat een indeling in vroeg-Mesolithicum met A-spitsen, een midden-Mesolithicum met artefacten met oppervlakteretouche en een laat-Mesolithicum met trapezia. Over de dateringen zijn Verhart & Groenendijk minder duidelijk, maar kennelijk moet de overgang vroeg-midden kort na 9000 BP, de overgang midden-laat rond 7700 BP gezocht worden. In Noord-Nederland wordt het vroege Mesolithicum gekenmerkt door B-spitsen, A-spitsen en in mindere mate door gelijkbenige driehoeken. Een goed criterium voor het onderscheiden van een midden-Mesolithicum is (nog) niet aanwezig: oppervlakte-geretoucheerde werktuigen komen niet of nauwelijks voor. Newell en Price meenden C-spitsen voor dit doel te kunnen gebruiken. Verhart & Groenendijk wijzen op de overheersende rol die driehoeken in deze periode in Noord-Duitsland innemen. Het late Mesolithicum wordt ook in Noord-Nederland gekenmerkt door het optreden van trapezia.

Waar het tot voor kort in Nederland (en België) aan heeft ontbroken, zijn mesolithische kampementen met bewaard gebleven organisch materiaal. Zelfs vindplaatsen die door de opgravers aanvankelijk als veelbelovend in dit opzicht waren ingeschat, bleken bij onderzoek alleen steen en vuursteen op te leveren. Dat geldt bijvoorbeeld voor Bergumermeer S64-B, gelegen op een zandrug die slechts enkele decimeters boven NAP uitsteekt en waarvan de flanken beneden NAP liggen. Volgens Casparie & Bosch (1995) lag de rug tijdens de bewoning tussen 7300-6300 BP echter niet aan open water, maar in een vochtig landschap; open water was pas op 100 à 150 m van de rug aanwezig. Het waterpeil stond destijds bij ca. 1 m minus NAP. Overgroeiing van de nederzettingsresten met veen vond pas rond het begin van de jaartelling plaats. Iets dergelijks geldt voor Nieuw-Schoonebeek (Beuker, 1989). Ondanks de ligging in een veengebied, vond de overgroeiing met veen pas duizenden jaren na beëindiging van de bewoning plaats. Het is duidelijk dat sites met organisch materiaal alleen zijn te verwachten in gebieden waar de pleistocene ondergrond diep ligt, waar de nederzettingen destijds al vlak boven zeespiegelniveau lagen, en waar door de snelle stijging van de zeespiegel en corresponderende veenvorming de nederzettingsresten zeer snel na beëindiging van de bewoning afgedekt werden. In de afgelopen jaren zijn echter twee laaggelegen nederzettingen onderzocht uit de overgangstijd van laat-Mesolithicum naar vroegste Neolithicum die ook organisch materiaal hebben opgeleverd. Dat zijn de site 'Hoge Vaart' in Zuid-Flevoland in het trace van de A27 tussen Blaricum en Almere, onderzocht door Hogestijn tussen eind 1994 en eind 1996, en de site aan de Polderweg bij Hardinxveld-Giessendam, in het trace van de Betuwelijn, onderzocht door Archol in 1997/1998. Van het onderzoek in 'Hoge Vaart' zijn enkele voorlopige publicaties verschenen (Hogestijn et al., 1995; Hogestijn & Peeters, 1996), van dat in Hardinxveld-Giessendam op het moment van schrijven van dit artikel alleen nog maar krantenartikelen.

'Hoge Vaart' ligt op een dekzandrug langs een oude bedding van de Eem, 5,7 tot 6,1 m beneden NAP. De nederzettingsresten zijn afgedekt met veen, detritus en klei. De vuursteenindustrie kenmerkt zich door een goede klingtechniek. De werktuigen bestaan voor 30% uit trapezia (van lang en smal tot zeer breed en grotendeels symmetrisch), voor 30% uit schrabbers en voor 30% uit ongeretoucheerde klingmessen. Bij de resterende 10% vallen vuurslagen en een mogelijke kernbijl op. Enkele B- en C-spitsen, kleine driehoeken en steilgeretoucheerde lamellen zouden van een oudere mesolithische bewoning afkomstig kunnen zijn. De nederzetting valt op door zijn grote aantal haarden: 150 oppervlaktehaarden, 50 kuilhaarden. Gelijktijdig met de trapezia etc. komt aardewerk voor, dat onmiskenbaar

verwant is met, resp. identiek is aan het aardewerk van de neolithische Swifterbant-cultuur, die op de oeverwal-sites bij de naamgevende vindplaats rond 5300 BP is gedateerd. Maar er is evenzeer verwantschap met de pot van Bronneger, die rond 5900 BP gedateerd kan worden (Kroezenga et al., 1991; Lanting, 1992). Aanwijzingen voor landbouw ontbreken in 'Hoge Vaart' volledig. Wel zijn beenderen van huisdieren gevonden, namelijk van rund, varken en mogelijk schaap/geit. Er zijn 18 14C-dateringen (AMS) beschikbaar aan verschillend materiaal, die op één uitzondering na tussen 5700 en 6100 BP, met een nadruk op de periode 5800-5900 BP liggen. In 'Hoge Vaart' hebben we kennelijk te maken met een aardewerk gebruikende laatmesolithische groep, die ook al op enige schaal veeteelt bedreef. Dit maakt deze site, ook qua dateringen, vergelijkbaar met Grube-Rosenhof in Noord-Duitsland (zie 3.2).

In Hardinxveld-Giessendam is, te oordelen naar de krantenberichten, sprake van bewoning uit min of meer dezelfde tijd als 'Hoge Vaart', op de helling van een donk en deels zelfs nog dieper beneden NAP. Er is kennelijk sprake van twee niveaus, een zuiver mesolithische laag die door de opgravers een geschatte ouderdom van 7300 jaren voor heden krijgt, d.i. ca. 6300 BP, en een 'neolithische' laag, die rond 6700 jaren voor heden, d.i. ca. 5800 BP wordt gedateerd. Die 'neolithische' laag heeft echter geen aanwijzingen voor landbouw en/of veeteelt opgeleverd. Er is dus kennelijk sprake van een ceramisch Mesolithicum. Het is waarschijnlijk dat hier een overgang van zuiver Mesolithicum naar ceramisch Mesolithicum aanwezig is, mogelijk net iets ouder dan 'Hoge Vaart', d.i. rond 6000-6100 BP in plaats van ca. 5800 BP.

Het is overigens interessant om te zien, dat vlak na 6000 BP in Noord- en Midden-Nederland een identiek ceramisch Mesolithicum of proto-Neolithicum voorkomt, dat bovendien aansluit bij overeenkomstige verschijnselen in Noordwest-Duitsland.

In België groeit de belangstelling voor het Mesolithicum weer na 1965, maar het duurt nog enige tijd voordat dat ook in de literatuur merkbaar wordt. In zijn overzichtswerk van de prehistorie in België en Zuid-Nederland volgt De Laet (1974) Newell nog op de voet. Pas rond 1980 verschijnen artikelen van Belgische onderzoekers, met nieuwe ideeën en inzichten. In laag-België moet in de eerste plaats het werk van Vermeersch, en van medewekers als Lauwers, Huyge, Gendel e.a., opererend vanuit Leuven genoemd worden. In de jaren '80 produceert Vermeersch een aantal overzichtsartikelen, waarin hij duidelijk maakt, dat de stand van onderzoek op dat moment in zijn ogen ontoereikend is voor vergaande uitspraken betreffende typochronologie, nederzettingsstructuren, sociale organisatie, etc. (Vermeersch, 1982; 1984; 1988). Op basis van het kleine aantal goed-gedocumenteerde opgravingen dat de toets der kritiek kan doorstaan, wil hij niet verder gaan dan een indeling in vroeg-Mesolithicum zonder en laat-

Mesolithicum met trapezia, met een grens bij ca. 8000 BP (Vermeersch, 1984: p. 185). Binnen beide fasen is een aantal groepen herkenbaar, op basis van verschillen in samenstelling van de vuursteenindustrie. Vermeersch is echter geen voorstander van zuiver typologische/chronologische verklaringen, maar is van mening dat verschillen ook functioneel kunnen zijn, of met andere woorden: dat achter de verschillende groepen ook verschillende activiteiten van dezelfde populaties kunnen schuilgaan. De groepen zijn beschreven in Vermeersch (1984). Het betreft binnen het vroeg-Mesolithicum: een *Neerharen*-groep, waarin spitsen zonder geretoucheerde basis overheersen bij de microlithen, en verder driehoeken en klingen met rechte, geretoucheerde rug optreden; een *Mendonk*-groep, waarin driehoeken overheersen en verder spitsen met of zonder geretoucheerde basis optreden; een *Sonnisse Heide*-groep, waarin klingen met rechte, geretoucheerde rug overheersen en verder spitsen met of zonder geretoucheerde basis en driehoeken voorkomen. Ook treden microlithen met oppervlakteretouche op; een *Gelderhorsten*-groep, waarin spitsen met oppervlakteretouche domineren. Deze groep is alleen bekend van de naamgevende site Lommel-Gelderhorsten; een *Kemmelberg*-groep, waarin spitsen met geretoucheerde basis domineren en spitsen met oppervlakteretouche een belangrijk aandeel vormen. Ook deze groep is alleen bekend van de naamgevende site. Bij de groepen in het laat-Mesolithicum is de verdeling voornamelijk gebaseerd op het aandeel van de trapezia bij de microlithen. In de *Moordenaarsven*-groep is dat minder dan 25%, bij de *Paardsdrank*-groep 25-50% en bij de *Ruiterskuil*-groep meer, en vaak aanzienlijk meer dan 50%.

De Moordenaarsven-groep werd beschreven op basis van de vondsten van de opgraving Brecht-Moordenaarsven 2. Dat was geen gelukkige keuze, want deze grote vindplaats bleek niet alleen herhaaldelijk bewoond blijkens de grote aantallen artefacten, maar ook in heel verschillende periodes, zoals duidelijk werd toen meerdere ^{14}C-dateringen ter beschikking kwamen (Gendel & Lauwers, 1985). De vuursteeninventaris werd vervolgens herkend als een mengsel van oud en jong, deels behorend tot de Sonnisse Heide-groep, deels tot de Ruiterskuil-groep. In plaats van Moordenaarsven-groep werd voor de overige sites de naam Turnhout-groep ingevoerd (Vermeersch, Lauwers & Gendel, 1992). In recente publicaties gebruikt Vermeersch overigens de inmiddels ingeburgerde driedeling van het Mesolithicum in laag-België en Zuid-Nederland, in vroeg-, midden- en laat-Mesolithicum, waarbij de verschillen kennelijk meer in chronologische zin worden verklaard (zie bijv. Verbeek & Vermeersch, 1994).

Een recente ontwikkeling in het onderzoek vanuit Leuven is de ontdekking van gelijktijdigheid van vuursteenconcentraties op basis van *refitting*, waarbij de onderlinge afstand honderden meters kan bedragen (bijv. in Weelde-Voorheide: zie Verbeek, 1996). In een ander geval (Zonhoven-Molenheide, zie Vermeersch et

al., 1996), werd aangetoond, dat twee naburige vuursteenconcentraties die beide aanvankelijk 'krap' waren opgegraven niet alleen gelijktijdig waren op basis van *refitting* maar ook nog binnen een diffuse spreiding van artefacten lagen. Weliswaar betreft het in dit geval Ahrensburg-vondsten, maar bij mesolithische sites is iets dergelijks te verwachten. Het opgraven van grote gebieden rond de eigenlijke concentraties zal maar aandacht dienen te krijgen.

Een opmerkelijke bijdrage werd verder geleverd door de Franse archeoloog Rozoy die een dik, driedelig werk publiceerde over het Mesolithicum in Frankrijk, België en Zuid-Nederland (Rozoy, 1978). Rozoy's benadering is niet alleen typologisch. Hij legt ook veel nadruk op stijlen van bewerking en stijlen van productie van klingen en afslagen, en op lateralisatie. Verder is hij een groot voorstander van het gebruik van het cumulatieve diagram à la Bordes, voor karakterisering en vergelijking van kleine aantallen vindplaatsen. In Noord-Frankrijk, België en Zuid-Nederland onderscheidt hij drie culturen: Tardenoisien in Noord-Frankrijk, Limbourgien in laag-België en Zuid-Nederland en Ardennien in hoog-België. Het Limbourgien deelt hij in vier fasen in: vroeg-, midden-, laat- en finaal-. Vroeg-Limbourgien blijkt eigenlijk laat-Ahrensburg te zijn, beschreven aan de hand van de industrie van de site Geldrop III-2. Midden-Limbourgien kent geen trapezia, laat- en finaal-Limbourgien kennen die wel. Het Ardennien valt op door het ontbreken van trapezen, en van de Montbani-stijl van klingproductie. Rozoy onderscheidt drie ontwikkelingsfasen: vroeg-, midden- en laat-. De ontwikkeling gaat van inventarissen met gelijkbenige en ongelijkbenige driehoeken zonder segmenten, naar inventarissen met segmenten en spitsen met oppervlakteretouche, maar zonder gelijkbenige driehoeken.

Gob promoveerde in 1982 in Luik op een dissertatie over het Mesolithicum in het stroomgebied van de Ourthe (zie Gob, 1979; 1981; 1984; 1985). Zijn werk is echter voor een aanzienlijk groter gebied van belang. Gob rekent het boreale Mesolithicum in België en Zuid-Nederland tot het Beuronien, in de zin van de Beuron-Coincy-cultuur van Kozlowski (1975). Dit Beuronien komt voor in een groot gebied ten noorden van de Alpen, van het Bekken van Parijs tot in Moravië (Kozlowski, 1975: fig. 47). Gelijktijdige culturen zijn het Sauveterrien dat van ZW-Frankrijk tot Slovenië voorkomt (Kozlowski, 1975: fig. 46) en de Duvensee/Maglemose-cultuur, van Engeland tot Mecklenburg (Kozlowski, 1975: figs 43-44). Gob laat het Mesolithicum in Zuid-Nederland en België ontstaan uit de Ahrensburg-cultuur, via een tussenstadium dat hij met 'epi-Ahrensburg' aanduidt, en dat o.a. bekend is van een vindplaats als Sougné A in het stroomgebied van de Ourthe, maar ook van Neerharen-De Kip in laag-België. Het eigenlijke Beuronien in Zuid-Nederland en België deelt hij onder in drie, mogelijk vier, fasen: Beuronien A, B, C en eventueel D. Hij beschrijft zijn Beuronien als een noordelijke variant, die afwijkt van het Beuronien dat Taute (1973-1974) heeft beschreven voor ZW-Duitsland, en dat volgens Gob de zuidelijke variant is. Terwijl deze zuidelijke variant in fase A bijv. wordt gekenmerkt door korte, brede, gelijkbenige driehoeken, spitsen met geretoucheerde basis en zogenaamde Beuron-trapezia, zijn voor het noordelijke Beuronien in deze fase A- en B-spitsen en segmenten bepalend. Dit noordelijke Beuronien A komt volgens Gob voor van het Bekken van Parijs tot in Hessen. De fasen Beuronien B en C worden gekarakteriseerd door ongelijkbenige driehoeken en spitsen met geretoucheerde basis (vooral Tardenoisien-spitsen). In B zijn de spitsen talrijker dan de driehoeken, in C komen beide groepen ongeveer even talrijk voor. Ook fasen B en C komen nog over een groot gebied voor. Gob houdt de mogelijkheid open dat er ook nog een fase D bestaat, die alleen bekend is uit laag 5 in de Grotte de Coléoptère. De betreffende vuursteenindustrie heeft alle kenmerken van fase C, maar valt op door de aanwezigheid van één trapezium.

Tijdens de fasen B en C ontwikkelt zich aan de NW-rand van het Beuronien-gebied, d.i. in NW-Frankrijk, laag-België en Zuid-Nederland, een nieuwe cultuur die door Gob als Rhein-Meuse-Schelde-cultuur wordt aangeduid. Hij volgt hierin overigens opnieuw Kozlowski (1975: fig. 47) die dezelfde groep Lower Rhein-cultuur noemt. Gob onderscheidt twee fasen: RMS/A en RMS/B. RMS/A kent naast een aantal 'typische Beuronien-elementen' als B-spitsen, spitsen met basisretouche, segmenten en driehoeken ook spitsen met oppervlakteretouche en klingetjes met recht-geretoucheerde rug. Trapezia komen in RMS/A niet voor. In RMS/B verdwijnen de 'typische Beuronien-elementen' vrijwel volledig, en komen trapezia voor, vaak in grote aantallen. De verspreiding van RMS/B beperkt zich tot België en Zuid-Nederland. Terwijl RMS/A nog niet voorkomt in hoog-België, treedt RMS/B daar wel op (zie bijv. Gob, 1985: fig. 2).

Gob dateert zijn Beuronien in het late Preboreaal (A) en Boreaal (B, C). Daarbij gaat hij overigens wel uit van een Boreaal dat van 8700 tot 7800 BP duurt (zie Munaut, 1984). Alleen voor het Beuronien A van Theux-l'Ourlaine heeft hij twee dateringen aan houtskool ter beschikking: Lv-970 9200±130 en Lv-1109 8890±60 BP. De houtskool van Lv-970 werd niet voorbehandeld met loog (Gilot, 1997: p. 52): de datering kan dus onjuist zijn. Verder heeft Gob alleen de beschikking over een datering van bot uit laag 5 in de Grotte de Coléoptère bij Bomal-sur-Ourthe: Lv-718 7000±90 BP. Op deze datering baseert hij het lange voortleven van het Beuronien (fase D) in de Ardennen. Later, maar vrijwel onopgemerkt, heeft Gob (1990: p. 39) deze datering overigens verworpen, als zijnde te jong, met een verwijzing naar de aard van het sediment, dat percolatie van jonger materiaal mogelijk maakt. Deze percolatie blijkt overduidelijk uit de datering van een menselijke tand uit laag 6, dus nog onder de laag met Beuronien-artefacten: 4695±65 BP, OxA-3636 (Hedges et al., 1993a: p. 148). We mogen aannemen, dat met

deze verwerping ook de mesolithische gedomesticeerde geit van laag 5 (zie bijv. Cordy, 1984: p. 77) van het toneel is verdwenen, die nog een rol speelt in de argumenten van Gronenborn (1990b: p. 179). Gob gaat sinds 1990 uit van een Beuronien dat rond 9200 BP begint en doorgaat tot uiterlijk 7800 BP in gebieden waar geen RMS optreedt.

Gendel (1984; 1988) analyseerde metrische en niet-metrische variabelen in vuursteenartefacten, zoals vorm, grootte, vorm van de basis, lateralisatie, etc. in de verwachting hiermee uitspraken te kunnen doen over sociale territoria. Zijn conclusie is, dat pas in het late Mesolithicum sprake is van duidelijke, ruimtelijk beperkte en begrensde verspreidingsgebieden van stijlen, die als sociale territoria geïntegreerd zouden kunnen worden. Belangrijker, in het kader van dit artikel wel te verstaan, dan zijn eigenlijke analyse zijn de opmerkingen over chronologie. Zo wijst hij op de problemen die aan Newells indeling van het vroege Mesolithicum kleven. In de breedste zin is dat vroege Mesolithicum gekarakteriseerd door de afwezigheid van spitsen met oppervlakteretouche en van brede trapezia. Volgens Newell kan dit vroege Mesolithicum echter onderverdeeld worden in *Basal*, resp. *Early Mesolithic*, waarin *Basal Mesolithic* geen C-spitsen en segmenten kent, *Early Mesolithic* daarentegen wel. Gob rekent tot zijn vroege Mesolithicum (epi-Ahrensburg en Beuronien A) echter wel industrieën met C-spitsen en segmenten, zoals Neerharen-De Kip, Sougné A en Theux-l'Ourlaine, met *14*C-dateringen rond 9200-9000 BP. Gendel meent daarom, dat een onderverdeling voorlopig beter achterwege kan blijven en pleit voor een onverdeeld vroeg-Mesolithicum. Het midden-Mesolithicum wordt volgens hem gekenmerkt door spitsen met oppervlakteretouche, althans in het gebied tussen Seine, Moesel en Rijn, en verspreid in Midden-Nederland en zuidelijk Westfalen (Gendel, 1984: fig. 6-23). Dit midden-Mesolithicum correspondeert met Newells *Basal Mesolithic* in de Rhine Basin Kreis en met Gobs RMS/A. Op grond van *14*C-dateringen lijkt het midden-Mesolithicum rond 8400 BP te beginnen, maar Gendel (1984: p. 27) wijst erop dat een eerdere datering niet uitgesloten is. Zelfs uit Neerharen-De Kip (ca. 9200 BP) is immers een fragment van een *feuille de gui* bekend. Het late Mesolithicum wordt gekenmerkt door het optreden van trapezia, en zou rond 7700 BP beginnen. De onderverdeling in *Late Mesolithic* en *Late Mesolithic Survival* die Newell in de Rhine Basin Kreis meent te kunnen aantonen, kan Gendel stilistisch niet bevestigen. Hij stelt voor alle trapezia in één onverdeelde fase laat-Mesolithicum onder te brengen. Gendel (1984: pp. 61-65) heeft ook Gobs Beuronien in de Ardennen bekeken. Op basis van een statistische bewerking van stijlkenmerken van spitsen met geretoucheerde basis (C-spitsen, Tardenoisien-spitsen) komt Gendel tot de conclusie, dat het Beuronien in twee fasen verdeeld kan worden, die ruwweg corresponderen met de fasen vroeg- en midden-Mesolithicum in laag-België en Zuid-Nederland. In het late Mesolithicum ziet Gendel één sociaal territorium ontstaan in het gebied tussen Seine, Moesel en Benedenrijn, dat onder andere opvalt door zijn spitsen met oppervlakteretouche en zijn *derived trapezes*, en waarvan de zuidgrens samenvalt met de grens tussen linkse en rechtse lateralisatie van rechthoekige en rhombische trapezia (zie Gendel, 1988: fig. 7). Kenmerkend voor de noordelijke helft van dit territorium is bovendien het algemene gebruik van Wommersom-kwartsiet voor de productie van onder anderen spitsen met oppervlakteretouche, asymmetrische en rechthoekige trapezia.

Van groot belang voor een beter inzicht in de ontwikkeling van vroegmesolithische vuursteenindustrieën en van vroegmesolithische nederzettingsstructuren zijn de opgravingen die Crombé, van de vakgroep Archeologie van de RU-Gent, sinds 1992 verricht op een uitgestrekte site in de Scheldepolders bij Verrebroek (O.-Vl.) (Crombé, 1993; 1994; Crombé & Van Strydonck, 1994; Crombé & Meganck, 1996; Crombé, Perdaen & Sergant, 1997). Ter plaatse van het nog te graven Verrebroekdok voor de havens van Antwerpen ligt op het uiteinde van een dekzandrug een mesolithisch nederzettingsterrein van bijna 3 hectare. Dit terrein is in de loop van het Subboreaal (4000-3000 BP) met veen overgroeid, dat in de 15e/16e eeuw met klei werd afgedekt. Dat betekent, dat de mesolithische bewoningssporen uitzonderlijk goed geconserveerd zijn, althans voor bewoningssporen op dekzand. Slechts een enkele middeleeuwse greppel verstoort het beeld. Er is echter geen sprake van 'natte' conservering, met bewaard gebleven organische resten. In 1992-1994 en 1997 werden in totaal zo'n 1600 m² onderzocht, in een westelijke en een oostelijke werkput. In de westelijke werkput werden 13 vuursteenconcentraties geheel of gedeeltelijk opgegraven, in de oostelijke 4. Het merendeel van deze concentraties is ovaal tot cirkelvormig, met een oppervlak van 15 à 20 m². Ingediepte haarden zijn in de regel niet aanwezig. Excentrisch binnen de concentraties gelegen oppervlaktehaarden kunnen echter gereconstrueerd worden aan de hand van concentraties verbrande artefacten en hazelnootdoppen. Van twee grote concentraties in de oostelijke werkput, C.XIV en C.XVII met oppervlakten van 52 en 75 m², menen Crombé et al. (1997), dat ze ontstaan zijn door herhaalde bewoning ter plaatse. In C.XIV blijkt dat o.a. uit de aanwezigheid van drie oppervlaktehaarden, waarvan nr. 3 met een andere vuursteenindustrie is geassocieerd dan nrs. 1 en 2; in C.XVII uit het grote verschil in vuursteeninventarissen westelijk en oostelijk van de zeer grote centrale oppervlaktehaard, die zelf het resultaat zou kunnen zijn van superpositie van verschillende kleinere haarden. Een uitvoerige beschrijving van de concentraties en de artefacten in de westelijke sector zal binnenkort verschijnen (Crombé, in druk a).

Crombé et al. (1997) onderscheiden in het tot dusver opgegraven vuursteenmateriaal, op basis van een zeer voorlopige analyse overigens, zes groepen met de volgende karakteristieken wat betreft de microlithen:

a. Voornamelijk B-spitsen. Deze groep is vergelijkbaar met Vermeersch' Neerharen-groep en Gobs Epi-Ahrensbourgien;

b. Slanke spitsen zonder basisretouche (maar volgens Crombé & Van Strydonck, 1994: p. 96 kennelijk vooral A-spitsen) en segmenten. Deze groep zou vergelijkbaar zijn met Gobs 'Groupe de l'Ourlaine';

c. Spitsen zonder basisretouche (maar volgens Crombé & Van Strydonck, 1994: p. 96 kennelijk vooral B-spitsen) en ongelijkbenige driehoeken. Deze groep wordt aangeduid als Verrebroek-groep facies 1;

d. Spitsen zonder basisretouche, maar kennelijk vooral B-spitsen, en ongelijkbenige driehoeken en segmenten (Verrebroek-groep facies 2);

e. Spitsen met basisretouche (dus C-spitsen) en segmenten;

f. Spitsen met vaak bifaciaal uitgevoerde basisretouche en ongelijkbenige driehoeken.

Vooral in groep f wordt op grote schaal Tienen-kwartsiet (*quartzite de Tirlemont*) gebruikt. In groep a, aanwezig in de oostelijke helft van C.XVII, werd Wommersom-kwartsiet gebruikt, evenals in groep b. In de westelijke sector werden drie artefacten met oppervlakteretouche ontdekt: een *feuille de gui* net buiten C.II, een spits met schuine basis net buiten C.V2, en een bladspits binnen C.XI. In de oostelijke helft van C.XVII, gekenmerkt door een dominantie van B-spitsen, werd een driehoek met oppervlakteretouche vervaardigd van Wommersom-kwartsiet gevonden (Crombé et al., 1997: p. 89). Rekening houdend met de globale datering van Verrebroek kan nauwelijks betwijfeld worden, dat artefacten met oppervlakteretouche reeds rond 9000 BP, of vlak daarvoor, al in gebruik waren. Uit de westelijke werkput werden vijf oppervlaktehaarden en twee ingediepte haardkuilen gedateerd (Crombé & Van Strydonck, 1994). Uit alle zeven haarden werd hazelnootdop gedateerd, van de ingediepte haarden ook houtskool. Opvallend is dat de houtskooldateringen jonger zijn dan die van hazelnootdop (8700±100 en 9150±100, resp. 7700±100 en 8920±100 BP). Aangezien het in beide gevallen om haardkuilen met relatief veel houtskool en weinig hazelnootdoppen handelt, betekent dit, dat de haarden gedateerd worden door de houtskool, en dus jonger, resp. veel jonger zijn dan de vuursteenconcentraties. De hazelnootdoppen moeten als 'verontreiniging' worden gezien, afkomstig van de oppervlaktehaarden in de betreffende concentraties (brief Crombé, 4-5-1998). De hazelnootdateringen liggen tussen 9150±100 en 8920±100 BP en hebben betrekking op de groepen b t/m d. Voor details betreffende de dateringen in de westelijke sector kan verwezen worden naar Van Strydonck et al. (1998), Crombé (in druk a) en Crombé, Groenendijk & Van Strydonck (in druk). Nieuwe, nog niet gepubliceerde AMS-dateringen aan hazelnootdoppen hebben de herhaalde bewoning, met grote tussenpozen van C.XIV en C.XVII duidelijk gemaakt. Met deze nieuwe dateringen wordt bovendien duidelijk, dat groep f rond 8800/8900 BP begint op te treden. A- en B-spitsen en segmenten verdwijnen dan min of meer uit de assemblages (schrift. meded. Crombé, eind juni 1998).

Volledigheidshalve wordt hier ook het onderzoek genoemd bij Melsele-Hof ten Damme (O-Vl) waar de opgravers aanvankelijk meenden een laatmesolithische vindplaats met aardewerk te hebben gevonden (Van Berg, Van Roeyen & Keeley, 1991). Analyse van de vondsten en een serie ¹⁴C-dateringen (Van Roeyen et al., 1991) maken echter waarschijnlijk, dat het hier om een vermenging van een laat-Mesolithicum met trapezia (ca. 7500 BP?) en een midden-Neolithicum van onbekend type (5000-4500 BP?) gaat.

2.3. Voorlopige conclusies

In het vorige hoofdstuk is duidelijk geworden, dat de ideeën van Newell niet algemeen geaccepteerd worden. Verhart & Groenendijk (in druk) betwijfelen zelfs dat het 'inheemse' Mesolithicum in Noord-Nederland tot het West-Europese Mesolithicum gerekend moet worden. Daarnaast ontkennen zij het bestaan van het De Leijen-Wartena Complex. Op beide zaken komen wij terug.

Algemeen is de twijfel aan de indeling in vijf fasen van het 'inheemse' Mesolithicum in Zuid-Nederland en laag-België, en van vier fasen – *Late Mesolithic Survival* komt daar immers niet voor – in Noord-Nederland. Gendel (1984), Arts (1988) en Verhart & Groenendijk (in druk) presenteren in plaats daarvan indelingen in 3 fasen in Zuid-Nederland en laag-België, waarbij Gendel en Verhart & Groenendijk globaal dezelfde ideeën hebben, al wijken hun dateringen voor het midden-Mesolithicum ver uiteen. De ideeën van Arts wijken af. Niet alleen negeert hij het eerste optreden van trapezia, rond of vlak na 8000 BP, als criterium voor het begin van een laat-Mesolithicum, maar bovendien maakt hij niet duidelijk waar hij de begindatering van ca. 6700 BP van een laat-Mesolithicum, gekenmerkt door het optreden van rhombische trapezia, op baseert. Verhart & Groenendijk zijn weliswaar van mening, dat ook in Noord-Nederland een indeling in vroeg-, midden- en laat-Mesolithicum mogelijk moet zijn, kunnen echter geen duidelijk criterium aandragen voor het scheiden van vroeg- en midden-Mesolithicum, bij gebrek aan goed-onderzochte en goed-gedateerde inventarissen.

Die kritiek op Newells indeling is terecht. Zijn indeling is immers gebaseerd op analyse van een grote serie vuursteencollecties, die slechts voor een klein gedeelte uit opgravingen afkomstig zijn. Maar zelfs opgegraven materiaal is niet per definitie betrouwbaar. Meer dan eens is gebleken, dat zelfs een qua oppervlak beperkte vuursteenconcentratie in feite het resultaat van een meermalige bewoning is. Dat geldt bijv. voor Brecht-Moordenaarsven 2, met zeker twee, en misschien wel drie, in tijd duidelijk gescheiden bewoningsfasen (Vermeersch, Lauwers & Gendel, 1992). Hetzelfde geldt ook voor Havelte H2:I, waar kennelijk vermenging van

een vroeg-Mesolithicum met steil geretoucheerde klingetjes en driehoeken, en een laat-Mesolithicum met trapezia heeft plaatsgevonden (Price, 1975: p. 107). Crombé et al. (1997) achten het waarschijnlijk, dat de concentraties XIV en XVII in Verrebroek ontstaan zijn door superpositie van kleinere nederzettingen. Die superpositie is o.a. herkenbaar in duidelijk verschillende vuursteeninventarissen in verschillende delen van de concentraties. Tot op zekere hoogte is eenzelfde verschijnsel ook zichtbaar in Nieuw-Schoonebeek, al kan Beuker (1989) daar aannemelijk maken, dat er in feite twee langwerpige, elkaar deels overlappende concentraties zijn. In andere gevallen is vermenging van ouder en jonger vuursteenmateriaal niet herkend of herkenbaar, maar wijzen ¹⁴C-dateringen op bewoning ter plaatse op verschillende tijdstippen, of op langdurige bewoning.

Een duidelijk probleem bij het herkennen van eventuele vermenging van ouder en jonger materiaal is dat in de bestaande typochronologieën (Newell, 1973; Arts, 1988) of indeling in groepen (Vermeersch, 1984) oudere typen microlithen vrijwel zonder uitzondering ook nog in jongere fasen geproduceerd worden, zij het in geringere aantallen. Het aantal typen neemt in de loop van het Mesolithicum toe. De indelingen zijn gebaseerd op het verschijnen van nieuwe typen, niet of nauwelijks op het verdwijnen van oudere. Opnieuw kan Brecht-Moordenaarsven 2 als waarschuwend voorbeeld dienen. Hier ontstond immers door vermenging van ouder en jonger materiaal (Sonnisse Heide-groep, resp. Ruiterskuilgroep volgens Vermeersch (1984)) een vuursteeninventaris die als voorbeeld diende bij het beschrijven van wat aanvankelijk de Moordenaarsven-groep heette, en nu de Turnhout-groep is. Dit soort problemen is uiteraard niet alleen beperkt tot mesolithische vindplaatsen op zand in Nederland en laag-België. Voor vindplaatsen in hoog-België geldt hetzelfde. Sougné A, kenmerkend voor Gobs Epi-Ahrensbourgien, en Theux-l'Ourlaine naamgevend voor één van de varianten van zijn Beuronien A moeten gezien de oppervlakten die deze nederzettingen beslaan en de aantallen artefacten ontstaan zijn door herhaalde bewoning ter plaatse (Sougné A: zie Votquenne, 1994; Theux-l'Ourlaine: zie Lausberg-Miny et al., 1982). In Theux-l'Ourlaine zijn inderdaad verschillende concentraties herkend. Die herhaalde bewoning hoeft niet binnen korte tijd te hebben plaatsgevonden. Het verschil tussen beide ¹⁴C-dateringen van Theux-l'Ourlaine – 9200±130 en 8890±60 BP – kan echter eerder het gevolg zijn van het steile stuk van de ¹⁴C-ijkcurve bij 8300 cal BC en hoeft niet te wijzen op herhaalde bewoning met een groot tijdsverschil, al is dat laatste zeker ook een mogelijkheid.

In andere gevallen gaat het wellicht om zeer geringe bijmengingen, maar deze kunnen even problematisch zijn. In Neerharen-De Kip, een vroege site die zelfs met een laag stuifzand bedekt lijkt te zijn, komen o.a. een transversale pijlpunt en het fragment van een *feuille de gui* voor (Lauwers & Vermeersch, 1982a). Die

transversale pijlpunt hoort in het Neolithicum thuis en
bewijst dat vermenging met jonger materiaal, ondanks
die stuifzandlaag, mogelijk was. Het fragment van de
feuille de gui is misschien ook een verontreiniging,
maar zekerheid hierover bestaat niet, temeer omdat in
Schulen III dat gelijktijdig zou zijn ook een fragment
van een spits met oppervlakteretouche voorkomt
(Lauwers & Vermeersch, 1982b: fig. 21:31). Dat is
onder andere de reden, dat Gendel (1984) zijn midden-
Mesolithicum met het nodige voorbehoud rond 8400
BP laat beginnen. *Feuilles de gui* zijn immers kenmerkend voor het midden-Mesolithicum, met andere spitsen met oppervlakteretouche. Verhart & Groenendijk
(in druk) hebben kennelijk minder twijfels, en laten hun
midden-Mesolithicum rond 9000 BP beginnen, hetgeen niet in tegenspraak is met de datering voor Neerharen-De Kip (Lv-1092 9170±100 BP). Ook de vondsten in Verrebroek pleiten voor het optreden van
artefacten met oppervlakteretouche rond 9000 BP of al
eerder.

Als opgegraven collecties al zoveel problemen opleveren, dan zijn oppervlaktecollecties nauwelijks bruikbaar voor typochronologisch werk en zeker wanneer
het om collecties gaat die over oppervlakten van honderden m^2 of meer zijn opgeraapt. Dezelfde problemen
gelden natuurlijk ook voor de indeling in groepen van
Vermeersch (1984). Zijn Mendonk-groep is gebaseerd
op de oppervlaktecollectie Mendonk site 1 (Vanmoerkerke, 1982). Hetzelfde geldt voor de Gelderhorsten-
groep (Geerts & Vermeersch, 1984) en de Turnhout-
groep (Maes & Vermeersch, 1984). Deze laatste kwam
in de plaats van de Moordenaarsven-groep, die gebaseerd bleek op een mengsel van ouder en jonger materiaal (zie boven). Maar wie garandeert, dat de Sonnisse
Heide-groep, de Paardsdrank-groep en de Ruiterskuil-
groep, beschreven op basis van de opgravingen
Helchteren-Sonnisse Heide 2 (Gendel, Van de Heyning
& Gijselings, 1985), Weelde-Paardsdrank sector 1
(Huyge & Vermeersch, 1982) en Opglabbeek-Ruiterskuil (Vermeersch, Munaut & Paulissen, 1974) wel één-
malige of kortdurige bewoningsfasen vertegenwoordigen? In het geval van Weelde-Paardsdrank sector 1 kan
daaraan getwijfeld worden gezien de ^{14}C-datering van
een verbrande hazelnootdop, die met 8200±150 BP
(OxA-141; Gillespie et al., 1985: p. 239) te oud is voor
de laatmesolithische artefacten ter plaatse.

Verhart & Groenendijk (in druk) zien geen redenen
om een De Leijen-Wartena Complex af te zonderen, dat
zijn oorsprong in het Noord-Europese Mesolithicum
zou hebben. In plaats daarvan zien zij in Noord-Nederland een laat-Mesolithicum optreden, dat als kenmerkende artefacten brede en smalle trapezia en kern- en
afslagbijlen heeft. Groenendijk (1997: p. 100) meent,
dat kernbijlen in Oost-Groningen pas na 7000 BP in
gebruik werden genomen, wat hij baseert op het ontbreken van deze artefacten op vindplaatsen in de Hunze-
vlakte. Inmiddels is dit idee achterhaald (zie onder).

Harsema (1978) twijfelde al aan Newells datering

van kern- en afslagbijlen in Nederland en aan de exclu-
sieve toeschrijving aan het De Leijen-Wartena Complex. Hij wees o.a. op typologische overeenkomsten
van enkele Drentse kernbijlen met vroeg-boreale exemplaren in Noord-Duitsland. Helaas compliceerde
Harsema de discussie onnodig, met een onjuiste interpretatie van Newells chronologische uitspraken. Volgens Newell (1970b: p. 181) traden kern- en afslagbijlen niet voor het begin van het Atlanticum op in het
gebied van de Northwest- en Rhine Basin Kreisen. Op
dat moment was de oudste ^{14}C-datering voor De Leijen-
Wartena 7550±80 BP (GrN-4325, Wartena). Op basis
van de toen beschikbare ^{14}C-dateringen voor de overgang Boreaal-Atlanticum (ca. 7500 BP) correspondeerde
dat met een optreden van De Leijen-Wartena aan het
begin van het Atlanticum. Harsema betrok echter nadien bekend geworden ^{14}C-dateringen (Lanting & Mook,
1977: pp 35-36) in de discussie, die duidelijk maakten
dat De Leijen-Wartena al rond 7700/7800 BP en misschien al rond 8000 BP was begonnen. Aangezien hij
het begin van het Atlanticum nog steeds rond 7500 BP
plaatste, hield dat dus in dat De Leijen-Wartena al in het
late Boreaal zou zijn begonnen. Maar dat betekende
uiteraard niet, dat kern- en afslagbijlen tot een jongere
fase van het De Leijen-Wartena Complex beperkt zouden zijn. Uit Newell & Vroomans (1972: p. 90) had hij
kunnen leren, dat bijlen ook al in de rond 8000 BP
gedateerde nederzetting Bergumermeer S64A optreden! Overigens heeft dit probleem zich opgelost, met de
gewijzigde datering van ca. 8000 BP voor het begin van
het Atlanticum. Maar Harsema's kritiek was in principe
wel juist. Inmiddels is duidelijk geworden, dat kernbijlen in Noord-Nederland al rond 8900 BP bekend
waren en optreden in de context van 'inheems' Northwest
Kreis-Mesolithicum (Niekus, De Roever & Smit, 1997).
Ook de kano van Pesse met een ^{14}C-ouderdom van
8760±145 BP is mogelijk met vuurstenen tranchetbijlen
bewerkt (Beuker & Niekus, 1997).

Rond 1970 was Newells verklaring voor het optreden van De Leijen-Wartena en het verschijnen van
kern- en afslagbijlen overigens zwak gefundeerd. Op
grond van de toen beschikbare zeespiegelstijgingscurve
en de daarop gebaseerde paleogeografische reconstructies van het zuidelijke Noordzeegebied was immers
duidelijk, dat een migratie vanuit dit verdrinkende
Noordzeegebied ruim vóór 8000 BP had moeten plaatsvinden. Volgens Jelgersma (1961: fig. 46) had de zee al
rond 8300 BP de huidige kustlijnen min of meer bereikt.
Later werd gewerkt met steilere stijgingscurves en werd
het bereiken van de huidige kustlijn wat later gedateerd,
namelijk rond 8000 BP (zie 1.5). Maar ook dan had
migratie al ruim voor 8000 BP moeten beginnen. Als de
mensen die daar leefden een materiële cultuur hadden
die tot het Noord-Europese Mesolithicum behoorde,
dan zullen zij gezien de ontwikkelingen in Denemar-
ken/Noord-Duitsland vóór 8000 BP een aan midden-
tot laat-Maglemose verwant werktuigspectrum hebben gekend, met 'lancetspitsen' (d.i. lange, smalle A-,

B- en C-spitsen: zie Blankholm, 1990) en lange, smalle, ongelijkbenige driehoeken (zie bijvoorbeeld Henriksen, 1976, en Andersen et al., 1982, met vondsten uit Svaerdborg en Ulkestrup Lyng). Als dat Noordzee-Mesolithicum meer verwant was aan de Britse, dan zou een werktuigenspectrum gedomineerd door kleine driehoeken en steil geretoucheerde klingetjes (zie 3.3) aanwezig zijn geweest. Voor een instroom van mensen met een dergelijke vuursteenindustrie zijn echter geen aanwijzingen. Dat betekent niet, dat geen migratie heeft of kan hebben plaatsgevonden. In paragraaf 1.5 menen wij aannemelijk te hebben gemaakt, dat de overstroming van het zuidelijke Noordzeegebied later plaatsvond en dat de huidige kustlijnen pas rond 7300 BP werden bereikt. Migratie vanuit dit gebied zal pas na 8000 BP op gang zijn gekomen, en in versterkte mate pas na 7600 BP.

Hoewel duidelijk is, dat kern- en afslagbijlen al in het vroege Boreaal in Noord-Nederland bekend waren (en het Northwest Kreis-Mesolithicum formeel tot het Noord-Europese Mesolithicum zou moeten worden gerekend!), zou het versterkt optreden van noordelijke invloeden na 8000 BP het gevolg kunnen zijn van instroom vanuit noordelijker gelegen gebieden. Helaas is het Noord-Europese Mesolithicum in deze periode slecht bekend. De jongste Maglemose-cultuur (fase YM 2 volgens Henriksen, 1976) moet rond 7800-8000 BP worden gedateerd, terwijl vroeg-Kongemose pas na 7300 BP gedateerd wordt (zie 3.2). Daartussen ligt een overgangsfase die pas sinds kort bekend is, de zogenaamde Blak-fase (Grøn & Andersen, 1992-1993; Fischer, 1995). Kenmerkend voor deze Blak-fase zijn o.a. brede trapezen (zowel symmetrisch, rechthoekig als rhombisch), terwijl daarnaast ook nog lange, smalle, ongelijkbenige driehoeken in kleine hoeveelheden voorkomen. Dat betekent overigens niet, dat in Noord-Nederland met een instroom van mensen met een materiële cultuur van Blak-type rekening gehouden moet worden. De weinige vindplaatsen van de Blak-fase liggen binnen het verspreidingsgebied van de Kongemose-cultuur, dat Schonen, de Deense eilanden en noordelijk Jutland omvat. Het Atlantisch Mesolithicum in de rest van Jutland en Noord-Duitsland is slecht bekend, maar hoort zeker niet tot Kongemose (Hartz, 1985).

Terwijl vaststaat, dat kern- en afslagbijlen in Newells Northwest Kreis al sinds het vroege Boreaal bekend zijn, is het allerminst zeker, dat ze ook in mesolithische context optreden in de Rhine Basin Kreis. Weliswaar vermeldt Newell (1970a) een aantal vindplaatsen met mesolithische microlithen en kern- en afslagbijlen uit Nederlands Limburg (en een groot aantal losse vondsten van tranchetbijlen), maar dit zijn alle oppervlakte-vindplaatsen, ook de voor zijn betoog zo belangrijke sites Kesseleik I en Sweijkhuizen II. Recent onderzoek in dit gebied, gebaseerd op inventarisatie en evaluatie van collecties en op veldverkenningen, heeft geen mesolithische vindplaatsen met kern- en afslagbijlen aan het licht gebracht. Dat maakt het tamelijk onwaar-

schijnlijk, dat in het Maasgebied in Limburg De Leijen-Wartena voorkomt. In plaats daarvan gaat het bij de door Newell vermelde vindplaatsen kennelijk om vermenging van mesolitisch materiaal, waarbij de kern- en afslagbijlen kunnen worden toegeschreven aan de Michelsberg-cultuur (Verhart & Groenendijk, in druk). In het Maasgebied treedt namelijk de Belgische variant van de Michelsberg-cultuur, die dankzij Chasséen-invloeden ook kern- en afslagbijlen in zijn vuursteen-industrie voert (Vermeersch, 1987/1988: fig. 1). Verwezen kan o.a. worden naar de Belgische vindplaatsen Thieusies (Vermeersch & Walter, 1980), Neufvilles-Le Gué du Plantin (Heinzelin et al., 1977) beide in Henegouwen, Schorisse-Bosstraat (Vermeersch et al., 1994; 1988) en Spiere-De Hel (Casseyas & Vermeersch et al., 1994) in Oost- resp. West-Vlaanderen. In Nederland kan verwezen worden naar de vindplaatsen Maastricht-Vogelzang (Brounen, 1995) en Heerlen-Schelsberg (Schreurs & Brounen, 1998). Maar ook op de Midden-Limburgse Michelsberg-vindplaatsen (zie Verhart, 1997) komen tranchetbijlen voor (Verhart, mond. meded.).

De twijfel aan de 'zuiverheid' van opgegraven vuursteencollecties, d.w.z. aan de eenmaligheid van bewoning of kortdurigheid van herhaalde bewoning, heeft ook consequenties voor de analyse van neder-zettingsplattegronden. Dat is al vroeg herkend. Terwijl Newell (1973; 1975) zijn analyse nog baseerde op ca. 40 opgravingsplattegronden, reduceerde Price (1975; 1978) dit aantal al tot 17, ondanks de toevoeging van een zestal nieuwe plattegronden van Havelte-De Doeze. Maar Price gaf zelf al aan, dat Havelte 2:I mogelijk een vermenging van oudere en jongere bewoning is. Van de 'unieke' site Rotsterhaule met zijn 39 haarden en een oppervlak van ca. 300 m^2 moet op basis van de ^{14}C-dateringen van vijf haarden (8595±45, 8580±50, 8545±50, 8360±75 en 8210±50) sterk betwijfeld worden of deze wel een 'eenmalige' bewoning van een groot aggregatiekamp representeert. Eerder lijkt hier sprake te zijn van herhaalde bewoning. Het zou de moeite waard zijn de resterende 34 haarden ook te dateren, als dat nog mogelijk is.

Ook bij andere grote sites met grote aantallen haarden lijkt het methodisch onjuist om van eenmaligheid uit te gaan, zolang het tegendeel niet is bewezen. Dat laatste zal overigens moeilijk zijn, want met de ^{14}C-methode beschikken we niet over een instrument dat gelijktijdigheid kan aantonen. Zelfs in het geval van twee identieke ^{14}C-dateringen kan immers op statistische gronden allerminst worden uitgesloten, dat de werkelijke ^{14}C-ouderdommen aanzienlijk verschillen. Het is echter wel heel optimistisch om aan te nemen dat op een site als Duurswoude III (Price, 1975: pp. 418-423) die noordelijke vuursteenconcentratie van ca. 8x5 m in de periferie waarvan het merendeel van de 23 *features* (lees: haarden) is geconcentreerd, een eenmalige bewoning representeert, die gedateerd wordt door de enige gedateerde haard (GrN-1567 7700±70 BP;

GrN-1175 7710±70 BP is in feite afkomstig van Duurswoude I). Eveneens aanvechtbaar is het combineren van Noord- en Zuid-Nederlandse nederzettingsplattegronden. Gezien de verschillen tussen beide gebieden zullen deze afzonderlijk geanalyseerd moeten worden. Het is allerminst uitgesloten, dat dan zal blijken, dat in beide gebieden vergelijkbare types nederzettingen optreden, maar daar mag niet bij voorbaat van worden uitgegaan. Het ziet er overigens naar uit, dat in het vroeg-boreale Mesolithicum van Verrebroek de basiseenheid een ronde tot ovale plattegrond met een oppervlak van 15-20 m² is, met een a-centrisch gelegen oppervlaktehaard (Crombé et al., 1997). Grotere concentraties als C.XIV en C.XVII zijn vrijwel zeker het resultaat van herhaalde bewoning.

De ingediepte haardkuilen, of kuilhaarden, die onlangs door Groenendijk (1987) weer in de aandacht zijn gebracht, lijken vooral in Noord-Nederland voor te komen. In Zuid-Nederland/laag-België zijn ze slechts in kleine aantallen bekend en zijn ze zo opvallend daar waar ze optreden, dat ze speciale vermelding krijgen (bijv. in Verrebroek: Crombé & Van Strydonck, 1994). In Zuid-Nederland/laag-België worden bij recente opgravingen meer en meer aanwijzingen gevonden voor 'oppervlaktehaarden', in de vorm van concentraties verbrande vuursteen en verbrande hazelnootdoppen. Uiteraard zijn deze concentraties het best herkenbaar op sites, waar de bovengrond niet verploegd is. Ook in Noord-Nederland zijn aanwijzingen voor 'oppervlaktehaarden' bekend in de vorm van concentraties verkoolde hazelnootdoppen, bijv. Slochteren-Hooilandse polder (Kortekaas & Niekus, 1994), NP-3/campagne 1992 (Exaltus et al., 1993), Leek-Mensumaweg (Crombé, Groenendijk & Van Strydonck, in druk) en NP-9 (Perry, 1997). In andere gevallen zijn die aanwijzingen wellicht verkeerd geïnterpreteerd. Zo lijkt het ons allerminst uitgesloten, dat in Havelte-De Doeze site H3, drie oppervlaktehaarden gepostuleerd kunnen worden, op basis van de verspreiding van verbrande vuursteen (zie Price, Whallon & Chappell, 1974: fig. 11). Dat zou dus tevens een aanwijzing kunnen zijn voor minstens driemalige bewoning ter plaatse! Interessant is het optreden van grote aantallen oppervlaktehaarden op de laatmesolithische site 'Hoge Vaart' bij Almere (Hogestijn & Peeters, 1996: fig. 5).

Een probleem is ook de relatie van nederzetting en kuilhaarden. Die ingediepte haarden lijken namelijk speciale functies te hebben gehad. Mogelijk lagen ze dan ook niet binnen het gebied met een woon/werkfunctie, archeologisch herkenbaar als een vuursteenconcentratie, maar daarbuiten, of op zijn best aan de rand ervan. Er zijn duidelijke aanwijzingen in die richting, bijv. in Duurswoude III, waar de 23 'haarden' in de periferie van de noordelijke vuursteenconcentratie lagen (Price, 1975: pp. 418-423), in Nieuw-Schoonebeek (Beuker, 1989), waar de haardkuilen langs de randen van de vuursteenconcentraties lagen, en in NP-3/campagne 1992 (Exaltus et al., 1993), waar de haardkuilen

grotendeels in een strook naast de vuursteenconcentraties lijken te liggen. Indien deze perifere ligging de regel blijkt te zijn, dan heeft dan consequenties voor de datering van grote, uit gesuperponeerde concentraties bestaande mesolithische sites. Dan dateert een ingediepte haard hoogstwaarschijnlijk niet de vuursteeninventaris rondom, maar een inventaris in de nabijheid. Ook daar zijn wel aanwijzingen voor, bijv. in Havelte-De Doeze, waar de haarden binnen een concentratie kennelijk geen relatie hebben met de vuursteen van die concentratie (Price, Whallon & Chappell, 1974; Price, 1975).

De kritiek richt zich overigens niet alleen op de door Newell en Price geanalyseerde nederzettingsplattegronden van het 'inheems' Mesolithicum, maar ook op Newells type D dat alleen aangetroffen werd bij het De Leijen-Wartena Complex. Dit type (elliptisch van vorm met afmetingen tussen 66x27 en 92x40 m en met een aantal werktuigen tussen naar schatting 5000 en 5500) is kennelijk op het onderzoek van de sites S64A en B bij het Bergumermeer gebaseerd (Newell & Vroomans, 1972). Site S64B is naderhand volledig opgegraven (Newell, 1980; Bloemers et al., 1981). Op grond van de beschikbare ¹⁴C-dateringen (zie Casparie & Bosch, 1995: table 1; per 'wooneenheid' opgesplitst in Huiskes, 1988: fig. 24) kan aangenomen worden, dat deze site regelmatig over zeer lange tijd (800 à 1000 jaren) werd bewoond, wat overigens ook blijkt uit de zeer grote aantallen artefacten en werktuigen. Statistisch onderzoek (Huiskes, 1988) maakt duidelijk dat de zes door Newell onderscheiden wooneenheden onderling niet alle vergelijkbaar zijn. Huiskes wil dit verklaren door aan te nemen dat S64B in feite verschillende nederzettingstypen combineert. Eens per jaar fungeerde het als basiskamp, waarbij alle zes eenheden in gebruik waren, en twee keer per jaar als extractiekamp, waarbij slechts een of drie eenheden bewoond werden. Zo'n verklaring gaat echter uit van min of meer permanente behuizingen die langdurig in gebruik bleven. Dat echter ooit zes wooneenheden gelijktijdig in gebruik zijn geweest is niet aantoonbaar. De site kan ook gedurende die 800 à 1000 jaren uit slechts één wooneenheid hebben bestaan, die gedurende die tijd een aantal keren werd verplaatst. De verschillen kunnen ook chronologisch bepaald zijn, in plaats van functioneel!

3. HET MESOLITHICUM IN DE ONS OMRIN-GENDE GEBIEDEN

3.1. Inleidende opmerkingen

In het vorige hoofdstuk is duidelijk geworden, dat de hoofdlijnen van de ontwikkelingen van het Mesolithicum in Nederland en België weliswaar duidelijk zijn, maar dat op basis van het huidige bestand aan opgravingen een verdere detaillering niet of nauwelijks mogelijk is. We sluiten ons dan ook aan bij Verhart & Groenendijk (in druk), waar dezen pleiten voor een nieuwe aanpak, met een nadruk op onderzoek van eenmalig of kortdurig gebruikte nederzettingen. Dat doet aan de waardering voor het tot dusver verrichte werk overigens niets af! In afwachting daarvan ligt het voor de hand een blik over de grens te werpen, om te zien hoe de ontwikkelingen in het Mesolithicum in de ons omringende gebieden is, en in hoeverre daar wel sprake is van betrouwbare, gedetailleerde typochronologieën. Een probleem bij de vergelijking is het verschil in benamingen voor vergelijkbare artefacten in verschillende gebieden, al suggereert een fraaie vergelijkende tabel als die in Newell & Vroomans (1997: *material list*) dat die verschillen nauwelijks bestaan.

Een bekend voorbeeld is de Zonhoven-spits. Volgens Schwabedissen (1944: p. 115, in navolging van Schwantes die de naam introduceerde) is een Zonhoven-spits een korte, dunne kling, die aan de bovenzijde door retouchering afgeschuind is, zodat de punt in het verlengde van de zijkant ligt. Het merendeel van Schwabedissens Zonhoven-spitsen heeft geen basisretouche. Waar wel basisretouche optreedt kan die recht, schuin of hol zijn. Taute (1968: pp. 182-184) volgt deze definitie, maar ziet wel een verschil tussen een B-spits en een Zonhoven-spits zonder basisretouche, namelijk in de hoek van de punt. Een B-spits heeft een kleinere tophoek, is dus spitser. Taute reageert hiermee op Bohmers & Wouters (1956) die geen verschil tussen B-spitsen en Zonhoven-spitsen zonder basisretouche willen maken, en die het ondoenlijk achten onderscheid te maken tussen Zonhoven-spitsen met basisretouche en trapezia. Zij willen beide typen onderbrengen bij de 'trapezoïden'. Newell (1975: fig. 1) en in navolging van hem Price (1975: pp. 64-65; Arts & Deeben, 1981: p. 55; Arts, 1988: p. 291) beschouwen daarentegen alleen schuinafgeknotte spitsen met basisretouche als Zonhoven-spitsen. Gob (1981: pp. 33-34; 1984: p. 198) beschouwt echter alleen schuinafgeknotte klingen zonder basisretouche als Zonhoven-spitsen. Stapert (1979) beschouwt alleen korte, brede B-spitsen als Zonhoven-spitsen.

Volgens G.E.E.M. (1972: p. 370, fig. 5) is de typische Sauveterre-spits een zeer slanke dubbelspits met twee geheel geretoucheerde lange zijden. Bohmers & Wouters (1956) gebruiken eenzelfde definitie. Er bestaan echter varianten, die door G.E.E.M. ook Sauveterre-spitsen worden genoemd, met retouche langs één hele zijde en retouche langs de tweede zijde alleen bij de uiteinden, of bij één uiteinde of zelfs met een geheel ongeretoucheerde tweede zijde. Deze laatste variant valt onder de *double points* volgens Newell (1973: graph 3; 1975: fig. 1) en Price (1975: fig. 5, p. 64). Deze *double points* komen echter ook in minder slanke versies voor. Om de zaak nog gecompliceerder te maken, onderscheidt G.E.E.M. (1972) ook nog de zgn. *pointe de Sauveterre monopointe*, die maar één spits uiteinde heeft, en een onbewerkt klinguiteinde. Ook dit type komt in varianten voor, met twee volledig geretoucheerde lange zijden, met één volledig geretou-

cheerde en één alleen bij de spits geretoucheerde zijde, of met een bewerkte en een onbewerkte zijde. De door Bohmers & Wouters (1956) beschreven naaldvormige spitsen en een deel van de lancetvormige spitsen vallen onder de definities van de Sauveterre-spitsen *monopointe* volgens G.E.E.M. Datzelfde geldt ook voor de slanke varianten van de D-spits en de lancet-spits volgens Newell (1973: graph 3; 1975: fig. 1) en Price (1975: fig. 5, pp. 62-63). Wat Newell en Price echter als Sauveterre-spits aanduiden, is slechts één van de mogelijke varianten van de *pointe de Sauveterre* volgens G.E.E.M. (1972), waarbij het criterium van de lengte/breedte-index >4 door Newell en Price wordt verwaarloosd. Dat betekent dat het merendeel van hun Sauveterre-spitsen (en zeker het afgebeelde exemplaar: Newell, 1973: graph 3; 1975: fig. 1; Price, 1975: fig. 5) door G.E.E.M. niet tot de Sauveterre-spitsen gerekend zou worden.

In de Deens/Zweedse literatuur worden slanke spitsen aangeduid als *lanceolates*, wat in het Nederlands vertaald kan worden als lancetspitsen, volgens Bohmers & Wouters (1956). Er is echter een onderscheid. De Deens/Zweedse lancetspitsen bestaan uit slanke varianten van A-, B- en C-spitsen, en uit 'segmenten', volgens Blankholm (1990: p. 242). Overigens zijn die segmenten in feite eenzijdig geretoucheerde dubbelspitsen, en geen *crescents* of segmenten volgens de Nederlandse classificatie. Maar de zaak is nog gecompliceerder. De lancetspitsen van Bohmers & Wouters (1956) kenmerken zich door één volledige geretoucheerde lange zijde, terwijl de retouche zich kan voortzetten rond de basis en langs de onderkant van de andere lange zijde. Volgens Newell en Price is een lancetspits echter een hoog-driehoekige spits met niet-geretoucheerde basis en twee geretoucheerde zijden. Een deel van de lancetspitsen van Bohmers & Wouters valt bij Newell en Price onder de *needle-shaped points* of naaldvormige spitsen.

Problemen zijn er ook met de zgn. smalle trapezia van Jonger Maglemose in Denemarken en Zuid-Zweden. Volgens G.E.E.M. (1969) is een trapezium een tweezijdig afgeknotte kling, waarvan de lengte van de langste, onbewerkte zijde niet meer dan 2x de breedte (de afstand van beide onbewerkte zijden) is. Bohmers & Wouters (1956) gebruiken een enigszins afwijkende definitie: de lengte is de totale lengte van het klingfragment waaruit het trapezium is vervaardigd. Bohmers & Wouters beschouwen een trapezium als smal, wanneer de lengte kleiner is dan de breedte. Price (1975: p. 84, in navolging van Newell?) noemt een trapezium smal, wanneer de lengte gemeten over de as minstens 2x de breedte is. Overigens blijkt uit het histogram dat Price (1975: fig. 12) maakte van de lengte/breedte-verhouding, dat die in extreme gevallen ca. 3,4 à 3,5 kan zijn. Volgens G.E.E.M. (1969) zou dan al geen sprake van een trapezium zijn! De smalle trapezia van Jonger Maglemose voldoen lang niet in alle gevallen aan de definitie volgens G.E.E.M. (1969), zelfs als het lengte/breedte-criterium wordt losgelaten. Van de door Larsson

(1978: fig. 35:34 en 41-44) afgebeelde 'smalle trapezia' van Ageröd I:B kan slechts één (nr. 41) de toets der kritiek doorstaan. Volgens Kozlowski (1976) kan een deel van de 'smalle trapezia' van de Deens/Zweedse literatuur tot zijn *rhomboids* en *trapezoids* worden gerekend: tweezijdig afgeknotte klingetjes met minstens één geretoucheerde lange zijde. Dat geldt ook voor twee exemplaren van Ageröd I:B (Larsson, 1978: fig. 35, nrs. 42 en 43).

Voor driehoeken geldt iets dergelijks. Volgens G.E.E.M. (1969), Bohmers & Wouters (1956) en Price (1975) heeft een driehoek drie duidelijk gevormde hoeken, en zijn van een driehoek de beide kortere zijden geretoucheerd. Slechts bij uitzondering heeft ook de langste zijde retouche. Daarmee onderscheidt de driehoek zich van *triangular backed blades* (Bohmers & Wouters, 1956; Price, 1975: fig. 5) en van *lamelles à bord abattu tronquées* en *lamelles scalènes* (Rozoy, 1968: pp. 361-362, fig. 8). Bij de driehoeken van Jonger Maglemose voldoet slechts een klein deel aan deze criteria. Van de driehoeken van Ageröd I:B (Larsson, 1978: fig. 35:1-32, 35-37 en 45) voldoen hooguit nrs. 36 en 37 aan de criteria, en wellicht ook nr. 19. De andere vallen grotendeels onder de noemer 'schuin afgeknotte kling' of '*triangular backed blade*'. Iets dergelijks zien we ook in Ulkestrup Lyng II (Andersen, Jørgensen & Richter, 1982: fig. 51), waar een deel van de lange, smalle 'driehoeken' in feite *triangular backed blades* zijn.

In het volgende overzicht is geprobeerd zoveel mogelijk de in de Nederlandse literatuur gebruikte namen van artefacten te gebruiken. Dat een dergelijke poging hier en daar op moeilijkheden stuit, zal duidelijk zijn.

3.2. *Denemarken, Zuid-Zweden, Noord-Duitsland*

Het beste zijn we geïnformeerd over de ontwikkelingen gedurende Preboreaal en Boreaal in het gebied van de Maglemose-Duvensee-cultuur, waarvan de naamgevende componenten als regionale varianten van dezelfde cultuur worden beschouwd (Brinch Petersen, 1973: p. 93). In Denemarken en Noord-Duitsland is namelijk een aantal vindplaatsen bekend die kort in gebruik waren en vervolgens vrij snel met veen overgroeid raakten. Verder is in dit gebied de gedurende lange tijd herhaaldelijk bezochte vindplaats Friesack 4 onderzocht, met een fraaie stratigrafie van ^{14}C-gedateerde afvallagen, ingebed in veen.

Bokelmann (1991) heeft de ontwikkeling van de vuursteenindustrie in het Duvenseer Moor beschreven. Aan het begin van de ontwikkeling staat Duvensee 9, met vier ^{14}C-dateringen met een gemiddelde ouderdom van 9490±41 BP (KI-3041 9590±90, KI-3042 9380±80, KI-3043 9600±90 en KI-3044 9440±80 BP, in alle vier gevallen werd houtskool gedateerd). Het rietveen direct onder de haard werd, volgens pollenanalytisch onderzoek, in het late Preboreaal gevormd. Duvensee 9 heeft al de voor het vroege Mesolithicum kenmerkende

slechte, harde klingtechniek en kenmerkt zich door het voorkomen bij de microlithen van uitsluitend A- en B-spitsen. Bij de bijlen valt een aantal unilateraal geretoucheerde 'kernbijlen' op, die op latere vindplaatsen ontbreken.

Duvensee 8 heeft een gemiddelde ouderdom van 9490±55 BP (Bokelmann et al., 1981: p. 40: KI-1818 9640±100, KI-1819 9410±110 BP, beide aan berkenschors; KI-1885.01 9420±130 BP, verkoolde hazelnootdoppen; KI-1885.03 9440±130 BP, houtskool). Volgens pollenanalyse hoort deze nederzetting op de overgang van Preboreaal-Boreaal thuis. De met Duvensee 9 vergelijkbare ^{14}C-ouderdom vindt zijn verklaring in het 'plateau' in de jaarring-ijkcurve tussen ca. 9200 en ca. 8700 cal BC. Duvensee 8 lijkt qua vuursteenindustrie sterk op Duvensee 9: bij de microlithen komen vrijwel uitsluitend A- en B-spitsen voor, naast enkele segmenten. De unilateraal geretoucheerde 'kernbijlen' ontbreken echter, en zijn vervangen door tweezijdig bewerkte exemplaren en door afslagbijlen. Vergelijkbaar met Duvensee 8 is de Deense vindplaats Barmose (Johansson, 1990: p. 103). Een drietal grote B-spitsen ('lancetspitsen') van het type dat in Barmose werd gevonden, werd opgegraven bij het oerosskelet van Vig (Johansson, 1990: pp. 36 en 101). Dit skelet werd gedateerd op 9510±115 BP, OxA-3616 (Hedges et al., 1993b: p. 310).

In Duvensee 2, met een gemiddelde ^{14}C-datering van 9340±80 BP (KI-1884.01 9420±130, houtskool; KI-1884.02 9280±100 BP, hazelnootdoppen) en Duvensee 1, met een gemiddelde ^{14}C-datering van 9180±90 BP (KI-1883.01 9200±160, houtskool; KI-1883.02 9170±120 BP, hazelnootdoppen; de drie Heidelberg-dateringen en de Yale-datering (Bokelmann et al., 1981: p. 38) zijn buiten beschouwing gebleven treden naast A- en B-spitsen ook brede driehoeken op, zowel gelijkbenige als ongelijkbenige. Verder komen nu voor het eerst naaldvormige spitsen en enkele smalle trapezia (in feite aan beide uiteinden schuin afgeknotte, trapezoidaal gevormde klingen) voor. In de loop van het Boreaal worden deze driehoeken, met name de ongelijkbenige, steeds belangrijker in het microlithenas-sortiment. De ontwikkeling is zichtbaar in de nederzettingen Duvensee 6A met een gemiddelde ^{14}C-datering van 9130±80 BP (KI-1110 9300±180, dennenappels; KI-1111 9100±130 en KI-1113 9090±130 BP, beide hazelnootdoppen; zie Bokelmann et al., 1981: p. 39) en Duvensee 6B met een ^{14}C-datering van 8840±110 BP (KI-1112, hazelnootdoppen). Overigens treden nu naast A- en B-spitsen ook C-spitsen en lancetspitsen en Sauveterrespitsen op (Bokelmann, 1991: Taf. 16 en 17). In Duvensee 13, met een gemiddelde ^{14}C-datering van 8670±55 BP (KI-2125 8630±160, KI-2126 8700±80, beide houtskool; KI-2127 8660±80 BP, dennenwortel) valt het overheersen van ongelijkbenige, relatief slanke driehoeken op (Bokelmann et al., 1985). De verdere ontwikkeling is in het Duvenseer Moor of in Schleswig-Holstein in het algemeen niet te volgen.

De Deense Maglemose-cultuur werd door Becker (1953) in vijf fasen onderverdeeld, waarbij fasen 1-3 tot ouder en 4-5 tot jonger Maglemose werden gerekend. Later werd de voorafgaande Klosterlund-fase omgedoopt tot Maglemose 0 (Brinch Petersen, 1973: fig. 2 en 3). De vindplaatsen in het Duvenseer Moor kunnen tot Beckers fasen 0-2 gerekend worden. Henriksen (1976) verlengde de grens van ouder en jonger Maglemose naar de overgang van fase 2 naar fase 3. Jonger Maglemose wordt gekenmerkt door het optreden van slanke driehoeken. Bovendien verwierp zij het bestaan van fase 4; die is volgens haar gebaseerd op vermengde inventarissen. Beckers fase 3 is in haar indeling jong-Maglemose 1, fase 5 jong-Maglemose 2. Jong-Maglemose 2 wordt o.a. gekenmerkt door het optreden van handgreepkernen (*handle cores*) en lange klingschrabbers.

Van een aantal jongere Deense vindplaatsen uit het veen zijn ^{14}C-dateringen bekend. Hut I van Ulkestrup Lyng wordt tot Maglemose 2 gerekend en heeft een gemiddelde ^{14}C-ouderdom van 8225±85 BP (K-2174 8140±100, hazelnootdoppen; K-2175 8370±130 BP, verkoold hout). De vuursteenindustrie kenmerkt zich o.a. door relatief brede driehoeken (Andersen et al., 1982). De gemiddelde datering van de vergelijkbare maar niet door veen overgroeide vindplaats Rude Mark (Boas, 1986) is 8110±65 BP (K-4217 8190±130, hazelnootdoppen; K-4218 8100±85, K-4219 8060±120, houtskool). Ook de kleine serie spitsen die bij het oerosskelet van Prejlerup werd gevonden kan tot fase 2 worden gerekend. Bot van dit skelet werd gedateerd op 8410±90 BP (K-4130; Vang Petersen & Brinch Petersen, 1984). Hut II van Ulkestrup Lyng wordt tot Maglemose 3, dus Henrikens jong-Maglemose 1, gerekend en heeft een gemiddelde ^{14}C-ouderdom van 8125±80 BP (K-1507 8170±120, bast; K-1508 8030±140, houtskool; K-1509 8050±140, tondelzwam; K-2176 8180±100 BP, berkenstammetje). Hier overheersen de lange, smalle driehoeken van Svaerdborgtype. Verder komt een smal trapezium voor (Andersen et al., 1982).

Op grond van het optreden van handgreepkernen moet de vindplaats Mosegården IIIn (Andersen, 1984) tot jong-Maglemose 2 worden gerekend. De ^{14}C-datering is 8040±100 BP (K-2389, houtskool). Nauw verwant qua vuursteenindustrie is Orelund IX (Andersen, 1984). Deze vindplaats, die helaas niet gedateerd is, valt op door het voorkomen van enkele brede, rechthoekige en rhombische trapezia en een smal trapezium. Daarmee wordt een link gelegd met de Zuid-Zweedse vindplaatsen Ageröd I:B en I:D. Deze hebben eveneens een vuursteenindustrie van jong-Maglemose 2-type, waarin verder smalle trapezia en brede trapezia van rechthoekig en rhombisch type voorkomen (Larsson, 1978). De gemiddelde ^{14}C-dateringen zijn 7995±50 BP voor Ageröd I:B (Lu-599 8020±80, Lu-698 7960±80, Lu-873 8000±80, houtskool) en 7860±60 BP voor Ageröd I:D (Lu-751 7940±80, Lu-991 7780±80 BP, houtskool)

of 7940±80, als we L4-991 niet meerekenen vanwege de 'milde' voorbehandeling. In tegenstelling tot wat Gerken (1994: p. 30) schrijft, is het niet nodig de trapezia in Ageröd als latere bijmengingen te beschouwen.

Op het eerste gezicht lijken bovengenoemde Deense en Zuid-Zweedse dateringen ongemakkelijk dicht bij elkaar te liggen en te weinig tijdsruimte te bieden voor een ontwikkeling van Maglemose 2-5. De jaarringijkcurve heeft tussen ca. 7450 en 6650 cal BC echter 2 plateaus, verbonden door een zeer steil stuk rond 7050 cal BC. In feite kan Ulkestrup Lyng I rond 7400-7300 cal BC gedateerd worden, Rude Mark rond 7200-7100 BP, Ulkestrup Lyng II vlak na 7100 cal BC en Mosegården IIIn, Ageröd I:B en Ageröd I:D in het plateau tussen 7050 en 6650 cal BC.

In Friesack 4 (Gramsch, 1987) zijn vergelijkbare ontwikkelingen geweest. In de eerste bewoningsfase die tijdens het Preboreaal plaatsvond en waarvoor 9 ^{14}C-dateringen tussen 9680±70 en 9450±65 BP bekend zijn, bestaan de microlithen voor het grootste gedeelte uit B-spitsen, maar komen ook al korte, brede en hoofdzakelijk ongelijkbenige driehoeken voor. Tijdens bewoningsfase 2, die in het vroege Boreaal geplaatst kan worden en waarvoor 10 ^{14}C-dateringen tussen 9420±70 en 9180±70 BP bekend zijn, neemt het aantal simpele spitsen af, doen segmenten en C-spitsen hun intrede en neemt het percentage driehoeken toe. Tussen de derde bewoningsfase, die in het gevorderde Boreaal plaatsvond en die 20 ^{14}C-dateringen tussen 9040±70 en 8630±110 kent, neemt het aantal B-spitsen verder af ten gunste van driehoeken. In de vierde bewoningsfase uit het late Boreaal en vroege Atlanticum, met negen ^{14}C-dateringen tussen 8170±60 en 6990±70 BP worden de driehoeken slanker. In de vroeg-Atlantische lagen komen voor het eerst brede trapezia voor, zij het in kleine aantallen. In alle lagen komen kernbijlen voor. Deze zijn in de regel klein en weinig zorgvuldig gemaakt. Alleen uit de oudste lagen komen enkele grotere en zorgvuldig afgewerkte exemplaren. Afslagbijlen treden alleen in de laat-boreale/vroeg-Atlantische lagen op. In Friesack 4 lijken driehoeken wat vroeger op te treden dan in het Duvenseer Moor. De ontwikkelingen tijdens het Boreaal en vroegste Atlanticum lijken identiek aan die in Schleswig-Holstein, Denemarken en Zuid-Zweden. In het gevorderde Atlanticum vinden echter ontwikkelingen plaats die afwijken van die in Zuid-Zweden en NO-Denemarken (zie onder). Voor de verbreiding van laat-Duvensee in Duitsland kan verwezen worden naar Bokelmann (1971a: Abb. 13). Toegevoegd kan worden de vindplaats Wehldorf 6, Ldkr. Rotenburg/W. (Gerken, 1994), waardoor de westgrens van laat-Duvensee min of meer langs de Weser komt te liggen. Overigens is de ^{14}C-datering van Wehldorf 6 (gemiddeld 7850±170) o.i. te jong.

Het late Mesolithicum in Denemarken en Noord-Duitsland wordt in de regel aangeduid met de termen Kongemose-cultuur en Ertebølle-cultuur (bijv. Sørensen, 1996). Of dat juist is, valt te betwijfelen. Volgens anderen is de Kongemose-cultuur in zijn verspreiding beperkt tot Schonen, Zeeland en noordelijk Jutland, en ook Ertebølle komt niet in West- en ZW-Jutland voor, naar het schijnt (zie Nielsen, 1994: Abb. 2). Wat elders in het gebied van de voormalige Maglemose-Duvensee-cultuur gebeurde is verre van duidelijk (Hartz, 1985). Aanvankelijk werd veel nadruk gelegd op het verschil in vuursteeninventarissen van jong-Maglemose, resp. vroeg-Kongemose (zoals bekend van de naamgevende vindplaats). In vroeg-Kongemose komen namelijk nauwelijks of geen naaldvormige spitsen en slanke driehoeken voor en overheersen rhombische trapezia. Wel komen in beide perioden handgreepkernen, kern- en afslagbijlen voor. Henriksen (1976) wees op enkele gemeenschappelijke kenmerken, maar beschouwde deze als aanwijzingen voor gelijktijdigheid van jong-Maglemose 2 en vroeg-Kon-gemose. Larssen (1978: ch. 22) zag dezelfde gemeen-schappelijke kenmerken echter als aanwijzingen voor continuïteit in de ontwikkeling. Hij wees er terecht op dat Kongemose op grond van de beschikbare dateringen duidelijk jonger is dan jong-Maglemose.

In de afgelopen jaren zijn enkele vindplaatsen onderzocht die, gezien hun vuursteeninventaris, tussen jong-Maglemose 2 en vroeg-Kongemose moeten worden geplaatst. Deze tussenfase wordt aangeduid als de Blak-fase, naar de onderwatersite Blak II in de Roskilde Fjord (Grøn & Sørensen, 1992-1993). Kenmerkend voor de Blak-fase is het overheersen van brede trapezia (zowel symmetrisch, rechthoekig als rhombisch) bij de microlithen. Ongelijkbenige driehoeken komen nog wel voor, maar in relatief kleine aantallen. Op de naamgevende vindplaats Blak II komen naast vier driehoekige microlithen 50 complete trapezia en 31 halffabrikaten en fragmenten van trapezia voor (Sørensen, 1996). Tot de Blak-fase worden de vindplaatsen Aggemose (Grøn & Sørensen, 1992-1993), Blak II (Sørensen, 1996), Musholm Bay en Kalø Vig gerekend. Voor de beide laatstgenoemde vermeldt Fischer (1995) ^{14}C-dateringen van ca. 7400, resp. ca. 7500 BP. Van de site Blak II zijn zeven ^{14}C-dateringen bekend, waarvan vier betrekking hebben op de bewoning tijdens de Blak-fase. Het gemiddelde van deze vier dateringen is 7380±50 BP (7280±110, K-5662; 7280±90, K-5833, beide aan houtskool; 7460±115, K-5834, verkoold hout; 7440±90, Ka-6454, menselijk been). Twee dateringen hebben betrekking op eiken die ter plaatse groeiden, mogelijk tijdens de bewoning (7490±110, K-5663, stobbe; 7160±120, K-5835, boomwortel). De zevende datering (6710±175, K-5836, dierlijk been) bewijst dat verontreiniging van de nabijgelegen site Blak I aanwezig is (late Villingebaek-fase?).

Vang Petersen (1984) splitste in Oost-Denemarken de fasen Kongemose en Ertebølle in twee resp. drie subfasen: vroeg-Kongemose of Villingebaek, laat-Kongemose of Vedbaek, vroeg-Ertebølle of Trylleskoven, midden-Ertebølle of Stationsvej en laat-Ertebølle of Ålekistebro. Kenmerkend voor vroeg-

Kongemose/Villingebaek zijn volgens Vang Petersen grote rhombische spitsen met brede 'snede' en recht geretoucheerde 'zijden'. In laat-Kongemose/Vedbaek treden smalle rhombische spitsen en grote, scheve transversale spitsen op. Beide hebben vaak een concaaf geretoucheerde onderzijde. Kenmerkend voor vroeg-Ertebølle/Trylleskoven zijn kleine scheve transver-saalspitsen, voor midden-Ertebølle/Stationsvej symmetrische transversaalspitsen met brede gebogen snede en concaaf geretoucheerde zijden en voor laat-Ertebølle/Ålekistebro transversale spitsen met rechte zijden. In Kongemose en vroeg-Ertebølle komen kernbijlen voor, in midden- en laat-Ertebølle ook afslagbijlen. In vroeg- en laat-Kongemose komen handgreepkernen voor, in Ertebølle ontbreken deze. Aardewerk verschijnt in Oost-Denemarken rond de overgang van midden- naar laat-Ertebølle.

Larsson (1983: pp. 127-128) heeft erop gewezen dat Vang Petersens voorstelling van zaken iets te schematisch is. In de Zweedse nederzettingen Segebro, Ageröd V en Bulltoftagården, die kunnen worden toegeschreven aan vroeg-Kongemose, laat-Kongemose resp. vroeg-Ertebølle, komen zowel rhombische spitsen als scheve transversale spitsen voor. Terwijl de rhombische spitsen in Segebro dominant zijn, is het percentage in Ageröd V tot 35% gedaald en in Bulltoftagården tot 14%. Volgens Larsson is iets dergelijks ook op Deense vindplaatsen aantoonbaar. In Vedbaek, waar de onderste laag tot vroeg-Kongemose gerekend kan worden en de bovenste laag de naamgevende vindplaats voor laat-Kongemose/Vedbaek is, komen rhombische en scheve trans-versaalspitsen voor. In de onderste laag zijn de aandelen 81 en 19%, in de bovenste 44 en 56%. Ook op de vindplaats Trylleskov, kenmerkend voor vroeg-Ertebølle, komen rhombische spitsen voor, die Vang Petersen als bijmenging van oudere bewoning ter plaatse wilde beschouwen. Het onderscheid van de verschillende fasen berust dus eerder op procentuele aandelen van rhombische spitsen en scheve transversaalspitsen en daarnaast op al dan niet voorkomen van handgreepkernen en van kern- en afslagbijlen.

In West-Denemarken (Jutland en Fünen) onderscheiden Andersen & Johansen (1986: pp. 52-53) eveneens drie fasen binnen de Ertebølle-cultuur, namelijk een vroege, a-ceramische fase, o.a. bekend uit Norslund, lagen 3 en 4, een middenfase die o.a. bekend is van de kort bewoonde nederzetting Aggersund en een late fase die in Jutland o.a. bekend is van de site Flyndershage. Midden- en late fase kennen aardewerk (voor Aggersund: zie Andersen, 1980). Terwijl Kongemose in zijn verspreiding beperkt is tot Schonen, Zeeland en noordelijk Jutland (o.a. Brovst) komt Ertebølle in een groter gebied voor, dat ook een brede zone langs de Oostzeekust in Schleswig-Holstein en Mecklenburg en het eiland Bornholm omvat (zie bijvoorbeeld de verspreidingskaart van Ertebølle-aardewerk in Nielsen, 1994: Abb. 2). Binnen dit gebied zijn overigens regionale varianten te onderscheiden (Vang Petersen, 1984). Bovendien is duidelijk, dat aardewerk in het zuiden van Schleswig-Holstein eerder optreedt dan in Denemarken en Schonen.

De vroegste dateringen voor Vang Petersens vroeg-Kongemose zijn die van de naamgevende vindplaats. De gemiddelde ¹⁴C-ouderdom van de drie dateringen is 7400±70 BP (K-1528 7560±120, hazelnootdoppen; K-1588 7280±130, K-1589 7350±120 BP, beide bast), maar het lijkt erop dat dit gemiddelde te oud is, gezien bovengenoemde dateringen voor Blak II, Musholm Bay en Kalø Vig. Wellicht moet K-1528 buiten beschouwing blijven (oudere bijmenging?) en is een gemiddelde van 7320±90 BP realistischer. Aangezien de verschillen tussen Blak II en Kongemose vrij groot zijn, moet met een behoorlijk verschil in ouderdom worden gerekend. Blak II kan, gezien de gemiddelde datering en de spreiding van de dateringen, tussen 6300 en 6200 cal. BC geplaatst worden. Kongemose kan in dat geval rond 6000-6050 cal. BC worden gedateerd. Tussen de laatste jong- Maglemose sites en Blak II kan een tijdsverschil van 350 à 400 jaren bestaan, tussen jong-Maglemose en de site Kongemose van 550-600 jaren. Dat laat dus ruimte genoeg voor een drastische wijziging van de vuursteenindustrie. De gemiddelde ouderdom van de vindplaats Villingebaek is 7120±45 BP (K-1386 7280±120, K-1369 7040±120, K-1486 7030±130, K-1334 7220±120, K-1370 7070±120, K-1371 7090±120, K-1372 7120±120, hout en houtskool), die van Månedalen 7090±90 BP (K-1825 7040±120, K-1826 7150±130 BP, houtskool). De Zweedse site Segebro heeft een gemiddelde ouderdom van 7140±40 BP (Lu-626 7390±80, Lu-758 6970±90, Lu-759 7320±130, Lu-1501 7140±75, houtskool; Lu-854 7080±80, Lu-855 7085±60, been).

Van laat-Kongemose zijn dateringen bekend uit Vedbaek en Brovst, laag 11. Uit Vedbaek werd een houten voorwerp uit de nederzettingslaag gedateerd: 6510±110 BP (K-1303). Uit Brovst (Andersen, 1969) zijn vijf dateringen uit de onderste laag gemiddeld. Het resultaat is 6530±60 BP (K-1661 6680±150, K-1660 6420±130, houtskool; K-1614 6590±130, K-1860 6560±120, K-1858 6450±120, schelp; K-1862 is niet meegerekend). Tot laat-Kongemose kan ook de Zuid-Zweedse vindplaats Ageröd V worden gerekend (Larsson, 1983). Voor deze site is een gemiddelde ouderdom van 6715±30 BP berekend (Lu-697 6540±75, Lu-963 6800±90, houtskool; Lu-1622 6680±70, Lu-696 6720±75, hazelnootdoppen; Lu-1502 6710±70, Lu-1623 6860±70, been).

Vroeg-Ertebølle is gedateerd in Norslund, laag 4 met een ouderdom van 6420±130 (K-993, schelp: zie Andersen & Malmros, 1965; 1980). De Zweedse vindplaats Bulltoftagården heeft een gemiddelde ouderdom van 6650±60 (Lu-1617 6660±80, hazelnootdoppen; Lu-1802 6640±85 BP, been). De dateringen voor midden-en laat-Ertebølle zijn minder van belang in dit artikel. Vang Petersen plaats de midden-Ertebølle/Stationsvej-fase tussen ca. 5900 en 5500 BP, de laat-Ertebølle/

Ålekistenbro-fase tussen ca. 5500 en 5100 BP. Aardewerk doet zijn intrede in Oost-Denemarken vlak voor 5500 BP. In West-Denemarken loopt de a-ceramische vroeg-Ertebølle-fase door tot ca. 5650 BP, de middenfase tot ca. 5350 BP, terwijl de jongste Ertebølle-verschijnselen rond 5100 BP gedateerd kunnen worden (Andersen & Johansen, 1986; Meurers-Balke & Weninger, 1994). Het ziet er dus naar uit dat in Jutland aardewerk 100 à 150 jaren eerder optreedt dan op Zeeland.

Zoals gezegd is over het Mesolithicum in Noord-Duitsland na ca. 8600 BP relatief weinig bekend. Bokelmann (1971a) postuleerde drie fasen. De eerste zou gekenmerkt zijn door sterk verbeterde klingtechniek en slanke driehoeken, terwijl trapezia nog ontbreken. Deze fase, die correspondeert met jong-Maglemose in Denemarken en Zuid-Zweden, is inderdaad bekend van de oppervlaktevindplaatsen Loop 1 en Lürschau 22 (Hartz, 1985: noot 52). De tweede fase zou gekenmerkt zijn door trapezia en slanke driehoeken. Recentelijk heeft Bokelmann (1994: p. 37) een vondst gemeld van laat Mesolithicum *mit langschmalen Dreiecken und Trapezen* in het Heidmoor bij Seedorf, Kr. Segeberg met ¹⁴C-dateringen van 7150±75 (OxA-4479), 6925±70 (OxA-4480) en 7360±65 BP (KI-3930). Eenzelfde combinatie van slanke driehoeken en trapezia komt overigens ook voor in de vroeg-Atlantische lagen van Friesack 4 (Gramsch, 1987). Bokelmanns derde fase met trapezia en transversale pijlpunten is mogelijk bekend van de oppervlaktevindplaats Alt Duvenstedt LA 74, Kr. Rendsburg-Eckernförde (Hartz, 1985) en waarschijnlijk ook van de beide vindplaatsen in het Dosenmoor bij Bordesholm in dezelfde *Kreis* (Bokelmann, 1971b; 1973; contra Hartz, 1985: pp. 42-43, die de transversale pijlpunten als latere verontreiniging beschouwt).

Overigens moet er rekening mee gehouden worden, dat in deze late fase een tweedeling aanwezig kan zijn, met een a-ceramisch Mesolithicum met een meer westelijke verspreiding (ZW-Jutland en westelijk Schleswig-Holstein?) en een ceramisch Mesolithicum in een strook langs de Oostzeekust. Laatstgenoemde variant is qua vuursteenindustrie vergelijkbaar met vroeg-Ertebølle in Denemarken, maar kent in tegenstelling tot de Deense groep al wel aardewerk. Schwabedissen (1994) duidt deze groep aan als Ellerbek-cultuur. Hij beeldt o.a. vuursteen en aardewerk af van de vindplaatsen Ellerbek, Satrup-Förstermoor, Rüde en Grube-Rosenhof. Hij vermeldt bovendien series ¹⁴C-dateringen die duidelijk maken, dat aardewerk (zowel dik- als dunwandig) vanaf ca. 6200 BP optreedt. Bokelmann (1994: pp. 37-39) noemt dateringen van aankoeksel op aardewerkscherven van 5935±65 en 5835±70 BP van Seedorf-Heidmoor (OxA-4482 en -4483) en van 6155±60, 6385±60 en 6320±65 BP van Schlamersdorf (LA Sto 5), Kr. Stormarn (OxA-4801, -4802 en -4803). Laatstgenoemde dateringen zijn waarschijnlijk te oud, vanwege conserveringsmiddelen die niet volledig verwijderd konden worden

(Hedges et al., 1995: p. 203). Overigens is uit de mesolithische lagen van Grube-Rosenhof ook gedome-sticeerd rund bekend, met een ouderdom van 5960±65 BP (OxA-3327; Hedges et al., 1993b: p. 310).

3.3. Groot-Brittannië en Ierland

Het Mesolithicum in Groot-Brittannië en Ierland behoort tot het Noord-Europees Mesolithicum, gezien het voorkomen van kern- en afslagbijlen. De vroegste fase, o.a. bekend van vindplaatsen als Star Carr in North Yorkshire, Thatcham in Berkshire en Nab Head I in Dyfed, Wales, is nauw verwant, zo niet identiek aan vroeg-Maglemose/Duvensee. Aangenomen kan worden dat in het late Preboreaal en vroege Boreaal Engeland enerzijds en Zuid-Scandinavië en Noord-Duitsland anderzijds tot één groot cultuurgebied behoorden, waartoe ook het toen nog droge deel van het Noordzeebekken gerekend kan worden.

Star Carr is opgegraven door Clark in 1949-1951 en reeds enkele jaren later uitvoerig gepubliceerd (Clark, 1954). In 1985 vond aanvullend onderzoek plaats, ca. 30 m ten oosten, respectievelijk ten zuidoosten van Clarks opgravingsvlakken (Cloutman & Smith, 1988). De vuursteenindustrie kenmerkt zich door niet-geometrische spitsen, voornamelijk B-spitsen, en driehoeken, maar kent ook enkele smalle trapeziumvormen en is in alle opzichten vergelijkbaar met die van Duvensee 2 (Johansson, 1990: p. 103). De datering van Star Carr berustte lange tijd op twee oude dateringen met onaangenaam grote standaarddeviaties (Q-14 9557±210 en C-353 9488±350 BP). Mede dankzij het aanvullend onderzoek van 1985 zijn nu meer dateringen bekend. In feite suggereren de nieuwe dateringen dat in Star Carr twee nederzettingsfasen onderscheiden moeten worden. Tot de oudere fase behoren CAR-928, houtskool onder de houtlaag (= platform?), 9670±120 BP; CAR-930, houtskool in de gyttjalaag, 9660±110 BP; en OxA-1176, bewerkt gewei, 9700±160 BP. Dit gewei lag overigens in secundaire positie in de grove Cladiumrijke detritus boven de nederzettingshorizont. De detritus rond het stuk gewei had een ouderdom van 9030±100 BP (CAR-923). Het gemiddelde van de drie dateringen is 9670±80 BP. De jongere fase, die correspondeert met de door Clark onderzochte nederzetting, wordt gedateerd door CAR-926, hout van het platform, 9240±90 BP; OxA-1154, schedelfragment met geweitakken, 9500±120 BP; en OxA-2343, harsklomp uit Clarks opgraving, 9350±90 BP. Het gemiddelde is 9340±65 BP. Deze datering correspondeert inderdaad met die van Duvensee 2, met een vergelijkbare vuursteeninventaris. Day & Mellars (1994) kwamen tot een in grote lijnen vergelijkbare tweedeling van de bewoning.

In Thatcham hebben opgravingen plaatsgevonden in de jaren 1958-1961 (Wymer, 1962; Churchill, 1962) en 1989 (Healy et al., 1992). Het gaat in feite om een aantal vindplaatsen langs de rand van een rivierterras (Thatcham I-III en Thatcham-1989) en een tweetal proefsleuven in de organische afzettingen in de laagte vóór Thatcham I (Thatcham IV en V). Het is voor de hand liggend dat de verschillende concentraties niet gelijktijdig zijn. De vuursteenindustrie van de verschillende vindplaatsen wordt gekenmerkt door B-spitsen (voor een groot deel tamelijk slank), driehoeken en enkele segmenten. Ook het smalle 'trapezium' komt voor. Bij de ¹⁴C-dateringen wordt nog steeds gebruik gemaakt van een serie oude Cambridge-dateringen, die deels onwaarschijnlijk oude getallen hebben opgeleverd. Dat geldt met name voor twee dateringen van haarden in Thatcham III: Q-658 10.030±170 BP en Q-659 10.365±170 BP. Aangezien beide geassocieerd waren met resten van verbrande hazelnootdoppen, waarvoor ook in dit deel van Engeland geen dateringen vóór ca. 9500 BP verwacht kunnen worden, moeten Q-658 en -659 verworpen worden. Ook de dateringen van hout uit het organische sediment in Thatcham V (9670±160 Q-650, 9780±60 Q-677, 9840±160 Q-651) kunnen beter buiten beschouwing blijven. De volgende dateringen zijn acceptabel: Thatcham III: OxA-2848, hars op vuursteenafslag, 9200±90 BP; Thatcham IV: OxA-732, bewerkt gewei, 9760±120 en OxA-894, verbrand elandgewei, 9490±110 BP; Thatcham V: OxA-5190, been, 9430±100; OxA-5191, been, 9500±90 en OxA-5192, verbrande hazelnootdoppen, 9400±80 BP. Het gemiddelde van de Thatcham V-dateringen is 9450±55 BP. Eventueel zou ook de datering aan houtskool, Q-652 9490±120 BP, bij deze fase gerekend kunnen worden. Aangezien Thatcham IV en V gelijktijdig zijn, is OxA-732 'te oud'. Dat hoeft echter niet het gevolg te zijn van vermenging van ouder materiaal. In dit geval moeten we er rekening mee houden dat de werkelijke ¹⁴C-ouderdom aan de rand van de 2-sigmamarge ligt. Tenslotte is er nog een datering voor Thatcham-1989: BM-2744, verkoolde hazelnootdoppen, 9100±80 BP. Het is duidelijk dat in Thatcham een serie opeenvolgende nederzettingen ligt, waarvan de vroegste gelijktijdig kunnen zijn met Duvensee 8, de latere met Duvensee 2 en 1. Voor een vergelijkbare vuursteenindustrie in Greenham Dairy Farm, Berkshire (zie Jacobi, 1976: fig. 2) is een datering van 9120±80 BP bekend (OxA-5194, verkoolde hazelnootdoppen).

In Nab Head worden twee mesolithische vindplaatsen onderscheiden, waarvan Nab Head I de oudste is. Materiaal is afgebeeld door Jacobi (1980: fig. 4.15-4.18). Uit een opgraving verricht in 1980 zijn twee monsters verkoolde hazelnootdoppen gedateerd: OxA-1495 9210±80 en OxA-1496 9110±80 BP. De gemiddelde ouderdom is 9160±55 BP.

De verdere ontwikkeling van het Mesolithicum in Groot-Brittannië toont aanvankelijk nog overeenkomsten met die in Denemarken, Zuid-Zweden en Noord-Duitsland. Met name valt het domineren van ongelijkbenige driehoeken op. Dat geldt bijvoorbeeld voor Daylight Rock, Dyfed, waarvan een selectie van artefacten is gepubliceerd door Jacobi (1980: fig. 4.14). Verkoolde hazelnootdoppen uit een opgraving van 1988 zijn gedateerd: OxA-2245 9040±90, OxA-2246 9030±80 en OxA-2247 8850±80 BP. Gemiddelde ouderdom: 8970±50 BP. Daarna begint echter een ontwikkeling op gang te komen, met een nadruk op kleine ongelijkbenige driehoeken en *backed bladelets* of *rods*. Tot de vroegste voorbeelden van deze *micro-triangle assemblages* behoren o.a. Filpoke Beacon, Durham, met een datering van 8760±140 BP (Q-1474, verbrande hazelnootdoppen; Jacobi, 1976: fig. 6) en Broomhead More V, Yorkshire NR, met een datering van 8570±110 BP (Q-800, houtskool; Radley et al., 1974). Mesolithische bewoning in Schotland zou al rond 9000 BP kunnen zijn begonnen en was in ieder geval rond 8600 BP al aanwezig, met vuursteeninventarissen vergelijkbaar met die van Broomhead Moor V (Woodman, 1989: p. 21). Jacobi (1976: p. 73) wijst erop, dat in Noord-Engeland deze *micro-triangle assemblage* geen tranchetbijlen meer kennen en dat vergelijkbaar materiaal, eveneens zonder bijlen, bekend is van Friese vindplaatsen als Warns en Rotsterhaule (zie Jacobi, 1976: fig. 9).

Het is een vrijwel hopeloze taak om een goed overzicht te krijgen van het latere Mesolithicum in Groot-Brittannië en met name van de associaties van dateringen en vuursteeninventarissen (zie ook Woodman, 1989: p. 3). Waarschijnlijk treden naast jongere *micro-triangle assemblages* ook andere groepen op (Jacobi, 1979). Het optreden van industrieën met B-spitsen, C-spitsen van type Horsham, gelijkbenige driehoeken en dubbelspitsen in het Weald wijst op contacten met het Continent. Van de site Kettlebury (West Surrey) zijn twee dateringen aan verkoolde hazelnootdoppen bekend, met een gemiddelde van 8105±85 BP (OxA-378 en -379; Gillespie et al., 1985: p. 239). In ieder geval wijzen de 14C-dateringen erop dat het Mesolithicum in Groot-Brittannië doorloopt tot het Neolithicum zijn intrede deed, dat wil zeggen tot ca. 5200/5300 BP (zie ook Switsur & Jacobi, 1979). In feite is dit late Britse Mesolithicum verder niet van belang voor dit artikel. De verbinding met het Continent werd immers rond 8000 BP of kort daarna verbroken. Brede trapezen, zoals die kort na 8000 BP in jong-Maglemose 2-context optreden, zijn in Groot-Brittannië niet bekend. Het is echter de vraag of het verbreken van de landbrug daarbij een rol van betekenis speelde. Het ziet er eerder naar uit dat al vanaf 8500/8600 BP een eigen ontwikkeling op gang kwam en contacten met het Continent onbelangrijk werden. Ook moet eraan herinnerd worden dat contact over zee heel goed mogelijk zou zijn geweest. Het bestaan van zee tussen Groot-Brittannië en Ierland heeft de migratie van mesolithische jagers/vissers/voedselverzamelaars naar Ierland kort na 9000 BP niet verhinderd. Dat inderdaad contacten bestonden wordt duidelijk gemaakt door het optreden van T-vormige geweibijlen rond 6000 BP, zowel in Groot-Brittannië als op het Continent. In Groot-Brittannië kennen we dateringen voor T-vormige geweibijlen van Meiklewood, OxA-1159 5920 ±80 BP, en Risga, OxA-2023 6000±90 BP (Smith, 1988: type C, Hedges et al., 1988:

p. 159, resp. Hedges et al., 1990: p. 105). Op het Continent kennen we o.a. T-vormige geweibijlen in laat-Bandceramische context uit Luik-Place St.-Lambert, België (Mariën, 1952: fig. 38) en uit Eilsleben, Duitsland (Kaufmann, 1986: Fig. 7). In beide gevallen is een datering rond 6000 BP waarschijnlijk. Verder komen T-vormige geweibijlen voor in de Ellerbek-lagen van Grube-Rosenhof (Schwabedissen, 1994: Taf. 15 en 16) en uit de onderste laag met puntbodemaardewerk van Hüde I aan de Dümmer (Werning, 1983), waarvoor eveneens 14C-dateringen rond 6000 BP waarschijnlijk zijn. Uit Nederland is een 14C-gedateerd exemplaar bekend van Spoolde, GrN-8800 6050±30 BP (zie Clason, 1983: fig. 28) en kan een exemplaar uit de nederzetting Almere-'Hoge Vaart', geassocieerd met trapezia en puntbodemaardewerk gedateerd worden, tussen 6100-5700 BP (Hogestijn et al., 1995; Hogestijn & Peeters, 1996). Het is uiterst onwaarschijnlijk, dat dit type geweibijl gelijktijdig, maar onafhankelijk werd uitgevonden in Groot-Brittannië en op het Continent. Er moeten dus contacten zijn geweest. De verschillende ontwikkelingen in Denemarken/Noord-Duitsland, resp. Groot-Brittannië die na ca. 8700 BP zichtbaar worden, maakt het moeilijk om uitspraken te doen over het 'Noordzee Mesolithicum'. Waarschijnlijk is wel, dat driehoeken een belangrijk element van het microlithenspectrum vormden. Trapezia zullen pas na 8000 BP zijn verschenen.

Het vroege Mesolithicum in Ierland kenmerkt zich door lange, smalle ongelijkbenige driehoeken, die erg aan jong-Maglemose doen denken door smalle klingen met recht geretoucheerde rug (*rods*) en naaldvormige spitsen. Kern- en afslagbijlen zijn aanwezig. Er zijn duidelijke punten van overeenkomst met industrieën als die van Filpoke Beacon en Broomhead Moor V. De lange, slanke vormen bij de microlithen moeten als een specifieke Ierse ontwikkeling worden gezien, die niets te maken heeft met de ontwikkeling in jong-Maglemose. Deze eigen ontwikkeling is tevens een aanwijzing dat in Ierland nog ouder Mesolithicum dan dat van Mount Sandel verwacht kan worden. Dateringen zijn bekend voor Mount Sandel (Upper), Co. Derry en Lough Boora, Co. Offaly.

Mount Sandel is opgegraven tussen 1973-1977 en uitstekend gepubliceerd door Woodman (1985). Het gaat ongetwijfeld om een meermalen bezochte site, gezien de hoeveelheid artefacten en de spreiding van de 14C-dateringen. Twaalf van de 13 in Belfast gedateerde monsters liggen tussen 8990±80 en 8440±65 BP, het resterende monster heeft een ouderdom van 7885±120 BP (Woodman, 1985: table 49). Twee monsters die in Belfast rond 8700-8800 BP werden gedateerd (UB-912 en -951) werden later in Groningen opnieuw gedateerd (GrN-10470 en -10471). De Groninger uitkomsten waren zo'n 350 jaren jonger. Dat betekent niet dat alle Belfast-dateringen voor Mount Sandel te oud zijn. De monsters werden immers bij verschillende gelegenheden gedateerd en er zijn geen aanwijzingen voor een systematisch verschil tussen de laboratoria in Belfast en

Groningen. Mogelijk geldt de veroudering alleen voor de vroegst gedateerde serie en zou dan ook van toepassing kunnen zijn op UB-913 en -952.

Een slechts kort bewoond kampement aan de oevers van het vroeg-holocene Greater Lough Boora werd in 1977 onderzocht door Ryan (1980). De artefacten zijn van *chert* vervaardigd. De werktuigen omvatten o.a. naaldvormige spitsen, veel *rods* en enkele ongelijkbenige, lange, smalle driehoeken. In plaats van kern- en afslagbijlen zijn gepolijste bijlen van kristallijn gesteente aanwezig. Het gemiddelde van drie dateringen aan houtskool uit haarden is 8425±40 BP (UB-2199 8475±75, UB-2200 8350±70, UB-2267 8450±70 BP; de vierde datering, UB-2268 8980±360 BP is buiten beschouwing gelaten vanwege zijn grote standaarddeviatie). Rond 8100 BP raakte de site door veen overgroeid.

Dit Ierse Mesolithicum is niet van direct belang voor de beoordeling van de ontwikkelingen in het Benedenrijngebied, laat echter zien dat relatief smalle zeeëngtes geen probleem waren voor vroegmesolithische jagers/vissers/verzamelaars. Het jongere Ierse Mesolithicum is hier niet van belang. Evenals in Groot-Brittannië moet rekening worden gehouden met het voortbestaan van de mesolithische levenswijze tot het begin van het Neolithicum, dat is tot ca. 5300/5200 BP (zie bijvoorbeeld Ferriter's Cove: Woodman & O'Brien, 1993).

3.4. Oost-Frankrijk, West-Zwitserland en Zuid-Duitsland

3.4.1. *Oost-Frankrijk/West-Zwitserland*

Voor een overzicht van het Mesolithicum in Oost-Frankrijk, de Zwitserse Jura, Luxemburg en hoog-België kan verwezen worden naar het grote overzichtsartikel in twee delen van Thévenin (1990a; 1991), waarvan ook een korte samenvatting is gepubliceerd (Thévenin, 1990b). Bij het lezen van die artikelen dient rekening gehouden te worden met het feit, dat Thévenins chronologische kader afwijkt van het in dit artikel gehanteerde. Thévenin werkt met een indeling in bio-stratigrafische zones, waarvan de dateringen ten dele sterk afwijken van de door ons gebruikte. Zo plaatst hij het Preboreaal tussen 10.200 en 8800 BP en het Boreaal tussen 8800 en 7500 BP. In 1.4 menen wij duidelijk te hebben gemaakt, dat deze late dateringen onjuist zijn en dat ook in Thévenins werkgebied gerekend moet worden met een overgang Preboreaal-Boreaal rond 9500 BP en een overgang Boreaal-Atlanticum rond 8000 BP. Dat betekent dat daar waar Thévenin vindplaatsen in het Preboreaal dateert in werkelijkheid een vroeg-boreale ouderdom kan worden aangenomen. Overeenkomstig betekenen '1e helft Boreaal' en '2e helft Boreaal' bij Thévenin in werkelijkheid '2e helft Boreaal', resp. 'eind-Boreaal/vroeg-Atlanticum'.

Thévenin (1991: pp. 43-45) benadrukt de verschillende jongpaleolithische achtergronden in zijn werkgebied: Ahrensburg-cultuur in Zuid-Nederland, België

en NW-Frankrijk, laat-Azilien in de Frans/Zwitserse Jura en de Franse Alpen, en een op *Federmesser*-cultuur gebaseerde eind-paleolithische groep in ZW-Duitsland. Voor de beschrijving van de ontwikkelingen in het Mesolithicum in de Frans/Zwitserse Jura, de noordelijke Franse Alpen en ZW-Zwitserland maken we gebruik van de overzichtsartikelen van Thévenin (1990a; 1990b, 1991), en van Crotti & Pignat (1988; 1995). De laatpaleolithische ondergrond in dit gebied is een laat-Azilien, dat op grond van pollenanalyse, archeozoölogisch onderzoek en ^{14}C-dateringen geacht wordt tot in het Preboreaal te hebben voortbestaan (Straus, 1985). Er is echter een tegenspraak te bespeuren tussen pollenanalyse en ^{14}C-dateringen, waarbij een deel van het probleem overigens in die ^{14}C-dateringen lijkt te zitten. In het noordelijke deel van het werkgebied kan verwezen worden naar laag S van de abri Mannlefelsen I bij Oberlarg (Fr.), nabij het Frans/Zwitsers/Duitse drielandenpunt. Dit laat-Azilien is gekenmerkt door Azilien-spitsen, spitsen met een geknikte, geretoucheerde rug, en klingetjes met rechte geretoucheerde rug en geretoucheerde uiteinden. Een ^{14}C-datering aan houtskool plaatst deze laag in Dryas 3 of in het vroege Preboreaal: 10.220±330 BP (Ny-21; Thévenin et al., 1979). In het zuidelijke deel zijn dateringen voor laat-Azilien bekend uit 'La Veille Eglise' bij la Balme-de-Thy (Haute Savoie), verricht aan botcollageen: 9820±200 (Ly-2619) en 9485±325 (CRG-410; Straus, 1985).

Crotti & Pignat (1988) hanteren een driedeling van het vroege Mesolithicum van het Frans/Zwitserse grensgebied en de noordelijke Franse Alpen. Dit vroege Mesolithicum is het Mesolithicum zonder trapezia. Tussen het noordelijke deel van het werkgebied en het zuidelijke deel zijn naast verschillen ook vele overeenkomsten zichtbaar. Thévenin (1990a; 1990b; 1991) beschrijft de ontwikkelingen in vergelijkbare termen, maar onderscheidt meer subgroepen en -groepjes.

De noordelijke variant van het vroeg-Mesolithicum I van Crotti & Pignat kenmerkt zich door (in volgorde van belangrijkheid) slanke segmenten, gelijkbenige en ongelijkbenige driehoeken, A- en B-spitsen en C-spitsen met rechte of bolle, geretoucheerde basis. Dit materiaal is o.a. bekend uit Birsmatten-Basisgrotte (Zw), Horizont 5 (geen betrouwbare ^{14}C-dateringen) en uit laag Q in de abri Mannlefelsen I bij Oberlarg (Fr.). Tussen laag S met laat-Azilien en laag Q bevindt zich een archeologisch vrijwel steriele laag R, zodat een directe ontwikkeling van het vroege mesolithische materiaal uit laat-Azilien niet aan te tonen is. Voor laag Q zijn twee dateringen aan houtskool bekend: 9410±110 (Lv-859) en 9030±160 BP (Gif-2387). Thévenin dateert dit vroege Mesolithicum in het Preboreaal, maar de ^{14}C-dateringen wijzen eenduidig op vroeg-Boreaal. Volgens Sainty (1992: p. 6) komen in laag Q bovendien verkoolde hazelnootdoppen voor! In het centrale deel van het gebied beschrijven Crotti & Pignat (1995) een vroeg-Mesolithicum met A- en B-spitsen en kleine segmenten uit de lagen 4e/5d van de abri Freymond bij de Col du Mollendruz (Vaud), met ¹⁴C-dateringen tussen 9500 en 9000 BP.

In het zuidelijke deel van dit Frans/Zwitserse gebied wordt het vroeg-Mesolithicum I gekenmerkt door segmenten, gelijkbenige en ongelijkbenige driehoeken en B-spitsen. Het is o.a. bekend uit de abri Sous Balme bij Culoz (Fr.) en de abri de Collembey-Vionnaz (Zw) (Crotti & Pignat, 1988). In Culoz is dit materiaal gedateerd aan houtskool uit laag 1 uit de oostelijke abri: 9150±160 BP (Ly-286), in Collombey-Vionnaz aan houtskool uit laag 11: 9820±95 BP (CRG-649) en 9120±80 BP (B-4981), en laag 10: 9010±50 BP (B-4980). Datering CRG-649 is kennelijk te oud, mogelijk door verontreiniging met oudere houtskool. Gezien de snelle sedimentatie ter plaatse, is het onwaarschijnlijk dat beide dateringen van laag 11 juist zijn. De overige dateringen wijzen CRG-649 als de foute aan.

Het vroeg-Mesolithicum II van Crotti & Pignat (1988) wordt in de noordelijke Jura gekenmerkt door C-spitsen met vlakke basis, ongelijkbenige driehoeken, segmenten, A- en B-spitsen. Dit is o.a. bekend uit Horizont 4 in Birsmatten-Basisgrotte. Helaas zijn geen betrouwbare ¹⁴C-dateringen bekend. In de middenzone, in ZW-Zwitserland, wordt het vroeg-Mesolithicum II gekenmerkt door spitsen met twee geretoucheerde zijden (lancetspitsen, volgens Bohmers & Wouters, 1956), waaronder veel slanke exemplaren, die Sauveterrespitsen genoemd kunnen worden (L/B-index >4). Daarnaast komen veel ongelijkbenige driehoeken voor, en kleinere aantallen gelijkbenige driehoeken en segmenten. Gedateerde vindplaatsen zijn Baume d'Ogens en Collombey-Vionnaz. De lagen 4B en 13 in Baume d'Ogens zijn aan hazelnootdoppen gedateerd op 8530±100 BP (B-764), resp. 8730±150 (B-765). De lagen 9 en 7 in Collombey-Vionnaz zijn aan houtskool gedateerd op 8700±50 BP (B-4979) en 8450±130 BP (CRG-286), resp. 8730±100 BP (CRG-285). CRG-286 is mogelijk te jong (Crotti & Pignat, 1988: noot 8). Uit het zuidelijke deel van het werkgebied zijn geen gedateerde vindplaatsen bekend.

Het vroeg-Mesolithicum III wordt in het noordelijk deel van het werkgebied gekenmerkt door grote aantallen ongelijkbenige driehoeken en kleine spitsen, voornamelijk C-spitsen van het type 'Tardenois'. Deze combinatie treedt o.a. op in Horizont 3 van Birsmatten-Basisgrotte (zonder betrouwbare ¹⁴C-dateringen). Zeer vergelijkbare industrieën komen ook voor in Rog-genburg-Ritzigrund, onderste niveau, met een ¹⁴C-datering van 8510±180 (CRG-583) aan houtskool en in direct aangrenzende gebieden, o.a. in de abris van Bavans, lagen 6 en 7, en de abri de Gigot, laag 3 (beide in Doubs). Daar zijn ook ¹⁴C-dateringen bekend. Laag 7 in Bavans is gedateerd aan botcollageen: 8190±390 (Lv-1457), 8560±100 (Lv-1456), 8200±85 (Lv-1589) en 8420±170 (Lv-1591), laag 6, eveneens aan botcollageen: 8180±80 (Lv-1417) en 8210±80 BP (Lv-1455). Aangezien in Leuven geen correctie voor isotopen-fractionering werd toegepast, zullen de werkelijke ¹⁴C-ouderdommen 60 à

80 jaren hoger zijn. Daarnaast bestaat datering 6400±300 BP (Gif-6059) eveneens aan been. Deze datering is te jong voor laag 6 en het bot moet een intrusie uit laag 5 zijn. Voor de ouderdom van laag 5 is deze datering wel van belang (zie onder). De lagen 6 en 7 in Bavans zijn ook interessant vanwege het optreden van spitsen met vlakke retouche, die door Thévenin (1990a: fig. 4; 1990b: pp. 439-440, fig. 7) als een allochtoon element worden gezien, wijzend op contact met Zuid-Nederland/laag-België. Laag 3 in de abri de Gigot werd op 8500±95 BP (Lv-1112) gedateerd aan houtskool.

In ZW-Zwitserland wordt vroeg-Mesolithicum III gekenmerkt door lancetspitsen, éénzijdig geretoucheerde spitsen, ongelijkbenige driehoeken, en vele klingetjes met rechte geretoucheerde rug. Het is o.a. bekend uit laag 4d van de abri Freymond, nabij de Col du Mollendruz, met ¹⁴C-dateringen van 8200-8700 BP (Crotti & Pignat, 1995) en uit de abri de la Cure bij Baulmes.

In de noordelijke Franse Alpen en de Bugey wordt vroeg-Mesolithicum III gekenmerkt door ongelijkbenige driehoeken en spitsen met twee geretoucheerde zijden, variërend van lancetspitsen tot Sauveterre-spitsen. Daarnaast treden klingetjes met rechte, geretoucheerde rug op. Het is van meerdere vindplaatsen bekend, maar een bruikbare ¹⁴C-datering heeft alleen laag 6a in 'La Veille Eglise' bij la Balme-de-Thuy opgeleverd: 8170±160 BP (Ly-1936, houtskool). Onder voorbehoud rekenen Crotti & Pignat (1988: p. 74) ook La Fru, aire III, lagen 2 en 3 tot dit vroeg-Mesolithicum III, terwijl buiten het werkgebied ook laag F7 van Coufin I nabij Choranche/ Isère vergelijkbaar is. Deze beide vindplaatsen hebben ¹⁴C-dateringen van 8530±200 (Ly-2913) en 8050±90 (OxA-4407, zie Evin et al., 1997), resp. 8200±140 (Ly-2106). Crotti & Pignat (1988: p. 74) achten het prematuur om ook de weinige vondsten uit laag 3 van de abri de Collombey-Vionnaz met een ¹⁴C-datering van 8420±140 BP (CRG-283) tot het vroeg-Mesolithicum III te rekenen. Thévenin (1991: fig. 53) rekent het vroeg-Mesolithicum III in de noordelijke Franse Alpen en in ZW-Zwitserland tot het Sauveterrien *senso lato*.

Het late Mesolithicum wordt in de Frans/Zwitserse Jura, ZW-Zwitserland en de noordelijke Franse Alpen gekenmerkt door een goede klingtechniek en door trapezia. Daarnaast treden overigens ook 'archaïsche' vormen als driehoeken en spitsen op (zie bijv. Crotti & Pignat, 1995: p. 45). De traditionele opvatting is, dat dit late Mesolithicum doorloopt tot het eerste optreden van het vroeg-Neolithicum in dit gebied (zie bijv. Wyss, 1973). In de afgelopen jaren zijn in de Zwitserse literatuur echter ook sterk afwijkende ideeën gepubliceerd. Nielsen (1994) wilde het late Mesolithicum beperken tot de fase met 'echte' trapezia, die ruwweg tussen 8000 en 7000 BP gedateerd kan worden. Daarbij was het echter wel nodig jongere, van trapezia af te leiden vormen als trapezia met holle basis, al dan niet met ventrale retouche, en asymmetrische, driehoekige vormen tot vroegneolithische vormen te bestempelen (Nielsen,

1997a). Weliswaar heeft Nielsen (1997b) inmiddels ontdekt, dat dergelijke vormen elders in Noord- en Oost-Frankrijk, België en Zuid-Nederland als typisch laatmesolithisch gelden, ook de asymmetrische, drie-hoekige spitsen (die Nielsen als 'Bavans-spitsen' betitelt), die duidelijk verwant zijn aan Bandceramische pijlpunten (zie Löhr, 1994). Nielsen blijft echter geloven in een pre-Bandceramische vroegneolithische fase (of neolithiseringsfase), en blijft de Zwitserse 'Bavans-spitsen' als vroegneolithisch zien. Hij steunt hierbij zwaar op werk van Erny-Rodmann et al. (1997), die in pollendiagrammen in het Zwitserse Mittelland kapfasen en graanverbouw menen te kunnen aantonen vanaf ca. 7500 BP! Daarnaast hecht Nielsen veel waarde aan het optreden van La Hoguette-aardewerk in lagen met laatmesolithische artefacten in Baulmes-abri de la Cure (Vaud, Zw.) en Bavans (Doubs, Fr.). Het is echter waarschijnlijk, dat de La Hoguette-scherf van Baulmes jonger is dan de mesolithische laag (Jeunesse et al., 1991: pp. 52-53). Tegen de stratigrafie van Bavans lijkt weinig in te brengen te zijn (zie echter de kritiek van Gronenborn, 1990a: noot 38). Daar werden La Hoguette-scherven in de onderste helft van de 30-40 cm dikke laag 5 gevonden, geassocieerd met 'echte' trapezia en Montbani-klingen. In de bovenste helft van laag 5 werden scherven van jongere Bandceramiek gevonden, geassocieerd met asymmetrische trapezen, 'Band-ceramische' pijlpunten, Bavans-spitsen, etc. (Aimé, 1992). Laag 5 lag tussen laag 6 met vroeg-Mesolithicum III en dateringen rond 8200 BP (zie boven), en laag 4 met een onduidelijk midden-Neolithicum met een datering van 4580±110 BP. Deze stratigrafie en dateringen zijn van belang om te begrijpen wat mogelijk mis is gegaan met de datering van laag 5. Een botmonster onder uit laag 5 in de ZZW-abri werd gedateerd op 7130±70 BP (Lv-1415). Monsters halverwege laag 5 uit de ZZW-abri en de centrale abri werden gedateerd op 4310±90 (Gif-6058), 6500±100 (Lv-1588), resp. 6410±95 (Lv-1590). Been bovenuit laag 5 in de ZZW-abri had een ouderdom van 5320±120 BP (Gif-5165). Een botmonster uit laag 6 had een ouderdom van 6400±300 BP (Gif-6059) en moet een intrusie vanuit laag 5 zijn. Het lijkt ons het meest waarschijnlijk, dat Lv-1415 bestond uit een mengsel van botfragmenten uit de lagen 5 en 6, en daardoor honderden jaren te oud is. Gif-5165 lijkt een intrusie van laag 4 te zijn, Gif-5165 kan een mengsel van botfragmenten uit de lagen 4 en 5 zijn. Dat betekent dat Lv-1588, Lv-1590 en Gif-6059 een goede indicatie voor de ouderdom van laag 5 geven, en ook voor de overgang van een laat-Mesolithicum met trapezen naar een laat-Mesolithicum met afgeleide vormen. Het houdt tevens in, dat La Hoguette-aardewerk vlak vóór 6500-6400 BP in dit gebied aanwezig was. Het blijft echter moeilijk om een neolithiseringsfase vóór 6500-6400 BP te postuleren. Overigens moet er rekening mee gehouden worden, dat de Lv-dateringen niet gecorrigeerd zijn voor isotopenfractionering, en derhalve 60-80 jaren te jong zijn.

Voor de vroege fase van het late Mesolithicum, met 'echte' trapezia zijn uit westelijk Zwitserland ^{14}C-dateringen bekend uit laag 4b van de Abri Freymond bij de Col du Mollendruz: 7190±140 BP (lab.nr. ?; Crotti & Pignat, 1995), uit de bovenste laag van de 'abri-sous-bloc' bij Château d'Oex (Vaud): 7190±85 BP aan been (ETH-9659: Crotti & Pignat, 1995). Vergelijkbaar materiaal komt ook uit het *Mittelland*, bijv. uit Schötz-Rorbelmoos 7 (Luzern; Wyss, 1973), met dateringen van 6980±90 (B-728) en 7080±130 BP (B-726). Gezien de waarschijnlijke datering van de overgang van laat-Mesolithicum met trapezen naar laat-Mesolithicum met afgeleide vormen in Bavans (zie boven) kan ook de datering van 6510±110 BP (ETH-3695) voor Saint-Ursanne-Gripons (Jura) geaccepteerd worden. De tweede datering voor deze vindplaats, 5965±80 BP (ETH-4714) moet echter als te jong beschouwd worden (Nielsen, 1997b: p. 69). De datering voor Liesbergmühle VI, Komplex I (Hofmann-Wyss, 1979/1980) is eveneens acceptabel, indien we aannemen dat de werkelijke ^{14}C-ouderdom van het monster (houtskool uit een haard bij de +1-sigma-grens ligt: 6220±340 BP (lab.nr.?).

Dateringen voor een laat-Mesolithicum met afgeleide vormen schijnen niet te bestaan in dit gebied. Het zal overigens duidelijk zijn, dat voor deze fase aan dateringen tussen c. 6500 en 6000 BP gedacht moet worden. Evenmin is op dit moment het vroegste optreden van laat-Mesolithicum gedateerd. Het enige dat gezegd kan worden is dat de overgang van vroeg-Mesolithicum III naar laat-Mesolithicum tussen 8000/ 7800 BP en 7200/7300 BP plaatsvindt.

3.4.2. Zuid-Duitsland en NO-Frankrijk

Op basis van een serie opgravingen in grotten en abris in Zuid-Duitsland heeft Taute (1972; 1973/1974; 1978) een opeenvolging van laatpaleolithische en mesolithische vuursteeninventarissen uitgewerkt, waarbij met name de stratificaties van de vindplaatsen Zigeunerfels bij Sigmaringen en Jagerhaushöhle bij Beuron van belang zijn. De ontwikkeling begint met een *Spätpaläolithikum*, dat Taute in Allerød en Dryas 3 dateert. In tegenstelling tot wat Thévenin (1991: fig. 51) suggereert, is dit *Spätpaläolithikum* nauw verwant aan het Azilien in de Frans/Zwitserse Jura. Door Duitse archeologen (b.v. Kind, 1995) wordt ook inderdaad de naam Azilien gebezigd. Het kenmerkt zich door Azilien-spitsen (*Federmesser*) en door klingen met geretou-cheerde rug (*Rückenmesser*), en door een sterke tendens tot microlithisering vooral in de laatste fase. Het Meso-lithicum is door Taute onderverdeeld in *Frühest-*, *Früh-* en *Spätmesolithikum*. Het *Frühestmesolithikum* is het best bekend uit laag C in de Zigeunerfels (Taute, 1972), *Früh-* en *Spätmesolithikum* uit de lagen 6-13 van de Jägerhaushöhle (Tante, 1973/1974). Het *Frühmesolithikum* is onderverdeeld in de fasen Beuronien A, B en C. Het *Frühestmesolithikum* kent A-, B- en C-spitsen en ongelijkbenige driehoeken. Voor het Beuronien A zijn lang-smalle trapezia uit onregelmatig gevormde klingen (zg. Beuron-trapezia), brede, gelijkbenige driehoeken met stompe of rechte hoek, en C-spitsen met convexe en zowel dorsaal als ventraal geretoucheerde basis kenmerkend. Daarnaast komen A- en B-spitsen voor. In Beuronien B komen brede, spitshoekige, gelijkbenige driehoeken voor (door Taute als een vorm van transversale spits gezien) en C-spitsen met concave, dorso-ventraal geretoucheerde basis, naast B-spitsen en C-spitsen met holle of rechte, alleen dorsaal geretoucheerde basis. In Beuronien C overheersen lange, smalle, ongelijkbenige driehoeken, en C-spitsen met concave, dorsaal geretoucheerde basis. Helaas geeft Taute bij geen van deze vier fasen aan wat de percentages van de verschillende typen zijn. Bovendien zijn tot dusver alleen zeer summiere publicaties verschenen.

Taute's indeling is vrijwel uitsluitend gebaseerd op opgravingen in abris en grotten in het Donaugebied van Baden-Württemberg. Inmiddels is echter wel duidelijk geworden, dat deze over een veel groter gebied van Zuid-Duitsland bruikbaar is: NO-Beieren (Schönweiss & Werner, 1974; Tillmann, 1993b; 1994), NW-Beieren (Lauerbach et al., 1997), het zuiden van Hessen (Fiedler, 1990). Nauw verwante groepen komen voor ten westen van de Rijn, in Elzas-Lotharingen (Thévenin, 1990b: p. 441; 1991: p. 23; Hans, 1995). In Bains-les-Bains in Lotharingen treden naast de gebruikelijke Beuronien-artefacten ook segmenten op, die door Hans (1995) als een invloed vanuit het Jura-Mesolithicum worden gezien. Verwante groepen treden ook op in de stroomgebieden van Maas en Moesel in Noord-Frankrijk en Luxemburg (Thévenin, 1990b: p. 441; 1991: p. 23).

Er is een serie ¹⁴C-dateringen bekend uit grotten en abris en uit gestratificeerde openluchtnederzettingen (grotendeels: Gob, 1990). Helaas is de stand van publicatie niet zo goed dat in alle gevallen duidelijk is op hoeveel werktuigen en speciaal microlithen de toewijzingen aan een fase eigenlijk gebaseerd zijn. Vanwege de geringe aantallen artefacten, maar ook vanwege de weinig bevredigende scheiding van artefacten in de lagen van Henauhof Nordwest (Jochim, 1993) is deze vindplaats niet opgenomen, hoewel de dateringen niet in tegenspraak zijn met de voorgestelde fasering. Vanwege het geringe aantal artefacten en met name het ontbreken van trapezia is de datering van Lautereck laag E (Taute, 1966) niet opgenomen. Bij Henauhof NW 2 (Jochim, 1992) zijn slecht negen werktuigen gevonden, maar hier wijst alles op een eenmalige, kortdurende bewoning. De ¹⁴C-dateringen geven het volgende beeld:

Frühestmesolithikum

Jägerhaushöhle laag 15	B-950	9870±120	htsk
	B-952	9700±120	htsk

Beuronien A

Jägerhaushöhle laag 13	B-948	9600±100	htsk

Beuronien B

Jägerhaushöhle laag 10	B-946	8840±70	htsk

Rottenburg 'Siebenlinden 1'	ETH 7544	8540±75	been
(Hahn, Kind & Steppan, 1993)	ETH 8266	8840±80	htsk
Rottenburg 'Siebenlinden 3'	ETH 14246	8705±75	?
Horizon IV (Kind, 1997)	ETH 14248	8680±75	?

Beuronien C

Jägerhaushöhle laag 8	B-940	8040±120	htsk
	B-942	8060±120	htsk
	B-9438	140±120	htsk
	B-9448	300±70	htsk
Helga-Abri IIF 2	H-4746/4121	8230±40	htsk
(Hahn & Scheer, 1983)			
Rottenburg-'Siebenlinden 3'	ETH-14245	8010±75	?
Horizon III	ETH-14247	7990±70	?
Fohlenhaus laag 1	B-936	8140±70	htsk
Bettelküche laag 4	B-930	8100±90	htsk
Falkensteinhöhle, onderste 1/3	B-769	7690±120	htsk

Laat-Mesolithicum

Jägerhaushöhle laag 7	B-939	7880±12	htsk
Falkensteinhöhle, bovenste 1/3	B-767	7540±12	htsk
Henauhof NW 2	Beta 46907/09	6970±95	htsk
Inzigkofen	B-932	7770±12	htsk
Rottenburg 'Siebenlinden 3'	ETH-12777	6845±80	htsk
Horizon II	ETH-14244	7170±70	htsk

Op de overgang van Beuronien C naar laat-Mesolithicum kan geplaatst worden:

Falkensteinhohle, middelste 1/3	B-768	7820±120	htsk

Niet opgenomen zijn twee dateringen van Rottenburg 'Siebenlinden 1' (Hahn, Kind & Steppan, 1993), namelijk ETH-8264 8035±75 en ETH-8265 9110±80 BP, beide aan been. Deze dateringen zijn niet in overeenstemming met de veronderstelde eenmalige of kortdurige bewoning, maar wijzen volgens ons op vroegere en latere activiteit ter plaatse, die overigens ook in het vuursteenmateriaal zichtbaar is. ETH-8265 9110±80 BP is overigens van groot belang, aangezien deze datering werd verricht aan rendierbot. Volgens Baales (1996: pp. 331-332) mogen we uit het voorkomen van dit bot niet concluderen dat gedurende het vroege Boreaal nog een restpopulatie rendieren in Zuid-Duitsland aanwezig was. Volgens hem moet het bot geïmporteerd zijn uit Zuid-Scandinavië. Evenmin opgenomen is een datering voor Inzighofen: B-935 8720±120 BP aan houtskool. De archeologische toewijzing is Beuronien C, maar de datering is daar te oud voor. De datering voor het onderste derde deel in de Falkensteinhöhle (7690±120) lijkt te jong, maar heeft een grote onzekerheidsmarge. Volgens Kind (1997: p. 13) zijn ook dateringen rond 8000 BP bekend voor het Beuronien C van Rottenburg 'Siebenlinden 2' (zie Kieselbach & Richter, 1992), maar de dissertatie waarin deze dateringen worden genoemd is helaas niet gepubliceerd.

Bovengenoemde ¹⁴C-dateringen, in combinatie met de gecorrigeerde pollenanalyse van Jägerhaushöhle (Filzer, 1978, maar zie ook 1.4) maken duidelijk dat het *Frühestmesolithikum* halverwege het Preboreaal geplaatst kan worden, dat het Beuronien A aan het eind van het Preboreaal of aan het begin van het Boreaal begint en mogelijk doorloopt tot ca. 9000 BP, dat het Beuronien B tussen 9000 en 8500 te plaatsen is, het Beuronien C tussen 8500 en 8000, en dat het laat-Mesolithicum rond of vlak na 8000 BP begint. De jongste dateringen wijzen uit, dat dit laat-Mesolithicum doorloopt tot vlak voor het moment dat de vroegste Bandceramiek in dit gebied optreedt (zie Reim, 1993; 1994). Dat sluit niet uit, dat na ca. 6500 BP nog een 'laat-Mesolithicum met afgeleide vormen', eventueel geassocieerd met aardewerk van type La Hoguette optreedt (zie ook Kind, 1997: pp. 29-30).

3.5. Noord-Frankrijk, België, Luxemburg, Rheinland-Pfalz

In het gebied van de Ahrensburg-cultuur ontstaat volgens Thévenin (1991: fig. 52) in het Preboreaal een vroeg-Mesolithicum dat gekenmerkt wordt door een overheersen van schuin afgeknotte spitsen (d.i. B-spitsen volgens Bohmers & Wouters, 1956), spitsen met een geheel of gedeeltelijk geretoucheerde, meestal gebogen zijde (A- en B-spitsen), en segmenten (Thévenin, 1990a: p. 201 en fig. 12). Als voorbeelden noemt hij Neerharen-De Kip en Schulen I. Helaas moet hier geconstateerd worden, dat Thévenin de opgravings-verslagen slecht gelezen, of wel erg vrij geïnterpreteerd heeft. Volgens Lauwers & Vermeersch (1982a: p. 41) komen in Neerharen-De Kip geen segmenten voor. Het door Thévenin (1990a: fig. 12A: 3) afgebeelde voorbeeld wordt door Lauwers & Vermeersch (1982a: fig. 14: 17) als slanke spits met één geretoucheerde zijde, dus als A-spits beschouwd. Ook in Schulen I komen volgens Lauwers & Vermeersch (1982b: p. 99) geen segmenten voor. Ook hier blijken de door Thévenin (1990a: fig. 12B: 2 en 3) afgebeelde werktuigen door de opgravers als spitsen met één geretoucheerde zijde te worden beschouwd (Lauwers & Vermeersch, 1982b: fig. 18: 26 en 29). Volgens de opgravingsverslagen komen in Neerharen-De Kip en Schulen I naast A- en B-spitsen ook klingetjes met rechte, geretoucheerde rug en driehoeken in kleine aantallen voor. Overigens is duidelijk dat Neerharen-De Kip op grond van zijn ^{14}C-datering van 9170±100 BP (Lv-1092) aan verkoolde hazelnootdoppen in het Boreaal geplaatst moet worden. Schulen I wordt geacht ongeveer gelijktijdig te zijn.

In een zone ten zuiden van het voormalig Ahrensburg-gebied, dat de stroomgebieden van de Boven-Maas, Moesel, Saar en Beneden-Main omvat (Thévenin, 1991: fig. 52) ziet Thévenin (1990a: pp. 198-201, fig 11; 1990b: pp. 437-439, fig. 2) een vroeg-Mesolithicum ontstaan in het Preboreaal, dat volgens hem nauw verwant is aan het vorige, en gekenmerkt wordt door voornamelijk A- en B-spitsen, met daarnaast kleinere aantallen C-spitsen (= spitsen met geretoucheerde basis), segmenten en driehoeken. Als voorbeelden noemt hij Altwies-Haed en Abri Kalekapp 2/middenniveau in Luxemburg, Theux-l'Ourlaine en Sougné A in hoog-België, Verseilles-le-Bas in Haute-Marne, Frankrijk,

en Kleine Kalmit bij Arzheim-Ilbesheim in Rheinland-Pfalz. In dit gebied is de identificatie van de segmenten wel correct. Maar enige voorzichtigheid is hier op zijn plaats. Vindplaatsen als Altwies-Haed (Ziesaire, 1982), Theux-l'Ourlaine (Lausberg-Miny et al., 1982), Sougné A (Votquenne, 1994) kunnen op grond van afmetingen en aantallen artefacten beschouwd worden als het resultaat van herhaalde bewoning. Verseilles-le-Bas is een oppervlaktecollectie. Abri Kalekapp 2 is wel van groot belang, gezien de stratigrafie. De onderste laag bevat een industrie die voornamelijk uit A- en B-spitsen bestaat en op grond daarvan zeer vroeg aandoet.

Ook bij deze zuidelijker groep moeten Thévenins dateringen in het Preboreaal gecorrigeerd worden. Altwies-Haed kent één datering, verricht aan verkoolde hazelnootdoppen: 8870±85 (Lv-1453). Materiaal en dateringen wijzen op een boreale, i.p.v. een preboreale ouderdom. Overigens is Crombé (in druk a: p. 13) van mening, dat deze datering onbetrouwbaar is. Het gedateerde materiaal komt volgens hem uit een door de opgraver niet als zodanig herkende boomkuil. Theux-l'Ourlaine kent twee dateringen aan houtskool: 9200±130 (Lv-970) en 8890±60 (Lv-1109). Lv-970 is alleen met zuur voorbehandeld, maar zou daardoor eerder te jong dan te oud moeten zijn. Ook deze dateringen wijzen op een boreale ouderdom. Ook hier meent Crombé (in druk a: p. 57) dat het gedateerde materiaal uit niet als zodanig herkende boomkuilen afkomstig is. De beide dateringen uit Abri Kalekapp 2 (middenlaag: 7350±110 BP, B-4670: onderste laag: 8260±120 BP, B-4671, beide verricht aan houtskool) moeten als onbetrouwbaar beschouwd worden. Overigens moet er op gewezen worden, dat Crombé et al. (1997: p. 91) in de westelijke sector van Verrebroek een groep beschrijven, die de naam Ourlaine-groep heeft gekregen, gekenmerkt door A- en B-spitsen en segmenten met kleine aantallen driehoeken, klingetjes met geretoucheerde rug en C-spitsen. Helaas is niet bekend welke dateringen aan verkoolde hazelnootdoppen uit deze sector bij deze groep horen, maar de zeven dateringen van verschillende concentraties liggen tussen 9150±100 en 8920±100 BP (Crombé & Van Strydonck, 1994) en de bewuste groep zal hierin wel vertegenwoordigd zijn. Het is dus de vraag of die zuidelijke zone van Thévenin wel op realiteit berust, te meer omdat ook de vindplaats Hailles (Somme) in NW-Frankrijk eerder bij deze zuidelijke groep gerekend moet worden op grond van de aanwezigheid van segmenten, dan bij de Neerharen-Schulen-groep, zoals Thévenin (1990a: p. 201, fig. 12) doet. In feite moeten we rekening houden met een chronologisch onderscheid gecombineerd met een expansie in zuidelijke richting. Een vroege fase is herkenbaar in Neerharen-De Kip, Schulen I, Verrebroek-C.XVII-oostzijde en Abri Kalekapp 2/onderste laag, een jongere fase in Theux-l'Ourlaine, Sougné A, Verrebroek/westelijke sector, Abri Kalekapp 2/middenlaag, Hailles, Verseilles-le-Bas en Kleine Kalmit. Waarschijnlijk moet ook de vroege fase van Rozoy's Tardenoisien tot deze jongere fase worden gerekend (Rozoy, 1978: vindplaats Roc-la-Tour II). Al met al ontstaat dan een beeld van een vroege mesolithische groep, met regionale verschillen en ontwikkelingen in de tijd, dat sterke overeenkomsten heeft met Gobs beschrijving van het Beuronien A, noordelijke variant. Alleen behoort Sougné A niet tot een 'epi-Ahrens-burgien' dat aan het begin van de ontwikkeling staat, maar tot een wat jongere fase. De bovenbeschreven vroege fase kan o.i. vóór 9200 BP, de jongere na 9200 BP gedateerd worden. Overigens lijkt het duidelijk, dat gezien de verschillende jongpaleolithische achtergronden, en gezien de verschillende samenstellingen de term Beuronien A, noordelijke variant dient te verdwijnen. De term Beuronien dient gereserveerd te blijven voor de in 3.4.2 beschreven Zuid-Duitse groep.

In de tweede helft van het Boreaal ziet Thévenin (1991: fig. 53, met gecorrigeerde datering!) in Zuid-Nederland en laag-België de Sonnisse-Heide-groep van Vermeersch (1984) de overhand krijgen. Spitsen met vlakke, deels oppervlakdekkende retouche spelen een belangrijke rol. Contacten met naburige groepen blijken uit het voorkomen van vergelijkbare spitsen in het midden-Tardenoisien in Noord-Frankrijk en in het vroeg-Mesolithicum III van Bavans, lagen 6 en 7, in Oost-Frankrijk. In hoog-België, Luxemburg en de Eifel treedt volgens Thévenin een midden-Ardennien à la Rozoy (1978) op.

In het vroege Atlanticum kennen Zuid-Nederland, laag-België en NW-Frankrijk volgens Thévenin (1991: fig. 54, met gecorrigeerde datering) een tamelijk uniform laat-Mesolithicum met trapezia. In westelijk België kent dit laat-Mesolithicum volgens Thévenin echter een belangrijk aandeel *feuilles de gui*, reden waarom hij hier van een subgroep wil spreken. Hij wijst er tegelijk op, dat deze *feuilles de gui* ook elders in dit gebied optreden. Gevreesd moet worden dat Thévenin ook hier zijn literatuur niet goed heeft geraadpleegd. Volgens Gendel (1984), die in de literatuurlijst van Thévenin niet voorkomt, zijn deze spitsen met oppervlakteretouche immers kenmerkend voor een groot deel van het bovenbeschreven gebied. In hoog-België postuleert Thévenin een laat-Mesolithicum zonder trapezia, dat hij met 'Ardenien' aanduidt. Ondanks deze aan Rozoy (1978) ontleende naam denkt hij hierbij kennelijk aan het Beuronien D van Gob (1979; 1981; 1984), waarbij hem ontgaan is, dat Gob (1990: p. 39) in zijn overzichtswerk van mesolithische dateringen de ¹⁴C-datering voor laag 5 in de Grotte du Coléoptère (Lv-718 7000±90 BP) heeft verworpen, en niet langer aan een Atlantisch Beuronien D gelooft. Het RMS/B van Gob, met trapezia, komt echter wel in hoog-België voor.

Thévenin (1990a: p. 188) postuleert verder een laat-Mesolithicum zonder trapezia in het zuiden van Rheinland-Pfalz waarbij hij (Thévenin, 1991: fig 54) de vindplaats Weidental-Höhle opvoert. Dat moet echter een vergissing zijn, de Weidental-Höhle werd tijdens het vroege Mesolithicum bewoond (Cziesla, 1990).

Tijdens de vroege fase van het late Mesolithicum voltrekt zich kennelijk de door Thévenin beschreven ontwikkeling van een driehoekige spits met concave basis, die ontstaan zou zijn uit de combinatie van een C-spits en een ongelijkbenige driehoek in één werktuig. Helaas zijn er voor deze interessante fase geen ¹⁴C-dateringen bekend, die duidelijk kunnen maken dat het hier werkelijk om een afwijkend laat-Mesolithicum gaat. Thévenin (1991: fig. 54) onderscheidt verder laatmesolithische groepen in Luxemburg/Noord-Lotharingen, en in de Elzas, waarin trapezia een ondergeschikte rol spelen. Het is echter niet duidelijk op hoeveel goed onderzochte, niet vermengde vindplaatsen dit oordeel is gebaseerd.

Halverwege het Atlanticum ziet Thévenin (1991: fig. 55) in laag-België en Zuid-Nederland een laat-Mesolithicum *à armatures évoluées* optreden. Overeenkomstige groepen komen volgens hem voor in hoog-België, in Luxemburg/Noord-Lotharingen, het zuiden van Rheinland/Pfalz en in de Elzas (met uitlopers aan de oostkant van de Rijn). In NW-Frankrijk treedt een *mésolithique final à trapèzes* op. Vanaf ca. 6700 BP moet bovendien rekening worden gehouden met invloeden van de vroegneolithische culturen: het *Cardial Ancien* langs de Franse Middellandse Zeekust, dat zijn invloed via het Rhônedal doet gelden en waarmee mogelijk het ontstaan van een 'La Hoguette-cultuur' in Oost-Frankrijk en ZW-Duitsland verbonden is; het *Cardial Atlantique* langs de Franse westkust aan weerszijden en ten noorden van de monding van de Gironde en de *Älteste Bandkeramik*, die in ZW-Duitsland optreedt ten oosten van de Rijn en ten noorden van de Donau.

Onder die *armatures évoluées* verstaat Thévenin (1990a: pp. 188-194) niet alleen rhombische trapezia (*trapèzes à bases décalées*) maar ook verschillende typen driehoekige spitsen, al dan niet met holle basis en/ of *retouche inverse plate* (RIP), die hij deels ziet ontstaan uit gewone trapezia, deels uit een combinatie van C-spits en ongelijkbenige driehoek in één werktuig (Thévenin, 1990a: fig. 5). De verschillende regionale ontwikkelingen leiden tot een groep nauw verwante laatmesolithische spitsen met holle basis, waartoe o.a. de Bavans-spitsen behoren, en de *pointes danubiennes*. Nielsen (1997b) gooit alle varianten op één hoop en gebruikt alleen de benaming Bavans-spits. De *pointes danubiennes* treden ook op bij de westelijke Bandceramiek (de typische asymmetrische driehoekige Bandceramische pijlpunt), maar zijn in feite een laatmesolithische type uit hetzelfde gebied. Met de handhaving van de grens van de links/rechts-lateralisatie van het late Mesolithicum tijdens de Bandceramiek pleit dit optreden van de *pointe danubienne* in Bandceramische context voor een grote mate van bevolkingscontinuïteit en voor een neolithisering van de lokale laatmesolithische bevolking in het gebied van de westelijke Bandceramiek (Gronenborn, 1990a; 1990b; Löhr, 1994). De ook in de Nederlandse litera-

tuur bekende 'Bandceramische pijlspitsen' op mesolithische vindplaatsen zijn aan een revisie toe. Er is geen
sprake van contactvondsten; het gaat om mesolithische
artefacten in mesolithische context!

Thévenin (1991: pp. 24-28) meent dat rhombische
trapezia in laag-België eerder verschijnen dan in de
Tardenoisien. Hij baseert zich hierbij vooral op de [14]C-
dateringen van Weelde-Paardsdrank sector 1, waarvan
hij 7150±150 (OxA-142) accepteert en 8200±150 (OxA-
141) als 'te vroeg' verwerpt. Helaas is hem hierbij
ontgaan, dat OxA-142 verricht is aan de humusfractie
uit de verkoolde hazelnootdoppen van OxA-141 en
archeologisch gezien geen waarde heeft. Met Thévenin
zijn we van mening, dat OxA-141 inderdaad te oud is
voor een Mesolithicum met trapezia. OxA-141 wijst er
overigens wel op, dat ook in Weelde-Paardsdrank met
herhaalde bewoning uit verschillende perioden moet
worden gerekend. Thévenin (1991: fig. 55) wil de fase
à armatures evoluées tussen 6700 en 6450 BP, plaatsen,
maar met name die einddatering is zeer aanvechtbaar.
Asymmetrische, driehoekige pijlpunten zijn bekend uit
de nederzettingen van de *Älteste Bandkeramik* van
Bruchenbrücken en Goddelau (Gronenborn, 1990a). Er
zijn geen argumenten voor toevallige aanwezigheid
van ouder vuursteenmateriaal, dat in Bandceramische
nederzettingskuilen verzeild raakte. De beschikbare [14]C-
dateringen voor *Älteste Bandkeramik*, aan materiaal
met verwaarloosbare eigen leeftijd als graan en been,
wijzen echter niet op een begindatering van 6700 BP,
zoals Thévenin (1991: fig. 43) wil, of kort daarna, zoals
Gronenborn (1990b: Appendix) denkt, maar op een
begindatering rond 6300 BP (Lanting & Van der Plicht,
1993/1994: Appendix 1; zie ook de nieuwe dateringen
voor Rottenburg: Reim, 1994). Ook voor de verwante
Bavans-spitsen hoeft niet aan een datering voor 6500-
6400 BP te worden gedacht (zie 3.4.1) De door Thévenin
geopperde begindatering van ca. 6700 BP is nog net te
rijmen met de ^{14}C-dateringen van een concentratie verkoolde hazelnootdoppen uit sector 5 in Weelde-Paardsdrank: 6990±135 (Lv-959). In deze sector komt een
aantal *pointes danubiennes* voor. Maar uiteraard geldt
ook voor deze sector, dat meervoudige bewoning waarschijnlijk is, zodat de associatie van hazelnootdoppen
en asymmetrische driehoekige pijlspitsen verre van zeker
is.

Löhr (1994) heeft zich ook met de datering van
trapezia met RIP en van afgeleiden vormen beziggge-
houden. Hij heeft alle ^{14}C-dateringen van inventarissen
met simpele trapezia, en trapezia met RIP in Midden- en
West-Europa verzameld, en komt tot de conclusie dat
RIP in Midden-Europa vlak voor 7000 BP begint op te
treden. Hierbij moet overigens wel aangetekend worden, dat Löhr deze dateringen kritiekloos gebruikt. Zo
komen bijv. ook de dateringen van laag 5 in de Grotte
de Coléoptère (7000±90 BP, Lv-718), laag 5-onder in
Bavans (7130±70 BP, Lv-1415), Weelde-Paardsdrank,
sector 5/humus-extract (7150±150 BP, OxA-142) in
zijn grafieken voor, hoewel deze dateringen volstrekt

onbetrouwbaar zijn. Verder gebruikt hij dateringen van
niet-gestratificeerde nederzettingen met mogelijk langdurige, of over langere tijd herhaalde bewoning, waar
de associatie van gedateerd materiaal en vuursteeninventaris verre van duidelijk is. Wij zijn er daarom niet
van overtuigd, dat RIP in Midden-Europa al zo vroeg
optreedt!

Het optreden van trapezia met RIP, en van afgeleide
vormen, als *pointes danubiennes* en Bavans-spitsen,
betekent overigens niet, dat simpele trapezia niet meer
zouden voorkomen. Deze blijven echter ook in de laatste fase van het laat-Mesolithicum in grote aantallen
optreden. Bovendien komen ze ook voor in de nederzettingen van de *Älteste Bandkeramik* in Steinfurth
(Langenbrink & Kneipp, 1990) en Bruchenbrücken
(Gronenborn, 1990b: fig. 10) en in het bovenste deel
van laag 5 in Bavans, in associatie met Bavans-spitsen
en jongere Bandceramiek (Sainty, 1992: fig. 6). Laten
we bovendien niet vergeten, dat elders in Noord- en
West-Europa de normale trapezia zelfs tot na 6000 BP
in gebruik blijven, bijv. in Almere-'Hoge Vaart' (zie
2.2).

3.6. Zuidelijk Nedersaksen

Aan de noordrand van het Middelgebergte in het zuiden
van Nedersaksen werd de abri Bettenroder Berg IX in
het Reinhäuser Wald bij Göttingen onderzocht (Grote,
1990). Deze opgraving is van belang vanwege de stratificatie en de bijbehorende ^{14}C-dateringen. De midden-
en laatpaleolithische bewoningssporen bleken bedekt
met een dikke laag (16) vulkanische as van de Laacher
See-eruptie uit de Alleröd, en een dikke laag (15-14)
dekzand uit Dryas 3 en Preboreaal. In de lagen 13, 10,
6-4 en 3 (van oud naar jong) werden mesolithische
artefacten aangetroffen. Grote (1994: Abb. 5) geeft een
overzicht van de typen in de verschillende lagen. Naast
B-spitsen en segmenten komen in alle lagen C-spitsen,
vaak met dorsoventrale retouche en driehoeken, zowel
gelijkbenige als ongelijkbenige voor. Ook komen in
alle lagen symmetrische trapezia voor. Het geheel heeft
duidelijke aanknopingspunten met het vroege Beuronien
in ZW-Duitsland. In de tekst vermeldt Grote, dat in de
lagen 6-4 en 3 de driehoeken langer en smaller zijn.
Verder zouden in 6-4 en 3 transversale spitsen voorkomen, maar deze worden niet afgebeeld. De ^{14}C-daterin-
gen voor laag 13 zijn 9040±350 (KN-4151) en 9200±200
BP (KN-4148). Hoewel dat niet vermeld wordt, gaat het
kennelijk om dateringen aan kleine hoeveelheden houtskool. Voor de lagen 6-4 wordt een datering van 6650±100
BP (KN-4149) vermeld, die door Grote wordt geaccepteerd. Volgens ons is deze datering zo'n 2000 jaar te
jong, gezien de artefacten in deze lagen en in laag 3, en
gezien het ontbreken van een steriele laag tussen 10 en
6-4. Grote (1990: p. 144) vermeldt zelf, dat in de lagen
3, 6-4 en 10 jonger materiaal voorkwam in de vorm van
scherven uit de late bronstijd/ijzertijd. Indien scherven
verplaatst konden worden, kon houtskool dat ook. Met

KN-4149 moet een mengsel van mesolithische en jongere houtskool zijn gedateerd!

4. HET BEGIN EN HET EIND

4.1. Het begin: de overgang Ahrensburg-vroeg-Mesolithicum

Dat het vroege Mesolithicum in Zuid-Zweden, Denemarken, Noord- en West-Duitsland, Nederland, België, NW-Frankrijk en Engeland een ontwikkeling is vanuit laat-Ahrensburg, is reeds meermalen beschreven (Fischer, 1978; Stapert, 1979; Gob, 1991; Barton, 1991) en vrij algemeen geaccepteerd. Baales (1996: p. 336) beschouwt deze afleiding niet als vanzelfsprekend, maar houdt de mogelijkheid open, dat migraties invloed kunnen hebben gehad op de wijzigingen van het typenspectrum van de artefacten. Wij gaan echter uit van bevolkingscontinuïteit en van wijzigingen als gevolg van veranderende milieu-omstandigheden. De vraag is echter, wat nog als laat-Ahrensburg betiteld kan worden, en wat al vroeg-Mesolithicum genoemd mag worden, en wanneer de overgang plaatsvindt, uitgedrukt in 14C-jaren.

Nu eindelijk voldoende 14C-dateringen aan materiaal met verwaarloosbare eigen leeftijd beschikbaar zijn voor de vindplaats Stellmoor (Lanting & Van der Plicht, 1995/1996a: pp. 113-114), is duidelijk dat de Ahrensburg-cultuur in ieder geval tot in het vroege Preboreaal, tot ca. 10.000/9900 BP doorloopt. Het gaat hierbij om een Ahrensburg, dat nog steelspitsen kent. Het is ook duidelijk dat vervolgens een Ahrensburg-cultuur bekend is, waarbij geen steelspitsen meer voorkomen, maar B-spitsen. Deze fase kan aangeduid worden als epi-Ahrensburg. Baales (1996: p. 2) wil de term Ahrensburg-cultuur beperken tot die complexen waarin minstens één steelspits voorkomt. Hij ziet weinig in de term 'epi-Ahrensburg', ten eerste omdat deze gedefinieerd is op basis van een negatief kenmerk, namelijk het ontbreken van steelspitsen, en ten tweede omdat hij niet overtuigd is van de directe evolutionaire samenhang van Ahrensburg en epi-Ahrensburg (Baales, 1996: p. 336). Een ander probleem is, dat het begrip 'epi-Ahrensburg' niet eenduidig gebruikt wordt. Met name Gob is meer en meer vindplaatsen tot zijn *epi-Ahrensbourgien* gaan rekenen in de loop der jaren. In zijn dissertatie (Gob, 1981) hanteerde hij al wel het begrip, maar kende hij nog geen duidelijke voorbeelden. Sougné A werd toen nog door hem tot het Beuronien A gerekend, zij het tot een vroege fase. Enkele jaren later (Gob, 1984) worden Sougné en Neerharen-De Kip door hem tot het epi-Ahrensburgien gerekend. Later wordt zelfs Altwies-Haed, ondanks de 14C-datering van 8870±85 BP (Lv-1453), aan deze groep toegeschreven (Gob, 1990: p. 153). Terecht verzet Baales (1996: p. 336) zich tegen een dergelijke langdurige overgangsfase. De term 'epi-Ahrensburg' moet dus beperkt blij-

ven tot de korte overgangsfase, waarin de klingproductie nog een duidelijk jongpaleolithisch karakter heeft, en de spitsen beperkt blijven tot (vrijwel) uitsluitend B- en Zonhoven-spitsen. Met het vroege Mesolithicum verandert dit beeld. De jongpaleolithische klingproductie maakt plaats voor de zogenaamde *Coincy-débitage*, waarbij aanzienlijk onregelmatiger klingen en afslagen worden geproduceerd, en het aantal spitstypen neemt toe.

Het belang van het *débitage*-criterium wordt ongewild aangetoond door de publicaties van de sites Zonhoven-Molenheide 1 en 2. Aanvankelijk worden deze sites als vroegmesolithisch gezien door de opgravers (Vermeersch & Creemers, 1994). Zij wijzen nadrukkelijk op de goede klingtechniek die op deze vindplaatsen gebezigd werd en die gericht was op de productie van klingen van een betere kwaliteit dan gebruikelijk was met de vroegmesolithische Coincy-*débitage*. Verder wijzen zij op de grote klingen die gebruikt werden om werktuigen te vervaardigen en die kennelijk van elders meegenomen werden. Pas bij de volgende opgravingscampagne bleek, dat Zonhoven-Molenheide 1 en 2 in feite gelijktijdige Ahrensburg-vindplaatsen zijn, waarin steelspitsen een ondergeschikte rol spelen (Peleman, Vermeersch & Luypaert, 1994). Kennelijk gaat het dus om late, vroeg-preboreale vindplaatsen. Weliswaar is voor Zonhoven-Molenheide 2 een 14C-datering van 10.760±70 BP (UtC-3720; Van Strydonck et al., 1998: p. 23) bekend, maar wij beschouwen het gedateerde brokje houtskool als verdwaalde Allerød-houtskool, niet als houtskool behorend bij de bewoning. Iets dergelijks is ook bekend van de vroegmesolithische site Weelde-WH2 (10.920±110 BP, UtC-4197; Van Strydonck et al., 1998: p. 22). Ook in Bedburg-Königshoven is de productie van regelmatige klingen een opvallend verschijnsel. Street (1991: p. 261) wijst zelfs nadrukkelijk op het laatpaleolithische karakter van de vuursteen. Als spitsen komen echter alleen B-spitsen voor, die volgens Street meer aan vroegmesolithische exemplaren doen denken, dan aan B-spitsen van Ahrensburg-sites met steelspitsen. Street meent, dat Bedburg-Königshoven als vroegmesolithisch beschouwd moet worden, en ziet contacten met Zuid-Scandinavië en Noord-Duitsland, d.i. met vroeg Maglemose-Duvensee. Wij zijn echter van mening, dat het om een typische epi-Ahrensburg-vindplaats gaat, die blijkens de 14C-dateringen tussen 9780±100 en 9600±100 BP gedateerd moet worden (Street, 1989: Abb. 3). Op grond van de pollenanalyse hoort de vindplaats in de Rammelbeek-fase, de korte koudere periode tijdens het Preboreaal thuis (Lanting & Van der Plicht, 1995/1996a: pp. 114-115). Een vergelijkbare vindplaats is Gramsbergen I (Stapert, 1979). De 14C-datering van deze vindplaats (9320±60 BP) moet echter als onbetrouwbaar worden beschouwd, vanwege de ontoereikende voorbehandeling (Lanting & Van der Plicht, 1995/1996a: p. 115).

Als bovengenoemde dateringen worden vergeleken

met de jaarring-ijkcurve, dan wordt duidelijk dat de jongste dateringen van Stellmoor rond 9300 cal BC thuishoren, en dat Bedburg-Königshoven tussen 9250 en 8800 cal BC geplaatst moet worden. Een nauwkeuriger datering is niet mogelijk, vanwege een plateau in de ijkcurve. Het is echter duidelijk, dat Bedburg-Königshoven niet aan het eind van dit plateau thuishoort. Hoger in het sediment komt immers nog een datering van 9690±85 BP voor (Street, 1989: Abb. 3). Een datering rond 9200-9000 cal BC is daarom niet onwaarschijnlijk. De vroegste vroegmesolithische dateringen zijn die van Vig, 9510±115 BP, Duvensee 9 en 8, 9490±40 BP (gemiddelde van vier), resp. 9450±50 BP (gemiddelde van drie). Bekend is, dat Duvensee 9 in ieder geval nog Preboreaal is, en dat Duvensee 8 op de overgang Preboreaal-Boreaal thuishoort. De meest waarschijnlijke absolute ouderdom voor dit groepje ligt tussen 8850 en 8650 cal BC, waarbij Duvensee 9 aan de oudere en Duvensee 8 aan de jongere kant zal liggen. Dat zou betekenen, dat Bedburg-Königshoven en Duvensee 9 hooguit 200 jaren uiteen hoeven te liggen. In die periode heeft dus kennelijk de ontwikkeling van epi-Ahrensburg met een laatpaleolithische *débitage* naar een vroeg Mesolithicum met Coincy-*débitage* plaatsgevonden. In die periode zou eventueel de oudere bewoningsfase van Star Carr, met een datering van 9670±80 (gemiddelde van drie) geplaatst kunnen worden. Het is echter onbekend welke vuursteen bij deze fase hoort.

In het noorden van het voormalige Ahrensburg-gebied, in een brede strook van Zuid-Zweden via Denemarken, Noord-Duitsland en het zuidelijke Noordzeegebied naar Engeland, treden in het vroege Mesolithicum kern- en afslagbijlen op, in tegenstelling tot het vroege Mesolithicum in het zuidelijke deel. Rust (1958) meende in Pinnberg Ib een overgangsfase te hebben gevonden, met unilateraal bewerkte tranchetbijlen, microlithen en Bromme-spitsen. Het betreft echter een mengsel van laatpaleolithische en vroegmesolithische werktuigen (Bokelmann, 1991: p. 89). Fischer (1982) meende in de ZW-concentratie in Bonderup een vindplaats uit de overgangsfase te hebben ontdekt. Deze site wordt pollenanalytisch in het vroege Preboreaal geplaatst. Eén van de artefacten is echter een typische Ahrensburg-spits en de vraag moet dus zijn, of we hier niet met een late Ahrensburg-vindplaats te maken hebben. Het meest interessante artefact is een buitengewoon ruw vormgegeven afslagbijl, die typologisch de voorganger van de vroegmesolithische afslagbijlen zou kunnen zijn (Fischer, 1982: Fig. 10). Het voorwerp is helaas in een recente verstoring gevonden, maar behoort qua patinering wel bij de ZW-concentratie.

4.2. Het einde: de overgang laat-Mesolithicum/ vroeg-Neolithicum

In de afgelopen jaren zijn de ideeën betreffende de neolithisering voor Midden- en West-Europa aanzienlijk gewijzigd. Aanvankelijk gold de Bandceramiek (LBK), ontstaan in de Hongaarse laagvlakte, als enige brenger van neolithische vaardigheden als landbouw, veeteelt, aardewerkproductie etc. Bovendien gold LBK als een klassiek voorbeeld van een volksverhuizing. Mesolithische groepen buiten de lösszone die voor LBK zo aantrekkelijk was namen vervolgens de neolithische leefwijze geleidelijk over. Thans is duidelijk dat ook met invloeden vanuit Zuid-Frankrijk moet worden gerekend. Het eerste optreden van mesolithische invloeden vindt in dit gebied al vroeg plaats in de vorm van gedomesticeerde schapen in mesolithische context, vanaf ca. 7500 BP, of mogelijk al iets vroeger (Roussot-Larroque, 1989). Het zou overigens een goede zaak zijn als al deze vroege vondsten nog eens kritisch worden bekeken, de bijbehorende ^{14}C-dateringen kritisch worden geëvalueerd, en vervolgens ook een serie van deze vroege schapenbotten zelf door middel van AMS werd gedateerd.

Een vroeg-Neolithicum met landbouw, veeteelt (met een zware nadruk op schaap) en aardewerk, in de vorm van de Cardial-cultuur treedt pas na 6800/6700 BP op (Van Willigen, 1997). Via het Rhônedal oefent dit Zuid-Franse Cardial invloed uit op mesolithische groepen in noordelijke gebieden. Het lijkt erop, dat deze invloed resulteert in het ontstaan van groepen als La Hoguette (Lüning et al., 1989; Van Berg, 1990) en Limburg (Van Berg, 1990). Beide zijn voornamelijk bekend van aardewerkvondsten in LBK-context, maar van La Hoguette is vrijwel zeker een nederzetting bekend uit Stuttgart-Bad Cannstatt/Tierpark Wilhelma waar bij de huisdieren schaap domineert (Brunnacker et al., 1967; Schütz et al., 1992). Voor het aardewerk van de La Hoguette-groep zijn in Zuid-Frankrijk tegenhangers te vinden (zie Lüning et al., 1989: p. 390), maar voornamelijk waar het de versiering betreft. Ondanks de suggestieve afbeeldingen van Van Berg (1990: fig. 22) is het niet mogelijk Limburg-aardewerk vast te knopen aan Cardial. Bij beide groepen is in hoge mate sprake van zelfstandige lokale ontwikkelingen wat vorm en versiering van het aardewerk betreft.

Als La Hoguette en Limburg hun ontstaan te danken hebben aan invloeden van het Zuid-Franse Cardial, dan kunnen beide groepen niet voor 6800/6700 BP ontstaan zijn. Eerder zal dit enkele eeuwen later hebben plaatsgevonden. In 3.4.1 menen wij duidelijk te hebben gemaakt, dat in ieder geval de veel geciteerde datering voor La Hoguette-scherven onderin laag 5 te Bavans – 7130±70 BP (Lv-1415) aan botfragmenten – onbetrouwbaar is. Vrijwel zeker bestond het monster uit een mengsel van bot uit de onderliggende laag met een datering van ca. 8200 BP, en bot dat werkelijk met de scherven was geassocieerd. De ouderdom van de scherven wordt aangegeven door de dateringen 6500±100 (Lv-1588) en 6410±95 (Lv-1590) aan bot uit laag 5 en 6410±95 (Lv-1590) aan bot uit laag 6, dat als een jonge verontreiniging van die laag kan worden beschouwd. Een datering in Bavans van 6500/6400 BP is dus waarschijnlijk.

De vroegste LBK fase 1a (*Älteste Bandkeramik*) treedt in Zuid-Duitsland en Oostenrijk blijkens de ¹⁴C-dateringen aan botten en graan niet vóór 6400 BP en mogelijk niet voor 6300 BP op (Lanting & Van der Plicht, 1993/1994: Appendix 1). Het ziet er bovendien naar uit, dat La Hoguette al in ZW-Duitsland aanwezig was (zij het nog maar kort!) op het moment dat LBK 1a daar verscheen. Algemeen wordt de aanwezigheid van La Hoguette in ZW-Duitsland en Oost-Frankrijk gezien als de reden waarom LBK 1a zich niet verder westwaarts verspreidde. Sinds kort wordt overigens niet meer algemeen geaccepteerd dat die snelle verspreiding van de vroegste LBK het gevolg is van migratie van boeren uit de Hongaarse laagvlakte. In een opmerkelijk, zij het nogal provocatief geschreven artikel, heeft Tillman (1993a) gewezen op de aanwijzingen voor een vergaande mate van bevolkingscontinuïteit tijdens de overgang laat-Mesolithicum/vroeg-Neolithicum in het verspreidingsgebied van de *Älteste Bandkeramik*. De snelle verspreiding zou grotendeels te danken zijn aan een collectieve neolithisering van de laatmesolithische bevolking van de lössgebieden.

Ook bij de verdere uitbreiding van LBK in het gebied westelijk van de Rijn, vanaf fase Ib/Flomborn, moet met vergelijkbare processen rekening worden gehouden. Löhr (1994) heeft aangetoond, dat de grens tussen links- en rechts-asymmetrische trapezia en afgeleide vormen, zoals die vóór de komst van LBK bij het laat-Mesolithicum in West-Europa bestond, tijdens LBK bleef bestaan bij de asymmetrische driehoekige pijlpunten. Dat wijst op een grote mate van bevolkingscontinuïteit. Het ziet er dus naar uit dat ook westelijk van de Rijn de snelle verspreiding van LBK, vanaf fase Ib, voornamelijk een kwestie van acculturatie is, deels van mesolithische groepen, deels van groepen die voordien La Hoguette- of Limburg-aardewerk produceerden, en die mogelijk al een neolithische leefwijze hadden. Overigens verdwenen deze twee groepen niet volledig. Op grond van associaties met LBK kan aangenomen worden dat Limburg-aardewerk nog tijdens de laatste fasen van LBK geproduceerd werd. Van Berg (1990: fig. 1 en 2) onderscheidt bij La Hoguette een jongere fase die westelijk van de Rijn optreedt. Overigens moet hierbij wel voor ogen worden gehouden, dat LBK in zijn totaliteit hooguit drie eeuwen duurde (Lanting & Van der Plicht, 1993/1994: Appendix 1). Vondsten van La Hoguette en Limburg in post-LBK-context zijn niet bekend.

Ten noorden van de lösszone op de zandgronden van de Noord-Europese laagvlakte zijn aanwijzingen voor een geleidelijker neolithisering van de laatmesolithische bevolking bekend. Dat proces begint echter al vroeg, nog tijdens de LBK-periode. Gewezen kan worden op het optreden van aardewerk vanaf 6200/6100 BP bij de

Ellerbek-groep van Schwabedissen (1994), langs de Oostzeekust van Schleswig-Holstein. In de Ellerbek-nederzetting van Grube-Rosenhof zijn bovendien beenderen van huisdieren gevonden, zij het in kleine aantallen (Hedges et al., 1993b: p. 310). Gelijktijdig is het vroegste optreden van puntbodemaardewerk in de nederzetting Hüde I aan de Dümmer (Kampffmeyer, 1991: Kap. 7, Abb. 249 en 250). In dit jachtkamp, dat slechts zo nu en dan werd bezocht, werden geen aanwijzingen voor landbouw en/of veeteelt gevonden (Kampffmeyer, 1991: pp. 318-319). Eveneens gelijktijdig is het optreden van puntbodemaardewerk en van gedomesticeerde beesten in Almere-'Hoge Vaart' (Hogestijn et al., 1995; Hogestijn & Peeters, 1996). Waarschijnlijk hoort ook het aardewerk van Hardinx-veld-Giessendam in deze periode thuis. De pot van Bronneger-Voorste Diep is slechts weinig jonger (Kroezenga et al., 1991; Lanting, 1992) en toont aan, dat ook in Noord-Nederland vroege neolithische invloeden aanwezig zijn. Geen waarde hechten we echter aan de datering van 'aardewerk' in een haardje in Swifterbant S-23, en aan de dateringen van organisch gemagerd aardewerk van Swifterbant S-11 (zie 5.3.6). Deze neolithiseringsfase heeft mogelijk enkele eeuwen geduurd. In Schleswig-Holstein ontstaat rond 5500 BP de vroegneolithische Rosenhof-groep (Schwabedissen, 1994). Zuidelijker, in Hüde I, is al rond 5700 BP een neolithische groep met randbodemaardewerk en met laat-Rössen-aardewerk bekend (Kampffmeyer, 1991: Abb. 250). De aanwijzingen voor landbouw en veeteelt zijn in dit jachtkamp weliswaar spaarzaam, maar aan het neolithische karakter kan nauwelijks getwijfeld worden (Kampffmeyer, 1991: pp. 319-320). In Nederland ontbreken harde gegevens momenteel nog. De vroegste datering voor de neolithische variant van de Swifterbant-cultuur lijkt die aan houtskool voor laag K van site S-61 bij Swifterbant te zijn: 5510±70 BP, GrN-10356 (Deckers, 1982: pp. 35-36). Maar het is niet onwaarschijnlijk, dat de overstap naar een meer neolithische levenswijze al eerder was gemaakt.

5. DE ¹⁴C-DATERINGEN VOOR HET NEDERLANDSE MESOLITHICUM

5.1. Context en voorbehandeling

Mesolithische nederzettingen in Nederland en laag-België worden gewoonlijk gedateerd aan houtskool uit kuilhaarden of uit kuilachtige structuren, aan verspreide houtskool uit het niveau van de artefacten, of aan verkoolde hazelnootdoppen. Bij deze laatste categorie gaat het in de regel om materiaal dat in grotere hoeveelheden over oppervlaktes van slechts enkele m² verspreid ligt, samen met opvallende hoeveelheden verbrande vuursteen, en op basis waarvan zogenaamde oppervlakte-haarden worden gereconstrueerd.

Crombé, Groenendijk & Van Strydonck (in druk) hebben de voor- en nadelen van deze verschillende categorieën nog eens onder de loep genomen. Zij komen tot de conclusie, dat houtskool uit kuilhaarden, respectievelijk verbrande hazelnootdoppen uit oppervlaktehaarden de meest geschikte materialen voor datering zijn. In kuilhaarden blijken in de regel takken en twijgen in voldoende hoeveelheden aanwezig naast stamhout, zodat bij zorgvuldige selectie oudhouteffect vermeden kan worden. Kuilhaarden hebben bovendien het voordeel, dat ze slechts kort in gebruik zijn geweest en vervolgens opzettelijk zijn dichtgegooid. Verkoolde hazelnootdoppen uit oppervlaktehaarden hebben als groot voordeel de korte eigen levensduur en de korte tijd die verlopen zal zijn tussen het oogsten en het consumeren van de noten. Houtskool uit kuilachtige structuren moet gewantrouwd worden. Deze structuren kunnen een natuurlijke oorsprong hebben (zie onder). Dateringen aan verspreide houtskool geven hooguit een indruk van de totale bewoningsgeschiedenis van een site. Associatie met artefacten is echter moeilijk aan te tonen.

Met deze analyse van Crombé et al. kunnen we zonder meer instemmen. Hazelnootdoppen uit oppervlaktehaarden hebben inmiddels hun waarde voor de dateringen van mesolithische sites duidelijk aangetoond, met name in Verrebroek maar ook op andere vindplaatsen. Onder gunstige omstandigheden, zoals in Verrebroek met zijn ruimtelijk gescheiden concentraties, mag van hazelnootdateringen veel verwacht worden voor het verfijnen van de typochronologie van het Zuid-Nederlands/laag-Belgische vuursteenmateriaal. Maar bij herhaalde bewoning van dezelfde site gedurende langere tijd verliezen natuurlijk ook hazelnootdoppen hun specifieke waarde, temeer omdat verkoolde hazelnootdoppen, net als houtskoolbrokjes van hardere houtsoorten vrijwel onvergankelijk zijn. Het nadeel van kuilhaarden is dat ze aan de rand van of zelfs buiten de bijbehorende nederzetting (lees: vuursteenconcentratie) werden aangelegd. Bij herhaalde bewoning over langere tijd, met grotere aantallen vuursteenconcentraties in elkanders nabijheid, wordt de relatie haard-bijbehorende vuursteenconcentratie onduidelijk. Kuilhaarden binnen een vuursteenconcentratie dateren deze hoogstwaarschijnlijk niet. Series dateringen aan kuilhaarden van één site geven natuurlijk wel een goed beeld van de totale bewoningsgeschiedenis tijdens het Mesolithicum.

Voorbeelden van deze problemen zijn al eerder ter sprake gekomen en zullen ook in de volgende lijsten van dateringen genoemd worden. Wat verder niet vergeten mag worden is dat noch een kuilhaard noch een concentratie verbrande hazelnootdoppen typisch mesolithisch is. Voorbeelden van kuilhaarden die op grond van habitus als mesolithisch werden beschreven, maar die bij datering neolithisch of zelfs jonger bleken, zijn bekend en zullen in de dateringslijsten worden vermeld. Hetzelfde geldt voor concentraties verbrande hazelnootdoppen die aanzienlijk jonger dan het

Mesolithicum bleken te zijn. Wat wel de aandacht verdient op dit moment is houtskool van natuurlijke oorsprong, die òf als verspreide houtskool òf als houtskool in kuilachtige structuren voor verwarring kan zorgen.

We kennen twee voorbeelden van zeer oude houtskool, liggend tussen mesolithische artefacten. Het eerste voorbeeld is bekend van Remouchamps-Station Leduc (prov. Luik, België), waar een monster houtskoolpartikeltjes uit één m²-vak (H-24) gedateerd werd op 17.490±200 BP (Lv-1310). Dit monster kreeg een voorbehandeling met zuur, loog en zuur (Gob & Jacques, 1985: p. 165). De houtskool kan nauwelijks afkomstig zijn van een boom die rond de aangegeven tijd groeide. Immers, ca. 17.500 BP valt in een zeer koude periode van het Boven-Pleniglaciaal. Waarschijnlijker betreft het een mengsel van nog oudere houtskool, uit één van de interstadialen van de Würm, of uit het Eem-interglaciaal, en jongere houtskool. Ook bestaat de mogelijkheid, dat ondanks de voorbehandeling fijnverdeelde houtskool uit één van de interstadialen nog voldoende jongere humaten bevatte om een datering van ca. 17.500 BP te verkrijgen.

Het tweede voorbeeld is Posterholt-HVR 164 (Verhart, 1995b; 1995c). Vier AMS-dateringen aan verkoolde hazelnootdoppen waren overeenkomstig de verwachtingen (zie 5.3.9). Vier AMS-dateringen aan houtskoolbrokjes leverden echter bizarre resultaten op:

UtC-4918	247±31 BP
UtC-4919	22.570±150 BP
UtC-4915	28.020±220 BP
UtC-4921	40.100±800 BP

Ook hier moeten de oude getallen als minimumwaarden worden gezien. De kans is echter groot, dat het houtskool uit de Denekamp- en Hengelo-interstadialen betreft, dat door de Maas elders is uitgespoeld en in de terrasafzettingen is gedeponeerd.

Kuilachtige structuren met verspreide houtskool zijn niet alleen van mesolithische sites bekend. Deze kennelijk natuurlijk gevormde structuren komen, zoals te verwachten, ook elders voor. Bij de opgraving van het grote urnenveld uit de late bronstijd/vroege ijzertijd bij Neuwarendorf, Kr. Warendorf in Westfalen (Lanting, 1986a) werden tientallen onregelmatig gevormde kuilen van wisselende diepte, met wisselende hoeveelheden houtskool aangetroffen. In geen enkel geval waren deze kuilen geassocieerd met vuurstenen artefacten. De onregelmatige vormen wezen op natuurlijke vorming; de ¹⁴C-dateringen wijzen in dezelfde richting:

GrN-10.270	Nr. 209	4855±40 BP	ZLZ
GrN-11.268	Nr. 236	6570±70 BP	ZLZ
GrN-11.269	Nr. 237	4470±70 BP	ZLZ

Een dergelijke kuil uit een opgraving bij Gittrup, Kr. Münster werd gedateerd:

GrN-12.412	F. 898	9290±80 BP	ZLZ

Ook in het urnenveld van Druchhorn, Kr. Osnabrück werden dergelijke kuilen ontdekt (Schlüter, 1979). Twee ervan werden bemonsterd en gedateerd, omdat ze met het urnenveld in verband werden gebracht:

| GrN-10.538 | Anlage 37 | 4570±80 BP | Z |
| GrN-10.540 | Anlage 46 | 7980±70 BP | ZLZ |

Bij de opgraving van het vernielde hunebed D32d bij Odoorn werden enkele vage, oranjekleurige kuilen ontdekt, die in eerste instantie voor kuilen van kransstenen werden gehouden (Taayke, 1985: fig. 10). Houtskool uit één van deze kuilen werd gedateerd:

| GrN-12.687 | | 8820±90 BP | ZLZ |

Op de *Federmesser*-site Eext-Hooidijk werd houtskool verzameld uit grijzige grond in een langgerekt, smal grondspoor dat aanvankelijk voor een vorstspleet uit de Jongere Dryas met een vulling van Allerød-bodem werd gehouden. De 14C-datering wees echter anders uit:

| GrN-8073 | | 8795±50 BP | ZLZ |

Mogelijk betrof het hier een wortelspoor of iets dergelijks.

In de dateringslijsten zullen meerdere dateringen van houtskool uit kuilachtige structuren vermeld worden. Het is duidelijk dat deze dateringen gewantrouwd moeten worden, zelfs wanneer de 14C-ouderdom min of meer overeenkomstig de verwachting is. Ongelukkigerwijze ziet het er naar uit, dat een deel van de zogenaamde haarden van Zuid-Nederlandse/laag-Belgische sites in feite kuilachtige structuren met fijn verdeelde houtskool zijn.

Om een 14C-bepaling op zijn waarde te kunnen schatten, is het nodig de voorbehandeling van het betreffende monster in het 14C-laboratorium te kennen. Houtskoolmonsters zijn in staat grote hoeveelheden humaten te absorberen tijdens het verblijf in de bodem. Deze humaten zullen in de regel jonger zijn dan de houtskool. Verwijdering van deze humaten is essentieel, indien een nauwkeurige ouderdomsbepaling gewenst is. Dat kan alleen indien de houtskool behandeld wordt met loog, als onderdeel van de standaardvoorbehandeling met zuur-loog-zuur. Bij zo'n voorbehandeling lost een deel van het schijnbaar volledig uit houtskool bestaande monster op. Mook & Streurman (1983: p. 49) vermelden, dat bij de loogbehandeling 5-25% van het monster kan oplossen bij kamertemperatuur, en tot 45% bij hogere temperatuur. Dit opgeloste materiaal bestaat voornamelijk uit humaten. Indien een monster groot genoeg is levert dit gewichtsverlies geen problemen op. Bij kleine, of bij sterk verontreinigde monsters kan zo'n zuur-loog-zuurbehandeling wel problemen opleveren, in die zin dat te weinig materiaal overblijft om de benodigde hoeveelheid CO_2-gas voor de telbuis te produceren. In zo'n geval willen 14C-laboratoria nog wel eens volstaan met een kortdurige behandeling met zuur-loog-

zuur bij lage temperatuur, of zelfs met een voorbehandeling met zuur alleen. De kans dat de houtskool dan onvoldoende gereinigd wordt is groot. Het door Mook & Streurman genoemde controlegetal (koolstofpercentage van de gedateerde fractie, C_v~68%) blijkt in de praktijk te ruime marges te hebben om werkelijk bruikbaar te zijn. Dateringen aan houtskoolmonsters die alleen een zuurbehandeling hebben gekregen moeten als onbetrouwbaar worden beschouwd, tenzij er goede redenen zijn om aan te nemen dat absorptie van humaten niet kan hebben plaatsgevonden. In openluchtvindplaatsen op dekzand zal dat nimmer het geval zijn. Voor monsters die een milde zuur-loog-zuurvoorbehandeling hebben gehad, geldt dat ze met de nodige argwaan bekeken moeten worden.

Bij been geldt, dat alleen dateringen van de collageenfractie, bij voorkeur geïsoleerd volgens de methode Longin, betrouwbaar zijn (Mook & Streurman, 1983: pp. 51-53). In Nederland en laag-België speelt dit materiaal tot dusverre geen rol bij de datering van nederzettingen. Wel zijn dateringen, voornamelijk met behulp van AMS aan losse artefacten en skeletresten bekend. Elders in Europa speelt been wel een belangrijke rol. Problemen kunnen ontstaan, wanneer de te dateren monsters bestaan uit verspreide beenfragmenten en -splinters. Dan is de kans op vermenging van ouder en jonger materiaal groot. Bij beenmonsters moet verder gecontroleerd worden of correctie voor isotopenfractionering is toegepast. Zonder deze correctie zal een datering aan bot en terrestrische zoogdieren in de regel 60-80 jaren te jong uitvallen. Bij menselijk bot kan deze verjonging makkelijk oplopen tot 100 jaren.

5.2. Waarom geen typochronologische indeling?

In de volgende paragraaf worden de 14C-dateringen van het Mesolithicum in Nederland per provincie opgesomd. Anders dan in Lanting & Mook (1979) zullen die dateringen niet meer ingedeeld worden volgens het systeem-Newell. In paragraaf 2.3 menen wij duidelijk te hebben gemaakt, dat Newells indeling de toets der kritiek niet kan doorstaan, voornamelijk omdat het beschikbare vuursteenmateriaal òf slecht is gedocumenteerd, òf afkomstig van grote sites met herhaalde bewoning, vaak over langere tijd, terwijl zo'n indeling gebaseerd zou moeten zijn op vondsten van kortdurig bewoonde vindplaatsen. Dat betekent overigens niet, dat wij geloven, dat de ontwikkelingen wezenlijk anders zijn geweest. Het overzicht in hoofdstuk 3 van de ontwikkelingen in andere delen van Europa maakt duidelijk, dat wat Newell schetst voor Nederland in grote lijnen overeenkomt met wat elders gebeurt. Maar er zijn te veel onzekerheden. Wanneer wordt de spits met oppervlakteretouche geïntroduceerd? Is dat rond 8200 BP, met het begin van de fase *Boreal Mesolithic* zoals Newell wil, of al rond of voor 9000 BP, zoals vondsten in Neerharen en Verrebroek vrijwel zeker aantonen? Of is hier sprake van een type dat aanvankelijk slechts in kleine aantallen werd vervaardigd en pas later op grote schaal toegepast werd? Vrij algemeen is de opvatting, onlangs nog weer verwoord door Gronenborn (1997), dat het trapezium vlak na 8000 BP zijn intrede deed, en wel min of meer gelijktijdig in grote delen van Europa. Maar trapezia kwamen al voor in Beuronien A in Zuid-Duitsland en in vroeg-Maglemose/Duvensee in Zuid-Scandinavië en Noord-Duitsland vóór 9000 BP. Het is niet uitgesloten, dat dit type ook tussen 9000 en 8000 BP in kleine aantallen bleef optreden. Pas na 8000 BP werd het trapezium op grotere schaal vervaardigd. Daarbij moet wel worden aangetekend, dat het niet van de ene op de andere dag het dominante spitstype werd. In Zuid-Scandinavië en Noord-Duitsland duurde het aantoonbaar enkele eeuwen voordat trapezia de lancetspitsen en ongelijkbenige driehoeken verdrongen. En elders in Europa zal het niet anders zijn geweest, denken wij.

Dat tranchetbijlen in Noord-Nederland pas na 8000 BP werden geïntroduceerd, met het verschijnen van het De Leijen-Wartena Complex, is evenmin juist. Recente opgravingen en dateringen maken duidelijk, dat tranchetbijlen in Noord-Nederland al lang voordien voorkwamen. Trouwens, het hele concept van een De Leijen-Wartena Complex lijkt op de helling te moeten. Er is geen sprake van een invasie vanuit het verdrinkende Noordzeegebied van dragers van een lokale variant van het Noord-Europese Mesolithicum. Hooguit is er sprake van een versterkte noordelijke invloed, onder andere zichtbaar in een toenemend gebruik van tranchetbijlen, en mogelijk in combinatie met een instroom van kleine aantallen mensen vanuit het Noordzeegebied. Dat er al een noordelijke invloed was, blijkt uit dat eerdere optreden van tranchetbijlen. Die toenemende invloed beperkt zich overigens tot Friesland en Groningen. In het Limburgse Maasgebied is nooit De Leijen-Wartena aanwezig geweest. Wel zijn door oppervlaktecollecties van gemengde mesolithische en neolithische vuursteen bekend, met neolithische (d.i. Michelsberg) tranchetbijlen.

Het verschil tussen Noord-Nederland en Zuid-Nederland/laag-België kan verklaard worden met verschillende mate van beïnvloeding. Het vroegste Mesolithicum is in beide gebieden identiek en gebaseerd op epi-Ahrensburg. In het noorden vindt echter beïnvloeding van de zijde van het Noord-Europese Mesolithicum plaats, terwijl het zuiden blootstaat aan invloeden vanuit Oost-Frankrijk/West-Zwitserland, resp. ZW-Duitsland. Daardoor groeien beide gebieden geleidelijk uiteen, zonder dat de gemeenschappelijk kenmerken helemaal verloren gaan.

In paragraaf 5.3 vermelden we eerdere indelingen volgens het systeem-Newell wel, maar we hechten er geen waarde aan. In feite zouden wij op dit moment zelf niet verder willen gaan dan een indeling in vroeg-Mesolithicum zonder en laat-Mesolithicum met trapezia. We verwachten overigens veel van het onderzoek in Verrebroek voor de typochronologie van het Zuid-Nederlands/laag-Belgische Mesolithicum. In Noord-Nederland zijn dergelijke hoopvolle ontwikkelingen op dit moment niet aanwijsbaar. Wel zijn de opgravingen in Almere-'Hoge Vaart' en Hardinxveld-Giessendam buitengewoon belangrijk voor een beter inzicht in het laat-Mesolithicum en het beginnende Neolithicum in Midden-Nederland. De dateringen die nu ter beschikking staan, kunnen o.i. het beste gebruikt worden voor een reconstructie van de bewoningsgeschiedenis tijdens het Mesolithicum, overeenkomstig de manier waarop Waterbolk (1985) ze destijds gebruikte.

5.3. De ¹⁴C-dateringen per provincie

5.3.1. Friesland

Bergumermeer S-64A. Deze nederzetting werd in 1971 door Newell door middel van proefputjes onderzocht. Korte beschrijving in Newell & Vroomans (1972). Twee haarden werden gedateerd:

GrN-6845	haard	U-35	8010±75 BP	ZLZ
GrN-6846	haard	D-62	4730±60 BP	ZLZ

Newell (n.d.) rekent S-64A tot het De Leijen-Wartena Complex, en wel tot de oudere fase (Newell & Vroomans, 1972: pp. 91-92).

Bergumermeer S-64B. Opgraving Newell, 1970-1974, niet gepubliceerd. Korte beschrijvingen in Newell & Vroomans (1972), Bloemers et al. (1981). In laatstgenoemde publicatie is ook een plattegrond opgenomen. Zie verder: Casparie & Bosch (1995) en Huiskes (1988). Een groot aantal houtskoolmonsters werd gedateerd:

GrN-14884	haard I	6710±90 BP	ZLZ
GrN-11998	haard II	6320±120 BP	ZLZ
GrN-14885	haard IV	6720±140 BP	ZLZ
GrN-6843/7927	haard V	7090±30 BP	ZLZ
GrN-12000	haard VIII	6860±70 BP	ZLZ
GrN-14886	haard IX	7310±60 BP	ZLZ
GrN-8228	kuil 1	6630±110 BP	Z
GrN-14890	kuil 3	6870±240 BP	ZLZ
GrN-8227	kuil 34	7030±90 BP	Z
GrN-14891	paalgat	6600±150 BP	ZLZ
GrN-14889	greppel 2	7700±500 BP	ZLZ

Problematisch is de datering van 'organisch materiaal' uit kuil 25 in de vakken BH-33/34. Dit monster loste bij de voorbehandeling geheel op in loog. Na aanzuren werd de oplossing ingedampt en het residue werd gedateerd. In feite is dus van voorbehandeling geen sprake.

GrN-6844	6820±85 BP

Newell (Newell & Vroomans, 1972: pp. 91-92) rekent S-64A tot de jongere fase van het De Leijen-Wartena Complex. GrN-6844, -8227 en -8228 zullen te jong zijn vanwege onvoldoende voorbehandeling.

Naast onmiskenbare mesolithische grondsporen bleken ook sporen uit jongere tijd aanwezig, die overigens tijdens de opgraving niet altijd als zodanig herkend werden. De volgende dateringen aan houtskool zijn verricht:

GrN-11999	haard VI	4980±110 BP	ZLZ
GrN-7928	haard VII	2145±40 BP	ZLZ
GrN-14887	haard IX	3940±60 BP	ZLZ
GrN-14888	haard 201	2010±20 BP	ZLZ
GrN-7929	haard 202	2030±130 BP	ZLZ
GrN-7930	haard 203	2420±150 BP	ZLZ
GrN-6842	haard BS-25	2615±35 BP	ZLZ

Casparie & Bosch (1995: table 1) beschrijven laatstgenoemde monster als "peaty mud in erosion gully" in navolging van Lanting & Mook (1977), die zich op hun beurt baseren op een gewijzigd 14C-formulier. Volgens de oorspronkelijke tekst op het formulier, ingevuld door Newell zelf, betreft het echter houtskool uit genoemde haard. Ook het bijbehorende laboratoriumprotocol maakt duidelijk dat het hier om houtskool ging. Waar de wijziging op is gebaseerd, is niet duidelijk. Casparie & Bosch (1955: p. 277) gebruiken de datering in hun argumentatie betreffende de stijging van de waterspiegel en de veengroei. Dateringen GrN-7929 en -14888 maken duidelijk dat de zandrug rond 2000 BP nog bewoonbaar was en niet met veen overgroeid.

Dokkum-Jantjeszeepolder. Opgraving F.M., 1982, van terrein met ploegsporen en mesolithische en neolithische vuursteen. Twee haardjes werden gedateerd:

| GrN-12417 | 8200±50 BP | ZLZ |
| GrN-12418 | 7450±40 BP | ZLZ |

Drachtster Compagnie. Opgraving Lanting, 1968, niet gepubliceerd. Haardje onder bronstijdgrafheuvel:

| GrN-5771 | 7790±95 BP | ZLZ |

Duurswoude I. Onderzoek Houtsma, 1953, niet gepubliceerd. Van deze site zijn twee dateringen van dezelfde haard bekend, hoewel één monster (GrN-1175) onder de naam Duurswoude III werd ingeleverd, omdat deze controledatering anders niet had kunnen plaatsvinden (Houtsma, mond. meded. 14-05-1982):

| GrN-1173 | 7700±100 BP | ZLZ |
| GrN-1175 | 7710±70 BP | ZLZ |

Gemiddelde datering: 7705±60 BP. Newell (n.d.) rekent Duurswoude I tot de fase *Late Mesolithic*.

Duurswoude III. Opgravingen Bohmers/Houtsma, 1956-1964, niet gepubliceerd: zie voor korte beschrijving Price (1975: pp. 418-423). Van de 23 haarden werd slechts één gedateerd:

| GrN-1567 | 7700±70 BP | ZLZ |

Er is een tweede datering bekend onder de naam Duurswoude III (GrN-1175 7710±70 BP), maar volgens Houtsma (mond. meded. 14-05-1982) betreft het in dit geval een monster uit Duurswoude I, dat door Bohmers en hem werd ingeleverd om een datering van die site te checken. Newell (n.d.) rekent Duurswoude III tot de fase *Boreal Mesolithic*.

Duurswoude-Oud Leger. Onderzoek Bohmers en Houtsma, 1954. Publicatie: Bohmers & Houtsma (1961). Houtskool uit de haard in het gepubliceerde profiel (Bohmers & Houtsma, 1961: afb. 1) werd gedateerd:

| GrN-615 | 7455±120 BP | ZLZ |

Newell (n.d.) rekent Duurswoude-Oud Leger tot de fase *Late Mesolithic*.

Elsloo-Tronde. Opgraving Houtsma, 1966, van Hamburg-vindplaats, waar ook mesolithisch materiaal tevoorschijn kwam:

| GrN-4869 | 7790±95 BP | ZLZ |

Harich. Verkenning F.M., 1983. Haardje in slootprofiel:

| GrN-12415 | 7925±45 BP | ZLZ |

Haule I. Opgraving Bohmers, 1949, niet gepubliceerd. Korte beschrijving in Price (1975: pp. 423-426). Van de 27 haarden werden twee gedateerd, van de vijf 'hutkommen' slechts één:

GrN-128	haard	7525±220 BP	Z
GrN-6457	haard	7445±50 BP	ZLZ
GrN-6454	'hutkom' II	7375±50 BP	ZLZ

GrN-128 is waarschijnlijk te jong, vanwege de ontoereikende voorbehandeling. Houtskool uit dezelfde haard als GrN-128 werd in Chicago volgens de *solid-carbon method* gedateerd (Libby, 1955: p. 89):

| C-627 | 7965±370 BP |

De nederzetting lag naast een laagte gevuld met gyttja en veen. Waterbolk (1954: pp. 21-22) kon het niveau met silexfragmenten pollenanalytisch dateren rond de overgang Boreaal/Atlanticum. Newell (n.d.) rekent Haule I tot de fase *Late Mesolithic*.

Haule II. Opgraving Bohmers en Houtsma, 1952-53, 1956. Niet gepubliceerd. Twee houtskoolmonsters, resp. een concentratie in de cultuurlaag en een monster waarvan de context niet duidelijk is, werden gedateerd:

| GrN-6838 | 7745±40 BP | ZLZ |
| GrN-6839 | 7850±40 BP | ZLZ |

Newell (n.d.) rekent Haule II tot het De Leijen-Wartena Complex, en wel tot de oudere fase (Newell & Vroomans, 1972: pp. 91-92).

Voor het mesolithische jachtkamp *Jardinga*: zie 7.6.

De Leijen. Opgravingen Siebinga, 1938-40 en Bohmers, 1956. Niet gepubliceerd, maar voor een korte beschrijving: zie Siebinga (1944). Voor een indruk van de vuursteenindustrie, zie Bohmers & Wouters (1956: pl. II). Uit de opgraving van Bohmers werden twee monsters gedateerd:

| GrN-685 | hazelnootdoppen | 6960±140 BP | ZLZ |
| GrN-1683 | haardje | 7230±65 BP | ZLZ |

In 1969 werd een monster verkoolde hazelnootdoppen uit de collectie van wijlen Dr. Siebinga gedateerd, in de veronderstelling dat deze uit een graf van de Enkelgrafcultuur bij Egbertsgaasten afkomstig waren. Het resultaat maakt echter waarschijnlijk, dat ze uit de opgravingen bij de Leijen afkomstig zijn:

| GrN-5768 | | 6795±70 BP | Z |

Deze datering is waarschijnlijk te jong, vanwege onvoldoende voorbehandeling. Newell (n.d.) rekent De Leijen tot het De Leijen-Wartena Complex, en wel tot de jongere fase (Newell & Vroomans, 1972: pp. 91-92).

Oldeboorn. Opgraving B.A.I., 1980, niet gepubliceerd, van zandkop met Klokbeker- en bronstijdbewoning, waarop ook enkele haardjes en mesolithische artefacten, waaronder trapezia, werden ontdekt:

| GrN-10340 | | 7560±70 BP | Z |
| GrN-10341 | | 7400±70 BP | Z |

Vanwege de veenovergroeiing van de zandkop en de onvolledige voorbehandeling zullen de dateringen hoogstwaarschijnlijk te jong zijn!

Oldeholtwolde. Opgraving Stapert, 1980-81, mesolithische haard boven laag met Hamburg, niet gepubliceerd:

| GrN-13182 | | 9220±80 BP | ZLZ |

Rotsterhaule. Opgraving Bohmers 1961, niet gepubliceerd. Korte beschrijving met plattegrond in Price (1975: pp. 447-453, fig. 70); selectie van artefacten afgebeeld door Jacobi (1976: fig. 9). Het onderzochte deel van de concentratie had een oppervlak van ca. 340 m². Er werden 39 haarden aangetroffen, waarvan vijf werden gedateerd:

GrN-3042	haard in D15	8365±75 BP	Z
GrN-6372	haard 1	8545±50 BP	ZLZ
GrN-6373	haard 2	8595±45 BP	ZLZ
GrN-6374	haard, ongenummerd	8580±50 BP	ZLZ
GrN-6382	haard 13	8210±50 BP	ZLZ

Newell (n.d.) rekent Rotsterhaule tot de fase *Early Mesolithic*. GrN-3042 is waarschijnlijk te jong, vanwege de onvoldoende voorbehandeling.

Siegerswoude I. Opgraving Bohmers, 1956, niet gepubliceerd. Een korte beschrijving wordt gegeven door Price (1975: pp. 453-455). Van de 10 haarden werd slechts één gedateerd:

| GrN-1509 | | 7960±70 BP | ZLZ |

Newell (n.d.) rekent Siegerswoude I tot de fase *Boreal Mesolithic*.

Siegerswoude II. Opgraving Houtsma e.a., 1962. Op deze site werden stratigrafisch gescheiden resten van Creswell-bewoning en bewoning uit het Mesolithicum gevonden. Laatstgenoemde vondsten zijn echter nauwelijks gedocumenteerd, zie Kramer et al. (1985). Van deze vindplaats zijn drie monsters gedateerd op verzoek van Newell. Deze zijn afkomstig uit niet-gedocumenteerde grondsporen; de betreffende informatie komt van de opgravers:

GrN-6460	'hutkom'	7465±50 BP	ZLZ
GrN-6455	'hutkom'	7535±45 BP	ZLZ
GrN-6470	haard	8620±80 BP	ZLZ

Newell (n.d.) rekent Siegerswoude II tot de fase *Late Mesolithic*, maar GrN-6470 maakt duidelijk, dat ook oudere bewoningssporen aanwezig moeten zijn.

Smalle Ee. Opgraving Elzinga, 1980, van kloosterkerk. Binnen de kerk werd een haardje aangetroffen (De Langen, 1992: afb. 29: nr. 21):

| GrN-18082 | | 8130±55 BP | ZLZ |

Tietjerk-Lytse Geast I. Opgraving Bohmers, 1963 (proefsleuf), Wadman, 1971-82. Publicatie: Huiskes (1988). Uit Bohmers' proefsleuf door concentratie V op deze vindplaats werden twee haarden bemonsterd:

| GrN-6077 | | 7750±75 BP | Z |
| GrN-6078 | | 7505±75 BP | Z |

Newell (n.d.) rekent Tietjerk-LG I tot het De Leijen-Wartena Complex, en wel tot de oudere fase (Newell & Vroomans, 1972: pp. 91-92). Beide dateringen zijn waarschijnlijk te jong, vanwege de ontoereikende voorbehandeling.

Tietjerk-Lytse Geast IV. Opgraving Wadman, 1973, 1979-1982. Niet gepubliceerd, zie echter Huiskes (1988). Van de 17 haarden werd één gedateerd:

| GrN-12.261 | | 7965±50 BP | ZLZ |

Newell (n.d.) rekent Tietjerk-LG IV tot het De Leijen-Wartena Complex en wel tot de oudere fase (Newell & Vroomans, 1972: pp. 91-92).

Warns. Opgraving Newell, 1970, niet gepubliceerd. Twee haarden werden gedateerd:

| GrN-6471 | haard P-18 | 8585±75 BP | ZLZ |
| GrN-6474 | haard N-6 | 8315±120 BP | ZLZ |

Newell (n.d.) rekent Warns tot de fase *Boreal Mesolithic*.

Wartena. Opgraving Bohmers, 1964, niet gepubliceerd. Een haard werd gedateerd:

| GrN-4325 | 7450±80 BP | ZLZ |

Newell (n.d.) rekent Wartena tot het De Leijen-Wartena Complex, en wel tot de oudere fase (Newell & Vroomans, 1972; pp. 91-92).

Waskemeer West. Opgraving Houtsma, 1964-1966, niet gepubliceerd. Op deze vindplaats, ook bekend als Duurswoude V, werden volgens Houtsma (mond. meded. 14-5-'82) mesolithische en jongere artefacten gevonden. Een haard werd bemonsterd:

| GrN-5043 | 7620±50 BP | ZLZ |

Newell (n.d.) rekent Waskemeer-West tot de fase *Late Mesolithic*.

5.3.2. *Groningen*

Uit de provincie Groningen is, vooral dankzij het werk van H.A. Groenendijk en J.L. Smit in de Veenkoloniën, een groot aantal dateringen van mesolithische nederzettingen bekend. Deze dateringen geven een indruk van de bewoningsgeschiedenis tijden Boreaal en Atlanticum. Helaas is het bijbehorende vuursteen materiaal niet of nauwelijks gepubliceerd. In de weinige gevallen waarin wel iets bekend is van de vuursteeninventaris van een mesolithische site in de provincie Groningen blijkt het aantal spitsen zo gering, dat toewijzing nog niet mogelijk is. Mede om die reden zal volstaan worden met een summiere beschrijving, grotendeels gebaseerd op Groenendijk (1997), waaraan ook de gemeentecodes zijn ontleend.

Be-45. Opgraving B.A.I., 1986. Haardkuilen waarvan één gedateerd:

| GrN-15309 | 7110±30 BP | ZLZ |

Be-52. Opgraving B.A.I., 1985. Grondsporen. Eén haardkuil gedateerd:

| GrN-15310 | 7620±60 BP | ZLZ |

Glimmer Es. Opgraving B.A.I., 1971, van vernield hunebed G3. Haardje onder voormalige dekheuvel (zie Brindley, 1983: fig. 2:21):

| GrN-11997 | 8120±80 BP | ZLZ |

HS-16. Opgraving B.A.I., 1986, vuursteen en grondsporen. Een kuil gedateerd:

| GrN-15311 | 9240±70 BP | ZLZ |

HS-17. Verkenning Groenendijk, 1986. Vuursteen en aangeploegde haardkuilen, waarvan één gedateerd:

| GrN-15312 | 7905±50 BP | ZLZ |

HS-22. Opgraving B.A.I., 1987, vuursteen en haardkuilen, waarvan één gedateerd:

| GrN-18794 | 8220±50 BP | ZLZ |

HS-30. (Westerbroek) Verkenning Groenendijk, 1982, vuursteen en haardkuil in ontsluiting. Haardkuil gedateerd:

| GrN-11996 | 9470±70 BP | ZLZ |

Lageland I. Opgraving G.I.A., 1996, in tracé van aardgasleiding. Met klei en veen afgedekte mesolithische site. In het opgegraven gedeelte werden geen grondsporen aangetroffen, wel een concentratie verkoolde hazelnootdoppen. Bij de vuurstenen vallen drie tranchetbijltjes op. De spitsen zijn te gering in aantal voor een toewijzing. De hazelnootdoppen werden gedateerd. Publicatie: Niekus, De Roever & Smit (1997):

| GrN-22709 | 8750±50 BP | ZLZ |

Leek-Mensumaweg. Opgraving Groenendijk, 1996. Gedeeltelijke opgraving van een kleine mesolithische site op een dekzandkopje, dat nog deels met veen was bedekt. De opgraving laat een spreiding zien van verbrande en onverbrande vuursteenartefacten, verkoolde hazelnootdoppen en houtskool, met een diameter van ca. 4 m. Een concentratie van houtskool en hazelnootdoppen in het centrum suggereert een oppervlaktehaard met een diameter van ca. 35 cm. Aan de rand van de spreiding werd een kuilhaard ontdekt. Publicatie: Crombé, Groenendijk & Van Strydonck (in druk). Twee monsters verkoolde hazelnootdoppen werden gedateerd:

| GrN-23671 | 7820±40 BP | ZLZ |
| GrN-23672 | 7820±30 BP | ZLZ |

Het gemiddelde van deze beide is 7820±25 BP. Verder werd *Pinus*-houtskool uit de kuilhaard gedateerd:

| GrN-23673 | 7870±40 BP | ZLZ |

Het lijkt erop dat kuilhaard en artefactenspreiding + hazelnootdoppen bij elkaar horen, maar helemaal zeker is dat niet. De ijkcurve laat zien dat de mogelijkheid, dat de kuilhaard tot enkele honderd jaren ouder is, niet kan worden uitgesloten. Helaas is het aantal spitsen te gering voor een typologische toewijzing (mond. meded. H.A. Groenendijk).

NP-3. Uitzonderlijk grote nederzetting op langgerekte dekzandrug. Opgraving B.A.I. 1984, 1989, 1991-93,

1997. Honderden haardkuilen, vuursteen, kernbijltje, etc. Publicaties: Groenendijk (1987); Groenendijk & Smit (1989); Smit (1995a, 1995b). Van de haardkuilen werden 23 gedateerd:

GrN-13750	22884 D	8230±45 BP	ZLZ
GrN-13751	22884 K	9110±45 BP	ZLZ
GrN-15313	22884 E	8090±30 BP	ZLZ
GrN-18821	11	8090±35 BP	ZLZ
GrN-18822	20189 C	8260±30 BP	ZLZ
GrN-18823	20189 D	8115±25 BP	ZLZ
GrN-18824	20189 E	8185±30 BP	ZLZ
GrN-18825	20189 F	8300±50 BP	ZLZ
GrN-18826	20189 I	8110±50 BP	ZLZ
GrN-18827	25189 D	8135±25 BP	ZLZ
GrN-18828	25189 E	8110±50 BP	ZLZ
GrN-18829	25189 S	8145±25 BP	ZLZ
GrN-18830	26 N	7920±50 BP	ZLZ
GrN-18831	26 O	8230±25 BP	ZLZ
GrN-18832	34	7955±45 BP	ZLZ
GrN-18833	35	8115±35 BP	ZLZ
GrN-18834	36	8260±50 BP	ZLZ
GrN-18835	37	8320±50 BP	ZLZ
GrN-18836	38	8240±80 BP	ZLZ
GrN-18837	39	7870±50 BP	ZLZ
GrN-18838	40	8020±50 BP	ZLZ
GrN-18839	219	8490±50 BP	ZLZ
GrN-18840	220	8415±40 BP	ZLZ

NP-9. Opgraving B.A.I., 1993. Gedeeltelijk opgraving van kleine vindplaats, met één kuilhaard, vuursteen waaronder een tranchetbijl (Niekus, De Roever & Smit, 1997: noot 2), etc. Twee oppervlaktehaarden reconstrueerbaar. Organische resten gepubliceerd door Perry (1997). Twee monsters verkoolde hazelnootdoppen werden gedateerd:

GrN-22707	vak 46/28	8770±50 BP	ZLZ
GrN-22708	vak 52/29	8800±50 BP	ZLZ

NP-16. Opgraving B.A.I., 1985, van vuursteen en grondsporen in een ontsluiting. Eén haard gedateerd:

GrN-18779		7275±70 BP	ZLZ

Ok-8. Ontsluiting, verkend in 1989. Haardkuil gedateerd:

GrN-20780		7700±50 BP	ZLZ

S-6. Opgraving B.A.I., 1984 en 1987. Haardkuilen waarvan twee gedateerd:

GrN-13745	No. 1	7785±50 BP	ZLZ
GrN-13746	No. 10	8640±40 BP	ZLZ

S-51. Opgraving B.A.I., 1984. Vuursteen en haardkuilen, waarvan drie werden gedateerd; plattegrond gepubliceerd door Groenendijk (1987: fig. 3):

GrN-13747	D	7615±40 BP	ZLZ
GrN-13748	H	7480±40 BP	ZLZ
GrN-15314	O	8335±35 BP	ZLZ

Vm-24. Opgraving B.A.I., 1985, vuursteen en haardkuilen, waarvan één gedateerd:

GrN-13749		8080±45 BP	ZLZ

Vm-25. Opgraving B.A.I., 1989, haardkuilen, waarvan twee gedateerd:

GrN-18878		7710±30 BP	ZLZ
GrN-21276		7570±60 BP	ZLZ

Vm-38 (Wildervank). Opgraving B.A.I., 1983. Vuursteen, grondsporen en 'houtskooldump', die gedateerd werd. Publicatie Groenendijk & Smit (1984-1985). De door Groenendijk & Smit (1984-1985: p. 141 en afb. 4) als gebroken smalle trapezia geïdentificeerde spitsen zijn waarschijnlijk B-spitsen.

GrN-12707		9045±45 BP	ZLZ

Overigens is niet elke kuilhaard zonder meer aan het Mesolithicum toe te schrijven. In twee gevallen bleken kuilhaarden die op grond van hun habitus en/of houtskoolsamenstelling niet mesolithisch, maar neolithisch te zijn (Groenendijk, 1997; pp. 100-101):

Hasseberg (Vl-115)
GrN-21273	3770±40 BP	ZLZ

Onstwedder Holte (S-83)
GrN-15315	4750±40 BP	ZLZ

5.3.3. *Drenthe*

Anlo. Opgraving B.A.I., 1957-58, van een omheinde TRB-nederzetting, laatneolithische graven, nederzettingssporen en akkerland uit vroege en midden-bronstijd, en een urnenveldje uit de late bronstijd. Publicatie: Waterbolk (1960). Enkele artefacten en kuiltjes met houtskool wijzen op mesolithische bewoning.

GrN-1970	haardje(?) no. 35	8785±95 BP	ZLZ
GrN-1969	haardje(?) no. 136	8770±80 BP	ZLZ

Een derde datering is verricht aan verspreide houtskoolblokjes uit een kuiltje met een AOC-bekerscherf. In dit geval ligt verontreiniging van een bekerkuil met oudere houtskool voor de hand.

GrN-1980	kuil 68 A	9205±70 BP	ZLZ

Borger. Onderzoek Newell, 1979, niet gepubliceerd. Korte samenvatting van resultaten in Price (1975: p. 456). Ca. 770 m² onderzocht, 51 haarden. De bovengrond was reeds verwijderd, zodat er geen informatie is betreffende de verspreiding van artefacten. Artefacten werden verzameld in de reeds afgeschoven grond. Vier haarden werden gedateerd:

GrN-6459	haard 1	7640±50 BP	ZLZ
GrN-6453	haard 7	7850±50 BP	ZLZ
GrN-6458	haard 11	7085±45 BP	ZLZ
GrN-6465	haard zonder nr.	6345±45 BP	ZLZ

Newell (n.d.) rekent Borger tot de fase *Late Mesolithic.*

Diever. Opgraving Stapert, 1975, van laatpaleolithische vindplaats, waar ook mesolithische sporen aanwezig waren. Niet gepubliceerd. Eén haard werd gedateerd:

GrN-8080	8275±35 BP	ZLZ

Donderen. Opgraving Bohmers, 1953, van een laatpaleolithische vindplaats, waar ook mesolithische resten aanwezig waren. Niet gepubliceerd. Eén haard werd twee keer gedateerd:

GrN-152	6950±160 BP	Z
GrN-216	7365±400 BP	ZLZ

Daarnaast werden ook het zuurextract en het loogextract van GrN-216 gemeten:

GrN-217	zuurextract	2190±300 BP
GrN-206	loogextract	7630±140 BP

Het is duidelijk dat de werkelijke ¹⁴C-ouderdom voor de houtskool eerder in de buurt van 7700-7800 BP zal liggen, dan rond 7300-7400 BP, en dat het alleen met zuur behandelde monster aanzienlijk te jong is.

Drouwenerzand I. Opgraving Bohmers, 1956, niet gepubliceerd. Korte samenvatting in Price (1975: pp. 456-457). Op de 360 m² werden 28 haarden ontdekt, waarvan twee werden gedateerd:

GrN-1513	7875±90 BP	ZLZ
GrN-6465	7970±50 BP	ZLZ

Newell (n.d.) rekent Drouwernerzand tot de fase *Late Mesolithic.*

Een. Betreffende de dateringen van mesolithische haarden uit Een bestaat enige verwarring. In 1951 onderzocht Bohmers hier een vindplaats met Tjonger en Mesolithicum, in gescheiden niveaus. De dagrapporten vermelden enkele 'hutkommen' maar deze horen kennelijk bij het Tjonger-niveau. In 1953 werd een zuiver mesolithische vindplaats onderzocht. Volgens de dagrapporten van Bohmers werden een vlak van ca. 25 m² en enkele proefsleuven opgegraven. Er werden drie haarden ontdekt die werden bemonsterd voor ¹⁴C-datering. De beschrijving van Price (1975: p. 457) slaat kennelijk op de site van 1953, hoewel de 'hutkom' niet vermeld wordt in de dagrapporten. Tekeningen van beide sites zijn niet aanwezig. In Groningen Datelist 1 wordt een datering van een site bij Een genoemd, die tegen de verwachting geen Tjonger-ouderdom bleek te hebben. Dit moet dus de site van 1951 zijn:

GrN-236	7030±140 BP	Z

Vanwege de ontoereikende voorbehandeling zal de

datering vermoedelijk enkele honderden jaren te jong zijn.

In Datelist III werden twee dateringen vermeld, genummerd Een I en Een II. Het ligt voor de hand hierin de sites van 1951 en 1953 te zien, maar dat is allerminst zeker. Het is ook mogelijk dat Bohmers ter controle van de betrouwbaarheid van de dateringsmethode twee dateringen van dezelfde haard wilde hebben. Dat kan op dat moment alleen door de monsters onder verschillende naam in te leveren. In dezelfde Datelist komen ook dateringen van Duurswoude I en III voor, die in feite op dezelfde haard van Duurswoude I betrekking hebben (zie boven). De resultaten sluiten iets dergelijks bij Een I en Een II niet uit:

GrN-1505	I	7800±110 BP	ZLZ
GrN-1508	II	7725±100 BP	ZLZ

Waarschijnlijk hebben de dateringen betrekking op Een/1953, een site die door Newell (1970: pp. 31-32) aanvankelijk als *Boreal Mesolithic* werd beschreven, later (Newell, n.d.) echter als *Late Mesolithic.* In geen geval zullen de drie dateringen van een en dezelfde site afkomstig zijn, zoals Newell (n.d.) suggereert.

Emmen-Angelslo. Opgraving Van der Waals, 1965, niet gepubliceerd. Houtskool uit een laatneolithisch bekergraf bleek van mesolithische ouderdom, en zou eventueel van een verspit mesolithisch haardje afkomstig kunnen zijn:

GrN-6725	No. 296	8070±50 BP	ZLZ

Havelte-De Doeze. Opgraving University of Michigan/B.A.I., 1970-1972. Publicaties: Price, Whallon & Chappel (1974); Price (1975). Totaal opgegraven 765 m², waarin 6 artefactconcentraties, 10 kuilhaarden, 2 oppervlaktehaarden (?), 4 houtskoolconcentraties en 10 kleinere en 2 grotere kuilen. Er zijn vijf dateringen verricht, die duidelijk maken dat de typologische dateringen van de artefactconcentraties en de ¹⁴C-dateringen van kuilhaarden en houtskoolconcentraties binnen die artefactconcentraties zelden overeenstemmen. De reden is dat de kuilhaarden buiten de bijbehorende artefactconcentraties, of op zijn best aan de rand ervan werden aangelegd:

GrN-7502	haard H1: feature 1	7855±45 BP	ZLZ
GrN-6655	houtskool H1: feature 20	6050±75 BP	ZLZ
GrN-6656	haard H1: feature 12	8725±60 BP	ZLZ
GrN-6657	houtskool H2: feature 5	9145±55 BP	ZLZ
GrN-7503	haard H3: feature 1	8130±40 BP	ZLZ

Nieuw Schoonebeek. Opgraving B.A.I./Drents Museum, 1984-85, gepubliceerd door Beuker (1989). In totaal werd 243 m² onderzocht, met 7645 vuurstenen voorwerpen (waarvan 3% werktuigen) en 11 haarden. Het betreft hoogstwaarschijnlijk een meervoudige bewoning uit het laat-Mesolithicum, gezien de grote aantallen trapezia. Beuker (1989: fig. 32) meent twee deels overlappende verspreidingen te kunnen vaststellen. Dat deze vindplaats inderdaad op verschillende tijdstippen werd bewoond blijkt uit de datering van een drietal haarden:

GrN-14533	IV A	7725±50 BP	ZLZ
GrN-14532	IV D	6175±35 BP	ZLZ
GrN-14534	V B	6075±40 BP	ZLZ

Wijster. Opgraving B.A.I., 1958-59 en 1961 van grote inheems-Romeinse nederzetting. Publicatie: Van Es, 1967. Een drietal kuiltjes met houtskoolrijke vulling werd gedateerd in de veronderstelling dat het brand-graven uit de tijd van de nederzetting zouden zijn. Het bleken echter mesolithische haardjes, zonder bijbeho-rende vuursteeninventaris (Van Es, 1967: p. 123):

GrN-4574	8400±80 BP	ZLZ
GrN-4575	7660±50 BP	ZLZ
GrN-4577	7980±60 BP	ZLZ

5.3.4. *Overijssel*

Beerzer Belten I. Onderzoek Butter, 1929. Kennelijk grote vindplaats met duizenden stuks vuursteen, waar-van honderden bewerkt (Butter in brief aan Vogel, 19-02-1963). Door Butter gedetermineerd als jong-Tardenoisien, d.i. een laat-Mesolithicum met trapezia. Niet gepubliceerd. Eén haard gedateerd;

| GrN-2418 | 6660±90 BP | ZLZ |

Door Newell (n.d.) wordt deze site als de enige *Late Mesolithic Survival*-vindplaats van de North West Kreis in Nederland beschouwd.

Beerzer Belten II. Onderzoek Butter, 1962(?). Vind-plaats ca. 100 meter van Beerzer Belten I, die door Butter als even oud werd geschat als GrN-2418 (brief-kaart Butter aan De Waard 05-02-1965). Eén haard werd gedateerd:

| GrN-4057 | 8480±90 BP | Z |

Vanwege de onvoldoende voorbehandeling zal de date-ring hoogstwaarschijnlijk te jong zijn. Newell (1970; n.d.) vermeldt deze vindplaats niet.

Dalfsen-Welsum. Opgraving R.O.B., 1973. Ca. 400 m² onderzocht van een terrein waarvan de bouwvoor reeds was verwijderd. Ca. 20 haarden, weinig vuursteen. Enkele haarden bevatten kleine hoeveelheden verbrand menselijk been. Publicatie: Verlinde (1974). De date-ringen zijn naderhand gecorrigeerd, vandaar de toevoe-ging C. Twee haarden werden gedateerd aan houtskool:

| GrN-7283 BC | haard 4 | 7760±130 BP | Z |
| GrN-7431 | haard 7 | 8830±45 BP | ZLZ |

Daarnaast werd geprobeerd menselijk been uit haard 4 te dateren:

| GrN-7283 AC | 5535±70 BP | Z |

Het collageenachtige product dat na de Longin-voor-behandeling overbleef, had een $\delta^{13}C$ van -28.0‰, het-geen op een sterke verontreiniging met humaten wijst. De verwachte waarde ligt rond -20‰.

Kampen/Rijksweg 50. Verkenning RAAP, 1997. Haard van een met veen overdekte dekzandkop, waar ook vuursteenartefacten werden aangetroffen, in het tracé van de geplande Rijksweg 50:

| GrN-23175 | 7770±50 BP | ZLZ |

Luttenberg. Opgraving Stapert, 1976, van Hamburg-vindplaats. Hierbij werd ook een haard ontdekt, die echter mesolithisch bleek te zijn:

| GrN-7942 | 7750±70 BP | Z |

Vanwege de ontoereikende voorbehandeling zou deze datering te jong kunnen zijn.

Mariënberg. Door de R.O.B. en W. en L. Timmerman werd tussen 1975 en 1993 een groot complex mesolithi-sche haardjes en een klein aantal mesolithische grafkui-len onderzocht. Voorlopige publicaties: Verlinde (1982: pp. 171-175); Van Es, Sarfaty & Woldering (1988: pp. 132-134). De haarden, inmiddels enkele honderden, liggen in een ca. 50 meter brede en meer dan 200 meter lange zone langs het Vechtdal, op een hogere dekzand-rug. Het is uit de voorlopige publicaties niet duidelijk, hoeveel vuursteenmateriaal nog aanwezig was. De graf-kuilen zullen in hoofdstuk 6 worden behandeld. Inmid-dels is een groot aantal haarden gedateerd, waardoor duidelijk wordt, dat minstens vier in tijd duidelijk ge-scheiden bewoningsfasen aanwezig zijn, terwijl de jong-ste fase mogelijk nog weer onderverdeeld kan worden:

Fase 1			
GrN-9961	No. 57	8510±55 BP	ZLZ
GrN-9962	No. 69	8590±35 BP	ZLZ
GrN-22134	No. 68	8620±60 BP	ZLZ
Fase 2			
GrN-8333	No. febr. '75: 9	7925±45 BP	ZLZ
GrN-8679	No. dec. '75: 9	7690±35 BP	ZLZ
GrN-9958	No. 51	7810±45 BP	ZLZ
GrN-22130	No. 24	7780±50 BP	ZLZ
GrN-22132	No. 36	7900±30 BP	ZLZ
GrN-22133	No. 65	8030±40 BP	ZLZ
GrN-22150	No. 655	7670±40 BP	ZLZ
GrN-22151	No. 666	7880±30 BP	ZLZ
GrN-22152	No. 675	7970±70 BP	ZLZ
GrN-22154	No. 1993-1	7930±90 BP	Z

Laatstgenoemde datering zou vanwege de ontoerei-kende voorbehandeling te jong kunnen zijn.

Fase 3

GrN-8678	No. febr. '75: 3	7255±50 BP	ZLZ
GrN-9955	No. 33	7165±40 BP	ZLZ
GrN-22131	No. 35	7080±60 BP	ZLZ
GrN-22138	No. 110	7360±60 BP	ZLZ
GrN-22141	No. 129	7260±60 BP	ZLZ
GrN-22144	No. 165	7350±30 BP	ZLZ
GrN-22145	No. 171-eik	7260±40 BP	ZLZ
GrN-22156	No. 171-den	7500±30 BP	ZLZ
GrN-22146	No. 173-eik	7270±30 BP	ZLZ
GrN-22157	No. 173-den	7285±25 BP	ZLZ

Fase 4a

GrN-9950	No. 6	6410±40 BP	ZLZ
GrN-22129	No. 8	6360±40 BP	ZLZ
GrN-22135	No. 83-eik	6510±30 BP	ZLZ
GrN-22155	No. 83-den	6640±40 BP	ZLZ
GrN-22136	No. 104	6420±25 BP	ZLZ
GrN-22139	No. 118	6430±30 BP	ZLZ
GrN-22142	No. 139	6440±60 BP	ZLZ

Fase 4b

GrN-9951	No. 15	6195±35 BP	ZLZ
GrN-9952	No. 26	6245±40 BP	ZLZ
GrN-9953	No. 28	6245±40 BP	ZLZ
GrN-9954	No. 31	6290±40 BP	ZLZ
GrN-9956	No. 43	6225±45 BP	ZLZ
GrN-9957	No. 47	6265±45 BP	ZLZ
GrN-9960	No. 80	6140±45 BP	ZLZ
GrN-22137	No. 109	6110±45 BP	ZLZ
GrN-22140	No. 125	6210±30 BP	ZLZ
GrN-22143	No. 158	6120±30 BP	ZLZ
GrN-22147	No. 179	6200±20 BP	ZLZ
GrN-22148	No. 191	6260±40 BP	ZLZ
GrN-22149	No. 192	6180±30 BP	ZLZ
GrN-22153	No. 679	6150±25 BP	ZLZ

Het is interessant om te zien, dat de dennenhoutskool in twee van de drie gevallen duidelijk ouder is dan de eikenhoutskool.

Markelo-Friezenberg. Onderzoek Verlinde, 1977, van urnenveldje. Eén kuil met houtskool werd gedateerd en bleek een mesolithisch haardje te zijn. Geen bijbehorende vuursteen. Publicatie: Verlinde (1979b: Abb. 19: no. 41):

GrN-9938	6255±45 BP	Z

Vanwege de ontoereikende voorbehandeling zal de datering hoogstwaarschijnlijk te jong zijn.

Raalte-Raan. Opgraving R.O.B., 1997 in uitbreidingsplan Raan-West. Gedateerd werd een haardkuil binnen een huisplattegrond die laatneolithisch of vroeg-bronstijd zou kunnen zijn. Kennelijk geen geassocieerde mesolithische vuursteen:

GrN-23374	7660±35 BP	ZLZ

Rechteren. Onderzoek Verlinde, 1979/80, van nederzettingssporen en huisplattegronden uit de bronstijd. Publicatie: Verlinde (1982). Een drietal haardjes binnen een bronstijdhuis bleek mesolithisch van ouderdom te zijn:

GrN-11274		6480±30 BP	ZLZ
GrN-11275		6440±35 BP	ZLZ
GrN-11276		6525±35 BP	ZLZ

Stegerveld. Betreffende deze site moeten enige aanvullende opmerkingen worden gemaakt. Allereerst is de vuursteenindustrie ten onrechte toegeschreven aan het *Basal Mesolithic* (Newell, 1973; Newell, n.d.; Lanting & Mook, 1977; p. 32). In werkelijkheid werden ca. 80 afslagen, een kerntje en slechts twee spitsen gevonden (Butter, manuscript in archief C.I.O.). Nadere bestudering van foto's van Butters onderzoek in 1953 (niet in 1937, zoals Groninger Datelist VII vermeldt) maakt bovendien waarschijnlijk, dat de gepubliceerde stratigrafie (Butter, 1957: fig. 1) niet correct is. De drie 'vingers' behoren waarschijnlijk tot de vulling van een erosiegeul die het veen uit Allerød en Preboreaal snijdt. De veenlaag onder de onderste vinger en het 'preboreale' veen op het Allerød-veen vormden waarschijnlijk één pakket in een erosiegeul. Een deel van het Allerød-veen hoort vermoedelijk bij dit pakket, namelijk het Noordelijk deel, dat uitloopt in de drie vingers. Het lijkt waarschijnlijk, dat ook een deel van dit 'preboreale' veen weer geërodeerd is. Dat zou de vorm van de 'boreale' zandlaag, waarin de mesolithische artefacten werden gevonden verklaren. Tenslotte zijn ook de beschrijvingen van de monsters in Groningen Datelist VII niet geheel foutloos. Volgens Butter (C.I.O.) betreft het: I: Allerød-veen; II: Atlantisch veen; III: pre-Allerød-veen; IV: dunne gyttjalaag onder pre-Allerød-veen; V: verkoold hout in laat-Boreaal veen; VI: onderste veenvinger, pre-Allerød; VII: top van de veenlaag onder VI; VIII: basis van de veenlaag onder VI. De dateringen zijn:

I	GrN-437	11.000±300 BP
II	GrN-443	5370±190 BP
III	GrN-3004	11.300±90 BP
IV	GrN-2411	11.600±130 BP
V	GrN-4056	7860±100 BP
VI	GrN-2413	8500±100 BP
VII	GrN-2474	6760±140 BP
VIII	GrN-2461	9360±110 BP

Het is duidelijk dat deze dateringen niet allemaal correct kunnen zijn. De eenvoudigste verklaring is, dat de GrN-2474 om welke reden dan ook zo'n 2000 à 2500 jaren te jong is uitgevallen. Als we zouden aannemen, dat de monsters VI en VII werden verwisseld (waar het op het eerste gezicht op lijkt), dan moeten we aannemen, dat monster V uit verspoeld materiaal bestaat. Maar dat is in strijd met de pollenanalytische ouderdom van het veen ter plaatse, dat jong-Boreaal is. Het meest waarschijnlijke is dus, dat de vuurstenen van Stegerveld tussen 8500±100 en 7860±100 BP gedateerd moeten worden.

Zwolle. Opgraving Clevis, 1994, in nieuwbouwwijk Schellerhoek (*Jaarverslag R.O.B. over 1994*, p. 70).

Een drietal haarden werd gedateerd:

GrN-20953	ODE-94/3-1-3	6980±60 BP	ZLZ
GrN-20954	ODE-94/1-1-51	7100±20 BP	ZLZ
GrN-20955	ODE-94/1-1-74	7110±20 BP	ZLZ

5.3.5. *Gelderland*

Ede-Maanderbuurt. Opgravingen Zuurdeeg, 1960 (?) en Bohmers, 1961. Plattegrond en vondsten niet gepubliceerd. Volgens Price (1975: p. 457) onderzocht Bohmers ca. 160 m² van een randzone van een concentratie. Hij ontdekte 17 haarden in dit stuk. Kennelijk had Zuurdeeg het centrale deel van de concentratie al opgegraven. Vijf haarden werden gedateerd:

GrN-6001	haard B-76	7860±75 BP	Z
GrN-6466	haard Z-A	6205±45 BP	ZLZ
GrN-6467	haard Z-G	8850±50 BP	ZLZ
GrN-6468	haard Z-M	7885±50 BP	ZLZ
GrN-6468	haard Z-ongen.	7920±60 BP	ZLZ

GrN-6001 kan vanwege de ontoereikende voorbehandeling te jong zijn uitgevallen. Newell (n.d.) rekent Ede tot de fase *Boreal Mesolithic*.

Ede-Rietkampen. Een fragmentaire pot van onbekend type werd gedateerd aan de organische component van het aardewerk (*Jaarverslag R.O.B. over 1993*, p. 157):

| UtC-? | 6050±110 BP |

Aan deze datering hechten wij geen waarde. De datering zal ongetwijfeld te oud zijn vanwege oude koolstof in de klei; de pot zal dus niet behoren tot een aardewerkvoerend Mesolithicum, of tot een vroeg-Neolithicum (Lanting & Van der Plicht, 1993/1994: pp. 4-5).

Ermelo. Over deze site is weinig bekend. Het lijkt een oppervlaktevindplaats te zijn, waar Bohmers een haard bemonsterde:

| GrN-1559 | 8210±75 BP | ZLZ |

Newell (n.d.) rekent deze site tot zijn fase *Boreal Mesolithic*.

Ermelo/Romeins marskamp. Onderzoek Hulst, 1987, niet gepubliceerd (?). Onder pre-Romeins verstoven dekzand werd een omgewerkte bodem met veel houtskool ontdekt. Deze bleek mesolithisch van ouderdom. Er zijn echter geen artefacten ontdekt, en de houtskool kan natuurlijk van oorsprong zijn:

| GrN-15550 | monster III | 8235±50 BP | ZLZ |

Hatert. Volgens Gendel (1984: p. 187) een door A. Wouters verzamelde oppervlaktecollectie. Kennelijk heeft Wouters ook een haard bemonsterd:

| GrN-1602 | 7670±110 BP | ZLZ |

Newell (n.d.) rekent Hatert tot de fase *Late Mesolithic*.

Hulshorst. Opgraving Bohmers, 1963, niet gepubliceerd. Jacobi (1976: p. 68) wijst op de voor deze site kenmerkende *obliquely blunted points* d.d. B-spitsen. Deze opgegraven vindplaats moet niet verward worden met de oppervlaktevindplaats Hulshorst in Bohmers & Wouters (1956). Twee monsters uit haard VIII werden gedateerd:

| GrN-6075 | bovenzijde | 8790±100 BP | Z |
| GrN-6086 | onderzijde | 9175±80 BP | Z |

Vanwege de ontoereikende voorbehandeling kunnen beide dateringen te jong zijn. Verder moet rekening worden gehouden met het steile stuk in de ijkcurve rond 8300 cal. BC. Newell (n.d.) rekent Hulshof tot zijn fase *Basal Mesolithic*.

Wychen-Het Vormer. In een ontzanding werden vondsten verzameld door Janssen en Tuyn, sinds 1971. Publicatie: Louwe Kooijmans (1980). Op vindplaats 7 werd een prehistorische kuil ontdekt. In de vulling en in de basis van de afdekkende laag werden 112 stuks vuursteen en negen kleine scherven ontdekt. De vuursteen behoort waarschijnlijk tot de neolithische Hazendonk 2-groep, met een verwachte ouderdom van c. 5000 BP. Houtskool uit de kuil bleek echter ouder:

| GrN-7201 | 6195±45 BP |

Vermoedelijk betrof het een mengsel van neolithische, en oudere houtskool. Die oudere houtskool hoeft niet met mesolithische bewoning samen te hangen.

5.3.6. *Flevoland*

Almere-'Hoge Vaart'. Opgraving R.O.B., 1994-96, in het tracé van de A-27 tussen Blaricum en Almere. Publicaties: Hogestijn et al. (1995); Hogestijn & Peeters (1996). De vindplaats ligt op een dekzandrug langs de prehistorische Eem, tussen 5,7 en 6,1 m beneden NAP, en is afgedekt met veen en klei. Op basis van gegevens van een boorverkenning werden ca. 8400 m² met een damwand omgeven, en door bronbemaling toegankelijk gemaakt. Na een bemonsteringscampagne werden uiteindelijk ca. 1600 m² onderzocht. Twee concentraties bleken aanwezig: een grote van ca. 540 m² en een kleinere van ca. 65 m². Een groot aantal haarden werd ontdekt: ca. 150 oppervlaktehaarden en ca. 50 kuilhaarden. Bij het vuursteenmateriaal vallen de regelmatige klingen op, en de grote aantallen trapezia. Deze laatste variëren van laag-smal tot zeer breed, en zijn overwegend symmetrisch. De zogenaamde kernbijl die hier gevonden werd, is niet erg overtuigend, vanwege het ontbreken van een duidelijke snede. Verder is aardewerk aanwezig van hetzelfde type dat in de neolithische Swifterbant-sites voorkomt, d.i. met S-vormig profiel en puntbodem, dikke wand en weinig versiering. Er kan echter geen twijfel aan bestaan dat vuursteen en aardewerk geassocieerd zijn. Bij het gewei-beenmateriaal vallen een T-vormige geweibijl en enkele beitelachtige botwerktuigen op. Ondanks een intensieve zeefcampagne werd geen verkoold graan gevonden. Wel zijn er grote hoeveelheden hazelnoot-doppen. Het beenmateriaal is problematisch. In de nederzetting komt voornamelijk verbrand en sterk gefragmenteerd bot voor. Daarin overheerst een klein soort varken, mogelijk een gedomesticeerde vorm. In de bedding van de Eem komt ook onverbrand bot voor, en daarin overheerst wild met name edelhert. Maar beenderen van gedomesticeerd rund, schaap/geit komen ook voor, evenals van honden. Varken komt echter nauwelijks voor. Tot dusver zijn 18 ¹⁴C-dateringen verricht: 11 aan houtskool uit oppervlaktehaarden, 5 aan aankoeksel op scherven, 1 aan houtskool uit een kuilhaard, en 1 aan een geïsoleerde verkoolde eikel. Laatstgenoemde is in Groningen gedateerd (GrA-2055 5530±50 BP), de rest in Utrecht. De 17 UtC-dateringen vallen tussen 5700 en 6100 BP, met een nadruk op de periode 5800-5900 BP. De dateringen aan aankoeksel op scherven concentreren rond 5900 BP. Twee dendrodateringen zijn bekend: 4646 v.Chr. voor een geïsoleerde paal, 4725-24 v.Chr voor een boom. Deze dendrodateringen corresponderen ruwweg met ¹⁴C-dateringen rond 5800-5700 BP.

Nagele. Opgraving I.P.P., 1985, op hoogste deel van rivierduin, bedekt met riet- en broekveen op kavel J 125/N.O.P. Een aantal vuurhaarden en artefacten werd gevonden (Hogestijn, 1991: p. 119). Eén haard werd gedateerd:

GrN-14126	6645±40 BP	ZLZ

Swifterbant/S-11. Opgraving University of Michigan/B.A.I., 1974 en 1976, op rivierduin en kavel H 34/O.F1. In tegenstelling tot S-12 en S-13 op hetzelfde duin was op S-11 weinig erosie opgetreden. Naast mesolithische en neolithische vuursteen werd aardewerk aangetroffen, een inhumatiegraf, en een groot aantal haarden en kuilen (Whallon & Price, 1976). Een zestal haarden en kuilen werd gedateerd:

GrN-7214	6285±45 BP	ZLZ
GrN-7215	6330±45 BP	ZLZ
GrN-10351	7260±110 BP	ZLZ
GrN-10352	6320±70 BP	Z
GrN-10353	6460±45 BP	Z
GrN-10354	7220±50 BP	Z

Vanwege de onvolledige voorbehandeling kunnen GrN-10352 t/m 10354 te jong zijn uitgevallen.

In Hogestijn & Peeters (1996: tabel 1) worden daterin-gen aan de organische component van scherven van S-11 vermeld, verricht in Utrecht. De schrijvers geven zelf aan, dat deze dateringen met grote voorzichtigheid gebruikt moeten worden (Hogestijn & Peeters, 1996: p. 111, noot 1). Wij willen nog een stap verder gaan. Dateringen aan de organische fractie in scherven zijn o.i. waardeloos (Lanting & Van der Plicht, 1993/1994: pp. 4-5).

Swifterbant/S-21 t/m 24. Deze opgravingsputten liggen op een rivierduin in kavel H46/O.Fl. S-21 en -22 werden begonnen door Van der Heide/RIJP in 1962 en 1966, en voltooid door het B.A.I. in 1971 en 1973. In 1976 onderzocht Price, University of Wisconsin, in samenwerking met het B.A.I. de opgravingsputten S-23 en S-24. Ook op dit rivierduin was een mengsel van mesolithische en neolithische vuursteen, aardewerk, inhumatiegraven, kuilhaarden en kuilen aanwezig. Interessant is de vondst van een aardewerkscherf op S-23 (feature 27), gesneden door skeletgraf XII. Publicatie: De Roever (1976); Price (1981). Een viertal haarden werd gedateerd:

GrN-6709	S-21	7775±45 BP	ZLZ
GrN-6708	S-21	6670±35 BP	ZLZ
GrN-6710	S-22	6875±45 BP	ZLZ
GrN-8248	S-23, feature 27	6240±50 BP	ZLZ

Volgens De Roever (pers. meded. 27-5-'98) is de betreffende scherf echter niet meer dan een klein fragmentje aardewerk, dat door bioturbatie secundair in de betreffende positie terecht is gekomen. Met haar hechten wij geen waarde aan deze 'mesolithische' datering voor aardewerk.

Swifterbant/S-61. Onderzoek B.A.I., 1979, van nederzettingsresten op helling van rivierduin in kavel G.76/O.Fl. Hier werden stratigrafische, gescheiden mesolithische vuursteen en neolithische Swifterbant-cultuur gevonden. Van belang is, dat in de mesolithische laag C geen aardewerk werd ontdekt (Deckers, 1982). Gedateerd werd verspreide houtskool uit vak C-102:

GrN-10355	6235±50 BP	ZLZ

5.3.7. *Utrecht, Noord- en Zuid-Holland*

Amersfoort. Opgraving Stadsarcheoloog, 1989, van ijzertijdnederzetting aan Emichlaerseweg. Niet gepubliceerd (?). Een mesolithische haard en een houtskool-rijke kuil binnen een ijzertijdhuis werden gedateerd:

GrN-19258	haard	8065±50 BP	ZLZ
GrN-19260	kuil	9040±30 BP	ZLZ

Bergstoep. Donk in de Alblasserwaard, afgeboord door Verbruggen, 1989. Houtskool uit 'neolithische' cultuurlaag, 5,54-5,63 m onder maaiveld, resp. 6,66-6,75 m beneden NAP, gedateerd:

| GrN-18971 | | 6240±50 BP | ZLZ |

Bunschoten EL 71-99. Verkenning RAAP, 1990, niet gepubliceerd(?). Houtskool uit bodemprofiel op Pleistoceen zand, onder 1,5 m veen en klei. Vuursteen aanwezig, geen dateerbare artefacten:

| GrN-18190 | | 8310±120 BP | Z |

Vanwege de veenoverdekking, en de onvoldoende voorbehandeling zal deze datering waarschijnlijk te jong zijn.

Bunschoten N 806. Opgraving R.O.B., 1994, in het tracé van de verbreding van de N 806. Niet gepubliceerd, zie echter *Jaarverslag R.O.B. over 1994*, p. 184. Mesolithische haarden en vuursteen, op dekzand onder afdekkende veenlaag. Houtskool uit twee haarden en de basis van het veen werden gedateerd:

GrN-21386	haard 1	5930±20 BP	ZLZ
GrN-21522	veen uit haard 1	5230±100 BP	Z
GrN-21387	haard 2	8680±140 BP	Z
GrN-21388	basis veenlaag	4460±50 BP	ZLZ

Hardinxveld-Giessendam. De eerste ^{14}C-dateringen wijzen uit, dat de mesolithische bewoning op het zand rond 6400 BP begon. De jongste bewoning kan mogelijk vlak voor 6000 BP gedateerd worden.

Hazendonk. Houtskool uit boring, 8,62-8,70 m onder maaiveld, resp. 10,02-10,10 m beneden NAP, in zand op flank van donk. Wijst waarschijnlijk op mesolithische bewoning. Publicatie: Van der Woude (1983: p. 56, fig. 28 c: boring H 714 h 3):

| GrN-9189 | | 6900±100 BP | Z |

Vanwege de veenovergroeiing en de onvoldoende voorbehandeling is deze datering waarschijnlijk te jong.

Rietveld. Donk in de Alblasserwaard, afgeboord door Verbruggen, 1992. Houtskool uit 'mesolithische/ neolithische' cultuurlaag, 6,18-6,30 m onder maaiveld, resp. 5,98-6,10 m beneden NAP, gedateerd:

| GrN-19328 | | 6525±45 BP | ZLZ |

Rotterdam-IJsselmonde. Onderzoek BOOR, 1981, van object 13-17: een donk met laatneolithische bewoningssporen. Rond een kuiltje gevuld met houtskool werden enkele vondsten geborgen, wijzend op VL Ib/II. Publicatie: Van Trierum et al. (1988: pp. 17-18, afb. 3 en 4). Het kuiltje bleek echter ouder:

| GrN-12010 | | 6805±35 BP | ZLZ |

Texel-Den Burg. Opgravingen R.O.B., 1971-1975, niet gepubliceerd. Zie echter Woldering (1973; 1975). Twee mesolithische haardjes zijn gedateerd, die overigens

niet als zodanig werden herkend, maar werden toegeschreven aan de ijzertijdbewoning ter plaatse:

| GrN-7458 | dB.73.53 | 7870±50 BP | ZLZ |
| GrN-8680 | dB.73.25 | 7940±45 BP | ZLZ |

Zijdeweg. Donk in de Alblasserwaard, afgeboord door Verbruggen, 1990. Houtskool uit mesolithische (?) cultuurlaag, 7,07-7,31 m beneden NAP, gedateerd:

| GrN-18088 | | 6230±40 BP | ZLZ |

5.3.8. *Noord-Brabant*

'Aardhorst-Vessem'. De naam van deze vindplaats is volgens Arts & Deeben (1978) fout. De site ligt bij het ven 'Aardborst' in de gemeente Oost-, West- en Middelbeers, en niet in de gemeente Vessem. Opgraving Bohmers, 1961-62, niet gepubliceerd. Zie echter Rozoy (1978: pp. 157-164). Er werden drie concentraties gevonden, waarvan de vondsten niet meer te scheiden zijn. Een tellijst van spitsen is gepubliceerd door Gendel (1984: p. 212). Een selectie van artefacten werd afgebeeld door Jacobi (1976: Fig. 8) en Rozoy (1978: Pl. 19-20). Drie haarden werden gedateerd:

GrN-5996	concentratie II	8550±75 BP	Z
GrN-5997	concentratie III	8705±75 BP	Z
GrN-4180	concentratie III	11140±70 BP	ZLZ

GrN-5996 en -5997 zullen te jong zijn, vanwege onvoldoende voorbehandeling. GrN-4180 is uiteraard te oud; de datering wijst op Allerød-houtskool. Newell (n.d.) rekent deze sites tot de fase *Early Mesolithic*.

Best II. Opgraving Bohmers, 1957-58. Plattegrond en vondsten niet gepubliceerd. Houtskool uit een haard werd gedateerd:

| GrN-6085 | | 6980±105 BP | Z |

Vanwege de onvoldoende voorbehandeling is de datering waarschijnlijk te jong. Newell (n.d.) rekent Best II tot zijn fase *Late Mesolithic Survival*.

Borkel-Achterste Brug. Opgraving Archeologische Werkgroep 't Oude Slot, 1973. Plattegrond en vondsten niet gepubliceerd(?); zie echter Gendel (1984: pp. 186 en 212). Twee houtskoolmonsters werden gedateerd, verspreide houtskool uit vak I-7, resp. houtskool uit een haardje in vak L-7:

| GrN-12023 | verspreide houtskool | 8050±50 BP | ZLZ |
| GrN-12022 | haardje | 5390±50 BP | ZLZ |

Den Bosch-Maaspoort. Naar aanleiding van vondsten van versierde botten van mesolithische ouderdom, vond in 1989 onderzoek plaats door de Archeologische Dienst van de gemeente Den Bosch op het restant van een donk bij de Noorderplas in de wijk Maaspoort. Ca. 75 m^2

werden onderzocht. Een drietal haarden en mesolithische vuursteen werden gevonden. Bij de tientallen werktuigen vallen de A- en B-spitsen op, die een datering in een vroege fase van het Mesolithicum aannemelijk maken (*Jaarverslag R.O.B. over 1989*, pp. 172-173). De drie haarden werden gedateerd:

GrN-20749	1-0-76	7570±110 BP	Z
GrN-20750	1-3-74	7340±120 BP	Z
GrN-20751	1-3-77	7580±80 BP	Z

Vanwege de ontoereikende voorbehandeling zijn deze dateringen ongetwijfeld te jong. Verder onderzoek vond plaats in 1990 o.l.v. Verhart (R.M.O.) en Wansleeben (I.P.L.). Daarbij werden meer haarden ontdekt (zie Verwers, 1991: pp. 108-110).

Drieburgt-Den Dungen. Opgraving Van Minderhout et al., 1971. Niet gepubliceerd(?). Houtskool uit een mesolithische concentratie werd gedateerd:

GrN-19653	3475±60 BP	ZLZ

Geldrop-Aalsterhut. Onderzoek Deeben, 1985, van nederzetting met vroegmesolithisch karakter. Publicatie: Deeben (1988; 1994). Gedateerd werd houtskool uit een haardje (spoor 7):

GrN-16506	6250±170 BP	ZLZ

Geldrop 3-3. Onderzoek B.A.I., 1961. Publicatie: Bohmers & Wouters (1962), Deeben (1994; 1996). De door Lanting & Mook (1977: p. 37) aan Geldrop 3-2 toegeschreven datering is volgens Deeben (1996: p. 5) mogelijk afkomstig van een grondspoor van een concentratie Geldrop 3-3, die volgens Rozoy (1978: p. 139) vroegmesolithisch is. De datering van het haardje (vnd.nr. 3823) is:

GrN-6481	8055±75 BP	ZLZ

Overigens wijst Deeben (brief 2.11.1990) erop, dat aan de noordkant van Geldrop 3-2, deels buiten het opgegraven gebied, een concentratie mesolithische artefacten ligt, met daarbij nogal wat Wommersom-kwartsiet. Ook in Geldrop 3-3 komt dit materiaal voor. Rozoy (1978: pl. 17:36) beeldt zelfs een spits met oppervlakteretouche af, die ongetwijfeld bij dit jongere Mesolithicum behoort. Zou vnd.nr. 3823 wel tot Geldrop 3-2 behoren, dan kan de te jonge datering ook op die wijze verklaard worden.

Haagakkers I. Opgraving Heesters, 1970-71. Publicatie: Heesters (1971). Zie ook Gendel (1984: pp. 187 en 212). Houtskool uit een paalgat van een ronde hut werd gedateerd:

GrN-6840	8075±50 BP	ZLZ

Newell (n.d.) rekent Haagakkers I tot de fase *Boreal Mesolithic*.

Hazeputten I. Opgraving Heesters, 1967. Publicatie: Heesters & Wouters (1968). Zie ook Price (1975: pp. 435-437) en Gendel (1984: pp. 187 en 212). Eén haard werd gedateerd:

GrN-5998	5380±40 BP	ZLZ

Newell (n.d.) rekent deze site tot *Early Mesolithic*. De mededeling van Price (1975: p. 435), dat het om een *Late Mesolithic*-site met een datering van '7045 BC' zou gaan, berust kennelijk op een vergissing.

Helmond-Stiphouts Broek. Naast een akker, waarop in 1988 meer dan 800 stuks laatmesolithische vuursteen werden opgeraapt (over een oppervlak van 150x300 m!) verrichtte Arts in 1989 onderzoek d.m.v. proefsleuven. Ook in deze sleuven was een dunne spreiding van laatmesolithisch materiaal aanwezig. Daarnaast werden ook drie kleine concentraties aangetroffen, waarvan één rond een haard met vuursteen, oker en verbrande hazelnootdoppen (Arts, 1994). De verkoolde hazelnootdoppen werden twee maal gedateerd:

GrN-18065	190±30 BP	ZLZ
UtC-1357	360±50 BP	

Er kan geen twijfel aan bestaan, dat de hazelnootdoppen subrecent zijn.

Luiksgestel. Opgraving Bohmers, 1961. Plattegrond afgebeeld door Newell (1975: fig. 4): tellijst van spitsen gepubliceerd door Gendel (1984: p. 212). Twee monsters uit dezelfde haard werden gedateerd (vnd.nr. 224):

GrN-4181	9970±115 BP	ZLZ
GrN-5999	9355±120 BP	Z

Vanwege de betere voorbehandeling moet GrN-4181 als betrouwbaarder te worden beschouwd dan GrN-5999. In dat geval is de datering kennelijk te oud voor *Early Mesolithic*, waartoe Newell (n.d.) deze site rekent.

Maarheeze. Oppervlaktevindplaats, waarvan de vondsten niet gepubliceerd zijn. Zie echter Gendel (1984: pp. 188-189 en 212) en Bohmers & Wouters (1956: pl. II). Op deze vindplaats werden ook twee *points of Danubian type* gevonden (Newell, 1975: p. 43). Een haard werd gedateerd:

GrN-2446	6230±115 BP	ZLZ

Newell (n.d.) rekent deze vindplaats tot *Late Mesolithic Survival*.

Milheeze II. Opgraving Bohmers, 1958/59. Volgens

Rozoy (1978: p. 108) werd slechts één proefsleuf door de vindplaats gegraven. Eén haard werd gedateerd:

GrN-2318	8500±160 BP	ZLZ

Newell (n.d.) rekent deze site tot zijn fase *Early Mesolithic*.

Moerkuilen I. Opgraving Heesters, 1966. Publicatie: Heesters (1969), zie ook Gendel (1984: pp. 189 en 212). Eén haard werd gedateerd:

GrN-6370	4100±75 BP	Z

Het is onwaarschijnlijk, dat de onvolledige voorbehandeling alleen verantwoordelijk is voor deze voor *Late Mesolithic* (Newell, n.d.) veel te jonge datering.

Moerkuilen II. Opgraving Heesters, 1966. Publicatie: Heesters (1969), zie ook Gendel (1984: pp. 189 en 212). Eén haard werd gedateerd:

GrN-6371	5365±70 BP	Z

Vanwege de onvolledige voorbehandeling zal deze datering te jong zijn. Newell (n.d.) rekent deze vindplaats tot zijn fase *Late Mesolithic*.

Nijnsel I. Opgraving Heesters, 1961. Publicatie: Heesters (1967). Ca. 475 m² met meerdere artefactconcentraties werden onderzocht. Price (1975: pp. 441-442) beschrijft Nijnsel I-5. Gedateerd werd een monster verspreide houtskool uit de 'cultuurlaag' van Nijnsel I-1:

GrN-6087	7635±75 BP	Z

Vanwege de ontoereikende voorbehandeling zal deze datering waarschijnlijk te jong zijn. Newell (n.d.) rekent Nijnsel I-1 tot zijn fase *Boreal Mesolithic*.

Verder werd een haard uit concentratie I-3 gedateerd:

GrN-6088	7310±85 BP	Z

Vanwege de onvoldoende voorbehandeling zal deze datering te jong zijn. Newell (n.d.) rekent Nijnsel I-3 tot het *Late Mesolithic*.

Nijnsel II. Opgraving Heesters, 1962. Publicatie: Heesters (1967), zie ook Price (1975: pp. 443-447) en Gendel (1984: pp. 190 en 212). Op ca. 54 m² werd slechts één concentratie gevonden. Eén haard werd gedateerd:

GrN-6076	7785±50 BP	Z

Vanwege de onvolledige voorbehandeling zal deze datering hoogstwaarschijnlijk te jong zijn. Het is dan ook de vraag of de haard wel bij de vuursteen, die door Newell (n.d.) tot de fase *Late Mesolithic* wordt gerekend, behoort.

Oirschot V. Volgens Arts & Hoogland (1987) heeft Oirschot V een oppervlak van ca. 12.000 m², en zijn minstens 30 artefactconcentraties aanwezig. Het ziet er echter naar uit, dat deze concentraties tot dezelfde typologische fase behoren, hoewel er duidelijke verschillen in de samenstelling van de *tool-kit* van site tot site bestaan. Bohmers groef hier in 1957 en 1959. Vijftien concentraties zouden zijn onderzocht, terwijl in negen andere proefkuilen werden gegraven. Rozoy (1978: pp. 165-170) schrijft dat in 1957 een lange sleuf werd gegraven, waarin meerdere concentraties en tenminste 12 haarden werden gevonden. Hij beeldt een selectie van artefacten af (Rozoy, 1978: pl. 21). Arts & Hoogland (1987) publiceren een crematiegrafje, dat in 1983/1984 in concentratie 21 werd ontdekt, en beelden eveneens een selectie van artefacten af, van vijf concentraties. Drie haarden werden gedateerd:

GrN-1510	haard zonder nummer	7510±60 BP	ZLZ
GrN-1659	haard (in conc.?) b	8030±50 BP	ZLZ
GrN-2172	haard (in conc.?) c	6230±60 BP	ZLZ

Bohmers & Wouters (1956: p. 36) vermelden abusievelijk dat GrN-1510 betrekking heeft op een haard uit Luiksgestel. Newell (n.d.) rekent Oirschot V tot de fase *Boreal Mesolithic*. Gezien de spreiding van de getallen lijkt herhaalde bewoning over langere tijd waarschijnlijker. Newell (1970a: p. 28) wijt GrN-1510 en -2172 echter aan 'vervuiling' samenhangend met *Late Mesolithic survival*-bewoning op de naburige site Oirschot VI.

Daarnaast werd houtskool uit het crematiegraf van concentratie 21 gedateerd:

GrN-14506	7790±130 BP	Z

Vanwege de onvoldoende voorbehandeling zal deze datering te jong zijn.

Oirschot VI. Opgraving Bohmers, 1957 (?). Plattegrond en vondsten niet gepubliceerd, maar zie Gendel (1984: pp. 190 en 213). Verspreide houtskool uit de 'cultuurlaag' werd gedateerd:

GrN-6475	7095±145 BP	Z

Vanwege de onvoldoende voorbehandeling is deze datering waarschijnlijk te jong. Newell (n.d.) rekent Oirschot VI tot *Late Mesolithic Survival*.

Oirschot VII. Concentratie III werd onderzocht door de Archeologische Werkgroep 't Oude Slot in 1969. Het betreft een '*Federmesser*'-vindplaats. Houtskool uit twee haardjes werd gedateerd. Blijkens de beschikbare profieltekeningen zijn het betrekkelijke vage grondsporen met verspreide houtskooldeeltjes, die jonger zijn dan de laag van Usselo, en afgedekt met een laag jong dekzand? De ¹⁴C-dateringen zijn echter aanzienlijk jonger dan op grond van deze stratigrafie mag worden aangenomen:

GrN-13330	haard 1	8230±210 BP	ZLZ
GrN-13331	haard 2	7940±80 BP	ZLZ

De grondsporen zouden ons inziens wel eens een natuurlijke oorsprong kunnen hebben.

Uit Oirschot VII, conc.1 (?) werd eerder een 'haardje' gedateerd, eveneens met een mesolithische ouderdom:

GrN-2171		6690±65 BP	ZLZ

Tilburg-Kraaiven. Volgens Arts (brief aan W.G. Mook, 28 nov. 1983) zijn van deze site ook de monsters Tilburg-Labé, -Pompstok en -35a afkomstig. Volgens Peeters (1971) werden de vondsten gedaan op een terrein van 150x200 m, en waren in 1971 al zo'n 3000 werktuigen bekend. Het zal duidelijk zijn, dat er hier sprake is van herhaalde bewoning over een groot oppervlak. Er is hier sinds 1957 regelmatig gegraven en verzameld, voornamelijk door amateurs. Volgens Gendel (1984: p. 191) zou Tilburg-Pompstok een opgraving van Bohmers zijn, maar volgens Groningen Datelist IV zouden 'Pompstok' en 'Labé' zijn verzameld door Wouters. Waarschijnlijker is inderdaad dat Tilburg 35a afkomstig is van Bohmers' opgraving in 1957 (zie Peeters, 1971). Er werden zeven monsters gedateerd:

GrN-1597	Tilburg-Labé	6500±120 BP	ZLZ

Afwijkend zijn:

GrN-2443	T-Pompstok, verspreide htsk.	3820±75 BP	Z
GrN-4205	T-35a, haard	4070±85 BP	ZLZ
GrN-11730	T-Kraaiven 50 F3/i	3480±70 BP	ZLZ
GrN-11731	T-Kraaiven 50 F3/b	160±90 BP	ZLZ
GrN-11732	T-Kraaiven 50 F3/a	145±40 BP	ZLZ
GrN-11733	T-Kraaiven 50 F3/i	220±40 BP	ZLZ

Newell rekent Tilburg-Kraaiven tot zijn fase *Late Mesolithic Survival.*

Toterfout-Halve Mijl. Opgraving Glasbergen, 1950. Publicatie: Glasbergen (1954). Rond urn nr. 80 binnen een onderbroken kringgreppel, deel uitmakend van een urnenveldje uit de late-bronstijd/vroege ijzertijd, werd veel houtskool (*Pinus*) gevonden. Bij datering bleek deze mesolithisch van ouderdom te zijn:

GrN-51		7865±240 BP	Z

In de buurt van de urn werden vuursteenafslagen van mogelijk mesolithische ouderdom gevonden. Het ziet er naar uit dat de urn toevallig in een mesolithisch haardje werd begraven (Glasbergen, 1954: p. 130, noot 3). De datering zal te jong zijn vanwege de onvolledige voorbehandeling van het monster.

Westelbeers. Opgraving Archeologische Werkgroep 't Oude Slot, 1972-73. Plattegrond gepubliceerd door Newell & Vroomans (1972: fig. 25). Beschrijving: Price

(1975: p. 458), zie ook Gendel (1984: pp. 191 en 213). Vier haarden werden gedateerd:

GrN-10271	D-14	8015±45 BP	ZLZ
GrN-10272	F-13	7585±50 BP	ZLZ
GrN-10273	Z-4	7055±50 BP	ZLZ
GrN-16039	L-14	6455±45 BP	ZLZ

Het is duidelijk, dat ook deze vindplaats herhaalde bewoning heeft gekend, en dat hier niet alleen Boreaal-mesolithische bewoning heeft plaatsgevonden.

5.3.9. *Limburg*

Gennep. Onderzoek I.P.P., 1988-90, van nederzetting uit de laat-Romeinse tijd. Tussen de grondsporen werden ook resten van een vroegneolithisch kampement aangetroffen, die onderzocht werden door Deeben, 1989. Twee 'haarden' (blijkens de profieltekeningen geen kuilhaarden, maar nogal vage grondsporen) werden gedateerd:

GrN-17631	Y-1	8840±30 BP	ZLZ
GrN-17632	Y-2	7540±25 BP	ZLZ

Merselo. Opgraving Verhart en Wansleeben, 1989. Publicaties: Verhart & Wansleeben (1989; 1991a). Ca. 410 m² onderzocht: drie concentraties, één van 6x6 en twee van 3x3 m, en een dunne vondststrooiing van mogelijk vroegmesolithisch materiaal. De hoofdconcentratie bestaat uit afval van vuursteenbewerking en Wommersom-kwartsiet, met een relatief klein aantal werktuigen, waaronder trapezia (Verhart & Wansleeben, 1991: fig. 7) en een spits van bandceramisch type. Zes kuil- en oppervlaktehaarden waren aanwezig. Twee daarvan werden gedateerd:

GrN-17406	haard in LM-conc.	8225±50 B	ZLZ
GrN-17407	haard in VM-conc.	5120±60 BP	ZLZ

Deze dateringen laten opnieuw zien, dat haarden zelden binnen de concentratie liggen waar ze bij horen. GrN-17407 is overigens duidelijk te jong, zelfs voor LM en wijst op neolithische activiteit, of op natuurlijke vorming van dit grondspoor. Ook Verhart schrijft GrN-17406 toe aan de vroegmesolithische bewoning (zie Gronenborn, 1997: p. 394).

Posterholt HVR-164. Onderzoek Verhart, 1993-95. Volledige en ruim bemeten opgraving van een vroegmesolithisch kampement met een diameter van ca. 6 m. Geen haard aanwezig, maar verkoolde hazelnootdoppen en verbrande vuursteen wijzen op een oppervlaktehaard. Bij de spitsen domineren A- en B-spitsen. Twee Tjongerspitsen wijzen op eerdere activiteit ter plaatse. Publicaties: Verhart (1995b; 1995c). De 14C-dateringen aan verbrande hazelnootdoppen zijn overeenkomstig de verwachting:

UtC-4914	8800±60 BP
UtC-4916	9160±80 BP
UtC-4917	9100±50 BP
UtC-4920	9080±50 BP

Deze dateringen zijn zonder enig probleem te combineren met een eenmalige of kortdurende bewoning rond 8300 cal BC. De dateringen van verkoolde houtskoolbrokjes leverden wel verrassingen op:

UtC-4918	237±31 BP
UtC-4919	22570±150 BP
UtC-4915	28020±220 BP
UtC-4921	40100±800 BP

Dit toont eens te meer aan, dat met lossen verspreide houtskoolbrokjes de grootst mogelijke voorzichtigheid betracht moet worden. Een mengsel van losse brokjes voor een radiometrische datering kan door de aanwezigheid van dergelijke jonge en/of zeer oude houtskoolpartikels zeer vreemde dateringen opleveren.

Vlootbeekdal, HVR-165. Onderzoek d.m.v. proefputten, Verhart en Wansleeben, 1987, van een vuursteenconcentratie van een vroegmesolithisch karakter. Min of meer in het centrum van de vuursteenconcentratie werd een relatief diepe haard aangetroffen. Publicatie: Verhart & Wansleeben, in Stoepker (1988: pp. 394-398 en afb. 30); Verhart & Wansleeben (1991b). Gedateerd werd de houtskool uit de haard die voor 90% uit *Quercus* bestond:

GrN-15568	4375±40 BP	ZLZ

Zoals op grond van de houtskoolsamenstelling verwacht kon worden, bleek de haard jonger dan de VM-vuursteen. Overigens werden op deze site ook twee neolithische transversale pijlpunten gevonden. De haard zou heel goed bij deze neolithische vondsten kunnen horen.

Waubach. Opgraving Bohmers, 1960. Korte vermelding *Archeologisch Nieuws* 1961 *242, en Price (1975: p. 458). Plattegrond gepubliceerd door Price (1978: fig. 1:1). Bohmers onderzocht ca. 110 m² en ontdekte drie kleine ateliers met afslag en kernmateriaal, dat hij als Magdalenien beschouwde. In 1942-1943 waren in de onmiddellijke omgeving al negen identieke ateliers ontdekt, waarvan de vondsten door Arts (1984) werden gepubliceerd. Hij beschrijft het materiaal als laatpaleolithisch. Bij het materiaal van 1960 bevinden zich echter ook een trapezium en enkele schrabbers, die mesolithisch zijn. Houtskool uit een feature (volgens *Archeologisch Nieuws* 1961 *242 werden geen haarden ontdekt!) werd twee keer gedateerd:

GrN-6000	8020±95 BP	Z
GrN-6025	8370±50 BP	Z

Vanwege de onvoldoende voorbehandeling zullen deze

dateringen te jong zijn. Het is echter de vraag wat de betekenis van deze dateringen is. Niet uitgesloten mag worden, dat de betreffende feature een natuurlijke oorsprong heeft. Newell (n.d.) rekent Waubach tot zijn fase *Early Mesolithic*.

5.4. Dateringen voor het Belgische Mesolithicum

We zien bewust af van een overzicht van ^{14}C-dateringen voor mesolithische sites in België. In plaats daarvan verwijzen we naar Crombé (in druk a en b).

6. GRAVEN EN MENSELIJKE RESTEN

In vergelijking met het grote aantal nederzettingen dat in Nederland bekend is, is het aantal graven opvallend gering. Uit België en Luxemburg is een groter aantal bekend, zij het alleen uit de Ardennen, waar beenderen goed bewaard zijn gebleven. Deze graven zullen eveneens kort behandeld worden, evenals de toevalsvondst van een mesolithische menselijke onderkaak, opgevist uit de Noordzee.

In *Mariënberg* (Verlinde, 1982; Van Es et al., 1988: pp. 132-134) zijn zes mesolithische inhumatiegraven onderzocht. Deze bleken op hoger niveau min of meer rechthoekig, maar op dieper niveau cylindrisch, met afmetingen die bijzetting van de doden in zittende houding doen vermoeden. De doden werden met oker bestrooid; als grafgiften werden pijlschachtslijpers en opvallend fraaie klingen meegegeven. Op grond van het feit, dat er geen oversnijdingen zijn met haarden in de directe omgeving, waarvan vijf dateringen opleverden tussen 6290±40 en 6195±35 BP, acht de opgraver een laatmesolithische ouderdom waarschijnlijk.

Oirschot V, conc. 21 werd in 1983-84 opgegraven door de amateur-archeoloog Van de Eertwegh (Arts & Hoogland, 1987). Hij ontdekte een kleine vuursteenconcentratie van 1x2,5 m, die een kleine, komvormige kuil met verbrande menselijke beenderen en houtskool bedekte. De diameter van de kuil was 0,5 m, de diepte t.o.v. maaiveld 0,75 m. De houtskool werd gedateerd:

GrN-14506	7790±130 BP	Z

Vanwege de voorbehandeling met uitsluitend zuur, kan deze datering te jong zijn uitgevallen. Arts & Hoogland (1987: p. 186) ziet geen redenen om aan de gelijktijdigheid van crematiegraf en 'middenmesolithische' vuursteen te twijfelen.

Verbrande menselijke beenderen werden ook aangetroffen in enkele haardjes bij *Dalfsen-Welsum*. De opgraver is echter van mening dat het hier niet om crematiebijzettingen gaat (Verlinde, 1974).

Uit *Hardinxveld-Giessendam* zijn twee graven bekend: van een volwassen vrouw gestrekt liggend op de rug en van een man in zittende houding in een cylindrische kuil. Een eerste AMS-datering wijst op een ^{14}C-ouderdom van de vrouw van ca. 6800 BP, aanzienlijk ouder dan houtskool uit de nederzetting (ca. 6400 BP) en wijzend op een behoorlijk 'viseffect' in het botcollageen (Lanting & Van der Plicht, 1995/1996b).

Uit België is een aantal vroegmesolithische graven bekend. Opvallend is het voorkomen van collectiefgraven naast individuele bijzettingen. Om met de eerstgenoemde te beginnen:
Freyr, grotte Margaux (Namur). Resten van negen individuen, deels nog in anatomisch verband, in een grafkuil afgedekt met stenen, in de grot. Meerdere dateringen zijn bekend (Cauwe, 1988; 1989; 1995). Aan ribfragmenten, waarschijnlijk van meerdere individuen:

Lv-1709	9190±100 BP

Niet gecorrigeerd voor isotopenfractionering, en derhalve 80 à 100 jaren te jong. Dateringen aan individuele fragmenten, en wel gecorrigeerd:

OxA-3533	9530±120 BP
OxA-3534	9350±120 BP
Gif A-92354	9590±110 BP
Gif A-92355	9530±120 BP
Gif A-92362	9260±120 BP

De spreiding van de dateringen suggereert dat de skeletten rond 8600-8800 cal BC werden begraven.

Anseremme, abri des Autours (Namur). Collectieve begraving, maar aantal individuen niet vermeld. Skeletresten niet in anatomisch verband. Tussen de menselijke beenderen werden enkele vuursteenklingetjes en een aanzienlijke hoeveelheid verbrand dierlijk been gevonden (Cauwe et al., 1993; Cauwe, 1995). Eén datering aan been:

OxA-5838	9090±140 BP

Malonne, Petit Ri (Namur). Collectieve begraving. De door Cauwe (1995: p. 52) vermelde publicatie van Jadin et al. was niet toegankelijk. Aantal individuen en verdere details derhalve niet bekend. Eén datering aan been:

OxA-5042	9270±90 BP

Individuele graven werden ontdekt bij:
Anseremme, abri des Autours (Namur). Zeer goed geconserveerd skelet van een minstens 43- à 45-jarige vrouw, begraven in een kuil met extreem hoog opgetrokken knieën. Onderlichaam en benen bestrooid met oker; platte steen onder de benen (Cauwe, 1994). Datering aan been:

OxA-4917	9500±75 BP

Loveral, Sarassins (Hainaut). Kennelijk twee individuele begravingen, maar de door Cauwe (1995: p. 53)

genoemde publicatie van Dubuis & Dubuis-Legentil was niet toegankelijk. Eén datering aan been:

Lv-1506	9090±100 BP

Deze datering is niet gecorrigeerd voor isotopenfractionering, en derhalve 80-100 jaren te jong. Toussaint & Ramon (1997) vermelden nog een tweede datering:

Gif A-94536	9640±100 BP

Dinant, grotte de la Martina (Namur). Volgens Cauwe (1995: Tab. 3) mogelijk een dubbelgraf. Volgens Toussaint & Ramon gaat het echter om vier bijzettingen, die blijkens AMS-dateringen uit Oxford neolithisch zijn. De door Cauwe gepubliceerde datering aan been:

Lv-2001	7440±110 BP

is volgens Toussaint en Ramon onbetrouwbaar.

Toussaint & Ramon (1997: tab. 1) vermelden verder nog de volgende dateringen aan menselijk been, waarvan ons geen nadere gegevens bekend zijn:

Profondeville/Bois Laiterie (Namur)
GX-21380G	9235±85 BP

Mont-sur-March/Lombeau (Hainaut)
OxA-6440	9360±75 BP
OxA-6441	9410±70 BP
OxA-6445	9015±80 BP

Sambreville/Claminforg (Namur)
OxA-5451	9320±75 BP

Verder is nog een inhumatiegraf bekend uit Luxemburg:

Reuland, abri du Loschbour. Gestrekte bijzetting, in een cultuurlaag met mesolithische artefacten (Heuertz, 1969; Gob, 1982). De datering werd verricht aan twee stukken oerosrib, die op de borst werden aangetroffen:

GrN-7177	7115±45 BP

De $\delta^{13}C$ van het botcollageen in deze ribben was -23,89‰, wat negatiever is dan verwacht mag worden (zie Lanting & Van der Plicht, 1995/1996b). Mogelijk was nog verontreiniging in de vorm van humaten aanwezig, en is het skelet ouder. Naderhand heeft Gob een na-onderzoek verricht in deze abri. De betreffende publicatie was helaas niet toegankelijk.

Volledigheidshalve vermelden wij ook de datering van een menselijke onderkaak, opgevist bij de Noord-Hinder, een ondiepte in de zuidelijke Noordzee (Bosscha Erdbrink & Tacoma, 1997):

UtC-3750	9640±400 BP

Gezien de gemeten waarde en de enorme standaarddeviatie kan deze kaak zowel laatpaleolithisch als mesolithisch van ouderdom zijn. Het botcollageen had een $\delta^{13}C$ van -24,1‰. Voor menselijk botcollageen is dat een onwaarschijnlijk negatieve waarde (zie Lanting & Van der Plicht, 1995/1996b). Kennelijk was nog enige verontreiniging met humaten aanwezig. Aangenomen mag worden dat de kaak oorspronkelijk in veen of gyttja ingebed is geweest. De gemeten waarde van $\delta^{13}C$ wijst er wel op, dat marien voedsel voor de betreffende persoon geen rol van betekenis speelde. Zoetwatervis kan wel een rol hebben gespeeld (Lanting & Van der Plicht, 1995/1996b).

Voor de zogenaamde River Valley People kan verwezen worden naar Lanting & Van der Plicht (1995/1996a: pp. 89-90). Ook nieuwere dateringen hebben geen mesolithische skeletresten opgeleverd!

7. RIVIER- EN VEENVONDSTEN

7.1. Spoolde

In 1961 werd een groot aantal voorwerpen van gewei en been gevonden in de uiterwaarden van de IJssel bij Zwolle, bij zandzuigwerkzaamheden in het kader van de aanleg van het nieuwe Zwolle-IJsselkanaal. Bij deze meer dan 300 fragmenten gaat het voornamelijk om edelhertgewei, maar er zijn ook stukken ree- en elandgewei, en één fragment rendiergewei aanwezig. Naast fragmenten zonder bewerkingssporen, zijn ca. 75 werktuigen aanwezig. Het betreft voornamelijk basisgeweibijlen, T-vormige geweibijlen en hoofdtakbijlen. Het materiaal is gepubliceerd door Clason (1983). Er zijn geen dwingende redenen om dit materiaal als een gesloten vondst te beschouwen. De vindplaats ligt aan de voet van een serie hogere zandkoppen langs de rivier, waar aantoonbaar bewoning is geweest, van het midden-Neolithicum tot de late ijzertijd (Lanting, 1986b). Maar aangenomen kan worden dat deze zandkoppen ook in het Mesolithicum en het vroege Neolithicum bewoning hebben gekend. In het riviersediment aan de voet zal in de loop van de tientallen eeuwen veel organisch materiaal terecht zijn gekomen, en bewaard gebleven. De aanwezigheid van een stuk rendiergewei wijst er al op, dat van een echte gesloten vondst geen sprake kan zijn. Hoewel Clason (1983: p. 123) dit ook inziet, veronderstelt zij desondanks een ^{14}C-ouderdom voor het grootste deel van de vondsten rond 6000 BP. Op basis daarvan zijn twee van de drie ^{14}C-dateringen, verricht aan geweifragmenten uit Spoolde, als te oud beschouwd. Bij nader inzien is daar echter geen reden toe.

GrN-7988   ZR 1962/III.29+III.91   8125±70 BP

Dit monster bestond uit de kroon van een edelhertgeweistang, met de basale gedeelten van twee afgesne-

den eindtakken. Uit het voorbehandelingsformulier in het archief van het C.I.O. blijkt dat bekend was dat dit stuk gewei geïmpregneerd was met Dermoplast (PVC). Daarom werd de buitenkant afgeschraapt. Vervolgens werd het minerale gedeelte opgelost in 2% HCl-oplossing, waarna het collageen werd opgelost in een HCl-oplossing met pH=2,5, bij 90° gedurende 4 uur (methode Longin). De vloeistof werd ingedampt, en het collageen verbrand. De $\delta^{13}C$-waarde van -21.37‰ toont aan, dat het collageen niet sterk verontreinigd kan zijn geweest (zie volgende monster). Een veroudering t.g.v. een verontreiniging met enkele honderden jaren behoort zeker tot de mogelijkheden, maar in principe kan de datering als redelijk betrouwbaar worden beschouwd.

GrN-8590   ZR 1962/III. 89   7110±70 BP

Dit monster bestond uit de kroon van een edelhertgeweistang, met twee eindtakken, zonder bewerkingssporen. Het werd 14 dagen in aceton gezet om het geïmpregneerde PVC op te lossen. Vervolgens werd het gewei fijn gemaakt, nadat het spongiosum was verwijderd. De verdere behandeling was als bij GrN-7988. In dit geval werd ook een residue van het collageenextractieproces bewaard, en gedateerd:

GrN-8605   12,800±150 BP

De $\delta^{13}C$-waarde van het geëxtracteerde collageen bedroeg -21.77‰, die van het organische deel van het residue -29.03‰. Deze getallen zijn interessant. Ze laten namelijk allereerst zien, dat het organische deel van het residue kennelijk nog voor een groot deel uit collageen bestond, want anders was de ^{14}C-datering aanzienlijk ouder geweest. Daarnaast maken ze duidelijk dat het collageen niet in ernstige mate verontreinigd kan zijn geweest met PVC. Een veroudering met enkele honderden jaren is niet helemaal uit te sluiten, maar is minder waarschijnlijk. Ook in dit geval moet de datering als min of meer correct worden beschouwd.

GrN-8800   ZR 1962/II. 69   6050±30 BP

In dit geval werd het fragment van een T-vormige geweibijl met secundaire doorboring opgeofferd. De voorbehandeling was nog rigoreuzer. Eerst werd de buitenste laag weggekapt, en werd de rest van het voorwerp fijn gemaakt. Deze kleine stukjes werden gedurende 48 uur in ethylacetaat geweekt. Daarna werd het minerale bestanddeel opgelost in 1% HCl-oplossing. Het ruwe collageen werd vervolgens nogmaals met aceton behandeld, om eventuele resten PVC te verwijderen. Vervolgens werd het zuivere collageen geïsoleerd, als bij GrN-7988 en -8590. De $\delta^{13}C$-waarde van het gedateerde collageen bedroeg -20,59‰. Het is weinig waarschijnlijk, dat na deze grondige voorbehandeling nog enige verontreiniging van betekenis aanwezig was. De datering moet als betrouwbaar worden beschouwd. Kennelijk gaat het in dit geval om een overblijfsel van

Final Mesolithic-bewoning ter plaatse. Gezien de vele sporen van bewoning uit die periode in het Vecht en IJsselgebied is dat niet onwaarschijnlijk.

7.2. Been- en geweispitsen

Voor een overzicht van Nederlandse vondsten van spitsen van been en gewei kan verwezen worden naar Louwe Kooijmans (1979-1971) en Verhart (1988; 1995a). Laatstgenoemde heeft zich vooral beziggehouden met de vele vondsten die in Europoort uit opgespoten grond uit de Rotterdamse havens tevoorschijn kwamen. Verhart (1988) onderscheidt in dit materiaal uit Europoort vier typen: 01.00 kleine spitsen zonder kerven/tanden; 03.01 kleine, eenzijdig getande/gekerfde spitsen; 03.02 grote, eenzijdig getande/gekerfde spitsen; 06.03 tweezijdig getande spitsen.

Een klein aantal van deze spitsen is gedateerd (Verhart, 1988; Hedges et al., 1990):

OxA-1944	Europoort, MS 64	8060±250 BP

Niet afgebeeld in Verhart (1988), maar het betreft een spits van type 03.01.

OxA-1945	Europoort, MS 164	8180±100 BP

Afgebeeld door Verhart (1988: fig. 14). Het betreft een spits van type 03.02.

Ua-643	Europoort, h1982/6.25	6160±135 BP

Afgebeeld door Verhart (1988: fig. 7). Het betreft een spits van type 03.01. Verhart (1988: pp. 178-180) verwerpt deze datering. Weliswaar zijn er geen redenen om aan de datering als zodanig te twijfelen, maar deze laatmesolithische ouderdom is volgens hem in strijd met de geologische gegevens.

Twee andere spitsen moeten op grond van hun dateringen als laatpaleolithisch worden beschouwd (zie Lanting & Van der Plicht 1995/1996a: p. 118). Wel mesolithisch zijn:

OxA-1942	Archem (Ov.)	8330±90 BP

Spits van type 03.02 uit de Regge (Verlinde, 1987; afb. 1)

OxA-1943	Tielrode (O.Vl. België)	8820±100 BP

Spits van type 03.02 uit de collectie van het Stedelijk Museum in St. Niklaas.

Deze dateringen, met uitzondering van Ua-643 zijn overeenkomstig de verwachtingen. Verwezen kan worden naar de stratigrafie van Friesack 4, met een groot aantal van dergelijke spitsen (Gramsch, 1990).

7.3. De depotvondst van Bronneger/Voorste Diep

In 1990 werden bij baggerwerkzaamheden in het kanaal Buinen-Schoonoord ter hoogte van Bronneger, dat ter plaatse een gekanaliseerd stuk van het Voorste Diep is, scherven van een typische Swifterbant-pot en twee kapitale edelhertgeweien gevonden, waarvan de takken nog vast zaten aan een stuk schedeldak. Gezien de omstandigheden lijkt het waarschijnlijk dat de pot en geweien opzettelijk en samen oudtijds in het Voorste Diep waren gedeponeerd. AMS-dateringen aan verkoolde etensresten op de pot en aan de beide geweien spreken deze veronderstelling niet tegen (Kroezenga et al., 1991; Lanting, 1992):

OxA-2908	aankoeksel op pot	5890±90 BP
OxA-2909	gewei I	5720±90 BP
OxA-2910	gewei II	5970±90 BP

De gemiddelde ouderdom is 5860±52 BP. Gezien de datering van vergelijkbaar aardewerk in Almere-'Hoge Vaart' ligt het voor de hand, bij de vondst Bronneger/Voorste Diep aan een laatmesolithische offergave te denken. Er zijn uit Drenthe vergelijkbare geweivondsten bekend (Ufkes, 1997). Twee daarvan bleken eveneens mesolithisch:

GrA-7169	Weerdinge 1925	8210±90 BP

Twee geweistangen verbonden door fragment schedeldak, waarschijnlijk uit de Aschbroeken (Ufkes, 1997: p. 150):

GrA-4323	Oudheidkamer Emmen	6050±70 BP

Vrijwel complete schedel met gewei, waarschijnlijk uit omgeving Emmen (Ufkes, 1997: p. 154).

7.4. Het beeldje van Willemstad

In 1966 werd een uniek houten beeldje, een menselijk figuur voorstellend, gevonden in een veenlaag in de bouwput van de Volkeraksluizen bij Willemstad, op een diepte van ca. 8 m beneden NAP (Van Es & Casparie, 1968). Hout uit de kern van dit beeldje werd gedateerd:

GrN-4922	6400±85 BP	Z

Niet iedereen is van de echtheid van dit beeldje overtuigd. Destijds wezen A. Bruyn en J. Ypey (beiden R.O.B.), eerstgenoemde auteur erop, dat het beeldje direct na het vinden aan de buitenzijde vers aandeed, terwijl in enkele scheuren in het hout wel sporen van verwering aanwezig waren. Zij meenden dat het voorwerp, kort voor het vinden, uit een oud stuk hout was gesneden. Door verwijdering van de buitenzijde van dit oude stuk hout bleven verweringssporen alleen in de oude scheuren zichtbaar. Na het conserveren met PEG waren deze verweringssporen minder duidelijk gewor-

den. Ook meenden zij, dat voor het snijden gebruik was
gemaakt van metalen gereedschap. Tenslotte wezen zij
op de gelijkenis van het beeldje met Midden-Ameri-
kaanse stenen beeldjes uit de toeristenindustrie.

7.5. De kano van Pesse

In 1955 werd een boomstamkano gevonden in een klein
veentje ten zuiden van Pesse (Dr.). Deze was gemaakt
uit een drie meter lang stuk stam van een den met een
diameter van 45 cm (Van Zeist, 1957). De kano is twee
keer gedateerd, aan hetzelfde monster van de buitenzijde van de stam:

GrN-486	8270±275 BP
GrN-6257	8825±100 BP

De gemiddelde ouderdom van 8760±145 BP is het
getal, dat de voorkeur verdient. Regelmatig laait de
discussie over de functie als boot van deze kano weer
op. Sommigen menen dat het een trog is, vervaardigd
uit oud hout, anderen betwijfelen of deze kano wel een
mesolithische visser kon dragen. Laatstgenoemd probleem zal hopelijk definitief worden opgelost in 1999,
wanneer het Drents Museum twee replica's zal vervaardigen en testen. Berekeningen wijzen op een draag-
vermogen tussen 60 en 120 kg. Eerstgenoemd argument is onzinnig: de kano werd gevonden in een depres-
sie die onderdeel is van een met veen dichtgegroeid
beekdalletje (Harsema, 1992: pp. 28-32, speciaal afbeelding op p. 32). Veen dat nog aan de boot kleefde,
bleek van boreale ouderdom (Van Zeist, 1957: p. 10).
Daarmee staat dus vast, dat deze uitgeholde boomstam,
vervaardigd uit een boreale den, in het Boreaal in het
veen is ingebed.

Bij de opgravingen in *Hardinxveld-Giessendam* werden twee boomstamkano's ontdekt (*Volkskrant*, 15 mei
1998 en mond. meded. Louwe Kooijmans, 12-06-1998).
Op grond van de eerste ^{14}C-dateringen aan materiaal uit
de nederzetting, kunnen deze kano's tussen 6400 en
6000 BP gedateerd worden. Voor een overzicht van
mesolithische en jongere boomstamkano's kan verwezen worden naar Lanting (1997/1998).

7.6. Het jachtkamp van Jardinga

In 1981 werd bij Jardinga, gemeente Ooststellingwerf
(Fr.), een kleine opgraving verricht op de plaats waar
een oerosschedel was gevonden. In een put van 7x2 m,
direct naast de Tjonger, werden op de glooiende zand-
ondergrond, en in het onderste veen beenderen van
minstens drie oerossen en een edelhert gevonden. Verder werden vier, niet-dateerbare vuursteenartefacten
aangetroffen. Kennelijk betreft het slachtafval, dat deels
verspoeld kan zijn, zij het niet over grote afstand. De
[14]C-dateringen laten zien, dat het om resten van minstens twee jachtpartijen gaat:

GrA-9640	oeros 1, tibia	6180±50 BP
GrA-9643	oeros 1, metacarpus	6240±50 BP
GrA-9644	oeros 1?, scapula	6260±50 BP
GrA-9650	oeros 1?, schedelfr.	6210±50 BP

Het gemiddelde van deze vier dateringen is 6220±25
BP.

GrA-9645	oeros 3, phalanx 3	6520±50 BP
GrA-9646	oeros 2, phalanx 3	6420±50 BP
GrA-9649	edelhert, rib	6410±50 BP

Het gemiddelde van deze drie dateringen is 6450±30
BP.

8. LITERATUUR

AIMÉ, G., 1992. Les abris sous roche de Bavans (Doubs): cadre
    chronostratigraphique, néolithisation et néolithique. *Actes du 11e
    Colloque inter-regional sur le néolithique (Mulhouse, 5-7 octobre
    1984)*. Interneo, Saint-Germain-en Laye, pp. 11-18.
ANDERSEN, K., 1984. To Åmosepladser med håndtagsblokke.
    Aarbøger for nordisk Oldkyndighed og Historie, pp. 18-46.
ANDERSEN, K., S. JØRGENSEN & J. RICHTER, 1982. *Maglemose
    hytterne ved Ulkestrup Lyng*. Det Kongelige Nordiske
    Oldskriftselskab, Kopenhagen.
ANDERSEN, S.H., 1969. Brovst. En kystboplads fra aeldre stenalder.
    Kuml, pp. 67-90.
ANDERSEN, S.H., 1978. Aggersund. En Ertebølleboplads ved Lim-
    fjorden. *Kuml*, pp. 7-56.
ANDERSEN, S.H. & E. JOHANSEN, 1986. Ertebølle revisited.
    Journal of Danish Archaeology 5, pp. 31-61.
ANDERSEN, S.H. & C. MALROS, 1965. Norslund. En kystboplads
    fra aeldre stenalder. *Kuml*, pp. 35-114.
ANDERSEN, S.H. & C. MALROS, 1980. Appendix. Dateringen af
    Norslund bopladsen lag 3 og 4. *Kuml*, pp. 60-62.
ARTS, N., 1984. Waubach: a Late Upper Palaeolithic/Mesolithic
    lithic raw material procurement site in Limburg, the Netherlands.
    Helinium 24, pp. 209-220.
ARTS, N., 1988. Archaeology, environment and the social evolution
    of later band societies in a lowland area. In: C. Bonsall (ed.), *The
    Mesolithic in Europe*. John Donald Publishers, Edinburgh, pp.
    291-312.
ARTS, N., 1994. Laat-mesolithische nederzettingssporen en een
    Rössener *Breitkeil* in het Stiphouts Broek te Helmond, Nederland.
    Notae Praehistoricae 13, pp. 79-94.
ARTS, N. & J. DEEBEN, 1978. Een Federmesser nederzetting te
    Oostelbeers: een rapport betreffende de noodopgraving in 1976.
    Brabants Heem 30, pp. 60-75.
ARTS, N. & J. DEEBEN, 1981. *Prehistorische jagers en verzame-
    laars te Vessem: een model*. Stichting Brabants Heem, Eind-
    hoven.
ARTS, N. & M. HOOGLAND, 1987. A Mesolithic settlement area
    with a human cremation grave at Oirschot V, municipality of Best,
    the Netherlands. *Helinium* 27, pp. 172-189.
BAALES, M., 1996. *Umwelt und Jagdökonomie der Ahrensburger
    Rentierjäger im Mittelgebirge*. Verlag RGZM, Mainz.
BARTON, N., 1991. Technological innovation and continuity at the
    end of the Pleistocene in Britain. In: N. Barton, A.J. Roberts &
    D.A. Roe (eds), *The Late Glacial in north-west Europe* (= CBA
    Research Report, 77). Council for British Archaeology, London,
    pp. 234-245.
BECKER, B., 1993. An 11,000-year German oak and pine
    dendrochronology for radiocarbon calibration. *Radiocarbon* 35,
    pp. 201-213.
BECKER, B., B. KROMER & P. TRIMBORN, 1991. A stable-

isotope tree-ring timescale of the Late Glacial/Holocene boundary. *Nature* 353, pp. 647-649.

BECKER, C.J., 1953. Die Maglemosekultur in Dänemark. Neue Funde und Ergebnisse. In: E. Vogt (ed.), *Actes de la IIIe Session – Zürich 1950*. Congrès International des Sciences Préhistoriques et Protohistoriques, Zürich, pp. 180-183.

BEHRE, K.-E., 1970. Die Entwicklungsgeschichte der natürlichen Vegetation im Gebiet der unteren Ems und ihre Abhängigkeit von den Bewegungen des Meeresspiegels. *Probleme der Küstenforschung im südlichen Nordseegebiet* 9, pp. 13-47.

BEHRE, K.-E., J. DÖRJES & G. IRION, 1984. Ein datierter Sedimentkern aus dem Holozän der südlichen Nordsee. *Probleme der Küstenforschung im südlichen Nordseegebiet* 15, pp. 135-148.

BENNEMA, J., 1954. Bodem- en zeespiegelbewegingen in het Nederlandse kustgebied. Proefschrift Wageningen.

BERG, P.-L. van, 1990. Céramique du Limbourg et néolithisation en Europe du Nord-Ouest. In: D. Cahen & M. Otte (eds), *Rubané et Cardial* (= Actes du Colloque de Liège, novembre 1988). ERAUL, Liège, pp. 161-208.

BERG, P.-L. VAN, J.-P. VAN ROEYEN & L.H. KEELEY, 1991. Le site mésolithique à céramique de Melsele (Flandre-Orientale), campagne de 1990. *Notae Praehistoricae* 10, pp. 37-47.

BEUKER, J.R., 1989. Mesolithische bewoningssporen op een zandopduiking te Nieuw-Schoonebeek. *Nieuwe Drentse Volksalmanak* 106, pp. 117-186.

BEUKER, J.R. & M.J.L.Th. NIEKUS, 1997. De kano van Pesse – de bijl erin. *Nieuwe Drentse Volksalmanak* 114, pp. 122-125.

BLANKHOLM, H.P., 1990. Stylistic analysis of Maglemosian microlithic armatures in southern Scandinavia: an essay. In: P.M. Vermeersch & P. van Peer (eds), *Contribution to the Mesolithic in Europe*. University Press, Leuven, pp. 239-257.

BLOEMERS, J.H.F., L.P. LOUWE KOOIJMANS & H. SARFATIJ, 1981. *Verleden land. Archeologische opgravingen in Nederland*. Meulenhoff, Amsterdam.

BOAS, N.A., 1986. Rude Mark – a Maglemosian settlement in East Jutland. *Journal of Danish Archaeology* 5, pp. 14-30.

BOELES, P.C.J.A., 1951. *Friesland tot de elfde eeuw. Zijn voor- en vroege geschiedenis*. Martinus Nijhoff, 's-Gravenhage (2e druk).

BOHMERS, A. & P. HOUTSMA, 1961. De praehistorie. In: *Boven-Boorngebied: rapport betreffende het onderzoek van het Lândskipgenetyske Wurkforbân van de Fryske Akademy*. Laverman, Drachten, pp. 126-151.

BOHMERS, A. & Aq. WOUTERS, 1956. Statistics and graphs in the study of flint assemblages, III: A preliminary report on the statistical analysis of the Mesolithic in northwestern Europe. *Palaeohistoria* 5, pp. 27-38.

BOKELMANN, K., 1971a. Duvensee, ein Wohnplatz des Mesolithikums in Schleswig-Holstein, und die Duvenseegruppe. *Offa* 28, pp. 5-26.

BOKELMANN, K., 1971b. Zwei mesolithische Fundplätze im Kr. Rendsburg-Eckernförde. *Offa* 28, pp. 88-89.

BOKELMANN, K., 1973. Ein mesolithischer Wohnplatz im Dosenmoor bei Bordesholm, Kr. Rendsburg-Eckenförde. *Offa* 30, pp. 121-122.

BOKELMANN, K., 1991. Duvensee, Wohnplatz 9. Ein präborealzeitlicher Lagerplatz in Schleswig-Holstein. *Offa* 48, pp. 75-114.

BOKELMANN, K., 1994. Frühboreale Mikrolithen mit Schäftungspeck aus dem Heidmoor im Kreis Segeberg. *Offa* 51, pp. 37-44.

BOKELMANN, K., F.-R. AVERDIECK & H. WILLKOMM, 1981. Duvensee, Wohnplatz 8. Neue Aspekte zur Sammelwirtschaft im frühen Mesolithikum. *Offa* 38, pp. 21-40.

BOKELMANN, K., F.-R. AVERDIECK & H. WILLKOMM, 1985. Duvensee, Wohplatz 13. *Offa* 42, pp. 13-33.

BOSSCHA ERDBRINK, D.P. & J. TACOMA, 1997. Une calotte humaine datée au ^{14}C du bassin sud de la Mer du Nord. *L'Anthropologie* 101, pp. 541-545.

BRINCH PETERSEN, E., 1973. A survey of the late Palaeolithic and Mesolithic of Denmark. In: S.K. Kozlowski (ed.), *The Mesolithic in Europe*. University Press, Warsaw, pp. 77-127.

BRINDLEY, A.L., 1983. The finds from hunebed G3 on the Glimmer Es, mun. of Haren, prov. of Groningen, the Netherlands. *Helinium* 23, pp. 209-236.

BROUNEN, F., 1995. Verrassende vondsten uit Vogelzang. In: *Randwyck ondergronds*. Dienst SOG, Maastricht, pp. 12-18.

BRUNNACKER, M., W. REIFF, E. SOERGEL & W. TAUTE, 1967. Neolithische Fundschicht mit Harpunen-Fragmenten im Travertin von Stuttgart-Bad Cannstatt. *Fundberichte aus Schwaben* 18/I, pp. 43-60.

BUTTER, J., 1957. Vondsten in het oerstroomdal van de Overijsselse Vecht. *Tijdschrift Koninklijk Aardrijkskundig Genootschap* 74, pp. 239-241.

CASPARIE, W.A., 1972. Bog development in southeastern Drenthe (the Netherlands). Proefschrift Groningen.

CASPARIE, W.A. & J.H.A. BOSCH, 1995. Bergumermeer – De Leijen (Friesland, the Netherlands): a Mesolithic wetland in a dry setting. *Mededelingen Rijks Geologische Dienst* 52, pp. 271-282.

CASPARIE, W.A. & J.G. STREEFKERK, 1992. Climatological, stratigraphic and palaeo-ecological aspects of mire development. In: J.T.A. Verhoeven (ed.), *Fens and bogs in the Netherlands: vegetation, history, nutrient dynamics and conservation*. Kluwer, Dordrecht/Boston/London, pp. 81-129.

CASSEYAS, C. & P.M. VERMEERSCH, 1994. Een versterking uit de Michelsbergcultuur (MK) te Spiere, 'De Hel' (West-Vlaanderen). Tweede opgravingscampagne. *Notae Praehistoricae* 14, pp. 187-193.

CAUWE, N., 1988. La sépulture collective de la grotte Margaux à Freyr (province de Namur), rapport préliminaire. *Notae Praehistoricae* 8, pp. 103-108.

CAUWE, N., 1989. Recherches archéologiques et paléontologiques à la grotte Margaux (Namur, Dinant). *Notae Praehistoricae* 9, p. 23.

CAUWE, N., 1994. Il y a près de 11.000 ans, l'histoire d'une mésolithique. *Notae Praehistoricae* 14, pp. 91-93.

CAUWE, N., 1995. Chronologie des sépultures de l'abri des Autours à Anseremme-Dinant. *Notae Praehistoricae* 15, pp. 51-60.

CAUWE, N., F. STEENHOUDT & D. BOSQUET, 1993. Deux sépultures collectives dans un abri-sous-roche de Freyr: pérennité d'un site funéraire du mésolithique au néolithique moyen-récent. *Notae Praehistoricae* 12, pp. 162-165.

CHURCHILL, D.M., 1962. The stratigraphy of the Mesolithic sites III and V at Thatcham, Berkshire, England. *Proceedings of the Prehistoric Society* 28, pp. 362-370.

CLARK, J.G.D., 1954. *Excavations at Star Carr, an early Mesolithic site at Seamer near Scarborough, Yorkshire*. University Press, Cambridge.

CLASON, A.T., 1983. Spoolde. Worked and unworked antlers and bone tools from Spoolde, De Gaste, the IJsselmeerpolders and adjacent areas. *Palaeohistoria* 25, pp. 77-130.

CLOUTMAN, E.W. & A.G. SMITH, 1988. Palaeoenvironments in the Vale of Pickering. Part 3: Environmental history at Star Carr. *Proceedings of the Prehistoric Society* 54, pp. 37-58.

CORDY, J.-M., 1984. Évolution des faunes quaternaires en Belgique. In: D. Cahen & P. Haesaerts (eds), *Peuples chasseurs de la Belgique préhistorique dans leur cadre natural*. Institut Royal des Sciences Naturelles de Belgique, Bruxelles, pp. 67-77.

CROMBÉ, P., 1993. Epipaleolithische en mesolithische bewoning in zandig Vlaanderen: resultaten van de opgravingscampagne 1992 op vier Oostvlaamse sites. *Notae Praehistoricae* 12, pp. 83-93.

CROMBÉ, P., 1994. Recherche poursuivie sur le mésolithique en Flandre orientale. *Notae Praehistoricae* 13, pp. 71-78.

CROMBÉ, P., in druk a. *The Mesolithic in northwestern Belgium. Recent excavations and surveys*. (= BAR Intern. Series). BAR, Oxford.

CROMBÉ, P., in druk b. Vers une nouvelle chronologie absolue pour le mésolithique en Belgique. In: *Actes du 5e Colloque international UISPP, commission XII: Epipaléolithique et mésolithique en Europe*.

CROMBÉ, P. & M. MEGANCK, 1996. Results of an auger survey research at the early Mesolithic site of Verrebroek-'Dok' (East-

Flanders, Belgium). *Notae Praehistoricae* 16, pp. 101-115.

CROMBÉ, P., Y. PERDAEN & J. SERGANT, 1997. Le gisement mésolithique ancien de Verrebroek: campagne 1997. *Notae Praehistoricae* 17, pp. 85-92.

CROMBÉ, P. & M. VAN STRYDONCK, 1994. Recherche poursuivie sur le site mésolithique ancien de Verrebroek (Flandre Orientale): résultats de la campagne 1994. *Notae Praehistoricae* 14, pp. 95-102.

CROMBÉ, P., H.A. GROENENDIJK & M. VAN STRYDONCK, in druk. Dating the Mesolithic of the Low Countries: some practical considerations. *Proceedings of the 3rd International Symposium ¹⁴C and Archaeology, Lyon 1998*.

CROTTI, P. & G. PIGNAT, 1988. Insertion chronologique du mésolithique valaisan. *Jahrbuch der Schweizerischen Gesellschaft für Ur- und Frühgeschichte* 71, pp. 71-76.

CROTTI, P. & G. PIGNAT, 1995. Le paléolithique et le mésolithique. *Archäologie der Schweiz* 18, pp. 40-46.

CZIESLA, E., 1990. Report on four field-campaigns in the Weidentalcave, Palatinate Forest (western Germany). In: P.M. Vermeersch & P. van Peer (eds), *Contributions to the Mesolithic in Europe*. University Press, Leuven, pp. 355-357.

DANSGAARD, W. et al., 1993. Evidence for general instability of past climate from a 250-kyr ice-core record. *Nature* 364, pp. 218-220.

DAY, S.P. & P.A. MELLARS, 1994. 'Absolute' dating of Mesolithic human activity at Star Carr, Yorkshire: new palaeoecological studies and identification of the 9600 BP radiocarbon 'plateau'. *Proceedings of the Prehistoric Society* 60, pp. 417-422.

DECKERS, P.H., 1982. Preliminary notes on the Neolithic flint material from Swifterbant. *Helinium* 22, pp. 33-39.

DEEBEN, J., 1988. The Geldrop sites and the Federmesser occupation of the southern Netherlands. In: M. Otte (ed.), *De la Loire à l'Oder* (= BAR International Series, 444 (I & II). BAR, Oxford, pp. 357-398.

DEEBEN, J., 1994. De laatpaleolithische en mesolithische sites bij Geldrop (N.Br.). Deel 1. *Archeologie* 5, pp. 3-57.

DEEBEN, J., 1996. De laatpaleolithische en mesolithische sites bij Geldrop (N.Br.). Deel 3. *Archeologie* 7, pp. 3-79.

DEGERBØL, M. & H. KROG, 1951. *Den europaeiske sumpskild-padde (Emys orbicularis L.) i Danmark* (= Danmarks Geologiske Undersøgelse, II. Raekke, 78). Reitzels Forlag, København.

ERNY-RODMANN, C., E. GROSS-KLEE, J.N. HAAS, S. JACOMET & H. ZOLLER, 1997. Früher 'human impact' und Ackerbau im Übergangsbereich Spätmesolithikum-Früh-neolithikum im Schweizerischen Mittelland. *Jahrbuch der Schweizerischen Gesellschaft für Ur- und Frühgeschichte* 80, pp. 27-56.

ES, W.A. VAN, 1967. Wijster. A native village beyond the imperial frontier, 150-425 A.D. Proefschrift Groningen. Tevens versche-nen als *Palaeohistoria* 11.

ES, W.A. VAN & W.A. CASPARIE, 1968. Mesolithic wooden statuette from the Volkerak, near Willemstad, North Brabant. *Berichten van de Rijksdienst voor het Oudheidkundig Bodem-onderzoek* 18, pp. 111-116.

ES, W.A. VAN, H. SARFATIJ & P.J. WOLTERING, 1988. *Archeo-logie in Nederland*. Meulenhoff, Amsterdam & ROB, Amersfoort.

EVIN, J., E. DELQUE-KOLIC, C. OBERLIN & P. FORTIN, 1997. Dates radiocarbone Oxford/Lyon. *Archaeometry* 39, pp. 453-469.

EXALTUS, R.P., H.A. GROENENDIJK & J.L. SMIT, 1993. Voort-gezet onderzoek op de mesolithische vindplaats NP-3 (Groninger Veenkoloniën). *Paleo-Aktueel* 4, pp. 22-25.

FIEDLER, L., 1990. Mesolithikum, Zeit der nacheiszeitlichen Jäger. In: F.-R. Herrmann & A. Jockenhövel, *Die Vorgeschichte Hes-sens*. Theiss, Stuttgart, pp. 114-120.

FILZER, P., 1978. Pollenanalytische Untersuchungen in den mesolithischen Kulturschichten der Jägerhaus-Höhle an der oberen Donau. In: W. Taute (ed.), *Das Mesolithikum in Süddeutschland. Teil 2: Naturwissenschaftliche Untersuchungen*. Verlag Archaeologica Venatoria, Tübingen, pp. 21-32.

FISCHER, A., 1978. På sporet af overgangen mellem palaeolithicum og Mesolithicum i Sydskandinavien. *Hikuin* 4, pp. 27-50 en 150-153 (Engelse samenvatting).

FISCHER, A., 1982. Bonderup-bopladsen. Det manglende led mellem dansk palaeolitikum og mesolitikum? *Antikvariske studier* 5, pp. 87-103.

FISCHER, A., 1995. An entrance to the Mesolithic world below the ocean. Status of ten years' work on the Danish sea floor. In: A. Fischer (ed.), *Man and sea in the Mesolithic*. Oxbow Books, Oxford, pp. 371-384.

FLENLEY, J.R., B.K. MALONEY, D. FORD & G. HALLAM, 1975. *Trapa natans* in the British Flandrian. *Nature* 257, pp. 39-41.

G.E.E.M., 1969. Epipaléolithique-mésolithique. Les microlithes géométriques. *Bulletin de la Société Préhistorique Française* 66, pp. 355-366.

G.E.E.M., 1972. Epipaléolithique-mésolithique. Les armatures non géométriques -1. *Bulletin de la Société Préhistorique Française* 69, pp. 364-375.

GEERTS, F. & P.M. VERMEERSCH, 1984. The Mesolithic site of Lommel-Gelderhorsten. *Notae Praehistoricae* 4, pp. 23-44.

GENDEL, P.A., 1984. *Mesolithic social territories in northwestern Europe* (= BAR International Series, 218). BAR, Oxford.

GENDEL, P.A., 1988. The analysis of lithic styles through distributional profiles of variation: examples from the western European Mesolithic. In: C. Bonsall (ed.), *The Mesolithic in Europe*. John Donald Publishers, Edinburgh, pp. 40-47.

GENDEL, P.A., H. VAN DE HEYNING & G. GIJSELINGS, 1985. Helchteren-Sonnisse Heide 2: a Mesolithic site in the Limburg Kempen (Belgium). *Helinium* 25, pp. 5-22.

GENDEL, P.A. & R. LAUWERS, 1985. Radiocarbon dates from Brecht-Moordenaarsven 2 (prov. Antwerpen, Belgium) and their implications. *Helinium* 25, pp. 242-246.

GERKEN, K., 1994. Wehldorf 6, Ldkr. Rotenburg/W. Eine mesolithische Station am Übergang vom Boreal zum Atlantikum. *Die Kunde* N.F. 45, pp. 19-33.

GILLESPIE, R., J.A.J. GOWLETT, E.T. HALL, R.E.M. HEDGES & C. PERRY, 1985. Radiocarbon dates from the Oxford AMS system: Archaeometry datelist 2. *Archaeometry* 27, pp. 237-246.

GILOT, E., 1997. *Index général des dates Lv. Laboratoire du Carbone 14 de Louvain/Louvain-la-Neuve*. Studia Praehistorica Belgica, Liège/Leuven.

GLASBERGEN, W., 1954. Barrow excavations in the Eight Beatitudes. The Bronze Age cemetery between Toterfout & Halve Mijl. Proefschrift Groningen. Tevens verschenen in *Palaeohistoria* 2, 1954, pp. 1-134 en 3, 1954, pp. 1-204.

GOB, A., 1979. Le mésolithique dans le bassin de l'Ourthe. *Helinium* 19, pp. 209-236.

GOB, A., 1981. *Le mésolithique dans le bassin de l'Ourthe*. Société Wallone de Palethnologie, Liège.

GOB, A., 1982. L'occupation mésolithique de l'abri du Loschbour près de Reuland (G.D. de Luxembourg). In: A. Gob & F. Spier (eds), *Le mésolithique entre Rhin et Meuse*. Société Préhistorique Luxembourgeoise, Luxembourg, pp. 91-117.

GOB, A., 1984. Les industries microlithiques dans la partie sud de la Belgique. In: D. Cahen & P. Haesaerts (eds), *Peuples chasseurs de la Belgique préhistorique dans leur cadre naturel*. Institut Royal des Sciences Naturelles de Belgique, Bruxelles, pp. 195-210.

GOB, A., 1985. Extension géographique et chronologique de la Culture Rhein-Meuse-Schelde (RMS). *Helinium* 25, pp. 23-36.

GOB, A., 1990. *Chronologie du mésolithique en Europe. Atlas des dates ¹⁴C*. Centre informatique de Philosophie et Lettres. Liège.

GOB, A., 1991. The early postglacial occupation of the southern part of the North Sea Basin. In: N. Barton, A.J. Roberts & D.A. Roe (eds), *The Late Glacial in north-west Europe* (= CBA Research Report, 77). Council for British Archaeology, London, pp. 227-233.

GOB, A. & M.-C. JACQUES, 1985. A late Mesolithic dwelling structure at Remouchamps, Belgium. *Journal of Field Archaeology* 12, pp. 163-175.

GOSLAR, T., M. ARNOLD & N. TISNERAT-LABORDE, 1998.

An updated synchronization of the Lake Gosciaz varve chronology with the German pine and oak chronologies. *Radiocarbon* 40.

GRAMSCH, B., 1987. Ausgrabungen auf dem mesolithischen Moorfundplatz bei Friesack, Bezirk Potsdam. *Veröffentlichungen des Museums für Ur- und Frühgeschichte Potsdam* 21, pp. 75-100.

GRAMSCH, B., 1990. Die frühmesolithischen Knochenspitzen von Friesack, Kr. Nauen. *Veröffentlichungen des Museums für Ur- und Frühgeschichte Potsdam* 24, pp. 7-26.

GRIEDE, J.W., 1978. Het ontstaan van Frieslands Noordhoek. Een fysisch-geografisch onderzoek naar de holocene ontwikkeling van een zeekleigebied. Proefschrift VU Amsterdam.

GRØN, O. & S.A. ANDERSEN, 1992-1993. Aggemose. An inland site from the early Kongemose culture on Langeland. *Journal of Danish Archaeology* 11, pp. 7-18.

GROENENDIJK, H.A., 1987. Mesolithic hearth-pits in the Veenkoloniën (prov. Groningen, the Netherlands), defining a specific use of fire in the Mesolithic. *Palaeohistoria* 29, pp. 85-102.

GROENENDIJK, H.A., 1997. *Op zoek naar de horizon. Het landschap van Oost-Groningen en zijn bewoners tussen 8000 voor Chr. en 1000 na Chr.* Regio-projekt Uitgevers, Groningen.

GROENENDIJK, H.A. & J.L. SMIT, 1984-1985. Een mesolithische vindplaats bij Wildervank. *Groningse Volksalmanak*, pp. 131-145.

GROENENDIJK, H.A. & J.L. SMIT, 1989. Nieuwe Pekela: mesolithisch onderzoek op site-niveau in de Groninger Veenkoloniën. *Paleo-Aktueel* 1, pp. 21-24.

GRONENBORN, D., 1990a. Eine Pfeilspitze vom ältestbandkeramischen Fundplatz Friedberg-Bruchenbrücken in der Wetterau. *Germania* 68, pp. 223-231.

GRONENBORN, D., 1990b. Mesolithic-Neolithic interactions. The lithic industry of the earliest Bandceramic culture site at Friedberg-Bruchenbrücken, Wetteraukreis (West Germany). In: P.M. Vermeersch & P. van Peer (eds), *Contributions to the Mesolithic in Europe.* University Press, Leuven, pp. 173-182.

GRONENBORN, D., 1997. Sarching 4 und der Übergang von Früh- zum Spätmesolithikum im südlichen Mitteleuropa, *Archäologisches Korrespondenzblatt* 27, pp. 387-402.

GROTE, K., 1990. Das Buntsandsteinabri Bettenroder Berg IX im Reinhäuser Wald bei Göttingen – Paläolithikum und Mesolithikum. *Archäologisches Korrespondenzblatt* 20, pp. 137-147.

HAHN, J., C.-J. KIND & K. STEPPAN, 1993. Mesolithische Rentier-Jäger in Südwestdeutschland? Der mittelsteinzeitliche Frielandfundplatz Rottenburg-'Siebenlinden I' (Vorbericht), *Fundberichte aus Baden-Württemberg* 18, pp. 29-52.

HAHN, J. & A. SCHEER, 1983. Das Helga-Abri am Hohlenfelsen bei Schelklingen: eine mesolithische und jungpaläolithische Schichtenfolge. *Archäologisches Korrespondenzblatt* 13, pp. 19-28.

HANS, J.-M., 1995. Les derniers chasseurs du secteur de Bains-les-Bains (Vosges). *Revue Archéologique de l'Est et du Centre-Est* 46, pp. 3-12.

HARSEMA, O.H., 1978. Mesolithische vuurstenen bijlen in Drenthe. *Nieuwe Drentse Volksalmanak* 95, pp. 161-186.

HARSEMA, O.H., 1992. *Geschiedenis in het landschap. Hoe het Drentse landschap werd gebruikt, van de toendratijd tot in de 20e eeuw.* Drents Museum, Assen.

HARTZ, S., 1985. Kongemose-Kultur in Schleswig-Holstein? *Offa* 42, pp. 35-56.

HEALY, F., M. HEATON & S.J. LOBB, 1992. Excavations of a Mesolithic site at Thatcham, Berkshire. *Proceedings of the Prehistoric Society* 58, pp. 41-76.

HEDGES, R.E.M., R.A. HOUSLEY, I.A. LAW & C. PERRY, 1988. Radiocarbon dates from the Oxford AMS system: Archaeometry datelist 7. *Archaeometry* 30, pp. 155-164.

HEDGES, R.E.M., R.A. HOUSLEY, I.A. LAW & C.R. BRONK, 1990. Radiocarbon dates from the Oxford AMS system: Archaeometry datelist 10. *Archaeometry* 32, pp. 101-108.

HEDGES, R.E.M., R.A. HOUSLEY, C. BRONK RAMSEY & G.J. VAN KLINKEN, 1993a. Radiocarbon dates from the Oxford AMS system: Archaeometry datelist 16. *Archaeometry* 35, pp. 147-167.

HEDGES, R.E.M., R.A. HOUSLEY, C. BRONK RAMSEY & G.J. VAN KLINKEN, 1993b. Radiocarbon dates from the Oxford AMS system: Archaeometry datelist 17. *Archaeometry* 35, pp. 305-326.

HEDGES, R.E.M., R.A. HOUSLEY, C. BRONK RAMSEY & G.J. VAN KLINKEN, 1995. Radiocarbon dates from the Oxford AMS system: Archaeometry datelist 19. *Archaeometry* 37, pp. 195-214.

HEDGES, R.E.M., P.B. PETTITT, C. BRONK RAMSEY & G.J. VAN KLINKEN, 1996. Radiocarbon dates from the Oxford AMS system: Archaeometry datelist 22. *Archaeometry* 38, pp. 391-415.

HEESTERS, W., 1967. Mesolithicum te Nijnsel. *Brabants Heem* 19, pp. 168-178.

HEESTERS, W., 1969. Mesolitische variatie. *Brabants Heem* 21, pp. 14-20.

HEESTERS, W., 1971. Een mesolithische nederzetting te Sint-Oedenrode. *Brabants Heem* 23, pp. 94-115.

HEESTERS, W. & A.M. WOUTERS, 1968. Een vroeg-mesolithische kultuur te Nijnsel. *Brabants Heem* 20, pp. 98-108.

HEINZELIN, J. DE & S.J. DE LAET, 1977. *Le Gué du Plantin (Neufvilles, Hainaut) site néolithique et romain* (= Dissertationes Archaeologicae Gandenses, 17). De Tempel, Brugge.

HENRIKSEN, B.B., 1976. *Svaerdborg I. Excavations 1943-44. A settlement of the Maglemose Culture.* Akademisk Forlag, Copenhagen.

HEUERTZ, M., 1969. *Documents préhistoriques du territoire Luxembourgeois I.* Musée d'Histoire Naturelle & Société des Naturalistes Luxembourgois, Luxembourg.

HOFMANN-WYSS, A., 1979-1980. Liesbergmühle VI. *Jahrbuch des Bernischen Historischen Museums* 59-60, pp. 7-30.

HOGESTIJN, J.W.H., 1991. Archeologische kroniek van Flevoland. *Cultuur Historisch Jaarboek voor Flevoland* 1, pp. 110-129.

HOGESTIJN, W.-J., H. PEETERS, W. SCHNITGER & E. BULTEN, 1995. Bewoningsresten uit het laat-Mesolithicum/vroeg-Neolithicum bij Almere (prov. Fl.): verslag van de eerste resultaten van de opgraving 'A27-Hoge Vaart'. *Archeologie* 6, pp. 66-89.

HOGESTIJN, W.-J. & H. PEETERS, 1996. De opgraving van de mesolithische en vroegneolithische bewoningsresten van de vindplaats 'Hoge Vaart' bij Almere (prov. Fl.): een blik op een duistere periode van de Nederlandse prehistorie. *Archeologie* 7, pp. 80-113.

HUISKES, B., 1988. Tietjerk-Lytse Geast I: a reconstruction of a Mesolithic site from an anthropological perspective. *Palaeohistoria* 30, pp. 29-62.

HUYGE, D. & P.M. VEMEERSCH, 1982. Late Mesolithic settlement at Weelde-Paardsdrank. In: P.M. Vermeersch (ed.), *Contributions to the study of the Mesolithic of the Belgian lowland.* Koninklijk Museum voor Midden-Afrika, Tervuren, pp. 115-203.

JACOBI, R.M., 1976. Britain inside and outside Mesolithic Europe. *Proceedings of the Prehistoric Society* 42, pp. 67-84.

JACOBI, R.M., 1979. Early Flandrian hunters in the Southwest. *Devon Archaeological Society Proceedings* 37, pp. 48-93.

JACOBI, R.M., 1980. The early Holocene settlements of Wales. In: J.A. Taylor (ed.), *Culture and environment in prehistoric Wales* (= BAR British Series, 76). BAR, Oxford, pp. 131-206.

JELGERSMA, S., 1961. *Holocene sea level changes in the Netherlands* (= Mededelingen van de Geologische Stichting C-VI, 7). 'Van Aelst', Maastricht.

JELGERSMA, S., 1979. Sea-level changes in the North Sea basin. In: E. Oele, R.T.E. Schüttenhelm & A.J. Wiggers (eds), *The quaternary history of the North Sea.* Uppsala, pp. 233-248.

JEUNESSE, C., P.-Y. NICOD, P.-L. VAN BERG & J.-L. VORUZ, 1991. Nouveaux témoins d'âge néolithique ancien entre Rhône et Rhin. *Jahrbuch der schweizerischen Gesellschaft für Ur- und Frühgeschichte* 74, pp. 43-78.

JOCHIM, M., 1992. Henauhof NW2. Ein neuer mittelsteinzeitlicher

Fundplatz am Federsee, Kreis Biberach. *Archäologische Ausgrabungen in Baden-Württemberg* 1991, pp. 32-35.

JOCHIM, M.A., 1993. *Henauhof-Nordwest. Ein mittelsteinzeitlicher Lagerplatz am Federsee*. Landesdenkmalamt Baden-Württemberg, Stuttgart.

JOHANSSON, A.D., 1990. *Barmosegruppen. Praeboreale bopladsfund i Sydsjaelland*. Universitetsforlag, Aarhus.

KAMPFFMEYER, U., 1991. Die Keramik der Siedlung Hüde I am Dümmer. Untersuchungen zur Neolithisierung des nordwestdeutschen Flachlandes. Dissertation Göttingen.

KAUFMANN, D., 1986. Ausgrabungen im linienbandkeramischen Erdwerk von Eilsleben, Kr. Wanzleben, in den Jahren 1980 bis 1984. *Zeitschrift für Archäologie* 20, pp. 237-251.

KIESELBACH, P. & D. RICHTER, 1992. Die mesolithische Freilandstation Rottenburg-Siebenlinden II, Kreis Tübingen. *Archäologische Ausgrabungen in Baden-Württemberg* 1991, pp. 35-37.

KIND, C.-J., 1995. Ein spätpaläolithischer Uferrandlagerplatz am Federsee in Oberschwaben: Sattenbeuren-Kieswerk. *Fundberichte aus Baden-Württemberg* 20, pp. 159-194.

KIND, C.-J., 1997. Die mesolithische Freiland-Stratigraphie von Rottenburg-'Siebenlinden 3'. *Archäologisches Korrespondenzblatt* 27, pp. 13-32.

KORTEKAAS, G.L.G.A. & M.J.L.Th. NIEKUS, 1994. Een vindplaats uit het vroege Mesolithicum in de Hooilandspolder, gemeente Slochteren (Gr.). *Paleo-Aktueel* 5, pp. 27-31.

KOZLOWSKI, S.K., 1975. *Cultural differentiation of Europe from 10th to 5th millennium B.C.* University Press, Warsaw.

KOZLOWSKI, S.K., 1976. Studies on the European Mesolithic (II) – rectangles, rhomboids and trapezoids in northwestern Europe. *Helinium* 16, pp. 43-54.

KRAMER, E., P. HOUTSMA & J. SCHILSTRA, 1985. The Creswellian site Siegerswoude II (*gemeente* Opsterland, province of Friesland, the Netherlands). *Palaeohistoria* 27, pp. 67-88.

KROEZENGA, P., J.N. LANTING, R.J. KOSTERS, W. PRUMMEL & J.P. DE ROEVER, 1991. Vondsten van de Swifterbantcultuur uit het Voorste Diep bij Bronneger (Dr.). *Paleo-Aktueel* 2, pp. 32-36.

KROMER, B. & M. SPURK, 1998. Revision and tentative extension of the tree-ring based ^{14}C calibration 9200 to 11855 cal BP. *Radiocarbon* 40.

LAET, S.J. DE, 1974. *Prehistorische kulturen in het zuiden der Lage Landen*. Universa, Wetteren.

LANG, G., 1994. *Quartäre Vegetationsgeschichte Europas*. Fischer Verlag, Jena/Stuttgart, New York.

LANGEN, G.J. DE, 1992. Middeleeuws Friesland. De economische ontwikkeling van het gewest Oostergo in de vroege en volle middeleeuwen. Proefschrift Groningen.

LANGENBRINK, B. & J. KNEIPP, 1990. Keramik vom Typ La Hoguette aus einer ältestbandkeramischen Siedlung bei Steinfurth im Wetteraukreis. *Archäologisches Korrespondenzblatt* 20, pp. 149-160.

LANTING, J.N., 1986a. Der Urnenfriedhof von Neuwarendorf, Stadt Warendorf. *Ausgrabungen und Funde in Westfalen-Lippe* 4, pp. 105-108.

LANTING, J.N., 1986b. Spoolde: onderzoek en vondsten binnendijks. In: H. Fokkens, P. Banga & M. Bierma (eds), *Op zoek naar mens en materiële cultuur*. BAI, Groningen, pp. 37-58.

LANTING, J.N., 1992. Aanvullende ^{14}C-dateringen. *Paleo-Aktueel* 3, pp. 61-63.

LANTING, J.N., 1997/1998. Dates for origin and diffusion of the European logboat. *Palaeohistoria* 39/40.

LANTING, J.N. & W.G. MOOK, 1977. *The pre- and protohistory of the Netherlands in terms of radiocarbon dates*. Groningen.

LANTING, J.N. & J. VAN DER PLICHT, 1993/1994. ^{14}C-AMS: pros and cons for archaeology. *Palaeohistoria* 35/36, pp. 1-12.

LANTING, J.N. & J. VAN DER PLICHT, 1995/1996a. De ^{14}C-chronologie van de Nederlandse pre- en protohistorie. I: Laat-Paleolithicum. *Palaeohistoria* 37/38, pp. 71-125.

LANTING, J.N. & J. VAN DER PLICHT, 1995/1996b. Wat hebben

Floris V, skelet Swifterbant S2 en visotters gemeen? *Palaeohistoria* 37/38, pp. 491-519.

LARSSON, L., 1978. *Ageröd I: B-Ageröd I: D. A study of early Atlantic settlements in Scania*. Bonn, Habelt & Lund, Gleerup.

LARSSON, L., 1983. *Ageröd V. An Atlantic bog site in central Scania*. Institute of Archaeology, Lund.

LAUERBACH, E., E. MARTINI, W. SCHÖNWEISS & A. ZIMMERMANN, 1997. Geröllfunde aus ortsfremden Materialien auf mesolithischen Fundplätze im nördlichen Bayern. *Archäologisches Korrespondenzblatt* 27, pp. 539-548.

LAUSBERG-MINY, J., P. LAUSBERG & L. PIRNAY, 1982. Le gisement mésolithique de l'Ourlaine. In: A. Gob & Spier (eds), *Le Mésolithique entre Rhin et Meuse*. Société Préhistorique Luxembourgeoise, Luxembourg, pp. 323-329.

LAUWERS, R. & P.M. VERMEERSCH, 1982a. Un site du mésolithique ancien à Neerharen-De Kip. In: P.M. Vermeersch (ed.), *Contributions to the study of the Mesolithic of the Belgian lowland*. Koninklijk Museum voor Midden-Afrika, Tervuren, pp. 15-52.

LAUWERS, R. & P.M. VERMEERSCH, 1982b. Mésolithique ancien à Schulen. In: P.M. Vermeersch (ed.), *Contributions to the study of the Mesolithic of the Belgian lowland*. Koninklijk Museum voor Midden-Afrika, Tervuren, pp. 55-112.

LEHMKUHL, U., 1989. Meso- und neolithische Funde der europäischen Sumpfschildkröte (Emys orbicularis L.) im Norden der DDR. *Ausgrabungen und Funde* 34, pp. 107-112.

LEROI-GOURHAN, A. & M. GIRARD, 1971. L'abri de la Cure à Baulmes (Suisse). Analyse pollinique. *Jahrbuch der Schweizerischen Gesellschaft für Ur- und Frügeschichte* 56, pp. 7-15.

LÖHR, H., 1994. Linksflügler und Rechtsflügler in Mittel- und Westeuropa. Der Fortbestand der Verbreitungsgebiete asymmetrischer Pfeilspitzenformen als Kontinuitätsbeleg zwischen Meso- und Neolithikum. *Trierer Zeitschrift* 57, pp. 9-127.

LOTTER, A.F., B. AMMANN, J. BEER et al., 1992. A step towards an absolute time-scale for the Late Glacial: annually laminated sediments from Soppensee (Switzerland). In: E. Bard & W.S. Broecker (eds), *The last deglaciation: absolute and radiocarbon chronologies* (= NATO ASI Series, 12). Springer Verlag, Berlin/Heidelberg, pp. 45-68.

LOUWE KOOIJMANS, L.P., 1970-1971. Mesolithic bone and antler implements from the North Sea and from the Netherlands. *Berichten van de Rijksdienst voor het Oudheidkundig Bodemonderzoek* 20-21, pp. 27-73.

LOUWE KOOIJMANS, L.P., 1974. The Rhine/Meuse delta. Four studies on its prehistoric occupation and Holocene geology. Proefschrift Leiden. Tevens verschenen als: *Oudheidkundige Mededelingen* 53-54 (1972-1973) en *Analecta Praehistorica Leidensia* 7 (1994).

LOUWE KOOIJMANS, L.P., 1980. De midden-neolithische vondstgroep van Het Vormer bij Wychen en het cultuurpatroon rond de zuidelijke Noordzee circa 3000 v.Chr. *Oudheidkundige Mededelingen R.M.O.* 61, pp. 113-208.

LOUWE KOOIJMANS, L.P., 1985. *Sporen in het land. De Nederlandse delta in de prehistorie*. Meulenhoff, Amsterdam.

LUDWIG, G., H. MÜLLER & H. STREIF, 1979. Neuere Daten zum holozänen Meeresspiegelanstieg im Bereich der Deutschen Bucht. *Geologisches Jahrbuch* D32, pp. 3-22.

LÜNING, J., U. KLOOS & S. ALBERT, 1989. Westliche Nachbarn der bandkeramischen Kultur: La Hoguette und Limburg. *Germania* 67, pp. 355-420.

MAES, K. & P.M. VERMEERSCH, 1984. Turnhout-Zwarte Heide, Late Mesolithic site. *Notae Praehistoricae* 4, pp. 65-88.

MANGERUD, J., S.T. ANDERSEN, B.E. BERGLUND & J.J. DONNER, 1974. Quaternary stratigraphy of Norden, a proposal for terminology and classification. *Boreas* 3, pp. 109-128.

MARIEN, M.E., 1952. *Oud-België van de eerste landbouwers tot de komst van Caesar*. De Sikkel, Antwerpen.

MAREN, M.J. VAN & L.H. VAN WIJNGAARDEN-BAKKER, 1972. Vondsten van de moerasschildpad (*Emys orbicularis L.*) uit Voorschoten. *Helinium* 12, pp. 154-159.

MEURERS-BALKE, J. & B. WENINGER, 1994. ¹⁴C-Chronologie der frühen Trichterbecherkultur im norddeutschen Tiefland und in Südskandinavien. In: J. Hoika & J. Meurers-Balke (eds), *Beiträge zur frühneolithischen Trichterbecherkultur im westlichen Ostseegebiet*. Wachhholtz Verlag, Neumünster, pp. 251-287.

MOOK, W.G. & H.J. STREURMAN, 1983. Physical and chemical aspects of radiocarbon dating. In: W.G. Mook & H.T. Waterbolk (eds), Proceedings of the First International Symposium ¹⁴C and Archaeology, Groningen 1981. *PACT* 8, pp. 31-55.

MOORE, P.D., 1991. Holocene paludification and hydrological changes as climate proxy data in Europe. In: B. Frenzel (ed.), *Evaluation of climate proxy data in relation to the European Holocene*. Fischer, Stuttgart/Jena/New York, pp. 255-269.

MUNAUT, A.V., 1984. L'homme et son environnement végétal. In: D. Cahen & P. Haesaerts (eds), *Peuples chasseurs de la Belgique préhistorique dans leur cadre naturel*. Institut Royal des Sciences Naturelles de Belgique, Bruxelles, pp. 59-66.

NEWELL, R.R., 1970a. The Mesolithic affinities and typological relations of the Dutch Bandkeramik flint industry. Ph.D. proefschrift, University of London.

NEWELL, R.R., 1970b. Een afslagbijl uit Anderen, gem. Anloo en zijn relatie tot het atlantisch Mesolithicum. *Nieuwe Drentse Volksalmanak* 88, pp. 177-184.

NEWELL, R.R., 1970c. The flint industry of the Dutch Linearbandkeramik. In: P.J.R. Modderman, *Linearbandkeramik aus Elsloo und Stein* (= Nederlandse Oudheden, III). Staatsuitgeverij, 's Gravenhage, pp. 144-183. Tevens verschenen als *Analecta Praehistorica Leidensia* 3.

NEWELL, R.R., 1972. The Mesolithic affinities and typological relations of the Dutch Bandkeramik flint industry. In: J. Fitz & J. Makkay (eds)., *Die aktuellen Fragen der Bandkeramik*. Istvan Kiraly Muzeum, Székesfehérvar, pp. 9-38. Tevens verschenen in *Alba Regia* 12.

NEWELL, R.R., 1973. The post-glacial adaptations of the indigenous population of the northwest European plain. In: S.F. Kozlowski (ed.), *The Mesolithic in Europe*. University Press, Warsaw, pp. 399-440.

NEWELL, R.R., 1975. Mesolithicum. In: G.J. Verwers (ed.), *Noord-Brabant in pre- en protohistorie*. Anthropological Publications, Oosterhout, pp. 39-54.

NEWELL, R.R., 1980. Mesolithic dwelling structures: fact and fantasy. *Veröffentlichungen des Museums für Ur- und Frühgeschichte Potsdam* 14/15, pp. 235-284.

NEWELL, R.R., 1984. Settlement systems in the Dutch Mesolithic: setting the record straight. *Helinium* 24, pp. 44-52.

NEWELL, R.R., n.d. Radiocarbon chronology of the Mesolithic period in the Netherlands. Stencil, vervaardigd t.b.v. het De Leijen- project.

NEWELL, R.R. & T.S. CONSTANDSE-WESTERMANN, 1991. 'The Mesolithic of western Europe' reviewed: an appraisal of bouquet, clarity, body and price. *Helinium* 31, pp. 138-151.

NEWELL, R.R. & A. VROOMANS, 1972. *Automatic artifact registration and system for archaeological analysis with the Philips P1100 computer: a Mesolithic test-case*. Anthropological Publications, Oosterhout.

NIEKUS, M.J.L.Th., J.P. DE ROEVER & J. SMIT, 1997. Een vroegmesolithische nederzetting met tranchetbijlen bij Lageland (Gr.). *Paleo-Aktueel* 8, pp. 28-32.

NIELSEN, E.H., 1994. Bemerkungen zum schweizerischen Spätmesolithikum. *Archäologisches Korrespondenzblatt* 24, pp. 145-155.

NIELSEN, E.H., 1997a. Vom Jäger zum Bauern. Zwei frühneolithische Pfeilspitzen aus Gampelen BE. *Archäologie der Schweiz* 20, pp. 9-14.

NIELSEN, E.H., 1997b. Fällanden ZH-Usserriet. Zum Übergangsbereich Spätmesolithikum-Frühneolithikum in der Schweiz. *Jahrbuch der Schweizerischen Gesellschaft für Ur- und Frühgeschichte* 80, pp. 57-84.

NIELSEN, P.O., 1994. Sigersted und Havnelev. Zwei Siedlungen der frühen Trichterbecherkultur auf Seeland. In: J. Hoika & J. Meurers-Balke (eds), *Beiträge zur frühneolithischen Trichterbecherkultur im westlichen Ostseegebiet*. Wachholz Verlag, Neumünster, pp. 289-324.

NORDHAGEN, R., 1933. *De senkvartaere klimavekslinger: Nordeuropa og deres betydning for kulturforskningen*. Oslo.

OESCHGER, H. & W. TAUTE, 1978. Radiokarbon-Altersbestimmungen zum süddeutschen Mesolithikum und deren Vergleich mit der vegetationsgeschichtlichen Datierung. In: W. Taute (ed.), *Das Mesolithikum in Süddeutschland. Teil 2: Naturwissenschaftliche Untersuchungen*. Verlag Archaeologica Venatoria, Tübingen, pp. 15-19.

PEETERS, R.M., 1971. Het onderzoek van de mesolithische kultuur te Tilburg. *Historische Bijdragen* 2 (4).

PELEMAN, C., P.M. VERMEERSCH & I. LUYPAERT, 1994. Ahrensburg nederzetting te Zonhoven-Molenheide 2. *Nota Praehistoricae* 14, pp. 73-80.

PERRY, D., 1997. *The archaeology of hunter-gatherers: plant use in the Dutch Mesolithic*. Ph D dissertation, New York University.

PETERSON, E.W. & S.E. LARSEN, 1984. Climate variation in northern Europe during the past century. Evidence from a Danish record. In: N.-A. Mörner & W. Karlen (eds), *Climate changes on a yearly to millennial basis*. Reidel, Dordrecht/Boston/Lancaster, pp. 371-379.

PFISTER, C., 1984. The potential of documentary data for the reconstruction of past climates. Early 16th to 19th century. Switzerland as a case study. In: N.-A. Mörner & W. Karlen (eds), *Climate changes on a yearly to millennial basis*. Reidel, Dordrecht/Boston/Lancaster, pp. 331-337.

PLASSCHE, O. VAN DE, 1982. Sea-level change and water-level movements in the Netherlands during the Holocene. *Mededelingen Rijks Geologische Dienst* 36-1.

PONS, L.J., 1992. Holocene peat formation in the lower parts of the Netherlands. In: J.T.A. Verhoeven (ed.), *Fens and bogs in the Netherlands: vegetation, history, nutrient dynamics and conservation*. Kluwer, Dordrecht/Boston/London, pp. 7-79.

POPPING, H.J., 1952. *Onze voorhistorie. Overzicht van de voorgeschiedenis van Nederland*. Thieme, Zutphen.

PRICE, T.D., 1975. Mesolithic settlement systems in the Netherlands. Dissertation University of Michigan.

PRICE, T.D., 1978. Mesolithic settlement systems in the Netherlands. In: P. Mellars (ed.), *The early postglacial settlement of northern Europe*. Duckworth, London, pp. 81-113.

PRICE, T.D., 1981. Swifterbant, Oost Flevoland, Netherlands: excavations at the river dune sites, S21-S24, 1976. *Palaeohistoria* 23, pp. 75-104.

PRICE, T.D., 1984. Mesolithic settlement systems in the Netherlands: a reply. *Helinium* 24, pp. 127-128.

PRICE, T.D., R. WHALLON & S. CHAPPELL, 1974. Mesolithic sites near Havelte, province of Drenthe (Netherlands). *Palaeohistoria* 16, pp. 7-61.

RADLEY, J., J.H. TALLIS & V.R. SWITSUR, 1974. The excavation of three 'narrow blade' Mesolithic sites in the southern Pennines, England. *Proceedings of the Prehistoric Society* 40, pp. 1-19.

REIM, H., 1993. Ein Hausgrundriss in der ältestbandkeramischen Siedlung von Rottenburg a.N., Kreis Tübingen. *Archäologische Ausgrabungen in Baden-Württemberg 1992*, pp. 56-60.

REIM, H., 1994. Die ersten ¹⁴C-Daten aus der ältestbandkeramischen Siedlung in Rottenburg a.N., Kreis Tübingen. *Archäologische Ausgrabungen in Baden-Württemberg 1993*, pp. 31-33.

ROEVER, J.P. DE, 1976. Excavations at the river dune sites S21-22. *Helinium* 16, pp. 209-221.

ROEYEN, J.-P. VAN, G. MINNAERT, M. VAN STRYDONCK & C. VERBRUGGEN, 1991. Melsele-Hof ten Damme: prehistorische bewoning, landschappelijke ontwikkeling en kronologisch kader. *Notae Praehistoricae* 11, pp. 41-51.

ROHAN, P.K., 1986. *The climate of Ireland*. Metereological Service, Dublin.

ROUSSOT-LARROQUE, J., 1989. Imported problems and home-made solutions: late foragers and pioneer farmers seen from the West. In: S. Bökönyi (ed.), *Neolithic of southeastern Europe and its Near Eastern connections* (= Varia Archaeologica Hungarica, II). Hungarian Academy of Sciences, Budapest, pp. 253-275.

ROZOY, J.-G., 1968. Typologie de l'Epipaléolithique (mésolithique) franco-belge. *Bulletin de la Société Préhistorique Française* 65, pp. 335-364.

ROZOY, J.-G., 1978. *Les derniers chasseurs: L'Epipaléolithique en France et en Belgique* (= Bulletin de la Société Archéologique Champenoise, numéro special). Reims.

RUST, A., 1958. *Die Funde vom Pinnberg.* Wachholtz, Neumünster.

RYAN, M., 1980. An early Mesolithic site in the Irish midlands. *Antiquity* 54, pp. 46-47.

SAINTY, J., 1992. Le site du Mannlefelsen à Oberlarg (Haut-Rhin). *Actes du 11e Colloque inter-regional sur le Néolithique* (Mulhouse 5-7 octobre 1984). Interneo, St-Germain-en-Laye, pp. 3-9.

SCHLÜTER, W., 1979. Gräberfelder der Bronze- und Eisenzeit in der Gemarkung Druchhorn, Gemeinde Ankum, Kreis Osnabrück. *Neue Ausgrabungen und Forschungen in Niedersachsen* 13, pp. 111-156.

SCHÖNWEISS, W. & H. WERNER, 1974. Mesolithische Wohnanlagen von Sarching, Ldkr. Regensburg. *Bayerische Vorgeschichtsblätter* 39, pp. 1-29.

SCHOEP, A., 1943. Een schildpad (Emys orbicularis) uit het oppervlakte-veen van Heusden-Destelbergen bij Gent. *Mededelingen van de Koninklijke Vlaamse Academie voor Wetenschappen, Letteren en Schone Kunsten van België, Klasse der Wetenschappen* jaargang V, no. 16.

SCHREURS, J. & F. BROUNEN, 1998. Resten van een Michelsbergaardewerk op de Schelsberg te Heerlen. Een voorlopig bericht. *Archeologie in Limburg* 76, pp. 21-32.

SCHÜTZ, C., H.-C. STRIEN, W. TAUTE & A. TILLMANN, 1992. Ausgrabungen in der Wilhelma von Stuttgart-Bad Cannstatt: die erste Siedlung der altneolithischen La-Hoguette-Kultur. *Archäologische Ausgrabungen in Baden-Württemberg* 1991, pp. 45-49.

SCHWABEDISSEN, H., 1944. *Die mittlere Steinzeit im westlichen Norddeutschland, unter besonderer Berücksichtigung der Feuersteinwerkzeuge.* Wachholz, Neumünster.

SCHWABEDISSEN, H., 1994. Die Ellerbek-Kultur in Schleswig-Holstein und das Vordringen des Neolithikums über die Elbe nach Norden. In: J. Hoika & J. Meurers-Balke (eds), *Beiträge zur frühneolithischen Trichterbecherkultur im westlichen Oostseegebiet.* Wachholz Verlag, Neumünster, pp. 361-401.

SCHWEINGRUBER, F.H., 1978. Vegetationsgeschichtlich-archäologische Auswertung der Holzkohlenfunde mesolithischer Höhlensedimente Süddeutschlands. In: W. Taute (ed.), *Das Mesolithikum in Süddeutschland. Teil 2: Naturwissenschaftliche Untersuchungen.* Verlag Archaeologica Venatoria, Tübingen, pp. 33-46.

SIEBINGA, J., 1944. Overzicht van de voorgeschiedenis van de gemeente Smallingerland. In: *Smellingera-land. Proeve van een 'geakinde' van de gemeente Smallingerland. Uitgegeven ter gelegenheid van het driehonderdjarig bestaan van Drachten, 1641-1941.* Laverman, Drachten, pp. 3-31.

SMIT, J.L., 1995a. Een kernbijl van N.P.3. *Veenkoloniale Volksalmanak* 7, pp. 9-10.

SMIT, J.L., 1995b. NP-3. De grootste boreaal-mesolithische nederzetting van Nederland. In: *Bundel Mesolithicumdag Veendam.* Veendam, pp. 7-18.

SMITH, C., 1988. British antler mattocks. In: C. Bonsall (ed.), *The Mesolithic in Europe.* John Donald Publishers, Edinburgh, pp. 272-283.

SMITH, M., 1964. *The British amphibians & reptiles.* Collins, London.

SØRENSEN, S.A., 1996. *Kongemosenkulturen i Sydskandinavien.* Egnsmuseet Faergegården.

SPIER, F., 1987. Aspects de l'Epipaléolithqiue et du mésolithique du Grand-Duché de Luxemburg. *Notae Praehistoricae* 7, pp. 3-5.

SPURK, M., M. FRIEDRICH, J. HOFMAN et al., 1998. Revisions and extensions of the Hohenheim oak and pine chronologies – new evidence about the timing of the Younger Dryas/Preboreal transition. *Radiocarbon* 40.

STAPERT, D., 1979. Zwei Fundplätze vom Übergang zwischen Paläolithikum und Mesolithikum in Holland. *Archäologisches Korrespondenzblatt* 9, pp. 159-166.

STOEPKER, H., 1988. Archeologische kroniek van Limburg over 1987. *Publications de la Société Historique et Archéologique dans le Limbourg* 124, pp. 345-425.

STRAUS, L.G., 1985. Chronostratigraphy of the Pleistocene/Holocene boundary: the Azilian problem in the Franco-Cantabrian region. *Palaeohistoria* 27, pp. 89-122.

STREEFKERK, J.G. & W.A. CASPARIE, 1987. *De hydrologie van hoogveen systemen.* Staatsbosbeheer, Utrecht.

STREET, M., 1989. *Jäger und Schamanen. Bedburg-Königshoven, ein Wohnplatz am Niederrhein vor 10.000 Jahren.* Verlag RGZM, Mainz.

STREET, M., 1991. Bedburg-Königshoven: a pre-boreal Mesolithic site in the lower Rhineland, Germany. In: N. Barton, A.J. Roberts & D.A. Roe (eds), *The Late Glacial in north-west Europe* (= CBA Research Report, 77). Council for British Archaeology, London, pp. 256-270.

STRYDONCK, M. VAN, M. LANDRIE, V. HENDRIX et al., 1998. *Royal Institute for Cultural Heritage radiocarbon dates XVI.* Koninklijk Instituut voor het Kunstpatrimonium, Brussel.

STUIVER, M., P.M. GROOTES & T.F. BRAZIUNAS, 1995. The GISP-2 δ^{18}O climate record of the past 16,500 years and the role of the sun, ocean, and volcanoes. *Quaternary Research* 44, pp. 341-354.

SWITSUR, V.R. & M. JACOBI, 1979. A radiocarbon chronology for the early postglacial stone industries of England and Wales. In: R. Berger & H.E. Suess (eds), *Radiocarbon dating.* University of California Press, Berkeley/Los Angeles/London, pp. 41-68.

TAAYKE, E., 1985. Drie vernielde hunebedden in de gemeente Odoorn. *Nieuwe Drentse Volksalmanak* 102, pp. 125-144.

TAUTE, W., 1966. Das Felsdach Lautereck, eine mesolithisch-neolithisch-bronzezeitliche Stratigraphie an der oberen Donau. *Palaeohistoria* 12, pp. 483-504.

TAUTE, W., 1968. *Die Stielspitzen-Gruppen im nördlichen Mitteleuropa.* Böhlau Verlag, Köln/Graz.

TAUTE, W., 1972. Die spätpaläolithisch-frühmesolithische Schichtenfolge im Zigeunerfels bei Sigmaringen (Vorbericht). *Archäologische Informationen* 1, pp. 29-40.

TAUTE, W., 1973-1974. Neue Forschungen zur Chronologie von Spätpaläolithikum und Mesolithikum in Süddeutschland. *Archäologische Informationen* 2-3, pp. 59-66.

TAUTE, W., 1978. Korrelation des Probenmaterials und zusammenfassende chronologische Übersicht. In: W. Taute (ed.), *Das Mesolithikum in Süddeutschland, Teil 2: Naturwissenschaftliche Untersuchungen.* Verlag Archaeologica Venatoria, Tübingen, pp. 11-13.

THÉVENIN, A., 1990a. Du Dryas III au début de l'Atlantique: pour une approche méthodologique des industries et des territoires dans l'Est de la France (1re partie). *Revue Archéologique de l'Est et du Centre-Est* 41, pp. 177-212.

THÉVENIN, A., 1990b. Le mésolithique de l'Est de la France. In: P.M. Vermeersch & P. van Peer (eds), *Contributions to the Mesolithic in Europe.* University Press, Leuven, pp. 435-439.

THÉVENIN, A., 1991. Du Dryas III au début de l'Atlantique: pour une approche méthodologique des industries et des territoires dans l'Est de la France (2e partie). *Revue Archéologique de l'Est et du Centre-Est* 42, pp. 3-62.

THÉVENIN, A. et al., 1979. Fondements chronostratigraphiques des niveaux à industrie épipaléolithique de l'abri de Rochedane à Villars-sous-Dampjoux (Doubs) et de l'abri du Mannlefelsen I à Oberlarg (Haut-Rhin). In: D. de Sonneville-Bordes (ed.), *La fin des temps glaciaires en Europe.* CNRS, Paris, pp. 215-230.

TILLMANN, A., 1993a. Kontinuität oder Diskontinuität? Zur Frage einer bandkeramische Landnahme im südlichen Mitteleuropa. *Archäologische Informationen* 16, pp. 157-187.

TILLMANN, A., 1993b. Ein Rastplatz des frühen Mesolithikums bei Kemnath, Ldkr. Tirschenreuth, Oberpfalz. *Das archäologische Jahr in Bayern* 1992, pp. 31-33.

TILLMANN, A., 1994. Mittelsteinzeitliche Funde von der Furthmühle, Gem. Schwarzbach b. Nabburg, Ldkr. Schwandorf, Oberpfalz. *Das archäologische Jahr in Bayern* 1993, pp. 28-30.

TOUSSAINT, M. & F. RAMON, 1997. Les ossements humains présumés mésolithiques de la grotte de La Martina, à Dinant, ne seraient-ils pas plutôt néolithiques? *Notae Praehistoricae* 17, pp. 157-167.

TRIERUM, M.C. VAN, A.B. DÖBKEN & A.J. GUIRAN, 1988. Archeologisch onderzoek in het Maasmondgebied 1976-1986. In: *BOORbalans 1*. BOOR, Rotterdam, pp. 16-105.

UFKES, A., 1997. Edelhertgeweien uit natte context in Drenthe. *Nieuwe Drentse Volksalmanak* 114, pp. 142-170.

VANG PETERSEN, P., 1984. Chronological and regional variation in the late Mesolithic of eastern Denmark. *Journal of Danish Archaeology* 3, pp. 7-18.

VANG PETERSEN, P. & E. BRINCH PETERSEN, 1984. Prejleruptyrens skaebne – 15 små flintspidser. *Nationalmuseets Arbejdsmark*, pp. 174-179.

VANMOERKERKE, J., 1982. *Het Mesolithicum te Mendonk*. Gentse Vereniging voor Stadsarcheologie, Gent.

VERBEEK, C., 1996. Relaties tussen vroeg-mesolithische concentraties te Weelde-Voorheide. *Notae Praehistoricae* 16, pp. 91-99.

VERBEEK, C. & P.M. VERMEERSCH, 1994. Midden-Mesolithicum nabij het Brouwersgoor te Weelde-Hoogeinds Voorhoofd. *Notae Praehistoricae* 14, pp. 103-108.

VERHART, L.B.M., 1988. Mesolithic barbed points and other implements from Europoort, the Netherlands. *Oudheidkundige Medelingen* 68, pp. 145-194.

VERHART, L.B.M., 1995a. Fishing for the Mesolithic. The North Sea: a submerged Mesolithic landscape. In: A. Fischer (ed.), *Man and sea in the Mesolithic*. Oxbow Books, Oxford, pp. 291-302.

VERHART, L.B.M., 1995b. Een vroeg-mesolithische vindplaats in het dal van de Vlootbeek te Posterholt, gemeente Ambt Montfort (L.): een voorlopig verslag. *Archeologie in Limburg* 66, pp. 56-60.

VERHART, L.B.M., 1995c. Een vroegmesolithisch jachtkamp te Posterholt, gemeente Ambt Montfort (NL). *Notae Praehistoricae* 15, pp. 73-80.

VERHART, L.B.M., 1997. Een blauwe waas voor de ogen. Archeologen, planologen en grote ingrepen in het landschap. *Archeologie in Limburg* 73, pp. 52-55.

VERHART, L.B.M. & H.A. GROENENDIJK, in druk. Het midden- en laat-Mesolithicum. In: P.W. van den Broeke, H. Fokkens & A.L. van Gijn (eds), *Handboek prehistorie van Nederland*.

VERHART, L.B.M. & M. WANSLEEBEN, 1989. Een laat-mesolithische nederzetting te Merselo-Haag, gemeente Venray, Nederland. *Notae Praehistoricae* 9, pp. 29-30.

VERHART, L.B.M. & M. WANSLEEBEN, 1991a. Het Maasdalproject en de activiteiten van mesolithische jagers en verzamelaars in het dal van de Loobeek bij Merselo, gem. Venray. *Archeologie in Limburg* 49, pp. 48-52.

VERHART, L.B.M. & M. WANSLEEBEN, 1991b. Steentijdbewoning in het Vlootbeekdal. *Jaarboek Heemkunde Vereniging Roerstreek* 23, pp. 119-128.

VERLINDE, A.D., 1974. A Mesolithic settlement with cremation at Dalfsen. *Berichten van de Rijksdienst voor het Oudheidkundig Bodemonderzoek* 24, pp. 113-117.

VERLINDE, A.D., 1979a. Archeologische kroniek van Overijssel over 1977/1978. *Overijsselse Historische Bijdragen* 94, pp. 99-117.

VERLINDE, A.D., 1979b. Die Gräber und Grabfunde der späten Bronzezeit und frühen Eisenzeit in Overijssel, II. *Berichten van de Rijksdienst voor het Oudheidkundig Bodemonderzoek* 29, pp. 219-254.

VERLINDE, A.D., 1982. Archeologische kroniek van Overijssel over 1980/1981. *Overijsselse Historische Bijdragen* 97, pp. 167-208.

VERLINDE, A.D., 1987. Archeologische kroniek van Overijssel over 1986. *Overijsselse Historische Bijdragen* 102, pp. 169-187.

VERMEERSCH, P.M., 1982. Quinze années de recherches sur le mésolithique en Basse Belgique – état de question. In: A. Gob & F. Spier (eds), *Le mésolithique entre Rhin et Meuse*. Société Préhistorique Luxembourgeoise, Luxembourg, pp. 343-353.

VERMEERSCH, P.M., 1984. Du paléolithique final au mésolithique dans le nord de la Belgique. In: D. Cahen & P. Haesaerts, *Peuples chasseurs de la Belgique préhistorique dans leur cadre naturel*. Institut Royal des Sciences Naturelles de Belgique, Bruxelles, pp. 181-193.

VERMEERSCH, P.M., 1978-1988. Le Michelsberg en Belgique. *Acta Archaeologica Lovaniensia* 26-27, pp. 1-20.

VERMEERSCH, P.M., 1988. Ten years' research on the Mesolithic of the Belgian lowland; results and prospects. In: C. Bonsall (ed.), *The Mesolithic in Europe*. John Donald Publisher, Edinburgh, pp. 284-290.

VERMEERSCH, P.M. & G. CREEMERS, 1994. Early Mesolithic sites at Zonhoven-Molenheide. *Notae Praehistoricae* 13, pp. 63-69.

VERMEERSCH, P.M., K. GOOSSENAERTS, G. WELLEMAN & M. VELGHE, 1988. Michelsberg-nederzetting te Schorisse-Bosstraat. Een voorlopig verslag. *Notae Praehistoricae* 8, pp. 75-86.

VERMEERSCH, P.M., R. LAUWERS & P. GENDEL, 1992. The Late Mesolithic sites of Brecht-Moordenaarsven (Belgium). *Helinium* 32, pp. 3-77.

VERMEERSCH, P.M., A.V. MUNAUT & E. PAULISSEN, 1974. Fouilles d'un site du Tardenoisien final à Opglabbeek-Ruiterskuil (Limbourg belge). *Qartär* 25, pp. 85-104.

VERMEERSCH, P.M., C. PELEMAN, V. ROTS & R. MAES, 1996. The Ahrensburgian site at Zonhoven-Molenheide. *Notae Praehistoricae* 16, pp. 117-121.

VERMEERSCH, P.M. & R. WALTER, 1980. Thieusies, Ferme de l'Hosté, site Michelsberg I. *Archaeologica Belgica* 230.

VERWERS, W.J.H., 1991. Archeologische kroniek van Noord-Brabant 1990. *Brabants Heem* 43, pp. 105-152.

VOTQUENNE, S., 1994. Données nouvelles sur le site mésolithique de Sougné A (Sougné-Remouchamps). *Notae Praehistoricae* 14, pp. 81-84.

WANSLEEBEN, M. & L.B.M. VERHART, 1990. Meuse Valley project: the transition from the Mesolithic to the Neolithic in the Dutch Meuse Valley. In: P.M. Vermeersch & P. van Peer (eds), *Contributions to the Mesolithic in Europe*. University Press, Leuven, pp. 389-402.

WATERBOLK, H.T., 1954. De praehistorische mens en zijn milieu. Proefschrift Groningen.

WATERBOLK, H.T., 1960. Preliminary report on the excavations at Anlo in 1957 and 1958. *Palaeohistoria* 8, pp. 59-90.

WATERBOLK, H.T., 1985. The Mesolithic and Early Neolithic settlement of the northern Netherlands in the light of radiocarbon evidence. In: R. Fellmann, G. Germann & K. Zimmermann (eds), *Jagen und Sammeln. Festschrift für H.-G. Bandi zum 65. Geburtstag*. Stampfli, Bern, pp. 273-281.

WERNING, J., 1983. Die Geweihartefakte der neolithischen Moorsiedlung Hüde I am Dümmer, Kreis Grafschaft Diepholz. *Neue Ausgrabungen und Forschungen in Niedersachsen* 16, pp. 21-187.

WHALLON, R. & T.D. PRICE, 1976. Excavations at the river dune sites S11-S13. *Helinium* 16, pp. 222-229.

WIJNGAARDEN-BAKKER, L.H. VAN, 1996. A new find of a European Pond Tortoise, *Emys orbicularis* (L.) from the Netherlands: osteology and taphonomy. *International Journal of Osteoarchaeology* 6, pp. 443-453.

WILLIGEN, S. VAN, 1997. Zur zeitlichen und räumlichen Differenzierung des südfranzösischen néolithique ancien. *Germania* 75, pp. 423-442.

WOLTERING, P.J., 1973. Wonen rond de Hoge Berg; prehistorie en vroegste geschiedenis van Texel. *Texel* 6 (2), pp. 2-20.

WOLTERING, P.J., 1975. Occupation history of Texel, I: the excavations at Den Burg: preliminary report. *Berichten van de Rijksdienst voor het Oudheidkundig Bodemonderzoek* 25, pp. 7-36.

WOODMAN, P.C., 1985. *Excavations at Mount Sandel 1973-77*.

Her Majesty's Stationery Office, Belfast.

WOODMAN, P.C., 1989. A review of the Scottish Mesolithic: a plea for normality! *Proceedings of the Society of Antiquaries of Scotland* 119, pp. 1-32.

WOODMAN, P.C. & M. O'BRIEN, 1993. Excavations at Ferriter's Cove, Co. Kerry: an interim statement. In: E. Shee Twohig & M. Ronayne (eds), *Past perceptions: the prehistoric archaeology of south-west Ireland*. University Press, Cork, pp. 25-34.

WOUDE, J.D. VAN DER, 1983. Holocene paleoenvironmental evolution of a perimarine fluviatile area. *Analecta Praehistorica Leidensia* 16, pp. 1-124.

WYMER, J., 1962. Excavations at the Maglemosian sites at Thatcham, Berkshire, England. *Proceedings of the Prehistoric Society* 28, pp. 329-361.

WYSS, R., 1973. Zum Problemkreis des schweizerischen Mesolithikums. In: S.K. Kozlowski, *The Mesolithic in Europe*. University Press, Warsaw, pp. 613-649.

ZEIST, W. VAN, 1955. Some radio-carbon dates from the raised bog near Emmen (Netherlands). *Palaeohistoria* 4, pp. 113-118.

ZEIST, W. VAN, 1957. De mesolithische boot van Pesse. *Nieuwe Drentse Volksalmanak* 75, Van Rendierjager tot Ontginner, pp. 4-11.

ZIESAIRE, P., 1982. Le site mésolithique d'Altwies-Haed. In: A. Gob & F. Spier (eds), *Le mésolithique entre Rhin et Meuse*. Société Préhistorique Luxembourgeoise, Luxembourg, pp. 273-299.

BRONZE AGE METAL AND AMBER IN THE NETHERLANDS (II:2): CATALOGUE OF THE PALSTAVES

J.J. BUTLER & HANNIE STEEGSTRA

Groninger Instituut voor Archeologie, Groningen, Netherlands

ABSTRACT: Catalogue of the bronze palstaves of the Middle and Late Bronze Age of the Netherlands, ordered by types. The palstaves are broadly divided into the types imported from northern, Central and western Europe and those characteristic of this region. Among the regional types, some are shown on the basis of distribution maps to have been current chiefly in the north of the Netherlands; others chiefly in the south; and some common to both areas.

KEYWORDS: Netherlands, Bronze Age (Middle and Late), palstaves, types, imports, regional production, distributions.

1. INTRODUCTION

In section I of this work (Butler, 1992) we presented a study of the more important graves and hoards of bronze and amber found in the Netherlands. Section II:1 (Butler, 1995/1996) comprises a catalogue of its bronze flat axes, flanged axes and flanged stopridge axes. This present section (II:2) contains a catalogue of the bronze palstaves. The aim has been to make it as complete as possible, although there will inevitably be examples which we have missed. We have recorded 263 specimens.

The presentation is typological, taking distributional differences into account. Each type has been given a code name, which is intended to be mnemonic as well as descriptive, and also convenient for employment in a data base. We have chosen this system as having clear advantages above, for example, the use of type-names based on the find-spot of a single prototypical specimen, as has become customary in the *Prähistorische Bronzefunde* series and elsewhere. It should also be more convenient in use than type-names based on the main area of occurrence. For example, in the German literature type-names for palstaves flourish such as *Germanisch, Nordisch, Nordeuropäisch, Nordwestdeutsch, Lüneburgisch, Osthannoversch*, etc. Where each of these types begins and where it ends, typologically and in distribution, tends to differ from author to author; and the picture becomes even more complicated when one must deal with their varied *Mischformen*.

It may also be suggested that type designations of the character 'Form CI2a' or 'Class 5, Group 2' do not lie easily in the memory, and can seldom be deciphered without a visit to the library. We therefore hope and trust that the code system here employed will – given a modest attempt at acclimatization on the part of the reader – prove to be more convenient than other systems of type designation. At any rate, it should function optimally in a publication such as this one, where the code designations are coupled with the typologically grouped drawings and descriptions of the objects concerned, and with the applicable distribution maps.

The following ABC will explain the code as it is here employed: AX signifies an axe, AXP a palstave, AXPL a looped palstave (in Part II:1 we have already used AXF for flat axe, AXI for low-flanged axe, AXR for high-flanged axe, AXS for stopridge axe). Further descriptive features or subdivisions are indicated by letters or punctuation characters added on the right:

A = arch-shaped plastic ornament on the sides; B = belted stopridge; C = 'crinoline' blade outline; F = flanges (raised edges) on the blade part; G = groove; H = parallel-sided; J = sharply everted blade tips (J-shaped); M = midrib or midridge; MI = midrib, narrow; MB = midrib, broad; MR = midridge; MT = midrib, trumpet-shaped; MV = midrib, V or triangular shaped; MY = midrib, Y-shaped, or trident; N = narrow-bladed; P = plain palstave (i.e., without arches on the sides, midrib or flanges on the blade part); S = sinuous (ogival) blade outline; W = wide-bladed (blade width c. => 5 cm); $\wedge$ = inverted V shape; trapeze-shaped; <> = 2-faceted (sides); > = large size; < = small size; >< = medium size.

For the imported palstave types present in the Netherlands, we have as much as possible employed the type-names currently in use in their area of origin. For the types connecting with Western Germany, this means in practice chiefly the nomenclature of Kibbert (1980), though we depart from his usage when it seems necessary in the light of our own material. We have adopted an arbitary convention with respect to the extensions following the code-designation AXP. We put the extension in lower-case letters if it refers to a conventional type-name or cultural area: thus 'ne' for North European, 'we' for western European, 'ce' for

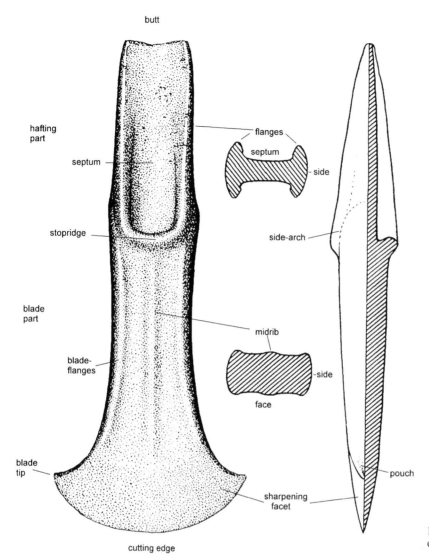

Fig. 40. Features of palstaves: terminology here employed.

'Central European'. If the extension is capitalized, it is descriptive: i.e., 'F' for 'flanged blade' or 'S' for sinuous outline.

Geographical expressions here abbreviated with lower-case letters with reference to palstave types are as follows: ap = Acton Park; boh = Bohemian; ce = Central European; iber = Iberian; nd = Normandy and related; ne = Northern European ; nr = (*Typ*) Niedermockstadt, (*Var.*) Reckerode; o = osthannover; ox = (Type) Oxford; port = (Type) Portrieux; ros = (Type) Rosnoën; stib = (Type) Stibbard; we = Western European.

The following additional symbols are used in the catalogue, taking advantage of some of the graphic possibilities inherent in the ASCII set: () = biconvex;)(= biconcave; [] = rectangular; {} = brace-shaped profile (i.e., receded flanges, projecting stopridge);][= flat septum.

References to literature frequently include the term *Verslag*. This refers to the Annual Report of the museum concerned. The citation *Jaarverslag R.O.B.* refers to the Annual Report of the *Rijksdienst voor het Oudheidkundig Bodemonderzoek* at Amersfoort. Other literature citations are located in section 7 below.

Unfortunately we have not been able to take into account the work, currently in press in the *Prähistorische Bronzefunde* series, of F. Laux on the axes of Niedersachsen, however desirable this would have been. When it becomes available it will no doubt require some amendments on our part, which we hope to be able to deal with in due course. It will also enable the completion of the distribution patterns of our regional types by incorporating the parallels found across the present-day national border. For Britain, the PBF volume of Schmidt & Burgess (1981) provides the key to North British and some southern British axe types that occur in the Netherlands as imports; but, regrettably, there is not as yet a comprehensive palstave typology for southern Britain, northern and western France, and Belgium. It will be obvious that we have made much use of the many and various works that deal extensively with palstaves listed in the bibliography.

2. GENERAL REMARKS CONCERNING PALSTAVES IN THE NETHERLANDS

The midribs and blade-part flanges present and which help define our non-plain types are presumably features which in origin were functional, i.e. permitting a reduction in the amount of metal required while preserving the strength of the blade. Yet few of the palstaves present in the Netherlands have flanges and midribs prominent enough so that they would really have contributed significantly to the strength of the tool. They have in fact become vestigial features.

That native palstaves in the Netherlands were primarily tools is an inescapable conclusion. Hardly any have baroque forms or decoration to suggest that they were designed as weapons or prestige objects; and the few exceptions belong to imported types, such as the Scandinavian and North German 'belted palstaves' (AXP:B..., below) or the West German *Var.* Reckerode examples (type AXP:ce.nr below, Cat.Nos 238 and 239). Very many show signs of heavy use and of drastic re-sharpening; this we would hardly expect on weapons or prestige objects. Many have evidently had their blade parts shortened, sometimes drastically, in the re-sharpening process. Re-hammering of the blade is often attested by what we herein call 'pouches' at the base of

the sides alongside the cutting edge (a more compact designation than Kibbert's *Schneideneckrandleisten*). Re-grinding is often indicated by sharpening facets (concentric with the cutting edge or straight-ground) on the lower part of the blade (cf. fig. 40).

This does not, of course, exclude the possibility that locally made palstaves may also sometimes have been used as weapons. This, was, for example, very probable in the case of the wide-blade palstave from Sleenerzand (Cat.No. 359), one of the rare instances of a native palstave deposited in a grave, and therefore presumably serving the role of a battle-axe; that it was accompanied by a set of bronze arrowheads emphasizes the martial character of this interment.

The majority of the palstaves are plain (AXP: P...), i.e. without special features such as midrib or midridge, flanges along the blade portion, or arch-shaped side ornament. Blade width is generally moderate (c. 4 to 6 cm); a very wide blade (6 to 7.7 cm) is found chiefly on imported palstaves from western Europe (the widest-bladed being the 'Acton Park' palstaves in the Voorhout hoard), while narrow-bladed palstaves are very uncommon. Many have a more or less parallel-sided blade part then abruptly expands toward a fairly wide cutting edge (in our code, J blade tips).

The suitability of our palstaves for wood-working has been demonstrated amply by the experimental use of bronze copies of palstaves for the construction, in a number of places in the Netherlands, of replicas of Bronze Age houses. There is no shortage of actual evidence for extensive wood-working in the Netherlands in the period in which palstaves must have been the most available wood-working tool. The single or

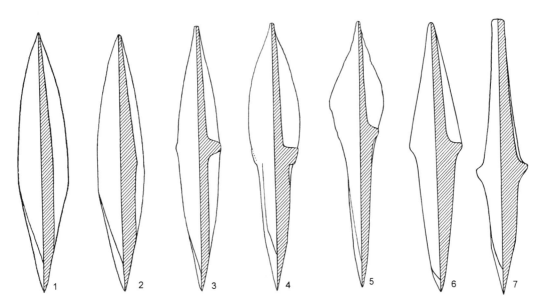

Fig. 41. Side views and logitudinal sections illustrating the development from high-flanged axes to later palstaves in the Netherlands. 1. High-flanged axe (AXR); 2. High-flanged axe with transverse medial ridge; 3. High-flanged stopridge axe (AXS); 4. Palstave with () flanges on hafting part (especially as on imports from Northwest France and Britain); 5. Palstave with <> flanges on hafting part (as on imports from SW Britain); 6. Palstave with /\ flanges; 7. Palstave with {} profile (reduced flanges, projecting stopridge).

multiple timber circle surrounding a tumulus has become the most important defining feature for the Middle Bronze Age B phase of Lanting & Mook (1977). The wooden post-supported long house, with attendant auxiliary buildings, byres, storage structures, and enclosures, also proliferates in this period. Amongst other wooden structures we may mention a contemporary timber-built avenue (Van Giffen, 1949) and bog trackways (Casparie, 1987), plus the still unique Bargeroosterveld ritual structure.

Among the 263 palstaves, 36 are looped. One, possibly two of the specimens here listed are chisels rather than axes (certainly Cat.No. 243, possibly Cat.No. 226). There are no adzes.

3. EXOTIC VERSUS LOCAL AND REGIONAL PALSTAVE TYPES

It should be borne in mind that palstaves were only one category of axes that were in use in the Middle and Late Bronze Age in the Netherlands. In the Middle Bronze Age, flanged axes, and especially flanged stopridge axes (catalogued in Part II: 1) were also important. In the northern and central parts of the country the stopridge axes of Vlagtwedde type (Butler, 1995/1996: pp. 230-236) were an important local type. In the southern part of the country, winged axes (to be catalogued in a subsequent section) made their initial appearance in the latter part of the Middle Bronze Age.

In classifying our 263 palstaves, a comparatively small number (66 examples) can be assigned to recognized types characteristic of the South Scandinavian, North German, Middle West German or British-Northwest French cultural areas. These we have mostly catalogued under the type-names with which they are known in their area of origin.

The overwhelming majority of our palstaves do not,

Table 1. Classified palstaves in the Netherlands. Unlooped (AXP) and looped (AXPL), by region. N: Friesland, Groningen, Drenthe, Overijssel, Flevoland; NW: Noord-Holland; Centre: Gelderland, Utrecht; SW: Zuid-Holland, Zeeland; S: Noord-Brabant, Limburg; Unk: Unknown province; ne: northern Europe; ce: Central Europe; we: western Europe; regional: origin within the Netherlands or adjacent areas.

Region	N	NW	Centre	SW	S	Unk	Total
AXP	85	7	30	21	54	17	214
AXPL	14	0	6	2	11	3	36
Total	99	7	36	23	65	20	250

Origins	N	NW	Centre	SW	S	Unk	Total
ne	8	2	2	0	0	1	13
ce	0	0	1	0	2	2	5
we	6	2	8	20	9	2	47
regional	85	3	25	3	54	15	185
Total	99	7	36	23	65	20	250

AXP origin	N	NW	Centre	SW	S	Unk	Total
ne	8	2	2	0	0	1	13
ce	0	0	1	0	1	2	4
we	4	1	4	19	6	2	36
regional	73	4	23	2	46	12	160
Total	85	7	30	21	53	17	213

AXPL origin	N	NW	Centre	SW	S	Unk	Total
ne	0	0	2	0	0	0	2
ce	0	0	0	0	1	0	1
we	2	0	4	1	3	2	12
regional	12	0	0	1	8	1	22
Total	14	0	6	2	12	3	37

Number of Cat.Nos	263
Not classifiable (Cat.Nos 330-340)	-11
Rest	252
1 false (Didam)	-1
Rest	251
1 bronze mould	-1
Rest	250

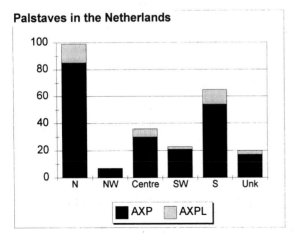

Palstaves in the Netherlands

Graph 1. Number of palstaves (n=263), unlooped (AXP) and looped (AXPL).

however, fit into those import groups, and seem, on the basis of their distribution pattern, to represent local or regional production. 'Regional' here means products of a northern region (the provinces of Groningen, Drenthe, Friesland, Overijssel, together with the adjacent parts of

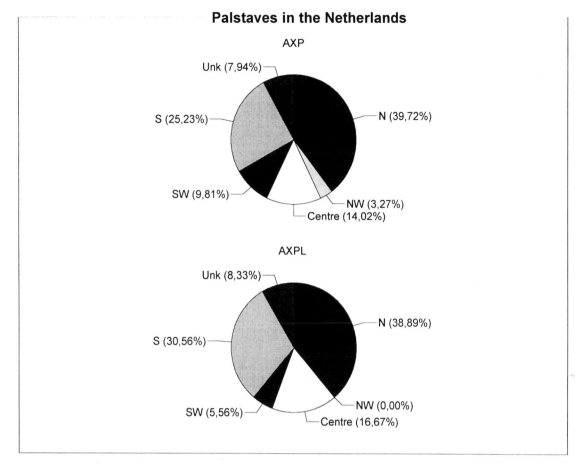

Palstaves in the Netherlands

AXP

Unk (7,94%)
S (25,23%)
SW (9,81%)
Centre (14,02%)
NW (3,27%)
N (39,72%)

AXPL

Unk (8,33%)
S (30,56%)
SW (5,56%)
Centre (16,67%)
NW (0,00%)
N (38,89%)

Graph 2. Percentages of unlooped palstaves (AXP) and looped (AXPL), by region.

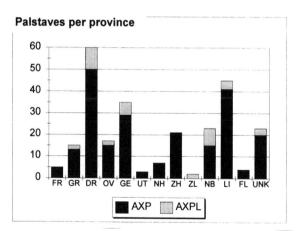

Palstaves per province

FR GR DR OV GE UT NH ZH ZL NB LI FL UNK

AXP ▮ AXPL ▨

Graph 3. Number of palstaves, unlooped (AXP) and looped (AXPL) by province in the Netherlands.

Map 20 Northwest Germany) and of a southern region (provinces of Limburg and eastern North Brabant, part of Gelderland, with the Belgian Maas region and Map 21 the German Nordrhein-Westfalen). We have found the most useful features for classifying these to be: 1)

the outline, and 2) the presence or absence of certain specific features on the face or sides, such as an arch-shaped side ornament, a midrib or midridge, or a side loop (figs 40 and 41).

No one of such features is confined in its occurrence to a single type of palstave, so it is always a combination of features that can define a type. The scarcity of associated finds of palstaves in the Netherlands and adjacent areas renders it impossible to use fine chronological distinctions as a basis for a division into types. More useful for this purpose, however, are typological distinctions based on the differential occurrence of attribute combinations from area to area. The distribution maps are therefore a major tool in helping to decide which features are to be considered most significant for distinguishing types.

In the following, we have made a first broad division into: (Group I) import types of North European origin; (Group II) import types of West European origin; (Group III) those of Central European origin; and (Group IV) palstave types of local or regional character.

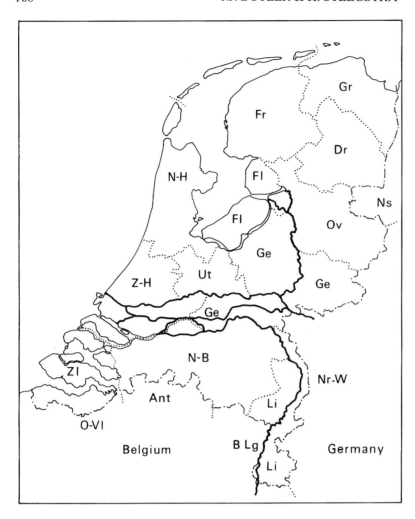

Map 20. Provinces of the Netherlands and neighbouring areas. Provinces of the Netherlands: Fr. Friesland; Gr. Groningen; Dr. Drenthe; Ov. Overijssel; Ge. Gelderland; Ut. Utrecht; NH. Noord-Holland; ZH. Zuid-Holland; N-B. Noord-Brabant; Li. (Ned.) Limburg; Fl. Flevoland; Zl. Zeeland. Belgian provinces: O-Vl. Oost-Vlaanderen; Ant. Antwerpen; B Lg. (Belg.) Limburg. German *Länder*: Ns. Niedersachsen; Nr-W. Nordrhein-Westfalen. Dot-dash line = national boundary; dotted line = provincial boundary.

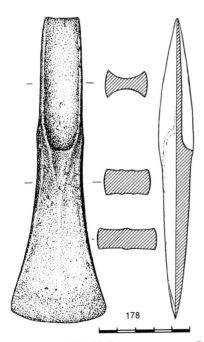

Fig. 42. (Type AXP:ne.MY) 178: Emmercompascuum, Dr.

3.1. Group I. Palstaves of North European types (combined distribution: Map 22)

3.1.1. *Type Ilsmoor (Kibbert); newly re-named Typ Neukloster (Laux) (AXP:ne.MY)* (fig. 42)

Only one example in the Netherlands.

Definition: A distinctive type, with () flange outline; U stopridge; flanges flanking blade portion with)(section. Blade part with large Y rib ornament on face; arch-shaped plastic ornament on sides. Detailed discussion in Kibbert, 1980: pp. 197-199.

CAT.NO. 178. EMMERCOMPASCUUM, *GEMEENTE* EMMEN, DRENTHE.
L. 16.5; w. 5.3; th. 2 cm. Weight 377 gr. () flange outline;)(septum. Blade part with faces concave, sides rounded; slight flanges, becoming arch-shaped plastic ornament on the sides; large ribbed Y on face. Blade sharp. Patina: brownish (partly removed). Surface rough. Found 1906 in peat by labourer J. Heinen at a depth of c. 2 m. Museum: Assen, Inv.No. 1908/VII.4. (DB 108)
    Map reference: Sheet 18C, c. 267/537.
    References: *Verslag*, 1908: p. 7, No. 9; Butler, 1963a: Pl. VII:1.

Parallels and discussion: Kibbert's type-name is derived from the Ilsmoor hoard in Kr. Stade, but this find is now

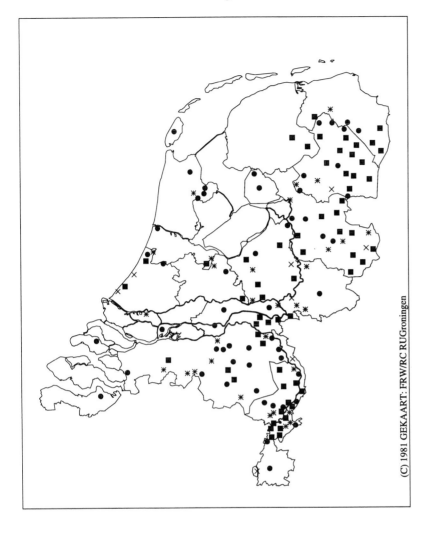

✳	high-flanged axe
✕	stopridge axe
●	palstave
■	more than one MBA axe

Map 21. *Gemeenten* in the Netherlands with at least one Middle Bronze Age flanged axe, stopridge axe or palstave (*gemeente* division as of 1986).

localized under the place-name Neukloster (newest publication: Wegner, 1996: p. 208, Abb. 110, a fine colour photo; p. 380, Kat.Nr. 13.7). This find should not be confused with another palstave hoard from Neukloster (Wegner, 1996: pp. 380-381, Kat.Nr. 13.8) containing palstaves of Kibbert's Type Kappeln A. The palstaves of Ilsmoor/Neukloster type occur also in e.g. the Stade-Kampe hoard (Wegner, 1996: p. 379, Kat.Nr. 13.6), and the Danish Valsømagle hoard (Broholm, 1943: Find M1 and M2, pp. 211-212).

The full distribution extends from South Sweden to Emmercompascuum, but a reliable distribution map does not yet exist. That of Bergmann (1970: his *Form 1, frühestes nordwestdeutsches Arbeitsabsatzbeil*: p. 27, Karte 16, Liste 46, Taf. 3:7) shows half a dozen find-spots along the Lower Elbe, and only a few scattered finds in Northwest Germany, but this map includes some palstaves properly assignable to other types, such as those in the Wiegersen hoard. Only three examples are known in Middle West Germany (Kibbert, 1980: pp. 197-199, Nos 476-478; 476 and 477 illustrated; see also his pp. 190 ff, with ample discussion and further references).

Most German authorities consider this type to be of western European origin, despite the fact that not one single example is known in western Europe. There are of course Y-ornamented palstaves in the west, but these are easily distinguishable from the North European varieties. The Emmercompascuum palstave must thus be an import from Schleswig-Holstein or adjacent parts of Northwest Germany.

Dating: Generally regarded as a characteristic form of the Ilsmoor-Valsømagle phase (cf. Sögel-Wohlde, Lochham, northern Bronze Age IB).

3.1.2. *Palstaves with plastic arch-shaped ornament on sides, midrib, and narrow blade (= Dano-Scanian 'work palstaves' of 'North European' type; otherwise, Kibbert*: Typ Kappeln, Var. A; *Bergmann*: Nordeuropäisches Arbeitsbeil, *Form 2a-c) (AXP:ne.AMN...) (fig. 43)*

Four, possibly five examples in the Netherlands; in three midrib-type variants.

Definition: fairly narrow S-outlined palstaves with)(

(C) 1981 GEKAART: FRW/RC RUGroningen

● belted, Type Osthannover
✕ belted, side-arch, midrib
Y midrib (Y-shaped)
⊠ arch, midrib (Y-shaped), narrow
✳ arch, trumpet midrib, narrow
■ arch, thin midrib, narrow (hoard)

Map 22. Palstaves of North European types in the Netherlands.

sectioned faces bearing a midrib; U septum. See Kibbert, 1980: pp. 201-206. Divisible into varieties with an arch-shaped ornament (that can be round-headed, or pointed like a Gothic arch) on the sides (Kibbert's Kappeln A); or without such a side ornament (Kappeln B). The midrib forms are a trumpet midrib (= Bergmann *Form* 2a and 2b); a narrow midrib (= Bergmann *Form* 2c); and a trident-shaped midrib.

a) *With narrow midrib (AXP:ne.AMIN)*

CAT.NO. 179. ANGELSLOO, *GEMEENTE* EMMEN, DRENTHE. L. 17.5; w. 4.5; th. 2.6 cm. Weight 412 gr. U septum and stopridge; narrow blade with narrow midrib. Arch-shaped plastic side ornament. Never sharpened; casting seams not worked away. Slightly bent. Butt damaged. Patina: varied green, with sandy encrustation. Breaks are patinated. Upper part corroded. Found 1982, together with Cat.No. 180, in the Emmerdennen, c. 60 cm under the surface, while digging to build a hut; both together in one shovelful. Subsequent examination of the site yielded traces of a prehistoric pit ["Met zijn tweeën in één keer op de schop. Gevonden in 1982, bij het graven van een hut, ca. 60 cm onder het oppervlak. Na-onderzoek door het BAI leverde ter plaatse nog restant van een prehistorische kuil op"]. Museum: Assen, Inv.No. 1983/I.4(1). Purchased 1983 from L. Floor of Emmen. (DB 2054)

Map reference: Sheet 17H, 259.07/534.50.
References: *Nieuwe Drentse Volksalmanak*, 1985: p. 178.

CAT.NO. 180. ANGELSLOO, *GEMEENTE* EMMEN, DRENTHE. L. 17.5; w. 4.6; th. 2.6 cm. Weight 364 gr. Upper part severely damaged. Irregular bulges on septum above stopridge. Never sharpened; casting seams not worked away. Patina: mostly varied green, some blackish. Upper part severely corroded, slightly bent. Found together with Cat.No. 179 in Emmerdennen. Museum: Assen, Inv.No. 1983/I.4(a) Purchased 1983 from L. Floor of Emmen. (DB 2055)

Map reference: Sheet 17H, 259.07/534.50.
References: *Nieuwe Drentse Volksalmanak*, 1985: p. 178.

Discussion: The two palstaves from Angelsloo, Cat.Nos 179 and 180, constitute a small hoard. Both are rough castings, and evidently miscast. In view of the scarcity of the type in the Netherlands, it is most unlikely that these axes were cast locally. Since there would hardly otherwise be much reason for importing miscast axes, one must presume that the two Angelsloo axes were imported as founder's waste, intended for recycling locally. One may note the occurrence of similar palstaves, in a similar miscast state, in the Danish hoard with

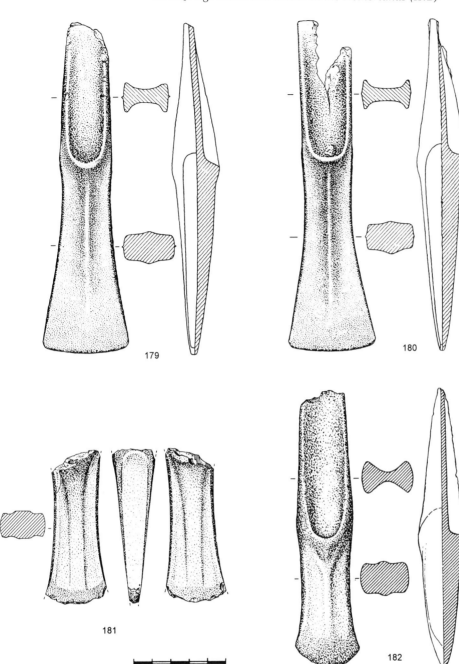

Fig. 43. (Type AXP: ne.AMIN) 179-180: Angelsloo, Dr (hoard); (Type AXP: ne. AM TN) 181: Drouwen, Dr; (Type AXP: NE. AMYN): Valthe, Dr.

founders' waste found at the Bronze Age three-aisled long-house site of Store Tyrrestrup in North Jutland, Denmark (Nilsson, 1993-1994: pp. 150-154, figs 5 and 6).

This deposit at Angelsloo must be related to the extensive settlement remains of the Middle and Late Bronze Age known from excavations, as well as bronze and amber finds, on both the sand ridge and in the adjacent bog of the area Angelsloo-Emmerhout-Bargeroosterveld (Butler, 1961; 1992: pp. 48-68; Van der Waals & Butler, 1976).

Parallels: Bergmann (1970: Karte 36, with Liste 88)

shows that his *Form* 2c palstaves, with narrow midrib and arches on the sides, are still fairly common in the Lüneburg region, but become rather scarce in Northwest Germany, with half a dozen examples along the Weser and its tributaries, and only three find-spots along the Ems. Kibbert's (1980: pp. 201-213) *Typ* Kappeln, *Var*. A (Nos 483-508, i.e. those with arch-ornament on the sides; distribution his Taf. 64B), is represented by eleven thin-ribbed examples (his Nos 498-508) in his West German area, thus rather more than are shown on Bergmann's map.

b) *With trumpet midrib (AXP:ne.AMTN)*

CAT.NO. 181. DROUWEN, *GEMEENTE* BORGER, DRENTHE.
L. 8.2; w. 3.3; th. 2.3 cm. Blade half of palstave, with trumpet midrib,
side-flanges; arch-shaped plastic ornament on sides. Edge heavily
battered. Breaks ancient (patinated). Found Nov. 1986 in a pile of
stones left over from harvesting potatoes. Private possession. (DB
605)
    Map reference: Sheet 12G, 250.5/552.7.
    Reference: Butler, 1986: pp. 150-151; p. 152 fig. 17; p. 164 note 7.
    The Drouwen fragment is also a *germanisches Arbeitsbeil*-Kappeln
A palstave, but has a trumpet midrib, a feature more common in the
North European area; it is Bergmann's *Form* 2b, which, according to
his *Karte* 35 and *Liste* 87, is fairly common westward to the Weser
area, but almost unrepresented in the Ems area; showing how isolated
the Drouwen example really is in this region.
    It is perhaps not merely coincidence that the only example of this
variety in the Netherlands was found at Drouwen, since this locality
was a relatively important centre of Bronze Age import from the
northern North German area at various times during the Bronze Age
(Butler, 1986). We do not know whether the Drouwen palstave was
broken before importation (in which case it could be explained as
scrap metal) or whether it was locally broken in use, or possibly
ritually.
    Mention should be made *en passant* of a palstave of this type
allegedly found in a tumulus in Northeast England, at Driffield, E.R.
Yorkshire (Butler, 1963a: p. 70; Burgess, 1976: p. 91, No. 36;
Schmidt & Burgess, 1981: p. 90, No. 522). It is an old find, and not
really adequately documented: "Very doubtful and ambiguous report, set down long after the event. It is not even certain whether the
palstave and `skeleton' were found together" (Burgess, 1976).

c) *With trident midrib (AXP:ne.AMYN)*

CAT.NO. 182. VALTHE, *GEMEENTE* ODOORN, DRENTHE.
OOSTERESCH.
L. 14.75; w. 3.6; th. 2.6 cm. Butt irregular (damaged); U septum; ∧
flanges with () sides; U stopridge, narrow S outline. Trident-shaped
rib ornament on face. Blade straight-ground, with U-shaped but
damaged cutting edge. Found c. 1957 by a farmer; surface find in
cultivated field on the Ooster Es, c. 10 m from the *hunebedden*
DXXXVI-DXXXVII. Private possession. (DB 1723)
    Map reference: Sheet 17F, 256.56/540.22.

Parallels: The trident midrib is generally supposed to
have been adopted into the North European repertoire
from western European practice. North European finds
of 'Nordic work' palstaves with trident midrib, like our
Cat.No. 182 from Valthe, do not seem to be common,
yet at least 16 examples were present in the large Period
II hoard from Smørumøvre near Copenhagen in Denmark (Aner & Kersten, 1973: Nr. 354, pp. 120-121, esp.
Taf. 69:41-50, 70:51-56). Cf. also the Frenderupgaard
hoard (Sprockhoff, 1941: Taf. 35; Broholm, 1943: p.
216, hoard M.37, with photo p. 217).

d) *Kibbert's Type Kappeln B (as AXP:ne.AMTN, but without arch-ornament on sides)* (fig. 44)

One unprovenanced example in the Netherlands
(AXP:ne.MTN)

CAT.NO. 183. PROVENANCE UNKNOWN.
L. 16.4; w. 3.6; th. 2.0 cm. Weight 249 gr. Butt nearly straight; narrow
sinuous outline; ∧ flanges with flat sides; U septum; slightly curved
stopridge. Blade part with side-flanges and trumpet midrib. Straight
ground; not pouched. Cutting edge sharp. Patina: brown. Surface

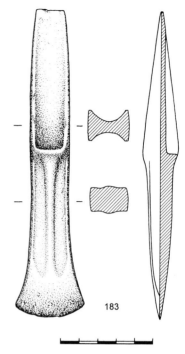

Fig. 44. (Type AXP:no.AMTN) 183: no provenance.

damaged by crude attempt at mechanical cleaning, otherwise very
well-preserved. Collection: B.A.I. Groningen, no inventory number,
and no information as to how acquired. (DB 1391).

Comments and dating: 'Nordic work palstaves'/*Typ*
Kappeln: occur in the South Scandinavian-North
German area predominantly in the Northern Period II;
although Kibbert (1980: pp. 211-211) has pointed to a
few examples dated to Northern Period III or its South
German Earlier Urnfield equivalent.
    In summary, it would appear that the several varieties
of the 'Nordic work palstave' type are together represented by less than a half-dozen finds in the Netherlands. The find-spots concentrate in southern Drenthe.
It would seem reasonable to associate this palstave
import with the amber necklace finds which concentrate
so strikingly in the same neighbourhood (Butler, 1992:
pp. 48-68, with distribution map p. 50 fig. 2).

3.1.3. *Belted palstaves (AXP:ne.B...)*

The term 'belted palstave' is our own invention, here
employed to group together two sorts of palstaves that
are characterized by a stopridge which, instead of merely
being present on the faces, extends around the axe body,
as a sort of belt. This belt may be single or multiple.
Belted palstaves are extremely common in the Dano-
Scanian area and adjacent parts of North Germany, and
are elsewhere exceptional.
    We distinguish here two main sorts: the slender,
graceful axes resembling the simpler varieties of the
'weapon palstaves' of the Dano-Scanian area (AXP:

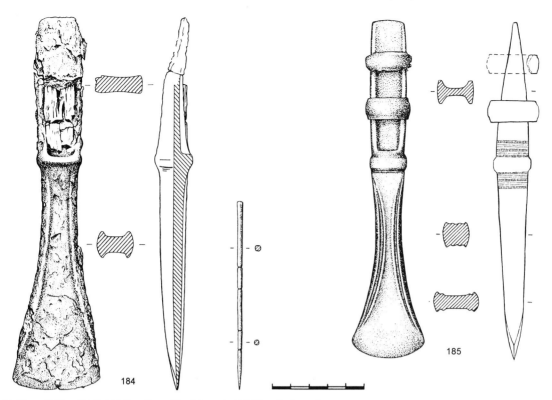

Fig. 45. (Type AXP:ne.BAF) 184: Den Burg, Texel (grave); 185: Epe, Ge (grave?).

ne.BA), and the squatter palstaves of Osthannover type (AXP:ne.Bo).

a) *Slender-bodied palstaves: belted, with arch-shaped side ornament, flanged and moderately widened blade (= Dano-Scanian 'weapon palstaves' and related) (AXP:ne.BAF)* (fig. 45)

These distinctive palstaves fall within the range of the 'weapon palstaves' of Danish prehistorians (Broholm, 1944: pp. 100-101, Pl. 16), and within the term *nordische Absatzbeile* of Piesker (1958) and other German authors. Such palstaves are represented by two examples in the Netherlands:

CAT.NO. 184. DEN BURG, TEXEL, NOORD-HOLLAND, Grave in Tumulus A.
L. 19; w. 4.8; th. 2.1 cm. Narrow, slender palstave. Narrow ∧ flanges; slightly concave septum; 'belt' at stopridge level. Blade with concave sides, flat faces with prominent side-flanges. Wood survives on both faces of septum. Varied patina: greenish, blackish mottled, blistered and *craquelé*. Excavated 1972 by P.J. Woltering for R.O.B., Amersfoort. Found together with headless bronze pin with a square-sectioned part of the shaft, comparable with the nail-headed pins of *Var*. Westendorf of Laux (1976: pp. 59-60, esp. Nos 304, 306-309; 1971: p. 55, Taf. 10:5-7; found in several men's graves assigned to Laux *Zeitgruppe* I), in the main grave (rectangular, c. 2.4x0.85 m, NW-SE; presumed extended inhumation) in Tumulus A, Beatrixlaan (one of a group of three excavated tumuli). It was built of sods, and surrounded by a double, closely spaced post circle with an external diameter of c. 12 m. [14]C date from wood remains on the palstave (GrN-

7456): 2995±75 (calibrated 2-sigma: 1402-1010 BC). Collection: R.O.B. Amersfoort, depot. (DB 600)
　　Map reference: Sheet 9W, c. 115/563.
　　References: Woltering, 1974: p. 423, afb. 5; Woltering, in prep.; Lanting & Mook, 1977: p. 115. (We are grateful to the excavator, P.J. Woltering, for details in advance of publication.)

CAT.NO. 185. EPE, *GEMEENTE* EPE, GELDERLAND.
L. 17.95; w. 3.95; th. ('belt') 2.0 cm. Slender palstave; shafting part with nearly parallel sides; slightly convex flanges; slightly rounded sides. Two separate bronze annular binding rings were in situ on the hafting part. Waist 'belt' just below stopridge. Blade part with concave, rounded sides with double flanges. Cutting edge sharp. Linear incised decoration above and below 'belt'. Remains of wood were present on both sides of the septum. Found Autumn 1957 by A.S. Groen and G. van Laar, with cremated bones, upon digging a pit c. 1 m deep in a tumulus. Well-preserved. Has been treated conservation laboratory R.O.B., Amersfoort. Private possession. (DB 1734)
　　Map reference: Sheet 27D, c. 195/484.
　　References: Modderman, 1960-1961: afb. 5 and 6.

Comments: The Epe palstave is unusually long, slender and sinuous. It has some incised decoration on the sides; and has a doubled rib along each edge of the blade part. It is undoubtedly an import from the Dano-Scanian area. Noteworthy and highly unusual, however, are the bronze rings used to bind the hafting part. We do not know of any close parallel for this feature, although examples are known of wire windings being used for the same purpose. Closest to our Epe example, perhaps, is the extraordinary shaft binder with five parallel rings joined together, cast all in one piece, associated with a palstave of Kibbert's *Typ* Niedermockstadt, *Var.* Reckerode, in a grave at Sommersells, Kr. Lippe in Westfalen (Kibbert, 1980: p. 233, No. 567, Taf. 71D). In the Netherlands a wire binding seems to be represented in the find of a flanged axe with remains of wire rings in a tumulus at Lage Vuursche, *gemeente* Baarn, Utrecht (Butler, 1995/1996: Cat.No. 149, fig. 34). Examples are also known in the Scandinavian area, and also in Central Europe (information from B. Sitterl, Münster). This Epe palstave comes from a tumulus, presumably from a grave, but it is not known to have been accompanied by other grave goods.

The palstave from the tumulus grave at Den Burg on the island of Texel has a slender, graceful outline comparable to that from Epe, but is without decoration. Its ^{14}C date of 2995±75 is calibrated (2-sigma) at 1402-1010 BC. The earlier part of this range overlaps the period of the dendro-dated Danish Period II treetrunk coffin graves (14th century BC: Randsborg, 1991; Della Casa & Fischer, 1997: Abb. 27-28), its later part seems rather too late.

The Epe and Den Burg palstaves belong to the simpler varieties among the Dano-Scanian 'weapon palstave' series, and were apparently designed as weapons (practical or symbolic); the more baroque varieties are richly decorated, and they are normally found in graves, as with our two examples in the Netherlands.

Parallels and distribution: the Dano-Scanian distribution is unmapped. For Northwest Germany, the map of Piesker (1958: Taf. 68 upper) shows occurrence especially in the Elbe estuary-Weser estuary triangle (cf. Bergmann, 1970: Form 5, p. 111, Liste 91, p. 38, Karte 38; this shows more finds than does Piesker, especially in the Lüneburg area, but Bergmann's list includes some specimens more resembling the palstaves of Osthannover type (his *Form 6, gedrungene Var.*).

b) *Belted palstaves of Osthannover type (AXP:ne.Bo)* (figs 46-47)

Five examples in the Netherlands. N.B.: The grammatical form Osthannoverscher *Typ* has hitherto been normal, but we adopt here the simpler *Typ* Osthannover, as employed in the recent Hannover Bronze Age exhibition catalogue (Wegner, 1996). These, like the Scandinavian 'weapon palstaves', are characterized by a stopridge which, instead of merely being present on the faces, extends around the axe body as a sort of belt. The Osthannover axes are, however, less slender, and their blade part is less flamboyant; they seem to have been designed as tools rather than as weapons, although the decorated examples (such as our Velserbroek specimen) may have been conceived as weapons. Both decorated and undecorated specimens occur, however, in graves.

CAT.NO. 186. 'VELUWE', GELDERLAND (exact provenance unknown).
L. 16.45; w. 3.8; th. 2.1 cm. ∧ flanges;][septum, flat-faced blade with

low flanges; stopridge waist with five plastic ring-ribs, three of which are diagonally nicked. Break is modern. Patina: mottled green. Well-preserved. Museum: Apeldoorn, Inv.No. 62. (DB 2).

Remarks: In the Netherlands, approximately similar multiple waist ribs occur on a palstave (but of *Typ* Niedermockstadt, *Var.* Reckerode) from Doorwerth, *gemeente* Renkum, Gelderland (see below, Cat.No. 239); and on some examples in western Germany, attributed chiefly to the *Typ* Baierseich, *Var.* Dörnigheim, occurring in the Rhein-Main area (cf. Kibbert, 1980: Nos 532, 532A, 545, 546, 547, 548, 551, 552, 554, 743). Similar sets of waist ribs also occur on Dano-Scanian palstaves of various types.

CAT.NO. 187. NIEUW WEERDINGE, *GEMEENTE* EMMEN, DRENTHE.
L. 15.5; w. 4.3; th. 2.2 cm. Blade part with U septum; U stopridge, transverse ridge on sides; side-flanges; angles of flanges and stopridge nicked. Blade sharp. Patina: dark green; loamy encrustation. Found by one Bosklopper, 1.25 cm below the surface of the peat, at the boundary between grey and black peat, at the same spot where previously (Remouchamps, 1925; Butler, 1992: pp. 50-51, Fig. 3) were found an Early Iron Age bronze neckring, pair of knobbed bracelets, and amber beads. Museum: R.M.O. Leiden, Inv.No. c.1929/6.1. Purchased through the school headmaster J. Graver. (DB 415)
Map reference: Sheet 18A, c. 262/542.

Comment: The green patina and loamy encrustation of this palstave seem to be in conflict with the attribution to a find-spot in peat.

CAT.NO. 188. BALLOËRVELD, *GEMEENTE* ROLDE, DRENTHE.
L. 15.4; w. 5.3; th. 2.7 cm. Weight 311 gr. U septum; ∧ flanges with () sides; stopridge undercut; body with flat faces, rounded sides, slight flanges; horizontal ridge on sides continuous with stopridge. Upper part broken off and missing. Patina: mottled green; corrosion-pitted surface. Museum: Assen, Inv.No. 1858/X.4. (DB 73)
Map reference: Sheet 12D, c. 229/559.

CAT.NO. 189. HIJKEN, *GEMEENTE* BEILEN, DRENTHE (estate Hooghalen; prehistoric barrow cemetery).
L. 16.1; w. 3.8; th. 2.3.cm. Nearly straight butt; ∧ flanges;)(septum; belt stopridge. Blade part with side-flanges, rounded sides. Cutting edge sharpened but battered. Excavated 1952/53 by A.E. van Giffen, for B.A.I. Groningen and Museum Assen. Found as sole grave gift in central grave of Tumulus I: 3rd phase (treetrunk inhumation, oriented NW-SE), surrounded by timber circle (18 m diameter, 18 posts). Stratigraphy: preceded by second-period grave without grave goods or peripheral structure, with ^{14}C date (charcoal from grave, GrN-6262: 3455±35; = 2-sigma calibrated, three ranges within the period 1866-1680 BC); and prior to urn-cremation in handleless terrine. (A somewhat similar vessel from Valthe, Museum Assen, Inv.No. 1920/VII.6, 6a, was accompanied by a bronze pin of HaA2/Montelius III, with truncated-biconical head). Museum: Assen, Inv.No. 1953/VII.7. (DB 662)
Map reference: Sheet 17B, 230.52/547.99.
Reference: Van der Veen & Lanting, 1989: pp. 196-200, with figs 3-6; p. 227, fig. 38:7.

Parallel: Nearly identical is an example (Kibbert, 1980: No. 528), from Remminghausen-Lenstrup, Stadt Detmold, Kr. Lippe, Nordrhein-Westfalen, found in a disturbed tumulus, with undecorated nail-headed pin (Kibbert, 1980: Taf. 70F).

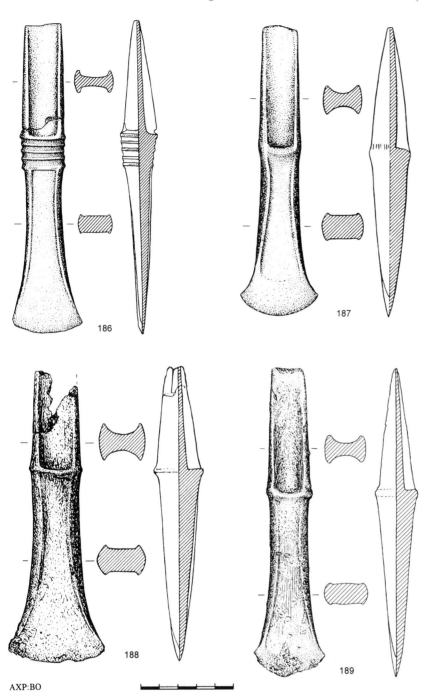

186

187

188

AXP:BO

189

Fig. 46. (Type AXP:ne.Bo) 186: 'Veluwe', Ge; 187: Nieuw-Weerdinge, Dr; 188: Balloërveld, Dr; 189: Hijken, Dr. (grave).

CAT.NO. 190. VELSERBROEK, *GEMEENTE* VELSEN, NOORD-HOLLAND (grave find; Cf. Butler, 1992: Find No. 20, pp. 94-95, fig. 25:1).

L. 20.9; w. 4.3; waist rib 2.9x2.4 cm. Straight butt; haft part has flanges of slightly convex ∧ outline;] stopridge, with fine incised ornament, encircles the waist. Blade part has convex sides, sideflanges: modest blade expansion. Sides richly decorated with fine incision, with on upper part alternating bands of incised horizontal and zigzag lines; on lower part alternating bands of transverse incised lines and ladders. Cutting edge sharpened, but slightly abraded. Patina: brown. Severely corroded, but one face and the sides fairly

well-preserved. Excavated Nov.-Dec. 1988 by W.J. Bosman for I.P.P., Amsterdam. Found in inhumation grave with surround of vertical planks, adjacent to Middle Bronze Age settlement. Collection: I.P.P., Amsterdam. (DB 718)

Associations: Bronze rapier; four gold wire rings.

Map reference: Sheet 25W, 104.8/493.8.

References: Bosman & Soonius, 1989: pp. 286-288; Butler, 1992: Find No. 20, pp. 94-95, fig. 25:1-3.

Parallels: The Osthannover palstave type has been

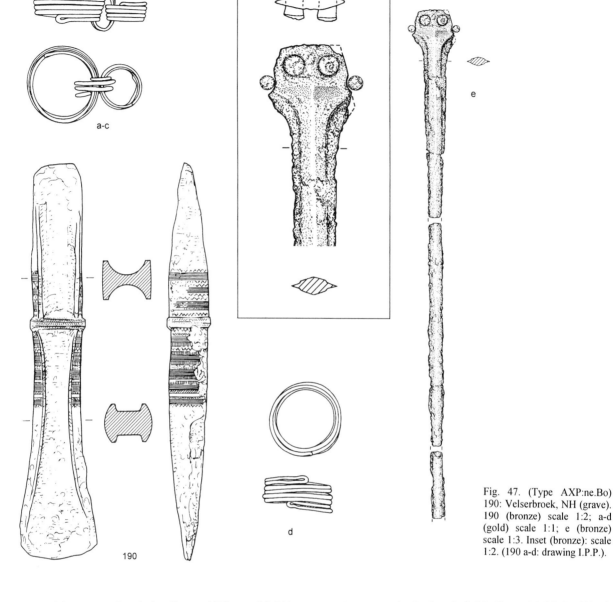

Fig. 47. (Type AXP:ne.Bo)
190: Velserbroek, NH (grave).
190 (bronze) scale 1:2; a-d
(gold) scale 1:1; e (bronze)
scale 1:3. Inset (bronze): scale
1:2. (190 a-d: drawing I.P.P.).

divided into several varieties (Laux, 1971: pp. 80-81). Laux *Var.* A and B are numerically the most important (distribution maps: his Karte 16 and 17). They are distinguished from one another by the cross-section of the blade part: *Var.* A has faint side-flanges and a biconcave surface, while *Var.* B has stronger flanges and a flattish surface. Furthermore, they are chronologically differentiated: *Var.* A is characteristic of the Sögel-Wohlde phase (his *Zeitgruppe* I), while *Var.* B is dated by Laux to his *Zeitgruppe* II. Our five examples in the Netherlands are all attributable to Laux's Osthannover *Var.* B.

The 'Veluwe' palstave has, instead of a single 'belt', a group of five encircling ribs, three of which have diagonal nicking. Probably such multiple-waist ribs are a skeuomorph of wire-shaft bindings. Multiple-ribbed belts are common on Dano-Scanian 'weapon palstaves' and occur also on palstaves of the Osthannover type; the number of belt ribs varies. For example, a specimen illustrated by Broholm (1952: No. 108) has a seven-ribbed 'belt' in the same manner. Kersten (1936: pp. 75, 142) lists others under the heading *Form* CI3, with a varying number of belt ribs.

But such multiple belts also occur on some palstaves of Middle West German Tumulus Bronze Age types; in the Netherlands one such example has been found, the *Typ* Niedermockstadt, *Var.* Reckerode palstave from Doorwerth (see below, Cat.No. 239).

Three of our remaining specimens are undecorated and have only a single 'belt'. The fourth, however, the palstave from the Velserbroek sword grave, is richly provided with decoration, in a style common in the Dano-Scanian area. It comes from a rich inhumation grave (in fact, the only rich Bronze Age grave known in the west of the Netherlands) which is described in Part I (Butler, 1992: Find No. 20, pp. 94-95, fig. 25).

Mentioned there, but then not yet describable, was a long bronze rapier (here fig. 47), which had been taken up from the grave in a block of sand, and was only later 'excavated' in the I.P.P. laboratory in Amsterdam and given conservation treatment in the laboratory of the R.O.B. in Amersfoort. The rapier has a trapeze-shaped hilt plate with two rivets, below which are two smaller rivets in notches. This arrangement is typical in half a dozen of the rapier types of Schauer (1971: Nos 117-153, pp. 45-58). All these types, whatever their differences, are concentrated in the same Bodensee-upper Danube area (distribution: his Taf. 114A,B).

Similar rapiers are known from western Europe, but their number is small. Three are illustrated by Burgess & Gerloff (1981: p. 349), under their Type Surbiton: No. 377, from the Thames at Surbiton, Surrey; No. 336, 'Ireland' without known provenance; and No. 338, River Barrow, Co. Kilkenny, Ireland). Another from the Thames, without exact provenance, is illustrated by Rowlands (1976, II: p. 413, No. 1920, Pl. 46:1820). Two similar rapiers are illustrated by Briard (1965: fig. 32:1 and 3), one known to be from the Loire mouth area (Thouaré, Loire-Atlantique), the other presumed so. We may therefore conclude that the Velserbroek rapier is undoubtedly an import from the South German *Hügelgräber* area, as so also, probably, are the few British, Irish and Breton specimens. These seem to show a marked preference for estuarial and riverine find-spots, which in turn might suggest a maritime diffusion to western Europe.

Also in the Velserbroek grave a chain was made up of three small gold wire spiral rings, plus a fourth separate gold wire ring. Two of the spirals are of doubled wire, with both ends closed; two are of single wire.

Discussion: The five Osthannover palstaves are apparently imports to the Netherlands. The Osthannover type (Kibbert, 1980: pp 219-221) is rather widespread in Denmark and North Germany, but rare west of the Weser area (cf. Bergmann, 1970: *Form* 5, p. 38, p. 111, Liste 91, Karte 38, and *Form* 6, p. 38 and 112-113, Liste 92, Karte 39).

The occurrence of two belted palstaves eccentrically situated in grave finds along the North Sea coast – the Velserbroek and Texel-Den Burg specimens – provides a hint of maritime activity along the Frisian shores. The Velsenerbroek burial site lay only 25 m from traces of domestic buildings dated by potsherds to the Middle Bronze Age, and presumably had some connection therewith. Despite this, the form and content of the grave itself would be much less surprising if it had been found not in North Holland, but in the Danish-North German area. The curious grave form, with its ditched surround and vertical plank revetting, is without parallel in the Netherlands; yet a number of more or less similar wooden 'chamber graves' of the same period have been found in Denmark (Madsen, 1988-1989).

The grave goods seem to tell a similar story. Bronzes are in any case rare in North Holland (only one grave with a rapier was previously known in North Holland, that from Zwaagdijk: Modderman, 1964 and Butler, 1964: Appendix I), and only a half-dozen stray palstaves have been found in that area. So neither type would have been easy to come by along the Netherlands west coast; and the combination of the two?

Laux and Willroth have studied and mapped the occurrence of various weapon combinations in graves in northern Germany. Willroth's map (1989: p. 90, fig 2) shows that in Period II the combination sword-and-palstave occurs in considerable numbers in Schleswig-Holstein (as is also the case, of course, in Denmark). A map of Laux (1996: p. 124, Abb. 68B) shows that the grave combination sword-and-palstave occurs in some numbers in the Elbe estuary-Weser estuary triangle (the very part of North Germany which is generally considered to belong culturally to the *Nordischer Kreis*), but not on the Lüneburger Heide and nowhere in the rest of Northwest Germany.

In Denmark and North Germany, belted palstaves, both of the Scandinavian weapon and Osthannover type, are frequently met with in rich warriors' graves, often in the company of swords and prestige items. The distribution of such sword-and-palstave graves is, however, not general in North Germany, but extends only as far west as the east bank of the Weser estuary, and stops there (cf. the maps of the distribution of various combinations of weapons in graves in Schleswig-Holstein, Willroth, 1989: p. 90, fig. 2) and in Niedersachsen (Laux, 1996: p. 124, Abb. 68B). These maps represent, however, all palstave and sword types. The swords include both native types and imports from the South German *Hügelgräber* area. The point is, however, clear: warrior graves with sword and palstave occur regularly in the northern cultural area (which includes the Elbe-Weser triangle) but not beyond. How, then, the Velserbroek grave on the Dutch North Sea coast? Nothing of the contents of this grave could have been acquired easily in the Netherlands, and certainly not in the west of the land.

Of extraordinary interest in this connection, therefore, is a rich warrior's grave in the Elbe-Weser triangle at Essel, Kr. Stade (Laux, 1973: D.158; Prüssing, 1982: p. 47, No. 72, Taf. 24B; here fig. 47:a). This is one of the many sword-and-palstave graves in the Dano-Scanian region, to which culturally the Elbe-Weser triangle also belongs; indeed, it is the westernmost of such graves. The swords in them can be native or they can be imports from Central Europe.

The Essel grave contains, together with a wider variety of ornaments and a possibly West European tanged razor, a South German rapier remarkably like the Vel-

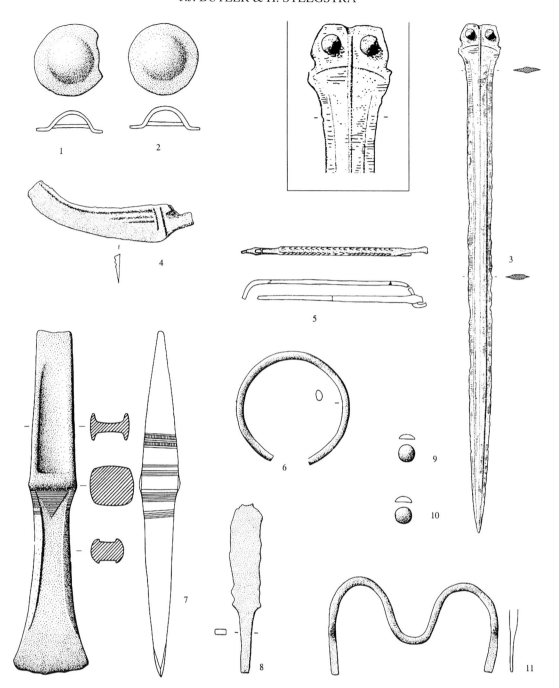

Fig. 47a. Essel, Kr. Stade (Niedersachsen), grave group. After Prüssing, 1982: Taf. 24B and Laux, 1973: Nos. 1,2,4-11. Scale: 1:2, except No. 3, scale 1:3. Inset: scale 1:2. (drawings: P.B.F.).

serbroek rapier; and also a palstave of Hannover B type, decorated on both faces and sides. This combination forms a striking parallel for the Velserbroek grave. We should also bear in mind that gold wire rings similar to those in the Velserbroek find are very scarce in Northwest Germany (Bergmann, 1970: Karte 81, with Liste 206a) and the Netherlands (double wire: Susteren, Limburg: Butler, 1979: p. 61, fig. 30; single wire: Hijken-Hooghalen, Drenthe: Butler, 1992, p. 66, fig. 11:1;

Sleenerzand, Drenthe: Butler, 1979: p. 85, fig. 20: 3,4). But such gold wire coils (the 'ring gold' of Danish publications) occur in impressive numbers in the Danish area in Period II and III (Broholm, 1944: pp. 128-129; 1952, No. 180, pp. 25-26, 53-54), though they may be of Central European origin. Numerous examples from both Central and northern Europe are illustrated by Hartmann (1970; 1982). For a comment on the gold analyses, cf. Vandkilde, 1990: pp. 128-129, figs 14 and

15; the one analysed spiral from Velserbroek would seem to fit, if slightly peripherally, into the analysis pattern of the Danish Period II/III 'ring gold'. Thus, the grave type and all the contents of the Velserbroek find combine to create the impression that it could be the grave of an actual Dano-Scanian warrior, who has somehow come to rest near the North Holland beaches.

The Texel burial is not quite comparable; it has a palstave but no sword, and the palstave is deposited in an ordinary Netherlands sod and double post-circle tumulus. But in any case, both the Velserbroek and Texel-Den Burg palstaves must be imported from the Danish or North German area. The occurrence of Early and Middle Bronze Age West French and British bronzes in northern Europe has previously been documented (Butler, 1963a), and some of these bronzes are likely to have been brought by sea. Return traffic may have been less concerned with bronzes than with amber and perhaps perishables such as fur or dried fish, but at least one Dano-Scanian palstave may have travelled by sea to the British northeast coast (Driffield; see above, under Cat.No. 181).

Comment on North European palstave types: Since each of the North European types is represented by so few examples in the Netherlands, we have combined all our North European types on one distribution map (Map 22). It shows that within the Netherlands the palstaves of North European types occur almost exclusively in the northeast, i.e. in Drenthe. The amber necklace finds concentrated in southern Drenthe in the same period to which we have previously called attention (Butler, 1992: pp. 48-59), and which, we have suggested, are more

probably imports from the Baltic area than made from amber collected along the local beaches, must be presumed to be related somehow to this palstave import. The pair of miscast palstaves from Angelsloo we have interpreted as import of metal intended for local recycling.

The outliers are the two prestige palstaves from grave finds along the north and west coast (Texel, Velserbroek), which suggest maritime intercourse with the North European area, and the tumulus (grave?) find from the edge of the IJssel valley at Epe, which may somehow be related to this pattern.

Dating: The Emmercompascuum palstave, of Type Ilsmoor/Neukloster, is in the North European chronology characteristic for the phase Valsømagle/Northern Period I/Sögel-Wohlde. The other northern palstave types here involved are all characteristic of Northern Period II, which according to the dendrochronological dates from Danish tree-trunk coffins (Randsborg, 1993) occupies the 14th century BC.

3.2. Group II. Palstaves of western European types

3.2.1. *Transitional form, stopridge axe type Plaisir/ early palstave (AXSP/AXP)* (fig. 48)

Two examples in the Netherlands, both along the west coast.

CAT.NO. 191. MONSTER, *GEMEENTE* MONSTER, ZUID-HOL-LAND.
L. 16; w. 6.6; th. 2.7 cm. Butt very irregular (break is patinated);][septum; 2/3-length () flanges with flat sides; sloping ledge stopridge

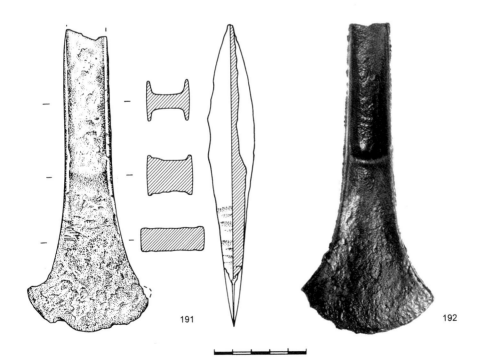

Fig. 48. (Transitional stopridge axe/ Type Plaisir/ early palstave) 191: Monster, Z-H; 192: *gemeente* 's-Gravenhage, Z-H (photo: R.O.B., Amersfoort).

(rather irregular); slight side-flanges on lower part, which has flat faces. Cutting edge sharpened but battered; one tip is recurved. Lower part of sides has horizontal ripples. Severely corroded. Patina mottled green, partly scrubbed off. Found some 60 years ago by an unknown person in the dunes at Monster during unspecified digging activity. Museum: R.M.O. Leiden, Inv.No. h.1986/9.1; purchased 1986 from J.B.M. Sassen of Delft. (DB 624)

    Map reference: Sheet 37B, c. 71/449.

    Reference: Hallewas, 1988: pp. 310-311, afb. I (right).

Comment: This specimen differs hardly from the high-flanged stopridge axes of Type Plaisir (Butler, 1987: esp. pp. 10-13, fig. 3, pp. 31-32, note 3; Butler, 1995/1996: section 5.2, pp. 227-230, fig. 36a-b, Map 16), except in one crucial respect: the septum immediately below the stopridge is rather thicker than it is above the stopridge; which in our view makes it a palstave. Also, the side-flanges are reduced in length in comparison with those of the Plaisir type.

    Parallels: A very few related specimens are illustrated by Schmidt & Burgess (1981: Nos 500A, 521, and 521A). An unpublished French specimen is attributed to the 'region of Epernay' (Museum Epernay, Inv.No. 776); there will undoubtedly be others.

CAT.NO. 192. *GEMEENTE* 'S-GRAVENHAGE, ZUID-HOLLAND (exact provenance unknown).
L. c. 16.5; width c. 7.3 cm. From the photo, very similar in size and form to Cat.No. 191 immediately above. Found in the Kerketuin, on a storage site for earth of varied provenance, so that the exact original provenance can no longer be ascertained. Private possession. (DB 891)

    Map reference: Sheet 30G, c. 79/451.

    References: *Jaarverslag R.O.B.*, 1991: p. 166; Woltering & Hessing, 1992, pp. 355-356, afb. 11 (photo R.O.B.).
Note: This specimen was not available for examination; we are grateful to the R.O.B., Amersfoort, for a good photograph.

Distribution: These two examples are from the west coast dune area, as are the few related flanged stopridge axes of Type Plaisir.

    Dating: Attributable to the Acton Park-Voorhout phase.

3.2.2. *Palstaves of western European types, wide-blade, decorated (on Map 23; AXP:we...W)*

a) *Primary shield palstaves, type Acton Park (AXP: we.apW) (Schmidt & Burgess, 1981: p. 117-125) (figs 49a-49d)*

There is only one occurrence of Acton Park palstaves in the Netherlands: the fourteen examples in the hoard from Voorhout, South Holland (Butler, 1992: Find No. 14, pp. 78-84, fig. 17A-E, fig. 18; with previous references and further details).

CAT.NO. 193. VOORHOUT, *GEMEENTE* VOORHOUT, ZUID-HOLLAND.
L. 17; w. 7.35; th. 3.7 cm. Broad blade, and with shield-shaped indentation beneath the stopridge. Museum: R.M.O. Leiden, Inv.No. h.1908/10.7. (DB 542)

    Map reference: Sheet 30E, 93.3/470.4.
    Reference: Butler, 1992: fig. 17D:13.

CAT.NO. 194. VOORHOUT, *GEMEENTE* VOORHOUT, ZUID-HOLLAND.
L. 15.7; w. 6.4; th. 2.55 cm. Broad blade, and with shield-shaped indentation beneath the stopridge. Museum: R.M.O. Leiden, Inv.No. h.1908/10.9. (DB 544)

    Map reference: Sheet 30E, 93.3/470.4.
    Reference: Butler, 1992: fig. 17C:11.

CAT.NO. 195. VOORHOUT, *GEMEENTE* VOORHOUT, ZUID-HOLLAND.
L. 16.8; w. (5.9); th. 2.3 cm. Broad blade, and with shield-shaped indentation beneath the stopridge. Museum: R.M.O. Leiden, Inv.No. h.1908/10.10. (DB 1675)

    Map reference: Sheet 30E, 93.3/470.4.
    Reference: Butler, 1992: fig. 17C:9.

CAT.NO. 196. VOORHOUT, *GEMEENTE* VOORHOUT, ZUID-HOLLAND.
L. 14.7; w. 6.05; th. 2.73 cm. Broad blade, and with shield-shaped indentation beneath the stopridge. Museum: R.M.O. Leiden, Inv.No. h.1908/10.14. (DB 1679)

    Map reference: Sheet 30E, 93.3/470.4.
    Reference: Butler, 1992: fig. 17:B7.

CAT.NO. 197. VOORHOUT, *GEMEENTE* VOORHOUT, ZUID-HOLLAND.
L. 17.1; w. (6.5); th. 2.78 cm. Broad blade, and with shield-shaped indentation beneath the stopridge. Museum: R.M.O. Leiden, Inv.No. h.1908/10.5. (DB 540)

    Map reference: Sheet 30E, 93.3/470.4.
    Reference: Butler, 1992: fig. 17B:6.

CAT.NO. 198. VOORHOUT, *GEMEENTE* VOORHOUT, ZUID-HOLLAND.
L. 16.6; w. 7.15; th. 3 cm. Broad blade, and with shield-shaped indentation beneath the stopridge. Museum: R.M.O. Leiden, Inv.No. h.1908/10.2. (DB 537)

    Map reference: Sheet 30E, 93.3/470.4.
    Reference: Butler, 1992: fig. 17:D14.

CAT.NO. 199. VOORHOUT, *GEMEENTE* VOORHOUT, ZUID-HOLLAND.
L. 17.1; w. (6.45); th. 3 cm. Broad blade, and with shield-shaped indentation beneath the stopridge. Museum: R.M.O. Leiden, Inv.No. h.1980/10.11. (DB 1676)

    Map reference: Sheet 30E, 93.3/470.4.
    Reference: Butler, 1992: fig. 17B:8.

CAT.NO. 200. VOORHOUT, *GEMEENTE* VOORHOUT, ZUID-HOLLAND.
L. 16.6; w. (6.3); w. 2.95 cm. Broad blade, and with shield-shaped indentation beneath the stopridge. Museum: R.M.O. Leiden, Inv.No. h.1908/10.12. (DB 1677)

    Map reference: Sheet 30E, 93.3/470.4.
    Reference: Butler, 1992: fig. 17C:12.

CAT.NO. 201. VOORHOUT, *GEMEENTE* VOORHOUT, ZUID-HOLLAND.
L. 16.2; w. 7.7; th. 2.95 cm. Broad blade, and with shield-shaped indentation beneath the stopridge. Museum: R.M.O. Leiden, Inv.No. h. 1908/10.4. (DB 539)

    Map reference: Sheet 30E, 93.3/470.4.
    Reference: Butler, 1992: fig. 17C:10.

CAT.NO. 202. VOORHOUT, *GEMEENTE* VOORHOUT, ZUID-HOLLAND.
L. 12.8; w. (6.1); th. 2 cm. Shield-shaped indentation below the stopridge; a vertical rib inside the 'shield'. Blade and butt damaged. Museum: R.M.O. Leiden, Inv.No. h.1980/10.16. (DB 1681)

    Map reference: Sheet 30E, 93.3/470.4.
    Reference: Butler, 1992: fig. 17E:17.

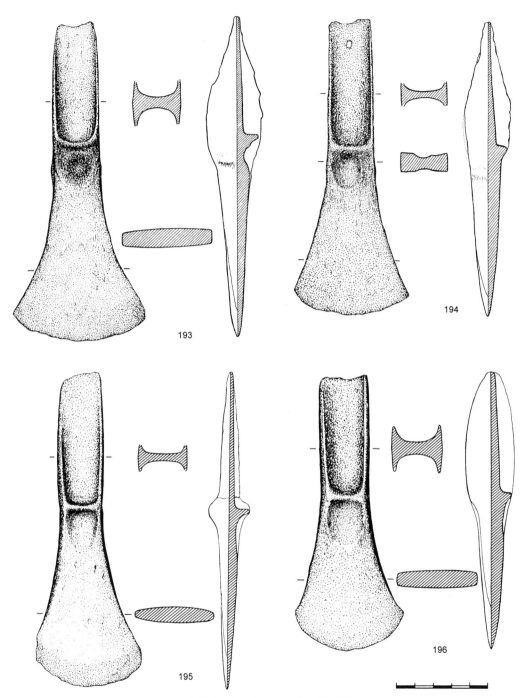

Fig. 49a. (Type AXP:we.apW) 193-196: Voorhout, Z-H, from hoard (see also figs 49b-49d).

CAT.NO. 203. VOORHOUT, *GEMEENTE* VOORHOUT, ZUID-HOLLAND.
L. 16.5; w. 7.6; th. 3 cm. Shield-shaped indentation below the stopridge; a vertical rib inside the 'shield'. Museum: R.M.O. Leiden, Inv.No. h.1908/10.3. (DB 538)
   Map reference: Sheet 30E, 93.3/470.4.
   Reference: Butler, 1992: fig. 17E:19.

CAT.NO. 204. VOORHOUT, *GEMEENTE* VOORHOUT, ZUID-HOLLAND.
L. 17.7; w. 7.65; th. 3.7 cm. Shield-shaped indentation below the stopridge; a vertical rib inside the 'shield'. Museum: R.M.O. Leiden, Inv.No. h.1908/10.15. (DB 1680)
   Map reference: Sheet 30E, 93.3/470.4.
   Reference: Butler, 1992: fig. 17E:18.

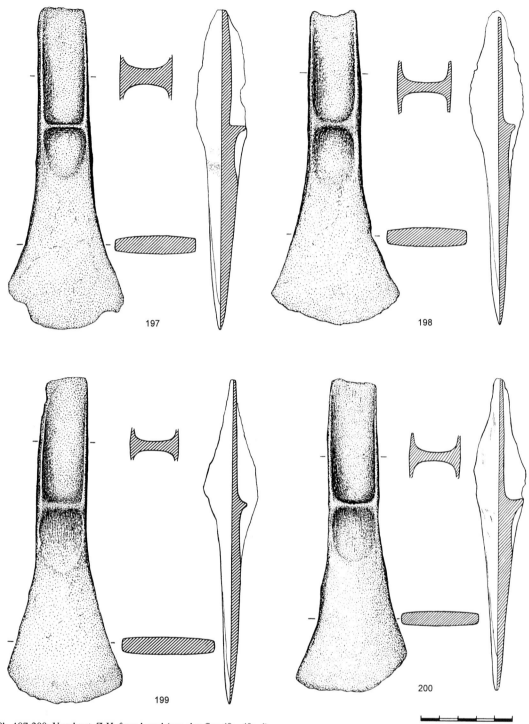

Fig. 49b. 197-200: Voorhout, Z-H, from hoard (see also figs 49a, 40c-d).

CAT.NO. 205. VOORHOUT, *GEMEENTE* VOORHOUT, ZUID-HOLLAND.
L. 17; w. 7.35; th. 2.84 cm. Shield-shaped indentation below the stopridge; a vertical rib inside the 'shield'. Museum: R.M.O. Leiden, Inv.No. h.1908/10.13. (DB 1678)
   Map reference: Sheet 30E, 93.3/470.4.
   Reference: Butler, 1992: fig. 17D:16.

CAT.NO. 206. VOORHOUT, *GEMEENTE* VOORHOUT, ZUID-HOLLAND.
L. 16; w. (5.8), flanges 3.7 cm. Shield-shaped indentation below the stopridge; a vertical rib inside the 'shield'; raised bar on sides. Museum: R.M.O. Leiden, Inv.No. h.1908/10.1. (DB 536)
   Map reference: Sheet 30E, 93.3/470.4.
   Reference: Butler, 1992: fig. 17D:15.

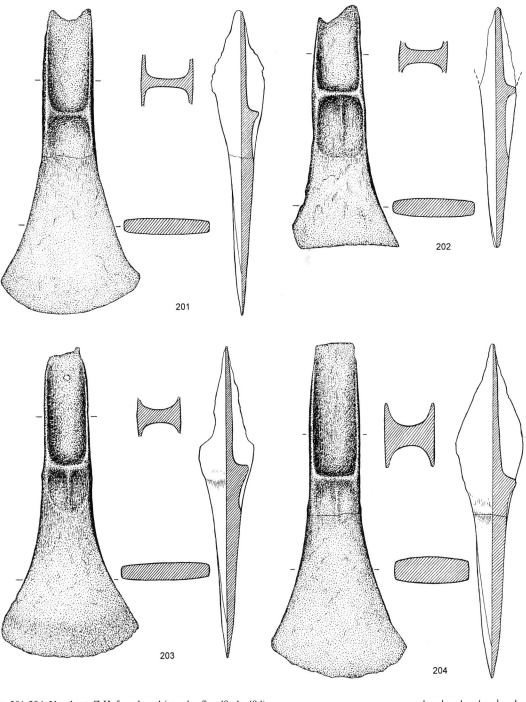

Fig. 49c. 201-204: Voorhout, Z-H, from hoard (see also figs 49a-b, 49d).

Associations: High-flanged axe of Atlantic type (Butler, 1992: fig. 17A:2); stopridge axe of Type Plaisir (Butler, 1992: fig. 17A:3); curious narrow-shafted but wide-bladed flanged axe (proto-palstave?) (Butler, 1992: fig. 17A:1); southern British/Northwest French primary shield palstave (Butler, 1992: fig. 17B:7); flat lugged chisel (Butler, 1990: fig. 17A:4).

Dating: Late in the British Acton Park phase: Ilsmoor/ Sögel-Wohlde phase in northern Europe.

Discussion: Most of the Voorhout palstaves correspond in all respects with the North Welsh 'Type Acton Park' primary shield palstaves as defined by Burgess in various publications, and in Schmidt & Burgess (1981: pp. 117-125), which, though not directly

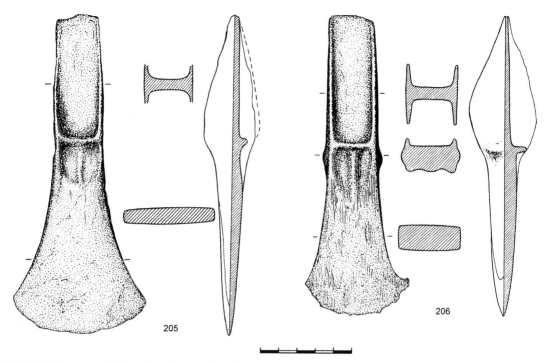

Fig. 49d. 205-206: Voorhout, Z-H, from hoard (see also figs 40a-c).

concerned with North Wales, illustrates a considerable number of examples from the adjacent area of North England. This includes most of their Nos 770-787A; distribution map their Pl. 121 (triangles) excepting a few, their Nos 778, 787, 782, which they assign to their 'Type Colchester'. One of the Voorhout palstaves (Cat.No. 206) has the narrower body and the 'relatively narrow blade, with expanded cutting edge that may have prominent, recurved, projecting tips' (as their Nos 778, 787, 782) which indicates a certain relationship to their Type Colchester (Schmidt & Burgess, 1981: p. 121; Davies, 1968: fig. 1, Pl. II, with flattened-biconical amber bead), but its size and the height of its flanges suggest that Cat.No. 206 is more an Acton Park than a Colchester palstave. Another of the Acton Park palstaves (Cat.No. 196 above), of smaller size and more elegant proportions and with leaf-shaped flanges, is more probably of South English or Northwest French affinities; it is similar in size and form to Schmidt & Burgess' No. 770.

It is curious that the largest hoards of 'North Welsh' primary shield palstaves have been found not in North Wales or adjacent areas, but on or near far-distant shores. The largest, the Pyrzyce (Pyritz) hoard, at no great distance from the Oder estuary and the Baltic Sea, contained no less than 20 examples – all rough castings, from several different moulds (photo: Sprockhoff, 1941: Taf. 31; see also Kersten, 1958: p. 70, Kat.Nr. 662, Taf. 68:662, with drawings of five examples). There are also some stray finds of such palstaves in the area. The next largest hoard is our Voorhout hoard, found in a boggy

hollow in the coastal dune belt of Holland, containing a dozen 'North Welsh' shield palstaves, together with implements of Northwest French types; all of North Welsh metal, on the ground of metal analyses by P. Northover (his 'M metal'), where it is an isolated phenomenon, since no other Acton Park palstaves have been found in the Netherlands or adjacent areas. It is not easy to suggest an explanation for the presence of the Voorhout hoard in a boggy deposit in the coastal Holland dune area. Unfortunately the Voorhout bronzes are so strongly corroded that it is difficult to assess the condition of the bronzes when they were deposited. Probably some at least were damaged before deposition, so that the hoard might be a combination of scrap metal and usable tools. This brings us close to belief in an itinerant bronze-caster; although this model has been discredited by Rowlands on the ground of African ethnological parallels, and Schmidt & Burgess (1981: p. 123) were undoubtedly wise to declare that there is not yet enough evidence to permit a decision on this question.

It is, however, important that the content of the Voorhout hoard, though mostly North Welsh, is not purely so. The Atlantic flanged axe and the Plaisir stopridge axe in particular are likely to be of Northwest French origin. If one does not wish to postulate a direct voyage from North Wales to South Holland, it is well known that there were contacts between the Welsh metal industry and Brittany in the Acton Park-Tréboul phase (Briard, 1965) which must have involved sea travel. Perhaps what we should imagine in the case of Voor-

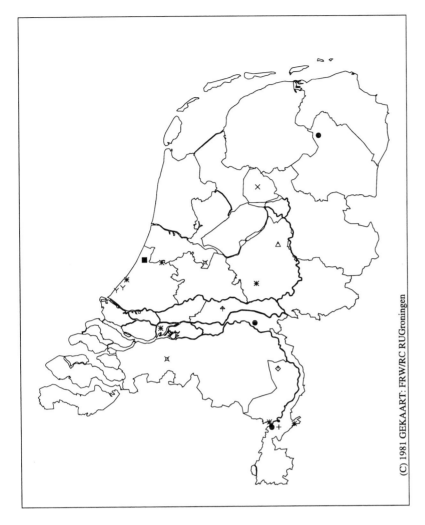

(C) 1981 GEKAART: FRW/RC RUGroningen

+ Type Stibbard
△ Type Oxford
■ Type Acton Park, (hoard)
⋈ Type Portrieux
◇ Type Normand
✳ primary shield, wide-blade
● midrib, Y-shaped, wide-blade
⚓ midrib, flanges
✕ midrib, flanges, wide-blade
Y transitional AXS/AXP

Map 23. Unlooped palstaves of western European types in the Netherlands.

hout is a vessel from Britain cruising along the Northwest French coast, blown off its course in a storm and ending up on the Dutch coast. But such an explanation would obviously be unsuitable for finds such as the Pyrzyce hoard and the Habsheim hoard in Alsace, where 'North Welsh' shield palstaves occur as raw castings and were thus apparently locally made (Butler, 1963a: pp. 54, 60, fig. 12; Schmidt & Burgess, 1981: pp. 119-125). If we exclude the itinerant smith, we are left with the possibility that imported prototypes were used as a pattern for mould manufacture by local smiths. At the very beginning of the Middle Bronze Age, we can postulate the presence of local smiths in, say, Drenthe or Limburg, but hardly in the coastal area of Holland.

b) *Other primary shield palstaves (AXP:we.psW) (Schmidt & Burgess, 1981: pp. 117-125)* (figs 50a-50b)

Six examples in the Netherlands, with scattered distribution (on Map 23).

CAT.NO. 207. VLODROP, *GEMEENTE* VLODROP, LIMBURG. L. 15.7; w. 5.6; th. 2.3 cm. Butt slightly rounded; () flanges; shallow U septum; sides with three facets. Side-arches. Slightly rounded stopridge, 'shield' is round depression surrounded by U-rib. Fairly wide blade. Hammer marks on faces and on sides of shaft part. Patina: dark glossy green; lighter green in places, where file-damaged. Found April 1971 by J. op het Veld (Vlodrop) in ploughing up an asparagus bed. Museum: St. Odiliënberg, Inv.No. 91/1. (DB 1940)

Map reference: Sheet 60E, 202.3/348.4.

References: Bloemers, 1973: p. 21, afb. 4.8; Desittere, 1976: p. 90; De Laet, 1982: p. 431; Wielockx, 1986: Cat.No. Hi33; Butler, 1987: p. 13, fig. 4.

Comments: O'Connor (1980: pp. 431-432) places this specimen in a list of 'non-British' shield palstaves, presumably because of its side-arches, a feature practically never occurring on British examples. Presumably its true home is the Lower Seine area: cf. Muids (Coutil, 1921: fig. 2:25); Heusden, E. Flanders, Belgium (Desittere, 1976: p. 91, fig. 4:5); Hausberge, Kr. Minden, Westfalen (in hoard: Kibbert, 1980: p. 192, No. 468).

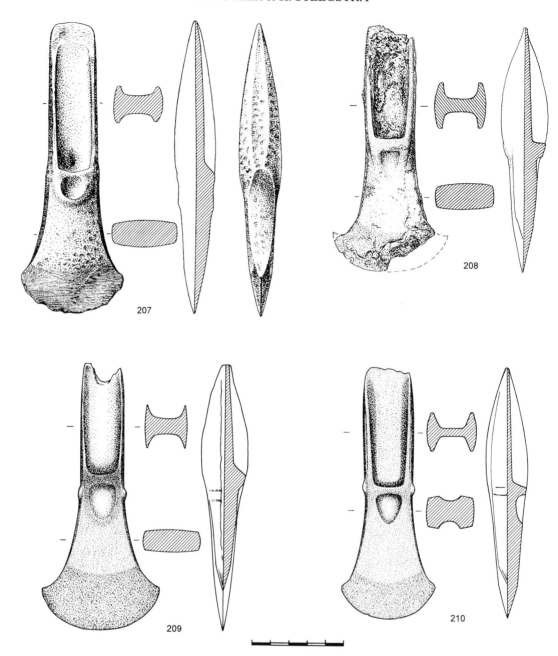

Fig. 50a. (Type AXP:we.psW) 207: Vlodrop, Li; 208: 's-Gravenhage, Z-H; 209: Dordrecht, Z-H; 210: Bennekom, Ge (see also fig. 50b).

CAT.NO. 208. 's-GRAVENHAGE, *GEMEENTE* 's-GRAVEN-HAGE, ZUID-HOLLAND.
L. (11.9); w. (4.3); th. 2.4 (flanges) cm. Butt damaged (modern), sinuous outline; () flanges; slightly convex sides;][septum; nearly straight stopridge, overhanging; shield-shaped depression surrounded by U-rib below stopridge. Blade part with wide fan-shaped blade, everted tips; pouched. Edge sharp. Patina: where preserved (especially on face), glossy black, slightly *craquelé*. Part is severely corroded and damaged, part malachite; part recently polished shows bright bronze colour. Found 1967 by the apprentice paving-layer E.L. de Graaf, at the Savornin Lohmanplein at a depth of 50 cm. Museum: Museon, Den Haag, Inv.No. 56734, purchased from finder. (DB 1360)
    Map reference: Sheet 30D, 76.68/453.84.
    Documentation: *Nieuwe Haagse Courant*, 22 March 1967; letters

H.G. Schenk to Butler: 21 March 1967 and 18 March 1968.
    References: Van Zijll de Jong, 1968: pp. 211-213; Van Heeringen, 1983: p. 105, afb. 10-3.

CAT.NO. 209. DORDRECHT, *GEMEENTE* DORDRECHT, ZUID-HOLLAND (dealer's provenance).
L. 14.0; w. 6.4; th. (flanges) 2.62 cm. Weight 355.4 gr. Butt with irregular U-shaped indentation; () flanges with flattish sides; nearly][septum; fan blade with widely everted tips. 'Shield', in the form of a U-shaped depression, outlined by a rib, below the stopridge. Crescent-ground; faint hammer marks on ground portion. Prominent horizontal bar on sides. Patina black (partly removed), glossy. Very well-preserved. Museum: Allard Pierson, Amsterdam, Inv. No. 701. Purchased in 1934 from Museum Scheurleer, the Hague; to which it

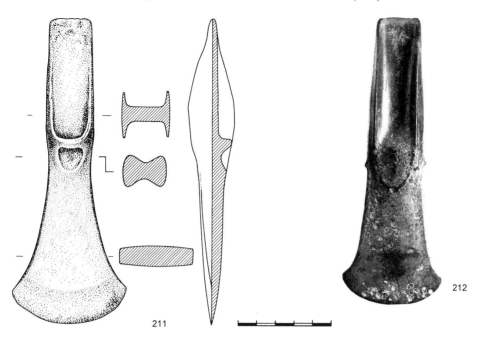

Fig. 50b. (Type AXP:we.psW) 211: Leimuiden, Z-H; 212: Wessem, Li (photo: R.O.B., Amersfoort) (see also fig. 50a).

had been presented 1906 by D.F. Scheurleer; who in turn had purchased it from dealer Müller (Cologne, Germany). (DB 751)
Map reference: Sheet 44A, c. 105/423.
Reference: Cat. Mus. Scheurleer 1909, No. 171.

CAT.NO. 210. BENNEKOM, *GEMEENTE* EDE, GELDERLAND.
L. 13.3; w. 5.0; th. 2.2 cm. Weight 307.3 gr. Nearly straight, slightly irregular, nearly sharp butt; () flanges, with hollowed edges; _/ septum; shelf stopridge, with shield-shaped depression below it. Blade part nearly flat faces and sides, fan blade, extra everted at cutting edge. Slight pouches; crescent-ground. On side a horizontal plastic bar. Cutting edge sharp. Patina: originally brown, but now mostly dark bronze to blackish; well-preserved, but crack in one flange. Museum: Arnhem, Inv. No. GMF 135. (DB 949)
Map reference: Sheet 39F, c. 174/446.
Reference: *Informatieblad Gemeentemuseum Arnhem* VII, No. 20.

CAT.NO. 211. LEIMUIDEN, *GEMEENTE* LEIMUIDEN, ZUID-HOLLAND (playing-field).
L. 16.3; w. 6.2; th. (flanges) 2.5 cm. Sinuous leaf-shaped flanges; straight butt;][septum; U stopridge, with rib-outlined shield-shaped depression below it. Blade with flat faces, wide blade, slightly everted, crescent-ground, sharp cutting edge. Patina: part black, mostly bronze-colour. Slight damage on one side; scratch on one face. Otherwise very well-preserved. Found c. 1981/1982 by M.A.J. van den Hoek of Leimuiden, in a slight pile of sand alongside a ditch at the edge of the football field, while playing football. In view of the peat patina of the palstave, it would seem reasonable to suppose that it came to the surface during the laying of drainage in the football field, or in digging the post-holes for the fence, or in cleaning out the ditch. Museum: R.M.O. Leiden, Inv.No. h.1987/10.1. Purchased from finder. (DB 625)
Map reference: Sheet 31 W, 105.4/470.9.
Reference: Hallewas, 1988: pp. 310-311, afb. 1 (left).

CAT.NO. 212. WESSEM, *GEMEENTE* WESSEM, LIMBURG, RIVER MAAS (possibly not the original place of deposition, as there is a large gravel depot at Wessem).
L. 15.5; w. c. 5.6 cm. Straight butt, nearly parallel sides; flanges joined by shield-shaped ridge below a faint stopridge. Cutting edge sharp, with blade tips slightly everted. Recovered in the 1960's in gravel along the River Maas. Formerly private possession, now collection unknown. (DB 620) Note: This palstave has not been seen, and in 1995 was no longer accessible. Photo used here kindly made available by the R.O.B.
Map reference: Sheet 58D, c. 190/352.
References: Stoepker, 1991: pp. 273-274, afb. 42; *Jaarverslag R.O.B.*, 1989: p. 194.

c) *Palstaves with Y or trident-shaped midrib (AXP: we.MYW; Type Wantage: Schmidt & Burgess, 1981: p. 135)* (fig. 51)

Only three examples are known in the Netherlands (on Map 23); plus one probably from the Wester Schelde (and thus attributable either to Belgium or the Netherlands):

CAT.NO. 213. *GEMEENTE* STEVENSWEERT, LIMBURG.
L. 16; w. 6.8; th. 2.4 cm. Straight butt; () flanges;][septum. Wide blade, concave edges, J blade tips. On face below stopridge, Y rib; on sides, horizontal plastic bar. Dredge find. Private possession. (DB 1907) Drawing: R.O.B.
References: Bloemers, 1973: p. 48, afb. 4:7; Wielockx, 1986: Cat.No. Hi28.

CAT.NO. 214. BETWEEN *GEMEENTE* WIJCHEN/NIJMEGEN, GELDERLAND.
L. 16.8; w. 7.3; th. 3.1 cm. U septum; /\ flanges; broad blade; on face below stopridge, Y midrib. On sides, slight knobs at stopridge level. Patina: mottled reddish brown, black in places. Surface rough. Museum: Nijmegen, Inv.No. AC 23 (old No. E III No. 13). Acquired 1893. (DB 1492)
Map reference: Sheet 40C, c. 183/426.
References: *Verslag*, 1893: p. 4, No. 13; Boeles, 1920: fig. 6; Butler, 1961: Pl. XVII:6; Butler, 1963a: Pl. VII:6, p. 72.

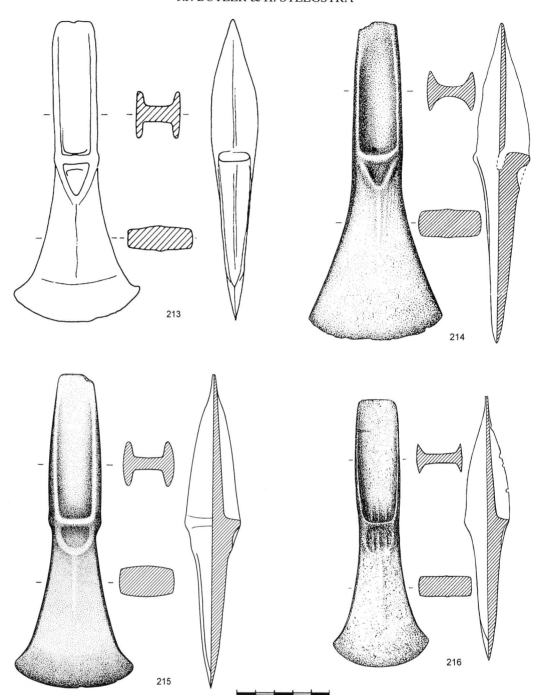

Fig. 51. (Type AXP:we.MYW) 213: *gemeente* Stevensweert, Li; 214: between *gemeenten* Wijchen/Nijmegen, Ge; 215: 'River Schelde'; 216: *gemeente* Norg, Dr.

CAT.NO. 215. EXACT PROVENANCE UNKNOWN; RIVER SCHELDE, PROVINCE ZEELAND OR FLANDERS, BELGIUM. L. 16.9; w. 6.5; th. 3.0 cm. Weight 454.8 gr. Thin straight butt; sinuous flange outline;][septum; straight overhanging stopridge. U-rib under stopridge. Blade part with ∧ sides, everted blade tips. Horizontal bar on sides, at stopridge level. Blade part fan-shaped, with extra widening toward sharp cutting edge; faces slightly convex, sides flat. Patina light green, but for 3/4 filed off. Otherwise very well-preserved. Some brownish encrustation. Straight grinding facet. Casting seams worked

away. Private possession, ex coll. of father of owner. Presumably dredge find from the Wester Schelde. (DB 899)

CAT.NO. 216. *GEMEENTE* NORG, DRENTHE (no exact provenance).
L. 14.3; w. 5.25; th. 2.4 cm. Weight 290 gr.][septum; triangular, slightly convex flanges; thin sharp butt and flange edges; slightly rounded, overhanging stopridge; 'shield' ornament with three vertical ribs, on face below stopridge; slight midrib below 'shield'; three short

ribs on septum. Blade sharp. Patina: bronze colour (originally dark). Museum: Assen, Inv.No. 1908/VII.3. (DB 107)

References: *Verslag*, 1908: p. 7, No. 12; Butler, 1963a: Pl. VII:4 and p. 71(26).

Parallels: Similar palstaves are known in considerable numbers in South England and western France; many occur in hoards, illustrated in publications such as O'Connor, 1980 (some ten hoards containing Y and trident palstaves); Gaucher, 1981 (hoards of Sucy-en-Brie, Val de Marne; Pointoile, Somme; Sermizelles, Yonne) and Blanchet, 1984 (hoards of Pontoile, Somme; Dommiers, Aisne; La Heurelle, Oise).

Dating: The French hoards belong to *Bronze moyen* 2, the British ones to the Taunton phase.

d) *Type Stibbard (AXP:we.stib)* (fig. 52)

Definition: A distinctive small variety of wide-blade western European palstave, known chiefly from the Stibbard hoard in Norfolk. In the hoard from Stibbard are unlooped examples with thin-ribbed Y decoration, together with looped undecorated palstaves of similar size and form. They have not previously been recognized in the literature as a distinct type, but they surely represent an easily recognizable local variant.

CAT.NO. 217. EERSELEN (GROEN BOSCH), *GEMEENTE* AMBT MONTFORT, LIMBURG.
L. 11.4; w. 3.45; th. 2.3 cm. U septum, U stopridge, Y-shaped midrib. Edge blunt. Patina: dark glossy green. Old surface partially peeled off, leaving chalky light green. Museum: Bonnefantenmuseum Maastricht, Inv.No. 237 (old No. 1039 IIIB). (DB 217)

Map reference: Sheet 60B (60E new) c. 194/347.

References: Butler, 1973a: pp. 321-329 afb. 3.4; De Laet, 1982: p. 432; Wielockx, 1986: Cat.No. Hi21.

Parallels: Y-ornamented palstaves are common in Britain but also occur in the North European area, seemingly imitating this western European feature (cf. above, Types AXP:we.YW and AXP:ne.Y). Possibly the best parallels in most respects for the Eerselen-

Groen Bosch palstave are the small, Y-ornamented examples best known in the palstave-and-spearhead hoard of Stibbard, Norfolk (Britton, 1960: No. 14ff; cf. Schmidt & Burgess, 1981: No. 835). These are very similar to the Eerselen palstave in size and general configuration; but the cutting-edge of the Eerselen specimen is narrower in width than those of the Stibbard specimens, so that it could not have come from the same mould as any of the Stibbard palstaves illustrated (which, however, are only a small selection of c. 70 palstaves, many subsequently lost or scattered, originally present in the hoard).

Dating: Both the affinities of the Stibbard palstave and the basal-looped, triangular-bladed spearheads in the hoard point to a dating in the British Taunton phase.

e) *Type Oxford (AXP:we.ox)* (fig. 53)

Definition: British low-flanged, broad-blade, rib-decorated palstave of Type Oxford (see Schmidt & Burgess, 1981: p. 132).

CAT.NO. 218. EPE (near), *GEMEENTE* EPE, GELDERLAND, hoard in tumulus (= Part I, Butler, 1992: Find No. 18, pp. 91-92, fig. 23, with discussion and further references).
L. 17; w. 6.4; th. 2.8 cm. Straight butt, convex ∧ flanges, U septum, rounded stopridge; flattish blade with marked sinuous ('crinoline') outline; sharp cutting edge. Decoration below stopridge: narrow midrib in series of short vertical ribs. Multitudinous hammer marks on faces. Patina: patchily bright green to almost black; in fine state of preservation. Museum: R.M.O. Leiden, Inv.No. WE 6. (DB 345)

Map reference: Sheet 27D, c. 195/484.

Associations: Flanged stopridge axe of Type Vlagtwedde (Part II:1, Butler, 1995/1996: Cat.No. 165, fig. 37b); two-knobbed ribbed sickle.

Parallels: nearly identical specimen in Blackrock (near Brighton, Sussex) hoard (Piggott, 1949: pp. 114-115, fig. 3, third from left; *Inventaria* GB. 47, No. 13; O'Connor, 1980; p. 329). Schmidt & Burgess (1981: p. 132) assign the Epe palstave to a Type Oxford, with reference to the two Oxford hoards (Leopold Street and Burgesses' Meadow).

References: Pleyte, *Gelderland* (1889): p. 89, Pl. XXIV:4; Butler, 1959: pp. 136-139, fig. 5; Butler, 1963a: pp. 68-69, 72-73, 221, 243, fig. 17, Pl. VIIIa; Butler, 1992: pp. 91-92; fig. 23.

Dating: British Taunton phase.

f) *Type Normand and related (AXP:we.nd)* (fig. 54)

Two examples in the Netherlands.

Definition: See Briard & Verron, 1976: pp. 91-95 (their Type 522).

CAT.NO. 219. PROVENANCE UNKNOWN.
L. 14.65; w. 6; th. 2.95 cm. Sinuous outline, with broad trapeze-shaped blade with J-shaped blade tips.][septum, ∧ flanges, pronounced projecting stopridge; rough nick in butt. Blade sharp but battered. Trident pattern on face. Patina: blackish. Museum: Nijmegen, Inv.No. AC 3 (old No. E III.3). Ex coll. Guyot. (DB 1480)

References: Butler, 1961: Pl. XVII:5; Butler, 1963a: pl. VII:5, p. 72 (36).

CAT.NO. 220. LEUNEN/BRUKSKE (BETWEEN), *GEMEENTE* VENRAY, LIMBURG.
L. 14.3; w. 5.4; th. 2.6 cm. Weight 337.6 gr. Butt irregular (damaged); ∧ flanges, U septum, prominent U stopridge. Under stopridge double

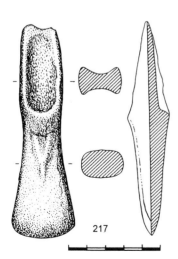

Fig. 52. (Type AXP:we.stib) 217: Eerselen, Li.

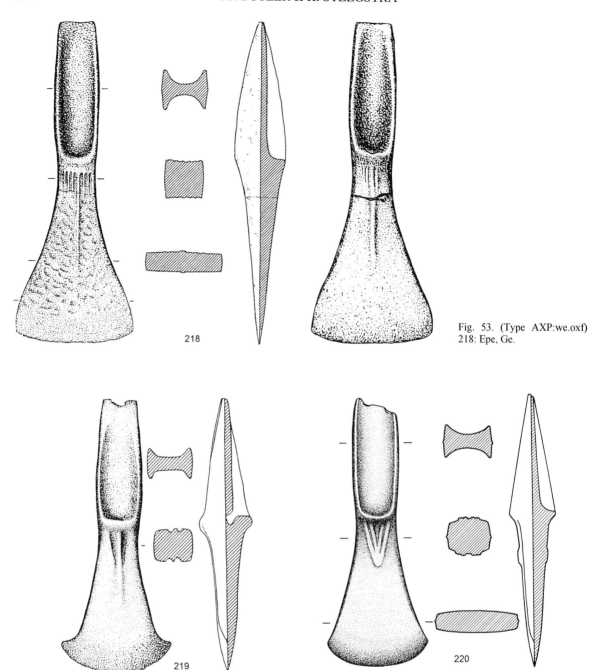

Fig. 53. (Type AXP:we.oxf)
218: Epe, Ge.

Fig. 54. (Type axp:we.nd) 219: no provenance; 220: between Leunen & Brukske, Li.

V rib ornament. Sinuous outline, wide blade. Blade part with slightly convex faces and sides. Cutting edge sharp; casting seams sharp. Patina: brown; where peeled off, light powdery green. Found 1993 with metal-detector across the road from stable marked '1930' along former Scheidenweg, by P. Vermeulen. Museum: Venray, Inv.No. 2729 (old no. RKD 0699), purchased from finder. (DB 2345)
    Map reference: Sheet 52B, 196.750/392.20.

Parallels and dating: Numerous in Normandy and the Paris basin, also in southern England; typical for the French *Bronze moyen* 2 and the British Taunton phase. See especially O'Connor, 1980: pp. 47-49, List 7A-B, Map 5.

g) *Looped palstave, West European (British-Northwest French, low-flanged), wide blade with trident-trumpet midrib (AXPL:we.MYTW)* (fig. 55)

Only one example in the Netherlands.

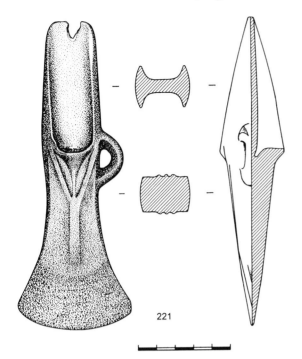

Fig. 55. (Type AXPL:we.MYTW) 221: 'River Schelde'.

CAT.NO. 221. EXACT PROVENANCE UNKNOWN; RIVER SCHELDE, PROVINCE ZEELAND OR FLANDERS, BELGIUM. L. 16.7; w. 6.2; th. 3.5. Weight 568.9 (unusually heavy specimen). D loop 3.2x0.6 cm; butt rounded, with irregular V-shaped indentation (casting defect); ∧ flanges, slightly () sides; U septum, with on one side a deep blowhole at junction septum stopridge; U stopridge, strongly overhanging, depending from which a large trident, the central prong of which is trumpet-shaped. Blade part begins parallel-sided, but expands gradually to a wide blade. Cutting edge crescent-ground, with many visible hammer marks on sharpening facet. Cutting edge sharp. Patina mostly dark bronze, but black in depressions. Virtually mint condition. Private possession, ex coll. father of present owner. Presumably dredge find from the Wester Schelde. (DB 2326)
    Reference: *Jaarverslag R.O.B.*, 1992: p. 192.

Parallel and dating: Rather similar is a palstave illustrated by Schmidt & Burgess (1981: pp. 82, 148, No. 875) from a hoard at Kirtomy, Farr, Sutherland in northern Scotland (their Pl. 134G). This palstave is assigned to the trident variant of their Type Shelf; they date it to 'not earlier than the Penard phase'.

3.2.3. *Palstaves, West European, with midrib and side-flanges, wide-blade (AXP:we.MFW) (fig. 56)*

Three examples known in the Netherlands, all three apparently from one hoard find (approximate location on Map 23; dealer's provenance?).

CAT.NO. 222. FLEVOLAND (exact provenance unknown). L. 13; w. 6.3; th. 1.5 cm. Side-flanges and midrib. Asymmetrically rounded butt; () sides;)(septum; rounded stopridge; wide blade with side-flanges and midrib. Rough casting, cutting edge blunt; heavily abraded. Patina: dark brownish to bright bronze; traces of green. Surface rough and irregular. Private possession, exchanged. (DB 1930)

Possibly from same find, and same mould, as Cat.Nos 223 and 224.

CAT.NO. 223. FLEVOLAND (exact provenance unknown). L. 13.3; w. 6.1; th. 1.8 cm. Weight: 301.4 gr. Rounded butt; faintly () flanges;)(septum. Blade part with wide blade expansion; side-flanges, narrow midrib. Cutting edge blunt. Patina: varied brown to light green. Heavily corroded and abraded. Was originally a poor casting: in the septum is a roughly vertical irregular crack, through which daylight is visible, and the blade surface has some irregular bulges. Museum: Museon, Den Haag: without Inv.No. (DB 901)

CAT.NO. 224. FLEVOLAND (NOORDOOSTPOLDER?) (exact provenance unknown). L. 13.3; w. 5.7; th. 1.6 (at stopridge). Rounded butt; slightly () flanges; () sides; U septum; U stopridge. Fan-shaped wide blade, with side-flanges, narrow midrib. Cutting edge sharpened. Patina: light powdery green, with dark bronze patches; corroded, distorted. Museum: the Hague, Museon, without inventory number. (DB 2325)
    Purchased, along with another of the near-identical palstaves (Cat.No. 223) December 1980, as part of the collection of A. van Steijn (Den Hoorn), who in turn had purchased the two palstaves from a merchant in military goods (decorations, medals etc.) in Rotterdam around 1974.
    According to the Van Steijn catalogue (see below), found 1941 during drainage of the Noordoostpolder (portion of the former Zuiderzee); allegedly together with the virtually identical palstaves Cat.Nos 222 and 223 (above), and possibly from the same mould as these.

Documentation: The Museon possesses a typed catalogue of the Van Steijn collection (an assortment of fossils and archaeological objects of very heterogeneous, mostly non-Netherlands origin). Its brief entry concerning these palstaves is the only known written source of information as to their provenance. It reports, presumably on the authority of the Rotterdam merchant, only that the axes were found in 1941 during drainage of the Noordoostpolder, but it does not state that other objects were found with them.
    In 1982, W.-J. Hoogestijn (now R.O.B., Amersfoort; then research for a student thesis for the I.P.P., Amsterdam) made telephone enquiries of the owners. The information he received is briefly reported in his unpublished thesis (p. 278, find-spot No. 110). The informants recalled having seen six or seven axes, similar to each other, at the merchant in Rotterdam; Van Steijn purchased two of these. The buyer of the third axe understood that the axes were found, with a dugout canoe, in the vicinity of Lelystad. What happened to the other axes is unknown.
    Despite the insufficient documentation and its hearsay character, the great similarity of the three known palstaves in form, and their identical condition and patination, makes it quite credible that they should have been found together as or in a hoard.

a) *Possibly related fragment*

CAT.NO. 225. ZOELEN-DE BELDERT, *GEMEENTE* BUREN, GELDERLAND. L. (3.2); w. (2.9) cm. Weight 105.4 gr. Fragment of midribbed palstave. Sides slightly convex; stopridge nearly straight, overhanging, slight narrow midrib. Breaks are patinated. Patina: mostly light green,

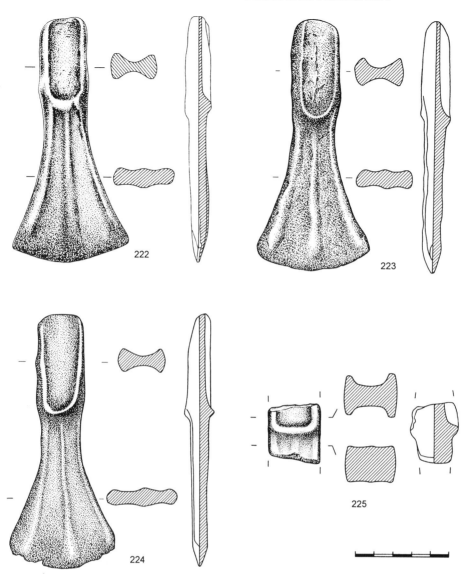

222

223

224

225

Fig. 56. (Type AXP:we.MFW) 222-224: 'Flevoland' (probable hoard); 225: Zoelen-de Beldert, Ge.

partly brown. Found in ploughed field, with metal detector. Private possession. (DB 889)

> *Map reference*: Sheet 39D, 158.89/438.04.
> *Reference*: *Jaarverslag R.O.B.*, 1991, p. 144.

Parallels: Similar palstaves are not otherwise known in the Netherlands. These palstaves are obviously related to the 'early midribbed palstaves' of southern Britain (Burgess, 1962; Schmidt & Burgess, 1981: pp. 125-128; cf. Butler, 1963a: p. 57, Type IB; Rowlands, 1976: II, pp. 30-32, Pl. 29, No. 731 ff, Map 4; O'Connor, 1980: p. 433, List 4, especially his 'side-flanged with midrib' group therein). French examples in, for example, the Pointoile (Somme) hoard (Blanchet, 1984: pp. 160-161, figs 78-79, Map 4). Schmidt and Burgess distinguish three types within the 'early midribbed' series; their Type Liswerry (their Nos 790-794A) is perhaps the most appropriate in this connection.

The British 'early midribbed' palstaves would seem to have their prototypes in the stopridge axes of Type Plaisir of Northwest France (cf. Butler, 1987: esp. pp. 10-13, fig. 3, pp. 31-32, note 3; Butler, 1990: p. 78, fig. 17A3; Butler, 1995/1996, pp. 227-230). A gradual transition between the two is observable: compare, for example, the various specimens from the Paris area illustrated by Mohen (1977: pp. 48-50). The prototypes went as far as the Baltic area (Rülow, Babbin hoards) in company with early western European shield palstaves. Mohen's figure 40 well illustrates the stage of the development which, as the 'early midribbed' palstave type, becomes common in southern England.

In contrast to these, the 'Flevoland' palstaves are debased in form. Admittedly it is not easy to be sure to what extent this debased appearance is due to typological devolution, or to poor casting, or simply to the severe corrosion that the 'Flevoland' axes have undergone. Be this as it may, the U-sectioned septum and the U stopridge are not characteristic of the British-Northwest French 'early midribbed' type, so that the palstaves of the 'Flevoland' hoard may be considered to be a devolved variety, possibly of 'local' origin. But, in the absence of close parallels, it is futile to speculate as to where they may actually have been made.

Dating: Schmidt and Burgess argue for a dating of their 'early midribbed' palstaves within their Acton Park phase. But related examples certainly occur in hoards of the British Taunton phase, and in the French *Bronze moyen* 2; a looped example occurs in the Northern Period II Frøjk hoard (Broholm I, 1943: hoards M.80-81, pp. 222-224 with photos).

3.2.4. *Palstaves of Armorican type*

a) *Palstaves of type Portrieux (AXP:we.portN) and related* (fig. 57)

Only two examples are known in the Netherlands. Characteristic are the long narrow, faintly sinuous outline;][septum; and non-expanded cutting edge.

CAT.NO. 226. BREDA, *GEMEENTE* BREDA, NOORD-BRA-BANT.
L. 14.7; w. 3.8; th. 2.45 cm. Straight butt; ∧ flanges;][septum; slightly curved, slightly overhanging stopridge. Blade part narrow, slightly)(outline. Collection: B.A.I. Groningen, no number. (DB 1070)
Map reference: Sheet 50B, c. 113/399.
Note: This palstave has had the longest journey of any here reported. It was taken to Tasmania by an emigrant from the Netherlands in the 1920's, and repatriated by his son in the 1960's.

Parallels: Briard (1965: pp. 109-118) discusses the type under the heading *Les haches à talon à nervure médiane*, but examples without a medial rib occur also (his fig. 34:3). O'Connor (1980) has listed and mapped the occurrence (ribbed and unribbed) in Britain, in France from the Seine mouth northward, and Belgium (his p. 435, List 4 and Map 4). Some of the (ribbed) examples from Picardy and northern France have been cited and illustrated by Blanchet (1984: p. 166, fig. 82:2,13; pp. 168-169, fig. 84:1-5,7, map p. 195, fig. 105). Cf. an unribbed example found with British palstave types in the Wantage, Berks. hoard (Burgess, 1970: Taf. 13; Jockenhövel, 1975: p. 170, Abb. 18C2).

Dating: Briard cites hoard evidence for the occurrence of palstaves of Portrieux type in his *Bronze moyen* I, II and III.

b) *Possibly related*

CAT.NO. 227. HILVERSUM, *GEMEENTE* HILVERSUM, NOORD-HOLLAND (tumulus (grave?) find).
L. c. 18; w. now 2.8 at top of side ornament; th. (flanges) 1.87 cm. Slender, thin, chisel-like palstave. Butt straight, sharp (some modern battering); hafting part with faintly convex outline; slightly () flanges; in section convex sides;][septum; straight stopridge, barely projecting, slightly undercut. Blade part with, in section, flat, parallel sides bearing a rectangular-topped plastic ornament; faint side-flanges, broad shallow midrib. The plastic side ornament extends to c. 1.8 cm above the level of the stopridge.

The cutting-edge part of this specimen has recently been broken off and is missing. The break shows that the interior of the axe is brownish and somewhat porous. The battered butt also shows the same brownish colour. Patina: mottled green, dull, with in places brownish earthy encrustation. Excavated c. 1855 by L.J.F. Janssen in a tumulus on the Hilversum Heide, situated c. 500 *el* north of the third

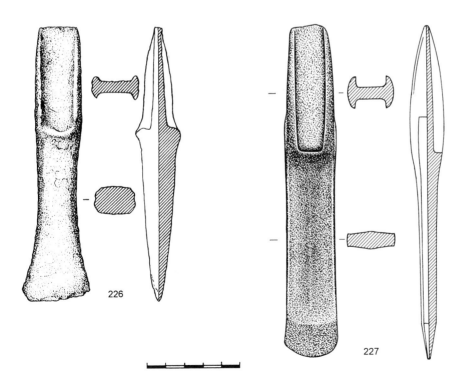

Fig. 57. (Type AXP:we.portN) 226: Breda, N-B; 227: Hilversum, N-H.

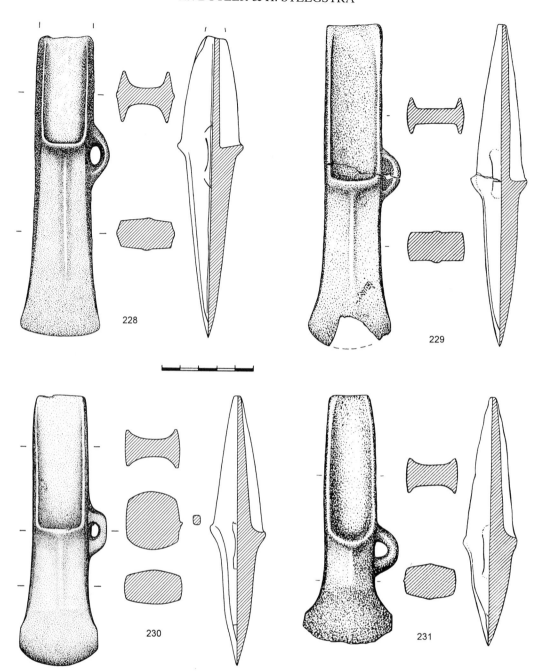

Fig. 58. (Type AXPL:we.rosN) 228: no provenance; 229: near Heesche Poort, Ge; 230: Weurt, Ge; 231: Venlo, Li.

kamp ["gelegen 500 el ten no. van het derde z.g. 'kamp'"]. Museum: R.M.O. Leiden, Inv.No. Hi.487. (DB 1105)

   Map reference: Sheet 32A, c. 143/472.

   Reference: Janssen, 1856: p. 67 en Pl. X.1; Pleyte, 1902: p. 11, Pl. V:2.

   The present drawing is from the original palstave, but the missing broken-off part is restored after the accurate drawing of Janssen.

Discussion: This palstave has, as far as we know, no close parallels. The long narrow-bladed form,][septum, straight stopridge and slight midrib suggest that it is related to the Portrieux type, but the () flange outline of

the hafting part is perhaps an archaic feature relating it to the types of the Acton Park-Tréboul phase. The flat-topped plastic side ornament is difficult to match.

   It may perhaps be considered to be related generally to the small series of narrow, chisel-like palstaves such as that in the Pointoile (Somme) hoard and the example from Aisne(?) illustrated by Blanchet (1984: figs 85:2 and 85:3; the latter = his fig. 78:11) and that from Bedburg, Kr. Bergheim, Nordrhein-Westfalen (Kibbert, 1980: No. 475, with further references).

c) *Looped palstaves, narrow-bladed, large, with narrow midrib, Type Rosnoën (AXPL:we.ros)* (fig. 58)

Four examples in the Netherlands (2 Gelderland, 1 south, one unknown).

CAT.NO. 228. PROVENANCE UNKNOWN.
L. 15; w. 4.3; th. 3.7 cm. Weight 523.7 gr. Butt nearly straight, thick (5 mm), broken off anciently. Shafting part with convex ∧ outline, ridged sides with prominent, rib-like casting seams;][septum; straight stopridge, undercut and overhanging. Blade part with nearly parallel sides; flat faces, ridged sides; narrow midrib. Low-placed D loop, 3.3x0.7 cm. Heavy specimen. Patina varied green; heavily encrusted with gravel and sand. Well-preserved. Cutting edge sharp. Museum: Nijmegen, Inv.No. 1.9.24. (DB 1561)

CAT.NO. 229. HEESCHE POORT (near), *GEMEENTE* NIJMEGEN, GELDERLAND.
L. 17.1; w. 4.5; th. 3.1 cm. Palstave, looped; ∧ flanges;][septum; nearly straight, prominent overhanging stopridge; parallel-sided blade with rectangular cross-section; midrib. Blade very slightly expanded. Normal loop position; the opening has not been fully perforated. Broken, apparently in antiquity, through middle. Cutting edge damaged recently. Initial H punched on blade. Patina: black; partly dark bronze. Hoard with Cat.Nos 289 and 320? Museum: R.M.O. Leiden, Inv.No. I.D.B.B.4a (old No. B.41 and I.556). Acquired Nov. 1823, with DB 310 and DB 311 from J. Becker of Amsterdam, ultimately ex coll. 'in the Betouw'. (DB 309)
Map reference: 40C, c. 186/428.

CAT.NO. 230. WEURT, *GEMEENTE* BEUNINGEN, GELDERLAND.
L. 14.3; w. 4.3; th. 3.0 cm. Weight 446 gr. Straight blunt butt; ∧ flanges;][wedge septum; slightly convex sides; straight stopridge, overhanging. Blade part with slightly ridged faces. Sides slightly convex and nearly parallel, but with sinuous blade tip expansion. D loop (1.3H0.6 cm) with flattened faces, normal placing. Large sharpening facet on lower part of blade. Patina: dark bronze, nearly black. Reddish to yellowish encrustation on part of septum. Found 3 November 1971 in the River Waal at a time of unusually low water level. Private possession. (DB 634) (identification in black ink on septum: WEU/RG)
Map reference: Sheet 40C, 184.37/431.37.
Reference: Verscharen, 1976: afb. 1 (photo).

CAT.NO. 231. VENLO, *GEMEENTE* VENLO, LIMBURG.
L. 13.2; w. 4.9; th. 2.95 cm. Slightly concave, blunt butt. Hafting part with slightly convex ∧ flanges; () sides; _/ septum; U stopridge. Blade part with parallel sides, but with a very drastically shortened and sinuous cutting-edge part. Narrow midrib. Large D loop, low-placed (upper end at stopridge level). Found during construction of a house on the Hamburger Singel. Museum: R.M.O. Leiden, Inv.No. 1.1935/11.5. Purchased from one Kortooms, Venlo, via Keus. (DB 455)
Map reference: Sheet 52G, c. 209/375.
References: Butler, 1973a: pp. 321-329, esp. p. 326, afb. 5.4; De Laet, 1982: p. 432; Wielockx, 1986: Cat.No. Hi32.

Remarks: The Weurt example, Cat.No. 230, has had its blade shortened and reworked to produce a 'mini-crinoline' blade shape; so also, even more drastically, Cat.No. 231 from Venlo.
Parallels: Palstaves of Type Rosnoën: Briard, 1965: pp. 155, 180. The Rosnoën type includes also palstaves with trumpet midrib, trident midrib, and other midrib forms. O'Connor offers a list (1980: List 50, pp. 473-474) and distribution map (his Map 23) of 'Rosnoën and

related palstaves', with examples in the Dover, Kent hoard, seven finds in Northwest France from the Seine mouth to Anzin (including five hoards), three finds in Belgium, and only one (Nijmegen; our Cat.No. 229; his fig. 37:2) in the Netherlands. See also the numerous examples and variants in Anjou (Cordier & Gruet, 1975).
The Venlo example, here Cat.No. 231, has been honoured by Kibbert (1980: esp. pp. 216-217) by being made the eponymous find of his *Form* Venlo, but this is hardly sustainable, as the Venlo axe is evidently a much-shortened palstave of Rosnoën type (cf. below, under Type AXP:MS).
Dating: Briard dates Rosnoën palstaves to his Rosnoën and St. Brieuc-des-Iffs phases. For late examples cf. also the Luzarches (95 Val d'Oise) hoard (Blanchet, 1984: pp. 241-244, figs 129-131). Blanchet dates this hoard to *Bronze final* 3a, but much of its contents are appropriate to *Bronze final* 2 (Blanchet, 1984: pp. 241-244 and his table on p. 369).

3.2.5. *Looped palstaves, West European*

a) *Plain with narrow blade (AXPL:we.PN)* (fig. 59)

Four examples, from three finds, in the Netherlands (on Map 24).

CAT.NO. 232. BETWEEN WALSOORDEN & SAEFTINGE; RIVER WESTERSCHELDE, ZEELAND.
L. 17.5; w. 4.5; th. 2.9 cm; loop 2.0x0.6 cm. Round, slightly undercut stopridge,)(septum, faces and sides slightly convex. Edge sharp. Patina: dark bronze (grey sandy encrustation). Surface very pitted. Dredge find. Private possession. (DB 1938)
Map reference: Sheet 49A, c. 66/376.
Parallels: Except for the loop, this palstave is a good match for the palstave in the North French Anzin hoard (Blanchet, 1984: pp. 228, 231, fig. 122). Similar looped and unlooped palstaves, heavily rolled but still recognizable, are present in the Dover, Kent hoard (O'Connor, 1980: figs 34-35). Cf. also the unlooped specimen from Serskamp, Oost-Vlaanderen (Warmenbol, 1992: p. 79, No. 56, fig. 38:56).
Dating: The Anzin hoard is dated, on the basis of its median-winged axe of Kibbert's *Type Grigny, Var. Altrip*, to *Bronze final* 1/ *Stufe Rosnoën-Stockheim*.

CAT.NO. 233. BARGEROOSTERVELD, *GEMEENTE* EMMEN, DRENTHE (hoard of 1900, including two palstaves: see also Cat.No. 234).
L. 14.4; w. (blade) 4.0; th. 3.1 cm. Weight 382 gr. Butt anciently damaged; slightly convex ∧ flanges,][septum, flat sides; slightly rounded, somewhat undercut 'shelf' stopridge. Blade part with nearly parallel sides, very slight, gradual blade tip expansion; section slightly convex-rectangular. D loop, 2.8x0.4 cm. Patina: varied light to dark green, with dark brown tinge. Museum: Assen, Inv.No. 1900/III.30. (DB 1183)
Metal analysis (P. Northover, No. V17): Sn 11.22, As 0.37, Sb 0.04, Pb 8.21, Co tr, Ni 0-0.1, Fe tr, Ag 0.01, Bi tr, no Au and Zn; according to Northover, South English metal (unpublished communication).
Associations: with palstave fragment, Cat.No. 234 below; small, tanged single-edged 'Urnfield' knife with two backing ribs; pair of *Nierenring* bracelets; three non-joining fragments of a bracelet with a thin medial rib. Found in a low tumulus, presumably as a secondary deposit.
Map reference: Sheet 18C, c. 261.4/533.6.

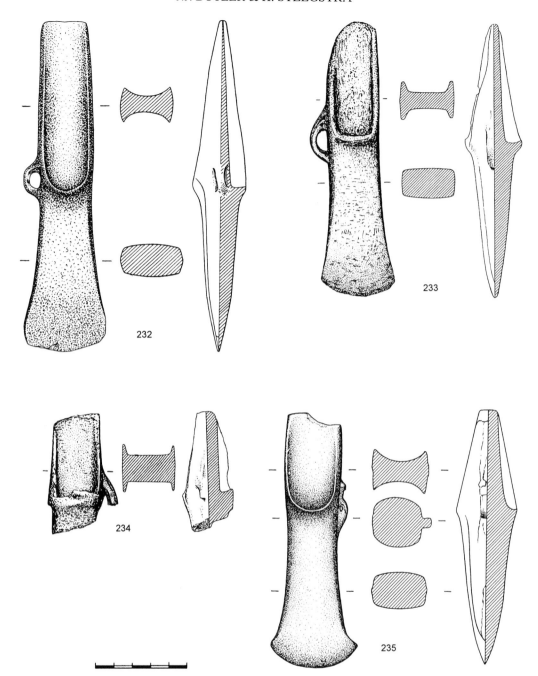

Fig. 59. (Type AXP:we.PN) 232: between Walsoorden & Saeftinge, Zl; 233-234: Bargeroosterveld, Dr (hoard); 235: Zaltbommel, Ge.

CAT.NO. 234. BARGEROOSTERVELD, *GEMEENTE* EMMEN, DRENTHE (hoard of 1900; see also Cat.No. 233).
L. (6.1 cm). Weight (184 gr.). Midsection fragment of a palstave, in so far as preserved quite similar to Cat.No. 234 above. Breaks ancient. Museum: Assen, Inv.No. 1900/III.31. (DB 1182)
 Metal analysis No. V18: Sn 11.22, As 0.50, Sb 0.45, Pb 3.55, Co 0.03, Ni 0.14, Fe 0.02, Ag 0.13, Bi 0.03, Au tr, Zn tr. (According to Northover, of East English metal.)
 Associations: see Cat.No. 233.
 Map reference: Sheet 18C, c. 261.4/533.6.
 References: *Verslag*, 1900: p. 16; Butler, 1959: pp. 139-140, fig. 6; Butler, 1960: pp. 207-211, fig. 9, p. 226, Bijlage I; Butler, 1960

(1961): p. 105, fig. 9, pp. 123-124; Butler, 1963a: p. 68, fig. 18; *Inventaria Arch.*, NL 16.

Parallels and dating: According to Schmidt & Burgess (1981: p. 131) the Bargeroosterveld palstaves fall within the British 'transitional' palstave group, but have also some features of the British 'late' type; O'Connor (1980: Find No. 195) assessed them as 'late' palstaves. For Schmidt & Burgess such palstaves occur in the Penard and Wilburton-Wallington phases. A development

● Type Rosnoen, narrow-blade
+ 2-looped, Iberian
× plain, trapeze sides
✳ plain, narrow-blade
■ plain, narrow-blade (hoard)

Map 24. Looped palstaves of western European types in the Netherlands.

similar to that in Britain is seen in France; a few examples reached North Spain (Monteguado (1977: Type 25A and 25A1, his Nos 904-908, map Taf. 137). In North Germany, a similar palstave, but with a slightly trapeze-shaped blade, was found with a double-T-handled Urnfield knife (Northern Period IV for all authors except Tackenberg, who insists on Period V) at Barrien-Bülten, Kr. Grafschaft Hoya in Niedersachsen (Nowothnig, 1962; Tackenberg, 1971: pp. 215-217; Prüssing, 1982: p. 87, No. 186; Kibbert, 1980, p. 258). The *Nierenringe* in the Bargeroosterveld find (Tackenberg's *Typ* 2) are similarly Period IV to most authors but Period V to Tackenberg. In the Netherlands, Bargeroosterveld 1900 may well be more or less contemporary with the hoards from Drouwenerveld in Drenthe (Butler, 1986) and Berg-en-Terblijt in Netherlands Limburg (Butler, 1973a: Abb. 14a,b), their connections belonging with Period IV in Denmark and North Germany.

CAT.NO. 235. ZALTBOMMEL, *GEMEENTE* ZALTBOMMEL, GELDERLAND.
L. 13.5; w. 4.7; th. 3.1 cm. Weight 427 gr. Butt unusually thick, straight (butt part broken off). U septum, slightly undercut. U stopridge;

thin ∧ flanges with flat sides. Blade part with convex sides and faces; section of blade convex-rectangular; nearly parallel sides, but slightly expanded blade tips. Loop broken and hammered in. Very broad casting seam, spread by hammering. Cutting edge sharp. Patina: dark bronze. Dredged up summer 1974 from a 25-meter deep sand pit near KM 932, on the Bommel side of the Waal. Acquired by H.J. Buitelaar, then employed on a barge; who in turn sold it to the R.M.O. Leiden, Inv.No. e.1982/2.1. (DB 2043)

Map reference: Sheet 45A, c. 145/424.

Parallels: A specimen closely related to the Zaltbommel example is illustrated by Kibbert (1980: p. 257, No. 697), from Brochterbeck, Kr. Tecklenburg in Westfalen. More generally, good parallels for this piece, and the others here presented, are to be found among the North British 'transitional' palstaves of the 'plain variants' of various types (Roundhay, Shelf, and others), illustrated by Schmidt & Burgess, 1981: on, for example, their Pl. 65-66.

Dating: Probably Wilburton-Wallington phase of Schmidt & Burgess, 1981.

b) *With wide, trapeze-shaped blade (AXPL:we.P∧)* (fig. 60)

Two examples in the Netherlands (on Map 24).

CAT.NO. 236. BEEK EN DONK, *GEMEENTE* BEEK EN DONK, NOORD-BRABANT.
L. 17.1; w. 5.15; th. 2.65 cm. ∧ flanges, U septum; slightly rounded,

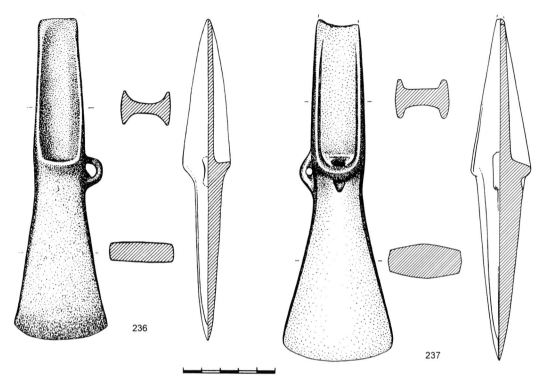

Fig. 60. (Type AXPL:WE.p/\) 236: Beek en Donk, N-B; 237: *gemeente* Roermond, Li.

somewhat sunk-in, overhanging stopridge; blade of rectangular section, with slightly convex-faces. Blade sharpened recently. Low-set loop. Patina: dark brown. Museum: R.M.O. Leiden, Inv.No. k.1939/9.1. Acquired through J.F. Gestel of Beek en Donk. (DB 486)
    Map reference: Sheet 51F, c. 172/393.

CAT.NO. 237. RIVER MAAS, *GEMEENTE* ROERMOND, LIM-BURG.
L. 18.2; w. 6; th. 3.3 cm.][wedge septum; 4 short ribs on septum above stopridge (on one side only); U stopridge; small plastic V below stopridge. Blade of octagonal section (ridged on faces and sides). Blade sharp. Traces of wood on septum. Patina: blackish; partly sand-encrusted. Dredge find, period 1954-8. Museum: R.M.O. Leiden, Inv.No. l.1971/11.4. Ex coll. Van der Pijl (dredger, Roermond); purchased 1971 from his heirs. (DB 1797)
    Documentation: Inventarisboek 29, pp. 61-63, esp. p. 62.

c) *Iberian two-looped palstave (AXPL:we.iber)* (fig. 61)

CAT.NO. 238. DE BIJLAND?, *GEMEENTE* HERWEN EN AERDT (NOW *GEMEENTE* RIJNWAARDEN), GELDERLAND (dealer's provenance).
L. 18.1; w. 6.15; th. 2.8 cm. Weight: 456.3 gr. Butt rectangular (flattened by hammering). Upper half narrow, with slightly ridged sides; narrow, thick][septum; bar-ledge stopridge. The side-flanges continue below the stopridge; between them are two vertical ribs. Below this portion the blade of the axe fans out gradually to a wide blade, with [] cross-section. There are two large loops (2.8x0.75 cm), on which the casting seams are preserved. The cutting edge seems to have been recently re-sharpened. Patina: black, partly removed mechanically showing bronze colour. Preservation nearly perfect, except for some surface scrubbing. Collection: B.A.I. Groningen, Inv. No. 1938/IV.10. (DB 1095)

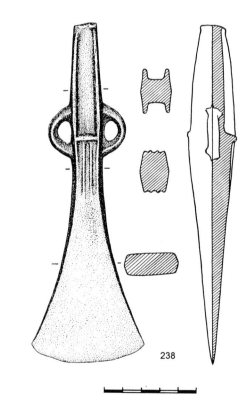

Fig. 61. (Type AXPL:we.iber) 238: de Bijland(?), Ge.

The B.A.I. acquired it in 1938, through purchase, via the dealer J. Esser (Nijmegen), of the large collection of H. Blijdenstein, harbour-master at Nijmegen, consisting of dredge finds attributed to the rivers Maas or Waal. (Also from this collection are *inter alia* the palstaves Cat.Nos 315 and 386).

Parallels: Iberian two-looped palstaves; more particularly the sub-type 32H of Monteagudo (1977: pp. 200-201, Nos 1272-1277), with seven examples occurring especially in eastern Oviedo in North Spain.

Dating: According to Monteagudo, datable 'probably' to Iberian Late Bronze Age II or thereabouts.

Comment: Iberian two-looped palstaves are otherwise unknown in the Netherlands. One specimen is known in Belgium (as from Deinze, Oost-Vlaanderen; of Monteagudo's subtype 32G-West Oviedo A); it is regarded by Warmenbol (1992: pp. 109-110, No. 110, with further references), as of dubious provenance. In West Germany, another specimen is attributed to Wildeshausen, Ldkr. Oldenburg, with no further details as to find-spot or circumstances (Laux, 1984; Wegner, 1996: p. 276, Cat. Nr. 4.8; of Monteagudo's variety 26B1, with four examples in North Spain). This piece was purchased in 1883 by the Hamburg Museum für Völkerkunde und Vorgeschichte from the art and antiquities dealer Eduard Wiggerts, whose reliability is upheld by Laux (but we know nothing of the identity or reliability of whoever sold it to dealer Wiggerts). The palstave is, according to Laux, incompletely finished off. Its patina is described only as being appropriate to a hoard or stray find (Wegner, 1996: p. 276, Cat. Nr. 4.8). Thus, while we cannot eliminate the possibility that these three palstaves were found where claimed or assumed, neither can we regard them as having confidence-inspiring credentials.

Two-looped palstaves do occur in the British Isles (13 in Britain, two in Ireland, according to the list of O'Connor, 1980: pp. 441-442, List 13); but Schmidt & Burgess (1981: No. 932, pp. 163-164, with further references) declare that these are, despite their double loops, actually British rather than Iberian palstaves.

Thus our palstave Cat.No. 238 is a genuine North Iberian export, but the real question is whether the import was ancient or modern. Admittedly, the patina of this specimen is consistent with its having been a river-dredge find.

3.3. Group III. Palstaves of Central European Tumulus Bronze Age types (Map 25)

3.3.1. Typ *Niedermockstadt*, Var. *Reckerode* (*Kibbert, 1980: pp. 232-236, Taf. 65B: round symbols*) (*AXP:ce.nr*) (fig. 62)

Two examples in the Netherlands.

CAT.NO. 239. DOORWERTH, *GEMEENTE* RENKUM, GELDER-LAND (tumulus along the Italiaanse Weg in the Doorwerthse Bosch. L. 16.05; w. 4.8 cm (a/c Boeles, 1924). Straight butt; shaft part with ∧ flanges; straight stopridge; wide ∧ blade, with side-flanges flanking an arch-shaped depression on the face. Collection: unknown. (DB 833)

Dug out 2 Jan. 1923 by Jhr. Mr. H.B.A. Laman Trip (then Mayor of Doorwerth), after probing approximately in the centre of a tumulus, at a depth from the top of c. 0.75 to 1.00 m. Excavation followed, in June 1924, by P.C.J.A. Boeles in behalf of the Museum Arnhem, with the assistance of a foreman and draughtsman-photographer from the B.A.I. Groningen. A large charcoal deposit (interpreted as the remains of a funeral pyre in situ), grave pits and a ringditch were found, but the relationship of the palstave to these is unknown.

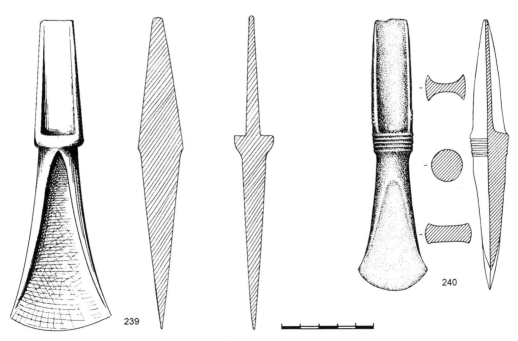

Fig. 62. (Type AXP:ce.nr) 239: Doorwerth, Ge; 240: Vught, N-B.

Map reference: Sheet 40A, c. 184.5/444.

Documentation: In B.A.I. Groningen, correspondence (Boeles to Van Giffen, 15 April 1923 and 20 July 1924); undated manuscript excavation report by Boeles, wherein: "Bronzen Absatz-bijl, lang 16.05 cm. br. 4.8 cm. Den 2 Jan 1923 door Jhr. Mr. H.B.A. Laman Trip in het centrum ongeveer van den Heuvel ontgraven op een diepte van ongeveer 0.75-1 m., nadat bij het insteken van een peil-ijzer op dit voorwerp was gestuit. Dit peil-ijzer heeft ongeveer de lengte van een wandelstok. Mr. Boeles heeft nog in Jan. '23 het gat gezien waar de bijl uitgehaald is. Het oppervlak is daar wat onregelmatig en hol". Documentation: B.A.I. *Fotoboek* 1924a: Nos 15-16; 1924b: Nos 17-27, with unpublished excavation plan; B.A.I. *Vondstenboek* 1923-1924.

Note: The drawing in the B.A.I. archives here reproduced is in the style of the then B.A.I. draughtsman L. Postema.

Parallels: Kibbert, 1980: Nos 562-568, pp. 232-236 (*Typ* Niedermockstadt, *Var.* Reckerode; distribution Taf. 65B, round dots); Laux, 1971: p. 85, Taf. 16:7 (Recklingen, Kr. Lüneburg, Hgl. 3, Best. I, Kat.Nr. 296c; with Tumulus dagger). The distribution is mainly in the Fulda-Werra area of Hessen, but there is a secondary concentration also in the Lüneburger Nordheide/Stader Geest area.

The West German examples illustrated by Kibbert do not have the multi-ribbed *Zwischenstück* (which, however, occurs on a variety of palstaves of local types in the same area).

CAT.NO. 240. VUGHT, *GEMEENTE* VUGHT, NOORD-BRA-BANT.
L. 14.45; w. 3.9; th. 2.15 cm. Convex V-wings, each with 3 ribs: flat septum; level stopridge; encircled by 5 cast ribs. Blade round-sectioned at top, with sunken flat arch-facets forming faces; edge sharp. Patina: brownish, with patches of light green. Museum: 's-Hertogenbosch, Inv.No. 8181. Purchased c. 1933. (DB 261)

Map reference: Sheet 45C, c. 148/407.

Discussion: The 'belt' of five ribs close-set ribs encircling the waist of the specimen from Vught calls to mind the presence of the same feature on the otherwise quite different palstave from 'the Veluwe' (above, Cat.No. 186). It is noteworthy that this 'belt' feature, with varying number of ribs, occurs on both North European and some German Tumulus types in South Germany. Kibbert suggests that these were battle-axes, chiefly because they occur frequently in graves.

Distribution and dating: There are two main areas of distribution of *Var.* Reckerode palstaves: the Fulda-Werra area in Hessen, and the Lüneburg Nordheide-Stade area.

Kibbert (1980: pp. 234-235) allows a dating predominantly in the *mittlere Hügelgräberzeit*, but extending a phase earlier or a phase later.

3.3.2. *Bohemian palstaves (AXP:ce.boh)* (fig. 63)

Two examples of unknown provenance.

CAT.NO. 241. PROVENANCE UNKNOWN.
L. (8.3), w. 3.9, th. 1.7 cm. Weight 132.6 gr. Butt roughly broken off (anciently); hafting part, with flat septum; low side-flanges, convex sides. Blade part has)(outline, with () sides. The sides have been hammered in until the flanges meet to form a V stopridge. Cutting edge sharp. Patina dark green, but partly scrubbed off, showing dark bronze. Museum: Nijmegen, Inv.No. xxx.d.11; ex coll. Kam. (DB 1530)

CAT.NO. 242. PROVENANCE UNKNOWN.
L. (9.8); w. 2.9; th. 2.0 cm. Weight 124.3 gr. Butt roughly broken off (anciently); long, deep V stopridge; hafting part has slightly concave faces, but no distinct flanges. Blade part has rounded sides. Cutting edge sharp. Patina: dark green, but mostly scraped off, showing dark bronze. Brown loamy encrustation in hollow. Museum: Nijmegen, Inv.No. xxx.d.29; ex coll. Kam. (DB 1535)

Discussion: Bohemian palstaves do not otherwise occur in the Netherlands. Since both specimens are unprovenanced, the possibility lies open that they were acquired by Kam through the antique trade, and could thus be modern import. This is the more likely since none are known in Kibbert's area in western Germany, and there are none in Laux (1971). A few examples in Britain are, however, accepted by Schmidt & Burgess (1981: No. 524, pp. 91-92).

3.3.3. *Flanged palstave-chisel (very narrow body with 'geknickt' sides, flanged blade part) (AXP/CL)* (fig. 64)

Only one example in the Netherlands.

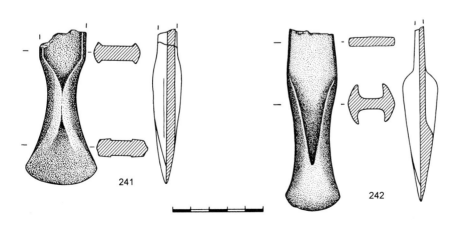

241   242

Fig. 63. (Type AXP:ce.boh) Bohemian palstaves. 241-242: no provenance.

(C) 1981 GEKAART: FRW/RC RUGroningen

■ palstave-chisel
● Type Niedermockstadt var. Reckerode

Map 25. Palstaves and palstave-chisel of Central European types in the Netherlands.

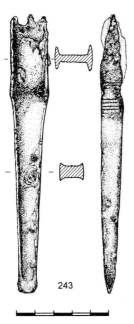

243

Fig. 64. (Type AXP/CL) Palstave-chisel. 243: Hoogeloon, N-B.

CAT.NO. 243. HOOGELOON, *GEMEENTE* HOOGELOON, HAPERTEN CASTEREN, NOORD-BRABANT (tumulus the Zwartenberg, or Zwartberg).

L. 14.8; w. at stopridge level 2.2 (cutting edge w. 1.1), th. flanges >2.6 cm. Butt irregular, severely damaged. Haft part with][septum, probably () flange outline. At level of the slight shelf stopridge a *Knick* in the outline. Blade part with acute V-outline, slight side-flanges; nearly flat sides, ornamented with two groups of incised transverse parallel lines. Patina: partly brownish, partly mottled green, in places whitish. Museum: 's-Hertogenbosch, Inv.No. 21 (DB 256)

Found 1846 by P.N. Panken (schoolmaster, later postmaster, amateur archaeologist) by digging a pit in the centre of a large tumulus. According to Panken the palstave-chisel occurred at the old ground level; presumably this was a primary central burial, but further details or finds were not observed or recorded.

The tumulus was excavated in July 1950 by (later Professor) H. Brunsting for the R.O.B., prior to restoration later in 1950 (and again 1960-1961). The original construction was a large bell barrow, with a central sod-built mound 19 cm in diameter, placed on an old heath surface; surrounded concentrically by a berm, bank and ditch. The external diameter of the ditch was c. 40 m; thus the Zwartenberg is one of the largest Bronze Age grave monuments in the Netherlands. A post circle (single widely spaced posts, Glasbergen Type 3) was placed in the ditch after some silting had taken place. Three secondary coffined cremation graves and an inhumation grave, all without grave goods, were also found; there was also a secondary ring-ditch. Pollen analysis of the old ground surface by H.T. Waterbolk suggested contemporaneity with the Toterfout-Halve Mijl Tumuli I and IB (primary Hilversum urn); thus contributing to the 1950s' revision of British-Netherlands Early Bronze Age chronology and relations initiated by Glasbergen.

Map reference: Sheet 51C, 146.2/379.75.

References: Hermans, 1845: II, pp. 280-281 (reproducing Pankens' account); Brunsting, 1950; Glasbergen, 1954: Part I, pp. 110-111, 118; Part II, p. 40, No. 15, pp. 128, 168-169, fig. 72; Waterbolk, 1954: pp. 103, 108-109; Kamminga, 1982.

Parallels: A background for the Zwartenberg palstave-chisel has been established by Willroth (1985) in his examination of the chisels of the *ältere nordische Bronzezeit*, with citation of some Central European parallels; cf. also Kibbert, 1980: pp. 124-126 (*Rand-leistenmeissel*, Nos 164-169) and pp. 224-226 (*Absatz-meissel*, Nos 533-544); various examples in Hachmann, 1957. The best parallels for the Zwartenberg example are found among the chisels classified by Willroth and Kibbert as 'flanged chisels' rather than among their 'palstave chisels'. Nevertheless, some of the examples they list among the flanged chisels have in fact a weak or incipient stopridge; justifying Glasbergen's term 'palstave chisel' for the Zwartenberg example while recognizing that the palstave-chisels of the German authors have generally a more developed stopridge.

The forerunners appear in Classical Únětice and Late Únětice times; an exported copper example, with flanged blade part and *geknickt* sides, appearing already in the northern Late Neolithic metal hoard of Skeldal in Jutland (Vandkilde, 1988; 1990). Closer parallels to the Zwartenberg example are found among the chisels attributed to the Northern Period IB/Sögel-Wohlde phase; especially among the *Form* 7 and *Form* 10 of Willroth, more or less equal to the *Variant* C of Vandkilde. Especially noteworthy are examples such as Pahlkrug (Gem. Linden, Kr. Norderditmarschen in Schleswig-Holstein), a probable Northern Period I grave find in tumulus, with small spearhead related to Type Bagterp: Aner & Kersten, 1991: p. 66, No. 9182, with further references; a hoard rather than a grave find according to some writers. A similar specimen, but shortened through re-sharpening: Quickborn, Kr. Norderditmarschen, Aner & Kersten, 1991: p. 66, No. 9206). It remains an open question as to which of these chisels are imports from Central Europe and which might be of local manufacture; the Dano-Scanian and North German examples are now better (if not yet completely) known, while the Central European material has not had equivalent attention.

Dating: Glasbergen's dating to Northern Period II/III is superseded. The Willroth *Form* 7 and *Form* 10 (Vandkilde *Variant* C) chisels are mostly dated to the Northern Period IB, though perhaps beginning in the preceding Northern Period IA. The decoration on the side of the Zwartenberg chisel suggests contemporaneity with the Sögel-Wohlde/Lochham phase.

Function: The very narrow cutting edge, barely more than 1 cm wide, clearly establishes it functionally as a chisel rather than an axe. Almost any sharp and sufficiently sturdy tool can, of course, also function as a weapon. We do not know whether the Zwartenberg chisel was in fact a grave gift or a non-grave deposit, though its depth in the tumulus tends to suggest that it was in a grave.

3.4. Group IV. Regional palstave types

Under this heading we list palstave types which, on the basis of their distribution, can be considered to have been produced in the Netherlands and/or in the adjacent areas of Northwest Germany or Belgium.

As a primary classification device, we distinguish between palstaves with a midrib or midridge (AXP:M...), palstaves with flanges on the blade portion (AXP:F...), palstaves with an arch-shaped raised ornament on the sides (AXP:A...), and palstaves with the various combinations of these features. Palstaves with none of these attributes are described as plain palstaves (AXP:P...).

Palstaves with a loop on the side (AXPL:...) are classified separately, but in parallel. When it is clear that a looped palstave type is otherwise practically identical with an unlooped type, this is indicated in the coding and in the text.

3.4.1. *The plain palstaves (AXP:P..., AXPL:P...)*

Total: In the Netherlands, 96 palstaves: 79 unlooped (Cat.Nos 244-322; Maps 26-28) and 17 looped examples (Cat.Nos 325-340; Maps 27 and 29).

We group together as 'plain palstaves' all examples that lack the attributes midrib/midridge, arch-shaped side ornament, and flanges on the blade part. We should emphasize that this definition by no means corresponds with the German term *schlichte Absatzbeile*, since German authors include both palstaves with flanged blade part and palstaves with arch-ornament on the sides within their concept of *schlichte Absatzbeile* (e.g. Kibbert, 1980: pp. 237-238).

On the basis of variations in outline, the plain palstaves can be divided into several varieties. Most numerous are types AXP:PS (22 examples), AXP:PSW (19 examples), and AXP:P∧ (15 examples), followed by groups AXP:PH, AXP:PHJ, AXP:PHC, and AXPL: PH<, all listed and described successively below.

a) *Plain palstaves with sinuous outline (AXP:PS)* (figs 65a-65e)

22 examples in the Netherlands (Cat.Nos 244-265), 20 of which are provenanced. Fairly equally common in the north and south of the country, but absent in the west and, more surprisingly, in the Central part of the Netherlands (Map 26). The blade part expands gradually to a moderately wide cutting edge (usually in the range 4 to 5 cm). Most examples have a U-sectioned septum and U stopridge. But there are several examples with a

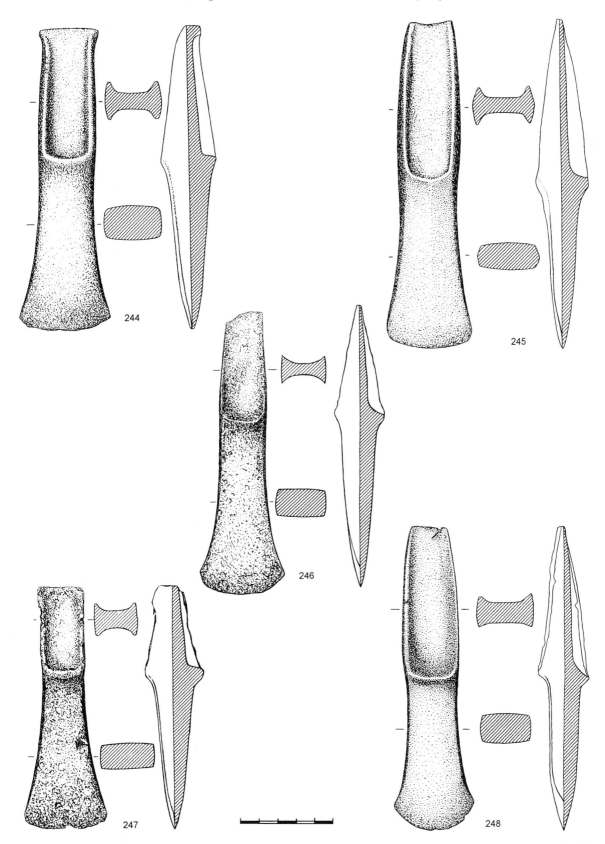

Fig. 65a. (Type AXP:PS) 244: Best, N-B; 245: Eerselen, Li; 246: near Emmen, Dr; 247: Borgerveld, Dr; 248: 'Westerveld', Dr (see also figs 65b-e).

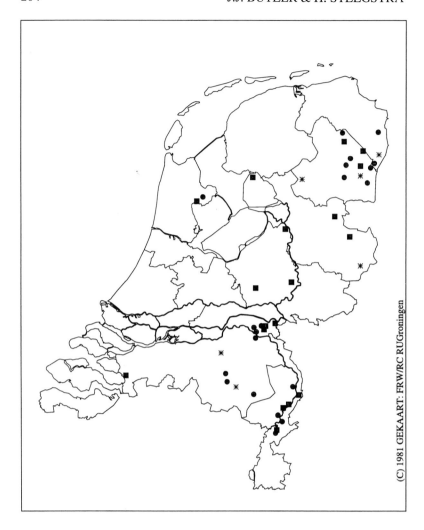

●   medium size (PS)

■   idem, wide-bladed (PSW)

✳   small size (PS<)

Map 26. Regional palstaves, plain, un-looped, with sinuous outline: Types AXP: PS, AXP:PSW,PS<.

(C) 1981 GEKAART: FRW/RC RUGroningen

more or less flat septum, and a few (Cat.Nos 259, 260, 262, 263) with a straight or nearly straight stopridge.

CAT.NO. 244. BEST, *GEMEENTE* BEST, NOORD-BRABANT.
L. 16.1; w. 5; th. 3 cm. ∧ flanges; U septum, prominent stopridge. Blade part with slightly convex faces and sides. Butt has been flattened in antiquity. Blade anciently blunted. Patina: blackish; surface somewhat pitted. Found (c. 1910) in the moor. Museum: 's-Hertogenbosch, Inv.No. 8044. (DB 260)
    Map reference: Sheet 51B, c. 157.5/391.5.

CAT.NO. 245. EERSELEN, *GEMEENTE* ABMT MONTFORT, LIMBURG.
L. 17.3; w. 4.7; th. 2.9 cm.∧flanges with < sides;__/ septum; slightly rounded overhanging stopridge. Blade part faintly ridged on faces and sides. Cutting edge blunted. Patina: glossy dark green (not identical to Cat.No. 393). Found at Groen Bosch, "langs Eerselen". Museum: Bonnefantenmuseum, Maastricht, Inv.No. 241 (old No. 1039 IIIA, Montfort No. 7). (DB 221)
    Map reference: Sheet 60B (68E new), 194/347.800.
    Reference: Wielockx, 1986: Cat.No. Hi20 (with drawing).

CAT.NO. 246. EMMEN (near), *GEMEENTE* EMMEN, DRENTHE.
L. 15.1; w. 4.65; th. 2.8 cm. Weight 399 gr. Triangular flanges; wedge U septum; overhanging U stopridge; rectangular blade cross-section (actually somewhat lozenge-shaped through poorly registered mould).

Cutting edge sharp, but battered; butt end damaged slightly. Patina: mottled green; originally dark green to blackish. Surface severely pitted. Museum: Assen, Inv.No. 1855/I.57. Ex coll. Willinge. (DB 68)
    Map reference: Sheet 17H.
    References: Pleyte, Drenthe, 1882: p. 15, No. 3, Pl. XVI:3; Butler, 1963b: p. 211, IV.A.4.

CAT.NO. 247. BORGERVELD, *GEMEENTE* BORGER, DRENTHE.
L. 13; w. 4.6; th. 3.2 cm. Weight 345 gr. ∧ flanges; wedge U septum; nearly straight, prominently overhanging stopridge; [] blade cross-section. The two halves of the mould were not accurately aligned. Butt damaged by recent hammering. Patina: blackish. Surface corrosion-pitted. Found 1904 by one Jansen while turning over soil near his house. Museum: Assen, Inv.No. 1904/VII.1. Purchased from M. Nathans of Assen. (DB 102)
    Map reference: Sheet 12G, c. 247/550.
    References: Verslag, 1904: p. 10, No. 4; Butler, 1963b: p. 210, IV.2.

CAT.NO. 248. 'WESTERVELD', DRENTHE (exact provenance unknown).
L. 16.1; w. 4.4; th. 3.2 cm. Weight 431 gr. ∧ flanges; __/ septum. Blade part with slightly convex faces and sides. Cutting edge sharp. Patina: mottled green, brown, dark bronze, with greenish patches, (originally all brown); has been scraped. Heavily pitted. Found in the

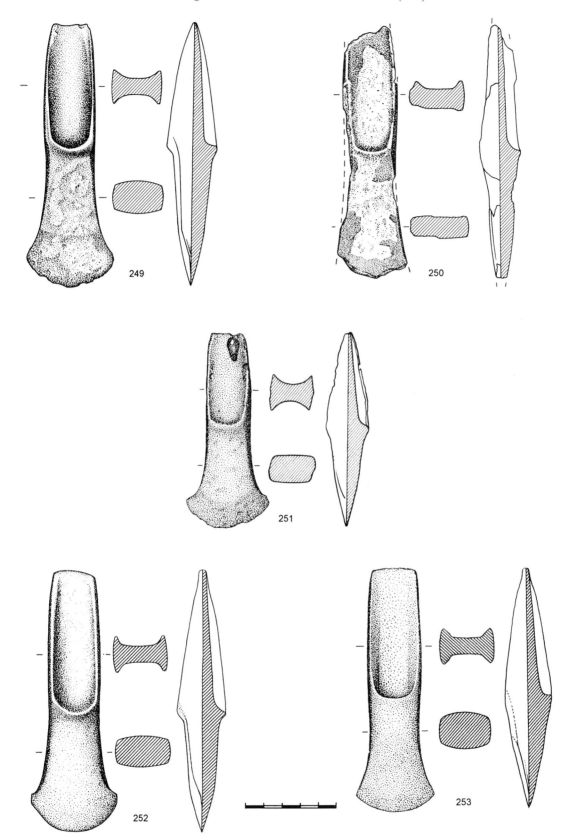

Fig. 65b. (Type AXP:PS) 249: near Someren, N-B; 250: Wijchen, Ge; 251: provenance unknown; 252: Buggenum, Li; 253: Ool, Li (see also figs 65a, 65 c-e).

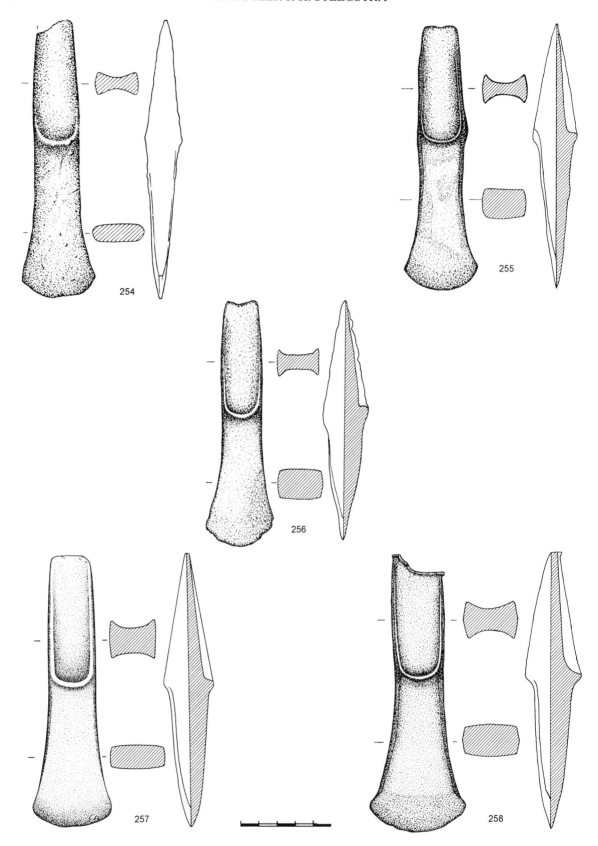

Fig. 65c. (Type AXP:PS) 254: Sellingen, Gr; 255: Veelerveen, Gr; 256: Annermoeras, Dr; 257: near Zweeloo, Dr; 258: Eindhoven, N-B (see also figs 65a-b, d-e).

field 'behind No. 13'. Museum: Assen, Inv.No. 1962/II.38, ex coll. Sneyders de Vogel, obtained from K. Harms. (DB 1020)

Reference: Verslag, 1962: No. 38.

CAT.NO. 249. SOMEREN (at or near), *GEMEENTE* SOMEREN, NOORD-BRABANT.

L. 14.1; w. 4.8; th. 2.7 cm; weight: 408 gr. Irregularly straight, thin butt; ∧ flanges; U-sectioned wedge septum; sides gently convex. Rounded stopridge. Blade part with slightly convex faces and sides; blade tips everted, slight pouches. Cutting edge sharpened, but anciently damaged. Patina: blackish brown; light green in patches. Ochreous deposit on stopridge and in some pits. Museum: Hilvarenbeek, Inv.No. H46 (older numbers: 'P 0302' on white gummed label; poorly legible number (393?) in black ink on septum); Ex coll. Lauwers of Esbeek, presented to the museum 8 December 1965 by Eysbouts, Lauwers' successor as head of the school at Esbeek. (DB 1100)

Map reference: Sheet 51H, c. 177.5/377.

Documentation: letter G. Beex to R.O.B., Amersfoort, 5 May 1967 (in R.O.B. archives).

Note: A different provenance was given by the brother-in-law of Lauwers upon inquiry by Dr. Luhe of Hilvarenbeek in 1970: according to him the axe was found on the Lange Gracht at Esbeek (reference: fax H. Schoenmaker [museum Hilvarenbeek] to Butler, 26 March 1997).

CAT.NO. 250. WIJCHEN, *GEMEENTE* WIJCHEN, GELDER-LAND. DE BERENDONCK.

L. (14); w. (4.3); th. 2.8 cm. Weight 195.4 gr. Butt broken off; ∧ flanges with flat sides; _/ septum; slightly curved stopridge. Blade part with [] section. Blade severely damaged; the breaks are patinated. Patina: brown, heavily corroded; much of original surface has disappeared. Found 1990 with metal detector. Private possession. (DB 953)

Map reference: Sheet 46A, 181.75/424.50.

Reference: De Groot, 1990: with drawing.

CAT.NO. 251. PROVENANCE UNKNOWN.

L. 10.35; w. 4.55; th. 2.4 cm. Straight blunt butt; slightly convex ∨ flanges; U stopridge. Blade part with flattish faces; the irregular sides show that the two halves of the mould were poorly aligned. Museum: Legermuseum Leiden, Inv.No. Daa-4. (DB 1120)

CAT.NO. 252. BUGGENUM, *GEMEENTE* HAELEN, LIMBURG.

L. 13.9; w. 4.7; th. 2.7 cm. Slightly rounded blunt butt; ∧ flanges; _/ septum, round projecting stopridge. Blade part with slightly convex faces and sides. Cutting edge semi-circular, round-ground; blade tips slightly expanded. Cutting edge sharp. Patina: dark bronze. Found R. Meuse, between Well and Buggenum. Museum: Asselt, Inv.No. 83. (DB 1165)

Map reference: Sheet 58D, c. 197/360.

Documentation: Inventaire Coll. Philips, No. 83, with drawing

Reference: Wielockx, 1986: Cat.No. Hi3.

CAT.NO. 253. OOL, *GEMEENTE* HERTEN (NOW *GEMEENTE* ROERMOND), LIMBURG.

L. 13.1; th. 4.4; th. 2.6 cm. Straight blunt butt; ∧ flanges with slightly rounded sides; _/ septum; U stopridge. Blade part with convex faces and sides.

Map reference: Sheet 58D, c. 194/355.5.

References: Bloemers, 1973: pp. 19-20, afb. 4.3; Wielockx, 1986: Cat.No. Hi9. (DB 1744)

CAT.NO. 254. SELLINGEN, *GEMEENTE* VLAGTWEDDE, GRO-NINGEN. ZUIDVELD.

L. 14.9; w. 4.1; th. 2.6 cm. _/ septum; slightly () sides, shallow flanges; nearly [??? stopridge. Blade part with slightly convex faces, rounded sides. Butt was sharp, but now damaged; cutting edge slightly battered. Heavily corroded. Found 1979 on potato-harvester during levelling for re-parcelling, along the road which now forms the NE side of the new parcel. Private possession. (DB 2091)

Map reference: Sheet 13D, 273.3/550.1.

Documentation: Groenendijk, *dossier* Vlagtwedde No. 17.

CAT.NO. 255. VEELERVEEN, *GEMEENTE* BELLINGWEDDE, GRONINGEN.

L. 13.8; w. 4.0; w. 2.5 cm. Weight 281.5 gr. Nearly straight, sharp butt; flanges with ∧ outline; U septum; rounded, overhanging stopridge. Narrow blade with slightly concave outline. Faces and sides nearly flat; slightly expanding cutting edge, sharp. Several small blow-holes on septum. Patina: brownish; heavily corroded; much of the original surface eroded, leaving irregular surface. Has also been heavy-handedly scrubbed; deep scratches on septum. Found 1946/47 by F. Kuiper and W. Swarts, during drainage of a field on the grounds of the potato factory 'Westerwolde', east of the sports field. The axe lay beneath the peat, one spit deep in the underlying pale sand. Museum: Groningen, Inv.No. 1973/I.24; previously (from 1949, when purchased from W. Swarts) in the study collection of the B.A.I., Groningen, without inventory No. (DB 655)

Map reference: Sheet 13B, 273.08/564.17.

Documentation: Correspondence J.J. Swarts, B.A.I. 1948-1949; Groenendijk, *dossier* Bellingwedde No. 30.

CAT.NO. 256. ANNERMOERAS, *GEMEENTE* ZUIDLAREN, DRENTHE.

L. 12.8; w. 3.75; th. 2.5 cm. Weight 279.9 gr. Palstave: butt U-shaped, sharp; ∧ flanges, _/ septum, flat sides; rounded stopridge. Blade part with slightly convex [] cross-section; pouched. Edge sharp, but battered. Surface pitted. Patina: mostly black, partly fresh bronze (has been heavily scrubbed). Found 1996 by owner. Private possession. (DB 2239)

Map reference: Sheet 12E, c. 247/565.

CAT.NO. 257. ZWEELOO (near), *GEMEENTE* ZWEELOO, DREN-THE.

L. 14.55; w. 4.3; th. 3.2 cm. Weight 391.7 gr. Slightly rounded blunt butt; ∧ flanges, U septum, slightly rounded sides. Shallow U, slightly overhanging stopridge. Blade part with flattish faces and sides; slightly expanding outline. Cutting edge sharp. Patina: brown, partly glossy, part dull; where surface peeled off, dull green. Found while sorting potatoes presumably from neighbourhood of Zweeloo. Museum: Assen, Inv.No. 1993/X.1 (old mark: EP 1/8, in black ink). Purchased 1993 from finder, after return from former collection Oudheidkamer Emmen. (DB 667)

Map reference: Sheet 17G, c. 246/535.

CAT.NO. 258. EINDHOVEN (district STRATUM), *GEMEENTE* EINDHOVEN, NOORD-BRABANT.

L. 14.3; w. 5.3; th. 3.0 cm. Weight 426.7 gr. Butt heavily damaged (part modern damage); the break exposes a porous, green-corroded interior. ∧ flanges,)(septum, round overhanging stopridge. Fan-shaped blade part, crescent-ground; cutting edge slightly everted, edge sharpened, but blunted. Faces and sides slightly convex in section. Casting seams visible. Patina: mottled blackish/greenish. File scratches on faces and sides. Found in heath. Collection: B.A.I. Groningen, Inv.No. 1929/VII.1; purchased from Van Zon (Hel-mond), via mediation of H. Lijn (Stratum). (DB 2252)

Documentation: Correspondence H. Lijn to Van Giffen, in B.A.I.

Map reference: Sheet 51G, c. 162.3/382.3.

CAT.NO. 259. VELP, *GEMEENTE* GRAVE, NOORD-BRABANT.

L. 12.45; w. 4.2; th. 2.4 cm. {} profile; straight blunt butt; U septum, slightly rounded sides; straight stopridge. Blade part with slightly convex faces, < sides; slightly expanded blade tips. Cutting edge sharp. Found together with Inv.No. h.1932/6.2 (sherds of thick-walled pot). Museum: R.M.O. Leiden, Inv.No. h.192/6.1. Obtained through mediation of F. Bloemen of Wijchen. (DB 449)

Map reference: Sheet 45B, c. 177/418.5.

CAT.NO. 260. ROSWINKEL, *GEMEENTE* EMMEN, DRENTHE.

L. 12.55; w. 3.8; th. 2.8 cm. ∧ flanges; wedge U septum; narrow blade of rectangular section with slightly convex faces; very slight blade

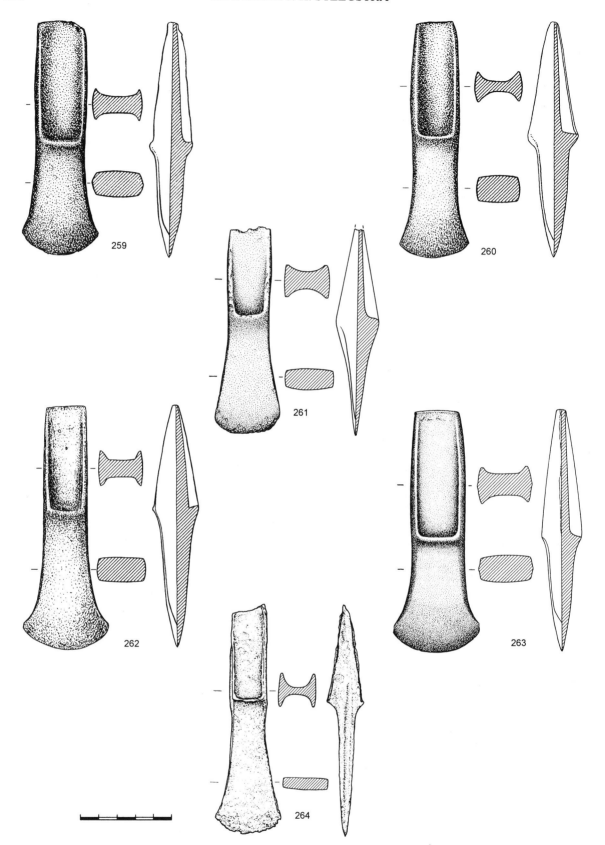

Fig. 65d. (Type AXP:PS) 259: Velp, N-B; 260: Roswinkel, Dr; 261: Hees, Ge (dealer's provenance); 262: Ees, Dr; 263: Woezik, Ge; 264: Hoogkarspel, N-H (drawing I.P.P.) (see also figs 65a-c,e).

expansion. Cutting edge sharp. Patina: dark bronze (originally black). Dug up by H. Jonker of Roswinkel. Museum: R.M.O. Leiden, Inv.No. c.1936/12.1. Obtained through mediation of A. Middelveld of Emmen. (DB 463)

Map reference: Sheet 18A, c. 266/540.5.

Documentation: Letters in R.M.O.: 9-10-1936, 12-10-1936, 12-10-1936.

References: Butler, 1963b: p. 211, IV.A.5; Sprockhoff, 1941: Taf. 23:3.

CAT.NO. 261. HEES, *GEMEENTE* NIJMEGEN, GELDERLAND (dealer's provenance.)

L, 11.0; w. 3.6; th. 2.4 cm. Weight: 236.1 gr. Butt irregular, roughly broken off. ∧ flanges with flattish sides,)(septum, slightly curved ledge stopridge. Blade part with slightly convex faces and sides. Cutting edge sharpened but battered. Patina light green, partly scraped off; surface rough. Found 1893. Museum: Nijmegen, Inv.No. AC 14 (old number: Kabinet van Oudheden, Nijmegen, E III No. 8b); donation from S.J. Grandjean. (DB 1471)

Map reference: Sheet 40C, 185/428.

Reference: *Jaarverslag*, 1893: p. 4, III No. 8b.

CAT.NO. 262. EES, *GEMEENTE* BORGER, DRENTHE.

L. 13; w. 4.7; th. 2.55 cm. ∧ flanges, _/ wedge septum; nearly straight, inwardly sloping stopridge. Blade part with [] cross-section, with very slightly convex faces; everted blade tips. Cutting edge sharp. Patina: bronze colour (originally blackish). Well-preserved. Museum: Assen, Inv.No. 1897/V.1. Found by H. Ottens of Ees, purchased from finder. (DB 92)

Map reference: Sheet 17F, 250-251/544-547.

Reference: *Verslag*, 1897: p. 9, No. 21.

CAT.NO. 263. WOEZIK, *GEMEENTE* WIJCHEN, GELDERLAND. DE KRUISBERG.

L. 12.7; w. 4.6; th. 2.56 cm. Weight 328.9 gr. Blunt straight butt (has been hammered: recently?); ∧ flanges, [septum, convex sides; nearly straight slightly overhanging stopridge. Blade part with flat faces, convex sides, expanded blade edges. Cutting edge sharp. No pouches. Patina: black. Modern file marks on one face, otherwise well-preserved. Museum: Wijchen, ex coll. P. Franssen, XVIII-1. (DB 2125)

Map reference: Sheet 39H, 178.55/425.25.

CAT.NO. 264. HOOGKARSPEL, *GEMEENTE* DRECHTERLAND, NOORD-HOLLAND.

L. 12.6; w. 3.7; th. 2 cm. Irregular U butt; irregular ∧ flanges with flat sides;)(septum. [stopridge. Blade part with [] section. Casting seams visible. Cutting edge sharpened but battered. Found May 1989 by E. Bakker (Westwoud) in onion field, on sandy-clay ridge. Museum: Hoorn, Inv.No. 1989/XI.c. (Photo and drawing I.P.P. Amsterdam) (DB 616)

Map reference: Sheet 19F, 139.78/522.96.

Reference: De Jager & Woltering, 1990: pp. 298-299, photo and drawing.

CAT.NO. 265. LOTTUM?, *GEMEENTE* GRUBBENVORST, LIMBURG.

L. 14.6; w. 4.5; th. 2.5 cm. Weight 300.7 gr. Blunt butt with slight saddle; ∧ flanges with flat sides; U septum; [shelf stopridge, under which slight V-shaped depression. Blade part with)(sides, [] section. Cutting edge sharp. Patina: original patina c. half peeled off, dark brown, with brownish loamy encrustation; the rest dull light green. Blowhole on one side. Discovered in the tool box of one Zegers after his death in Lottum. Presumably acquired by Zegers from the farm where he was employed. Private possession. (DB 2327)

Map reference: Sheet 52G, c. 209.3/386.5.

Distribution, Type AXP:PS: About equal in north and south (including the Nijmegen area), with one stray in the Northwest (Map 26).

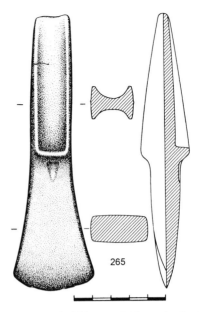

Fig. 65e. (Type AXP:PS) 265: Lottum? Li (see also fig. 65a-d).

Parallels Type AXP:PS: Kibbert (1980: pp. 248-250) classifies comparable palstaves under the heading of *Var.* Andernach (his Nos 638-671, plus a few 'related' specimens, his Nos 672-677). The *Var.* Andernach falls within his more general group *Form* Paderborn-Andernach, which in turn is part of his wider category 'Northwest German plain palstaves' (*nordwestdeutsche schlichte Absatzbeile*).

Kibbert's *Var.* Andernach includes, however, palstaves of rather varied outline; and at least for analytical purposes it would perhaps be useful to subdivide his *Var.* Andernach palstaves along the lines which we here propose for the palstaves of the Netherlands.

Among the 33 Kibbert *Var.* Andernach palstaves (plus 6 *Angeschlossen*) we would consider 11 examples (Kibbert's Nos 646, 648, 649, 656, 657, 661, 662, 666, 667, 674, 675) as comparable with our AXP:PS group. Of the nine of these West German examples with known find-spot, all but one are in the northern part of Kibbert's area, between the Rhine and the Weser. One can presume that these will link onto a distribution in the area of *Niedersachsen* just to its north.

(For our reassignment of the remaining *Var.* Andernach palstaves, see also below under our varieties AXP: PSW, PSJ, PHJ, and PS∧.)

Our Netherlands AXP:PS distribution (Map 26) would thus be the western part of the spread of a type characteristic of the eastern and northern parts of the Netherlands and the adjacent region of Northwest Germany.

Dating: Close datings are non-existent in the Netherlands; nor does Kibbert cite datable finds on his side of the border (cf. section 4, below).

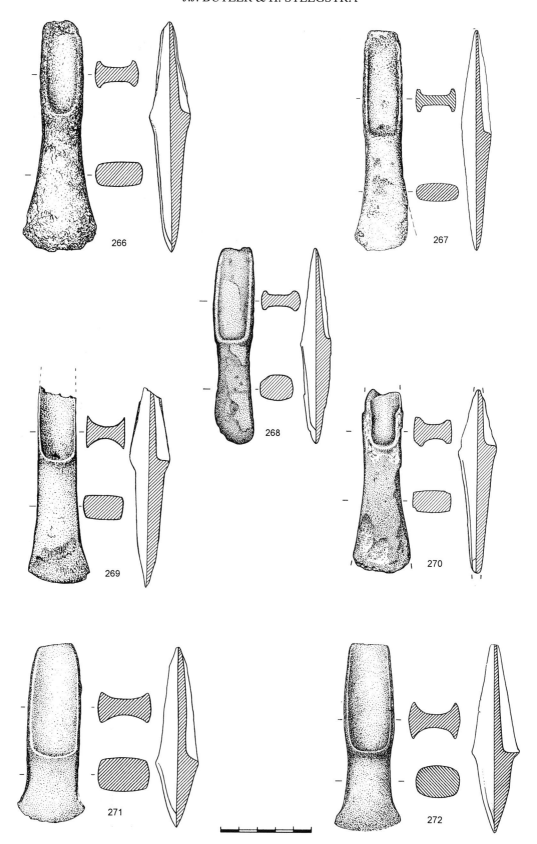

Fig. 66. (Type AXP:PS<) 266: nr. Havelterberg, Dr; 267: 'Drenthe'; 268: Aanschot, N-B; 269: *gemeente* Enschede, Ov (dealer's provenance); 270: Gemonde, N-B; 271: *gemeente* Emmen, Dr; 272: Jipsingboertange, Gr.

a:1) *Plain palstaves with sinuous outline, small variety (AXP:PS<)* (fig. 66)

Seven examples in the Netherlands (Cat.Nos 266-272): five (four with provenance) in the north, two in the south (Map 26).

We list separately here a small number of plain palstaves with sinuous outline, distinguished especially by their small size (the complete specimens measure 9.6 to 12.4 cm in length, with blade widths of 3.5 to 4.1 cm). Two of those in the north (Cat.Nos 271, 272) have a disproportionally and absurdly short blade-part length (3.5 and 4 cm). The others are narrower, and have more normal palstave proportions.

CAT.NO. 266. HAVELTE, *GEMEENTE* HAVELTE, DRENTHE.
L. 12.4; w. 4.1; th. 2.3 cm. Weight 244 gr. Butt somewhat damaged. U septum; U sloping stopridge. Blade part with slightly convex faces and sides. Flanges abraded; cutting edge damaged. Patina: mostly bright mottled green; originally leathery brown. Surface severely pitted and damaged. Found in the surroundings of the Havelterberg. Museum: Assen, Inv.No. 1920/XI.34. (DB 120)
Map reference: Sheet 16H, c. 212/533
References: *Verslag*, 1920: p. 17, No. 84; Butler, 1963b: p. 211, IV.A.7.

CAT.NO. 267. PROVINCE OF DRENTHE (exact provenance unknown).
L. (11.8); w. (2.85); th. 1.6 cm. Weight 139 gr. Straight sharp butt,][septum, flat sides; slight 'ledge' stopridge. Blade part with () faces and sides. Cutting edge damaged, partly recently re-sharpened. Patina: partly glossy green, partly dull grainy brownish; in part heavily pitted. Museum: Assen, Inv.No. 1967/II.19. Acquired from heirs of J.J.M. Jansen, forester for Staatsbosbeheer (National Forest Administration) Drenthe. (DB 1320)
Reference: *Jaarverslag*, 1967 (in *Nieuwe Drentse Volksalmanak*, 1969: pp. 245-246).

CAT.NO. 268. AANSCHOT, *GEMEENTE* EINDHOVEN, NOORD-BRABANT.
L. 10.5; w. (2.3); th. 1.6 cm. Irregular straight, sharp butt; ∧ flanges with () sides, _/ septum, sides, nearly straight stopridge. Blade part with () faces and sides. Cutting edge severely damaged. Found 8 April 1997 with metal-detector by D. Vlasblom (Eindhoven), in a field. Original surface, surviving only in patches, smooth dull blackish; mostly peeled off, mottled green and heavily blistered. Collection: *Archeologisch Depot* Eindhoven; presented by finder 1997. (DB 2346)
Map reference: Sheet 51E, 161.15/389.15.
Documentation: Letter N. Arts (*provinciaal-archeoloog* Eindhoven) to Butler 27 Aug. 1997.
Reference: *Nieuwsbrief Archeologie Kempen- en Peelland* 1997, I:2, p. 11 with drawing.

CAT.NO. 269. *GEMEENTE* ENSCHEDE, OVERIJSSEL (dealer's provenance).
L. 10.1; w. 3.5; th. 2.25 cm. Part of butt end broken off and missing. ∧ flanges, U septum, U stopridge. Blade part of rectangular cross-section. Cutting edge damaged. Blowhole above stopridge. Severely corroded. Patina: blackish. Museum: R.M.O. Leiden, Inv.No. d.95/10.1. Purchased from J. Grandjean, Nijmegen. (DB 359)

CAT.NO. 270. GEMONDE, *GEMEENTE* BOXTEL (NOW *GE-MEENTE* SINT-MICHIELSGESTEL), NOORD-BRABANT.
L. (9.7); w. (3.1); th. 2.1 cm. Weight 129.2 gr. Butt end heavily damaged. Probably ∧ flanges, with flat sides; U septum, U stopridge. Faces and sides slightly convex. Patina black. Butt and cutting edge severely damaged; much of the original surface has peeled off and

porous, but smooth-surfaced where preserved. Found March 1991 by owner, in a field, with metal detector. Private possession. (DB 904)
Map reference: Sheet 45D, 153.075/402.625
Reference: Verwers, 1991: p. 116, afb. 10b.

CAT.NO. 271. *GEMEENTE* EMMEN, DRENTHE.
L. 9.6; w. 3.8; th. 2.4 cm. Weight 212 gr. Irregular blunt butt, ∧ flanges with () sides, U septum, U stopridge. Remarkably short blade part with slightly convex faces. Slightly expanded blade tips; cutting edge sharp. Patina: blackish, heavily pitted. Museum: Assen, Inv.No. 1962/II.181. (DB 1016)

CAT.NO. 272. JIPSINGBOERTANGE, *GEMEENTE* VLAGT-WEDDE, GRONINGEN.
L. 10; w. 3.7; th. 2.7 cm. Straight blunt butt, ∧ flanges with () sides, U septum, U stopridge. Blade part remarkably short, with oval section, slightly expanding blade tips. Cutting edge sharp. Patina: glossy dark brown; dull brown where surface peeled off. Found c. 1930 by one Veldman of Wollinghuizen at a depth of c. 0.65 m, under 20 cm undisturbed yellow sand, above which differently coloured ground with diameter of c. 1 m; in which something seems to have decayed (*"onder 0.20 m. vast geelzand, waarboven andersgekleurde grond met middellijn van c. 1 m, waarin iets door rotting leek te zijn vergaan"*). Museum: Groningen, Inv.No. 1955/IX.1. (DB 181)
Map reference: Sheet 13D, 270/554.5.
Documentation: Report W. Glasbergen, 24 June 1956.

Parallels Type AXP:PS< in the Netherlands: obviously closely related to this type are the small palstaves, similar but with parallel sides (Type AXP:PH<) and the group of small plain sinuous looped palstaves (AXPL:PS<).

Distribution: like Type AXP:PS, fairly evenly divided between north, centre and south, with an outlier each in the NW and SW (Map 26).

a:2) *Plain palstaves with sinuous sides and widely expanded blade (AXP:PSW)* (figs 67a-67d)

19 examples in the Netherlands (Cat.Nos 273-291). Fairly evenly spread between north, centre and south, with an outlier each in the northwest and southwest (Map 26). These palstaves differ from those of AXP:PS principally in that they have a wider blade expansion (4.9 to c. 6 cm). Four examples have a {} profile; most have ∧ hafting part flanges. Some have a more or less sharply everted cutting edge.

CAT.NO. 273. ZWAAG, *GEMEENTE* ZWAAG, NOORD-HOL-LAND.
L. 16.5; w. 5.8; th. 2.7 cm. {} profile. Straight blunt butt; ∧ flanges, U septum. Blade part with flat faces, () sides. Straight stopridge. Cutting edge sharpened but battered. Patina: has been treated for conservation. Surface heavily pitted. Found early 1982 by P. Diepen, bulbgrower at Westwoud, while cleaning a ditch in a bulb field, in a field on the north side of the village street. Museum: Hoorn, Inv.No. N.1982/V.a. (DB 852)
Map reference: Sheet 19F, 134.76/520.72.
Reference: Van de Walle-van der Woude, 1983: pp. 223-224, 226-227, with photo and drawing.

CAT.NO. 274. TWEEDE EXLOOËRMOND, *GEMEENTE* ODOORN, DRENTHE.
L. 16.5; w. 5.5; th. 3.15 cm. Weight 485 gr. {} profile. Straight blunt butt; U septum; flattened-U stopridge. Blade part with slightly convex faces and sides. The curved sides are faintly faceted, and bear traces of hammer finishing. Patina: black. Found 1920 during peat cutting,

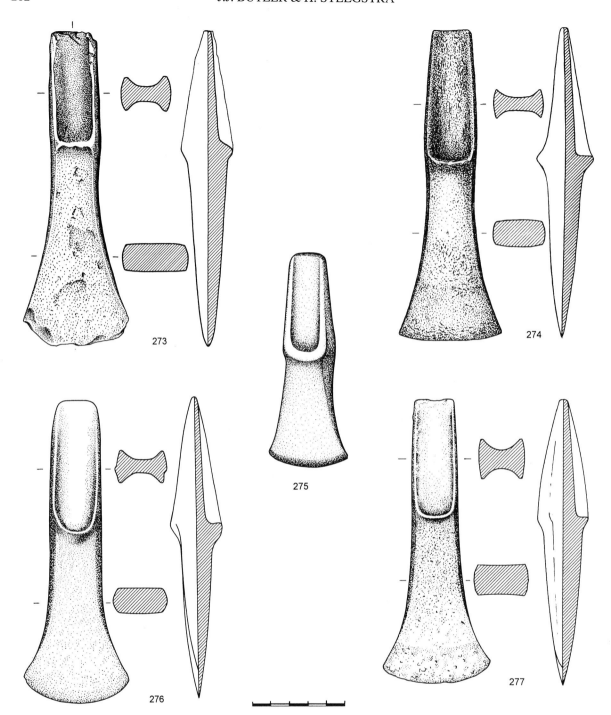

Fig. 67a. (Type AXP:PSW) 273: Zwaag, N-H; 274: 2e Exloërmond, Dr; 275:.'Tonden' (Tonderen?), Ge; 276:. Eext, Dr; 277: Hardenberg, Ov (see also figs 67b-d).

on the sand (*"bij het veengraven op het zand"*). Museum: Assen, Inv.No. 1923/V.1. Presented by drs. Broeker, doctor at Tweede Exlooërmond. (DB 129)

   Map reference: Sheet 17F, c. 259/548.

   References: *Verslag*, 1923: p. 22, No. 84; Butler, 1963b: pp. 210-211, IV.A.8.

CAT.NO. 275. TONDEN, *GEMEENTE* BRUMMEN, GELDER-LAND.

L. 11.4; w. 4.2 cm (measurements from Pleyte's illustration, which however may not be 1:1; if so it is unusually small for palstaves of this form). Rounded butt and stopridge; sinuous outline, expanded blade. Briefly cited and illustrated by Pleyte (1889), from which our illustration is copied. Pleyte cites a manuscript notation by Cannegieter

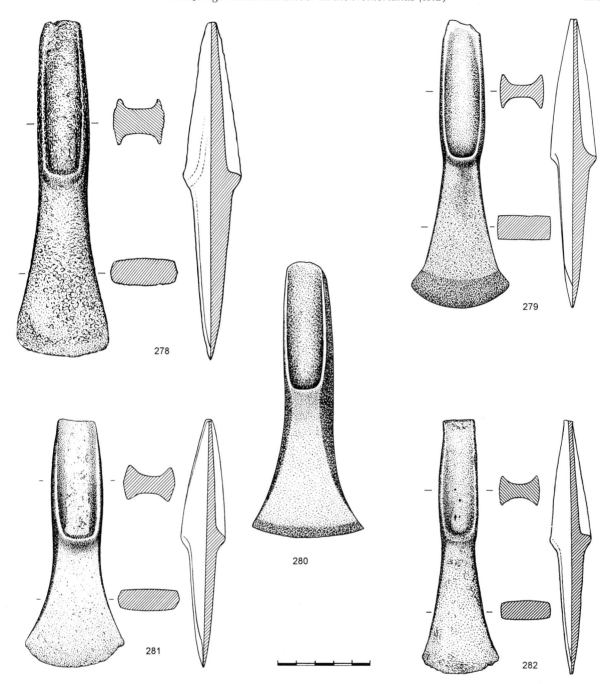

Fig. 67b. (Type AXP:PSW) 278: Augustapolder, N-B; 279: Venlo, Li; 280: Eder bosch, Ge; 281; Hattem, Ge; 282; Heescheveld, Ge (see also figs 67a, c-d).

of two bronzes (this palstave and a plain socketed axe) found at Tonderen on the Veluwe. Pleyte interprets this find-spot indication as presumably referring to Tonden. Whether the two objects were found together is unstated. (DB 2023)

Map reference: Sheet 33G, c. 207/461.

Reference: Pleyte, Gelderland, 1889: p. 50, Pl. XII:4,5.

CAT.NO. 276. EEXT, *GEMEENTE* ANLOO, DRENTHE.
L. 16; w. 5.7; th. 2.9 cm. Weight 435 gr. Straight blunt butt; ∧ flanges with <> sides; U septum (modified by hammering); shelf stopridge, sloping inwards. Blade part has one faintly convex and one faintly concave face; sides rounded. Two halves of casting mould poorly registered. The edge is sharp, and is hardly or not at all used. Patina: dark bronze, in places light bronze; traces of an originally black patina but the whole axe has been meticulously cleaned off. Preservation excellent. Found 1982 while harvesting potatoes. Museum: Assen, Inv.No. 1982/X.2. Acquired Oct. 1982.

Remarks: According to the Museum record the find-spot was located 175 m southeast of the Anderense Weg, c. 750 m WSW from the Rotteveen, and c. 1500 m SW of Eext. (DB 661)

Map reference: Sheet 12G, 244.12/558.65.

CAT.NO. 277. HARDENBERG, *GEMEENTE* HARDENBERG, OVERIJSSEL. 'T HOLT.
L. 15.1; w. 5.8, th. 2.8 cm. Weight: 462.6 gr. Straight blunt butt; () flange outline; U septum; U ledge stopridge, overhanging. Facetted sides, with prominent casting seams. Blade part has slightly concave faces. Cutting edge crescent-ground, sharp. Patina dull light brownish; light green where pitted; ochreous encrustation on septum. Mostly well-preserved. Sides filed recently. Found c. 1980 by H. Ribberink in low terrain, while removing an overhead electricity pole in 't Holt, Russenhoek/Vechtdijk. Museum: Zwolle, Inv.No. 7683. (DB 876)
   Map reference: Sheet 22D, 238.7/511.1.
   Reference: *Jaarverslag R.O.B.*, 1993: p. 151; Verlinde, 1994: pp. 179-180, afb. 2:upper.

CAT.NO. 278. AUGUSTAPOLDER, *GEMEENTE* BERGEN OP ZOOM, NOORD-BRABANT.
L. 17.9; w. 5.05; th. 3.2 cm. Slightly rounded, blunt butt; ∧ flanges with rounded, faceted sides; rounded-_/ septum, overhanging rounded stopridge, blade part with slightly () faces, <> sides. Mildly 'crinoline' blade outline. Patina: partly black, patches of bright green, reddish bronze, surface rough and pitted. Edge sharpened recently, then blunted. Found 1943, in earth thrown up during the excavation of an anti-tank ditch. Museum: Bergen op Zoom, Inv.No. 49B. (DB 157)
   Map reference: Sheet 49B, c. 78/387-388.
   Documentation: Correspondence J.H. Mosselveld/J.W. Boersma 25-11-'68.
   Reference: Slootmans, 1974: p. 9.

CAT.NO. 279. VENLO, *GEMEENTE* VENLO, LIMBURG. HAGERHOF (near old churchyard).
L. 14.7; w. 4.9; th. 3.0. Weight 397.3 gr. Blunt irregular butt; slightly convex ∧ flanges, with faintly rounded sides; U stopridge, overhanging. Blade part with [] section; with cutting edge crescent and extra expanded; no pouches. Slight depression below stopridge. Cutting edge sharp. Patina glossy, dark green to blackish. Very well-preserved, but some pitting on septum and sides. Museum: Limburgs Museum Venlo; without Inv.No. (DB 2279)
   Map reference: Sheet 52G, c. 208/376.

CAT.NO. 280. *GEMEENTE* EDE, GELDERLAND. EDER BOSCH.
L. 14.6; w. 6.0 cm (measurements from Pleyte's illustration, presumably 1:1). Rounded butt and stopridge. Rounded butt; U stopridge. Blade part with faceted sides? This palstave is briefly cited and illustrated (from which our illustration is copied) by Pleyte. Found 1872 during digging in sand, at a depth of three feet. Collection: unknown. (DB 2021)
   Map reference: Sheet 32H, c. 175/453.
   Reference: Pleyte, Gelderland, 1889: p. 54, pl. XIV:1.

CAT.NO. 281. HATTEM, *GEMEENTE* HATTEM, GELDERLAND.
L. 13.1; w. 5.3; th. 2.4 cm. Butt blunt, nearly straight. Slightly convex ∧ flanges with <> sides; U septum. Blade part with slightly convex faces, <> sides. Cutting edge partly battered, partly recently sharpened. Well-preserved. Patina: mottled green; partly glossy on one face (partly removed). Found in the dry valley above the Molecaten, bordering on the Leemkule, close under the surface. Museum: Hattem, Inv.No. 752. (DB 609)
   Map reference: Sheet 27E, c. 200/498.
   Reference: Modderman & Montforts, 1991: p. 147, afb. 6.1.

CAT.NO. 282. HEESCHEVELD, *GEMEENTE* NIJMEGEN, GELDERLAND.
L. 13.7; w. 4.25; th. 2.3 cm. Straight blunt butt; ∧ flanges with slightly () sides; U septum, U shelf stopridge. Blade part with slightly convex faces and sides. Cutting edge sharpened but blunted. Patina: brown. Found 1900. Museum: Nijmegen, Inv.No. AC 24 (old No. E III.No.15). (DB 1493)
   Map reference: Sheet 40C, c. 185/428
   Reference: *Jaarverslag*, 1900: p. 5, III, No. 15.

CAT.NO. 283. KESSEL, *GEMEENTE* KESSEL, LIMBURG.
L. 15.9; w. 4.9; th. 2.8 cm. Weight 439.6 gr. Straight blunt butt; ∧ flanges with faintly convex sides; U septum; straight stopridge, sloping inward. Blade part with [] section. Cutting edge crescent-ground, and sharp. Patina part glossy black, part glossy green; some pitting. Mostly well-preserved, but some battering. Found September 1981 in a field after ploughing. Private possession. (DB 1943)
   Map reference: Sheet 58B, 199.31/367.21.
   References: Willems, 1983: pp. 209-210, afb. 7.2 (photo); Wielockx, 1986: Cat.No. Hi13, with drawing.

CAT.NO. 284. *GEMEENTE* KESSEL, LIMBURG.
L. 15.25; w. (4.65); th. 2.5 cm. Straight blunt butt, sinuous outline: ∧ flanges, U septum, U stopridge. Blade part with [] section. Cutting edge heavily battered. Patina: brown, with ochreous incrustation. Heavily corroded. Museum: 't Leudal, Haelen. (DB 2329)

CAT.NO. 285. BEEK, *GEMEENTE* UBBERGEN, GELDERLAND.
L. 15.9; w. 5.2; th. 3.4 cm. {} profile. Irregular blunt butt; ogival flanges with () sides; U septum. Prominent nearly straight shelf stopridge. Blade part with faintly ridged convex faces, <> sides. Hammer marks on blade. Patina: dark glossy green, with light green pitting. Found while building a school at the 'Oorsprong'. Museum: Nijmegen, Inv.No. AC 27 (old No. E III.8b). Presented by the Reverend F. Werners. (DB 1496)
   Map reference: Sheet 40D, c. 192/427.
   Reference: Verslag, 1923: p. 10, E III, No. 8.

CAT.NO. 286. BUINEN, *GEMEENTE* BORGER, DRENTHE.
L. 16.2; w. 5.2; th. 2.45 cm. Weight 369 gr. {} profile; straight blunt butt; shallow ∧, slightly concave flanges; U shelf stopridge. Blade part with slightly convex faces and sides. Cutting edge anciently blunted. Patina: dark mottled green; surface recently abraded. Museum: Assen, Inv.No. 1920/VII.4. (DB 118)
   Map reference: Sheet 12H, c. 252/551.
   References: Verslag, 1920: p. 14, No. 60 (confusion: No. 60 is a battle-axe!)); Butler, 1963b: p. 210, IV.1 and p. 200, fig. 11.

CAT.NO. 287. PROVENANCE UNKNOWN.
L. 16.6; w. 5.5; th. 3.1 cm. {} profile. Straight blunt butt, ogival flanges with () sides; shallow U septum; rounded ∧ stopridge. Blade part with slight midrib and flanges, () sides. Cutting edge sharp. Patina: mottled light green; ochreous patches; sandy encrustation. Museum: R.M.O. Leiden, Inv.No. NS 751 (old No. I 557). Purchased from dealer Grandjean of Nijmegen. (DB 1899)

CAT.NO. 288. RUTTEN, *GEMEENTE* NOORD-OOSTPOLDER, FLEVOLAND.
L. 13.5; w. 5.2; th. 3.01 cm. {} outline, with straight, blunt butt,)(septum, () sides; U stopridge. Blade part with slightly convex faces and sides. Found at parcel 39F. Museum: Schokland, Inv.No. Z 1958/VII.34, but stolen. (DB 1129)
   Map reference: Sheet 15H, 179.196/534.076
   Documentation: letter G.D. van der Heide to Butler, 5 Jan. 1970.
   Reference: Hogestijn, 1986; *vindplaats* 19.

CAT.NO. 289. NEAR HEESCHE POORT, *GEMEENTE* NIJMEGEN, GELDERLAND.
L. 14.5; w. (5.1); th. 3.25 cm. Irregular blunt butt. Flanges have convex outline on one edge, concave on the other, <> sides. _/ septum. Heavy shelf stopridge. Blade part with () faces and sides; slight blade expansion; cutting edge sharp but battered. Museum: R.M.O. Leiden, Inv.No. I.D.B.B.4c (old No. B.43 and I.555) acquired Nov. 1823, with Cat.Nos 229 and 320 from J. Becker of Amsterdam, ultimately from one 'In the Betouw'. (DB 311)
   Map reference: Sheet 40C, c. 186/428.

CAT.NO. 290. VASSERVELD, *GEMEENTE* TUBBERGEN, OVERIJSSEL.
According to drawing Ter Kuile, l. 16.5; w. 5.2; th. 1.4 cm. Irregularly

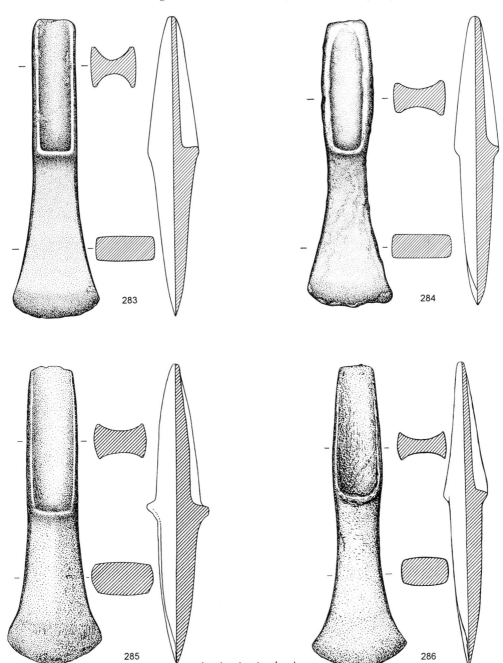

Fig. 67c. (Type AXP:PSW) 283: Kessel, Li; 284: *gemeente* Kessel, Li; 285: Beek, Ge; 286: Buinen, Dr (see also figs 67a-b, d).

straight thin butt; ∧ flanges; shallow U septum; gradually expanding wide blade. Present locus unknown. This palstave is known only from note and drawing of Ter Kuile, who examined the palstave then in the possession of the pastor E. Geerdink (Vianen), whose collection later was preserved at the seminary Sparrendal at Rijsenburg, where it was housed in a case in the library until c. 1967, when the premises were twice occupied by students. The building was subsequently demolished. What happened to the palstave is unknown. (DB 2348)

References: Ter Kuile, 1909: p. 8; watercolour-sketch Ter Kuile in his copy of Pleyte, Overijssel (copy of this drawing made available by A. Verlinde, curator Museum Enschede).

CAT.NO. 291. MONTFORT, *GEMEENTE* MONTFORT, LIM-BURG.

L. 13.3; w. 5 cm. Straight butt; U stopridge; cutting edge wide, sharp. Found by J. Zeelen of Montfort, at the E. side of 't Schrevenbroekje; purchased 1907 by Infantry Major E.H.G. van der Noordaa from A. van der Pol. Patina: green. Museum: R.M.O. Leiden, Inv.No. e.1976/ 11.408 (but now missing); ex coll. Van der Noordaa, No. 224). (DB 2011)

Map reference: Sheet 60B, c. 192/347.8.

Documentation: Notebook Van der Noordaa, with 1:1 drawing; in R.M.O. archive.

References: *Jaarverslag*, 1975: p. 255.

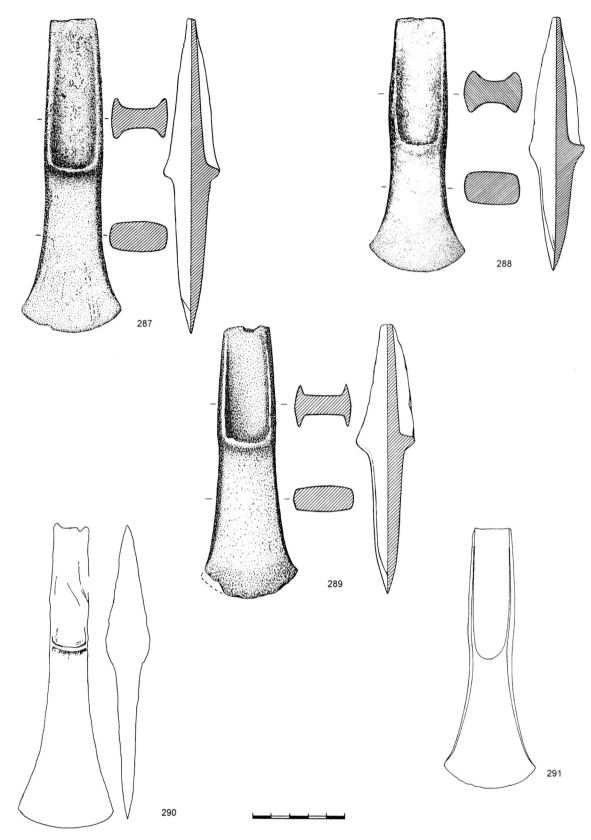

Fig. 67d. (Type AXP:PSW) 287: provenance unknown; 288: Rutten, Flevoland; 289: near Heesche Poort, Ge; 290: Vasserveld, Ov (after watercolor-sketch Ter Kuile); 291: Montfort, Li (after old photograph) (see also figs 67a-c).

Parallels Type AXP:PSW: Within Kibbert's *Var*. Andernach (as already explained above under Type AXP:PS) we can recognize four examples as resembling our Type AXP:PSW (Kibbert's Nos 641, 645, 651, 653). The three of these with known find-spots are all along the Rhine (Andernach; Uedem, Kr. Kleve; and Leverkusen-Rheindorf).

Three palstaves found in northern Britain, and identified by Schmidt & Burgess (1981: pp. 143-144, Nos 843-845) as *schlichte Absatzbeile*, would be by no means unhappy among our AXP:PSW series, especially amidst those examples with a rounded stopridge. One is from Churwell in western Yorkshire, the other two from Scotland.

Dating: No close datings are known (cf. section 4, below).

b) *Plain palstaves with parallel (H) sides, small (AXP: PH<)* (fig. 68)

Four scattered examples in the Netherlands (Cat.Nos 292-295; Map 27). These small palstaves, with blade widths of 2.3 to 2.6 cm and lengths, where fully preserved, of 10.5 and 9.3 cm, are, functionally considered, presumably chisels rather than axes, though in form they are palstaves. Three examples have a {} profile.

CAT.NO. 292. DE MEENT, *GEMEENTE* RHENEN, UTRECHT.
L. 9.3; w. 2.55; th. 2.0 cm. {} profile; sharp irregular butt;)(septum; straight stopridge. Blade part of () section; edge sharp. Patina: mottled green; rolled and corroded. Museum: Rhenen, Inv.No. A.a.10. (DB 239)
    Map reference: Sheet 39E, c. 168/444.50.

CAT.NO. 293. VASSE, *GEMEENTE* TUBBERGEN, OVERIJSSEL.
L. 10.5; w. 2.6; th. 1.9 cm. {} profile; irregular sharp butt; nearly straight stopridge; flattened-][septum; very weak flanges. Blade part with oval cross-section. Blade dulled. Patina: mottled green; surface rough. Museum: Zwolle, Inv.No. 117. Gift of E. Geerdink, Vianen. (DB 246)
    Map reference: Sheet 28F, c. 254.5/493.1

CAT.NO. 294. SEVENUM, *GEMEENTE* SEVENUM, LIMBURG.
L. (9.3); w. 2.3; th. (0.9) cm. Weight 71.6 gr. {} profile; butt end severely damaged and irregular; U stopridge. Blade part with parallel sides, rectangular section. Cutting edge sharp. Patina: dull green. Severely abraded; one side virtually flattened. Recent break at butt end. Found in garden in the Dorperweiden (street). Presented by finders to Heemkundige Vereniging Sevenum. (DB 883)
    Map reference: Sheet 52G, c. 200/380.
    Reference: Jaarverslag R.O.B., 1993: p. 203.

CAT.NO. 295. PANDIJK, *GEMEENTE* ODOORN, DRENTHE.
L. (8.1); w. 2.3; th. 1.65 cm. Weight (95) gr. Most of hafting part broken off and missing. U septum, U stopridge. Blade part with roughly rectangular section. Cutting edge expands slightly. Patina: dull mottled green. Corroded surfaces. Break is patinated. Found c.

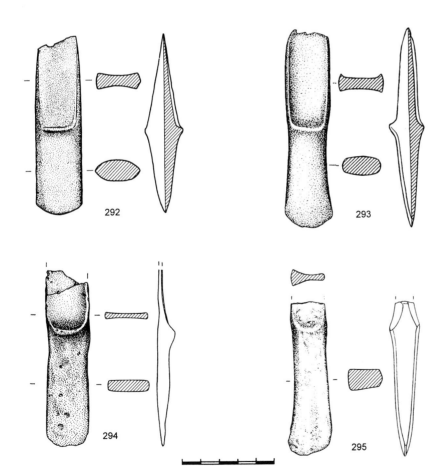

Fig. 68. (Type AXP:PH<) 292: Rhenen, Ut (drawing I.P.P.); 293: Vasse, Ov; 294: Sevenum, Li; 295: Pandijk, Dr.

(C) 1981 GEKAART: FRW/RC RUGroningen

■ with J-tips (3x) (PHJ)
● with J-tips (PHJ)
✳ sec (PH)
✕ crinoline outline (PHC)
+ looped, small (AXPL:PH<)

Map 27. Regional palstaves, plain, with parallel sides: Types AXP:PH, AXPL: PH<.

1982 by E. Drenth in a field; possibly from a tumulus with stone packing or periphery. Museum Assen, Inv.No. 1991/II.1. (DB 2092)
  Map reference: Sheet 17F, 254.52/537.50.

Parallels: There are no really good parallels for these in Kibbert (1980). The nearest approximations would be his Nos 710 and 714, which he includes among his *Form* Kamen-Mönchengladbach (his pp. 258-260); most of the palstaves he assigns to this group are, however, sinuous rather than parallel-sided in outline. Within the Netherlands, our AXP:PH< palstaves are sensibly to be grouped with our Type AXP:PS<, which are similar but with sinuous outline.

  Dating: No close datings are known (cf. section 4, below).

b:1) *Plain palstaves with parallel (H) sides, but abruptly expanded (J) blade tips (AXP:PHJ)* (figs 69a-69b)

Nine examples in the Netherlands (Cat.Nos 296-304), almost all in the north (Map 27). These give the impression of being narrow-bladed palstaves, the cutting edges of which have been re-worked by hammering and grinding. The traces of such re-working are in many cases clearly evident, in the form of what we have called 'pouches' on the sides of the cutting edge (the hollow formed by hammering, enclosed by what Kibbert has named *Schneideneckrandleisten*); a blade portion which has evidently been shortened, resulting in an obvious disproportion between a hafting part of normal length and an abnormally short blade part; and grinding facets on the faces at the blade end (cf. fig. 40). On the other hand, it is possible that some of these axes were originally cast with abruptly out-turned blade tips.

CAT.NO. 296. ZUIDBARGE, *GEMEENTE* EMMEN, DRENTHE. L. 13.8; w. 4; th. 2.3 cm. Weight 306 gr. Butt damaged. ∧ flanges with ( ) sides; flattened-U septum; sloping, slightly overhanging U stopridge. Blade part with subrectangular blade cross-section, very slight blade-tip expansion. Found 1899 in the Zuidbargerstrubben. Museum: Assen, Inv.No. 1899/XI.19. (DB 99)
  Map reference: Sheet 17H, c. 255.5/530.7.
  References: *Verslag*, 1899: p. 129, No. 1558; Butler, 1963b: p. 211, IV.A.3.

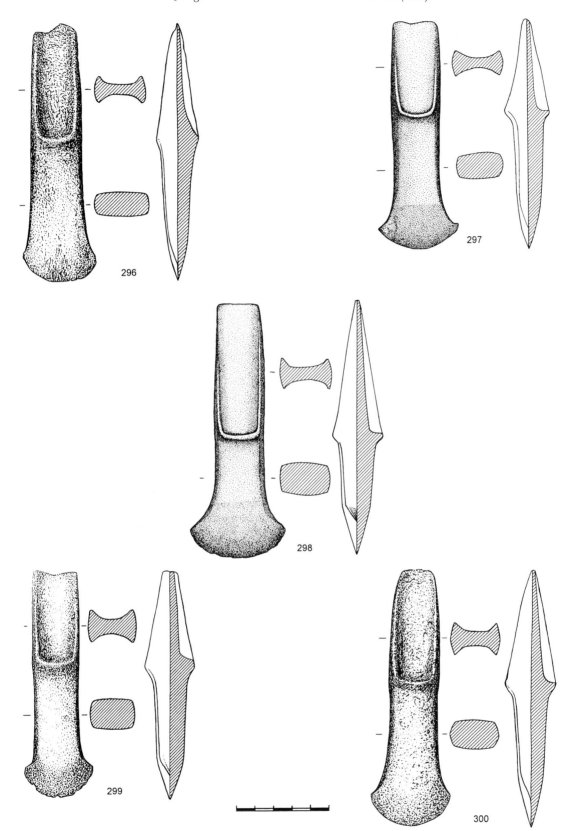

Fig. 69a. (Type AXP:PHJ) 296: Zuidbarge, Dr; 297: Noordbarge, Dr; 298: Borger, Dr; 299: Gasselternijveen, Dr; 300: Roderveld, Dr (see also fig. 69b).

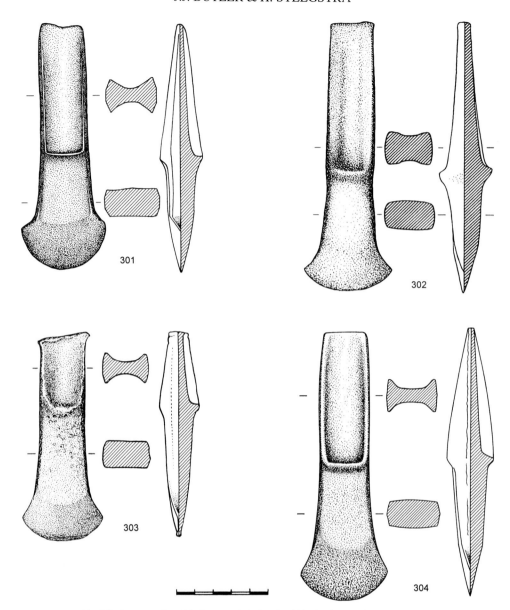

Fig. 69b. (Type AXP:PHJ) 301: Klazienaveen, Dr; 302: Onstwedderholte, Gr; 303: Oudleusen, Ov; 304: Berlicum, N-B (see also fig. 69a).

CAT.NO. 297. NOORDBARGE, *GEMEENTE* EMMEN, DREN-THE. NOORDBROEKMADEN.

L. 12.0; w. 4.3; th. 2.45 cm. Butt concave, blunt. ∧ flanges with () sides; U septum, U ledge stopridge. Blade part with convex faces and sides; straight ground. Slight casting seams. Cutting edge sharp. Patina: black, but largely removed; now mostly bronze colour. Well-preserved; some pitting. Found 1974 by one Nijhof along the boundary between the Noordbarger Bos and the Oude Delft. Private posession. (DB 676)

Map reference: Sheet 17H, 254.48/530.90.

CAT.NO. 298. BORGER, *GEMEENTE* BORGER, DRENTHE. DE VORRELS (turning off the Strengerweg toward Schoonloo).

L. 13.4; w. 5.2; th. 2.7 cm. Straight blunt butt; ∧ flanges with () sides; rounded-_/ septum; nearly straight, overhanging stopridge. Blade part with slightly convex faces and sides. Straight ground, pouched. No casting seams visible. Cutting edge sharp. Patina: brown; some pitting, but generally well-preserved. Found August or September

1991 by owner while harvesting potatoes. Private possession. (DB 703)

Map reference: Sheet 17E, 247.9/549.5.

Reference: *Nieuwe Drentse Volksalmanak*, 1994: p. 93(185).

CAT.NO. 299. GASSELTERNIJVEEN, *GEMEENTE* GASSELTE, DRENTHE.

L. 12.1; w. 4; th. 2.7 cm. Weight 301 gr. Blunt butt (damaged); ∧ flanges with () sides; U septum; overhanging, slightly rounded stopridge with angular corners. Blade part with slightly convex faces and sides. Cutting edge crescent-ground, slightly battered. Patina: bronze colour; traces of original peat-patina. Found in peat, in the 'Hambroeken', c. 0.25 m deep under the surface. Museum: Assen, Inv.No. 1901/X.1. (DB 100)

Map reference: Sheet 12H, 252.30/555.30.

References: *Verslag*, 1901: p. 10, No. 3; Butler, 1963b: p. 211, IV.A.6.

CAT.NO. 300. RODERVELD, *GEMEENTE* RODEN, DRENTHE.
L. 13.6; w. 4.5; th. 2.85 cm. Weight 347 gr. Straight blunt butt; ∧ flanges with ( ) sides; wedge U septum; sloping, overhanging rounded stopridge with angular corners. Blade part with slightly convex faces, <> sides. Cutting edge crescent-ground, sharpened. Patina: bronze colour. Found while digging peat. Museum: Assen, Inv.No. 1904/VI.1. (DB 101)
   Map reference: Sheet 12A, 223.25/572.75.
   References: *Verslag*, 1904: p. 10, No. 5; Butler, 1963b: p. 211, IV.A.10.

CAT.NO. 301. KLAZIENAVEEN, *GEMEENTE* EMMEN, DRENTHE (near football field).
L. 13.0; w. 4.7; th. 2.3 cm. Concave, blunt butt; ∧ flanges with 3-faceted sides; straight ledge stopridge. Blade part with flat faces, 3-faced sides. Crescent-ground; semi-circular expanded cutting edge; pouched. Patina: mottled black/light green. Well-preserved, but somewhat pitted. Private possession. (DB 692)
   Map reference: Sheet 18C, 263.5/528.3.

CAT.NO. 302. ONSTWEDDERHOLTE, *GEMEENTE* STADS-KANAAL, GRONINGEN.
L. 14.8; w. 4.8; th. 2.8 cm. { } profile. Straight blunt butt; very shallow slight flanges which appear to have been hammered down, with slightly ( ) sides; very shallow U septum. Straight stopridge. Blade part with slightly convex faces and sides. Pouched. Cutting edge sharp. Patina: blackish. Museum: Gɪoningen, Inv.No. 1907/VI.2. (DB 170)
   Map reference: Sheet 13A, c. 265.7/564.
   Reference: Verslag, 1907: p. 8, No. 1.

CAT.NO. 303. OUDLEUSEN, *GEMEENTE* DALFSEN, OVERIJS-SEL.
L. (10.9); w. 4.4; th. 2.25 cm. Butt recently battered (has been used as chisel). ∧ flanges with ( ) sides; U septum; U ledge stopridge. Blade part with flat faces and sides. Cutting edge expanded; crescent-ground. Cutting edge sharp; pouched. Patina: very dark, dull brown. Well-preserved. Museum: Enschede, Inv.No. 972 (old No. 675). (DB 1066)
   Map reference: Sheet 21H, 218/505.

CAT.NO. 304. BERLICUM, *GEMEENTE* BERLICUM, NOORD-BRABANT.
L. 14.2; w. 4.6; th. 2.5 cm; weight 375 gr. Straight blunt butt; ∧ flanges with flattish sides, _/ septum. Straight ledge stopridge. Blade part with slightly convex faces, <> sides with broad (hammer-flattened) casting seams; Crescent-ground sharpening facet on faces; pouched. Cutting edge sharp. Patina: bright to dark bronze; but traces of original black patina; very well-preserved. Museum: Stein, Inv.No. IIB5; ex coll. Beckers, formerly in Museum Beek. (DB 1328)
   Map reference: Sheet 45D, c. 156/410.
   Reference: Beckers & Beckers, 1940: p. 174, afb. 59:5 (photo), p. 176.

Parallels: Within Kibbert's *Var.* Andernach are five examples resembling our AXP:PHJ: his Nos 642, 660, 663, 664, 665. Four of these are in the Weser-upper Lippe area, and only one in the Rhine-Lippe area.

   Dating: No close datings are known (cf. section 4, below).

b:2) *Plain palstaves with parallel (H) sides, but with crinoline-shaped blade tips (AXP:PHC)* (fig. 70)

Three examples in the Netherlands (Cat.Nos 305-307); two in the south, one of which with province only, one unprovenanced (Map 27). Within our AXP:PHJ group, a small subgroup. Has blade tips sinuously expanded,

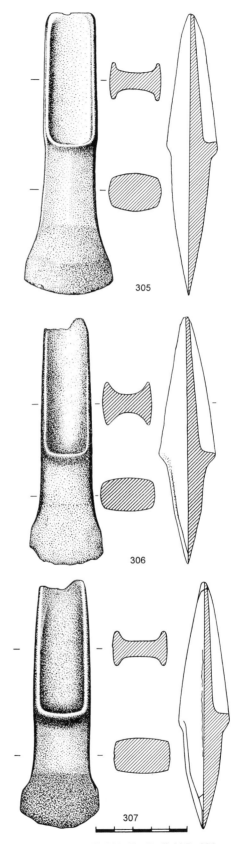

Fig. 70. (Type AXP:PHC) 305: 'De Peel', N-B; 306: *gemeente* Echt, Li; 307: provenance unknown.

giving the lowest part of the blade a sort of crinoline-shape.

In view of the small number of such specimens it seems probable that this sort of blade treatment was not an original design feature, but simply an alternative method of re-sharpening. The short blade part of two of the specimens also points in this direction.

CAT.NO. 305. 'DE PEEL', NOORD-BRABANT' (exact provenance unknown).
L. 14.9; w. 4.8, th. 2.8 cm. Straight blunt butt. Slightly convex /\ flanges, with slightly convex sides. Flattened-U stopridge. Blade part with convex faces and sides. Two re-grinding facets (straight above, crescentic below). Patina: dark bronze. Private possession. (DB 607)

CAT.NO. 306. GEMEENTE ECHT, LIMBURG.
L. 13.1; w. 4.05; th. 3.15 cm. Irregularly broken butt; high /\ flanges with slightly rounded sides; wedge U septum. Straight shelf stopridge. Blade part with slightly convex faces and sides. Straight ground; lower part of blade of S-shaped outline. Blade part has been shortened by re-sharpening. Patina: fine glossy dark green, but pitted. Museum: Bonnefantenmuseum Maastricht, Inv.No. 202 (old No. 2056A). (DB 207)
   Documentation: fax M. de Grooth (Bonnefantenmuseum) to Butler, 22 July 1997.
   References: Byvanck, 1942/1946; Wielockx, 1986: Cat.no. Hi.4, with drawing.

CAT.NO. 307. PROVENANCE UNKNOWN.
L. 13.1; w. 4.3; th. 2.8 cm. Blunt butt with irregular damage; /\ flanges, with nearly flat sides; _/ septum; slightly U-shaped shelf stopridge. Blade part short, with convex faces and sides. Straight ground; cutting edge re-hammered to crinoline shape. 'Negative casting seams' (groove where normally a rib is found). Two halves of mould inexactly matched. Patina: glossy green, with black parts. Some abrasion. In white ink on septum: 2; paper label: E.III.No.2. Museum: Nijmegen, Inv.No. AC 2 (old No. E.III.2), ex coll. Guyot (acquired before 1864). (DB 929)

Parallels: The 'crinoline' shaping of the lowest part of the blade occurs also on palstaves of the types AXP:MSC (below); in the Netherlands a southern feature. In the north of France a well-known example is a plain palstave in the hoard of Anzin (59 Nord) (Blanchet, 1984: pp. 228-230, p. 501, fig. 122; dated by Blanchet to the phase Bronze final 1). This shaping of the blade end is not, however, typical of the palstaves that Kibbert assigns to his Var. Anzin (his pp. 245-247, Nos 613-629, angeschlossen Nos 630-635), though it appears occasionally on palstaves of various types in Middle West Germany.

Probably this blade treatment is not a type feature, but rather an alternative manner of re-sharpening (certainly the case with Kibbert's greatly blade-shortened Westphalian No. 631!). In the Netherlands, however, where drastic re-sharpening is common, this distinctive blade form has a very restricted distribution.

The 'crinoline' shape of the whole blade part is of course a quite different matter, certainly formed in the casting rather than by subsequent hammering. In the Netherlands the crinoline blade occurs especially on the British-type palstave from the Epe hoard (Butler, 1990, pp. 91-92, Find No. 18, fig. 23; present paper Cat.No. 217) and on the flanged stopridge axe from Oeken,

gemeente Brummen, Gelderland (Butler, 1995/1996: Cat.No. 171, fig. 37d:171).
   Dating: No close datings are known (cf. section 4, below).

c) Plain palstaves with trapeze (/\) outline, or with parallel-sided hafting part and blade part with trapeze outline (AXP:P/\) (figs 71a-71d)

15 examples in the Netherlands (Cat.Nos 308-322). This distinctive variant is found almost exclusively in the south, with an occasional outlier in north and west (Map 28).

The hafting part is parallel-sided, or very nearly so, and this, combined with the more or less straight sides of the blade part (some have, however, slightly everted blade tips) and the straight stopridge, give the palstave a rather stiff form. Most examples have a {} profile. Exceptionally, there is a U stopridge (Berg-en-Terblijt, Limburg, Cat.No. 322).

Cf. also the related Type AXPL:P/\, with two examples: Cat.No. 339: near Emmen, Drenthe; Cat.No. 340: Belfeld, Limburg.

CAT.NO. 308. SCHEVENINGEN, GEMEENTE 's-GRAVEN-HAGE, ZUID-HOLLAND.
L. 17; w. 5.4; th. 2.2 cm. Trapeze outline, {} profile. Irregular blunt butt; _/ septum with <> sides; slightly U, outwardly sloping ledge stopridge. Blade part with convex faces, <> sides. Poor casting; a number of blowholes on face and septum. Cutting edge damaged recently. Patina: mottled blue-green, rather glossy. Found in (or before) 1926 at Scheveningen (Nieboerweg), on vierde strandwal (fourth dune ridge). Museum: Den Haag, Inv.No. HH 281. (DB 1358)
   Map reference: Sheet 30 West ('s-Gravenhage) c. 78.5/458.5
   References: Verslag, 1926: p. 4; De Wit, 1964: fig. 1; Van Heeringen, 1983: p. 105, afb. 10-11.

CAT.NO. 309. SEVENUM, GEMEENTE SEVENUM, LIMBURG. HET HEITJE.
L. 15.8; w. 5.2; th. 2.8 cm; weight 543.2 gr. {} profile. Straight blunt butt; slight flanges with () sides; U septum. Straightish shelf stopridge. Blade part with /\ outline, slightly flaring toward cutting edge; flat faces, slightly rounded sides; faint crescentic sharpening facet; faint pouches on sides. Cutting edge sharp. Patina: bronze colour; remnants of black patina in depressions. Heavy specimen. Museum: Bonnefantenmuseum, Maastricht, Inv.No. 3322A. (DB 846)
   Map reference: Sheet 52G, c. 200/380.
   Reference: Wielockx, 1986: Cat.No. Hi27, with drawing.

CAT.NO. 310. PEPINUSBRUG, GEMEENTE ECHT, LIMBURG.
L. 16.5; w. 5; th. 2.7 cm. {} profile. Blunt shallow U butt; straight, outwardly sloping shelf stopridge. Shallow U septum. Blade part with flat faces, slightly convex sides. Cutting edge sharp, nearly straight. Poor mould alignment. Patina: dull light green; part orange-red; encrusted with sand. Museum: R.M.O. Leiden, Inv.No. l.1906/3.30 (old No. I.559). Ex coll. Geradts, Major of Posterholt. (DB 373)
   Map reference: Sheet 60B, 192.6/444.3.

CAT.NO. 311. WEITEMANSLANDEN, GEMEENTE VRIEZEN-VEEN, OVERIJSSEL.
L. 16.1; w. 4.6; th. 2.9 cm. {} profile. Thin butt, straight but with slight saddle. U septum; <> sides. Straight, strongly projecting shelf stopridge. Blade part with /\ outline, flat faces, <> sides; no cutting-edge flare. Cutting edge sharp. Museum: Enschede, Inv.No. 907 (old No. 500-232), ex coll. G.J. ter Kuile. Found before 1935, at the margin of the

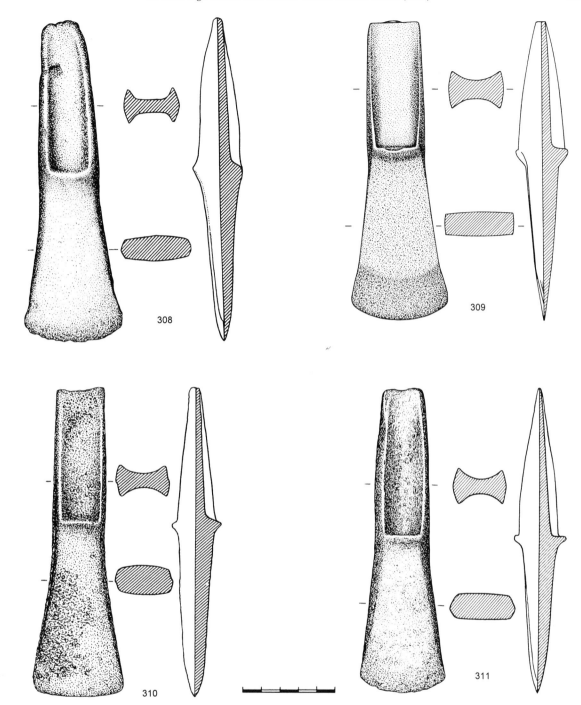

Fig. 71a. (Type AXP:P∧) 308: Scheveningen, Z-H; 309: Sevenum, Li; 310: Pepinusbrug, Li; 311: Weitemanslanden, Ov (see also figs 71b-d).

bog ("*op de grens van het veen*"). Patina dark brown, slightly glossy; surface rather pitted. (DB 1055)

Map reference: Sheet 28E, c. 243/491.

CAT.NO. 312. PROVINCE OF UTRECHT (exact provenance unknown).
L. 13.8; w. 4.0; th. 2.4 cm (width butt 2.0, width at stopridge 3.0 cm). {} profile; slightly rounded blunt butt; slight flanges with U sides. Blade part with convex faces; sides show poor mould alignment,

Surface heavily pitted. Patina: bronze colour; small patches of black in some pits. Edge blunted. Found in barge containing sludge dredged up either from the River Eem near Amersfoort or the Amsterdam-Rhine Canal, south of Utrecht. Private possession. (DB 621)

CAT.NO. 313. LEUNEN, *GEMEENTE* VENRAY, LIMBURG. 'OP DE STEEG'.
L. 14.5; w. 4.1; th. 2.1 cm. Thin {} profile. Straight butt, secondarily hammered flat. Hafting part with parallel sides; very slight ∧ flanges

(C) 1981 GEKAART: FRW/RC RUGroningen

● trapeze outline
✳ trapeze outline (2 ex.)
■ bronze mould
+ looped (AXPL:P/ \)

Map 28. Regional palstaves, plain, un-looped, with trapeze outline: Type AXP: ∧.

with flat sides; shallow U septum; slight straight stopridge. Blade part with faintly convex trapeze outline, slightly rounded faces and sides. Cutting edge sharpened, but recently blunted. Rather severely corroded, pitted; modern file marks. Patina mottled green/brown, traces of ochreous encrustation. Found 1952 by M. Jenniskens, during excavating activity, at a depth of 30 cm. Museum: Venray, without Inv.No. (DB 1146)

Map reference: Sheet 52B, 195.3/390.8.

CAT.NO. 314. MONTFORT, *GEMEENTE* AMBT MONTFORT, LIMBURG.
L. 12.9; w. 4.9; th. 2.7 cm. Thin asymmetrical-U butt; ∧ flanges, with flat parallel sides; U septum; U stopridge, overhanging. Blade part with sinuous outline, extra-expanded blade tips; slightly convex faces and sides. Cutting edge sharp; has been recently re-sharpened. Patina dark green to nearly black, recently filed. Museum: Museon, the Hague; without inventory number; purchased 1992, ex coll. A. Wouters (old marks: AW 6/2 [?] in black ink on septum; round white paper label 'Montfort'). (DB 902)

Map reference: Sheet 60B, c. 194/348.

CAT.NO. 315. FROM RIVER RHINE OR WAAL (exact provenance unknown, possibly Bijland).
L. 15.4; w. 3.7; th. 2.44 cm. Weight 319.6 gr. Slender {} profile. Straight blunt butt; flanges with biconcave outline, flat but with casting seams on sides; [septum, flattened-U shelf stopridge. Narrow, trapeze-shaped blade part, with convex faces. Cutting edge sharp.

Patina: black, partly removed. Surface pitted; original surface largely missing. Museum: Allard Pierson, Amsterdam, Inv.No. 6511; purchased May 1943 from B.A.I. Groningen (Inv.No. there: 1938/ IV.7). (DB 756)

The B.A.I. had acquired it in 1938, through purchase of the collection of H. Blijdenstein, harbour-master at Nijmegen, via the dealer J. Esser of Nijmegen (also from the Blijdenstein collection are the palstaves Cat.Nos 238 and 386).

CAT.NO. 316. *GEMEENTE* ROERMOND, LIMBURG.
L. 15.9; w. 4.7; th. 3.1 cm. Slightly rounded blunt butt (with ancient damage);)(septum, () sides, with casting seams hammered flat. Straight shelf stopridge. Blade part with slightly ∧ outline, flat faces, slightly convex sides. Blade tips lightly expanded. Crescentic grinding facet on faces. Cutting edge sharpened, but with partial recent blunting. Patina mostly glossy green, but pitted in places. Museum: Bonnefantenmuseum, Maastricht, Inv.No. 2923A, but on loan since 1984 in Museum Roermond. (DB 969)

Reference: Wielockx, 1986: Cat.No. Hi26 (with drawing).

CAT.NO. 317. BATENBURG, *GEMEENTE* WIJCHEN, GELDER-LAND. From the Maas (dealer's provenance).
L. 15.25; w. 5; th. 2.1 cm. {} profile. Straight blunt butt (slightly damaged); [septum, slightly convex sides (not quite symmetrical); slightly rounded shelf stopridge. Blade part with plain flat faces; moderate cutting-edge tip expansion. Cutting edge sharp. Patina: clean (orginally black). Museum: R.M.O. Leiden, Inv.No. e.1938/

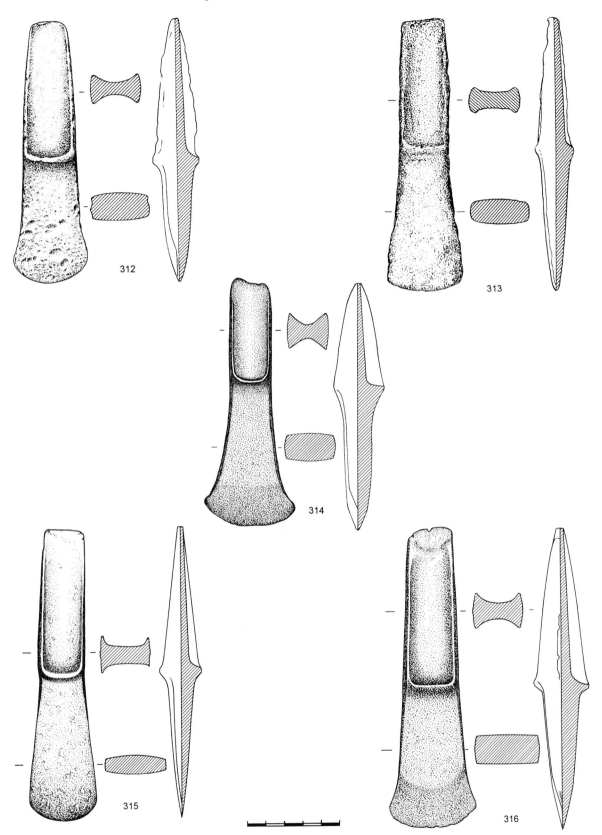

Fig. 71b. (Type AXP:P/\) 312: 'Utrecht'; 313: Leunen, Li; 314: Montfort, Li; 315: from 'River Rhine or Waal'; 316: *gemeente* Roermond, Li (see also figs 71a,c,d).

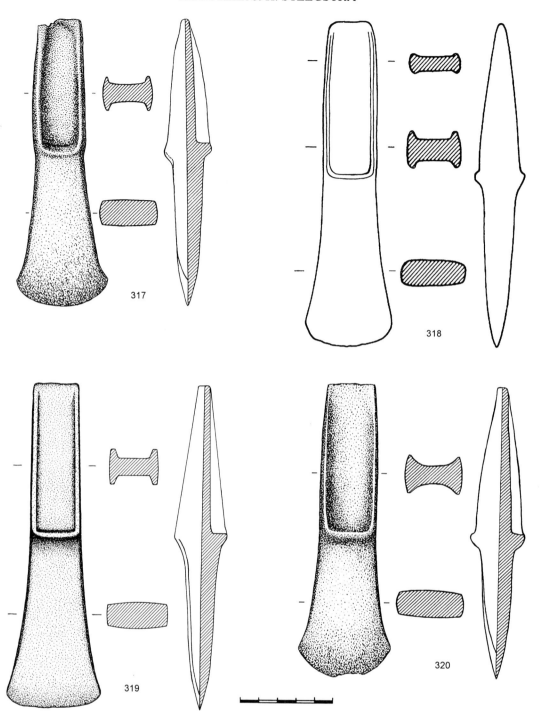

Fig. 71c. (Type AXP:P/\) 317: Batenburg, Ge (dealer's provenance); 318: *gemeente* Kessel, Li (drawing R.O.B.); 319: *gemeente* Nijmegen, Ge (dealer's provenance); 320: near Heesche Poort, Ge (see also figs 71a,b,d).

9.1. Purchased from A. Sprik, Zaltbommel. (DB 478)
　　Map reference: Sheet 39H, c. 171.8/425.7.
　　Reference: Van Heemskerck Düker & Felix, 1942: Pl. 96.

CAT.NO. 318. *GEMEENTE* KESSEL, LIMBURG.

L. 17.1; w. 4.6; th. 3.2 cm. {} profile; parallel-sided hafting part, slightly concave-trapeze-shaped blade part. Slight flanges with () sides; _/ septum; straight stopridge. Blade part with convex faces

and sides. Found by L. van Wylick (Kessel) during or soon after World War II during clearing of a wooded parcel north of the road Kessel-Helden; at same place, but not at same time, as the palstave Cat.No. 365 (similar, but with a narrow midrib). 'Fine patina' according to Bloemers. Private possession. R.O.B. drawing. (DB 2033)
　　Map reference: Sheet 58E, 200.4/368.8
　　Documentation: Letter J.H.F. Bloemers to Butler, 22 March 1971,

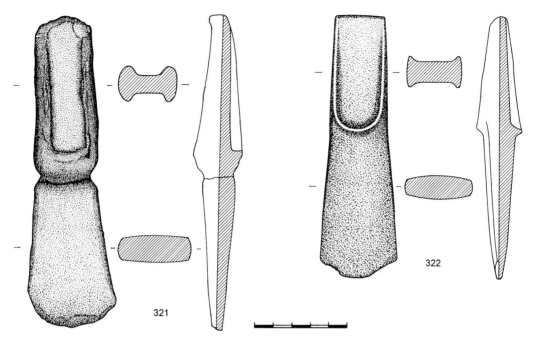

Fig. 71d. (Type AXP:P/\) 321: Wessem, Li; 322: Berg en Terblijt, Li (see also figs 71a-c).

enclosing R.O.B. documentation; R.O.B. database printout.
References: Bloemers, 1973: pp. 19-20, afb. 4:4 (left). [Wielockx, 1986: Cat.no. Hi12, is the palstave with midrib].
N.B.: we have not seen this palstave. The drawing is from the R.O.B. Amersfoort, after Bloemers, 1973.

CAT.NO. 319. *GEMEENTE* NIJMEGEN?, GELDERLAND (dealer's provenance).
L. 17.3; w. 5.0; th. 2.9 cm. Straight blunt butt; /\ flanges, with flat sides, _/ septum. Straight, overhanging stopridge. Blade part with slightly concave /\ outline, slightly convex faces, flat sides. Cutting edge sharp. Somewhat corroded. Patina: brown, traces of black; sandy encrustation. Original surface eroded and scraped; otherwise well-preserved. Museum: Enschede, Inv.No. 1978-32 (old No. E 43), ex coll. Eshuis (who had purchased it from antique dealer Tielkens in Delden). (DB 1920)

CAT.NO. 320. NEAR HEESCHE POORT, *GEMEENTE* NIJMEGEN, GELDERLAND.
L. 15.55; w. 5.05; th. 3 cm. {} profile; straight blunt butt; U septum; slightly rounded sides; straight shelf stopridge. Blade part with slightly convex faces and sides; slight blade tip expansion. Cutting edge sharp but damaged. Patina: dark green to blackish. Museum: R.M.O. Leiden, Inv.No. I.D.B.B.4b (old No. B.42 and I.554); acquired Nov. 1823, with Cat.Nos 229 and 289 from J. Becker of Amsterdam, ultimately ex coll. In the Betouw. (DB 310)
Map reference: Sheet 40C, c. 186/428.

CAT.NO. 321. WESSEM, *GEMEENTE* WESSEM, LIMBURG (River Maas).
L. (16.3); w. (4.9); th. 2.5 cm. Heavily damaged palstave. Butt severely battered; /\ flanges with secondary flattening; [] septum, nearly straight ledge stopridge. Blade part with /\ outline, slightly convex faces and sides. Patina: now dark bronze. Severely damaged by rock crusher. Dredge find from R. Maas. Private possession. (DB 2306)
Map reference: Sheet 58C, c. 189/152.

CAT.NO. 322. VILT, BERG EN TERBLIJT, *GEMEENTE* VALKENBURG AAN DE GEUL, LIMBURG.
L. 13.9; w. 4.0; th. 2.2 cm. Weight 417.6 gr. Straight blunt butt; flattish

septum, with /\ flanges with slightly convex sides; U shelf stopridge. Blade part with /\ outline, convex faces and sides. Cutting edge severely damaged. Patina: very dark bronze, blackish in part. File marks on faces. Museum: Bonnefantenmuseum, Maastricht, Inv.No. 2926A. (DB 967)
Map reference: Sheet 62A, c. 184/318.
References: Mariën, 1952: p. 224, Afb. 208 (photo), p. 226; Butler, 1973a: fig. 14a/b, pp. 336-337, p. 342 note 13; Wielockx, 1986: III: pp. 449-450; Cat.No. Hi1 (with photo).
Note: This palstave has been attributed to the large Late Bronze Age hoard from Berg-en-Terblijt (Mariën, 1952: p. 224; Wielockx, 1986: pp. 449-450). The attribution can be considered dubious: apart from the chronological discrepancy, the palstave's patina is quite different from that of the other objects attributed to the hoard. It could perhaps be interpreted as a stray find from the area in which the hoard was found, but stray finds of Bronze Age bronzes are almost unknown in South Limburg. Admittedly, the palstave's deviant patina could be the result of modern treatment, and it could be a residual Middle Bronze Age object in a Late Bronze Age hoard.

Mould for AXP:P/\ palstave (fig. 72):

CAT.NO. 323. BUGGENUM, *GEMEENTE* HAELEN, LIMBURG (River Maas).
Fragment of bronze half-mould; present l. (12.5), w. (6.4) cm. Blade width of negative: 5.2 cm. The fragment of the bronze half-mould has a negative for a palstave with a nearly trapeze-shaped blade (actually faintly S-curved) with a straight cutting edge. There is a remnant of a slight lug for keying into a corresponding hole on the missing partner half-mould. On the external face are four radial thin ribs, connected by a thin rib at the base. Museum: Roermond, Inv.No. 1897 (gift J. Rumen of Haelen). (DB 1124)
Map reference: Sheet 58D, c. 197.5/360.5.
References: Butler, 1973a: p. 322, afb. 1 (right); Brongers & Woltering, 1978: p. 84, De Laet, 1982: p. 430-431; Wielockx, 1986: Cat.no. Hi2b (with drawing).
Comment: The shape of a blade produced by casting in this mould would probably be modified somewhat in the finishing and sharpening processes, so that our assignment of the mould to Type AXP:P/\ is with reserve.

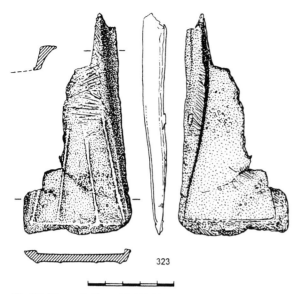

Fig. 72. (Bronze half-mould) 323: Buggenum, Li.

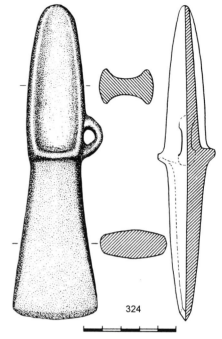

Fig. 73. 324: 'Didam, Ge' (dubious authenticity).

Parallels Type AXP:P/\: Palstaves reasonably corresponding to our type AXP:P/\occur in some numbers
in western Germany, but are divided by Kibbert among
a variety of his types, and it is far from obvious where
the boundary lines between them are to be drawn. Some
are evidently present among Kibbert's *Var.* Andernach;
especially his Nos 638, 639, 640, 652, 655, 671, 672.
The six of these with known find-spot are, however,
widely scattered, so that a possible centre does not
emerge. Others are certainly present amidst his *Form*
Kamen-Mönchengladbach: i.e. his Nos 717, 718, 719,
720, occurring especially in the North Rhine area
adjoining our Netherlands Limburg concentration. A
few related examples are known in Belgium: River
Maas at Quincampois, Prov. Luik (= Angleur: Mariën,
1952; fig. 181:3); Molenbeersel, Belg. Limburg (Museum Brussels, B. 1430; has U stopridge, 'crinoline'
blade outline). Thus we seem to have to do with a
special Maas-Rhine group, although the German material
still requires further sorting out.

Dating: No close datings are known (cf. section 4,
below).

d) *Plain looped palstaves (AXPL:P...)* (fig. 73)

CAT.NO. 324. 'Near DIDAM, *GEMEENTE* DIDAM, GELDER-
LAND' (dubious authenticity; dealer's provenance).
L. 16.7; w. 4.65; th. 3.2 cm. Rounded butt; slightly convex /\ flanges,
U septum; heavy overhanging stopridge. Faintly ridged blade; high-
placed loop. Patina: black. Museum: Arnhem, Inv.No. GAS 162;
purchased 1955 in Nijmegen. (DB 22)

Comment: The finish of this specimen – including the
wholly atypical rounded butt, the obtuse angle of the
cutting edge, and the absence of signs of wear or
weathering – give it the appearance of a recent rather
than a Bronze Age casting.

In fact, it greatly resembles museum-made castings
based on the bronze palstave mould attributed to the
River Lippe by Werne, Kr. Lüdinghausen, Nordrhein-
Westfalen (Museum Münster; Brandt, 1960, II: Abb.
12-13; Kibbert, 1980: Nos 526, 526a, with further
references). We have studied in the museum at Herne
(Nordrhein-Westfalen) a specimen virtually identical
to 'Didam', with similarly atypically rounded butt, and
labelled as an *Abguss* from the Werne mould. It therefore
seems likely that the 'Didam' palstave is a recent museum copy, made for exhibition. Perhaps it may somehow
have strayed from a German museum in the chaotic
period toward the end of World War II.

d:1) *Plain looped palstaves with sinuous outline (AXPL:PS...)*

14 examples in the Netherlands (Cat.Nos 325-338).
These include eight normal-sized examples (Cat.Nos
325-332: four north, four south), and six examples
(AXP:PS<, Cat.Nos 333-338) with a very short blade
part, all in the north (Map 29).

*Plain looped palstaves with sinuous outline, medium
size (AXPL:PS><)* (figs 74a-74b): Eight examples in
the Netherlands (four in the north, four in the south;
Cat.Nos 333-338, Map 29).

CAT.NO. 325. TER APEL, *GEMEENTE* VLAGTWEDDE, GRO-
NINGEN.
L. 11.2; w. 4.0; width at stopridge (without loop) 2.2 (with loop 3.0);
septum increases in thickness from 0.6 at butt to 1.3 cm at stopridge;

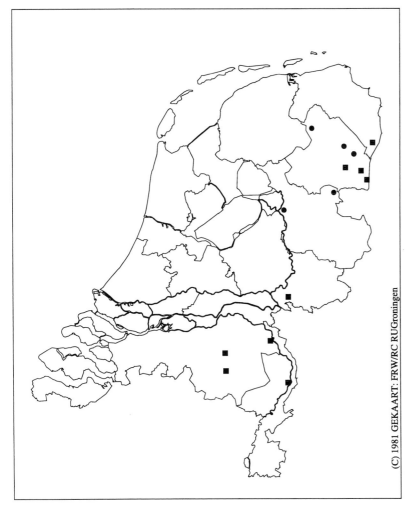

■ sinuous, medium size (AXPL:PS><)

● sinuous, small size (AXPL:PS<)

(C) 1981 GEKAART: FRW/RC RUGroningen

Map 29. Regional palstaves, plain, looped, with sinuous outline: Types AXPL:PS><, AXPL:PS<.

thickness at stopridge 3.1, at base of stopridge 2.0 cm. Slightly {} profile; irregularly rounded blunt butt (recent damage). Slightly sinuous flanges with () sides; _/ septum; straight shelf stopridge. Blade part with slightly () faces, flat sides, gradually widening body. One blade tip anciently damaged. D loop. Cutting edge sharp. Surface corroded. Patina: dark brown, partly mottled light green. Patina has been partly removed. Found Sept. 1967 by J. Potze, while harvesting potatoes by machine on a parcel of land near the crossing Kruishereweg-Nachtegaallaan. Museum: Groningen, Inv.No. 1967/XII.2. (DB 188)

Map reference: Sheet 18A, 269.87/544.52.

Documentation: Corr. Mrs. Potze to Butler, 6 Oct. 1967; G.P. Rodenburg to Butler, 5 Oct. 1967; Groenendijk, *dossier* Vlagtwedde No. 43.

CAT.NO. 326. *GEMEENTE* EMMEN, DRENTHE.

L. 13; w. 4.7; th. 2.95 cm. Weight 338 gr. Strongly {} profile. Nearly straight, blunt (5 mm) butt; slight, J-shaped flanges with nearly flat sides. Shallow U septum. Straight, markedly protruding shelf shelf stopridge, sloping slightly inwards. Blade part with gradually expanding sides, slightly convex faces and sides. Two crescentic sharpening facets on faces. On each side, at stopridge level, a step separates hafting and blade parts. Edge sharpened, but with slight modern battering. High-placed loop of] shape, the lower end of which joins the side at stopridge level. Patina: bright glossy green (laboratory treated?). Well-preserved, but the loop has been thinned by corrosion. Find circumstances unknown. Museum: Assen, Inv.No. 1962/II.186. (DB 674)

CAT.NO. 327. SLEEN (NEAR), *GEMEENTE* SLEEN, DRENTHE.

L. 11.7; w. 4.2; th. 3.3 cm. Straight, very blunt butt (anciently shortened); ∧ flanges with <> sides; wedge U septum; U ledge stopridge. Blade part with gently and gradually expanding body, slightly () faces and sides. Patina: dark green. Found (according to dr. Lodewijks of Nieuw-Amsterdam) in the surroundings of Sleen. Museum Assen, Inv.No. 1923/VIII.3. Acquired by exchange with unnamed person. (DB 131)

Reference: *Verslag*, 1923: p. 22, No. 85.

CAT.NO. 328. NOORDVEEN, *GEMEENTE* EMMEN, DRENTHE.

L. 11.3; w. 4.1; th. 3 cm. Weight 288 gr. Straight blunt butt, ∧ flanges with slightly convex sides;][septum; somewhat rounded shelf stopridge. Blade part with slightly convex faces and sides. On blade faces two shallow arc-grooves. High-placed D loop. Cutting edge sharp. Patina: blackish, with greenish patches. Well-preserved, but some pits. Museum: Assen, Inv.No. 1962/II.37. Ex coll. J. Sneyders de Vogel, presented by Aaldert Liebe. (DB 1019)

Map reference: Sheet 17F, c. 259/540.

Reference: *Verslag*, 1962: p. 275.

CAT.NO. 329. DUBBROEK/BLERICK, *GEMEENTE* MAASBREE/ VENLO, LIMBURG.

L. 12.45; w. 5.1; th. 3.5 cm. {} profile. Straight blunt butt; ogival flanges with <> sides, hammered down toward a flat septum (see drawing). Nearly straight shelf stopridge. Blade part with ogival outline, convex faces, <> sides. Crescent-ground. Cutting edge

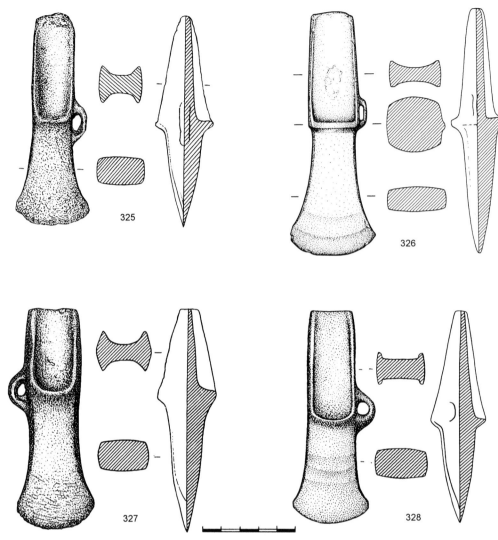

Fig. 74a. (Type AXPL:PS><) 325:. Ter Apel, Gr; 326: *gemeente* Emmen, Dr; 327: near Sleen, Dr; 328. *gemeente* Emmen, Dr (see also fig. 74b).

sharpened, but battered. High-placed D loop. Found c. 1969 during building of a hothouse. Patina: light green (mostly scraped off) to dark bronze. Private possession. Acquired through mediation of one Hansen (Kessel). Patina: glossy dark green, dull light green where damaged. (DB 1817)

Map reference: Sheet 58E, c. 204/374.

CAT.NO. 330. ST.-OEDENRODE, *GEMEENTE* ST.-OEDEN-RODE, NOORD-BRABANT.
L. 11; w. 4.1; th. 2.4 cm. Straight sharp butt; convex ∧ flanges; U stopridge. Low-placed D loop. Found c. 1940 along the road to Best. Collection unknown. (DB 915) (N.B. we have not seen this palstave)
Map reference: Sheet 51E, c. 159/396.
Reference: Beex, 1970, with drawing by Wiro Heesters.

CAT.NO. 331. EINDHOVEN (district Stratum), *GEMEENTE* EIND-HOVEN, NOORD-BRABANT.
L. 12; w. 3.9; th. 2.4 cm. Weight 316.7 gr. Butt irregular (damaged); slightly convex ∧ flanges () sides; flattened-U septum; ledge stopridge. Blade part with slightly convex faces and sides, prominent casting seams; high-placed D band loop (2.4x0.9 cm). The blade part has been drastically shortened by re-sharpening (straight ground). Cutting

edge battered. Patina: dark brown, mostly glossy; many greenish corrosion pits; ochreous loam in depressions. Museum: Venray, no Inv.No. (DB 1145)
Map reference: Sheet 51G, c. 162/382.
Documentation: Fax G. Verlinden (Museum Venray) to Butler, 1 August 1997.

CAT.NO. 332. BOXMEER, *GEMEENTE* BOXMEER, NOORD-BRABANT.
L. 11.8 cm; w. 4.35; th. 3.2 cm. Weight 295 gr. {} profile. Slightly rounded blunt butt. Slightly convex ∧ flanges with flat sides; _/ septum, [stopridge. Blade part with convex faces, somewhat expanded blade tips. Re-sharpened with straight grinding. {} side view. D loop (2.1x0.7 cm). Patina dull dark green; wax treated. Found 1984 near AC restaurant, with metal detector. Private possession. (DB 2350)
Map reference: 46D, 193.62/409.02
Documentation: letter D. Reynen to Butler, October 1997.

Parallels: Related are two unlooped axes in the north (Cat.No. 271, *gemeente* Emmen; Cat.No. 272, Jipsing-boertange, Groningen) and the six smaller looped palstaves of Type AXPL:PS< (Cat. Nos 333-338).

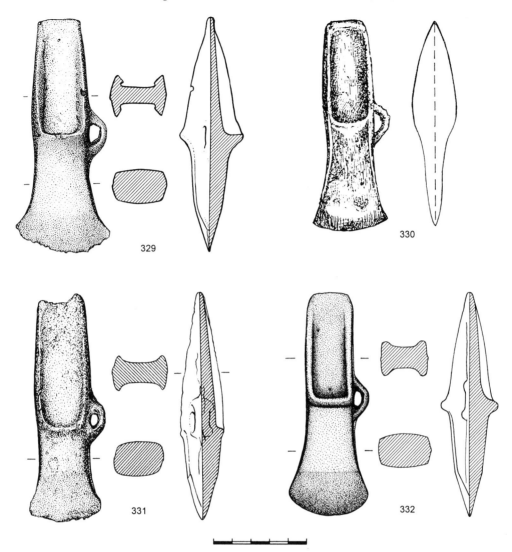

Fig. 74b. (Type AXPL:PS><) 329: Dubbroek/Blerick, Li; 330: St.-Oedenrode, N-B (drawing Wiro Heesters); 331: Eindhoven, N-B; 332: Boxmeer, N-B (see also fig. 74a).

Dating: No close datings are known (cf. section 4, below).

Plain looped palstaves with sinuous outline and extra-short blade (AXPL:PS<) (fig. 75): Six examples in the Netherlands (Cat.Nos 333-338), all in the north (Map 26).

These looped palstaves have in common a very short blade part. On some of the examples the disproportion in length between the very short blade part and the longer hafting part suggests that these palstaves were originally longer, but have been drastically shortened by re-sharpening. Against this, however, are the absence of strong blade-re-sharpening facets and side pouches. All except Cat.No. 334 have a more or less pronounced {} profile. The length varies from 8.1 to 9.7 cm; the blade width from 3.2 to 3.8 cm.

CAT.NO. 333. VALTHE, *GEMEENTE* ODOORN, DRENTHE.
L. 9; w. 3.5; th. 2.85 cm. Strong {} profile. U septum, straight shelf stopridge. Blade part with convex faces and sides, very short, with sharply everted blade tips. High-placed D loop. Cutting edge sharp; rough surface. Patina: brown. Museum: R.M.O. Leiden, Inv.No. c.1919/1.2. Purchased from A. Middelveld. (DB 395)
Map reference: Sheet 17F, c. 256/540.

CAT.NO. 334. NORGERVEEN, *GEMEENTE* NORG, DRENTHE.
L. 10.2; w. 3.8; th. 2.4 cm. Weight 180 gr. Straight, blunt butt. Flattened-U septum, weak flanges with rounded sides. U shelf stopridge, slightly sloping inwardly. Very short blade part with () faces and sides. Sharply everted blade tips. High-placed D loop. Crack on looped side. Sharp cutting edge. Patina: bronze colour; patches of light green and black. Found in peat. Museum: Assen, Inv.No. 1878/VI.9. (DB 81)

N.B. This axe was for a time erroneously inventorized under the number 1855/I.56. See J.D. van der Waals, in Butler, 1960: *Bijlage* II, pp. 228-231.
Map reference: c. 228.3/558.3.

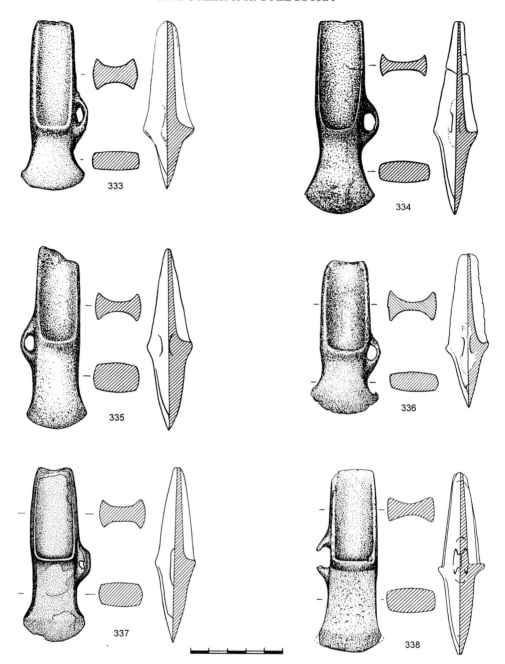

Fig. 75. (Type AXPL:PS<) 333: Valthe, Dr; 334: Norgerveen, Dr; 335: near Drouwen, Dr; 336: Ane, Ov; 337: Wijthmen, Ov; 338: Ter Apel, Gr.

References: *Verslag*, 1878: p. 8; Pleyte, Drenthe, 1882: I, p.74, II Pl. LXXI:3; Butler, 1960: pp. 215-216, 228-231.

CAT.NO. 335. DROUWEN (NEAR), *GEMEENTE* BORGER, DRENTHE.
L. 9.7; w. 3.2; th. 2.55 cm. Weight 179 gr. Slightly {} profile. Butt irregular; ∧ flanges with () sides; U septum; U ledge stopridge. Blade part with () faces and sides; slightly evert blade tips. Low-placed D loop and looped; small. Patina: dark green. Found March 1927 by P. Krul of Drouwen, east of the road Rolde-Borger and west of Drouwen. Museum: Assen, Inv.No. 1927/III.1. Purchased from the finder via J. Lanting. (DB 139)
    Map reference: Sheet 12G, 249/552.
    Reference: *Verslag*, 1927: p. 14, No. 23.

CAT.NO. 336. ANE, *GEMEENTE* GRAMSBERGEN, OVERIJS-SEL.
L. 8.1; w. 3.7; th. 2.3 cm. Slightly {} profile. Blunt, nearly straight butt; ∧ flanges, flattened-U septum; slightly rounded 'shelf' stopridge, slightly sloping inwardly. Blade part very short, with () faces and sides; recurved blade tips. Low-placed D loop. Patina: dark brown. Found before 1940 at De Meene (the Waagkolk or Bisschopskolk). Museum: Enschede, Inv.No. 406. (DB 1045)
    Map reference: Sheet 22E, c. 242.3/515.7.

CAT.NO. 337. WIJTHMEN, *GEMEENTE* ZWOLLE, OVERIJS-SEL. BOSCHWIJK (golf course).
L. 9.1, w. 3.5, th. 2.3 cm. {} profile. U-shaped blunt butt (slightly damaged); ∧ flanges with () sides. _/ septum; slightly rounded ledge

stopridge. Blade part with convex faces and sides, slightly expanded blade tips; D loop (2.1x0.85 cm); straight-ground sharpening facet. Cutting edge sharp. Dark brown, ochreous, sandy surface, part peeled off showing light powdery green. Heavily corroded. Metal-detector find, in stream valley (old loop of R. Vecht). Collection: *depot gemeente-archeoloog* Zwolle. (DB 2123)

    Map reference: Sheet 21 G, 206.250/501.650.

    Reference: Hamming, 1995: afb. 3 (photo).

CAT.NO. 338. TER APEL, *GEMEENTE* VLAGTWEDDE, GRONINGEN.

L. 9.8; w. 2.6; th. 2.6 cm. {} profile. Straight blunt butt; ∧ flanges with slightly rounded, nearly parallel sides; U septum; straight shelf stopridge. Blade part with () faces and sides. Blade tips slightly expanded (but damaged). Crescent-ground. Cutting edge sharp. Low-placed D loop, partly broken out. Found March 1985 with metal-detector, in replaced sand adjacent to the Netherlands boundary building Ter Apel-Rietenbrock, but derived from a parking place created south of the restaurant Het Boschhuis in Ter Apel. Private possession. (DB 622)

    Map reference: Sheet 18A, 268.77/544.57.

    Documentation: Groenendijk, *dossier* Vlagtwedde No. 90.

Parallels Type AXPL:PS<: A few very similar palstaves are illustrated by Kibbert with his small group (which he himself describes as non-homogeneous) under the rather non-committal heading *schlichte Ösenabsatzbeile* (plain looped palstaves), his Nos 696-703, 1980: pp. 256-258. At least his Nos 698 and 700, both from Kr. Steinfurt (Westfalen, but close to the boundary with Niedersachsen) would seem very similar to our AXP:PS< group; the others are larger (Nos 696, 697, 701) or have a trapeze-shaped blade part (Nos 702-703). The parallels cited by Kibbert have more relationship to his larger, heavier examples than to our small AXP:PS< variety, but may rather be analogous with our Type AXPL:PS><, Cat.Nos 325-332.

Dating: No close datings are known (cf. section 4, below).

d:2) Plain looped palstaves with parallel sides (AXPL: PH) (fig. 76)

Two examples in the Netherlands (Cat.Nos 339-340); one north, one south (Map 27).

CAT.NO. 339. EMMEN (NEAR), *GEMEENTE* EMMEN, DRENTHE.

L. 12.7; w. (3.2); th. 2.4 cm. Weight 226 gr. {} profile. Straight blunt butt (recently hammered). Extremely shallow flanges with () sides; flat septum; U stopridge with V profile. Nearly parallel (slightly trapeze-shaped) blade part with flat faces, <> sides. Loop broken off. Cutting edge straight, sharpened. Patina: brownish; surface pitted and rough; butt and cutting edge damaged recently. Found in the neighbourhood of Emmen. Museum: Assen, Inv.No. 1928/II.1. Ex coll. ds. H. de Groot, Emmen, acquired from G.J. Dijkstra of Klazienaveen. (DB 141)

    Documentation: Museum Assen, 182 Collection ds. H. de Groot, Emmen.

    Reference: *Verslag*, 1928: p. 13, No. 19.

CAT.NO. 340. BELFELD, *GEMEENTE* BELFELD, LIMBURG (Kurstensbos).

L. 12.1; w. 2.5; th. 2.3 cm. Rounded butt; U septum; straight stopridge. Blade part with parallel sides. Loop recently broken off; cutting edge damaged. Patina: dark bronze, surface pitted. Found during cultivation of a parcel in the Meelderbroek. Private possession. (N.B. We have not seen this axe; re-drawn from a good photo, kindly made available by the Heemkundevereniging Maas-en Swalmdal) (DB 2129)

    Map reference: Sheet 58E, 206.1/367.4.

    Reference: Luys, 1987, with photo.

Comment: Both these specimens are badly battered, which may have affected their form to some degree. The Emmen axe (Cat.No. 339) has a {} side view; possibly also Cat.No. 340, but its side view is unknown to us.

Parallels Type AXPL:PH: Very similar are Kibbert's Nos 702-703, both from Westfalen; No. 702 (Quetzen) has a {} profile, No. 703 (Hagen-Helfe) may have lost such a profile through abrasion. Kibbert assigns them to his small, non-homogeneous group of *schlichte Absatzbeile mit Öse* (his pp. 256-258) and dates them to

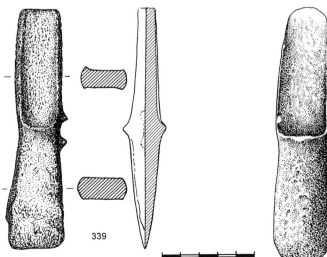

239

340

Fig. 76. (Type AXPL:PH) 339: near Emmen, Dr; 340: Belfeld, Li.

(C) 1981 GEKAART: FRW/RC RUGroningen

■ sinuous outline (FS)
✳ idem, wide-bladed (FSW)
● idem, with J-tips (FSJ)
✕ idem, with narrow blade (FSN)

Map 30. Regional palstaves with flanged blade part: Types AXP:F....

the *jüngere Urnenfelderzeit* by reference to the British Type Worthing – a comparison which is certainly not justified. In view of the scarcity of the type, and its rather debased character, one must view this late dating with reserve.

Similar, more or less related unlooped palstaves occur as our AXP:P/\ group (above, Cat.Nos 308-322) in the south of the Netherlands, and among a variety of Kibbert's types in middle West Germany.

Dating: No close datings are known (cf. section 4, below).

3.4.2. *Palstaves with flanged blade part and sinuous outline (AXP:FS...)*

19 examples in the Netherlands (Cat.Nos 341-359), all in the north except two in the west (Cat.Nos 342-343; Map 30).

The flanges of the blade part are generally rather slight; sometimes merely slightly raised edges of the blade. The flanges of the hafting part are in outline triangular or slightly convex; the cross-section is septum

is)(in section (except Cat.Nos 348 and 352, with _/ section); the stopridge is U-shaped. Four examples have some facetting of the sides.

Despite many common features, the palstaves of this type vary rather in the outline of the blade: in one case (FSN) nearly parallel-sided; in four cases (FSJ) nearly parallel-sided but with sharply J-tips; in five cases (FSW) with gradually widening blade, having widths of from 5.3 to 6.4 cm. The palstave from the Sleenerzand grave (Cat.No. 359), one of the few richer warriors' graves in the Netherlands, has an atypical outline, the edges forming a continuous rather than a sinuous curve. We nevertheless regard the palstaves with these differences in outline as variants of a single regional type.

a) *Palstave with blade flanges and sinuous outline, narrow-blade (AXP:FSN)* (fig. 77)

Only one example in the Netherlands, in the north (on Map 30).

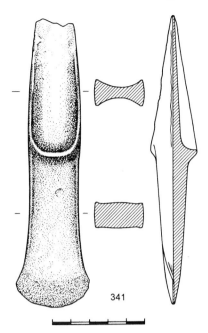

Fig. 77. (Type AXP:FSN) 341: Zuidbarger Es, Dr.

CAT.NO. 341. ZUIDBARGER ES, *GEMEENTE* EMMEN, DREN-THE.
L. 15.3; w. 4.0; th. 2.6 cm. Weight 341 gr. Sharp, irregular butt; ∧ flanges, with nearly flat sides; U septum. Rounded shelf stopridge. Blade part parallel-sided, with very slight blade expansion. Faces faintly convex, with flat sides; very slight side-flanges. Cutting edge sharpened, but slightly blunted recently; crescent-ground, pouched. Patina: dull dark green, but traces of black. Has been scrubbed, with many scratches on faces. Found at the potato-flour factory Nieuw-Amsterdam, among potatoes derived from the Zuidbarger Es. Private possession. (DB 2257)
   Map reference: Sheet 17H, c. 257.5/530.5

Parallels: No close parallels in the Netherlands, nor in

Kibbert; but with affinities are clearly with our northern AXP:FS series.
   Dating: No close datings are known (cf. section 4, below).

a:1) *Palstaves with blade flanges and sinuous outline (AXP:FS)* (fig. 78)

Two examples (Cat. Nos 342-343), both in the west.

CAT.NO. 342. WIERINGERMEERPOLDER (SECTION H.21), NOORD-HOLLAND.
L. 12.8; w. 4.6; th. 2.2 cm. {} profile. Straight thin butt, with small eccentric depression; _/ septum, <> sides; [shelf stopridge; body faces faintly concave, with prominent flanges, <> sides. Straight ground; slightly everted blade tips. Cutting edge sharp. Patina: grey-green. Surface very severely corroded. Museum: R.M.O. Leiden, Inv.No. g.1941/10.1; Purchased from H. Staal of Slootdorp. (DB 493)
   Documentation: Letter Museum to Staal, 24 Oct. 1941.
   Reference: Butler, 1963b: p. 211, IV.B.8.

CAT.NO. 343. DE ZILK, *GEMEENTE* NOORDWIJKERHOUT, ZUID-HOLLAND. RUIGENHOEK.
L. 13.2; w. 4.9; th. 2.75 cm. Slightly U-shaped blunt butt; ∧ flanges (slightly convex on one side), with <> sides; _/ septum, [shelf stopridge. Blade part with flat faces, prominent flanges, <> sides. Slightly everted blade tips; straight ground, cutting edge sharp. Two halves join irregularly. Patina: dark bronze, with some black patches, especially at butt, similar the patina of the spearhead from the same find-spot (found together?), except that the surface is full of very fine pits. Otherwise very well-preserved. Found on a terrain north of Ruigenhoek by one Dibbits (Hillegom) while clearing away dunes. Museum: R.M.O. Leiden, Inv.No. l 1929/5.1; ex coll. Van der Wal. Acquired with spearhead h.1929/5.2 (associated find?) (DB 1827)
   Map reference: Sheet 24H, c. 97/479.
   Documentation: I.P.P., notes W. Glasbergen; R.O.B. Amersfoort
   References: Holwerda, 1929: p. 16, afb. 10 (photo); Appelboom, 1953: p. 39.

Parallels: No close parallels in Kibbert.
   Dating: No close datings are known (cf. section 4, below).

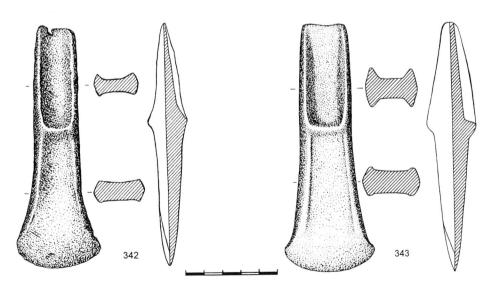

Fig. 78. (Type AXP:FS) 342: Wieringermeerpolder, N-H; 343: De Zilk, Z-H.

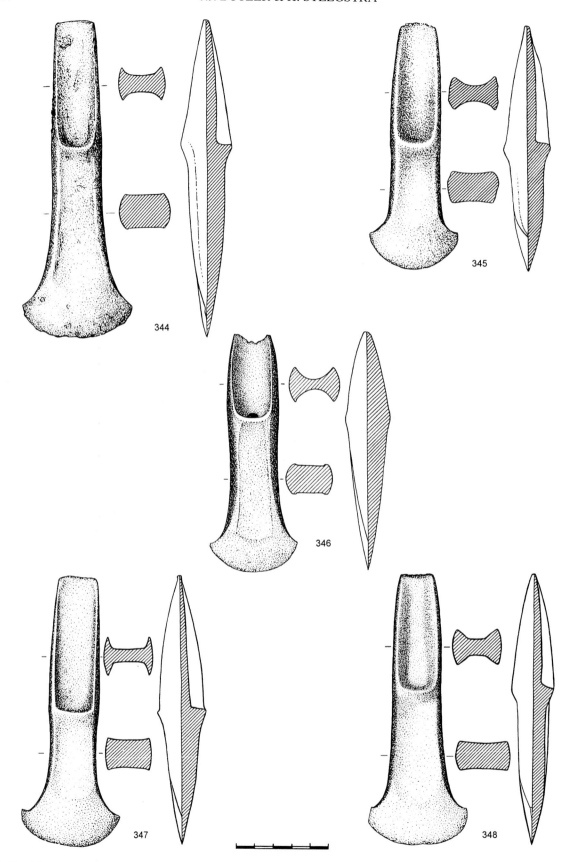

Fig. 79a. (Type AXP:FSJ) 344: Holsloot, Dr; 345. Tolbert, Gr; 346: Hooghalen, Dr; 347: 'Friesland'; 348: Wildervank, Gr.

*a:2) Palstaves with blade flanges and sinuous outline,
J-tips (AXP:FSJ)* (figs 79a-79b)

Six examples (Cat. Nos 344-349): five in the north, one
in Gelderland (Map 30).

CAT.NO. 344. HOLSLOOT, *GEMEENTE* SLEEN, DRENTHE.
L. 16.9; w. 6.05; th. 2.85 cm. Weight 530 gr. Straight blunt butt; ∧
flanges with () sides; U septum. Blade part with slightly)(faces,
slightly () sides, slight flanges; sides faintly faceted. Cutting edge
sharp, but slightly battered. Patina: originally leathery brown; most of
which has peeled away, leaving lighter yellowy green, with orange
patches and light green corrosion-blisters in places. Cutting edge
corroded. Found December 1954 in section F, N.324-327, by A.
Eizen of Holsloot. Museum: Assen, Inv.No. 1956/VII.1. (DB 155)
  Map reference: Sheet 17H, 250.07/528.55
  References: Butler, 1963b: p. 211, IV.B.6 and p. 201, fig. 12.

CAT.NO. 345. TOLBERT, *GEMEENTE* LEEK, GRONINGEN.
L. 13.15; w. 4.8; th. 2.6 cm. {} profile. Slightly rounded blunt butt;
ogival flanges with 3-faceted sides; U ledge septum. Blade part with
slightly concave faces, 3-faceted sides. Cutting edge sharp; crescent-
ground. Pouched. Patina: mechanically removed; traces of black.
Found in peat north of Tolbert. Museum: Groningen, Inv.No. 1906/
I.5. (DB 172)
  Map reference: Sheet 6H, c. 219/577.
  References: *Verslag*, 1906: p. 19, No. 6; Butler, 1963b: p. 211,
IV.B.3.

CAT.NO. 346. HOOGHALEN, *GEMEENTE* BEILEN, DRENTHE.
L. 12.6; w. 4.8; th. 2.45 cm. Slightly {} profile. Butt with irregular U
depression; slightly ogival ∧ flanges with () sides; U septum; U
stopridge, with blowhole at base of septum. Blade part with flat faces,
() sides, slight flanges. Cutting edge sharp, crescent-ground. Found c.
1950 by A. Bergsma, while picking potatoes, in a field at the
Geelbroekerweg, close to the boundary between *gemeenten* Beilen
and Assen, just east of the railway line (see map in Museum Inventory).
Original in private possession (now in Canada); plaster cast (made
1961 in B.A.I.) in museum: Assen, Inv.No. 1961/I.51. (DB 156)
  Map reference: Sheet 12D, 233.4/551.1.
  References: *Museumbulletin*, 1962: p. 215, B:7; Butler, 1963b: p.
211, IV.B.7, p. 317(141).

CAT.NO. 347. PROVINCE OF FRIESLAND (exact provenance
unknown).
L. 14.3; w. 5.5; th. 2.7 cm. {} profile. Straight sharp butt; ogival ∧
flanges with slightly () sides; rounded \＿/ septum. Slightly rounded
ledge stopridge. Blade part with slightly concave faces, slight flanges,
slightly () sides. Crescent-ground; cutting edge sharp. Pouched. No
casting seams. Cutting edge sharp. Patina: blackish, surface rough.
Museum: Leeuwarden, Inv.No. 87-4. (DB 199)
  References: Boeles, 1951: Pl. VI-5; Butler, 1963b: p. 211-IV.B.2;
Fries Museum/Stichting RAAP, 1994: p. 5, photo 3 (wrongly attributes
find to Oosterwolde).

CAT.NO. 348. WILDERVANK, *GEMEENTE* VEENDAM, GRO-
NINGEN.
L. 14.35; w. 5.4; th. 2.5 cm. Thin, slightly concave butt; convex ∧
flanges with () sides; \＿/ septum. Blade part with slightly)(faces, ()
sides. Ledge stopridge, with slight outward slope. Cutting edge sharp;
crescent-ground. Patina: ochreous red-brown encrustation. Found
1867, five feet under the solid undisturbed peat (*5 voet onder het vaste
veen*). Museum: Zwolle, Inv.No. 115, on loan in Veenkoloniaal
Museum Veendam. (DB 1607)
  Map reference: Sheet 12F, c. 254/566.
  Reference: Butler, 1963b: p. 211-IV.B.4.

CAT.NO. 349. OENE, *GEMEENTE* EPE, GELDERLAND.
L. 13.5; w. 5.3; th. 2.7 cm. Thin, sharp, straight butt. ∧ flanges with
slightly () sides; flattened-U septum, [shelf stopridge. Blade part with

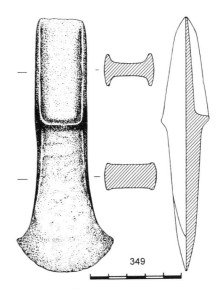

349

Fig. 79b. (Type AXP:FSJ) 349. Oene, Ge.

flat faces, slight side-flanges; sides slightly convex. Hammer marks
on faces. J blade tips; crescent-ground. Slightly pouched. Cutting
edge recently re-sharpened. Patina: blackish, well-preserved. Found
behind a house on an unpaved road branching off from the road Oene-
Nijbroek. Acquired from R. van Beek (Hattem), who had it from
antique dealer Ruitenberg (Zwolle), who had bought it c. 1958 from
an unnamed farmer of Oene/Epe, Gelderland. Museum: Arnhem,
Inv.No. GAS 1971.10.1. (DB 2096)
  Map reference: Sheet 27G, c. 200.5/483.

Comment: Our type AXP:FSJ differs from type AXP:
FSW only in the outline of the blade part, and these two
types could readily be combined. The actual blade width
of the FSJ axes is, thanks to their extra blade expansion,
more or less comparable to the blade width of AXP:FSW
palstaves.

  Dating: No close datings are known (cf. section 4,
below).

*a:3) Palstaves with flanged blade part and sinuous
outline, wide blade (AXP:FSW)* (figs 80a-80c)

Nine examples in the Netherlands (Cat. Nos 350-358);
of which six in the north, one in the northwest, one in
Utrecht, one in the Nijmegen area (Map 30).

CAT.NO. 350. ODOORN, *GEMEENTE* ODOORN, DRENTHE.
L. 16; w. 5.5; th. 2.8 cm. Weight 484 gr. Straight blunt butt; ∧ flanges
with () sides; \＿/ septum. U ledge stopridge. Blade part with faintly
convex faces, very slight flanges; rounded sides with faint vertical
facetting. Straight ground; cutting edge sharp. Patina: dark green;
corrosion pits on face and sides. Found 2 Sept. 1858 by J. Kaspers of
Odoorn, two feet below the surface, in cadastral parcel Odoorn Sect.
A.2046. Museum: Assen, Inv.No. 1858/IX.1. (DB 72)
  Map reference: 17F, 253.20/540.75.
  References: Butler, 1963b: p. 211-IV.B.5 and p. 201, fig. 12.

CAT.NO. 351. EESERVEEN, *GEMEENTE* BORGER, DRENTHE.
L. 16; w. 5.8; th. 2.7 cm. Weight 486 gr. Nearly straight, blunt butt;
slightly convex ∧ flanges, slightly () sides, U shelf septum. U

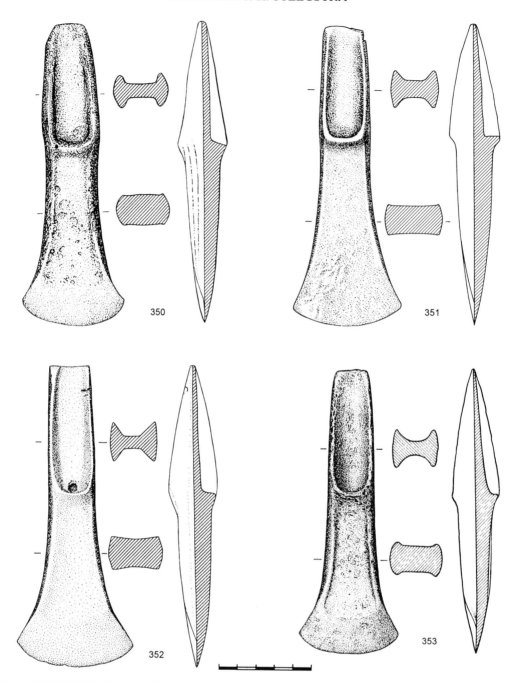

Fig. 80a. (Type AXP:FSW) 350: Odoorn, Dr; 351: Eeserveen, Dr; 352: *gemeente* Ommen, Ov; 353: Rectum, Ov (see also figs 80b,c).

stopridge, sloping inwards slightly. Blade part with faintly concave faces, () sides, slight side-flanges. Straight ground; cutting edge sharp. Patina: black; some modern file damage on faces. Found by labourer in the Eeserveen. Museum: R.M.O. Leiden, Inv.No. c.1910/ 4.1 (old No. BI.560a). (DB 383) Purchased via Tiesing of Borger.
    Map reference: Sheet 17E, 249/549.

CAT.NO. 352. *GEMEENTE* OMMEN, OVERIJSSEL.
L. 16; w. 6.4; th. 2.7 cm. Slightly concave blunt butt; slightly convex ∧ flanges with slightly () sides; strongly _/ septum, U ledge stopridge, sloping outwards, with small blowhole at base of septum.

Blade part with faces slightly concave; sides with 3 facets. Cutting edge sharp; crescent-ground. Blowhole on onc flange. Patina: brownish. Found before 1969. Museum: Enschede, Inv.No. 409. (DB 1046)
    Map reference: Sheet 22C, 226/503.

CAT.NO. 353. RECTUM, *GEMEENTE* WIERDEN, OVERIJSSEL.
L. 14.8; w. 5.3; th. 2.5 cm. Thin straight butt; slightly convex ∧ flanges with () sides; U septum; slightly projecting U stopridge. Blade part with flat faces; pronounced side-flanges, with () sides. Cutting edge sharp; crescent-ground; pouched. Found 1910 while digging a ditch

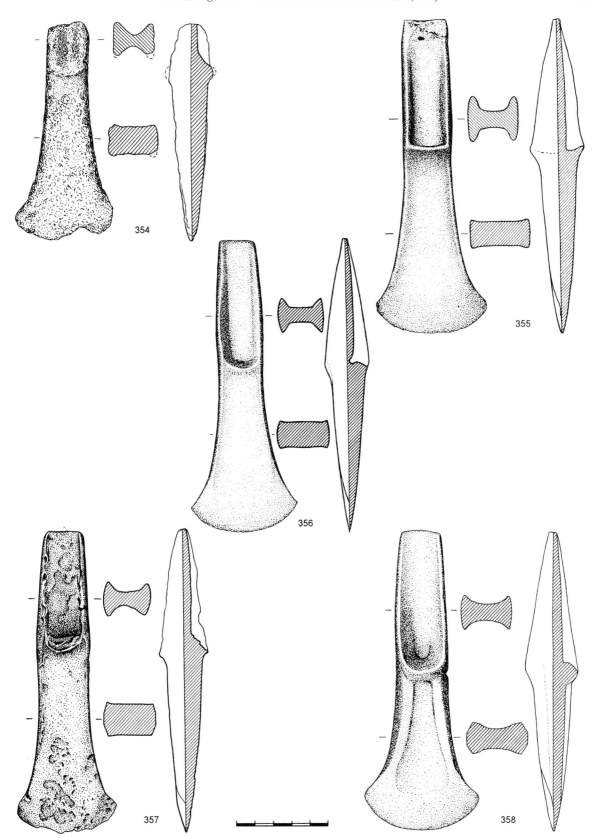

Fig. 80b. (Type AXP:FSW) 354: Wijnjewoude, Fr; 355: Achterveld, Ge; 356: Daarlerveen, Ov; 357: Wervershoof, N-H (drawing I.P.P.); 358: *gemeente* Nijmegen, Ge (see also figs 80a,c).

near the outer fosse of the castle. Museum: Enschede, Inv.No. 942 (old No. 500-233). Patina: very dark brown, dull to moderately glossy; well-preserved. (DB 1056)
Map reference: Sheet 28D, 236.0/482.3.

CAT.NO. 354. WIJNJEWOUDE, *GEMEENTE* OPSTERLAND, FRIESLAND.
L. 11.7; w. 5.3; th. 2.4 cm. {} profile. Portion of hafting part broken off and missing. ∧ flanges, deep U septum; U shelf stopridge. Blade part with flat faces and sides, expanding edge; faint flanges. Cutting edge sharp but battered. Heavily corroded and pitted; original surface (with glossy black patina) survives only in places. Found about 1930 c. 1 km NE of the village and south of the road Bakkeveen-Duurswoude. Private possession, bought for the price of *f* 2.50 from a farmer. (DB 1825)
Map reference: Sheet 11F, c. 210/564.
Reference: Pleyte, Friesland, 1877: Pl. XLV:6.

CAT.NO. 355. ACHTERVELD, *GEMEENTE* STOUTENBURG (NOW *GEMEENTE* LEUSDEN), GELDERLAND.
L. 16.6; w. 6.0; th. 3 cm. {} profile; straight blunt butt; slightly ogival flange outline. _/ septum; slightly () sides. Slightly U stopridge, ledge/shelf, strongly undercut. Blade part with flat faces and flat sides, with slight horizontal ridge at level of stopridge. Widely expanded blade. Cutting edge sharp. Slight casting defects. Patina: brown, glossy, well-preserved. Museum: Amersfoort, Inv.No. Ca.42. Found 1879. Acquired from G.R. Kilian of Amersfoort. (DB 1157)
Documentation: In R.O.B. data-base as *beitel* (chisel).
Map reference: Sheet 32G, c. 162.460.
Reference: Felix, 1945: p. 188:6.

CAT.NO. 356. DAARLERVEEN, *GEMEENTE* HELLENDOORN, OVERIJSSEL.
L. 14.6; w. 5.85; th. 2.5 cm. Straight blunt butt; ∧ flanges with slightly () sides; _/ septum; ∧ flanges; U stopridge, with blowhole at base of septum. Blade part with faintly convex faces; slight side-flanges. Crescent-ground; cutting edge sharp. Patina: blackish. Museum: Zwolle, Inv.No. 114. (DB 244)
Map reference: Sheet 28B, c. 236/496.
Reference: Butler, 1963b: p. 211-IV.B.10.

CAT.NO. 357. WERVERSHOOF, *GEMEENTE* WERWERSHOOF, NOORD-HOLLAND.
L. 15.9; w. 5.5; th. 2.7 cm. Straight blunt butt; slightly sinuous ∧ flanges, with () sides; U septum. U stopridge, sloping outwardly. Blade part with flat faces, faint flanges, 3-faced sides. Cutting edge somewhat expanded, sharpened but battered. Found Autumn 1982 on farmland S.E. of WerVershoof, while harvesting carrots. Probably transported in re-allocation. Sold by finder to unknown person. (DB 853)
Map reference: Sheet 20A, 140.2/526.5.
Reference: Van de Walle-van der Woude, 1983: pp. 225-6, 228 with drawing.

CAT.NO. 358. *GEMEENTE* NIJMEGEN, GELDERLAND.
L. 15.9; w. 6.3; th. 2.95 cm. Slightly convex blunt butt; ∧ flanges with slightly () sides; U septum; U shelf stopridge, bullet-shaped in section. Blade part with _/ face, the marked flanges having been hammered down; sides 3-faceted. Crescent-ground; cutting edge sharp. Patina: black. Museum: Arnhem, Inv.No. BH 121. (DB 12)
Reference: Butler, 1963b: p. 211(35)-IV.B.9.

Dating: No close datings are known (cf. section 4, below).

AXP:FSW, but with variant outline:

CAT.NO. 359. SLEENERZAND, *GEMEENTE* SLEEN/ZWEELOO, DRENTHE (grave find).
L. 16; w. 5.8; th. 3.2 cm. The outline is atypical, displaying a

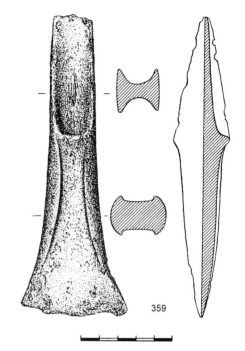

Fig. 80c. (Type AXP:FSW) 359: Sleenerzand, Dr.

continuously expanding curve. Irregular blunt butt; ∧ flanges with nearly flat sides; deep U septum; U stopridge, > in section. Blade part with slightly concave faces, strongly rounded sides, projecting as sharply moulded low flanges above the flat face. Straight (?) cutting edge has recent damage. Surface corrosion-pitted, but otherwise well-preserved. Traces of wooden shaft adhere to both faces of septum. Found in primary grave of 2nd period of tumulus 'De Galgenberg'; excavated 1934, 1938 by Van Giffen, see Part I (Butler, 1990: Find No. 16, pp. 85-86, fig. 20, with previous references). Museum: Assen, Inv.No. 1934/V.30. (DB 1250)
Map reference: Sheet 17G, 248.30/537.25
References: *Verslag*, 1934: p. 21, Nos 64-67; Butler, 1963b: p. 212; Butler, 1992: pp. 85-86, Fig. 20:1.

Parallels and distribution, Type AXP:FSW: almost all Netherlands examples are in the north of the country; with one exception in the northwest (WerVershoof) and one in the centre (Nijmegen). It is noteworthy that no single example of this type is at present known in the south of the Netherlands, or in Belgium.

For West Germany, Kibbert (1980) illustrates a very few seemingly similar examples in Westfalen; these, however, he divides among his *Var*. Wardböhmen (his p. 245, Nos 611, 612) and *Var*. Paderborn (p. 247, his Nos 636-637). His eponymous Wardböhmen example is not in fact from Kibbert's own area, but from the Lüneburger Heide, at Wardböhmen, Kr. Celle (*Schafstallberg* Tumulus 16, Grave II; Piesker, 1958: p. 34, No. 123, Taf. 60:5-9 – the side view of the palstave is there illustrated upside down; Laux, 1971: p. 183: grave with riveted dagger, pin of Laux's *Typ* Westendorf, hollowbased 'Sögel' flint arrowheads). Laux had previously classified the Wardböhmen palstave as a western European *schlichtes Absatzbeil, Var. B* (his p. 83); whereas for Piesker (1958) it was an *Absatzbeil vom nordwesteuropäischen Typus.* Kibbert gives it, thus, a third type-name, his *Var.* Wardböhmen; the distribution of which in western Germany is at present unknown. So we reward it with a fourth type-name, as our AXP:FSW. The relationship is supported by Kibbert's citation of one of the Netherlands AXP:FS examples (our Cat.No. 359, from the Sleenerzand-Galgenberg grave) as a parallel for his *Var.* Wardböhmen palstaves.

Dating: The only associated find in the Netherlands is the atypical example from the grave Sleenerzand-Galgenberg (here Cat.No. 359). Kibbert (1980: pp. 252-253) suggests a dating for this find comparable with his *mittlere bis späte Hügelgräberzeit*. In terms of the Netherlands chronology, the timber-circle tumulus in which this palstave occurs dates it to Middle Bronze B. The Wardböhmen grave, with a reasonable parallel, was dated by Laux to his *Zeitgruppe I*, which Kibbert (p. 252) equates with *etwa der mittlere Hügelgräberzeit*.

3.4.3. *Palstaves with midrib or midridge (AXP:M...)*

Total: 40 examples in the Netherlands (Cat.Nos 360-

399; Maps 31, 32). The occurrence of a midrib or midridge on palstaves is by no means a homogeneous phenomenon. A thick midrib or midridge, such as occurs (often in 'trumpet' form) on the Scandinavian 'work palstaves', Kibbert's *Typ* Kappeln is evidently a blade-strengthening feature. A narrow midrib is rather a decorative feature, all the more so if it takes a Y or trident form. These types of midrib became known both in the north and the south of the Netherlands on import palstaves.

Within our regional types, it is, however, striking that the midrib or midridge plays practically no rôle in the north, whereas in the southern part of the country various midrib types were taken over and utilized for at least part of the local production.

a) *Palstaves with narrow midrib or midridge and sinuous outline (AXP:MIS...)*

We group together under this heading a number variants, which, taken together, constitute a recognizable regional palstave group, characteristic of the south of the

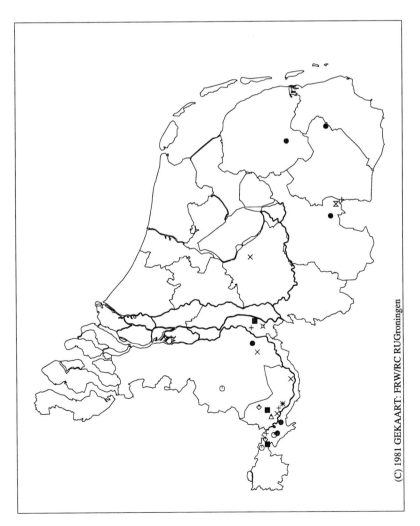

(C) 1981 GEKAART: FRW/RC RUGroningen

△ with trapeze outline
✳ sinuous, large
● sinuous, medium
✕ sinuous, small
+ sinuous, wide-bladed
■ crinoline outline, large
◇ trumpet midr., sinuous, wide
☉ V-shaped midr., sinuous, wide
⧓ flanges, sinuous, wide
⊠ flanges, H-sided, J-tips

Map 31. Regional palstaves, unlooped, with midrib or midridge: Types AXP: M....

● sinuous outline

Map 32. Regional palstaves, looped, with midrib or midridge: Type AXPL:MS.

(C) 1981 GEKAART: FRW/RC RUGroningen

Netherlands, spilling over into the adjacent Northwest German Rhineland.

a:1) *Palstaves with narrow midrib and double-sinuous (= crinoline) outline, large size (AXP:MISC>)* (fig. 81)

Four examples in the Netherlands (Cat. Nos 360-363): three south, one unprovenanced (Map 31). These have a very distinctive outline, with convexity not only of the hafting part but also of the blade part. The stopridge is straight, or nearly so, and slopes outwardly. Two of the four examples have a {} profile. Noteworthy also is the thin, short midrib descending from the stopridge.

CAT.NO. 360. WEURT?, *GEMEENTE* BEUNINGEN, GELDER-LAND.
L. 17; w. 5.25; th. 3 cm. {} profile. Blunt butt with irregular V notch; convex ∧ flanges with <> sides; shallow U septum; prominent shelf stopridge, sloping outwardly. Blade part with slightly convex trapeze outline, flat faces, <> sides. Short narrow midrib below stopridge on one face only. Two halves of mould were poorly registered. Cutting edge sharp. Patina: grey-green. Found at brick-yard at Weurt? Mu-

seum: Nijmegen, Inv.No. AC 28. Purchased 13 Jan. 1933 (paper label). (DB 1497)
Map reference: Sheet 40C, c. 184/431.5.

CAT.NO. 361. *GEMEENTE* HEYTHUYSEN, LIMBURG.
L. 17; w. 4.8; th. 2.95 cm. {} profile. Straight blunt butt; narrow ∧ flanges with () sides; _/-shaped septum; thick, nearly straight shelf stopridge. Blade part with S outline, () faces and sides, short narrow midrib. Cutting edge sharp (recently improved!). Patina: dull mottled green; dark red stain on one side of septum; surface rough. Museum: R.M.O. Leiden, Inv.No. G.L.66 (old No. I.560). Ex coll. Guillon 194 (Roermond). (DB 288)

CAT.NO. 362. SUSTEREN GEBROEK, *GEMEENTE* SUSTEREN, LIMBURG.
L. 17.5; w. 4.9; th. 2.8 cm. Blunt butt with irregular U notch; slightly convex ∧ flanges with <> sides; _/ septum; nearly straight shelf stopridge. Blade part with slightly convex-trapeze outline, [] section, short narrow midrib on face. A few small blow-holes near butt. Cutting edge sharp, slightly battered. Patina: mostly scrubbed off; where present brownish to greenish. Museum: Assclt, Inv.No. 243. Ex coll. Philips. (DB 64)
Map reference: Sheet 60A, c. 186/341.7
Documentation: *Inventaire* Coll. Philips, No. 243, with drawing.
References: Butler, 1973a: pp. 321-329, esp. p. 323, afb. 2:3;

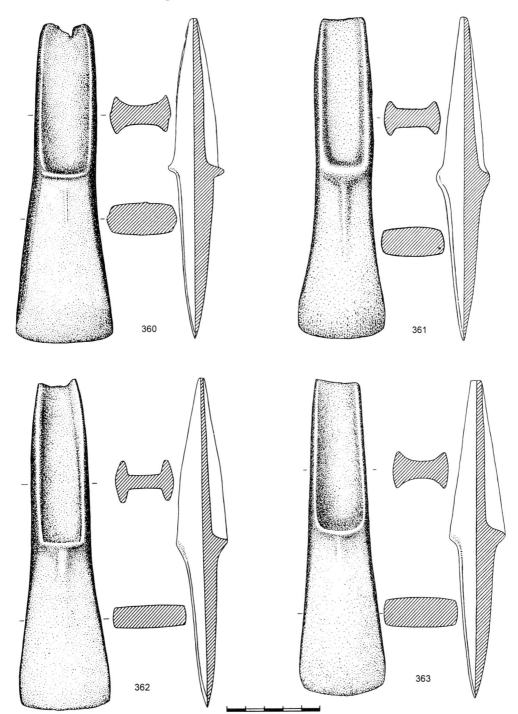

Fig. 81. (Type AXP:MISC>) 360: Weurt? Ge; 361: *gemeente* Heythuysen, Li; 362: Susteren Gebroek, Li; 363: provenance unknown.

Brongers & Woltering, 1978: p. 88, afb. 47.1; De Laet, 1982: p. 432; Wielockx, 1986: Cat.No. Hi.30.

CAT.NO. 363. PROVENANCE?
L. 16.7; w. 4.75; th. 3.1 cm. Slightly concave blunt butt; ∧flanges with slightly () sides; U septum; shelf stopridge, sloping outwards. Blade part with trapeze-shaped blade outline, becoming biconvex toward the cutting edge, with slightly () faces and sides; very short thin rib on face below stopridge. Private possession. (DB 1752)

Parallels: The palstaves of Type AXP:MISC> are evidently related to the smaller varieties AXP:MS< and AXPL:MS. For AXP:MISC> there are no parallels in Kibbert.

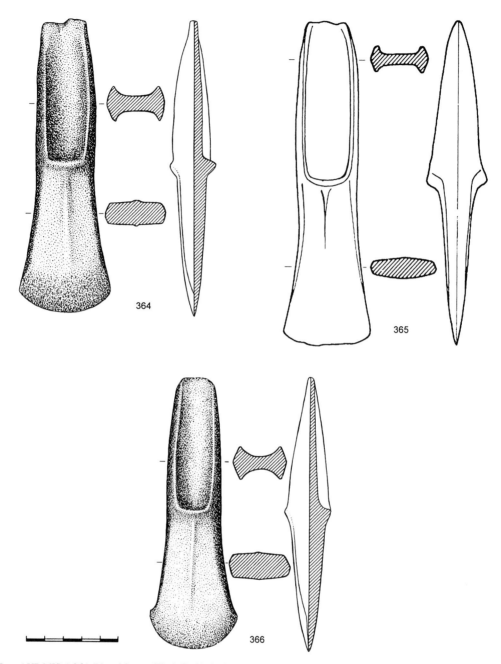

Fig. 82. (Type AXP:MIS>) 364: River Maas or Waal, Ge (dealer's provenance); 365: *gemeente* Kessel, Li (drawing R.O.B.); 366: 'Overijssel'.

Dating: No close datings are known (cf. section 4, below).

a:2) *Palstaves, large, with narrow midrib and sinuous outline, wide blade (AXP:MIS>)* (fig. 82)

Three examples in the Netherlands (Cat. Nos 364-366): one south; two approximate provenance Gelderland and Overijssel (Map 31).

CAT.NO. 364. (RIVER) 'MAAS OR WAAL', GELDERLAND (dealer's provenance).

L. 16.65; w. 5.05; th. 2.6 cm. {} profile. Blunt, irregularly straight butt; ogival flanges with () sides; _/ septum; prominent, slightly rounded shelf stopridge, sloping outwardly. Blade part with flat faces, <> sides; long narrow midrib. Crescent-ground; cutting edge sharp, with tips not expanded. Patina: clean bronze colour. Museum: R.M.O. Leiden, Inv.No. e.1944/10.2. Purchased from A. Sprik (Zaltbommel). (DB 500)

CAT.NO. 365. *GEMEENTE* KESSEL, LIMBURG.
L. 16.7; w. 4.8; th. 3.3 cm. {} profile. Irregularly straight butt; ogival flanges with <> sides; gently curved stopridge. Blade part with convex faces, <> sides; cutting edge nearly straight, with non-expanded blade tips. Thin short midrib. Found during or soon after

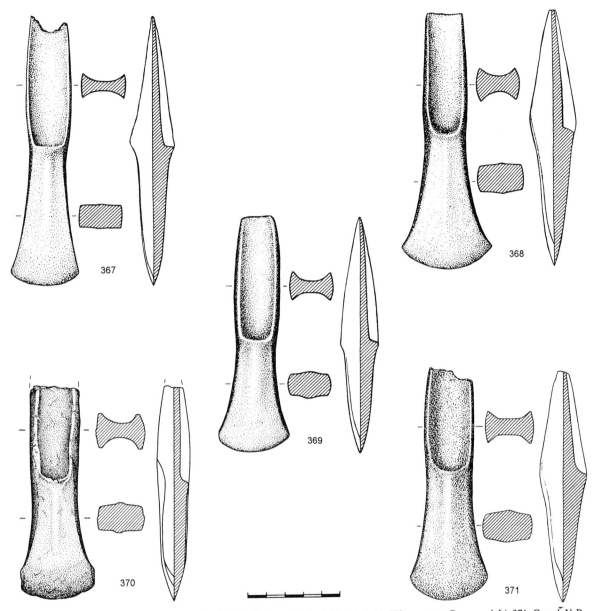

Fig. 83a. (Type AXP:MIS><) 367: Bakkeveen, Fr; 368: Hardenberg, Ov; 369: Montfort, Li; 370: *gemeente* Roermond, Li; 371: Gassel, N-B.

World War II in a wood: at same place, but not at same time as Cat.No. 318. Patina: dark green (partially removed). Drawing R.O.B. Private possession. (DB 2034)

Map reference: Sheet 58E, 200.5/368.8.
Reference: Bloemers, 1973: afb. 4:4 (right).

CAT.NO. 366. PROVINCE OF 'OVERIJSSEL' (exact provenance unknown).
L. 14.45; w. 4.9; th. 2.5 cm. {} profile. Slightly rounded blunt butt; slightly ogival flanges with <> sides; U septum; slightly rounded ledge stopridge, sloping outwardly. Blade part with flattish faces, <> sides, long narrow midrib. Semi-circular, sharp cutting edge, one blade tip slightly J sharp. Museum: R.M.O. Leiden, Inv.No. d.1942/ 12.17. Purchased from C. Loeff of Voorhout; inherited from his father, notary W.H. Loeff of Haarlem. (DB 499)

Parallels: None are known on the German side of the border; at least none are illustrated by Kibbert. These palstaves are perhaps to be regarded as local derivatives of the *Typ* Normand.

Dating: No close datings are known (cf. section 4, below).

a:3) *Palstaves with narrow midrib and sinuous outline, medium blade width (AXP:MIS><)* (figs 83a-83b)

Six examples in the Netherlands (Cat.Nos 367-372): three south, two north; plus one possible fragment in the north (Map 31).

CAT.NO. 367. BAKKEVEEN, *GEMEENTE* OPSTERLAND,
FRIESLAND.
L. 14.2; w. 3.65; th. 2.45 cm. Thin butt with large irregular U
depression; slightly concave ∧ flanges with () sides; shallow U
septum. Blade part with nearly [] section, narrow midrib. Cutting
edge sharp. Patina: dark bronze with white flecks. Museum:
Leeuwarden, Inv.No. 7A-1. (DB 196)
     Map reference: Sheet 11F, c. 213.5/566.5.
     References: Boeles, 1951: p. 482, fig. 13.2; Butler, 1963b: p. 211,
IV B.1.

CAT.NO. 368. HARDENBERG, *GEMEENTE* HARDENBERG,
OVERIJSSEL.
L. 13.5; w. 4.95; th. 2.5 cm. Straight blunt butt; ∧ flanges with () sides;
U septum; U ledge stopridge, outwardly sloping. Blade part with
flattish faces, narrow midrib, () sides. Cutting edge sharp. Museum:
R.M.O. Leiden, Inv.No. d.1907/6.1. Presented by C.C. Schotz of
Hardenberg. (DB 376)
     Map reference: Sheet 22D, c. 239.5/510.

CAT.NO. 369. MONTFORT, *GEMEENTE* AMBT MONTFORT,
LIMBURG.
L. 12.5; w. 3.85; th. 2.1 cm. Straight sharp butt; slightly convex
flanges with () sides; U septum; nearly straight ledge stopridge. Blade
part with thick midrib, () sides. Cutting edge sharp. Private possession.
(DB 1712)
     Map reference: Sheet 60B, c. 193/348.

CAT.NO. 370. *GEMEENTE* ROERMOND, LIMBURG (exact
provenance unknown).
L. (11.3); w. 4.1; th. 1.9 cm. Weight 275.2 gr. Butt end irregular (end
broken off). Slightly leaf-shaped flanges with () sides; U septum, U
ledge stopridge. Blade part with flat faces, () sides, narrow midrib.
Cutting edge sharpened, crescent-ground, badly damaged; both cutting-
edge tips damaged. Patina: dark bronze; yellowish sandy loam in pits.
Dredge find, badly battered in rock-crusher. Private possession. (DB
2240)

CAT.NO. 371. GASSEL, *GEMEENTE* MILL EN ST. HUBERT,
NOORD-BRABANT (Tongelaar estate).
L. 12.15; w. 4.3; th. 2.6 cm. Butt irregular (end broken off). ∧ flanges
with () sides; _/ septum; U ledge, outwardly sloping stopridge.
Blade part with narrow midrib, () sides. Found around 1960 by W. van
Lith. Museum: 's-Hertogenbosch, Inv.No. 9678, acquired from fin-
der. (DB 277)
     Map reference: Sheet 46A, 182.66/414.52.
     Reference: Verwers, 1990: pp. 35-36, fig. 23.

CAT.NO. 372. EELDE, *GEMEENTE* EELDE (NOW *GEMEENTE*
ZUIDLAREN), DRENTHE (Vosbergen estate).
L. (8.0); w. (3.6); th. (1.5) cm. Weight 113 gr. Blade fragment only.

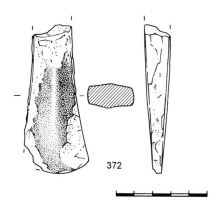

Fig. 83b. (Type AXP:MIS><) 372: Eelde, Dr.

Blade part with <> faces, slightly () sides; long thick midrib. Mild
blade expansion, with narrow midrib. Patina: glossy black. Battered
and heavily corroded. Breaks are patinated. Found 1984, in woods
adjacent to a path, at a depth of 20 cm, in undisturbed ground, with
metal-detector. Museum: Assen, Inv.No. 1987/IX.3. (DB 671)
     Map reference: Sheet 12B, 234.825/573.625.

Parallels: No close parallels in Kibbert.
     Dating: No close datings are known (cf. section 4,
below).

a:4) *Palstaves with narrow midrib and sinuous outline,
small version (AXP:MIS<)* (fig. 84)

Four examples in the Netherlands (Cat. Nos 373-376);
one from Gelderland, three from the south (Map 31).
The four palstaves of this group are, except for size,
virtually identical to those of the 'large' variant. Three
have a {} profile.

CAT.NO. 373. GASSEL, *GEMEENTE* MILL EN ST.HUBERT,
NOORD-BRABANT (Tongelaar estate).
L. 10.8; w. 3.9; th. 2.8 cm. Weight 285.7 gr. Straight blunt butt; ∧
flanges with flattish sides; flattened-U septum; slightly rounded shelf
stopridge. Blade part with sinuous outline, ridged blade. Cutting edge
with S outline, sharp; has been heavily re-ground. Patina black, but
roughly half has been removed by modern grinding, showing dark
bronze. Surface somewhat pitted. Ochreous deposit at septum-
stopridge junction. Found by harvesting potatoes. Private possession.
(DB 2149)
     Map reference: Sheet 46A, c. 182/414.

CAT.NO. 374. BETWEEN HELDEN AND NEER, *GEMEENTE*
ROGGEL EN NEER, LIMBURG.
L. 12.4; w. 4.1; th. 2.3 cm. {} profile. Slightly concave blunt butt;
flanges with sinuous outline, () sides; _/ septum; outwardly sloping,
slightly projecting U stopridge. Blade part ridged; cutting edge with
S outline. Cutting edge sharp. Casting seams prominent. Patina: 2/3
brown, 1/3 green. Found by a farmer on his land, between Helden and
Neer, 10 km NW of Roermond. Private possession. (DB 1806)
     Map reference: Sheet 58B, c. 197/366.
     References: Butler, 1973a: pp. 321-329, afb. 3.2; Wielockx, 1986:
Cat.No. Hi24.

CAT.NO. 375. DE KOLCK, *GEMEENTE* BROEKHUIZEN, LIM-
BURG.
L. 12.2; w. 4.5; th. 2.65 cm. {} profile. Irregularly straight, blunt butt;
ogival flanges with flattish sides; shallow U septum, U shelf stopridge.
Blade part with ridged face, shallow broad midrib. Two halves of
mould were poorly matched. Cutting edge S-shaped, sharpened but
partly broken off. Found near Huize de Kolck, under layers of sandy
clay (0.75-1.00 m), bluish sandy clay (0.075/1.00-1.50 m), at the base
of which the palstave; thereunder gravel. Private possession. (DB
1740)
     Map reference: Sheet 52E, 208.18/389.50.

CAT.NO. 376. VIERHOUTEN, *GEMEENTE* ERMELO, GELDER-
LAND.
L. 11; w. 4.3; th. 2.95 cm. {} profile. Slightly rounded blunt butt; ∧
flanges, _/ septum; slightly rounded stopridge, prominent shelf
stopridge. Blade part with flat faces, rounded sides, with narrow
midrib on faces. S-shaped cutting edge portion, cutting edge blunted;
edges of flanges re-hammered. Patina: mottled green, mostly dark
glossy. Museum: Zwolle, Inv.No. 116. Gift of P.C. Molhuijsen. (DB
245)
     Map reference: Sheet 27C, c. 185/483.
     Reference: Hijszeler, 1961: p. 85.

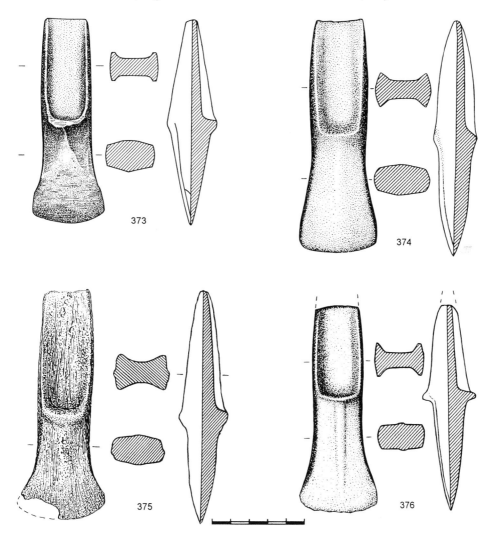

Fig. 84. (Type AXP:MIS<) 373: Gassel, N-B; 374: between Helden and Neer, Li; 375: De Kolck; Li; 376: Vierhouten, Ge.

Parallels: On the German side of the border are two good examples (Kibbert, 1980: No. 521, from Porz, Rheinisch-Bergischer Kr., which is along the Rhine, and No. 522, Gladbeck [?], along the Lippe). These are assigned by Kibbert (1980: pp. 214-229, esp. pp. 216 and 218), to his *Form* Wankum. Also, his No. 518, which he attributes to his *Zwischenform* Kappeln-Wankum, from Hinsbeck, Stadt Netletal, Kr. Krempen-Krefeld, NRW (which is close to the Netherlands Limburg border) is very like our Cat.No. 373.

These are evidently products of a local industry in the Rhine-Maas area, distributed on both sides of the modern Netherlands-German border. They are to be taken together with the larger versions, our Types AXP:MS..., and the otherwise very similar palstaves with loop (our Type AXPL:MS, Map 31).

Dating: Datable finds are lacking on both sides of the border. Kibbert (1980: pp. 217-218) attributes his *Form* Wankum to "*etwa der frühen Urnenfelderzeit*", on the basis of somewhat remote parallels.

a:5) *Looped palstaves with narrow midrib or midridge and sinuous outline; small version (AXPL:MIS<)* (figs 85a-85b)

Eight examples in the Netherlands (Cat.Nos 377-384). Five of these form a tight little group in the Arnhem-Nijmegen area; with two strays, one in the north and one in the southwest (Map 31); plus one without provenance.

CAT.NO. 377. DREISCHOR, *GEMEENTE* BROUWERSHAVEN, ZEELAND.
L. 13.1; w. 4.65; th. 2.8 cm. {} profile. Butt straightish but irregular; ogival flanges with () sides; shallow U septum; U shelf stopridge. Low-placed D loop. Blade part S-outlined, () sides. Midrib on face. Cutting edge sharp. Patina black, small quantity light brown in hollows. Surface rough. Found 1966 (probably while ploughing). Museum: Zierikzee. (DB 740)
   Map reference: Sheet 64H, c. 57/412.

CAT.N0. 378. EIMEREN, *GEMEENTE* ELST, GELDERLAND.
L. 13.1; w. 4.6; th. 3.15 cm. D loop, 2.6x0.6 cm. {} profile. Irregularly rounded blunt butt; ∧ flanges, with slightly () sides;][septum; nearly straight stopridge. Blade part with ridged face, () sides; prominent

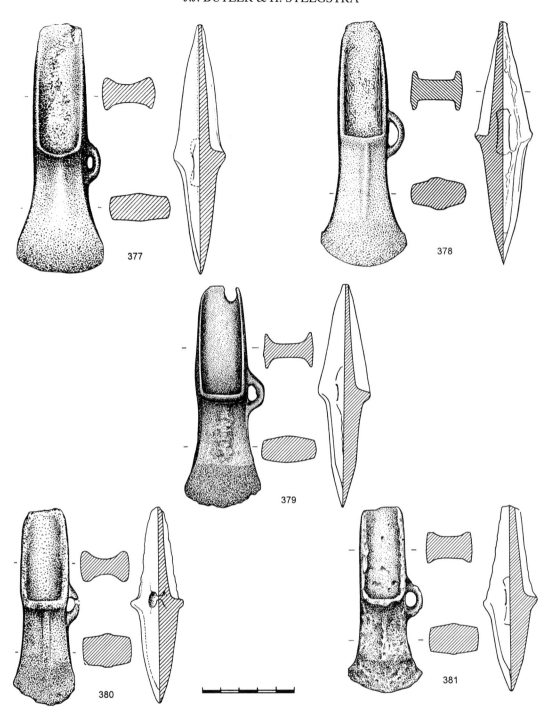

Fig. 85a. (Type AXPL.MIS<) 377: Dreischor, Zl; 378: Eimeren, Ge; 379: Volkel/Zeeland, N-B; 380: Gasselternijveen, Dr; 381: Escharen, N-B (see also fig. 85b).

midridge. Found c. 1955 in a field 'de Cradillen' while harrowing; the field had been levelled in 1952. Private possession. (DB 1746)

    Map reference: Sheet 40C, c. 184/435.

    References: Hulst, 1971: p. xvi, No. 6, fig. 2 and 3.

CAT.NO. 379. VOLKEL/ZEELAND, *GEMEENTE* UDEN/ LANTERD, NOORD-BRABANT.

L. 12; w. cutting edge 4.1 cm. Slightly rounded butt, with U-shaped

blowhole; parallel-sided ∧ flanges with flattish sides; _/ septum; fairly straight, strongly overhanging 'ledge' stopridge; D loop. Blade part with ridged faces (one side more prominently than the other); strong casting seams (on the non-looped side markedly non-axial). Heavily corroded. Patina: greyish green. Found along the road Venray-Zeeland. Private possession. The present owner purchased it around 1963 from the heirs of the finder, after seeing it on display in the *Gemeentehuis* at Boxmeer, together with a socketed axe. According

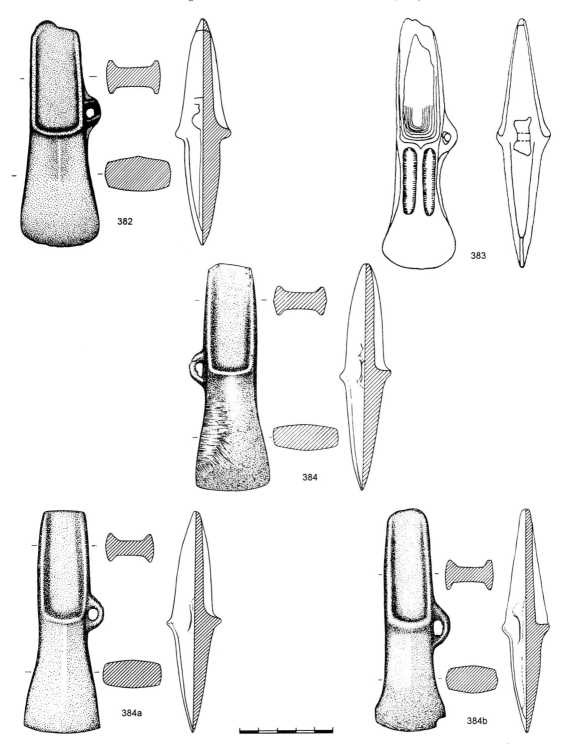

Fig. 85b. (Type AXPL:MIS<) 382: provenance unknown; 383: Haps, N-B (drawing AWN Nijmegen e.o.); 384: Hunerberg, Ge (see also fig. 85a).

to the owner it was found in a field along the Midden-Peelweg, alongside a landing strip of the air-field Volkel. (DB 730)

Map reference: Sheet 45H, c. 177/411.

CAT.NO. 380. GASSELTERNIJVEEN, *GEMEENTE* GASSELTE, DRENTHE.

L. 10.4; w. 3.4; th. 2.9 cm. {} profile. Nearly straight blunt butt; ogival

flanges with slightly () sides; U septum; [shelf stopridge. Blade part with narrow midrib. Cutting edge battered. Found at potato factory. Private possesion. (DB 2089)

Map reference: Sheet 12H, 254.5/556.7.

CAT.NO. 381. ESCHAREN, *GEMEENTE* GRAVE, NOORD-BRA-BANT (De Schans).

L. 9.9; w. 4.0; th. 2.9 cm. Weight 244 gr. {} profile. Straight blunt butt; flanges with flat sides; shallow _/ septum; [shelf stopridge. Blade part with narrow midrib on ridged faces, flattish sides. Cutting edge slightly expanded; sharp. Low-placed D loop (2.1x0.6 cm). Patina black; surface pock-marked, somewhat porous. Rather battered. Ochreous deposit in a few pits. Found in a field in de Schans "at an elevation of 9.40 m above NAP". Private possession. (DB 636)

Map reference: Sheet 45F, 178.3/416.

References: Koolen, 1983: afb. 36; Koolen, 1993: fig. 1.

CAT.NO. 382. PROVENANCE UNKNOWN.
L. 12; w. 4.3; th. 3.1 cm. D loop 2.0x1.2 cm. {} profile. Irregular (damaged) butt; flanges sinuous in outline, with slightly convex sides,][septum; slightly rounded, strongly pronounced shelf stopridge. Blade part with trapeze outline; one face is ridged, the other face is convex. Cutting edge sharp, with slightly rounded corners. Patina green, some loamy encrustion. Casting seam prominent on hafting part, vague on blade part. Museum: Nijmegen, Inv.No. xxx.d.27, ex coll. Kam; on loan to museum Kasteel Wijchen. (DB 2336)

CAT.NO. 383. HAPS, *GEMEENTE* CUYK, NOORD-BRABANT.
L. 13.2; w. 4; th. 3 cm. D loop 2.6x0.8 cm. {} profile. Butt irregular (damaged). Blade part slender, with S-outline cutting-edge part. From a cultivated field, found in potato-sorting machine. Lost in fire. Private possession. Drawing kindly made available by the *Archeologisch Werkgemeenschap Nederland*, section Nijmegen and environs. (DB 633)
We have not seen this axe; measurements are from drawing.

Map reference: Sheet 46A, 188.36/413.30.

Reference: De Wit, 1983: p. 47, afb. 32.

CAT.NO. 384. HUNERBERG, *GEMEENTE* NIJMEGEN, GELDERLAND.
L. 12.1; w. 4.1; th. 2.8 cm. D loop 1.8x0.4 cm. Weight: 320 gr. {} profile. Straight, slightly sloping blunt butt; () sides; _/ septum. Slightly curved shelf stopridge. Blade part with slightly ogival outline, slightly () sides, midridge. Cutting edge sharp. Glossy brown 'peat' patina. Museum: Nijmegen, Inv.No. (Inv.No. E.III. 4e (old No. 8)). (DB 2190)

Metal analyses: (qualitative X-ray spectrography) Cu+Sn, substantial traces of Ag, As, Sb, Ni (British Museum, London).

Documentation: Letter P. Craddock (British Museum) to Butler, 3 July 1984.

Map reference: Sheet 40C, c. 189.7/427.7.

Modern copies of Cat.No. 384:
Cat.No. 384a:
L. 11.8; w. 4.1; th. 3 cm. Weight: 317 gr. Modern copy of Cat.No. 384 (made before 1830). Museum: Nijmegen, E.III.4a (4). Metal analysis: Cu+Zn, Pb, Sn. (DB 1553)

Documentation: Letter P. Craddock (British Museum) to Butler, 3 July 1984.

Cat.No. 384b:
L. 11.7; w. 4.0; th. 2.75 cm. Weight: 315 gr. Modern copy of Cat.No. 384 (made before 1830). Museum: Nijmegen, E.III.4b (5). Metal analysis: Cu+Zn, Pb, Sn. (DB 1554)

Documentation: Letter P. Craddock (British Museum) to Butler, 3 July 1984.

Comment on Cat.Nos 384, 384a, 384b: Three virtually identical looped palstaves from the Rijksmuseum Kam in Nijmegen were submitted to the present writer by drs. J.R.C. v. Zijll de Jong for comment. The three objects were so similar in size, form and details, that one could readily suppose that they had been cast in the same mould. On close examination, however, it appeared that certain features which could only be interpreted as modern damage – such as, for example, the file marks on the face – occurred identically on all three axes, but more sharply defined on Cat.No. 384 than on the other

two. On further detailed examination, it seemed likely that only one of the three axes (Cat.No. 384, Inv.No. E.III. 4e [old No. 8]) was an original Bronze Age specimen, and that the other two examples were modern copies of it. Confirmation was sought via spectro-analysis. Samples from the three axes were submitted to Dr. Paul Craddock of the British Museum research laboratory; who after an x-ray spectrographic test reported that the two suspected modern copies had indeed a zinc content.

Parallels Type AXPL:MIS<: On the German side of the border, there is one example of this type (Kibbert, 1980: p. 216, No. 525) from Krefeld-Gellep, along the Rhine. Kibbert assigns the Krefeld palstave, along with the bronze palstave mould from the River Lippe at Werne in Westfalen (his No. 526), to a *Form* Venlo (so named after the find-spot of our palstave Cat.No. 231, originally illustrated Butler, 1973a: p. 326, Abb. 5:4). Neither the Venlo palstave nor the Werne mould seem, however, to belong to what we here designate the small variety, our Type AXPL:MISC<. The Venlo palstave itself we assign to *Typ* Rosnoën.

a:6) *Palstaves with narrow midrib and sinuous outline, wide blade (AXP:MISW)* (fig. 86)

Four examples in the Netherlands (Cat.Nos 385-388): one north, three south (Map 31).

CAT.NO. 385. COEVORDEN, *GEMEENTE* COEVORDEN, DRENTHE.
L. 15.8; w. 6.3; th. 2.7 cm. Weight 417.5 gr. Thin, irregular butt; /\ flanges, very slightly convex, with () sides; U septum; U stopridge, slightly overhanging and sloping outwardly. Blade part with slightly <> sides; faint midrib and slight side-flanges on widely splayed blade part. Crescent-ground, cutting edge sharp (some recent re-sharpening). Casting seams prominent on upper part, becoming depressions on the blade part. No pouches. Patina: traces of black patina, but has been mechanically cleaned. Now mostly bright bronze to dark bronze in colour. Surface somewhat pitted. Found June or July 1994 by owner in ground transported for noise barrier; ground comes from Daler Allee where trees were uprooted. Private possession. (DB 874)

Map reference: Sheet 22E, c. 246/521.

CAT.NO. 386. *GEMEENTE* WIJCHEN, GELDERLAND.
L. 13.45; w. 4.9; th. 2.3 cm. Shallow-U blunt butt; /\ flanges with () sides; U septum; curved stopridge, slightly overhanging. Blade part with broad midrib, () sides. Fairly straight, sharp cutting edge. Collection: B.A.I. Groningen, Inv.No. 1938/IV.7a. Ex coll. H. Blijdenstein, harbourmaster at Nijmegen; private collection purchased via dealer J. Esser of Nijmegen (see also palstaves Cat.Nos 238 and 315). (DB 1094)

CAT.NO. 387. KESSEL, *GEMEENTE* KESSEL, LIMBURG.
L. 14.8; w. 5.2; th. 2.1 cm. Weight 375 gr. Straight blunt butt; /\ flanges with slightly () sides; _/ septum, slightly U-shaped shelf stopridge. Blade part with flat faces except for narrow midrib; () sides; fan-shaped blade. Cutting edge sharp. Patina: mottled green. Part of butt restored. Museum: Brussels, Inv.No. B 589 (old No. 3575). Acq. June 1875, ex coll. Franssen. Metal analysis (Jacobsen, 1904: An. 37): Sn 8.25, Pb 0.172, Zn 0.495. (DB 1875)

Map reference: Sheet 58E, c. 201.5/367.

References: De Loë, 1931: p. 31(-2); Jacobsen, 1904: An. 37; Wielockx, 1986: Cat.no. Hi11.

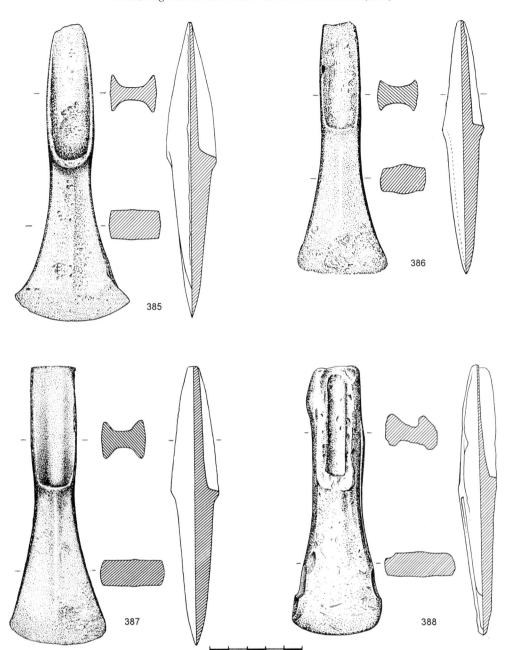

Fig. 86. (Type AXP:MISW) 385: Coevorden, Dr; 386: *gemeente* Wijchen, Ge; 387: Kessel, Li, 388: near Stevensweert, Li.

CAT.NO. 388. NEAR STEVENSWEERT (R. MAAS), *GEMEENTE* STEVENSWEERT, LIMBURG.
L. 14.25; w. (4.8); th. 2 cm. Heavily battered and distorted palstave; U septum, rounded stopridge. Blade with slight midrib. Patina: dark bronze. Dredge find. Museum: R.M.O. Leiden, Inv.No. 1.1961/8.1. Purchased from owner via P. Manger (the Hague). (DB 2003)
Map reference: Sheet 60A, c. 186/349.
Reference: *Jaarverslag*, 1961: (176)6.

Parallels: None in Kibbert.

Dating: No close datings are known (cf. section 4, below).

b) *Palstaves with blade flanges and midrib and sinuous outline, wide blade (AXP:MIFSW)* (fig. 87)

Two examples in the Netherlands (Cat. Nos 389-390): one in Nijmegen area, one unprovenanced (Map 31).

CAT.NO. 389. PROVENANCE UNKNOWN.
L. 13.9; w. 5.3; th. 2.6 cm. Straight blunt butt; slightly convex ∧ flanges with slightly () sides; shallow U stopridge Widely expanded blade; narrow midrib; slight side-flanges. Crescent-ground. Blade tip slightly recurved. Cutting edge sharp. Was erroneously attributed to museum Asselt (as Inv.No. 83). Present collection unknown. (DB 47)

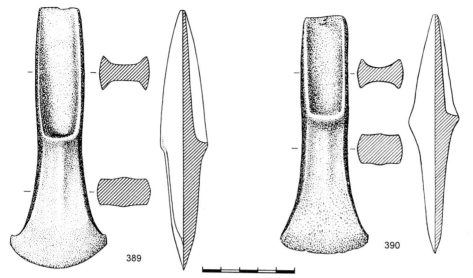

Fig. 87. (Type AXP:MIFSW) 389: provenance unknown; 390: *gemeente* Nijmegen, Ge (dealer's provenance).

CAT.NO. 390. *GEMEENTE* NIJMEGEN, GELDERLAND (dealer's provenance).
L. 12.7; w. (4.85); th. 2.7 cm. {} profile. Straight blunt butt; () sides; U septum; slightly U stopridge. Blade part with midrib and slight side-flanges, () sides. Museum: R.M.O. Leiden, Inv.No. N.S.752 (old No. I.553); purchased from J. Grandjean, Nijmegen. (DB 1627)

Comment: These AXP:MFSW palstaves are very similar to those of our AXP:MS series, differing only in having slight blade side-flanges.

b:1) *Palstave with blade flanges and broad midrib, parallel-sided blade with abrupt blade-tip expansion (AXP:MBFHJ)* (fig. 88)

Only one example in the Netherlands, in the north (Map 31).

CAT.NO. 391. ENGELAND, *GEMEENTE* GRAMSBERGEN, OVERIJSSEL.
L. 13.5; w. 4.6; th. 2.6 cm. Irregular (damaged) sharp butt; slightly convex ∧ flanges with () sides; _/ septum. Slightly curved, inwardly sloping, slightly projecting stopridge. Blade part with broad midrib between slight flanges; parallel 3-faceted sides, with abruptly expanded J blade tips, crescent-ground. Cutting edge sharpened but battered. Found 1947 at Bruineveld. Museum: Gramsbergen, Inv.No. 13. (DB 1067)
    Map reference: Sheet 22B, 238.0/513.9.

Comment: This palstave is evidently a variant of our northern palstave types.
    Dating: No close datings are known (cf. section 4, below).

c) *Palstaves with narrow midrib or midridge and more or less trapeze-shaped (∧) outline, large size (AXP:MI∧)* (fig. 89)

Three examples in the Netherlands (Cat. Nos 392-394): one in the south, two unprovenanced (Map 31).

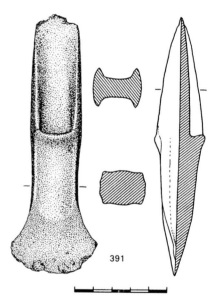

Fig. 88. (Type AXP:MBFHJ) 391: Engeland, Ov.

CAT.NO. 392. PROVENANCE UNKNOWN.
L. 14.1; w. 4.45; th. 2.6 cm. Butt battered; ∧ with flattish sides; _/ septum; U stopridge, sloping outwardly. Blade part with convex faces and sides; prominent narrow midrib. Museum: Legermuseum Delft, Inv.No. Daa-3. (DB 1119)

CAT.NO. 393. PROVENANCE UNKNOWN.
L. 17.1; w. 5.1; th. 2.85 cm. Straight blunt butt; ∧ flanges; U septum; somewhat V-shaped stopridge, sloping outwardly. Blade part longitudinally ridged on faces and sides. Patina: dark bronze to black. Loamy encrustation. Museum: Bonnefantenmuseum Maastricht, Inv.No. 203. (DB 209)

CAT.NO. 394. BUGGENUM, GEMEENTE HAELEN, LIMBURG (River Maas).
L. 15.9; w. 5.45; th. 2.1 cm. Butt irregularly rounded (abraded); ∧ flanges with slightly () sides; U septum, U stopridge. Blade part with

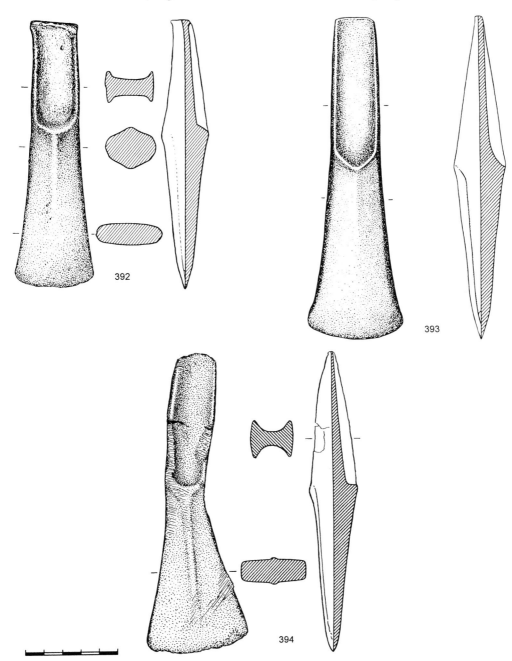

Fig. 89. (Type AXP:MI∧) 392: provenance unknown; 393: provenance unknown; 394: Buggenum, Li.

∧ outline; long narrow midrib. Dredge find. Patina bright green; bronze colour in places. Sharp bend in the middle (modern damage). Museum: Roermond, Inv.No. 1896; gift of J. Rumen (Haelen), along with Cat.No. 323. (DB 1125)

Map reference: Sheet 58D, c. 197.5/360/5.

References: Butler, 1973a: p. 322, afb. 1 (left), pp. 324-326; Wielockx, 1986: Cat. No. Hi2; De Laet, 1982: pp. 430-431.

Comment: Though two of these axes are without provenance, the three examples are undoubtedly from the south of the country, and represent a local variant.

A palstave nearly identical to Cat.No. 392 is illustrated by Kibbert (his No. 668), but it is also without exact provenance, though it is attributed to the 'Rhineland'. Kibbert assigns his specimen to his *Var.* Achternach, but the other *Var.* Achternach examples are without midrib!

Parallels: None in Kibbert.

Dating: No close datings are known (cf. section 4, below).

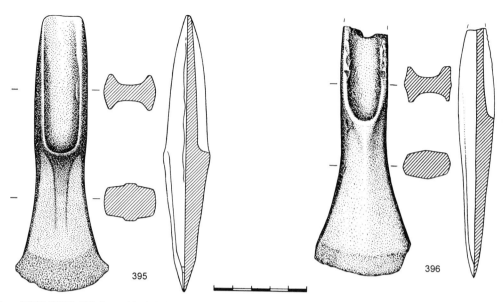

Fig. 90. (Type AXP:MTSW) 395: Leveroij, Li; 396: Susteren/Dieteren, Li.

d) *Palstaves with trumpet midrib and sinuous outline, wide blade (AXP:MTSW)* (fig. 90)

Two examples (Cat. Nos 395-396), both in the south (Map 31).

CAT.NO. 395. LEVEROIJ, GEMEENTE WEERT, LIMBURG.
L. 14.6; w. 5.1; th. 2.7 cm. Weight 422.2 gr. Straight blunt butt; slightly convex ∧ flanges; U septum; U stopridge. Prominent trumpet midrib with flattened faces. Crescent-ground. Cutting edge sharpened, has been blunted recently. Patina: part black, part dark green. Generally well-preserved. Found c. 1965 in an asparagus field. Acquired c. 1985 by the present owner from a fellow student; who in turn had it from an uncle. Private possession. (DB 2112)
   Map reference: Sheet 58C, c. 188/362.
   Remarks: To any book of records (Guinness or otherwise) we offer this example, as possibly the only Netherlands Bronze Age implement to have enjoyed (in June 1997) trans-oceanic travel by Concorde, when its owner re-visited the Netherlands and brought it along for study and inclusion in this catalogue.

CAT.NO. 396. BETWEEN SUSTEREN AND DIETEREN, GE-MEENTE SUSTEREN, LIMBURG.
L. 13; w. 5.1; th. 1.95 cm. Part of butt broken off and missing; slightly convex ∧ flanges with <> sides; U septum, with plastic trumpet-shaped midrib below it. Widely expanding blade, crescent-ground cutting edge (one tip broken off). "*Acheté au travailler lui même dans la petite maison du Ringoven*". Museum: Asselt, Inv.No. 87; ex coll. Philips. Missing in Oct. 1996. (DB 51)
   Map reference: Sheet 60A, c. 187.5/342.
   Documentation: Inventaire Coll. Philips, No. 87; with drawing.
   References: Butler, 1973a: pp. 321-329, p.325, afb. 4.1; Wielockx, 1986: Cat.no. Hi29.

e) *Palstaves with triangular raised ornament below stopridge and sinuous outline, wide blade (AXP:MVSW)* (fig. 91)

Three examples in the Netherlands (Cat. Nos 397-399), all three in the south (Map 31).

CAT.NO. 397. GRAETHEIDE, GEMEENTE BORN, LIMBURG.
L. 13.3; w. 4.9; th. 2.1. cm. Irregular thin butt; ∧ flanges with () sides; shallow)(septum; outwardly sloping U stopridge, with raised V ornament below it. Blade part with () faces and sides, strongly ogival outline. Private possession. (DB 1742)
   Map reference: Sheet 60C, c. 184/334.
   References: Butler, 1973a: p. 325, Abb. 4:2, pp. 321-329; De Laet, 1982: p. 432; Wielockx, 1986: Cat.No. Hi8.

CAT.NO. 398. OERLE, GEMEENTE VELDHOVEN, NOORD-BRABANT.
L. 15.3; w. 5.2; th. 2.85 cm. Straight blunt butt; ∧ flanges with slightly () sides; deep _/ septum; outwardly sloping U stopridge, with raised V ornament below it. Blade part with slightly convex faces and sides. Blade sharp (but damaged); cutting edge markedly skew. Patina: glossy dark green; some pitting. Slight modern file damage. Found 1951 along the bicycle-path Oerle-Knegsel while planting fir trees; acquired by forester Kleyn, later by G. Beex. Private possession. (DB 1701)
   Map reference: Sheet 51D, c. 153/380.
   References: Beex, 1952; 1965: fig. 3; Van Doorselaar, Beex & Van Schie-Herweyer, 1969: p. 56.

CAT.NO. 399. LINNE, GEMEENTE AMBT MONTFORT, LIM-BURG.
L. 14.5; w. 4.8; th. 2.7 cm. Irregularly broken (patinated) thick butt; ∧ flanges; U septum; U stopridge; V midrib. Blade part with flat faces, () sides, ∧ outline, with slightly everted blade tips. Cutting edge sharp; crescentic sharpening facet. Hammered-down casting seams. Patina: glossy green with blackish patches. Very well-preserved, but slight plough damage. Found at *kruisperceel* 27. Museum: St. Odiliënberg, Inv.No. 27. (DB 2299)
   Map reference: Sheet 58B, (68E new), 196.56/351.280.

Parallels: with raised triangular ornament below stopridge: a palstave from Maaseik, on the Belgian side of the Maas (unpublished; Ashmolean Museum, Oxford, 1927/1984, ex coll. Evans) is very similar, but unlike the three specimens from the Netherlands it also has an arch-shaped raised ornament on the sides.

A fragment of a palstave from the Saint-Just-en-

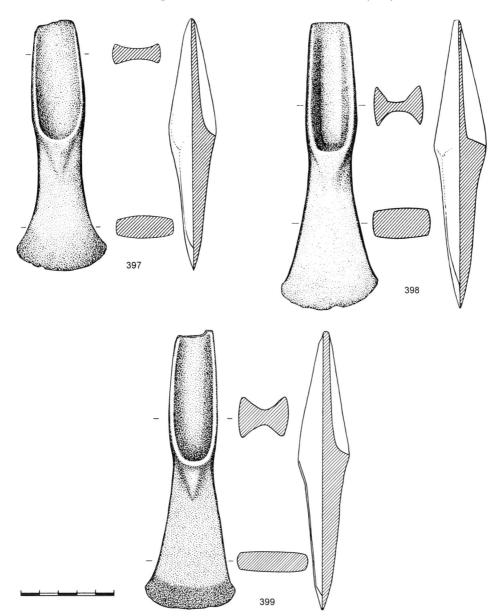

Fig. 91. (Type AXP:MVSW) 397: Graetheide, Li; 398: Oerle, N-B; 399: Linne, Li.

Chaussée (60 Oise, France) hoard has a similar raised triangular motif, but it is a looped palstave; whether wide or narrow-bladed is unknown.

No parallels are illustrated by Kibbert (1980).

Dating: No close datings are known (cf. section 4, below).

3.4.4. *Palstaves with arch-shaped plastic ornament on the sides (AXP:A...)* (Map 33)

Introduction: The arch-shaped plastic side ornament (Kibbert: *Schildbogen*) presumably has its origin in the side treatment of flanged axes of the *geknickte Randbeile*

and related flanged axe types. It becomes stylized as a decorative motif on the side of palstaves in the North German-South Scandinavian area, beginning with the Ilsmoor type (cf. our Cat.No. 178), and subsequently becoming a common feature of types such as the northern 'work-palstave' series and Kibbert's types Kappeln A and Altenhagen-Rheydt. In northern Europe the arch ornament may be round-headed (cf. our Cat.Nos 179, 180, 181, or be transformed into a 'Gothic' pointed arch (Kibbert: *spitzwinklige Schildbogen*). Pending the appearance of the PBF volume of Laux on the axes of Niedersachsen, an impression of the distribution of the non-northern palstaves with arches on the sides in

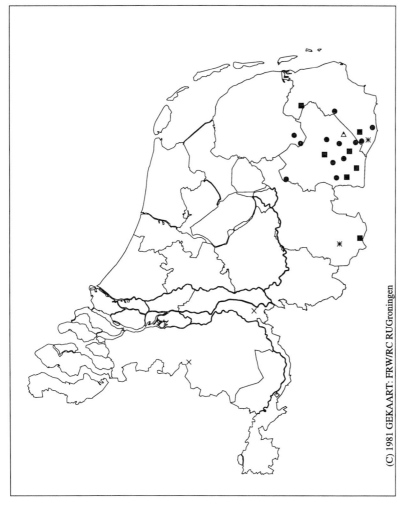

sinuous outline (AS)
● flanges, sinuous (AFS)
✳ midrib, flanges, sinuous (AMFS)
× sinuous, wide (ASW)
◇ sinuous, wide, arch-groove (ASWG)
△ parallel sided (AH)

Map 33. Regional palstaves with side arches, unlooped, Types AXP:A..., and with side arches and midrib, Type AMFS.

(C) 1981 GEKAART: FRW/RC RUGroningen

Northwest Germany may be obtained from the maps of Bergmann (1970: his Forms 9-12 and 15, on his Karten 41-44; with reserve as to their completeness and accuracy).

In western Europe the arch-shaped side ornament is rather uncommon, though it may occasionally be found on western European primary shield palstaves (cf. our Cat.No. 207). In the west it is more often replaced by a horizontal ridge or bar (cf. our Cat.Nos 194, 197, 203, 204, 206, 209, 210, 213, 215), or a flat-headed plastic ornament on the sides (cf. our Cat.No. 227).

a) *Palstave with arch-shaped ornament on parallel (H) sides (AXP:AH)* (fig. 92)

Only one example in the Netherlands, in the north (Map 33).

CAT.NO. 400. *GEMEENTE* GASSELTE (*aardappelfabriek*), DREN-THE.
L. 9.6; w. 2.7; th. 1.9 cm. Roughly straight blunt butt; slightly convex ∧ flanges, with rounded sides; shallow U ledge septum. Blade part with slightly convex faces and flattish sides, with faint side-arches.

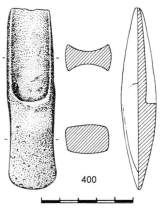

Fig. 92. (Type AXP:AH) 400: *gemeente* Gasselte, Dr.

Cutting edge sharp. Private possession. (DB 2088)
Map reference: Sheet 12H, 254.5/556.7.

Dating: No close datings are known (cf. section 4, below).

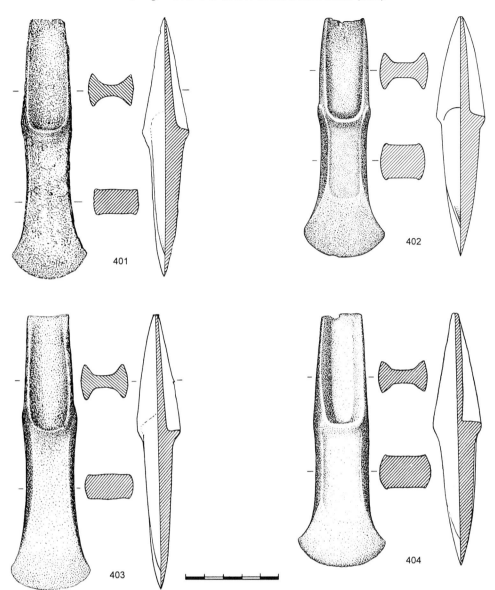

Fig. 93a. (Type AXP:AFS) 401: provenance unknown; 402: provenance unknown; 403: provenance unknown; 404: *gemeente* Vlagtwedde, Gr (see also figs 93b-d).

b) *Palstaves with arch-shaped ornament on the sides, blade flanges and sinuous outline (AXP:AFS)* (figs 93a-93d)

Seventeen examples in the Netherlands (Cat.Nos 401-417). As Map 33 shows, all provenanced examples are in three northern provinces: Friesland, Groningen and Drenthe. This type is thus the most numerous of the distinctively northern types in the Netherlands.

Within the series there is considerable variety in outline. A few, Cat.Nos 404, 413, 415, are rather parallel-sided, but with abruptly expanding blade tips (in this respect resembling the plain palstaves of the AXP:PHJ series, also a North Netherlands specialty). The largest number (Cat.Nos 401, 403, 410, 411, 412, 414, 416, 417) have parallel sides on the hafting part, but biconcave sides on the blade part. Still others (Cat.Nos 402, 405, 407, 408, 409) have a sinuous outline. One specimen (Cat.No. 406) is noteworthy for its unusually narrow butt and widely expanded blade.

Four axes of this type have lightly faceted sides. A few have a rather faint, nearly imperceptible midrib.

Almost all of this type have generously expanded blade tips. The blade width varies from 4.2 to 6.25 cm. The stopridge is almost always rounded, but in a few cases nearly straight.

CAT.NO. 401. PROVENANCE UNKNOWN.
L. 13.8; w. 4.1; th. 2.55 cm. Straight sharp butt; ∧ flanges with () sides, faint arches; U septum; U shelf stopridge. Blade part with [] section, with faint flanges. Collection: Oudheidkamer Vriezenveen, no Inv.No. (DB 611)

CAT.NO. 402. PROVENANCE UNKNOWN.
L. 12.7; w. 4.3; th. 2.7 cm. Weight 339.3 gr. Slightly irregular U butt; slightly convex-∧ flanges with () sides; U septum; U shelf stopridge. Blade part with parallel sides but expanding toward cutting edge. Plastic side-arches; side-flanges; () sides, flat faces. Straight ground, with unusually long sharpening facet. pouched. Cutting edge sharp. Patina: mostly brown, with greeny patches. Collection: I.P.P., Amsterdam; no inventory number. (DB 2262)

Note: This specimen served as an 'examination axe', with which in his time Prof. W. Glasbergen confronted students at the I.P.P. during oral examinations.

CAT.NO. 403. PROVENANCE UNKNOWN.
L. 14.5; w. 4.4; th. 2.4 cm. Straight butt; ∧ flanges with () sides; U septum; U shelf stopridge, sloping inwardly; ∧ side-arches. Blade part with faintly convex faces, slightly)(sides, slight cutting edge expansion. Cutting edge sharp. Unknown collection. (DB 1074)

CAT.NO. 404. *GEMEENTE* VLAGTWEDDE, GRONINGEN.
L. 13.5; w. 4.8; th. 2.65 cm. Straight blunt butt; ∧ flanges with () sides; _/ septum; nearly straight shelf stopridge. Blade part with flat faces, faintly faceted () sides, with slight side-flanges, side-arches. Sharp J cutting edge, straight ground, with slight pouches. Cutting edge sharp but battered. Patina: black to dark bronze, with light green corrosion patches. Private possession (acquired via S.J. Kruisselbrink, then chief foreman of the Nederlandsche Heidemaatschappij, and Roosa, Velp). (DB 1799)
Documentation: Letter S.H. Achterop to J.D. van der Waals, 25 June 1960 (in B.A.I. Groningen).
(fig. 93b)

CAT.NO. 405. EXLOO, *GEMEENTE* ODOORN, DRENTHE.
L. 16.3; w. 5.7; th. 2.9 cm. Sinuous outline; ∧ flanges; U septum; rounded overhanging stopridge. Flat blade with side-flanges, becoming arch-shaped ornament on sides; sides faceted. Wide blade; cutting edge sharp. Patina: mostly dark green, but patches of black, light green and bronze colour. Found 1946 by A. Menes (Emmen), during reclamation of parcel at northeast edge of Odoornerzand, at a depth of 20 to 30 cm. Private possession. (DB 1715). Plaster cast of this palstave (DB 1980) in Museum Assen, Inv.No. 1963/XI.1.
Map reference: Sheet 17F, 253.9/543.9.
Reference: Butler, 1963b: p. 212, No. 8.

CAT.NO. 406. EXLOO (NEAR), *GEMEENTE* ODOORN, DRENTHE.
L. 16.2; w. 6.25; th. 2.6 cm. Straight sharp butt; ∧ flanges with slightly rounded sides; _/ septum; U shelf stopridge, sloping inwardly. Blade part Blade part with fan-shaped body, () sides with faceted edges; wide blade with sharp cutting edge. Patina: blackish (partly removed). Surface corrosion-pitted. Large blowhole at stopridge on one side. Found in the moor. Museum: Assen, Inv.No. 1928/VII.1; presented 18 July 1928 by family Ten Rodegate Marissen (Exloo). (DB 143)
Map reference: Sheet 17F, c. 256/545
References: Verslag, 1928: p. 13, No. 18; Butler, 1963b: p. 212, IV.C.9.

CAT.NO. 407. WEPER, *GEMEENTE* OOSTSTELLINGWERF, FRIESLAND. WEPERPOLDER.
L. 15.4; w. 5.0; th. 2.7 cm. Nearly straight, slightly irregular blunt butt; ∧ flanges with () sides; _/ septum; U ledge stopridge, slightly overhanging, with blowhole at base of septum on one side. Blade part

with flat face, slight side-flanges, 3-faceted sides with plastic arch. Crescent-ground. Cutting edge sharp but battered, with slightly everted tips. Patina: mottled black/dark bronze/greenish (has been partially 'cleaned' mechanically). Surface somewhat pitted. Deep horizontal scratch and large pits on one face. Museum: Leeuwarden, Inv.No. 1973/VIII.2. The axe was previously in the study collection of the B.A.I., Groningen, there with the Inv.No. 1920/X.1; purchased from Pieter Hof (Harderwijk). (DB 1073)
Map reference: Sheet 11H, c. 217/558.

CAT.NO. 408. ROSWINKELERVEEN, *GEMEENTE* EMMEN, DRENTHE.
L. 14.5; w. 5.2; th. 2.55 cm. Weight 365 gr. Butt irregular (damaged); ∧ flanges with () sides; nearly _/ septum. Blade part with flat faces, () sides; slight flanges becoming arch-shaped ornament on sides. Straight ground; J-tip expansion of sharp cutting edge; pouched. Broken in centre; cracks and blowholes in upper part. Patina: brown to blackish. Found while digging peat at a depth of c. 1.5 m. Museum: Assen, Inv.No. 1912/V.3. Presented 1 May 1912 by H. Joling (Nieuw-Weerdinge). (DB 114)
Map reference: Sheet 18A, c. 264/539.
References: Verslag, 1912: p. 13, No. 10; Butler, 1963b: p. 212-IV.C.6.

CAT.NO. 409. DONKERBROEK, *GEMEENTE* OOSTSTELLINGWERF, FRIESLAND. BREEBERG.
L. 16.25; w. 5.8; th. 2.9 cm. Nearly straight blunt butt; ∧ flanges with () sides; U septum; shallow-U, slightly overhanging ledge stopridge, outwardly sloping. Blade part with slightly)(faces, () sides. Faint side-arches, which become faint side-flanges. Fan-shaped blade, crescent-ground; cutting edge sharp. Patina: black (partly removed). Found before 1904. Museum: Leeuwarden, Inv.No. 1-2. (DB 192)
Map reference: Sheet 11H, 213.4/562.4.
References: Boeles, 1951: p. 482, Pl. VI:6; Butler, 1963b: p. 211, IV.C.1.

CAT.NO. 410. 'EAST GRONINGEN' (exact provenance unknown; presumably from the reclamation of the Dollard, possibly from Westerwolde).
L. 14.7; w. 5.2; th. 2.7 cm. Straight blunt butt; ∧ flanges with flat sides; _/ septum; straight ledge stopridge, slightly projecting, sloping inwardly. Blade part with faintly convex faces, slightly () sides. Prominent side-arches, becoming slight flanges for the blade. The blade is biconcave in outline, with J tips. The blade has anciently been re-sharpened by hammering and grinding; the former has produced 'pouches' on the sides, the latter a clearly defined sharpening facet on the blade. Preservation fairly good, but a number of large corrosion pits on faces and sides. Modern damage: cutting edge and butt have been filed. Large (7mm) bore-holes on each side; on the one side filled in with an iron mass, on the other side the hole contains the broken-off tip of an iron drill bit. Patina: black. Private possession. (DB 1756)

CAT.NO. 411. (Attributed to) KIEL-WINDEWEER (near), *GEMEENTE* HOOGEZAND-SAPPEMEER, GRONINGEN (dealer's provenance).
L. 14.8; w. 5.3, th. 2.7 cm. Irregularly straight blunt butt; slightly convex ∧ flanges; slightly rounded stopridge. Blade part with slightly biconcave outline, side-arches. Cutting edge sharp, with J tips, straight ground. Patina black, with some green pitting. Present location unknown. Formerly in possession of unknown farmer at Kielwindeveer, later of someone in Zuidlaren; who sold it again via an antique dealer. (DB 1926)
Documentation: Drawing here published is from good photos (Museum Assen, No. 117701-4).
Map reference: Sheet 12E, c. 248/570.
Reference: Archeologisch Nieuws, 1972(12): p. 143.

CAT.NO. 412. CANAL BUINEN/SCHOONOORD, *GEMEENTE* BORGER, DRENTHE.
L. 15.7; w. 5.2; th. 2.5 cm. Weight 430 gr. Straight blunt butt; ∧ flanges

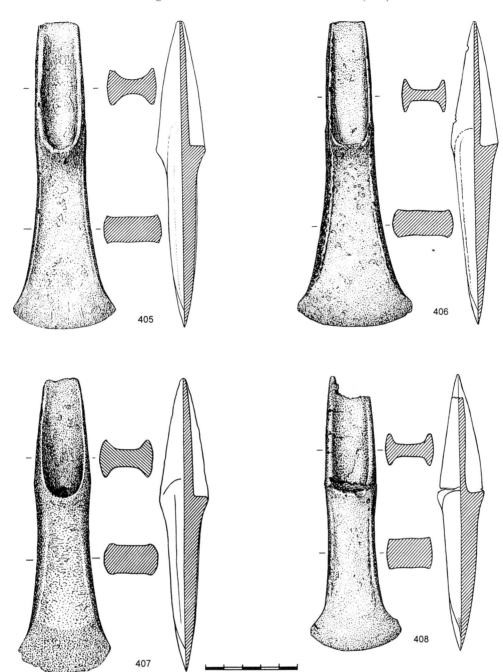

Fig. 93b. (Type AXP:AFS) 405: Exloo, Dr; 406: near Exloo, Dr; 407: Weperpolder, Fr; 408: Roswinkelerveen, Dr (see also figs 93a,c-d).

with nearly flat sides; flattened-U septum; straight shelf stopridge. Blade part with flat faces, () sides, distinct flanges, meeting as a side-arches. Deep blowhole at stopridge on one side. Crescent-ground. Cutting edge sharpened but battered; otherwise well-preserved. Patina: brown, with patches of bright green. Found during canal works. Museum: Assen, Inv.No. 1927/I.1. Presented by the architects Wieringa of Coevorden and the Mayor of Sleen, A. Jongbloed, via the *amanuensis* H. Lijn. (DB 138)

    Map reference: Sheet 17E.

    References: *Verslag*, 1927: p. 13, No. 22; Butler, 1963b: p. 211, IV.C.4 and p. 202, fig. 13.

CAT.NO. 413. AMEN, *GEMEENTE* ROLDE, DRENTHE. DE BOESKOLLEN.

L. 16.1; w. 6; th. 2.6 cm. Irregular straight blunt butt; ∧ flanges with () sides; \⎵/ septum; U shelf stopridge. Blade part with faintly convex faces, side-flanges, () sides faintly faceted, with side-arches. Cutting edge very sharp, with J tips, slight pouches. Blowholes at base of septum. Preservation very fine. Patina: black, with slight traces of red on septum. Found June 1963 by R. Timmer (Buinen) in the west bank of the Amerdiepje, 30 cm below the surface, during canalization (*"tijdens kanalisatie in west-talud van het Amerdiepje, 0,30 m onder het maaiveld"*). Private possession. (DB 698) Plaster cast of same

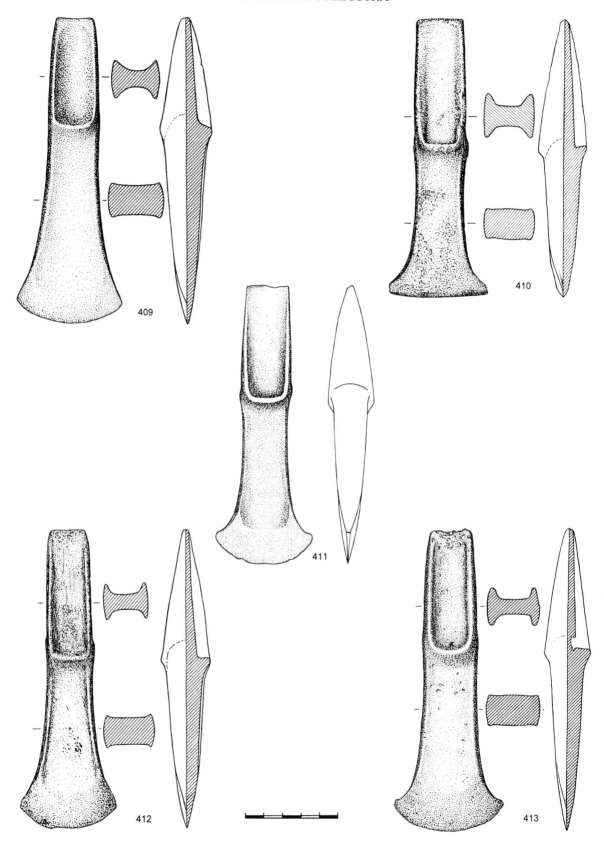

Fig. 93c. Type AXP:AFS) 409: Donkerbroek, Fr; 410: 'East Groningen'; 411: Kiel-Windeweer, Gr (dealer's provenance); 412: canal Buinen/
Schoonoord, Dr; 413: Amen, Dr (see also figs 93a-b,d).

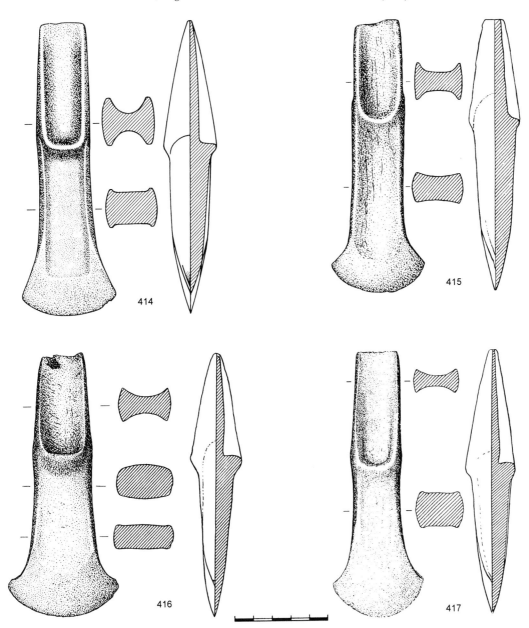

Fig. 93d. 414: Wachtum, Dr; 415: Wedde, Gr; 416: Wezup, Dr; 417: Reestdal (*gemeente* Meppel), Dr (see also figs 93a-c).

palstave (DB 1824) in Museum Assen, Inv.No. 1963/X.3, presented by K. den Hartog (Assen).
Map reference: Sheet 12D, 237.79/550.93.

CAT.NO. 414. WACHTUM, *GEMEENTE* DALEN, DRENTHE.
L. 15.6; w. 5.1; th. 2.9 cm. Straight butt; ∧ flanges with () sides; deep U septum; prominent, overhanging stopridge. Blade part with flat faces, () sides, with prominent flanges, meeting as a plastic arch on the rounded sides. Straight ground, pouched; cutting edge sharp. Very well-preserved, but occasional corrosion pits. Pointillé on flange edges. Faint traces of casting seams. Found 1981 by R. van Wijk while picking potatoes. Museum: Assen, Inv.No. 1995/X.1. (DB 669)
Map reference: 17G, 245.63/525.80.

CAT.NO. 415. WEDDE, *GEMEENTE* STADSKANAAL, GRONINGEN (near Hoornderveen).
L. 14.5; w. 5.15; th. 2.8 cm. Butt irregular (part anciently broken off); ∧ flanges with () sides; U septum; U stopridge. Blade part with U faces, () sides; side-arches, becoming side-flanges. Parallel sides but J cutting-edge tips. Cutting edge sharpened but recently blunted. Surface rough. Patina: blackish, on one face light green. Found under a peat layer. Museum: Groningen, Inv.No. 1906/I.4. (DB 171)
Map reference: Sheet 13A, c. 266/566.
References: *Verslag*, 1906: p. 19, No. 5; Butler, 1963b: p. 211, IV.C.3.

CAT.NO. 416. WEZUP, *GEMEENTE* ZWEELOO, DRENTHE.
L. 13.8; w. 5.9 cm. Irregularly straight blunt butt; ∧ flanges with

rounded sides; U septum; flattened-U shelf stopridge. Blade part with flattish faces, () sides, slight flanges; J blade tips, crescent-ground; cutting edge sharp. Blowhole at stopridge on each side. Patina: dark bronze. Found 1940/41, by J. Perkaan, while ploughing. Private possession. (DB 1687)

Map reference: Sheet 17G, 244.43/536.08.

Documentation: Letter S. Achterop to Butler, 16 Sept. 1961.

CAT.NO. 417. REESTDAL, *GEMEENTE* MEPPEL, DRENTHE. L. 14.1; w. 4.9; th. 2.7 cm. Weight 416 gr. Straight blunt butt; ∧ flanges with () sides; U septum, U stopridge (slightly sloping inwards, slightly overhanging). Blade part with flat faces, faintly faceted () sides; slight side-flanges; slight side-arches. Strongly re-ground and blade re-hammered (pouches on sides); cutting edge sharp, with J tips. Patina: dark bronze to black. Found by J.J. Riesen during work on the Reggersbrugje (bridge), c. 2 km SE of Meppel. Museum: Assen, Inv.No. 1966/IX.1; presented by son of finder. (DB 1981)

Map reference: Sheet 21F, 210.95/522.45.

References: *Museumbulletin* 1962: pp. 198(205), 210(12); *Jaarverslag*, 1966 (in: *Nieuwe Drentse Volksalmanak* 1968) p. 294.

Parallels Type AXP:AFS: Kibbert (1980: pp. 242-243) has in his area only two examples of our type AXP:ASF, which he classifies within his major grouping of 'Northwest German plain palstaves', under the heading *Var.* Altenhagen within his *Form* Altenhagen-Rheydt. These are his No. 584 (Borgholzhausen, Kr. Gütersloh), and No. 585 (Holthausen, Stadt Waltrop, Kr. Recklinghausen).

As we might expect, parallels are more numerous in Niedersachsen, though for a full list we must await the coming publication of Laux. Many will no doubt be found among Bergmann's *Form* 9 (his Taf. 5:10, Liste 95, Karte 41) and *Form* 11 (his Taf. 5:12, Liste 97, Karte 42: semi-circles), but as most of the examples are unillustrated, a critical check is at present impossible. We may notice a number of examples in the Emsland and Oldenburg and extending eastward to the Lüneburger Heide for which illustrations are available:

Altenhagen, Kr. Celle (Grauer Berg, Grab 1, Best. II): Piesker, 1958: Taf. I:1, 60:8;

Hermannsburg, Kr. Celle: Laux, 1971: No. 40C, Taf. 75:7;

Suderberg, Kr. Uelzen: Laux, 1971: No. 579, Taf. 75:6;

Fürstenau, Kr. Bersenbrück: Sudholz, 1964: No. 94, Taf. 35:3;

Düte, Kr. Tecklenburg: Sudholz, 1964: No. 383, Taf. 31:2;

Leschede, Kr. Lingen: Sudholz, 1964: No. 103, Taf. 32:2;

Meppen, Kr. Meppen: Sudholz, 1964: No. 109, Taf. 32:4.

Even from this short and certainly incomplete list it is evident that palstaves of our AXP:AFS type occur in the north of the Netherlands and the adjacent Northwest German area (Niedersachsen from the Emsland to the Lüneburger Heide); contrasting strikingly with their rarity in the south of the Netherlands and in Nordrhein-Westfalen.

Dating: A palstave in the hoard from Hohenfelde,

Kr. Steinburg, in Schleswig-Holstein near the Elbe mouth, contains a palstave (Aner & Kersten, 1993: Kat.Nr. 9386, Taf. 10c) which is at least very closely related to those of our Type AXP:ASW. It accompanied eight northern 'work palstaves' types and a spearhead of the type Smørumøvre of G. Jacob-Friesen (1967: I, p. 333, Cat.Nr. 778) and is dated to Northern Period II.

c) Palstaves with arch-shaped ornament on sides, midrib, blade flanges and sinuous outline (AXP:AMFS) (fig. 94)

Two examples (Cat.Nos 418-419), both in the north.

CAT.NO. 418. DRIENE, *GEMEENTE* HENGELO, OVERIJSSEL. L. 15.8; w. 5.2; th. 2.65 cm. Slightly rounded, blunt butt; ∧ flanges; U septum, convex sides; U-shaped, sloping stopridges. Blade part with nearly parallel sides and slightly J blade tips. Arch ornament on sides; moderately broad midrib. Patina: originally dark brown, mostly scraped off. Well-preserved. Museum: Enschede, Inv.No. 498; found May 1954 by one Aldenkamp. (DB 1048)

Map reference: Sheet 28H, 253.80/475.82.

CAT.NO. 419. WEENDE, *GEMEENTE* VLAGTWEDDE, GRONINGEN. WEENDERVELD. L. 17.4; w. 7.0; th. 2.4 cm. Shallow U blunt butt; ∧ flanges with () sides; U shelf stopridge, sloping inwards. Blade part with)(faces and sides, narrow midrib, flanges becoming side-arches. Cutting edge widely expanded, straight ground, sharp. Somewhat asymmetrical in side view. A larger than normal specimen, with exceptionally wide cutting edge. Patina: dull bronze colour, with dark grey stains. Traces of wood were originally present. Museum: Groningen, Inv.No. 1956/I.1 (formerly B.A.I., there Inv.No. 1933/V.1). (DB 182)

Map reference: Sheet 13D, 271.58/557.50.

Documentation: Groenendijk, *dossier* Vlagtwedde No. 24.

Reference: Butler, 1963b: p. 211, IV.C.2.

The Weende example, though obviously closely related to our North Netherlands varieties, is somewhat exceptional due to its large size, unusually widely everted blade (7 cm, the widest of the regional palstaves in the Netherlands; only some of the imported Voorhout palstaves are wider), and its graceful form.

Dating: No close datings are known (cf. section 4, below).

d) Palstaves with arch-shaped ornament on sides and sinuous outline (AXP:AS) (figs 95a-95b)

Seven examples in the Netherlands (Cat.Nos 420-426): six in the north, one unprovenanced but presumably north (Map 33). These differ from Type AXP:AFS in that they lack flanges on the blade part.

The outline of these axes is variable, from J to sinuous. All have generously everted blade tips; the smallest specimen has a blade width of 4.2 cm, the others vary from 4.9 to 5.5 cm. The side arches are not very pronounced; one (Cat.No. 424, Losser) even has a 'negative side-arch', i.e. a shallow hammered-in arch-shaped groove. (This feature also occurs on our Cat.No. 429, a trapeze-bladed palstave from Beesel, Limburg, and on a few examples in West Germany: Kibbert,

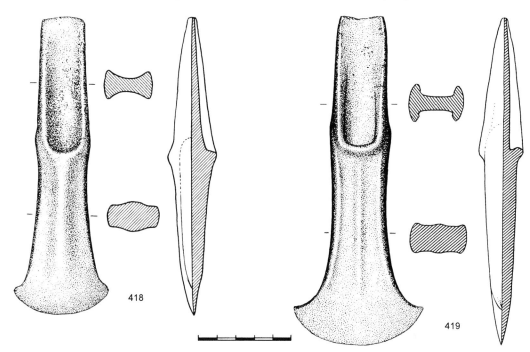

Fig. 94. (Type AXP:AMFS) 418: Driene, Ov; 419: Weenderveld, Gr.

1980: p. 247, his Nos 630 and 631, both Westphalian, and listed by him as related to his *Var. Anzin.*)

CAT.NO. 420. *GEMEENTE* EMMEN, DRENTHE.
L. 13.9; w. 5; th. 2.8 cm. Irregularly straight blunt butt; slightly concave ∧ flanges, with nearly flat sides; U septum; U shelf, inwardly sloping. Blade part with slightly convex faces and sides, concave outline, J cutting edge tips. Arch-shaped ornament on sides. Cutting edge sharp. Museum: R.M.O. Leiden, Inv.No. c.1923/12.2, purchased from H. Gewald. (DB 399)
References: Butler, 1963b: p. 212, IV.C.5; Holwerda, 1925: p. 69, Afb. 25, No. 3.

CAT.NO. 421. PROVENANCE UNKNOWN ('found in a packing box').
L. 15.7; w. 5.5; th. (stopridge) 2.8 cm. Weight 406 gr. Straight blunt butt; ∧ flanges, with <> sides, _/ septum; shelf stopridge, straightish on one face, slightly rounded on the other. Blade part with flat faces. Sides with arch ornament and very prominent, but hammered-down casting-seams in the form of a broad ridge; outline)(. Long and wide straight-ground sharpening facet. Cutting edge sharp (slight modern re-sharpening and battering). Patina: black to dark bronze. Preservation excellent. Private possession. (DB 640)

CAT.NO. 422. WESTERBORK, *GEMEENTE* WESTERBORK, DRENTHE.
L. 10.9; w. 4.2; th. 1.99 cm. Weight: 177.6 gr. Very irregular butt; / \ flanges with slightly rounded sides; _/ septum; slightly rounded ledge stopridge. Blade part with very slightly convex sides and faces,)(outline. On each face a circular pit under the stopridge; arch-shaped bulges on sides. Cutting edge sharp. Patina: very dark bronze; rather corroded, pitted surface. Cutting edge sharp. Private possession. (DB 2263)
Map reference: Sheet 17B, c. 239.9/538.4.

CAT.NO. 423. ONSTWEDDE (near), *GEMEENTE* STADS-KANAAL, GRONINGEN.
L. 15.5; w. 5.45; th. 2.9 cm. Straight blunt butt; ∧ flanges with () sides;

U septum; slightly curved shelf stopridge, strongly sloping outwards. Blade part with slightly convex faces and sides; faint arch-shaped ornament on sides. J cutting edge, recently re-sharpened. Very well-preserved. Patina: black; partly clean bronze colour. Found in a parcel of heath ground near Onstwedde. Museum: Groningen, Inv.No. 1906/I.3; purchased. (DB 168)
Map reference: Sheet 13C, c. 266/561.
Reference: *Verslag*, 1906: p. 19, No. 4.

CAT.NO. 424. LOSSER, *GEMEENTE* LOSSER, OVERIJSSEL.
L. 15.7; w. 4.9; th. 2.6 cm. {} outline. Straight blunt butt; slightly concave ∧ flanges, with () sides; shallow _/ septum; flattened-U shelf stopridge. Blade part with slightly convex faces and sides, in outline parallel-sided but with flaring blade tips. Cutting edge sharp, but partly broken away; side-arch, outlined by an arch-shaped groove above it. Patina: black to dark bronze. Museum: Zwolle, Inv.No. 118. Gift of T. Morsink of Losser. (DB 247)
Map reference: Sheet 29C, c. 266/476.
Reference: Butler, 1963b: p. 212-IV.C.10.

CAT.NO. 425. ZEVENHUIZEN, *GEMEENTE* LEEK, GRONIN-GEN.
L. 14.6; w. 4.35; th. 2.3 cm. Butt straightish (not original); ∧ flanges; slightly rounded shelf stopridge, sloping inwards slightly. Blade part with flat faces, () sides, with arches; in outline concave sides, with slight cutting-edge expansion. Cutting edge sharp. Patina: black. Found 1877, in a dredge pit, 5 m under the sand surface of the raised bog which was there 5 m thick ("*in een baggerput 5 m onder het zandoppervlak van het ter plaatse 5m. dikke hoogveen*". Museum: Groningen, Inv.No. 1877/I.1. Presented by K. Hofkamp, director of the Burger Dag- en Avondschool at Groningen. (DB 162)
Map reference: Sheet 11F, c. 219/571.5.
References: *Verslag*, 1877: p. 4, sub b; Glasbergen, 1957: p. 169.

CAT.NO. 426. ODOORNER ZIJTAK, *GEMEENTE* ODOORN, DRENTHE.
L. 11.9; w. 4.5; th. 2.35 cm. Weight 270 gr. Rounded sharp butt; ∧ flanges with flat sides; shallow U septum; straightish stopridge ledge

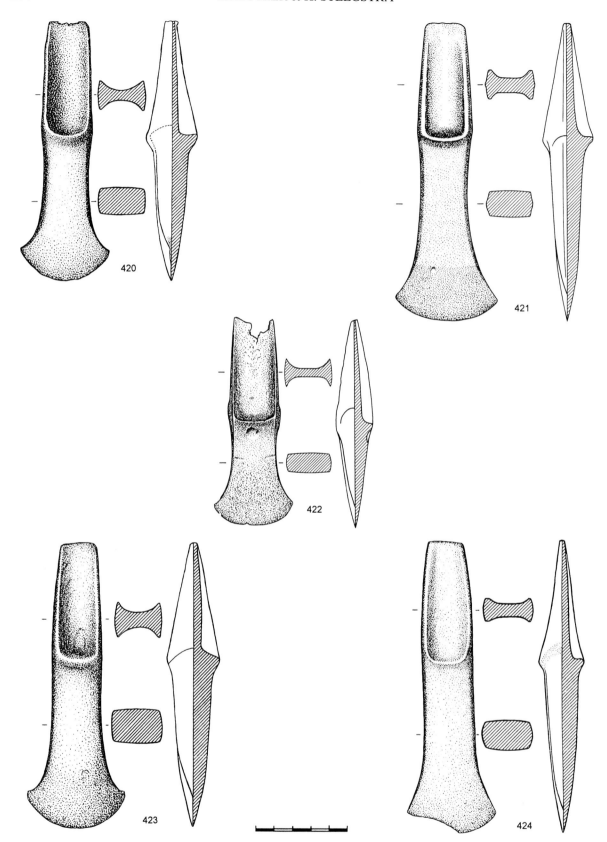

Fig. 95a. (Type AXP:AS) 420: *gemeente* Emmen, Dr; 421: provenance unknown; 422: Westerbork, Dr; 423: near Onstwedde, Gr; 424: Losser, Ov (see also fig. 95b).

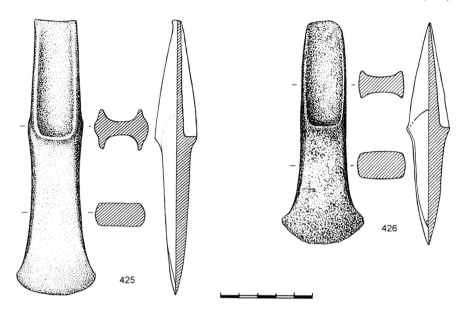

Fig. 95b. (Type AXP:AS) 425: Zevenhuizen, Gr; 426: Odoornerzijtak, Dr (see also fig. 95a).

stopridge. Blade part of [] section, with slightly convex faces and sides; side-arches. Cutting edge with J tips, slightly pouched, sharpened but battered. Patina: black. Surface pitted. Found 1899 in the bog south of the Odoorner Zijtak, at a depth of c. 1 m. Museum: Assen, Inv.No. 1899/IV.48. (DB 98)

Map reference: Sheet 17F, c. 253/538.

References: Verslag, 1899: p. 133, No. 1605; Butler, 1963b: p. 211, IV.A.9.

Distribution Type AXP:AS: In the Netherlands, in the north (Map 33).

Parallels: Palstaves similar to AXP:AS make up the bulk of Kibbert's *Form* Altenhagen-Rheydt, *Var*. Rheydt (his pp. 242-244, Nos 586-597), and also of his *Form* Meppen-Borken, *Var*. Borken (his pp. 244-245, Nos 598-610). Both these varieties are common in the Westphalian area (Kibbert, 1980: Taf. 65C). Kibbert's distinction between these two variants is that the palstaves those of his *Var*. Rheydt have rounded stopridges, and those of *Var*. Borken straight stopridges. Almost all the North Netherlands examples of our Type AXP:AS have a rounded stopridge, so that in terms of Kibbert's definition our examples could be equated with *Var*. Rheydt. But Kibbert's drawings suggest that in fact half of the *Var*. Borken specimens also have a stopridge that is rather rounded, so that the distinction does not have any real force.

In Niedersachsen, examples are known on the Lüneburger Heide (Suderburg, Kr. Uelzen: Laux, 1971: Cat.No. 579, Taf. 75:6; note therein the confused attribution of cross-sections); Fallingbostel, Kr. Follingbostel, Laux, 1971: Cat.No. 71, Taf. 75:4).

One example is attributed either to Albersloh, Kr. Münster, or between Wachtendonk and Wankum, Kr. Geldern (Kibbert, 1980: p. 244, No. 599). Kibbert also cites as parallels for his *Var*. Rheydt a few examples from the Göttingen area (Sattenhausen, Kr. Göttingen, and 'bei Göttingen').

In general, it appears that our seven AXP:AS palstaves could be of Westphalian derivation.

Dating: No close datings are known (cf. section 4, below).

d:1) *Type AXP:ASW (wide-bladed variant)* (fig. 96)

Two examples in the Netherlands (Cat.Nos 427-428): one Gelderland, one south (Map 33).

CAT.NO. 427. ESBEEK, *GEMEENTE* HILVARENBEEK, NOORD-BRABANT. MOLENHEIDE.

L. 12; w. 5.6; th. 2.7 cm. Butt end irregular (broken off); slightly convex ∧ flanges, with flattish sides; U septum; U shelf stopridge, sloping slightly outwardly. Blade part with flattish sides and faces; arch-shaped ornament on sides. Cutting edge crescent-ground, with wide J tips; pouched; cutting edge sharp. Patina: black. Very well-preserved. Museum: Tilburg, Inv.No. A.1236 (old No. 325). Ex coll. J. Lauwers (Esbeek). (DB 2049)

Map reference: Sheet 50H, c. 132/186.

CAT.NO. 428. BERG EN DAL, *GEMEENTE* GROESBEEK/UBBERGEN, GELDERLAND.

L. 13.7; th. 5.5; th. 3.1 cm. Convex-triangular flanges (apparently secondarily shortened), flat-faced V septum; straight shelf stopridge rounded at corners. Broad blade with flat faces. Arch-shaped ornament on sides. Edge battered. Patina: brown (partly scraped off on one side). Museum: Nijmegen, Inv.No. AC 21 (old No. E III.11c). (DB 1490)

Map reference: Sheet 40D, c. 191/426.

Parallels: A number of good parallels for Type AXP:ASW occur among some (not all) of Kibbert's *Var*. *Rheydt* (his Nos 586-997; pp. 243-244, map Taf. 65C) in Nordrhein-Westfalen. Kibbert cites as parallels for these: Suderberg, Kr. Uelzen (Laux, 1971: No. 579, Taf. 75:6; and Sattenhausen, Kr. Göttingen (Maier, Kr. Göttingen. No. 668, Taf. 38:6).

Dating: No close datings are known (cf. section 4, below).

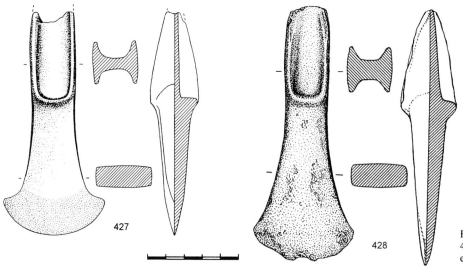

Fig. 96. (Type AXP:ASW) 427: Esbeek, N-B; 428: Berg en Dal, Ge.

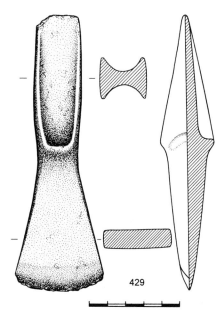

Fig. 97. (Type AXP:AGSW) 429: Beesel, Li.

d:2) *Palstave with arch-shaped groove on sides and sinuous outline, wide blade (AXP:AGSW)* (fig. 97)

One example in the Netherlands (in the south; Map 33).

CAT.NO. 429. BEESEL, *GEMEENTE* BEESEL, LIMBURG.
L. 14.7; w. 4.9; th. 3.0 cm. Weight 397.3 gr. Straight sharp butt (slightly battered); Λ flanges with slightly convex sides; U septum; U stopridge. Blade part trapeze-shaped, with flat sides and faces. Cutting edge crescent-ground, sharpened, but slightly battered. No pouches. No casting seams. On sides, at stopridge level, an arch-shaped groove. Patina partly black, partly green. Brown loamy encrustation. Well-preserved, except for some prominent recent scratches and batterings. Found in a field with metal-detector (prolific

multi-period find-spot). Private possession. Marking: 38/146 (black ink on side). (DB 2285)
Map reference: Sheet 58E, 202.5/364.8.

Note: The 'negative arch-shaped ornament' (arch-shaped groove instead of the usual bulging side-arch) occurs also on Cat.No. 424, from Losser, Overijssel, under Type AXP:AS; cf. also Kibbert, 1980: Nos 630 and 631 in Westfalen.

Cat.Nos 427 and 429 are the only side-arched palstaves known in the south of the Netherlands, apart from the western European primary shield palstave (here Cat.No. 207) from Vlodrop, Limburg.

3.4.5. *Fragmentary palstaves difficult to classify (not mapped) (AXP:)* (fig. 98)

a) *Narrow plain palstave fragment*

CAT.NO. 430. PUTBROEK, *GEMEENTE* ECHT, LIMBURG.
L. (8); th. 2.6 cm. Narrow hafting part. Butt irregular; U septum with flattish sides; U ledge stopridge. Preserved upper portion of blade part is narrow, with () flaces and sides; slight narrow midrib on one face only. Museum: R.M.O. Leiden, Inv.No. l.1936/3.31. Purchased from J. Geradts, Mayor of Posterholt. (DB 374)
Documentation: Correspondence R.M.O., Leiden.
Map reference: Sheet 60B, c. 198/347.

b) *Narrow plain palstave fragment, with narrow midrib on one face*

CAT.NO. 431. 'NORTH LIMBURG OR MIDDLE LIMBURG' (exact provenance unknow).
L. (8.9); th. 2.2 cm. Weight: 195.8 gr. {} profile. Butt slightly rounded, blunt; very low flanges;)(septum, convex sides; slightly rounded ledge stopridge, sloping outwardly. Blade part with straight parallel sides (insofar preserved), convex faces and sides. Slight trace of narrow midrib present on one face only. Anciently broken; part of the patina on the break survives, although part is worn off. Somewhat rolled. Patina originally brown (preserved especially on the septum),

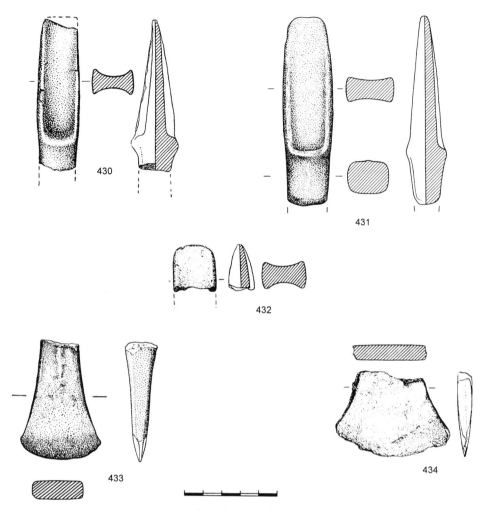

Fig. 98. (Fragments) 430: Putbroek, Li; 431: North or Middle Limburg; 432: Roswinkelerveen, Dr; 433: provenance unknown; 434: provenance unknown.

but mostly light dull green, with bronze colour at abraded places along the break and on the edges of flanges and the stopridge. Found Autumn 1985 by H. Hoeymakers (Tienray) among potatoes, the exact origin of which was not traceable. Collection: Oudheidkamer Horst. (DB 835)

> *Reference*: Schatorjé, 1986: p. 127, afb. 19.

c) *Butt fragment*

CAT.NO. 432. ROSWINKELERVEEN, *GEMEENTE* EMMEN, DRENTHE. NIEUWE SCHUTTING (from bog hoard).
L. (2.2) cm. Small fragment of the butt of a palstave; slightly rounded blunt butt; U septum. Part of hoard, further information see Part I. Museum: Assen, Inv.No. 1924/X.12. (DB 1212)

> *Map reference*: Sheet 18A, 262.8/538.8
> *References*: *Verslag*, 1924: p. 16, Nos 35-41; Butler, 1992: pp. 63-64, Fig. 9:5.

d) *Palstave fragment with narrow midrib, moderately wide blade*

CAT.NO. 433. PROVENANCE UNKNOWN.
L. (6.4); w. 4.3; th. 2.1 cm. Blade part only. [] section, expanding blade. Narrow midrib. Cutting edge sharp. Collection: unkown. (DB 608)

e) *Palstave fragment with wide blade*

CAT.NO. 434. PROVENANCE UNKNOWN.
L.(4.4); w. 6.3 cm. Portion of blade part only. Wide blade; cutting edge sharp. Collection unknown. (DB 323)

3.4.6. *Palstaves: locus unknown, sketch available, inadequate information (not mapped)*

CAT.NO. 435. 'T ZAND, *GEMEENTE* ZELHEM, GELDERLAND
L. c. 20 cm. Palstave, known only from a brief note, with crude thumbnail sketch, in the diary of Captain H. J. Bellen (Ede) under 27 January 1926. The palstave had been dug up by a brother of the then

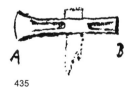

Fig. 99. 435: 't Zand, Ge (sketch H.J. Bellen).

owner, who died in 1926. Present locus unknown. (DB 1942)
    Documentation: Diary Captain H.J. Bellen, under 27 Jan. 1924.
    Map reference: Sheet 41A, c. 222/449.8.

CAT.NO. 436. MONTFORT, *GEMEENTE* AMBT MONFORT, LIMBURG.
L. 15.5; w. 5.5 cm. Palstave found near the bridge across the Vlootbeek. Patina filed off. Purchased 22 July 1901 by Major E.H.J. Van der Noordaa and mentioned in his diary, with a thumbnail sketch. This palstave did not pass with Noordaa's collection to the R.M.O. Leiden; present locus unknown. (DB 2256)
    Map reference: Sheet 60B, c. 193/348.

3.4.7. *Palstaves: locus unknown, no drawing available, inadequate information (not mapped)*

CAT.NO. 437. *GEMEENTE* HAAKSBERGEN/*GEMEENTE* EIBERGEN, OVERIJSSEL/GELDERLAND.
Palstave mentioned by G.J. Ter Kuile. Formerly in Museum Enschede, but lost before 1969. (DB 2347)
    Reference: Ter Kuile, 1909: p. 21.

CAT.NO. 438. PROVENANCE UNKNOWN.
Palstave, formerly in museum Denekamp. (DB 1334)

CAT.NO. 439. EDE, *GEMEENTE* EDE, GELDERLAND. RIET-KAMPEN.
Palstave, c. 15 cm. long, private possession, present locus unknown. Information from W. Metz (I.P.P., Amsterdam). (DB 750)
    Map reference: Sheet 39F, 172/448.

CAT.NO. 440. VIERLINGSBEEK, *GEMEENTE* VIERLINGS-BEEK, NOORD-BRABANT.
A looped palstave is listed by Beex (1970) as having been purchased in 1890 by the R.M.O., Leiden. According to verbal information from L. Verhart, curator of the R.M.O., the Museum has only a winged axe from Vierlingsbeek purchased between 1890 and 1900. (DB 925)
    Map reference: Sheet 46D, c. 198/400.
    Reference: Beex, 1970.

4. ON THE CHRONOLOGY OF PALSTAVES IN THE NETHERLANDS

Palstaves make their first appearance in the Netherlands as rather scarce imports in the Sögel-Wohlde phase (on current views more or less in the 15th century BC). In the course of this phase imported examples come from various directions. From North Germany or Denmark we have at least the one Type Ilsmoor/Neukloster palstave, our Cat.No. 178, in southern Drenthe. From the South German area, there is at least the palstave-chisel, our Cat.No. 243, in North Brabant. From Britain and western France, came imports in somewhat greater numbers: we have at least the transitional stopridge axe-palstaves, Cat.Nos 191-192, and the Early Shield Palstaves of Acton Park and other variants, Cat.Nos 193-212. In this phase, the cast-flanged axes of Oldendorf and other types presented in Part II:1 (Butler, 1995/1996) were apparently far more important, and are likely to have been locally manufactured in western Germany and the eastern part of the Netherlands. There is no evidence to suggest we had in this phase our own regional palstave production.

The next-following chronological phase – Period II in the North European chronology, the Taunton phase in Britain, *Bronze moyen* 2 in western France (centering in the 14th century BC according to the dendrodates of the Danish treetrunk coffin graves) – was the period in which in various regions in western and northern Europe fairly standardized palstave types were evolved, and were produced on a considerable scale. Some of those products were imported into the Netherlands. From northern Europe came almost all the palstaves of our Group I (Map 22), from the West most of those of our Group II (Maps 23, 24).

It would be in this period that the regional palstave types of our Group IV appeared in Northwest Germany, the Netherlands and Belgium. Direct dating evidence is, however, extremely scarce. Highly unusual is a find like that of the Sleen-Galgenberg in Drenthe, with a local (if somewhat atypical) palstave (our Type AXP: FSW) in the primary grave of a timber circle monument of the local Middle Bronze B.

The North Netherlands-Northwest German palstaves, which have typological features reflecting influences from both these major directions, almost never occur in datable grave finds or hoards, so that it is not possible to offer a useful discussion of their detailed chronology. Broadly, there is no reason to doubt that our regional types emerged more or less contemporaneously with the North European and western European types referred to in the preceding paragraph. Palstaves with a 'brace' profile, i.e. with reduced flanges and somewhat projecting stopridge, as fig. 41:7 – in our catalogue abbreviated with the symbol {} – have, typologically speaking, a status intermediate between earlier palstaves (leaf-flanged or with triangular flange outline), and palstaves belonging to the British-Northwest French 'late' type. The transition cannot be directly dated in the Netherlands, owing to the absence of datable finds. In the West German area of Kibbert (1980), however, brace-outlined palstaves become common within many of his types dated by him to the *mittlere* and *jüngere Hügelgräber* periods (he does not distinguish between these two phases in his palstave datings). Further comment on this point will perhaps become possible when we have full accessibility to the Northwest German material. Occasional associated finds in Germany make some contribution to the comparative chronology of our regional palstave development. We may mention here:

Hohenfelde, Kr. Steinburg (Aner & Kersten, 1993: p. 31, Kat.Nr. 9386, Taf. 10-11). This Northern Period II hoard, found 1951, near the Elbe mouth in Schleswig-Holstein, contains nine palstaves and a fragmentary decorated spearhead of Jacob-Friesen's Type Smø-rumøvre. One of its palstaves (Taf. 10c) is at the least very closely related to our Type AXP:AFS (above, Cat.Nos 401-417). The other palstaves in the hoard are normal northern types with blade flanges and thin or trumpet midrib.

Wardböhmen, Kr. Celle: *Schafstallberg*, Grave 16,

Burial II (Piesker, 1958: Taf. 60:5-9; Laux, 1971: p. 183). In this grave on the Lüneburger Heide, a palstave comparable with our Type AXP:FS (possibly FSW) was accompanied by a *Hügelgräber* midrib dagger and a pin of Laux *Type Westendorf* (see above, under Type AXP:FS). Laux dated the grave to his *Zeitgruppe I*.

Darmstadt-Arheilgen, Tumulus group Bayerseich (Hessen) Hgl. 124, Gr. 1 ('*Hauptbestattung*', '*mehrere Männergräber*' (Kibbert, 1980: p. 180, No. 436, pp. 229-231, Taf. 69J). Here a palstave of Kibbert's *Typ Baiersich, Var. Dörnigheim*, a local palstave type (Kibbert's No. 552), has a ribbed 'belt' at stopridge level, reflecting influence from North European Period II palstaves (cf. our Cat.Nos 186 and 240). This, and another palstave in the same assemblage, have trapeze-shaped blade part (No. 552, also with a 'crinoline' finish to the cutting edge), suggesting a parallel relationship with our AXP:P∧ palstaves; in probable association with *jüngere Hügelgräber* objects.

Köln-Nippes, Nordrhein-Westfalen, grave find. Palstave similar to the first-mentioned Darmstadt specimen; probably found together with rapier resembling Schauer's *Typ Weizen*, pin probably of Kubach's *Typ Haitz* (Kibbert, 1980: p. 228, No. 551, Taf. 71A.

These finds not only illustrate the contemporaneity of Northern Period II palstaves with the South German *jüngere Hügelgräber* horizon, but also suggest the beginning of at least some of our Northern and Southern regional types in the same period. An even more difficult question, however, is that of the length of the period of manufacture and use of the various palstave types. In the North European area, palstaves practically disappear from the find record after Period II; but in Britain palstaves continue on until the end of the Bronze Age, and distinct 'Late' palstave types emerge. In Middle western Germany, Kibbert recognizes the beginning of most of his palstave types within the *mittlere* and *jüngere Hügelgräber* phases, corresponding chrono-logically to the Northern Period II; but sees a number of plain unlooped types as at least in part parallel with the *frühe* and *ältere Urnenfelder* and Northern Period III.

There are, however, difficult questions to be raised: to what extent are the dating ranges of this second group actually justified by the very small number of associated finds in which they occur, and to what extent is that dating applicable to the finds in the Netherlands? A thorough-going re-examination of this material is evidently required.

In the Netherlands there are exceedingly few dated Late Bronze Age palstave associations:

Vilt, gemeente Berg-en-Terblijt, Limburg: we have already given our reasons (above, under Cat.No. 322) for doubt as to the validity of the association of the palstave with the other objects attributed to this hoard. Only if genuinely associated would it date the palstave (an atypical example of our Type AXP:PH) to the '*Stufe Obernbeck*' of Kibbert (1980, 1984); a phase which he

intercalates to represent an early part of Ha B, parallel with an early part of Northern Period V. But the association may not be genuine (different patina), or the palstave could long predate the deposition of the hoard.

Bargeroosterveld, Drenthe, hoard of 1900: one complete looped palstave, plus the middle fragment of a second (and, as far as it goes, very similar) example (Cat.Nos 233-234). The palstaves were found with a pair of Northwest German *Nierenringe*, a small Urnfield knife, and other objects. The North European Period IV dating depends on the *Nierenringe*. The dating is supported by the North German find, as a hoard or unrecognized grave, of a rather similar looped palstave (though with a more trapeze-shaped blade) with a double-T-handled Urnfield knife at Barrien-Bülten, Kr. Grafschaft Hoya in Niedersachsen (Prüssing, 1982: p. 87, No. 186, Taf. 27A). The rather rare double-T-handled knives, a specialized version of the Central European Urnfield knives, had been claimed by Sprockhoff (1941) as a characteristic form of his *Ems-Weser Kreis*. Later a spectacularly large example was found in the Netherlands (Butler, 1973b) and more recently there have been several new stray finds in the West German area: Xanten, from the Rhine; Petershagen, from the Weser; Löhne-Menninghöfen, Kr. Herford (Koschik, 1993; *Neujahrsgrüss/Jahresbericht Museum Münster* 1994: pp. 32-33, *Bild* B). Their dating depends, apart from typological considerations (the blade form of these knives is that of Central European HaA2 and B1 varieties), chiefly on the Danish Vejby grave (Thrane, 1972: p. 167, Abb. 1) which contains a Northern Period IV tweezers.

Both the Bargeroosterveld and Barrien-Bülten palstaves were accepted by Schmidt & Burgess (1981: pp. 130-131) as probable West European exports, and assessed by them as falling more or less on the border-line between British 'transitional' and 'late' types. Their dating would be somewhere around the transition between the Penard and Wilburton phases. A large fragment seemingly from a palstave similar to the Bargeroosterveld examples is present in the hoard II (found 1919) from Boutigny-sur-Essone, in the Paris area (Mohen, 1977: pp. 117-118, 128-129, No. 311-350; esp. p. 128, No. 3120). The hoard contains HaA2 articles as well as West European types; Mohen dates the find to Bronze final II, and equates it chronologically with Wilburton and St. Brieuc-des-Iffs.

There are, however, no full-fledged British-West French 'late' palstaves (in Britain current in the Wilburton and Ewart Park phases) in the Netherlands. It would therefore seem that palstaves play an extremely limited part in our exchange networks in the Late Bronze Age.

5. SUMMARY AND SOME CONCLUSIONS

Our Map 21 shows in a generalized way the area in

which Middle Bronze Age axes (high-flanged axes, stopridge axes and palstaves) were used in the Netherlands, by indicating the *gemeenten* (as of 1986) in which at least one axe of these types has been found. This distribution corresponds in general with the area inhabited in and around the Middle Bronze Age. Much of the western part of the country was subject to marine indunation or was peat-covered at that time; though recent excavation has shown that at least parts of the western coastal dune belt, and of the fossil sandy creek ridges in the West Frisian (North Holland) area around Hoogkarspel were occupied. The northern coastal marine-clay area were not settled until the beginning of the Iron Age. In the East, a few areas – especially eastern Gelderland (the Achterhoek) and southern Limburg) are, however, unaccountably find-poor, possibly merely through lack of interest on the part of collectors and researchers.

We have here attempted to distinguish between palstaves of import types – divided into those of North European, Central European and western European origin – and types of regional manufacture.

The import types. It is, of course, difficult to be certain whether import-type palstaves are actual imports, since they could be local imitations (which would, of course, have been copies of imported examples). But in the Netherlands the number of import-type palstaves is so limited, and the types represented are so heterogeneous, with so few examples of each type occurring, that it seems very likely that the greater number of those found here were actually imported.

Classified as belonging to import types are 66 palstaves. Among these, 13 are of North European types, 50 of western European types, and only three of Central European types.

The North European-North German palstaves are, as Map 22 shows, found predominantly in Drenthe, with a few notable exceptions: the belted palstaves from Velserbroek, Epe and Texel.

The Drenthe finds parallel other North European influences, such as the import of amber necklaces (Butler, 1990: pp. 48-59) which concentrate especially in southern Drenthe. The grave finds (Velserbroek, Texel) in the coastal dune-area of belted North European palstaves occur in areas which (as the recent excavations have shown) were by no means poor in Bronze Age settlement, despite their paucity of finds of metal-work. We have suggested that these burials may represent an intrusive group, bringing along prestige weapons from the Elbe Mouth area.

The import of palstaves from northern Europe may well have begun during North European Period IB. At least the Ilsmoor/Neukloster palstave from Emmercompascuum (Cat.No. 178) belongs formally to that phase, in which the high-flanged axes of Type Oldendorf (Butler, 1995/1996: Cat.Nos 79-136, Map 14) were however the predominant axe type in the eastern regions

of the Netherlands as well as in Jutland and North Germany. All the other northern palstaves found in the Netherlands are of types which in Denmark and North Germany would be assigned to the Northern Period II. In this period, on the indirect evidence of our Epe hoard (Butler, 1990: pp. 91-92, fig. 23), which contains no northern palstave, but a British-type one which must be contemporary with the Northern Period II, the flanged stopridge axes of the apparently locally made Type Vlagtwedde were current (and apparently more numerous) in the IJssel area, Twente and Drenthe (Butler, 1996: p. 230, Map 17).

Palstaves of varied western European types occur in modest numbers (fifty examples, from 34 finds) in various parts of the Netherlands – West, South, Centre – but only two finds (the shield palstave from Norg, Cat.No. 216, and the two 'late' palstaves from the Bargeroosterveld hoard of 1900, Cat.Nos 233-234) are known from the area east and north of the River IJssel (Map 24).

A special case is that of the Voorhout hoard (Cat.No. 193 ff), in the western dune area of South Holland (Map 23). Its North Welsh 'Acton Park' shield palstaves do not otherwise occur in the Netherlands. It is therefore not entirely clear that we could have here a local secondary production centre, such as seems to have existed at Pyrzyce near the Baltic in Poland and Habsheim along the Rhine in Alsace (where palstaves imitative of the Acton Park type were apparently locally cast, alongside local axe types) or, perhaps more probably, that the Voorhout find is simply a hoard of imported objects.

A possibly parallel case may be the Northeast Polder or Flevoland find (Cat.Nos 222-224), but its evidence has been muddied by heavy corrosion of the objects coupled with poor documentation of the find.

Chronologically, the import palstaves from western Europe extend from the British-Northwest French Acton Park-Tréboul phase (the Voorhout hoard), through the Taunton/*Bronze median* II and the Penard/Rosnoën phases, but hardly or not at all in the Wilburton-*Bronze final* IIIa phase. Import objects from the German *Hügelgräberkultur* area are even scarcer; only the *Niedermockstadt-Reckerode* palstaves from Doorwerth and Vught (Cat.Nos 239 and 240) are certain examples, the two unprovenanced Bohemian palstaves (Cat.Nos 241-242) being very probably modern import. The *Var. Reckerode* palstaves are dated by Kibbert to the *mittlere* or *jüngere Hügelgräberzeit*. The Doorwerth and Vught examples take their place alongside the finds of *Hügelgräber* pins, bracelets, sickles and occasional other objects which will be discussed subsequently in this series.

The regional types. Nearly three-fourths (71%) of the 260 palstaves found in the Netherlands are assignable to 'regional' types. These are palstaves which, on the basis of the distribution of their types (as far as at present known), may be presumed to have been made in the Netherlands, or in adjacent areas of West Germany or Belgium.

Direct evidence for bronze-casting in the Netherlands has not been found. Only one casting mould for palstaves has been found in the Netherlands: the fragment of a bronze half-mould dredged from the River Maas at Buggenum, Limburg (above, Cat.No. 323). Since palstaves closely comparable to that which could be cast in the Buggenum mould are lacking, it may be that this mould fragment was imported simply as a piece of scrap metal intended for recycling, and it may never have actually been used for casting in this area (the palstave also from the Maas at Buggenum, above, Cat.No. 394, has a similarly shaped blade, but it possesses a midrib, which products from the Buggenum mould would not have had). In western Germany, a palstave which could have been cast in the bronze palstave mould from Werne (cf. above, under Cat.No. 324) would also be quite atypical for the Netherlands and western Germany; the mould itself may be of British origin (cf. Kibbert, 1980: p. 218), and there is no real evidence that the mould was actually employed in the region in which it was found.

On the other hand, the heavy predominance numerically – around 4/5 of the total – of palstaves of types with a limited, regional distribution constitute plausible evidence for the production of these types within the region in which they occur. Moulds of bronze or of clay could have been employed for their production. That hardly any bronze moulds have been found could be explained by the supposition that such moulds, being normally in the possession only of bronze-casting workshops, would normally be melted down when no longer usable; remains of clay moulds would mostly have escaped recognition.

Noteworthy is the absence among the regionally produced palstaves – northerners, southerners, and those common to both areas – of palstaves with a distinctively prestige-object character. A single possible exception is the (somewhat) extravagantly sized and proportioned Cat.No. 419, from Weende in Groningen province; but even this is a modest specimen compared, say, to some of the more flamboyant Scandinavian display palstaves. All the rest in the Netherlands seem to be ordinary workaday objects.

Slightly over half of the regional palstaves (96 out of 185 = 52%) are plain palstaves; 16 of these are looped and 80 unlooped. Midrib/midridge regional palstaves number 40 (22% of the 185); only eight of these are looped, and 32 unlooped. Palstaves with side arches number 30 (16% of the 185), none of which have loops. Palstaves with flanged blade part number 19 (10% of the 185), none of them looped.

Our typological analysis, and the resultant mapping of the distribution of the various palstave types, indicate that there are significant differences in distribution within the country. The major differences are between a northern and a southern region. The northern region occupies primarily the territory of the provinces of Drenthe and Overijssel, with as fringes the prehistorically inhabited parts Groningen, Friesland and Flevoland. Across the border, its relations are with at least the German Emsland and Oldenburg. The southern region encompasses Netherlands Limburg and the eastern half of North Brabant, and also the riverine area around Arnhem and Nijmegen, now part of Gelderland. Across the borders its relations are with the German North Rhine area and Westfalen, and the Belgian Maas area.

There are palstave types that are common to both these regions. Chief among these are the plain palstaves with sinuous outline and medium or wide blade expansion (Types AXP:PS and AXP:PSW). These two types together represent 22% of the 185 regional palstaves in the Netherlands.

In our northern region, the palstave population is in large measure dominated by a series of types, heterogeneous in many respects, but having in common either the presence of a raised arch-shaped ornament on the sides (our AXP:A... series); or the presence of side flanges on the blade part (our AXP:F... series). Some northern palstaves (Type AXP:AFS) have both those features. The AXP:A... series includes Types AXP:AS, AFS, AMFS, ASW, ASWG, and AH, with a total of 30 specimens (more than half of these are AXP:AFS). The AXP:F... series includes AXP:FSW, FSJ, and FSN, with together 14 examples. These types are either totally or almost totally unrepresented in the South. Other types which are predominantly represented in the Northern region are AXP:PHJ, with eight of its nine examples in the North, and AXP:PS<, with five of its seven examples in the North.

In our northern region, we attribute 85 palstaves out of the total of 99 found (thus 86%) to the 'regional' types. Winged axes are not known to occur in the North. In the Late Bronze Age palstaves seem to have been almost entirely replaced by socketed axes; palstaves have not been found in any of the relatively numerous northern-region Late Bronze Age hoards, with the single exception of Bargeroosterveld 1900 (Cat.Nos 233-234). In the southern region, the varied sorts of palstaves possessing a midrib or midridge (AXP:M...) are the most common, with c. 30 examples. Also prominent in the South are plain palstaves with a trapeze-shaped outline of the whole axe or of the blade part (AXP:∧ and AXPL:∧); of the 17 examples of these, 16 are in the South and only one in the North.

Among the 65 palstaves found in the two southern provinces, 54 (thus 83%) are attributable to southern regional types. In the Late Bronze Age the palstave stock in the South was supplemented by a limited importation of winged axes from the East French-West German area. In the last phase of the Late Bronze Age in our southern region the palstaves were seemingly almost entirely replaced by socketed axes (Butler, 1973a; 1987).

6. ACKNOWLEDGMENTS

Our heartfelt thanks are in the first instance due to the numerous museum directors and curators and the equally numerous private owners of the objects studied, without whose cooperation this study could never have been carried out. To name them all would take many pages; to name some and omit others would be invidious; so we hope that each and every one will accept this expression of our gratitude without being named specifically.

For institutional support for this work we must gratefully acknowledge the contributions, in varying degree, of the Groningen Institute of Archaeology (which has absorbed the former Biologisch-Archaeologisch Instituut), the Instituut voor Prae- en Protohistorie A.E. van Giffen of the University of Amsterdam, the former Netherlands Organization for Pure Scientific Research (Z.W.O.), and the Foundation Netherlands Museum for Anthropology and Prehistory. From the Rijksdienst voor Oudheidkundig Bodemonderzoek (State Service for Archaeological Investigations) in Amersfoort we have profited greatly thanks to the use of their archaeological data-base and their library, as well as from the cooperation of those of their staff who fulfil functions as Provincial Archaeologists. For the study of comparative material in Belgium, France and Germany we have benefitted from our association (along with W.H. Metz of the I.P.P.) with the *Prähistorische Bronzefunde* under Prof.Dr. H. Müller-Karpe, Prof.Dr. A. Jockenhövel, and various of their collaborators.

For the drawings that form the basis of this work we have lately enjoyed the collaboration of the G.I.A. draughtsmen Jan Smit and Mirjam Weijns, and earlier B. Kuitert, B. Kracht, and H. Roelink, as well as parttimers or freelancers L. Hart and G. de Weerd. A few drawings are by I.P.P. draughtsmen B. Brouwensteijn, J. de Wit and B. Donker. The original 1:1 drawings were processed for publication with a scanner. For extensive administrative assistance with the documentation we have profited from the help of W.H. Metz, Th.C. Appelboom, E. Wolthuis, A. van Kleef, S. van Gelder, and others.

For the facilities for automatic mapping we owe thanks to the University of Groningen Computer Centre, and especially J. Kraak and J.T. Ubbink. The maps were made by H. Steegstra. On the domestic front, we are grateful for the support of C.H. Butler-Geerlink and H. Schaafsma-Barré.

Responsibility for any and all mistakes and/or omissions remains solely by the authors.

7. REFERENCES

ANER, E. & K. KERSTEN, 1973-1993. *Die Funde der älteren Bronzezeit des nordischen Kreises in Dänemark, Schleswig-Holstein und Niedersachsen*, I-XVIII. Verlag Nationalmuseum København & Karl Wachholz Verlag, Neumünster.

APPELBOOM, Th. G., 1953. De bronstijd in Westelijk Nederland. *Westerheem* 2, pp. 34-40.

BECKERS, H.J. (Sr) & G.A.J. BECKERS (Jr), 1940. *Voorgeschiedenis van Zuid-Limburg, twintig jaren archaeologisch onderzoek*. Veldeke, Maastricht.

BEEX, G. 1952. De grafheuvels en de weg langs het Huismeer te Knegsel. *Brabants Heem* 4, p. 16.

BEEX, G. 1965. Vondstmeldingen. *Brabants Heem* 17, p. 43-45.

BEEX, G. 1970. Bronzen hielbijl uit St.-Oedenrode. *Brabants Heem* 22, pp. 21-36.

BERGMANN, J., 1970. *Die ältere Bronzezeit Nordwestdeutschlands. Neue Methoden zur ethnischen und historischen Interpretation urgeschichtlicher Quellen* (= Kasseler Beiträge zur Vor- und Frühgeschichte, 2). Elwert Verlag, Marburg.

BLANCHET, J.-C., 1984. *Les premiers métallurgistes en Picardie et dans le Nord de la France* (= Mémoires de la Société Préhistorique Française, 17). Société Préhistorique Française, Paris.

BLOEMERS, J.H.F., 1973. Archeologische kroniek van Limburg over de jaren 1971-1972. *Publications de la Société Historique et Archéologique dans le Limbourg* 109, pp. 7-55.

BOELES, P.J.C.A., 1920. Het bronzen tijdperk in Gelderland en Friesland. *Gids Friesch Museum te Leeuwarden*. Coöp. Handelsdrukkerij, Leeuwarden.

BOELES, P.J.C.A., 1951. *Friesland tot de 11e eeuw. Zijn vóór- en vroegste geschiedenis*. Nijhoff, 's-Gravenhage.

BOSMAN, W.J. & C.M. SOONIUS, 1989. Archeologische kroniek van Holland over 1988. I: Noord-Holland. *Holland* 21, pp. 286-288.

BRANDT, K., 1954-1960. *Bilderbuch zur Ruhrländischen Urgeschichte*, I-II. Herne.

BRIARD, J., 1965. *Les dépôts Bretons et l'Age du Bronze Atlantique* (= Travaux du Laboratoire d'Anthropologie préhistorique, without series number). Rennes.

BRITTON, D., 1960. Bronze Age grave group and hoards in the British Museum. *Inventaria Archaeologia* Great Britain VIII, pp. 48-54.

BROHOLM, H.C., 1943-1949. *Danmarks Bronzealder*, I-IV. Nyt Nordisk Forlag, København.

BROHOLM, H.C., 1952-1953. *Danske Oldsager*, II-III. Nordisk Forlag, København.

BRONGERS, J.A., & P.J. WOLTERING, 1978. *De prehistorie van Nederland. Economisch technisch*. Fibula-Van Dishoeck, Haarlem.

BRUNSTING, H., 1950. Hoogeloon. *Jaarverslag Rijksdienst voor het Oudheidkundig Bodemonderzoek* 1950, p. 30.

BURGESS, C.B., 1962. A palstave from Buckley, Flintshire, with some notes on 'shield' pattern palstaves. *Flintshire Historical Society Publications* 20, pp. 92-95.

BURGESS, C.B., 1970. Breton palstaves from the British Isles and Northwestern France. *Archaeological Journal* 125, pp. 1-45.

BURGESS, C.B., 1976. Burials with metalwork of the later Bronze Age in Wales and beyond. In: G.C. Boon & J.M. Lewis (eds), *Welsh antiquity, Essays presented to H.N. Savory*. National Museum of Wales, Cardiff, pp. 81-104.

BURGESS, C.B. & S. GERLOFF, 1981. *The dirks and rapiers of Great Britain and Ireland* (= Prähistorische Bronzefunde, IV:7). C.H. Beck, München.

BUTLER, J.J., 1959. Vergeten schatvondsten uit de Bronstijd. In: *Honderd Eeuwen Nederland* (= Antiquity and Survival II, no. 5-6). Luctor et Emergo, Den Haag, pp. 125-142.

BUTLER, J.J., 1960. Drie bronsdepots van Bargeroosterveld (Three Bronze Age hoards from Bargeroosterveld). *Nieuwe Drentse Volksalmanak* 78, pp. 205-231.

BUTLER, J.J., 1960 (1961). A Bronze Age concentration at Bargeroosterveld. With some notes on the axe trade across Northern Europe. *Palaeohistoria* 8, pp. 100-126.

BUTLER, J.J., 1963a. Bronze Age connections across the North Sea. A study in prehistoric trade and industrial relations between the British Isles, the Netherlands, North Germany and Scandinavia – c. 1700-700 B.C. *Palaeohistoria* 9, pp. 1-286.

BUTLER, J.J., 1963b. Ook in de oudere bronstijd bronsbewerking in Noord-Nederland? A local bronze industry in the North of the

Netherlands in the Bronze Age? *Nieuwe Drentse Volksalmanak* 81, pp. 181-212.

BUTLER, J.J., 1964. The bronze rapier from Zwaagdijk, gemeente Wervershoof, prov. North Holland. *Berichten van de Rijksdienst voor Oudheidkundig Bodemonderzoek* 14, pp. 44-52. Idem in: *Westfrieslands Oud en Nieuw* 31, pp. 230-242.

BUTLER, J.J., 1973a. Einheimische Bronzebeilproduktion im Niederrhein-Maasgebiet. *Palaeohistoria* 15, pp. 319-343.

BUTLER, J.J., 1973b. The big bronze knife from Hardenberg. In: W.A. van Es et al. (eds), *Archeologie en Historie (Festschrift Brunsting)*. Fibula-van Dishoek, Bussum, pp. 15-27.

BUTLER, J.J., 1979. Rings and ribs: the copper types of the 'Ingot Hoards' of the Central European Early Bronze Age. In: M. Ryan (ed.): *The origins of metallurgy in Atlantic Europe*. Proceedings of the Fifth Atlantic Colloquium. Stationery Office, Dublin, pp. 345-362.

BUTLER, J.J., 1986. Drouwen: end of a 'Nordic' rainbow? *Palaeohistoria* 28, pp. 133-168.

BUTLER, J.J., 1987. Bronze Age connections: France and the Netherlands. *Palaeohistoria* 29, 9-34.

BUTLER, J.J., 1992. Bronze Age metal and amber in the Netherlands (I). *Palaeohistoria* 32, pp. 47-110.

BUTLER, J.J., 1995/1996. Bronze Age metal and amber in the Netherlands (Part II:1). Catalogue of flat axes, flanged axes and stopridge axes. *Palaeohistoria* 37/38, pp. 159-243.

BYVANCK, A.W., 1942/1946. *Voorgeschiedenis van Nederland*. Brill, Leiden.

CASPARIE, W.A., 1987. Bog trackways in the Netherlands. *Palaeohistoria* 29, 1987, pp. 35-65.

CORDIER, G. & M. GRUET, 1975. L'Age du Bronze et le premier Age du Fer en Anjou. *Gallia Préhistoire* 18, pp. 157-287.

COUTIL, L., 1921. *L'Age du Bronze en Normandie, Eure, Seine Maritime, Orme* (= Comptes-rendus de l'Association Française pour l'avancement des Sciences 45). Rouen.

O'CONNOR, B., 1980. *Cross-Channel relations in the later Bronze Age. Relations between Britain, North-Western France and the Low Countries during the Later Bronze Age and the Early Iron Age, with particular reference to the metalwork* (= BAR Intern. Ser., 91). B.A.R., Oxford.

DAVIES, G.D., 1968. A palstave and amber bead from Colchester, Essex. *Antiquaries Journal* 48, pp. 1-5.

DELLA CASA et al., 1997. Argumente für einen Beginn der Spätbronzezeit (Reinecke B3D) im 14. Jahrhundert v. Chr. *Praehistorische Zeitschrift* 72, pp. 195-233.

DESITTERE, M., 1976. Autochtones et immigrants en Belgique et dans le Sud des Pays-Bas au Bronze final. In: S.J. DE LAET (ed.), *Acculturation and continuity in Atlantic Europe, mainly during the Neolithic perod and the Bronze Age* (= Dissertationes Archaeologcae Gandensis, 16), pp. 77-94. De Tempel, Brugge.

DOORSELAAR, A. VAN, G. BEEX & P. VAN SCHIE-HERWEYER, 1969. Kroniek district D 1963-1965. *Helinium* 9, pp. 46-73.

FELIX, P., 1945. Das zweite Jahrtausend vor der Zeitrechnung in den Niederlanden: Studien zur niederländischen Bronzezeit. Unpublished dissertation, Rostock. (Typescript copies in R.M.O. en B.A.I.)

Fries Museum/Stichting RAAP, 1994. *De toekomst van het verleden: De bescherming van archeologische terreinen in Friesland*. Bureau Voorlichting van de provincie Friesland, Leeuwarden.

GAUCHER, G., 1981. *Sites et cultures de l'Age du Bronze dans le Bassin parisien* (= Supplément à Gallia Préhistoire, 15) Editions C.N.R.F., Paris.

GIFFEN, A.E. VAN, 1949. Oudheidkundige aantekeningen over Drentse vondsten (XVI). *Nieuwe Drentse Volksalmanak* 1949, pp. 93-148.

GLASBERGEN, W., 1954. Barrow excavations in the Eight Beatitudes: The Bronze Age cemetery between Toterfout and Halve Mijl, North-Brabant. *Palaeohistoria* 2, pp. I-XIV, 1-134; 3, pp. 1-204.

GLASBERGEN, W., 1957. De praehistorische culturen op de zandgronden. *Groningse Volksalmanak*, pp. 128-147.

GROOT, M. DE, 1990. De 'Berendonckbijl', de laatste kruimel? *Jaarverslag Archeologische Werkgemeenschap voor Nederland, afd. Nijmegen e.o*, pp. 9-10.

HACHMANN, R., 1957. *Die frühe Bronzezeit im westlichen Ostseegebiet und ihre mittel- und südosteuropäische Beziehungen. Chronologische Untersuchungen* (= Beihefte zum Atlas der Urgeschichte 6). Flemmings Verlag/Kartographisches Institut, Hamburg.

HALLEWAS, D.P., 1988. Archeologische kroniek van Holland over 1987. II. Zuid-Holland. *Holland* 20, pp. 281-333.

HAMMING, C., 1995. Meer prehistorische vindplaatsen langs een vroegere Vechtloop. *Archeologie en Bouwhistorie van Zwolle* 3, p. 101.

HARTMANN, A., 1970. *Prähistorische Goldfunde aus Europa, I* (= Studien zu den Anfängen der Metallurgie 3). Gebr. Mann Verlag, Berlin.

HARTMANN, A., 1982. *Prähistorische Goldfunde aus Europa II: spektralanalytische Untersuchungen und deren Auswertung* (= Studien zu den Anfängen der Metallurgie, 5). Gebr. Mann Verlag, Berlin.

HEEMSKERCK DÜKER, W.F. VAN & P. FELIX, 1942 (3rd ed.). *Wat aarde bewaarde. Vondsten uit onze vroegste geschiedenis*. Hamer, Den Haag.

HEERINGEN, R.M. VAN, 1983. 's-Gravenhage in archeologisch perspectief, 1: De bodem van 's-Gravenhage. *Mededelingen Rijks Geologische Dienst* 37, pp. 96-126.

HEERINGEN, R.M. VAN, 1993. Archeologische kroniek van Zeeland over 1992. *Archief van het Koninklijk Zeeuwsch Genootschap der Wetenschappen*, pp. 185-216.

HERMANS, C.R., 1845. *Bijdragen tot de geschiedenis, oudheden, letteren, statistiek en beeldende kunsten der Provincie Noord-Brabant I en II*. Muller, 's-Hertogenbosch.

HOLWERDA, J.H., 1925 (2e dr.). *Nederlands vroegste geschiedenis*. Van Looy, Amsterdam.

HOLWERDA, J.H., 1929. Die Katastrophe an unserer Meerküste im 9. Jahrhundert. *Oudheidkundige Mededelingen Rijksmuseum van Oudheden te Leiden* 10, pp. 9-20.

HOGESTIJN, J.W.H., 1986. Een inventarisatie van prehistorische vondsten in Flevoland; een voorlopige interpretatie, I-II. I.P.P. scriptie.

HULST, R.S., 1971. Archeologische kroniek van Gelderland over 1968. *Gelre* 65, pp. 13-28.

HIJSZELER, C.C.J.W., 1961. De ligging en verspreiding van de grafvelden in Twente. *Verslagen en Mededelingen van de Vereeniging tot Beoefening van Overijsselsch Regt en Geschiedenis* 76, pp. 1-85.

Informatieblad Gemeentemuseum Arnhem 7, 1991. Arnhem.

JACOB-FRIESEN, G., 1967. *Bronzezeitliche Lanzenspitzen Norddeutschlands und Skandinaviens, I-II* (= Veröffentlichungen der urgeschichtlichen Sammlungen des Landesmuseums zu Hannover, 17). August Lax, Hildesheim.

JACOBSEN, J., 1904. *L'âge du bronze en Belgique, partie chimique*. Lamberty, Bruxelles.

JAGER, S.W. & P.J. WOLTERING, 1990. Archeologische kroniek van Holland over 1989. I: Noord-Holland. *Holland* 22, pp. 293-362.

JANSSEN, L.J.F., 1856. *Hilversumsche oudheden. Eene bijdrage tot de ontwikkelingsgeschiedenis der vroegste Europeese volken*. Nijhoff, Arnhem.

JOCKENHÖVEL, A., 1975. Zum Beginn der Jungebronzezeitkultur in Westeuropa. *Jahresberichte des Instituts für Vorgeschichte der Universität Frankfurt a.M.*, pp. 134-181.

KAMMINGA, M.S. 1982. De Zwartenberg bij Hoogeloon: een ringwalheuvel uit de bronstijd. Unpublished scriptie, I.P.L. Leiden.

KERSTEN, K., 1936. *Zur älteren nordischen Bronzezeit* (= Veröffentlichungen der Schleswig-Holsteinische Universitätsgesellschaft, 2:3). Wachholtz, Neumünster.

KERSTEN, K., 1958. *Die Funde der älteren Bronzezeit in Pommern* (= Beiheft zum Atlas der Urgeschichte 7). Hamburgisches Museum für Völkerkunde und Vorgeschichte, Hamburg.

KIBBERT, K., 1980. *Die Äxte und Beile im mittleren Westdeutschland, I* (= Prähistorische Bronzefunde, IX:10). C.H. Beck, München.

KIBBERT, K., 1984. *Die Äxte und Beile im mittleren Westdeutschland, II* (= Prähistorische Bronzefunde IX:13). C.H. Beck. München.

KOOLEN, M. 1983. Een bronzen, geoorde hielbijl uit Escharen. *Jaarverslag Archeologische Werkgemeenschap voor Nederland, afdeling Nijmegen e.o.* 18, pp. 42-43.

KOOLEN, M., 1993. Een bronzen geoorde hielbijl uit Escharen (gem. Grave). *Westerheem* 42, pp. 295-298.

KOSCHIK, H., 1993. Messer aus dem Kies. Zu zwei Messern der jüngeren Bronzezeit aus dem Rhein bei Xanten-Wardt und aus der Weser bei Petershagen-Hävern (mit einem Beitrag von Johann Koller und Ursula Baumer) *Acta Praehistorica et Archaeologica* 25, pp. 117-131.

KUILE, G.J. TER, 1909. Twentsche Oudheden. *Verslagen en Mededeelingen van de Vereeniging tot Beoefening van Overijsselsch Regt en Geschiedenis* 25, 2:1, pp. 1-26.

LAET, S.J. DE, 1982. *La Belgique d'avant les Romains*. Ed. Universa, Wetteren.

LANTING, J.N. & W.G. MOOK, 1977. *The pre- and protohistory of the Netherlands in terms of radiocarbon dates*. Private publishing, Groningen.

LAUX, F., 1971. *Die Bronzezeit in der Lüneburger Heide* (= Veröffentlichungen der urgeschichtlichen Sammlungen des Landesmuseums zu Hannover, 18). August Lax, Hildesheim.

LAUX, F., 1984. Ein Absatzbeil nordwestspanischer Herkunft aus Wildeshausen, Ldkr. Oldenburg. *Archäologische Mitteilungen aus Nordwestdeutschland* 7, pp. 11-18.

LAUX, F., 1996. Die Bewaffnung in der Bronzezeit. In: G. Wegner (ed.), *Leben-Glauben-Sterben for 3000 Jahren: Bronzezeit in Niedersachsen*. Isensee Verlag, Oldenburg.

LOË, A., DE, 1928-1931. *La Belgique Ancienne. Catalogue descriptif et raisonné, I. Les âges de la pierre (1928); II, les âges des métaux (1931)*. Brussels.

LOHOF, E., 1991. I. Grafritueel en sociale verandering in de bronstijd van Noordoost-Nederland. II. Catalogus van bronstijd-grafheuvels uit Noordoost-Nederland. Duplicated doctoral dissertation. Amsterdam.

LUYS, W., 1987. Archeologische vondsten en opgravingen in Beesel-Reuver-Belfeld-Swalmen (1982-1986). *Jaarboek Maas- en Swalmdal* 7, pp. 98-99.

MADSEN, O., 1988-1989. Grønlund. A mound with a chambergrave and other graves from the Bronze Age at Grønlund. *Kuml*, pp. 97-118.

MARIËN, M.E., 1952. *Oud-België. Van de eerste landbouwers tot de komst van Caesar*. De Sikkel, Antwerpen.

MODDERMAN, P.J.R., 1960-1961. Een palstave uit Epe, Gelderland. *Berichten van de Rijksdienst voor het Oudheidkundig Bodemondezoek* 10-11, pp. 546-548.

MODDERMAN, P.J.R., 1964. Middle Bronze Age graves and settlement traces at Zwaagdijk, gemeente Wervershoof, prov. North-Holland; with an appendix by J. Huizinga. *Berichten van de Rijksdienst voor Oudheidkundig Bodemonderzoek* 14, pp. 27-36.

MODDERMAN, P.J.R., & M.J.G.Th. Montforts, 1991. Archeologische kroniek van Gelderland 1970-1974. *Bijdrage en mededelingen van de Vereniging Gelre* 82, pp. 143-188.

MOHEN, J.-P., 1977. *L'âge du Bronze dans la région de Paris*. Ed. Musées Nationaux, Paris.

MONTEGUADO, L., 1977. *Die Beile auf der Iberischen Halbinsel* (= Prähistorische Bronzefunde, IX:6). C.H. Beck, München.

NILSSON, I., 1993-1994. Store Tyrrestrup: En Vendsyselsk storgård med bronsdepot fra aeldre bronzealder (A large Early Bronze age farmstead with bronze hoard). *Kuml*, pp. 147-154.

NOWOTHNIG, W., 1962. Der Bronzefund von Barrien-Bülten im Kreise Grafschaft Hoya. *Nachrichten aus Niedersachsens Urgeschichte* 31, pp. 136-140.

PIESKER, H., 1958. *Untersuchungen zur älteren Lüneburger Bronzezeit* (= Veröffentlichungen des nordwestdeutschen Verbandes für Altertumsforschung und der urgeschichtlichen Sammlungen des Landesmuseums Hannover). Lüneburg.

PIGGOTT, C.M., 1949. A Late Bronze Age hoard from Blackrock in Sussex and its significance. *Proceedings of the Prehistoric Society* 15, pp. 107-121.

PLEYTE, W., 1877-1902. *Nederlandsche oudheden van de vroegste tijden tot op Karel den Groote*. I. Tekst. II. Platen. (*Friesland*: 1877; *Drenthe*: 1882; *Overijssel*: 1885; *Gelderland*: 1889; *Batavia*: 1899; *West-Friesland*: 1902. Brill, Leiden.

PRÜSSING, P., 1982. *Die Messer im nördlichen Westdeutschland* (= Prähistorische Bronzefunde, VII:3). C.H. Beck, München.

RANDSBORG, K., 1991. Gallemose: A chariot from the early second millenium BC in Denmark? *Acta Archaeologica* 62, pp. 109-122.

RANDSBORG, K., 1993. Oak coffins and Bronze Age chronology. In: S. Hvass & B. Storgaard (eds), *Digging into the past: 25 years of archaeology in Denmark*. Royal Soc. of Northern Antiquaries/ Jutland Arch. Society, Aarhus, pp. 164-165.

REMOUCHAMPS, A.E., 1925. Een vondst uit Nieuw-Weerdinge, Drenthe. *Oudheidkundige Mededelingen uit 's Rijksmuseum van Oudheden te Leiden* 6, pp. 32-35.

ROWLANDS, M.J., 1976. *The production and distribution of metalwork in the Middle Bronze Age in southern Britain, I-II* (= BAR Intern. series, 31). B.A.R., Oxford.

SANDEN, W.A.B. VAN DER, 1994. Archeologie in Drente 1991-1992. *Nieuwe Drentse Volksalmanak* 111, pp. 81-104.

SCHATORJÉ, J.M.W.C. 1986. Brokstuk van een bronzen bijl. *Archeologie in Limburg* 27, pp. 127.

SCHAUER, P., 1971. *Die Schwerter in Süddeutschland, Österreich und der Schweiz* (= Prähistorische Bronzefunde, IV:2). C.H. Beck, München.

SCHMIDT, P.K. & C.B. BURGESS, 1981. *The axes of Scotland and northern England* (= Prähistorische Bronzefunde, IX:7). C.H. Beck, München.

SLOOTMANS, K., 1974. *Bergen op Zoom, een stad als een huis*. Europese Bibliotheek, Zaltbommel.

SPROCKHOFF, E., 1941. Niedersachsens Bedeutung für die Bronzezeit Westeuropas. Zur Verankerung einer neuen Kulturprovinz. *Bericht der Römisch-Germanischen Kommission* 31 (II), pp. 1-138.

STOEPKER, H., 1991. Archeologische kroniek van Limburg over 1990. *Publications de la Société d'Histoire et d'Archéologie dans le Limbourg* 127, pp. 223-279.

SUDHOLZ, G., 1964. *Die ältere Bronzezeit zwischen Niederrhein und Mittelweser* (= Münstersche Beiträge zur Vorgeschichtsforschung, 1). August Lax, Hildesheim.

TACKENBERG, K., 1971. *Die jüngere Bronzezeit in Nordwestdeutschland, I. Die Bronzen* (= Veröffentlichungen der urgeschichtlichen Sammlungen des Landesmuseums zu Hannover 19). Hildesheim.

THRANE, H., 1972. Urnenfeldermesser aus Dänemarks jüngerer Bronzezeit. *Acta Archaeologica* 43, pp. 165-228.

VANDKILDE, H., 1988. A Late Neolithic hoard with objects of bronze and gold from Skeldal, Central Jutland. *Journal of Danish Archaeology* 7, pp. 113-135.

VANDKILDE, H., 1990. Metal analysis of the Skeldal hoard and aspects of early Danish metal use. *Journal of Danish Archaeology* 9, pp. 114-132.

VEEN, M. VAN DER & J.N. LANTING, 1989. A group of tumuli on the 'Hooghalen' estate near Hijken (municipality of Beilen, province of Drenthe, the Netherlands). *Palaeohistoria* 31, pp. 191-234.

VERLAECKT, K., 1996. *Between barrow and river. A reappraisal of Bronze Age metalwork found in the province of East-Flanders* (= BAR Intern. series, 632). B.A.R., Oxford.

VERSCHAREN, H.M., 1976. Bronzen hielbijl uit de Waal bij Weurt. *Westerheem* 25, pp. 244-245.

VERWERS, W.J.H., 1986. *Archeologische kroniek van Noord-Brabant 1981-1982* (= Bijdragen tot de studie van het Brabants Heem, 28). Stichting Brabants Heem, Waalre.

VERWERS, W.J.H., 1990. *Archeologische kroniek van Noord-Brabant 1985-1987* (= Bijdragen tot de studie van het Brabants Heem, 34. Stichting Brabants Heem, Waalre.

VERWERS, W.J.H., 1991. Archeologische kroniek van Noord-Brabant, 1990. *Brabants Heem* 43, pp. 105-152.

VERLINDE, A.D., 1994. Archeologische kroniek van Overijssel over 1993. *Overijsselse Historische Bijdragen* 109, pp. 177-192.

WAALS, J.D. VAN DER & J.J. BUTLER, 1976. Bargeroosterveld. In: H. Beck u.a. (eds), *Reallexikon der germanischen Altertumskunde von Joh. Hoops*, 2nd ed. Berlin/New York, pp. 54-58.

WALLE-VAN DER WOUDE, T.Y. VAN DE, 1983. Drie bronzen bijlen uit West-Friesland. *Bundel van het Historisch Genootschap 'Oud West-Friesland'*, pp. 223-232.

WARMENBOL, E., 1992. Le matériel de l'âge du Bronze: le seau de la drague et le casque du héros. In: E. Warmenbol, Y. Cabuy, V. Hurt & N. Cauwe, *La collection Edouard Bernays* (= Monographie d'archéologie nationale 6). Musées Royaux d'Art et d'Histoire, Bruxelles, pp. 67-122.

WATERBOLK, H.T., 1954. *De praehistorische mens en zijn milieu: een palynologisch onderzoek naar de menselijke invloed op de plantengroei van de diluviale gronden in Nederland.* Van Gorcum, Assen.

WEGNER, G., 1996. *Leben – Glauben – Sterben vor 3000 Jahren. Bronzezeit in Niedersachsen. Eine niedersächsische Ausstellung zur Bronzezeit-Kampagne des Europarates.* Niedersächsisches Landesmuseum, Hannover.

WIELOCKX, A., 1986. Bronzen bijlen uit de brons- en vroege ijzertijd in de Maasvallei. Verhandeling tot het verkrijgen van de graad van Licentiaat in de Oudheidkunde en de Kunstgeschiede-nis aan de Katholieke Universiteit Leuven. Unpublished thesis, Leuven.

WILLEMS, W.J.H., 1983. Archeologische kroniek van Limburg over de jaren 1980-1982. *Publications de la Sociétié historique et archéologique dan le Limburg* 119, pp. 197-291.

WILLROTH, K.A., 1985. *Die Hortfunde der älteren Bronzezeit in Südschweden und auf den dänischen Inseln* (= Offa Bücher, 55). Karl Wachholtz Verlag, Neumünster.

WILLROTH, K.H., 1989. Nogle betragtninger over de regionale forhold; Sleswig og Holsten i Bronzealderens, periode II. In: J. Poulsen (ed.), *Regionale forhold i Nordisk Bronsalder* (= Jysk Arkæologisk Selskabs Skrifter, 24). Arhus, pp. 89-100.

WIT, C. DE, 1964. De prehistorie van onze kuststreek (XII). *Westerheem* 13, pp. 2-7.

WIT, J. DE, 1983. Een bronzen hielbijl uit Haps. *Jaarverslag AWN Nijmegen en omstreken* 17, 1982, pp. 47-48.

WOLTERING, P.J., 1974. 2000 wonen; opgravingen op Texel. *Spiegel Historiael* 6, pp. 320-335

WOLTERING, P.J., in prep. Occupation history of Texel IV, Middle Bronze Age-Late Iron Age. *Berichten van de Rijksdienst voor het Oudheidkundige Bodemonderzoek* 44.

WOLTERING, P.J. & W.A.M. HESSING, 1992. Archeologische kroniek van Holland 1991. *Holland* 24, pp. 309-388.

ZIJLL DE JONG, J.R.C. VAN, 1968, Vijftig eeuwen voormalig 'duin' aan het Nieuwe Slag te 's-Gravenhage, *Westerheem* 17, pp. 202-216.

RITUELE DEPOSITIE VAN BRONZEN VOORWERPEN IN NOORD-NEDERLAND

MARIJE ESSINK
Broeksterkleiweg 2, 9968 TG Pieterburen

JANNEKE HIELKEMA
Gasthuisstraat 3, 4001 BD Tiel

ABSTRACT: This article presents the results of a study of the find-circumstances and find-contexts of bronze axes, spearheads, daggers, swords and knives from the provinces of Drenthe, Groningen and Friesland in the north of the Netherlands.

Attention is given to the typology of bronze axes, the different kinds of find-contexts, the find-distribution and the interpretation of the finds, especially the finds from a wet context. It seems likely that a majority of these 'wet' finds have been ritually deposited.

KEYWORDS: Northern Netherlands, Bronze Age, axes, spearheads, daggers, swords, knives, hoards, ritual deposition.

1. INLEIDING

In de provincies Groningen, Friesland en Drenthe (fig. 1) zijn in de afgelopen decennia tientallen bronzen voorwerpen uit de bronstijd gevonden, die deels in musea, deels in privé-collecties zijn beland. Het betreft voornamelijk bronzen bijlen en lanspunten, maar daar-

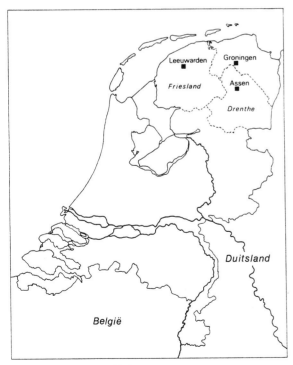

Fig. 1. Het onderzoeksgebied.

naast zijn ook bronzen zwaarden, dolken, messen etc. bekend. Het overgrote deel van deze voorwerpen moet als 'losse' vondst beschouwd worden, in die zin dat de vondstcontext onbekend is, en niet meer gecontroleerd kan worden, en dat van een eventuele associatie met andere voorwerpen, al dan niet van brons, niets bekend is. Slechts een klein aantal vondsten is gevonden in een wetenschappelijke opgraving, of tevoorschijn gekomen onder controleerbare omstandigheden. Van de meeste bronzen voorwerpen is de vindplaats in de regel wel bekend. Dit kan variëren van vrij nauwkeurig tot 'bij benadering'. Wat dat betreft nemen de bronzen geen uitzonderingspositie in. Voor de vuurstenen bijlen geldt min of meer hetzelfde, al is een groter percentage uit graven afkomstig dan bij bronzen voorwerpen het geval is. Ter Wal (1995/1996) heeft laten zien, dat aan een grote groep overwegend als 'losse vondst' aan te merken vuurstenen bijlen wel degelijk uitspraken te ontlokken zijn, als gekeken wordt naar de aard van de vindplaatsen. Sommige typen vuurstenen bijlen blijken overwegend in vochtige milieus gevonden te zijn, en zijn daar kennelijk opzettelijk achtergelaten. Bij bronzen voorwerpen was iets dergelijks niet bij voorbaat uit te sluiten. De indruk bestond namelijk dat relatief veel bronzen uit een vochtige of natte omgeving komen.

Dit artikel is een samenvatting van twee doctoraalscripties betreffende vondstomstandigheden en contexten van bronzen voorwerpen in Groningen, Friesland en Drenthe. De eerste auteur heeft de lanspunten, zwaarden, dolken, messen, arm- en halsringen bekeken (Essink, 1996). De arm- en halsringen zijn in dit artikel buiten beschouwing gelaten, o.a. vanwege de daterings-problemen en de onevenwichtige overlevingskansen in de grond. De tweede auteur heeft de bronzen bijlen onderzocht (Hielkema, 1994).

2. DEPOTVONDSTEN

2.1. Definities

Het begrip depot wordt door de meeste auteurs gebruikt voor gesloten vondsten van twee of meer voorwerpen, bijvoorbeeld door Von Brunn (1968: p. 1), Butler (1982: p. 36 en 1990: p. 47) en Stein (1976: p. 17). De reden hiervoor is dat het erg onwaarschijnlijk is, dat het hierbij om toevallig verloren voorwerpen gaat (Hielkema, 1994: p. 18). Voor enkelvoudige vondsten is het moeilijk om aan te tonen dat ze niet toevallig verloren zijn, maar bewust ergens neergelegd. Willroth betrekt echter wel enkelvoudige vondsten bij zijn definitie van depotvondsten. Hij beschouwt alle opzettelijk gedeponeerde voorwerpen als depot, voorzover ze geen grafgiften, resten van een nederzetting of overblijfselen van grondstofwinning en -verwerking zijn. Volgens hem zijn meervoudige en enkelvoudige vondsten verschillende categorieën depots. Het materiaal waar de voorwerpen van gemaakt zijn en de hoeveelheid voorwerpen zijn niet van belang voor de definitie (Willroth, 1985: p. 21). Ook Kubach geeft een dergelijke definitie: de voorwerpen zijn opzettelijk gedeponeerd, het zijn geen grafgiften of nederzettingsvondsten en het aantal voorwerpen is niet belangrijk (Kubach, 1978: p. 189).

In veel gebieden vormen enkelvoudige vondsten de grootste vondstcategorie, wat onzes inziens een aanduiding is, dat het niet allemaal toevallig verloren voorwerpen kunnen zijn. Bij de speerpunten uit Noord-Nederland komt dit ook duidelijk naar voren: 35 van de 44 gevonden exemplaren zijn enkelvoudige vondsten, waarvan 31 uit een natte context. Het is zeer onwaarschijnlijk dat deze daar toevallig verloren zijn, dus moeten ze daar met opzet gedeponeerd zijn. Wij sluiten ons dan ook graag aan bij de opvatting van Willroth en Kubach over het begrip depotvondst. Naast Willroth zijn ook Hansen (1991), Bradley (1990) en Stein (1976) van mening dat de groep te groot is om weg te laten, zoals sommige onderzoekers geneigd zijn te doen. Ze vinden dat als uit de vondstomstandigheden blijkt dat een voorwerp bewust is gedeponeerd, er dan van een depot gesproken kan worden (Hielkema, 1994: p. 18). Ook Needham (1989: p. 55) vindt dat enkelvoudige vondsten geen toevallig verloren voorwerpen zijn.

Als de vondstcontext van een voorwerp bekend is, of wanneer het milieu waaruit het afkomstig is afgeleid kan worden uit de corrosie of het patina, kan worden nagegaan of ze bewust zijn gedeponeerd. Voorwerpen met een bekende vondstcontext kunnen worden ingedeeld in vondsten uit een natte en een droge omgeving. Volgens Willroth (1985: p. 20) zijn vindplaatsen in een vochtig milieu typisch voor depotvondsten. In een dergelijke omgeving is het moeilijk of onmogelijk om daar gedeponeerde voorwerpen weer terug te halen. Dat is ook de reden dat ze veelal gezien worden als rituele depots (Bradley, 1990: pp. 10-14). Door depositie op dergelijke plaatsen worden de voorwerpen permanent uit circulatie gehaald (Levy, 1982: pp. 1-2).

2.1. Interpretatie van depotvondsten

Depotvondsten uit een vochtige context worden in het algemeen gezien als voorwerpen die daar met een ritueel motief gedeponeerd zijn, oftewel geofferd. Een kenmerk van dit soort vondsten is, dat ze op dergelijke plaatsen moeilijk of onmogelijk weer opgehaald kunnen worden (Bradley, 1990: pp. 10-14). Voorwerpen op locaties waaruit ze wel weer opgehaald konden worden, vaak op droog land, zouden dan niet-rituele depots zijn.

Levy (1982) heeft op basis van etnografische parallellen een aantal criteria voorgesteld voor het onderscheiden van rituele en niet-rituele depotvondsten. Ze definieert een ritueel depot als een depot, gemaakt op stereotype manier, van symbolisch waardevolle objecten (die ook materieel waardevol kunnen zijn), met de bewuste bedoeling van communiceren met de bovennatuurlijke wereld (Levy, 1982: p. 20). Haar criteria voor rituele depots zijn (Levy, 1982: pp. 21-22):

1. Speciale locatie: a) op een natte plaats: in veen, in een put, bron of stroompje; b) op grote diepte (1 m of meer); c) bedekt door een grote steen (blokkeert de toegang); d) in een grafheuvel zonder begraving; e) in een bosje;

2. Speciale objecten: a) vooral ornamenten en wapens; b) objecten met een kosmologische betekenis; c) vooral complete of bijna complete objecten (met dus complete symbolische waarde);

3. Associatie met voedsel: a) aanwezigheid van dierlijke resten; b) aanwezigheid van aardewerk; c) aanwezigheid van sikkels;

4. Rangschikking in een bepaalde volgorde: in een pot; b) omgeven door een krans van stenen; c) parallel aan elkaar neergelegd.

Levy's criteria voor niet-rituele depots zijn hieraan tegengesteld:

1. Speciale locatie: a) in droge grond, mergel of grind; b) niet op grote diepte (minder dan 1 m); c) achter een steen (markeert de plaats);

2. Speciale objecten: a) bredere range van artefacttypen; b) vooral werktuigen; c) voorwerpen vaak gefragmenteerd; d) aanwezigheid van ruwe grondstoffen of afval van het gietproces;

3. Geen associatie met voedsel;

4. Geen speciale rangschikking.

Hoops (1986: pp. 325-328) zegt dat zowel de vondstomstandigheden (karakter van de vindplaats en toestand van de voorwerpen) als de vondstsamenstelling een indicatie geven voor het deponeringsmotief (ritueel of niet-ritueel). Dit komt dus voor een groot deel overeen met de criteria van Levy. Ook bij Stein zijn de inhoud van een depot en de vondstomstandigheden belangrijk voor het ordenen van depotvondsten. Ze noemt soortgelijke criteria als Levy: afgewerkte producten, ruwe materialen en halffabrikaten komen volgens haar vaak voor in vochtige gebieden, rotsspleten of onder een grote steen, maar zelden in potten, vaak zijn ze op een bijzondere manier gerangschikt. Ze noemt dergelijke vondsten wijgaven, dus vondsten met een ritueel karakter. Gebroken voorwerpen komen volgens haar het meest voor op droog land, op geringe diepte en worden door haar bewaarvondsten genoemd (Stein, 1976: p. 19). Dit zijn dus niet-rituele vondsten. Bradley zegt dat rituele depots afkomstig zijn uit locaties waar ze onmogelijk weer opgehaald konden worden, terwijl niet-rituele depots volgens hem uit locaties komen waar ze juist wel weer opgehaald konden worden (Bradley, 1990: pp. 10-14). Het gaat hier dus om reversibele versus irreversibele verberging, ook genoemd door Hansen (1991: p. 152). Verder maken ook Stein en Willroth onderscheid tussen vondsten die tijdelijk of permanent begraven zijn (Stein, 1976: p. 19; Willroth, 1985: p. 220).

Rituele depots: De reden voor het ritueel deponeren of offeren van voorwerpen is niet bekend, maar waarschijnlijk zal het iets met de religie van de mensen die de voorwerpen deponeerden te maken hebben gehad, iets in de richting van offers aan de goden. Hoops vertelt dat ornamenten, werktuigen en wapens een religieuze functie konden hebben als ze op vaste plaatsen neergelegd werden en daardoor voor bovenmenselijke krachten en machten toegankelijk gemaakt werden en dat wateren (venen, meren, rivieren) de voorkeur hadden voor zulke cultische deponeringen (Hoops, 1978: p. 513). Volgens Van der Sanden zijn dergelijke offers geschenken van personen of groepen die hulp van bovennatuurlijke machten trachten te verkrijgen, of hun dank uitdrukken voor reeds bewezen diensten. In Noord-Nederland werden vooral venen en veentjes gebruikt als cultusplaatsen (Van der Sanden, 1990: pp. 216-217).

Hundt echter verklaart dergelijke vondsten als *Totenschätze*, dat wil zeggen zelfuitrusting voor het hiernamaals. Hij ziet een verband tussen het afnemen van grafgiften en het toenemen van metaaldepots in de late bronstijd (Hundt, 1955: p. 108). Ook Roymans vermeldt dat depots vaak gezien worden als *Totenschätze* of cenotaafdeposities. Dit komt doordat prestigegoederen in de late bronstijd zelden geassocieerd zijn met graven (Roymans, 1991: p. 27).

Roymans gooit het echter over een heel andere boeg dan de hiervoor genoemde auteurs: volgens hem kan depositie van bronzen voorwerpen ook een vorm van publieke tentoonstelling van rijkdom zijn, gebruikt voor het opbouwen en consolideren van hoge sociale statusposities. Het openbaar wegdoen van prestige-goederen kan ook een manier van regulatie van de voorraad van deze goederen zijn om daarmee hun beperkte sociale rol te behouden als er teveel in circulatie waren (Roymans, 1991: p. 28). Ook Fokkens heeft een dergelijke mening: hij spreekt van bronsvernietigende depots (Fokkens, 1991: p. 125), het deponeren van metaal als vernietiging van rijkdom om soortgelijke redenen als genoemd door Roymans.

Niet-rituele depots: Er zijn verschillende verklaringen voor niet-rituele depots. Bradley zegt dat depots van complete objecten veelal gezien worden als persoonlijke uitrusting, verborgen of opgeslagen om ze later weer op te halen. Depots van gebroken metaal zouden dan een voorraad schrootmetaal van een smid of bronsgieter zijn, terwijl depots van identieke of nieuwe voorwerpen beschouwd worden als de handelsvoorraad van een koopman (Bradley, 1982: p. 110). In een latere publicatie maakt hij onderscheid tussen persoonlijke, handwerkers-, koopmans- en gietersdepots (Bradley, 1990: p. 12).

Butler geeft de volgende verklaring: onafgemaakte objecten zijn gedeponeerd door een bronsgieter; afgewerkte, maar ongebruikte objecten zijn de voorraad van een handelaar; gebruikte voorwerpen zijn huishoudelijke voorraad; en gebroken stukken (schroot) zijn verborgen om later weer omgesmolten te worden (Butler, 1982: pp. 36-37).

Stein is van mening dat ruwe materialen en gebroken voorwerpen 'bewaarvondsten' zijn: voorwerpen die tijdelijk begraven zijn, meestal op geringe diepte (Stein, 1976: p. 19). Hennig is het met haar eens: volgens hem zijn gebroken voorwerpen tijdelijk begraven tot aan later gebruik (Hennig, 1970: p. 32). Ook Willroth spreekt van bewaarvondsten: depots van metallurgen, handelaars en persoonlijke bezittingen die tijdelijk verborgen zijn (Willroth, 1985: p. 219).

Hundt noemt verklaringen van een aantal andere auteurs, bijvoorbeeld dat het bij dergelijke depots zou gaan om metaalbezit dat was verstopt in onrustige tijden. Volgens hem is dit niet erg waarschijnlijk. Er komen namelijk veel wapens voor in de depots en het verstoppen van wapens in oorlogstijd is natuurlijk niet erg logisch (Hundt, 1955: p. 97). Ook Randsborg vindt het niet erg waarschijnlijk dat het om in onrustige tijden verborgen zaken gaat (Randsborg, 1974: p. 58).

2.2. Depottraditie in Europa

Depositie van voorwerpen in waterige locaties komt in Europa voor vanaf het neolithicum tot in de middeleeuwen (Bradley, 1990: p. 5; Willroth, 1985: p. 15). Het feit dat dit fenomeen over zo'n groot gebied voorkomt, duidt er onzes inziens op, dat achter deze depositie rituele motieven moeten zitten. In de midden-bronstijd, maar vooral in de urnenveldentijd, is er een sterke toename van het aantal gedeponeerde voorwerpen, waarna in de Hallstatt-tijd het aantal gedeponeerde voorwerpen weer snel daalt (Wegner, 1976: p. 40). Het gaat bij deze depositie om voorwerpen van verschillende materialen: steen, hout, leer, hoorn, wol, aardewerk, metaal en barnsteen. In de bronstijd gaat het natuurlijk voornamelijk om brons, maar ook goud komt in deze periode voor in depotvondsten. Een voorbeeld hiervan is de vondst van twee gouden armringen in het veen bij Smilde (Butler & Van der Waals, 1960: p. 91).

Zoals is gebleken, worden de meeste van deze voorwerpen beschouwd als votiefoffers. In Noord-Nederland werden venen en veentjes van het Neolithicum tot in de vroege middeleeuwen gebruikt als cultusplaatsen. Over dergelijke offerplaatsen vertelt Torbrügge dat men bij voorhistorische vindplaatsen met opvallend veel exemplaren van een objectgroep periodiek herhaalde deposities mag aannemen en daarmee zeker een gemeenschappelijke actie (Torbrügge, 1970-1971: p. 121).

Niet in elke periode worden dezelfde soort voorwerpen ritueel gedeponeerd. Zo worden er in de late bronstijd/vroege ijzertijd veel zwaarden gedeponeerd in rivieren en veen. Depositie van zwaarden lijkt in de late bronstijd een wijdverspreid fenomeen in grote delen van Europa te zijn (Roymans, 1991: p. 24), bijvoorbeeld in Duitsland en Zwitserland (Müller, 1993: p. 85). Er komen in deze periode weinig zwaarden uit graven (Roymans, 1991: p. 21). Zwaarden zijn vaak riviervondsten en ook zijn er veel speerpunten bij de watervondsten (Müller, 1993: p. 85). Zwaarden hebben een hoge prestigewaarde. Daarom heeft depositie van zwaarden niet alleen een religieuze, maar ook een sociale dimensie; het heeft te maken met prestige, status en elite (Roymans, 1991: p. 28). In de vroege ijzertijd worden vooral halsringen ritueel gedeponeerd. Beide tendensen zijn waarneembaar in Noord-Nederland en ook daarbuiten.

Een apart verschijnsel bij de veenvondsten zijn de veenlijken, die behalve in Noord-Nederland ook voorkomen in Ierland, Engeland, Duitsland en Denemarken. Ook veenlijken worden meestal beschouwd als votiefgaven, in dit geval in de vorm van mensenoffers (Van der Sanden, 1990: p. 217).

3. DE WERKWIJZE

3.1. De vondstcontext

Over de bronzen voorwerpen die in deze studie zijn betrokken, zijn gegevens verzameld uit de volgende schriftelijke bronnen:
- Inventarisboekjes, amateurcatalogus en brievenarchief van het Drents museum te Assen;
- Inventarisboekjes, amateurcatalogus en brievenarchief van het Groninger museum te Groningen;
- Inventariskaarten en terpenboeken van het Fries museum te Leeuwarden;
- Inventarisboeken en brievenarchief van het Rijksmuseum van Oudheden te Leiden;

- Documentatie van het Streekmuseum Tytsjerksteradiel te Bergum;
- Documentatie van J.J. Butler;
- Documentatie van H.A. Groenendijk (mappen gemeentelijke herindeling provincie Groningen).

Voorzover mogelijk zijn ook de voorwerpen zelf bekeken op patina en eventuele andere kenmerken. De gegevens zijn opgenomen in een catalogus, die voor dit artikel is aangevuld met een aantal nieuwe vondsten. De gegevens in de catalogus vormen de basis voor ons onderzoek.

Van elk voorwerp is aan de hand van de gegevens over vondstomstandigheden zo nauwkeurig mogelijk de vondstcontext bepaald. Hierbij is onderscheid gemaakt in grafvondsten, nederzettingsvondsten, meervoudige depots en enkelvoudige (losse) vondsten uit een droge of vochtige context. De nadruk lag er op om de mate van vochtigheid van de vindplaats te achterhalen. Als de gegevens uit de bovenstaande bronnen ontoereikend waren, is aan de hand van de patina of eventuele andere kenmerken, geprobeerd de vondstcontext vast te stellen. Over het algemeen duidt een donkere patina, meestal bruin of zwart, op een natte context, net als de aanwezigheid van een (fragment van een) houten steel of schacht. Een groene patina of groene oxydatie duidt daarentegen meestal op een droge context.

3.2. Datering

3.2.1. *Chronologische onderverdeling*

De bronstijd in Noord-Nederland duurde minstens 13 eeuwen. Het zou onjuist zijn om te veronderstellen dat eventuele patronen van rituele deponering gedurende deze hele periode hetzelfde zouden zijn geweest. Het is dus nodig om een onderverdeling aan te brengen, en het ligt voor de hand hierbij de traditionele indeling in vroege, midden- en late bronstijd aan te houden. Er zijn vervolgens specialistische studies nodig om te bepalen welke typen voorwerpen in elk van deze periodes thuishoren. Van de door ons onderzochte voorwerpen zijn de bijlen goed in te delen, dankzij het werk van J.J. Butler. Het korte overzicht dat hierna volgt (3.2.2) kwam tot stand dankzij zijn publicaties en toelichtingen.

Lanspunten zijn veel moeilijker in te delen. Het grootste gedeelte is zo simpel en zo weinig karakteristiek, dat toewijzing aan typen onmogelijk is. Slechts een beperkt aantal lanspunten kan dankzij het werk van Jacob-Friesen (1967) ingedeeld worden. De overige categorieën omvatten relatief kleine aantallen voorwerpen, die echter in de regel met behulp van de literatuur wel globaal te dateren bleken.

3.2.2. *De datering van de bronzen bijlen*

In Noord-Nederland komen in de vroege bronstijd

(2000-1700 v.Chr.) vlakbijlen en lage randbijlen voor. Er zijn twee vlakbijlen bekend. Een van het type Migdale (mogelijk een Britse import), de andere van 'Saksisch type' (Butler, 1995/1996: cat.nrs 17 en 23). Daarnaast komen 11 bijlen met lage randen voor, waarvan er 9 stuks tot het type Emmen behoren (Butler, 1995/1996: cat.nrs 42-50). Type Emmen is vrijwel zeker een lokaal product. Twee bijlen met lage rand tonen gelijkenis met het type Salez (Butler, 1995/1996: cat.nrs 30 en 32).

In de midden-bronstijd (1700-1100 v.Chr.) komen drie soorten bijlen voor. Dit zijn hoge randbijlen, randhielbijlen en hielbijlen. Hoewel een zekere overlap van typen verwacht mag worden, kunnen hoge randbijlen en randhielbijlen aan een vroege fase van de midden-bronstijd worden toegeschreven, en hielbijlen aan een late fase. Van de 19 hoge randbijlen in Noord-Nederland behoren 13 tot het type Oldendorf in zijn verschillende varianten (Butler, 1995/1996: cat.nrs 93, 94, 100, 12-114, 123-128, 133). Type Oldendorf heeft een ruime verspreiding in Noordwest-continentaal Europa, maar een lokale productie van de Nederlandse exemplaren is niet onwaarschijnlijk. Verder zijn drie bijlen van het type Mägerkingen bekend (Butler, 1996/1996: cat.nrs 137-139) en twee atypische hoge randbijlen (Butler, 1995/1996: cat.nrs 147-148). Een geknikte randbijl is bekend uit een rijke grafvondst bij Drouwen (Butler, 1995/1996: cat.nr. 73). Van de 5 randhielbijlen behoren vier tot het type Vlagtwedde (Butler, 1995/1996: cat.nrs 159, 161, 162, 174) en één tot een afwijkend type met kenmerken van de types Vlagtwedde en Plaisir (Butler, 1995/1996: cat.nr. 177). Type Vlagtwedde is een lokaal product.

Hielbijlen zijn de meest voorkomende soort bijlen in de midden-bronstijd. Elders in dit tijdschrift worden de hielbijlen uitvoerig beschreven door Butler (1997/1998). Zijn typologie is voor dit artikel overgenomen en in de catalogus worden zijn nieuwe coderingen gebruikt. In Noord-Nederland komen zowel lokaal geproduceerde als buitenlandse bijlen voor. De meeste inheemse zijn eenvoudig en onversierd. Ze hebben in aanzicht vaak zwak S-vormige zijden, of rechte zijden met een sterk uitwaaierende snede. Als versiering kunnen boogvormige, plastische elementen op de zijvlakken, middenribben op het snedegedeelte, of randen langs het snedegedeelte voorkomen. De niet inheemse types zijn onder andere afkomstig uit Zuid-Scandinavië en Noord-Duitsland en uit West-Europa. De hielbijlen met een oortje zijn te dateren in de overgang van midden- naar late bronstijd.

De late bronstijd (1100-700 v.Chr.) kent in Noord-Nederland twee soorten bijlen: vleugelbijlen en kokerbijlen. Er is slechts één vleugelbijl bekend uit Noord-Nederland. Deze is van een Italiaans type. Het meest voorkomende type in de late bronstijd is de kokerbijl. In Noord-Nederland bestond een eigen bronsindustrie die de Hunze-Eems-Industrie genoemd wordt. Een bewijs voor deze plaatselijke bronsindustrie is de helft van een bronzen gietvorm voor een kokerbijl, gevonden in een

heideveld bij Havelte. De bijlen van de Hunze-Eems-Industrie onderscheiden zich door een 'rijkgeprofileerde mond'. Om de hals zit een brede, onversierde rand, die aan de boven- en onderzijde begrensd wordt door een smalle lijn. Ze hebben een lang model met een cylindrische vorm en op de zijde bevindt zich een boogvormig, begrensd vlak. Ze zijn dikker en zwaarder dan kokerbijlen van elders en hebben een groot D-vormig oor. Sommige kokerbijlen zijn versierd. De grootste groep heeft een versiering van imitatie-vleugels in reliëf. Er zijn ook kokerbijlen met imitatie-vleugelversiering in omtrek (*Rippenmuster*). Deze laatste versiering komt vooral in Zuid-Engeland en België voor (Butler, 1961: p. 213). In Noord-Nederland zijn twee bijlen van dit type aangetroffen. Een aantal kokerbijlen heeft een versiering in de vorm van hangende driehoekjes (zaagtandversiering). Naast inheemse kokerbijlen zijn in Noord-Nederland ook buitenlandse typen kokerbijlen gevonden. De grootste groep hiervan wordt gevormd door de bijlen van het uit Duitsland afkomstige type Wesseling. Ook uit Duitsland afkomstig zijn twee bijlen van het Seddiner type en twee bijlen van het type Obernbeck. Er is één bijzondere kokerbijl gevonden in Noord-Nederland. Deze heeft twee verschillende kanten. De ene kant is van het type Obernbeck, de andere van het type Schimmer (Kooi, 1986a: p. 62; Butler, 1987: p. 120). Er is één kokerbijl van een Zuid-Europees type gevonden, met een V-vormige versiering onder de rand.

Uit het bovenstaande blijkt dat er in Noord-Nederland gedurende de late bronstijd voornamelijk inheemse bijlen gevonden zijn. Bijna alle niet-inheemse producten zijn afkomstig uit Duitsland, Engeland en Frankrijk. De Italiaanse vleugelbijl en de Zuid-Europese kokerbijl vormen hierop een uitzondering.

4. VONDSTCATEGORIEËN

4.1. Definities

Bronzen voorwerpen uit de bodem kunnen ongeacht de omstandigheden die tot de ontdekking leidden, onderverdeeld worden in grafvondsten, nederzettingsvondsten, depotvondsten en verloren objecten. Daarbij kan een zekere mate van overlap aanwezig zijn.

Grafvondsten zijn voorwerpen die eertijds aan een dode als grafgift zijn meegegeven. Dat betekent niet dat elk voorwerp uit een grafheuvel ook een grafgift is. In een aantal gevallen is aantoonbaar, dat bronzen voorwerpen in een bestaande grafheuvel zijn verborgen, zonder dat gelijktijdig een lijk- of crematie-bijzetting plaatsvond (zie Butler, 1990: depot Holset (find.No 22) en depot Swalmen (find.No 23)). Of het hierbij om rituele handelingen, dan wel om het verbergen van objecten in geval van nood ging is niet te achterhalen. In een enkel geval bestaat de indruk dat ook een schijnbaar los in de heuvel gevonden voorwerp tot deze categorie gerekend kan worden, bijvoorbeeld de vuurstenen dolk die buiten een grafcontext in de heuvel bij de Eexter visplas werd ontdekt (Van Giffen, 1939). Wellicht wordt deze traditie met bronzen dolken voortgezet.

Nederzettingsvondsten zijn voorwerpen die gevonden worden binnen een nederzetting, en daar kennelijk werden gebruikt. Vaak gaat het om afval, maar een enkele keer zal ook een nog bruikbaar voorwerp per ongeluk in een afvalkuil of hoop terecht zijn gekomen. Ook met de mogelijkheid van een bouwoffer moet rekening gehouden worden.

Depotvondsten zijn voorwerpen die opzettelijk begraven of anderszins verstopt zijn, maar geen grafgiften zijn. De deponering kan tijdelijk bedoeld zijn geweest, om voorwerpen veilig te stellen gedurende een periode van onrust, of definitief. In dit laatste geval is sprake van een rituele handeling. Depots kunnen bestaan uit gelijksoortige objecten, of gemengd zijn. Een depot kan ook uit slechts één voorwerp bestaan. Voor een nadere behandeling van de depotvondsten, zie hoofdstuk 2.

Verloren objecten zijn voorwerpen die door de eigenaar per ongeluk zijn achtergelaten en niet teruggevonden.

Graf- en nederzettingsvondsten uit de bronstijd zijn in Noord-Nederland alleen op de destijds droge zandgronden te verwachten. Depotvondsten kunnen zowel in een droge als in een vochtige omgeving voorkomen, en zelfs in een nat milieu, d.w.z. onder water. Overigens ligt het voor de hand, dat tijdelijke depots op een beter bereikbare plaats werden aangelegd. Dat kan bijvoorbeeld inhouden dat zo'n tijdelijk depot in of vlakbij een nederzetting ligt.

Verliezen kunnen zich hebben voorgedaan overal waar in de bronstijd voorwerpen werden gebruikt of vervoerd. Dat betekent dat een bijl in het veen niet per definitie een depot is. De bijl kan daar zijn gebruikt, en per ongeluk achtergelaten. Een zwaard in een rivier kan ook tijdens een overtocht van boord zijn gevallen. Het is echter onwaarschijnlijk dat verliezen vaker optraden in vochtige/natte milieus dan op het droge zand.

4.2. Toewijzing van enkelvoudige vondsten aan vondstcategorieën

Het overgrote deel van de hier behandelde bronzen voorwerpen moet als 'losse' vondst worden beschouwd. Waar het voorwerpen uit een nat/vochtig milieu betreft, is duidelijk dat het of om opzettelijk achtergelaten objecten gaat, of om verloren objecten. Bij voorwerpen uit een droge omgeving moet ook met graf- en nederzettingsvondsten rekening gehouden worden. Maar het aandeel verploegde graf- en nederzettingsvondsten moet niet overschat worden. Sterker nog: het aandeel is vermoedelijk zeer klein.

Bij alle grootschalige opgravingen van nederzettingen uit de bronstijd in Drenthe is slechts één keer een bronzen voorwerp gevonden, en wel een lanspunt in de nederzetting bij Borger. En dat beeld is niet typisch Drents; ook bij nederzettingsonderzoek elders in Nederland is niet of nauwelijks brons gevonden. Dat betekent dus, dat het zeer onwaarschijnlijk is dat 'losse' vondsten opgeploegde nederzettingsvondsten zijn. Het betekent ook dat riviervondsten vrijwel zeker niet afkomstig zijn uit door de rivier geërodeerde nederzettingen langs de oever.

De kans op verploegde grafgiften is iets groter, maar niet elk type bronzen voorwerp kan uit een graf afkomstig zijn. In de bronstijd bestonden duidelijke regels over wat op een gegeven moment wel of niet meegegeven kon worden in het graf. De bronzen bijl is in Nederland als grafgift alleen bekend uit de middenbronstijd. Het betreft zowel hoge randbijlen als hielbijlen, dat betekent dat vlakbijlen, lage randbijlen, en kokerbijlen geen opgeploegde grafgiften kunnen zijn. Overigens zijn ook in de midden-bronstijd bronzen bijlen als grafgift zeldzaam. Waarschijnlijk zijn in Nederland hooguit 15 exemplaren als zodanig bekend.

Lanspunten treden slechts zelden als grafgift op, gedurende twee korte periodes. Uit de eerste helft van de midden-bronstijd zijn twee graven met lanspunten bekend, namelijk Overloon (Butler, 1990: cat.nr. 12, fig. 15) en Monnikenbraak (Butler, 1990: fig. 16B, kort beschreven onder cat.nr. 13). In beide gevallen zijn de lanspunten geassocieerd met zwaarden van type Wohlde. Vervolgens komt de lanspunt opnieuw als grafgift voor tijdens de vroegste fase van de Noord-Nederlandse urnenvelden, van de lange bedden van type Gasteren. Uit Noord-Nederland is een lanspunt bekend uit langbed V in Vledder, uit Westfalen zijn lanspunten bekend uit Neuwarendorf *Anlage* V (Wilhelmi, 1975: Abb. 7) en uit Telgte-Wöste F. 168 (Reichmann, 1982: Abb. 7:8).

Zwaarden komen in Noord- en Oost-Nederland alleen tijdens de eerste helft van de midden-bronstijd als grafgift voor. Het betreft zwaarden van de typen Sögel en Wohlde (Butler, 1990). Enige voorzichtigheid is echter geboden. In Zwaagdijk (Butler, 1990: cat.nr. 24, fig. 30) en Velserbroek (Butler, 1997/1998: cat.nr. 190 en fig. 8) zijn bronzen rapieren in graven uit de tweede helft van de midden-bronstijd bekend. In Zuid-Nederland/België komen in het begin van de ijzertijd enkele bronzen zwaarden van type Gündlingen voor in urnenveldencontext, o.a. in Weert. Dit is in Noord-Nederland niet te verwachten.

Bronzen dolken zijn als grafgift in Noord-Nederland alleen bekend uit de vroege bronstijd (Schuilingsoord, tum. III; Butler, Lanting & Van der Waals, 1972) en uit de eerste helft van de midden-bronstijd (Zeijen-Noordse Veld, tum. 114; Van Giffen, 1920). Ook hier is enige voorzichtigheid geboden. In een langbed van type Gasteren in het urnenveld van Neuwarendorf werd een bronzen dolk als grafgift ontdekt (Wilhelmi, 1975: Abb. 7). Dit zou ook in Noord-Nederland kunnen voorkomen.

Messen als grafgift zijn alleen in een vroege fase van de urnenveldenperiode te verwachten. In Noord-Nederland staat alleen van het mes met dubbel T-vormige greep van Valthe vast, dat het in 1819 op een crematie in een heuveltje werd gevonden. In het urnenveld van Neuwarendorf werd een bronzen *Griffangelmesser* als grafgift gevonden (Lanting, 1986: p. 107).

Het zal duidelijk zijn, dat de kans dat een bronzen voorwerp een opgeploegde grafgift is, klein is. Het grootst is deze mogelijk bij de hoge randbijlen en hielbijlen. Bij de dolken, messen en lanspunten uit urnenvelden zou men vermelding van verploegde urnen en/of crematies verwachten. Ook bij vondsten uit een droge omgeving is de kans dus groot, dat het om depotvondsten of om verloren objecten gaat.

5. CATALOGUS

Deze catalogus bevat gegevens van bronzen voorwerpen uit de drie noordelijke provincies: Drenthe, Groningen en Friesland. De voorwerpen zijn als volgt gerangschikt: eerst per categorie, daarbinnen per provincie, binnen de provincie op alfabetische volgorde van gemeente, binnen de gemeente op alfabetische volgorde van plaatsnaam en bij meerdere vondsten uit een plaats op chronologische volgorde, beginnend bij de oudste vondst. In de catalogus worden de volgende categorieën bronzen voorwerpen besproken:

Bijlen: nrs. 1 t/m 191;
Lans- en speerpunten: nrs. 192 t/m 236;
Dolken: nrs. 237 t/m 247;
Zwaarden: nrs. 248 t/m 257;
Messen: nrs. 258 t/m 272.

De catalogus bevat de volgende gegevens van deze voorwerpen:

a. De gemeente waarin het voorwerp is gevonden;
b. De vindplaats met kaartblad en coördinaten (indien bekend);
c. Het vondstjaar (indien bekend) en de vondstomstandigheden;
d. Een beschrijving van het voorwerp;
e. Het type;
f. De datering;
g. De patinering en eventuele andere kenmerken (indien het object bekeken is);
h. De bepaling van de vondstcontext;
i. Het inventarisnummer of privé-collectie;
j. Literatuurverwijzing.

Bij de beschrijving van de bijlen uit de vroege en midden-bronstijd is gebruik gemaakt van de publicaties van Butler (1995/1996; 1997/1998).

Bij de hielbijlen is de codering vermeld die Butler heeft geïntroduceerd om verdere verwarring te vermijden. Deze codering werkt als volgt: AXP = hielbijl; AXPL = geoorde hielbijl.

Geïmporteerde hielbijlen zijn herkenbaar aan een code in onderkastletters na de dubbelde punt. Voor de Noord-Nederlandse exemplaren zijn alleen ne = Noord-Europees, we = West-Europees en o = Oost-Hannoveraans van belang.

De code in kapitalen na de dubbele punt heeft de volgende betekenis: A = boogvormig, plastisch ornament op de zijden; B = gordelvormige verdikking ter hoogte van de hiel; F = randen langs het snedegedeelte; H = parallelle zijden; J = scherp uitgebogen snedepunten; M = rib of richel over het midden van het snedegedeelte, in de lengte van de bijl, MI = smalle rib of richel, als voren, MT = trompetvormige rib of richel, als voren, MY = Y-vormige of drietandige rib of richel, als voren; N = smalbladig; P = zonder A, F of M; S = snededeel in aanzicht zwak S-vormig; W = snedegedeelte meer dan 5 cm breed; $\wedge$ = snededeel omgekeerd V-vormig/trapezoïdaal; > = groot formaat; < = klein formaat; <> = middelmaat.

Verklaring van gebruikte afkortingen: FM = Fries Museum te Leeuwarden; GM = Groninger Museum te Groningen; DM = Drents Museum te Assen; RMO = Rijksmuseum van Oudheden te Leiden.

Bijlen

Provincie Drenthe

1.
a. Anloo.
b. Gasteren, kaartblad 12G.
c. 1937; gevonden in een heideveld ten noorden van Gasteren bij het slootgraven, 50 cm diep.
d. Holle bronzen kokerbijl, l.9.1, s.4.0, 176 gr.
e. Kokerbijl met rijk geprofileerde mond.
f. Late bronstijd.
g. Donkerglanzende patina met groene plekjes.
h. Enkelvoudige vondst uit droge context.
i. DM 1937/XI 9.
j. Butler, 1961: p. 231.

2.
a. Anloo.
b. Eext, kaartblad 12G.
c. 1941; gevonden op een ontginning ten westen van Eext.
d. Randhielbijl met door modern gebruik als hamer beschadigde top, l.15.2, s.6.5, 490 gr.
e. Randhielbijl, type Vlagtwedde.
f. Midden-bronstijd.
g. Donkere patina, verweerd uiterlijk.
h. Enkelvoudige vondst uit onbekende context.
i. DM 1941/VIII 1.
j. Butler, 1963a: p. 210.

3.
a. Anloo.
b. Eext, kaartblad 12G, coördinaten 244.12/558.65.
c. 1982; gevonden bij het aardappelrooien.
d. Hielbijl, l.16.0, s.5.7, 435 gr.
e. Hielbijl van lokaal type (AXP:PSW).
f. Midden-bronstijd.
g. Dof gouden kleur, schoongemaakte veenpatina.
h. Enkelvoudige vondst uit natte context.
i. DM 1982/X 2.
j. -.

4.
a. Beilen.

b. Beilen, kaartblad 17B.
c. Aantal jaren voor 1897; gevonden onder Beilen.
d. Geoorde bronzen kokerbijl, oor afgebroken, l.13.2, s.4.7, 217 gr.
e. Kokerbijl met rijk geprofileerde mond.
f. Late bronstijd.
g. Donkere patina.
h. Enkelvoudige vondst uit natte context.
i. DM 1897/XI 1.
j. Butler, 1960a: p. 231.

5.
a. Beilen.
b. Hijken, kaartblad 17B, coördinaten 230.52/547.99.
c. 1953; gevonden tijdens een systematische opgraving bij Huize Hooghalen onder Hijken, afkomstig uit het centrale graf van periode 3 van tumulus I, in een boomkist.
d. Bronzen randhielbijl.
e. Randhielbijl, type Osthannover (AXP:Bo).
f. Midden-bronstijd.
g. Snede en achtereind licht beschadigd.
h. Grafvondst.
i. DM 1953/VII 7.
j. Van der Veen & Lanting, 1989; Lohof, 1991.

6.
a. Beilen.
b. Geelbroeksweg, ten oosten van de spoorlijn en direct ten zuiden van de gemeentegrens Beilen-Assen, kaartblad 12D, coördinaten 233.4/551.1.
c. Omstreeks 1950; gevonden tijdens het aardappelrooien.
d. Hielbijl met opstaande randen langs het blad, l.12.7, s.4.4.
e. Hielbijl van lokaal type (AXP:FSJ).
f. Midden-bronstijd.
g. Object niet gezien.
h. Enkelvoudige vondst, context onbekend.
i. DM 1961/I 51.
j. Butler, 1963a: p. 210; Museumbulletin DM 1962.

7.
a. Beilen.
b. Ponderosa, kaartblad 17B, coördinaten 232.55/542.50.
c. 1987; met een metaaldetector gevonden op een omgeploegde akker ten zuidoosten van Ponderosa.
d. Bronzen randbijl, l.8.1, s.3.0, 97 gr.
e. Randbijl, atypisch, met hoge randen
f. Midden-bronstijd.
g. Sterk verweerd.
h. Enkelvoudige vondst uit droge context.
i. DM 1987/X 1.
j. -.

8.
a. Beilen.
b. Spier, kaartblad 17B.
c. Gevonden tijdens het turfgraven.
d. Kokerbijl.
e. Kokerbijl, versierd met twee ribbels onder de rand.
f. Late bronstijd.
g. Object niet gezien
h. Enkelvoudige vondst uit natte context.
i. Destijds collectie-Beijerinck, Wijster; thans onbekend.
j. Memoriaal Glasbergen P.M.D. Assen 8-11-'54 tot 1-2-'57, d.d. 6-12-'54 (met tekening).

9.
a. Borger.
b. Nieuw Buinen, kaartblad 12H.
c. 1881; gevonden onder Nieuw Buinen in een veenplaats, op de zandlaag.
d. Bronzen randbijl met vijf groeflijntjes ter plaatse van de hiel, l.10.8, s.5.2, 200 gr.

e. Randbijl, type Oldendorf.
f. Midden-bronstijd.
g. Geelglanzende veenpatina.
h. Enkelvoudige vondst uit natte context.
i. DM 1883/VII 1.
j. Butler, 1963a: p. 209, fig. 6b.

10.
a. Borger.
b. Ees, kaartblad 17F, coördinaten 250/544.
c. Gevonden in het Eeserveld.
d. Bronzen hielbijl, l.13.1, s.4.7, 317 gr.
e. Hielbijl van lokaal type (AXP:PS).
f. Midden-bronstijd.
g. Goudkleurige veenpatina.
h. Enkelvoudige vondst uit natte context.
i. DM 1897/V 1.
j. Brief 4-5-1897, 14-5-1897, 17-5-1897; Kapitein Bellen, nr. 74.

11.
a. Borger.
b. Borgerveld, kaartblad 12G, coördinaten 247/550.
c. 1904; gevonden bij het omspitten van grond nabij een woning.
d. Bronzen hielbijl, l.13.0, s.4.5, 345 gr.
e. Hielbijl van lokaal type (AXP:PS).
f. Midden-bronstijd.
g. Zwaar verweerd.
h. Enkelvoudige vondst uit droge context.
i. DM 1904/VII 1.
j. Butler, 1963a: p. 210.

12.
a. Borger.
b. Eeserveen, kaartblad 17E, coördinaten 249.5/549.5.
c. Gevonden bij de brandstofbereiding in de veenlaag te Eeserveen.
d. Smalle lange hielbijl, l.16, s.6.
e. Hielbijl van lokaal type (AXP:FSW).
f. Midden-bronstijd.
g. Object niet gezien.
h. Enkelvoudige vondst uit natte context.
i. RMO c1910/4.1 .
j. Brief 9-4-1910.

13.
a. Borger.
b. Buinen, kaartblad 12H.
c. Onbekend.
d. Hielbijl zonder randen langs het blad, l.16.3, s.5.2, 369 gr.
e. Hielbijl van lokaal type (AXP:PSW).
f. Midden-bronstijd.
g. Groene patina.
h. Enkelvoudige vondst uit droge context.
i. DM 1920/VII 4.
j. Butler, 1963a: p. 210; Kapitein Bellen nr. 71.

14.
a. Borger.
b. Bij de kolonie in het Eeserveld bij Ees, kaartblad 17F, coördinaten 245.60/545.80.
c. 1923.
d. Bronzen randbijl met vier dwarsgroefjes midden in de baan, l.9.3, s.4.3, 140 gr.
e. Randbijl, type Oldendorf.
f. Midden-bronstijd.
g. Donkergeel met zwarte veenpatina.
h. Enkelvoudige vondst uit natte context.
i. DM 1924/I 4.
j. Butler, 1963a: p. 209.

15.
a. Borger.
b. Kanaal Buinen-Schoonoord, kaartblad 17E.
c. Gevonden bij de kanaalwerken Buinen-Schoonoord.
d. Bronzen randhielbijl, l.15.7, s.5.2, 430 gr.
e. Randhielbijl van lokaal type (AXP:AFS).
f. Midden-bronstijd.
g. Donkere patina.
h. Enkelvoudige vondst uit natte context.
i. DM 1927/I 1.
j. Butler, 1963a: p. 212.

16.
a. Borger.
b. Ten oosten van de straatweg Rolde-Borger en ten westen van Drouwen, kaartblad 12G, coördinaten 249/552.
c. 1927.
d. Klein bronzen bijltje met oortje, l.9.7, s.3.2, 179 gr.
e. Randhielbijl van lokaal type (AXPL:PS).
f. Midden-/late bronstijd.
g. Top beschadigd, groene patina.
h. Enkelvoudige vondst uit droge context.
i. DM 1927/III 1.
j. Brief 5-3-1927.

17.
a. Borger.
b. Grafveld te Drouwen, kaartblad 12G, coördinaten 249.25/551 .95.
c. 1927; gevonden in het restant van een grafheuvel te Drouwen. Gesloten grafvondst, bestaande uit een kort zwaard, een sterk verweerde bronzen lansspits en dito geknikte randbijl, twee gouden spiraalringen, een silex vuurslag en negen dito pijlpunten. De bijl lag links van de schedel met de snede naar het noorden.
d. Geknikte bronzen randbijl.
e. Randbijl, type Sögel.
f. Midden-bronstijd.
g. Sterk geoxideerd.
h. Grafvondst.
i. DM 1927/VIII 40a.
j. Museumverslag DM 1927: p. 17; Butler, 1969: pp. 107, 110; Butler, 1986: pp. 149-150; Van Giffen, 1930: pp. 84-93; Glasbergen, 1954: p. 147; Lanting, 1973: p. 260; Lohof, 1991.

18.
a. Borger.
b. Ten noordwesten van Buinen aan de oostkant van het kanaal Buinen-Schoonoord, kaartblad 12H, coördinaten 250.26/551.30.
c. 1974; gevonden in een perceel bouwland aan de oppervlakte, in de waterlanden.
d. Een vlakbijl met lage opstaande randen, l.3.4, s.8.0.
e. Randbijl, gelijkenis vertonend met type Salez.
f. Vroege bronstijd.
g. Snede beschadigd, groene patina.
h. Enkelvoudige vondst, context onbekend.
i. Privé-collectie.
j. -

19.
a. Borger.
b. Ees, bij de ophaalbrug in de weg Ees-Borger, kaartblad 17F, coördinaten 250.20/548.43.
c. 1980; gevonden aan de rand van een akker.
d. Geoorde bronzen kokerbijl, l.9.3, s.4.0, 245 gr.
e. Kokerbijl met imitatie-vleugelversiering in reliëf.
f. Late bronstijd.
g. Donkere patina met verweerde plekjes.
h. Enkelvoudige vondst uit onbekende context.
i. DM 1980/X 7.
j. -.

20.
a. Borger.
b. Drouwenerveld, kaartblad 12G, coördinaten 249/551.7.
c. 1984; afkomstig uit een bronsvondst met een groot aantal bronzen voorwerpen, waaronder één hele bijl, en stukjes van bijlen.
d. Donkergroene kokerbijl, aan een zijde twee ribbels onder de mondrand, aan de andere zijde niet, l.8.7.
e. Kokerbijl, type Obernbeck-Schimmer.
f. Late bronstijd.
g. Donkergroene patina.
h. Meervoudige vondst uit droge context.
i. DM 1984/XII 4.
j. Butler, 1987.

21.
a. Borger.
b. Borger, Waardeel 22, kaartblad 17E, coördinaten 249.92/548.60.
c. 1989; gevonden tijdens verbouwingswerkzaamheden aan de huiskamer van pand Waardeel 22, volgens vinder aangetroffen in zandige grond.
d. Kokerbijl, l.9.8, s.4.2, 149 gr.
e. Kokerbijl, type Seddin.
f. Late bronstijd.
g. Donkergekleurd met lichtgroen eronder, door de vinder schoongemaakt met een roestborstel en cola.
h. Enkelvoudige vondst uit droge context.
i. DM 1990/X 1.
j. Van der Sanden, 1992: p. 70.

22.
a. Borger.
b. Drouwen.
c. 1986; gevonden bij het doorzoeken van een hoop stenen van aardappelrooien.
d. Hielbijl waarvan de bladsnijrand ernstig verweerd is.
e. Hielbijl van Noord-Europees type (AXP:ne.AMTN).
f. Midden-bronstijd.
g. Object niet gezien.
h. Enkelvoudige vondst, context onbekend.
i. Privé-collectie.
j. -.

23.
a. Borger.
b. Drouwen, kaartblad 12G, coördinaten 248.75/552.77.
c. 1990; gevonden ten noordwesten van Drouwen, ten westen van de provinciale weg Emmen-Gieten en ten oosten van het Smitsveen, bij boomplantwerkzaamheden op een terrein dat enkele jaren daarvoor was gediepploegd.
d. Bronzen vlakbijl, l.11.6, s.6.1.
e. Vlakbijl, type Migdale.
f. Vroege bronstijd.
g. Object niet gezien.
h. Enkelvoudige vondst, context onbekend.
i. Privé-collectie.
j. Van der Sanden, 1992.

24.
a. Borger.
b. Borger, 'De Vorrels', kaartblad 17E, coördinaten 248.8/549.8.
c. Gevonden in natte vondstcontext.
d. Bronzen hielbijl, l.13.5, s.5.2.
e. Hielbijl van lokaal type (AXP:PHJ).
f. Midden-bronstijd.
g. Veenpatina, de bijl is licht beschadigd, vermoedelijk als gevolg van verblijf in een gereedschapskist.
h. Enkelvoudige vondst uit natte context.
i. Privé-collectie.
j. -.

25.
a. Coevorden.
b. Coevorden.
c. Juli 1994, in grond voor geluidswal, afkomstig uit Daler Allee, kaartblad 22E, coördinaaten 248/521.
d. Hielbijl, 1.15.8, s.6.3, 417.5 gr.
e. Hielbijl van lokaal type (AXP:MSW).
f. Midden-bronstijd.
g. Mechanisch schoongemaakt, nog sporen van zwart patina.
h. Enkelvoudige vondst uit natte context.
i. Privé-collectie.
j. Documentatie Butler.

26.
a. Dalen.
b. Wachtum, kaartblad 17G.
c. 1911; gevonden onder het oppervlak, bij het spitten van een laaggelegen veld bij Wachtum .
e. Kokerbijl, type Wesseling.
e. Bronzen kokerbijl met klein oortje, 1.8.5, s.4.8, 130 gr.
f. Late bronstijd.
g. Aan de ene kant glanzend, aan de andere dof.
h. Enkelvoudige vondst, context onbekend.
i. DM 1911/III 9.
j. Brief 25-3-1911.

27.
a. Dalen.
b. Wachtum, kaartblad 17G, coördinaten 245.63/525.8.
c. 1981; gevonden bij het aardappelrooien ten zuidwesten van Wachtum, 100 m ten westen van de Ma.
d. Randhielbijl, 1.15.6, s.5.1.
e. Hielbijl van lokaal type (AXP:AFS).
f. Midden-bronstijd.
g. Object niet gezien.
h. Enkelvoudige vondst, context onbekend.
i. DM 1995/X 1.
j. -.

28.
a. Dalen.
b. Dalen, kaartblad 22E, coördinaten 248.45/522.35.
c. Gevonden ten oosten van het Drostendiep, ten noorden van de Reindersdijk bij de Stuw, tijdens het scheuren van een perceel grasland, gelegen in het dal van het Drostendiep, er ligt een zandkopje dat deels is afgeschoven in verschillende richtlijnen naar lage plekken.
d. Bronzen bijl met groot oor en versiering, 1.13.2.
e. Kokerbijl met vleugelversiering in reliëf.
f. Late bronstijd.
g. Houtresten aanwezig in de schacht, gedetermineerd als verspreidporig (loofhout).
h. Enkelvoudige vondst uit natte context.
i. Privé-collectie.
j. -.

29.
a. Dalen.
b. De Bongerd/De Bente, kaartblad 22E, coördinaten 247.15/523.85.
c. Gevonden met behulp van een metaaldetector, ca. 200 m ten noorden van de Bongerd en ca. 500 m ten noorden van De Bente.
d. Onderste gedeelte van een randbijl, 1.6.5, s.3.7, 96 gr.
e. Randbijl van type Oldendorf.
f. Midden-bronstijd.
g. Sterk pokdalig.
h. Enkelvoudige vondst, context onbekend.
i. Privé-collectie.
j. -.

30.
a. Diever.
b. Wapse, 'De Laken', kaartblad 16F, coördinaten 213.50/540.12.
c. Ca. 1985; gevonden tijdens het aardappelrooien.
d. Kokerbijl met versiering van hangende driehoekjes onder de rand, 1.10, s.4.9, 300 gr..
e. Kokerbijl met zaagtandversiering.
f. Late bronstijd.
g. Object niet gezien.
h. Enkelvoudige vondst, context onbekend.
i. Privé-collectie.
j. -.

31.
a. Eelde.
b. Vosbergen/Eelde, kaartblad 12B, coördinaten 234.825/573.625.
c. 1984; gevonden nabij Vosbergen, ten noordoosten van Eelde, met behulp van een metaaldetector aangetroffen in het bos, naast een zandpad, op een diepte van 20 cm in ongeroerde grond.
d. Bronzen hielbijl, een gedeelte van de snede ontbreekt, 1.7.5, s.3.5, 113 gr.
e. Hielbijl van lokaal type (AXP:MS<>).
f. Midden-bronstijd.
g. Donkere patina, aan de randen afgebrokkeld.
h. Enkelvoudige vondst uit droge context.
i. DM 1987/IX 3.
j. -.

32.
a. Emmen.
b. Emmen, kaartblad 17H.
c. Gevonden bij Emmen.
d. Randbijl met lage randen, 1.12.1, s.5.8, 329 gr.
e. Randbijl type Emmen.
f. Vroege bronstijd.
g. Diep donkergroen.
h. Enkelvoudige vondst uit droge context.
i. DM 1855/I 54.
j. Butler, 1963a: fig. 3.

33.
a. Emmen.
b. Emmen, kaartblad 17H.
c. Gevonden in de omgeving van Emmen.
d. Hielbijl, 1.15.4, s.4.6, 399 gr.
e. Hielbijl van lokaal type (AXP:PS).
f. Midden-bronstijd.
g. Donkergroene patina, verweerd met putjes.
h. Enkelvoudige vondst, context onbekend.
i. DM 1855/I 57.
j. Butler, 1963a: p. 210.

34.
a. Emmen.
b. Barnar's Bos, 2 km ten oosten van de hunebedden van Angelsloo, kaartblad 18C, coördinaten 261.125/533.200.
c. Gevonden 60 cm onder het oppervlak in geel zand, samen met nr. 35.
d. Geoorde bronzen kokerbijl met een gestileerde koordband, 1.12.5, s.4.2.
e. Kokerbijl met vleugelversiering in reliëf.
f. Late bronstijd.
g. Plekkerig groenachtig grijs.
h. Meervoudige vondst uit droge context.
i. DM 1896/XII 4.
j. Butler, 1960: fig. 12, pl. XIII; Brief 11-12 1896, 24-12-1896, 29-12-1896.

35.
a. Emmen.
b. Barnar's Bos, 2 km ten oosten van de hunebedden van Angelsloo, kaartblad 18C, coördinaten 261.125/533.200.
c. Gevonden 60 cm onder het oppervlak in geel zand, samen met nr. 34.
d. Kokerbijl met trommelvormig lichaam, versierd met zes ribbels, waarvan de onderste bovenste en vierde in snoertechniek gearceerd zijn, l.8.7, s.3.2, 105 gr.
e. Kokerbijl, type Seddin.
f. Late bronstijd.
g. Lichtgroen/vuilbruin geoxideerd.
h. Meervoudige vondst uit droge context.
i. DM 1896/XII 5.
j. Butler, 1960: fig. 12; Brief 11-12-1896, 24-12-1896, 29-12-1896.

36.
a. Emmen.
b. Bargeroosterveld, kaartblad 17H.
c. Gevonden in Bargeroosterveld.
d. Geoorde bronzen kokerbijl, de hals versierd met twee omlopende ribbels, het oortje in het midden gebroken en open, l.11.0, s.3.7, 138 gr.
e. Kokerbijl met vleugelversiering in reliëf.
f. Late bronstijd.
g. Glanzend donkergrauw.
h. Enkelvoudige vondst uit natte context.
i. DM 1897/X 10.
j. -.

37.
a. Emmen.
b. Weerdingerveen, kaartblad 17F.
c. 1898; gevonden 6 voet (ca. 1,80 m) diep, tussen kienhout in het Weerdingerveen bij het graven van het Kruisdiep.
d. Lange kokerbeitel van brons, de rand versierd met twee ongelijke omlopende ribbels, waarin achter een pingat, l.12.9, s.5.1, 214 gr.
e. Kokerbeitel.
f. Midden-/late bronstijd.
g. Gele kleur met donkere vlekken.
h. Enkelvoudige vondst uit natte context.
i. DM 1898/XI 4.
j. Kapitein Bellen nr. 32.

38.
a. Emmen.
b. Zuidbarge, kaartblad 17H, coördinaten 255.5/530.7.
c. 1899; gevonden in de Zuidbargerstrubben.
d. Bronzen hielbijl, top iets beschadigd, l.13.8, s.4.0, 306 gr.
e. Hielbijl van lokaal type (AXP:PHJ).
f. Midden-bronstijd.
g. Lichtgroene, doffe patina.
h. Enkelvoudige vondst uit droge context.
i. DM 1899/XI 19.
j. Butler, 1963a: p. 210.

39.
a. Emmen.
b. Bargeroosterveld nabij Angelsloo, kaartblad 18C, coördinaten 261.4/553.6.
c. 1900; gevonden ongeveer 30 cm diep in een grafheuveltje, samen met 1900/III 31 en 1900/III 32-35 (een hielbijl, een bronzen mesje, drie fragmenten van een armring, een bronzen staafje en twee bronzen gesloten ringen).
d. Geoorde hielbijl, l.14.7, s.3.9, 382 gr.
e. Hielbijl van West-Europees type (AXPL:we.PN).
f. Late bronstijd.
g. Met malachiet aangelopen, nu donkerbronskleurig.
h. Meervoudige vondst uit droge context (er zijn geen aanwijzingen dat het hier om grafgiften gaat).

i. DM 1900/III 30.
j. Butler, 1959: pp. 139-140, fig. 6; Butler, 1960a: p. 207, fig. 9; Brief 5-3-1900.

40.
a. Emmen.
b. Bargeroosterveld nabij Angelsloo, kaartblad 18C, coördinaten 261.4/553.6.
c. 1900; gevonden ongeveer 30 cm diep in een grafheuveltje, samen met 1900/III 30 en 32-35 (een hielbijl, een bronzen mesje, drie fragmenten van een armring, een bronzen staafje en twee bronzen gesloten ringen).
d. Bovenstuk van dito, doch kortere geoorde bronzen hielbijl als nr. 39, l.6.1, 184 gr.
e. Hielbijl van West-Europees type, als nr. 39 (AXPL:we.PN).
f. Late bronstijd.
g. Met malachiet aangelopen, nu donkerbronskleurig.
h. Meervoudige vondst uit droge context (er zijn geen aanwijzingen dat het hier om grafgiften gaat).
i. DM 1900/III 31.
j. Butler, 1959: pp. 139-140, fig. 6; Butler, 1960a: p. 207, fig. 9; Brief 5-3-1900.

41.
a. Emmen.
b. Emmen, kaartblad 17H.
c. 1904; gevonden bij het vergraven van grond voor de aanleg van de Noord Ooster Locaal Spoorweg.
d. Sterk gecorrodeerde randbijl, l.13.6, s.5.3, 257 gr.
e. Randbijl met lage randen, Saksisch type.
f. Vroege bronstijd.
g. Donkergroene patina met putjes op het vlak.
h. Enkelvoudige vondst uit droge context.
i. DM 1905/I 4.
j. Brief 29-12-1904, 5-1-1905, 21-12-1904.

42.
a. Emmen.
b. Gemeente Emmen, kaartblad 17H.
c. Gevonden in de gemeente Emmen, precieze omstandigheden onbekend.
d. Geoorde bronzen kokerbijl, l.11.7, s.4.2.
e. Kokerbijl met vleugelversiering in reliëf.
f. Late bronstijd.
g. Donkerkoperkleurig.
h. Enkelvoudige vondst, mogelijk uit natte context.
i. DM 1906/IV 1.
j. Butler, 1961: p. 232.

43.
a. Emmen.
b. Emmercompascuum, kaartblad 18C, coördinaten 267/537.
c. Gevonden in het veen op een diepte van ca. 2 m.
d. Slanke bronzen hielbijl, l.16.4, s.5.3, 377 gr.
e. Hielbijl van type Ilsmoor (AXP:ne.MY).
f. Midden-bronstijd.
g. Donkerglanzende veenpatina.
h. Enkelvoudige vondst uit natte context.
i. DM 1908/VII 4.
j. Brief 8-7-1908.

44.
a. Emmen.
b. Roswinkelderveen, kaartblad 18A, coördinaten 264/539.
c. 1912; gevonden bij het turfgraven op een diepte van ca. 1,5 m.
e. Gebroken hielbijl met beschadigd bovenstuk, l.14.8, s.5.0, 365 gr.
e. Hielbijl van lokaal type (AXP:AFS).
f. Midden-bronstijd.
g. Geelkoperkleurig met donker eroverheen.
h. Enkelvoudige vondst uit natte context.

i. DM 1912/V 3.
j. Brief 29-4-1912; Kapitein Bellen nr. 71.

45.
a. Emmen.
b. Bij Emmen.
c. Aantal jaren voor 1923; gevonden in de heide bij Emmen.
d. Hielbijl, l.14.
e. Hielbijl van lokaal type (AXP:AS).
f. Midden-bronstijd.
g. Object niet gezien.
h. Enkelvoudige vondst uit droge context.
i. RMO c1923/12.1.
j. Butler, 1963a: p. 212; Brief 8-1-1921.

46.
a. Emmen.
b. Nieuwe Schutting/Roswinkelderveen, kaartblad 18A, coördinaten 262.8/534.8.
c. 1924: gevonden bij het veensteken te Nieuwe Schutting, in het Roswinkelderveen, plaats 38, aan de zuidzijde, op 4 voet diepte, volgens mededeling direct onder de stobbelaag, waaronder nog 1 m veen zat, samen met een turf met twee barnstenen kralen, een barnstenen ketting met 44 kralen, restant van een kam van hoorn, restanten van wollen kledingstukken en een stukje leer met stiksporen (1924/X 8-11, 15).
d. Bovenstuk van een bronzen hielbijl.
e. Hielbijl.
f. Midden-bronstijd.
g. Object niet gezien.
h. Meervoudige vondst uit natte context.
i. DM 1924/X 12.
j. -.

47.
a. Emmen.
b. Nieuw-Amsterdam/Erica, kaartblad 17H.
c. 1926; gevonden bij een veenafgraving tussen Nieuw-Amsterdam en Erica, in het zwarte veen, waarboven een laag baggerveen en daarboven ter dikte van 50-60 cm een laag 'bonklaag'.
d. Geoorde bronzen kokerbijl, l.10.6, s.3.5.
e. Kokerbijl met vleugelversiering in reliëf.
f. Late bronstijd.
g. Donkere kleur.
h. Enkelvoudige vondst uit natte context.
i. Privé-collectie.
j. -.

48.
a. Emmen.
b. Emmen.
c. Gevonden in de omgeving van Emmen, precieze omstandigheden onbekend.
e. Enigszins beschadigde bronzen bijl, oortje afgebroken, l.12.8, s.3.1, 226 gr.
e. Geoorde hielbijl van lokaal type (AXPL:P∧).
f. Late bronstijd.
g. Verweerd goudkleurig.
h. Enkelvoudige vondst, context onbekend.
i. DM 1928/II 1.
j. -.

49.
a. Emmen.
b. Sijpelveen te Nieuw-Weerdinge, kaartblad 18A, coördinaten 263.000/541.2-262.575/541.800.
c. 1928; gevonden in het grauwveen in plaats 37 te Nieuwe Schutting.
d. Geoorde kokerbijl van brons, de hals versierd met omlopende ribbel en zijdelings met telkens twee halve convexe boogjes, l.12.0, s.4.5, 414 gr.

e. Kokerbijl met vleugelversiering in omtrek.
f. Late bronstijd.
g. In de schachtkoker nog een rest van de houten steel, schoongemaakt, oxidekleur.
h. Enkelvoudige vondst uit natte context.
i. DM 1928/II 2.
j. Butler, 1961: p. 232; Brief 9-2-1928, 28-10-1929.

50.
a. Emmen.
b. Nieuw Weerdinge.
c. Gevonden op de plaats waar eerder bronzen halsring, armband en barnstenen kralen zijn gevonden, 1,25 m beneden het oppervlak van het veen, op de grens tussen het grauw- en het zwartveen.
d. Hielbijl met U-vormig septum, afgeronde hiel, overdwarse richel op de zijden, zijranden, de hoeken van de randen en de hiel zijn met kleine streepjes versierd, l.15.5, s.4.3.
e. Hielbijl, type Osthannover (AXP:Bo).
f. Midden-bronstijd.
g. Donkergroen, met lemige incrustatie.
h. Enkelvoudige vondst uit natte context.
i. RMO c1929/6.1.
j. -.

51.
a. Emmen.
b. Nieuw-Weerdinge, kaartblad 18A.
c. 1932.
d. Bronzen beitel.
e. Bronzen beitel.
f. Bronstijd.
g. Object niet gezien.
h. Enkelvoudige vondst, context onbekend.
i. Onbekend.
j. Brief 14-7-1932.

52.
a. Emmen.
b. Roswinkel, kaartblad 18A, coördinaten 266/540.3.
c. Gevonden bij het graven van veldgrond te Roswinkel.
d. Hielbijl, l.12.0.
e. Hielbijl van lokaal type (AXP:PS).
f. Midden-bronstijd.
g. Donkerbronskleurig.
h. Enkelvoudige vondst uit onbekende context.
i. RMO c1936/12.1.
j. Butler, 1963a: p. 211; Brief 9-10-1936, 12-10-1936, 12-10 1936.

53.
a. Emmen.
b. Emmerschans, kaartblad 17H.
c. Onbekend.
d. Kokerbijl met sporen van recente schade.
e. Kokerbijl met imitatie-vleugels in reliëf.
f. Late bronstijd.
g. Donkergroen met putjes.
h. Enkelvoudige vondst, uit droge context.
i. DM 1957/III 1.
j. -.

54.
a. Emmen.
b. Noordveen, kaartblad 17F.
c. Onbekend.
d. Bronzen vlakbijl met flauwe opstaande randen, l.10.0, s.4.5, 165 gr.
e. Randbijl met lage randen, type Emmen.
f. Vroege bronstijd.
g. Donkere veenpatina.
h. Enkelvoudige vondst uit natte context.
i. DM 1962/II 36.
j. Butler, 1963a: p. 208.

55.
a. Emmen.
b. Noordveen, kaartblad 17F, coördinaten 259/540.
c. Onbekend.
d. Gedrongen korte hielbijl met oortje, l.11.6, s.4.1, 288 gr.
e. Hielbijl van lokaal type (AXPL:PS).
f. Midden-bronstijd.
g. Oorspronkelijke patina krachtdadig verwijderd, nu donkergevlekt.
h. Enkelvoudige vondst, context onbekend.
i. DM 1962/II 37.
j. -.

56.
a. Emmen.
b. Westerveld, kaartblad 17H.
c. Gevonden te Westerveld, op het veld achter nr. 13.
d. Vrij grote en zware bronzen hielbijl, l.16.3, s.4.2, 431 gr.
e. Hielbijl van lokaal type (AXPL:PS).
f. Midden-bronstijd.
g. Zwarte patina, gecorrodeerd.
h. Enkelvoudige vondst uit natte context.
i. DM 1962/II 38.
j. -.

57.
a. Emmen.
b. Onbekend.
c. Onbekend.
d. Hielbijltje met vrij kort blad en lange hiel, l.9.6, s.3.8, 212 gr.
e. Hielbijl van lokaal type (AXP:PS<).
f. Midden-bronstijd.
g. Sterk gecorrodeerd, veenpatina.
h. Enkelvoudige vondst uit natte context.
i. DM 1962/II 181.
j. -.

58.
a. Emmen.
b. Onbekend.
c. Onbekend.
d. Bronzen kokerbijl met afgebroken oortje, l.10.5, s.3.2, 209 gr.
e. Kokerbijl.
f. Late bronstijd.
g. Oorspronkelijk zwart over groen.
h. Enkelvoudige vondst, context onbekend.
i. DM 1962/II 182.
j. -.

59.
a. Emmen.
b. Onbekend.
c. Onbekend.
d. Geoorde kokerbijl, l.9.5, s.3.4, 171 gr.
e. Kokerbijl met vleugelversiering in reliëf.
f. Late bronstijd.
g. Schoongemaakte patina.
h. Enkelvoudige vondst uit droge context.
i. DM 1962/II 183.
j. -.

60.
a. Emmen.
b. Onbekend.
c. Onbekend.
d. Geoorde hielbijl, l.13.0, s.4.6, 338 gr.
e. Hielbijl van lokaal type (AXPL:PS<>).
f. Midden-bronstijd.
g. Gaaf groene patina.
h. Enkelvoudige vondst uit onbekende context.
i. DM 1962/II 186.
j. -.

61.
a. Emmen.
b. Onbekend.
c. Onbekend.
d. Kokerbijl met afgebroken oor, l.9.9, s.5.4, 274 g.
e. Kokerbijl, type Wesseling.
f. Late bronstijd.
g. Object niet gezien.
h. Enkelvoudige vondst, context onbekend.
i. DM 1962/II 187.
j. -.

62.
a. Emmen.
b. Noord- of Zuidbarge, kaartblad 17H.
c. 1967; gevonden tussen de aangevoerde aardappelen van de aardappelmeelfabriek Excelsior te Nieuw-Amsterdam en vermoedelijk afkomstig uit de omgeving van Noord- of Zuidbarge.
d. Geoorde bronzen kokerbijl, l.10.0, s.3.7, 213 gr.
e. Kokerbijl, type Hunze-Eems, met rijk geprofileerde mond.
g. Over vrijwel het gehele lichaam dekkend groen gepatineerd, aan een van de zijkanten van de snede beschadigd.
h. Enkelvoudige vondst uit onbekende context.
i. DM 1969/XII 31.
j. *Nieuwsbulletin KNOB* 1970: pp. 2, 21.

63.
a. Emmen.
b. Noordbarge, kaartblad 17H, coördinaten 254.48/530.90.
c. 1974; gevonden tijdens het machinaal aardappelrooien op een akker ten zuidwesten van Noordbarge, perceel aan de noordkant begrensd door het Noordbarger bos, aan de zuidkant door de Oude Delft.
d. Hielbijl zonder opstaande randen langs het blad, l.12.0, s.4.3.
e. Hielbijl van lokaal type (AXP:PHJ).
f. Midden-bronstijd.
g. Op enkele groene diepliggende oxidatiesporen na is de bijl blinkend geelrood van kleur door een behandeling met citroenzuur.
h. Enkelvoudige vondst, context onbekend.
i. Privé-collectie.
j. -.

64.
a. Emmen.
b. Oranjekanaal/Westenes, kaartblad 17H, coördinaten 253.45/533.63.
c. Oppervlaktevondst op een akkerland, 1425 m ten zuidwesten van het Oranjekanaal, 1550 m ten westzuidwesten van Westenes.
d. Bronzen randbijltje, l.9.5, s.3.1, 111 gr.
e. Atypische randbijl met hoge randen.
f. Midden-bronstijd.
g. Groen geoxideerd met putjes.
h. Enkelvoudige vondst uit droge context.
i. DM 1981/II 7.
j. -.

65.
a. Emmen.
b. Emmerdennen, kaartblad 17H, coördinaten 259.07/534.50.
c. 1982; gevonden in de Emmerdennen bij het graven van een hut, ca. 60 cm onder het oppervlak, samen met nr. 66. Na-onderzoek door het B.A.I. leverde ter plaatse nog een restant van een prehistorische kuil op.
d. Slanke hielbijl l.17.4, s.4.6, 364 gr.
e. Hielbijl van Noord-Europees type (AXP:ne.AMIN).
f. Midden-bronstijd.
g. Stuk vertoont scheurtjes en gaten (misgietsel), snede niet geslepen. Dofgroen.
h. Meervoudige vondst uit droge context.
i. DM 1983/I 4.
j. -.

66.
a. Emmen.
b. Emmerdennen, kaartblad 17H, coördinaten 259.07/534.50.
c. 1982; gevonden in de Emmerdennen bij het graven van een hut, ca. 60 cm onder het oppervlak, samen met nr. 65. Na-onderzoek door het B.A.I. leverde ter plaatse nog een restant van een prehistorische kuil op.
d. Slanke hielbijl, l.17.5, s.4.5, 412 gr.
e. Hielbijl van Noord-Europees type (AXP:ne.AMIN).
f. Midden-bronstijd.
g. Stuk vertoont scheurtjes en gaten (misgietsel), snede niet geslepen. Dofgroen.
h. Meervoudige vondst uit droge context.
i. DM 1983/I 4a.
j. -.

67.
a. Emmen.
b. Zandzoom/Nieuw-Amsterdamsestraat, kaartblad 17H, coördinaten 225.25/530.75.
c. 1991; gevonden tijdens het aardappelrooien op de Zandzoom, in de hoek die deze maakt met de Nieuw-Amsterdamsestraat, ter plaatse is een laagte zichtbaar.
d. Bronzen kokerbijl met krassporen en gebroken oortje, l.7, s.3.5.
e. Kokerbijl.
f. Late bronstijd.
g. Geen moeraspatina, in slechte staat van conservering.
h. Enkelvoudige vondst, context onbekend.
i. Privé-collectie.
j. -.

68.
a. Emmen.
b. Valtherweg, kaartblad 17H.
c. Gevonden aan de Valtherweg te Emmen.
d. Kokerbijl, l.9.0, s.3.2. Snede afgezaagd en secundair gebruikt als kokerhamer.
e. Kokerbijl.
f. Late bronstijd.
g. Object niet gezien.
h. Enkelvoudige vondst, context onbekend.
i. Privé-collectie.
j. -.

69.
a. Emmen.
b. Klazienaveen, kaartblad 18C, coördinaten 263.5/538.3.
c. Gevonden te Klazienaveen, nabij het voetbalveld.
d. Bronzen hielbijl.
e. Hielbijl van lokaal type (AXP:PHJ).
f. Midden-bronstijd.
g. Object niet gezien.
h. Enkelvoudige vondst, context onbekend.
i. Privé-collectie.
j. -.

70.
a. Emmen.
b. Emmen.
c. Onbekend.
d. Kokerbijl met twee knobbels tussen de vleugels, l.12.5.
e. Kokerbijl met vleugelversiering in reliëf.
f. Late bronstijd.
g. Donkergroen met veel putjes.
h. Enkelvoudige vondst uit droge context.
i. Onbekend.
j. -.

71.
a. Emmen.
b. Zuidbarger Es, kaartblad 17H, coördinaten 257.5/530.5.
c. Tussen aardappels afkomstig van de Zuidbarger Es op de aardappelmeelfabriek te Nieuw Amsterdam.
d. Hielbijl, l.12.5, s.40, 341 gr.
e. Hielbijl van lokaal type (AXP:FSN).
f. Midden-bronstijd.
g. Dof donkergroen met sporen van zwart.
h. Enkelvoudige vondst uit onbekende context.
i. Privé-collectie.
j. Documentatie Butler

72.
a. Gasselte.
b. Gasselterboerveen, kaartblad 12G, coördinaten 254.250/558.600.
c. 1838; gevonden ten noordwesten van het Stadskanaal, Gasselterboerveen, veenplaats nr. 3, op een diepte van 4,5 el in het veen.
d. Bijl met lage randen, l.8.5, s.3.6.
e. Randbijl met lage randen van type Emmen.
f. Vroege bronstijd.
g. Zwarte patina.
h. Enkelvoudige vondst uit natte context.
i. RMO BS 9.
j. Butler, 1963a: p. 208.

73.
a. Gasselte.
b. Hambroeken/Gasselternijveen, kaartblad 12F, coördinaten 251.30/555.30.
c. Gevonden in de zogenaamde Hambroeken onder Gasselternijveen, in veengrond, 25 cm onder het oppervlak.
d. Bronzen hielbijl, l.12.3, s.3.8, 301 gr.
e. Hielbijl van lokaal type (AXP:PHJ).
f. Midden-bronstijd.
g. Goudkleurig met groen in de putjes, veenpatina.
h. Enkelvoudige vondst uit natte context.
i. DM 1901/X 1.
j. Butler, 1963a: p. 210; Kapitein Bellen nr. 48.

74.
a. Gasselte.
b. Looweg/Gasselte, kaartblad 12G, coördinaten 249.30/556.63.
c. 1960; gevonden tijdens het aardappelrooien op een perceel aan de noordoostzijde van de kruising Looweg met de zandweg, juist ten noorden van Kostvlies, ten noorden van Gasselte.
d. Randbijl met drie dwarse streepjes versierd, l.8.8.
e. Randbijl, type Oldendorf.
f. Midden-bronstijd.
g. Object niet gezien.
h. Enkelvoudige vondst, context onbekend.
i. Privé-collectie.
j. -.

75.
a. Gasselte.
b. Gasselternijveen, kaartblad 12H, coördinaten 252.75/557.18.
c. 1973; gevonden achter een huis, uit grond uit de tuin, tussen de Hoofdstraat en de Hunze of Oostermoerse Vaart, bij Boerdijk ca. 500 m ten noorden van de weg Gasselte-Stadskanaal te Gasselternijveen.
d. Geoorde kokerbijl, met vleugels, waartussen een richel.
e. Kokerbijl met vleugelversiering in reliëf.
f. Late bronstijd.
g. Geelbruinig van kleur, groen van binnen.
h. Enkelvoudige vondst, context onbekend.
i. Privé-collectie.
j. -.

76.
a. Gasselte.
b. Gasselte, kaartblad 12H.
c. 1990; gevonden bij de aardappelmeelfabriek Oostermoer te Gasselternijveen.
d. Bronzen kokerbijl, oortje afgebroken, l.9.7, s.5.2, 323 gr.
e. Kokerbijl, type Wesseling.
f. Late bronstijd.
g. In de bijl bevindt zich nog hout, gedeeltelijk verwijderd voor determinatie (*Quercus*).
h. Enkelvoudige vondst uit natte context.
i. Privé-collectie.
j. Van der Sanden, 1992: p. 80.

77.
a. Gasselte.
b. Gasselternijveen, kaartblad 12H, coördinaten 254.5/556.7.
c. Gevonden bij de aardappelmeelfabriek.
d. Hielbijl.
e. Hielbijl van lokaal type (AXP:MS).
f. Midden-bronstijd.
g. Object niet gezien.
h. Enkelvoudige vondst, context onbekend.
i. Privé-collectie.
j. -.

78.
a. Gasselte.
b. Gasselternijveen, kaartblad 12H.
c. Aardappelfabriek.
d. Hielbijl.
e. Hielbijl van lokaal type (AXP:AH).
f. Midden-bronstijd.
g. Object niet gezien.
h. Niet determineerbaar. Enkelvoudige vondst uit onbekende context.
i. Privé-collectie.
j. Documentatie Butler.

79.
a. Gieten.
b. Gieten/Zandvoort, kaartblad 12G.
c. Gevonden 5 voet (ca. 1,50 m) onder het oppervlak.
d. Geoorde bronzen kokerbijl, l.11.5, s.4.8, 405 gr.
e. Kokerbijl met vleugelversiering in reliëf.
f. Late bronstijd.
g. Donkere veenpatina.
h. Enkelvoudige vondst uit natte context.
i. DM 1857 I/1.
j. Butler, 1961: p. 232.

80.
a. Gieten.
b. Gieten, kaartblad 12G.
c. 1872; gevonden 5-6 voet (ca. 1,50-1,80 m) onder het oppervlak in welzand.
d. Bijna volkomen vlakke bronzen of koperen bijl, snede beschadigd, l.8.1, s.4.8.
e. Randbijl met lage randen, type Emmen.
f. Vroege bronstijd.
g. Met malachiet aangelopen.
h. Enkelvoudige vondst uit natte context.
i. DM 1872/I 15.
j. Butler, 1963a: p. 208; Kibbert, 1980: p. 102.

81.
a. Havelte.
b. Havelte, 'Het Lok', kaartblad 16H, coördinaten 211.00/530.50.
c. Gevonden samen met 1872/I 16, 17b en 18 (een bijl, een kokermes en een gietkegel) bij het ploegen.

d. Geoorde bronzen kokerbijl, versierd met hangende driehoekjes, l.11.4, s.4.7, 379 gr.
e. Kokerbijl met zaagtandversiering.
f. Late bronstijd.
g. Veenpatina.
h. Meervoudige vondst uit natte context.
i. DM 1872/I 17a.
j. Butler, 1961: p. 233, fig. 14, pl. IV; Fokkens, 1991: p. 212.

82.
a. Havelte.
b. Havelte, 'Het Lok', kaartblad 16H, coördinaten 211.30/530.50.
c. Gevonden samen met 1872/I 16, 17a en 17b (een bijl, een kokermes en een gietkegel) bij het ploegen.
d. Kokerbijl, type Hunze-Eems met vleugelversiering in reliëf.
e. Geoorde kokerbijl, rand beschadigd, l.10.1, s.3.8, 182 gr.
f. Late bronstijd.
g. Veenpatina.
h. Meervoudige vondst uit natte context.
i. DM 1872/I 18.
j. Butler, 1961: p. 232, fig. 14, pl IV; Fokkens, 1991: p. 212.

83.
a. Havelte.
b. Uffelte.
c. 1887; gevonden ergens in het veld, achter de Uffelter Es.
d. Geoorde kokerbijl, de nek is versierd met ribbels.
e. Kokerbijl met vleugelversiering in reliëf.
f. Late bronstijd.
g. Zwaar beschadigd, ± 1/2 van het originele oppervlak is bewaard, patina glanzend leerbruin.
h. Enkelvoudige vondst uit natte context.
i. RMO c1899/5 1.
j. Brief 10-1-1887, 5-1-1887.

84.
a. Havelte.
b. Havelterberg/Darp, kaartblad 16H, coördinaten 212/533.
c. 1920; gevonden in de omgeving van de Havelterberg, in Darp.
d. Bronzen hielbijl, l.12.3, s.4.0, 244 gr.
e. Hielbijl van lokaal type (AXP:PS<).
f. Midden-bronstijd.
g. Lichtgroen geoxideerd, ziet er erg verweerd uit.
h. Enkelvoudige vondst uit droge context.
i. DM 1920/XI 34.
j. Butler, 1963a: p. 210; Fokkens, 1991: p. 216.

85.
a. Hoogeveen.
b. Hollandsche Veld, kaartblad 17D.
c. 1916.
d. Bronzen hielbijl, l.14.5, s.6.0, 367 gr.
e. Randhielbijl, type Vlagtwedde en type Plaisir.
f. Midden-bronstijd.
g. In de putjes groen gekleurd, rest goed bewaard.
h. Enkelvoudige vondst uit droge context.
i. DM 1916/III 1.
j. Butler, 1963a: p. 209; Brief 25-4-1916.

86.
a. Meppel.
b. Nijeveen, kaartblad 16G, coördinaten 208.86/527.26.
c. 1869; gevonden in een veenderij te Nijeveen, ten oosten van de 'tolweg' Nijeveen-Meppel, in deze veenderij is tevens de zogenaamde boomstamkano ontdekt.
d. Langgerekte bronzen randbijl met gekartelde zijranden, l.15.1, s.4.0, 275 gr.
e. Randbijl met hoge randen, type Mägerkingen.
f. Midden-bronstijd.
g. Goudkleurig met donkere vlekken, veenpatina.

h. Vrijwel zeker meervoudige vondst uit natte context, met nr. 87.
i. DM 1870/VI 9.
j. Kapitein Bellen nr. 53; Brief 28-6-1870, 3-6-1870.

87.
a. Meppel.
b. Nijeveen, kaartblad 16G, coördinaten 208.8/527.55.
c. Juni 1870, in veenland, op enige afstand links van de Dorpsstraat van het spoor naar het dorp.
d. Langgerekte bronzen randbijl, l.15.2, s.4.0.
e. Randbijl met hoge randen, type Mägerkingen.
f. Midden-bronstijd.
g. Object niet gezien.
h. Vrijwel zeker meervoudige vondst uit natte context, met nr. 86.
i. RMOL N.V.4.
j. Documentatie R.M.O.

88.
a. Meppel.
b. Meppel/Reggersbrugje, kaartblad 21F, coördinaten 210.95/522.45.
c. Ca. 1936; gevonden in het dal van de Reest, waarschijnlijk bij werkzaamheden aan het Reggersbrugje, ca. 2 km ten zuidoosten van Meppel.
d. Bronzen hielbijl, l.14.3, s.4.9, 416 gr.
e. Hielbijl van lokaal type (AXP:AFS).
f. Midden-bronstijd.
g. Glanzend geel met donkere plekken.
h. Enkelvoudige vondst uit natte context.
i. DM 1966/IX 1.
j. -.

89.
a. Norg.
b. Gemeente Norg, kaartblad 12C.
c. 1878, in het veen in de gemeente Norg.
d. Korte, geoorde bronzen randhielbijl, scheurtje in een van de zijvlakken achter het oortje, l.10.2, s.3.8, 180 gr.
e. Geoorde hielbijl van lokaal type (AXPL:PS<>).
f. Midden-/late bronstijd.
g. Geel met groen glanzend.
h. Enkelvoudige vondst uit natte context.
i. DM 1878/VI 9.
j. Verslag van de commissie van bestuur over 1878: p. 8.

90.
a. Norg.
b. Gemeente Norg, kaartblad 12C.
c. 1908.
d. Bronzen randhielbijl, versierd met een verticaal geribd vingertopvormig indruksel, l.14.5, s.5.2, 290 gr.
e. Randhielbijl (AXP:we.MYW).
f. Midden-bronstijd.
g. Donkergekleurd, veenpatina.
h. Enkelvoudige vondst uit natte context.
i. DM 1908/VII 3.
j. -.

91.
a. Odoorn.
b. Odoorn, kaartblad 17F, coördinaten 253.20/540.75.
c. 1858, gevonden te Odoorn, twee voet (ca. 60 cm) onder het oppervlak.
d. Bronzen hielbijl, l.16.2, s.5.5, 484 gr.
e. Hielbijl van lokaal type (AXP:FSW).
f. Midden-bronstijd.
g. Aangelopen met malachiet of edelroest.
h. Enkelvoudige vondst uit natte context.
i. DM 1858/IX 1.
j. Butler, 1963a: p. 210, fig. 12.

92.
a. Odoorn.
b. Exloërmond, kaartblad 17F.
c. 1860; gevonden 6 voet (ca. 1,80 m) diep onder het veen.
d. Geoorde, bronzen kokerbijl, met versiering van hangende driehoekjes onder de rand, in de halsrand tegenover het oor een gaatje, l.9.9, s.4.1, 244 gr.
e. Kokerbijl met zaagtandversiering.
f. Late bronstijd.
g. Geelkoperkleurig met putjes, veenpatina.
h. Enkelvoudige vondst uit natte context.
i. DM 1860/I 2.
j. Butler, 1961: p. 233; Kapitein Bellen nr. 71.

93.
a. Odoorn.
b. Exloërveen, kaartblad 17F.
c. 1883; gevonden in het Exloërveen.
d. Geoorde bronzen kokerbijl, de hals is versierd met drie flauwe omlopende ribbels, l.9.4, s.4.1.
e. Kokerbijl met rijk geprofileerde mond.
f. Late bronstijd.
g. Veenpatina.
h. Enkelvoudige vondst uit natte context.
i. DM 1883/VIII 1.
j. Butler, 1961: p. 232; Kapitein Bellen nr. 71.

94.
a. Odoorn.
b. Valthermond, kaartblad 17F, coördinaten 262.450/547.00.
c. Gevonden in veenplaats 19 aan de noordkant van Valthermond, op een diepte van 2,50 m onder het oppervlak van het bovenveen.
d. Kokerbijl, klein exemplaar, l.7.5.
e. Kokerbijl met rijk geprofileerde mond.
f. Late bronstijd.
g. Zwarte patina, gedeeltelijk schoongemaakt.
h. Enkelvoudige vondst uit natte context.
i. RMO c1892/9.1.
j. Brief 2-9-1892, 12-9 1892, 15-9-1892.

95.
a. Odoorn.
b. Valthe, kaartblad 17F.
c. Ca. 1878; gevonden bij het graven van een sloot ten noorden van Valthe.
d. Randbijl versierd met drie diepe, overdwarse groeven op elke kant, beschadigde snede, l.9.8, s.4.3.
e. Randbijl, type Oldendorf.
f. Midden-bronstijd.
g. Glanzend donkergroen.
h. Enkelvoudige vondst uit onbekende context.
i. RMO c1893/6.2.
j. Butler, 1963a: p. 209.

96.
a. Odoorn.
b. Exloërveen, kaartblad 17F.
c. 1895; gevonden samen met 1895/I 2 (fragment tweesnijdend bronzen zwaard), twee voet (ca. 60 cm) onder het oppervlak te Exloerveën, in rood zand.
d. Slanke bronzen kokerbijl met twee pingaten onder de rand, l.9.8, s.3.3, 105 gr.
e. Kokerbijl met rijk geprofileerde mond.
f. Late bronstijd.
g. Groen geoxideerd.
h. Meervoudige vondst uit droge context.
i. DM 1895/I 3.
j. Kapitein Bellen nr. 71; Brief 25-1-1896.

f. Midden-bronstijd.
g. Object niet gezien.
h. Enkelvoudige vondst, context onbekend.
i. Privé-collectie.
j. -.

119.
a. Ruinen.
b. Ruinen, kaartblad 17C.
c. Gevonden in de schuur van boerderij Geursinge te Ruinen, op een keienplaveiseltje, 50 cm diep.
d. Bronzen randbijl, l.8.1, s.3.0.
e. Randbijl, type Oldendorf.
f. Midden-bronstijd.
g. Veenpatina.
h. Enkelvoudige vondst uit natte context.
i. DM 1888/XI 2.
j. Butler, 1963a: fig. 5; Brief 18-10-1888, 15-11-1888.

120.
a. Schoonebeek.
b. Schoonebeek, kaartblad 22F, coördinaten 256.7/521.83.
c. 1894; gevonden samen met 5 andere voorwerpen, twee bronzen kokermessen (RMO 1894/11.1 en DM 1894/XII 1b), een sierstuk (RMO 1894/11.3) met houten heft en een speerpunt (DM 1894/XII 1c) en nog een bijl (RMO 1894/11.2), op het land 50 cm onder het oppervlak, op zand onder veen, vroeger waarschijnlijk moeras met bomen.
d. Geoorde kokerbijl, l.11.5, s.4.6, 369 gr.
e. Kokerbijl met vleugelversiering in reliëf.
f. Late bronstijd.
g. Veenpatina.
h. Meervoudige vondst uit natte context.
i. DM 1894/XII 1a.
j. De Laet & Glasbergen, 1959: pl. 32; Butler, 1961: fig. 21; Brief 17-6-1894, 16-7-1894, 20-7-1894, 21-9-1894.

121.
a. Schoonebeek.
b. Schoonebeek, kaartblad 22F, coördinaten 256.7/521.83.
c. 1894; gevonden samen met 5 andere voorwerpen, twee bronzen kokermessen (RMO 1894/11.1 en DM 1894/XII 1b), een sierstuk (RMO 1894/11.3) met houten heft en een speerpunt (DM 1894/XII 1c) en nog een bijl (RMOL 1894/11.1a), op het land 50 cm onder het oppervlak, op zand onder veen, vroeger waarschijnlijk moeras met bomen.
d. Kokerbijl, met groot oor.
e. Kokerbijl met vleugelversieriing in reliëf.
f. Late bronstijd.
g. Zwarte patina.
h. Meervoudige vondst uit natte context.
i. RMO c1894/11.1.
j. Butler, 1961: p. 199 fig 21.

122.
a. Schoonebeek.
b. Schoonebeek, kaartblad 22F.
c. 1930; gevonden bij normalisatie van het Schoonebeekerdiep.
d. Geoorde bronzen kokerbijl, l.9.8, s.3.9, 218 gr.
e. Kokerbijl met rijk geprofileerde mond.
f. Late bronstijd.
g. Veenpatina.
h. Enkelvoudige vondst uit natte context.
i. DM 1930/II 9.
j. Butler, 1961: p. 232; Brief 22-2-1930.

123.
a. Schoonebeek.
b. Oosteindsche Stukken, kaartblad 22F, coördinaten 257.43/519.19.
c. 1950; gevonden in Oosteindsche Stukken, 1,5 km ten zuidoosten

van Schoonebeek, 12 m ten oosten van de weg tussen Middendorp en Oosteindsche Stukken, 65 m van de Duitse grens, in door de Heidemij ten behoeve van de bouw van een jaknikker uitgeworpen veengrond, waarbij geconstateerd werd dat het voorwerp tussen takjes en twijgjes zat, terwijl een gedeelte van de houten steel nog in het voorwerp aanwezig was.
d. Geoorde bronzen kokerbijl, l.10.2, s.5.3, 288 gr.
e. Kokerbijl met rijk geprofileerde mond.
f. Late bronstijd.
g. Object niet gezien.
h. Enkelvoudige vondst uit natte context.
i. Privé-collectie.
j. -.

124.
a. Schoonebeek.
b. Schoonebeek, kaartblad 22F.
c. Gevonden in Schoonebeek, precieze omstandigheden onbekend.
d. Geoorde bronzen kokerbijl.
e. Kokerbijl, Zuidoost-Europees type.
f. Late bronstijd.
g. Object niet gezien.
h. Enkelvoudige vondst, context onbekend.
i. Privé-collectie.
j. -.

125.
a. Sleen.
b. Sleen, kaartblad 17G/H?
c. Gevonden in de omgeving van Sleen.
d. Geoorde bronzen hielbijl, l.11.7, s.4.5.
e. Geoorde hielbijl van lokaal type (AXPL:PS<>).
f. Midden-/late bronstijd.
g. Object niet gezien.
h. Enkelvoudige vondst, context onbekend.
i. DM 1923/VIII 3.
j. -.

126.
a. Sleen.
b. Sleen, kaartblad 17H, coördinaten 250.07/528.55.
c. Gevonden te Sleen, precieze omstandigheden onbekend.
d. Bronzen randhielbijl, l.17.1, s.6.0, 530 gr.
e. Hielbijl van lokaal type (AXP:FSJ).
f. Midden-bronstijd.
g. Met ronde groene vlekjes.
h. Enkelvoudige vondst, context onbekend.
i. DM 1956/VII 1.
j. Butler, 1963a: p. 210.

127.
a. Vledder.
b. Frederiksoord, kaartblad 16E, coördinaten 209.54/540.22.
c. Gevonden te Frederiksoord, precieze omstandigheden onbekend.
d. Geoord bronzen kokerbijltje, l.7.1.
e. Kokerbijl, type Obernbeck.
f. Late bronstijd.
g. Zwart patina.
h. Enkelvoudige vondst uit natte context.
i. Privé-collectie, uitgeleend aan Oudheidkamer Ommen.
j. Fokkens, 1991: p. 206; Butler, 1986: fig. 13.

128.
a. Vries.
b. Zeegse, kaartblad 12B.
c. 1950; gevonden, tijdens ontginning van een stuk land, in veengrond op de rand van veen en vaste grond, op een diepte van ca. 1m, gevonden vlakbij nr. 129.
d. Geoorde bronzen kokerbijl, versierd met vleugels en twee noppen daartussen, l.10.4, s.4.6.

e. Kokerbijl met vleugelversiering in reliëf.
f. Late bronstijd.
g. Veenpatina.
h. Meervoudige vondst uit natte context.
i. DM 1955/IX 2a.
j. Butler, 1963a: p. 232.

129.
a. Vries.
b. Zeegse, kaartblad 12B.
c. 1950; gevonden nabij Zeegse, op de rand van veen en vaste grond, tijdens ontginning van het veen, vlakbij nr. 128.
d. Geoorde bronzen kokerbijl, versierd met drie omlopende ribbels, l.11.3, s.3.9, 281 gr.
e. Kokerbijl met rijk geprofileerde mond.
f. Late bronstijd.
g. Object niet gezien.
h. Meervoudige vondst uit natte context.
i. DM 1955/IX 2b.
j. Butler, 1963a: p. 232.

130.
a. Vries.
b. Vries/Achterste Holten, kaartblad 12B, coördinaten 233.10/565.30.
c. Gevonden in het gebied van de Achterste Holten, tijdens het kievietseierenzoeken op een ietwat glooiend terreintje grenzend aan het gedempte verloop van een voormalig stroompje. Mogelijk is de bijl afkomstig van hogeraf en naar beneden gekomen bij het dempen van het diepje.
d. Bronzen randbijl.
e. Lage randbijl, type Emmen.
f. Vroege bronstijd.
g. Object niet gezien.
h. Enkelvoudige vondst, context onbekend.
i. Privé-collectie.
j. -.

131.
a. Westerbork.
b. Elp.
c. 1932; los gevonden door arbeiders.
d. Kleine bronzen vlakbijl, in twee stukken gebroken.
e. Vlakbijltje/beiteltje.
f. Vroege bronstijd.
g. Object niet gezien.
h. Enkelvoudige vondst, context onbekend.
i. DM 1932/X 26.
j. -.

132.
a. Westerbork.
b. Westerbork, kaartblad 17B, coördinaten 239.9/538.4.
c. Gevonden in Westerbork, precieze omstandigheden onbekend.
d. Hielbijl met beschadigde top, l.10.9, s.4.2, 177 gr.
e. Hielbijl van lokaal type (AXP:AS).
f. Midden-bronstijd.
g. Donkerbrons met putjes in het oppervlak.
h. Enkelvoudige vondst, context onbekend.
i. Privé-collectie.
j. -.

133.
a. Zuidlaren.
b. Anner moeras, kaartblad 12E, coördinaten 247/535.
c. 1996; gevonden op een akker 1 km ten zuidoosten van Zuidlaren.
d. Hielbijl, l.12.8, s.3.75.
e. Hielbijl van lokaal type (AXP:PS).
f. Midden-bronstijd.
g. Zwarte patina.
h. Enkelvoudige vondst uit natte context.
i. Privé-collectie.
j. -.

134.
a. Zweeloo.
b. Zweeloo/tumulus Galgenberg, kaartblad 17G, coördinaten 248.30/537.25.
c. 1934; gevonden in het hoofdgraf van een secundaire tumulus, samen met 1934/V 1-32, een paar gouden spiralen, een armband, een pincet en een aantal pijlpunten van dun plaatbrons.
d. Enigszins beschadigde bronzen hielbijl.
e. Hielbijl van lokaal type (AXP:FSW).
f. Midden-bronstijd.
g. Object niet gezien.
h. Grafvondst.
i. DM 1934/V 30.
j. NDV 24 (1936): pp. 64-67, 121-123, 104-110, afb. 10-14; Butler, 1963a: p. 212; Lohof, 1991: p. 67.

135.
a. Zweeloo.
b. Wezup, kaartblad 17G, coördinaten 244.43/536.08.
c. 1940/41; gevonden bij Wezup, tijdens het ploegen.
d. Bronzen hielbijl, l.13.8, s.5.9.
e. Hielbijl van lokaal type (AXP:AFS).
f. Midden-bronstijd.
g. Object niet gezien.
h. Enkelvoudige vondst, context onbekend.
i. Privé-collectie.
j. -.

136.
a. Zweeloo.
b. Aalden/Witteveen, Gelpenberg, kaartblad 17G.
c. 1950; gevonden ca. 200 m ten noorden van de weg Aalden-Witteveen, 200 m ten zuidoosten van Gelpenberg bos.
d. Geoorde bronzen kokerbijl, versierd met vleugels, beschadigingen aan de snede en de rand, l.11, s.3.3.
e. Kokerbijl met vleugels.
f. Late bronstijd.
g. Object niet gezien.
h. Enkelvoudige vondst, context onbekend.
i. Privé-collectie.
j. Butler, 1961: p. 232.

137.
a. Zweeloo.
b. Zweeloo/Paardelandsdrift, kaartblad 17G, coördinaten 244.30/535.63.
c. 1986; gevonden 100 m ten oosten van de Paardelandsdrift en 400 m ten zuiden van de PW 7, bij het aardappelrooien.
d. Bronzen kokerbijl, het oor is mislukt en niet volledig dichtgegoten, l.9.0, s.4.8, 147 gr.
e. Kokerbijl, hybride type.
f. Late bronstijd.
g. IJzeraanslag (stroomdalvondst).
h. Enkelvoudige vondst uit natte context.
i. DM 1986/XII 3.
j. -.

138.
a. Zweeloo.
b. Marsstroom/Meppen, kaartblad 17G, coördinaten 241.625/532.150 (perceel met het vennetje).
c. 1984; bij het aardappelrooien, in het deel van de Marsstroom ten zuidwesten van Meppen.
d. Bronzen kokerbijl, l.8.2, s.4.0, 122 gr.
e. Kokerbijl.
f. Late bronstijd.
g. Eén zijde lichtgroen, andere zijde roestkleurig met lichtgroen.
h. Enkelvoudige vondst uit droge context.
i. DM 1988/XI 4.
j. -.

139.
a. Zweeloo.
b. Zweeloo, kaartblad 17G.
c. Gevonden nabij Zweeloo, bij het sorteren van aardappels.
d. Hielbijl.
e. Hielbijl van lokaal type (AXP:PS).
f. Midden-bronstijd.
g. Bruine patina, deels glanzend, deels dof.
h. Enkelvoudige vondst uit natte context.
i. DM 1993/X 1.
j. -.

140.
a. Onbekend.
b. Provincie Drenthe.
c. 1920-1954.
d. Smalbladige bronzen hielbijl, l.11.8, s.2.9, 139 gr.
e. Hielbijl van lokaal type (AXP:PS<).
f. Midden-bronstijd.
g. Verweerd met groenblauwe plekken.
h. Enkelvoudige vondst uit droge context.
i. DM 1967/II 19.
j. -.

141.
a. Onbekend.
b. Onbekend, mogelijk provincie Drenthe.
c. Gevonden in een verhuisdoos.
d. Bronzen hielbijl, l.15.9, s.5.5, 407 gr.
e. Hielbijl van lokaal type (AXP:PS).
f. Midden-bronstijd.
g. Patina wijst op herkomst uit natte context.
h. Enkelvoudige vondst, mogelijk uit natte context.
i. Privé-collectie.
j. -.

142.
a. Onbekend.
b. Provincie Drenthe.
c. Onbekend.
d. Bronzen kokerbijl.
e. Kokerbijl.
f. Late bronstijd.
g. Bedekt met groenbruine bronspatina.
h. Enkelvoudige vondst, context onbekend.
i. Privé-collectie.
j. -.

143.
a. Onbekend.
b. Provincie Drenthe.
c. Onbekend.
d. Vrij korte en geoorde kokerbijl met zeer brede snede, l.8.6, s.5.6, 237 gr.
e. Kokerbijl, type Wesseling.
f. Late bronstijd.
g. Object niet gezien.
h. Enkelvoudige vondst, context onbekend.
i. DM 1962/II 188.
j. -.

Provincie Groningen

144.
a. Bellingwedde.
b. Boertangerveen, kaartblad 13B.
c. 1911; gevonden in de onderste lagen zwartveen (Gliede).
d. Bronzen randbijl, l.9.4, s.4.6.
e. Randbijl, type Oldendorf.
f. Midden-bronstijd.

g. Geel veenpatina.
h. Enkelvoudige vondst uit natte context.
i. GM 1911/VI 2.
j. Butler, 1963a: p. 209; Glasbergen, 1957: Pl. VIII-1.

145.
a. Bellingwedde.
b. Veelerveen, kaartblad 13B, coördinaten 273.38/564.17.
c. 1948; gevonden op het fabrieksterrein van de aardappelmeel-fabriek Westerwolde, onder het veen, één spit diep in het zand.
d. Hielbijl.
e. Hielbijl van lokaal type (AXP:PS).
f. Midden-bronstijd.
g. De bijl is sterk gecorrodeerd en heeft krassen in de hiel aan één kant.
h. Enkelvoudige vondst uit natte context.
i. GM 1973/I 24.
j. Groenendijk map Bellingwedde nr. 30.

146.
a. Bellingwedde.
b. Vriescheloo, kaartblad 13B, coördinaten 270.580/567.415.
c. 1953-1954; gevonden tijdens het aardappelrooien met de hand, ter plaatse was het bouwland venig, ook onder de bouwvoor bevond zich veen, uit het steelgat stak nog ca. 5 cm sterk verweerd hout. Vindplaats op de westelijke flank van de zandrug van Bellingwolde-Vriescheloo, juist boven de grens van de Dollard-klei-afzetting.
d. Grote bronzen kokerbijl, l.12.8, s.5.1, 420 gr.
e. Kokerbijl met rijk geprofileerde mond.
f. Late bronstijd.
g. Veenpatina, de binnenzijde van de bijl vertoont afdrukken van het hout.
h. Enkelvoudige vondst uit natte context.
i. Privé-collectie.
j. Butler, 1960a: p. 231; Glasbergen, 1957: Pl. VIII-3; Groenendijk map Bellingwedde nr. 9.

147.
a. Bellingwedde.
b. Westeind, kaartblad 13A, coördinaten 265.250/570.800.
c. 1972; gevonden in buurtschap Westeind tussen Oude Pekela en Blijham, ten oosten van de Turfweg, tegenover de boerderij aldaar, tijdens het aardappelrooien.
d. Kleine beschadigde kokerbijl, in koker prop eikenhout van steel, l.8.4, s.5.3, 205 gr.
e. Kokerbijl.
f. Late bronstijd.
g. Bruine patina, bij beschadigingen groen, hout wijst op vochtig milieu.
h. Enkelvoudige vondst uit natte context.
i. Privé-collectie.
j. Groenendijk map Bellingwedde nr. 100.

148.
a. Bellingwedde.
b. Loosterveen, kaartblad 13A, coördinaten 273.12/566.35.
c. 1994; opgeraapt op een tijdens een ruilverkaveling gemeng-woelde akker, ca. 2 km OZO van de kerk van Vriescheloo.
d. Kokerbijl, l.9.2, s.4.8, 163 gr.
e. Kokerbijl van algemeen in Noord-Nederland voorkomend type.
f. Late bronstijd.
g. Moorpatina, binnen en buiten.
h. Enkelvoudige vondst uit natte context.
i. Privé-collectie.
j. Groenendijk, map Bellingwedde.

149.
a. Bellingwedde.
b. Hoornekerveen, kaartblad 13A, coördinaten 265.15/566.0.

c. Onbekend.
d. Kokerbijl.
e. Kokerbijl.
f. Late bronstijd.
g. Object niet gezien.
h. Waarschijnlijk enkelvoudige vondst uit natte context.
i. Privé-collectie.
j. Groenendijk map Bellingwedde nr. 61.

150.
a. Groningen.
b. Ruisscherbrug/Middelbert, kaartblad 7D, coördinaten 238.300/582.375.
c. 1961; gevonden nabij Ruisscherbrug/Middelbert, 150 m ten zuidwesten van de kerk te Middelbert, niet ver van de weg, bij aanleg van de toeleidende weg van de Borgbrug (Eemskanaal), in zand.
d. Bronzen bijl met hoge randen en uitwaaierende snede, l.7.8, s.3.5.
e. Randbijl, type Oldendorf.
f. Midden-bronstijd.
g. Object niet gezien.
h. Enkelvoudige vondst uit droge context.
i. Privé-collectie.
j. -.

151.
a. Hoogezand-Sappemeer.
c. Vossenburg/Kielwindeweer.
c. 1988.
d. Bronzen hielbijl, l.14.8, s.5.3.
e. Hielbijl van lokaal type (AXP:AFS).
f. Midden-bronstijd.
g. Patina groen met zwarte vlekjes, heeft jaren tussen oud ijzer gelegen.
h. Enkelvoudige vondst, context onbekend.
i. Privé-collectie.
j. Butler, 1963a: fig. 12.

152.
a. Leek.
b. Zevenhuizen, kaartblad 11F, coördinaten 219/571.5.
c. 1877; gevonden in het ter plaatse 1 m dikke hoogveen, in een baggerput, 5 m onder het oppervlak op het zand.
d. Bronzen hielbijl, l.14.7, s.4.3.
e. Hielbijl van lokaal type (AXP:AS).
f. Midden-bronstijd.
g. Zwarte patina, schoongemaakte veenvondst.
h. Enkelvoudige vondst uit natte context.
i. GM 1877/I 1.
j. Fokkens, 1991: p. 191; Glasbergen, 1957: p. 169, Pl. VIII-2.

153.
a. Leek.
b. Tolbert, kaartblad 6H, coördinaten 219/577.
c. Gevonden in het veen, ten noorden van Tolbert.
d. Dikke hielbijl met rechte rust, l.13, s.4.7.
e. Hielbijl van lokaal type (ĀXP:FSJ).
f. Midden-bronstijd.
g. Goudkleurige, schoongemaakte veenvondst.
h. Enkelvoudige vondst uit natte context.
i. GM 1906/I 5.
j. Fokkens, 1991: p. 190; Butler, 1963a: p. 210.

154.
a. Marum.
b. De Wilp/Ronde Meer, kaartblad 11F, coördinaten 214.800/570.775.
c. Gevonden onder het veen, op het zand, samen met een slijpsteen.
d. Kokerbijl versierd met driehoekjes onder de rand, l.13.1, s.4.7.
e. Kokerbijl met zaagtandversiering.
f. Late bronstijd.

g. Bronskleurig, geen patina, hoekje uit de mondrand.
h. Meervoudige vondst uit natte context.
i. FM 7C-1.
j. Fokkens, 1991: p. 189; Boeles, 1951: p. 482, Pl. VI:7; Butler, 1961: p. 233.

155.
a. Nieuwe Pekela.
b. Nieuwe Pekela, kaartblad 13A, coördinaten 262.3/564.2.
c. 1815; gevonden in een der venen van de Beneden Pekel A, 1,5 m diep.
d. Kokerbijl, atypisch.
e. Kokerbijl met rijk geprofileerde mond.
f. Late bronstijd.
g. Steel van 2,5 voet lang zat er nog aan vast, oortje is gebroken.
h. Enkelvoudige vondst uit natte context.
i. Onbekend.
j. Groenendijk, 1993: pp. 64, 171; Groenendijk map Nieuwe Pekela nr. 7.

156.
a. Stadskanaal.
b. Onstwedderholte, kaartblad 13A.
c. Vondst van twee in elkaar zittende ringen, vier armbanden en een bijl van brons, op een diepte van 1,80 m beneden het maaiveld.
d. Geoorde kokerbijl, versierd met twee ribbels om de hals, l.10.1.
e. Kokerbijl.
f. Late bronstijd.
g. Zwarte patina.
h. Meervoudige vondst uit natte context.
i. GM 1895/I 1.
j. Butler, 1960b: pp. 117-122, fig 1.

157.
a. Stadskanaal.
b. Onstwedde, kaartblad 13A, coördinaten 266/561.
c. Gevonden in een perceel heidegrond.
d. Bronzen hielbijl, l.15.5, s.5.4.
e. Hielbijl van lokaal type (AXP:AS).
f. Midden-bronstijd.
g. Oorspronkelijk zwart veenpatina.
h. Enkelvoudige vondst uit natte context.
i. GM 1906/I 3.
j. -.

158.
a. Stadskanaal.
b. Hoornderveen bij Wedde, kaartblad 13A, coördinaten 265.7/566.
c. Gevonden onder de veenlaag.
d. Bronzen bijl, l.14.4, s.5.0.
e. Hielbijl van lokaal type (AXP:AFS).
f. Midden-bronstijd.
g. Oorspronkelijk zwarte patina, op het blad lichtgroen, schoongemaakt.
h. Enkelvoudige vondst uit natte context.
i. GM 1906/I 4.
j. Butler, 1963a: p. 211.

159.
a. Stadskanaal.
b. Onstwedde, Ter Maarsch, kaartblad 13C.
c. Gevonden in het veen.
d. Randbijl met hoge randen, l.11.2, s.4.4.
e. Randbijl, type Oldendorf.
f. Midden-bronstijd.
g. Sterk verweerd, oorspronkelijk zwart.
h. Enkelvoudige vondst uit natte context.
i. GM 1907/VI 1.
j. Butler, 1963a: p. 209.

160.
a. Stadskanaal.
b. Onstwedderholte, kaartblad 13A, coördinaten 265.7/564.
c. Gevonden 1 m diep in een heideveld aan de voet van de Onstwedderholte.
d. Hielbijl, l.14.5, s.4.7.
e. Hielbijl van lokaal type (AXP:PHJ).
f. Midden-bronstijd.
g. Zwarte patina.
h. Enkelvoudige vondst uit natte context.
i. GM 1907/VI 2.
j. -.

161.
a. Stadskanaal.
b. Onstwedde, kaartblad 13A.
c. Gevonden te Onstwedde, precieze omstandigheden onbekend.
d. Grote kokerbijl versierd met een diagonaal gekerfd 'koord' en vleugels, l.11.7, s.4.4.
e. Kokerbijl met vleugelversiering in reliëf.
f. Late bronstijd.
g. Bronskleur met sporen van zwart.
h. Enkelvoudige vondst uit natte context.
i. GM 1967/VII 1.
j. Butler, 1961: p. 199, fig. 19.

162.
a. Veendam.
b. Wildervank, kaartblad 12F, coördinaten 254/566.
c. 1867; gevonden 1,5 m onder het vaste veen.
d. Hielbijl, l.14.4, s.5.4.
e. Hielbijl van lokaal type (AXP:FSJ).
f. Midden-bronstijd.
g. Roodbruine patina.
h. Enkelvoudige vondst uit natte context.
i. Provinciaal Overijssels Museum Zwolle 115, bruikleen van Veenkoloniaal Museum Veendam.
j. Butler, 1963a: p. 210; Groenendijk, 1993: pp. 77, 171.

163.
a. Vlagtwedde.
b. Weerdingermond, bij Ter Apel, kaartblad 18A.
c. Gevonden in het veen.
d. Bronzen randbijl, l.10.5, s.4.5.
e. Randbijl, type Oldendorf.
f. Midden-bronstijd.
g. Goudkleurig.
h. Enkelvoudige vondst uit natte context.
i. GM 1892/I 3.
j. Butler, 1963a: p. 209; Groenendijk, 1993: p. 172.

164.
a. Vlagtwedde.
b. Ter Wisch/Laudermarke, kaartblad 18B, coördinaten 270.40/548.30.
c. Gevonden tussen Ter Wisch en Laudermarke, tussen de Ruiten Aa en kanaal in de zogenaamde Markkamp, in bouwland.
d. Sterk beschadigde bronzen kokerbijl met oortje, l.9.5, s.3.6.
e. Kokerbijl.
f. Late bronstijd.
g. Eén zijde is sterk beschadigd en verweerd, onderaan bij de snede, patina wijst op vochtig milieu.
h. Enkelvoudige vondst uit natte context.
i. GM 1921/IV 2.
j. Butler, 1961; Groenendijk map Vlagtwedde nr. 34.

165.
a. Vlagtwedde.
b. Jipsingboertange, ten westen van de straat naar Mussel, kaartblad 18B.

c. Ca. 1930; gevonden bij herontginning van land, op een diepte van 65 cm, onder 20 cm geel zand, waarboven anders gekleurde grond met een middellijn van ca. 1 m, waarin iets door rotting leek te zijn vergaan (dier?) of misschien graf uit grafheuvel.
d. Bronzen hielbijl, l.10, s.5.7.
e. Hielbijl van lokaal type (AXP:PS<).
f. Midden-bronstijd.
g. Zwarte patina.
h. Enkelvoudige vondst uit natte context.
i. GM 1955/IX 1.
j. -.

166.
a. Vlagtwedde.
b. Ter Wisch/Ter Haar, kaartblad 18A, coördinaten 269.90/547.70.
c. Gevonden tussen Ter Wisch en Ter Haar, ten oosten van de Ruiten Aa.
d. Bronzen randbijl, op het vlak zijn nog vaag dwarsgroeven te zien, l.10.7, s.4.3.
e. Randbijl, type Oldendorf.
f. Midden-bronstijd.
g. Erg verweerd en schoongemaakt.
h. Enkelvoudige vondst, context onbekend.
i. GM 1934/I 1.
j. Groenendijk map Vlagtwedde nr. 46.

167.
a. Vlagtwedde.
b. Vlagtwedderveldhuis, kaartblad 13DN, coördinaten 272.62/559.67.
c. Langs een laan op pas geploegd bouwland, aan de rand van een laagte, die altijd in groenland lag.
d. Kokerbijl met oortje, l.9.1, s.5.2.
e. Kokerbijl.
f. Late bronstijd.
g. Object niet gezien.
h. Enkelvoudige vondst, context onbekend.
i. GM 1949/IX 1.
j. Groenendijk map Vlagtwedde nr. 91.

168.
a. Vlagtwedde.
b. Sellingersluis, kaartblad 13D, coördinaten 274.5/552.6.
c. Ca. 1953; gevonden tegen de westzijde van het Ruiten Aa-kanaal, ca. 300 m van de Sellingersluis, bij het spitten, 20 cm beneden het oppervlak, in een perceel bomenland, samen met nr. 169.
d. Bronzen randhielbijl, snede aan één uiteinde enigszins beschadigd, l.14.5, s.5.6.
e. Randhielbijl, type Vlagtwedde.
f. Midden-bronstijd.
g. Groen gecorrodeerd, alleen in de hiel is nog het oorspronkelijke zwarte oppervlak bewaard gebleven.
h. Meervoudige vondst uit natte context.
i. GM 1963/I 2.
j. Butler, 1963a: p. 210; Groenendijk map Vlagtwedde nr. 33.

169.
a. Vlagtwedde.
b. Sellingersluis, kaartblad 13D, coördinaten 274.5/552.6.
c. Ca. 1953; gevonden tegen de westzijde van het Ruiten Aa-kanaal, ca. 300 m van de Sellingersluis, bij het spitten, 20 cm beneden het oppervlak, in een perceel bomenland, samen met nr. 168.
d. Bronzen randhielbijl, bovendeel is schuin afgebroken, l.12.6, s.5.5.
e. Randhielbijl, type Vlagtwedde.
f. Midden-bronstijd.
g. Groen gecorrodeerd, alleen in de hiel is nog het oorspronkelijke zwarte oppervlak bewaard gebleven.
h. Meervoudige vondst uit natte context.
i. GM 1971/III 1.

j. Butler, 1963a: p. 210; Groenendijk map Vlagtwedde nr. 33.

170.
a. Vlagtwedde.
b. Weende, kaartblad 13D, coördinaten 271.58/557.50.
c. Gevonden in een met veen gevulde laagte, waardoorheen een beekje stroomde, in of al op het zand.
d. Bronzen hielbijl, l.17.4, s.7.5.
e. Hielbijl van lokaal type (AXP:AMFS).
f. Midden-bronstijd.
g. Dof goudkleurig, er zat nog een stukje hout aan.
h. Enkelvoudige vondst uit natte context.
i. GM 1956/I 1.
j. Butler, 1963a: p. 211; Groenendijk map Vlagtwedde nr. 24.

171.
a. Vlagtwedde.
b. Sellingen-Zuidveld, kaartblad 18B, coördinaten 273.580/549.940.
c. 1956-58; gevonden achter de boerderij, tijdens het aardappelrooien, volgens J.W. Boersma in *Celtic field*.
d. Kokerbijl met oor, l.8.9, s.4.95.
e. Kokerbijl.
f. Late bronstijd.
g. Schoongemaakt helder brons, met putjes over het hele oppervlak, in de putjes nog lichtgroen.
h. Enkelvoudige vondst uit droge context.
i. Privé-collectie.
j. Groenendijk map Vlagtwedde nr. 16.

172.
a. Vlagtwedde.
b. Ter Apel, kaartblad 18A, coördinaten 269.87/544.52.
c. 1962; gevonden ten oosten van Ter Apel, noordelijk van de Vossebrug, zuidelijk van de Poortbrug tijdens werkzaamheden op een land.
d. Geoorde bronzen hielbijl, l.11.2, s.4.0.
e. Hielbijl van lokaal type (AXPL:PS<>).
f. Midden-bronstijd.
g. Patina donkerbruin en gedeeltelijk gevlekt lichtgroen, hier en daar verwijderd, sterk gecorrodeerd.
h. Enkelvoudige vondst uit droge context.
i. GM 1967/XII 2.
j. Groenendijk map Vlagtwedde nr. 43.

173.
a. Vlagtwedde.
b. Sellingen/Zuidveld, kaartblad 13D, coördinaten 273.3/550.1.
c. Ca. 1979; gevonden op de aardappelrooimachine na ruilverkaveling, waarbij egalisatie van een hoge kop en opvulling van een venige laagte plaatsvond. Het hogere deel van het perceel bevond zich vooraan tegen de weg die nu de noordoostelijke begrenzing vormt van het nieuwe verkavelde perceel.
d. Bronzen hielbijl, l.14.9, s.4.1.
e. Hielbijl van lokaal type (AXP:PS).
f. Midden-bronstijd.
g. Top beschadigd, sterk gecorrodeerd.
h. Enkelvoudige vondst, context onbekend.
i. Privé-collectie.
j. Groenendijk map Vlagtwedde nr. 17.

174.
a. Vlagtwedde.
b. Ter Apel, kaartblad 18A, coördinaten 268.77/544.57.
c. 1985; met de metaaldetector gevonden in los gestort zand, naast het Nederlandse grenskantoor Ter Apel-Rietenbrock, op het terrein van een nieuw gebouwd restaurant. De grond was afkomstig van het toen in aanleg zijnde parkeerterrein ten zuiden van het restaurant Het Boschhuis in Ter Apel.
d. Bronzen hielbijl met oortje, l.9.8, s.2.6.
e. Hielbijl van lokaal type (AXPL:PH<>).
f. Late bronstijd.

g. Patina wijst op nat milieu, vermoedelijk uit een oude met veen gevulde beekmeander. Oortje is afgebroken.
h. Enkelvoudige vondst uit natte context.
i. Privé-collectie.
j. Groenendijk map Vlagtwedde nr. 90.

175.
a. Vlagtwedde.
b. Vlagtwedde, kaartblad 13D.
c. Onbekend.
d. Hielbijl, l.13.5, s.4.8.
e. Hielbijl van lokaal type (AXP:AFS).
f. Midden-bronstijd.
g. Donkerbrons met lichtgroene corrosievlekjes.
h. Enkelvoudige vondst uit onbekende context.
i. Privé-collectie.
j. Documentatie Butler.

176.
a. Onbekend.
b. Vermoedelijk Oost-Drenthe of Westerwolde.
c. Gevonden tussen aardappelen op de aardappelmeelfabriek te Stadskanaal.
d. Brede korte bijl met vrij lage randen, l.9.2, s.5.0.
e. Randbijl met lage randen, type Emmen.
f. Vroege bronstijd.
g. Roestkleurig.
h. Enkelvoudige vondst, context onbekend.
i. GM 1974/III 2.
j. -.

177.
a. Onbekend.
b. Waarschijnlijk Westerwolde.
c. Gevonden tussen aardappelen op de aardappelmeelfabriek De Toekomst-Twee Provinciën te Stadskanaal.
d. Geoorde bronzen kokerbijl, l.8.7, s.5.1.
e. Kokerbijl.
f. Late bronstijd.
g. Zwarte patina, schoongemaakt bronskleurig, met kleine groene corrosievlekjes.
h. Enkelvoudige vondst uit natte context.
i. GM 1980/IV 2.
j. -.

178.
a. Onbekend.
b. Provincie Groningen.
c. 1920/1930; vermoedelijk gevonden tijdens inpolderingswerkzaamheden van de Dollard, mogelijk ook uit Westerwolde.
d. Hielbijl, l.14.7, s.5.2.
e. Hielbijl van lokaal type (AXP:AFS).
f. Midden-bronstijd.
g. Zwarte patina. Recente schade: uiteinde en snede bijgevijld, 7-mm grote boorgaten op elke kant, de ene gevuld met ijzermassa, de andere met de afgebroken top van een ijzeren boor.
h. Enkelvoudige vondst uit natte context.
i. Privé-collectie.
j. -.

179.
a. Onbekend.
b. Mogelijk provincie Groningen.
c. Aangetroffen in een kabinet in de Empire-stijlkamer in het Groninger Museum.
d. Bronzen randbijl met hoge randen, versierd met drie evenwijdig ingegroefde, overdwarse lijnen tussen de opstaande randen, l.7.4, s.3.85.
e. Randbijl, type Oldendorf.
f. Midden-bronstijd.

g. Oppervlak enigszins aangetast en blijkbaar hardhandig schoongemaakt.
h. Enkelvoudige vondst, mogelijk uit natte context.
i. GM 1959/X 1.
j. Butler, 1963a: p. 209.

180.
a. Onbekend.
b. Mogelijk provincie Groningen.
c. Gevonden bij inventarisatie van het magazijn van het Groninger Museum.
d. Lange kokerbijl, met een versiering van vier knobbels op elk vlak, waarboven en -onder twee omlopende ribbels, versierd met ingegroefde kerven, l.13.45, s.4.6.
e. Kokerbijl met rijk geprofileerde mond.
f. Late bronstijd.
g. Zwarte patina, de bijl is rigoreus schoongemaakt, waardoor de versiering nauwelijks nog zichtbaar is.
h. Enkelvoudige vondst, mogelijk uit natte context.
i. GM 1964/X 2.
j. Glasbergen, 1957: Pl. VIII:3.

Provincie Friesland

181.
a. Heerenveen.
b. Oudeschoot, in de Tjonger ten westen van Mildam, kaartblad 16B, coördinaten 193.15-70/548.93-548.15 .
c. 1956; gevonden bij baggerwerk in de Tjonger.
d. Geoorde kokerbijl met vleugelversiering.
e. Kokerbijl met vleugelversiering.
f. Late bronstijd.
g. Gereinigd, glanzend, goudkleurig. Onder in de koker nog klein blokje van toegespitste steel (was oorspronkelijk veel groter, maar door vinders afgebroken).
h. Enkelvoudige vondst uit natte context.
i. FM 4A-12.
j. *Leeuwarder Courant* 27-3-1956; Elzinga, 1964: p. 33; H. Halbertsma, een niet-alledaagse vondst uit de Tjonger, *Sneeker Nieuwsblad* 19 110 no. 11: pp. 2, 19; Fokkens, 1991: p. 197.

182.
a. Leeuwarden.
b. Leeuwarden, kaartblad 6C, coördinaten 184.37/579.75.
c. Ca. 1962-1963; gevonden te Leeuwarden, aan de westrand op het plateau van het schakelstation Schildkampen van het P.E.B. aan de Schieringerweg, noord van het trapje, plateau bestaat vermoedelijk uit opgebrachte grond.
d. Snedegedeelte van vlakke bijl (bijlfragment).
e. ?
f. Bronstijd.
g. Vrij sterk gecorrodeerd, helder groen, ook het breukvlak vertoont dezelfde patina, is dus niet recent.
h. Enkelvoudige vondst, context onbekend.
i. FM 1965-V-5.
j. Butler, 1992.

183.
a. Leeuwarden.
b. Leeuwarden, kaartblad 6C, coördinaten 180.42/577.98.
c. 1985; gevonden bij werkzaamheden in een bloemperkje langs de Zwettestraat tegenover de onttinningsfabriek.
d. Kleine kokerbijl met oor en twee omlopende ribbels, l.8.4, s.4.9.
e. Kokerbijl, type Obernbeck.
f. Late bronstijd.
g. In de steel zat nog hout.
h. Enkelvoudige vondst uit natte context.
i. FM 1985-V-1.
j. Butler, 1986: fig. 13.

184.
a. Ooststellingwerf.
b. Donkerbroek, kaartblad 11H, coördinaten 213.4/562.4.
c. Voor 1904; gevonden te Donkerbroek, bij de voormalige schans Breeberg, in het veen.
d. Hielbijl, l.16.2, s.5.7.
e. Hielbijl van lokaal type (AXP:AFS).
f. Midden-bronstijd.
g. Zwarte veenpatina, ten dele verwijderd.
h. Enkelvoudige vondst uit natte context.
i. FM 1-2.
j. Boeles, 1951: p. 482, Pl. VI, nr. 6; Fokkens, 1991: p. 197; Butler, 1963a: p. 212.

185.
a. Ooststellingwerf.
b. De Weper, kaartblad 11H, coördinaten 217/558.
c. 1919; gevonden in een hoogte onder vroeger aanwezig veen "op ca. 1,50 m diepte in het zand" in de Weperpolder.
d. Vrij smalle langwerpige bijl, l.15.5.
e. Hielbijl van lokaal type (AXP:AFS).
f. Midden-bronstijd.
g. Bronskleurig met groene patina en gietgaatjes.
h. Enkelvoudige vondst uit natte context.
i. FM 1973-VIII-2.
j. Fokkens, 1991: p. 204.

186.
a. Ooststellingwerf.
b. Donkerbroek, kaartblad 11H.
c. Gevonden in het veen, bij het baggeren op ca. 7 m diepte.
d. Randbijl, l.10.7, s.4.5.
e. Randbijl met lage randen, type Emmen.
f. Vroege bronstijd.
g. Door R.M.O. gereinigd en van patina ontdaan, nu verweerd koperkleurig.
h. Enkelvoudige vondst uit natte context.
i. FM 1-3.
j. Boeles, 1951: p. 482, Pl. VI, 4; Butler, 1963a: p. 208; Fokkens, 1991: p. 196.

187.
a. Opsterland.
b. Bakkeveen, kaartblad 11F, coördinaten 213.5/566.5.
c. Gevonden te Bakkeveen, precieze omstandigheden onbekend.
d. Slanke hielbijl, l.14.3, s.3.65.
e. Hielbijl van lokaal type (AXP:MS<>).
f. Midden-bronstijd.
g. Donker met witte vlekken, zijkanten zijn donker over goudkleurig.
h. Enkelvoudige vondst uit natte context.
i. FM 7A-1.
j. Boeles, 1951: p. 482, fig. 13;2; Fokkens, 1991: p. 195.

188.
a. Opsterland.
b. Duurswoude, kaartblad 11F, coördinaten 210.5/564.0.
c. Gevonden te Duurswoude, precieze omstandigheden onbekend.
d. Hielbijl, l.11.7, s.5.3.
e. Hielbijl van lokaal type (AXP:FSW).
f. Midden-bronstijd.
g. Zwaar gecorrodeerd, met putjes. Originele oppervlak gedeeltelijk bewaard, zwart glimmende patina.
h. Enkelvoudige vondst uit natte context.
i. Privé-collectie.
j. Fokkens, 1991: p. 194.

189.
a. Tietjerksteradeel.
b. Suawoude, kaartblad 6D, coördinaten 191.80/576.45.

c. 1938; gevonden in het veen, 50 cm -NAP, op gronddepot ten westen van Suawoude. Grond was gebaggerd ca. 1 km ten westen van de uitmonding van de Fonejacht (meer/sloot) (tot 3 m -F.2P) bij het bakkershuis.
d. Randbijl met lage rand en vrij wijd uitwaaierende snede en afgeronde top, l.11.7, s.5.35.
e. Randbijl met lage randen, type Emmen.
f. Vroege bronstijd.
g. Donkerbronskleurige patina, oorspronkelijke patina is verwijderd.
h. Enkelvoudige vondst uit natte context.
i. FM 229-34.
j. Boeles, 1951: p. 482, fig. 13:1; Fokkens, 1991: p. 185.

190.
a. Westdongeradeel.
b. Bornwerd, kaartblad 6B.
c. Gevonden te Bornwerd, precieze omstandigheden onbekend.
d. Vleugelbijl, l.4.4.
e. Vleugelbijl Italiaans type.
f. Late bronstijd.
g. Donkerbrons, gedeeltelijk schoongemaakt, binnenzijde vleugels aan één kant grijs-groen, aan de andere afzettingen van ijzerhoudend zand.
h. Enkelvoudige vondst, context onbekend.
i. RMO a1924/1.1.
j. -.

191.
a. Onbekend.
b. Provincie Friesland.
c. Onbekend.
d. Hielbijl, l.1.42, s.5.4.
e. Hielbijl van lokaal type (AXP:FSJ).
f. Midden-bronstijd.
g. Zwart patina.
h. Enkelvoudige vondst, mogelijk uit natte context.
i. FM 87-4.
j. Boeles, 1951: Pl. VI 5; Butler, 1963a: p. 210.

Lans- en speerpunten

Provincie Drenthe

192.
a. Borger.
b. Borger.
c. 1997; gevonden tijdens een opgraving in het gebied 'Daalkampen' bij Borger, onderin de vulling van een grote afvalgreppel in een bronstijdnederzetting.
d. Gaaf bronzen lanspuntje met lange schachtkoker met twee gaatjes en relatief klein blad.
e. Speerpunt met pingaatjes, type Lüneburg.
f. Midden-bronstijd.
g. Groen geoxideerd, stukje hout aanwezig in de schacht en pinnetje in de pingaatjes (verpulverd).
h. Nederzettingsvondst.
i. Momenteel Vakgroep Archeologie, Rijksuniversiteit Groningen.
j. -.

193.
a. Borger.
b. Buinen.
c. Ca. 1924; gevonden bij het aardappelrooien op het land van een landbouwer uit Buinen.
d. Een bronzen lanspunt met lauriervormig blad en spitskegelvormige schachtkoker met twee pingaatjes in het midden.
e. Speerpunt met pingaatjes, type Lüneburg.
f. Bronstijd.
g. Donkerbruine tot zwarte patina, kleine corrosieplekjes, beschadigd.
h. Enkelvoudige vondst, mogelijk uit natte context.

i. DM 1924/X 14.
j. Butler, 1960c: p. 108.

194.
a. Borger.
b. Drouwen, kaartblad 12G, coördinaten 247.000/551.700.
c. 1984; gevonden met een groot aantal andere bronzen voorwerpen in de scherven van een door de ploeg geraakt potje in het Drouwenerveld. Deze voorwerpen zijn grotendeels afkomstig uit Noord-Duitsland/Zuid-Scandinavië.
d. Zeven bronzen lanspunten.
e. Speerpunt zonder pingaatjes.
f. Late bronstijd.
g. Groen geoxideerd.
h. Meervoudige vondst uit droge context.
i. DM 1984/XII 1, 10 11, 20, 27, 52, 67.
j. Butler, 1986: pp. 133-168, fig. 5; Hielkema, 1994: p. 9; Kooi, 1986a: pp. 62-63; Kooi, 1986b: pp. 146-150.

195.
a. Borger.
b. Westdorp, kaartblad 17 , coördinaten 246.100/547.100.
c. 1993; gevonden tijdens het aardappelrooien ten westen van Westdorp, in het gebied met de naam 'Poelkampen'.
d. Bronzen speerpunt. Het voorwerp is ondeskundig schoongemaakt (geschuurd).
e. ?
f. Bronstijd.
g. Donkerbruine patina, oppervlak gekrast en met putjes.
h. Enkelvoudige vondst, mogelijk uit natte context.
i. DM 1994/XI 5.
j. -.

196.
a. Emmen.
b. Bargeroosterveen.
c. 1916; gevonden op veenplaats 28 van het Bargeroosterveen, 1,5 m diep in de zwarte veenlaag of darg.
d. Bronzen lanspunt met laurierbladvormig blad en kegelvormige schachtkoker die tot de punt doorloopt, met twee pingaatjes (afgietsel, origineel?).
e. Speerpunt met pingaatjes.
f. Bronstijd.
g. Origineel object niet gezien.
h. Enkelvoudige vondst uit natte context.
i. Afgietsel DM 1924/VI 7.
j. -.

197.
a. Emmen.
b. Bargeroosterveld.
c. 1898; gevonden 30 cm onder het oppervlak in een heideveld te Bargeroosterveld bij Barnar's Bos.
d. Grote, sterk geërodeerde, in drie stukken gebroken, groen geoxideerde bronzen lanspunt met laurierbladvormig blad, twee gaatjes in de bladbasis en een kegelvormige schachtkoker.
e. Speerpunt met oogjes in de basis van het blad, Iers of Engels type.
f. Midden-bronstijd (tweede helft).
g. Sterk geërodeerd, groen geoxideerd (oorspronkelijk vuilkoperkleurig), beschadigd, gebroken, putjes in het oppervlak door corrosie.
h. Enkelvoudige vondst uit droge context.
i. DM 1898/II 3.
j. Butler, 1963b: pp. 98-100, 109, 217; Butler, 1987: p. 32, fig. 9:1; Jacob-Friesen, 1967: p. 379, Tafel 108:5.

198.
a. Emmen.
b. Bargeroosterveld.
c. Ca. 1916; gevonden ten oosten van Bargeroosterveld op veen-

plaats 57, ca. 320 m ten westen van het Scholtenskanaal, ca. 1,2 m onder het maaiveld in het zogenaamde bovenveen, onder grauwveen, op de scheiding van het zwartveen.
d. Bronzen lanspunt met in de schacht aan twee zijden een doorboring, een vrij smal blad met een kleine beschadiging aan één zijde van het schachtverlengde, gietnaad op schacht aan één zijde niet geheel weggewerkt.
e. Speerpunt met pingaatjes.
f. Bronstijd.
g. Object niet gezien.
h. Enkelvoudige vondst uit natte context.
i. Collectie NV Veenderij en Turfstrooiselfabriek 'Klazienaveen' te Groningen.
j. Kok, 1973: pp. 237-242.

199.
a. Emmen.
b. Emmen.
c. Gevonden te Emmen.
d. Koperkleurige, beschadigde bronzen lanspunt met laurierblad-vormig blad en kegelvormige, tot in de punt doorlopende schacht-koker met twee pingaten en verder meerdere erosiegaten.
e. Speerpunt met pingaatjes.
f. Bronstijd.
g. Meerdere erosiegaten, voornamelijk in de koker restanten van bruinzwarte patina.
h. Enkelvoudige vondst, mogelijk uit natte context.
i. DM 1855/I 55.
j. -.

200.
a. Emmen.
b. Erica.
c. Gevonden 1 m onder het vaste hoogveenoppervlak op de zand-grond te Erica.
d. Enigszins ingevreten bronzen lanspunt met lauriervormig blad en kegelvormige, tot in de punt doorlopende schacht met twee pingaten en twee richels vlak onder de rand van de schacht.
e. Speerpunt met pingaatjes.
f. Late bronstijd.
g. Bruin/donkerkoperkleurig, putjes in het oppervlak.
h. Enkelvoudige vondst uit natte context.
i. DM 1922/VIII 1.
j. Museumverslag DM 1922: pp. 10-11; Jacob-Friesen, 1967: p. 379, Tafel 132:8.

201.
a. Emmen.
b. Erica.
c. 1934; gevonden aan de Noorderstraat (grens Erica-Amsterdamse-veld), 1,2 m diep in losgemaakte grond, waar vroeger blijkbaar een stroompje had gelopen, op de bodem waarvan het voorwerp lag.
d. Bronzen speerpunt met lang blad en kegelvormige schachtkoker met twee pingaatjes, waarin resten van de houten steel.
e. Speerpunt met pingaatjes.
f. Bronstijd.
g. Donkerbruin, met stukken zwart,e patina en donkergroene oxi-datieplekken, stukje hout van de steel nog in de schachtkoker aanwezig.
h. Enkelvoudige vondst uit natte context.
i. DM 1934/III 4.
j. Museumverslag DM 1934: p. 21.

202.
a. Emmen.
b. Nieuw-Weerdinge.
c. Gevonden ca. 3 m diep even boven de darg in het vaste hoogveen van plaats 66 aan de Weerdingerdijk bij Nieuw-Weerdinge.
d. Bronzen lans- of speerpunt met afgerond-ruitvormig blad en tot de punt doorlopende, kegelvormige schachtkoker met twee pingaten.

e. Speerpunt met pingaatjes.
f. Bronstijd.
g. Bruin/donkerkoperkleurig met donkerbruine patina.
h. Enkelvoudige vondst uit natte context.
i. DM 1922/V 2.
j. Jacob-Friesen, 1967: p. 379, Tafel 95:14.

203.
a. Emmen.
b. Nieuw-Weerdinge.
c. Gevonden in het veen bij Nieuw-Weerdinge, samen met een andere speerpunt.
d. Bronzen speerpunt met schachtkoker met drie ribbels rond de kokermond.
e. ?
f. Late bronstijd.
g. Donkere veenpatina.
h. Meervoudige vondst uit natte context.
i. RMO c1925/11.1.
j. Jacob-Friesen, 1967: p. 379, Tafel 132:7.

204.
a. Emmen.
b. Nieuw-Weerdinge.
c. Gevonden in het veen bij Nieuw-Weerdinge, samen met een andere speerpunt.
d. Bronzen speerpunt met schachtkoker.
e. ?
f. Late bronstijd.
g. Donkere veenpatina.
h. Meervoudige vondst uit natte context.
i. RMO c1925/11.2.
j. -.

205.
a. Emmen.
b. Nieuw-Weerdinge.
c. Gevonden in het veen bij Nieuw-Weerdinge.
d. Bronzen speerpunt met schachtkoker.
e. Speerpunt met pingaatjes, type Tréboul.
f. Midden-bronstijd.
g. Vuilkoperkleurig met restjes van donkere patina, twee gaten in de koker.
h. Enkelvoudige vondst uit natte context.
i. RMO c1926/12.1.
j. Butler, 1987: p. 31, fig. 1:6.

206.
a. Emmen.
b. Noordbarge, kaartblad 17H, coördinaten 252.830/531.600.
c. Gevonden als oppervlaktevondst op akkerland ca. 200 m ten noordwesten van de Klinkmolenbrug, ca. 4 km ten westzuidwes-ten van Noordbarge.
d. Bronzen lanspunt.
e. ?
f. Bronstijd.
g. Object niet gezien.
h. Enkelvoudige vondst, context onbekend.
i. Privé-collectie.
j. -.

207.
a. Emmen.
b. Oranjedorp.
c. Gevonden te Oranjedorp.
d. Bronzen lanspunt met zeer lange schachtkoker met twee pingaten en relatief klein, enigszins ruitvormig blad, de vleugels van het blad aan beide zijden aan het einde (secundair) omgebogen, de schachtkoker iets krom, fraai donkerveenpatina.
e. Speerpunt met pingaatjes, type Lüneburg.
f. Midden-bronstijd.

g. Zwarte veenpatina.
h. Enkelvoudige vondst uit natte context.
i. DM 1962/II 40.
j. -.

208.
a. Emmen.
b. Weerdingerveen.
c. 1923; gevonden in het Weerdingerveen op een diepte van ruim 3 m in de darg aan de Weerdingerdijk.
d. Verweerde, koperkleurige, smalle lanspunt met smal, spits laurier-bladvormig blad en kegelvormige tot in de punt doorlopende schachtkoker zonder pingaten.
e. Speerpunt zonder pingaatjes, type Hulterstad.
f. Vroege bronstijd.
g. Koperkleurig met gedeeltelijk zwarte patina.
h. Enkelvoudige vondst uit natte context.
i. DM 1923/VIII 1.
j. Museumverslag DM 1923: pp. 22-23; Jacob-Friesen, 1967: p. 379, Tafel 91:9.

209.
a. Odoorn.
b. Brammershoopveen.
c. Gevonden op ca. 50 cm diepte in het turfveen te Brammershoop-veen.
d. Klein, sterk beschadigd, donkerkleurig lans- of speerpuntje van brons met smal langwerpig blad en kegelvormige, doorlopende schacht met twee grote pingaten.
e. Speerpunt met pingaatjes.
f. Bronstijd.
g. Donkerbruine patina, sterk beschadigd.
h. Enkelvoudige vondst uit natte context.
i. DM 1922/VII 3.
j. Museumverslag DM 1922: pp. 11-12; Jacob-Friesen, 1967: p. 379, Tafel 179:10.

210.
a. Odoorn.
b. Exloërmond.
c. 1906; gevonden bij het turfgraven.
d. Grote, geelkoperkleurige lanspunt met laurierbladvormig blad met twee oogjes in de bladbasis en kegelvormige, tot in de punt doorlopende schachtkoker zonder pingaten.
e. Speerpunt met oogjes in de basis van het blad, Iers of Engels type.
f. Midden-bronstijd (tweede helft).
g. Object niet gezien.
h. Enkelvoudige vondst uit natte context.
i. DM 1908/XII 1.
j. Butler, 1960c: p. 108; Butler, 1963b: pp. 98-100, 109, fig. 28b; Butler, 1987: p. 32, fig. 9:2; De Laet & Glasbergen, 1959: p. 152; Jacob-Friesen, 1967: p. 379, Tafel 108:6; Kymmel, 1908: pp. 202-204.

211.
a. Odoorn.
b. Exloërveen.
c. 1883; gevonden in het Exloërveen.
d. Roodkoperkleurige bronzen lanspunt met zeer klein afgerond-spitsdriehoekig blad en lange, tot in de punt doorlopende schacht-koker.
e. Speerpunt zonder pingaatjes.
f. Bronstijd.
g. Object niet gezien.
h. Enkelvoudige vondst uit natte context.
i. DM 1883/VIII 2.
j. -.

212.
a. Odoorn.
b. Odoorn.

c. 1859; gevonden in de omgeving van Odoorn, precieze omstandig-heden onbekend.
d. Bronzen speerpunt.
e. ?
f. Bronstijd.
g. Grotendeels groen geoxideerd, oorspronkelijk oppervlak sterk aangetast.
h. Enkelvoudige vondst, mogelijk uit droge context.
i. DM 1863/I 8.

213.
a. Odoorn.
b. Odoorn.
c. Gevonden ten zuiden van Odoorn, precieze omstandigheden on-bekend.
d. Beschadigde, lichtgroen geoxideerde, bronzen lanspunt met klein, laurierbladvormig blad en kegelvormige, tot in de punt doorlo-pende schachtkoker met twee pingaten.
e. Speerpunt met pingaatjes.
f. Bronstijd.
g. Voornamelijk van binnen lichtgroen geoxideerd, van buiten donkergroenzwart, glanzend, schachtkoker en één pingat bescha-digd.
h. Enkelvoudige vondst, mogelijk uit natte context.
i. DM 1863/I 17.
j. -.

214.
a. Odoorn.
b. Odoornerveld.
c. Gevonden bij turfgraven in het Odoornerveld, waar weinig veen zat, tegen het zand van de Wallertswal (tussen het veen en het bos van Staatsbosbeheer).
d. Fragment van een lanspuntje, de koker vrijwel geheel uitge-broken.
e. ?
f. Bronstijd.
g. Object niet gezien.
h. Enkelvoudige vondst, mogelijk uit natte context.
i. Privé-collectie.
j. -.

215.
a. Odoorn.
b. Weerdinger Achterdiep.
c. Gevonden door oergravers aan het Weerdinger Achterdiep, ca. 1-1,5 km van de straatweg Valthermond-Weerdingermond.
d. Bronzen speerpunt met twee pingaatjes.
e. Speerpunt met pingaatjes.
f. Bronstijd.
g. Zwarte patina over bijna het gehele oppervlak.
h. Enkelvoudige vondst uit natte context.
i. DM 1941/XI 8.
j. -.

216.
a. Rolde.
b. Eldersloo, kaartblad 12D.
c. 1909; gevonden in een veenplas aan de westzijde van het diepje bij Eldersloo, samen met een slijpsteen en een bronzen hielbijl.
d. Sterk beschadigde, donkerkoperkleurige bronzen lanspunt met lauriervormig blad en tot in de punt doorlopende schachtkoker met twee pingaten, à vinden bijgewerkt.
e. Speerpunt met pingaatjes.
f. Midden-bronstijd.
g. Donker van kleur, pokdalig oppervlak, beschadigd.
h. Meervoudige vondst uit natte context.
i. DM 1909/VI 3.
j. Van der Sanden & Van Vilsteren, 1993: p. 37, fig. 1.10; Hielkema, 1994: p. 6, fig. 6:1.

217.
a. Rolde.
b. Ekehaar/Amen.
c. 1944; gevonden in een perceel groenland aan de zandweg van Ekehaar naar het Amerbrugje.
d. Bronzen speerpunt met hartvormig blad en kegelvormige schacht koker met twee pingaatjes en erin het uiteinde van de houten schacht.
e. Speerpunt met pingaatjes.
f. Vroege bronstijd.
g. Donkerbruin van kleur.
h. Enkelvoudige vondst, mogelijk uit natte context.
i. DM 1944/III 1.
j. Van der Sanden & Van Vilsteren, 1993: p. 37.

218.
a. Rolde.
b. Papenvoort.
c. Gevonden bij het leggen van buizen voor de waterleiding nabij Papenvoort, in verband met de aanleg van de 'kunstweg' Borger-Rolde.
d. Donkerroodkoperkleurig bronzen lanspuntje met spits-bladvormig blad en kegelvormige, tot in de punt doorlopende lange schacht-koker zonder pingaten, twee platte oortjes midden op het steel-gedeelte.
e. Speerpunt met oogjes op de schacht, Iers of Engels type.
f. Midden-bronstijd (eerste helft).
g. Object niet gezien.
h. Enkelvoudige vondst, mogelijk uit natte context.
i. DM 1923/II 1.
j. Museumverslag 1923: p. 23; Butler, 1963b: pp. 102-103, 109; Jacob-Friesen, 1967: p. 379, Tafel 108:4.

219.
a. Schoonebeek.
b. Schoonebeek.
c. 1894; gevonden samen met twee kokermessen, twee kokerbijlen en een kokersierstuk, op een stuk groenland op laagveen in het dal van de Barger- of Westerbeek, ten westen van de beek, ca. 1,5 km ten noordoosten van Schoonebeek, ca. 50 cm onder het veen op zand.
d. Vuilkoperkleurige bronzen lanspunt met laurierbladvormig blad en kegelvormige, tot in de punt doorlopende schachtkoker met twee pingaten.
e. Speerpunt met pingaatjes.
f. Late bronstijd.
g. Vuilkoperkleurig met gedeeltelijk zwarte patina.
h. Meervoudige vondst uit natte context.
i. DM 1894/XII 1c.
j. De Laet & Glasbergen, 1959: Pl. 32; Butler, 1961: fig. 21; Butler, 1965: p. 175; Butler, 1969: afb. 28, afb. 44; Eischveld Bosch, 1980: pp. 135-148; Hielkema, 1994: p. 8, fig. 9; Jacob-Friesen, 1967: p. 379, Tafel 172: 8-13.

220.
a. Schoonebeek.
b. Schoonebeek.
c. 1896; gevonden bij het zandgraven in de veenlaag te Schoonebeek.
d. Beschadigde bronzen lanspunt met kort eivormig blad en kegelvormige, tot in de punt doorlopende schachtkoker met één gat.
e. Speerpunt met pingaatje.
f. Bronstijd.
g. Beschadigd, oorspronkelijk koperkleurig, nu met gedeeltelijk donkerbruin tot zwarte patina, beetje groene oxidatie binnenin de koker.
h. Enkelvoudige vondst uit natte context.
i. DM 1896/XI 2.
j. -.

221.
a. Schoonebeek.
b. Schoonebeekerdiep.
c. 1978 of 1979; gevonden bij reconstructiewerkzaamheden aan het Schoonebeekerdiep.
d. Bronzen speerpunt met lang, ogivaal blad en schachtkoker tot aan de punt, zonder doorboringen, met erin resten van de houten steel.
e. Speerpunt zonder pingaatjes.
f. Bronstijd.
g. Koperkleurig met resten van zwarte patina.
h. Enkelvoudige vondst uit natte context.
i. RMO 1982/2.2.
j. -.

222.
a. Vledder.
b. Vledder.
c. 1937; gevonden in het kringgrepurnenveld ten oosten van de weg Vledder-Doldersum bij Vledder, in een graf onder tumulus Va (een langbed met paalzetting).
d. Bronzen lans- of speerpuntje.
e. ?
f. Late bronstijd.
g. Zeer sterk beschadigd (mogelijk door verbranding), meerdere stukken afgebroken, krom, grijsachtig van kleur.
h. Grafvondst.
i. DM 1937/VII 318.
j. -.

223.
a. Vledder.
b. Steenwijker Aa.
c. Gevonden bij het vissen in de Steenwijker Aa, op de oever in het veen, direct ten noorden van de samenvloeiing van de Vledder Aa en de Wapserveense Aa.
d. Beschadigde bronzen lanspunt met kegelvormige, tot de punt door-lopende schacht met twee pingaatjes.
e. Speerpunt met pingaatjes.
f. Late bronstijd.
g. Bruinzwarte patina.
h. Enkelvoudige vondst uit natte context.
i. DM 1946/X 1.
j. -.

224.
a. Vries.
b. Vries, kaartblad 12B, coördinaten 233.400/565.200.
c. 1981; gevonden bij het aardappelrooien met de rooimachine, ca. 750 m ten oosten van de Hooidijk, ca. 1550 m ten zuidwesten van Vries.
d. Fraaie bronzen lanspunt.
e. ?
f. Bronstijd.
g. Object niet gezien.
h. Enkelvoudige vondst, context onbekend.
i. Privé-collectie.
j. -.

225.
a. Westerbork.
b. Elp.
c. Gevonden in zandgrond ten zuiden van Elp.
d. Bronzen lanspunt.
e. ?
f. Bronstijd.
g. Niet gezien.
h. Enkelvoudige vondst uit droge context.
i. DM 1909/VIII 8.
j. -.

226.
a. Onbekend.
b. Provincie Drenthe.
c. Onbekend.
d. Slanke, sterk beschadigde, lichtgroen geoxideerde bronzen lanspunt met langwerpig wilgenbladvormig blad en kegelvormige, tot in de top doorlopende schachtkoker, gebroken.
e. ?
f. Bronstijd.
g. Lichtgroen geoxideerd, sterk beschadigd.
h. Enkelvoudige vondst, mogelijk uit droge context.
i. DM 1855/I 58.
j. -.

227.
a. Onbekend.
b. Provincie Drenthe.
c. Onbekend.
d. Bronzen lanspunt met licht beschadigde schachtkoker.
e. ?
f. Bronstijd.
g. Restjes donkerbruine patina.
h. Enkelvoudige vondst, mogelijk uit natte context.
i. DM 1905/II 6.
j. -.

228.
a. Onbekend.
b. Provincie Drenthe.
c. Onbekend.
d. Kleine bronzen speerpunt met schachtkoker met twee pingaatjes.
e. Speerpunt met pingaatjes.
f. Bronstijd.
g. Donkerbruine patina met een aantal kleine groene plekjes.
h. Enkelvoudige vondst, mogelijk uit natte context.
i. RMO c1950/3.3.
j. Jacob-Friesen, 1967: p. 379, Tafel 112:8.

229.
a. Onbekend.
b. Provincie Drenthe (mogelijk uit het veen bij Nieuw-Weerdinge).
c. Onbekend.
d. Bronzen lanspunt met schachtkoker met daarin één pingaatje.
e. Speerpunt met pingaatje.
f. Bronstijd.
g. Donkergekleurd, beschadigd.
h. Enkelvoudige vondst, mogelijk uit natte context.
i. DM 1962/II 184.
j. Memoriaal Glasbergen P.M.D. Assen 8-11-'54 tot 1-2-'57, d.d. 4-7-'55.

230.
a. Onbekend.
b. Provincie Drenthe (mogelijk uit het veen bij Nieuw Weerdinge).
c. Onbekend.
d. Zeer fraaie bronzen lanspunt zonder gat(en) voor bevestiging.
e. Speerpunt zonder pingaatjes.
f. Bronstijd.
g. Donkerbruine patina.
h. Enkelvoudige vondst, mogelijk uit natte context.
i. DM 1962/II 185.
j. Memoriaal Glasbergen P.M.D. Assen 8-11-'54 tot 1-2-'57, d.d. 4-7-'55.

Provincie Groningen

231.
a. Leek.
b. Boerakker, kaartblad 6H, coördinaten ca. 218.050/579.950.
c. Gevonden tijdens 'natte vervening' ten oosten van de weg Kuzemer-

Boerakker, ten noorden van de Matsloot, in een 'spitveen' in het veen te Boerakker.
d. Bronzen speerpunt met geprofileerde kokermond met daarboven een lijn- en puntversiering, een klein pingaatje in de koker, op het blad de patina plaatselijk door schuren verwijderd.
e. Speerpunt met pingaatje.
f. Overgang midden-/late bronstijd.
g. Donkerbruine patina.
h. Enkelvoudige vondst uit natte context.
i. GM 1955/VII 3.
j. Formsma, 1981: p. 22; Glasbergen, 1957: p. 136; Jacob-Friesen, 1967: pp. 267, 380, Taf. 159:5.

232.
a. Stadskanaal.
b. Blekslage.
c. 1918; gevonden 12 cm diep in lemig zand onder de humus in een hoog stuk land bij Blekslage, ten westen van de dijk – Kopstukken – of derde veenweg, ten oosten van de Mussel Aa.
d. Geelbronzen lanspunt met lauriervormig blad met twee oogjes in de bladbasis en kegelvormige, holle schachtkoker, met daarin een stukje van de houten steel.
e. Speerpunt met oogjes in de basis van het blad, Brits-Iers type.
f. Midden-bronstijd (tweede helft).
g. Donkerbruine tot zwarte patina over grote delen van het oppervlak, licht beschadigd.
h. Enkelvoudige vondst, mogelijk uit natte context.
i. GM 1918/V 1.
j. Butler, 1963b: pp. 98-100, 109, 217, 221, fig. 28a; Butler, 1987: p. 32, fig. 9:3; De Laet & Glasbergen, 1959: p. 152; Glasbergen, 1957: pp. 136, 169, Pl. IX:2; Jacob-Friesen, 1967: p. 380, Tafel 108:3.

233.
a. Vlagtwedde.
b. Ter Apel.
c. 1917; gevonden in het veen te Ter Apel.
d. Beschadigde, kleine bronzen lanspunt met spits-eivormig blad en bijna tot in de punt doorlopende schachtkoker met twee pingaten.
e. Speerpunt met pingaatjes.
f. Bronstijd.
g. Object niet gezien.
h. Enkelvoudige vondst uit natte context.
i. GM 1917/VI 2.
j. -.

Provincie Friesland

234.
a. Ooststellingwerf.
b. Donkerbroek, kaartblad 11H, coördinaten 212.000/559.000.
c. Gevonden door arbeiders te Donkerbroek.
d. Vrij lange, spitse speerpunt met smal blad en tot in de punt doorlopende schacht met twee pingaten, oppervlak enigszins gecorrodeerd.
e. Speerpunt met pingaatjes.
f. Late bronstijd.
g. Oorspronkelijk bronskleurige, nu gedeeltelijk donkerbruine patina, putjes op het oppervlak.
h. Enkelvoudige vondst, mogelijk uit natte context.
i. FM 1-16.
j. Boeles, 1951: pp. 52, 482, Pl. 6, fig. 13; Fokkens, 1991: p. 197.

235.
a. Opsterland.
b. Bakkeveen, kaartblad 11F, coördinaten 214.000/567.800.
c. 1918; gevonden te Bakkeveen (Mieuwmeerswijk).
d. Speerpunt met vrij smal, iets afgerond blad, ondereinde van de schacht afgebroken, blad vrij sterk omgebogen.

e. Speerpunt met pingaatjes, type Lüneburg.
f. Late bronstijd.
g. Donkergrijze patina, oorspronkelijk donkerkoperkleurig, schacht direct onder het blad afgebroken, blad vrij sterk omgebogen.
h. Enkelvoudige vondst, context onbekend.
i. FM 7B-1.
j. Boeles, 1920: p. 293; Boeles, 1951: pp. 52, 482, Pl. VI, fig. 13; Fokkens, 1991: p. 195.

236.
a. Opsterland (Smallingerland).
b. Ureterp (Drachten), kaartblad 11E, coördinaten 202.660/567.660.
c. Ca. 1960; gevonden in grind gebruikt bij de aanleg van Rijksweg 43, ter hoogte van het verpleeghuis Bertilla, waar een materialen-opslag voor de Rijksweg was. Volgens de vinder zou het grind afkomstig zijn uit Duitsland, Ureterp, gemeente Opsterland of mogelijk Drachten, gemeente Smallingerland (in F.M. geïnventa-riseerd onder Drachten).
d. Vrij lange speerpunt met lancetvormig blad en sterk conische, tot de punt toelopende schacht met twee pingaten, onversierd.
e. Speerpunt met pingaatjes.
f. Late bronstijd (datering volgens Fokkens, 1991: p. 192).
g. Resten donkerbruine patina aanwezig, krassen op de vleugel-bladen, evenwijdig met de koker, onderste deel van de schacht ingedeukt en groen geoxideerd, ook aan de binnenkant.
h. Enkelvoudige vondst, mogelijk uit natte context (grind wordt vaak opgebaggerd uit rivieren).
i. FM 1967/VIII 2.
j. Fokkens, 1991: p. 192.

Dolken

Provincie Drenthe

237.
a. Anloo.
b. Eext/Anderen, kaartblad 12O, coördinaten 242.070/558.400.
c. 1928; gevonden in het hoofdgraf van een grafheuvel ten westen van de Eexter grafkelder en ten zuiden van de zandweg Eext-Anderen.
d. Fragmenten van een bronzen dolkkling.
e. Type Sögel.
f. Begin midden-bronstijd.
g. Groen geoxideerd.
h. Grafvondst.
i. DM 1928/VII 6.
j. Lohof, 1991 (II): p. 7, nr. 015-0.

238.
a. Anloo.
b. Gasteren, kaartblad 12O, coördinaten 241.430/561.67.
c. 1964; gevonden te Gasteren, in de nabijheid van tumulus 43, binnen een straal van ca. 20 m vanuit het heuvelcentrum, maar niet met zekerheid afkomstig uit de heuvel.
d. Bronzen, donkergroen gepatineerde dolk, plaats der nieten duide-lijk te zien.
e. Nietendolk.
f. Midden-bronstijd.
g. Donkergroen, sneden beschadigd.
h. Enkelvoudige vondst uit droge context (het staat niet vast dat deze vondst uit de grafheuvel komt, laat staan dat het een grafgift is).
i. DM 1984/IV 1.
j. Harsema & Ruiter, 1966; 195-196, fig. 8; Lohof, 1991 (II): p. 14, nr. 029-1; Kooi, 1986b: p. 147.

239.
a. Borger.
b. Drouwen/Buinerveen.
c. 1922; gevonden bij de normalisering van de Oostermoerse Vaart tussen station Drouwen en Buinerveen in veengrond, samen met een hondenschedel (mogelijk op dezelfde plaats als DM 1960/II 2).
d. Smalle, onbeschadigde, matte bronzen dolkkling met in het bo-venstuk vier klinknagels, waarvan drie met grote kop (*Ringkopf-niete*).
e. Ringnietendolk, type Sögel.
f. Begin midden-bronstijd.
g. Object niet gezien.
h. Enkelvoudige vondst uit natte context (de dolk is niet gecombi-neerd met een ander bronzen voorwerp en bovendien is de associatie met de hondenschedel niet zeker).
i. DM 1922/VII 1.
j. Museumverslag DM 1922: p. 10.

240.
a. Borger.
b. Drouwenermond.
c. 1884; gevonden in het veen aan de Drouwenermond in de zoge-naamde '60 roeden', 10 voet (ca. 3 m)diep onder het veen op de zandbodem.
d. Weinig beschadigde bronzen dolk met twee volledige en twee on-volledige klinkboutgaatjes, punt afgebroken.
e. Nietendolk, type Sögel.
f. Begin midden-bronstijd.
g. Niet gezien.
h. Enkelvoudige vondst uit natte context.
i. GM 1884/I 11.
j. -.

241.
a. Borger.
b. Oostermoerse Vaart.
c. Gevonden bij het over het land verspreiden van bagger afkomstig uit de Oostermoerse Vaart, ter hoogte van de oude brug in de Drouwenerdijk, bij de huidige samenvloeiing van het Voorste Diep en het Groote Diep (mogelijk op dezelfde plaats als DM 1922/VII 1).
d. Bronzen dolk met oorspronkelijk vier nieten, waarvan vier be-waard, top beschadigd, ongepatineerd.
e. Nietendolk.
f. Bronstijd.
g. Object niet gezien.
h. Enkelvoudige vondst uit natte context.
i. DM 1960/II 2.
j. Museumverslag DM 1960: p. 355.

242.
a. Emmen.
b. Bargeroosterveld.
c. 1953; gevonden in het veen, op ca. 60 cm onder het maaiveld, bij herontginning, gedeeltelijk ontginning, van een stuk land, ca. 250 m ten noorden van de zogenaamde 'Tramsplitting' bij Barger-oosterveld.
d. Bronzen dolk, bestaande uit een gegoten bronzen kling, oor-spronkelijk met vier klinknagels, waarvan er nog twee bewaard zijn, bevestigd in een hoornen greep, welke grotendeels bewaard is gebleven. Ingesneden versiering en versieringen door reeksen-tinnen nageltjes.
e. Type Unetice/Adlerberg.
f. Vroege bronstijd.
g. Object niet gezien.
h. Enkelvoudige vondst, mogelijk uit natte context.
i. DM 1955/VIII 1.
j. Butler, 1960c: p. 101; Butler, 1963b: p. 201; Butler & Van der Waals, 1966: pp. 87, 109, 112, 121, fig. 25; De Laet & Glasbergen, 1959: p. 118, Pl. 25; Glasbergen, 1956: pp. 191-198, fig. 2-4; Glasbergen, 1960: pp. 190-198, fig. 4-5; Heringa et al., 1985: p. 56; Van der Sanden, 1990: hfdst. 20, fig. 10.

243.
a. Emmen.
b. Weerdinge/Valthe.
c. 1920; gevonden in heuvelgrond van de meest westelijke heuvel in het tumuliveld ten westen van het 'Kamperesje', tussen Weerdinge en Valthe.
d. Plat, afgeknot, semi-lancetvormig fragment van een dolk, sterk geoxideerd, lichtgroen.
e. ?
f. Bronstijd.
g. Sterk geoxideerd, lichtgroen.
h. Enkelvoudige vondst uit droge context.
i. DM 1920/VIII 5.
j. Museumverslag DM 1920: p. 17.

244.
a. Gasselte.
b. Oostermoerse Vaart.
c. Gevonden in de Oostermoerse Vaart, ongeveer halverwege de Cholerasloot en de Drouwenerdijk.
d. Bronzen dolk.
e. ?
f. Bronstijd.
g. Bronskleurig met donkere plekken (volgens documentatie Butler).
h. Enkelvoudige vondst uit natte context.
i. Privé-collectie.
j. -.

245.
a. Vries.
b. Zeijen, kaartblad 12A, coördinaten 231.220/565.040.
c. Gevonden in tumulus 114 in het Noordsche Veld bij Zeijen, samen met aardewerk, een zandstenen slijpsteentje en crematie-resten.
d. Bronzen dolk met houtresten.
e. Nietendolk.
f. Begin midden-bronstijd.
g. Object niet gezien.
h. Grafvondst.
i. DM 1919/VII 40.
j. -.

246.
a. Zuidlaren.
b. Annertol/Schuilingsoord.
c. 1921; gevonden in de boomkist van het hoofdgraf in tumulus III bij Annertol te Schuilingsoord.
d. Geheel geoxideerde, groenachtige bronzen dolk met houtresten en drie klinkboutjes aan de bovenrand.
e. Nietendolk.
f. Vroege bronstijd.
g. Object niet gezien.
h. Grafvondst.
i. DM 1921/VII 12.
j. Museumverslag DM 1931: pp. 10-11; Butler, Lanting & Van der Waals, 1972: pp. 227, 239, fig. 8.

Provincie Groningen

247.
a. Haren.
b. Onnen.
c. 1914; gevonden te Onnen, ca. 1 m diep in veenland.
d. Goudkleurige bronzen dolkkling met vier klinknagelgaatjes (aanvankelijk blijkbaar met nog één sindsdien verloren gegaan klinkboutje), waarvan de twee middelste uitgebroken. Boven, onder en tussen de klinkboutgaatjes duidelijke afdruk van de organische handvatbasis.
e. Nietendolk, type Sögel.

f. Begin midden-bronstijd.
g. Object niet gezien.
h. Enkelvoudige vondst uit natte context.
i. GM 1914/VIII 1.
j. Glasbergen, 1957: p. 169, Pl. IX:1.

Zwaarden

Provincie Drenthe

248.
a. Borger.
b. Drouwen, kaartblad 12G, coördinaten 249.250/551.950.
c. 1927; gevonden in het restant van de grafheuvel met ringsloot in het vroeg-middeleeuwse grafveld te Drouwen, in het hoofdgraf, samen met een bronzen scheermes, een geknikte bronzen randbijl, twee gouden spiraalringen, een silex vuurslag en negen silex pijlpunten, graf 'stamhoofd van Drouwen'.
d. Kort, enigszins gebogen, laurierbladvormig zwaard (of dolkje) met drievoudige, niet geheel tot het midden doorlopende driehoekversiering evenwijdig aan de rand, mediaan afgezet met verdiepte bogen of halve kringen.
e. Type Sögel.
f. Begin midden-bronstijd.
g. Groen geoxideerd.
h. Grafvondst.
i. DM 1927/VIII 40c.
j. Museumverslag DM 1927: p. 17; Butler, 1963b: pp. 115-117; Butler, 1969: pp. 107-110, fig. 48-49; Butler, 1971: NL 12; Butler, 1982: fig. 8.3:5; Butler, 1986: pp. 149-150, fig. 16a, fig. 16c; Butler, 1990: pp. 71-73, fig. 14; Byvanck, 1946: pp. 162, 168; De Laet & Glasbergen, 1959: pp. 116, 121, fig. 47; Heringa et al., 1985: p. 51; Hielkema, 1994: p. 7, fig. 5:2; Lohof, 1991 (II): pp. 28 -29, nr. 061-0.

249.
a. Borger.
b. Drouwen.
c. Ca. 1941; opgeploegd, ca. 2 km ten zuidwesten van het urnenveld te Drouwen, blijkbaar in een lage venige plek, bij vondst was nog een stuk van een houten handvat aanwezig, dat nu verloren is.
d. Bronzen zwaard.
e. Greeptongzwaard, Scandinavisch type.
f. Late bronstijd.
g. Object niet gezien.
h. Enkelvoudige vondst uit natte context.
i. Privé-collectie.
j. Butler, 1986: pp. 157-158, fig. 23.

250.
a. Emmen.
b. Mussel Aa.
c. Volgens de inventaris in het R.M.O. gevonden aan de Mussel Aa op de grens van de gemeenten Emmen en Odoorn, maar dit kan niet kloppen. Precieze vindplaats niet duidelijk.
d. Langwerpig, bronzen zwaard, nog voorzien van twee klinkbouten.
e. Brits type.
f. Midden-bronstijd.
g. Sterk gecorrodeerd. Bovenste deel goudkleurig, verder veel groene oxidatie, maar ook stukjes zwarte patina. Slecht geconserveerd.
h. Enkelvoudige vondst, mogelijk uit natte context.
i. RMO c1928/9.1.
j. Butler, 1960a: p. 222; Butler, 1963b: pp. 114, 217.

251.
a. Havelte.
b. Uffelte, kaartblad 16H.
c. 1937; gevonden in de middelste van een drietal tumuli aan de Studentenkampweg van Uffelte naar Wapserveen, nabij het cen-

trum van de heuvel. Uit dezelfde heuvel, maar op een andere dag gevonden, komen vier fragmenten van een bronzen schijfkopnaald. Deze naald is mogelijk jonger dan het zwaard.

d. Twee fragmenten van het lemmet van een bronzen zwaard.
e. ?
f. Midden-bronstijd.
g. Object niet gezien.
h. Grafvondst.
i. DM 1937/IV 7b.
j. -.

252.
a. Odoorn.
b. Exloërkijl.
c. 1923; gevonden op veenplaats 21 te Exloërkijl, op ca. 1,2 m onder het veenoppervlak.
d. Bronzen zwaard (of dolk) met twee paar klinknagelgaten boven elkaar.
e. Type Rosnoën.
f. Midden-bronstijd.
g. Bruin/donkerkoperkleurig met donkerbruine patina.
h. Enkelvoudige vondst uit natte context.
i. DM 1923/V 2.
j. Museumverslag DM 1923: pp. 21-22; Butler, 1987: p. 32, fig. 12.

253.
a. Odoorn.
b. Exloërveen, kaartblad 17F.
c. 1895; gevonden samen met een kokerbijl, twee voet (ca. 60 cm) onder het oppervlak te Exloërveen, in rood zand.
d. Fragment van een tweesnijdend bronzen zwaard.
e. ?
f. Late bronstijd.
g. Oorspronkelijk koperkleurig, nu groen geoxideerd.
h. Meervoudige vondst uit droge context.
i. DM 1895/I 2.
j. -.

Provincie Groningen

254.
a. Bellingwolde.
b. Wedde.
c. 1875; gevonden in het veen ten noorden van Wedde, ca. 3,5 voet (ca. 10,5 m) diep.
d. Dun, rapiervormig bronzen zwaard met twee grote klinknagelgaten, punt afgebroken. Volgens de vroegere opgaven zou aanvankelijk een houten of benen, ca. 10 cm lang handvat aanwezig geweest zijn, doch te veel vergaan om bewaard te worden, ditzelfde geldt voor de punt, deze zou namelijk te zeer geoxideerd zijn geweest.
e. ?
f. Late bronstijd.
g. Oorspronkelijk koperkleurig, nu met vrij egaal over het oppervlak verdeelde bruinige patina, putjes in oppervlak.
h. Enkelvoudige vondst uit natte context.
i. GM 1875/VI 2.
j. -.

255.
a. Haren.
b. Onnen.
c. Gevonden op 1,5 m diepte in het veen ten oosten van Onnen.
d. Onbeschadigd, roodkoperkleurig bronzen zogenaamde antenne-zwaard met afzonderlijk gegoten, door een plug vastgezet gevest met antennevormig uiteinde. Versiering met groeven en ribbels.
e. *Vollgriffschwert, antennae-pommel sword*, Hallstatt.
f. Late bronstijd.
g. Oorspronkelijke kleur roodkoper, nu bruine patina, op sommige plekjes roodkoper nog zichtbaar.

h. Enkelvoudige vondst uit natte context.
i. GM 1896/I 4.
j. Boeles, 1920: p. 294; De Laet & Glasbergen, 1959: p. 167; Glasbergen, 1957: pp. 140, 169, Pl. XI; Roymans, 1991: pp. 24, 26, 76.

256.
a. Vlagtwedde.
b. Ter Apel.
c. Ca. 1955; gevonden bij het aardappelrooien ca. 1750 m ten oost-zuidoosten van de Kloosterkerk te Ter Apel, direct ten westen van het Ruiten Aa-kanaal en even ten noorden van een uitloper van de Vosseberg in de knie van genoemd kanaal, blijkbaar opgeploegd uit onderliggend veen.
d. Groot bronzen zwaard, versierd met groeflijnen en ricasso, met drie beschadigde nietgaten op de schouder en een groot aantal elkaar oversnijdende nietgaten op de greeptong, gereinigd na vondst (door vinder?).
e. *Griffzungenschwert*, Erbenheimer type, Hallstatt.
f. Late bronstijd.
g. Van het oorspronkelijke patina is door grondige reiniging vrijwel niets bewaard gebleven, maar nog wel wat donkerbruine vlekken zichtbaar, verder plekken met groene corrosie, licht beschadigd, uiterste puntje en helft van de greeptong afgebroken.
h. Enkelvoudige vondst, mogelijk uit natte context.
i. GM 1959/XII 1.
j. Van der Waals, 1962: pp. 118-121, fig. 2-3.

Provincie Friesland

257.
a. Heerenveen (voorheen Schoterland).
b. Heerenveen.
c. Gevonden bij kanalisatie van de rivier de Tjonger of Kuinder, precieze vindplaats onbekend, maar vermoedelijk in de omgeving van Heerenveen.
d. Vrij breed bronzen zwaard, langs de snede versierd met richel en groef. Langs de schouder, in het midden van het heft en in het uiteinde respectievelijk twee keer twee, twee en één nietgaatje.
e. Type Gündlingen, Hallstatt.
f. Vroege ijzertijd.
g. Bronskleurig met gedeeltelijk donkere patina, glad, zeer goed geconserveerd, onbeschadigd, alleen oppervlak licht gekrast.
h. Enkelvoudige vondst uit natte context.
i. FM 4A-1.
j. Boeles, 1920: p. 294; Boeles, 1951: pp. 54, 482, Pl. VI; Byvanck, 1946: p. 161; Roymans, 1991: p. 77.

Messen

Provincie Drenthe

258.
a. Borger.
b. Drouwen, kaartblad 12G, coördinaten 249.000/551.700.
c. 1984; gevonden met een groot aantal andere bronzen voorwerpen in de scherven van een door de ploeg geraakt potje in het Drouwenerveld. Deze voorwerpen zijn grotendeels afkomstig uit Noord-Duitsland/Zuid-Scandinavië.
d. Bronzen kokermes.
e. *Socketed knife*.
f. Late bronstijd.
g. Groen geoxideerd.
h. Meervoudige vondst, mogelijk uit droge context.
i. DM 1984/XII 30.
j. Butler, 1986: pp. 133-168, fig. 4; Hielkema, 1994: p. 9; Kooi, 1986a: pp. 62-63; Kooi, 1986b: pp. 146-150.

259.
a. Borger.
b. Drouwen, kaartblad 12G, coördinaten 249.000/551.700.
c. 1984; gevonden met een groot aantal andere bronzen voorwerpen in de scherven van een door de ploeg geraakt potje in het Drouwenerveld. Deze voorwerpen zijn grotendeels afkomstig uit Noord-Duitsland/Zuid-Scandinavië.
d. Bronzen mes.
e. *Tanged knife.*
f. Late bronstijd.
g. Groen geoxideerd.
h. Meervoudige vondst, mogelijk uit droge context.
i. DM 1984/XII 15.
j. Butler, 1986: pp. 133-168, fig. 4; Hielkema, 1994: p. 9; Kooi, 1986a: pp. 62-63; Kooi, 1986b: pp. 146-150.

260.
a. Emmen.
b. Bargeroosterveld.
c. Gevonden in het Bargeroosterveld, samen met een bronzen scheermesje.
d. Beschadigd, lichtgroen geoxideerd bronzen mes met afgebroken punt.
e. *Tanged urnfield knife.*
f. Late bronstijd.
g. Groen geoxideerd.
h. Meervoudige vondst, mogelijk uit droge context (in theorie zou dit een grafvondst kunnen zijn, aangezien scheermesjes vaak voorkomen als grafgiften).
i. DM 1899/XI 23.
j. Butler, 1960c: pp. 101-102, 105-106, 111, 123, fig. 50, Pl. XIV; Butler, 1960a: pp. 211-213, 220-222, 226, fig. 10; Butler, 1986: pp. 133-168, fig. 4.

261.
a. Emmen.
b. Bargeroosterveld, kaartblad 17H.
c. 1900; gevonden ongeveer 25 cm diep in een grafheuveltje in Bargeroosterveld, nabij Angelsloo, samen met twee bronzen hielbijlen, drie fragmenten van een bronzen armring, een bronzen staafje en twee bronzen ringen. Er zijn echter geen aanwijzingen dat het hier om grafgiften gaat.
d. Sterk beschadigd en gebroken bronzen mesje.
e. ?
f. Late bronstijd.
g. Groen geoxideerd.
h. Meervoudige vondst uit droge context.
i. DM 1900/III 32.
j. Butler, 1959: pp. 139-140, fig. 10; Butler, 1960c: pp. 101-102, 105, 110, 114, 123-124, fig. 49; Butler, 1960c: pp. 106, 207-208, 210-211, 220-222, 226, fig. 9; Butler, 1963b: fig. 18; Butler, 1971: NL 16; De Laet & Glasbergen, 1959: p. 148; Hielkema, 1994: pp. 8-9.

262.
a. Emmen.
b. Emmen.
c. Gevonden in Emmen, precieze omstandigheden onbekend.
d. Klein bronzen mesje.
e. ?
f. Bronstijd.
g. Donkergroen gepatineerd.
h. Enkelvoudige vondst, mogelijk uit droge context.
i. RMO c1925/9.3.
j. -.

263.
a. Emmen.
b. Emmercompascuum.
c. 1908; gevonden in nog niet verwerkt moerasijzererts te Emmercompascuum (moerasijzererts werd gewoonlijk van elders aangevoerd).

d. Vuilgroenachtig-koperkleurig, sterk gekromd, gegoten bronzen mes (of sikkel).
e. ?
f. Bronstijd.
g. Object niet gezien.
h. Enkelvoudige vondst uit natte context.
i. DM 1908/IX 1.
j. Museumverslag DM 1908: p. 7.

264.
a. Havelte.
b. Havelte, 'Het Lok', kaartblad 16H, coördinaten 211.000/530.500.
c. 1872; gevonden bij het ploegen in zand in het zogenaamde 'Lok' ten zuiden van Havelte, samen met een kokerbijl met een gietprop en een tweede kokerbijl. De vindplaats ligt aan de rand van een laagte en was mogelijk vroeger veel natter dan nu.
d. Beschadigd, lichtgroen geoxideerd, bronzen kokermes, uiteinde afgebroken, met twee pingaten in de schachtkoker, die overigens gescheurd is. Versiering met parelmoerrandjes, ribbeltjes, halfcirkelvormige booglijntjes en groeflijnen.
e. *Socketed knife*, Hunze-Eems Industrie.
f. Late bronstijd.
g. Oorspronkelijk koperkleurig, nu lichtgroen geoxideerd. Volgens Hielkema hebben de vondsten een veenpatina.
h. Meervoudige vondst, mogelijk uit natte context.
i. DM 1872/I 16.
j. Butler, 1961a: pp. 207-208, 210-211, fig. 14, Pl. IV; Butler, 1965: p. 175; Butler, 1968: pp. 215, 223; Butler, 1969: afb. 43; Butler, 1986: p. 167, fig. 25, fig. 29; Fokkens, 1991: p. 212; Hielkema, 1994: p. 8, fig. 8:1.

265.
a. Odoorn.
b. Odoornerveld.
c. 1905; gevonden in het Odoornerveld, in een veentje, op een diepte van 50 cm.
d. Koperkleurig bronzen meslemmet.
e. *Tanged urnfield knife.*
f. Bronstijd.
g. Gedeeltelijk met donkerbruine patina.
h. Enkelvoudige vondst uit natte context.
i. DM 1905/VI 3.
j. Butler, 1960c: p. 109.

266.
a. Odoorn.
b. Valthe/Emmen.
c. 1819; gevonden in een grafheuvel tussen Valthe en Emmen met een hoeveelheid crematieresten (niet samen met een naald, zoals vermeld in de inventaris van het DM).
d. Lang, fraai versierd, in tweeën gebroken, lichtgroen geoxideerd, groot bronzen mes met dubbel T-vormige greep. Versiering met groeflijnen en nopjes.
e. *Tanged urnfield knife*, *Vollgriffmesser*, 'offermes'.
f. Late bronstijd.
g. Oorspronkelijk koperkleurig, nu lichtgroen geoxideerd, snede beschadigd.
h. Grafvondst.
i. DM 1863/I 9.
j. Boeles, 1951: p. 53; Butler, 1973: pp. 15-27, fig. 6; Byvanck, 1946: p. 180; De Laet & Glasbergen, 1959: p. 150; Westendorp 1819: p. 82; Westendorp, 1822: pp. 11, 326.

267.
a. Schoonebeek.
b. Schoonebeek.
c. 1894; gevonden samen met een speerpunt, twee kokerbijlen, een kokermes en een kokersierstuk op een stuk groenland op laagveen in het dal van de Barger- of Westerbeek, ten westen van de beek, ca. 1,5 km ten noordoosten van Schoonebeek, ca. 50 cm onder het veen op zand.

d. Vuilkoperkleurige, deels met malachiet (= edelroest) aangelopen kokermes met twee pingaten in de koker.
e. *Socketed urnfield knife.*
f. Late bronstijd.
g. Vuilkoperkleurig met gedeeltelijk zwarte patina.
i. DM 1894/XII 1b.
h. Meervoudige vondst uit natte context.
j. Butler, 1961: fig. 21; Butler, 1965: 1754; Butler, 1968: pp. 215, 223; Butler, 1969: afb. 28, afb. 44; Butler, 1986: p. 167, fig. 28; De Laet & Glasbergen, 1959: pp. 148-149, Pl. 32; Eischveld Bosch, 1980: pp. 135-148, fig. 3, fig. 4, fig. 6; Hielkema, 1994: p. 8, fig. 9; Jacob-Friesen, 1967: p. 379, Tafel 172:8-13.

268.
a. Schoonebeek.
b. Schoonebeek.
c. 1894; gevonden samen met een speerpunt, twee kokerbijlen, een kokermes en een kokersierstuk op een stuk groenland op laagveen in het dal van de Barger- of Westerbeek, ten westen van de beek, ca. 1,5 km ten noordoosten van Schoonebeek, ca. 50 cm onder het veen op zand.
d. Bronzen kokermes met twee pingaten, de koker versierd met bandjes, de rug versierd met afwisselend lijnen en kruisen.
e. *Socketed urnfield knife.*
f. Late bronstijd.
g. Donkerkoperkleurig met resten van donkerbruine patina, putjes in het oppervlak, voorste stuk van het lemmet gebroken.
h. Meervoudige vondst uit natte context.
i. RMO c1894/11.1.
j. Butler, 1961: fig. 21; Butler, 1969: afb. 28, afb. 44; Butler, 1986: p. 167, fig. 28; De Laet & Glasbergen, 1959: pp. 148-149, Pl. 32; Eischveld Bosch, 1980: pp. 135-148, fig. 3, fig. 4, fig. 6; Hielkema, 1994: p. 8, fig. 9; Jacob-Friesen, 1967: p. 379, Tafel 172:8-13.

269.
a. Schoonebeek.
b. Schoonebeek.
c. 1907; gevonden bij het delven van ijzererts op een perceel nabij de zuidoostgrens van Drenthe en Hannover (Duitsland) bij grenspaal 156, op een diepte van ca. 50 cm.
d. Onbeschadigd, koperkleurig, bronzen kokermes, versierd met twee paar parelmoerlijntje en groeflijnen.
e. *Socketed urnfield knife.*
f. Late bronstijd.
g. Roodkoperkleurig, gedeeltelijk met bruine patina, snede licht beschadigd, kleine putjes in oppervlak.
h. Enkelvoudige vondst, mogelijk uit natte context.
i. DM 1907/XI 3.
j. Butler, 1986: p. 167, fig. 27.

Provincie Groningen

270.
a. Stadskanaal.
b. Onstwedde.
c. Ca. 1960; gevonden (opgeploegd) op een perceel land langs de westelijke oever van de Mussel Aa in de 'Hidsmeden', ca. 2 km ten zuidwesten van Onstwedde.
d. Gebroken en kromgebogen kokermes.
e. *Socketed knife.*
f. Late bronstijd.
g. Bruine patina, krassen op het oppervlak, hieronder plaatselijk groene oxidatie zichtbaar, in twee stukken gebroken, breukvlakken groen geoxideerd, kromgebogen.
h. Enkelvoudige vondst, mogelijk uit natte context.
i. GM 1964/VIII 1.
j. Butler, 1968: pp. 206-223, fig. 2; Butler, 1986: p. 168.

Provincie Friesland

271.
a. Ooststellingwerf.
b. Appelscha, kaartblad 11H, coördinaten 219.000/552.000.
c. 1933; gevonden door arbeiders bij heideontginning, onder stuifzand, ca. 1 m diep in een dunne veenlaag.
d. Lang mes, versierd met parelknoppen, driehoekig, met strepen ingevuld geometrisch ornament (op de rug), dubbele lijnen en rechthoekjes.
e. *Tanged urnfield knife, Vollgriffmesser*, 'offermes'.
f. Late bronstijd.
g. Donkerbruin van kleur, op snede, punt en in aantal krassen oorspronkelijke koperkleur zichtbaar.
h. Enkelvoudige vondst uit natte context.
i. FM 218-42.
j. Boeles, 1951: pp. 52-53, 482, Pl. VII; Butler, 1973: pp. 15-27, fig. 5; Byvanck, 1946: pp. 161, 180, afb. 40; De Laet & Glasbergen, 1959: p. 150, Pl. 32; Fokkens, 1991: p. 201.

272.
a. Ooststellingwerf.
b. Haule/Weper, kaartblad 11H, coördinaten 217.000/560.000.
c. 1935; gevonden door arbeiders bij de verbreding van de rivier de Tjonger/Kuinder tussen Haule en Weper.
d. Bronzen kokermes met twee pingaatjes in de koker, punt afgebroken, snijkant duidelijk afgeschuind, iets gecorrodeerd.
e. *Socketed knife.*
f. Midden-bronstijd.
g. Bronskleurig, met gedeeltelijk donkere patina, voornamelijk op de koker.
h. Enkelvoudige vondst uit natte context.
i. FM 218-44.
j. Boeles, 1951: pp. 52, 482, Pl. VII; Butler, 1986: p. 168, fig. 26; Byvanck, 1946: afb. 40; Fokkens, 1991: p. 196.

6. ANALYSE VAN HET VERSPREIDINGSBEELD

6.1. De graf- en meervoudige depotvondsten

In de catalogus zijn 191 bijlen, 45 lanspunten, 11 dolken, 10 zwaarden en 15 messen opgenomen. Een deel hiervan bestaat uit grafvondsten, en uit meervoudige vondsten die gezien de vondstomstandigheden en/of vondstsamenstellingen geen grafvondsten kunnen zijn, en dus als meervoudige depotvondsten beschouwd moeten worden.

Tot de grafvondsten worden gerekend:
Cat.nr. 5   Hielbijl, tumulus I Hijken – 1953
Cat.nr. 17   Geknikte randbijl, tumulus Drouwen – 1927
Cat.nr. 134   Hielbijl, tumulus Sleen-Zweeloo
Cat.nr. 222   Lanspunt, urnenveld Vledder
Cat.nr. 237   Dolk, tumulus Eext
Cat.nr. 245   Dolk, tumulus 114, Zeijen-Noordse Veld
Cat.nr. 246   Dolk, tumulus III, Schuilingsoord
Cat.nr. 248   Zwaard, tumulus Drouwen – 1927
Cat.nr. 251   Fragmenten zwaard, tumulus Uffelte
Cat.nr. 266   Mes met dubbel T-vormige greep, Valthe – 1819

De randbijl van type Emmen (cat.nr. 103) werd weliswaar in een verstoven grafheuvel gevonden, maar kan niet als grafgift worden beschouwd. De bijl wordt hier als losse vondst uit droge context behandeld. Hetzelfde

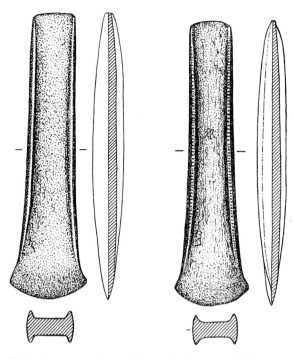

Fig. 2. De depotvondst van Nijeveen (Dr.): twee randbijlen van type Mägerkingen (cat.nrs 86 en 87). Begin midden-bronstijd, nat milieu. Schaal 1:2.

geldt voor het fragment van een dolk (cat.nr. 243) uit een grafheuvel op het Kamperesje bij Weerdinge. De lanspunt van Borger (cat.nr. 192) wordt als nederzettings-vondst beschouwd.

De volgende meervoudige vondsten zijn bekend:
- Nijeveen: twee randbijlen van type Mägerkingen (86 en 87) uit dezelfde ontvening. Vrijwel zeker een depotvondst. Natte context (fig. 2);
- Sellingersluis: twee randhielbijlen (168 en 169). Natte context (fig. 3);
- Emmerdennen: twee hielbijlen, beide misgietsels (65 en 66). Droge context;
- Zeegse: twee kokerbijlen (128 en 129). Natte context (fig. 5);
- Bargeroosterveld (1896): twee kokerbijlen (34 en 35). Droge context (fig. 4);
- Bargeroosterveld (1900): twee hielbijlen, waarvan één fragmentair (39 en 40), mes (261), fragmenten van een armband, twee gesloten ringen en een 'staafje'. Droge context;
- Schoonebeek: twee kokerbijlen (120 en 121), twee kokermessen (267 en 268), lanspunt (220) en bronzen handvat. Natte context;
- Havelte-Het Lok: twee kokerbijlen (81 en 82) en kokermes (264). Natte context;

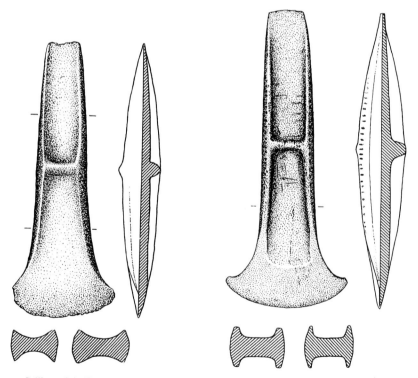

Fig. 3. De depotvondst van Sellingersluis (Gr.): twee randhielbijlen van type Vlagtwedde (cat.nrs 168 en 169). Eerste helft midden-bronstijd, nat milieu. Schaal 1:2.

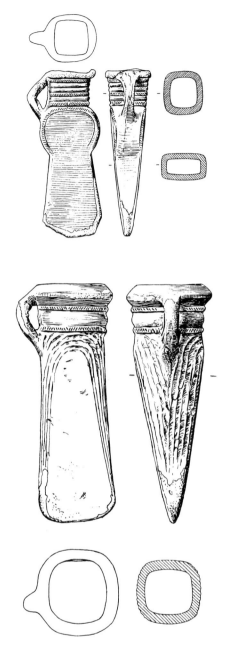

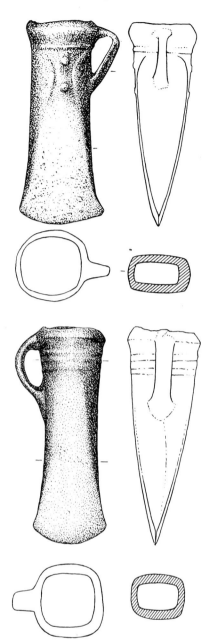

Fig. 4. De depotvondst van 1896 uit Bargeroosterveld (Dr.): twee kokerbijlen, één van Seddiner type en één van de Hunze-Eems industrie (cat.nrs. 34 en 35). Late bronstijd, droog milieu. Schaal 1:2.

Fig. 5. De depotvondst van Zeegse (Dr.): twee kokerbijlen van de Hunze-Eems industrie (cat.nrs. 128 en 129). Late bronstijd, nat milieu. Schaal 1:2.

- Nieuw-Weerdinge: twee lanspunten (203 en 204). Natte context (fig. 6);
- Eldersloo: lage randbijl (cat.nr. 116), lanspunt (216) en slijpsteen. Natte context (fig. 7);
- Exloo: kokerbijl (96) en fragmentair zwaard (253). Droge context;
- Onstwedderholte: kokerbijl (156), twee geschakelde ringen en vier armbanden. Natte context (fig. 8);
- De Wilp-Ronde Meer: kokerbijl (154) en slijpsteen. Natte context;

- Klijndijk: kokerbijl (109) en twee stenen hamers van type Muntendam, waarvan één fragmentair. Droge context;
- Bargeroosterveld (1899): *Griffangelmesser* (260) en bronzen scheermes. Dit zou eventueel ook een grafvondst kunnen zijn, maar de beschrijving van de vondstomstandigheden is ontoereikend. Droge context;
- Roswinkelerveen: top van een hielbijl (46), fragmenten van een dubbelzijdige kam van hoorn, 46 barnstenen kralen en een fragment leer. Natte context;

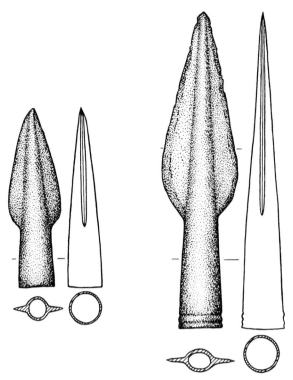

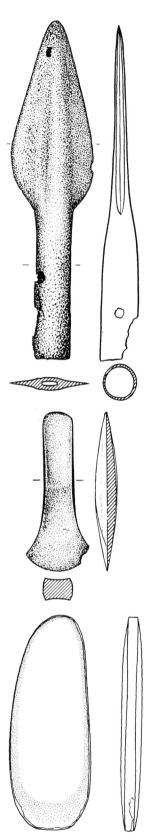

Fig. 6. De depotvondst van Nieuw-Weerdinge (Dr.): twee lans-punten (cat.nrs. 203 en 204). Late bronstijd, nat milieu. Schaal 1:2.

- Borger: pot gevuld met deels gebroken en verbogen bronzen voorwerpen en fragmenten van bronzen voor-werpen, inclusief kokerbijl (20), *Griffangelmesser* (259), kokermes (258) en bronzen lanspunt (194). Fragmenten van verschillende andere kokerbijlen, lanspunten en een mes zijn niet in de catalogus opgenomen. Droge context.

Dat betekent, dat 26 bijlen, 7 lanspunten, 3 zwaarden, 3 dolken en 8 messen aan nederzettings-, graf- en depot-vondsten kunnen worden toegeschreven.

Van de 17 meervoudige vondsten met bijlen, lans-punten, zwaarden, dolken of messen die uit Noord-Nederland bekend zijn, zijn er tien afkomstig uit een natte context en zeven uit een droge context. Een van die laatste groep is secundair in een grafheuvel geplaatst. Deze en de meervoudige vondsten uit een natte context zijn te interpreteren als rituele depots, afgaande op de eerder genoemde criteria. Bij de meervoudige vondsten die in een droge context zijn gevonden, valt het op dat er in de meeste gevallen gefragmenteerde voorwerpen in voorkomen, in het geval van Drouwen zelfs een pot vol. Ook mislukte en onafgemaakte voorwerpen komen voor in meervoudige vondsten uit een droge context. Al deze dingen zijn kenmerkend voor niet-rituele depots. Het depot van Bargeroosterveld (cat.nrs 34 en 35) is weliswaar gevonden in een droge context, maar er komen geen gefragmenteerde voorwerpen in voor. Deze meervoudige vondst in daardoor minder goed aan te

Fig. 7. De depotvondst van Eldersloo (Dr.): lage randbijl (cat.nr. 116), lanspunt (cat.nr. 216) en slijpsteen. Vroege bronstijd, nat milieu. Schaal 1:2.

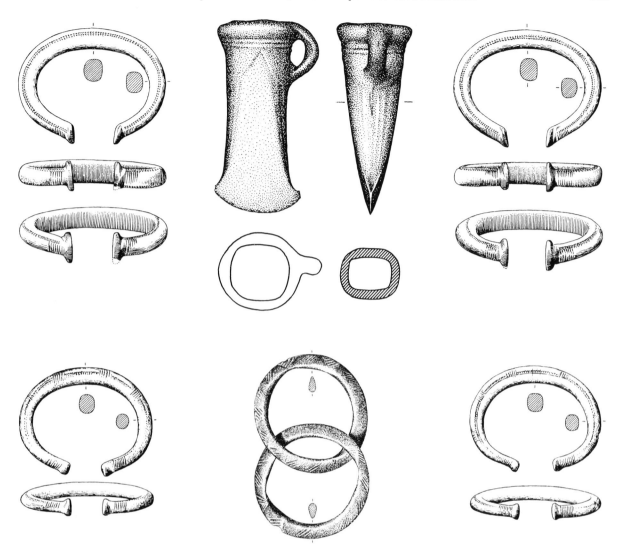

Fig. 8. De depotvondst van Onstwedderholte (Gr.): kokerbijl van Hunze-Eems industrie (cat.nr. 156), twee geschakelde ringen en vier armbanden. Late bronstijd, nat milieu. Schaal 1:2.

duiden als wel of niet-ritueel gedeponeerd.

Het is opvallend dat er vier meervoudige vondsten zijn die bestaan uit twee identieke voorwerpen. Het gaat hierbij om bijlen. Drie van deze vondsten stammen uit de midden-bronstijd, de vierde uit de late bronstijd. Daarnaast zijn er nog zeven meervoudige vondsten, waarin twee gelijksoortige voorwerpen voorkomen; deze dateren allen in de late bronstijd. Dit kunnen naast bijlen ook lanspunten of armbanden zijn. Mogelijk had het deponeren van twee gelijke voorwerpen een bepaalde betekenis.

6.2. De enkelvoudige vondsten zonder context

Als 'losse' vondsten blijven dus 165 bijlen, 38 lanspunten, 8 dolken, 7 zwaarden en 7 messen over. Aan de hand van de vondstomstandigheden in de catalogus is een tweetal grafieken gemaakt, met een verdeling van deze voorwerpen over de vondstcontexten 'nat', 'droog' en 'onbekend'. De eerste grafiek (fig. 9) bevat alle losse vondsten en beslaat de hele bronstijd. De tweede grafiek (fig. 10) bevat alleen de bijlen, en kent een onderverdeling in vroege, midden- en late bronstijd. Voor de overige voorwerpen waren niet genoeg exemplaren en/of te weinig dateringen bekend voor een dergelijke, gedetailleerdere indeling.

Uit figuur 9 blijkt dat van het totale aantal 'losse' bijlen iets meer dan 50% gevonden is in een natte context. Slechts 17% is met zekerheid afkomstig uit een droge context. Maar zelfs als de bijlen waarvan de vondstcontext niet bekend of te reconstrueren is alle uit droge context zouden komen, dan is nog steeds het aantal bijlen uit natte context opvallend groot. Het is immers nauwelijks te verwachten, dat de mens in de vroege bronstijd zoveel tijd in vochtige gebieden, d.w.z. rivierdalen en venen, doorbracht dat de kans op verlies

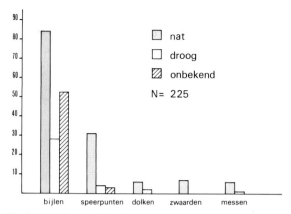

Fig. 9. Verdeling van alle 'losse' vondsten van bijlen, lanspunten, dolken zwaarden en messen over de vondstcontexten 'nat', 'droog' en 'onbekend'.

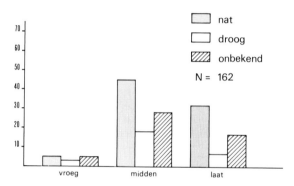

Fig. 10. Verdeling van 'losse' vondsten van bijlen uit de vroege, midden- en late bronstijd over de vondstcontexten 'nat', 'droog' en 'onbekend'. Hielbijlen uit de overgang midden-/late bronstijd zijn bij de midden-bronstijd gerekend. Van drie bijlen staat de datering niet vast.

in droge en vochtige gebieden vrijwel even groot was. Het grote aantal bijlen uit natte context moet daarom wijzen op bijzondere handelingen, namelijk het bewust achterlaten van bijlen in nat milieu. Natuurlijk kan niet uitgesloten worden, dat een deel van de bijlen uit natte context simpelweg verloren is, maar dat kan niet gelden voor de grote massa. Hetzelfde geldt kennelijk voor de speerpunten, dolken, zwaarden en messen, al gaat het bij de drie laatsgenoemde groepen wel om kleine aantallen. Overigens kunnen zich onder de 'losse' vondsten uit droge context ook depotvondsten bevinden. Dat is bij de meervoudige depotvondsten immers ook het geval.

Uit figuur 10 blijkt dat in de loop van de bronstijd de trend bestond om meer bijlen in een natte omgeving te deponeren. In de vroege bronstijd is minder dan 40% van de 'losse' bijlen uit natte context afkomstig. De aantallen zijn echter klein (5 van de 13) en voorzichtigheid is dus geboden. In de midden-bronstijd is bijna 50% afkomstig uit een natte context, in de late bronstijd bijna 60%. De met zekerheid uit droge context afkom-

stige bijlen vormen in de vroege bronstijd bijna 25% (de aantallen zijn echter klein: 3 van de 13!), in de midden-bronstijd bijna 20%, en in de late bronstijd nog geen 13%. Weliswaar is in de midden-bronstijd het totale aantal bijlen uit natte, respectievelijk droge context groter dan dat in de late bronstijd (en hetzelfde geldt voor 'context onbekend'), maar dat is een gevolg van de verschillende lengtes van beide periodes. Wat wel invloed op de percentages kan hebben, is dat onder de bijlen uit droge context uit de midden-bronstijd enkele niet-herkende grafvondsten schuilgaan. Maar gezien het feit dat tot dusverre slechts drie bijlen uit graven bekend zijn (zie 6.1) is het onwaarschijnlijk, dat het om grote aantallen zou kunnen gaan. De percentuele toename van het aantal bijlen uit natte context in de late bronstijd lijkt dus reëel te zijn.

6.3. Factoren die het huidige verspreidingsbeeld vertekenen

Ongetwijfeld zijn ook al bronzen voorwerpen gevonden vóór dat deze de belangstelling van musea en verzamelaars wekten. De vraag is, of dit een factor is die het verspreidingsbeeld ingrijpend heeft beïnvloed. Ons inziens is dat niet het geval bij de droge vondsten. Grootschalige grondbewerking beperkte zich in Noord-Nederland van de middeleeuwen tot aan het eind van de 19e eeuw voornamelijk tot de essen. Het is niet onwaarschijnlijk, dat bij de aanleg en eventuele herontginning van espercelen bronzen voorwerpen zijn gevonden. Maar in de praktijk blijkt telkens weer, dat de diepte van de grondbewerking op de essen tot voor kort gering was. Vaak is een deel van het oude bodemprofiel nog intact. Door de plaggenbemesting kwam de ondergrond bovendien al snel buiten het bereik van de ploeg te liggen. In feite golden essen tot voor kort als plaatsen waar het archeologisch bodemarchief goed beschermd was. In de laatste decennia is daar echter verandering in gekomen. Diepe grondbewerking en slinking van de humuslaag door onvoldoende organische meststof spelen hierbij een belangrijke rol. De ondergrond van de essen komt in toenemende mate binnen het bereik van de ploeg, en vondsten uit die ondergrond worden nu omhoog gebracht. De toename van het aantal vondsten in de laatste jaren zou hierdoor verklaard kunnen worden. De grootschalige ontginningen van de heide in Zuidoost-Friesland, Drenthe en Westerwolde hebben pas na 1900 plaatsgevonden. Het grote aantal vondsten dat in het begin van deze eeuw de musea bereikte is het resultaat van het omploegen en bewerken van deze gronden, die sinds de vroege middeleeuwen in wezen onaangeroerd waren gebleven.

Een sterke vertekening van het vondstbeeld zal wel aanwezig zijn bij de vondsten uit de venen. Grote delen van de veengebieden in Friesland, Groningen en Drenthe werden al tussen de tweede helft van de 16e eeuw en het begin van de 19e eeuw afgegraven. De belangstelling voor oudheden begint echter, een enkele uitzondering daargelaten, pas in de tweede helft van de 18e eeuw op gang te komen. Gesteld kan worden, dat pas op het moment dat de venen in Zuidoost-Drenthe aan snee kwamen, ook oudheden verzameld werden. De concentratie van bronzen in de Zuidoost-Drentse venen is dan ook verklaarbaar vanuit die late belangstelling. Het aantal bekende vondsten uit de venen is ons inziens dus vertekend, in negatieve zin. Over vondsten uit vochtig of zelfs nat milieu, namelijk de vondsten uit riviertjes en langs de oevers van riviertjes bestaat minder duidelijkheid. De stroomdalen zijn nooit grootschalig ontgonnen. Weliswaar heeft op vele plaatsen kanalisatie plaatsgevonden, maar het oppervlak vergraven grond is beperkt gebleven in vergelijk met het totale oppervlak aan stroomdallandschap. Waar deze kanalisatie laat plaatsvond, met zware machinerie, was de kans op ontdekking bovendien klein. Wel heeft in veel rivierdalen afgraving van ijzeroer plaatsgevonden (Booij, 1986). Welk effect een en ander heeft gehad op de vondstberging is moeilijk te zeggen, maar waarschijnlijk is deze categorie ondergerepresenteerd.

Samenvattend kan gesteld worden, dat de oorspronkelijke verhouding van vondsten over droog en nat milieu verschoven is in de richting van een overrepresentatie van de droge vondsten.

7. CONCLUSIES

Uit het onderzoek van de Noord-Nederlandse bijlen, speerpunten, dolken, zwaarden en messen is gebleken dat ruim de helft van deze voorwerpen afkomstig is uit een natte vondstcontext. Ze komen minder vaak voor in graven of in een droge context. Bij de bijlen is gebleken dat in de loop van de bronstijd procentueel steeds meer exemplaren in een natte context terechtkomen.

Het hoge percentage vondsten uit natte context bij vooral de bijlen, speerpunten en zwaarden, maar ook bij de messen en dolken, wijst er zonder twijfel op, dat een groot deel van deze voorwerpen bewust in een natte omgeving is gedeponeerd, waarschijnlijk om rituele redenen. De mogelijke motieven voor het ritueel deponeren van bronzen voorwerpen zijn besproken in hoofdstuk 2. Het mag echter niet uitgesloten worden dat er onder de vondsten uit natte context enkele toevallig verloren voorwerpen zijn.

Bij vergelijking van het uit ons onderzoek duidelijk geworden beeld met het ons omringende buitenland blijkt dat Noord-Nederland wat betreft het deponeren van bronzen voorwerpen niet wezenlijk hiervan verschilt. Het enige duidelijke verschil is dat er hier minder depots met meer dan één voorwerp zijn dan in het buitenland en dat de meervoudige depots minder groot zijn. Dit verschil is waarschijnlijk te wijten aan het feit dat Noord-Nederland zelf geen grondstoffen bezit om bronzen voorwerpen te maken. Daardoor was er minder brons voorhanden om te deponeren.

Afsluitend kan geconcludeerd worden, dat in Noord-Nederland, net als elders in van Europa, tijdens de bronstijd (en de ijzertijd) bronzen voorwerpen ritueel werden gedeponeerd, en dat dit voornamelijk werd gedaan in veengebieden en in rivieren. Hierbij vormen, net zoals in andere delen van Europa, bronzen bijlen de grootste groep gedeponeerde voorwerpen. De op één na grootste groep wordt in Noord-Nederland gevormd door de speerpunten, gevolgd door de messen, dolken en zwaarden. Dit zijn allemaal wapens, dus voorwerpen die worden geassocieerd met mannen.

8. SUMMARY

In the provinces of Groningen, Friesland and Drenthe a large number of bronze objects from the Bronze Age have been found during the past 150 years. Most of these are axes and spearheads, but swords, daggers, knives etc. are also known. Many of these finds seemed to come from a moist or wet context and the question was whether they could have been left there deliberately as ritual hoards or deposits.

Most authors consider hoards to be finds of two or more objects. It is commonly thought that single finds are probably objects that have been lost accidently. Single finds, however, can also be ritual deposits. A ritual deposit can be defined as having been purposely deposited, not being a gravefind or settlement find. The number of objects is not important.

Levy (1982) has suggested a number of criteria for the distinction of ritual and non-ritual hoards on the basis of ethnographic parallels. Her criteria for ritual hoards are:

1. Special location: in a wet place, at considerable depth or covered by a large stone, in a grave mound unassociated with a burial, in a grove;

2. Special objects: predominantly ornaments and weapons, objects with apparently cosmological references, predominantly complete or near complete objects;

3. Association with food: presence of animal remains, pottery (which may have held food) and sickles

4. Arrangement in a specified order: in a vessel, encircled by stones, objects in parallel rows.

Her criteria for non-ritual hoards are opposed to the criteria for ritual hoards:

1. Special location: in dry ground, marl or gravel with no evidence of great depth, beside a stone;

2. Special objects: broader range of artifacts, predominantly tools, considerable pre-deposition fragmentation, presence of raw material and/or debris from the casting process;

3. No association with food remains;

4. No special arrangement.

Other authors (Hoops, 1986; Stein, 1976; Bradley, 1990; Hansen, 1991; Willroth, 1985) also have similar criteria for the distinction between ritual and non-ritual hoards. The reasons for the ritual deposition or offering of objects are unknown, but it may have something to do with the religion of the people who deposited the objects. These ritual deposits were probably meant as offering to the gods.

There are several explanations for non-ritual deposits, such as temporarily hidden personal equipment, stored scrap metal, trader's merchandise etcetera. In any case, non-ritual hoards were temporarily hidden, unlike ritual hoards which were never meant to be recovered.

Deposition of objects in watery locations occurs in Europe from the Neolithic until the Middle Ages. It is therefore a widespread phenomenon, which we think is an indication of ritual motives. This deposition includes objects made of various materials: stone, wood, leather, horn, wool, pottery, metal and amber. In the Bronze Age most deposited metal objects were made of bronze, but in this period there were also gold objects in hoards. As shown above, most of these objects are considered to be ritual offerings. In the north of the Netherlands peat bogs were used for these offerings, from the Neolithic until the Early Middle Ages.

Information about the objects involved in this study was collected from the archives in several museums (the Drents Museum in Assen, the Groninger Museum in Groningen, the Fries Museum in Leeuwarden, the Rijksmuseum van Oudheden in Leiden, the Streekmuseum Tytsjerksteradiel in Bergum) and from J.J. Butler and H.A. Groenendijk. This information has been catalogued and forms the basis for the study presented in this article. In a relatively large number of cases the museum inventories actually recorded whether the objects had been found in dry or wet contexts. In other cases patina revealed this. Nevertheless it proved to be impossible to judge the find circumstances in about one quarter of the cases.

The Bronze Age in the northern Netherlands lasted at least 13 centuries. It would not be right to suppose that possible patterns of ritual deposition remained the same during this entire period. It is therefore necessary to make a division. The traditional divisions, Early, Middle and Late Bronze Age, have been employed here. Specialist studies have been used to determine which objects belong to each of these periods. The axes can be easily classified thanks to the work of J.J. Butler. In the Early Bronze Age (2000-1700 BC) flat axes and low-flanged axes were used in the northern Netherlands, in the Middle Bronze Age (1700-1100 BC) high-flanged axes, stopridge axes and palstaves, in the Late Bronze Age (1100-700 BC) winged axes and socketed axes. For the spearheads it is much more difficult. Only a restricted number of spearheads can be classified with the help of the work of Jacob-Friesen (1967). The other categories consist of relatively small numbers of objects, which could be roughly dated with the help of literature.

Bronze objects are found in different contexts. They can be divided into the following categories: grave finds, settlement finds, hoards and lost objects. There can be a certain amount of overlap in this division. Grave finds are objects that were buried with a person in the grave. This does not mean that each object from a burial mound is a grave find. There are also bronze objects that were hidden in an existing burial mound, without the burial of a body or cremated bones at the same time. Settlement finds are objects that have been found within a settlement and which were obviously used there. Often these are refuse, but it is also possibly that a useful object was accidently thrown out. Settlement finds can also include offerings made during construction of a dwelling. Hoards consist of objects that have been purposely deposited or hidden. The deposition could have been meant to be temporary, to keep objects safe in times of trouble, or permanent, in which case these form ritual hoards. Hoards can consist of similar objects, or be mixed. A ritual deposit can also consist of only one object. Stray finds are objects which have been accidentally lost by the owner and that have not been retrieved. Grave and settlement finds from the Bronze Age in the northern Netherlands can only be expected in at that time dry sandy soils. Ritual deposits and ritual hoards can occur both in a dry and in a moist environment, and even in a wet environment, i.e. under water. Temporary hoards were hidden in more accessible places, for instance in or close to a settlement.

Objects could have been lost at any location where objects were used or transported during the Bronze Age. This means that an axe found in a peat bog or a sword in a river does not always have to be a ritual deposit. It is, however, unlikely that losses occurred more often in moist/wet environments than on dry ground. Most of the objects treated in this study must be considered as stray finds. The objects that come from a wet/moist environment have been purposely deposited or accidentally lost. Objects from a dry environment can be grave or settlement finds, but probably not many. In the whole of the Netherlands scarcely any bronze has been found within a settlement.

Which bronze objects could be ploughed-up grave goods depends on Bronze Age grave ritual. Bronze axes were only used as grave gifts during the Middle Bronze Age. This means that only high-flanged axes, stopridge axes and palstaves found as stray finds, could theoretically be part of disturbed grave contents. Spearheads are only used as grave gifts in the earlier part of the Middle Bronze Age (Wohlde phase), and in the earlier part of the Urnfield period (associated with long beds). Swords are known from graves in the Middle Bronze Age, but in the northern and eastern part of the Netherlands only during the first half of the period. In the southern Netherlands some bronze swords re-occur as grave goods in the Early Iron Age (Ha-C period). Daggers are found in graves from the Early Bronze Age and the beginning of the Middle Bronze Age. In adjacent Westphalia a dagger is known from a burial in a long bed of the early Urnfield period, however. Knifes are known as grave goods only from the earlier part of the Urnfield period.

Nevertheless the number of possible ploughed-up grave gifts among the stray bronze objects should not be exaggerated. In the northern Netherlands only 3 axes, 1 spearhead, 3 daggers, 2 swords and 1 knife are known to be grave gifts.

In the catalogue 191 axes, 45 spearheads, 11 daggers, 10 swords and 15 knives are recorded. Of these 272 bronze objects 26 axes, 6 spearheads, 3 swords, 3 daggers and 8 knives are grave and hoard finds. This means that 165 axes, 38 spearheads, 8 daggers, 7 swords and 7 knives are stray finds. From the 17 multiple finds from the northern Netherlands, 10 come from a wet context and 7 from a dry context. One of the latter group was placed in a grave mound. These and multiple finds from a wet context may be interpreted as ritual hoards. Most multiple finds from a dry context contain fragmented objects and also imperfect or unfinished objects. These are characteristics of non-ritual hoards.

One half of the stray bronze objects from the north of the Netherlands come from a wet find-context (fig. 9). The high percentage of finds from a wet context is remarkable, for it is unlikely that Bronze Age people spent more time in wet surroundings than in drier areas, and therefore lost more bronze objects accidently in wet surroundings. The distribution of bronze axes over contexts 'wet', 'dry' and 'unknown' (fig. 10) suggests that during the Bronze Age the percentage of axes deposited in wet areas grew. The objects from a wet context have probably been deposited there out of ritual motives, but there could also be some lost objects among these finds. There is however some distortion in the distribution image of the finds from a dry and a wet environment. The original proportion of finds from both environments has shifted to an overrepresentation of dry finds, due to the late reclamation of waste lands in the drier ares and the relatively early exploitation of peat bogs.

If compared with the deposition of bronze objects in surrounding parts of Europe, it is clear that in the northern Netherlands the picture is similar. The only distinct difference is that here there are less hoards consisting of more than one object. This can be explained by the fact that the Netherlands does not possess the raw materials to make bronze. Because of this there was less bronze available to deposit.

We can conclude that during the Bronze Age, in the northern Netherlands, just as in other parts of Europe, objects were ritually deposited. This was mostly done in peat bogs and rivers. Just as in other parts of Europe, the biggest group of deposited objects are axes, followed by spearheads, knives, daggers and swords. These types of artifacts are all associated with men.

9. LITERATUUR

BOELES, P.C.J.A., 1920. Het bronzen tijdperk in Gelderland en Friesland. *De Gids* 1920, pp. 282-306.

BOELES, P.C.J.A., 1951. *Friesland tot de elfde eeuw, zijn voor- en vroegste geschiedenis*. 's-Gravenhage, Nijhoff.

BOOIJ, A.H., 1986. IJzeroer in Drenthe. Ontstaan, voorkomen, winning en gebruik. *Nieuwe Drentse Volksalmanak* 103, pp. 67-74.

BRADLEY, R., 1982. The destruction of wealth in later prehistory. *MAN* 17, pp. 108-122.

BRADLEY, R., 1990. *The passage of arms: An archaeological analysis of prehistoric hoards and votive deposits*. Cambridge, Cambridge University Press.

BRUNN, W.A. VON, 1968. *Mitteldeutsche Hortfunde der jüngeren Bronzezeit* (= Römisch-Germanische Forschungen 29). Berlin, De Gruyter.

BUTLER, J.J., 1959. Vergeten schatvondsten uit de bronstijd. In: J.E. Bogaers et al. (red.), *Honderd eeuwen Nederland* (= Antiquity and Survival II, 5-6). Luctor et emergo, 's-Gravenhage.

BUTLER, J.J., 1960a. Drie bronsdepots van Bargeroosterveld. *Nieuwe Drentse Volksalmanak* 78, pp. 205-231.

BUTLER, J.J., 1960b. Het bronsdepot van Onstwedderholte. *Groningse Volksalmanak* 1960, pp. 116-121.

BUTLER, J.J., 1960c. A Bronze Age concentration at Bargeroosterveld. *Palaeohistoria* 8, pp. 101-126.

BUTLER, J.J., 1961. De Noordnederlandse fabrikanten van bijlen in de late bronstijd en hun produkten: Een bijdrage tot de omschrijving van de Hunze-Eems Industrie in de 8e eeuw v.Chr. *Nieuwe Drentse Volksalmanak* 79, pp. 199-233.

BUTLER, J.J., 1963a. Ook in de oudere bronstijd bronsbewerking in Noord-Nederland? *Nieuwe Drentse Volksalmanak* 81, pp. 181-212.

BUTLER, J.J., 1963b. Bronze Age connections across the North Sea: A study in prehistoric trade and industrial relations between the British Isles, the Netherlands, North Germany and Scandinavia c. 1700-700 BC. *Palaeohistoria* 9.

BUTLER, J.J., 1965. Ook eens iets voor dames: Een bijzonder facet van de Noordnederlandse bronsbewerking in de 8e eeuw v.Chr. *Nieuwe Drentse Volksalmanak* 83, pp. 163-198.

BUTLER, J.J., 1968. Een Urnenvelden-kokermes uit de Hidsmeden bij Onstwedde. *Groningse Volksalmanak* 1968-1969, pp. 206-233.

BUTLER, J.J., 1969. *Nederland in de bronstijd*. Bussum, Fibula-Van Dishoeck.

BUTLER, J.J., 1971. *Bronze Age grave groups and hoards of the Netherlands* (1) (= Inventaria Archeologica). Bonn, Rudolf Habelt.

BUTLER, J.J., 1973. The big bronze knife from Hardenberg. In: W.A. van Es et al. (red.), *Archeologie en historie: Opgedragen aan H. Brunsting bij zijn zeventigste verjaardag*. Bussum, Fibula-Van Dishoeck, pp. 15-27.

BUTLER, J.J., 1982. The Bronze Age of barbarian Europe: A study guide. Amsterdam/Groningen, B.A.I./I.P.P.

BUTLER, J.J., 1986. Drouwen: End of a 'nordic' rainbow. *Palaeohistoria* 28, pp. 133-168 (Nederlandse vertaling in *Nieuwe Drentse Volksalmanak* 104, pp. 103-150).

BUTLER, J.J., 1987. Bronze Age connections: France and the Netherlands. *Palaeohistoria* 29, pp. 9-34.

BUTLER, J.J., 1990. Bronze Age metal and amber in the Netherlands (1). *Palaeohistoria* 32, pp. 47-110.

BUTLER, J.J., 1995/1996. Bronze Age metal and amber in hte Netherlands (part II:1). Catalogue of flat axes, flanged axes and stopridge axes. *Palaeohistoria* 37/38, pp. 159-244.

BUTLER, J.J. & H. STEEGSTRA, 1997/1998. Bronze Age metal and amber in the Netherlands (II:2): Catalogue of the palstaves. *Palaeohistoria* 39/40.

BUTLER, J.J. & J.D. VAN DER WAALS, 1960. Three Late Bronze Age gold bracelets from the Netherlands. *Palaeohistoria* 8, pp. 91-99.

BUTLER, J.J. & J.D. VAN DER WAALS, 1966. Bell Beakers and early metalworking in the Netherlands. *Palaeohistoria* 12, 41-139.

BUTLER, J.J., J.N. LANTING & J.D. VAN DER WAALS, 1972. Annertol III: A four-period Bell Beaker and Bronze Age barrow at Schuilingsoord, gem. Zuidlaren, Drenthe. *Helinium* 12, pp. 225-241.

BYVANCK, A.W., 1946. *De voorgeschiedenis van Nederland*. Leiden, Brill.

EISVELD BOSCH, A., 1980. Het bronsdepot van Schoonebeek, gem. Schoonebeek. *Nieuwe Drentse Volksalmanak* 97, pp. 135-149.

ELZINGA, G., 1964. *Fynsten ut Fryske groun*. Leeuwarden.

ESSINK, M., 1996. Rituele depositie van bronzen voorwerpen in Noord-Nederland (I)/ Katalogus bronzen voorwerpen in Noord-Nederland (II). Doctoraalscriptie Rijksuniversiteit Groningen

FOKKENS, H., 1991. Verdrinkend landschap: Archeologisch onderzoek van het westelijk Fries-Drents plateau 4400 BC tot 500 AD. Proefschrift Rijksuniversiteit Groningen.

FORMSMA, W.J. (red.), 1981. *Historie van Groningen: Stad en land*. Groningen, Wolters-Noordhoff.

GIFFEN, A.E. VAN, 1920. Grafheuvels uit de vroege 'bronstijd' bij Zeijen. *Nieuwe Drentse Volksalmanak* 38, pp. 122-146.

GIFFEN, A.E. VAN, 1930. *Die Bauart der Einzelgräber* (= Mannus-Bibliothek, 44-45). Curt Kabitsch, Leipzig.

GIFFEN, A.E. VAN, 1935. Oudheidkundigen aanteekeningen over Drentsche vondsten (II). *Nieuwe Drentse Volksalmanak* 53, pp. 67-122.

GIFFEN, A.E. VAN, 1939. Een tweeperiodenheuvel en twee steenkransheuvels bij Eext, gem. Anloo. *Nieuwe Drentse Volksalmanak* 57, pp. 124-127.

GIFFEN, A. E. VAN et al., 1951. Oudheidkundige aantekeningen over Drentse vondsten (XVIII). *Nieuwe Drentse Volksalmanak* 69, pp. 97-162.

GLASBERGEN, W., 1954. Barrow excavations in the Eight Beatitudes. Proefschrift Groningen (tevens verschenen als *Palaeohistoria* 2 (1954), pp. 1-134 en 3 (1954), pp. 1-204.

GLASBERGEN, W., 1956. De dolk van Bargeroosterveld. I. Vondstomstandigheden & beschrijving. *Nieuwe Drentse Volksalmanak* 74, pp. 191-198.

GLASBERGEN, W., 1957. Groninger oudheden: De praehistorische culturen op de zandgronden. *Groningse Volksalmanak* 1957, pp. 128-147.

GLASBERGEN, W., 1960. De dolk van Bargeroosterveld. II. Herkomst & datering. *Nieuwe Drentse Volksalmanak* 78, pp. 190-198.

GROENENDIJK, H.A., 1993. Landschapsontwikkeling en bewoning in het herinrichtingsgebied Oost-Groningen, 8000 BC-1000 AD. Proefschrift Rijksuniversiteit Groningen.

HANSEN, S., 1991. Studien zu den Metalldeponierungen während der Urnenfelderzeit im Rhein-Main-Gebiet (Universtätsforschungen zur prähistorischen Archäologie). Bonn, Rudolf Habelt.

HARSEMA, O.H. & J.D. RUITER, 1961. Onderzoek van twee Bronstijd-tumuli in Drenthe: De Paasberg bij Exloo en Tumulus 43 bij Gasteren. *Nieuwe Drentse Volksalmanak* 84, pp. 179-202.

HENNIG, H., 1970. *Die Grab- und Hortfunde der Urnenfelderkultur aus Ober- und Mittelfranken* (= Materialhefte zur Bayerische Vorgeschichte 23). Kallmünz: Lassleben.

HERINGA, H. et al. (red.), 1985. *Geschiedenis van Drenthe*. Meppel/Amsterdam, Boom.

HIELKEMA, J.B., 1994. Bronzen bijlen in Noord-Nederland. Doctoraalscriptie Rijksuniversiteit Groningen.

HOOPS, J. (red.), 1978. Bronzezeit. *Reallexikon der Germanischen Altertumskunde* 3, pp. 506-540.

HOOPS, J. (red.), 1986. Depotfund, Hortfund. *Reallexikon der Germanischen Altertumskunde* 5, pp. 320-338.

HUNDT, H.-J., 1955. Versuch zur Deutung der Depotfunde der Nordischen jüngeren Bronzezeit. *Jahrbuch des Römisch-Germanischen Zentralmuseums* 2, pp. 95-140.

JACOB-FRIESEN, G., 1967. *Bronzezeitliche Lanzenspitzen*

Norddeutschlands und Skandinaviens (= Veröffentlichungen der urgeschichtlichen Sammlungen des Landesmuseums zu Hannover 17). Hildesheim, Lax.

KIBBERT, K., 1980. *Die Äxte und Beile im mittleren Westdeutschlands I/II*. München, Beck.

KOK, R.J., 1973. Oudheidkundige veenvondsten in de Z.O.-hoek van Drente. *Westerheem* 22, pp. 237-242.

KOOI, P.B., 1979. *Pre-Roman urnfields in the north of the Netherlands*. Groningen, Wolters-Noordhoff/Bouma's Boekhuis.

KOOI, P.B., 1986a. Het bronsdepot van het Drouwenerveld. In: *Vondsten uit het verleden* (= Archeologisch jaarboek 1986). Maastricht, Natuur & Techniek, pp. 62-63.

KOOI, P.B., 1986b. Kroniek van opgravingen en vondsten in Drenthe in 1984. *Nieuwe Drentse Volksalmanak* 103, pp. 145-150.

KUBACH, W., 1978. Deponierungen in Mooren der südhessischen Oberrheinebene. *Jahresbericht des Instituts für Vorgeschichte der Universität Frankfurt am Main* 1978-79, pp. 189-341.

KYMMEL, J.A.R., 1908. Bij de titelplaat. *Nieuwe Drentse Volksalmanak* 27, pp. 202-204.

LAET, S.J. DE & W. GLASBERGEN, 1959. *De voorgeschiedenis der Lage Landen*. Groningen, Wolters.

LANTING, J.N., 1973. Laat-Neolithicum en Vroege Bronstijd in Nederland en NW-Duitsland: continue ontwikkelingen. *Palaeohistoria* 15, pp. 215-317.

LANTING, J.N., 1986. Der Urnenfriedhof von Neuwarendorf, Stadt Warendorf. *Ausgrabungen und Funde in Westfalen-Lippe* 4, pp. 105-108.

LEVY, J.E., 1982. *Social and religious organisation in Bronze Age Denmark: An analysis of ritual hoard finds* (= BAR International Series 124).

LOHOF, E.H., 1991. Grafritueel en sociale verandering in de bronstijd van Noordoost-Nederland (I): Catalogus van bronstijdgrafheuvels uit Noordoost-Nederland (II). Proefschrift Universiteit van Amsterdam.

Memoriaal van de Conservator van de Prae- en protohistorische afdeling van het Provinciaal Museum Drenthe (= notitieboek W. Glasbergen, 08/11/1954-01/02/1957; in het bezit van O.H. Harsema).

MÜLLER, F., 1993. Argumente zu einer Deutung von "Pfahlbaubronzen". *Jahrbuch der Schweizerischen Gesellschaft für Ur- und Frühgeschichte* 76, pp. 71-92.

NEEDHAM, N.P., 1989. Selective deposition in the British Early Bronze Age. In: H.A. Nordstrom & A. Knape (eds), *Bronze Age studies*. Stockholm, Statens Historika Museum, 45-61.

RANDSBORG, K., 1974. Social stratification in Early Bronze Age Denmark: A study in the regulation of cultural systems. *Prähistorische Zeitschrift* 49, pp. 38-62.

REICHMANN, C., 1982. Ein bronzezeitliches Gehöft bei Telgte, Kr. Warendorf. *Archäologisches Korrespondenzblatt* 12, pp. 437-449.

ROYMANS, N., 1991. Late urnfield societies in the northwestern European Plain and the expanding networks of Central European Hallstatt groups. In: N. Roymans & F. Theuws (eds), *Images of the past*. Amsterdam, Instituut voor Pre- en Protohistorie, pp. 9-89.

SANDEN, W.A.B. VAN DER (red.), 1990. *Mens en moeras: Veenlijken in Nederland van de bronstijd tot en met de Romeinse tijd*. Assen, Drents Museum.

SANDEN, W.A.B. VAN DER, 1992. Archeologie in Drenthe 1989-1990. *Nieuwe Drentse Volksalmanak* 109, pp. 167-185.

SANDEN, W.A.B. VAN DER & V.T. VAN VILSTEREN, 1993. Roldes oudste verleden. In: P. Brood (red.), *Geschiedenis van Rolde*. Meppel/Amsterdam, Boom, pp. 21-46.

STEIN, F., 1976. *Bronzezeitliche Hortfunde in Süddeutschland: Beiträge zur Interpretation einer Quellengattung* (= Saarbrücker Beiträge zur Altertumskunde 23). Bonn, Rudolf Habelt.

TORBRÜGGE, W., 1970-1971. Vor- und frühgeschichtliche Flussfunde. Zur Ordnung und Bestimmung einer Denkmälergruppe. *Bericht der römisch-germanischen Kommission* 51-52, pp. 1-146.

VEEN, M. VAN DER & J.N. LANTING, 1989. A group of tumuli on the 'Hooghalen' estate near Hijken (municipality of Beilen, province of Drenthe, the Netherlands). *Palaeohistoria* 31, pp. 191-234.

WAALS, J.D. VAN DER, 1962. A bronze sword of Erbenheim type from Ter Apel (Gr.). *Helinium* 2, pp. 118-121.

WAL, A. TER, 1995/1996. Een onderzoek naar de depositie van vuurstenen bijlen. *Palaeohistoria* 37/38, pp. 127-158.

WATERBOLK, H.T. & W. VAN ZEIST, 1961. A Bronze Age sanctuary in the raised bog at Bargeroosterveld (Dr.). *Helinium* 1, pp. 5-19.

WEGNER, G., 1976. *Die vorgeschichtlichen Flussfunde aus dem Main und aus dem Rhein bei Mainz.* Kallmünz, Lassleben.

WESTENDORP, N., 1819. *Eene voorlezing over de oude grafheuvelen, met betrekking tot Drenthe* (= Antiquiteiten: een oudheidkundig tijdschrift I).

WESTENDORP, N., 1822. *Verhandeling ter beantwoording der vrage: Welke volkeren hebben de zoogenoemde hunebedden gesticht? In welke tijden kan men veronderstellen, dat zij deze oorden hebben bewoond?.* Groningen, Oomkens.

WILHELMI, K., 1975. Neue bronzezeitliche Langgräber in Westfalen. *Westfälische Forschungen* 27, pp. 47-66.

WILLROTH, K.-H., 1985. *Die Hortfunde der älteren Bronzezeit in Südschweden und auf den dänischen Inseln.* Neumünster, Wachtholtz.

ELITE IN DRENTHE? EEN ANALYSE VAN TWAALF OPMERKELIJKE DRENTSE GRAF-INVENTARISSEN UIT DE VROEGE EN HET BEGIN VAN DE MIDDEN-IJZERTIJD

M.J.M. DE WIT

Groninger Instituut voor Archeologie, Groningen, Netherlands

ABSTRACT: The paper deals with the chronology of the late Hallstatt-early LaTène period, and with the dating of a number of rich Iron Age graves in Drenthe. These graves contain imported metal objects, date to a relatively short period during Ha D and La T A, and seem to represent local elite; whose source of wealth may have been iron production.

KEYWORDS: Central Europe, Iron Age, chronology, Heuneburg, Netherlands, Drenthe, graves, trade, wealth, elite.

1. INLEIDING

Tussen ca. 1850 en 1950 werd in de provincie Drenthe een aantal opzienbarende vondsten gedaan, afkomstig uit graven uit de voor-Romeinse ijzertijd. Deze hadden een andere positie dan de overige graven die uit deze periode bekend zijn. De voorwerpen uit deze kleine groep graven die niet alle van inheemse makelij zijn, getuigen dat de overledenen een aanzienlijke sociale positie moeten hebben gehad. De graven in kwestie zijn die van 'Havelterberg', Darp, Anloo, Meppen, Balloo, Gasteren 1949/50, Rolde 'Klaassteen' en Wijster 'de Emelang' (fig. 1). Daarnaast verdient een bijzondere urn uit Borger de aandacht en zullen enkele slecht gedocumenteerde, maar kennelijk eveneens 'rijke' grafvondsten behandeld worden die al ver voor 1850 werden ontdekt. Het bijzondere aan deze vondsten is het feit dat zij een afspiegeling zijn van een korte bloeiperiode in Drenthe tijdens de vroege en het begin van de midden-ijzertijd. De graven, die in de late Hallstatt(Ha)-periode en het begin van de LaTène(LT)-tijd kunnen worden geplaatst, bevatten namelijk veel en waardevolle grafgoederen. Omdat deze opleving maar van korte duur is, kan worden afgevraagd of hiervoor een speciale oorzaak aan te wijzen is. De doelstelling van deze publicatie is om aan de hand van de meest recente literatuur een beeld te geven van de datering en de oorsprong van de vondsten uit de graven. Door de Drentse graven vervolgens te vergelijken met naburige rijke graven in het binnen- en buitenland kan iets gezegd worden over de sociale positie.

Dit artikel begint met een paragraaf over de chronologie van de ijzertijd in Europa. Daarna worden de voorwerpen uit de graven afzonderlijk behandeld waarbij wordt gekeken naar de vindplaats, de vondstomstandigheden, de overige voorwerpen die in de graven zijn aangetroffen en eventuele parallellen, datering en plaats van herkomst. Vervolgens wordt een overzicht gegeven van de stand van kennis betreffende Noord-Nederland in de eerste helft van de ijzertijd, waarbij gelet wordt op de manieren waarop sociale differentiatie kan worden aangetroffen in de archeologische contexten uit deze periode. Daarnaast wordt de situatie in de naburige gebieden besproken.

2. DE IJZERTIJDCHRONOLOGIE VAN DE HALLSTATT- EN LATÈNEPERIODEN

2.1. Inleiding

De discussie over de relatieve en de absolute chronologie van de eerste helft van de ijzertijd, de perioden Ha C, Ha D en LT A, is een omstreden onderwerp. Toch is het voor deze publicatie van belang dat er duidelijkheid omtrent deze tijdsindeling wordt geschapen, aangezien de twaalf vondstcomplexen die in dit werk centraal staan gedateerd moeten worden en ingepast in een Noord-Nederlandse chronologie die deels gebaseerd is op een gecalibreerde ^{14}C-chronologie en deels op contacten met de Noord-Alpiene ijzertijdchronologie. Het is nodig om de controversiële punten in de chronologie van deze periode in het Noord-Alpiene gebied langs te gaan en te zien wat op het moment de gangbare meningen zijn en in welke richtingen eventuele oplossingen te zoeken zijn. Hierbij zijn twee onderwerpen van belang: de tegenspraak die nog steeds aanwezig is tussen chronologieën die gebaseerd zijn op Ha D- en LT A-grafvondsten en de chronologie volgens de stratigrafie van de Heuneburg, gekoppeld aan argumenten die ontleend zijn aan zogenaamde Griekse contacten.

2.2. De relatieve chronologie van de vroege en het begin van de midden-ijzertijd in het Noord-Alpiene gebied.

Reinecke deelde de Hallstattperiode in vier fasen in, die later Ha A t/m D zouden worden genoemd (bondig bijeengebracht in Reinecke, 1965). De tweede Hallstattfase, Ha B, werd volgens hem onder andere gekenmerkt door bronzen Gündlingenzwaarden en de fasen drie en vier, Ha C en D, door respectievelijk ijzeren Hallstattzwaarden en -dolken. De toewijzing door Reinecke van Gündlingenzwaarden aan Ha B werd door Kimmig (1940) gecorrigeerd, die ze in Ha C plaatste. Kossack (1957) is verantwoordelijk voor de opsplitsing van Ha C in C1 en C2. Dat C2 in feite Ha D1 was, werd voor het eerst door Spindler opgemerkt (1975: p. 44, noot 6) en door hem nader uitgewerkt (1980). Torbrügge (1991) toont deze gelijkstelling nogmaals aan. Hij maakt met de woorden "*die Entlarvung von Ha C2 als Phantomphase*" (1991: p. 224) duidelijk dat de onderverdeling van Ha C in Ha C1 en C2 onjuist is. Hij meent dat Ha C op grond van het materiaal waarmee deze fase is gedefinieerd beter gezien kan worden als een "*Ausstattungsmuster von gesell-schaftlicher Relevanz neben anstatt zwischen den beiden Nachbarstufen Ha B spät und Ha D früh*" (1991: p. 227). Volgens Torbrügge bestaat Ha C voornamelijk uit mannengraven, die alle behoren tot een sociale elite en die oorzaak zijn van de afwezigheid van vrouwengraven en de zogenaamde *Siedlungslücke* tijdens Ha C. Hij is van mening dat het typische Ha C-aardewerk alleen uit graven bekend is en daarom kennelijk speciaal hiervoor vervaardigd is. Verder meent hij in de nederzettingen een ontwikkeling van het Ha B 2/3-aardewerk naar het Ha D-aardewerk te zien. Ook blijkens de sieraden zou er van deze continuteit sprake kunnen zijn. Torbrügge geeft echter zelf al aan dat het tijdsverschil tussen het eind van Ha B3 en het begin van Ha D1 misschien wel erg groot is voor een dergelijke duistere zone. Verder levert Torbrügge forse kritiek op het invoeren van de zogenaamde Gündlingenfase, die voor het eerst door Pare (1987: p. 479) werd voorgesteld. Pare wil een fase onderscheiden tussen Ha B3 en Ha C1 (volgens Kossack), die gekenmerkt wordt door Gündlingenzwaarden. Volgens Torbrügge moet een fase gedefinieerd kunnen worden aan de hand van voor die fase kenmerkende voorwerpen. Bij Pare's Gündlingenfase zou dat echter niet het geval zijn. De overgangszone van Ha B2/3 naar klassiek Ha C1 met zijn ijzeren zwaarden zou alleen een uitlopen van Ha B2/3-voorwerpen en het vroegste optreden van Ha C1-voorwerpen, waaronder Gündlingenzwaarden, te zien geven (Torbrügge, 1991: Abb. 34).

Tomedi (1996) laat zien dat ook een genuanceerdere benadering mogelijk is. Hij wijst er op dat het ontbreken van specifiek vrouwelijke grafgiften niet betekent dat er geen Ha C-vrouwengraven bestaan. Deze moeten gezocht worden in de graven met aardewerk. Alleen mannengraven vallen op, door typisch mannelijke grafgiften als zwaarden en wagens. Uit de artikelen van Tomedi (1996), Pare (1991) en Friedrich & Hennig (1995) blijkt dat toch rekening moet worden gehouden met een vroegste Ha-C fase. Het wagengraf van tumulus 8 van Wehringen (zie ook 2.3) speelt een belangrijke rol

Gräben Mauern	Alte Gliederung Perioden	Neue Gliederung Baustadien	Bauphasen
⊢┤	Mittelalter	1	
⊢┤		2	
⊢┤?		3	
⊢┤⊢┤	Ia	4	—¹— —₂—
⊢┤⊢┤	Ib / 1	5	
⊢┤⊢┤	Ib / 2	6	
⊢┤⊢┤	Ib / 3	7	
⊢┤⊢┤	Ib / 4	8	
⊢┤⊢┤	II	9	—¹— —₂—
⊢┤⊢┤	IIIa	10	—¹— —₂—
⊢┤⊢┤	IIIb	11	—¹— —₂—
	IVa / 1	12	
	IVa / 2	13	
	IVb / 1	14	
	IVb / 2	15	
	IVb / 3	16	
	IVc	17	—¹— —₂—
	Va	18	
	Vb	19	
	VI	20	
	VII	21	
	VIII / 1	22	
	VIII / 2	23	
Alte Oberfl.	IX		

Fig. 1a. Overzicht van de perioden en bouwfasen op de Heuneburg (Gersbach, 1989: Abb. 19).

in de discussie. Dit graf bevat, naast een wagen, een Gündlingenzwaard. De wagen is volgens Pare in een andere traditie gemaakt dan die van de overige wagengraven uit Ha C en D. Deze laatste traditie heeft Zuidoost-Europese invloeden, terwijl de wagen van Wehringen volgens de urnenveldentraditie is gemaakt.

Zürn (1942) deelde Ha D in twee afzonderlijke delen op, waaraan hij geen termen verbond, maar die hij simpelweg als een vroege en een late periode van Ha D beschouwde. Anders dan Reinecke maakt Zürn bij zijn onderverdeling, die gebaseerd is op grafvondsten in Zuidwest-Duitsland, vooral gebruik van fibulae. De vroege fase van Ha D heeft *Schlangen-* en *Bogenfibeln*, terwijl de late fase door *Pauken-* en *Fusszierfibeln* gekenmerkt wordt. In zijn werk uit 1952, waarin hij wederom Zuidwest-Duitsland als onderzoeksgebied heeft, spreekt hij wel over een "*Zweiteilung der Stufe Reinecke D*", die correspondeert met wat door Schiek in 1956 Ha D1 en Ha D2 werd genoemd. Daarnaast voert hij een fase in van "*nachlebende Ha-inventare*" die ook LT A-elementen kent en die in 1956 wederom door Schiek in zijn niet gepubliceerde dissertatie Ha D3 werd genoemd (Frey, 1972: p. 177, noot 9). Deze mengfase zou volgens Zürn ingevoegd moeten worden tussen zuiver laat-Ha en zuiver LT A en heeft als

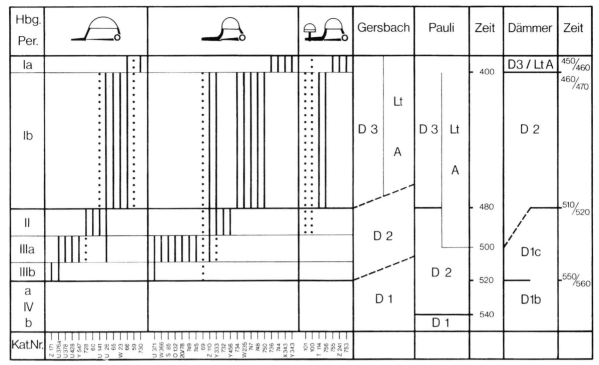

Fig. 1b. Stratigrafie van de belangrijkste fibulatypen en chronologische toewijzing van perioden en bijbehorende absolute dateringen volgens Gersbach, Pauli en Dämmer. In de stratigrafie van de fibulae betekenen getrokken lijnen 'zekere', gestippelde lijnen 'mogelijke' toewijzing aan de betreffende perioden, volgens Gersbach (1981: Abb. 2).

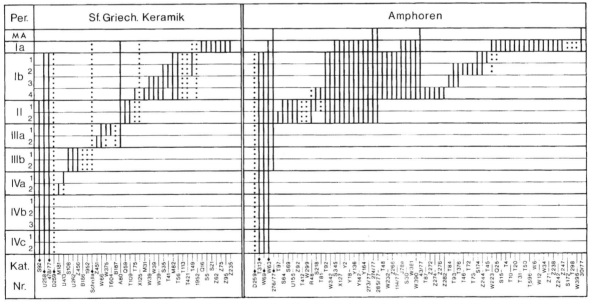

Fig. 1c. Stratigrafie van het Griekse aardewerk op de Heuneburg. Getrokken lijnen betekenen 'zekere', gestippelde lijnen 'mogelijke' toewijzing aan de betreffende perioden, volgens Gersbach (1981: Abb. 2).

kenmerken *Doppelpauken-* en *Fusszierfibeln.* De meng-fase heeft tot uitvoerige discussie geleid over de chronologie van de overgang van Ha D naar LT A en heeft de aanzet gegeven voor de aanname dat met name in Zuidwest-Duitsland in die tijd een late vorm van Ha D voortleefde, terwijl in andere gebieden LT A al voorkwam. Dit argument speelt nog steeds in de Heuneburg-discussie een rol (zie 2.4). Terwijl Zürn zich qua overlap beperkt tot Ha D3 en LT A, gaat Pauli (1972) nog een stapje verder. Deze wil LT A al in Ha D2 laten beginnen. Deze theorie heeft echter weinig aanhangers gevonden.

Toch is fase Ha D3, in de zin van Zürns mengfase van laat Ha en LT A, vanaf het begin omstreden geweest en nieuwe studies, waarvan het werk van Parzinger (1986b; 1988) het belangrijkste is, tonen aan dat zo'n fase niet bestaan heeft. De oorzaak van Zürns vergissing zijn de slecht opgegraven en gedocumenteerde vondsten, waarop hij zijn hypothese baseerde. Wel kan een late fase van Ha D2 worden afgescheiden, die wordt gekenmerkt door *Doppelpauken-* en *Fusszier*fibulae en die Ha D3 genoemd kan worden. In die zin zal de term Ha D3 ook in dit artikel worden gebruikt.

LT werd door Reinecke (1965) opgedeeld in vier stadia: A t/m D. Daarvan kwamen B t/m D overeen met Tischlers vroege, midden- en late LT-fase uit 1885. Op grond van het materiaal dat hij kende uit Noordoost-Beieren en uit de vorstengraven voegde Reinecke een nieuwe fase tussen laat-Ha en Tischlers vroege LT-fase in: LT A. Viollier (1916) splitste LT A in drie fasen: a t/m c. Hij kwam tot deze onderverdeling door de vondsten uit de grote Zwitserse vlakgraven te bestuderen. In navolging van Viollier deelde Jacobstahl (1944) tevens vroeg LT op in afzonderlijke fases. Hij keek hierbij echter niet naar het soort voorwerpen dat in de graven uit die tijd waren gevonden, maar naar de stijl van deze voorwerpen. Vroeg LT bestaat volgens hem uit een drietal stijlfasen: de vroegste fase is de *Early Style*, de daaropvolgende fase de *Plastic Style* en de laatste fase de *Sword Style*.

De belangrijkste werken betreffende de chronologie van de ijzertijd in Europa, die in de afgelopen jaren verschenen zijn, zijn van de hand van Parzinger. In 1986 publiceerde deze zijn artikel *Zur Späthallstatt- und Frühlatènezeit in Nordwürttemberg*. In dit artikel bekijkt hij een aantal gesloten grafinventarissen in Nordwürttemberg en gaat na of er veranderingen optreden per Ha- en LT-periode. Hierbij kijkt hij voornamelijk naar de fibulatypen en de verdeling hiervan bij mannen en vrouwen. Parzinger komt tot de conclusie dat er geen overlap is van Ha D en LT A in dit gebied en ontkracht hiermee de theorie van Pauli dat er in Zuidwest-Duitsland en Oost-Frankrijk een samengaan is van deze twee perioden. Parzinger toont aan dat ook in Nordwürttemberg LT A volgt op Ha D3. In zijn latere werk *Chronologie der Späthallstatt- und Frühlatène-Zeit* uit 1988, dat nu als een standaardwerk geldt, gaat Parzinger nog een stapje verder. Op grond van dendrodateringen en zuidelijke importen geeft hij voor het gebied tussen de Moezel en de Saave een absolute chronologie. Het werk is gebaseerd op de grondige analyse van de vondsten per regio, resulterend in regionale relatieve chronologieën. In deze chronologieën worden contactvondsten (*Leitformen*) in zogenaamde *Horizonten* geplaatst, waarbij elke *Horizont* zijn eigen *Leitform(en)* heeft. Overigens slaat Parzinger in zijn onderzoek een groot gebied over, namelijk Zuidoost-Duitsland, Oostenrijk en Zwitserland. Deze gebieden

worden in zijn werk wel kort behandeld (1988: pp. 92-109). Uit Parzingers werkwijze komt naar voren dat typische Hallstattverschijnselen beginnen in het zuidoostelijk Alpiene gebied en zich uitbreiden over gebieden met afwijkende cultuurverschijnselen; *Horizonten* 1 t/m 4 worden derhalve alleen in de Zuidoost-Alpen aangetroffen. Ook moet worden vermeld dat in sommige gebieden LT A eerder begint dan in andere; in tijd overlappen Ha D3 en LT A elkaar, maar niet op lokale schaal.

De chronologie van Parzinger geeft aanknopingspunten met het systeem van Reinecke en Zürn en met de bouwfasen van de Heuneburg (zie 2.4). Terugvertaald in de traditionele termen van Reinecke en Zürn ziet Parzingers chronologie er tegenwoordig zo uit:

Horizont 5	=	Ha D1a
Horizont 6	=	Ha D1
Horizont 7a	=	Ha D1/Ha D2
Horizont 7b/c	=	Ha D2/Ha D3
Horizont 8a	=	Ha D3
Horizont 8b	=	LT A1
Horizont 9	=	LT A1
Horizont 10	=	LT A2

Parzingers indeling kan tevens gekoppeld worden aan de chronologie van het gebied van de Hunsrück-Eifelcultuur (HEK). Dit laatste is belangrijk voor deze publicatie, aangezien er duidelijke contacten bestaan tussen Drenthe en dit gebied. Parzinger deelt het gebied van de HEK op in twee delen, namelijk het gebied van de Rijn, Moezel en Lahn (RML) en het meer westelijk gelegen gebied van Hochwald-Nahe (HN).

Hij kijkt wederom naar de bijgaven van een aantal gesloten grafvondstcomplexen en probeert per periode verschillen te traceren, die hij vervolgens projecteert op de *Horizonten*. Interessant is dat in het HEK-gebied de vroegste LT-verschijnselen voorkomen. Parzinger komt tot de volgende indeling:

Horizont 6	=	RML IA1/HN IA1
Horizont 7a	=	RML IA2/HN IA2
Horizont 7b	=	RML IA3/HN IA3
Horizont 7c	=	RML IA3/HN IA3
Horizont 8a	=	RML IB/HN IB
Horizont 8b	=	RML IIA1/HN IIA1
Horizont 9	=	vroege RML IIA2/HN IIA2a
Horizont 10	=	late RML IIA2/HN IIA2b

De grens van *Horizonte* 8a en 8b is regionaal verschillend. In het HEK-gebied wordt voornamelijk 8b aangetroffen; *Horizont* 8a is daar zeer zeldzaam. Dat betekent dus: weinig Ha D3, veel (vroeg) LT A.

2.3. De absolute chronologie van de vroege en het begin van de midden-ijzertijd in het Noord-Alpiene gebied

Aanvankelijk werd de absolute chronologie van de ijzertijd volledig gebaseerd op contactvondsten. In de afgelopen jaren zijn er echter een aantal dendrochronologische dateringen gedaan, die voor een groot deel van de ijzertijd absolute dateringen geven. Müller-Karpe (1959) stelt Ha C op basis van Italiaanse contacten gelijk met de Oriëntaliserende fase in Griekenland, die te dateren is in de 7e eeuw. Van groot belang is een graf op Ischia, in de buurt van Napels. In dit graf werden zowel een vroege proto-Corintische *aryballos*, uit de periode direct na de Corintische laatgeometrische periode, als een *scarabee* met een *cartouche* van de Egyptische heerser Bocchoris gevonden. Deze Bocchoris heerste van 718-712 v.Chr. Eenzelfde *cartouche* is in Tarquinia (Etrurië) gevonden op een vaas die uit periode III stamt. Deze periode Tarquinia III staat gelijk met Ha C in Zuid-Duitsland.

Dehn & Frey (1962) geven aan dat de overgang van Ha D naar LT A op grond van importen van Grieks metalen vaatwerk en aardewerk rond 500 v.Chr. geplaatst kan worden. Ze geven als indicator voor het eind van Ha D het graf van Vix aan. Dit graf heeft zowel Ha D 2/3 *Doppelpauken-* en *Fusszier*fibulae als Griekse en Etruskische importen uit ongeveer 500 v.Chr. en kan aan het eind van de 6e en het begin van de 5e eeuw geplaatst worden. De beste invalshoek voor de datering van LT A is volgens hen het Attisch aardewerk dat uit graven afkomstig is en tussen de tweede helft van de 5e en het begin van de 4e eeuw v.Chr. dateert.

Van toenemend belang in de chronologie van de ijzertijd in het Noord-Alpiene gebied is de dendrochronologie. Veel werk betreffende dendrodateringen voor de ijzertijd is gedaan door Ernst Hollstein; met name zijn dateringen van Magdalenenberg/Villingen zijn van belang (Hollstein, 1974). In 1973 publiceerde Hollstein zijn eerste dateringen voor zowel Villingen als Kirnsulzbach, Befort en Christenberg. Hollstein kwam op de volgende dateringen voor Villingen: 577 v.Chr. voor het centrale graf (1), 562 v.Chr. voor graf 72 (nabijzetting), 551 v.Chr. voor het kindergraf 6 (nabijzetting) en 530 v.Chr. voor de eerste beroving van het centraalgraf. Zijn dateringen moesten echter gecorrigeerd worden. In 1979 was er een eerste correctie van - 27 jaar op de tot dan toe bestaande curve. Deze correctie was nodig als gevolg van een overbrugging van een zwak punt in de 4e eeuw na Chr. (Hollstein, 1979). Drie jaar daarna bleek dat een tweede correctie nodig was (Becker & Schmidt, 1982) en wel met +71 jaar. De fout bleek te zitten in Hollsteins Kirnsulzbach-chronologie. Dit betekent wel dat een deel van de gepubliceerde dateringen met -27 jaar moet worden herzien, terwijl een ander deel +44 jaar ouder is dan aanvankelijk gedacht. Hollsteins *mastercurve* (1980) is vergeleken met andere Duitse *mastercurves* en lijkt nu correct te zijn, al zijn er hier en daar toch nog enkele kleine verschillen aanwezig.

Een aantal dendrodateringen is van belang voor de ijzertijdchronologie in het Noord-Alpiene gebied. Uit Kaenel & Moinat (1995) blijkt dat het jongste Ha B3-materiaal van de Neuburgersee in het westelijk Alpengebied nu gedateerd kan worden op 847 v.Chr. en van

het Lac du Bourget in Oost-Frankrijk op 813 v.Chr. Het zeer vroege Ha C-wagengraf uit tumulus 8 van Wehringen (Friedrich & Hennig, 1995; zie 2.2), dat kenmerkend is voor de Gündlingenfase, is gedateerd op 778±5 v.Chr. Ook is er een datering voor de graven in heuvel 1 bij Dautmergen met typisch ontwikkeld Ha C-keramiek en wel 667±10 v.Chr.[1] Bovendien zijn er nu onafhankelijke dendrodateringen voor de graven van Villingen (Friedrich, 1996). De dateringen van Hollstein (1980) en Friedrich verschillen wel enigszins van elkaar, maar niet echt veel. Graf 1, dat geplunderd is maar op grond van de schaarse resten geplaatst kan worden in vroeg Ha D1, is door de aanwezigheid van een *Waldkante* door Friedrich nu gedateerd op 616 v.Chr. Hollstein plaatste het in 622 v.Chr. De centrale grafkamer van Villingen valt in Parzingers *Horizont* 5 (zie 2.2). Graf 6, een nabijzetting in de heuvel die in Ha D1 gedateerd kan worden, wordt door Hollstein in 596 v.Chr. en door Friedrich in 593 v.Chr. geplaatst (*Wald-kante* mogelijk aanwezig). Graf 72, dat eveneens uit Ha D1 stamt, werd door Hollstein in 607 v.Chr. gedateerd. Friedrich dateert dit graf na 604 v.Chr., en heeft geen *Waldkante* kunnen ontdekken. Het centrale graf in Villingen werd volgens Hollstein in 569 v.Chr. leeg geroofd. Friederich dateert deze beroving wat vroeger: niet al te lang na 501 v. Chr. De onzekerheid is het gevolg van beschadigde jongste ringen inclusief *Waldkante*. Het is aannemelijk dat deze beroving gebeurde direct nadat de laatste nabijzetting plaatsvond. Alle nabijzettingen horen thuis in periode Ha D1 en het prille begin van Ha D2 (Parzinger, 1986a). De datering van de eerste beroving van het centrale graf van Villingen zou dus als een datering voor het begin van Ha D2 kunnen worden gebruikt.

Friedrich (1996) geeft ook de langverwachte datering voor de verbrande poort van periode Ia van de Heuneburg. Deze moet aan het begin van Ha D3 zijn gebouwd. Enige voorzichtigheid moet echter in acht worden genomen. Bij geen van de 13 onderzochte balken, die afkomstig waren van dezelfde dikke eik, was spinthout aanwezig. De dateringen van de jongste kernhoutringen lagen echter binnen een traject van 15 jaar. Op grond daarvan zoekt Friedrich de kern/spinthoutgrens direct na de jongste kernhoutring, rond 545 v.Chr., en bepaalt ze de kapdatum rond 520±10 v.Chr.

Er zijn niet veel goede dateringen voor LT A. De dateringen van het vorstengraf van Altrier, die aanvankelijk gepubliceerd werden als 473 en 461 v.Chr. en later gecorrigeerd werden tot 446 en 434 v.Chr., zijn door Neyses (1991) verworpen. De datering van Christenberg kan wel voor LT A gebruikt worden. Het gaat hier om een ringwal die van LT A tot eind LT B2 in gebruik was. Uit deze wal zijn verkoolde balken, die ongetwijfeld tot de vroegste fase (LT A) horen, gedateerd op 420 v.Chr. (Herrmann & Jockenhövel, 1990). Bij HEK kunnen tot slot de dateringen van Kirnsulzbach in 514 v.Chr. en Befort in 509 (wal) en 501 v.Chr. (huis) genoemd worden (Neyses, 1991). Kirnsulzbach hoort archeologisch thuis in HEK I[2] en Befort op de overgang van HEK I naar HEK II.

Als deze nieuwe dendrochronologische gegevens nu samengevat worden, komt het volgende beeld naar voren:

- De overgang van Ha B3 naar Ha C ligt rond of vlak na 800 v.Chr., dus bijna een eeuw vóór de traditionele datering;

- De overgang van Ha C naar Ha D1 ligt rond 620 v.Chr. of wellicht iets vroeger. Het graf van Dautmergen geeft aan dat er rond 667±10 v.Chr. nog zuiver Ha C in omloop is;

- De overgang van Ha D3 naar LT A ligt in noordelijk Baden-Württemberg waarschijnlijk bij 520±10 v.Chr.

Ook Parzinger (1988) maakte voor het opstellen van een absolute chronologie voor zijn *Horizonten*-systeem gebruik van mediterrane importen, in combinatie met de weinige dendrochronologische dateringen die op dat moment bekend waren. Van belang zijn hier alleen de dateringen voor de *Horizonten* 5 tot en met 10:

Horizont 5	=	630/620-610/600 v.Chr.
Horizont 6	=	610/600-570/560 v.Chr.
Horizont 7a	=	570/560-540/530 v.Chr.
Horizont 7b/c	=	540/530-510/500 v.Chr.
Horizont 8	=	510/500-480/470 v.Chr.
Horizont 9	=	480/470-450/440 v.Chr.
Horizont 10	=	450/440-400/390 v.Chr.

Vertaald in de traditionele Ha D-LT A-indeling geeft dit het volgende beeld:

Ha D1	=	630/620-555/545 v.Chr.
Ha D2	=	555/545-510/500 v.Chr.
Ha D3	=	510/500-480/470 v.Chr.
LT A	=	480/470-400/390 v.Chr.

In vergelijking met Ha D2 en Ha D3 valt de lange duur van Ha D1 op. Dit is onder andere het gevolg van de late begindatering van Ha D2, die op basis van de kunsthistorische datering van de grote bronzen ketel van Hochdorf in vroeg Ha D2 geplaatst moet worden. Deze ketel zou pas rond 540/530 v.Chr. vervaardigd zijn (Gauer, 1985; Rolley, 1998). Er zijn echter goede aanwijzingen om aan de late datering van het begin van Ha D2 te twijfelen. Zo wijst de datering van de eerste beroving van het centrale graf van Villingen (zie boven) op een oudere datering en levert ook de Heuneburg (zie 2.4) reden om aan een aanzienlijk eerdere start van Ha D2 te denken.

2.4. De chronologie van de Heuneburg

Bij discussies over de chronologie van Ha D en LT A krijgt men vroeger of later te maken met de Heuneburg. Aan de stratigrafie en datering van deze *Fürstensitz* zijn vele publicaties gewijd. De stratigrafie is bekend (Gersbach, 1989), maar over de datering van de verschillende lagen lopen de meningen uiteen. Het is niet erg zinvol om de uiteenlopende visies op de Heuneburg

hier samen te vatten. Verwezen kan worden naar het artikel van Gersbach (1981) over de chronologie, waarin de controversen uitgebreid aan de orde komen en overzichtelijk zijn samengevat (figs. 1a-c).

De Heuneburg heeft een ingewikkelde stratigrafie. Zo is de periode Ha D vertegenwoordigd met 14 *Baustadien*, respectievelijk 19 *Bauphasen*. Alleen via fibulae is het mogelijk deze stratigrafie vast te knopen aan de traditionele, op grafvondsten gebaseerde chronologie en juist daarom is er in de verschillende publicaties zoveel aandacht geschonken aan de stratigrafie van de fibulae. Het probleem is dat door de vele grondbewegingen fibulae uit de oudere lagen naar boven kunnen zijn verplaatst. Diepe stratigrafie komt bovendien alleen langs de randen van het terrein voor, bij de herhaaldelijk verbouwde muren. Op het binnenterrein van de Heuneburg is de stratigrafie veel minder diep en is het moeilijker de verschillende *Baustadien* en -*phasen* toe te wijzen. In deze publicatie wordt Parzinger (1988) gevolgd, die periode IVc laat beginnen met *Horizont* 5/NW SHa Ia. Periode Ia wordt door hem toegeschreven aan *Horizont* 8a/NW SHa V. Op grond van de dendrodatering van de centrale grafkamer van Villingen kan het begin van periode IVc rond 620 v.Chr. geplaatst worden. De bouw van de verbrande poort van de Heuneburg in periode Ia kan rond 520±10 gedateerd worden. Tussen het begin van periode IVc en het begin van periode Ia worden door Gersbach (1981) 13 *Baustadien*, respectievelijk 17 *Bauphasen* onderscheiden. Als voorzichtigheidshalve wordt uitgegaan van een bouwdatum van 510 v.Chr. voor de poort van periode Ia, betekent dat een gemiddelde duur van 8,5 jaar voor een *Baustadie*, respectievelijk 6,5 jaar voor een *Bauphase*. Dit betekent dat de leemtegelmuur, die gedurende de perioden IVb en IVa in gebruik was en 5 *Baustadien* en -*phasen* overleefde, al rond 610/605 v.Chr. moet zijn gebouwd en tot 570/565 v.Chr. moet hebben bestaan. Dit is aanzienlijk vroeger dan de dateringen die Gersbach voorstelde (zie fig. 1b). Zijn chronologische ideeën zijn dan ook sterk beïnvloed door de aanname dat op de Heuneburg slechts één periode van Griekse invloed aanwezig is en dat de bouw van de leemtegelmuur en de invoer van Grieks aardewerk binnen deze ene periode geplaatst moeten worden. Volgens Shefton, die het Griekse aardewerk van de Heuneburg heeft bestudeerd, dateert dit aardewerk tussen 540/530 en 510/500 v.Chr. (Van den Boom, 1989: noot 382). Tot het oudste aardewerk behoort een *volutenkrater*, waarvan een aantal fragmenten gevonden is. Voor Gersbach is de associatie van deze *volutenkrater* met de leemtegelmuur van belang. Volgens hem zijn twee scherven van de *volutenkrater* gevonden in lagen die aan periode IVa toegeschreven kunnen worden (fig. 1c). Een daarvan (fragment U 413) zou zelfs op de vloer van een toren van de leemtegelmuur zijn gevonden. Wanneer rekening wordt gehouden met de productiedatum en omlooptijd van de *volutenkrater*, zou dit betekenen dat de leemtegelmuur na 540 v.Chr. en misschien wel tot 520 v.Chr. in gebruik is geweest. Deze late datering heeft echter consequenties. De overgang van Ha D1 naar Ha D2 zou daardoor na 520 v.Chr. geplaatst moeten worden. Aangezien in de perioden IIIb t/m Ia nog 8 *Baustadien*, respectievelijk 12 *Bauphasen*, volgen, moet de Heuneburg volgens Gersbach tot ver na 500 v.Chr. bewoond zijn geweest. Met het oog op de dateringen voor LT A elders, houden de dateringen van Gersbach bovendien een langdurige overlap van Ha D3 en LT A in. Deze opvatting is in strijd met de chronologische ideeën van Parzinger (1988).

Er zijn dus redenen om te twijfelen aan de associatie van de leemtegelmuur met het Griekse aardewerk. Dämmer (1977) is van mening dat al het Griekse aardewerk van Heuneburg daar pas in perioden Ia en Ib terechtkwam en dat de dieper gelegen scherven als verplaatst moeten worden beschouwd. Gersbach (1981) verzet zich hevig tegen deze opvatting, hoewel uit zijn overzicht blijkt dat Griekse amforen in ieder geval pas vanaf periode II op de Heuneburg verschijnen, zo niet pas in periode I (fig. 1c). Dit maakt het waarschijnlijk dat hetzelfde ook geldt voor het Grieks zwartfigurig aardewerk. Op grond van de hierboven genoemde gemiddelde levensduur van een *Baustadie* en *-phase*, zou dat betekenen dat Grieks aardewerk na 560/555 v.Chr. zijn intrede op de Heuneburg doet, hetgeen goed aansluit bij Sheftons dateringen. Daarnaast moet er met klem op gewezen worden dat de leemtegelmuur geen typisch Grieks product is. De Chazelles (1995) toont aan dat het bouwen met leemtegels op een breuksteenondergrond, zoals op de Heuneburg het geval is, een oude mediterraanse traditie is en ook door de Phoeniciërs en Etrusken werden toegepast. In Etrurië was deze constructie in ieder geval al ver vóór 600 v.Chr. bekend. In Rusellae is een deel van de stadsmuur in deze stijl gebouwd; deze dateert uit 650 v.Chr. (Naumann, 1959). Ook andere invalshoeken laten zien dat er veel voor te zeggen is om aan de leemtegelmuur op de Heuneburg een Etruskische herkomst toe te schrijven. Bouloumié (1987) laat zien dat de Etruskische handelssteden tussen 650 en 400 v.Chr. een grote rol speelden in de (wijn)handel met het Hallstattgebied. Bouloumié wijst twee stromingen in de Etruskische handel aan. Het eerste gebied dat de Etrusken buiten Italië aandeden was Zuid-Frankrijk. Door de vele Etruskische grafvondsten en een aantal Etruskische scheepswrakken, die voor de kust van Zuid-Frankrijk zijn aangetroffen en dateren uit het derde kwart van de 6e eeuw v.Chr., is te zien dat de Griekse handel via Massilia (Marseille) in Zuid-Frankrijk niet vóór 525 v.Chr. op gang kwam. Daarvoor was de gehele Franse zuidkust, inclusief Massilia, in handen van Etruskische handelaren die naast Etruskisch vaatwerk ook oost-mediterraanse goederen verhandelden, waartoe na 540 v.Chr. tevens het Griekse aardewerk behoorde. Na 525 v.Chr. kregen de Grieken het alleenrecht op de handel in Attisch aardewerk en maakten zij Massilia tot het belangrijkste handelscentrum van het westelijk mediterrane gebied.

De contacten tussen Zuid-Frankrijk en Etrurië bleven gehandhaafd, zij het in mindere mate. Naast Zuid-Frankrijk zijn ook in de Noord-Alpen veel Etruskische voorwerpen aangetroffen. Deze voorwerpen zijn niet vanaf Zuid-Frankrijk via het Rhônedal verhandeld, maar hebben hun weg naar het Hallstattkerngebied via de Po-vlakte gevonden. Van daaruit zijn ze verder naar het noorden verhandeld (Bouloumié, 1987; Shefton, 1994).

De leemtegelmuur van de Heuneburg behoort kennelijk tot een vroege fase van deze Etruskische contacten, waartoe o.a. ook de *hydra* van Grächwil, de rhodische kannen van Vilsingen en Kappel, de *pyxis* van Colmar-Kastenwald en de bronzen *ciste à cordoni* uit de Giessübel-Talhaugroep bij de Heuneburg gerekend kunnen worden. De handel in Grieks zwartfigurig aardewerk hoort in een latere fase thuis.

Uitgaande van het schema van Parzinger (1988) kan de volgende tabel worden gemaakt betreffende de fasen en de datering van de Heuneburg:

Traditioneel	Heuneburg	Parzinger-fase
Ha D3	Ia	NW SHa V
Ha D2	Ib/II	NW SHa IV
Ha D2	IIIa	NW SHa III
Ha D2/D1	IIIb	NW SHa II
Ha D1	IV	NW SHa I

Op basis van bovengenoemde dendrodateringen en duur van *Baustadien* en *-phasen* begint Ha D1 dan omstreeks 620 v.Chr., valt de overgang van Ha D1 naar Ha D2 rond 565 v.Chr., en die van Ha D2 naar Ha D3 rond 510 v.Chr. Ha D3 zal omstreeks 470 v.Chr. geëindigd kunnen zijn, volgens deze berekening. De datering van de overgang van Ha D1 naar Ha D2 in 570/565 v.Chr. komt overeen met de datering van de eerste beroving van het centrale graf van Villingen. Deze beroving hoort archeologisch in dezelfde periode thuis en wordt dendrochronologisch na 581 v.Chr. geplaatst. In een verbrand huis in periode Ia werd een groot fragment van een *Kleinmeisterschale* gevonden, die tussen 540 en 530 v.Chr. moet zijn gemaakt (Van den Boom, 1989: p. 81). Dit fragment kan gezien zijn grootte niet verplaatst zijn en moet in periode Ia in gebruik zijn geweest. Aangezien de brand die een eind maakte aan periode Ia van de Heuneburg rond 500 v.Chr. moet hebben plaatsgevonden volgens de berekeningen, is deze schaal relatief kort in omloop geweest. De conclusie kan dus zijn dat, wanneer wordt aangenomen dat de leemtegelmuur niet Grieks is en niet geassocieerd hoeft te worden met het Grieks zwartfigurig aardewerk, de chronologie van de Heuneburg in overeenstemming is met de traditionele chronologie en met de nieuwe dendrodateringen. In dit geval lijkt Dämmers idee dat de kleine vondsten als scherven en fibulae naar beneden kunnen zijn verplaatst, juist te zijn. Het voornaamste verschil van bovengenoemde berekeningen met de absolute chronologie van Parzinger (1988) is dat de overgang Ha D1 naar Ha D2 10 à 20 jaar vroeger komt te liggen. Ook in de absolute chronologie van het

HEK-gebied treden kleine verschuivingen op. Van belang voor deze studie is echter alleen de overgang van
HEK I naar HEK II, die vlak voor of rond 500 v.Chr.
komt te liggen.

Hoewel nu absolute dateringen voor de eerste helft
van de ijzertijd in het Noord-Alpiene gebied beschikbaar zijn, blijft er één probleem over: de datering van het
Grieks metalen vaatwerk. Het probleem doet zich voor
bij de grote bronzen ketel van Hochdorf (Biel, 1985).
Het graf waarin de ketel is gevonden wordt op grond
van de fibulae gedateerd in vroeg Ha D2, volgens de
juist besproken absolute chronologie toch niet later dan
555 v.Chr. De ketel zelf wordt echter gedateerd rond
540/530 v.Chr. (Gauer, 1985; Rolley, 1988) en de
intensieve gebruikssporen op de ketel wijzen erop dat
deze niet direct na vervaardiging als grafgift in de grond
is terechtgekomen. Het is dan ook de vraag of de
traditionele kunsthistorische datering van Grieks bronzen vaatwerk wel zo precies is als door klassieke
archeologen wordt aangenomen.

2.5. De ijzertijdchronologie van Noord-Duitsland

Hingst (1959; 1964) heeft op basis van combinatie-
statistiek van grafvondsten voor zuidelijk Holstein een
chronologische indeling van de voor-Romeinse ijzertijd ontwikkeld. Dit systeem heeft 8 fasen, Ez I a-d en
Ez II a-d. Daar waar graven voldoende aardewerk en
metaal bevatten voor een dergelijke benadering, kan het
systeem van Hingst ook buiten Holstein worden toegepast. Overeenkomstige nummering betekent echter niet
dat ook exact dezelfde materiaalcombinaties optreden.
Met behulp van de schaarse imports uit zuidelijkere
gebieden kan de indeling van Hingst gecorreleerd worden met de Ha- en LT-chronologie. Deze correlatie is
echter niet meer dan globaal. De ijzertijd begint in
Holstein bij benadering rond de overgang van Ha C naar
Ha D. De late bronstijd loopt langer door in de vorm van
periode VI, respectievelijk *Stufe* Wessenstedt. Een goed
overzicht van beide chronologiesystemen, die bovendien ook nog gecombineerd zijn met het oude Noord-
Duitse systeem van Schwantes dat bestaat uit de *Stufen*
Wessenstedt, Jastorf, Ripdorf en Seedorf, is te vinden in
Jacob-Friesen (1974; fig. 2).
Van Hingsts systeem moeten niet al te precieze daterin-
gen worden verwacht. Zo beslaat Ez I ruim vier eeuwen.
De fasen Ez Ia en Id zijn echter korte overgangsfasen,
waardoor voor Ez Ib en Ez Ic circa anderhalve eeuw
mag worden gerekend.

Bij gebrek aan graven met aardewerk en metaal is in
Noordwest-Duitsland het systeem van Hingst niet of
slechts beperkt toepasbaar. Hier wordt gewerkt met
chronologieën die gebaseerd zijn op de vormontwikkeling van aardewerk. Het aardewerk van de Nienburger
Gruppe, dat zijn oorsprong heeft in het Midden-Wesergebied maar geleidelijk over grotere gebieden is verspreid, wordt behandeld door Tuitjer (1987). Deze heeft
een indeling van het aardewerk in drie subgroepen

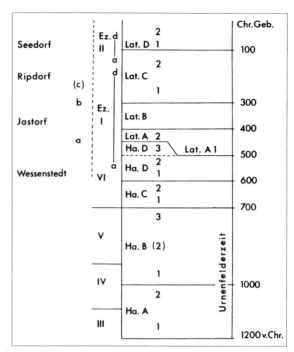

Fig. 2. Chronologische indeling van de late bronstijd en de ijzertijd in Noord-Duitsland, en de correlatie met de Zuid-Duitse chronologie, volgens Jacob-Friesen (1974: Abb. 374).

voorgesteld: Nienburg I, II en III. Tuitjer ziet in de vorm
en versiering van het aardewerk van de Nienburger
Gruppe een beïnvloeding vanuit het Zuid-Duitse
Hallstattgebied optreden. Op grond van die beïnvloeding en van de weinige associaties van aardewerk en
geïmporteerde metalen voorwerpen komt hij tot het
volgende beeld:

Nienburg I   =   Ha C
Nienburg II   =   laat Ha C/vroeg Ha D
Nienburg III   =   Ha D

Niet verzwegen mag echter worden dat Torbrügge
(1991: p. 382) Tuitjers ideeën als ongefundeerd en
volledig absurd beschouwt.

Voor Noordwest-Nedersaksen heeft Nortmann
(1983) voor de periode die in deze publicatie van belang
is, een systeem van vijf *Horizonten* ontworpen dat
gebaseerd is op typerende aardewerkvormen:

Horizont 1: *Terrinen* van het type Dötlingen,
Schrägrandgefässe en *Tupfenrandschalen*;

Horizont 2: *Terrinen* van het type Gristede, schalen
met brede rand;

Horizont 3: late *Terrinen* van het type Gristede,
Terrinen met afgezette randlip en schalen met een naar
binnen verdikte randlip;

Horizont 4: driedelige *Terrinen* van het type Rastede,
vroege vormen van het type Elmendorf en late vormen
van schalen met een naar binnen verdikte randlip;

Horizont 5: potten van het type Elmendorf en
tonvormige, ruwwandige potten met een smalle, gladde
zone direct onder de rand.

Volgens Nortmann correspondeert type Dötlingen met Tuitjers type Nienburg II en type Gristede met Nienburg III. Verder meent hij dat op grond van overeenkomstige vormontwikkeling in het aardewerk en enkele geassocieerde metaalvondsten zijn *Horizonten* 1 t/m 5 ruwweg corresponderen met de fasen Ez I a-d en Ez II a-b volgens het systeem van Hingst. Nortmanns aardewerkchronologie is van belang, omdat zijn type Gristede identiek is aan Ruinen-Wommels (RW) I in het Noord-Nederlandse gebied en zijn *Terrine* met afgezette randlip aan RW II. Het type Dötlingen komt volgens Nortmann (1983: p. 13, noot 96) nauwelijks voor in het Noord-Nederlandse materiaal.

Löbert (1982) heeft het aardewerk uit de voor-Romeinse ijzertijd van Boomborg-Hatzum bestudeerd (en ook het materiaal uit aangrenzende streken bekeken) en komt voor het RW-aardewerk van deze vindplaats tot de volgende ontwikkeling: RW I van type Jemgum >RW I van type Hatzum-Boomborg Ia en Ib (Ia heeft geometrische versiering) >RW I+II (in Hatzum-Boomborg zonder geometrische versiering) >RW II. Volgens Löbert is Nortmanns type Gristede formeel gelijk aan Hatzum-Boomborg I a/b en zou RW van type Jemgum

deels nog gelijktijdig zijn met Nortmanns type Dötlingen. De overgang van Nortmanns *Horizonten* 1 en 2 zou daarmee kunnen liggen rond het begin van Ha D. Aannemende dat RW van type Jemgum alleen met een late fase van *Horizont* 1 correspondeert, zou het vroegste optreden van RW I vlak voor 600 v.Chr. te verdedigen zijn. De datering van een bronzen *Vasenkopfnadel* uit de oudste laag van Jemgum is daarmee niet in tegenspraak. Dit type naald is weliswaar in Zuid-Scandinavië kenmerkend voor periode V (Baudou, 1960) en wordt door Laux (1976) in de late urnenveldentijd (globaal periode V, respectievelijk Ha B3) gedateerd, maar komt in Zuid-Duitsland gedurende de hele periode Ha C voor (Torbrügge, 1991).

Tot slot is het recente onderzoek van Heynowski (1996), waarin hij imitatie *Wendelringe* als *Leitform* voor de vroege ijzertijd gebruikt, van groot belang. Hij stelt een nieuwe correlatie voor tussen het Noord-Duitse en Zuid-Duitse chronologiesysteem (fig. 3), waarbij het begin van Ez I op de overgang van Ha C naar Ha D komt te liggen en het begin van Ez II bij de overgang van LT A naar LT B, of vroeg in LT B. Bij deze nieuwe correlatie valt het optreden van fibulae van

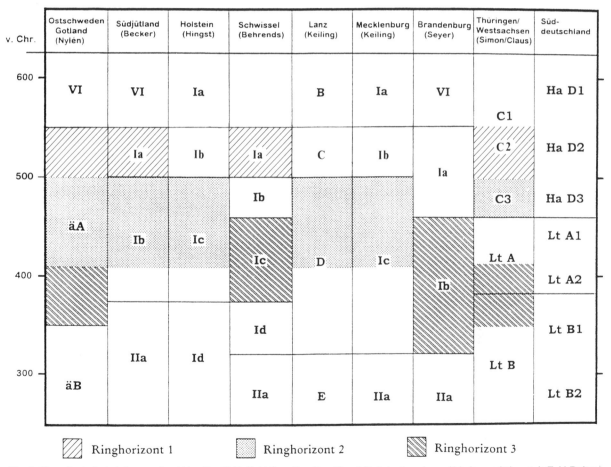

Fig. 3. Chronologische indeling van de midden-ijzertijd in Zuid-Scandinavië en Noord-Duitsland, en de gewijzigde correlatie met de Zuid-Duitse chronologie op basis van 'ringhorizonten', volgens Heynowski (1996: Abb. 12).

vroeg-LT-schema in Noord-Duitsland niet langer aan het eind van LT A en tijdens LT B, maar gelijktijdig met LT A in zuidelijker streken. Ook komen de *Bombennadeln* in het noorden nu dichterbij de *Hohlkugelkopfnadeln* in het Hallstattgebied te staan.

2.6. De ijzertijdchronologie van Noord-Nederland

Ook in Noord-Nederland is de chronologische onderverdeling van de ijzertijd bij gebrek aan voldoende associatie met geïmporteerde metalen voorwerpen noodgedwongen gebaseerd op aardewerk. Aan die chronologie kunnen vervolgens weer grafmonumenten en huistypen worden verbonden. Wat betreft de graven is dit met name na de vroege ijzertijd problematisch, aangezien vanaf dat moment aardewerk nauwelijks een rol speelt in het grafritueel.

De traditionele chronologie van dit gebied en de kenmerken per periode zien er als volgt uit (Lanting & Mook, 1977: pp. 9-10, combinatietabel):

Vroege ijzertijd (Ha C1/2, Ha D1), tijd: 700-550 v.Chr.; aardewerk: urnen met dellenversiering; *Harpstedter Rauhtöpfe, Schräghalsurnen*; graftype: urnenvelden met ronde en vierkante greppels; huizen: niet bekend;

Midden-ijzertijd (Ha D2/3 – LT C1), tijd: 550-200 v.Chr.; aardewerk: RW I en RW II, *Harpstedt*aardewerk; graftype: brandheuvels met ronde en vierkante greppels; huizen: 3-schepig;

Late ijzertijd (LT C2, LT D1/2), tijd: 200 v.Chr.-0; aardewerk: RW-III/vroeg streepbandaardewerk; graftype: brandheuvels; huizen: 3-schepig.

Op deze chronologie valt nogal wat aan te merken. Bij de behandeling van de ^{14}C-dateringen verderop in het boek van Lanting en Mook wordt bijvoorbeeld een datering van 2300 BP gegeven voor het vroegste optreden van RW III en dus voor het begin van de late ijzertijd. Die ^{14}C-ouderdom correspondeert echter met een gecalibreerde ouderdom van 400 v.Chr. en er is hier dus sprake van tegenstrijdigheid. De beste manieren om tot een goede chronologie van de ijzertijd in Noord-Nederland te komen zijn om het grafritueel in deze periode te analyseren en het RW-aardewerk te dateren.

Grafritueel. In de vroege ijzertijd werden de doden nog bijgezet op de manier die in de late bronstijd gangbaar was: de dode werd gecremeerd en de verbrande beenderen werden hetzij in een pot hetzij gewikkeld in een doek in grote urnenvelden begraven. Daarbij werd rond de urn of de losse crematieresten een ronde greppel aangelegd. Dit gebruik loopt door in de midden-ijzertijd. Als nieuw element treden dan vierkante of rechthoekige greppels op. De chronologische positie van dit type greppel is overigens niet helemaal duidelijk.

Met behulp van metalen objecten kunnen de jongste urnbijzettingen globaal gedateerd worden. De urnbijzetting van Darp (3.2) kan in een vroege fase van LT A gedateerd worden. In het urnenveldje van Bargeroosterveld werden enkele bijzettingen met bronzen *Segelohrringe* aangetroffen (Kooi, 1983), die in Noord-Duitsland kenmerkend zijn voor Ez Ic en Id (Harck, 1972). Dit komt volgens Heynowski (1996) overeen met een datering in LT A of LT B. Verder zijn er twee associaties van urnbijzettingen met fibulae van vroeg LT-schema bekend, namelijk uit Emmen (Harsema, 1983) en Schapen, Ldkr. Emsland (Kaltofen, 1985). Het gaat in beide gevallen om een zogenaamde *Vasenkopf*fibula, die Harsema (1983: p. 206; 1984/ 1985: p. 166), in navolging van Schwantes, na 300 v.Chr., wil dateren. Deze datering klopt echter niet. Harck (1972) plaatst fibulae van vroeg LT-schema in Ez Ic, wat volgens Heynowski (1996) een datering in LT A of op zijn laatst in vroeg LT B betekent. Een datering rond 400 v.Chr. voor de jongste urnenveldverschijnselen lijkt daarom aannemelijk. Enkele ^{14}C-dateringen geven hetzelfde aan.

De midden-ijzertijd wordt in Noord-Nederland verder gekenmerkt door brandheuvels. Soms zijn deze heuvels voorzien van ronde of vierkante greppels. De ^{14}C-dateringen geven aan dat brandheuvels in ieder geval tussen 400 en 200 v.Chr. in gebruik waren als primaire vorm van begraven. Een vroeger begin is niet uit te sluiten, maar kan op grond van ^{14}C-dateringen niet aangetoond worden. Ook in brandheuvels komen *Segelohrringe* als grafgift voor. Daarnaast is uit een brandheuvel bij Sprakel in de Hümmling een vroege LT-fibula met vaaskopvoet bekend (Schlicht, 1964). Bij Tütingen, Ldkr. Osnabrück, is in een brandheuvel een ijzeren fibula van midden LT-type gevonden, die volgens Nortmann (1983) in Ez IIa gedateerd moet worden. Volgens Heynowski (1996) betekent dat een datering in LT B, of vroeg LT C, tussen 400 en 250 v.Chr. In de praktijk is het verschil tussen een brandheuvel en een bijzetting van urnenveldtype overigens niet altijd even duidelijk. Er zijn gevallen bekend dat al in de urnenveldentijd bijzetting van crematieresten plaatsvond op de plaats van de brandstapel. In Zuid-Nederland heeft Bloemers (1988) kunnen waarnemen dat in Weert-Boshoverheide, bijvoorbeeld in de heuvel in put 103, zich brandstapelresten en een crematiebijzetting in een *Harpstedt*-urn bevonden. Bloemers schrijft dat er tevens andere (minder duidelijke) gevallen zijn van brandstapelresten en bijzetting van een crematie in een kuil. Het verschil met de Noordwest-Duitse *Brandhügel* is in dit geval minimaal. In Noordwest-Duitsland is de grafheuvel van Einen vergelijkbaar met die van Weert-Boshoverheide (Pätzold, 1958). Deze grafheuvel bestaat uit brandstapelresten en een kuil met crematieresten die bedekt zijn door een heuvel, waartegen een wal is aangelegd. Op de heuvel ligt een ophogingslaag met daarin nabijzettingen van Jastorf-urnen. De brandstapelresten van Einen, die voornamelijk uit eik bestonden, zijn ^{14}C-gedateerd 2660±60 BP (GrN-4067). De urnen zijn van vroeg Jastorf-type en kunnen rond 500 v.Chr. gedateerd worden. Het grote verschil tussen

Weert-Boshoverheide en Einen enerzijds en de meeste urnenvelden anderzijds is dat in de eerstgenoemden de heuvels (en daarmee het oude maaiveld met de brandstapelresten) nog aanwezig waren. Vaak is een urnenveld voordat er onderzoek plaatsvindt al geëgaliseerd en verploegd. Daardoor lijkt het verschil tussen urnenveldbijzettingen en brandheuvels groter dan het misschien was.

De globale dateringen voor de jongste urnbijzettingen en de oudste brandheuvels kunnen overigens niet de vraag beantwoorden of er sprake is van een geleidelijke overgang van het ene naar het andere type bijzetting of van een gedeeltelijke overlap.

RW-aardewerk. Hoewel volgens Lanting & Mook (1977) in Noord-Nederland het oudste RW-aardewerk bij het begin van de midden-ijzertijd optreedt, komen we in de literatuur ook andere meningen tegen. Zo dateert Kooi (1983) de grafvondsten van 'Havelterberg' en Darp (zie 3.1 en 3.2), die RW I-potten bevatten, rond 700-650 v.Chr. Op dat moment, voor de invoering van de Gündlingenfase en de herdatering van het begin van Ha C, betekende dat een optreden van RW I aan het begin van Ha C. Koois datering is echter onjuist (zie 3.1.3 en 3.2.3). Momenteel speelt een door ^{14}C-*wigglematching* verkregen datering van een stuk hout uit de vulling van een waterput in de geëgaliseerde terp Stapert bij Wommels (Fr.) een rol in de discussie. Van dit stuk hout, dat in secundaire positie ligt en geen spintringen heeft, dateert de jongste kernhoutring uit 697 v.Chr. Om op basis hiervan het begin van RW I ver vóór 600 v.Chr. te plaatsen, is methodisch echter niet juist. Bovendien zijn er ook archeologisch geen aanwijzingen voor zo'n vroege datering van de eerste bewoning van het terpengebied bekend, zoals metalen objecten uit Ha C of vroeg Ha D als bronzen en ijzeren kokerbijlen en fibulae.

Het Noord-Nederlandse RW-aardewerk heeft ongetwijfeld zijn wortels in Noordwest-Duitsland. Het allervroegste RW-aardewerk, dat wil zeggen Löberts type Jemgum, komt in onze streken niet voor. Het aardewerk van het type Hatzum-Boomborg kennen we hier wel. Aangezien het type Jemgum vanaf 600 v.Chr. voorkomt, zal het type Boomborg-Hatzum vanaf 550 v.Chr. gedateerd moeten worden. Blijkens archeologische gegevens kwam RW I in Noord-Nederland ook al vóór 500 v.Chr. voor. De armring waarmee de onderste helft van de RW I-pot uit Zeijen is versierd (Waterbolk, 1961: fig. 3), is volgens Tuitjer (1987: p. 12) een typische HEK I-ring. Daarnaast zijn er ook archeologische aanwijzingen dat RW I niet gedurende de gehele 6e eeuw v.Chr. in gebruik was. De grafvondsten van Balloo (zie 3.5) en Gasteren (zie 3.6), die in Ha D gedateerd kunnen worden, bevatten aardewerk dat niet tot RW behoort. RW I heeft kennelijk dus pas in de loop van Ha D zijn intrede in Noord-Nederland gedaan. Een ander argument tegen een te vroege datering voor RW I is het aardewerk van huis I van het Kleuvenveld bij Peelo (Kooi, 1995/1996). Dit is een geïsoleerd liggend

huis, opgegraven in 1983, waarbij een aantal afvalkuilen met aardewerk is gevonden. Er zijn twee dateringen, namelijk 2445±35 BP (GrN-12341) voor verkoolde eikels uit een paalgat van het huis, en 2760±35 BP (GrN-12342) voor houtskool uit de nederzettingskuil met aardewerk nabij het huis. Op het eerste gezicht lijkt dit een nogal groot tijdsverschil, maar als de ^{14}C-ijkcurve erbij wordt gehaald en de eigen leeftijd van het houtskool in acht wordt genomen, kan een absolute datering van ca. 700 v.Chr., vlak na een steil stuk in de ijkcurve, heel goed. Er is dan ook geen dringende reden om het aardewerk als ouder dan het huis te beschouwen, zoals Kooi wil. Hij wijst erop dat de andere aardewerkcomplexen van Kleuvenveld jonger zijn dan het ^{14}C-gedateerde complex en dat zich in enkele van deze andere complexen een vroege vorm van RW I bevindt. De verschillende aardewerkcomplexen van het Kleuvenveld bevatten vormen die vergelijkbaar zijn met die van Balloo en Gasteren. Het geheel geeft de indruk van laat urnenveldaardewerk dat in een late fase de eerste RW I-vormen in zich opneemt.

Helaas kunnen ^{14}C-dateringen niets bijdragen aan het bepalen van dit vroegste optreden van RW I. Reden hiervan is dat zich in de ijkcurve tussen ca. 750 en 400 v.Chr. een plateau bevindt dat ^{14}C-ouderdommen heeft die schommelen tussen 2450 en 2550 BP. Alle ^{14}C-dateringen voor RW I vallen binnen dit plateau, met uitzondering van twee dateringen uit Eursinge (2350±70 en 2250±60 BP). Deze twee dateringen geven aan dat RW I tot na 400 v.Chr. doorloopt. Voor een dergelijk late datering zijn ook archeologische bewijzen. Er zijn immers een drietal vondsten van RW-aardewerk uit brandheuvels bekend die niet als urn gebruikt zijn, en brandheuvels komen pas vanaf ca. 400 v.Chr. voor. Het betreft allereerst een RW I-pot die samen met een bronzen fibula in 1917 werd opgegraven in tumulus 3 op het Noordse Veld bij Zeijen (Van Giffen, 1949). Enige jaren later, in 1919, werden eveneens op het Noordse Veld in tumulus 64 zowel een RW II-pot als een klein tonvormig potje gevonden. Tenslotte werd in 1935 in heuvel 2 bij Rhee een nogal atypische RW-pot gevonden (Van Giffen, 1937; Waterbolk, 1977: fig. 68). De fibula uit heuvel 3 op het Noordse Veld werd door Lanting & Mook (1977: p. 150) 'Certosa-achtig' genoemd en op grond van een vergelijkbare vondst in Noordoost-Nedersaksen in Ez Ic geplaatst.

Overigens worden in Noord-Nederland niet alleen aardewerkvormen aangetroffen die een noordelijk oorsprongsgebied hebben. In Krausse (1989: p. 106, noot 31) en Hallewas (1971) wordt vermeld dat aardewerk van de Laufelder *Gruppe*, die zich in de vroege ijzertijd in het Moezel- en Midden-Rijngebied bevond, is aangetroffen in Assendelft. Naast dit aardewerk bevond zich in het materiaal van Assendelft tevens HEK I-aardewerk.

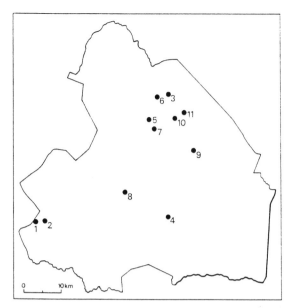

Fig. 4. De Drentse vondsten: 1. 'Havelterberg'; 2. Darp; 3. Anloo; 4. Meppen; 5. Balloo; 6. Gasteren; 7. Rolde 'Klaassteen'; 8. Wijster 'de Emelang'; 9. Borger; 10. Eext; 11. Gieten. Tek. J.H. Zwier.

3. DE DRENTSE VONDSTEN (fig. 4)

3.1. 'Havelterberg', gemeente Havelte

3.1.1. *Vindplaats en vondstomstandigheden*

De vindplaats van de vondst van 'Havelterberg', nu in het Rijksmuseum van Oudheden (R.M.O.) te Leiden is niet helemaal duidelijk. In een brief van de toenmalige eigenaar, G.J. ter Kuile te Almelo, aan J.H. Holwerda (toen nog conservator van het R.M.O.) van 8 juli 1910 wordt de vindplaats als 'in de Havelterberg, nog in de provincie Drenthe' beschreven. In een latere brief van 10 november 1910 meldt Ter Kuile echter aan Holwerda dat de vondst 'definitief uit Havelte' afkomstig moet zijn. Aangenomen kan worden dat hij hiermee bedoelt dat de vondst uit de gemeente Havelte afkomstig is. Onduidelijk is of hij met 'Havelterberg' het buurtschapje Havelterberg of de Bisschopsberg bedoelt. Het probleem is het lidwoord 'de' in de uitdrukking 'in de Havelterberg'. De Havelterberg is immers de hoogte ten noorden van Havelte, die ruim in de provincie Drenthe ligt, terwijl Ter Kuile suggereert dat de vondst net over de grens in de gemeente Havelte gedaan is. Aangezien het dus niet erg waarschijnlijk is dat de vondst van de 'officiële' Havelterberg afkomstig is, moet de vondst haast wel op de Bisschopsberg gedaan zijn en daar zijn ook wel aanwijzingen voor. In een verhandeling over Havelte schrijft A. Waterbolk (1934: p. 26): "De bewoners van de Bisschopsberg, ook wel Havelterberg genoemd, stonden in vroeger jaren bekend als lastig en vechtlustig". Het feit dat men het dorpje de naam 'Havelterberg' heeft gegeven, geeft wel

aan dat deze naam lokaal wel werd gebruikt voor de Bisschopsberg. Dat maakt het waarschijnlijk dat de Bisschopsberg en eventueel het dorpje Havelterberg de vindplaats is, een mening die ook door Jager (1992) wordt gedeeld. Op de stafkaart van 1910 komt op de Bisschopsberg de naam 'Havelterberg' nog niet voor.

De vondst van 'Havelterberg' werd in 1907 gedaan en was tussen het tijdstip van vinden en de aankoop ervan door Ter Kuile in 1910, in het bezit van een manufacturier te Steenwijk. In de brief van 10 november 1910 schrijft Ter Kuile, dat de manufacturier de vondst van de grondwerkers die de vondst hadden gedaan, mee had mogen nemen naar huis. Daar bleef de vondst 3 à 4 jaar op zolder liggen. Concluderend kan het volgende gezegd worden: de vondsten zullen gevonden zijn tijdens bouw- of ontginningswerkzaamheden in of bij het huidige dorpje Havelterberg. Ook Kooi (1983) gaat ervan uit dat met 'Havelterberg' de Bisschopsberg wordt bedoeld. Volgens hem is de vondst van 'Havelterberg' echter gedaan langs de Ruiterweg. Deze mening is sterk beïnvloed door de vondst van Darp uit 1923 (zie 3.2) en door de door Van Giffen onderzochte brandheuvel van Darp. Kooi wil de vondst van 'Havelterberg' uit de directe omgeving van de vondst van Darp laten komen, hoewel daarvoor geen enkele aanwijzing is.

3.1.2. *Inventarisatie en vondstbeschrijving*[3]

De vondst van 'Havelterberg' bestaat uit een aantal voorwerpen die in het R.M.O.-inventarisnummer 1911/4.1 t/m 4.6 hebben gekregen. Het gaat om de volgende objecten:

1911/4.1 (Fig. 5:a): Een grijsbeige pot van het type RW-1 met één klein doorboord knobbelhandvat op de buik. De pot heeft een hoge hals op een brede buik, die taps toeloopt naar een platte, smalle voet. Op de overgang van buik naar hals loopt een rand. De urn is vervormd en uitgezakt en vertoont scheurtjes en gaatjes. De magering van het aardewerk is van witte steengruis. De urn is 20,5 cm hoog en 0,5 cm dik. De diameter van de rand is 13 cm, van de buik (zonder oortje) 17,5 cm en van de voet 8 cm. Het knobbeloortje op de buik is 2 cm lang en 1,5 cm breed. Deze urn bevatte crematieresten en één van de bronzen schijven die onder inventarisnummer 1911/4.3 worden behandeld.

1911/4.2 (fig. 5:b): Een platte, grijsbruine conische schaal met aan weerszijden twee doorboringen op ongeveer 2 cm onder de rand. Aan de binnenkant is de schaal iets lichter van kleur. De bodem is rond en afgeplat. De magering van het aardewerk is van steengruis met enige partikeltjes kwarts ertussen. De schaal is onregelmatig van vorm en aan één kant een beetje uitgezakt. De schaal, die bovenop de RW-urn werd aangetroffen en mogelijk crematieresten bevatte, was in stukken gebroken en is grondig gerestaureerd. De sporen van deze restauratie zijn op het lichaam te zien. De hoogte is 9,5 cm. De grootste diameter van de rand is 29,5 cm en van de voet 7 cm; de dikte van het aardewerk is 0,7 cm. Uit de correspondentie van Ter Kuile aan Holwerda blijkt dat zich, naast crematieresten, ook de rest van de vondst op deze schaal bevond.

1911/4.3: Fragmenten van een aantal bronzen schijven waarvan er één, zoals gezegd, aangetroffen werd in de urn. Zeer waarschijnlijk zijn dit onderdelen van paardentuig, namelijk de schijven die werden bevestigd aan de uiteinden van het bit en waaraan de teugels werden vastgemaakt. Dit werd ook al door Ter Kuile vermoed, die ze als "ongetwijfeld bekleedstukken van paardetuig" beschreef in zijn brief van 8 juli 1910. Overigens spreekt Ter Kuile over vijf of zes sierschijven, terwijl in Leiden slechts vier exemplaren aanwezig zijn.

De meest complete van de schijven heeft een diameter van 5,6 cm en een groene kleur door de oxidatie van het brons. Op de bovenkant van de schijf bevindt zich een roestconcentratie van brons- en ijzerresten. Achterop aan de zijkant zitten de fragmenten van een haakje. In het midden van de schijf zit een gat (fig. 5:e).

Het tweede exemplaar is voor drievierde aanwezig. Het heeft een groene kleur en een naar boven verbogen rand. In het midden bovenop zit een grote klomp bruine roest (ijzer) en in het midden van de schijf zit een gat. De diameter is 4,4 cm (fig. 5:g).

De derde schijf is voor de helft bewaard gebleven, heeft een zwartbruine kleur met op de bovenkant een grote klomp geoxideerd brons. In het midden zit een gat. Op de schijf zijn lijmsporen aangetroffen die wijzen op restauratie. Gezien de fragmentarische staat van de rand van de schijf is er geen diameter vast te stellen (fig. 5:f).

Van de vierde schijf is een klein fragment van het midden bewaard gebleven. Het fragmentje heeft een groene kleur met midden bovenop een bruine roestconcentratie. In het midden van de schijf is een gat. Er is geen diameter te bepalen. De dikte van alle schijven is ca. één millimeter (niet afgebeeld).

1911/4.4 (fig. 5:j-l): Drie ijzeren pijlpunten. Het eerste exemplaar heeft een ronde koker met een ronde rand en een pin voor het vastzetten van de pijlpunt in de houten schacht. Het tweede heeft eveneens een ronde koker met een ronde rand en een pin en het derde een achthoekige koker met een scherpe rand en resten van een pin in de koker.

1911/4.5 (fig. 5:h-i): Fragmenten van twee ijzeren paardenbitten die sterk geoxideerd zijn.

1911/4.6 (fig. 5:c-d): Een aantal aan elkaar geroeste voorwerpen, die gevonden werden op de schaal. Kooi (1983: p. 201) beeldt röntgenfoto's van de klomp roest af. Duidelijk zichtbaar op de foto's zijn twee ijzeren ringen, die beide twee ogen hadden. Deze ringen behoorden tot paardentuig en werden door middel van de oogjes tussen de trensen en de teugels bevestigd. Op grond van deze ringen is een reconstructie gemaakt van het tuig van 'Havelterberg'. Aan de sterk gecorrodeerde ringen zitten restanten brons en crematieresten vast.

3.1.3. *Datering, parallellen en herkomst*

Op grond van het paardentuig in het graf verbindt Kooi (1983) het graf van 'Havelterberg' met de paardentuig-graven van Court-St.Etienne, Hamipré-Offaing (België) en Niederstotzingen (Duitsland). Hij komt op een datering van 650 v.Chr. (Ha C). Volgens Kooi heeft het vondstcomplex van 'Havelterberg' duidelijk connecties met de Hunsrück-Eifelcultuur (HEK) in het oosten van Frankrijk en het westen van Duitsland. Hij noemt als andere voorbeelden de graven van Bäsch, Hermeskeil-Höfchen en Osburg, graven van de HEK die pijlpunten bevatten. Deze verwijzingen en dateringen doen nogal vreemd aan. Immers, de graven van Hamipré-Offaing dateren uit LT A, die van Niederstotzingen zelfs uit de vroege middeleeuwen. De Hunsrück-Eifelcultuur is pas na 600 v.Chr. ontstaan. Een kritischer beschouwing van de daterende elementen is dus nodig.

Het paardentuig laat zich niet scherp dateren. Tweedelige ijzeren bitten komen vanaf vroeg Ha C voor (Pare, 1991), evenals simpele sierschijven van het type dat in 'Havelterberg' voorkomt (Pare, 1991: p. 11; Kossack, 1959: Taf. 21). Vergelijkbare exemplaren komen ook voor in het vorstengraf van Hochdorf (Biel, 1985: Taf. 12 en Abb. 86), dat vroeg in Ha D2 thuishoort en in graf H van Wijshagen dat laat in LT A geplaatst kan worden (Van Impe & Creemers, 1991: fig. 4).

De pijlpunten geven meer aanknopingspunten. IJzeren *Tüllenpfeilspitzen* komen in Zuid-Duitsland al sporadisch voor tijdens Ha D. De vroegste vondst is die uit graf 2 in grafheuvel A bij Ewattingen, Kr. Waldshut uit Ha D1 (Sangmeister, 1992). Krausse-Steinberger (1990b) vermeldt een ijzeren *Tüllenpfeilspitze* in Ha D2-context uit Bargen, Kr. Konstanz. Vroeg in Ha D2 is een bronzen exemplaar te dateren uit het vorstengraf van Hochdorf (Biel, 1985: Taf. 16). Freidin (1982: p. 45) en Joachim (1968: p. 70) dateren ijzeren *Tüllenpfeilspitzen* eveneens in Ha D, respectievelijk HEK I in het Bekken van Parijs, respectievelijk het Midden-Rijngebied. In Nederland treden ijzeren *Tüllenpfeilspitzen* onder andere op in het graf van Haps, dat op basis van de eveneens meegegeven ijzeren antennedolk in Ha D1 gedateerd kan worden (zie 4.3). Echt algemeen lijkt dit type pijlpunt pas in vroeg LT te worden; de normale pijlpunt tijdens Ha D is een vlakke pijlpunt van ijzer- of bronsblik, driehoekig van vorm, of voorzien van schachtdoorn en weerhaken (Pauli, 1978). Krausse-Steinberger (1990a) benadrukt dat de pijlpunten gezien moeten worden als statussymbolen en alleen in de rijkere graven voorkomen. Tijdens LT A werden voornamelijk in het HEK-gebied groepjes pijlpunten in graven aangetroffen. In LT B raken pijlpunten als grafgifen met statuswaarde buiten gebruik, en komt alleen zo nu en dan nog een enkele pijlpunt in grafcontext voor.

Tenslotte kan ook aan de RW I-pot nog een daterende waarde worden toegekend. RW I-aardewerk komt immers in Noord-Nederland niet voor ca. 550 v.Chr. voor. De pot van 'Havelterberg' toont grote gelijkenis met die van Darp (zie 3.2), die vermoedelijk vlak na 500 v.Chr. gedateerd kan worden. Samenvattend kan dus gesteld worden, dat de datering na 550 en waarschijnlijk zelfs na 500 v.Chr. gezocht moet worden.

Het herkomstgebied van het paardentuig en de pijlpunten uit het graf van 'Havelterberg' moet waarschijnlijk in het HEK-gebied worden gezocht, terwijl het aardewerk (RW) lokaal gemaakt is.

3.2. Darp, gemeente Havelte

3.2.1. *Vindplaats en vondstomstandigheden*

De vondst van Darp werd in 1923 gedaan door J. Spin, die destijds boswachter op het landgoed van J.T. Linthorst Homan was. Hoewel de vondst vrij snel na het vinden in het Provinciaal Museum van Drenthe (P.M.D.) te Assen terecht kwam, is om duistere redenen geen vervolgonderzoek verricht en is evenmin de juiste vindplaats op kaart vastgelegd. In de inventarisatie van het P.M.D. staat als vindplaats "ten zuidwesten van de school van Darp, zuidelijk van de Bisschopsberg", een plaats die zo onwaarschijnlijk leek dat ook Van Giffen eraan twijfelde. Dit resulteerde in 1946 in een poging alsnog de exacte vindplaats te achterhalen, waarbij contact werd gezocht met J. Soer, de toenmalige boswachter. Soer wist de vindplaats globaal aan te geven,

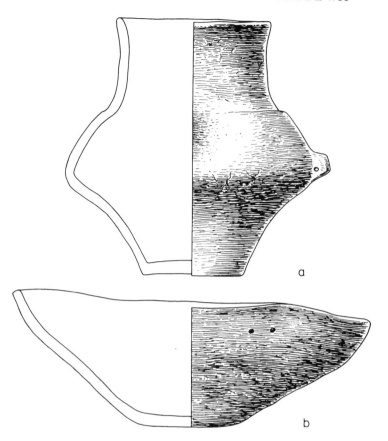

a

b

Fig. 5. De vondsten van 'Havelterberg'. Schaal
aardewerk 1:3, metaal 1:2. Tek. H.R. Roelink en
J.M. Smit.

namelijk in de buurt van 'Kijk Uit'. Van Giffen had
echter zijn eigen ideeën. In een brief aan de burgemeester van Steenwijk, die gedateerd is op 7 februari
1946, wordt door Van Giffen als vindplaats een plek
aangewezen die "een paar honderd meter ten westen
van de school te Darp, ten noorden van de Kunstweg,
den zogenaamde Ruiterweg" ligt. Dit gebied ligt tegenwoordig in de gemeente Steenwijk, maar is in bruikleen
gegeven aan het Ministerie van Defensie als oefenter-
rein, die het als Amerikaanse basis gebruikte. Deze
basis is een aantal jaren geleden opgeheven.

Op 9 september 1977 plaatste Kooi, die zich op dat
moment met de vondst van 'Havelterberg' bezighield,
een oproep in de *Meppeler Courant* met de bedoeling
meer informatie omtrent de vinders en de vindplaats te
verkrijgen. Op deze oproep werd de volgende dag
gereageerd door A. Spin-de Graaf uit Alphen aan de
Rijn. Over de vondst van 'Havelterberg' wist zij niets,
maar ze bevestigde wel dat haar schoonvader de werkelijke vinder was van de vondst van Darp. Tevens schreef
zij dat haar man, J. Spin jr., als klein jongetje destijds bij
het ontdekken van de vondst aanwezig was geweest. Uit
de brief kwam naar voren dat de eigenlijke vindplaats
op het militaire terrein lag. Op grond hiervan en naar
aanleiding van de topografie van het gebied, kwam

Kooi tot de hypothese dat het graf van Darp deel
uitmaakte van een grafveld, waartoe ook een brandheuvel op de Bisschopsberg behoorde die in 1946 door
Van Giffen was onderzocht. Verder achtte hij het zeer
waarschijnlijk dat ook de vondst van 'Havelterberg'
deel uitmaakte van dit grafveld.

Jager (1992) twijfelde sterk aan de locatie die Kooi
als vindplaats voor Darp had aangewezen en aan het
idee dat er sprake moest zijn van één grafveld. Hij
besloot contact op te nemen met Spin jr., de kroon-
getuige in deze zaak. Nadat Jager allereerst telefonisch
contact met Spin jr. had gehad, stuurde hij hem op 14
mei 1987 een brief met het verzoek om op de bij de brief
bijgevoegde kaart de exacte locatie van de vindplaats
aan te geven en eventuele verdere informatie betreffende
de vondst en de vondstomstandigheden te vermelden.
In zijn antwoord op het verzoek van Jager, gegeven in
een brief die gedateerd is op 25 mei 1987 en wederom
is geschreven door zijn vrouw, geeft Spin jr. inderdaad
aan dat hij en zijn vader in 1923 'achter de Kampen',
tijdens het graven van plantgaten voor dennenboompjes,
op een deel van de grafvondst ('enige urnen') stuitten.
Zijn vader kwam enige dagen later terug om de plaats
nader te onderzoeken, waarbij hij een voorwerp naar
boven haalde dat door Linthorst Homan als een dolk

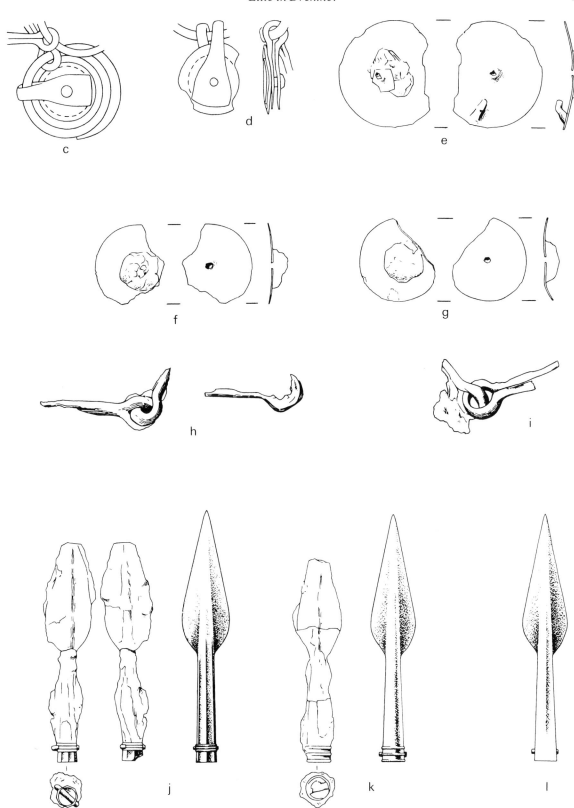

Fig. 5 (vervolg).

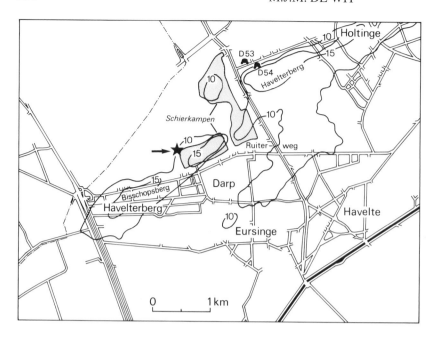

Fig. 6. De vindplaats van de vondsten van Darp, aangewezen door Spin jr. Tek. J.H. Zwier.

geïdentificeerd werd. Daarnaast zegt Spin jr. in de brief dat hij weet dat zijn vader lanspunten en een aantal ijzeren ringen had opgegraven; het juiste aantal van deze is hem echter niet bekend. Bij de brief had Spin jr. tevens het door Jager opgestuurde kaartje gevoegd, waarop hij de exacte vindplaats van de vondst van Darp (fig. 6) had aangegeven. Deze ligt ruim 100 meter ten westen van waar zich vroeger 'Kijk Uit' bevond, dus dichtbij de plaats die Soer destijds als vindplaats aangaf.

Spin jr. benadrukte tevens ten zeerste dat de grafinventaris van Darp bij elkaar aangetroffen werd en dat niet de dolk afgezonderd van het complex werd gevonden, zoals Kooi beweert. Misschien vermoedt Kooi dit omdat de dolk pas later door Linthorst Homan aan het P.M.D. werd geschonken of omdat hij uitgegaan is van de datering die Clarke & Hawkes (1955) destijds aan de dolk hebben gegeven (LT B) en die niet overeen komt met de datering van de rest van de voorwerpen (vroeg LT A). Een ander argument voor één vondstcomplex is ook de inventarisatie van het P.M.D., waarin de dolk het nummer 1924/V.1b heeft gekregen; hieruit mag worden afgeleid dat men dacht aan een gesloten vondst.

3.2.2. Inventarisatie en vondstbeschrijving

1924/V.1 (fig. 7:d): Bronzen armband van 5 open ringen op elkaar. De bovenste 3 ringen zijn niet compleet. De vorm van de armband is ovaal. De 5 ringen, waaruit de armband bestaat, hebben verschillende patronen ribbels als versiering (in het Duits Querrippengruppen genoemd) in de vorm van horizontale, verticale en dwarse lijntjes. De bovenste drie incomplete ringen zijn enigszins naar binnen geduwd en hebben overlappende joints (verbindingen). De grootste binnendiameter is 6 cm en de hoogte van de armband is 3,5 cm. Door bronspest is de kleur lichtgroen.

1924/V.1a (fig. 7:g): Ovale, licht gebogen bronzen ring. Het oppervlak vertoont veel gaatjes en onregelmatigheden; aan de binnenkant is een stukje weggevallen. De binnenafmetingen zijn 3,1 en 1,9 cm, de dikte is 0,5 cm en de hoogte is 0,7 cm. De kleur is groen.

1924/V.1b (fig. 7:l): Dolk met een bronzen heft en schede, maar met een ijzeren kling. Het handvat is dubbelpalmetvormig en heeft een verdikt middenstuk. Aan beide kanten van het middenstuk is een identieke voorstelling aanwezig die is opgebouwd uit bolsegmenten. Het hele handvat stelt een gestileerde mannenfiguur voor met tussen het lichaam en de ledematen vier kleinere mannenfiguurtjes, in een stijl die 'raatvormig doorbroken' wordt genoemd.

De voorkant van de schede is van bronsblik en de achterkant van leer, waarop resten van een haak of een draagriem te zien zijn. De boven- en onderkant van de schede zijn versierd met horizontale banden. De bovenkant van de schede vertoont grote verticale scheuren in het bronsblik. De oorzaak hiervan kan zijn dat de dolk flink is kromgetrokken tijdens de jaren onder de grond. Ook het handvat vertoont aan de onderkant wat scheurtjes. Aan de onderkant van de schede bevindt zich een horizontale halve cirkel als afronding. De dolk is 35 cm lang en de grootste breedte is 4 cm. De bronzen onderdelen van de dolk zijn groen geoxideerd en de leren achterkant van de schede is bruin.

1924/V.1c: Twee stukjes brons van onbepaalde vorm met een lengte van 2,2 en 1,5 cm en een groene kleur (niet afgebeeld).

1924/V.1d: Twee ijzeren ringen en de top van een ijzeren speerpunt. De ringen (fig. 7:e en f) zijn zo door corrosie aangetast, dat de vormen slechts bij benadering te achterhalen zijn. In de corrosielaag zitten veel insluitsels als steentjes en zand. De binnendiameters van de ringen zijn ca. 2,5 cm, hun diktes ca. 0,5 cm. Van de speerpunt is alleen de top bewaard gebleven (fig. 7:i). Kennelijk was er een midrib aanwezig op beide vlakken.

1924/V.1e: Dit voorwerp is in Assen niet meer aanwezig. De indruk bestaat dat het verloren is gegaan, maar onbekend is wanneer dit is geschied. Kennelijk ontbrak het al in 1983. De beschrijving volgens het inventarisboek is (fig. 7:k): sterk geoxideerde en beschadigde ijzeren speerpunt met tamelijk breed blad. De holle schachtkoker is kegelvormig en heeft een middenribbe die tot aan de punt doorloopt. De lengte is 15,1 cm en de breedte [kennelijk: van het blad] is 3,0 cm.

1924/V.1f: Fragmenten van twee sterk beschadigde en aangekoekte speerpunten. Van één van beide (fig. 7:j) is het blad reconstrueerbaar.

Het heeft een midrib op beide vlakken en een ruitvormige doorsnede van de schachtkoker vlak boven de onderkant van het blad. De schachtkoker ontbreekt. Van de andere speerpunt (fig. 7:h) is een fragment van het blad aanwezig, eveneens met midrib op beide vlakken, en een schachtkoker met ruitvormige doorsnede.

1924/V.2 (fig. 7:a): Lichtbruine urn met een afgeknotte, peervormige buik en een hoge hals met een licht uitstekende rand. Er is een duidelijke overgang tussen de buik en de hals. De bodem is afgeplat en op de schouder bevindt zich een knobbeloor met doorboring. Vooral de bodem vertoont veel sporen van restauratie. De hoogte van de hals is 6,2 cm, de hoogte van de buik 8,8 cm en de totale urn is 15 cm hoog. De diameter van de rand is 12,3 cm, van de hals 12,5 cm, van de buik 18 cm en van de bodem 7,5 cm. Type: RW I.

1924/V.2a (fig. 7:b): Klein dubbelconisch middenbruin potje met een enigszins afgeronde bodem en een onduidelijke rand. Deze rand loopt zonder grens meteen over in het lichaam en is oneffen en enigszins beschadigd. De binnendiameter van de rand is 5 cm, de buitendiameter van de buik 6,7 cm en die van de voet 2,6 cm. Het potje is 4,5 cm hoog.

1924/V.2b (fig.7:c): Lichtbruin, lederkleurig potje met een afgeknotte dubbelconische vorm en een extra dikke rand. Het potje heeft een steengruismagering. De binnendiameter van de rand is 5,5 cm en de buitendiameter van de rand 7 cm. De buitendiameter van de buik is 8,8 cm en die van de voet 5 cm. De hoogte van het potje is 8 cm.

3.2.3. *Datering, parallellen en herkomst*

De fragmenten van de drie speerpunten die nu nog in Assen aanwezig zijn lijken van hetzelfde type te zijn als de thans missende en completere tegenhanger. Niet alleen zijn bij de drie fragmenten eveneens midribben op het blad aanwezig, ook de lengte en breedte passen bij speerpunten van ca. 15 cm lengte, en met een ca. 3 cm breed blad. In figuur 7 zijn de fragmenten op een omtrek met die maten geprojecteerd, en is het missende exemplaar in omtrekschets aangegeven. De functies van de beide ijzeren ringen en de vrijwel evengrote bronzen ring zijn niet duidelijk. Mogelijk speelden de ijzeren ringen een rol in de ophanging van de dolk, en was de bronzen ring een simpele vorm van een gesp.

Hoewel ook de armband, de vier speerpunten en de urn gebruikt kunnen worden, is voor de datering van het vondstcomplex voornamelijk gekeken naar de dolk. In de inventarisatie van het P.M.D. wordt de dolk gedateerd in midden LT, een datering die destijds ook door Van Giffen werd gegeven. Waarschijnlijk is men aan deze datering gekomen door uit te gaan van het onderzoek naar de Engelse dolken van Clarke & Hawkes (1955). In Engeland is namelijk een aantal op de dolk van Darp gelijkende exemplaren aangetroffen, zoals bijvoorbeeld de dolken van Hertford-Warren en Shouldham.[4] Clarke & Hawkes delen de LT A-dolken die uit Engeland bekend zijn in een 7-tal groepen in en geven aan iedere groep een datering. Volgens hun indeling valt de dolk van Darp onder groep C. De gestileerde greepfiguren van groep C worden gekenmerkt door de U-vormige armen en benen en de opengewerkte decoratie in de ruimtes tussen het lichaam en de ledematen. Tevens zijn de grepen van deze groep 'fusiform'. Groep C wordt door Clarke & Hawkes gedateerd in LT B en heeft zijn oorsprong in Noordwest-Europa, met name in de Marnecultuur.

Jope (1961) deelt de dolken van Engeland in LT A in. Hij vergelijkt ze met de Franse dolken en komt tot de conclusie dat de Franse en de Engelse dolken een gemeenschappelijke voorganger hebben, namelijk de laat-Hallstatt dolk met *anchor-chape*. Het verschil tussen de Franse en de Engelse LT A-dolken zit in de vorm van de *chape*: in Engeland is deze van het gegoten *completed-ring* type, in Frankrijk van het *anchor-type with strainer wires*. Bovendien hebben de Engelse dolken een *twin-loop suspension*, de Franse dolken een *strap suspension*. Jope geeft de dolk van Darp in feite een Franse herkomst aan. Jope geeft de dolk bovendien een vroegere datering dan Clarke & Hawkes, namelijk LT A in plaats van LT B. Er is een dolk uit de Ardennen bekend, uit tombe 5 van Hauviné 'La Motelle-Verboyon' (thans in het museum van Epernay), die eenzelfde schedeversteviging heeft als de dolk van Darp. Deze dolk wordt gedateerd in de *La Tène ancienne* Ia (Charpy & Roualet, 1991: p. 80).

De bevindingen van Jope werden overigens enige decennia eerder ook al door Déchelette (1927) geopperd. Déchelette beschrijft in zijn artikel de veranderingen van de continentale keltische dolken in de loop van LT en bekijkt de dolken in de verschillende gebieden in Europa. Aan de hand van de grote aantallen dolken die in het Marnegebied in Frankrijk zijn gevonden, oppert hij de veronderstelling dat dit gebied heel goed een productiegebied van dolken kan zijn geweest. Van de antropoïde dolken zegt hij dat de dolken uit de Hallstatttraditie stammen. Ze zijn voortgekomen uit antennedolken; men heeft simpelweg tussen de twee antennes een knop geplaatst, die in LT A dienst ging doen als menselijk hoofd, met de antennes als armen en benen. In LT B en C krijgen de knophoofden een gezicht, dat over het algemeen een keltische oorsprong heeft. Dus als de theorie van Déchelette in beschouwing genomen wordt, moet de dolk van Darp, die een knop als hoofd heeft en geen gezicht, te dateren zijn in LT A. Het afgeronde, opengewerkte uiteinde van de dolk plaatst Déchelette in dezelfde periode.

Gezien de bevindingen van Sievers (1982), lijkt het dat de dolk een vroege LT-variant is op een laat Ha D-thema. In Sievers worden de *Dolche mit glockenformigem Heft vom Typ Larçon* behandeld. Dit type is eigenlijk alleen te vinden in het oosten van Frankrijk (Bourgondië) en kent een eigen ontwikkeling. Het handvat van dit type, dat klokvormig is, kent een continuatie in vroeg LT wanneer het overgaat in de meer antropologische vormen (*Knollenknauf*). Een goed voorbeeld van deze continuatie in LT is het zwaard van Champberceau, dat gevonden is in het Marnegebied en parallellen heeft met de dolk van Darp (Sievers, 1982). Hoewel Sievers geen echte datering geeft aan het type Larçon (er ontbreken goed dateerbare aanknopingspunten zoals fibulae), kan door de aansluiting van dit type met de vroege LT wapens een datering in de laatste fase van Ha D mogelijk zijn. De dolk van Darp zou dan in LT A geplaatst moeten worden.

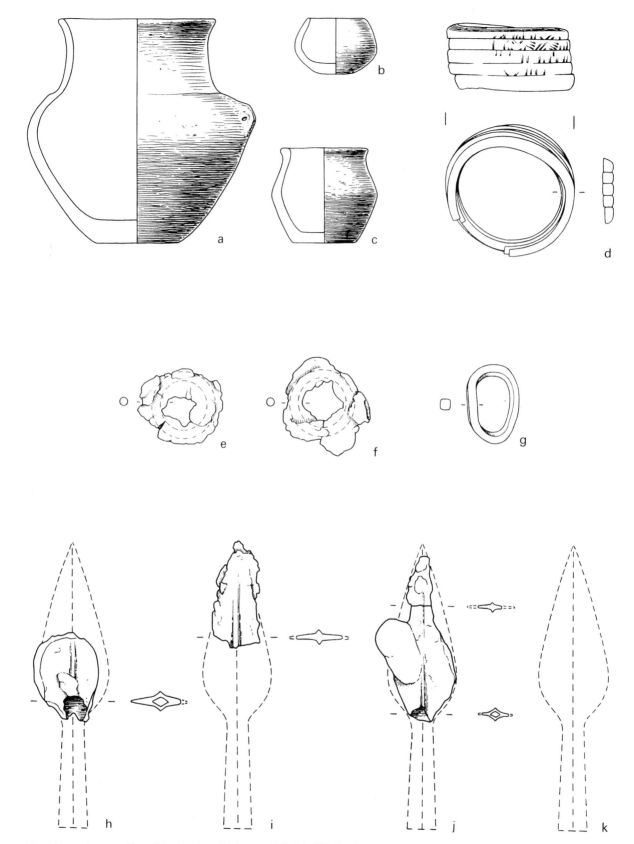

Fig. 7. De vondsten van Darp. Schaal aardewerk 1:3, metaal 1:2. Tek. H.R. Roelink, J.M. Smit en H. Praamstra.

Fig. 7 (vervolg).

Ook de armbanden uit de vondst van Darp kunnen, met behulp van parallellen, gedateerd worden. Joachim (1970) schrijft dat dezelfde soort armbanden met *Querrippengruppen* ook gevonden zijn in Wirfus, Kr. Cochem. Volgens Joachim en ook Haffner (1976) zijn deze armbanden een typisch object uit HEK I, te dateren in Ha D.

Met hun lengte van ca. 15 cm kunnen de ijzeren spitsen van Darp niet meer tot de pijlpunten worden gerekend. Waarschijnlijk zijn het spitsen van werp-

spiesen, dus speerpunten, geweest. Het type is bekend uit NO-Frankrijk uit laat Ha D en LT A-context, o.a. uit de grafvelden van Les Jogasses en Vert-la-Gravelte (Charpy & Roualet, 1991: cat.nrs 35 en 81).

De vondst van Darp kan door de combinatie HEK I-armbanden en dolk gedateerd worden op de overgang Ha D/LT A, met in kalenderjaren een datering rond 500 v.Chr. De dolk kan, gezien het onderzoek van Sievers, uit het oostelijk deel van Frankrijk afkomstig zijn, waar zich het centrum van late Hallstattwapens die doorlo-

pen in LT bevindt. Hoewel het type Larçon alleen in
Bourgondië voorkomt, kan eraan gedacht worden dat in
LT A de varianten hierop vanuit het Marnegebied, waar
tenslotte ook het zwaard van Champberceau vandaan
komt, hun verbreiding kenden. Ook de speerpunten
komen waarschijnlijk uit NO-Frankrijk, of uit het HEK-
gebied (zie bijv. Joachim, 1998: Abb. 3). De armbanden
hebben hun wortels in het HEK-gebied.

3.3. Anloo, gemeente Anloo

3.3.1. *Vindplaats en vondstomstandigheden*

De vondst van Anloo werd door R.D. Mulder uit Haren
aan het P.M.D. te Assen in bruikleen gegeven in 1951.
Mulder had de vondst gekocht van L. Braaksma, onderwijzer en amateur-archeoloog in Assen, die op zijn
beurt de vondst van de eigenlijke vinder had gekregen.
Uit een latere notitie van J.D. van der Waals, conservator van de afdeling Pre- en Protohistorie van het P.M.D.,
blijkt dat deze vinder een zekere Daling uit Norgervaart
(later Bovensmilde) was, en dat de vondsten tevoorschijn waren gekomen op ontginning bij Anloo, in 1938
of 1939. Het heeft dus ruim 10 jaren geduurd voordat de
vondsten de aandacht kregen waar ze recht op hadden.
Ongetwijfeld heeft dat ook gevolgen gehad voor de
conservatie. Volgens een brief van Mulder van 14 april
1951 aan G.C. Helbers bestond de vondst uit "één grote
massa ijzeren met bronzen voorwerpen ertussen; de
ijzeren voorwerpen vielen uit elkaar".[5] Helaas heeft
nooit een gesprek met de eigenlijke vinder plaats gehad.
Onbekend is derhalve, of er sprake was van een duidelijke grafvondst met crematieresten, al dan niet onder
een laag heuveltje. Evenmin is bekend of aardewerkscherven aanwezig waren. Deze onzekerheid heeft er
mede toe geleid, dat de vondst niet als een grafvondst
werd gezien, maar als een schat- of depotvondst (voor
het eerst in De Laet & Glasbergen, 1959: p. 172).
Gezien het karakter van de vondst staat vrijwel vast dat
het hier om grafgiften gaat.

De vindplaats kan bij benadering aangegeven worden. Praamstra zegt in zijn dagrapport van 22 november
1954 het volgende: "Dicht bij Anloo, aan het rijwielpad
Annen-Anloo bij de huisjes links van de weg, komende
van de richting Anloo, is vroeger een grafheuvel onderzocht. Tegenover de huisjes een LaTènenederzetting
(hier vandaan komt de vondst van La-Tène-voorwer-
pen, door R.D. Mulder aan het Asser Museum geschonken) en twee grafheuvels die onderzocht zijn". De
situatie die hierdoor geschetst kan worden is de volgende: het rijwielpad Annen-Anloo is kennelijk de
onverharde weg Anloo-Schuilingsoord, die door het
Kniphorstbos loopt. Westelijk van deze weg liggen ter
hoogte van het kerkhof enkele huisjes (links van de weg
komend uit Anloo) en dit is de locatie van het grote
nederzettingsterrein dat ook door Jager in zijn werk
over Anloo-de Strubben (1988) is aangeven. Jager
plaatst het nederzettingsterrein aan de westzijde van

zijn onderzoeksgebied, dat codenummer 92 heeft. Volgens Praamstra zou de bronsvondst dus uit dit
nederzettingsterrein komen en wel aan de oostkant van
de weg.

De twee grafheuvels die daar onderzocht werden,
zijn blijkbaar dezelfde als Van Giffens tumuli I (onderzocht in 1939) en II (onderzocht door H. Brunsting in
1941). Deze twee heuvels liggen oostelijk buiten het
nederzettingsterrein. De grafheuvel die vroeger onderzocht zou zijn 'bij de huisjes' is kennelijk de ijzertijd-
heuvel die Van Giffen in 1936 tijdens een ontginning
heeft onderzocht en waarbij ook een tweetal *Segelohrringe*
werd gevonden. Praamstra is hier waarschijnlijk het
slachtoffer van een karteringsfout. Volgens Jager (1988:
p. 75) is de ligging van de grafheuvel echter bij vergissing onjuist aangegeven en zou deze oostelijk van de
weg hebben gelegen.

Om uit te vinden op welke ontginning Daling werk-
zaam geweest zou kunnen zijn, heeft Jager destijds
contact gehad met boeren in Anloo. Volgens de zoon
van Daling werkte zijn vader voor de Heidemij, terwijl
de meeste ontginningen in die jaren door de boeren zelf
werden gedaan. Op grond hiervan kwam Jager tot zijn
plaatsbepaling en inderdaad ligt zijn punt J, de vindplaats van de bronsvondst (fig. 8), aan de zuidzijde van
een groot perceel dat best eens door de Heidemij ontgonnen zou kunnen zijn.

Overigens kan gevraagd worden waarom Van der
Waals en later ook Jager het nodig vonden om opnieuw
een onderzoek naar de exacte vindplaats van de vondst
van Anloo in te stellen. Immers, uit het dagrapport van
Praamstra van 22 november 1954 blijkt dat deze toen al
over een exacte beschrijving van de vindplaats beschikte. Dat is ver voor het moment dat Van der Waals
nadere informatie probeert te krijgen en kan alleen maar
betekenen dat toen de vondst bekend werd in 1950/

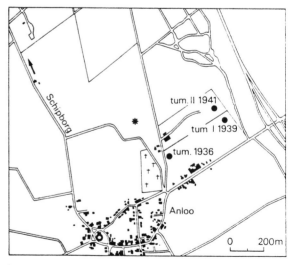

Fig. 8. De vindplaats van de bronsvondst van Anloo (naar Jager,
1988). Tek. J.H. Zwier.

1951 er wel degelijk aandacht is besteed aan de vind-plaats en vondstomstandigheden, maar dat die niet zijn vastgelegd in een rapport, tenzij natuurlijk de mededeling in de inventarisboekjes van het P.M.D. te Assen uiteindelijk daarop teruggaan. De huidige briefjes kunnen echter niet eerder gemaakt zijn dan door Glasbergen in 1955. Waarschijnlijk is Praamstra zelf betrokken geweest bij deze speuractie naar de vindplaats en vondstomstandigheden van de vondst van Anloo.

De vondst van Anloo werd voor het eerst gepubliceerd door Mulder in het artikel 'Drentse praehistorie' in het tijdschrift *De Wandelaar* (18, 1950) (zie noot 5).

3.3.2. *Inventarisatie en vondstbeschrijving*[6]

1955/IX.3 (Fig. 9:c): Een fragment van een *phalera*. De schijf is opengewerkt in ajourstijl. Het patroon bestaat uit één centrale cirkel met daaromheen vier cirkels, waartussen zich nog eens vier halve cirkels bevinden. Op de centrale cirkel zit een ronde verhoging met een gat erin. De vier ringen om de cirkel, die onderling met elkaar verbonden zijn door staafjes, hebben een kruispatroon in zich dat weer versierd is met gaatjes langs de randen. De vier halve ringen hebben op hun beurt ook weer halve kruisen in het midden, die tevens versierd zijn met kleine gaatjes langs de randen. De randen van alle ringen en de rand van de centrale schijf hebben een lijnversiering. Aan de achterkant van de schijf bevindt zich een bevestigingsknop, waarvan de helft is afgebroken. De diameter van de schijf is 8,4 cm en de kleur groenbruin; delen van de sierschijf zijn aangevuld.

1955/IX.4 (fig. 9:d): Fragment van een *phalera*, identiek aan inventarisnummer 1955/IX.3 maar meer beschadigd; zo ontbreekt uit de buitenste ring een deel. Bij de opening zit een grote roestklomp die een impressie van een soort schroef met vier groeven heeft. De gehele schijf is naar boven verbogen. De bevestigingsknop op de achterkant is bij deze schijf wel compleet. De diameter van de schijf is 8,4 cm en de kleur is groenbruin.

1955/IX.5 (fig. 9:g): U-vormig wangstuk van een paardenbit met aan de uiteinden verdikkingen, waaraan een versiering vastzit van drie elkaar rakende cirkels. De cirkels hebben een lijnversiering en in het midden van iedere cirkel zit een gaatje. Over de gehele bovenlengte van het voorwerp loopt een inkeping. Een van de uiteinden vertoont een beschadiging. De grootste hoogte van het wangstuk is 9,9 cm en de breedte 5,8 cm. De kleur is groen.

1955/IX.6 (fig. 9:h): U-vormig wangstuk van een paardenbit, identiek aan inventarisnummer 1955/IX.5 maar niet beschadigd en met een iets mindere kromming. De hoogte is 10,1 cm en de breedte 5 cm. De kleur is groen.

1955/IX.7 (fig. 9:i): U-vormig wangstuk van een paardenbit, identiek aan inventarisnummer 1955 IX/5 en 1955/IX.6. Het rechteruiteinde van de inkeping, die over de gehele bovenlengte loopt, is een beetje beschadigd. De hoogte is 10 cm en de breedte 5 cm. De kleur is groen.

1955/IX.8 (fig. 9:a): Grootste deel van een *phalera*, met smalle, vlakke rand en groot sterk gewelfd middendeel. Midden op de voorkant is een oude reparatie zichtbaar. Binnenin de welving zit een roestconcentratie met een uitstekende knobbel. De grootste diameter is 11,2 cm en de kleur is groenbruin.

1955/IX.9 (fig. 9:b): Grootste deel van een *phalera*, identiek aan inv.nr 1955/IX.8. Het centrum van de welving vertoont een gat. De diameter is 10 cm en de kleur is groen.

1955/IX.10 (fig. 9:e): Grootste deel van een oorspronkelijk vlakke, nu licht doorgebogen *phalera*, met een versiering in de vorm van drie dubbele concentrische cirkels, en in het midden een doorboorde knobbel. Achterop de rand zit een grote metaalconcentratie met een impressie van lijntjes en groeven. Achterop in het midden bevindt zich een sterk afgesleten knobbel. De diameter is 6,8 cm en de kleur is groen.

1955/IX.11 (fig. 9:f): Fragment van een *phalera*, met ombuigende rand. In het midden van de schijf zit een groot gat. De *phalera* heeft een iets ander versieringspatroon dan zijn tegenhanger 1955/IX.10, namelijk zeven enkele concentrische cirkels waarvan de binnenste drie dicht op elkaar staan, de drie daaropvolgende een groep vormen met meer ruimte tussen de ringen ten opzichte van elkaar en de laatste ring de rand van de *phalera* vormt. De diameter is 6,1 cm en de kleur is groen.

In de inventarisatie van het P.M.D. worden de U-vormige wangstukken beschreven als "versierde punt-verstevigers van zwaarden" en de *phalerae* als "bodems van bronzen vaatwerk". Maar als men de voorwerpen goed bestudeert, de identificaties van de vondst door Kooi (1983), Pauli (1983), Bloemers (1986) en Jager (1988) ter harte neemt en bovendien de reconstructie van een paardenbit van Hochdorf door Biel (1985: Abb. 86) bekijkt, moet het wel duidelijk zijn dat we hier te maken hebben met paardentuig.

Zoals uit de brief van Mulder van 14 april 1951 blijkt, bestond de vondst uit zowel bronzen als ijzeren voorwerpen, die helaas niet meer te redden waren. Hoewel het niet duidelijk is welke deze ijzeren voorwerpen waren, kan verondersteld worden dat het graf van Anloo een wagengraf was. De combinatie bronzen paardentuig en ijzeren onderdelen van wagens komt in graven namelijk vaker voor. De twee sierschijven en de drie U-vormige wangstukken duiden aan dat het tuig bestemd was voor twee paarden. Gedacht zou kunnen worden aan een door twee paarden getrokken tweewielige wagen, zoals onder andere bekend is uit Nijmegen (Bloemers, 1986) en de Ardennen (zie 4.3). Anderzijds kan ook gedacht worden aan ijzeren wapens, als pijl- en lanspunten, die onherkenbaar waren.

3.3.3. *Datering, parallellen en herkomst*

In een brief aan Van Giffen van 26 april 1951 zegt Dehn uit Marburg dat de sierschijven van Anloo erg veel weg hebben van zowel de vondst van Champagne, die gedateerd wordt in LT A, als de schijven die gevonden in het Marne-Rijngebied zijn en dan met name van de vondst van Langenhain-am-Taunus. Een andere vondst uit het Marnegebied die grote overeenkomsten heeft met Anloo, is Somme-Bionne.

Van groot belang is het boek over cirkelornamentiek van Lenerz-de Wilde (1977). Zij plaatst de sierschijven van Anloo in LT A. Door puur naar de decoratie te kijken geeft ze als belangrijkste kerngebied van dit soort versiering, door haar groep 1 genoemd, de Champagne aan. Daarnaast behoren delen van de Beneden-Moezel, het Departement Meuse en gebieden langs de Donau tot het kerngebied van deze groep. De verspreiding strekt zich uit tot in Oost-Frankrijk, het HEK-gebied, langs de Rijn en de Neckar, in Bohemen, Durrnberg, Starnberger See en Franche-Comté. Dit verspreidingsgebied werd tevens in de brief van Hawkes aan Harsema (zie noot 5) al genoemd.

Naast het onderzoek van Lenerz-de Wilde is het artikel van Pauli (1983) over een in de Donau aan-

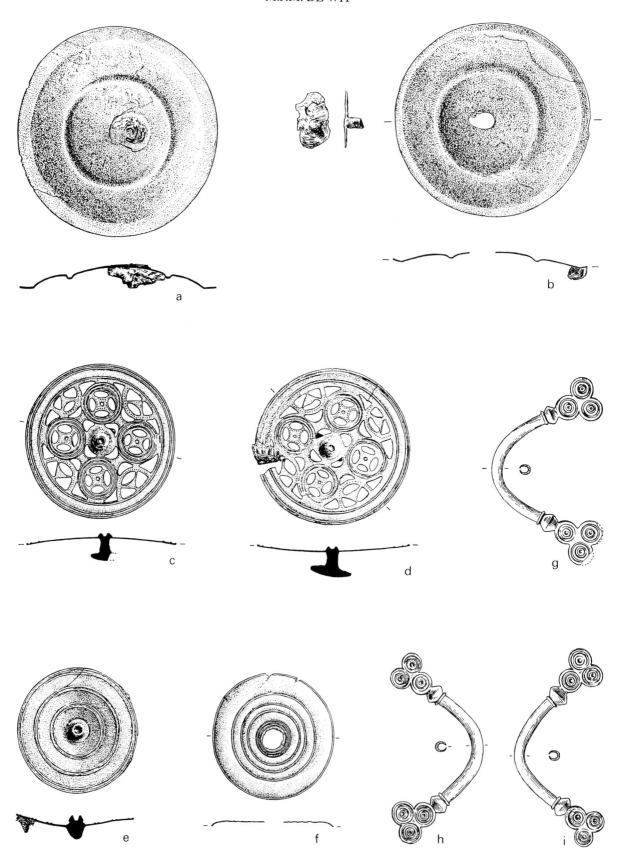

Fig. 9. De vondsten van Anloo (tek. P.C.A. van der Kamp, in inventarisboek P.M.D.). Schaal 1:2.

getroffen bit met sierplaten van groot belang. Dit exemplaar wordt door hem in vroeg LT A gedateerd. Bij de parallellen noemt Pauli ook de vondst van Anloo.

Als herkomstgebied van de ajoursierschijven worden zowel de Champagne (Lenerz-de Wilde, 1977) als het Donaugebied en Bohemen (Pauli, 1983) geopperd. Daarom moet gekeken worden naar de exacte dateringen die beide auteurs geven: Lenerz-de Wilde geeft globaal LT A aan en Pauli vroeg LT A. Omdat LT A in het westen van Europa ontstaat (Parzinger, 1988), lijkt het in dit geval de beste oplossing om aan te nemen dat dit soort paardentuig ontstaan is in de Champagne en via het Donaugebied in de Bohemen terecht is gekomen, waar het zijn grootste bloei en verspreiding kende.

3.4. Meppen, gemeente Zweeloo

3.4.1. *Vindplaats en vondstomstandigheden*

De vindplaats van de vondst van Meppen is exact bekend. De *situla* werd in 1936 door J. Eefting gevonden tijdens graafwerkzaamheden bij het dorp Meppen, op de kavel met de kadastrale aanduiding sectie K, No. 2955 (fig. 10). Helaas werd de aanvankelijke min of meer intacte *situla* achteloos terzijde gezet, en vervolgens door de plaatselijke jeugd zwaar beschadigd. Slechts de dikkere rand, en een aantal fragmenten van wand en bodem konden daarna worden verzameld. Bij het na-onderzoek dat uitgevoerd werd door Van Giffen (1938c: fig. 7) bleek dat de vondst in het midden van een kringgreppel tevoorschijn was gekomen. Deze kringgreppel lag in een kringgreppelurnenveld. De bijzetting van een rijk graf in een urnenveld is op z'n minst opvallend.

De vondst werd op 31 maart 1936 door het P.M.D. van de vinder aangekocht en in de jaren '60 naar het

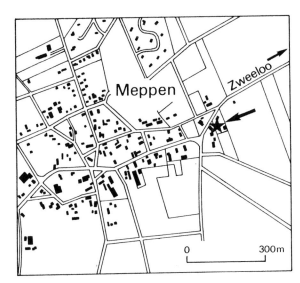

Fig. 10. De vindplaats van de *situla* van Meppen. Tek. J.H. Zwier.

laboratorium van de Rijksdienst voor het Oudheidkundig Bodemonderzoek (R.O.B.) te Amersfoort gebracht. Daar werden de fragmenten van de *situla* door J. Ypey (naar aanwijzingen van Glasbergen) aangevuld tot een compleet exemplaar. Kimmig (1962/1963) vermeldt dat daarbij ook het bodemfragment werd gebruikt, waardoor de hoogte van de *situla* tijdens de restauratie kon worden bepaald. Deze bodemfragmenten worden in Assen apart bewaard.

3.4.2. *Inventarisatie en vondstbeschrijving*[7]

1936/III.4 (fig. 11): *Situla* van brons met een van een brede concentrische ring voorziene platte bodem. Het lichaam van de *situla* is uit één stuk bronsblik gedreven. De opstaande rand van de los vervaardigde bodem is niet bewaard gebleven; de diameter van de bodem is bij benadering te bepalen. De rand van de *situla* loopt schuin naar binnen en is verdikt. Aan weerszijden bevinden zich op de buitenrand twee aanhechtingsplaatsen voor hengselhouders, die aan de situla door middel van twee klinknagels bevestigd zijn. De *situla* is in zijn gereconstrueerde vorm ca. 44 cm hoog en heeft een grootste diameter van 43 cm; de kleur is bruingroen.

3.4.3. *Datering, parallellen en herkomst*

Von Merhart (1952) maakt onderscheid tussen emmers en *situlae*. Emmers worden volgens hem gekarakteriseerd door het feit dat ze twee vaste oren, al dan niet voorzien van beweegbare ringen, als handvatten hebben. *Situlae* hebben daarentegen beweegbare beugelvormige hengsels.

Het bijzondere aan de *situla* van Meppen is dat deze behoort tot een kleine groep, waartoe ook de *situlae* van Gladbach, Kr. Neuwied (Duitsland), Crossac, Loire-Atlantique, de twee exemplaren van Spézet-en-Kerléonet, Finistère, Damerey, Sâone-et-Loire, Roque-Courbe, Herault, Lavaud-Bousquet, Haute-Vienne (Frankrijk), Ins-Grossholz, Kt. Bern (Zwitserland), Campovalano, Picenum, Rotella, Picenum, Cairano-'Calvario', Campania en Oliveto Citra-'Turni', Campania (Italië) behoren. Het meest recente overzicht van deze groep is van de hand van Nortmann (1998), maar eerder hebben Kimmig (1962/1963) en Bouloumié (1977) aandacht aan deze *situlae* besteed.

Op grond van een aantal stilistische kenmerken onderscheidt Kimmig deze groep, waarbij hij alleen de *situlae* van Meppen, Gladbach en Ins-Grossholz noemt, van de zogenaamde rheinisch-tessinischen (RT)-*situlae*. Het belangrijkste verschil daarbij is dat de wanden van de *situlae* van de groep van Meppen uit één stuk brons gedreven zijn, waardoor ze naadloos zijn, terwijl de wanden van RT-*situlae* gebogen uit bronsblik en geklonken zijn. Daarnaast zijn de *situlae* van de groep van Meppen in vergelijking tot de RT-groep veel groter[8], is de aard van de hengselhouders anders en wordt de bodem versterkt met een brede ring, althans in Meppen, Gladbach en Ins-Grossholz (Ostenwalder & Breitenbach, 1979-1980: Abb. 3).

Ook Bouloumié (1977) behandelt Meppen in zijn artikel over de indeling van de verschillende *situla-*

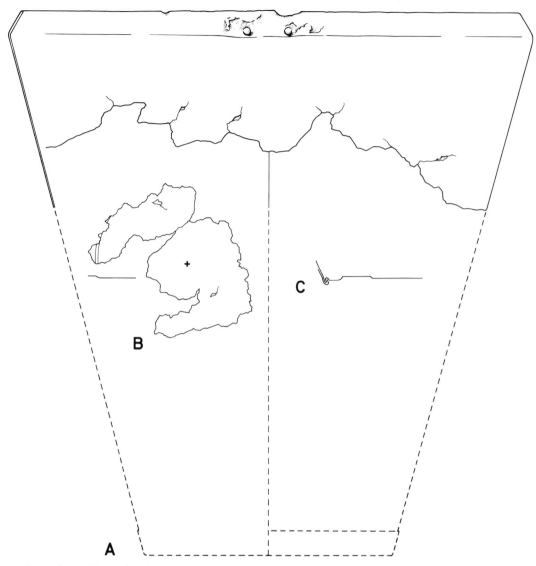

Fig. 11. A. De *situla* van Meppen in zijn gereconstrueerde vorm. Schaal 1:3. B. Het losse bodemfragment met de aanzet van een brede versterkingsring. Het kruisje geeft bij benadering het centrum aan. Schaal 1:3. C. Bevestiging van de bodem bij de *situla* van Gladbach, volgens Kimmig (1992/1993). Tek. J.M. Smit.

typen. Hierbij volgt hij de indeling die in 1955 en 1957 voor de Etruskische *situlae* is opgesteld door Giuliani Pomes. Aangezien deze indeling, die de groepen A t/m F betreft, niet geheel toerijkend is voor het onderzoek van Bouloumié, maakt deze zijn eigen voortzetting van de groepen. De *situla* van Meppen valt volgens hem in zijn groep G: *situlae* die zijn gemaakt volgens de zogenaamde *l'ecrouissage*-techniek. *L'ecrouissage* betekent letterlijk 'het koud smeden'. Deze techniek houdt het uithameren van bronsblik in, dat in wezen met het koude metaal gebeurt. Om scheuren te voorkomen wordt het bronsblik wel af en toe opgewarmd. Verdere kenmerken van deze groep G zijn dat de *situlae* geen karakteristieke schouder of hals hebben en dat de rand niet is opgerold of omgeslagen, maar van binnen uit is

geslagen. Bouloumié vindt dat deze techniek thuishoort in het Rijnland tijdens Ha D3. Opvallend is dat hij (net als Kimmig overigens die de Franse exemplaren niet kende) de *situlae* van Damerey (Bonnamour, 1970) en Roque-Courbe (Garcia, 1987) niet noemt.

Hoewel Bouloumié uiteenlopende dateringen aan zijn groep G geeft (Gladbach en Meppen in LT A, Ins-Grossholz in Ha D en Spézet en Crossac in Ha C) vormt de datering van dit soort *situlae* in feite geen probleem. Ins-Grossholz wordt door de fragmenten van goudband gedateerd in Ha D2, een datering die ook door Roque-Courbe wordt bevestigd. Deze *situla* wordt namelijk door de bronzen bijlen van het type *launacienne* en het type *Rochelongue*, die in de *situla* werden aangetroffen, in de tweede helft van de 6e eeuw v.Chr. gedateerd. In

Spézet bevatten de twee *situlae* (die in elkaar werden aangetroffen) 92 bronzen zogenaamde Bretonse kokerbijlen (Bouloumié, 1977: pp. 9-10). Deze worden in de regel in *Bronze Final III*, gelijktijdig met Ha C geplaatst. De Bretonse kokerbijlen lopen echter volgens Briard & Verron (1976: p. 574) waarschijnlijk langer door: *"Leur datation est difficile. Elles apparaissent déjà dans les dépôts en langue de carpe du Bronze Final III, mais furent surtout produits du Hallstatt 1"*. Dit zou wel eens kunnen betekenen dat het hele depot ook eerder zou kunnen worden gedateerd, namelijk in Ha D. Nortmann (1998) vermeldt dateringen in de tweede helft van de 6e eeuw v.Chr. voor de grafvondsten van Lavaud-Bousquet en Campovalano en op zijn vroegst het tweede kwart van de 6e eeuw v.Chr. voor de graven van Cairano en Oliveto Citra. Op grond van deze dateringen kan de *situla* van Meppen bij benadering rond 550 v.Chr. worden geplaatst.

Anders dan de datering zorgt de herkomst van dit soort *situlae* wel voor de nodige problemen. Ten opzichte van elkaar zijn de exemplaren van deze groep verspreid gevonden. Vooral Meppen is met zijn noordelijke ligging een uitschieter. Nortmann (1998) pleit voor Midden-Italië als herkomstgebied. De exemplaren noordelijk en westelijk van de Alpen wijzen volgens hem op vroege handelscontacten met dit gebied. Gezien het verspreidingsbeeld kan echter een Franse herkomst niet worden uitgesloten, o.i.

3.5. Balloo, gemeente Rolde

3.5.1. *Vindplaats en vondstomstandigheden*

Volgens het inventarisboek van het P.M.D. werd de vondst van Balloo begin 1855 gedaan in een vergraven tumulus. In datzelfde jaar werd hij door H.C. Carstens, griffier bij de arrondissementsrechtbank te Assen, geschonken aan het museum. In de *Catalogus der Oudheid-kundige Voorwerpen, tentoongesteld bij gelegenheid van het IXe Landhuishoudkundig Congres te Assen*, dat in 1854 plaatsvond en naar aanleiding waarvan het P.M.D. zelf gesticht werd, wordt deze vondst echter al genoemd. Dit betekent dat de vondst eerder dan in 1855 gedaan moet zijn. In die catalogus staat dat de vondst, die werd ingebracht door Carstens, bestond uit een "urn met beenderen en gedeelten van wapenen met twee kleine urnen". Het laatste woord is weliswaar niet helemaal duidelijk, maar kan nauwelijks iets anders zijn. Bovendien wijzen andere gegevens er op, dat twee kleine potjes tot de vondst behoren, namelijk vermeldingen in het museumregister en de *Catalogus S. Gratama*. Onder 'Bijzonderheden' wordt vermeld dat de vondst "is gevonden te Balloo onder één der tumuli". De vindplaats is ongetwijfeld één van de tumuli in het grote grafheuvelveld van Balloo, dat in 1833 gekarteerd is op verzoek van Reuvens. Van dit grafveld rest nu nog het Tumulibos. Voor een overzicht van de ontginningsgeschiedenis van het grootste deel van dit grafveld en van de rol die Carstens hierbij speelde kan verwezen worden naar Marring (1998). Op grond van zijn gegevens zijn in figuur 12 de percelen aangegeven waarin de grafheuvel die de vondsten bevatte gelegen zou kunnen hebben. Er is echter geen reden om aan te nemen, zoals Marring doet, dat de vondst uit één van de grote grafheuvels komt. Overigens is het grafveld van Balloo nog groter geweest. Ten noorden van het Tumulibos onderzocht Van Giffen (1936a) immers enkele kringgreppels van een urnenveld uit de late bronstijd/vroege ijzertijd. Hoe groot dit urnenveld is, of is geweest, kan niet bepaald worden.

Er zijn problemen betreffende de samenstelling van deze vondst. Kooi (1983: fig. 8-9) beeldt een groot aantal voorwerpen af, die blijkens de onderschriften alle tot inventarisnummer 1855/I.73 zouden behoren.

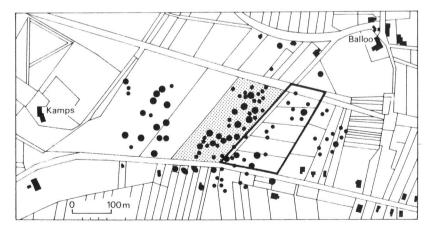

Fig. 12. De omgeving van Balloo, met het Tumulibos volgens de kadastrale kaart van ca. 1950. De door A. van Apken in 1833 voor Reuvens gekarteerde grafheuvels zijn aangegeven als zwarte stippen. De vindplaats van de vondsten 1855/I.73 bevond zich in de zwaarder aangezette percelen, die volgens Marring (1998) ten tijde van de ontginning in het bezit waren van Carsten, de eerst bekende eigenaar van deze vondst.

In werkelijkheid dragen slechts enkele voorwerpen dit nummer en is het grootste gedeelte van de door Kooi afgebeelde bronsfragmenten ongenummerd. Deze ongenummerde fragmenten worden bovendien bewaard in een doosje met inventarisnummer 1876/VI.2. Volgens de inventarisboekjes beslaat 1855/I.73 de urn, fragmenten van een holle, onversierde halsring, een complete armband en twee aan elkaar gesmolten/geoxideerde fragmenten van een tweede armband. Inventarisnummer 1876/VI.2 komt in de boeken niet voor! Overigens moet hierbij worden aangetekend, dat het huidige systeem van inventarisnummers door Van Giffen na 1918 is ingevoerd en dat deze ook verantwoordelijk was voor de hernummering van de reeds aanwezige collectie. Deze hernummering vond plaats op basis van oudere bronnen, en is niet altijd foutloos verlopen (zie Butler, 1960: bijlage II). De beide schaalvormige urntjes die volgens het museumregister en *Catalogus S. Gratama* tot de vondst behoren, werden geïnventariseerd onder 1855/I.26 en 1855/I.80, en zodoende 'losgemaakt' uit het vondstcomplex.

Op verzoek van Van Giffen heeft T. Kat-van Hulten in de jaren '40 tekeningen gemaakt van objecten die nu tot de vondst van Balloo worden gerekend. Aan 1855/I.73 worden op dat moment ook fragmenten van beide versierde holle halsringen en van enkele armringen toegeschreven. Een groot fragment van een van de versierde holle halsringen krijgt van haar echter nummer 1876/VI.2, waarbij op de achterzijde van de tekening wel wordt genoteerd, dat dit nummer niet voorkomt in de boeken, en dat verdere gegevens ontbreken.

De *Catalogus S. Gratama* en de museumregisters bieden geen uitkomst. Er is sprake van een urn met crematieresten en bronzen voorwerpen, nader gespecificeerd als een complete bronzen armband en fragmenten van bronzen sieraden. Het is dus onduidelijk, waar Van Giffen zijn toewijzing op baseerde. Het meest waarschijnlijke is, dat de complete armring, de fragmenten van de onversierde holle halsring en de beide aanelkaar gesmolten/geoxideerde fragmenten van een tweede armring in de urn lagen toen Van Giffen de vondst van Balloo herinventariseerde. De overige bronsfragmenten konden bij gebrek aan gegevens niet aan de vondst worden toegeschreven. Waar het nummer 1876/VI.2 op gebaseerd is, blijft onduidelijk. De museumregisters bevatten geen aanwijzingen voor een bronsvondst die rond die tijd zou zijn binnengekomen. Dit nummer is overigens niet op de fragmenten zelf geplaatst. In de jaren '40 was in ieder geval al een deel van die fragmenten bij de urn en de bronzen voorwerpen met inventarisnummer 1855/I.73 gevoegd. Toen later geconstateerd werd, dat het grote fragment van een versierde holle halsring, dat Kat-van Hulten nog als 1876/VI.2 had getekend, aan de fragmenten in urn 1855/I.73 paste, leek het voor de hand te liggen beide groepen te combineren tot die ene rijke grafvondst die Kooi afbeeldde. Het blijft echter de vraag of dit correct is.

3.5.2. *Inventarisatie en vondstbeschrijving*

1855/I.73a (fig. 13:j): Een lage, afgerond dubbelconische pot met lage cylindrische hals en kort schoudertje van lichtbruin aardewerk. De pot heeft een horizontaal, tweemaal doorboord knobbeloortje op de afgeronde buikknik en is 10,5 cm hoog.

1855/I.26 (fig. 13:k): Dikwandig klein schaaltje met afgeronde bodem, en naar binnen toe overkragende, afgeplatte rand. Toont sporen van secundaire verbranding. Doorsnede 6,5 cm, hoogte ca. 3 cm.

1855/I.80 (fig. 13:l): Schaaltje met vlakke bodem en afgeplatte rand. Doorsnede 10 cm, hoogte 4,5 cm.

1855/I.73b (fig. 13:g): Een gave, met groepen dwarsstreepjes versierde, groen geoxideerd bronzen armband.

1855/I.73c (fig. 13:h): Een groot fragment van een armband als 1855/I.73b.

1855/I.73d (fig. 13:f): Verschillende fragmenten van met groepen dwarsstreepjes versierde, groen geoxideerd bronzen armbanden.

1855/I.73e (fig. 13:i): Fragmenten van vijf, aan elkaar gesmolten bronzen ringen. Deze ringen hebben een decoratie in de vorm van groepen dwarsstreepjes.

1855/I.73f (fig. 13:a): Fragmenten van een holle, groen geoxideerd halsring, gemaakt van dun plaatbrons. De halsring is over het gehele oppervlak versierd met verschillende motieven. De diameter is 2,2 cm.

1855/I.73g (fig. 13:b): Fragmenten van een tweede versierde holle halsring, gemaakt van dun plaatbrons. De diameter is 2,2 cm.

1855/I.73h (fig. 13:c): Fragmenten van een onversierde holle halsring, gemaakt van dik plaatbrons. De diameter is ca. 1,5 cm.

1855/I.73i (fig. 13:d): Fragment van een plat, spiraalvormig voorwerp van plaatbrons, kennelijk beslag gezien de nietgaatjes. Een oude breuk is gerepareerd met klinknageltjes.

1855/I.73j (fig. 13:e): Een drietal stukken van een verbogen en gebroken bronzen naald (Kooi, 1983: p. 204) of, waarschijnlijker, dunne armband.

3.5.3. *Datering, parallellen en herkomst*

Bronzen holle halsringen, in het Duits *Hohlwulste* of *Hohlringe* genoemd, kennen een geschiedenis die begint in de late bronstijd en doorloopt tot in Ha D. Ze worden voornamelijk aangetroffen in graven en depots in Noordwest-Duitsland en dan met name in het gebied rond Oldenburg en in Midden-en West-Nedersaksen. De Oldenburgse ringen worden door middel van de ringen van Seddin, Kr. Westprignitz, gedateerd in de periode Montelius VI (Ha C/D) en vormen een aparte groep die kenmerkend is voor het Ems/Wesergebied. Aan de versieringen is te zien dat deze groep tevens parallellen heeft aan de oostelijke rand van het verspreidingsgebied van *Hohlwulste* (Sprockhoff, 1959). In Midden- en West-Nedersaksen worden de ringen vooral gevonden langs de benedenloop van de Elbe; uit dit gebied zijn 10 exemplaren bekend. In het westen van dit gebied loopt de verbreiding door tot aan de Weser (Jacob-Friesen, 1974). Het oudste exemplaar van de Oldenburgse groep, die direct aansluit aan de *Hohlwulste* uit de late bronstijd, is gevonden in het grafveld van Pestrup en heeft een geometrische driehoekversiering. Andere ringen uit Noordwest-Duitsland zijn die van Delthun, Gem. Ganderkesee, Stellmoor, Gem. Rastede; Lastrup, Kr. Aschendorf-Hümmling, Hahn, Gem. Rastede, Kr. Ammerland, Marwendel, Kr. Lüchow-Dannenberg, Alt-Bukowitz, Kr. Berent en

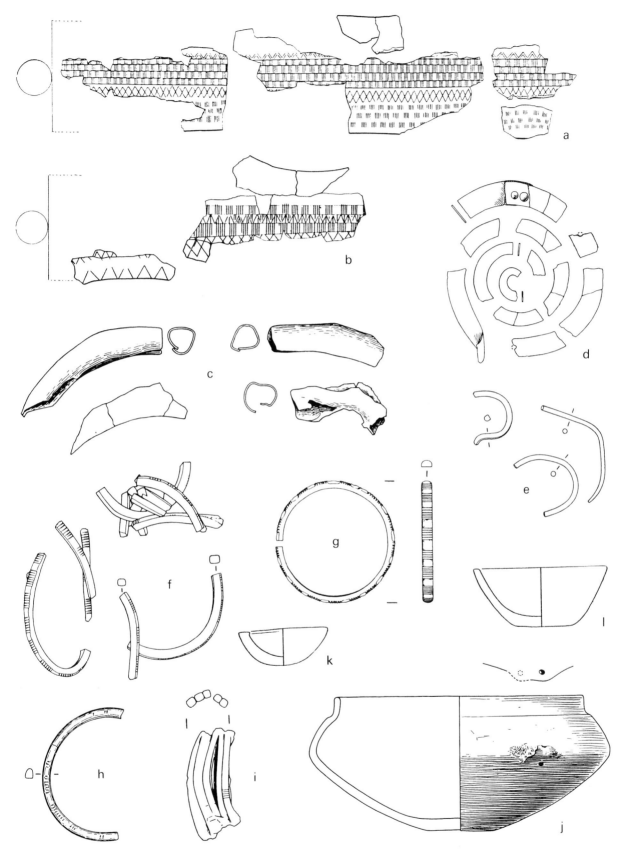

Fig. 13. De vondsten van Balloo. Schaal aardewerk 1:3, metaal 1:2. Tek. H.R. Roelink en J.M. Smit.

Dümmersee. Deze exemplaren hebben vaak een andere versiering dan Pestrup (zo heeft de *Hohlwulst* van Lastrup een vlechtband-, visgraat- en schaakbordmotief en die van Dümmer een verticale *Rippenbänder*-versiering met visgraatmotief) en dit kan wijzen op een jongere datering. De ring van Immensen, Kr. Burgdorf, heeft een scharniersluiting en daarom ook wellicht ook een jongere datering (Sprockhoff, 1959). Tenslotte bevatte de depotvondst uit het veen van Plaggenburg, dat in 1880 gedaan werd, onder andere een halve *Hohlwulst* (Schwartz, 1995). Jacob-Friesen (1974) ziet in *Hohlwulste* een ontwikkelde vorm van de dunne, onversierde holle ringen uit het zuiden van het Hallstattgebied, namelijk Zuid-Duitsland en Bohemen. Deze onversierde zuidelijke voorlopers van de *Hohlwulste* kunnen volgens hem gedateerd worden in zijn periode V. De *Hohlwulste* kunnen op hun beurt in zijn periode VI (Ha D) geplaatst worden en eventueel doorlopen in LT A. Naast deze Noordwest-Duitse *Hohlwulste* is er ook een exemplaar uit RML-groep in het HEK-gebied bekend. Deze wordt door Parzinger (1988) geplaatst in de fase IA3 en geeft in de traditionele termen een datering in Ha D2/D3.

Ook in ons land zijn, naast Balloo, andere bronzen holle halsringen aangetroffen. In Drenthe zijn *Hohlwulste* uit Gasteren (zie 3.6), Rolde 'Klaassteen' (zie 3.7) en Wijster 'de Emelang' (zie 3.8) bekend en in Gelderland uit Ubbergen. De halsring van Ubbergen werd gevonden op een stuk hooggelegen bebost heideland tussen Meerwijk en Ubbergen, dat toebehoorde aan Jhr. Dommer van Poldersveld te Ubbergen. De exacte datum van het ontdekken van de ring is niet te achterhalen; Janssen (1859) heeft het over "eenige jaren geleden". De fragmenten van de holle bronzen ring waren over een massieve bronzen halsring met pseudo-tordering en een scharniersluiting geschoven. Het is niet duidelijk of de *Hohlwulst* al bij het vinden om de pseudo-*Wendelring* was geschoven, of dat dit na het vinden is gedaan, om de fragmenten van de *Hohlwulst* beter te kunnen bewaren. De *Hohlwulst* heeft een versiering bestaande uit drie aansluitende, smalle zones, met schuine arcering, gescheiden door brede onversierde gedeeltes.

Voor de *Hohlwulste* wordt een datering in Ha D geopperd. Een goed aanknopingspunt voor deze datering is het feit dat in het graf van Balloo HEK I-armringen (inv. nrs. 1855/I.73b-e) zijn aangetroffen. Zoals reeds beschreven bij de vondst van Darp zijn dit soort armbanden typische voorwerpen uit HEK I (Ha D) (Joachim, 1970; Haffner, 1976). De combinatie *Hohlwulste*-HEK I-ringen is dus eenduidig Ha D. De armringen zijn afkomstig uit het HEK-gebied en de *Hohlwulst* heeft een Noordwest-Duitse oorsprong.

3.6. Gasteren 1949/50, gemeente Anloo

3.6.1. *Vindplaats en vondstomstandigheden*

De vondst van Gasteren werd omstreeks 1949/1950 gedaan tijdens ontginningswerkzaamheden van een perceel heideveld ten zuidoosten van Gasteren. Dit perceel grenst aan het urnenveld dat in 1939 door Van Giffen is onderzocht (fig. 14). Er bestaat een brief van J.H. Keizer aan J.J. Butler, waarin hij de precieze vondstomstandigheden, de voorwerpen en de plaats van deze tijdens het ontdekken van de vondst beschrijft en tekent. Hoewel er geen datum op de brief staat, kan die toch globaal aangegeven worden. In de brief staat namelijk dat Keizer vóór het schrijven van de brief nog met H.J. Bellen contact heeft gehad. Deze brief is verstuurd vanuit de Van den Bosstraat te Appingedam, waar Keizer in maart 1961 nog woonde. Aangezien Butler op 25 februari 1957 bij het B.A.I. in dienst kwam en Bellen op 11 april 1961 overleed, kan de brief tussen deze twee data gedateerd worden. Onder een kleine tumulus, die 2 meter in doorsnede en ongeveer 60 cm hoog was en door een ringsloot werd omgeven, werden in een concentratie van houtskool en crematieresten een hoeveelheid aardewerk en bronzen voorwerpen aangetroffen. Het zou hierbij om de door Van Giffen (1945) niet onderzochte heuvel 18 kunnen gaan. Deze heuvel ligt namelijk in het terreingedeelte, dat blijkens de topografische kaart van 1952 herontgonnen is (zie fig. 14). Keizer schetste ook het profiel van de tumulus. Daarop is te zien dat de vondst bovenop een grondlaag lag waarin zich aardewerkscherven bevonden. Ook wordt duidelijk aangegeven dat het heideprofiel onder de tumulus doorliep en zijn aan weerszijden van de tumulus drie urnen te zien die Keizer "ongeveer 11 jaar geleden alleen bij de 'beheerder' thuis heeft gezien". De urnen waren gevuld met crematieresten en hadden 'dwarse' oortjes. In één van de urnen zou zich een baardtangetje hebben bevonden. Een deel van de vondst kwam in het bezit van Keizer, die de voorwerpen, waarschijnlijk in het begin van de jaren '60, grotendeels aan Van Giffen overdroeg. Keizer hield echter anderhalve armband in zijn bezit. Hoewel in het dagboek van W.A. van Es, toen conservator van het P.M.D., op 17 november 1958 staat dat Van Giffen een deel van de depotvondst van Anloo in Appingedam op het spoor was gekomen, betreft dit kennelijk dat deel van de vondst van Gasteren, dat Van Giffen van Keizer kreeg.

Zoals in noot 5 al ter sprake is gekomen, blijkt uit de aantekeningen van Van der Waals dat de vondsten van Anloo en Gasteren aanvankelijk met elkaar in verband werden gebracht en dat de gegevens van beide nogal eens door elkaar werden gehaald. Wellicht komen deze misverstanden door het feit dat Van der Waals zijn gegevens destijds heeft gekregen van L. Braaksma, onderwijzer te Assen, die het andere deel van de vondst Gasteren kocht. Deze Braaksma was niet bij het ontdekken van de vondst zelf aanwezig geweest en kon dus alleen navertellen wat hij had gehoord over de vondstomstandigheden. Het deel van de vondst dat Braaksma in zijn bezit had zou zich thans bij een zoon of dochter van deze in Canada bevinden. Keizer was door een aantal inwoners van Gasteren, die bij de ontginningen en het ontdekken van de vondst betrokken waren ge-

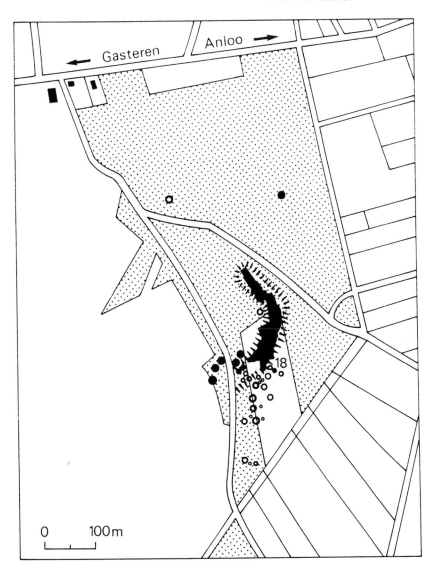

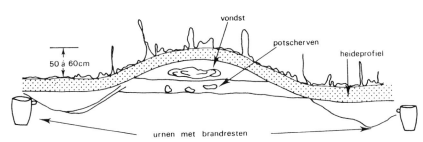

Fig. 14. A. De vermoedelijke vind-plaats van de vondsten van Gas-teren. Het door Van Giffen onder-zochte urnenveld (zwart) en de on-derzochte heuvels (open cirkels) zijn geprojecteerd op de stafkaart van 1952. Niet ontgonnen terrein is van een raster voorzien. Van de heuvels in het ontgonnen perceel was alleen heuvel 18 niet onder-zocht. Tek. J.H. Zwier. B. De schets van Keizer met een door-snede van de heuvel, waarin de bronsvondst werd ontdekt.

weest, aan zijn deel van de vondst gekomen. In de aantekeningen van Van der Waals staat dat de voor-werpen (die hij beschrijft als een "amfoor", een "klein schaaltje", "fragmenten van een holle bronzen ring" en "fragmenten van 4 à 5 armringen") tot 1954 in bezit waren van Gerrit Pieters.

In 1989 werd de vondst door het B.A.I. overgedragen aan het P.M.D.

3.6.2. *Inventarisatie en vondstbeschrijving*[9]

1989/VI.5a (fig. 15:a): Een zevental wandscherven van verschillende potten. Eén scherf heeft een ooraanzet. Van der Waals zegt in zijn aantekeningen dat de scherven afkomstig zijn van een amfoor en een klein schaaltje.

1989/VI.5b (fig. 15b-d): Drie deels verwrongen, met dwars-streepjes versierde, groen geoxideerd bronzen ringen. Alleen de diameter van armband b is te meten en is ongeveer 6 cm. De dikte van de ringen is ongeveer 0,4 cm.

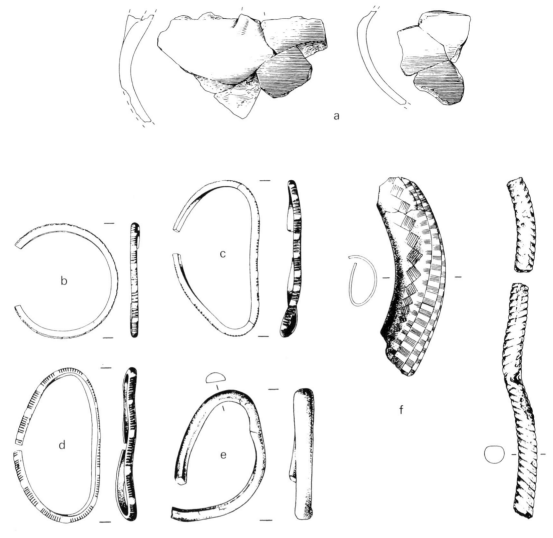

Fig. 15. De vondsten van Gasteren. Aardewerk 1:3, metaal 1:2. Tek. H.R. Roelink en J.M. Smit.

1989/VI.5c (fig. 15:e): Groot deel van een verwrongen, onversierde, open, groen geoxideerd bronzen armband. De doorsnede is half-cirkelvormig en meet ongeveer 1 bij 0,5 cm.

1989/VI.5d (fig. 15:f): Fragment van een met groepen van 4 à 5 verticale en zigzagvormige lijntjes versierde, holle, groen geoxideerd bronzen halsring.

1989/VI.5e (fig. 15:g): Twee fragmenten van een massieve, getordeerde, groen geoxideerd bronzen halsring (*Wendelring*). De lengtes zijn respectievelijk 12,5 en 5,0 cm en de diameter is 0,8 cm.

3.6.3. Datering, parallellen en herkomst

Zie 3.5, de vondst van Balloo. Ook de vondst van Gasteren kent de combinatie *Hohlwulst*-HEK-ringen. Opvallend is verder dat het aardewerk net als in Balloo geen RW is. Kennelijk was RW I dus nog niet in gebruik toen de vondsten van Balloo en Gasteren in de grond kwamen.

Heynowski (1996) maakt onderscheid tussen gewone en imitatie- of pseudo-*Wendelringe* (zie ook 2.5).

De gewone ringen bestaan uit een op de doorsnede vierkante tot stervormige staaf, die vervolgens gedraaid wordt. De pseudo-ringen hebben een ronde doorsnede. Deze pseudo-*Wendelringe* kunnen zo goed geïmiteerd zijn, dat zelfs de *Wendestellen*, de plaatsen waar de torsie van richting verandert, zijn aangebracht. Gasteren 1949/50 is in ieder geval een pseudo-*Wendelring*. Gasteren 1756 (3.10.1) en Gieten (3.10.3) zijn dat zeer waarschijnlijk, evenals de ring van Ubbergen. Het artikel van Heynowski geeft tevens belangrijke indicaties voor de datering van dit soort ringen. Heynowski deelt de ringen in drie groepen en *Horizonten* in en knoopt per regio in Noord-Duitsland en Denemarken hier een datering aan vast (Heynowski, 1996: Abb. 11-12). De dateringen van pseudo-*Wendelringe* uit Thüringen/Nedersaksen kunnen tevens voor de Drentse exemplaren gelden. Uit Heynowski's beschrijvingen van de verschillende groepen is op te maken dat de

Drentse exemplaren het waarschijnlijkst tot zijn groep twee behoren, die gedateerd kan worden in Ha D3.

3.7. Rolde 'Klaassteen', gemeente Rolde

3.7.1. *Vindplaats en vondstomstandigheden*

De exacte datum van de vondst van Rolde 'Klaassteen' en de plaats ervan zijn niet geheel bekend. In de *N.R.C.* van 16 april 1937 schrijft Bellen, dat de vondst "enige tijd geleden" gedaan werd door L. Wichers te Nijlande (gemeente Rolde), tijdens het ontginnen van een stuk heideland "nabij de Klaassteen in 't Westerveld van Rolde". De inventarisatie van het P.M.D. meldt dat de vondst in juli 1936 gedaan is. De vondst, die temidden van vele crematies lag, bestond uit een aantal voorwerpen en een aanzienlijke hoeveelheid aardewerkscherven. Wichers kon toentertijd slechts een vijftal zware bronzen ringen en wat scherven meenemen. Wat later, bij het graven van een aardappelkuil op het daarnaast gelegen perceel van R. Smeenge, tevens afkomstig uit Nijlande, trof Wichers een drietal klokbekers aan waarvan hij slechts één nogal fragmentarisch exemplaar heeft kunnen meenemen.

Op de topografische kaart 1:50.000, kaart blad 12 (Assen), uitgave 1909[10] heeft Bellen ten westen van de Klaassteen een kruisje gezet en daarbij de datum van 17 april 1937 geschreven. De coördinaten van dit punt zijn ongeveer 238,9/533,7 (fig. 16). Waarschijnlijk is dit de vindplaats van zowel de crematies als de bronzen ringen en de drie klokbekers. De plaats die door Bellen is aangegeven ligt echter niet in het Westerveld van de marke Rolde, maar op het gebied van de marke Nijlande.

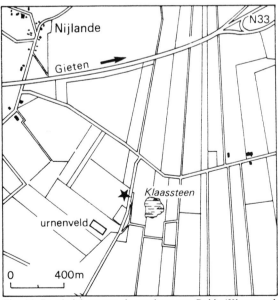

Fig. 16. De vindplaats van de vondsten van Rolde 'Klaassteen', aangewezen door Bellen. Het in 1940 door Brunsting onderzochte stuk van het urnenveld van Eldersloo is aangegeven. Tek. J.H. Zwier.

In 1940 is door Brunsting van het B.A.I. een grafheuvel en een klein deel van een urnenveld op een perceel in de onmiddellijke omgeving van deze plaats onderzocht. Er is hier ongetwijfeld sprake van één groot urnenveld die door Brunsting (1942) met de naam 'Eldersloo' werd aangeduid. De vondst van Rolde 'Klaassteen' werd op 17 april 1937 door Bellen aan het P.M.D. geschonken.

3.7.2. *Vondstbeschrijving*[11]

Het hele vondstcomplex is in het P.M.D. geïnventariseerd onder nummer 1937/IV.1. Naast twee vrijwel complete armringen zijn fragmenten aanwezig, waaruit op basis van doorsneden drie andere armringen gereconstrueerd kunnen worden (fig. 17).

Ring a: Open (?) armband met D-vormige doorsnede. Buitendiameter 6,5 cm, breedte 0,9 cm, dikte 0,5 cm. Uit drie grote fragmenten gereconstrueerd. Versiering bestaande uit groepen dwarse groeflijntjes.

Ring b: Open armband met afgerond-rechthoekige doorsnede. Buitendiameter 7,3 cm, breedte 1,2 cm, dikte 0,5 cm, opening 0,3 cm. Compleet. De versiering is nauwelijks meer zichtbaar door verwering, maar bestond kennelijk uit groepen dwarse groeflijntjes.

Ring c: Open (?) armband met D-vormige doorsnede.

Ring d: Open armband met D-vormige doorsnede. Buitendiameter 6,8 cm, breedte 1,1 cm, dikte 0,5 cm. Van eventuele versiering is door oxidatie geen spoor meer aanwezig.

Ring e: Uit twee grote fragmenten gereconstrueerde ring, ca. 3/4 is aanwezig. Vermoedelijk van hetzelfde type als 1-4, dus met onderbreking D-vormige doorsnede. Buitendiameter ca. 7 cm, breedte 0,9 cm, dikte 0,5 cm. Vage sporen van versiering met dwarse groeflijntjes.

Verder is een fragment van een groen geoxideerd bronzen holle halsring aanwezig (fig. 17:f). De ring was in vier stukken gebroken, maar is gerestaureerd en opgevuld met een groenachtige substantie. Op een deel van de ring is versiering aanwezig, in de vorm van twee rijen dubbel- of meervoudige schuine strepen naar links en naar rechts, die gescheiden zijn door een horizontale lijn; waarschijnlijk liep deze versiering over het gehele voorwerp. De restauratie van de ring is niet zo goed uitgevoerd, de gelijmde stukken passen niet goed op elkaar en daardoor krijgt de ring een onregelmatige vorm. Bij benadering is de binnenste diameter van de ring 1,2 cm en de buitenste 1,74 cm.

Er bestaat een vooroorlogse foto waarop de vijf armringen in hun toenmalige staat zijn afgebeeld. De sterke fragmentatie, die op de tekeningen zichtbaar is, is kennelijk van na die tijd.

3.7.3. *Datering, parallellen en herkomst*

Zie 3.5: de vondst van Balloo.

3.8. Wijster 'de Emelang', gemeente Beilen

3.8.1. *Vindplaats en vondstomstandigheden*

Volgens W. Beijerinck (1924: p. 37) lag in het buurtschap 'de Emelang', ten noorden van Wijster, een grafveld van tenminste twintig kleine heuveltjes (fig. 18). Deze heuveltjes hadden een doorsnede van een paar meter en waren van geringe hoogte. Naast de grafheuveltjes bestond het grafveld verder uit een langgerekte heuvel en twee grotere ronde heuvels. Het perceel waarop het grafveld lag was eigendom van R. Nijweming. In de winter van 1920/1921 werd dit grafveld grotendeels geëgaliseerd en verploegd. Beijerinck

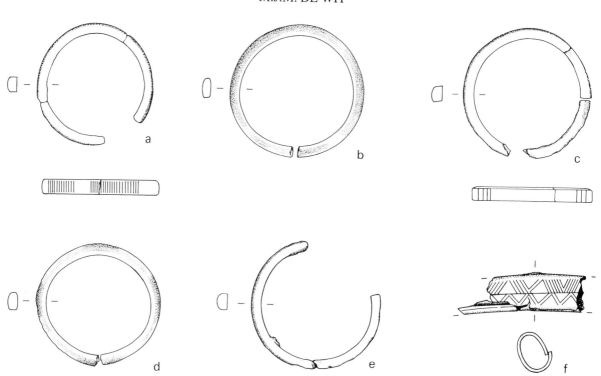

Fig. 17. De vondsten van Rolde 'Klaassteen'. Schaal 1:2. Tek. J.M. Smit.

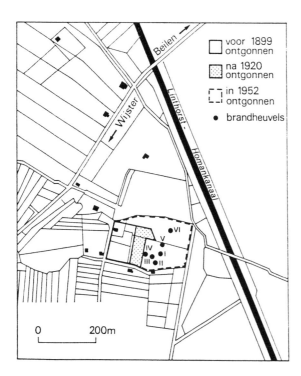

Fig. 18. De ligging van het ijzertijdgrafveld op 'de Emelang' bij Wijster (naar Beijerinck, 1924: fig. 1 en Van Giffen, 1954). De ontginningsgeschiedenis van het terrein is aangegeven. De vondsten van Beijerinck komen uit het gearceerde terreingedeelte. Tek. J.H. Zwier.

raapte in dezelfde winter op de plaatsen van de vernielde grafheuveltjes brons, aardewerkscherven, crematieresten en houtskool op. Hij schrijft in zijn artikel uit 1924 tevens dat er toen een gebrekkig plattegrondje door hem werd getekend. Dit is echter niet bewaard gebleven, evenmin als eventuele aantekeningen over de associatie van de vondsten. Aan de oostzijde van het grafveld lagen enkele heuveltjes buiten het reeds verploegde deel van het grafveld. Eén daarvan werd door Beijerinck in diezelfde winter van 1920/1921 onderzocht; op maaiveldniveau werd door hem in een brandlaag met veel houtskool een pakket verbrande beenderen gevonden, waarin zich een ijzeren *Ring-* of *Rollenkopfnadel* bevond (Beijerinck, 1924: pp. 39-40). Waarschijnlijk is dit deel van het grafveld later alsnog verploegd. Nog verder naar het oosten lagen minstens zes grotere heuvels, waarvan vijf in 1953 door Van Giffen werden onderzocht. Het bleken brandheuvels uit de midden-ijzertijd te zijn (Van Giffen, 1954). Onder deze heuvels werden zowel een langwerpig-rechthoekige als een open, haarspeldvormige greppel aangetroffen, die beide geen bijzettingen hadden. Hoewel Van Giffen van 'hoogakkers' spreekt, betreft het ongetwijfeld greppelstructuren uit de late urnenveldenperiode. Het in 1920/1921 verploegde grafveld en de in 1953 onderzochte grafheuvels behoren kennelijk tot één groot grafveld, dat begint met bijzettingen uit de vroege ijzertijd en eindigt met brandheuvels uit de midden-ijzertijd.

De vondsten uit 1920/1921 zijn in fasen in het P.M.D. terechtgekomen. Enkele ijzeren voorwerpen werden door Beijerinck al in 1922 aan het P.M.D. geschonken; andere voorwerpen werden in 1964 afgestaan. Een fragment van een bronzen armband uit de collectie Elema is volgens een notitie eveneens afkomstig uit het grafveld. Het is niet duidelijk of Elema dit fragment zelf opraapte of dat hij het van Beijerinck kreeg. Het fragment hoort in ieder geval bij een ring in de collectie-Beijerinck. In 1943 schonk H.A. Rienks onder andere fragmenten van een getordeerde bronzen halsring en een scherf, afkomstig van De Emelang aan het P.M.D. De urn die volgens Van Giffen (1954: p. 160) in 1920/1921 in het grafveld zou moeten zijn gevonden, is in het P.M.D. niet bekend (W.A.B. van der Sanden, mond. meded.).

Opvallend is de rijkdom aan brons en ijzer in dit grafveld. In het P.M.D. en in het verslag van Beijerinck (1924) is echter niets te vinden over eventuele associaties van voorwerpen. Toch ligt het voor de hand, dat niet alle bronzen uit verschillende bijzettingen afkomstig zijn. Op grond van de associaties van Balloo, Gasteren 1949/50 en Rolde-'Klaassteen' kan worden aangenomen dat ook de versierde holle bronzen halsring van De Emelang onderdeel uitmaakte van een rijke grafvondst, waartoe ook bronzen armringen behoord zullen hebben. Met name kan hierbij gedacht worden aan de minstens vijf, deels samengesmolten bronzen armbanden met rechthoekige doorsnede (onderdeel van vondstnummer 1964/XI.55).

3.8.2. *Inventarisatie en vondstbeschrijving*

Van de objecten uit het grafveld De Emelang worden hier slechts enkele genoemd:

1964/XI.16: *Paukenfibel* van brons met brede, ijzeren spiraal en speld. Op de spiraalhouder en de voet van de speldhouder zijn langere verticale zuiltjes met licht verbrede uiteinden aangebracht. Een overeenkomstig gevormd, maar iets korter zuiltje staat midden op de *Pauken* (fig. 19:a).

1964/XI.17: Fragment van een holle bronzen halsring met naad aan de binnenzijde. De versiering bestaat uit een dubbele groeflijn over de wijdste omtrek, met aan één zijde een band van inééngrijpende driehoeken, gevuld met schuine arcering. Deze band reikt over de naad heen (fig. 19:b). Tot dezelfde halsring behoren 15 deels sterk versmolten fragmenten in vondstnummer 1964/XI.55.

1964/XI.18a: Uiteinde van een brede en zware bronzen armband met hol-bolle doorsnede. De versiering bestaat uit blokken rechthoekjes verkregen door dwarse en overlangse groeflijnen (fig. 19:c). Tot deze armband behoren ook vier deels sterk-versmolten fragmenten in vondstnummer 1964/XI.55.

1964/XI.55: Behalve de boven reeds genoemde fragmenten van de holle halsring en versierde armband behoren tot dit nummer ook fragmenten van minstens vijf, deels samengesmolten bronzen armbanden met onregelmatig-rechthoekige doorsnede (fig. 19:d).

3.8.3. *Datering, parallellen en herkomst*

Voor de datering en herkomst van de versierde holle halsring en de samengesmolten bronzen armbanden: zie 3.5.

Voor de *Paukenfibel* zijn geen directe parallellen bekend. In zijn algemeenheid kan echter een datering in de tweede helft van de Ha D worden aangenomen.

Voor de brede, versierde armband: zie de vondsten van Gasteren 1756 en Gieten, die onder 3.10 behandeld zullen worden.

3.9. Borger, gemeente Borger

3.9.1. *Vindplaats en vondstomstandigheden*

In december 1947 werd de vondst van een urn gemeld door de burgemeester van Borger. De gegevens van de vindplaats werden in 1947 exact vastgelegd in het dagrapport van H. Praamstra van 10 december 1947: "op een kadastraal perceel van de gemeente Borger, Sectie F, no. 4473, eigenaar H. Hooiveld-Borger A No. 92". Destijds zijn deze gegevens om een of andere reden niet door het P.M.D. genoteerd. In de inventarisatie van het P.M.D. staat bij dit onderdeel dan ook 'onbekend'.

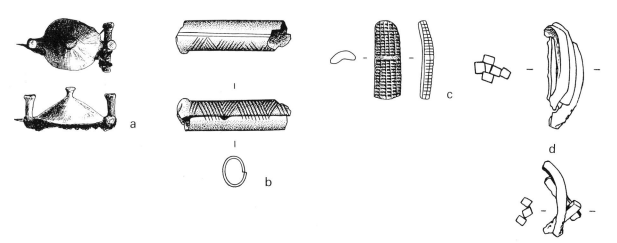

Fig. 19. Enkele vondsten uit het grafveld op 'de Emelang' bij Wijster. Schaal 1:2. Tek. J.M. Smit, fibula naar Beijerinck, 1924: fig. 2.

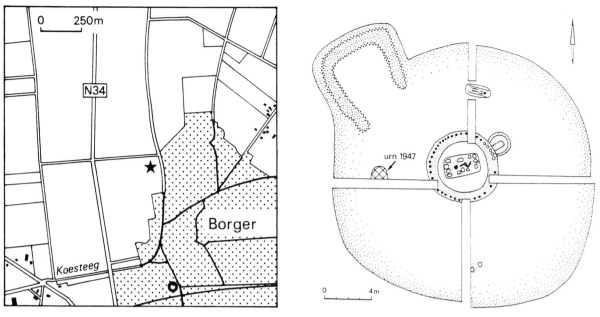

Fig. 20. A. De locatie van grafheuvelzool Drouwenerstraat-1 bij Borger. B. De grafheuvelzool met U-vormige greppel en de vindplaats van *Tonziste* en schaal. Tek. J.H. Zwier.

De reden hiervoor is wellicht dat de urn van de vondst van Borger als een vervalsing werd gezien; een situatie die tot 1984 bleef bestaan. Toen werd door J.N. Lanting een na-onderzoek verricht in een grafheuvelzool op dezelfde plaats als de vondst uit 1947. De vroegere gebruiker van het perceel, J. Beerman, wees erop dat hij en zijn zoon tijdens het graven naar zand voor een aardappelhoop hier vroeger al een urn en een schaal hadden gevonden. Dankzij de exacte inmeting uit 1947 en ondanks een ruilverkaveling die inmiddels had plaatsgevonden bleek dat de vondst uit een recent kuiltje in grafheuvelzool 1 moest komen (fig. 20).

Deze grafheuvelzool 1 is een meerperiodenheuvel geweest met, gezien de tangentiale nabijzetting, een primair Enkelgrafcultuur-dubbelgraf en een midden-bronstijdophoging. Vermoedelijk in de midden-ijzer-tijd werd de heuvel uitgebreid met een U-vormige greppel, een vorm die onder andere ook wordt aange-troffen op het Balloërveld (Van Giffen, 1935a). Deze U-vormige greppels lijken gelijktijdig te zijn met vierkante greppels. De urn en de schaal komen echter uit een nabijzetting aan de rand van de heuvel die geen structuur heeft, maar wel vlakbij de U-vormige greppel ligt (fig. 20:b).

3.9.2. Inventarisatie en vondstbeschrijving

1947/XII.1 (fig. 21:a): Een platte schaal van roodbruin aardewerk met een afgeplatte voet en een afgeronde rand. Op 2 cm onder de rand zijn op 2,5 cm afstand van elkaar twee ronde doorboringen gemaakt. De schaal was erg beschadigd, maar is volledig aangevuld. In het midden van de binnenkant is een zwarte verkleuring te zien. De schaal heeft een plantaardige magering, is 9 cm hoog en heeft een diameter van 22,5 cm.

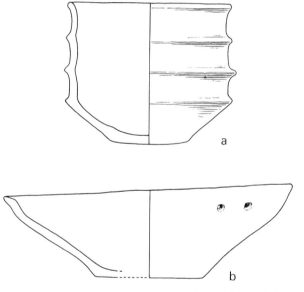

Fig. 21. *Tonziste* en schaal van Borger. Schaal 1:3. Tek. J.M. Smit.

1947/XII.2 (fig. 21:b): Een hoge pot met drie *Rippen* (ribbels) van roodbruin aardewerk met een afgeplatte bodem en een afgeronde, iets verdikte rand. De pot heeft een steengruismagering. De onderste *Rippe* loopt af naar de bodem van de pot. Aan de binnenkant van de pot wijkt ter hoogte van de *Rippen* de wand iets terug; wellicht is dit een aanwijzing dat de *Rippen* vanuit de binnenkant zijn geduwd in plaats van opgelegd. Bij het vinden bevatte de pot crematieresten. De diameter is 13 cm en de hoogte 12,5 cm. Het gaat vrijwel zeker om een imitatie in aardewerk van geribd bronzen vaatwerk, een zogenaamde *Tonziste*.

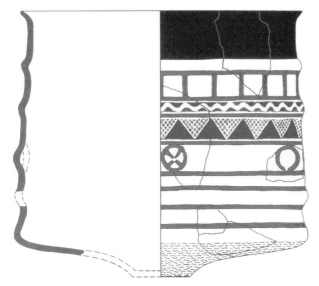

Fig. 22. Eén van de beschilderde *Tonzisten* van de Heuneburg (naar Dämmer, 1977: Taf. 5:6). Schaal 1:3.

3.9.3. *Datering, parallellen en herkomst*

De vroegste vorm van de *Tonzisten* worden aangetroffen in de grafvelden van Bologna in Noord-Italië. In totaal zijn uit deze graven meer dan 275 exemplaren bekend, die gedateerd kunnen worden in de fasen Bologna I en II (= Ha B2/3) (Tuitjer, 1986). Deze *Tonzisten* kunnen in twee categorieën verdeeld worden: vrije vormen en vormen die exact zijn nagemaakt naar metalen voorbeelden. De verspreiding van de *Tonzisten* naar verschillende delen van Europa gebeurde vanuit dit Noord-Italiaanse oorsprongsgebied allereerst naar de Heuneburg. Hier zijn zes beschilderde exemplaren van roodbakkend aardewerk aangetroffen (Dämmer, 1977), die de beste tegenhangers van de *Tonziste* van Borger zijn (fig. 22). Volgens Dämmer (1977: p. 45) horen de exemplaren van de Heuneburg met hun witte beschildering thuis in Ha D1. Bij een klein aantal van de *Tonzisten* zijn de *Rippen* van binnenuit geduwd. De meest voorkomende techniek is echter dat de *Rippen* op het lichaam van de pot gelegd werden. Overigens zijn de *Tonziste* en schaal van Borger ongetwijfeld lokaal vervaardigd.

Het enige andere aardewerken exemplaar dat naast Borger bekend is uit noordelijk Europa is dat van Burgwendel-Thönse, Kr. Hannover (Tuitjer, 1986). Net als vele metalen exemplaren is deze *Tonziste* uit het Midden-Wesergebied afkomstig. Dit versterkt de theorie van Hässler (1992), die denkt dat de *Rippenzisten* vanuit het Noord-Alpiene gebied verder naar het noorden zijn verspreid via de Weser. Hässler knoopt aan deze ontwikkelingen een datering op de overgang H D3/LT A vast.

Indien men accepteert dat de *Tonziste* van Borger vervaardigd is naar voorbeeld van de exemplaren op de Heuneburg, ligt een datering in Ha D1, of in de eerste helft van Ha D, voor de hand. Aangezien de *Tonzisten* van de Heuneburg tot dusverre alleen uit deze plaats zelf bekend zijn, moet men dan ook aannemen, dat de maker van de *Tonziste* van Borger ooit op de Heuneburg is geweest en daar zo'n pot heeft gezien. Indien men aanneemt, dat de gelijkenis Borger-Heuneburg toevallig is, dan is een datering veel moeilijker en komen Ha D en La T A in aanmerking. Het is niet nodig om de datering te beperken tot Ha D3/La T A, zoals Tuitjer (1986) voor de *Tonziste* van Burgwendel/Thönse voorstelt. Overigens moet men in dat geval aannemen, dat de maker van de *Tonziste* van Borger ooit een bronzen *Rippenziste* heeft gezien en als inspiratiebron heeft gebruikt. Dat is des te opvallender, omdat tot dusverre in Noord-Nederland geen bronzen *Rippenzisten* bekend zijn.

3.10. Enkele oudere vondsten

3.10.1. *Gasteren 1758*

In de 'Oudheidkundige brieven' van J. van Lier (Vosmaer, 1760) is ook een brief van luitenant Meursinge aan Van Lier afgedrukt, waarin deze melding doet van een opgraving met zijn neef, de landmeter Meursinge, in de marke van Gasteren, waarschijnlijk in 1758. De opgraving betrof enkele grafheuveltjes, die bijna een uur ten noordwesten van de Eexter grafkelder (D 13) waren gelegen. Gezien de afstand en plaats kunnen deze heuveltjes alleen maar behoren tot het grote grafveld van Gasteren, dat in 1939 door Van Giffen werd onderzocht (Van Giffen, 1945) en waar rond 1945/1950 in één van de door Van Giffen niet-onderzochte heuvels de eerder behandelde rijke grafvondst werd gevonden (zie 3.6). In een heuveltje dat ca. 0,75 meter hoog was, vonden de Meursinges op een diepte van 35-40 cm onder de top van de heuvel twee bronzen ringen. Deze ringen zijn uitvoerig beschreven en door Vosmaer (1760: PL-V: 3-4) afgebeeld. De vondst lag kennelijk bij een crematie en betreft:

- Een halsring met pseudo-tordering, die niet geheel compleet is; het deel met de sluiting ontbreekt (fig. 23:a). De ring mat ca. 54 cm; waarschijnlijk betrof dit het bewaard gebleven deel. Aangezien wordt aangegeven dat de 'opening' ca. 5 cm bedraagt, moet de gehele omtrek dus ca. 60 cm geweest zijn, hetgeen neerkomt op een buitendiameter van ruim 19 cm. De dikte van de ring is niet duidelijk. De opgegeven maat, die blijkens de brief van Meursinge "verschild weinig van die des eersten lids eener kleine vinger", is niet zonder meer duidelijk. Waarschijnlijk betreft het een omtreksmaat. Te oordelen naar de tekening zou de diameter ca. 0,6 cm moeten zijn, wat voor het eerste lid van de kleine vinger een alleszins acceptabele lengte van ca. 1,9 cm zou opleveren;

- Een armband met onderbreking en een hol-bolle doorsnede (fig. 23:b). De buitenzijde is versierd met afwisselend even brede versierde als onversierde dwarse zones, waarbij de versierde zones zijn opgevuld met afwisselend diagonale groeflijntjes. De buitenomtrek bedroeg ca. 26,3 cm, wat neerkomt op een buitendiameter van ca. 8,4 cm. De breedte van de ring is niet bekend. Te oordelen naar de tekening uit Vosmaer echter, moet deze ca. 1 cm zijn geweest.

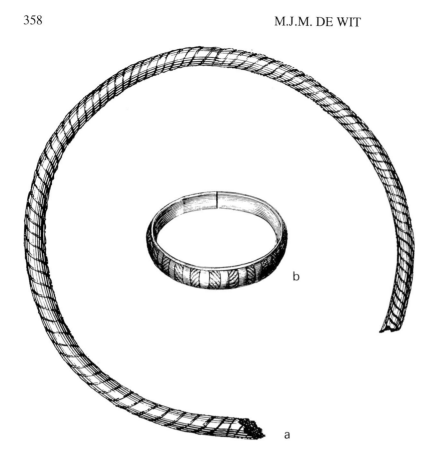

Fig. 23. Halsring en armband van Gieten, volgens Vosmaer (1760: Pl. V:3 en
4). Schaal ca. 1:2.

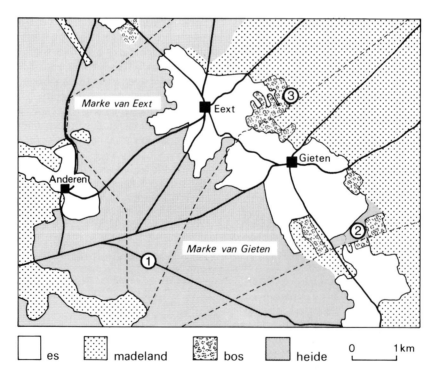

Fig. 24. Globale reconstructie van de omgeving Eext-Gieten in het begin van de 19e eeuw, gebaseerd op de topografische kaarten van 1812 en 1850.
De markegrenzen van Eext en Gieten zijn aangegeven. De meest waarschijnlijke locaties van de vondsten Eext-1759 (1) en Gieten/ex. coll.
Hofstede (2 en 3) zijn aangegeven. 1. Grafheuvelgroep aan de Oude Gasselterweg; 2. Grafheuvelgroep in het Bonnerveld; 3. Grafheuvelgroep
Zwanemeer.
Deze groep zet zich voort in het Zwanemeerbos in de gemeente Gieten (Jager, in van der Sanden 1996, pp. 191-192).

Overigens werden in een tweede heuvel een vergelijkbare armband en andere bronsresten gevonden. Voor de datering van de halsring kan verwezen worden naar de halsring van de vondst van Gasteren (zie 3.6). Een dergelijke halsring werd ook aangetroffen in de vondst van Ubbergen. De armring is kennelijk verwant aan de open armringen met hol-bolle doorsnede en *Strichgruppen*-versiering van HEK I (Haffner, 1976: p. 13). De versiering is echter afwijkend van wat in de HEK voorkomt en zou daarom op een lokale vervaardiging kunnen wijzen.

3.10.2. *Eext 1759*

In zijn vijfde 'Oudheidkundige brief' (Vosmaer, 1760) beschrijft Van Lier hoe in juli 1759 verscheidene heuveltjes werden doorgraven door enkele 'liefhebbers van vaderlandse oudheden'. Deze heuveltjes waren gelegen in het Eexter 'gemene veld' (heide behorend tot de marke van Eext), op bijna een uur ten oosten van Rolde. Gezien de afstand en de marke-aanduiding moeten deze heuveltjes gezocht worden in de buurt van de aan de weg van Anderen naar Gasselte gelegen tumulus a, die in 1954 door Waterbolk en Glasbergen werd onderzocht (Waterbolk, 1957a). In 1940 had Van Giffen al twee heuvels in de directe omgeving onderzocht (Van Giffen, 1942). Zowel in de heuvel van 1954 als in heuvel II van 1940 werden RW I- en Harpstedtpotten gevonden die gebruikt waren als urn. IJzertijdnabijzettingen zijn in deze groep dus aanwezig. De heuvels vertoonden bovendien sporen van vergraving. Deze vergravingen hoeven echter niet uit 1759 te stammen, maar kunnen ook beduidend jonger zijn. (fig. 24)

In de heuvels werden onder andere "eenige ijzeren spiespunten" aangetroffen. Uit de beschrijving van Van Lier blijkt dat het speer- of pijlpunten waren die een schachtkoker hadden. De grootste hiervan was ca. 15 cm lang en was bij het uiteinde van de schacht ca. 2,5 cm breed. Hoewel het uit de tekst van Van Lier niet met zekerheid kan worden aangetoond, kan worden aangenomen dat deze speer- of pijlpunten bij elkaar hoorden. Of de 'ijzeren kettinkjes' en 'stukjes geslagen geel koper' bij dezelfde vondst hoorden of uit andere heuveltjes kwamen, is niet duidelijk. Voor vergelijkbare ijzeren speer- of pijlpunten kan verwezen worden naar de vondsten van `Havelterberg' (3.1) en Darp (3.2). De huidige verblijfplaats van deze voorwerpen is onbekend.

3.10.3. *Gieten*

In 1809 schonk J. Hofstede, ontvanger-generaal van Drenthe en door koning Lodewijk Napoleon belast met het verrichten van opgravingen in Drenthe, een deel van zijn collectie oudheden aan het door de Koning opgerichte Koninklijke Museum te Amsterdam. In 1825 werden deze oudheden overgebracht naar het Rijksmuseum van Oudheden te Leiden. Hofstede zond zijn collectie in twee gedeelten naar Amsterdam, beide vergezeld van een handgeschreven lijst met vermelding van de vondstomstandigheden. In de eerste zending, die gedateerd is op 4 april 1809, worden in de lijst onder de nummers 14, 15 en 16 drie 'koperen armringen' genoemd, die afkomstig waren uit een grafheuvel te Gieten. In zijn catalogus van de collectie prehistorie van het museum te Leiden noemt Janssen (1840: pp. 23-24) deze ringen ook, onder de nummers B 54, 55 en 57. Bij elk van de ringen noemt hij als vindplaats "uit een grafheuvel te Gieten", zonder duidelijk aan te geven dat het hier om één grafheuvel gaat. In een volgende publicatie (Janssen, 1848: p. 34) noemt hij de ringen B 54 en 55 opnieuw, maar laat hij deze nadrukkelijk uit twee verschillende heuvels komen. Pleyte (1882: p. 42, Pl. XLVI:5-8) noemt alle drie ringen en beeldt ze ook af. Hij laat ze eveneens uit verschillende heuvels komen.

Op basis van de mededeling van Hofstede zelf kan er niet aan getwijfeld worden, dat de drie ringen uit één grafheuvel kwamen en vrijwel zeker een gesloten vondst

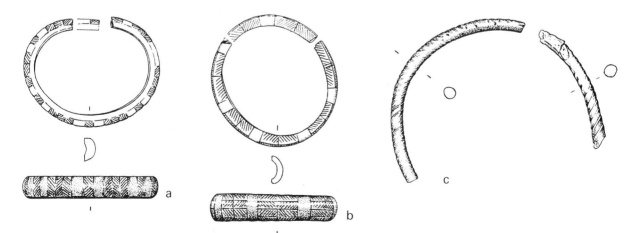

Fig. 25. Fragmenten van de halsring en van beide armbanden van Gieten. Schaal 1:2. Tek. J.M. Smit.

vormden. Waar de grafheuvel gelegen heeft is niet bekend (zie echter fig. 24).

R.M.O., A.M. 15 (fig.25:a): Het grootste deel van een open armband van brons met een hol-bolle doorsnede. De versiering bestaat uit overdwarse banden met diagonale arcering: afwisselend een enkele band en drie samengevoegde banden, gescheiden door smalle onversierde zones;

R.M.O., A.M. 16 (fig. 25:b): Groot fragment van een soortgelijke armband, nu echter gedecoreerd met brede versierde zones, die gescheiden zijn door smalle onversierde zones. In de versierde zones is de versiering overlangs gerangschikt in de vorm van vier rijen afwisselende diagonale lijntjes, gescheiden door lijntjes. Halverwege elke zone is een dwarslijn aangebracht;

R.M.O., A.M. 17 (fig. 25:c): Twee fragmenten van een halsring met pseudo-tordering, die niet aan elkaar passen. De groeven van de pseudo-tordering zijn op de voor- en achterzijde grotendeels verdwenen door slijtage.

Voor parallellen en datering kan worden verwezen naar de vondsten van Gasteren (3.6 en 3.10.1), respectievelijk Ubbergen.

4. DE SAMENLEVING IN NOORD-NEDERLAND EN OMRINGENDE GEBIEDEN IN HA C-LT A

4.1. Inleiding

In de voorafgaande hoofdstukken is gekeken naar de chronologie van de ijzertijd in (West-)Europa en naar de rijke Drentse grafvondsten van 'Havelterberg', Darp, Anloo, Meppen, Balloo, Gasteren 1949/50, Rolde 'Klaassteen', Wijster 'de Emelang' en Borger, aangevuld met Gasteren 1756, Eext en Gieten, die dateren uit de vroege en het begin van de midden-ijzertijd. Om deze Drentse vondsten te interpreteren moet een beeld worden geschetst van de situatie in West-Europa in de tijd dat de rijke graven aangelegd werden. In deze situatieschets moet zowel het eigen gebied (Noord-Nederland) als de nabijgelegen contactgebieden (Midden- en Zuid-Nederland, Noord-België, Noordwest-Duitsland en het Midden-Rijnland/het HEK-gebied) worden opgenomen. Een belangrijke rol hierbij spelen vragen als hoe er tegen het gebied dat nu Drenthe beslaat werd aangekeken, wat voor een rol het heeft gespeeld en waarom het deze rol had. Tevens van belang is wat voor handel er werd gedreven en via welke wegen, en welke maatschappelijke structuren er toen in West-Europa werden aangetroffen. Met andere woorden: hoe goed was Drenthe bereikbaar voor invloeden vanuit het zuiden, wat voor een handel dreef het en op welke wijze verschilde de Drentse samenleving met die van de andere gebieden. Er wordt geprobeerd een antwoord te geven op het tweede deel van de doelstelling van deze studie, namelijk of er aan de Drentse graven uit deze periode een speciale betekenis kan worden gegeven en of er gesproken kan worden van elitegraven. Met het oog hierop is het wellicht raadzaam eerst een korte uitleg te geven van wat er onder het begrip 'elite' moet worden verstaan.

Een elite ontstaat wanneer in een samenleving een groep zich sociaal onderscheidt van de rest van de bevolking. Onderscheiding, die gepaard gaat met een hogere status van de aparte groep ten opzichte van de rest, kan gebaseerd zijn op een aantal aspecten zoals leeftijd en verdienste en kan erfelijk zijn of een gevolg van de keuze van de maatschappij. Bij deze ontwikkeling wordt de maatschappij 'complex' of 'gestratificeerd' genoemd. Omdat de elite een hogere positie heeft dan de andere individuen in de samenleving, heeft ze bepaalde privileges. Een van de belangrijkste daarvan is de controle over handel. Door dit privilege wordt de toegang tot luxegoederen, die verkregen wordt door handel of door geschenkuitwisseling met andere elitaire groepen, voor de elite veel makkelijker dan voor de rest van de samenleving. De luxegoederen komen vaak terecht in de elitegraven. De belangrijkste aanwijzing voor de mogelijke aanwezigheid van een elite in een gebied vinden archeologen dan ook in de vorm van een graf of een groep graven die ten opzichte van de andere graven rijkere grafgoederen heeft. Daarnaast kunnen de omvang en de ligging van een graf een aanwijzing vormen voor een elitegraf. De rijkere graven zijn vaak aan de rand of net buiten een grafveld gelegen of op prominente plaatsen in het landschap. Hoewel graven de beste invalshoek zijn, kunnen ook nederzettingen gebruikt worden om de aanwezigheid van elite aan te tonen. In nederzettingen kunnen centraal gelegen en grotere onderkomens aangeven dat een elite zich hier bevond. Een voorbeeld hiervan is de *Herrenhof* van Feddersen Wierde in Noord-Duitsland, die vanaf de late ijzertijd tot en met het begin van de vroege middeleeuwen bewoond was. Ook het feit dat sommige nederzettingen gefortificeerd werden, zoals de Kemmelberg in Noord-België (zie 4.3), en de aanwezige rijke importen in een nederzetting kunnen wijzen op de aanwezigheid van een elite.

Door na te gaan of de Drentse graven aan de bovenstaande beschrijving voldoen en door ze te vergelijken met rijke graven uit de gebieden die in dit hoofdstuk verder aan de orde komen (4.3 t/m 4.5), moet het mogelijk zijn tot een conclusie te komen over de positie van de Drentse graven in Noordwest-Europa tijdens de vroege en het begin van de midden-ijzertijd.

4.2. De status van de rijke Drentse graven binnen de Noord-Nederlandse ijzertijd

In de loop der jaren zijn in Drenthe, Westerwolde en Zuidoost-Friesland tientallen urnenvelden en -veldjes uit de late bronstijd en de vroege ijzertijd vrijwel geheel of slechts gedeeltelijk onderzocht. Ook zijn vele nabijzettingen in oudere grafheuvels bekend. Voor een lijst van de vindplaatsen kan verwezen worden naar Kooi (1979: pp. 153-156), hoewel deze helaas geen literatuurverwijzingen vermeldt. De grotere opgravingen in Drenthe zijn onder andere: Gasteren (Van Giffen, 1945), Vledder (Van Giffen, 1938a), Sleen/Zweelo (Van Giffen, 1936b; 1938b); Noordbarge (Kooi, 1979), Buinen-Hoornse Veld (Kooi, 1979), Havelte-Koningskampen

(Kooi, 1979), Sleen (Kooi, 1979), Wapse (Waterbolk, 1957b); in Groningen: Laudermarke (Van Giffen, 1935b), Wedderveer (Van Giffen & Waterbolk, 1949), Wessinghuizen (Van Giffen, 1928); en in Friesland: Oosterwolde (Elzinga, 1973). Daarnaast beeldt Kooi (1979) nog vele vondsten uit kleinere opgravingen in Drenthe af.

Opvallend bij deze urnenvelden is het vrijwel ontbreken van metaalvondsten, afgezien van een enkele naald of scheermes. Een graf als dat uit tumulus 42 bij Gasteren, met een mogelijk uit het zuiden geïmporteerd potje, een bronzen scheermes, een bronzen pincet en twee slijpsteentjes mag als 'rijk' worden beschouwd, evenals de bronzen lanspunt uit graf V uit het urnenveld van Vledder. Tevens uitzonderlijk is het bronzen mes met dubbel T-vormige greep, dat in 1819 in een heuveltje bij Valthe werd gevonden bij een crematie (Butler, 1973; de naald die in Assen met dit mes werd geassocieerd hoort er niet bij en is bij Odoorn gevonden, zie Westendorp, 1819). Deze drie graven horen thuis in een vroege fase van de urnenvelden in Noord-Nederland. De enige uitzonderlijke vondst uit een urnenveld die veel brons bevat, komt uit Drouwen en staat bekend als het 'graf van de prinses van Drouwen'. Het gaat hier echter niet om een grafvondst, maar een depositie van objecten in de vulling van een greppel. Hoewel Kooi (1979: p. 81) van een 'persoonlijke uitrusting' spreekt, die in de greppel in plaats van in een graf moet zijn geplaatst, lijkt het er toch meer op dat het hier om een bronsdepot gaat.

De situatie in Overijssel is niet anders. Dankzij Verlinde (1987) zijn de urnenvelden uit de late bronstijd en de vroege ijzertijd in deze provincie volledig gedocumenteerd. Ook hier komen rijkere grafvondsten dan een naald of een scheermes niet voor.

Minder goed zijn we geïnformeerd over de urnenvelden in Gelderland, ten noorden van de Rijn, op de Utrechtse heuvelrug en in het Gooi. De indruk bestaat dat de rijkdom van de bijzettingen niet afwijkt van die in Noord-Nederland. Een uitzondering moet echter worden gemaakt voor enkele graven op de zuidelijke Veluwezoom en op het zuidelijke uiteinde van de Utrechtse heuvelrug (zie 4.3).

De conclusie kan dus zijn dat de kleine groep rijkere graven in Drenthe tamelijk geïsoleerd is. In Nederland zijn de dichtstbijzijnde vergelijkbare graven langs de Rijn te vinden. Opvallend is bovendien dat de Drentse groep qua tijd duidelijk beperkt is tot een periode die hooguit zo'n honderd jaar bedraagt, tussen de vroege 6e eeuw en de vroege 5e eeuw v.Chr. De vroegste graven van deze groep werden in urnenvelden gevonden, zoals Meppen, Gasteren 1758, Gasteren 1949/50, Balloo, Wijster 'de Emelang' en waarschijnlijk ook Rolde 'Klaassteen'. Van de graven van Anloo, 'Havelterberg' en Darp staat dit niet vast en is het zelfs waarschijnlijker dat ze geïsoleerd lagen. De omgeving van Anloo is archeologisch goed bekend en op de plaats van de rijke vondst zijn geen andere ijzertijdvondsten tevoorschijn

gekomen. De omgeving van het dorp 'Havelterberg' is minder goed onderzocht. Indien er echter een urnenveld ligt, dan zouden er onderhand wel eens vondsten ontdekt moeten zijn. De vondst van Darp is ontdekt tijdens het aanplanten van bos. In de plantgaten in de omgeving zijn geen andere vondsten tevoorschijn gekomen. Het ziet er dus naar uit dat in de vroege 5e eeuw v.Chr. de rijkere graven buiten de normale begraafplaatsen werden aangelegd.

4.3. Rijke graven in de ijzertijd van Zuid-Nederland, België en het Duitse Benedenrijngebied

In Zuid-Nederland, België en het Duitse Benedenrijngebied zijn bijzettingen uit de late bronstijd en de vroege ijzertijd doorgaans eveneens arm aan bijgiften (Desittere, 1968). In dit gebied komt echter een aantal rijke graven voor die in verschillende recente publicaties behandeld zijn (zie onder). In de eerste plaats is een groep graven in het oostelijke rivierengebied van belang, met uitlopers langs de Rijn en de zijrivieren in Duitsland, en langs de Maas in Nederland en Belgisch Limburg. Het gaat om de volgende graven:

- Weert: in een grote ovale grafheuvel in het urnenveld Boshoverheide werden zes urnen aangetroffen, waarvan er drie fragmenten van bronzen Gündlingenzwaarden bevatten (Gerdsen, 1986: p. 186: No. 284; Bloemers, 1988). Datering: Ha C;
- Rekem: graf 72 van het urnenveld op het Hangveld bevatte crematieresten van drie personen, resten van drie bronzen Gündlingenzwaarden, twee bronzen schedepuntbeslagen en drie kleine bronzen lanspunten (Van Impe, 1980; Warmenbol, 1988). Datering: Ha C;
- Horst-Hegelsom: een *Schräghalsurne*, een dekschaal en een opgerold ijzeren zwaard werden gevonden onder een heuvel met een diameter van 19 meter, die omgeven was door een greppel (?) en binnen een urnenveld lag (Willems & Groenman-van Waateringe, 1988). Datering: Ha C;
- Meerlo: onder een lage heuvel in een urnenveld werden een *Schräghalsurne*, een dekschaal, fragmenten van een verbogen ijzeren zwaard en twee ijzeren paardenbitten aangetroffen (Verwers, 1968). Datering: Ha C;
- Someren: in een bijzetting in een urnenveld werden een *Schräghalsurne*, een dekschaal en een opgerold ijzeren zwaard gevonden (Kam, 1956). Datering: Ha C;
- Bennekom: de kleine *situla* die in de literatuur gewoonlijk als vindplaats 'Ede' krijgt toegewezen (Kimmig, 1962/1963: p. 85, noot 123, Abb. 12; Roymans, 1991: fig. 14d) werd in feite op De Laer bij Bennekom gevonden (Pleyte, 1889: Pl. XIII: 6). Volgens de notities van de vinder op de tekening die thans in het Janssen-archief in de U.B.-Leiden wordt bewaard (Kramer-Clobus, 1978: p. 458) werd de *situla* in april 1863 gevonden in een heuvel, ca. 1 m onder de grond. De *situla* bevatte crematieresten en verdere bijgiften lijken niet aanwezig te zijn geweest. Datering: eerder Ha C dan Ha D (Kimmig, 1962/1963, p. 87);
- Baarlo: de bronzen emmer van Baarlo werd gevonden in een grafheuvel. Over bijgiften is niets bekend en de waarschijnlijk aanwezige crematieresten zijn niet bewaard gebleven (Braat, 1935). Datering: Ha C (Kimmig, 1962/1963: p. 86);
- Oberempt: binnen een kringgreppel met een diameter van 18 meter werd een bronzen *situla* aangetroffen (Böhner, 1951). Het is niet bekend of er crematieresten aanwezig waren. Datering: de *situla* is van een afwijkend type dat Kimmig (1962/1963: p. 88. Abb. 4) eerder in Ha C dan in Ha D plaatst;
- Oss: onder een grafheuvel met een ringsloot en een diameter van 52 meter werd een bronzen emmer met crematieresten en een groot aantal metalen bijgaven aangetroffen. De emmer is van het type Kurd

en vertoont sporen van langdurig gebruik en reparaties. De belangrijkste bijgaven zijn: een opgerold ijzeren zwaard met een handvat van hout en/of been en versierd met bladgoud, een ijzeren kokerbijl, een ijzeren dolk, een ijzeren mes en een ijzeren paardenbit (Modderman, 1964). Het zwaard behoort tot het type Mindelheim en vormde samen met de emmer de reden voor een datering in Ha C. De dolk zou een antennedolk kunnen zijn geweest, wat zou wijzen op een datering in Ha D. Warmenbol (1993: p. 104) ziet in de 'halve bronzen bollen, verbonden door een ijzeren pin', die Modderman (1964: pp. 58-59, fig. 3: 10a en 10b) niet kon thuisbrengen, de resten van *Nadeln mit Hohlkugelkopf*, die in Ha D te dateren zijn. Datering: waarschijnlijk vroeg Ha D;

- Wijchen: in Wijchen werd een urn met een groot aantal door vuur beschadigde metalen bijgiften gevonden. Deze zijn deels afkomstig van een vierwielige wagen en van paardentuig. Verder zijn resten van een ijzeren zwaard, een bronzen kokerbijl en een bronzen *Rippenziste* aanwezig. De urn is verloren gegaan. Roymans (1991: table 4) dateert het graf in Ha C. Pare (1992) dateert de wagen in Ha C, maar Torbrügge (1991: pp. 419-420) heeft sterke argumenten voor een datering in Ha D1. Ook Warmenbol (1993) pleit voor een jongere datering dan Ha C. De *Rippenziste* van Midden-Italiaans type komt volgens Roymans (1991: pp. 41-42) zowel in Ha C als Ha D voor. Datering: waarschijnlijk vroeg in Ha D;

- 'Venlo': van de bronzen ketel met kruisvormige hengselhouders in het Goltziusmuseum in Venlo zijn de vondstomstandigheden onbekend. Volgens Roymans (1991: pp. 42-43, fig. 15a) is het een 'zandvondst' en zeer waarschijnlijk een grafvondst. Datering: Ha C of Ha D;

- Haps: vondst 190 in het urnenveld op het Kamps Veld is een cremate binnen een gesloten greppel met een diameter van 6 meter. Als bijgiften waren een ijzeren antennedolk met een versierde bronzen schede, drie ijzeren pijlpunten en een ijzeren *Kropfnadel* meegegeven. Verwers (1972) wil deze vondsten in Ha D2 dateren. Uit Sievers (1982) is echter op te maken dat antennedolken van dit type al vroeg in Ha D1 voorkomen. Datering: waarschijnlijk eerste helft van Ha D;

- Rhenen: in 1990 werden op de Koerheuvel resten van een urnenveld uit de late bronstijd en de vroege ijzertijd opgegraven. In 1993 werden op de top van de heuvel bij het verplaatsen van een boom fragmenten van een bronzen emmer en een halve bronzen kokerbijl gevonden. Vervolgonderzoek maakte duidelijk dat deze oorspronkelijk in een rechthoekige kuil hebben gelegen, waarvan de restanten nog aanwezig waren. Vermoedelijk gaat het hier om grafgiften (*Jaarverslag R.O.B.* 1993: pp. 164-165). Er lijkt ter plaatse geen grafheuvel te zijn geweest. Datering: op grond van de combinatie emmer-kokerbijl in Wijchen en Oss is ook voor Rhenen een datering in vroeg Ha D voor de hand liggend;

- Datteln: in een grafheuvel (?) werden de resten van een *Rippenziste* met twee beweegbare hengsels gevonden. De *Rippenziste* was oorspronkelijk gevuld met crematieresten (Wilhelmi, 1976). Datering: Ha D3/LT A;

- Nijmegen 'Kops Plateau': op de zuidelijke helling van het Kops plateau, onder en naast de Ubbergse veldweg, werden zes ijzertijdbegravingen aangetroffen. Eén van deze graven lag binnen een kringgreppel met een diameter van bijna 8 m en bevatte naast een cremate een ijzeren lanspunt en enkele ijzeren speerpunten. In drie andere graven werden bij de cremates ijzeren speerpunten gevonden. In totaal gaat het om één lanspunt en elf speerpunten (*Jaarverslag R.O.B.* 1993: p. 36, met verwijzingen naar eerdere jaarverslagen. Zie ook Van Enckevort & Zee, 1966). Datering: hoogstwaarschijnlijk laat Ha D of LT A;

- Overasselt: dit graf is niet erg goed gedocumenteerd. Het werd in 1904 ontdekt en bestond uit een bronzen *situla* van *rheinisch-tessinischem Typ* (Kimmig, 1962/1963: Abb. 7), gevuld met crematieresten, met daarop een klomp aaneengesloten bronzen en ijzeren beslagstukken van paardentuig (Modderman, 1989: pp. 16-17, fig. 6). De laatstgenoemde objecten zijn kennelijk nooit nader bestudeerd. Datering: LT A of vroeg LT B;

- Nijmegen 1974: op het Estelterrein werden tijdens opgravingen enkele verspreid liggende crematiegrafjes aangetroffen. Eén daarvan was een rijk graf met wagenonderdelen, paardentuig en ijzeren

wapens. Aanwezig waren onder andere de resten van twee ijzeren velgbanden voor wielen met een diameter van 80 à 90 cm, vier ijzeren naafbanden, drie U-vormige verbindingselementen voor houten velgfragmenten, twee ijzeren paardenbitten en vier bronzen sierschijven voor paardentuig. Een 'losse' bronzen knop kan onderdeel van een vijfde sierschijf zijn. Als wapens waren een grote ijzeren lanspunt en twee ijzeren pijlpunten meegegeven (Bloemers, 1986). Bij de wagen gaat het kennelijk om een tweewielige door twee paarden getrokken strijdwagen. Datering: LT A;

- Eigenbilzen: dit graf bevatte een *Rippenziste* met twee beweegbare hengsels, die gevuld was met crematieresten. Als bijgiften waren een Etruskische bronzen snavelkan, een bronzen tuitkan en een drinkhoorn, waarvan alleen het goudbeslag bewaard was gebleven, meegegeven (Mariën, 1987). Datering: tweede helft LT A;

- Sittard-'Hoogveld': in 1998 werden in een urnenveld uit de vroege ijzertijd verploegde resten van een *Rippenziste* van het type Eigenbilzen opgegraven. Overige grafgiften waren een bronzen naald en een fragment van een ijzeren ring. Andere grafgiften kunnen verloren zijn gegaan (*NRC-Handelsblad* 2 mei 1998);

- Wijshagen: in het grafveld op 'De Rieten' werden maar liefst drie rijke graven ontdekt (Van Impe & Creemers, 1991). Grafheuvel C bevatte een *situla* van *rheinisch-tessinischem Typ*, die gevuld was met crematieresten en versmolten stukken van bronzen en ijzeren voorwerpen. Grafheuvel E had tevens een bronzen *situla* van *rheinisch-tessinischem Typ*, die gevuld was met crematieresten en versmolten resten van bronzen sieraden. Tot slot werd in grafheuvel (?) H een bronzen *Rippenziste* gevonden, die oorspronkelijk twee beweegbare hengsels had en gevuld was met crematieresten. De metalen bijgaven lagen grotendeels buiten de *Rippenziste* en omvatten onder andere een ijzeren paardenbit en zes bronzen sierschijven. Datering: de datering van graf H is vermoedelijk vroeg LT A; graven C en E zijn beduidend jonger en kunnen zelfs nog in vroeg LT B thuishoren. Twee ^{14}C-dateringen aan houtskool uit graf E suggereren een datering tussen 400 en 360 v.Chr.;

- Siegburg-Kaldauen: hier werd een *situla* van *rheinisch-tessinischem Typ* aangetroffen, die crematieresten bevatte. De *situla* had verder waarschijnlijk geen bijgiften (Joachim, 1975). Datering: LT A of vroeg LT B.

Tot de rijke ijzertijdgraven in dit gebied moet ook het graf van Ubbergen worden gerekend (Janssen, 1859: Pl. I:5), dat bij de Drentse vondsten al kort ter sprake kwam (zie 3.5). De vondsten die in het graf werden aangetroffen zijn: een versierde Hohlwulste: met versiering bestaat uit smalle overdwarse zones, die bestaan uit drie schuin gearceerde banden en gescheiden door brede onversierde zones. Janssen maakt geen melding van een naad; een halsring van brons met (pseudo?-)tordering en een sluiting. Janssen spreekt van een scharnier, maar dit is niet juist. Omdat de ring namelijk geen opening heeft zou een scharnier zinloos zijn. De vondsten komen uit een urnenveld. Janssen vermeldt echter niet of de bronzen in of bij een urn werden gevonden. Datering: 'Ha D';

- Willems & Groenman-van Waateringe (1988: p. 27) vermelden een *situla* die in Mook gevonden zou zijn. Deze vermelding moet echter een vergissing zijn, want kennelijk gaat het hier om de *situla* van Overasselt. Volgens Von Tröltsch (1884: pp. 60-61) zou in Mook een bronzen snavelkan gevonden zijn. Hij geeft echter geen verwijzingen naar de vondstomstandigheden of de collectie waarin hij deze kan gezien kan hebben;

- Dezelfde onzekerheid geldt voor de bronzen snavelkan die volgens Von Tröltsch (1884) gevonden zou zijn bij Kempen in het Duitse Benedenrijngebied. Wel moet er op gewezen worden dat in de collectie van het Museum Kam te Nijmegen het handvat van een Etruskische snavelkan aanwezig is, gevonden op de Hunerberg in Nijmegen (Den Boesterd, 1956: p. 62, no. 219);

- In het Rheinisches Landesmuseum in Bonn bevindt zich een bronzen *Rippenziste*, die uit België afkomstig is, maar waarvan de vindplaats niet bekend is. Joachim (1977) wil deze *Rippenziste* in Ha D1/2 dateren;

- Geen grafgift maar een baggervondst uit de Rijn is de *situla* van Köln-Riehl, een importstuk uit het zuidoostelijk Alpiene gebied (Von Merhart, 1952: p. 38, Taf. 21,7).

Het zal duidelijk zijn dat de rijke graven in Zuid-Nederland, België en het Duitse Benedenrijngebied talrijker zijn dan de Drentse en over een langere periode optreden. De oudste graven dateren van voor 700 v.Chr. en de laatste waarschijnlijk na 400 v.Chr. Deze periode beslaat dus zeker 300, zo niet 350-400 jaar. Warmenbol (1993) rekent Oss, Wijchen, Meerlo, Horst-Hegelsom, Someren, Weert en Rekem tot een grotere 'Maas-groep' van zwaardgraven waartoe ook graven in Centraal- en Zuid-België behoren als Wavre, Limal, Court-St. Etienne, Havré, Harchies, Louette-St. Pierre en Gedinne, en een aantal Noord-Franse graven. Warmenbol zegt echter niets over de jongere graven in hetzelfde gebied en toch zijn ook deze graven de moeite waard om nader te bekijken. Er lijkt immers iets van een twee-deling in de graven op te treden. De graven met *situlae* van het *rheinisch-tessinischem Typ* concentreren zich in het noordelijk deel van Warmenbols 'Maas-groep'. In het zuidelijke deel vindt een andere ontwikkeling plaats.

In de Belgische Ardennen zijn tot nu toe elf intacte vroeg LT-wagengraven gevonden. Ze zijn alle aange-troffen in kleine, door rond-ovale of trapeziumvormige greppels omgeven grafheuvels die zich tussen heuvels met eenvoudiger graven bevonden. De grafgoederen bestaan voornamelijk uit hals- en armringen met streep- en gatversiering, aardewerk (onder andere aardewerken *situlae* met geometrische versiering en geknikte schou-der), paardentuig en fibulae. Vreemd is dat lans- en pijlpunten weinig voorkomen, hoewel het merendeel van de graven als mannengraf is geïdentificeerd. Het gebruikte begrafenisritueel is inhumatie; door de zure grond is van de lichamen echter niets teruggevonden. Uit de grafgoederen blijkt dat de wagengraven uit de Ardennen sterke banden hebben met het Midden-Rijn-gebied en vooral met de Champagne. Zo zijn in de twee graven van heuvel III en IV van Léglise 'Gohimont' opengewerkte *phalerae* gevonden, die hun oorsprong hebben in de Champagne (zie Anloo, 3.4). De aarde-werken *situla*-vormen, die in zes graven zijn aange-troffen, hebben tevens parallellen in dit gebied. Hoewel alle graven globaal aan LT A worden toegeschreven, oppert Van Endert (1986) dat er vroege en late LT A-varianten zijn aan te wijzen in de wagengraven. Tot de graven van de vroege groep (vroeg LT A) rekent zij graven 1 t/m 3 van Offaing, Hamipré en de graven van Longlier-Massul 'Al Vaux' en Namoussart, Hamipré. Tot de latere groep (laat LT A) rekent ze, op grond van het knikwandaardewerk, de drie graven van Léglise 'Gohimont'. Volgens Van Endert hadden de wagen-graven in de Ardennen een niet veel hogere status dan de overige gewone graven; ze onderscheiden zich al-leen door de iets andere grafinventaris.

De bovengenoemde rijke graven zijn al vaker onder-werp van discussie geweest, zij het dat in de regel de nadruk ligt op de oudere graven. Kimmig (1962/1963) en Mariën (1989) menen dat de wagengraven uit Ha C toe te schrijven zijn aan een groep zwaarbewapende ruiters, die vanuit het Hallstattkerngebied naar het Benedenrijngebied kwamen en zich als heersers over de autochtone urnenveldbevolking vestigden. Getuige de inhoud van de jongere elitegraven bleef deze 'toplaag' contacten onderhouden met het gebied van oorsprong. Roymans (1991) ziet de ontwikkeling van lokale elites al optreden tijdens de late bronstijd, dankzij deelname in internationale netwerken van ruilhandel. In het graf-ritueel komt de sociale status van deze groep dan echter nog niet tot uiting. In de vroege ijzertijd bereikte het ruilverkeer met Hallstattgroepen in Zuid-Duitsland en aangrenzende gebieden een hoogtepunt. Prestige-goederen werden op grote schaal geïmporteerd en meer en meer gebruikt om in het grafritueel de sociale status van het begraven individu te benadrukken. Roymans denkt voornamelijk aan zout als product op basis waar-van de ruilhandel plaatsvond. Hoewel dit zout werd gewonnen aan de Belgisch-Nederlandse kust, waren het groepen in het achterland die de zouthandel wisten te monopoliseren (Roymans, 1991: pp. 50-54). Hierbij moet wel in acht worden genomen dat er tot dusverre geen aanwijzingen bestaan voor zouthandel die verder zuidelijk ging dan de Aldenhovener Platte (Simons, 1987). Gedurende Ha D trad een terugval op, maar na 500 v.Chr. begon de bloei dankzij contacten met vroeg-LaTènegroepen in het Midden-Rijngebied en Noord-Frankrijk opnieuw.

Net als Roymans gaat Warmenbol (1993) tevens uit van een lokale ontwikkeling van zijn 'Maas-groep' en ziet hij geen aanwijzingen voor invasies van Hallstatt-ruitertroepen. Hij benadrukt verder dat in de vroegste graven, namelijk die met bronzen zwaarden, vooral 'Atlantische' contacten zichtbaar zijn. Pas in de graven met ijzeren zwaarden worden Centraal-Europese in-vloeden merkbaar. Warmenbol denkt als verklaring echter niet aan 'elitenetwerken', maar eerder aan per-soonlijke rijkdom die verkregen werd door als huurling in dienst te treden bij machthebbers elders.

4.4. De situatie in Noordwest-Duitsland

De kringgreppelurnenvelden die zo kenmerkend zijn voor de late bronstijd en vroege ijzertijd in Nederland komen ook in het laagland van Westfalen voor, tot aan de Weser in de omgeving van Minden. Door de nog steeds onbevredigende staat van onderzoek is het niet duidelijk hoever deze grafvelden zich voortzetten in Nedersaksen. Het ziet er echter naar uit dat de kringgreppelurnenvelden in hun verspreiding beperkt zijn tot een gebied ten zuidwesten van een boog die van Leer via Oldenburg naar Minden loopt. In dit gebied vinden we in de midden-ijzertijd ook brandheuvels. Het gebied dat verder noordoostelijk ligt, sluit aan bij de tradities die oostelijk van de Weser in zwang waren.

De graven uit de late bronstijd en de vroege ijzertijd in Westfalen en Zuidwest-Nedersaksen zijn in de regel arm aan bijgiften. Rijkere graven zoals Neuwarendorf Anlage V, dat een dolk, lanspunt en een naald bevatte

(Wilhelmi, 1975: Abb. 7) en Telgte-Wöste F. 168 waarin een bronzen lanspunt werd gevonden (Reichmann, 1982: Abb. 7:8) zijn beperkt tot een vroegere fase. Een uitzondering moet wellicht gemaakt worden voor het Pestruper grafveld ten zuiden van Wildeshausen. Uit oude, slecht gedocumenteerde afgravingen zijn voorwerpen bekend die op rijke graven wijzen (Sprockhoff, 1959). Het gaat hier onder andere om fragmenten van een versierde *Hohlwulst* (Sprockhoff, 1959: Taf. 30:23), van geribde bronzen armbanden (Sprockhoff, 1959: Taf. 30: 19, 21 en 22), van bronzen *Nussringe* (Sprockhoff, 1959: Taf. 31: 13 en 25) en van een *Hängeschmuck* van het Type Erichshagen (Wölpe) (Sprockhoff, 1959: Taf. 30:9, 10, 12-16, 18; Taf. 31:11 en 12). Ook zijn ijzeren voorwerpen gevonden die op wagengraven wijzen (Sprockhoff, 1959: Taf. 31: 9, 10 en 22). Overigens is slechts een deel van deze voorwerpen in de vroege ijzertijd te dateren; de rest is jonger en kan in brandheuvels gevonden zijn.

In de loop van de ijzertijd komt in een groot gebied ten oosten van de Weser de Jastorfcultuur tot ontwikkeling. Langs de Weser ontstaat in de vroege ijzertijd de Nienburger *Gruppe*, die zich geleidelijk uitbreidt over Zuidwest-Nedersaksen. Binnen deze groep valt een aantal uitgesproken rijke graven met geïmporteerd bronzen vaatwerk, dat in Ha D/LT A te dateren is. Het betreft:

- Verden/Domfriedhof: hier werd een bronzen ketel met crematieresten gevonden, die door Eggers (1956) als Ha D-type beschouwd wordt;
- Leese, Kr. Nienburg: in minstens vier graven van dit overwegend in de midden- en late ijzertijd te plaatsen grafveld zijn bronzen ketels van het type Verden aangetroffen (Hässler, 1992: p. 159, noot 7). In 1934 werd in dit grafveld al een bronzen *Rippenziste* gevonden (Stjernquist, 1967: II, Kat.nr. 54, Taf. XIII:4);
- Luttum, Kr. Verden: in de vorige eeuw werden hier in vier grafheuvels *Rippenzisten* gevonden (Schünemann, 1977; Stjernquist, 1967: II, Kat.nr. 53, Taf. XIII:1-3);
- Ovenstadt, Kr. Minden-Lübbecke. In een grafveld werd een fragmentaire *Rippenziste* gevonden (Wilhelmi, 1976);
- Erichshagen-Wölpe, Stadt Nienburg: in een grafheuvel met een groot aantal urnen en crematies werd een *Rippenziste* aangetroffen (Stjernquist, 1967: II, Kat.nr. 55, Taf. XLIII:1);
- Petershagen-Döhren, Ldkr. Minden-Lübbecke. In een grafveld werd een *situla* van *rheinisch-tessinischem Typ* opgegraven. De *situla* bevatte crematieresten, drie ijzeren krammen en een aantal verbrande berenklauwen (Günther, 1981);
- Luttum, Kr. Verden: in een grafveld werd een *situla* van *rheinisch-tessinischem Typ* gevonden, die gevuld was met crematieresten (Schünemann, 1965);
- Bürstel, Ldkr. Diepholz: hier werd een *situla* van *rheinisch-tessinischem Typ* gevonden, die gevuld was met crematieresten en afgedekt met een aardewerken schaal (Tackenberg, 1977);
- Bassum-Hassel, Ldkr. Diepholz: aangetroffen werd een *situla* van *rheinisch-tessinischem Typ*, die gevuld was met crematieresten. Of er ook bijgiften aanwezig waren is niet duidelijk (Nortmann, 1983: Kat.nr. 4; Kimmig, 1962/1963: Taf. 43:2).

Naast deze vondsten zijn er nog resten van *Rippenzisten* bekend die opgebaggerd werden in grintgroeven bij Dreye, Ldkr. Diepholz (Cosack, 1985) en Leese, Ldkr. Nienburg (Hässler, 1992). Dit zijn depotvondsten en geen verspoelde grafgiften. Eveneens uit het gebied van de Nienburger *Gruppe* komt de Ierse gouden *dress-*

fastener, die bij Gahlstorf, Kr. Verden gevonden werd in een pot van het type Harpstedt. De *dress-fastener* behoort tot de Dowris-fase, die gelijkgesteld kan worden met Ha C/vroeg Ha D. De pot moet volgens Jacob-Friesen (1974: pp. 445-446, Abb. 464-65) gedateerd worden in Ha D. Het is niet duidelijk of de pot crematieresten bevatte. Het zou een depotvondst kunnen zijn.

Net als de rijke graven van Zuid-Nederland, België en het Duitse Benedenrijngebied zijn de rijke graven van de Nienburger *Gruppe* talrijker dan de Drentse graven en zijn ze globaal over een langere periode te dateren. De oudste graven stammen uit vroeg Ha D en de laatste uit LT A. De hele periode bedraagt hooguit 200 jaar. Het gebied van de Nienburger *Gruppe* is min of meer geïsoleerd. Naar het zuidwesten toe is de dichtstbijzijnde concentratie van geïmporteerd bronzen vaatwerk de Zuid-Nederlandse groep met uitlopers in het Duitse Benedenrijngebied. Naar het oosten toe zijn *Rippenzisten* bekend uit Pansdorf, Kr. Ostholstein (Stjernquist, 1965) en Isserheiligen, Kr. Langensalza (Maier, 1985: Abb. 8). Tuitjer (1987) wil deze opvallende rijkdom verklaren met een verwijzing naar de verkeersgeografisch gunstige ligging van het gebied van de Nienburger *Gruppe*. In de loop van Ha C zou de Weser de belangrijkste verkeersader tussen het Zuid-Duitse Hallstattgebied en Zuid-Scandinavië zijn geworden. Merkwaardig is dan wel dat van die zuidelijke rijkdom weinig in Zuid-Scandinavië zelf terecht is gekomen. Verder zou vroege ijzerproductie een rol kunnen hebben gespeeld.

4.5. De situatie in het Midden-Rijnland/HEK-gebied

Dankzij de ligging heeft het Midden-Rijnland al vanaf de bronstijd een belangrijke rol gespeeld. Op de overgang van Ha B naar Ha C doet ijzer zijn intrede in het Midden-Rijnland en laat de invloed van het opkomende Hallstattgebied zich ook hier gelden. Dit resulteert in een bloeiende handel tussen beide gebieden, waarbij het Midden-Rijnland tevens voor verdere verspreiding naar het noorden zorgt. Zoals op de kaartjes uit Nortmann (1983: Abb. 4) en Kimmig (1962/1963: Abb. 13) te zien is, kent ook het Midden-Rijnland een grote concentratie rijke graven, die zich langs de Rijn bevindt. De grafgoederen van deze rijke graven bestaan voornamelijk uit situlae, van *rheinisch-tessinischem Typ*, die door Kimmig (1962/1963) gedateerd worden in Ha D en LT A. Hij geeft als *situlae* uit het Rheinische Gebirge de volgende: Bell, Kr. Simmern, Briedeler Heck, Kr. Zell/Mosel, Hennweiler, Kr. Kreuznach, Hoppstädtchen/Nahe, Kr. Birkenfeld, Horath, Kr. Bernkastel (2 ex.), Irlich, Kr. Nieuwied, Kärlich, Kr. Koblenz (4 ex.), Laufenselden, Kr, Untertaunus, Mehren, Kr. Daun, Melsbach, Kr. Nieuwied, Schweighausen, Kr. St. Goarshausen en Wolken, Kr. Koblenz.

Kimmig is van mening dat de *situla*-export naar het Midden-Rijnland reeds stamt uit de tijd vóór de Etruskische expansie in LT A en dat deze handel toen al dezelfde route volgde die later zo belangrijk werd, namelijk vanuit het zuiden van Europa naar de bergen van het Rijnland. Kimmig haalt (wederom) zijn ruiter-theorie aan als reden voor de welstand in het Midden-Rijnland in laat Ha (zie 4.3). Deze mensen volgden de bestaande handelswegen naar de bergen in het Rijnland en vermengden zich met de bevolking aldaar. Het motief van hun komst zijn volgens Kimmig de grond-stoffen voor metaal die in het Rijnlands gebergte aan-wezig zijn en de handelsmogelijkheden die deze boden. Vanaf Ha C en D1 groeit de welstand in dit gebied; dit is te zien aan de graven. In laat Ha zijn er weinig rijke graven, terwijl in LT A de groei van deze toeneemt en vorstengraven als bijvoorbeeld Altrier aangelegd wor-den.

Aan het begin van LT gaat in het Midden-Rijnland de HEK de prominente rol van het Hallstattgebied overne-men. De rol van centrum, die de bovenloop van de Donau in het Hallstattkerngebied had, wordt nu over-genomen door het heuvelland ten westen (Hochwald-Nahe) en oosten (Rijn-Moezel-Lahn) van de Rijn. De HEK dankt deze positie aan de ijzerwinning in haar gebied. De toenemende rol die de HEK in Noordwest-Europa gaat spelen brengt grote sociale stratificatie met zich mee. Dit is te zien aan twee factoren: ten eerste ging men tijdens LT A in het HEK-gebied over tot de bouw van fortificaties die gelegen zijn op hogere delen in het landschap en omringd door wallen. Ten tweede is vanaf LT A in het dodenritueel van de HEK een toenemende sociale differentiatie waar te nemen. Naast eenvoudige graven zien we een groep graven ontstaan die geken-merkt worden door het aan de doden meegeven van wagens en door de grote rijkdom van de grafgiften. Deze graven onderscheiden zich van de graven uit de vorige perioden door de grotere hoeveelheid en rijkere grafgoederen en door de centrale plaats in het grafveld. Ze vormen de laatste rustplaats van de adel uit het HEK-gebied, die zich door contacten met het mediterrane gebied een goede positie kon verwerven. De voorwer-pen in de rijke LaTènegraven van de HEK zijn van een heel andere aard dan die uit de voorafgaande Ha D-periode. Hier gaat het vooral om juwelen en rituele objecten die gemaakt zijn in vroeg LaTènestijl met motieven als palmetten en cirkels, die geen Hallstatt-voorlopers kennen.

5. CONCLUSIE

De in paragraaf 3 behandelde Drentse grafvondsen uit de vroege en het begin van de midden-ijzertijd nemen binnen de Noord-Nederlandse urnenvelden een bijzon-dere plaats in. Ze geven aan dat de overledenen een speciale positie in de Drentse samenleving innamen, die tot uiting kwam door het meegeven van luxe-goederen in hun graven. Een deel van die rijkdom wijst op contacten met Noord-Duitsland; dit geldt voorname-lijk voor de versierde *Hohlwulste*. Een ander deel van de

grafgiften kwam uit het zuiden, deels uit het Hunsrück-Eifelgebied en deels uit Noordoost-Frankrijk. De *situla* van Meppen komt mogelijk nog verder weg. Deze zuidelijke importen bestaan voor een deel uit voorwer-pen die in het oorsprongsgebied zelf slechts een be-perkte statuswaarde hadden, zoals de ijzeren pijlpunten. Andere voorwerpen, zoals de *situla* van Meppen, de versierde bronzen sierschijven van Anloo en de dolk van Darp, moeten ook in het oorsprongsgebied als objecten van bijzondere waarde zijn beschouwd.

Vergeleken met de twee dichtstbijzijnde groepen met rijke graven uit min of meer dezelfde periode (Zuid-Nederland/België/het Duitse Benedenrijngebied en het Wesergebied) verliezen de Drentse graven echter aan betekenis. Hoewel Drenthe contacten had met de Hallstatt- en LaTènegebieden in het zuiden, stelden deze contacten, vergeleken met die van de bovenge-noemde twee groepen, maar weinig voor. Op lokaal niveau blijven die rijkere Drentse graven echter opval-len en vragen ze om een verklaring. Daartoe is het nodig om de vroege ijzertijd in dit gebied nader te analyseren.

De ijzertijd valt binnen de periode van het Subatlanticum toen de hoogveenvorming zijn grootste omvang bereikte in de dalen en de vlakke delen van het Drents Plateau. Deze gebieden waren daardoor niet geschikt voor bewoning. In de vroege en de eerste helft van de midden-ijzertijd waren alleen de hoge zandgron-den van het Drents Plateau permanent bewoond. Men leidde er een boerenbestaan. Hoewel in Drenthe uit de ijzertijd geen botresten bekend zijn, duidden de grote stalgedeelten van de boerderijen uit de RW I-fase op een economie die naast akkerbouw ook op veeteelt berustte. Er bestond een vrij losse structuur van bewo-ning in de vorm van kleine buurtschapjes, die bestonden uit een aantal bij elkaar liggende *Celtic fields*. Over-exploitatie van de lichte zandgronden leidde tot verstuivingen. Hierdoor werd men gedwongen uit te kijken naar nieuwe woongebieden. Deze vond men in de kweldergebieden van Groningen en Friesland. Deze gebieden waren tijdens de transgressiefase Duinkerke 1A (ongeveer 1000-650 v.Chr.) ontstaan. Voordat de bewoners van het Drents Plateau zich hier permanent gingen vestigen, was men al met ze bekend. Van Gijn & Waterbolk (1984) geven aan dat men reeds vanaf de vroege ijzertijd in de lente en zomer naar dit gebied trok. Getuigen hiervan zouden de lichte bouwsels zijn die onder andere te Middelstum/Boerdamsterweg zijn ge-vonden. Deze bouwsels vertegenwoordigen de vroeg-ste bewoning in het kweldergebied en wijzen op zomer-kampementen. Later, in de midden-ijzertijd, ging men zich door de druk in het thuisgebied permanent vestigen op de oeverwallen langs de talloze kleine riviertjes in het Noord-Nederlandse kleigebied. Deze kleine neder-zettingen werden bij het herhaaldelijk overstromen van het land door de zee geleidelijk opgehoogd tot terpen. De economie bestond voornamelijk uit veeteelt. Hoe-wel landbouw wel mogelijk was in het kweldergebied, gezien de bevindingen van Van Zeist (1974) en Van

Zeist, Van Hoorn, Bottema & Woldring (1976), ging dit toch gepaard met enige restricties. Omdat het gebied regelmatig werd overspoeld door de zee en een brak milieu had, kon maar een aantal gewassen verbouwd worden, zoals zesrijige gerst, haver en vlas. Aanvullende gewassen en ook hout, dat volgens Van Zeist geïmporteerd moest worden, zullen voor een groot deel vanaf de Drentse zandgronden aangevoerd zijn. De contacten met Drenthe moeten derhalve stevig zijn onderhouden om vlees, zuivelproducten, leer en huiden te ruilen tegen de nodige aanvullende gewassen en hout (en wellicht ook om de (verwantschaps)banden te handhaven).

Overigens wordt de theorie dat de eerste bewoners van het Noord-Nederlandse kweldergebied uit Drenthe kwamen in twijfel getrokken door Taayke (1996). Hij komt op grond van het optreden van het vroegste RW-aardewerk tot de conclusie dat de eerste bewoners van Groningen en Friesland niet uit Drenthe maar uit Noord-Duitsland afkomstig waren. Dit hoeft echter niet te betekenen dat er geen migratie heeft plaatsgevonden vanuit het Drentse Plateau naar de kweldergebieden.

Het wegenstelsel binnen Drenthe zelf in de ijzertijd stamde al uit de bronstijd. Urnenvelden en nederzettingen werden aangelegd langs doorgaande routes, die gebruikt werden als verbindingswegen tussen de nederzettingen en als handelswegen. Deze handelswegen liepen naar plaatsjes die gelegen waren aan de drie belangrijkste waterwegen in Drenthe: het Voorste Diep, het Peizerdiep en de Drentsche A. Bovendien liep er een grote weg, de Konings weg, van het zuidwesten naar het noordoosten van Drenthe. De contacten van de bewoners van het Drents Plateau naar buiten toe werden dus voor een belangrijk deel onderhouden met de kweldergebieden van Friesland en Groningen. Waterbolk (1985) geeft als (handels)routes naar het noorden de volgende:
- Naar Friesland: via Een, Bakkeveen en het dal van de Boorne;
- Naar Groningen: via Balloo, Loon, Peelo, Rhee, Zeijen, Lieveren aan het Peizerdiep en de Koningsweg (de huidige Hereweg).

Hiernaast was Drenthe van oudsher gericht op Noordwest-Duitsland en waren er ook enige contacten met het zuiden. Veel van het transport van en naar Friesland en Groningen zal via de waterwegen gegaan zijn, wat gezien de soms moeilijke begaanbaarheid van het kwelderlandschap de makkelijkste manier van vervoer was. De rivieren de Hunze en de Westerwoldse A speelden een belangrijke rol bij de contacten met de kwelderbewoners. Het zuiden en westen van Friesland kon vanuit Zuid-Drenthe bereikt worden via zijriviertjes van de Overijsselse Vecht. De Vecht gaf via het Almere en een veenstroom, die van Stavoren naar Workum liep, een verbinding met het kleigebied van Westergo.

De beste ingangen voor het onderzoek naar de sociale differentiatie binnen Drenthe in de vroege en midden-ijzertijd zouden nederzettingen en graven moeten zijn. Het probleem is echter dat er niet veel informatie

beschikbaar is. Uit de vroege ijzertijd kennen we de boerderijen van Sellingen (Waterbolk, 1990), Een (Van der Waals, 1963) en Peelo I, terwijl aardewerk uit deze periode (pre-RW) bekend is uit Roden (Taayke, 1993), Ellersinghuizen (Harsema, 1972/1973) en recentelijk uit Borger (Kooi, nog niet gepubliceerd). Uit de overgang van vroege naar midden-ijzertijd is de boerderij van Peelo II (Kooi & De Langen, 1987) bekend, en uit de midden-ijzertijd waarschijnlijk de twee plattegronden van Angelslo en Peelo III.

De weinig dateerbare huizen en de aardewerkvondsten suggereren dat er in de periode tussen de late bronstijd en de midden-ijzertijd globaal weinig verandert in Noord-Nederland. Wel is er sprake van een toenemende invloed vanuit Noordwest-Duitsland, waardoor geleidelijk RW I ontstaat. Over de graven uit de vroege en het begin van de midden-ijzertijd weten we iets meer, maar desalniettemin blijft de informatie beperkt (zie 2.6). Op het eerste gezicht is er geen sprake van differentiatie: vrijwel vondstloze urnenvelden worden opgevolgd door vrijwel vondstloze brandheuvels. Wat dat betreft springen de rijke Drentse graven er uit, hoewel ze beperkt lijken tot een (relatief) korte periode.

Door de schaarse informatie kan er geen echt beeld geschetst worden van de samenleving in deze tijd. Deze zal echter voornamelijk egalitair en agrarisch zijn geweest. In dit opzicht weerspiegelen de graven met luxegoederen personen die een speciale positie hebben verworven. Een belangrijke vraag is waar de personen, die begraven met luxegoederen, hun rijkdom aan te danken hadden en wat hun economische positie was. Akkerbouw en veeteelt zullen geen erg grote bron van inkomsten zijn geweest, hoewel de samenleving toch voor een surplus moet hebben gezorgd dat verhandeld werd met de kweldergebieden. Drenthe ligt echter niet strategisch ten opzichte van internationale handelsroutes, in tegenstelling tot de Zuid-Nederlandse/Belgische groep en de Nienburger *Gruppe* die het verkeer over en langs de Rijn en de Maas, respectievelijk de Weser controleerden. In navolging van Warmenbol (1993) zou gedacht kunnen worden aan krijgsdienst elders als bron voor die Drentse welvaart. De metalen goederen zouden bij terugkeer kunnen zijn meegenomen als persoonlijk eigendom. Maar er zijn ook andere verklaringen mogelijk.

Wellicht moet als bron van welvaart gedacht worden in de richting van ijzerwinning. Booij (1986) heeft gewezen op het voorkomen op grote schaal van ijzeroer in Drenthe. IJzeroer onstaat daar waar ijzerhoudend grondwater uittreedt en onder invloed van de atmosfeer ijzeroxiden of -carbonaten neerslaan. In Drenthe vindt dit proces vooral plaats in de stroomdalen, en (gedeelten van) het voormalig hoogveengebied. Bij een grote omvang van dit neergeslagen ijzer spreekt men van ijzeroer. Dit ijzeroer kan in drie vormen voorkomen: in bulten of ruggen, als zodenerts en als 'witte klien' (sideriet). In het veen kan sideriet in lenzen voorkomen die in diameter kunnen variëren van 1 tot soms meer dan

10 meter. De dikte is gewoonlijk 30 tot 60 cm; alleen bij grote concentraties sideriet kunnen lenzen met een dikte van meer dan een meter voorkomen. Modderkolk (1970) geeft een vijftiental plaatsen aan waar in Drenthe ijzerslak is aangetroffen. Hij vermeldt echter tevens dat er zeer weinig smeltoventjes in Drenthe gevonden zijn. Hij wijst erop, dat het erts in deze oventjes niet vloeibaar ijzer opleverde, maar dat de afvalstoffen als vloeibare slak werden afgetapt: "dat niet gesproken moet worden van ijzersmelterijen of ijzergieterijen, maar van smeedijzerindustrie" (Modderkolk, 1970: p. 100). Het ijzer bleef in de oven achter als zogenaamde 'wolf'.

Tot dusverre is het niet gelukt om in Drenthe gevonden ijzerslak te dateren. De enige aanwijzing met betrekking tot siderietwinning in de periode die ons interesseert, komt van de 'schalm van ds. de Graaf'. Dit stuk hout, mogelijk onderdeel van een slee of iets dergelijks, werd in 1938 in een oude veenkuil in een kwelgebied met sideriet in het Emmererfscheidenveen gevonden (Casparie & Smith, 1978). Het hout heeft een ^{14}C-ouderdom van 2525±35 BP (GrN-7894).

6. SUMMARY

During the last two centuries, a number of Iron Age graves have been found in Drenthe, the Netherlands, which contained 'rich' imported grave goods. The graves all date from a short period in the Early and the beginning of the Middle Iron Age. In this article, an attempt is made to define the status which these graves must have had both in their own territory and outside. In the first part of the article, the main issue is the continuing debate about the chronology of the Iron Age north of the Alps. Because of the new dendro-dates for Wehringen, Dautmergen, Villingen and the burnt gate of phase Ia of the Heuneburg (Friedrich & Hennig, 1995), it is now clear that the 'traditional' dates for a number of Hallstatt and LaTène periods are not correct and must be set back in time. The stratigraphy of the Heuneburg plays an important role in this discussion, too. New dates for the periods and Bauphasen, which are based on the above mentioned dendrodates, the assumption that the Lehmziegelmauer of the Heuneburg is Etruscan instead of Greek and that some sherds of Greek pottery may have moved downwards (Dämmer, 1977) can be correlated with the chronology proposed by Parzinger (1988). Attention is then given to the chronology of the Iron Age in both northern Germany and the northern Netherlands, which is essential for the accurate dating of the grave goods from Drenthe.

Because of the scarcity of metal objects in the graves, the chronology in northern Germany is essentially based on the typology of the pottery. For the Nienburger Gruppe, this typology has been established by Tuitjer (1987) and for northwest Niedersachsen by Nortmann (1983). The work of Nortmann is especially important, as his Type Gristede can be identified with Ruinen-Wommels I in the northern Netherlands. The chronology of Nortmann has been tested by Löbert (1982) on the pottery from Boomborg-Hatzum and gives a date of about 600 BC for the first appearance of RW I in northern Germany and of about 550 BC in the northern Netherlands.

The chronology in the northern Netherlands is based both on the burial rituals and RW-pottery. In the Early Iron Age the dead were buried in urnfields, as in the Late Bronze Age. This practice continued in the Middle Iron Age; the last burials in urnfields can be dated to around 400 BC. After burial in urnfields ceased brandheuvels became characteristic for Middle Iron Age burial practice. According to radiocarbon dates and metal objects found in the brandheuvels, these were in use between 400 and 200 BC for primary burials.

In the second part of this paper, the 'rich' graves from Drenthe themselves are dealt with. The graves in question are 'Havelterberg', Darp, Anloo, Meppen, Balloo, Gasteren (1949/1950), Rolde 'Klaassteen', Wijster-'de Emelang' and Borger, completed with Gasteren (1758), Eext (1759) and Gieten. Of all these graves, the find circumstances and sites are described, followed by descriptions of the grave goods, parallels, dates and areas of origin. There seems to be a sort of division amongst these graves, with a group which belongs primarily to Ha D and a group with roots in LT A. In order to see whether the 'rich' graves in Drenthe can be considered as elite graves, a definition of the term elite is given.

The excavations of Late Bronze Age and Early Iron Age urnfields in the north of the Netherlands make clear that the group of rich graves in Drenthe are quite unique and that they are rather isolated both in time and space. Nearby there are similar concentrations of graves of this sort which have imported grave goods and to which the graves from Drenthe can be compared. The first concentration has been found in the southern Netherlands, Belgium and the German Lower Rhine area and consists of graves found at Weert, Rekem, Horst-Hegelsom, Meerlo, Someren, Bennekom, Baarlo, Oberempt, Oss, Wijchen, Venlo, Haps, Rhenen, Datteln, Nijmegen, Eigenbilzen, Wijshagen and Siegburg-Kaldauen. It is believed by both Kimmig (1962/1963) and Mariën (1989) that these graves belong to people who came from the Hallstatt core area on horseback and ruled over the local population (the socalled 'horsemen theory'). Roymans (1991), however, thinks that local elites developed already in the Late Bronze Age because of developing international exchange networks. The rich graves just mentioned reflect the flourishing trade between these local elites and the Hallstatt groups in southern Germany. Roymans regards sea-salt as the most important local trade good.

The second concentration is found in the area of the Weser in northwestern Germany. In the Early Iron Age the Nienburger Gruppe developed in this area and here we see a number of rich graves which contain imported bronze vessels: Verden/Domfriedhof, Leese, Luttum, Ovenstadt, Erichshagen-Wölpe, Petershagen-Döhren, Bürstel and Bassum-Hassel. Tuitjer (1987) thinks that these rich graves can be explained by the strategic position of the Nienburger Gruppe area. He argues that in the Early Iron Age the Weser became the most important trade route between the Hallstatt area in southern Germany and southern Scandinavia.

Finally, there is a group of graves in the Middle Rhine area, which also has a number of imported bronze vessels, namely Bell, Briedeler Heck, Hennweiler, Höppstädtchen/Nahe, Horath, Irlich, Kärlich, Laufenselden, Mehren, Melsbach, Schweighausen and Wolken. Kimmig tries to explain these graves with the 'horsemen theory', and the production of iron in the Middle Rhine area.

When the rich graves from Drenthe are compared to those from the nearby areas, it can be concluded that they were not very special, although the persons buried must have been highly regarded in their own territory.

In the Early Iron Age, settlement in Drenthe was characterized by dispersed farms in or near socalled Celtic field systems. Despite low population density over-exploitation of light sandy soils caused sand drifting and loss of settlement areas and field systems. New habitable land had to be found and part of the population took off to the north, to the salt marshes of Groningen and Friesland. At first, this took place only in spring and summer. Later, however, from the Middle Iron Age onwards they resided there permanently. It is obvious that Drenthe primarily had trade contacts with these territories, which were most easily accessible by water. Drenthe has always had strong connections with northwest Germany and there must have been relations with the middle and south of the Netherlands, as well. The best way to detect social difference in Drenthe during the Early and the beginning of the Middle Iron Age is to look at the settlements and the graves. Nevertheless, the information we can get from these sources is very scarce, which makes it almost impossible to obtain a good picture of society in Drenthe at that time. It can be assumed that this society must have been an agricultural one, organized on an egalitarian basis.

The last question posed in this article is the source of wealth of the individuals who were buried in the rich graves. Although there is no real evidence, it is quite possible that this was due to the iron production. The river valleys and peat bogs of Drenthe contain iron ore and this ore may have been won and iron may have been produced. There are some indications for siderite exploitation in the peat bog east of Emmen.

7. NOTEN

1. In Reim (1990) wordt voor het graf in heuvel 1 bij Dautmergen nog als dendrodatering 671±10 v.Chr. gegeven, maar deze is inmiddels gecorrigeerd.
2. Bij de *Schlackenwall* van Kirnsulzbach is aardewerk aangetroffen dat een duidelijke datering in de oudere HEK heeft (Schindler, 1973: p. 32).
3. De laatste drie inventarisnummers (1911/4.4 t/m 1911/4.6) waren niet toegankelijk voor studiedoeleinden. De beschrijvingen van deze vondsten komen uit de brieven van Ter Kuile en uit Kooi (1983).
4. De meeste (pseudo)anthropoïde dolken en zwaarden worden in het (noord)oosten van Engeland aangetroffen (Megaw & Megaw, 1993: p. 211).
5. Er bestaat trouwens een nogal uitvoerige correspondentie over de vondst van Anloo, wiens overname door het P.M.D. van de eerder genoemde Mulder voor nogal wat problemen heeft gezorgd. Mulder had de vondst gekocht van L. Braaksma, een schoolmeester te Assen, die op zijn beurt de vondst weer van de vinder, Daling, had gekregen. In een brief uit het begin van 1950 van Mulder aan Helbers, toen directeur van het P.M.D., biedt de eerstgenoemde de vondst aan te staan aan het P.M.D., mits deze in de vaste collectie wordt opgenomen. In maart 1950 krijgt Mulder een brief terug van Helbers waarin staat dat de vondst wordt geaccepteerd en dat aan zijn voorwaarden zal worden voldaan. Hierop stelt Mulder in een brief van 1951 nog twee extra eisen voordat hij de vondst zal afstaan: hij vraagt om replica's van de vondst en eist dat de vondst gepubliceerd wordt in de *Nieuwe Drentse Volksalmanak* (N.D.V.). Ook hierop wordt door Helbers in een brief van 6 april 1951 positief gereageerd. In dezelfde brief vraagt Helbers om meer informatie rond de vondstomstandigheden. Deze informatie wordt door Mulder gegeven in de bovengenoemde brief van 14 april 1951 en vervolgens wordt de vondst overgedragen aan het P.M.D. Overigens is de vondst van Anloo door al eerder door Mulder gepubliceerd in het artikel 'Drentse Praehistorie' in *De Wandelaar* (18, 1950), waarbij hij tekeningen van de vondst gebruikt die hij zelf heeft gemaakt. Dan is het een aantal jaren stil rond de vondst van Anloo, totdat Helbers op 24 januari 1955 een nogal boze brief ontvangt van Mulder met de mededeling dat alleen zijn eis aangaande de replica's tot nu toe is ingewilligd en dat hij serieus overweegt de vondst terug te eisen. Helbers neemt op 26 januari contact op met Van Giffen, die destijds de vondst mee naar huis had genomen en bericht hem van de brief van Mulder. Deze geeft in een brief van 27 januari aan Helbers toe dat hij de vondst nog steeds in zijn bezit heeft en zegt dat hij Mulder zal bellen met de vraag of hij de vondst nog een tijdje langer in zijn bezit mag houden. Dit doet hij zeer waarschijnlijk niet, want op 15 augustus 1955 ontvangt Helbers weer een brief van Mulder. Aangezien er nog niets gedaan is heeft hij een ultimatum van een maand gesteld, anders gaat hij over tot terugvordering van de vondst. De Gedeputeerde Staten van Drenthe sturen Van Giffen op 7 september een brief met de mededeling dat hij de vondst aan de griffier moet overhandigen, wat gebeurt op 14 september. Tussen 14 september 1955 en 1961 is de vondst kennelijk weer in Assen. De inventarisnummers van het P.M.D. suggereren dat de vondst in september 1955 aan het museum is overgedragen. Merkwaardigerwijs vermeldt het dagboek van W. Glasbergen, die destijds conservator van het P.M.D. was, hier niets over. In de aanwinstenlijst in het Jaarverslag van het museum uit 1955 (in *N.D.V.* 75, 1957: p. 133) wordt de vondst echter wel genoemd. In 1961 wordt de vondst van Anloo naar het laboratorium van het Römisch-Germanisches-Zentralmuseum te Mainz gestuurd voor restauratie- en conserveringswerkzaamheden. De directeur, H.J. Hundt, onderhoudt in de tussentijd een correspondentie met J.D. van der Waals van het Biologisch-Archaeologisch Instituut (B.A.I.) te Groningen over de vorderingen en de tijd van teruggave. Het verzoek van Mulder om de vondst te publiceren is dan nog steeds niet ingewilligd, maar W. Dehn uit Marburg wil zich hiermee wel bezighouden. In een brief van 22 februari 1962 van Van der Waals aan Dehn zegt eerstgenoemde dat het hem nog niet gelukt is om erachter te komen of er nog meer bij de vondst kan horen, afgezien van de stukken die toen nog in Mainz verbleven. Van der Waals vermeldt dat er onlangs een aantal delen van bronzen voorwerpen tevoorschijn zijn ge-komen die nog bij Van Giffen lagen, maar dat hij het ten zeerste betwijfelt of deze deel hebben kunnen uitmaken van de bronsvondst. Hiervoor geeft hij een tweetal redenen: ten eerste omdat de vondst

volgens hem duidelijk uit Ha D stamt en ten tweede omdat deze voorwerpen niet op dezelfde plek zijn gevonden als de bronsvondst van Anloo. Van der Waals zegt er wel bij dat de vindplaats, in een kleine grafheuvel in de zuidoost hoek van het nieuwe kerkhof van Anloo, dat ten noordoosten van het dorp ligt, niet ver van de vindplaats van de bronsvondst vandaan ligt. Tevens schrijft Van der Waals dat hij contact met Braaksma zou opnemen om meer duidelijkheid omtrent deze voorwerpen te krijgen. Hij laat hierbij doorschemeren dat Braaksma nog wel eens andere voorwerpen van deze vondst in zijn bezit zou kunnen hebben, die volgens Van Giffen nog ergens rond zouden moeten zwerven. In een latere brief van 5 november 1962 meldt Van der Waals aan Hundt dat deze vondsten definitief niet bij de brons vondst van Anloo horen. Van der Waals had in de tussentijd al op 16 oktober een brief geschreven aan Mulder om hem op de hoogte te stellen van de plannen van Dehn. Gezien de notities van Van der Waals lijkt het erop dat met de bronzen voorwerpen, waarvan Van der Waals aanvankelijk dacht dat ze mogelijk bij de vondst van Anloo konden horen, de vondst van Gasteren bedoeld wordt (zie 3.6). Deze vondst werd gedaan in een heuveltje aan de zuidoostzijde van het grote grafveld ten zuidoosten van Gasteren.

In juni 1963 wordt de vondst van Anloo aan Dehn meegegeven tijdens een bezoek van hem aan Nederland. De vondst is in mei 1964 weer terug in Assen. In de tijd tussen juni 1963 en mei 1964 zijn er tekeningen en foto's van de vondst naar Hawkes in Oxford gestuurd, die ook in de vondst van Anloo geïnteresseerd is. Deze vindt de vondst erg veel lijkt op de Somme-Bionne-vondst uit het British Museum.

De laatste brieven over de vondst van Anloo stammen uit 1976. Op 15 oktober ontvangt O.H. Harsema een brief van J.V.S. Megaw die, aangezien Dehn nog steeds geen echte publicatie heeft geschreven, graag de vondst nader wil bekijken. Megaw wil misschien zelf de vondst goed publiceren en heeft Dehn daarover ook al ingelicht. Harsema antwoordt nog diezelfde maand en bevestigt dat Dehn nog geen publicatie heeft geschreven. Hij oppert de mogelijkheid dat iemand anders zich maar eens met Anloo moet bezighouden.

6. De afbeeldingen van de vondst van Anloo zijn alle gemaakt na restauratie.
7. De beschrijving van de *situla* is gemaakt op basis van de reconstructie. Aangezien de vorm alleen kon worden bepaald aan de hand van het intacte randgedeelte, is de gereconstrueerde vorm waarschijnlijk te 'rechtwandig' geworden.
8. Alleen de *situla* van Crossac is kleiner dan de RT-*situlae*.
9. De vondst was voor studiedoeleinden niet beschikbaar. De beschrijving komt uit de inventarisatie van het P.M.D.
10. Vroeger was deze kaart in het bezit van Bellen en tegenwoordig is hij eigendom van het Groninger Instituut voor Archeologie (G.I.A.).
11. De vijf ringen zijn beschreven na reconstructie. Hoewel het hele vondstcomplex één inventarisnummer heeft, 1937/IV.1, is deze voor de duidelijkheid onderverdeeld. Deze onderverdeling wordt niet door het P.M.D. gebruikt. Van de vondsten waren alleen de bronzen ringen beschikbaar voor studiedoeleinden, de overige beschrijvingen komen uit de inventarisatie van het P.M.D.

8. LITERATUUR

BAUDOU, E., 1960. *Die regionale und chronologische Einteilung der jüngeren Bronzezeit im Nordischen Kreis.* Almqvist & Wiksell, Stockholm, etc.

BECKER, B. & B. SCHMIDT, 1982. Verlängerung der mitteleuropäischen Eichenjahrringchronologie in das zweite vorchristliche Jahrtausend. *Archäologisches Korrespondenzblatt* 12, pp. 101-106.

BEIJERINCK, W., 1924. Kort verslag van eenige vóórhistorische vondsten in en om Wijster. *Nieuwe Drentse Volksalmanak* 41, pp. 35-45.

BIEL, J., 1985. *Der Keltenfürst von Hochdorf.* Konrad Theiss, Stuttgart.

BLOEMERS, J.H.F., 1988. Het urnenveld uit de late bronstijd en de vroege ijzertijd op de Boshoverheide bij Weert. In: J.M. van Mourik (red.), *Landschap in beweging. Ontwikkeling en bewoning van een stuifzandgebied in de Kempen* (= Nederlandse Geografische Studies, 74). Kon. Ned. Aardrijkskundig Genootschap & Fysisch Geografisch en Bodemkundig Laboratorium, Amsterdam, pp. 59-137.

BLOEMERS, T., 1986. A cart burial from a small middle Iron Age cemetery in Nijmegen. In: M.A. van Bakel, R.R. Hogesteijn & P. van de Velde (eds), *Private politics: a multi-disciplinary approach to 'Big Man' systems* (= Studies in Human Societies, 1). Brill, Leiden, pp. 76-95.

BÖHNER, K., 1951. Oberempt (Kreis Bergheim). *Bonner Jahrbuch* 151, pp. 167-169.

BOESTERD, M.H.P. DEN, 1956. *The bronze vessels in the Rijksmuseum G.M. Kam te Nijmegen* (= Description of the collections in the Rijksmuseum G.M. Kam at Nijmegen, 5). Department of Education, Arts and Sciences, Nijmegen.

BONNAMOUR, L., 1970. Une situle et bronze trouvée dans la Saone à Damerey (Saone-et-Loire). *Revue Archéologique de l'Est et du Centre-est* 21, pp. 411-420.

BOOIJ, A.H., 1986. IJzeroer in Drenthe. Ontstaan, voorkomen, winning en gebruik. *Nieuwe Drentse Volksalmanak* 103, pp. 67-74.

BOOM, H. VAN DEN, 1989. *Keramische Sondergruppen der Heuneburg* (= Heuneburgstudien, 7; Römisch-Germanische Forschungen, 47). Philipp von Zabern, Mainz am Rhein, pp. 81-82.

BOULOUMIÉ, B., 1977. Situles de bronze trouvées en Gaule (VIIe-IVe siècles A.V.-J.C.). *Gallia Prehistoire. Fouilles et Monuments Archéologiques en France Métropolitaine* 35, pp. 1-38.

BOULOUMIÉ, B., 1987. Die Rolle der Etrusker beim Handel mit etruskischen und griechischen Erzeugnissen im 7. und 6. Jahrhundert v.Chr. In: F. Fischer, B. Bouloumié & C. Lagrand (eds), *Hallstatt-Studien.* VCH Verlag, Weinheim, pp. 27-33.

BRIARD, J. & G. VERRON, 1976. *Typologie des objets de l'âge du Bronze en France,* III: *Haches.* Picard, Parijs.

BUTLER, J.J., 1960. Drie bronsdepots van Bargeroosterveld. *Nieuwe Drentse Volksalmanak* 78, pp. 205-231.

BUTLER, J.J., 1973. The big bronze knife from Hardenberg. In: W.A. van Es, A.V.M. Huybrecht, P. Stuart, W.C. Mank & S.L. Wynia (red.), *Archeologie en Historie. Festschrift Brunsting.* Fibula-Van Dishoeck, Bussum, pp. 15-27.

CASPARIE, W.A. & A.F. SMITH, 1978. Het stuk hout van dominee de Graaf: een oude veenvondst uit het Emmererfscheidenveen. *Nieuwe Drentse Volksalmanak* 95, pp. 87-101.

CHARPY, J.J. & P. ROUALET, 1991. *Les Celtes en Champagne* (= Musée d'Epernay 23 juin-3 novembre 1991). Musée d'Epernay, Epernay.

CHAZELLES, C.-A. DE, 1995. Les origines de la construction en adobe en Extrême-Occident. In: P. Arcelin, M. Bats, D. Garcia, G. Marchand & M. Schwaller (eds), *Sur les pas des Grecs en Occident.* Errance, Parijs, pp. 49-58.

CLARKE, R.R. & C.F.C. HAWKES, 1955. An iron anthropoïd sword from Shouldham, Norfolk, with related Continental and British weapons. *Proceedings of the Prehistoric Society* 21, pp. 198-227.

COSACK, E., 1985. Eisenzeitliche Importfunde des 7./6. Jahrhunderts v.Chr. aus einer Kiesbaggerei bei Dreye, Landkreis Diepholz. In: K. Wilhelmi (ed.), *Denkmalpflege in Niedersachsen. Archäologische Denkmalpflege 1979-1984.* Stuttgart, pp. 179-181.

DÄMMER, H.W., 1977. Die bemalten Späthallstattkeramik der Heuneburg. Ursprung-Entwicklung-Chronologie. *Archäologisches Korrespondenzblatt* 7, pp. 43-47.

DÉCHELETTE, J., 1927. *Manuel d'archéologie préhistorique, celtique et gallo-romaine IV.* Picard, Parijs.

DEHN, W. & O.-H. FREY, 1962. Chronologie der Hallstatt- und Frühlatènezeit Mitteleuropas auf Grund des Südimports. In: *Atti del VI Congresso Internazionale delle Scienze Preistoriche e Protostoriche* 1. De Luca Editore, Roma, pp. 197-208.

DESITTERE, M., 1968. *De urnenveldcultuur in het gebied tussen Neder-Rijn en Noordzee* (= Dissertationes Archaeologicae Gandenses, 11). De Tempel, Brugge.

EGGERS, H.J., 1956. Eine Bronzekessel der späteren Hallstattzeit aus Verden a.d. Aller. *Die Kunde* 7, pp. 15-18.

ELZINGA, G., 1973. Een kringgreppelurnenveld bij Oosterwolde in Friesland. In: W.A. van Es, A.V.M. Huybrecht, P. Stuart, W.C. Mank & S.L. Wynia (red.), *Archeologie en Historie. Festschrift Brunsting*. Fibula-van Dishoeck, Bussum, pp. 29-47.

ENKEVORT, H. VAN & K. ZEE, 1996. *Het Kops Plateau: prehistorische grafheuvels en een Romeinse legerplaats in Nijmegen*. Uniepers, Abcoude.

ENDERT, D. VAN, 1986. Zur Stellung der Wagengräber der Arras-Kultur. *Bericht der Römisch-Germanischen Kommission* 67, pp. 204-287.

FREIDIN, N., 1982, *The Early Iron Age in the Paris Basin. Hallstatt C and D* (= BAR Intern. Series, 131:1). B.A.R., Oxford.

FREY, O.-H., 1972. Einführung in die Problematik Hallstatt D3-LaTène A. *Hamburger Beiträge zur Archäologie* 2, p. 177.

FRIEDRICH, M, 1996. Dendrochronologische Datierung der Toranlage der Periode Ia der Heuneburg. In: E. Gersbach, *Baubefunde der Perioden IIIb-Ia der Heuneburg* 10. Von Zabern, Mainz, pp. 169-180.

FRIEDRICH, M. & H. HENNIG, 1995. Dendrochronologische Untersuchung der Hölzer des hallstattzeitlichen Wagengrabes 8 aus Wehringen, Ldkr. Augsburg und andere Absolutdaten zur Hallstattzeit. *Bayerisch Vorgeschichtsblätter* 60, pp. 289-300.

GARCIA, D., 1987. Le depôt de bronzes launacien de Roque-Courbe, Saint-Saturnin (Herault). *Documents d'Archéologie Méridionale* 10, pp. 9-29.

GAUER, W., 1985. Der Kessel von Hochdorf. Ein Zeugnis griechischer Kultureinflüsse. In: *Der Keltenfürst von Hochdorf. Methoden und Ergebnisse der Landesarchäologie* (Katalog der Ausstellung, Stuttgart 1985). Theiss, Stuttgart, pp. 124-129.

GERDSEN, H., 1986. *Studien zur Schwertergräbern der älteren Hallstattzeit*. Philipp von Zabern, Mainz.

GERSBACH, E., 1981. Die Paukenfibeln und die Chronologie der Heuneburg bei Hundersingen/Donau. *Fundberichte aus Baden-Württemberg* 6, pp. 213-223.

GERSBACH, E., 1989. *Ausgrabungsmethodik und Stratigraphie der Heuneburg* (= Heuneburgstudien VI; Römisch-Germanische Forschungen 45). Philipp von Zabern, Mainz.

GIFFEN, A.E. VAN, 1928. Het onderzoek bij Wessinghuizen, gem. Onstwedde. *Verslag over 1928 van het Museum van Oudheden te Groningen*, pp. 7-35.

GIFFEN, A.E. VAN, 1935a. Het Balloër Veld, ndl. van Balloo, gem. Rolde. *Nieuwe Drentse Volksalmanak* 53, pp. 67-116.

GIFFEN, A.E. VAN, 1935b. Het grafveld in de Laudermarke. *Verslag over 1935 van het Museum van Oudheden te Groningen*, pp. 51-83.

GIFFEN, A.E. VAN, 1936a. Het dodenveld bij het Tumulibos, ZW van Balloo, gem. Rolde. *Nieuwe Drentse Volksalmanak* 54, pp. 94-97.

GIFFEN, A.E. VAN, 1936b. De zgn. Galgenberg en het urnenveld in de Boswachterij Sleenerzand, gem. Sleen-Zweelo. *Nieuwe Drentse Volksalmanak* 54, pp. 104-111.

GIFFEN, A.E. VAN, 1937. Omheinde, inheemse nederzettingen met aanliggende tumuli, leemkuilen en rijengrafveld te Rhee en Zeijen, gem. Vries. *Nieuwe Drentse Volksalmanak* 55, pp. 78-85.

GIFFEN, A.E. VAN, 1938a. Das Kreisgraben-Urnenveld bei Vledder, Provinz Drente, Niederlande. *Mannus* 30, pp. 331-358.

GIFFEN, A.E. VAN, 1938b. Das Kreisgrabenfriedhof bei Sleen. *Mannus* 30, pp. 546-548.

GIFFEN, A.E. VAN, 1938c. Het kringgreppelurnenveld te Meppen, gem. Zweeloo. *Nieuwe Drentse Volksalmanak* 56, pp. 101-103.

GIFFEN, A.E. VAN, 1942. Twee tumuli, een tweeperioden-heuvel I, uit steen- en bronstijd, en een ringslootheuvel II, uit den steentijd, bij Eext, gem. Anloo. *Nieuwe Drentse Volksalmanak* 60, pp. 109-111.

GIFFEN, A.E. VAN, 1945. Het kringgreppelurnenveld en de grafheuvels o.z.o. van Gasteren, gem. Anloo. *Nieuwe Drentse Volksalmanak* 63. pp. 69-121.

GIFFEN, A.E. VAN, 1949. Het 'Noordse Veld' te Zeijen, gem. Vries. *Nieuwe Drentse Volksalmanak* 65, pp. 7-147.

GIFFEN, A.E. VAN, 1954. Een grafheuvelonderzoek op de Emelange bij Wijster, gem. Beilen. *Nieuwe Drentse Volksalmanak* 72, pp. 159-180.

GIFFEN, A.E. VAN & H.T. WATERBOLK, 1949. Het grafveld bij Wedderveer. *Bouwstoffen voor de Groningsche oergeschiedenis* 4, pp. 49-119.

GIJN, A.L. & H.T. WATERBOLK, 1984. The colonization of the salt marshes of Friesland and Groningen. *Palaeohistoria* 26, pp. 101-122.

GÜNTHER, K., 1981. Ein Situla-Grab an der mittleren Weser bei Döhren, Stadt Petershagen, Kreis Minden-Lübbecke. *Bodenaltertümer Westfalens* 18, pp. 46-61.

HAFFNER, A., 1976. *Die westliche Hunsrück-Eifel Kultur* (= Römisch-Germanische Forschungen 36). Walter de Gruyter, Berlijn.

HALLEWAS, D., 1971. Een huis uit de vroege ijzertijd te Assendelft (N.H.). *Westerheem* 20, pp. 19-35.

HARCK, O., 1972. *Nordostniedersachsen vom Beginn der jüngeren Bronzezeit zum frühen Mittelalter* (= Materialhefte zur Ur- und Frühgeschichte Niedersachsens, 7). August Lax, Hildesheim.

HARSEMA, O.H., 1972/1973. Een aardewerkvondst uit de Voorromeinse IJzertijd uit Ellersinghuizen (gem. Vlagtwedde). *Groningse Volksalmanak*, pp. 183-190.

HARSEMA, O.H., 1983. Kroniek van opgravingen en vondsten uit Drenthe in 1980 en 1981. *Nieuwe Drentse Volksalmanak* 100, pp. 203-217.

HARSEMA, O.H., 1984/1985. Van twee één: De La Tène fibulavondst uit Groningen opnieuw bekeken. *Groninger Volksalmanak*, pp. 160-169.

HÄSSLER, H.J., 1992. Ein neuer Rippenzistenfund aus den Weserkiesen bei Leese, Ldkr. Nienburg. *Die Kunde* 43, pp. 149-159.

HERRMANN, F.R. & A. Jockenhövel (eds), 1990. *Die Vorgeschichte Hessens*. Konrad Theiss, Stuttgart.

HEYNOWSKI, R., 1996. Die imitierten Wendelringe als Leitform der frühen vorrömischen Eisenzeit. *Praehistorische Zeitschrift* 71, pp. 28-45.

HINGST, H., 1959. *Vorgeschichte des Kreises Stormarn*. Karl Wachholtz, Neumünster.

HINGST, H., 1964. *Die vorrömische Eisenzeit* (= Geschichte Schleswig-Holsteins, 2:3). Karl Wachholtz, Neumünster.

HOLLSTEIN, E., 1973. Jahrringkurven der Hallstattzeit. *Trierer Zeitschrift* 36, pp. 37-55.

HOLLSTEIN, E., 1974. *Die Jahresringe vom Magdalenenberg: dendrochronologische Datierung des hallstattzeitlichen Fürstengrabes bei Villingen im Schwarzwald*. Villingen.

HOLLSTEIN, E., 1979. Bauholzdaten aus Augusteischer Zeit. *Archäologisches Korrespondenzblatt* 9, pp. 131-133.

HOLLSTEIN, E., 1980. *Mitteleuropäische Eichenchronologie*. Philipp von Zabern, Mainz.

IMPE, L. VAN, 1980. Graven uit de Urnenveldenperiode op het Hangveld te Rekem. *Archaeologia Belgica* 227, pp. 5-25.

IMPE, L. VAN & G. CREEMERS, 1991. Aristokratische graven uit de 5e/4e eeuw v.Chr. en Romeinse cultusplaats op de "Rieten" te Wijshagen (gem. Meeuwen-Guitrode). *Archeologie in Vlaanderen* 1, pp. 55-73.

JACOB-FRIESEN, G., 1974. *Einführung in Niedersachsens Urgeschichte, III: Eisenzeit*. August Lax, Hildesheim, pp. 448-450.

JACOBSTHAL, P. 1944. *Early Celtic art*. Clarendon, Oxford.

JAGER, S., 1988. *Anloo – de Strubben* (= Nederlandse Archeologische Rapporten, 7). Rijksdienst voor het Oudheidkundig Bodemonderzoek Amersfoort, Amersfoort.

JAGER, S., 1992. *Havelte – rondom de Havelterberg – een archeologische kartering, inventarisatie en waardering* (= Nederlandse Archeologische Rapporten, 14). Rijksdienst voor het Oudheidkundig Bodemonderzoek, Amersfoort.

JANSSEN, L.J.F., 1840. *De Germaansche en Noordsche monumenten van het Museum te Leyden*. Luchtmans, Leiden.

JANSSEN, L.J.F., 1848. *Drentsche oudheden*. Kemink, Utrecht.

JANSSEN, L.J.F., 1859. *Oudheidkundige verhandelingen en mededelingen*, III. Nijhoff, Arnhem, pp. 16-25.

JOACHIM, H.E., 1968. *Die Hunsrück-Eifel Kultur am Mittelrhein*. Böhlau, Keulen, etc.

JOACHIM, H.E., 1970. Späthallstattzeitliche Hügelgrabfunde aus Wirfus, Kreis Cochem. *Bonner Jahrbuch* 170, pp. 36-70.

JOACHIM, H.E., 1975. Zerdrücktes Bronzeblech unter dem Bagger. Ein Brandgrab mit Bronzeeimer aus Siegburg-Kaldauen. *Das Rheinische Landesmuseum Bonn* 1/75, pp. 3-4.

JOACHIM, H.-E., 1977. Eine unbekannte Rippenziste im Rheinischen Landesmuseum Bonn. *Bonner Jahrbuch* 177, pp. 561-563.

JOACHIM, H.-E., 1998. Bemerkenswerte Grabbeigaben. Späthallstattzeitliches Körpergrab mit Köcher und Pfeilen von Neuwied, Stadtteil Heimbach-Weis. *Das Rheinische Landesmuseum Bonn* 1/98, pp. 1-5.

JOPE, E.M., 1961. Daggers of the Early Iron Age in Britain. *Proceedings of the Prehistoric Society* 27, pp. 307-343.

KAENEL, G. & P. MOINAT, 1995. L'âge du Bronze. *Archäologie der Schweiz* 18(2), p. 65-66.

KALTOFEN, A., 1985. *Die ur- und frühgeschichtliche Sammlung des Kreisheimatmuseums Lingen/Ems*. August Lax, Hildesheim.

KAM, W.H., 1956. Vondstmelding van urnen ontdekt nabij het ven 'Kraayenstark', gem. Someren. *Berichten Rijksdienst voor het Oudheidkundig Bodemonderzoek* 7, pp. 13-14.

KIMMIG, W., 1940. *Die Urnenfelderkultur in Baden untersucht auf Grund der Gräberfunde*. Berlijn.

KIMMIG, W., 1962/1963. Bronzesitulen aus dem Rheinischen Gebirge, Hunsrück-Eifel-Westerwald. *Bericht der Römisch-Germanischen Kommission* 43-44, pp. 32-106.

KOOI, P.B., 1979. *Pre-Roman urnfields in the north of the Netherlands*. Dissertatie Groningen.

KOOI, P.B., 1983. A remarkable Iron Age grave in Darp (municipality of Havelte, the Netherlands). *Oudheidkundige Mededelingen uit het Rijksmuseum van Oudheden te Leiden* 64, pp. 197-208.

KOOI, P.B., 1995/1996. Het project Peelo: het onderzoek van het Kleuvenveld (1983/1984), het burchtterrein (1980) en het Nijland (1980), met enige kanttekeningen bij de resultaten van het project. *Palaeohistoria* 37/38, pp. 417-479.

KOOI, P.B. & G.J. DE LANGEN, 1987. Bewoning in de Vroege IJzertijd op het Kleuvenveld te Peelo. *Nieuwe Drentse Volksalmanak* 104, pp. 51-65.

KOSSACK, G., 1957. Zur Chronologie der älteren Hallstattzeit (Ha C) im bayerischen Alpenvorland. *Germania* 35, pp. 207-223.

KOSSACK, G., 1959. *Südbayern während der Hallstattzeit*. Walter de Gruyter, Berlijn.

KRAMER-CLOBUS, G.M.C., 1978. L.J.F. Janssen (1806-1869): an inventory of his notes on archaeological findspots in the Netherlands. *Berichten van de Rijksdienst voor het Oudheidkundig Bodemonderzoek* 28, pp. 441-544.

KRAUSSE, E.-B., 1989. Zur Hallstattzeit an Mosel, Mittel- und Niederrhein. Kulturelle Beziehungen zwischen der Laufelder Gruppe und dem Niederrhein während der frühen Eisenzeit. In: M. Ulrix-Closett & M. Otte (eds), *La civilisation de Halstatt* (= ERAUL, 36). Service de Préhistoire, Univ. de Liège, Luik, pp. 93-110.

KRAUSSE-STEINBERGER, D., 1990a. Pfeilspitzen aus einem reichen LaTène A-Grab von Hochscheid, Kr. Bernkastel-Wittlich. *Archäologisches Korrespondenzblatt* 20, pp. 87-100.

KRAUSSE-STEINBERGER, D., 1990b. Ein frühlatènezeitliche Pfeilbolzenfund aus Hochscheid, Kr. Bernkastel-Wittlich. *Archäologisches Korrespondenzblatt* 20, pp. 185-191.

LAET, S.J. DE & W. GLASBERGEN, 1959. *De voorgeschiedenis der Lage Landen*. Wolters, Groningen.

LANTING, J.N. & W.G. MOOK, 1977. *The pre- and protohistory of the Netherlands in terms of radiocarbon dates*. Groningen.

LAUX, F., 1976. *Die Nadeln in Niedersachsen* (= Praehistorische

Bronzefunde, Abt. B Nadeln, Band 4). C.H. Beck, München.

LENERZ-DE WILDE, M., 1977. *Zirkelornamentik in der Kunst der LaTènezeit*. C.H. Beck, München.

LÖBERT, H.W., 1982. Die Keramik der vorrömischen Eisenzeit und der römischen Kaiserzeit von Hatzum-Boomborg (Kr. Leer). *Probleme der Küstenforschung im südlichen Nordseegebiet* 14, pp. 89-97, 102-104.

MAIER, R., 1985. Ein eisenzeitlicher Brandgräberfriedhof in Leese, Landkreis Nienburg (Weser). In: K. Wilhelmi (ed.), *Denkmalpflege in Niedersachsen. Archäologische Denkmalpflege 1979-1984*. Konrad Theiss, Stuttgart, pp. 181-185.

MARIËN, M.E., 1987. *Het vorstengraf van Eigenbilzen*. Provinciaal Gallo-Romeins Museum, Tongeren.

MARIËN, M.E., 1989. Aperçu de la période hallstattienne en Belgique. In: M. Ulrix-Closett & M. Otte (eds), *La civilisation de Hallstatt* (= ERAUL, 36). Service de Préhistoire, Univ. de Liège, Luik, pp. 133-139.

MARRING, R., 1998. Schatgravers te Balloo. Asser Heren en de verdwijning van een grafheuvelcomplex. *Nieuwe Drentse Volksalmanak* 115, pp. 49-62.

MEGAW, J.V.S. & M.R. MEGAW, 1993. Cumulative celticity and the human face in insular pre-roman Iron Age art. In: J. Briard & A. Duval (eds), *Les représentations humaines du néolithique à l'âge du fer* (= Actes du 115e Congrès National des Sociétés Savantes, Avignon 1990). Editions du Comité des Travaux Historiques et Scientifiques, Parijs, pp. 205-218.

MERHART, G. VON, 1952. Studien über einige Gattungen von Bronzegefässen. In: H. Klumbach (ed.), *Festschrift des Römisch-Germanischen Zentralmuseums in Mainz*, II. R.G.Z.M., Mainz, pp. 1-71.

MODDERKOLK, F., 1970. De oudste smeedijzerindustrie. Ook overblijfselen in de provincie Drenthe. *Nieuwe Drentse Volksalmanak* 87, pp. 97-106.

MODDERMAN, P.J.R., 1964. The chieftains grave of Oss reconsidered. *Bulletin van de Vereeniging tot Bevordering der Kennis van de Antieke Beschaving te 's-Gravenhage* 39, pp. 57-62.

MODDERMAN, P.J.R., 1989. *Schatkamer van Gelderse Oudheden*. Provinciaal Museum G.M. Kam, Nijmegen.

MÜLLER-KARPE, H., 1959. *Beiträge zur Chronologie der Urnenfelderzeit nördlich und südlich der Alpen* (= Römisch-Germanischen Forschungen, 22). Walter de Gruyter, Berlijn.

MULDER, R.D., 1950. De praehistorie van Drenthe. *De wandelaar in weer en wind* 18, pp. 18-22.

NAUMANN, R., 1959. Russellae A. Die Geländevermessung, die Untersuchungen an der Stadtmauer und an der Tempelterrasse. *Mitteilungen der Deutschen Archäologischen Instituts, Römische Abteilung* 66, pp. 2-18.

NEYSES, M., 1991. Kritische Anmerkungen zu den Dendrodaten der Eisenzeit in Hunsrück-Nahe- und Mittelrheingebiet. In: A. Haffner & A. Miron (eds), *Studien zur Eisenzeit in Hunsrück-Nahe-Raum* (= Symposium Birkenfeld 1987). Selbstverlag Rheinisches Landesmuseum, Trier, pp. 295-308.

NORTMANN, H., 1983. *Die vorrömischen Eisenzeit zwischen unterer Weser und Ems. Ammerlandstudien*, I (= Römisch-Germanischen Forschungen, 41). Philipp von Zabern, Mainz.

NORTMANN, H., 1998. Die Bronzesitula von Gladbach, Kreis Neuwied. *Archäologisches Korrespondenzblatt* 28, pp. 59-67.

OSTERWALDER, C. & G. BREITENBACH, 1979/19980. Neukonservierte Objekte aus Ins und Münsingen, BE. *Jahrbuch des Bernischen Historischen Museums* 59-60, pp. 83-89.

PARE, C.F.E., 1987. Wagenbeschläge der Bad Homburg-Gruppe und die kulturgeschichtlichen Wagengräber von Wehringen, Kr. Augsburg. *Archäologisches Korrespondenzblatt* 17, p. 479.

PARE, C.F.E., 1991. *Swords, wagon-graves and the beginning of the Early Iron Age in Central Europe* (= Kleine Schriften aus dem Vorgeschichtlichen Seminar der Philipps-Universität Marburg, 37). Philipps-Universität, Marburg.

PARE, C.F.E., 1992. *Wagons and wagongraves of the Early Iron Age in Central Europe*. Oxford Univ. Committee for Archaeology, Oxford.

PARZINGER, H., 1986a. Zur Belegungsabfolge auf dem Magdalenenberg bei Villingen. *Germania* 64, pp. 391-407.

PARZINGER, H., 1986b. Zur Späthallstatt- und Frühlatènezeit in Nordwürttemberg. *Fundberichte aus Baden-Württemberg* 11, pp. 231-258.

PARZINGER, H., 1988. *Chronologie der Späthallstatt- und Frühlatènezeit, Studien zur Fundgruppen zwischen Mosel und Saar.* VCH Verlag, Weinheim.

PATZÖLD, J., 1958. Zur zeitlichen Einordnung hochackerähnlicher Wälle in Grabhügelfelder. *Die Kunde* 9, pp. 194-200.

PAULI, L., 1972. Untersuchungen zur Späthallstattkultur in Nordwürttemberg. Analyse eines Kleinraumes im Grenzbereich zweier Kulturen. *Hamburger Beiträge zur Archäologie* 2, pp. 273-291.

PAULI, L., 1978. *Der Dürrnberg bei Hallein III/I.* C.H. Beck, München.

PAULI, L., 1983. Eine frühkeltische Punktrense aus der Donau. *Germania* 61, pp. 459-486.

PLEYTE, W., 1882. *Nederlandsche oudheden van de vroegste tijden tot op Karel den Grote: Drenthe.* Brill, Leiden.

PLEYTE, W., 1889. *Nederlandse oudheden van de vroegste tijden tot op Karel den Grote. Gelderland.* Brill, Leiden.

REICHMANN, C., 1982. Ein bronzezeitliches Gehöft bei Telgte, Kr. Warendorf. *Archäologisches Korrespondenzblatt* 12, pp. 437-449.

REINECKE, P., 1965. *Mainzer Aufsätze zur Chronologie der Bronze- und Eisenzeit.* Rudolf Habelt, Bonn.

ROLLEY, C., 1988. Importations méditerranéennes et repères chronologiques. In: *Les princes celtes et la Méditerranée.* La Documentation Française, Paris, pp. 93-101.

ROYMANS, N., 1991. Late urnfield societies in the Northwest European plain and the expanding networks of the Central European groups. In: N. Roymans & F. Theuws (eds), *Images of the past-studies on ancient societies in North-Western Europe.* Instituut voor Pre- en Protohistorische Archeologie, Amsterdam, pp. 9-89.

SANDEN, W.A.B. van der, 1996. Archeologie in Drenthe 1993-1994. *Nieuwe Drenttse Volksalmanak* 113, pp. 179-197.

SANGMEISTER, E., 1992. Ein Grabhügel der Hallstattkultur bei Ewattingen, Kr. Waldschut. *Archäologische Nachrichten aus Baden* 47/48, pp. 27-44.

SCHLICHT, E., 1964. Ein Grabhügel bei Sprakel, Gemarkung Gross Stavern auf dem Hümmling. *Die Kunde* 15, pp. 141-146.

SCHÜNEMANN, D., 1965. Eine rheinische Bronzesitula auf einem Friedhof der Jastorf-Zeit in Luttum, Kreis Verden (Aller). *Die Kunde* 16, pp. 62-73.

SCHÜNEMANN, D., 1977. Die vorrömische Eisenzeit im Kreis Verden, VII. Der Urgeschichte des Kreises Verden. *Nachrichten aus Niedersachsens Urgeschichte* 46, pp. 73-76.

SCHWARTZ, W., 1995. *Die Urgeschichte in Ostfriesland.* Verlag Schuster, Leer.

SHEFTON, B., 1989. Zum Import und Einfluss mediterraner Güter in Alteuropa. *Kölner Jahrbuch* 22, pp. 207-220.

SHEFTON, B., 1994. The Waldalgesheim situla: where was it made? In: C. Dobiat (ed.), *Festschrift für Otto-Hermann Frey.* Hitzeroth, Marburg, pp. 183-193.

SIEVERS, S., 1982. *Die mitteleuropäische Hallstattdolche (= Prähistorische Bronzefunde Abt. VI, 6).* C.H. Beck, München.

SIMONS, A., 1987. Archäologischer Nachweis eisenzeitlicher Salzhandels von der Nordseeküste ins Rheinland. *Archäologische Informationen* 10, pp. 8-14.

SPINDLER, K., 1975. Zum Beginn der hallstattzeitlichen Besiedlung auf der Heuneburg. *Archäologisches Korrespondenzblatt* 5, p. 44.

SPINDLER, K., 1980. Das Eisenschwert von Möhrendorf, Ldkr. Erlangen-Höchstadt. In: K. Spindler (ed.), *Vorzeit zwischen Main und Donau.* Universitätsbund Erlangen-Neurenberg, Erlangen, pp. 25, 215-218.

SPROCKHOFF, E., 1959. Pestruper Bronzen. In: A. von Müller & W. Nagel (eds), *Gandert Festschrift.* Herbert Lehmann, Lichterfelde, etc., pp. 152-153.

STJERNQUIST, B., 1965. Die Bronzeciste von Pansdorf, Kreis Eutin. *Zeitschrift des Vereins für den Lübeckische Geschichte und Altertumskunde* 45, pp. 117-126.

STJERNQUIST, B., 1967. *Ciste a cordoni (Rippenzisten): Produktion, Funktion, Diffusion.* Rudolf Habelt, Bonn/ Gleerups, Lund.

STÖCKLI, W.E., 1991. Die Zeitstufe Hallstatt D1 und der Beginn der hallstattzeitlichen Besiedlung auf der Heuneburg. *Archäologisches Korrespondenzblatt* 21, pp. 369-381.

TAAYKE, E., 1993. Een kuil uit de vroege ijzertijd, gevonden in Roden (Dr.). *Paleo-aktueel* 16, pp. 52-56.

TAAYKE, E., 1996. Die einheimische Keramik der nördlichen Niederlande 600 v.Chr. bis 300 n. Chr. Dissertatie Groningen.

TACKENBERG, K., 1934. *Die Kultur der frühen Eisenzeit (750 vor Christi Geburt bis Christi Geburt) in Mittel- und Westhannover.* August Lax, Hildesheim.

TACKENBERG, K., 1977. Zur Bronzesitula von Bürstel, Kr. Grafsch. Hoya, Niedersachsen. *Studien zur Sachenforschung* 1, pp. 415-426.

TOMEDI, G., 1996. Nochmals zur 'Fabel von den Traditionsschwertern'. Weitere Randbemerkungen zu den Schwertergräbern des Südostalpenraumes und zur 'Schwertenchronologie'. In: T. Stöllner & N. Wiesner (eds), *Europa Celtica. Untersuchungen zur Hallstatt- und LaTènekultur.* Marie Leidorf, Espelkamp, pp. 167-188.

TORBRÜGGE, W., 1991. Die Frühe Hallstattzeit (Ha C) in chronologischen Ansichten und notwendige Randbemerkungen. Teil 1: Bayern und der 'westliche Hallstattkreis'. *Jahrbuch des Römisch-Germanischen Museums Mainz* 38, pp. 223-463.

TRÖLTSCH, E. VON, 1884. *Fundstatistik der vorrömischen Metallzeit in Rheingebiete.* Enke, Stuttgart.

TUITJER, H.G., 1986. Eine tönerne Rippenziste aus Burgwedel-Thönse, Kr. Hannover. *Archäologisches Korrespondenzblatt* 16, pp. 157-160.

TUITJER, H.G., 1987. *Halstättischen Einflüsse in der Nienburger Gruppe* (= Veröffentlichungen der urgeschichtlichen Sammlungen des Landesmuseums zu Hannover 32). August Lax, Hildesheim.

VERLINDE, A.D., 1987. Die Gräber und Grabfunde der späten Bronzezeit und frühen Eisenzeit in Overijssel. Dissertatie Leiden.

VERWERS, G.J., 1968. *Het vorstengraf van Meerlo.* Bonnefantenmuseum, Maastricht.

VERWERS, G.J., 1972. Das Kamps Veld in Haps in Neolithikum, Bronzezeit und Eisenzeit. Dissertatie Leiden.

VIOLLIER, D., 1916. *Les sepultures du second âge du fer sur le plateau Suisse* (= Les civilisations primitives de la Suisse, 3: 2). Georg, Genève.

VOSMAER, A., 1760. *Oudheidkundige brieven, bevattende eene verhandeling over de manier van begraven ... door Mr. Joannes van Lier.* Peter van Thol, 's-Gravenhage.

WAALS, J.D. VAN DER, 1963. Een huisplattegrond uit de Vroege IJzertijd te Een, gem. Norg. *Nieuwe Drentse Volksalmanak* 81, pp. 217-229.

WARMENBOL, E., 1988. Broken bronzes and burned bones. The transition from Bronze to Iron Age in the Low Countries. *Helinium* 28, pp. 244-270.

WARMENBOL, E., 1993. Les nécropoles à tombelles de Gedinnen et Louette-Saint-Pierre (Namur) et le groupe 'Mosan' des nécropoles à epées hallstattiennes. *Archaeologia Mosellana* 2, pp. 83-114.

WATERBOLK, A., 1934. *Havelte. Beschrijving van een interessante en typisch Drentsche gemeente.* Van Gorcum, Assen.

WATERBOLK, H.T., 1957a. Grafheuvelopgravingen in de gemeente Anloo. *Nieuwe Drentse Volksalmanak* 75, pp. 23-34.

WATERBOLK, H.T., 1957b. Een kringgreppelurnenveld te Wapse. *Nieuwe Drentse Volksalmanak* 75, pp. 42-67.

WATERBOLK, H.T., 1961. Aardewerk uit de Hallstatt D-periode van Zeijen (Dr.). *Helinium* 1, pp. 137-141.

WATERBOLK, H.T., 1977. Walled enclosures of the Iron Age in the North of the Netherlands. *Palaeohistoria* 19, pp. 98-172.

WATERBOLK, H.T., 1985. Archeologie. In: J. Heringa, P. Blok, M.G. Buist & H.T. Waterbolk (eds), *Geschiedenis van Drenthe.* Boom, Meppel, etc., pp. 61-76.

WATERBOLK, H.T., 1990. Zeventig jaar archeologisch nederzettingsonderzoek in Drenthe. *Nieuwe Drentse Volksalmanak* 107, pp. 20-23.

WESTENDORP, N., 1819. Eene voorlezing over de oude grafheuvelen, met betrekking tot Drenthe. *Antiquiteiten* 1, pp. 71-85.

WILHELMI, K., 1975. Neue bronzezeitliche Langgräben in Westfalen. *Westfälische Forschungen* 27, pp. 47-66.

WILHELMI, K., 1976. *Der Kreisgraben- und Brandgräberfriedhof
Lengerich-Wechte (Kreis Stuttgart) 1970-1973.* Aschendorff,
Münster.

WILLEMS, W.J.H. & W. GROENMAN-VAN WAATERINGE,
1988. Een rijk graf uit de Vroege IJzertijd te Horst-Hegelsom. In:
P.A.M. Geurts (red.), *Horster historieën 2: Van heren en
gemeentenaren.* Stichting Het Gelders Overkwartier, Horst, pp.
13-30.

ZEIST, W. VAN, 1974. Palaeobotanical studies in the coastal area.
Palaeohistoria 16, pp. 223-371.

ZEIST, W. VAN, T.C. VAN HOORN, S. BOTTEMA & H. WOL-
DRING, 1976. An agricultural experiment in the unprotected salt
marsh. *Palaeohistoria* 18, pp. 111-153.

ZÜRN, H., 1942. Zur Chronologie der späten Hallstattzeit. *Germania*
26, pp. 116-124.

ZÜRN, H., 1952. Zum Übergang von Späthallstatt zu LaTène A in
südwestdeutschen Raum. *Germania* 30, pp. 38-45.

HABITATION ON PLATEAU I OF THE HILL TIMPONE DELLA MOTTA (FRANCAVILLA MARITTIMA, ITALY):
A PRELIMINARY REPORT BASED ON SURVEYS, TEST PITS AND TEST TRENCHES

PETER ATTEMA, JAN DELVIGNE, EVELYNE DROST, MARIANNE KLEIBRINK

Groninger Instituut voor Archeologie, Groningen, Netherlands

ABSTRACT: The authors report on the archaeological investigations of one of the pre- and protohistoric settlement areas of the site 'Timpone della Motta' near present-day Francavilla Marittima in Calabria (southern Italy) carried out by the Groningen Archaeological Institute (GIA) between 1991 and 1995. Surveys, test pits and test trenches on a large plateau overlooking the valley of the river Raganello revealed ample traces of occupation from the middle Bronze Age to the Archaic period, a time span of almost a millennium. In this period the subsequent indigenous Bronze Age and early Iron Age hut settlements at Francavilla Marittima gave way to colonial inspired stone houses and terrace building. The survey and test excavations led to the identification, and current excavation, of several Bronze Age, Iron Age and Archaic settlement features. Here a general outline is offered of the various occupation episodes on plateau I as could be deduced from the surface record and the various layers and related pottery in the trenches.

Fieldwork at Francavilla Marittima combines settlement excavations, such as reported on in this paper, with research of the site's sacred area on the top of the hill. The investigations are part of the project 'Dominant versus non-dominant, Enotrians and Greeks on the *Timpone della Motta* and in the Sibaritide' directed by prof. Marianne Kleibrink of Groningen University and financed by the Netherlands Organization of Scientific Research (NWO).

KEYWORDS: Excavation, survey, Bronze Age, Iron Age, Greek colonization, South Italy, Magna Graecia, Sibaritide, Francavilla Marittima, Bronze Age pottery, Iron Age pottery, matt-painted pottery, black glaze pottery, smithing activities.

1. INTRODUCTION

1.1. Site and research

The hill 'Timpone della Motta' is situated in the transitional zone between the Apennine mountains and the wide coastal plain of Sibari (today called the Sibaritide). The hill reaches a modest 280 m, whereas further inland the higher peaks of the Apennines exceed 1500 m (fig. 1). Research on 'plateau I' of the 'Timpone della Motta' was started in 1991 as part of a larger fieldwork programme comprising excavations on the top of the hill, where the site's sanctuary is situated, and settlement excavations on flatter surfaces on the flank of this otherwise steep and rugged hill (fig. 2) (Maas-kant-Kleibrink, 1993). Although far from level, we refer to these flatter surfaces as 'plateaus', the implication being that they, when adapted, are suited for settlement and farming.

Excavations in the late sixties on plateaus II and III had already revealed 6th century BC houses (Maas-kant-Kleibrink, 1971). These were built on the remains of earlier Iron Age huts. Follow-up research in 1992 and 1993 disclosed two more house plans on plateau III.[1]

Plateau I, the most spacious plateau of the Timpone della Motta and situated well below the sanctuary area, was, however, archaeologically still *terra incognita* when the Groningen Archaeological Institute reopened

research on the Timpone della Motta. In the sixties the area of plateau I was not available for investigations, as it was private property and used for arable farming and olive cultivation. The ruins of a small farmhouse in the northeast corner still remind of the former situation (Haagsma & Attema, 1994). Plateau I is now protected and under the responsibility of the Soprintendenza making archaeological research possible.[2] In front of the farm house a small museum was built which in the future will hopefully house an exhibition on the archaeology of the site.

When we started research on plateau I, the construction of the museum as well as a road leading up to it, had just been completed. The road exposed at its side a 5 m deep gully with a fill of pale brown silty soil containing large boulders and pottery fragments (fig. 3). On the plateau itself a deep pit had been dug for the drain of the museum. The sections in this pit contained a stratigraphy of three layers with pottery, charcoal and bone fragments dating from the Bronze Age to the 6th century BC (fig. 4). The 1991/92 intensive survey, the 1992 test-pits and the test trenches (1994/95), indeed revealed the remains of a number of houses dating to the Archaic period (6th to early 5th century BC) as well as earlier occupational features dating to the Iron Age and the Bronze Age.[3]

Following a short introduction on the physical-geographical setting of the site, we will discuss the

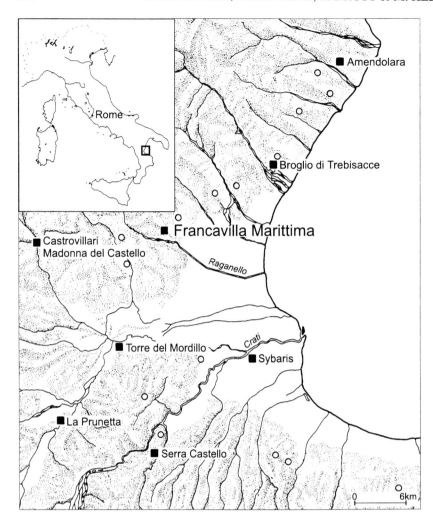

Fig. 1. Location of Francavilla Marittima

results of the survey, the test pits and the test trenches that, in combination, give insight in the relation between the over time changing morphology of plateau I and the various occupational phases. The pottery and iron slags and cinders are discussed in appendices.

1.2. Physical-geographical setting of the site Timpone della Motta

Geologically, the hill Timpone della Motta is composed of conglomerate dating from the Upper Pliocene (Giannini et al., 1973). The conglomerate consists of well-rounded pebbles and boulders of mainly sandstone and limestone composition with only a few lenses of ill-rounded sand. It is cemented by carbonates. Voids in between the stones indicate that fine material not always was sufficiently available when the sediment was formed. In the conglomerate, a coarse stratification can be discerned, with a dip in southsoutheasterly direction of about 25⁰. A second geological unit is formed by terraces cut into the conglomerate, alluvial fans, and the present floodplain. These sediments resemble the

conglomerate in composition. However, cementation in these Quaternary deposits has hardly or not yet occurred. Geomorphologically, the Timpone della Motta constitutes the somewhat isolated lower part of a valley spur between the large and open Raganello valley and the small and narrow Dardania valley (fig. 2). The Timpone della Motta rises about 150 m above the floodplain of the Raganello river. Between the hill and the floodplain a terrace is found that follows the present-day river course. Its height is about 10 m above the floodplain.

The hill sides are characterized by a break of slope, probably caused by a phase of strong fluviatile incision before the just-mentioned terrace surface was formed. In the steep parts below the break, slopes are at places vertical, exposing the conglomerate. The steep slopes have caused rock falls and the formation of debris cones. At various levels above the break of slope somewhat flatter 'plateaus' can be distinguished (fig. 5). Even the top of the Timpone della Motta is regarded as a plateau. The plateaus probably are correlated with the extensive fan-like terraces (marine terraces?) that

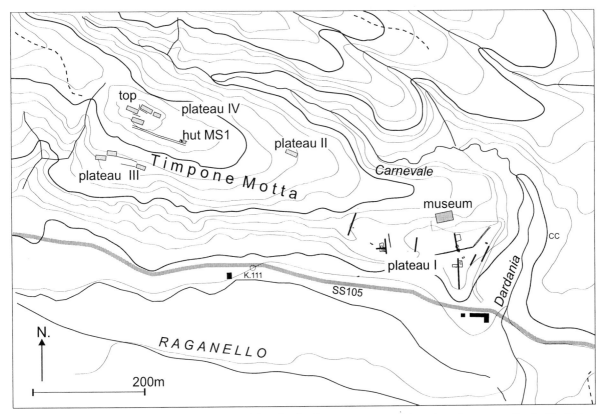

Fig. 2. Map of the Timpone della Motta at Francavilla Marittima showing the sanctuary area and the various plateaus as well as the Macchiabate necropolis.

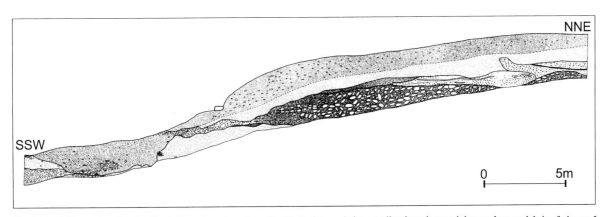

Fig. 3. Roadside section showing fluviatile sediments and a gully filled with a pale brown silty deposit containing settlement debris of plateau I.

fringe the coastal plain of Sibari. On the southern side of the Timpone della Motta two plateaus directly border the sharp break of slope. This means that rock falls may have diminished the size of these plateaus.

At the eastern edge of plateau I, unconsolidated well-rounded and sorted sediments are disclosed, proving the fluviatile origin of the plateau (fig. 3). Its sloping surface can in easterly direction be continued across the Dardania valley into the Macchiabate area, a terrace that in the Iron Age was used as the site's necropole

(Zancani Montuoro, 1982; 1984). While plateau I and the Macchiabate area are visually in close contact, the Dardania valley in the Iron Age must have formed a clear physical divide between the habitation plateaus of the Timpone della Motta as the areas of the living and the Macchiabate as the domain of the dead. The top of the site, already inhabited in the middle Bronze Age, became in the early Iron Age dedicated to the gods and was from that time on for the larger part reserved for religious activities. From that period settlement concentrated on the lower plateaus, with plateau I as the most convenient, being extensive, naturally defended and close to the valley.

2. THE 1991/92 SURVEY AND TEST PITS

2.1. The survey (with Appendix 1)

Goals of the 1991 and 1992 survey on plateau I were to obtain insight in the extent, density, nature and chronology of the surface ceramics and, on the basis of their distribution, be able to decide where to excavate.[4] From 142 squares of 16 m[2], aligned along measuring ropes at nine different locations, all archaeological material visible at the surface was collected (fig. 6: A to I).[5] Survey conditions were very bad due to vegetational

coverage (dry grass) and absence of recently ploughed surfaces. Ground visibility was judged low in 45% of the squares (c. 10% ground visibility) and bad in 42% (almost no ground visibility). Only in 12% visibility was above the average, but it never exceeded 20%.[6] Despite the bad survey conditions the survey showed a high overall density of 2.28 sherds/m[2] with an average weight per sherd of 44 grams. In the squares a total of 5459 sherds was collected.

The larger part of the ceramics consisted of pottery dating to the late 7th and 6th centuries BC such as fragments of storage jars, roof tiles, wheelthrown coarse and depurated pottery (Archaic). In minor quantities also the older hand made *impasto* pottery occurred dating between the late Bronze Age (LBA) and the early Iron Age (EIA).

The sherds collected in the survey were classified

Table 1. Highest, lowest and mean scores in percentages of the four groups at locations A-I in figures 6-9.

Pottery group	Lowest score	Highest score	Mean
Impasto pottery	0.26%	7.76%	3.52%
Pithoi/tegulae	16.07%	29.55%	20.98%
Amphorae	8.21%	13.45%	11.33%
Household pottery	57.78%	68.52%	62.17%

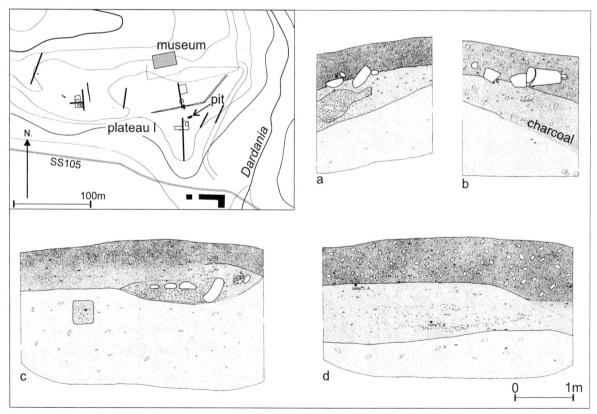

Fig. 4. Sections recorded in a pit dug for the drain of the museum on plateau I.

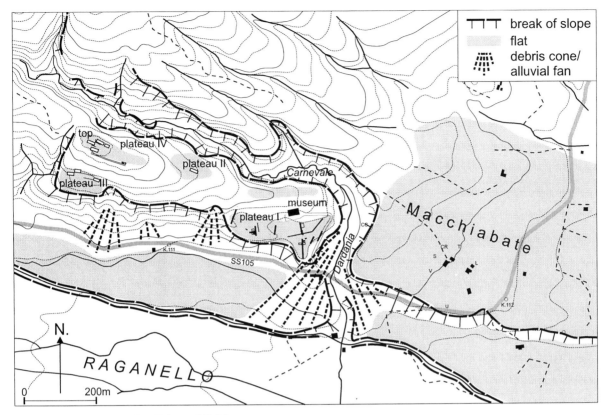

Fig. 5. Morphological map of the Timpone della Motta.

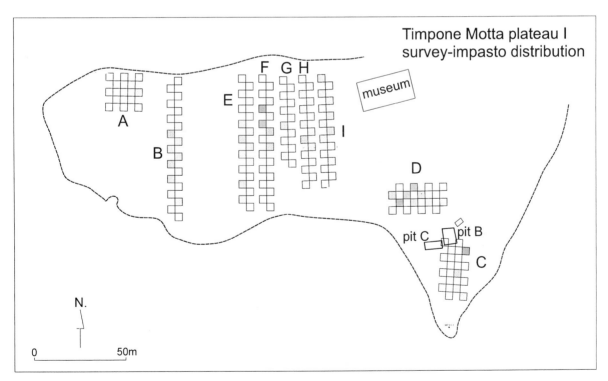

Fig. 6. Distribution map of *impasto* in string squares (LBA-IA).

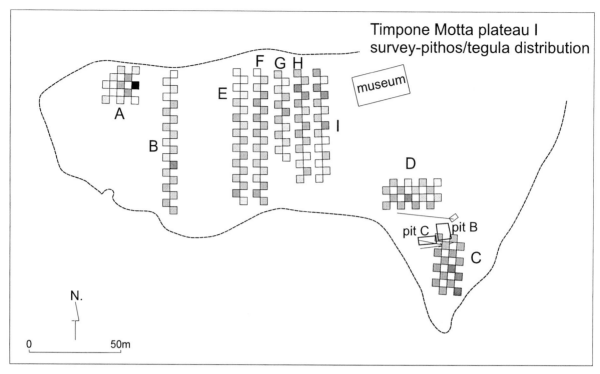

Fig. 7. Distribution map of *pithos* fragments in string squares (including occasional tile fragments) (Archaic period).

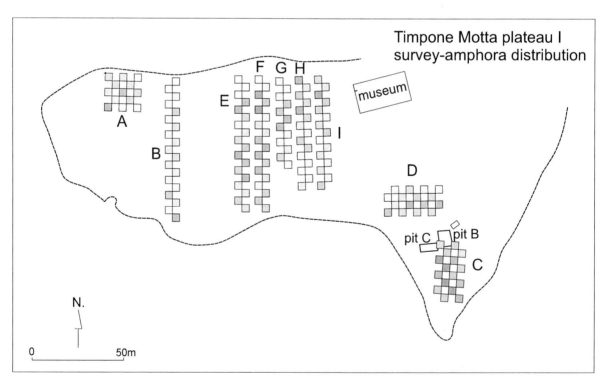

Fig. 8. Distribution map of *amphorae* in string squares (Archaic period).

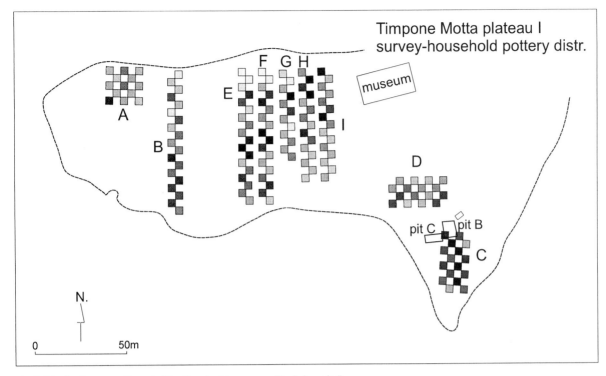

Fig. 9. Distribution map of household pottery in string squares (Archaic period).

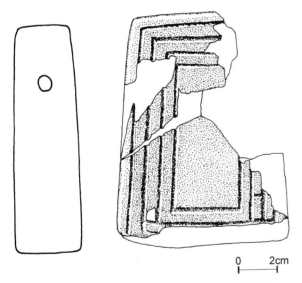

Fig. 10. Labyrinth loomweight found during the survey (EIA).

four distribution maps were prepared (figs 6-9):
1. Hand made *impasto* pottery (LBA-EIA);
2. *Pithoi* and tile fragments ('colonial');
3. *Amphorae* ('colonial');
4. Wheel turned household pottery ('colonial').

Table 1 gives the highest, lowest and mean scores in percentages of the four groups found at locations A-I in figures 6-9. *Impasto* pottery occurs only sporadically at the surface indicating that probably nowhere on plateau I strata dating before the late 7th century BC will have been touched by the plough. The 15 *impasto* sherds in the northeast corner of block C are almost certainly provenient from the drain pit of the museum that was dug to the north of this spot (see fig. 4). The higher scores of *impasto* halfway transects B, E, F, G, H, I are most probably due to a recent disturbance caused by a trench dug for a conduit pipe that runs west-east over plateau I (see 3.3). A remarkable find was a large *impasto* loomweight with labyrinth decoration dating in the Iron Age that until then was only known from the area of the sanctuary (fig. 10).

Storage (both *pithoi* and *amphorae*) and household pottery occurs over all of the plateau. Tiles occur only sporadically. But then excavation has learnt that the Archaic houses at Francavilla Marittima as a rule did not have tiled roofs. It follows that high density surface scatters of pottery lacking tiles, can point to both buried rubbish pits or heaps (such as were noted in trench III, see 3.3) and actual houses (for instance in pits I A, B and C). At location A, in and around string squares 4, 6, 7

using fabric criteria (firing colour, inclusions), thickness of the wall and, where appropriate, surface treatment. Sherds were only assigned to a fabric class after study of a fresh fracture, intentionally made by us. In the survey material 43 classes were discerned (for fabric descriptions, quantification and some associated forms, see Appendix 1). These fabrics were grouped in broad functional/chronological categories on the basis of which and 9, concentrations of large tiles were recorded accompanied by substantial, but undressed stones. As the terrain is very steep here, it is likely that these remains come from a higher, now overgrown part of plateau I and pertain to one or more large buildings higher up which did have tiled roofs.

The survey pottery indicates that the settlement area was intensively used from the 6th century BC well into the 5th century BC. Household pottery and storage pottery indicate habitation and storage areas, while loomweights and pieces of iron slag indicate that weaving and iron working took place. It is remarkable that no Corinthian pottery (imported or locally produced) was found during the survey, like cups and *aryballoi*, whereas this is omnipresent in the sanctuary area on top of the

Timpone della Motta. It is again an indication that the later 6th century BC prevails in the surface record.

2.2. The test pits (with Appendix 3 on the evidence for smithing activities)

In 1992 an area just below the new museum was chosen for a trial excavation. The excavation comprised 16 test pits that were dug alternately in a chequerboard grid (fig. 11). Main aim of the test pits was to familiarize ourselves with the site's stratigraphy and related pottery and features. The test pits revealed a simple stratigraphy of plough soil (layer 1 according to fig. 15) on a dark brown stratum with wheel turned depurated 6th/5th century BC potsherds, bone and locally also iron slags

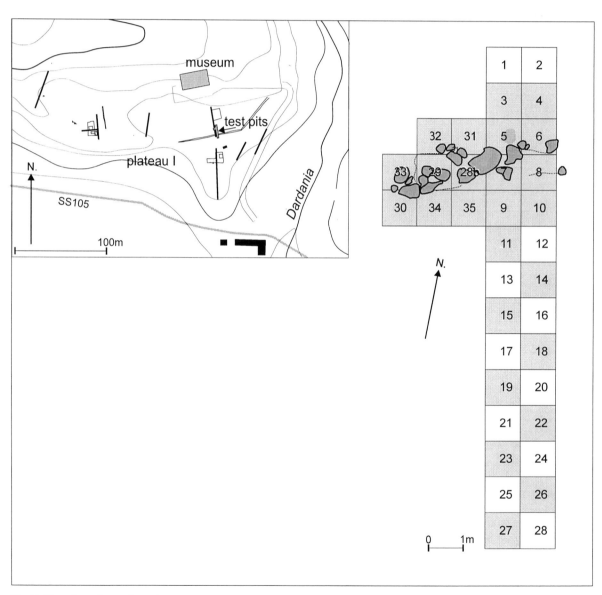

Fig. 11. Plan of test pits on plateau I.

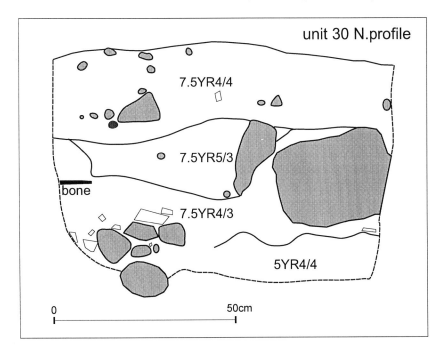

Fig. 12. Section of unit 30.

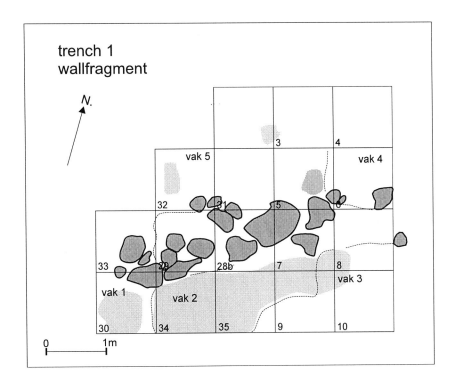

Fig. 13. Plan of walls (dark grey) in test trench; light grey patches indicate zones where soil was sampled to the detection of smithing activities.

(layer 2.1). This horizon was at times separated from the underlying reddish brown soil (layer 3) by a brown stratum containing relatively more *impasto* sherds (layer 2.2) (figs 12 and 15). In 1994 the test pit area was enlarged, bringing to light a row of robust blocks founded partly in layer 2.1 and partly in layer 2.2. Near this wall fragment a large post hole was found. To the

south a stretch of smaller blocks was recorded, founded in layer 2.2 (fig. 13). Also in the pits that are currently being excavated, structures have been noted that plead for more than one 'colonial' building phase.

Although giving evidence of 6th/5th century BC occupational layers and related structures, the 1992 chequerboard test pits did not reveal a stratigraphy

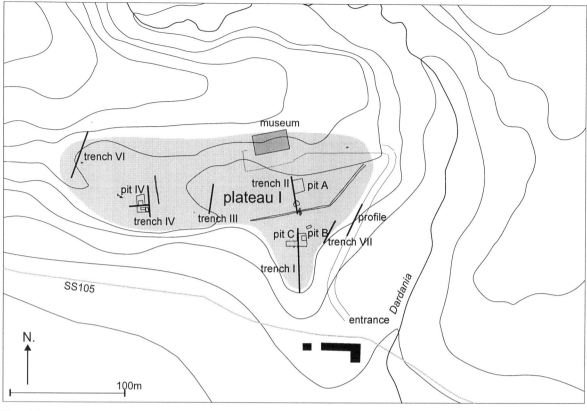

Fig. 14. Location of test trenches and pits.

representing the periods found in the survey, which included the Bronze Age and early Iron Age.

3. SOIL PROFILES RECORDED IN THE 1994 AND 1995 TEST TRENCHES (with Appendix 2)

3.1. Introduction and method of description

To look for suitable excavation areas, test trenches were dug. These had a dual aim, viz. recording and interpreting the overall stratigraphy of plateau I and locating archaeological features suitable for subsequent stratigraphical excavation. Seven trenches, 40 cm wide, having a total length of 226 m, were, with the help of a small mechanical shovel, a so-called *ragno*, dug in two short campaigns. Save trench V all trenches were dug in N/S direction (fig. 14). On the basis of the description of the layers, finds and structural elements in the sections, we will in section 4 correlate the main strata occurring on plateau I with episodes of occupation.

In the pedological description of the soil profiles attention was paid to soil colour, composition and $CaCO_3$ content. Carbonate content was estimated in a qualitative way by the degree of effervescence with diluted hydrochloric acid. So far, plateau I has been the only place on the hill where leached, carbonate-free soil

horizons have been found, as recorded in the test trenches. This is noteworthy since in general weathering and soil formation on the Timpone della Motta is not well-developed due to the dynamic nature of its surface. The removal of soil material by slope wash inhibits the development of a layer of leached top soil. Ceramics present in the various layers were collected separately, furnishing estimated date ranges for their deposition, in one case a ^{14}C date was obtained from a soil profile (trench V).

The general picture of the soil profiles that were described in the trenches, can be presented schematically (fig. 15). It consists of four layers, i.e. strata that represent depositional phases. In layer 2 a differentiation is present that, in our opinion, is the result of pedological rather than sedimentological processes. The two sublayers are therefore called horizons. Horizon 2.1 is dark brown and formed at the surface as an A-horizon in the same slope wash sediment as the reddish brown horizon 2.2 underneath.

The description of individual trenches shows many deviations from the general picture, especially where prehistoric digging activities have taken place. The scheme and numbering of layers therefore only serves as a general reference.

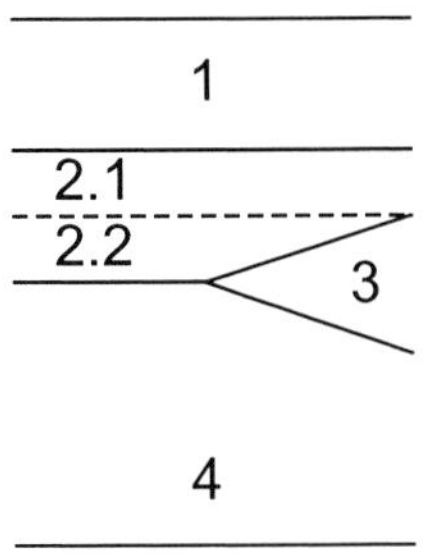

Soil layer/horizon	Colour	Texture	CaCO₃ content
1	1 Brown (10YR4/3-4/4-3/4)	Clay loam	Yes
2.1	2.1 Dark brown (10YR3/3-3/2-4/2)	Clay loam	No
2.2	2.2 Brown (10YR4/3-3/4)	Clay loam	Yes
3	3 Grayish to pale brown (10YR5/2-6/3)	Clayey silt	Yes
4	4 Reddish brown (7.5YR4/4-3/4)	Clay	No

Fig. 15. Schematic soil profile of plateau I.

3.2. Trenches I and II and adjacent pits (figs 14, 16)

Trench I with in its wake trench II showed how diverse the soil profile of plateau I is. The trenches were dug from the south rim of plateau I, where plateau I has a triangular shaped protrusion, in northerly direction to just below the new museum, bridging a difference in altitude of 11.80 m. The soil profile in the first 30 m of trench I showed a substantial depression in the underlying rock surface, filled with various deposits. Pottery fragments in these deposits range in time from the early 8th century BC to the late 6th and 5th centuries BC, comprising both Iron Age matt-painted ware, yellow and red firing coarse ware of still uncertain date (but probably 7th century BC), and so-called local soft depurated ware.[7] The latter ware predominates in layer 2 and 3, a dark brown and brown loam that is present almost everywhere on the plateau and contains debris provenient from the 'colonial' houses (fig. 16: a). Lying too deep, the virgin soil or bedrock in the depression was not reached, meaning that at this point a full stratigraphy could not be established.

Higher up the plateau the soil profile is less thick (fig. 16). Here indications for an in situ stratigraphy were found consisting of superimposed layers of dark greyish, light greyish, reddish brown and again greyish layers (fig. 16: c). The dark grey and reddish brown layer (2, 3 and 4) below the terrace wall just to the north of pit C contained again a mixture of 6th century BC local soft ware (a.o. loomweights) and matt-painted ware and *impasto* from the late Iron Age.[8] Below the reddish layer 4 a light grey layer (5) was identified having only *impasto* sherds. This induced us to open two excavation pits (IB and IC) (fig. 14).

Pit IB contained several wall fragments having a NE/SW orientation forming the (partial) ground plan of a house, now under excavation.[9] While clearing the foundations with the *ragno* again much settlement debris was found in the dark grey fill, notably fragments of household pottery and bones, again ranging in time from the 8th century BC to the 6th and 5th centuries BC.[10] Since the southern part of pit B did not contain any traces of walls, here the pit was made deeper in a trench

having an E/W orientation. In it the dark grey layer and the underlying reddish brown layer were removed to reach the light grey layer. The pottery from the removed dark grey and the reddish brown layer did not differ significantly, reinforcing the notion that layer 2.1 and 2.2 do not represent two different cultural horizons, but rather one deposit having two soil horizons. Both layers contained 6th and 5th centuries BC local soft ware, black glazed and coarse ware. A culturally much clearer divide exists between the reddish brown layer and the light grey layer beneath it, as was recorded in pit C. The light grey layer contained a combination of matt-painted and *impasto* ware and occasionally local hard orange and Corinthian imported ware (pits and disturbances?) and is to be dated to the early and later Iron Age.

Pit IC, west of trench I, after removal of the dark grey layer at its western end, also showed wall remains belonging to a house.[11] Its foundations rest in the reddish brown layer. East of this wall an ancient rubbish pit was identified filled with settlement debris, presumably belonging to the house. It contained building debris, bones, fragments of storage jars and drinking vessels, datable in the 6th century BC. In the NE corner of pit C a *pithos a cordoni* was found lying on top of a trench filled with pebbles, bones and pottery.[12]

To the north the soil profile rapidly diminishes in thickness. At intervals the trench cuts stretches of walls that pertain to houses and terrace walls.[13] At the northern end another pit was opened, pit IA, which, like pits B and C, had wall remains of a 6th century BC house in it. Its foundations are, however, severely damaged by the plough, whereas a trench dug for a drain pipe from the new museum has further disturbed the area.

3.3. Trench III (figs 14, 17)

Starting from the south the first 7 m in this trench showed a simple soil profile of top soil (layer 1) underlain by dark brown clay with 6th century BC artefacts in it (horizon 2.1) and then the reddish brown clay, here almost without artefacts (horizon 2.2). At the outstart of the trench, horizon 2.1 contained small fragments of 6th

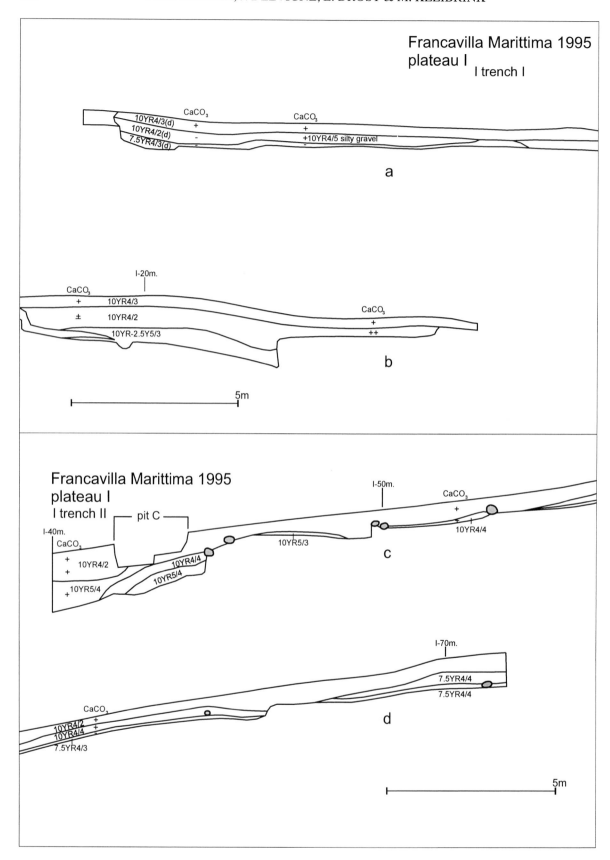

Fig. 16. Profiles trench I and II.

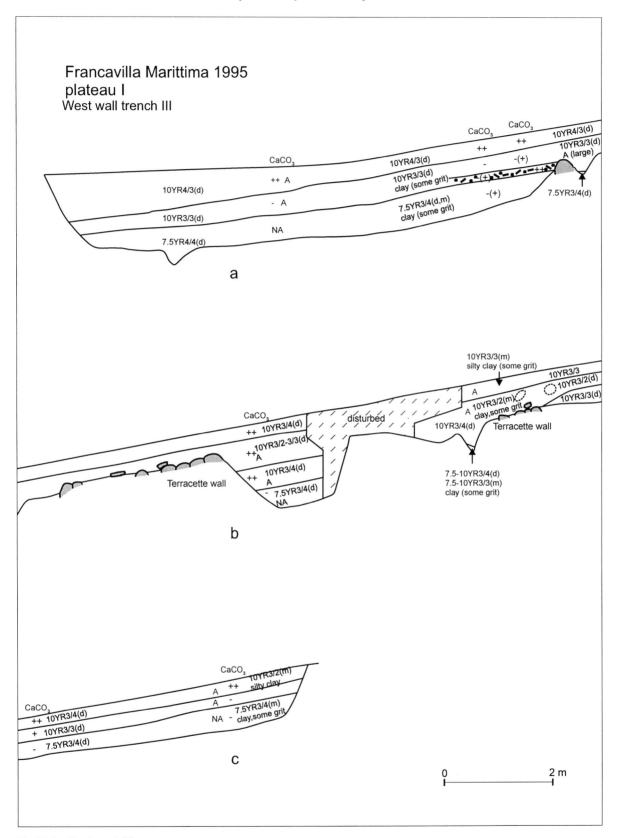

Francavilla Marittima 1995
plateau I
West wall trench III

a

b

c

0   2 m

Fig. 17. Profile of trench III.

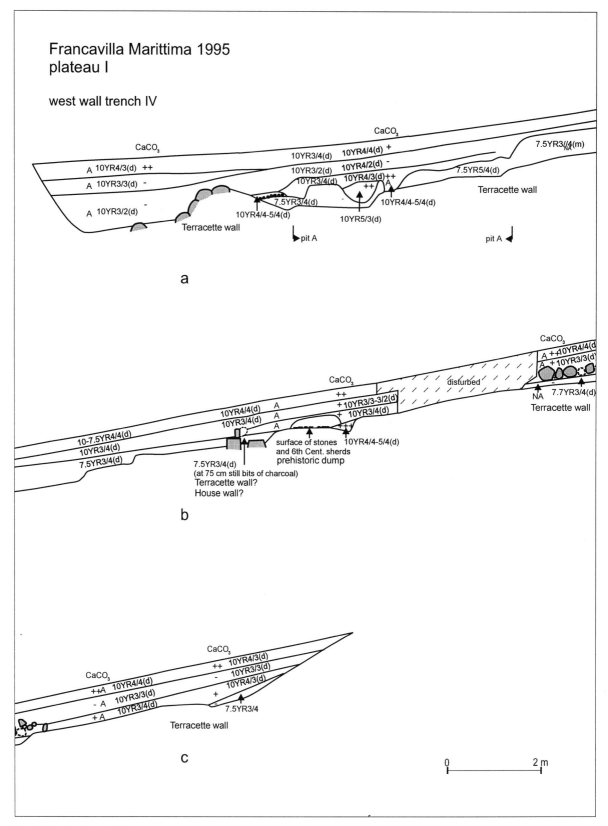

Fig. 18. Profile of trench IV

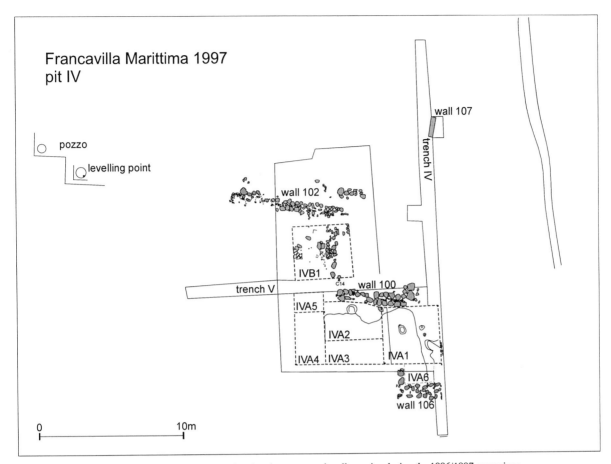

Fig. 19. Plan of trenches and pits of the IV/V area, also showing excavated wall remains during the 1996/1997 campaigns.

century BC artefacts only ('local soft', *amphorae* of a white depurated fabric and *pithos* fragments of a coarse fabric). At 3.5 m along the trench horizon 2.1 increased in thickness and the sherds it contained were larger. On top of the southernmost wall, large fragments of so-called 'Corinthian' imbrices were found.

At 13.50 m in the trench we recorded a wall fragment with behind it a concentration of 6th and 5th centuries BC sherds containing *pithos* and *amphora* fragments, black glazed ware and red firing coarse ware. Slightly to the north the trench crosses a conduit-pipe which from west to east disturbs the stratigraphy over plateau I over a width of c. 2 m and a depth of c. 1.50 m. North of the disturbance another wall fragment was recorded with a fill behind it.

The frequency with which wall remains of houses and terraces appeared also in trench III reinforces the notion of a substantial built-up area to have existed on plateau I in the 6th and 5th centuries BC. After recording the soil profile, trench III was closed.

3.4. Trench IV, V and adjacent pits (figs 14, 18)

Trench IV was dug on the west side of plateau I where the lower part is now fairly level, due to accumulation of slope wash material. Heavy terrace walls found during the 1996 and 1997 excavations have preserved traces of protohistoric settlement in the lower levels. To the north the plateau again becomes rather steep and the soil profile is much thinner. Upslope much 6th century BC settlement debris was found during the survey, notably a number of fragments of roof tiles, *pithoi* and wash-basins (*louteria*).

In the southern part of the trench we observed down to a depth of c. 1 m the dark brown soil (layer 1 and horizon 2.1), here mixed with many stones and containing 6th and 5th centuries BC material. The large boulders that are visible at 3 m in the trench belong to a robust terracing wall, part of which was excavated in the 1997 excavation campaign.

At 5.80 m in the trench the east section showed a well-defined cut in the reddish brown soil having a fill of lighter coloured, greyish brown soil containing a few *impasto* and matt-painted sherds and small stones. The presence of an Iron Age feature led us to prepare two excavation pits for the 1996 and subsequent excavations (pits A and B). Both pits are located to the west of trench IV with an east-west orientated trench in between them

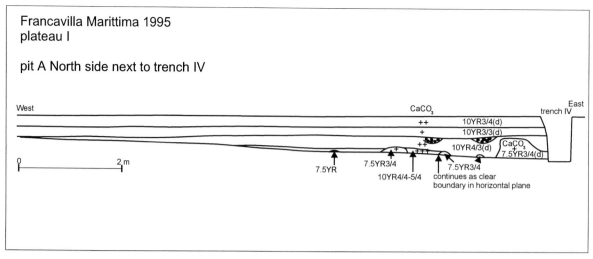

Fig. 20. Pit A, north side next to trench IV.

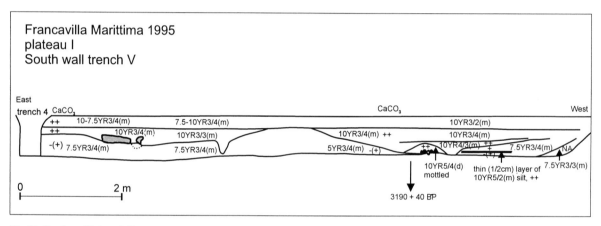

Fig. 21. South profile trench V.

(trench V) (fig. 19). The baulk that was left between pit A and trench V (fig. 19) contained a robust terrace wall, as was found out in the 1997 campaign (fig. 19).

After removal of the topsoil and the dark brown soil, the surface of pit A showed a sharp divide between the reddish brown sterile soil and lighter coloured, yellowish brown soil with an interface of burnt soil. Excavation of this feature brought to light the remains of a burnt early Iron Age hut, now under excavation. In the north baulk of pit A alternating cuts were visible in the reddish brown soil which have not yet been interpreted satisfactorily pending further excavation (fig. 19). Immediately north of pit A a trench was dug in E/W direction (fig. 20). The trench cut a feature of max. 1 m in section, with a fill of pebbles and *impasto* sherds dating to the middle Bronze Age, bones and tiny pieces of charcoal. Some 100 sherds were collected. The charcoal was dated to 3190±40 BP by conventional dating method (uncalibrated).

North of trench V another pit was prepared for excavation: pit IVB. This pit again revealed 6th century BC wall remains. These were excavated in the 1996 campaign (fig. 19). Further north the soil profile gradually becomes thinner. Also trench IV cuts various wall fragments further sustaining the hypothesis of a densely built-up area in antiquity (fig. 18). At c. 17 m in trench IV a wall fragment was recorded with behind it a steep-sided pit filled with 6th and 5th centuries BC settlement debris (fig. 18).

3.5. Trench VI (figs 14, 22, 23).

This trench was dug at the far western end of plateau I, where the plateau is steeper than elsewhere. The trench showed at the outstart a thick layer of reddish brown (7.5YR 3/4) soil with sporadic 6th and 5th centuries BC sherds instead of the thick layer of dark brown soil, as found at the lower end of other trenches. Higher up in the trench the brownish layer rapidly decreased in thickness and the soil profile became very thin. At 14 m

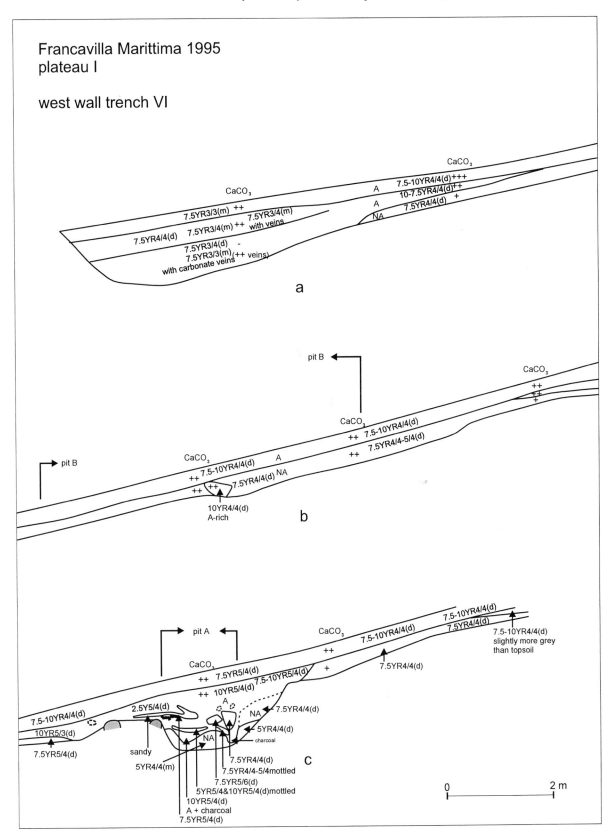

Francavilla Marittima 1995
plateau I

west wall trench VI

Fig. 22. Profile trench VI.

in trench VI a cut was observed having a lighter coloured fill at a depth of only 50 cm. Two *impasto* sherds were collected from this fill and some bone fragments. This cut prompted us to prepare an excavation area here located to the east of this trench (pit B). After removal of the topsoil the surface of this pit revealed very faint discolorations (trenches and negatives of former stretches of wall). The only substantial feature here were some limestone and conglomerate blocks forming the angle of some structure.

At the northern end of trench VI the soil profile showed a very steep ditch with a complex fill with various later cuts (fig. 21). At this point we slightly enlarged the trench to the east. This pit (pit A) yielded sherds dating to the 6th and 5th centuries BC, the Iron Age and the Bronze Age (fig. 22). The feature is as yet hard to interpret, but it seems that the Bronze Age material is provenient from a V-shaped cut in the lowest level of the pit. The cut is well-visible in the west section, with north of it a posthole-like feature. In the east section the Bronze Age cut is disturbed by wall remains that border the dip at the south side (6th/5th centuries BC?). In the east-section *impasto* sherds were found at a depth of 60-70 cm. In the VI area no excavations have been conducted yet.

3.6. Trench VII (figs 14, 24).

This trench was dug at the far east side in order to catch the deep, filled-up gully that earlier had been recorded in the roadside along the track leading up to the museum (fig. 3). On both sides of the gully in the roadside exposure, but most clearly on the upslope side, a sharp boundary was visible between the fill of pale brown silty soil and sterile reddish brown clay, followed by a transition to stratified terrace deposits with in the lower levels large boulders and fining-up layers above. The bottom of the feature was flat. To obtain insight in the orientation of the gully, trench VII was dug at about 7 m from the east rim of the plateau (fig. 24).

At its south end, trench VII had dark brown soil with very large boulders which the shovel could not remove. It may be that we have cut a terrace wall here under a very obtuse angle. At c. 14 m the shovel succeeded in reaching a greater depth. The feature that had been visible along the road was 'caught' in the trench as appeared from a layer of pale brown silty clay soil with artefacts. Connecting the feature and fill in the roadside section with the layer in trench VII, it follows that there existed a deep east-west orientated gully on plateau I. The artefacts found in the dark brown soil in trench VII belong to 6th and 5th centuries BC house debris, fragments of *pithoi* and roof tiles. Whether the large boulders belong to an in situ structure is hard to tell on the evidence obtained from trench VII. It was clear, however, that they rest on the (pale) brown silty layer recorded in the roadside section and may have been used to level the depression.

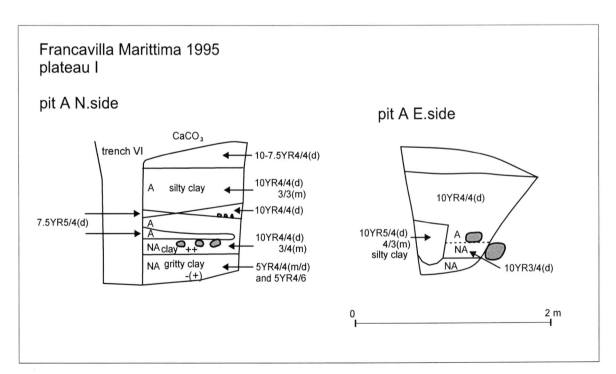

Fig. 23. Profiles pit A in the VI area.

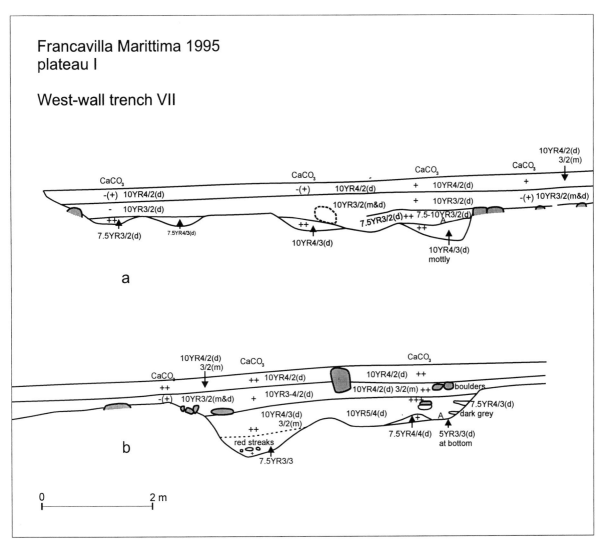

Fig. 24. Profile trench VII.

4. PHASES IN THE DEVELOPMENT OF PLATEAU I AND RELATED EPISODES OF SETTLEMENT AND LAND USE

4.1. Introduction

All the south-north sections, except for trench VI on the west side, show how two layers of soil mixed with sherds have accumulated on the lower side of plateau I: a carbonate-rich brown top soil (layer 1) and a slightly darker layer without carbonate (upper horizon of layer 2). Further down, various sections show a brown layer with relatively more *impasto* sherds (lower horizon of layer 2). At places a greyish to pale brown silty clay soil with prehistoric settlement debris is found (layer 3). The reddish brown virgin clay soil on top of the conglomerate bedrock forms layer 4. Besides these layers there are the various hut and house features and

their fills that are still under excavation and which in the context of this paper will be referred to in a very general way.

The sequence of soil layers and the topography of the bedrock underneath permits us to sketch in broad lines the morphological changes of plateau I which led to its present form. From the test trenches we learnt that the original morphology of the plateau was quite different from what we see now. The bastion-like protuberance in the southeast part of the plateau for example once stood apart from the rest. In prehistory it was cut off from the rest of plateau I by a gully or depression, as was noted in trench I. The plateau itself was somewhat smaller if we take into consideration the substantial soil accumulation on the southern rim visible in trenches II, III, IV and VI. This also indicates that the slope of plateau I on the lower sides was somewhat steeper. This is confirmed by our recent excavations. On the eastern side was a gully as was noted in trench VII and in the

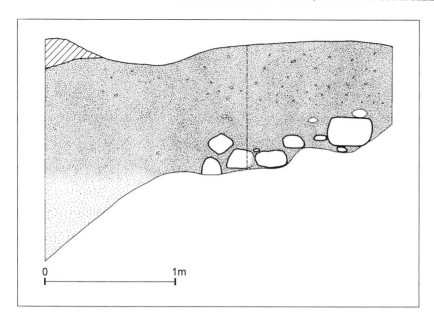

Fig. 25. Profile recorded at the rim of plateau I, showing accumulated soil against and on a terrace wall marking the edge of the plateau.

roadside section. This gully most probably was originally connected with the valley of the Dardania and deliberately filled up. This happened at its latest in the 5th century BC.

From the excavations it appears, however, that the inhabitants of plateau I from protohistoric times onwards strove to create living space on plateau I by means of adaptations of the natural geomorphology. At first this was done by means of artificial cuts in the terrain (as for instance visible in trench I slightly north of pit C, or in the case of pit A in the trench IV area, where an artificial cut was made to create space for a hut). Later the construction of terrace walls served the same purpose. In the first episode soil material will have accumulated in depressions in the terrain, which in certain cases may have led to an inversed chronology in the stratigraphical sequence. In a second episode soil accumulated in a controlled way behind terrace walls (also well-visible in trench I). Another way of soil accumulation occurred by slope wash and downslope transport caused by ploughing. The latter phenomenon is especially evident for the recent period. In the following we will make correlations between the soil profiles recorded in the trenches and episodes of settlement and land use.

4.2. The carbonate-rich top layer (layer 1); sub-recent settlement and land use

Layer 1 usually is 20 to 30 cm thick and is most probably the result of the rather rapid downslope ploughing of carbonate-rich top soil with the aid of a tractor pulled plough. The layer contains artefacts from all periods as both the survey and the trenches indicated. Judging from the thickness of this layer against the rim of the plateau, the rim must have been artificially heightened

at various points in time since the 6th century BC colonial phase. Indications for artificial heightening of the rim by means of terracing is known from an exposure we recorded in 1992 on the edge of plateau I and present usage (fig. 24). This recent phase of change (World War II till the 60's) caused by mechanical ploughing, however modest, nevertheless had immense consequences for both the archaeology and the morphology of plateau I.

4.3. The dark horizon (often) without carbonate (horizon 2.1); clearance related to architectural remains of the second Archaic house phase (second half of the 6th century BC)

This darker horizon, often without carbonate, is present over almost all of the plateau and is, like layer 1, thicker at the lower side of the plateau. The dark colour of this horizon, caused by humus, as well as the absence of carbonates, supports the view of a rather stable surface, as it indicates that there was enough time for the transformations of plant remains into humic matter to express itself in the soil colour and for carbonates to get leached.

The sections discussed above show that the horizon is not continuous, but has 'leaps'. These will have been caused by former terracing and house walls. This phenomenon is especially clear in trench II (fig. 16) and trench IV (fig. 18). The horizon contains much sherd and bone fragments which we date to the 'urban' phase of which it seems to be the, at least partial, clearance. The presence of this horizon over almost all of the plateau reinforces, as stated earlier, the notion that plateau I knew a large built-up area of substantial 6th and 5th centuries BC houses.

It is possible that horizon 2.1 is the result of neglect

and/or removal of the ancient stone structures and the subsequent erection of one continuous terrace wall along, in any case, the southwestern part of plateau I. It is not always clear whether carbonate leaching occurred in situ, or whether we deal with washed down, already leached, soil material, or both. The thickness of the dark horizon against the rim of plateau I sustains the washing down opinion. The southern part of trench IV shows such a situation (fig. 18): almost against the present-day rim of the plateau the section shows robust walls with to the north the dark brown layer without carbonate which, however, clearly spills over the wall. The fact that in the period after the house phase no mixing of this layer occurred with new soil from higher up the slope that is rich in carbonate, may be due to a simple way of soil treatment, for example superficial ploughing with an ox. It is as yet unclear to which period this phase should be dated. It could be the last century, but in fact all of the period after the ancient settlement was left, deserves consideration.

4.4. The brown horizon (horizon 2.2) and the transition to the pale brown layer (layer 3); debris of the first colonial house phase (perhaps first half of the 6th century BC)

From the colonial period we know by now quite a number of wall remains belonging to the foundations of houses. The chequerboard excavation in 1992 and 1994 indicated the superposition of two types of wall remains, a broad wall foundation of conglomerate and limestone blocks and a structure of smaller stones having another orientation (see 2.2). Part of the heavy wall was founded in the dark brown horizon on top of a layer of sherds and is certainly to be dated in the advanced 6th century or early 5th century BC. The wall having smaller stones was founded in the brown horizon 2.2. Also the wall segments found in pit IC rest in horizon 2.2. On the evidence of this, horizon 2.2 for the larger part will correlate with an early 6th century BC house phase. It must be remarked, however, that the ceramics of horizon 2.2 and horizon 2.1 above it do not differ much. The brown horizon 2.2 is in any case the *post quem* horizon of the house fundaments found till now.

4.5. The greyish to pale brown silty layer (layer 3); the Iron Age and Bronze Age

As we have seen above in the description of the trenches, a number of sections shows at deeper levels features containing relatively light coloured silty soil material. The silty nature of the soil shows in the trench walls by the absence of soil structure and desiccation cracks. Sometimes these are large accumulations such as the one which filled the depression visible in the lower part of trench I (fig. 16). The question was raised whether this layer was formed in situ or whether we deal with removed soil material, either induced by man or by natural processes. In the latter case we may think of soil erosion and deposition due to desertion of the prehistoric settlement on the lower side of plateau I at the end of the second millennium BC. In the case of the former suggestion, we may think of the deliberate removal of the prehistoric settlement in the Archaic period in order to improve and enlarge plateau I for house building. The fact that layer 3 always has a high carbonate content and thus cannot have been at the surface for very long, favours deliberate removal. We know from elsewhere that the Bronze Age people chose locations on the rims of plateaus. This is confirmed on plateau I: on two spots near the former rim of the plateau the relatively light coloured layer occurs in situ, such as in trench I, pit C (middle Bronze Age traces) and trench IV, pit A, (late 9th century BC Iron Age hut).

An interesting aspect of the pale brown silty soil is its origin. Unlike the other layers, it does not occur over large areas and always seems to be associated with human activities in the soil. The latter suggests that the silty soil material is not 'indigenous' on plateau I but may be brought here by man. It often has a high ash content.

5. THE COLONIAL PHASE OF THE SETTLEMENT AT TIMPONE DELLA MOTTA

The 1991/92 survey of plateau I, the test pits and test trenches showed that plateau I developed in the Archaic period (the 6th century BC) into the site's central settlement area featuring colonial inspired dwellings on stone sockles. Already in the middle of the 7th century BC, the earlier indigenous wooden sanctuary buildings on the top had been replaced by Greek-style temples in stone, and these stone temples underwent further embellishments and additions in the 6th century BC (Maaskant-Kleibrink, 1997). On plateau I the Iron Age dwellings probably were concentrated on terraces near the rim of the plateau, just as their Bronze Age predecessors. The building of houses on stone foundations in the 6th century BC, however, also took place on the higher parts of the slope, as surface artefact distribution on plateau I indicates. The present excavations show how the lower part of plateau I was adapted for house building by means of constructing large terraces in the southwestern part of the plateau and the levelling of irregularities and depressions in the terrain in the southeast to create the necessary space. Large amounts of 6th and 5th centuries BC pottery and animal bones in the top soil and in the thick deposits of soil moved downslope by ploughing, testifies to the intensive occupation of the area in this period. The pottery dates show that from the middle of the 6th century BC the entire plateau will have been covered by houses on stone foundations. Evidently in this period in the entire Sibaritide house building underwent a major change, which we may connect with the building program of the Greek colony Sybaris, where in the same period for instance large housing projects were laid out far from the centre. At Amendolara a similar building program with regular houses is known (De la Genière, 1978). At Timpone della Motta until now we have, however, no evidence for paved streets, which makes a veritable urban lay-out on plateau I doubtful, whereas the absence of tiled roofs is indicative of the rural character of the settlement. The 6th century BC occupational phase on plateau I is accompanied by a growing Greek influence on material culture in the Macchiabate graves. In spite of this strong Greek influence, it is thought that the site remained occupied by the indigenous people, given the facts that the earlier Iron Age 'family' burial areas on the Macchiabate continued to be used and that indigenous objects remained present among the grave goods (Vink, 1995). On the evidence of the pottery, the site of Timpone della Motta seems to have been largely deserted in the first half of the 5th century BC after the Sibaritide had undergone a political and economic crisis with the destruction of its central Greek colony Sybaris, down in the plain.

5. NOTES

1. These have been published in internal reports and await final publication.
2. The research is possible thanks to the permission of the Soprintendenza per il Calabria. We are grateful to dr. E. Lattanzi and dr. S. Luppino.
3. Under excavation are a 6th century BC house, a 9th century BC hut feature as well as various Bronze Age occupational features dating to various phases between the middle Bronze Age and the late Bronze Age.
4. In 1991 the survey team consisted of P.A.J. Attema and B.J. Haagsma; in 1992 of M. Kleibrink and B. Hijmans, and members of the 'Archeoclub del Pollino' directed by C. Zicari to whom we are grateful for their co-operation.
5. The string square technique of sampling involves pinning squares on the ground using a 21.66 m long rope. The string diagonal ensures that the collection area thus established is exactly square in shape. The method was propagated by R. Whallon in the Keban Reservoir survey (Whallon, 1985). In the surveys of the Pontine Region Project in Central Italy the method was used to survey an overgrown protohistoric hill site (Attema, 1991) and to sample large and dense pottery scatters in rural survey contexts (Attema, this volume).
6. In almost all of the string squares of the locations E to I holes dug by clandestine diggers were found. Rather than bronze and gold objects, their metal detectors will have, however, detected iron slags, such as were found in the 1992 test pits (cf. Appendix 3).
7. Find Nos 2861, 2858, 2865, 2859.
8. Find No. 2862.
9. Excavation of this house, called the *Casa Aperta*, took place during the 1996, 1997 and 1998 campaigns.
10. Find Nos 2862, 2857, 2863.
11. Find No. crate 12, pit C, saggio 1, removal of dark grey layer including top soil; crate 14 and 15, pit C, saggio 1, removal of reddish brown layer; crate 16, pit C, saggio 1, removal of light greyish layer (partly transition to reddish brown layer).
12. The *pithos* fragment, of a well-defined type of storage jar that is also found at various other sites in the Sibaritide, dates to the latter part of the Bronze Age. Excavation of pit C in 1995 and 1996 proved the trench to date to the middle Bronze Age.
13. Find Nos 2867, 2869 and 2868.

6. REFERENCES

ATTEMA, P.A.J., 1991. The Contrada Casali: An intensive survey of a new Archaic hilltop settlement in the Monte Lepini, South Lazio. *Mededelingen van het Nederlands Instituut te Rome, Antiquity* 50, pp. 7-62.

DE LA GENIÈRE, 1978. C'è un modello Amendolara? *Annali della Scuola Normale Superiore Pisa, Classe di Lettere e Filosofia* 8, pp. 335-454.

GIANNINI, G., A.N. BURTON, G. GHEZZI & C. GRANDJACKET, 1973. *Castrovillari: Nota illustrativa delle tavolette appartenenti al foglio 221 della Carta Geologica della Calabria, Cassa per il Mezzogiorno*. Rome.

HAAGSMA, B.J. & P.A.J. ATTEMA, 1994. Het Casa di Angelina, een traditionele boerderij bij de opgraving te Francavilla Marittima. *Paleo-aktueel* 5, pp. 55-59.

MAASKANT-KLEIBRINK, M., 1971. Abitato sulle pendici della Motta. *Atti e Memorie Società Magna Grecia* 11-12, pp. 75-80.

MAASKANT-KLEIBRINK, M., 1993. Religious activities on the 'Timpone della Motta', Francavilla Marittima – and the identification of Lagaría. *Bulletin van de Antieke Beschaving* 68, pp. 1-47.

PERONI, R. & F. TRUCCO et al., 1994. *Enotri ed micenei nella Sibaritide*. Taranto.

VINK, M., 1995. Confrontatie of coëxistentie? De verhouding tussen lokale bewoners en Griekse kolonisten in Zuid-Italië. *Tijdschrift voor Mediterrane Archeologie* 7(2), pp. 16-24.

WHALLON, R., 1985. Methods of controlled surface collection in archaeological survey. In: D.R. Keller & D.W. Rupp (eds), *Archaeological survey in the Mediterranean area* (= BAR International Series 155). B.A.R., Oxford, pp. 311-313.

ZANCANI MONTUORO, P., 1976. Francavilla Marittima, necropoli di Macchiabate. *Atti e Memorie Società Magna Grecia* 15-17, pp. 9-106.

ZANCANI MONTUORO, P., 1982. Francavilla Marittima, necropoli e ceramico a Macchiabate, zona T, fornaci e botteghe antecedenti: Tomba T1-54. *Atti e Memorie Società Magna Peter* 21-23, pp. 7-129.

ZANCANI MONTUORO, P., 1984. Necropoli e ceramico a Macchiabate, zona T (continuazione), fornaci e botteghe antecedenti: Tombe 55-93 e resti di botteghe e abitazioni anteriori. *Atti e Memorie Società Magna Grecia* 24-25, pp. 7-110.

APPENDIX 1: Fabrics and forms of sherds collected in the survey. MBA. Middle Bronze Age; LBA. Late Bronze Age; EIA. Early Iron Age.

1. Inclusions

Coarse fabrics contain small limestone fragments, quartz/feldspar, mica and grog. Fabrics used for the manufacture of *pithoi* and tiles have as a rule larger limestone fragments and quartz/feldspar particles than depurated orange and pale fabrics. Five main ceramic groups were discerned (figs 12-14):

1.1. *Impasto* fabrics

The *impasto* group makes up 4% of the total and is here subdivided in four fabrics. Fabric 6 is sandy and somewhat soft (MBA/LBA). Fabrics 34 and 35 have a coarse and hackly fracture (EIA). Fabric 33 is gritty on account of the high percentage of quartz/feldspar (LIA). Fabric descriptions and quantification

Fabric 6. *Impasto* – brown, only few dark limestones/stones (<5%), very poorly sorted, black core, polished; 17 fragments/15 observations;

Fabric 34. *Impasto* – black, with few black angular stones (<5%) and some quartz/feldspar, very poorly sorted; 83 fragments/36 observations;

Fabric 35. *Impasto* – black, coarse paste with some black angular stones (5%), some quartz/feldspar, some FeMn, very poorly sorted, hackly fracture; 6 fragments/4 observations;

Fabric 33. *Impasto* – orange/red (5YR 7/8, 7/6), much quartz/feldspar (15-20%), some small red and black angular stones, gritty/sandy paste, poorly sorted; 106 fragments/53 observations.

1.2. *Pithos/tegula* group

This is the second largest group, making up 21% of the total. Eight different fabrics were discerned in the *pithos/tegula* group. Four have varying percentages of smaller and larger limestone fragments (Nos 1, 2, 4, 38). In four fabrics grog dominates next to quartz/feldspar or mica (Nos 3, 20, 24, 41). It is assumed that all fabrics date to the Archaic period and/or early 5th century BC. As yet we do not have chronological criteria based on stratigraphy.

Group with limestone fragments
Fabric 1. Pithos/tegula – orange (5YR 7/8, 6/8), large limestones dominate (5-10%), some quartz/feldspar, some mica, some small pores, the paste is fairly soft, very poorly sorted; 275 fragments/86 observations;

Fabric 2. pithos/tegula – orange (5YR 7/8, 7/6, 6/8, 6/6), small limestones and quartz/feldspar dominate (10-20%, some larger limestones, soft, gritty paste, only a few pores, poorly sorted. N.B. tegulae are slightly redder than the pithoi; 425 fragments/115 observations;

Fabric 4. Tegula – orange (5YR 7/8, 6/8), many medium sized limestones (10-20%), some quartz/feldspar, many small pores, hard paste, poorly to moderately sorted; 88 fragments/55 observations;

Fabric 38. Tegula – dark red, many quartz/feldspar and limestones 20-30%, gritty, moderately sorted; 120 fragments/47 observations.

Group with grog inclusions
Fabric 3. Pithos/tegula – orange (5YR 7/8, 6/8), some small limestones with dark red grog (5-10%), very small mica particles and chalk, poorly sorted; 79 fragments/41 observations;

Fabric 20. Pithos/tegula – pale (10YR 8/2), many mica particles, some limestones and dark red grog (20-30%), poorly to medium sorted; 103 fragments/60 observations;

fabric 24. Pithos/tegula – pale (10YR 8/2, 8/3), grog, mica and small limestones (15-20%), fine and hard paste, moderately sorted; 9 fragments/8 observations;

Fabric 41. Pithos/tegula – orange (5YR 7/8, 6/8), much dark red grog (15-20%), also many large limestones, hard paste, long flat pores, moderately sorted; 116 fragments/58 observations.

1.3. *Amphorae*

Of the total amount of fragments 11% can be attributed to the group of amphorae. Eight fabrics can be discerned in the *amphorae* group. Fabric 36 has grog in an otherwise pure clay. Fabrics 26, 29 are gritty having a high percentages of quartz/feldspar. Two other fabrics contain varying amounts of small limestone fragments (Nos 16, 31). In fabric 15 larger and smaller grey and reddish inclusions dominate (either shale, schist or silt). Fabric 5B is almost a pure clay.

Lack of forms make it as yet hard to date and classify the *amphorae*. But presumably they date, as the *pithoi* and tiles, to the 6th/early 5th century BC, being the remains of the storage facilities of the houses.

Fabric 36. Amphora – orange (5YR 7/8, 7/6), red grog and white chalk (5-10%), poorly sorted, some pores, pure paste, some mica; 42 fragments/31 observations;

Fabric 26. Amphora – pale (10YR 8/3), much quartz/feldspar (30%), gritty, moderately sorted; 17 fragments/15 observations;

Fabric 29. Amphora – pale (10YR 8/3), pure, quartz/feldspar and mica (5%), hard paste, some pores, poorly to moderately sorted; 5 fragments/3 observations;

Fabric 15. Amphora – orange (5YR 7/8), large grey and red inclusions (shale/schist or silt?) (15-25%), poorly to moderately sorted; 261 fragments/110 observations;

Fabric 5B. Amphora – pale (2.5YR 8/2, 10YR 8/3), almost pure, many small pores dominate, some quartz/feldspar and chalk (<5%), powdery, some very small mica particles, moderately sorted; 35 fragments/24 observations;

Fabric 16. Amphora – orange (5YR 7/8, 6/8), many limestones small and large, quartz/feldspar 20-30%, moderately sorted, gritty; 292 fragments/115 observations;

Fabric 31. Amphora – orange (5YR 7/8, 6/8), some quartz/feldspar and red inclusions (silt) (10%), poorly sorted; 7 fragments/7 observations;

Fabric 37. Amphora – pale, pure paste with very small quartz/feldspar particles and small round pores, a little sandy, moderately sorted; 65 fragments/38 observations.

1.4. Wheelthrown coarse and depurated household pottery

Sherds belonging to household pottery make up 62% of the ceramic sample. Four fabric groups can be distinguished that were used for the manufacture of household pottery. The main forms are *hydriae*, bowls, small jars, jugs and small pyramidical or flat loomweights.

The local hard fabric group (No. 21) can be identified by its hard fired quality and the fact that the pots were predominantly hand made. Unfortunately all pottery fragments found in the survey were undecorated, meaning that one of the most distinguishing aspects of the group, i.e. the matt-painted decoration, is entirely absent. The matt-painted dates in the 8th century BC. The thousands of 7th century BC *hydriae* found in the sanctuary area are also of a local hard fabric. It is assumed that part of the local hard pottery found on plateau I in the survey must be considered as transitional between the matt-painted wares and the locally produced *figulina* wares in group 2 and comparable to the *hydria* group as to their fabric.

Group two is the locally made *figulina* pottery, so-called because of its depurated fabric. It is often found without surface treatment, but surface treatments may disappear over time due to both the poor quality of the pottery and the poor circumstances of conservation. *Figulina* pottery seldom contains inclusions visible to the naked eye, although sometimes there are quartz/feldspar or micaceous inclusions visible. Two qualities are distinguished, No. 43 *local medium* and No. 9 *local soft* (so named for the powdery paste).

Group three consists of depurated fabrics with traces of decoration in black glaze (or other colours) (Nos 12, 8, 14, 10, mainly cups). They belong to the first half of the 5th century BC.

A fourth group is formed by the gritty or coarse fabrics that have quartz/feldspar and small limestone inclusions. Differentiation of the fabrics in the coarser ones is dependent on percentages of such inclusions and their sorting (Nos 13, 18A, 18B, 23, 25, 28, 30). This group can, as the black glazed group, certainly be ascribed to the 6th/first half of the 5th century BC, as excavation of house features has learnt. Only Nos 18A and 18B may belong to the 7th century BC.

'Local hard' pottery
Fabric 21. Household pottery – orange (5YR 7/8, 7/6, 6/8, 6/6), pure, some quartz/feldspar or mica (<5%), hard paste, moderately sorted; 194 fragments/83 observations.

Figulina pottery
Fabric 43. Household pottery (medium hard) – orange (5YR 7/8, 6/8), pure, some quartz/feldspar or limestones (<5%), poorly to moderately sorted; 90 fragments/34 observations;

Fabric 9. Household pottery (soft) – orange (5YR 7/8, 7/6, 6/6, 6/8; 7.5YR 7/6, 7/8, 6/6), pure, powdery, some small pores; 2130 fragments/164 observations.

Black glaze pottery
Fabric 12. Household pottery – orange (5YR 7/8, 6/8), pure, little powdery paste, some small quartz/feldspar (<5%), moderately sorted, resistant black glaze; 201 fragments/82 observations;

Fabric 8. Household pottery – orange (5YR 7/8, 6/8), many small limestones (15-25%), very gritty, some orange grog, poorly to moderately sorted, many very small pores; 22 fragments/16 observations;

Fabric 5A. Household pottery – pale (2.5YR 8/2, 10YR 8/3), almost pure, many small pores dominate, some quartz/feldspar and chalk (<5%), powdery, some very small mica, moderately sorted; 102 fragments/42 observations;

Fabric 14. Household pottery – orange (5YR 6/6. 6/8), pure, few quartz/feldspar and mica particles (<5%), flat pores, moderately sorted, black glaze of bad quality; 138 fragments/74 observations;

Fabric 10. Household pottery – pale (10YR 8/3), pure, hard and thin paste, some decoration on the interior and exterior; 6 fragments/6 observations.

Coarse group

Fabric 13. Household pottery – orange (5YR 7/8), some small quartz/feldspar (5-10%), gritty paste, poorly sorted; 75 fragments/39 observations;

Fabric 18A. Household pottery – orange (5YR 6/6, 6/8), small limestones and quartz/feldspar dominate (15-20%), coarse and gritty, moderately sorted; 270 fragments/105 observations;

Fabric 18B. Household pottery – orange (5YR 6/6, 6/8), fine gritty paste, small quartz/feldspar particles and limestones (20%), well-sorted; 101 fragments/ 47 observations;

Fabric 11. Amphora – orange (5YR 7/8), some small limestones and chalk (5-10%), small flat pores, poorly sorted, hard paste; 26 fragments/ 17 observations;

Fabric 23. Household pottery – orange (5YR 7/8, 7/6), a few small quartz/feldspar fragments (<5%), pure paste, poorly sorted; 273 fragments/95 observations;

Fabric 28. Household pottery – brown, many quartz/feldspar particles (15-20%), gritty, some larger inclusions; 9 fragments/9 observations;

Fabric 25. Household pottery – orange (5YR 7/8, 6/8), a few quartz/feldspar particles, grog and limestone (5%), many pores, poorly sorted limestones, poorly to moderately sorted, thin; 25 fragments/20 observations;

Fabric 30. Household pottery – orange (5YR 7/8, 6/8), quartz/feldspar and limestones (5-10%), poorly to moderately sorted, some mica and dark red grog; 47 fragments/32 observations.

1.5. Late fabrics

Finally there is a group of 'Byzantine' fabrics

Fabric 17. Tegula – brown/beige (Byzantine), hard, pure, smoothed exterior; 74 fragments/29 observations;

Fabric 19. Household pottery – orange (Byzantine), pure, some quartz/feldspar and limestones (<5%); 13 fragments/11 observations.

APPENDIX 2: Catalogue of the sherds selected from the trenches. h. Height; lxb. Lengthxbreadth; s. Section; d. Diameter; measurements are in cm; scale as indicated on the plates (either 1:2 or 1:4).

1. *Impasto* wares (MBA, LBA, EIA periods)

Middle Bronze Age (fig. 26: 1-7)

1) I5-19. Fragment of a handle with upturning and rounded outflaring sides; h. 3.2. Clay: fine sandy *impasto* with low percentage of fine quartz/feldspar inclusions (10%) and many small pores, poorly to moderately sorted and a few larger inclusions, hand made. Colour: 2.5YR N 5/ grey (cf. Peroni & Trucco, 1994: pl. 6, nr. 11, pl. 13, nr. 3).

2) I5-7-2. Fragment of a handle with upturning and rounded outflaring sides; h. 4.6. Clay: fine sandy *impasto* with a low percentage of fine quartz/feldspar inclusions (<3%), very poorly sorted, hand made. Colour: 2.5YR N 5/ grey (cf. Peroni & Trucco, 1994: pl. 6, nr. 11, pl. 13, nr. 3).

3) I5-1. Wide band-handle with part of wall; d. 32.0 (but inclination uncertain); s. handle 1.0. Clay: very coarse *impasto*, quartz/feldspar and larger calcareous particles (20-30%), very poorly sorted, hand made. Colour: 5YR 5/6 yellowish red.

4) I5-7.3. Fragment of a wide band-handle with flattened sides; lxb 5.0x2.6; s. 0.6. Clay: very coarse *impasto* with a high percentage of calcareous and quartz/feldspar particles (40%), poorly to moderately sorted, hand made. Colour: 7.5YR 2N2 black.

5) I5-2. Wide band-handle with flattened sides. Meas.: 0.9 cm. Clay: fine sandy *impasto* with a low percentage of fine quartz <5%, poorly sorted and a few calcareous particles, hand made. Colour: 2.5YR N 4/ dark grey.

6) I5-3. Fragment of wide band-handle with flattened sides; h. 5.2; s. 1.2. Clay: gritty, but fine sandy *impasto* with low percentage of fine quartz-feldspar inclusions <5%, poorly sorted and a few larger calcareous particles, hand made. Colour: 7.5YR N 3/ dark grey, surface yellowish red 5YR 5/6.

7) I5-8. Wide band-handle with flattened sides; h. 7.4, in section 1.0. Clay: fine sandy *impasto* with low percentage of fine quartz-feldspar inclusions (5%), poorly sorted and a few larger quartzes, hand-made. Colour: 7.5YR N 3/ dark grey, surface yellowish red 5YR 5/6.

Recent Bronze Age (fig. 27: 1-2)

1) I5-17. Wall fragment of a carinated bowl; d. at carena 17.0; s. wall at carena 0.7. Clay: coarse *impasto* with low percentage of quartz/feldspar and small limestone particles (<5%), very poorly sorted, hand made. Colour: 2.5YR N3 very dark grey.

2) I4-3.37. Fragment of a band handle with convex side; h. 3.8; s. 1.4. Clay: fine gritty *impasto* with low percentage of quartz-feldspar and small limestone particles (<5%), very poorly sorted, hand made. Colour: 2.5YR 5/8 red.

Late Bronze Age/Early Iron Age (fig. 28: 1-9)

1) I5-6. Rim fragment of a jar with out-turning rim with slightly tapering lip; decorated with a cord-band; d. 17; lxb 6.4x8.6; s. wall 1.0; s. wall and cord 1.8. Clay: coarse *impasto*, quartz/feldspar and calcareous particles (5-10%), larger than 2000 mu, very poorly to poorly sorted, hand made. Colour: 2.5YR N3 very dark grey, exterior cord-decoration 5YR 5/6 yellowish red.

2) 2883-24. Rim fragment of a jar with outcurving long rim and tapering lip; decorated with a plastic band on the neck; d. 17, lxb 8.0x5.2; s. wall 1.2; s. wall and cord 1.4. Clay: gritty *impasto* with quartz/feldspar and calcareous particles in all sizes to over 2000 mu, moderately to poorly sorted, probably wheel turned. Colour: dark reddish grey core 5YR 4/2, yellowish red 5YR 5/6.

3) I5-7.0. Rim fragment of a jar with inturning rim and bevelled lip; d. 12. Clay: coarse *impasto*, quartz/feldspar and calcareous particles (5%) very poorly sorted, hand made. Colour: probably 2.5YR 4N4 dark grey.

4) I5-7.5. Rim fragment of a mug or small jar with irregularly out-turning rim and tapering lip; lxb 2.2x2.1; s. wall 0.8. Clay: *impasto*, small pores, quartz/feldspar and calcareous particles (5%) poorly sorted, hand made. Colour: 2.5YR 4N4 dark grey.

5) I4-3.28. Lug with a hole, probably of a tray; lxb 6.6x3.2; s. 3.2. Clay: gritty *impasto* because of high percentage of quartz-feldspar and small stones (10-20%), poorly sorted, hand made. Colour: 5YR 4/1 grey paste with reddish yellow surface.

6) I5-7.4. Rim fragment of a mug or small jar with outcurving rim and tapering lip; lxb 2.8x2.0; s. wall 0.4. Clay: coarse *impasto*, quartz/feldspar and calcareous particles (10%) poorly sorted, hand made. Colour: 2.5YR 4N4 dark grey.

7) I5-7.1. Rim fragment of a handle with outcurving rim; lxb 5.0x3.0; s. handle 1.0. Clay: coarse *impasto*, quartz/feldspar and calcareous particles, hand made. Colour: in strata pink 7.5 7/4 and 2.5YR 4N4 dark grey.

8) 2883-26. Rim fragment of a jar with outcurving rim and rounded lip; lxb 2.0x2.2; s. of wall 1.2. Clay: coarse *impasto* with small quartz/feldspar and calcareous particles (5%) poorly sorted, hand made. Colour: red 2.5YR 4/8.

9) 2883-27. Rim fragment of a jar with out-turning short rim and tapering lip; decorated with a plastic cord on the neck; d. 15.6; lxb 4.6x3.6; s. wall and cord 1.2. Clay: very coarse *impasto* with quartz/feldspar and calcareous particles, also FeMn (20%), very poorly sorted, layered, hand made. Colour: dark grey 5YR 5/4.

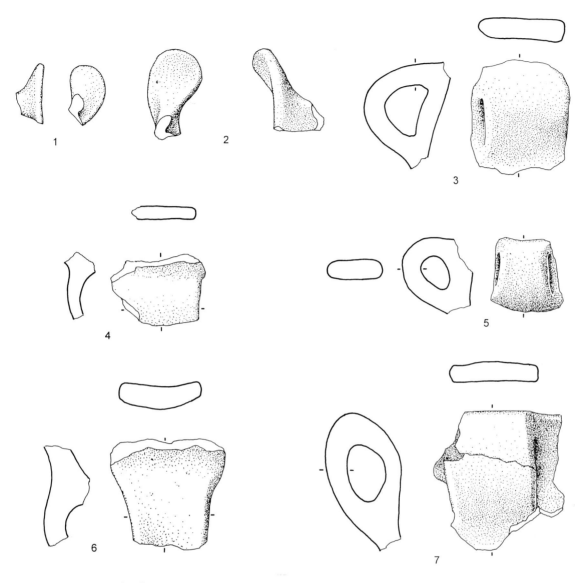

Fig. 26. *Impasto* wares (scale 1:2).

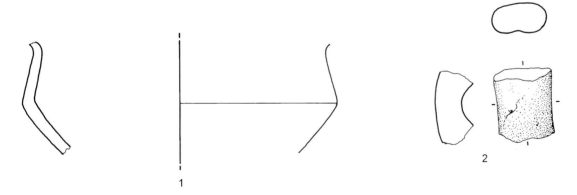

Fig. 27. *Impasto* wares (scale 1:2).

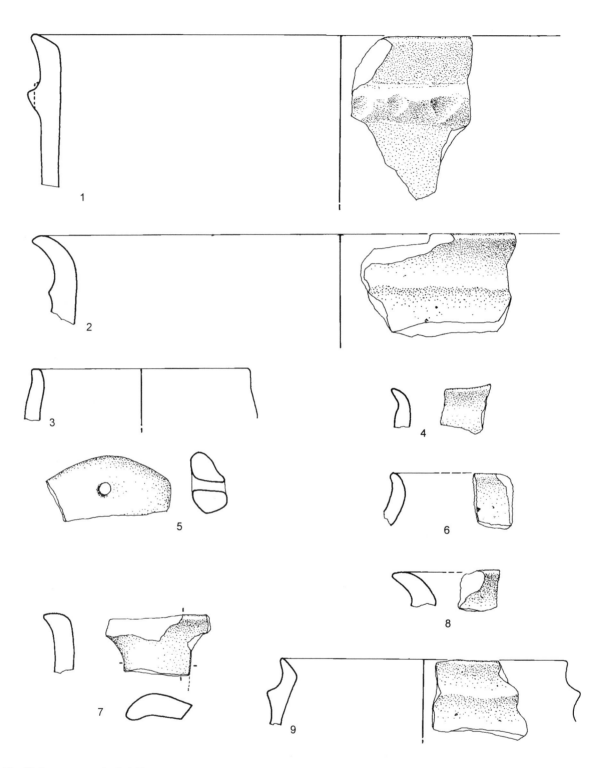

Fig. 28. *Impasto* wares (scale 1:2).

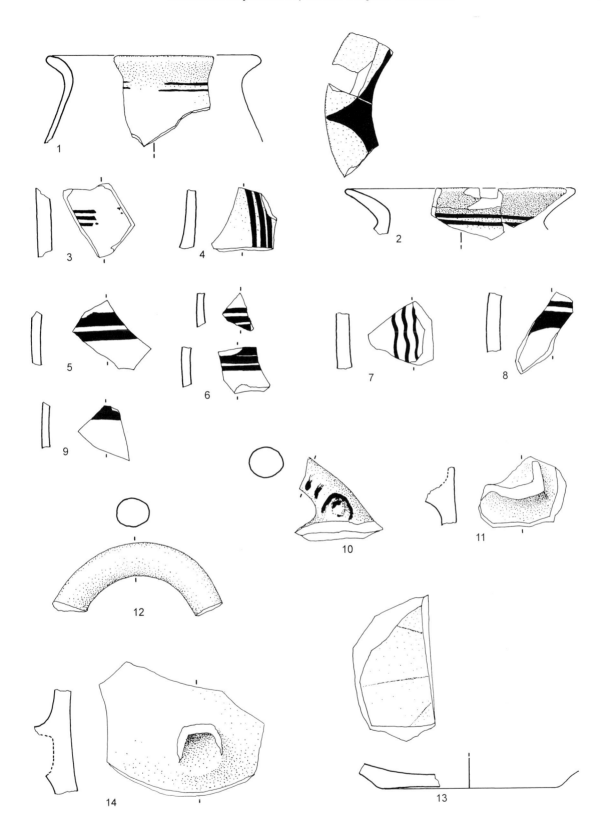

Fig. 29. Matt painted wares (scale 1:4).

2. Matt-painted wares (8th century BC) (fig. 29: 1-14)

1) I4-3.8. Rim fragment of a closed vessel with out-turning rim and tapering lip; decorated with two bands over the rim's exterior; d. 11.6; lxb 4.6x4.6; s. wall 0.3-0.4. Clay: depurated, fired hard. Colour: secondarily burnt.

2) 2883-10. Rim fragment of a closed vessel with out-turning rim and tapering lip; decorated with two bands over the rim's exterior and filled triangles on the interior lip; d. 12.6; lxb 7.2x2.6; s. wall 0.6. Clay: depurated, fired hard. Colour: secondarily burnt 7.5YR 5 grey.

3) 2883-15. Wall fragment of a closed vessel; decorated with three bands; lxb 3.0x3.6; s. wall 0.8. Clay: depurated, fired hard. Colour: pink 5YR 7/6.

4) 2883-4. Wall fragment of a closed vessel; decorated with three bands, white slip on exterior; lxb 3.2x3.2; s. wall 0.6. Clay: depurated, fired hard. Colour: pink 5YR 7/6.

5) 2883-23. Wall fragment of a closed vessel; decorated with two broad bands; lxb 3.0x3.4; s. wall 0.4. Clay: depurated, fired hard. Colour: reddish yellow 7.5YR 7/6.

6) 2883-12+13. Wall fragment of an open vessel; decorated with two broad bands and covered on both sides with an ivory coloured slip; lxb 1.4x1.6; s. of wall 0.4 and 2.2x2.2; s. of wall 0.4. Clay: depurated, fired hard. Colour: pink 7.5YR 7/4.

7) 2883-21. Wall fragments of a vessel; decorated with three wavy lines and covered on the exterior with an ivory coloured slip; lxb 3.6x3.2; s. of wall 0.6. Clay: depurated, fired hard. Colour: red 2.5YR 5/8. Matt-painted, 7th C. BC?

8) 2883-29. Wall fragment of a vessel; decorated with two lines one broad one smaller; lxb 4.8x1.6; s. of wall 0.7. Clay: depurated, fired hard. Colour: reddish yellow 5YR 7/6.

9) 2883-26. Wall fragment of a vessel; decorated with a line; lxb 2.4x2.6; s. of wall 0.4. Clay: depurated, fired hard. Colour: reddish yellow 5YR 7/6.

10) 2883-7. Solid ring handle of a vessel: decorated with small stripes; l. 4.2; s. 1.8. Clay: depurated, fired hard. Colour: reddish yellow 5YR 7/6-6/6. Middle Geometric.

11) 2883-nn2. Attachment of handle from a closed vessel; lxb 4.6x3.2; s. of wall 0.8. Clay: depurated, fired hard. Colour: reddish yellow 5YR 6/8.

12) 2883-5. Solid ring handle of a vessel; s. 1.6-1.8. Clay: depurated, fired hard. Colour: reddish yellow 5YR 7/6-6/6.

13) 2883-nn1. Base fragment of a large bowl (scodella); d. 6; s. of base 0.6. Clay: depurated, fired hard. Colour: reddish yellow 5YR 7/6-6/6.

14) 2883-9. Attachment of handle from a jar; lxb 8.4x6.2; s. of wall 0.8. Clay: depurated, fired hard. Colour: reddish yellow 5YR 6/8.

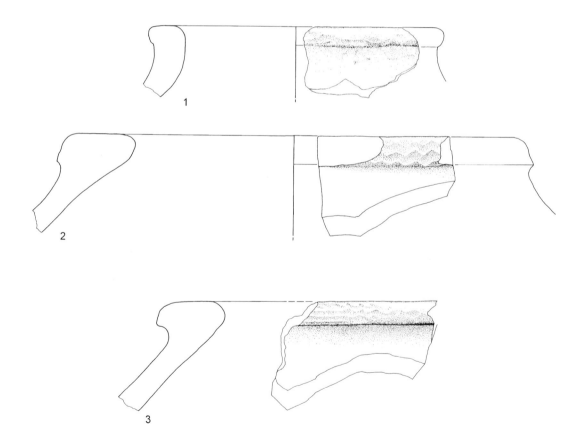

Fig. 30. Coarse wares and depurated wares (scale 1:4).

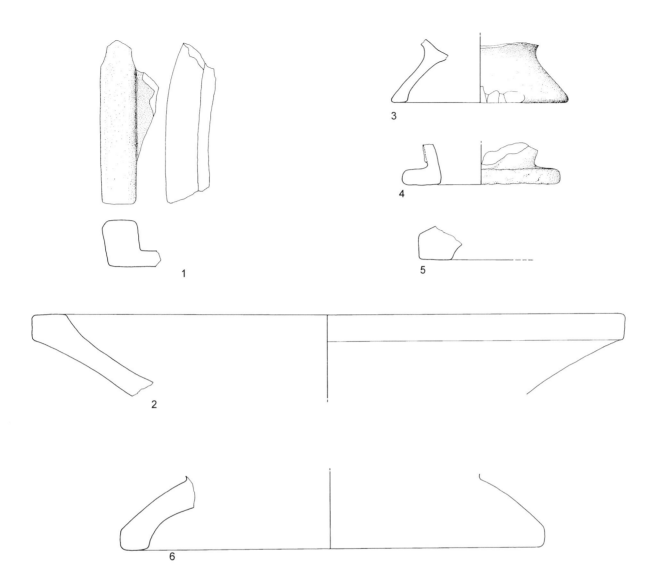

Fig. 31. Coarse wares and depurated wares (scale 1:2).

3. Coarse wares and depurated wares (up to c. 450 BC)

a. *Pithoi of uncertain date, but occurring either previous of or contemporary with the colonial coarse wares* (fig. 30: 1-3)

1) I4-3.40. Rim fragment of a pithos with thickened upright rim and flattened lip; d. 32.4; lxb 12x7.2; s. of wall 3.2. Clay: dark red firing clay with many gross limestone particles, c. 40%, moderately sorted. Colour: yellowish red 5YR 5/6.

2) I4-3.6. Rim fragment of a pithos with an inturning, thickened rim and flattened lip which on the exterior is decorated with a pattern of wavy lines; d. 50; lxb 14.8x10.4; s. of wall 2.4. Clay: orange firing clay with many gross limestone particles and some quartz/ feldspar, very poorly sorted 5-10%, some pores. Colour: reddish yellow 5YR 6/8.

3) I4-3.27. Rim fragment of a pithos with an inturning, thickened rim and flattened lip which on the exterior is decorated with a pattern of wavy lines; d. uncertain; lxb 16x10.4; s. of wall 2.4. Clay: orange firing clay with many gross limestone particles and some quartz/

feldspar, very poorly sorted 5-10%, some pores. Colour: reddish yellow 5YR 6/8 (cf. Appendix 1, fabric 1).

b. *Colonial coarse wares* (figs 31: 1-6 and 32: 7-14)

1) I4-3.25. Architectural fragment (unidentified) with thick rim, square in section and flat reverse; l. 17.2; s. of rim 4. Clay: orange firing coarse fabric (small chalk fragments and quartz/feldspar), poorly sorted. Colour: reddish yellow 5YR 7/8 (cf. Appendix 1, fabric 2).

2) I4-3.7. Rim fragment of a large basin (*louterion*) with thickened rim with two flat facets; d. 65.l; s. of wall 2. Clay: orange firing coarse ware with small calcareous inclusions 2000 nm and larger ones, 10-15% (cf. Appendix 1, fabric 2). Colour: reddish yellow 5YR 7/6.

3) 2881-1. Fragment of a high base ring; d. 19.2. Pale firing clay with some quartz/feldspar a few micecous particles and many pores. Reddish yellow 5YR 7/6 with yellow slip.

4) I4-3.6. Base of stand; d. 19.2. Clay: pale firing fairly depurated clay with large grey and red inclusions (shale) 5%, very poorly to

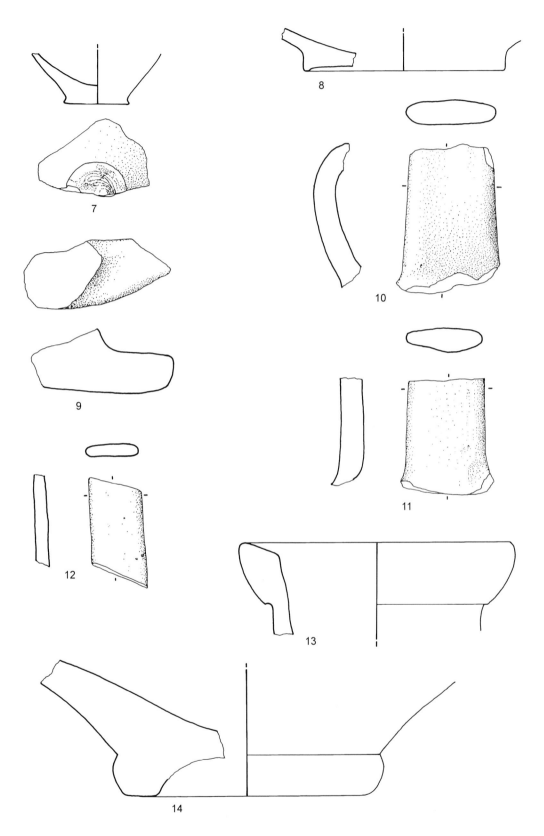

Fig. 32. Coarse wares and depurated wares (scale 1:2).

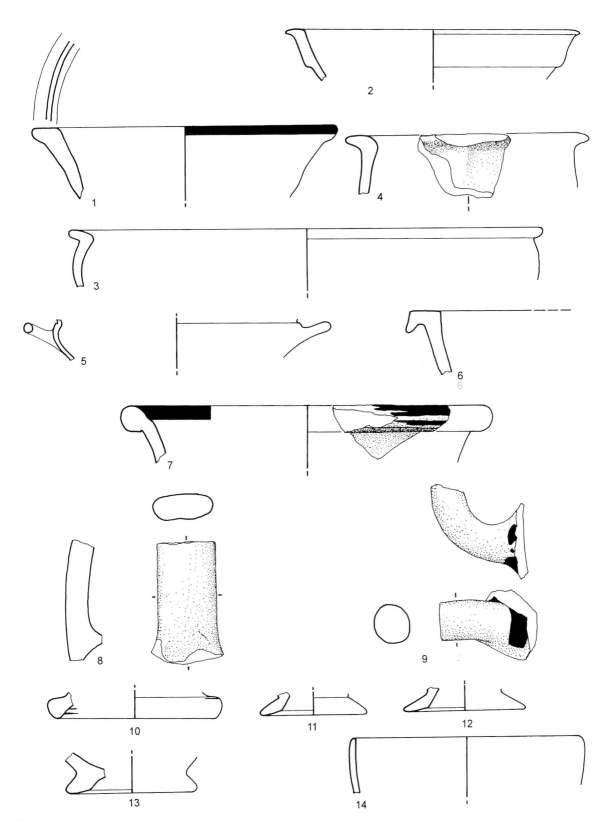

Fig. 33. Black glaze wares (scale 1:2).

moderately sorted, fairly soft. Colour: pink 5YR 7/4 (cf. Appendix 1, fabric 15).

5) I4-3.10. Rim fragment of a large basin (*louterion*) with thickened convex rim; d. uncertain. Clay: pale firing coarse ware with small calcareous inclusions 10-20% ps-ms. Colour: reddish yellow 5YR 7/8 reddish yellow 5YR 7/6.

6) I4-3.30. Fragment of a basin (*louterion*), interpreted as the base (but may be the bowl); d. 46. Clay: orange firing fairly depurated clay with large grey and red inclusions (shale) 20-30%, poorly to moderately sorted, fairly soft (cf. Appendix 1, fabric 15). Colour: pink 5YR 7/4.

7) 2882-14. Fragment of a solid profiled ring base of a vessel; d. 3.6; s. of wall 0.4. Clay: soft fired depurated paste with small inclusions and mica. Colour: yellow 10YR 8/6 (cf. Appendix 1, fabric 9).

8) 2882-6. Fragment of a low, profiled ringbase of a vessel with a wide tapering lower body; d. 11; s. of base 0.8. Clay: pale firing hard depurated paste, quartz/feldspar and mica, a few pores (cf. Appendix 1, fabric 37). Colour: white 2.5YR 8/2, pink 5YR 7/4.

9) I4-3.35. Lug handle; l. 4.8; s. 2.8-0.6. Clay: orange firing, depurated, much quartz/feldspar and calcareous fragments. Colour: reddish yellow 5YR 7/8. (cf. Appendix 1, fabric 16).

10) 2882-12. Fragment of a thick band-handle of a large amphora; l. 7.8; s. 4.8x1.2. Clay: depurated, some quartz/feldspar many pores. Colour: very pale brown 10YR 8/3 (cf. Appendix 1, fabric 5B).

11) 2882-11. Fragment of a thick band-handle of a large amphora; l. 6.0; s. 4x1.2. Clay: depurated, some quartz/feldspar many pores. Colour: very pale brown 10YR 8/3 (cf. Appendix 1, fabric 5B).

12) I4-3.16 Fragment of a band handle of a large amphora; l. 4.8; s. 2.8-0.6. Clay: depurated and gritty paste, low percentage of quartz/feldspar. Colour: reddish yellow 5YR 6/6 (cf. Appendix 1, fabric 18B).

13) 2882-3. Fragment of an amphora; d. 15.0; s. of wall 1.0. Clay: depurated, some quartz/feldspar, poorly sorted (cf. Appendix 1, fabric 5). Colour: white 2.5Y 8/2.

14) I.4-3.15. Base fragment of a low, profiled ring-base, exterior

strongly convex; d. 15; s. of base 3.2. Clay: soft, depurated paste with grey and red large particles of shale? Colour: 5YR 7/6 (cf. Appendix 1, fabric 15).

4. Black glaze wares and banded wares (figs 33: 1-14 and 34: 15-17)

1) I4-3.31. Rim fragment of a closed vessel, with thickened rim and flattened lip; d. 16.6; s. of wall 0.6-1.0. Clay: depurated, powdery, quartz/feldspar and mica, pores. Colour: reddish yellow 5YR 7/6.

2) I4-3.4. Rim fragment of a bowl with a thickened upper rim-part and flattened lip, with externally and internally traces of black glaze; d. 16; s. of wall 0.4; s. of rim 0.7. Clay: depurated, powdery, with quartz and feldspar, chalk and mica, pores. Colour: pink 5YR 8/4.

3) 2882-15. Rim fragment of a bowl with a thickened upper rim-part and flattened lip; d. 26; s. of wall 0.4. Clay: depurated, powdery, with quartz and feldspar, chalk and mica, pores (cf. Appendix 1, fabric 9). Colour: reddish-yellow 5YR 7/6.

4) I.4-3.24. Rim fragment of a bowl with a thickened upper rim-part and flattened lip; d. 13; lxb 4.6x3.2; s. of wall 0.5. Clay: depurated, powdery, with quartz and feldspar, chalk and mica, pores. Colour: pink 5YR 8/4 (cf. Appendix 1, fabric 9).

5) I.4-3.34. Wall and handle fragment of a bowl, type Ionian cup, with black glaze; d. 25; s. of wall 0.25 cm. Clay: depurated, powdery, with quartz and feldspar, chalk and mica, pores (cf. Appendix 1, fabric 12). Colour: very pale brown 10YR 7/4.

6) I.4-3.22. Rim fragment of krater with large, profiled, overhanging rim; d. uncertain; s. of wall 0.6. Clay: depurated with some grog, limestone particles and some mica, black glaze on exterior only. Colour: 7.5YR 8/6.

7) 2882-9. Rim fragment of a closed vessel with thickened and rounded rim, black glaze on the exterior; d. 21; lxb 6.2x2.8; s. of wall 0.6. Clay: depurated, powdery, quartz/feldspar and mica. Colour: reddish yellow 5YR 7/6.

8) 2883-2. Fragment of a thick band handle of a large closed

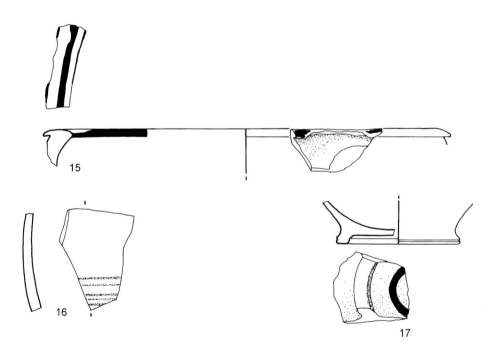

Fig. 34. Local hard banded ware (scale 1:2).

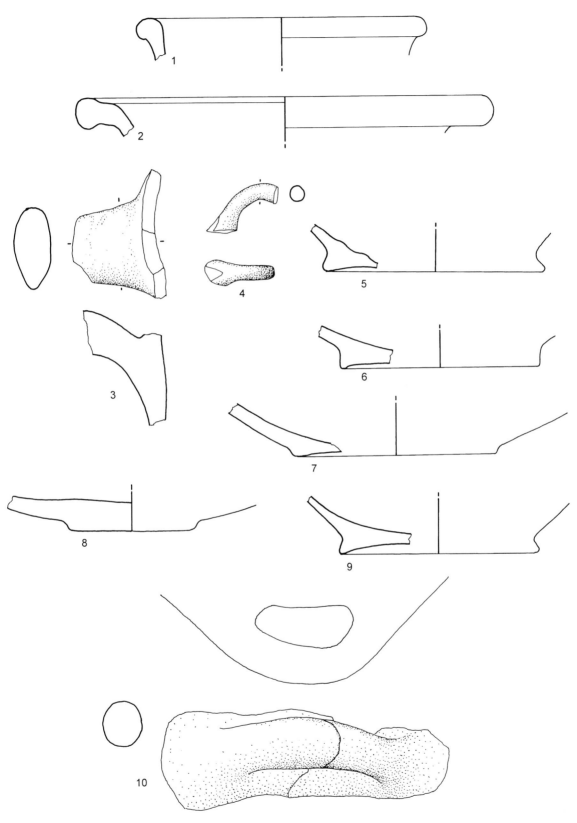

Fig. 35. Local hard ware (scale 1:2).

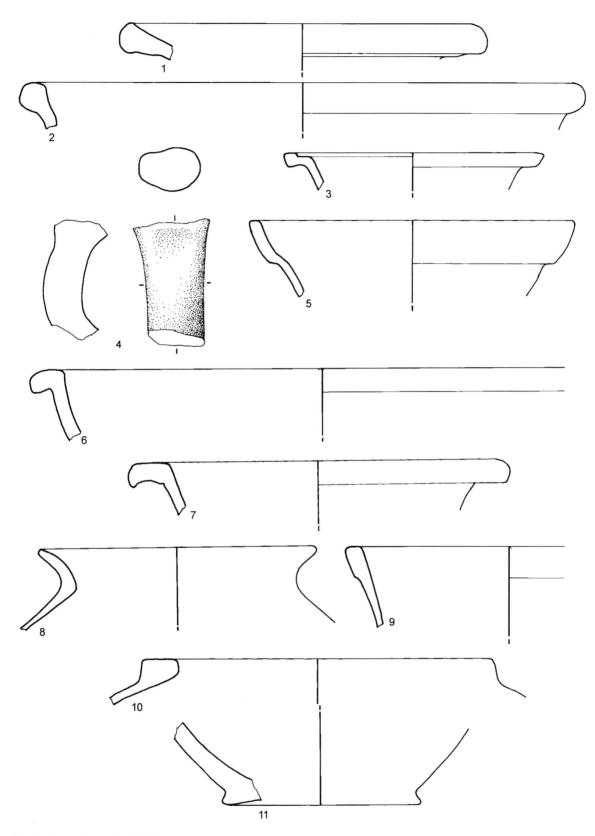

Fig. 36. Local soft ware (scale 1:2).

vessel; exterior decorated with black glaze; l. 6.4; s. 3.2-1.2. Clay: depurated, quartz/feldspar and mica. Colour: light red 2.5YR 6/6 (cf. Appendix 1, fabric 14).

9) I4-3.2. Fragment of a thick ring handle of a large vessel, black glaze on the centre of the handle and near the attachment; l. 5.4; s. 1.8. Clay: depurated, quartz/feldspar, some pores: medium hard. Colour: pink 5YR 7/4.

10) I4-3.21. Fragment of a profiled ring-base of a vessel, black glaze on the exterior. Meas.: 1.2 cm. Clay: depurated, powdery, quartz/feldspar and mica, pores: medium? Colour: reddish yellow 5YR 7/6.

11) 2882-4. Raised, profiled, hollow base-ring of a drinking cup, type Ionian cup, on exterior black glaze; d. 5.8; s. base-ring 0.4. Clay: depurated, mica and quartz/feldspar, some pores. Colour: 7.5YR 8/4 pink.

12) 2882-13. Raised, profiled, hollow base-ring of a drinking cup, type Ionian cup, on exterior black glaze; d. 6.6; s. of base-ring 0.5. Clay: depurated, mica and quartz/feldspar, some pores. Colour: 7.5YR 7/8 reddish-yellow.

13) 2882-16. Raised, profiled, hollow base ring of a drinking cup, type Ionian cup, on exterior black glaze; d. 7.2; s. base-ring 1.0. Clay: depurated, mica and quartz/feldspar, some pores. Colour: 7.5YR 8/4 pink.

14) 2882-17. Rim fragment of a kotyle with a slightly inturning rim, with externally and internally traces of black glaze; d. 12.8; s. of wall 0.4. Clay: depurated, powdery, with quartz and feldspar, fairly hard. Colour: pink 7.5YR 8/4.

15) 2882-22. Rim fragment of a large bowl with inturning, thickened upper rim and convex lip; decorated with thin black glaze bands on rim and lip; d. 25; lxb 0.5x2.2; s. of wall 0.8. Clay: depurated, with quartz/feldspar, and some mica. Colour: pink 7.5YR 8/4 (cf. Appendix 1, fabric 12, local hard).

16) 2882-18. Wall fragment of a bowl (presumably); exterior decorated with orangy-red bands; lxb 5.2x3.6; s. of wall 0.6. Clay: hard fired depurated paste with small inclusions and pores (cf. Appendix 1, fabric 21, local hard). Colour: reddish yellow 5YR 7/6.

17) 2882-5. Fragment of a low profiled ring-base of a bowl; decorated on the exterior with concentric black lines; d. 6.8; s. of wall 0.3; s. of ring 0.7. Clay: hard fired depurated paste with small inclusions and pores. Colour: reddish yellow 5YR 7/8 (cf. Appendix 1, fabric 21).

5. Local hard ware (fig. 35: 1-10)

1) I4-3.14. Rim fragment of an amphora/jar with out-turning rim and very convex, thickened lip; d. 15.8; s. of wall 0.6. Clay: depurated, with little quartz/feldspar. Colour: pink 7.5YR 7/8 reddish yellow (cf. Appendix 1, fabric 21).

2) 2882-8. Rim fragment of a vessel with thickened and sharply outcurving rim with very convex lip; d. 22.6; s. of wall 0.8 cm. Clay: depurated, powdery, quartz/feldspar and mica, pores dominant. Colour: reddish yellow 5YR 7/6, slip yellow (cf. Appendix 1, fabric 5A/B).

3) I4-3.33. Fragment of a thick band handle of a large amphora; l. 2.3; s. 2.0-4.2. Clay: pale firing, depurated, 10% quartz/feldspar, some round and flat pores, poorly to moderately sorted (cf. Appendix 1, fabric 21). Colour: very pale brown 10YR 7/4.

4) I4-3.23. Ring-handle of a drinking cup; l. 1.8; s. 0.8. Clay: depurated with small quartz/feldspar particles, a number of small pores. Colour: yellowish red 5YR 5/6 (cf. Appendix 1, fabric 21).

5) 2882-77. Raised base fragment of a large closed vessel; d. 12.2; s. of 0.4. Clay: hard fired depurated paste with small inclusions and pores. Colour: reddish yellow 5YR 6/6 (cf. Appendix 1, fabric 21).

6) 2882-6. Fragment of a low solid base of a plate or tray; decorated with incised lines in the interior; d. 11; s. of wall 0.6. Clay: hard fired, depurated paste, some quartz/feldspar and pores. Colour: light red 2.5YR 6/8 (cf. Appendix 1, fabric 21).

7) 2883-8. Raised solid base fragment of a large vessel; d. 11; s. of wall 0.6. Clay: hard fired depurated paste with small inclusions and pores. Colour: reddish yellow 5YR 7/6, white slip (cf. Appendix 1, fabric 21).

8) 2883-4a. Raised base fragment of a plate or bowl; d. 7; s. of wall 0.8. Clay: hard fired depurated paste with small inclusion and pores. Colour: reddish yellow 5YR 6/6 (cf. Appendix 1, fabric 21).

9) 2882-7. Fragment of a raised and profiled, solid base; d. 11; s. of wall 0.6. Clay: depurated, powdery, quartz/feldspar and mica. Colour: reddish yellow 5YR 7/8.

10) I4-3.1+3. Wall fragment of a jar with horizontal ring-handle; lxb 15.8x4.8. Clay: depurated, fired hard. Colour: reddish yellow 5YR 6/8.

6. Local soft ware (fig. 36: 1-11)

1) 2882-10. Rim fragment of a plate with thickened rim and very convex lip; d. 19; s. of wall 0.9. Clay: depurated, powdery, quartz/feldspar and mica. Colour: very pale brown 10YR 8/4 (cf. Appendix 1, fabric 9).

2) I4-3.32. Rim fragment of a closed vessel with thickened and rounded rim; d. 31; s. of wall 0.7. Clay: depurated, powdery, quartz/feldspar and mica, pores: local soft. Colour: reddish yellow 5YR 7/6 (cf. Appendix 1, fabric 9).

3) I4-3.10. Rim fragment of a closed vessel with sharply outcurving rim and squared lip; d. 14; s. of wall 0.4. Clay: depurated, powdery, quartz/feldspar and mica. Colour: reddish yellow 7.5YR 8/6 (cf. Appendix 1, fabric 9).

4) I4-3.20. Fragment of a ring handle, of a large vessel. l. 3.2; s. 2.2-3.4. Clay: depurated, some quartz/feldspar many pores. Colour: reddish yellow 7.5YR 7/6 (cf. Appendix 1, fabric 9).

5) I4-3.26. Rim fragment of a closed vessel, with thickened rim and flattened lip; d. 17; s. of wall 0-4.0-6. Clay: depurated, powdery, some quartz/feldspar and some mica, small round pores. Colour: pink 5YR 7/4, core 17.5 YR-N6 grey (cf. Appendix 1, fabric 9).

6) I4-3.18. Rim fragment of a bowl with a thickened upper rim and overhanging, flattened lip; d. 32; s. of wall 0.6. Clay: gritty with much quartz, feldspar, limestone particles >2000 mu, some grog and small mica. Colour: reddish-yellow 7.5YR 6/8.

7) I4-3.29. Rim fragment of large vessel with out-turning rim and overhanging lip; d. 21; s. of wall 0.6. Clay: depurated, powdery, some quartz/feldspar, mica and limestone particles, pores. Colour: pink 5YR 7/4 (cf. Appendix 1, fabric 9).

8) I4-3.38. Rim fragment of a globular jar with out-curving rim and tapering lip; d. 15; s. of wall 0.2-0.8. Clay: depurated, powdery, some quartz/feldspar and some mica particles, pores. Colour: reddish yellow 5YR 7/6 (cf. Appendix 1, fabric 9).

9) 2882-1. Rim fragment of an amphora with thickened rim and flattened lip; d. 9; s. of wall 0.4-0.6; s. of rim 0.9. Clay: depurated, powdery, some quartz/feldspar and some mica and grog particles, pores. Colour: reddish yellow 5YR 7/6 (cf. Appendix 1, fabric 9).

10) 2882-19. Rim fragment of a closed globular vessel with inturning rim and horizontally flattened lip; d. 19; s. of wall 0.4. Clay: depurated, some quartz/feldspar and some mica particles. Colour: reddish yellow 7.5YR 8/6 (cf. Appendix 1, fabric 9).

11) 2883-6. Fragment of a low, profiled ring-base of a vessel with ovoidal lower body; d. 11; s. of wall 1. Clay: depurated, powdery, quartz/feldspar and mica, pores. Colour: reddish yellow 7.5YR 8/6 (cf. Appendix 1, fabric 9).

APPENDIX 3: The evidence for smithing activities on plateau I.

In a number of the small pits of trench 1, 87 fragments of iron slags and cinders were found (fig. 13). These materials must be considered to represent wasters of iron smithing activities. A description of the fragments is given in table 1. Many of the fragments are identifiable as normal iron slag, rest products of smithing activities. Other rest products are the many small cinders which were found together with the slags in the same area. Interesting are the larger pieces of slag among the finds, especially those with a plano-convex shape. The latter often show a straight side and cutting marks that may be caused during smithing. The form of these planoconvex slags, either deliberately cut into pieces or broken incidentally, indicates that these fragments may have formed the fill of a pit in the ground. Physical examination and X-ray photographs of these fragments have shown that the fragments contain relatively much iron.

The presence of many such slag fragments in the south part of trench 1 indicates that smithing took place nearby. The layer in which the pieces of slag were found contained badly conserved pottery fragments datable to the 6th century BC. The large wall uncovered near the area of the iron slag perhaps may be connected with the smithing activities (fig. 13). In order to control the possibility of a locally present smithy, the excavated pits were further cleaned and from two areas, which by naked eye seemed to contain tiny fragments of iron, batches of soil were removed, sieved and checked with magnets. From soil-batch No. 1 remained 2.4 grams of metal grainy material; from soil-batch No. 2 remained 8.1 grams, but this batch also contained small pellets and fragments of iron. The particles of iron detected amount to a substantial number. Certainly the material obtained from the batches cannot be described as so-called 'fayalithic' iron hammer scale. The presence of hammer scale in the neighbourhood of the large wall in trench 1, together with the many fragments of iron slag and cinders is a clear indication that somewhere near this spot smithing occurred.

Object No.	Colour	Weight	Texture	Porosity	Specific gravity	Identity	Inclusion
846/01	Black with rusty patches	44.5	Uneven to smooth	Medium		Smithing slag	With sand and partly vetrified
1336/02	Rusty brown	86.3	Very uneven on one side, rest flat, planoconvex	Medium	3.08	Iron slag	With charcoal, partly vetrified
1336/03	Black int./brown ext.	41.1	Uneven, round	Very, with air bubbles	0.411	Slag	Charcoal, partly vetrified
1336/04	Black int./brown ext.	5.9	Uneven	Very, with air bubbles	0.66	Smithing slag	Partly vetrified
1336/05	Black int./brown ext.	1.7	Uneven	Very, with air bubbles	Too small	Slag	Vertrified, fayalithic properties
1336/06	Black int/.brown ext.	0.9	Uneven	Very		Smithing slag	Sand
1325/07	Black int./brown ext.	5.2	Uneven	Very	Too small	Smithing slag	With chalk, vetrified
1325/08	Dark grey	0.6	Pellet, air bubbles	Very	Too small	Cinder	Vetrified
1325/09	Reddish/brown	2.3	Uneven	Very	Too small	Slag	Partly vetrified
1325/10	?	1.5	Uneven	Very	Too small	Part of 08	Partly vetrified
848/011	Black int./brown ext.	5.4	Uneven, air bubbles	Very	0.56	Smithing slag	Partly vetrified
848/012	Black int./brown ext.	8.6	Uneven, air bubbles	Very	0.56	Part of 011	Partly vetrified
848/013	Black int./brown ext.	3.6	Uneven	Medium	Too small	Glass droplet with particles of iron	Vetrified
547/014	Black int./brown ext.	6.5	Uneven	Very	Too small	Drop with pieces of iron	Vetrified with charcoal
457/015	Black int./brown ext.	2.6	Uneven	Very	Too small	Drop with pieces of iron	Vetrified with charcoal
457/016	Black int./brown ext.	4.5	Uneven	Very	Too small	Drop with pieces of iron	Vetrified with charcoal
457/017	Black int./brown ext.	4.4	Uneven	Very	Too small	Drop with pieces of iron	Vetrified with charcoal
457/018	Black int./brown ext.	1.1	Uneven	Very	Too small	Drop with pieces of iron	Vetrified with charcoal
547/019	Black int./brown ext.	0.9	Uneven	Very	Too small	Drop with pieces of iron	Vetrified with charcoal
687/020	Black int./brown ext.	23.8	Very uneven	Very	0.29	Smithing slag, good one	Vetrified with sulphur
687/021	Black int./brown ext.	22.2	Very uneven	Very	0.27	Smithing slag, good one	Vetrified
800/022	Black int./brown ext.	27.1	Uneven to smooth	Medium	0.22	Smithing slag	Partly vetrified
1330/023	Black int./brown ext.	31.1	Regular to smooth	Medium	0.26	Smithing slag, pieces of iron in glass droplet	Vetrified with sulphur
1330/024	Black int./brown ext.	5.3	Regular	Hardly		Smithing slag	Vetrified/glass
1334/025	Black/brown	271.1	Planoconvex	Hardly	5.89	Smithing slag	Partly vetrified
1334/026	Black/brown	253.9	Flat	Hardly	5.29	Smithing slag	Partly vetrified
1334/027	Red/brown	14.3	Uneven	Medium	2.86	Smithing slag	Partly
1334/028	Red/brown	7.5	Round	none	Too small	Loam	
1334/029	Blue/black	4.3	Uneven	Very	Too small	Cinder	Vetrified
1334/030	Brown/yellow	3.0	Smooth	Very		Cinder	Partly
1334/031		8.9	Smooth	Very		Slag	Vetrified
1344/032	Black int./brown ext.	86.8	Planoconvex and smooth	Medium	2.99	Smithing slag	Partly
890/033	Black int./brown ext.	41.5	Uneven	Very	2.66	Smithing slag	Vetrified
890/034	Black int./brown ext.	14.3	Uneven	Very	2.66	Part of 033	Vetrified
898/035	Black int./brown ext.	50.7	Smooth	Medium	3.17	Slag	Vetrified
898/036	Black int./brown ext.	39.1	Smooth	Medium	3.26	Slag	Vetrified
1361/037	Black int./brown ext.	760	Planoconvex	Medium to very	2.53	Slag	Vetrified, charcoal
1361/038	Dark grey	2.5	Uneven	Very		Cinder	Vetrified
1361/039	Grey brown	2.1	Loose	none		Loam?	None
1337/040	Black int./brown ext.	89.3	Uneven	Medium	2.71	Smithing slag	Partly vetrified
1337/041	Black int./brown ext.	100.8	Planoconvex and smooth	Hardly	3.6	Slag	Partly vetrified

1337/042	Orange	18.7	Round	none	2.38	Loam?	
1337/043	Orange	5.1	Round	none	2.38	Loam?	
1337/044	Brown	5.6	Uneven	Medium		Cinder	
1337/045	Brown and black	14.4	Smooth	Very	2.88	Cinder	With sulphur
1337/046	Bluish/black	6.9	Very uneven	Very	2.3	Cinder	Sulphur
1337/047	Bluish/black	3.3	Uneven	Very	Too small	Glass droplet with particles of iron	Partly vetrified
1337/048	Bluish/black	2.8	Uneven	Very	Too small	Cinder	White material in air bubbles
1323/049	Black int./brown ext.	16.4	Uneven	Very	3.28	Smithing slag	Vetrified
1323/050	Black int./brown ext.	7.6	Rounded	Medium	5.07	Smithing slag	With charcoal
839/051	Brown with green glass	31.6	Very uneven	Very	1.76	Smithing slag	Vetrified
840/052	Black int./brown ext.	232.8	Fairly smooth, planoconvex	Medium	4.16	Smithing slag	With charcoal
556/053	Black/brown	55.8	Uneven, planoconvex	Medium	2.94	Smithing slag	Partly vetrified
1327/054	Black/brown	176.4	Uneven, planoconvex	Medium	3.83	Smithing slag	Chalk? partly vetrified
1327/055	Black and brown	4.0	Uneven	Very	Too small	Glass drop with pieces of	Chalk, vetrified
834/056	Black int./brown ext.	80.6	Fairly uneven, planoconvex	Medium	3.224	Straight side, smithing slag	Chalk? partly vetrified
834/057	Grey	3.3	Uneven and rounded	Medium		From hearth	Sand, vetrified
834/058	Black and brown	49.7	Uneven and rounded	Medium	3.106	Smithing slag	Partly vetrified
692/059	Black and glazed in all colours	148.3	Compact smooth	Medium	2.966	Smithing slag	Vetrified with flux on both sides
692/060	Reddish brown	8.7	Uneven	Medium	Too small	Smithing slag	
677/061	Black int./brown ext.	378.4	Uneven, planoconvex	Very	2.98	Smithing slag	Charcoal, loam
618/062	Black int./brown ext.	148.7	Compact, uneven, planoconvex	Medium	3.16	Smithing slag	
878/063	Black int./brown ext.	144.4	Solid, planoconvex	Medium	2.95	Smithing slag	Charcoal, chalk
830/064	Black int./brown ext.	57.9	Thin smooth, planoconvex	Very	2.76	Smithing slag	Sand and chalk, partly vetrified
893/065	Black int./brown ext.	16.1	Uneven	Very	3.22	Smithing slag	Vetrified
893/066	Black int./brown ext.	27.6	Uneven	Very	2.76	Smithing slag, iron particles in glass droplet	Vetrified
893/067	Black int./brown ext.	135.5	Very uneven	Very	2.56	Smithing slag, or too large for that?	Vetrified
1343/068	Black int./brown ext.	116.8	Solid, uneven, planoconvex	Medium	4.87	Smithing slag	Partly vetrified
1310/069	Black int./brown ext.	17.9	Uneven	Very	2.98	From heart	Vetrified
1310/070		1.6				Too small	
1310/071		4.1				Too small	
1310/072		1.4				Too small	
1310/073		2.1				Too small	
074	Black and brown	75.6	Solid uneven	Medium	3.29	Smithing slag, partly forged	Partly vetrified
816/075	Blackish	29.9	Solid, uneven, planoconvex	Medium	3.06	Smithing slag	Partly vetrified
816/076	Blackish	12.9	Solid, uneven, planoconvex	Medium	3.06	Piece of 075	Partly vetrified
1318/077	Black int./brown ext.	33.1	Solid, uneven	Hardly	3.68	Smithing slag reheated, together with 078, 079	Partly vetrified
1318/078	Black int./brown ext.	11.6	Solid, uneven	Hardly	3.87	Together with 077, 079	Partly vetrified
1318/079	Black int./brown ext.	39.6	Solid, uneven	Hardly	3.87	Together with 077, 078	Partly vetrified
621/080	Black int./brown ext.	18.1	Solid, uneven	Hardly	3.62	Reheated wolf, magnetite?	Partly vetrified
1342/081	Black with brown patches	6.0	Uneven	Medium	3.0	Smithing slag, glass droplet with paricles of iron	Vetrified
1342/082	Black with brown patches	4.1	Uneven	Very	Too small	Smithing slag, glass droplet with particles of iron	Vetrified
1342/083	Brown	4.7	Laminated	Hardly	3.13	?	Not vetrified
1342/084	Black with brown patches	1.3	Very uneven	Medium	Too small	Smithing slag, glass droplet with particles of iron	Vetrified
1342/085	Black and green	1.5	Shape of droplet	Very	Too small	Cinder	Vetrified
1342/086		1.9	Uneven	Very	Too small	Together with 082	Vetrified
602/087	Black	3.6	Solid, uneven	Hardly	Too small	Smithing slag	Partly vetrified

CERAMICS OF THE FIRST MILLENNIUM BC FROM A SURVEY AT LANUVIUM IN THE ALBAN HILLS, CENTRAL ITALY: METHOD, AIMS AND FIRST RESULTS OF REGIONAL FABRIC CLASSIFICATION

PETER ATTEMA, with a contribution by GERT VAN OORTMERSSEN

Groninger Instituut voor Archeologie, Groningen, Netherlands

ABSTRACT: Researchers at the Groningen Institute of Archaeology (GIA) have developed a fabric classification method that relates surface pottery from the surveys of the Institute's Pontine Region Project (P.R.P.) in South Lazio to pottery from the Institute's stratigraphical excavations at the protohistoric site of Satricum in the same area (c. 60 km south of Rome). In this paper it is argued that classification of the surface pottery on the basis of fabric analysis is the most useful starting point for dealing with the problem of the low chronological and functional resolution of surface materials. Fabric analysis allows us to relate worn body sherds found during surface survey to well-defined pottery groups based on excavated materials. Survey makes it possible, then, to 'trap' moments of increased production and/or increased pottery supply in the wider rural landscape, and to relate such observed changes to socio-economic and political change in the urban sphere. Following an introduction to the overall research programme, the authors explains the fabric classification method and provides an example of its application to a pottery collection from a recent P.R.P. survey at Lanuvium in the Alban hills. The fabric classification is given in an Appendix and covers the local *impasto* and local coarse wares collected in site and off-site contexts in the Lanuvium survey.

KEYWORDS: Central Italy, Alban hills, Lanuvium, Latial archaeology, survey, pottery, pottery fabrics, pottery wares.

1. INTRODUCTION

1.1. Research background

The fabric classification presented in this paper is based on the result of the quantitative processing of sherds collected during an intensive survey by the Pontine Region Project (P.R.P.) in September/October 1995 in the catchment of ancient Lanuvium in the Alban hills, to the southeast of Rome (Attema, 1996; Attema, Nijboer & van Oortmerssen, 1997).[1] It was the second in a series of three surveys carried out to date in the research programme 'Roman colonization south of Rome, a comparative survey of three early romanized landscapes' (Attema, 1995).[2]

Fabric analysis of survey material from Lazio is part of a wider long-term research programme on Latial ceramic production, carried out by mediterranean researchers of the G.I.A.[3] The programme also involves the ceramics provenient from excavations at the protohistoric site of Satricum at present-day Borgo Le Ferriere. The latter material has stratigraphical context and is for a large part explicitly related to the hut, house and cult features excavated at the site since 1977 (Maaskant-Kleibrink, 1987; 1992; Bouma, 1996). These features cover the period of c. 800 to c. 200 BC. The P.R.P. survey material covers a longer time-span and includes both earlier (Bronze Age) and later periods (the late Roman Republican and Imperial periods) (Attema, 1993).

The research programme has two aims: firstly to establish a regional fabric classification system of 'common' sherd material as an integral part of a comprehensive ware typology and functional classification of the pottery from the Pontine Region. This classification will be made concordant with existing typologies (e.g. Carafa, 1995; Bettelli, 1997), and will be published in a field manual for quantitative and qualitative processing of excavation and survey ceramics derived from fieldwork in this area. Our second aim is to understand the changes in ceramic technology and the organization of ceramic production, a field of study which we feel is important for our understanding of centralization, urbanization and colonization processes in first millennium BC Lazio.[4]

In the specific context of the research programme 'Roman colonization south of Rome', attention was focused on the relation between changing ceramic technology and early Latin/Roman colonization.

1.2. Comparative pottery studies

Between 1994 and 1997 sample areas in the rural catchments of three Roman towns were surveyed, two of them Latin colonies (Sezze or ancient *Setia* in the Agro Pontino, and Segni or ancient *Signia* in the Sacco valley), the other a *municipium* (Lanuvio or ancient Lanuvium in the Alban hills, near Rome) (fig. 1). The surveys were designed to test three different models of colonization postulated in the research formulated on the basis of the results of earlier regional research (Attema, 1993):

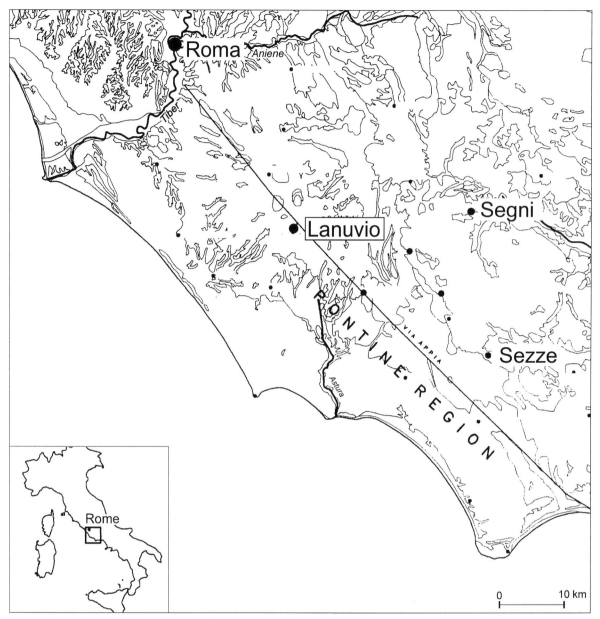

Fig. 1. Location of the survey areas of the research programme 'Roman colonization south of Rome, a comparative survey of three early romanized landscapes'.

- A military/strategic model, historically connected to the earliest expansion of Rome in Latial territory (taking place around 500 BC, test case Segni);

- A rural exploitation model, historically connected to 4th century BC Roman Republican colonial settler policy (test case Sezze);

- A 'suburban' model, of an ancient Latin town being romanized rather than colonized (test case Lanuvium).

Two related research strands were pursued. One was the chronological, functional and spatial comparative study of urban and rural settlement patterns in the three landscapes; this was intended to highlight regional

correspondences and differences in Roman colonial strategies and to evaluate the impact of early Roman/ Latin colonization on the previous Archaic settlement patterns. The other was the comparative study of the surface pottery collected in the sample areas of each catchment; the aim was to 'trap' moments of increased production in pottery supply and production in the catchments of these Roman towns. To this end, large sherd collections from rural contexts were processed, ranging between 10,000 and 34,000 sherds, in the conviction that, to obtain functionally and chrono- logically meaningful data out of surface scatters, as

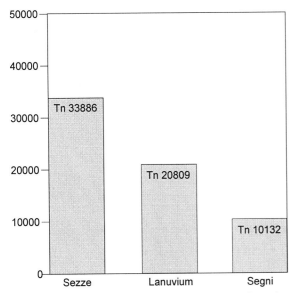

Fig. 2. Totals of sherds collected in the Sezze, Segni and Lanuvium survey.

many fragments as possible need to be classified (cf. Attema, Haagsma & Delvigne, 1997; MacDonald, 1995) (fig. 2).

As expected, the Lanuvio sherd collection showed continuity in ceramic production and supply from the Iron Age to the Roman period. It was therefore selected to be the first to be subjected to a detailed fabric analysis. At a later stage of the project, the results from the Lanuvium survey pottery will be compared with the fabric data from the Segni and Sezze collections in order to study the chronology and intensity of Roman presence in the areas of Roman expansion.

1.3. Outline of this paper

First, the archaeological context of the survey ceramics and the sorting procedures followed during fieldwork will be discussed; I will then proceed to explain the fabric classification method. The actual fabric classification of the Lanuvio sherd collection is presented in the Appendix. In comments on the fabrics and in a diagram (fig. 9), I will highlight links with ware groups known from stratigraphical contexts at the protohistorical site of Satricum. The classification comprises local *impasto* fabrics, coarse fabrics, and depurated fabrics with volcanic inclusions. It excludes imported materials (depurated and coarse), local depurated material, and fine wares such as black glazed ware and terra sigillata. These will be treated elsewhere. The paper concludes with remarks on general trends in the production of tiles, *impasto*, and coarse ware pottery in the Pontine Region in the first millennium BC.

2. ARCHAEOLOGICAL AND METHODOLOGICAL CONTEXT

2.1. Rural settlement in the Lanuvium catchment

The ceramics collected during the survey cover the period from the later Iron Age to Roman Imperial times and were mostly collected in the rural catchment of Lanuvio.[5] The originally Latin settlement of Lanuvium, as is its ancient name, is situated on the southeast flank of the Alban volcano, overlooking the Pontine plain (fig. 3). Rome made the independent Latin city of Lanuvium into a *municipium* in the early 4th century BC, after which it continued to flourish well into the Imperial period (Chiarucci, 1983: pp. 27-34).

The survey data suggest that in the later Iron Age (8th and 7th centuries BC) the lower hills of the Alban volcano to the south of the settlement of Lanuvium, became sparsely settled by Iron Age farming communities. Earlier, settlement had concentrated mainly along the rim of the primary caldera (Chiarucci, 1978). By the later 6th century BC a rural settlement hierarchy had developed that was dependent on Lanuvium as its central place. On the basis of the pottery scatters found during the survey, we can suppose that each hill surrounding Lanuvium featured more than one settlement unit in the Archaic period (6th century BC) and the post-Archaic period (5th/4th century BC) (fig. 4). In this early period we are undoubtedly dealing with very modest farmsteads with wattle and daub walls founded on walls in tuff stone and having a (partly) tiled roof. Ceramic scatters are small and lack the massive stone building debris that characterizes scatters from Republican farmsteads of the late 4th century BC onwards. The latter were sometimes built on free-standing stone platforms, placed centrally on the hill tops dominating the former Archaic rural landscape. This agricultural exploitation system with strategically placed 'villa farms' is found in large parts of South Lazio during this period (Attema, 1996).[6]

2.2. Surface artefact collection procedures

Sherds were collected from site and off-site contexts using three different methods. So-called 'string-squares' were used to sample discrete ceramic scatters (sites), individuated by field walkers in their transects. This controlled collection method was used to estimate density and chronological range of the ceramics in both the core and the periphery of each scatter. The method calls for one team member to collect all artefacts from the surface of a 4x4 quadrat, forcing him or her to make an unbiased sherd collection. Grab sampling (i.e. non-systematical collecting) served to complement the string-square collections made at sites with fabric and/or form diagnostic sherds and were especially helpful in the functional interpretation of scatters. Transect finds in the survey were those artefacts that were actually col-

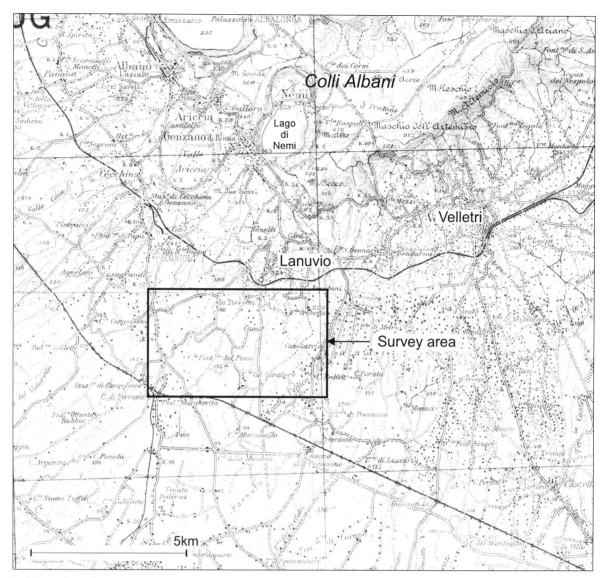

Fig. 3. Lanuvium and survey area.

lected – and not merely counted – in off-scatter (off-site) situations along the transects. Collected were those sherds that were thought to have diagnostic value.

The recording of material not related to obvious scatters served to estimate the intensity of land use for the various periods under study, besides complementing the scatter collections. The resulting ceramic samples of the three collection modes furnish the quantitative and qualitative basis of the present study.

2.3. Sorting procedures: the reference collection

In order to sort, count and weigh the ceramics that were brought in from the field, experienced team members created a reference collection from ceramic specimens that were considered to have distinct fabric characteris-

tics. The main criteria by which the sherds were judged were the colour of the clay matrix and the quantity, sorting and type(s) of mineral and other inclusions. Such characteristics were assessed by naked eye on the evidence of the sherd's core after it had been intentionally broken. Munsell soil colour charts were used, as well as charts to estimate percentages of inclusions and degree of sorting. When a sherd did not fit an existing reference in the collection, a new reference was added. The result of this procedure, in the case of the Lanuvium survey, was a collection of 114 ceramic references, an outcome based on the processing of 20.809 sherds of which 16.480 sherds were large enough to assign them to a reference. The average weight of classified sherds was 26 gr.

Of the 114 references, 60 were considered to belong

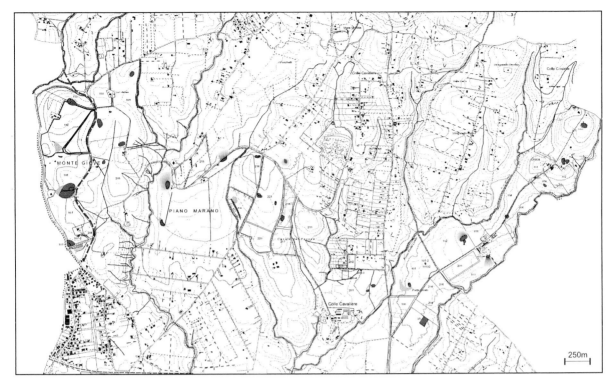

Fig. 4. Lanuvium survey area with scatters.

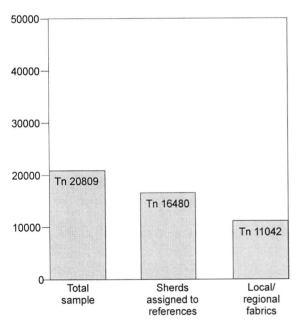

Fig. 5. Percentage of sherds of total sample assigned to references and percentage of sherds of the latter category belonging to *impasto* fabrics, coarse wares and depurated tiles with volcanic inclusions.

to the category of locally made ceramics. Sherds assigned to these 60 references accounted for 67% of the total number of assigned sherds – a score mirroring the importance of this group. The bulk of these (11.042

sherds) belongs to storage and cooking pottery and roof tiles of various types and sizes (fig. 5). The clays used for this group from the Bronze Age to Roman Imperial times are characterized by the inclusion of volcanic minerals and/or FeMn concretions and/or quartz/feldspar.

The remaining 54 references (not discussed in this paper) relate to imported *amphorae*/jugs, to local or imported depurated pottery (including *amphorae*/jugs) and fine wares such as black glazed ware and terra sigillata. The use of depurated fabrics for the manufacture of everyday pottery only occurs on a larger scale from the 5th century BC.

The next step in the processing of the pottery was the amalgamation of the 114 references into laboratory assessed fabric families and groups with a fixed set of characteristics within a defined variability range.[7]

3. THE CLASSIFICATION

3.1. Classification criteria

The amalgamation of the pottery reference types pertaining to local production of *impasto*, coarse pottery, and roof tiles into fabrics led to the identification of three fabric families based on the colours visible in the pottery core just beneath the surface. Following Adams & Adams (1991: p. 266) 'fabric' is defined as "a

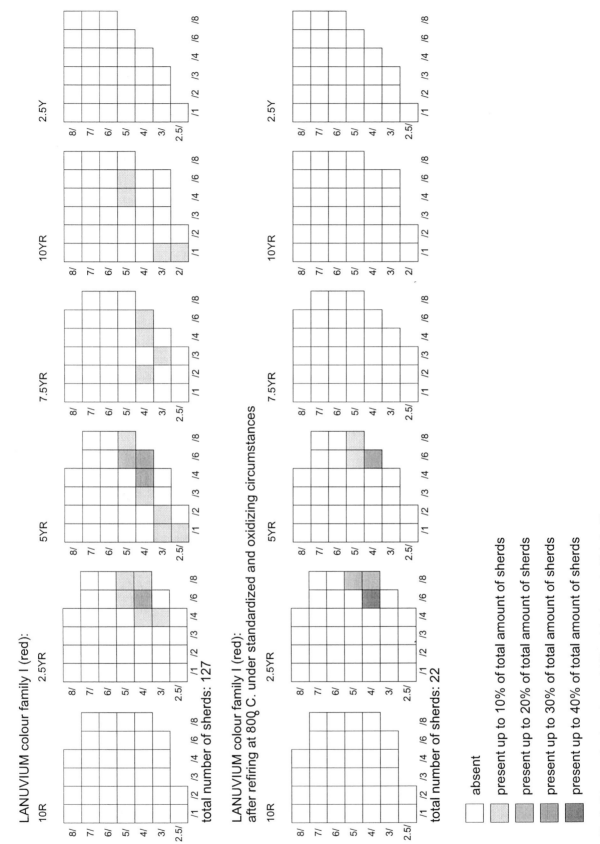

Fig. 6a. Diagrams showing colour variability of the three main fabric families.

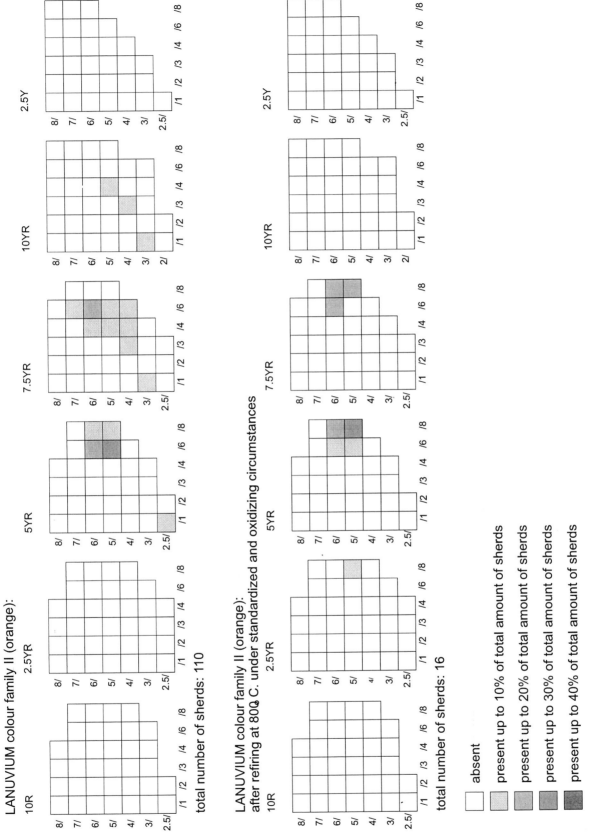

Fig. 6b.

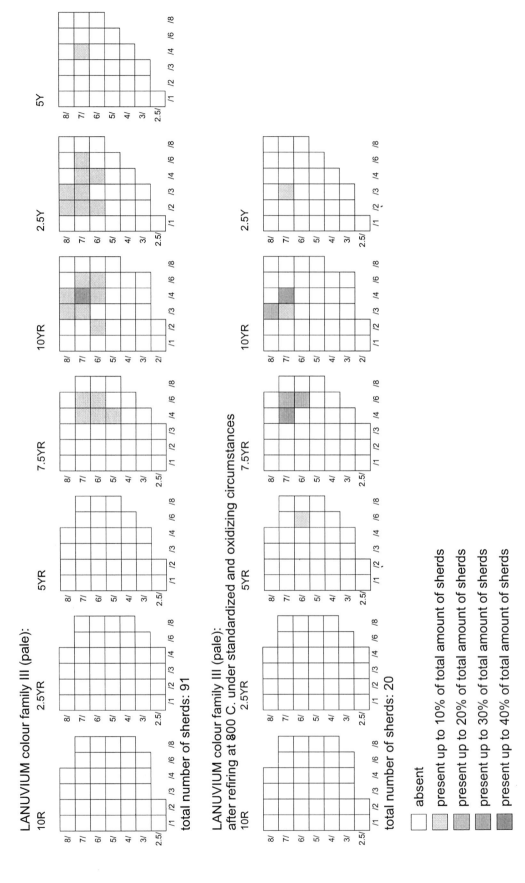

Fig. 6c.

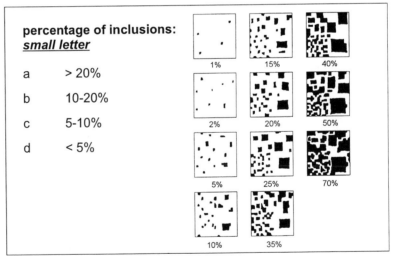

colour: *roman numeral*

I = red firing
II = orange firing
III = pale firing

predominance of a particular inclusion or combinations of inclusions: *capital letter*

Minerals-rock fragments

A   quartz
B   flint
C   quartzite
D   feldspar
E   augite
F   olivine
G   mica (biotite)
H   leucite
I   tuff with leucite incl.
J   tuff
K   lava
L   volcanic glass
M   limestone/calcite
N   shale
O   granite
P   rock fragments

other inclusions

Q   FeMn (concretions and patches)
R   grog(crushed pottery)
S   extreme red grog
T   white powdery incl.
U   organic inclusions

sorting of the inclusions:
ws / ms / ps / vps

ws = well sorted

ms = moderately sorted

ps = poorly sorted

vps = very poorly sorted

particle size: *(1) (2) (3) (4)*

(1)   >1000   (big)
(2)   250-1000   (average)
(3)   90-250   (fine, still visible with the naked eye
(4)   <90   (absent or not visible with the naked eye

percentage of inclusions:
small letter

a   > 20%
b   10-20%
c   5-10%
d   < 5%

1%   15%   40%
2%   20%   50%
5%   25%   70%
10%   35%

Fig. 7. Codes used in the Groningen Institute of Archaeology fabric classification system: 1. Colour; 2. Predominance of a particular mineral; 3. Sorting of the inclusions; 4. Particle size; 5. Percentage of inclusions.

collective term for the internal constituents used in making pottery. These include the basic clay, marl, or mud which is the primary constituent, and any other material (temper, levigation, etc) which is mixed into the clay, marl or mud to facilitate firing or to impart hardness, porosity, or other characteristics to the vessel walls". Experience with the ceramics from the Satricum excavations had learned that sub-surface colour is a distinctive criterion. Refiring of representative sherds from each fabric under standardized circumstances confirmed this for the Lanuvium group. To describe colour, Munsell soil color charts were used (Munsell, 1992).

In the fabric classification presented below, we discern a red firing fabric family (LAV I), an orange firing family (LAV II) and a pale firing family (LAV

III). The variability in colour of the three families is illustrated in diagrams, and is based on a refiring programme (fig. 6: a,b,c). Predominance of certain type(s) of inclusion in the clay, percentages of inclusions, their sorting and particle size, as well as the texture of the clay matrix, hardness and fracture (the way the sherd breaks) were the criteria to subdivide the fabric families into fabric groups and/or individual fabrics (fig. 7 and Appendix). Resemblances between fabrics of different fabric groups, or even between fabrics of different families, can be deduced from the label of each fabric, which contains its properties in encoded form.[8]

3.2. Fabric families

The histograms in figure 8 show total numbers of sherds belonging to the three fabric families (fig. 8a) and quantifies the way in which the sherds were collected (string-square, grabsample or transect find) (fig. 8b). The high scores for the red and pale firing families can be explained by the fact that these contain the traditional fabrics used for roof tiles, storage containers, and smaller storage and cooking pottery. The red firing family has the longest tradition and occurs in the region from the Bronze Age onwards. The earliest datable material of the red firing family in the Lanuvium survey is the early 8th century BC hand-made pottery (*impasto*). In the 7th and 6th centuries BC wheelthrown pottery becomes common in the red firing family.

It is remarkable that the red firing ceramics occur more frequently in transect samples than the orange and pale firing ceramics (37% against 7 and 5% resp.), meaning that the red firing ceramics were mostly found in 'off-site' situations, i.e. not related (anymore) to discrete concentrations of surface material. One explanation is that the Iron Age and Archaic sherds

were already ploughed out of site context by Roman times (the Roman scatters are still more or less in situ).[9] Another would be that there are in fact red firing scatters, but these are so thin that they were not recognized in the field as coherent entities (sites) under standard survey procedures.[10] A bias, however, might be that red firing sherds were preferentially collected on transects. The descriptions of the counted material on the transect recording sheets suggest, however, that this is not the case.

The observation of a high off-site distribution of red firing ceramics in itself, however, suggests a far denser occupation of the rural catchment around Lanuvium in the 7th and early 6th centuries BC than site density alone would suggest.[11] That such rural infill started on a substantial scale in the course of the 7th century BC is evident from a group of late Iron Age fabrics that lacks a predominant mineral (Appendix: LAV I.a). Save for some fragments of the earlier hand-made brown ware, and a handful of Well-burnished Black Ware (see below), these fabrics can for the larger part be related to the so-called Common Red Slip Ware, a 'household' version of the orientalizing Fine Slip Ware (in Italian: *impasto rosso*), which dates to the later 7th and 6th centuries BC.

Rural infill intensified in the course of the 6th century BC as is evident from the wide distribution of augite predominant and quartz/feldspar predominant fabrics. These relate to red coarse ware that becomes widespread in this period (see Appendix: LAV I.c and LAV I.e). The orange firing family occurs, save for some hybrid categories between red and orange, in larger quantities only from the start of the 5th century BC. These fabrics are especially indicative of the production of wheel-thrown coarse pottery which replaces the red coarse ware cooking and smaller storing pottery (Appendix:

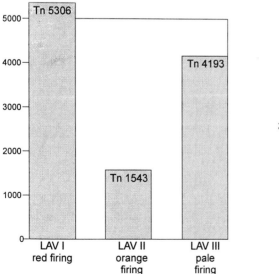 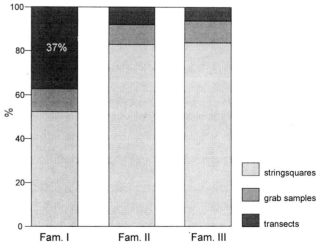

Fig. 8. Totals of sherds per fabric family (a) and percentages of each family found in string-squares, transects and grabsamples (b).

Fig. 9. Fabric groups of the Lanuvium survey and their relation to ware groups known from Satricum. Note the increase in numbers of sherds in the red firing fabrics relating to the 7th century/6th century BC Common Red Slip Ware and Red Coarse Ware.

LAV I). A tendency towards quartz/feldspar predominant clays can be noted (Appendix: LAV II.c, group c.1). The coarser fabrics among these still stand in the Archaic tradition, whereas the depurated and harder fired fabrics (Appendix: LAV II, group c.2) have lost all the typical Archaic fabric characteristics (such as the presence of volcanic inclusions and quartz/feldspar and an untreated coarse surface). Save for some very specific early pale pottery wares, rarely found in survey contexts, pale firing ceramics occur in larger quantities only from the later 6th century BC. Initially the pale firing fabrics of the tiles and the coarser pottery resemble those of the red firing family and stand in the late Archaic tradition (Appendix: LAV II.a). Later fabrics tend to become more depurated. In the Appendix each fabric family is split into fabric groups based on the presence and predominance of (combinations of) inclusions in the clay.

4. CONCLUDING OBSERVATIONS

The diagram presented in figure 9 shows the relation between the classified fabric groups of the Lanuvium survey and the current pottery ware groups established at Satricum. The latter furnish an approximate date range. In combination with the fabric descriptions listed in the Appendix, the diagram allows for some cautious structural observations on ceramic technology and pottery production in the rural landscape around Lanuvium in the first millennium BC.

The 'non-predominant' red firing fabrics (in which several types of inclusion are present in even quantities) relate to either Iron Age or orientalizing pottery wares, such as the hand-made Burnished Brown Ware, Black Slip Ware, and Common Red Slip Ware (= *impasto rosso*). There is hardly any related tile production. The production of these fabrics will for the larger part have been dependent on household potting; this occurrence in the Lanuvium catchment signifies incipient rural infill. The increase in numbers of sherds assigned to fabrics belonging to Common Red Slip Ware indicates that the exploitation of the countryside around Lanuvium in the latter part of the 7th century BC intensified. This is especially clear in the off-site record, indicating dispersed settlements in the countryside.

The dispersed pattern crystallizes in the 6th century BC into a fairly discrete site pattern of Archaic farmsteads (fig. 4). A wide range of fabrics is now being used by the potters for the production of storage pottery, both *dolie* (large containers) and *olle* (small and medium-sized cooking and storage pots), and tiles. In this period pottery production intensified greatly and may have become organized in workshops in proto-urban centres (in casu Lanuvio) (Nijboer, 1998). A tendency towards the increased use of augite and quartz/feldspar predominant fabrics is manifest in the production of the Archaic wheelthrown Red Coarse Ware that, at the turn

of the 6th century BC, would be substituted by coarse wares of orange firing and pale firing fabrics.

At first the clays used for the orange and pale firing fabrics have quite the same composition as some of their red firing Archaic predecessors. In both families we find augite predominant and quartz/feldspar predominant fabrics that are adopted for both coarse ware pottery and tile production. In the course of the 4th century BC, however, these clays tend to be used for tile production only. In pottery production there is a tendency to use quartz/feldspar predominant clays.

In the advanced Roman Republican period the coarse wares are substituted by Common Roman Orange Ware; harder fired wheelturned pottery showing a high degree of standardization and made of well-sorted, depurated clays and found on all Roman villa terrains. This shift implies further regionalization of production.

In the Republican period lava predominant fabrics for tile production and depurated fabrics with large inclusions prevail. These are totally different from the augite and quartz/feldspar predominant fabrics used for tile production in the 5th and 4th centuries BC, which can be said to continue the Archaic tradition. We interpret this to mean that areas where this pottery is found were fully romanized.

5. NOTES

1. The ceramics were studied at the Museo Civico di Albano Laziale by Peter Attema and Gert van Oortmerssen by the kind permission of prof. P. Chiarucci during three weeks in June 1996. The initial fabric descriptions were subsequently elaborated by Gert van Oortmerssen in the laboratory at Groningen.
2. This research programme, financed by the Dutch Academy of Sciences (KNAW), was carried out by the author during the period 1994-1997.
3. The research group includes, besides the author, prof. dr. M. Kleibrink, dr. A.J. Nijboer, drs. A.J. Beijer and drs. G.J.M. van Oortmerssen.
4. This specific interest enters in yet another long term project on settlement and landscape in Central and South Italy entitled 'Regional pathways to complexity, landscape and population dynamics in early Italy'. This is a joint project of the Groningen Institute of Archaeology and the Free University of Amsterdam financed by the Netherlands Organization of Scientific Research (N.W.O.). See Attema, Burgers, Kleibrink & Yntema (1998 a and b).
5. A small portion was collected on the Tenuta Massametti, about 9 km from Lanuvium.
6. Platform villae were detected both in the Sezze survey (P.R.P. 1994), the Segni survey (P.R.P. 1997), and in the surveys carried out along the slopes of the Monti Lepini in the catchment of Norba (P.R.P. 1995). Exploitation of this kind is characteristic for the advanced period of Roman agricultural colonization and at least partly bound up with agricultural specialization (Attema, Haagsma & Delvigne, forthcoming).
7. In what follows we will, as stated in 1.3, concentrate on the classification of local *impasto* fabrics, coarse fabrics and depurated fabrics having local volcanic inclusions.
8. For instance, a medium to poorly sorted augite predominant fabric in the red family LAV I E.ms-ps(1-4).ab may have an approximate counterpart in the pale family in LAV III E.ms-vps(1-4).ab.
9. Cf. my earlier observations concerning the distribution of Archaic ceramics in the Cisterna survey area located to the southwest of Lanuvium (Attema, 1993: pp. 204-210).

10. Walkers in the Lanuvium survey were spaced between 4 and 15 m apart (in 12% of the surveyed fields the spacing was 4 to 6 m, in 56% 6 to 10 m, and in 32% 10 to 15 m.

11. More than 1600 sherds were assigned to this fabric group (241 observations), of which 95% (!) was found along transects.

6. REFERENCES

ADAMS, W.Y. & E.W. ADAMS, 1991. *Archaeological typology and practical reality: A dialectical approach to artifact classification and sorting.* Cambridge University Press, Cambridge.

ATTEMA, P.A.J., 1993. An archaeological survey in the Pontine Region, a contribution to the early settlement history of South Lazio. Proefschrift Rijksuniversiteit Groningen.

ATTEMA, P.A.J., 1995. Models of early Roman colonisation in South Lazio (Italy). In: *La Ciudad en el Mundo Romano.* Actas XIV Congreso Internacional de Argueologia Clasica. Tarragona, pp. 39-41.

ATTEMA, P.A.J., 1996. Romeinse kolonisatie ten zuiden van Rome (2), de Albano survey, Italië. *Paleo-aktueel* 7, pp. 74-78.

ATTEMA, P.A.J., B.J. HAAGSMA & J.J. DELVIGNE, 1997a. Survey and sediments in the ager of ancient Setia (Lazio, Central Italy), the Dark Age concept from a landscape perspective. *Caeculus* 3, pp. 113-121.

ATTEMA, P.A.J., A.J. NIJBOER & G.J.M. VAN OORTMERSSEN, 1997b. Romeinse kolonisatie ten zuiden van Rome (3), het aardewerkonderzoek. *Paleo-aktueel* 8, pp. 84-88.

ATTEMA, P.A.J., G.-J. BURGERS, M. KLEIBRINK & D.G. YNTEMA, 1998a. Case studies in indigenous developments in early Italian centralization and urbanization: A Dutch perpective. *European Journal of Archaeology* 1, pp. 327-382.

ATTEMA, P.A.J., G.-J. BURGERS & M. KLEIBRINK, 1998b. Centralisation, early urbanisation and colonisation in a regional context, Dutch excavations and landscape archaeology in Central and southern Italy. *Saguntum* 31, pp. 125-132.

ATTEMA, P.A.J., B.J. HAAGSMA & J.J. DELVIGNE, forthcoming. Case studies from the Pontine region in Central Italy on settlement and environmental change in the first millennium BC. In: P. Leveau & K. Walsh (eds), *The archaeology of the Mediterranean landscape, 2: Environmental reconstruction in Mediterranean landscape archaeology.* Oxbow Publishers, Oxford, pp. 105-121.

BETTELLI, M., 1997. *Roma. La città prima della città: i tempi di una nascita. La cronologia delle sepolture a inumazione di Roma e del Lazio nella prima età del ferro.* L'Erma di Bretschneider, Roma.

BOUMA, J.W., 1996. Religio votiva, the archaeology of Latial votive religion. Proefschrift Rijksuniversiteit, Groningen.

CARAFA, P., 1995. *Officine ceramiche di età regia: produzione di ceramica in impasto a Roma della fine dell'VIII alla fine del VI secolo a.C.* L'Erma di Bretschneider, Roma.

CHIARUCCI, P., 1978. *Colli Albani, preistoria e protostoria (= Documenta Albana, V).* Albano Laziale.

CHIARUCCI, P., 1983. *Lanuvium (= Collana di studi sull'Italia antica, 2).* Paleani Editrice, Roma.

MAASKANT-KLEIBRINK, M., 1987. *Settlement excavations at Borgo Le Ferriere <Satricum>, 1: The campaigns 1979, 1980, 1981.* Groningen.

MAASKANT-KLEIBRINK, M., 1992. *Settlement excavations at Borgo Le Ferriere <Satricum>, II: The campaigns 1983, 1985 and 1987.* Groningen.

MACDONALD, A., 1995. All or nothing at all. Criteria for the analysis of pottery from surface survey. In: *Settlement and economy in Italy, 1500 BC-AD 1500.* Papers of the fifth Conference of Italian Archaeology (= Oxford Monograph 41). Oxford.

Munsell soil color charts (revised edition). New York, 1992.

NIJBOER, A.J., 1998. From household production to workshops. Proefschrift Rijksuniversiteit, Groningen.

SPENCE, Craig (ed.), 1990. *Archaeological site manual*, 2nd edition. Department of Urban Archaeology, Museum of London. London.

APPENDIX 1: Fabric classification and pottery forms.

1. Periodization of the Lanuvium survey material:

Iron Age	c. 850-725
Orientalizing period	c. 725-600
Archaic period	c. 600-500
Post-Archaic period	c. 500-350
Roman Republican period	c. 350-100

2. Fabric groups of the red family LAV I (date range 800-400 BC)

General comment: The date range of the wares and forms related to the fabrics of the red family of the Lanuvio survey material is by and large restricted to the period between c. 850 BC and 500 BC, although some fabrics extend into the post-Archaic period. The earliest fabrics are those listed under LAV I.a. These Iron Age fabrics have less and smaller inclusions than those of the later 7th and 6th centuries BC (late Orientalizing and Archaic period). Quantitatively group LAV I.a is almost negligible in the face of the large quantities of sherds assigned to group LAV I.c. The augite and quartz/feldspar predominant fabrics of group LAV I.c form the transition to the pale and orange firing late Archaic and post-Archaic fabrics in the fabric families LAV II and III (end 6th/5th century BC). The fabrics listed under group LAV I.b, LAV I.d and LAV I.e are late Iron Age and Archaic in date (c. 750-500 BC).

LAV I.a. Fabrics having combinations of mineral inclusions without predominance of anyone
Fabrics in this group:
+/-.ms-ps(1-3).abc (fig. 10)
+/-.ws-ms(2-3).cd (fig. 11)
+/-.ws(2-4).d (fig. 12)

Comment: The forms related to these fabrics are datable to the Iron Age and pertain to Burnished Brown Ware (fig. 11:1, cup), Common Red Slip Ware (fig. 10:1, jar, fig. 11:2, base) and Black Slip Ware (fig. 12:2, cup; fig. 12:1, jar?). The date range of the fabrics listed seems restricted to the late Iron Age and early Archaic period. As noted above, fabric +/-.ws-ms (2-3).cd was recorded frequently in off-scatter situations and is as such indicative of the late Iron Age/early Archaic rural infill of the territory around Lanuvium (fig. 9). The forms are known from settlement contexts at Satricum (Satricum settlement phases I and II, cf. Maaskant-Kleibrink, 1992: pp. 13-14). Estimated date range of these fabrics: c. 800-700 BC.

LAV I.b. FeMn predominant fabrics
Fabrics in this group:
Q.ps-vps(1-4).b (fig. 13:1)
Q.vps(1-4).c

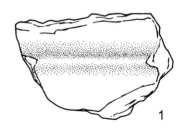

AL301-05-S3

LAV I +/-.ms-ps(1-3).abc

Fig. 10. Plain decorated body fragment in Common Red Slip Ware.

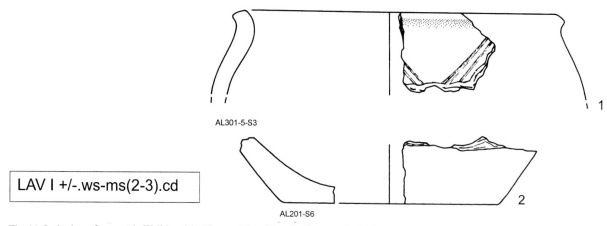

LAV I +/-.ws-ms(2-3).cd

Fig. 11. Incised cup fragment in Well-burnished Brown Ware (1) and a Common Red Slip plain base fragment (2).

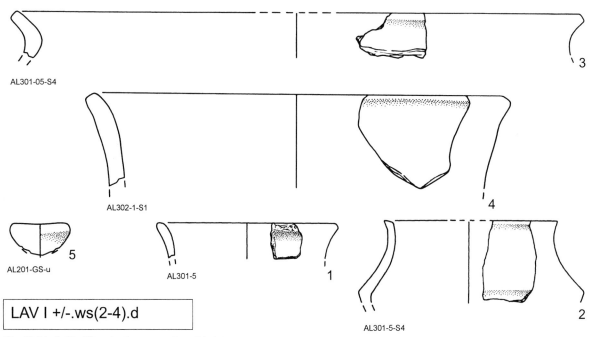

LAV I +/-.ws(2-4).d

Fig. 12. Black Slip Ware rim fragments of small jar? (1) and cup (2) and Common Red Slip Ware jar fragments (3, 4) as well as a knob of a lid in Common Red Slip Ware (5).

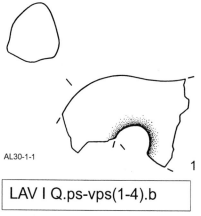

LAV I Q.ps-vps(1-4).b

Fig. 13. Characteristic angular handle of a Common Red Slip jar, specific to this fabric.

Comment: A conspicuous fabric feature is the presence of FeMn as the predominant inclusion. It is well-visible by naked eye, as it occurs in nodules of different size. The fabric occurs in the Common Red Slip Ware group of dark red late Orientalizing/early Archaic ceramics. On part of the survey material the characteristic slip (which often appears craquelé) is still preserved. Tiles as well as pottery were manufactured in this fabric. Among the survey material is a characteristic angular handle of a medium sized storage jar. The pottery in this fabric is hand-made and was for the larger part manufactured for storage and cooking purposes. The pottery repertoire is rather restricted (predominant are, besides tiles, the so-called *ollae* or jars, though other pottery shapes occur). A total of 108 sherds were found in 33 samples ranging between 1 and 15 sherds per sample. Estimated date range: 650-550 BC.

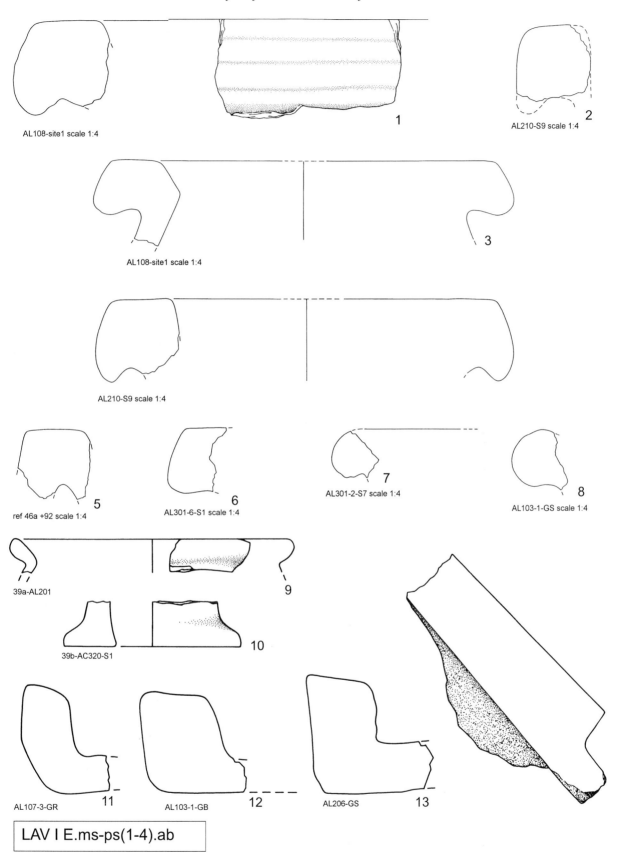

AL108-site1 scale 1:4

1

AL210-S9 scale 1:4

2

AL108-site1 scale 1:4

3

AL210-S9 scale 1:4

ref 46a +92 scale 1:4

5

AL301-6-S1 scale 1:4

6

AL301-2-S7 scale 1:4

7

AL103-1-GS scale 1:4

8

39a-AL201

9

39b-AC320-S1

10

AL107-3-GR

11

AL103-1-GB

12

AL206-GS

13

LAV I E.ms-ps(1-4).ab

Fig. 14. Rims of large storage jars (*dolia*) of varying sizes and tile fragments in Red Coarse Ware. The fragment of a stand (10) is in Common Red Slip Ware.

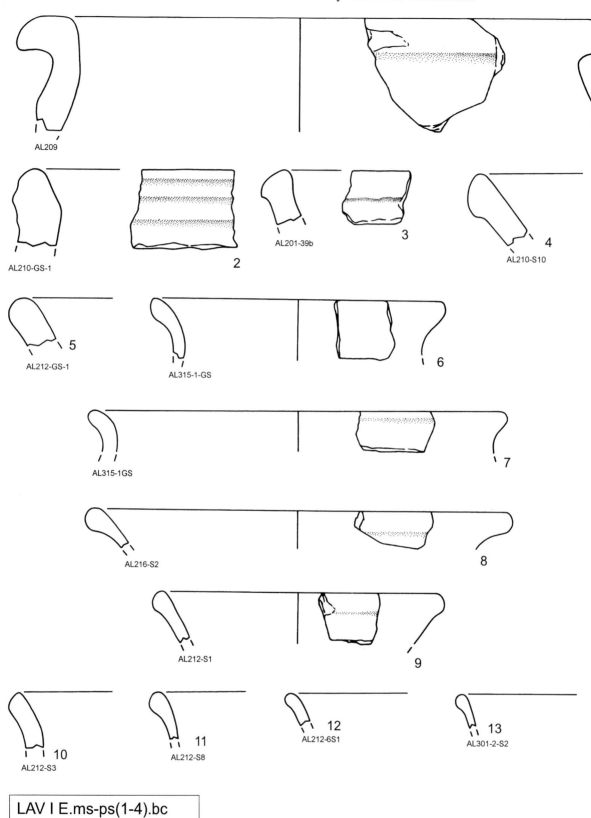

LAV I E.ms-ps(1-4).bc

Fig. 15a-d. Large and medium sized storage jars, bowls, lids, decorated wall fragments, handles and bases in Red Coarse Ware and Common Red Slip Ware. Note the fragments of votive materials on 15d (12. Fragment of uterus; 13. Fragment of a terracotta?; 14. Votive object?).

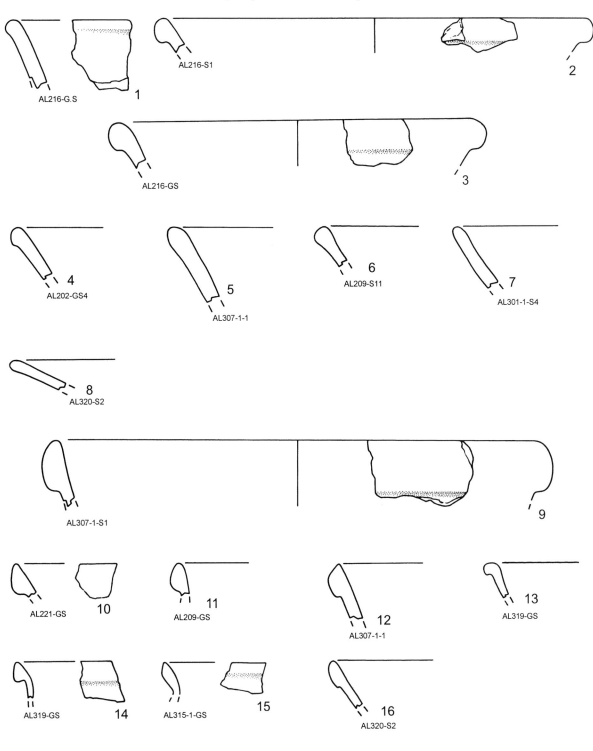

AL216-S1

AL216-G.S 1

2

AL216-GS 3

4
AL202-GS4

5
AL307-1-1

6
AL209-S11

7
AL301-1-S4

8
AL320-S2

AL307-1-S1

9

AL221-GS 10

11
AL209-GS

12
AL307-1-1

13
AL319-GS

AL319-GS 14

AL315-1-GS 15

16
AL320-S2

LAV I E.ms-ps(1-4).bc

Fig. 15b.

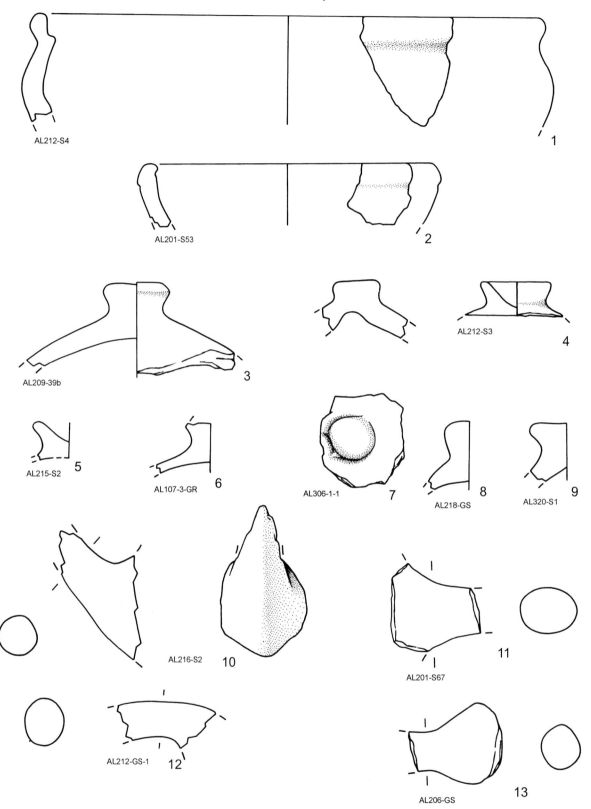

AL212-S4

1

AL201-S53

2

AL209-39b

3

AL212-S3

4

AL215-S2

5

AL107-3-GR

6

AL306-1-1

7

AL218-GS

8

AL320-S1

9

AL216-S2   10

AL201-S67

11

AL212-GS-1   12

AL206-GS

13

LAV I E.ms-ps(1-4).bc

Fig. 15c.

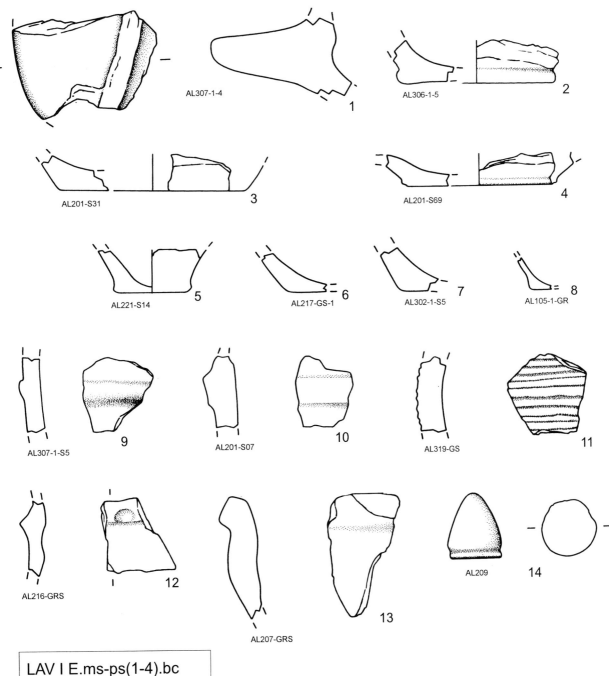

AL307-1-4 1

AL306-1-5 2

AL201-S31 3

AL201-S69 4

AL221-S14 5

AL217-GS-1 6

AL302-1-S5 7

AL105-1-GR 8

AL307-1-S5 9

AL201-S07 10

AL319-GS 11

AL216-GRS 12

AL207-GRS

AL209 14

13

LAV I E.ms-ps(1-4).bc

Fig. 15d.

LAV I.c. Augite predominant fabrics
Fabrics in this group:
E.ms-ps(1-4).ab (fig. 14)
E.ms-ps (1-4).bc (fig. 15)
E.ws-ms(2-4).c

Comment: The two first-mentioned fabrics belong mostly to Red Coarse Ware. These proliferate in the 6th century BC, but were already present in the late 7th century BC. Some fragments, however, have clearly a thin slip preserved on basis of which they must be assigned to the late 7th century BC Common Red Slip Ware group

occurring in the late Orientalizing period (fig. 14:10, stand). Tiles, large storage jars (*doliae*), medium-sized cooking and storing jars (*ollae*), bowls, lids and plates were manufactured in these two fabrics, as well as votive material (fig. 15:12-14). By far the larger part of the approximately 1400 fragments belongs, however, to tiles (at least 50% was identified as such). The pottery in this fabric is at first hand-made and later wheelthrown. These two fabrics were observed in 192 samples. The finer variety has somewhat lesser inclusions (bc) and possibly dates later in the 6th century BC. The wares manufactured in this fabric show the transition from the Orientalizing Common Red Slip Ware to the later Archaic Red Coarse Ware. The latter is

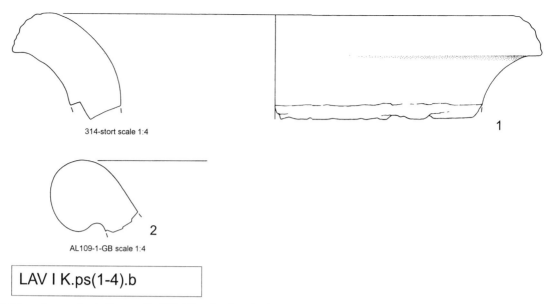

314-stort scale 1:4

AL109-1-GB scale 1:4

LAV I K.ps(1-4).b

Fig. 16. Rims of storage jars in Common Red Slip Ware (late Iron Age).

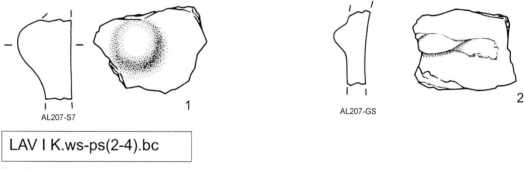

AL207-S7

AL207-GS

LAV I K.ws-ps(2-4).bc

Fig. 17. Body fragments with plastic decoration of medium sized jars (*ollae*) in Common Red Slip Ware

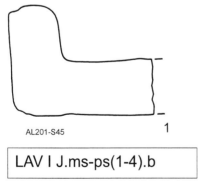

AL201-S45

LAV I J.ms-ps(1-4).b

Fig. 18. Tile fragment having a surface treatment characteristic of Common Red Slip Ware

wheelthrown and its surface is mostly untreated. This fabric is the predecessor of the orange firing augite predominant fabric (see under fabric groups of the orange family LAV II). The third, much finer, fabric in this group can be related to a Fine Red Slip Ware (*impasto rosso*) that is characteristic of the Orientalizing period. It is carefully

executed. Only 10 pieces were found in 7 samples. It has a more restricted date range: between c. 725-600 BC. Estimated date range of these fabrics: 750-500/400 BC.

LAV I.d. Lava/tuff predominant fabrics
Fabrics in this group:
a) lava predominant:
   K.ps(1-4).b (fig. 16)
   K.ws-ps(2-4).bc (fig. 17)
b) tuff predominant:
   J.ms-ps(1-4).b (fig. 18)
   J.ms(1-4).bc

Comment: The two lava predominant fabrics in this group relate to hand-made and wheelthrown red wares, either the Common Red Slip Ware or the Fine Red Slip Ware (*impasto rosso*). The large storage jar rims (fig. 16:1, note the encircling grooves on the exterior of the rim, and fig. 16:2) are typical of storage jars of the Orientalizing period. The *bugno* decoration (fig. 17:1) and the cord decoration (fig. 17:2) are decorations applied to medium-sized *ollae*.

The tuff predominant fabrics are as the lava predominant fabrics related to Orientalizing/Archaic Common Red Slip Ware. The tile fragment in figure 18:1 received a surface treatment characteristic for Common Red Slip Ware. Estimated date range of these fabrics: 725-600 BC.

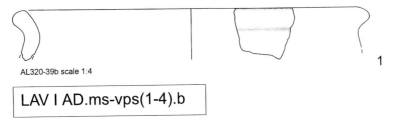

LAV I AD.ms-vps(1-4).b

Fig. 19. Rim fragment of medium sized jar in Common Red Slip Ware.

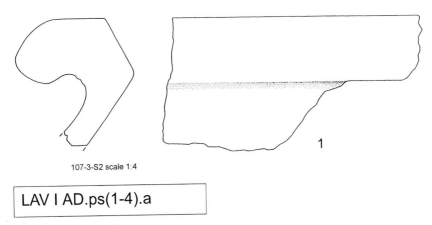

LAV I AD.ps(1-4).a

Fig. 20. Rim of a storage jar in Red Coarse Ware.

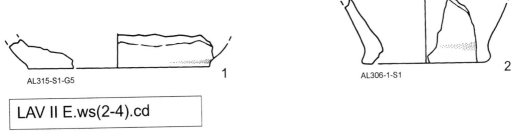

LAV II E.ws(2-4).cd

Fig. 21. Base and body fragment in Orange Coarse Ware.

LAV I.e. Quartz/feldspar predominant fabrics
Fabrics in this group:
AD.ms-vps(1-4).b (fig. 19)
AD.ps(1-4).a (fig. 20)
AD.ws(1-4).ab

Comment: The two first-listed rather coarse fabrics relate to Common Red Slip Ware or to the Red Coarse Ware, both of which proliferate in the late 7th and 6th centuries BC. Like the augite predominant fabrics this fabric continues to be used throughout the 5th and 4th centuries BC for the production of coarse ware pottery. The third-listed fabric is a finer fabric; the sherds assigned to this fabric are datable in the Iron Age/early Archaic period and relate to hand made Common Brown Ware. Estimated date range of these fabrics: 750-c. 400 BC.

3. Fabric groups of the orange family LAV II

The approximate date range of fabric family LAV II is hard to substantiate for the lack of clear stratigraphical connections. Fabric groups LAV II.a and LAV II.b follow on the red augite and quartz/feldspar predominant fabrics. They continue the Archaic tradition. This change takes place around 500 BC. These 'traditional' fabrics are substituted in the mid-Republican period by much harder fired and more depurated fabrics (see below, group LAV II.c). The closing date of the latter production is hard to give as yet.

LAV II.a. Augite predominant
Fabric in this group:
E.ws(2-4).cd (fig. 21)

Comment: This is a fabric used for the manufacture of wheelturned coarse kitchen ware. It continues the Archaic tradition. The pottery is wheelthrown. Production probably dates to the later 6th century BC and continues in the 5th and 4th centuries BC together with the fabrics in the augite and the quartz/feldspar predominant group of the pale firing family. Of this fabric about 100 fragments were found in 60 samples. The related forms in figure 21 are, however, not very diagnostic.

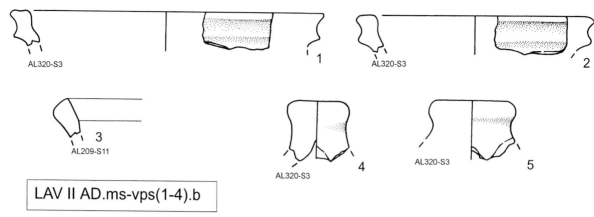

LAV II AD.ms-vps(1-4).b

Fig. 22. Rim fragments (1-3) and knobs of lids (4-5) in Orange Coarse Ware.

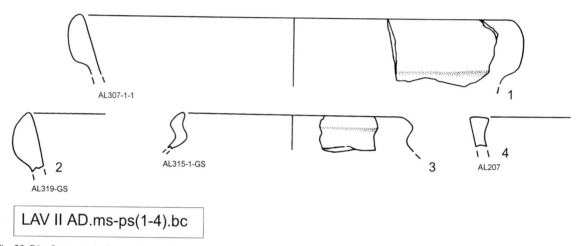

LAV II AD.ms-ps(1-4).bc

Fig. 23. Rim fragments in Orange Coarse Ware.

LAV II.b. Quartz/feldspar/augite predominant
Fabrics in this group:
ADE.ps-vps(1-4).b, with related to this fabric:
.=.ps(1-4).d, pores

Comment: These two fabrics, used for the manufacture of tiles, continue the local Archaic tradition. Production is probably restricted to the post-Archaic period. About 440 fragments were identified in respectively 39 and 68 samples.

LAV II.c. Quartz/feldspar group
Group c.1:
    AD.ms-vps(1-4).b (fig. 22)
    AD.ms-ps(1-4).bc (fig. 23)

Comment: These two fabrics closely resemble a fabric with like properties in the quartz/feldspar group of the red family (LAV I.AD.ms-vps(1-4).b). Like their red counterpart they are used for the manufacture of tiles and wheelturned kitchen ware. The lighter colour and the absence of surface treatment (slip), however, indicate a date for these fabrics in the post-Archaic period. Of this fabric about 250 fragments were identified in 38 samples. Almond shaped rims occur. Estimated date range between the late 6th and 4th centuries BC.

Group c.2:
AD.ws(2-4).bcd (fig. 24a-b)
AD.ws-ms(1-4).bc (fig. 25)
AD.ws(3-4).a
ADT.ws(3-4).b
ADT.ws(2-4).ab, with related to this group:
=.ws(3-4).d

Comment: These fabrics have lost all characteristics of the Archaic/post-Archaic fabrics, having almost no visible inclusions, or only a few large inclusions in a pure matrix. They replace the coarse augite and quartz/feldspar orange firing fabrics and appear in well-defined ware groups of kitchen ware with standard surface treatments. The forms are sharply wheelthrown and belong to late Roman Republican industrial production. They are found on villa sites. About 800 fragments were identified in 443 samples. Estimated date range: late 3rd century BC and later.

4. Fabric groups of the pale family LAV III

Two related groups of fabrics constitute the bulk of the pale firing ceramics that were found in the survey, viz. augite and quartz-feldspar predominant fabrics. These replace those of the Archaic red firing

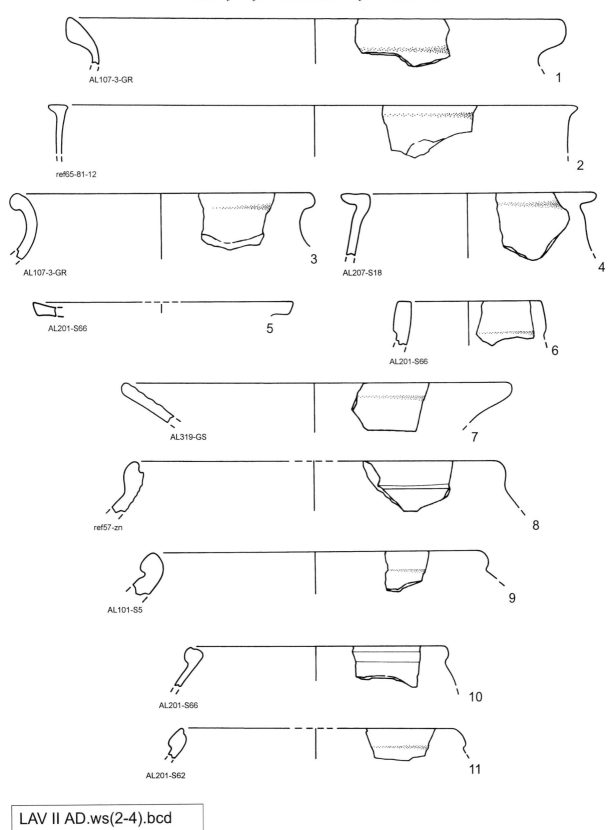

AL107-3-GR

1

ref65-81-12

2

AL107-3-GR

3

AL207-S18

4

AL201-S66

5

AL201-S66

6

AL319-GS

7

ref57-zn

8

AL101-S5

9

AL201-S66

10

AL201-S62

11

LAV II AD.ws(2-4).bcd

Fig. 24a-b. Rim fragments of medium-sized and small jars, bowls and lids in Depurated Orange Wares.

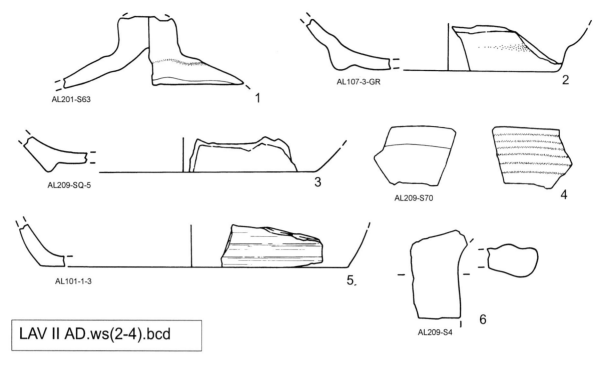

LAV II AD.ws(2-4).bcd

Fig. 24b.

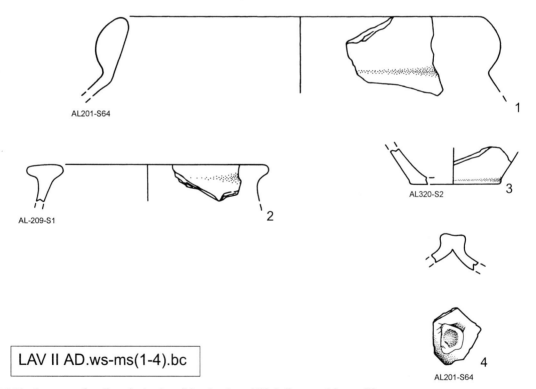

LAV II AD.ws-ms(1-4).bc

Fig. 25. Rim fragments of medium-sized and small jars, bowls, and lids in Depurated Orange Wares.

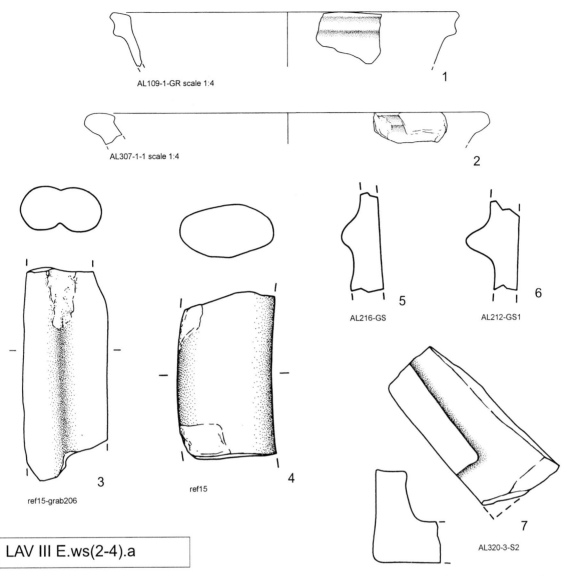

LAV III E.ws(2-4).a

Fig. 26. Fragments of a *teglia* (large open bowl, 1), a jar (2), amphora handles (3-4), a body fragment with plastic decoration and a tile fragment (7) in a Pale Coarse Ware.

production in the manufacture of tiles and much of the storage and cooking pottery. As to mineral inclusions they still have much in common with the red firing fabrics and continue the Archaic tradition. Although pale wares occurred already at the end of the 6th century BC in Lazio, they only started to proliferate in the post-Archaic and later Roman colonial period. *Doliae*, however, continued to be produced in red fired clay besides in pale. All of the rim types presented are also known from Lavinium and date to the 5th and 4th century BC (Lavinium II).

The lava predominant group and the depurated group with large inclusions signify the end of tile production in the Archaic tradition and are, I believe, to be related to a production that is connected with the villa culture that followed on the mid-Republican period.

LAV III.a. Augite predominant group
Fabrics in this group:
E.ws(2-4).a (fig. 26)
(AD)E.ws(2-4).bc (fig. 27)

E.ms-vps(1-4).ab (fig. 28)
EK.vps(1-4).a
(AD)E.ps-vps(1-4).bc, hardness low

Comment: These augite predominant fabrics are widely found and were both used for the manufacture of tile, storage pottery as well as *amphorae*, as the bifid handle (fig. 26:3) indicates. The *teglia* rims and cords place these fabrics certainly in the 5th and 4th centuries BC ceramic production, although the production of pale firing ceramics started already in the late Archaic period. Over 1300 fragments, mostly tiles, were found in the samples. Estimated date range: 500-300 BC.

LAV III.b. Quartz/feldspar dominant group
Fabrics in this group:
ADE.ws(2-4).ab, insufficient blending
AD.ws(2-4).b
AD.ws-ms(1-3).ab

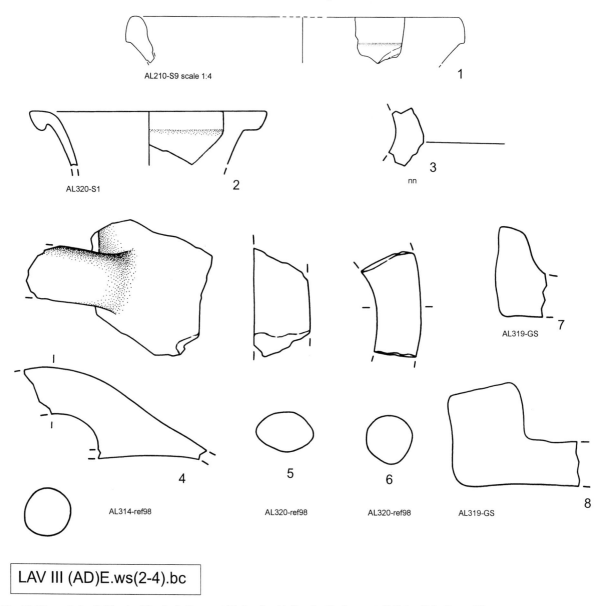

LAV III (AD)E.ws(2-4).bc

Fig. 27. Rims of a bowl (1), a jar (2), a body fragment (3), handles (4-6) and a tile fragment (7-8) in a Pale Coarse Ware.

AD.vps(1-4).a
AD.ps-vps(1-4).b, rounded flint
ADK.vps(1-4).bc, hard

Comment: Among the quartz/feldspar predominant fabrics in the samples, there were unfortunately no forms. Over 1900 fragments were found in 386 observations, again mostly tiles. Although the augite and the quartz/feldspar fabrics are much related, this group is less coherent. Part of the tiles made in this fabric are of a harder quality and are certainly later. Estimated date range: 400-200 BC?

LAV III.c. Lava predominant group
Fabrics in this group:
K.vps(1-4).b
K.vps(1-4).abc, soft (fig. 29)

Comment: This is a very typical fabric of depurated clay with large

lava particles used in the manufacture of large tiles during the late Roman Republic and early Imperial period. It is regularly found on the larger villa terrains. Over 1000 fragments were found in 181 observations. In the diagram in figure 9 they are treated as a separate group. Estimated date range: post 300 BC-100 AD

5. Depurated group having few large inclusions

Fabrics in this group:
=.vps(1-4).d (not powdery)
=.ps-vps(1-4).d (powdery)

Comment: These two fabrics are of depurated clay with sporadically large mineral inclusions. It was used for the manufacture of medium-sized pottery. About 250 fragments were recorded in 107 observations. Estimated date range: post 300 BC-100 AD.

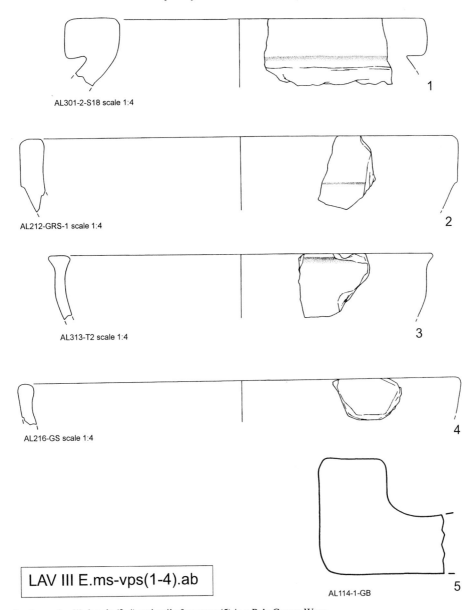

AL301-2-S18 scale 1:4

1

AL212-GRS-1 scale 1:4

2

AL313-T2 scale 1:4

3

AL216-GS scale 1:4

4

LAV III E.ms-vps(1-4).ab

AL114-1-GB

5

Fig. 28. Rims of a storage jar (1), bowls (2-4) and a tile fragment (5) in a Pale Coarse Ware.

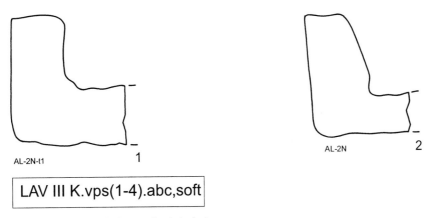

AL-2N-t1

1

AL-2N

2

LAV III K.vps(1-4).abc,soft

Fig. 29. Tile fragments of depurated fabric with large volcanic inclusions.

THE MINIATURE VOTIVE POTTERY DEDICATED AT THE 'LAGHETTO DEL MONSIGNORE', CAMPOVERDE

MARIANNE KLEIBRINK[1]

Groninger Instituut voor Archeologie, Groningen, Netherlands

ABSTRACT: Although many objects of the rescue excavation carried out by the *Soprintendenza per il Lazio* in a small lake called the 'Laghetto del Monsignore' were stolen, the remaining miniature pots merit a catalogue, especially because these miniature votive pots date from the 10th to the 6th century BC and thus the deposit is one of the earliest known. Apart from offering a catalogue, this study tries to ascribe the little pots to their proper ware and use categories by comparing their fabrics and forms with normal sized pots manufactured in Lazio. The Iron Age votive deposits at lakes and springs clearly continue votive habits of old: firstly, during the Bronze Age, practised in caves far away from settlements, secondly, during the early Iron Age, dedicated at cremation burials which took place near the settlements, and thirdly during the infill of the urban landscape at open-air springs and lakes near the settlements. The votive deposit at Campoverde contains many jars, which, perhaps, may be interpreted as a female dedication to the supernatural power thought to be present at the lake.

KEYWORDS: Lazio, Campoverde, early Iron Age, religion, water offerings, votive deposits, miniature pottery, pottery fabric analysis, pottery shapes analysis.

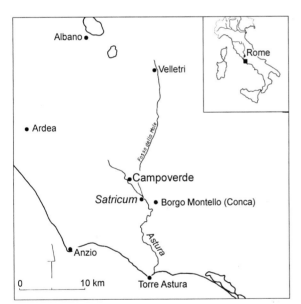

Fig. 1. Map of southern Lazio with the ancient sites of Campoverde and *Satricum* (drawing Huib Waterbolk).

1. NOTES ON THE 'LAGHETTO DEL MONSIGNORE'

In 1977-1978, at Campoverde, a small village c. 60 km south of Rome, the Archaeological *Soprintendenza per il Lazio* rescued a fair quantity of miniature and normal sized ancient artefacts from a small lake with a spring at its heart, today called the 'Laghetto del Monsignore' (fig. 1) (*IGM* map of Italy, F 158, I SO160/113). These

artefacts, mostly ceramic vessels but also a few bronze sheet figurines, *fibulae*, glass and amber pearls, constitutes probably only a very small portion of a much larger quantity of ancient votive objects dedicated at the spring. The spring at Campoverde must be considered an open votive deposit, the gifts were directly thrown into the water and they remained there for a long time as can be concluded from the streaks of scale (limonite) on the little pots. The spring may be called a '*deposito volontario*' or *favissa*.[2] At the moment of the rescue-excavation the area already had been illegally plundered, but still a few hundred small votive vessels could be stored.[3] Today, only the here published miniatures are available for further study because robbers struck again in the storerooms of the *Soprintendenza per il Lazio* at Tivoli.

In the same period, a team of archaeologists from Groningen University, including the present author, still noticed many fragments of full-sized and miniaturized *impasto* pots in the neighbourhood of the lake. This Groningen equip visited the Campoverde site regularly because new excavations at nearby Borgo le Ferriere (*Satricum*) had just been started and we were curious about our surroundings. Previously we had studied the literary sources, particularly Livy on the incessant wars between powerful conquerors like Etruscans, Romans and Volscians, trying to overpower the Latins, who had colonized the area since the 9th century BC or even earlier[4] (for an overview of the ancient sources Maaskant-Kleibrink, 1989: pp. 13-17). More appealing reading material were the reports on the area of Campoverde, alias Campomorto, by De La Blanchère, who produced most impressive descrip-

442 M. KLEIBRINK

tions of the landscape (De la Blanchère, 1883; 1885). He studied the landscape south of Rome in a period when the characteristics that made it so famous were still largely intact.[5] It was formerly known as the *Campagna Romana* and inspired artists from e.g. the Dutch *italianisante* painters to Goethe's *Italienische Reisen*. His and other 19th century descriptions of the surroundings of Campomorto made us expect to encounter during our wanderings at least some remnants of ancient tombs, castles or roads. Reportedly the '*casale di Campomorto*' was built over ancient remains and near that big house in the 19th century still a stretch of an ancient road, paved with polygonal basalt blocks with many tombs alongside it, had been present (Waarsenburg, 1995, p. 151). The name of Campomorto is even said to derive from the presence of these ancient tombs, although today the local inhabitants explain it as referring to the many untimely malaria-deaths in the times before Mussolini's reclamation. Whatever the explanation, we discovered that most archaeological features had disappeared from view during the drastic changes for modern viticulture. The only area with ancient sherds we easily spotted were the surroundings of the small bubbling water of the 'Laghetto del Monsignore', with its depth of c. 1.50 m and its rim of relatively high vegetation in the midst of an immense new vineyard (fig. 2). Later on even this unique small oasis was flattened out and the *impasto* pots and sherds largely disappeared.

In the Early Iron Age hut-settlement period, Campoverde, *Satricum* and Borgo Montello probably belonged together: the miniatures from Campoverde strongly resemble the ones from the old votive deposit at *Satricum* (Crescenzi, 1978: pp. 51-55; Bouma, 1996: pp. 52, 133 with many references). For Rome it has been concluded that the hut compounds of the earlier Latin families will have stretched out over an area of c. 6 km², while the group living at the former lake of Castiglione must have occupied an area of c. 4 km² (Bietti Sestieri, 1992: p. 235). The area of control will have been very much larger, Pacciarelli and Bettelli even think of c. 100 to 150 km, for the major sites (Bettelli, 1997: p. 218). These cultural unities elsewhere indicate that the Latin group living at Campoverde/*Satricum*/Borgo Montello may have occupied an area of c. 5 km² while controlling a much larger region. At *Satricum* settlement presumably was divided over three or more low hills along the Astura: in use were at least the Poggio delle Ferriere, the Macchia S. Lucia and Macchia Bottacci, as these hills were called before the 1960's when almost the entire ancient morphology of the region was destroyed for the planting of vines. The low hill at Borgo Montello at a distance of 1.5 km from *Satricum*, as the crow flies, may also have been part of the Iron Age occupational system, although as yet no settlement finds are reported from this earlier period. The landscape in between these low hills will have been waterlogged for most of the year, the 19th century name '*Conca*' for Borgo Montello indicates a low area and the valley of the Astura between Campoverde and *Satricum* lies low as well. In

Fig. 2. The 'Laghetto del Monsignore', 1978.

any case this southern Astura-centred settlement area to the southeast must have bordered on the marshes of the Pontina. The similarities noted between the artefacts from Campoverde and *Satricum* and the resemblances between those from Caracupa and *Satricum*/Campoverde indicates that at least in certain aspects the Latin groups living in southern Lazio manifested a common cultural identity.[6] The dedications of large quantities of votives demonstrate that one of those common cultural traits must have been the performance of rituals at sacred springs and lakes. Although these rites are also noted elsewhere, here the veneration may have been linked to the marshy character and hence the liminality of the landscape.

The votive deposits of Le Ferriere and Campoverde both contain biconical miniature jars datable to the 10th century as well as miniatures that imitate full-sized corded jars datable to the 9th century BC.[7] The evidence for religious activities right at the start of the Iron Age is most welcome as specialists concluded that it was largely absent from the rest of Latium, although this may be due to lack of registration of data[8] or a general tendency to down-date the dedications. For Campoverde a Bronze Age beginning is generally accepted and based on the presence of decorated late Middle Bronze Age or Late Bronze Age incised fragments of full-sized vessels found in the lake.[9]

2. CERAMIC STUDIES

At an early stage of the *Satricum*-research project a group of Groningen archaeologists have undertaken studies of early Latin ceramics[10]; in the first place because settlement stratigraphy for this pottery is needed as almost all evidence stems from tombs. Furthermore it was felt that pottery studies could help solve technological, socio-economic, subsistence and religious questions. We were thus glad to have the opportunity to not only study the stratified material from the *Satricum* excavation but also the pottery rescued at Campoverde and the *impasto* finds from the old *Satricum* excavations in the storerooms of the Villa Giulia Museum.[11]

In the beginning, our attention was directed at the morphological development of the pottery types through stratigraphical study of the *Satricum* settlement (Maaskant-Kleibrink, 1989; 1991; 1992). Next, various archaeologists took on special subjects: Arnold Beijer studied the *impasto* pottery produced on the site itself (Beijer, 1991a; 1991b; 1992), while Albert Nijboer excavated and published the newly discovered kilns and their productions (Nijboer, 1998). Jelle Bouma constructed a convincing typo-chronology for the wares found in the votive deposit No. 2 at *Satricum* (Bouma, 1996) and subsequently Peter Attema started to process data from the large quantities of small fragments from his surveys in the Pontine region (Attema, 1993 and this volume). A number of years ago the present author

together with these archaeologists set up, much under the influence of the proposals for the classification of ceramics by Adams and Adams (Adams & Adams, 1991), a Lazio pottery project, in order to establish the various pottery fabrics and wares for southern Lazio.[12] The catalogue presented below is the first in which our system for the identification of wares is tested on an extant group of vessels from a single context. Below, it will be attempted to date the miniature pots from Campoverde not only according to their types, but also according to their fabric and ware characteristics. It is hoped that after a number of such studies we will be able to produce a '*Manual of Early Iron Age ceramic wares for southern Lazio*', useful in all field work. In the meantime we would be grateful to those archaeologists who would care to help us with critique, suggestions and comments.

3. THE MANUFACTURE OF THE MINIATURE POTS

Complementary to pottery typology, pottery fabrics and wares can be useful as dating evidence. For miniatures this is fortunate since it is a way to test the general idea that they maintained traditional shapes very much longer than pottery used in daily life. Guidi rightly remarked that early types of miniature vessels can only be called old-fashioned if they are made of a more recent fabric or ware (Guidi, 1989-1990).

In ancient Lazio the manipulation of clays necessary for the production of pots depended either on the function of the ceramic artefact to be produced or on the production technique involved (Nijboer, 1998). As to functional manipulation Nijboer points for instance to experiments by Schiffer and Skibo which showed that sand added to a percentage of 30/40% is a good temper for cooking pots because it reduces thermal shock and also reduces the drying time of the clay paste. With a number of the earlier Latial *impasto* jars a large percentage of sand indeed is present (see below). Later augite was added to the clay for cooking pots in Lazio in order to improve the thermal shock resistance of the clay.

Obviously most miniature vessels were not used to really perform the tasks of the full-sized vessels they imitate. Therefore, if the miniature jars do contain tempering such as for instance large quantities of sand or augite, this would indicate that it was tried to faithfully imitate the full-sized cooking pots. Also, if we find such faithful imitations, which functionally must be regarded as useless, it becomes likely that the miniatures were made together with the full-sized specimens. It is troublesome to add large quantities of quartz or augite to the small clay balls from which the miniatures were produced. At Campoverde there indeed is proof that the miniature vessels were actually produced together with the normal sized pottery made for daily use, because most miniature vessels with a shape datable to the 9th and 8th centuries BC are made from a relatively pure clay which contains small quantities of FeMn just like the full-sized ones. Especially the small vessels with good shapes found in the spring are made from clay tempered with many small FeMn particles, which in these usually darkly burnished miniature pots stand out by their fiery red colours. The presence of relatively pure clay with fairly large particles of FeMn implies that the clay was chosen and prepared by the same experienced potters as clay used for the full-sized vessels. A second argument to consider the production of the miniatures as a by-product of potters responsible for the full-sized vessels is that with the studied Campoverde and *Satricum* miniature pots the chronological development of the clay fabrics, established with a typo-chronology of the miniatures, resembles the general development of full-sized pottery and tiles. A third argument is that the moment the normal pots were made on fast wheels miniatures immediately copy them in this respect too; obviously the skilful throwing of tiny miniatures is something only an experienced potter can do.

From the above observations we may conclude that the miniature pots were manufactured with the purpose of faithfully imitating normal sized vessels. It is therefore extra noteworthy that not all full-sized types were reproduced in mini size; miniaturization was limited to a few pottery types only. The fact that only certain types were thought fit for miniaturization connects with their ritual functions. Therefore in the catalogue below, I will link categories of miniatures to full-sized prototypes in order to subsequently discuss the possible symbolic functions.

A number of miniature pots found at Campoverde and at *Satricum* were made by pinching and pressing soft clay balls into simple shapes. This technique was especially used for bowls, mugs and other miniatures with simple shapes. Pinching is easily detectable since the depressed areas left by the potter's finger tips can always be seen or felt. At Campoverde only the miniatures datable from the Archaic period onwards were wheel-thrown, so the rest must have been made in the coiling technique as the pots are too tiny for slab building. In fact coiling can be detected (I think) from the good angles the walls of the miniature pots make with the bases and, of course, also from the correct curvatures of bellies and necks, which are not possible with pinching.

In the long and standardized tradition of pottery manufacture in Lazio the clays are not only related to the types of pots but also to the ways of manufacture. The undepurated *impasto* clays with large inclusions like small stones or pellets of FeMn, used in the Iron Age 1-3 periods (traditionally dated 1050-730 BC) were worked by hand or coiled. The term *impasto* is used for fabrics with a fair amount of inclusions which are visible with the naked eye. Experiments to imitate the *impasto* vessels from Osteria dell'Osa by Pulitani have shown that the lustrous brown or black surface of the *impasto* vessels was obtained by burnishing the surface several times during the drying stage and eventually by polishing it with a piece of leather (Bietti Sestieri, 1992b: pp. 439-446). *Impasto* clays with a fair amount of coarse inclusions of relatively large sizes are not suited to wheel-throwing because of their rigidity (Nijboer, 1998). In Lazio wheel-made pots, especially Greek drinking sets, were imported long before potters in the region started to use the throwing wheel for the manufacture of local household pottery. The ware which probably caused the transition to wheel-production may have been the *impasto rosso*. The original inspiration for this widespread class of red ware came, it seems, from Phoenicia, from where beautiful, glossy red plates were imported. Red ware became very popular in 7th century BC Etruria but had its moments in Lazio too (Rathje, 1983: pp. 7-29). Plates and jars were made from a special *impasto* to imitate this appealing pottery, sometimes by hand, but gradually more frequently on the potter's wheel. As the earlier brown *impasto* production, the red ware manufacture also knew a large variety of shapes and decorations, which all disappear during the next, Archaic, period, in which for household use wheel-made pottery of coarse ware was introduced. For this Archaic period it has been established that coarse pastes were made to especially suit wheel-throwing. During the late seventh and early 6th century BC pots made of coarse ware, manufactured on a wheel and made in workshops, gradually substituted the manufacture of *impasto* pots, which had been made in households, whether by the women of the household or in a family workshop with more members at work. The pastes fit for wheel-throwing contain less and also smaller inclusions than *impasto* clays, because otherwise the coarse particles would cut the potter's hands. In Lazio wheel-thrown coarse ware was not common before the 6th century BC, it comprised jars, trays and bowls and was predominantly made in village workshops (Nijboer, 1998). In the beginning the coarse ware household pots are still made of (light) red firing clays, but subsequently much of the coarse ware was produced in the 'pale ware' tradition which probably derived from the manufacture of roof tiles and is anyway contemporary with the production of pale tiles and architectural terracotta's of the later 6th and entire 5th centuries BC (Nijboer, 1998). An orange coarse ware produced with characteristics similar to pale ware starts slightly earlier. In the households wheel-thrown coarse kitchen and table pots must have been accompanied in the earlier days by *bucchero* and depurated fine ware drinking sets. For the common household pots depurated clays became only popular during the later 5th century BC and subsequent periods in which coarse wares became rare. The above knowledge on the development of clay pastes in use for the manufacture of pots in combination with the examination of the pastes of the Campoverde miniatures has made clear that the miniatures generally follow the technological development of the full-sized pots found at Campoverde and *Satricum*, so perhaps of Lazio as a whole. The fact that miniatures follow in many aspects normal pots is further proof that miniature pots could be obtained the same way as the full-sized ones. Hence the rituals for which the pots were needed were widespread and regular not secret and private, which of course is exactly what one would expect with open-air rituals.

4. WARE ANALYSIS

A proper ware analysis hinges on a pot's appearance which is not only related to its function but also to its technological level and its degree of sophistication. The archaeologist can enlist quite a number of factors which add up to a vessel's *Gestalt*: the most important are the vessel's form, the colour of its paste, its tempering, firing and finishing, and its decoration. For the pottery wares of Lazio, fortunately, recent studies by Giovanni Colonna as well as by Paolo Carafa, came up with similar results as the Groningen pottery project (Colonna, 1988: pp. 292-316; Carafa, 1995). To reduce confusion to a minimum, we therefore decided to describe the wares of southern Lazio as much as possible in the terms developed by these Italian scholars. Below a short overview of the various wares in use over five centuries of pottery production in Lazio (10th to 5th centuries BC), as relevant for the dating of the Campoverde miniature pots is discussed. Below only a very basic introduction to the wares of southern Lazio is necessary, because the miniatures largely imitate standard local, household pots.

4.1. Short introduction to the early Latin household pottery wares

As elsewhere the stratigraphically collected sherds at *Satricum* demonstrate that red firing clays are dominant from the Early Iron Age till the end of the 6th century BC. In the early days of *impasto* production all vessels were baked in open fires and because of burnishing a reduction of the colour of the red paste to a brown or blackish hue occurred. The red firing clays thus actually resulted in brown or blackish pottery wares (Munsell 7.5YR 4/4, 2.5R 2.5/0). For the brown *impasto* wares the label chosen by Colonna and Carafa '*impasto bruno*' or brown *impasto* will be maintained, but sub-groups will be discerned. In discerning and dating the various ware categories the stratigraphical evidence from Satricum has been useful (Maaskant-Kleibrink, 1989; 1991; 1992).

I. BROWN *IMPASTO* WARE (Colonna, 1988: p. 304; Carafa, 1995: pp. 18 ff.). The family of brown wares (10-8th BC) extends over the whole of Lazio; full-sized vessels as well as the popular grave gift miniatures were made from it. The ware is easily identified, other than by the brown surfaces, by its coiling or slab building technique. We have split this brown *impasto* according to the different functional types and different finishing, or *Gestalt*, of the pots into different groups; here are relevant:

I.1. *Well burnished brown* impasto *ware*, which contains lustrously burnished vessels with a silky sheen. The paste of these pots must have originated from relatively pure clay beds: the fabrics are well to medium sorted, dominance of a single type of mineral inclusion is absent, although occasionally a few larger inclusions occur. The surface burnishing is soapy and sticks to the sherd, when broken the burnished skin always is broken more sharply than the internal part of the sherd. The brown colours of the pots vary enormously, also within a single specimen. The irregular colours indicate that for firing open kilns have been used. In the *Satricum* stratigraphy pots belonging to this ware were fairly abundant in trench alpha and scarcely present in pits 1, 2 and 3, which means that it is not ordinary kitchen ware. We found that only a few miniature pots of the Campoverde find were well burnished, evidently with small pots it is a hard thing to do: Cat.Nos 3, 64-68, 73-76, 218-219.

I.2. *Common brown burnished* impasto *ware*, is made of a paste that contains far more inclusions of various kinds than I.1: especially tufa, lava, grog, and FeMn. Burnishing is far less successful, often resulting in a thin superficial skin, which often is crackled. The group originally must have differed from our first group, because at *Satricum* the sherds were found under the same circumstances, but have reacted differently to post-depositional processes. The firing of these pots is uneven. The ware group seems to contain especially jars: these were all made by hand and mostly have a sharp internal ridge at the transition from lip to neck. In many of the fabrics quartz/feldspar tempering is present; although still we have to study the amount of quartz added to these pots, most of them will have been cooking pots. The high percentage of quartz would have increased thermal shock resistance considerably. See Campoverde Cat.Nos 11-22, 54-63, 77-80, 107-108, 173-175, 182-183, 189-193, 209-212.

I.3. *Common brown 'sandy'* impasto *ware*, with fine to medium sorted sandy clay fabrics. This ware was especially used to manufacture larger shapes: *dolia*, jars, bowls, etc. At *Satricum* fragments were abundant in trench alpha plus stratum IIB. This ware group seems to be a kitchen ware, over time containing increasingly more quartz. The ware is only smoothened with the hands or a stick. Because of the rougher skin it is not always clear whether firing is uneven or more even with these larger pots. At Campoverde a fair number of miniatures belong to this ware: Cat.Nos 23-33, 83-86, 109-111, 115, 139-142.

I.4. *Black slip ware*. At *Satricum* it was noted that in the hut features and trenches from the Iron Age and especially in strata IIA and B, a small amount of fragments belong to an especially fine product, easily recognized by a silky and dark gloss and a sharp contrast between its dark glossy skin and a reddish sandy fabric underneath. The ware comprises drinking cups, bowls and amphorae, the latter often decorated with comb or spiral motifs. The sherds are nearly always thin, the firing is mostly even. Such black shiny products continue into the Orientalising period (Carafa, 1995: pp. 74 ff.). It must be noted that this 'black slip' category is not separated from 'brown *impasto* ware' by Colonna and Carafa, probably because it is not always clear whether the glossy skin actually is a slip or here and there also a skilful burnishing. What is clear though, is that this 'black slip ware' stands out from the earlier 'brown burnished' and 'well burnished ware' because it is far glossier and also has a thinner sherd and more sophisticated pot shapes. The black or darkly slipped pots seem to imitate metal forms, whether directly or indirectly by imitating fine *bucchero*. These pots may have undergone the same treatment as the category of the red slipped *impasto* (see below). On the Campoverde miniature pots a substitute for the dark slip or burnish was in use, the potters covered the miniatures with a thin highly lustrous black slip, which made the miniatures resemble fine black ware. The slip, however, is definitely different from burnish. It may be that burnishing was difficult to carry out on small surfaces and a substitute was invented. Compare Campoverde Cat.Nos 41-49, 69-71, 89-94, 116-123, 149-152, 176-178, 184, 198-200, 204-208.

II. RED *IMPASTO* WARES (7th century BC) (Colonna, 1988, pp. 304 ff.; Carafa, 1995: pp. 91 ff.). During the early decades of the 7th century BC the brown *impasto* vanishes almost completely and is substituted by red ware or *impasto rosso*. This ware shows that traditional pottery making underwent influences of new technologies. As in some cases new clays are contemporary with the introduction of wheel-throwing we may assume that the entire pottery manufacture moved largely away from household production to specialists. The fact that, in contrast to the well burnished brown wares the well burnished red slip is mostly fired to an even red, also points to specialist production, since such evenly coloured surfaces can only be obtained through firing in a proper kiln (Nijboer, 1998). On the basis of its fabric and appearance the ware can be subdivided in the following groups:

II.1. *Fine red slip ware* (real *impasto rosso*), has a large fabric variability, which I will not treat here. Usually the slip is red: Munsell 2.5YR 4/8. (The fabrics for a number of wheel-thrown pots in this period often are lava/or tuff dominant, while another group is augite dominant.) At *Satricum* red slip fine ware is rarely present either in the settlement features or in the tombs (Waarsenburg, 1995: pp. 500 ff.) and may be considered an import category. In fine red slip ware shapes like bowls, plates, globular jars with long out-turning lips and *holmoi* were manufactured. These pot shapes were all present in the *Satricum* settlement. In the Campoverde catalogue below, Nos 50-51, 95-98, 124-125, 153, 179, 180, 185 belong to fine red slip ware.

II.2. *The common red slip ware* contrasts sharply with the fine red slip ware, because it is a relatively thin walled coarse pottery covered with a soapy red slip that easily rubs off. This ware category in *Satricum* is exclusively known with small jars, almost the size of mugs, as well as plates and bowls. There the paste contains many FeMn nodules. It is a traditional ware, simply substituting brown burnish with a red one, it perhaps was still home made. On the other hand a variant of this ware also was used to produce *dolia*, of large globular shapes. These wear the same soapy red slip that easily rubs off. Compare Campoverde Cat.Nos 99-100, 154, 201-202.

III. COARSE WARE (7th-5th centuries BC). Carafa re-introduced this name for mainly wheel thrown pottery made from a paste that contains a fair amount of quartz, augite, or temper of different nature (Colonna, 1988: pp. 304 ff.; Carafa, 1995: pp. 126 ff.). Coarse ware is mostly fired hard. The forms produced in it are fairly standard: jars, lids, bowls, trays, *dolia* and tiles. Coarse ware production starts (in Rome) early in the 7th century BC, but its production diffuses over southern Lazio only in the second quarter of the 6th century BC and increases from that period onwards.

III.1. *Slipped coarse ware*, is a thin-walled well smoothened product which often carried a thin slip, almost a wash, of red or diluted brownish colour. The paste often is fired to a light red. Jars, a number of bowls, as well as *dolia* often are decorated with concentric circles, which demonstrates that the production was still influenced by Orientalising styles. At Campoverde the miniatures Cat.Nos belong to this ware 102, 105, 106, 126, 127, 131-132, 138, 157, 181, 186.

III.2. *Common red coarse ware*. The *dolia* which were made of a paste with very much quartz/feldspar and tuff tempering, are mostly fired red or reddish orange. They sometimes are covered with a thin slip. Also small bowls with an upturned base ring belong to this category as well as many tiles with a sanded reverse. See Campoverde Cat.Nos 52-53, 159-160, 203.

III.4. *Pale coarse ware* (Carafa, 1995, pp. 232 ff.). All of the above products in a markedly more advanced style and in a pale firing clay. In miniature the later pots often are made in pale coarse ware: Campoverde Cat.Nos 101, 104, 120, 128, 129, 132, 134, 136, 137, 155, 156.

III.5. *Orange coarse ware*. All of the above products, in a more advanced style than the pale firing fabrics (noteworthy for instance are the sharply out-turning rims with thickening lips). This fabric is not present among the preserved Campoverde miniatures which indicates that they were no longer dedicated in the 5th century BC.

NB. UNTREATED WARES. The description 'untreated' is limited to vessels which we know usually were surface treated, but for some reasons with the miniatures were not and a second descriptive term, i.e. 'pale' or 'coarse' is added to indicate the ware family the pot would have belonged to if it would have been treated.

5. NOTES ON THE MINIATURE POTTERY OF LAZIO

In Italy, at least from the Neolithic onwards many types of vessels were manufactured in miniature. The locations where such miniature vessels usually are found – caves, springs, lakes and tombs – indicate that the small pots were special. It is obvious that they were deposited in places from where retrieval would be difficult and was not intended. The little pots clearly were definitively disposed of, either containing substances, or as objects per se. In both cases the miniatures had a ritual function and were either used as equipment in rites, or were containers for offerings (Whitehouse, 1992: p. 72). Since one may presume that with respect to the supernatural world Italic tribal and early state societies dedicated gifts "to bring something of oneself to the Other's existence, so that a strong bond is tied" (Van der Leeuw, 1933: section 50)[13] and not quite operated under the *do-ut-des* principle advocated by Tyler, such disposals will mainly have taken place in order to get the attention of a supernatural power and only secondary perhaps also to receive something in return. Questions are whose attention the dedicants sought, what they wanted to receive in return and which supernatural powers were thought to be able to provide that. There are no inscriptions on the small pots, so the archaeologist must try to reconstruct the meaning of the dedications from the miniatures themselves and the locations where they were found.

Archaeology of today has become very interested in the reconstruction of the human landscapes of the past and especially the sacred or ideological landscapes. Miniature *ex-voto*s are for the first time seriously studied. From a number of recent studies (e.g. Malone, 1985; Catacchio, 1989-1990; Fenelli, 1989-1990; Miari, 1995; Guidi, 1989-1990; Whitehouse, 1992), it has become clear that, although miniature pots appear already before the Neolithic, a noteworthy concentration occurs especially in that period while they continue in the Bronze Age. The Neolithic small pots stem predominantly from caves, especially caves with water cults, for instance near sulphurous and thermal springs, defined 'abnormal water' by Whitehouse, and also in funerary contexts (Whitehouse, 1992: fig. 4.6). Later, from the Bronze Age onwards, miniatures were dedicated also in open-air sacred locations, at lakes or near springs. They are not completely lacking in household contexts either (Maaskant-Kleibrink, 1995: p. 129; 1997: p. 70). In the Final Bronze Age in Etruria and in the Early Iron Age in Lazio the mini pots appear again in graves, while dedications of mini pots in the open, often in deposits which contain other artefacts as well, continue. The Iron Age ritual areas are now much closer to settlements than in the Neolithic and Bronze Age. In Lazio and elsewhere, the miniatures occur over a long time and at specific disposal areas, showing that they must have been continuously used in a ritual common to indigenous societies. Generally such ritualistic behaviour can be associated with societies knowing tight social control (Douglas, 1970; Whitehouse, 1992). Careful analysis of the miniatures thus may deliver knowledge on the social organization of the early Latins.

The fact that the miniature pots imitate certain household vessels indicates that the little pots must have had a function connected with the uses of the full-sized pots in daily life. This link, which would have been apparent from the ritual practised, is now lost. We can only try to retrieve it by engaging in a task recently described as: "to approach ritual from the point of view of the material landscape in which it takes place, the knowledgeable activity of the participants, and the dispositions, the habitus, which it creates in them" (Smith, 1996: p. 75). In the case of the rituals in which Latial miniatures were used, this is a vast undertaking because of their frequent and various occurrence. In order to be able to offer an interpretation for the Campoverde miniatures first a chronological overview of the most important aspects of the depositing of miniatures in Lazio will be given. This overview must serve to reconstruct the 'biography' of the small vessels.

The recent theory on the biography of things may be described as follows: in order to survive, human groups are dependent on the survival of their culture (institutions of power, knowledge, food providing), which is socially transmitted. Social reproduction for the larger part takes place with the aid of objects. In past societies, like today, objects frequently did not stand for themselves, but took their meaning from the use that was made of them in their past, consequently much of their meaning depended on their biographies (Appadurai, 1986; Hoekstra, 1997: pp. 47-63; Hoekstra, 1999). In other words the function of the pots in the rituals can only be understood from the value people earlier had attached to the vessels, whether they stand for full-sized pots still in use or for objects out of use. This value was not in the first place economic, but symbolic, although differences between the economic and the symbolic will not have been perceived in the same way as today. Still, the symbolic functions of miniature objects, is not at all mysterious, even if we are far from understanding their organization. It is best to consider the symbolic miniature vessel as autonomous and as productive as any normal tool, because all tools are mediators of human behaviour, whether to help individuals and communities handling practical reality (as in the case of visible tools like hammers) or whether to help them to handle mental reality (as in the case of congratulations) (Molino, 1992: p. 18). The task at hand then in the following overview is to reconstruct the symbolic biography of the miniatures. This can be done by looking at a longer life span than only the Early Iron Age and overview the production and dedication of miniatures in earlier times.

5.1. Caves

Miniature vessels in Neolithic wares, called Serra d'Alto, Marmo or Diana, occur in caves with human remains (Malone, 1985: pp. 129 ff.; Whitehouse, 1992: p. 74). Whitehouse defines cave religion as 'underground' religion, which would have been characterized by initiation rites into male secret societies and used as a source of power, exercised by men over women and by older men over younger ones (Whitehouse, 1992). The caves, mostly far removed from settlements and difficult to find and to enter, from early times onwards certainly had a sacred function, either connected to burial or to especially performed rites or both. Rock art, female figurines, painted pebbles, *pintaderas* and carefully decorated pots indicate these sacred functions (Whitehouse, 1992). New theory interprets the caves with human remains more convincingly as used for particular ancestor rites performed by high-ranking, competitive men (Hoekstra, 1999). Unfortunately there are very few indications to help us understand whether the Neolithic cave cults were directed at ancestors, initiation, hunting or healing. In the case of the combination of water and miniatures Ruth Whitehouse makes a strong case for the special veneration of 'abnormal' water: sulphureous and thermal springs and other types of underground phenomena connected with water frequently received little pots. Clearly it was felt that super-natural powers were at work and that these could benefit the dedicant, probably with the tasks of raising animals and growing food. For the Bronze Age the evidence is clearer and a number of the cave rituals indeed must have been connected with the storage and production of food, other rituals may have served ancestor veneration or other, different purposes (for a list of ritual caves in central Italy, 1700-1350 BC: Guidi, 1989-1990: p. 404). The cave at Latronico, in southern Italy, with its large spaces and sulphureous springs of 23 degrees Celsius, for instance certainly offers an example of a food ritual. Three pots with wild apples, sloes, sorb apples and wheat were deposited, together with other pots, in the cave. From the entrance of the Pertosa cave, situated in a steep slope of the Tanagro valley, a natural stream cascades into the Tanagro river nearby. Along the underground stream 324 small pots were piled up in the rock crevices, wild fruits were dedicated too, as for instance black-berries and cornel-berries, from which fermented drinks can be made (Trump, 1966: pp. 117-118; Barker, 1981: pp. 193-195; Whitehouse, 1992: pp. 62, 71; Hoekstra, 1999). At the entrance more dedications had taken place, not only from the Bronze Age but continuing into Roman Imperial times. The cave seems to represent an open votive deposit in use over a thousand years. Recently Flavia Trucco re-analysed the votive material from this cave (Trucco, 1991-1992), she noted that 55% of the miniatures consisted of one-handled cups (the so-called *attingitoi*), the rest of the miniatures consisted of bowls, cups, mugs and a number of closed vessels with a handle; the entrance dedications contained 80% *attingitoi*. Metal dedications consisted of an EBA axe, 3 MBA daggers and a sword, 1 LBA dagger and 2 knifes as well as fibulae, pins, a bracelet, a razor and chisels from the period LBA/EIA. In a useful overview of the Bronze Age caves with miniatures Monica Miari concludes that *attingitoi* together with mugs, medium sized jars and bowls were directly connected with water cults. She thinks that many of these vessels constituted the votive gifts, while a second group of vessels, large trays with handles on the rim, plates and larger closed vessels had served as containers of gifts (Miari, 1995: pp. 11-29). It seems likely that the bowls, cups and mugs which Miari considers to be gifts may have been used first to drink from, as observed in other instances (Whitehouse, 1992: p. 134). In the case of the Grotta Lataia (Milkmaid cave) where white stillicide water is dripping from the cave walls a drinking ritual is attested. The preserved tale says that drinking from the cave water guaranteed nursing mothers abundant milk. The Roman layers of ex-votos include terracotta models of breasts which confirm the legend for that time, but it will be much older.

Caves in Lazio, such as the newly discovered Sventatoio cave, a thermal cave with a temperature of 18 °C which steams perceptibly in winter (Guidi, 1989-1990: pp. 406-407; 1993: p. 460; Whitehouse, 1992: p. 132) seems to also have been used for food offerings; wheat, beans, and a cake made of wheat and barley were found near a hearth together with sherds of many miniature pots (9000, as far as known hitherto unpublished; the objects date from a developed stage of the MBA). Three youngsters, partly incinerated, were buried in this cave, which may have had ritual significance. Pots with carbonized seeds were also found in the cave of Vittorio Vecchio near Sezze. In Etruria miniature pots dating from the Bronze Age are frequently present in caves, for instance in the Poggio la Sassola cave, in combination with carbonized seeds, or in the Grotta Nuova where prepared food and carbonized vegetables were put in pots, which were aligned along the underground water course; the famous Misa cave in the province of Viterbo, made by an underground brook running trough travertine bedrock, also held miniature pots with prepared foodstuffs and carbonized vegetables arranged in groups containing one species only (Cocchi Genich & Poggiani Keller, 1984): the Riparo dell'Ambra; Grotto del Beato Benincasa; Grotta dell'Orso; Grotta S. Francesco; Antro della Noce and Grotta del Re Tiberio are other caves with Bronze Age miniature pots and seeds, vegetables or/and prepared foods (Negroni Catacchio, Domanico & Miari, 1989-1990: pp. 586 ff.).

These dedications show offerings of foodstuffs that were important in the daily diet of the Bronze Age (for literature Miari, 1995). Guidi explains these cults as propitiatory and connected with the agricultural and pastoral practices of the communities. However, many of the caves contain secondarily buried human remains and it seems not too far fetched to see these as venerated ancestral remains (Hoekstra, 1999). Especially in the cases where male-centred bronze offerings are present in the caves a more complicated pattern of veneration emerges. In the earlier phases of the Bronze Age the metal dedications in the caves predominantly consisted of cutting weapons: axes and swords and sometimes a dagger. They are to be explained as symbols of male competition. The dedicated foodstuffs in the caves with weaponry, which often were combined with a hearth, probably were connected with male ritual consumption. During the later stages of the Bronze Age fibulae, chisels and razors became more common than weapons in the caves, while the weapons were often dedicated in lakes and rivers (Trump, 1966: p. 105, fig. 34; Bianco Peroni, 1978-1979: p. 323; Hoekstra, 1999), which thus became the focus of the competitive male chiefs. In these later periods as well as in the cases where underground brooks received large amounts of miniature pots, thus forming an open deposit for many hundreds of years, male activity seems unlikely and female interest a better explanation, perhaps by females in a transitional phase of life in which ancestral help was needed. From the published material it seems that during the later Bronze Age not only for the weapons the function of the caves was taken over by water sites, either lakes or rivers, but also in the case of the miniature pots.

5.2. Graves

The practice of offering miniature grave-gifts was continuous from the Neolithic into the early Iron Age, after which it ceased fairly abruptly. The practise seems to have been especially connected with cremation burials. Most archaeologist working in Lazio consider the extensive use of miniature grave goods, especially in cremation graves, as one of the most distinctive archaeological features of the Early Iron Age culture in Lazio (Formazione, 1980: pp. 57, 62). This is not quite correct because slightly earlier it had occurred during the Final Bronze Age in southern Etruria (Hoekstra, 1999). Evidently over time the tradition of the deposition of miniatures had turned into a detailed symbolical system. The meaning of the sets of miniature vessels offered as grave gifts in early Latial tombs recently has

become more comprehensible by the excavations at Osteria dell'Osa directed by Anna Maria Bietti Sestieri, who also has extensively explained the particular sets of small vessels (Bietti Sestieri, 1992a; 1992b). Osteria dell'Osa presently is a small town c. 20 km to the east of Rome on the edge of the now dry Lago di Castiglione. Here nuclei of small Iron Age settlements developed from the 10th/9th centuries BC onwards, which around 600 BC clustered into Archaic Gabii. In the 9th century BC miniature grave gifts were especially found in cremation burials of young males with a special status (labelled *type a* cremation by the excavator). Women and other males, buried in contemporary tombs near the cremations, were mainly interred with full-sized vessels. The information that at Osteria dell'Osa miniature pots mostly go together with cremation and apparent ritual status, while full sizes go together with inhumation and normal status is of great importance. In the first place it excludes the often expressed idea that miniature votive offerings are a cheap substitute for full-sized pottery and demonstrates that such explanations are anachronistic and dependent on modern economic reasoning.[14] Secondly, the information obtained at Osteria dell'Osa indicates that miniaturization expresses a special status in death of a number of men, otherwise buried normally amidst their families. Sets of miniature gifts in early Latin tombs are fairly standard, although never identical: miniature pots comparable to those at Osteria dell'Osa are also known from tombs elsewhere in Latium, for instance from tombs in the *Colli Albani* and the Roman Forum. Here the meaning of the miniature tomb gifts may have differed because tombs with miniatures are known to have contained spindles and spools, which indicate female burials. The chronology of the early southern Etrurian and Latial tombs with miniatures still is the subject of much debate. Bietti Sestieri (Bietti Sestieri, 1986; 1992) criticized the chronological system invented by Hermann Müller-Karpe in the 1960's in which he uses an association table in which the graves are arranged according to the presence/absence of chronologically significant objects (Müller-Karpe, 1962: pp. 22-30). In this system six cremation tombs of the small cemetery in front of the Antoninus and Faustina temple on the Forum Romanum are dated to the first phase of the Iron Age in Latium (*Stufe* 1, last decades of the 10th century BC) and twelve other inhumation tombs quite near to the cremation burials are dated to phase IIA from the 9th century BC. On bases of the data at Osteria dell'Osa where cremations and inhumations belong chronologically together but are socially different, Bietti Sestieri sees the two groups from the Forum Romanum also as contemporary and contemporary too with the oldest tomb groups at Osteria dell'Osa (beginning of the 9th century BC). Marco Bettelli (1997: p. 162) also explains the differences between cremation and inhumation as ritual differences, but dates the majority of the Osteria dell'Osa cremation tombs later than the cremation tombs in the Alban hills and the Roman Forum, because the latter demonstrate more traditional outfits. The earliest inhumation graves are dated to phase IIA1 in Bettelli's system (Bettelli, 1997: tab. 2). His dating of the cremation tombs in Lazio makes a link with the cremation tombs in southern Etruria chronologically more plausible while their dating by Bietti Sestieri in the 9th century BC would leave a gap of over a century between the two regions.

The following comparison of miniatures in the earlier Final Bronze Age tombs in southern Etruria and Early Iron Age tombs in Latium indicates that we are dealing with a long standing burial ritual with a wide geographical distribution (the references stem mainly from the *Civiltà del Lazio Primitivo* (*CLP*) where indications to Gierow 1964, 1966 will be found; the southern Etrurian tombs will be further commented upon by Hoekstra, 1999):

1. *Amphora*, a globular or broad pot with two vertical handles; the shape does, as far as I know, not occur in earlier tombs of the Final Bronze Age in southern Etruria and is unique in early Iron Age tombs in Lazio: e.g. Grottaferrata, Villa Cavalletti T. 6, No. 4 (*CLP*, p. 75), h. 7 cm; V. Cavalletti T. 4, No. 4 (*CLP*, p. 78), h 9.5; V. Cavalletti T. 7, No. 4 (*CLP*, p. 78) h 10.5 – Forum Romanum T. Y , No. 3, h. 5.7/6.5 cm (*CLP*, p. 112), compare Betelli, 1995: p. 169 (references to the specimens in cremation tombs in Lazio, no measurements given);

2. *Askos*, a squat pot with an asymmetrical spout and a vertical ring handle. It usually is interpreted as a pottery imitation of a leather bag that was designed to contain liquids. *Askoi* are often miniaturized. The shape occurs in cremation tombs of the Final Bronze Age in southern Etruria and seems to be associated with typically male objects, like serpentine fibulae, razors and funnel shaped lids (Hoekstra, 1999). It occurs less frequently in Latium and gender association here seems not as strict as in Etruria: Rocca di Papa, S. Lorenzo Vecchio T. 10, No. 8 (*CLP*, p. 83) h. 9.8 cm; Velletri, Vigna d'Andrea, Nos 14, 15 (*CLP*, p. 84) Forum Romanum T. 3 at the Arc of August (*CLP*, p. 109) h. 10.5 cm, compare Bettelli, 1995: p. 169 (specimens in cremation tombs);

3. Jug with a vertical ring handle sometimes with a double loop – *brocchetta* in Italian. The Final Bronze Age *brocchette* in southern Etruria strongly remind us of the *askoi* just discussed and again the vase shape occurs much more frequently in southern Etruria than in Lazio. It seems the cremation burials in southern Etruria either contain *askoi* or *brocchette* but never both, which indicates that in the mortuary ritual these pots fulfilled similar functions. However, the *brocchetta* is more frequently associated with female instead of male graves; thus it will have been the female counterpart of the *askos* in male tombs (Hoekstra, 1999; e.g. Poggio La Pozza cemetery). Forum Romanum plot at the Antoninus and Faustina temple Tomb C No. 3 (*CLP*, p. 109) h. 6.9 cm, Tomb Q, No. 10, h. 12.7 cm;

4. Jars with incurving rim, decorated with cords in a reticulate pattern. This shape does not occur in southern Etruria and is unique for Lazio. Interestingly the shape occurs often in pairs or sets, both in tomb C of the cemetery in front of the Antoninus and Faustina temple and in tomb 21 of the cemetery at *Lavinium*. We find a group of three identical pots which clearly copy a standard set of reticulate jars (Hoekstra, 1999); compare also Grottaferrata, V. Cavalletti T. 6, Nos 6-7 (*CLP*, p. 75) h. 13.5/13); T 2, Nos 5-7 (*CLP*, p. 76) h. c. 8 cm.

5. Jars of globular shape and incurving rim, plain or decorated with one, three or even more lugs below the rim – *olletta* in Italian. The decorated type was already known in *impasto* in the Final Bronze Age and an example is known where the knobs are pierced by a small bronze ring (Poggio La Pozza cemetery cf. Peroni, 1960: p. 352, No. 5, fig. 12) an adornment that reminds us how closely this shape of jar resembles a bronze cauldron. In the region around Rome the pot is often associated with objects associated to the male sex, serpentine fibulae and razors (Hoekstra, 1999). The *olletta* was a popular gift in tombs in Lazio: at least 25 tombs contain it, e.g. a plain example: V. Cavalletti T 6, No. 5 (*CLP*, p. 74) h. 5.3 cm – decorated with lugs: V. Cavalletti T. 2, No. 4 (*CLP*, p. 76) h. 5.5); S. Lorenzo Vecchio T. 10, No. 5 (*CLP*, p. 82) h. 4.5 cm, with four lugs (Forum Romanum T. 3, Nos 3-4 (h. 6/6.4 cm) and tombs A, C, N, Q, U and Y (*CLP*, pp. 108 ff.) from the burial plot in front of the temple of Antoninus and Faustina; *Lavinium* T. 24 (h. 5.6), compare Bettelli, 1995: p. 166;

6. Small jars with globular body decorated with a single lug and high distinct neck – termed *biconico* in Italian. These pots are biconical jars with a distinct neck and an out-curving rim, despite the term the transition from base to shoulder is often smooth. In a number of tombs a single biconical pot was extant, but in the majority of tombs pairs of *biconici* were found (23 examples) and from the finds we get the impression that the *biconico* often substitutes a reticulate jar, a type of jar that also often occurs in pairs. These vases in the funerary ritual consequently may have had a similar function in the *corredi* see especially the tomb on the Palatine near the House of Livia in which a pair of *biconici* was discovered together with a reticulate jar of the same shape and size (Hoekstra, 1999); see S. Lorenzo Vecchio T. 10, Nos 3-4 (*CLP*, p. 82) h. 8/7.5 cm, *Lavinium* T. 21, Nos 4-5 (h. 10.5/10.05; *Lavinium* T. 7, No. 5 (h. 7), Campofattore (*CLP*, p. 81), Vigna d' Andrea Nos 4-5 (*CLP*, p. 84), compare Bettelli, 1995: p. 40;

7. Cup with a distinct neck and a vertical handle with a single or a double loop – *tazzina*. This shape enjoyed a great popularity, especially in tombs in Lazio. The vessels occur often in pairs and often also in pairs with a different type of cup or bowl. In Etruria – and perhaps also in Lazio – the combination of a *tazzina* and a different type of small cup, e.g. a miniature carinated cup or even a semiglobular bowl occurred frequently

(Hoekstra, 1999: Poggio La Pozza cemetery; tumulus grave of Campaccio, Le Caprine cemetery at Casale del Fosso) neither the single nor the paired *tazzine* may confidently be linked with either male or female tombs. In Lazio e.g.: Grottaferrata, V. Cavalletti T. 7 (*CLP*, p. 79) Nos 8-9; h. 8.5 + 5.5 together with a semiglobular cup; S. Lorenzo Vecchio, T. 10, No. 6 (*CLP*, p. 83) h. 4.5 cm; Forum Romanum T. 3, Nos 7-9, (*CLP*, p. 108) h. c. 5.4 cm; Forum Romanum T. Q, No. 2 (*CLP*, p. 110) h. 6.8; *Lavinium* T. 24, No. 3 (h. 3.8, D 7) - Bettelli, 1995: p. 170;

8. Round bowl with incurving rim; this type of bowl often was used as a lid, it sometimes has a horizontal handle. The shape is popular both in the *corredi* of southern Etruria and Lazio. Eight tombs of the Monti della Tolfa and fourteen from Latium Vetus comprise just one miniature rounded bowl but there are quite a number of tombs in which more than one specimen was found. In many of the tombs in Lazio the bowls are not miniaturized to very small proportions, the diameter often circling around 10 cm (Grottaferrata, Villa Cavalletti T. 2, No. 9 (*CLP*, p. 76) h. 5,8; from the Antoninus and Faustina temple lot: T. C, No. 9, h. 4 cm (*CLP*, p. 110), T. Q, No. 7, h. 7 cm (*CLP*, p. 111), tomb Y, No. 5, h. 6 cm (*CLP*, p. 112), T. CG, No. 4, h. 4.7 cm (*CLP*, p. 115); *Lavinium* T. 21, No. 8 (h. 3, D 6.9);

9. Carinated bowl; it is a conical bowl with a lug, a narrowed neck and an out-curving rim, thus with an angular profile. In southern Etruria five tombs contained such a small bowl, except for the Final Bronze Age tomb of the Casale del Fosso cemetery, they were all found in graves around the Monte Rovello (Hoekstra, 1999). For an example from Lazio see the Boschetto Tomb No. 6, h. 3.8 cm (*CLP*, p. 80);

10. Bowls or plates on three legs – three-legged *piatello*. It consists of a small plate on three legs and may be inspired by bronze tripods which were found in contemporary bronze hoards. It seems a male gift: Tomb 7 at *Lavinium* T 7, No. 4 (h. 3.9) and tomb 1 of the burial plot at the Pascolaro of Marino in the Colli Albani, the cremation tomb 135 at Osteria dell'Osa (Bietti Sestieri, 1992a: p. 132);

11. Bowls or plates on solid profiled foot – *piatello su piede*. It consists of a small plate on a relatively high cylindrical foot resting on a broader base. In Etruria it occurs in 3 graves, in Lazio in 10. With possibly two exceptions the *piatella* is associated with male objects: *Lavinium* T. 21, No. 8 (h. 3.9 cm), tomb N and Y from the burial plot in iron of the temple of Antoninus and Faustina; *Lavinium* T. 7, No. 3 (h. 2.6, D 4.6);

12. Truncated conical vessel (cup/bowl), plain; this is a simple, small vase with a widening diameter from base to rim. Most examples have an oblique lug or knob pulled out of the lip – Forum Romanum Tomb 3 of the Arc of August cemetery; Tomb N of the Antoninus and Faustina cemetery, the Boschetto tomb and V. Cavalletti T. 2, No. 10 (h. 4, D 9.3). Thus in Latium this shape is common, in Etruria it is seldom found;

13. Mug – *boccale/bicchiere*, with a cylindrical body and relatively high in relation to the width. The difference between these vessels is that the *boccale* is equipped with a vertical ring handle and the *bicchiere* carries no handle. The vessels never occur together in the same tomb and will have been interchangeable. The vessels occur more frequently in female than in male tombs;

14. Vessel in the shape of a small boat – *barchetta*. It is an oval-shaped bowl or dish with lugs on the rim at the short sides V. Cavalletti T. 2, No. 11 (h. 5, l. 7.5 cm); Forum R. T. Q, No. 3;

15. Stands. The stand or *calefattoio* seems to be a typical Latin dedication, to my knowledge it is not known in the Final Bronze Age cremation tombs in southern Etruria;

16. Hut-urns. A shape that occurs much more frequently in Lazio, and is not frequent in southern Etruria (Bartoloni et al., 1987). In votive deposits it is unknown, although house models do occur in the 7th/ 6th century deposits;

17. Statuettes. The difference between the statuettes dedicated in graves and the majority of the statuettes dedicated in votive deposits is that the first are made of *impasto* while the latter are either cut out of sheet bronze or fused in bronze (Galestin, 1987; 1992: pp. 97 ff.; 1995: pp. 16 ff.). The *impasto* statuettes traditionally are interpreted as symbolic representations of the deceased, new theory interprets them as substitutes for a double burial (Hoekstra, 1999).

Among these miniatures quite a number (Nos 10-14) do not copy clay vessels but refer to ceremonial metal objects, as tripods, stands, cauldrons and helmets, which had been in use in an earlier period. The famous miniature hut-urns generally are considered to copy the contemporary huts of the living (Bartoloni et al., 1987). However, the urns demonstrate quite a number of simplifications and anomalies when compared to actual huts, and for that reason the identification as normal huts is problematic. The urns, like the tripods, boats, etc. rather seem to be changed into ritual objects (Olde Dubbelink, 1994: pp. 24-30), which I hold true for the statuettes as well, because in a later stage they are dedicated in water (e.g. the votive deposit at the mouth of the Garigliano). However that may be, from the Osteria dell'Osa grave-gifts we learn that the system of miniature offerings in Lazio was complicated. In itself the small pots cannot have had any real value; each family easily could have offered in each *corredo* an entire set of miniature pots. The fact that the various types of miniatures were very carefully distributed and special types reserved for special burials demonstrates the highly symbolic value of the little pots. The miniatures together will have formed a symbolic tool-kit in which each object had a specific meaning and when grave-rituals or other rituals took place, were put to use according to their meaning, probably mostly referring to differences in gender, in age class and status.

In the Latial cremation tombs burials with similar rites have different tool-kits. Bietti Sestieri was able to discern among the gifts donated in *type a* male cremation burials at Osteria dell'Osa sets with various different meanings (Bietti Sestieri, 1992; compare also Olde Dubbelink, 1992: pp. 91 ff.). Two examples of burials at Osa with miniature gifts will make this clear:

1. *Tomb 126*, belonging to a male of 20-30 years old (1992b: pp. 130, 564-565, fig. 3a 20-21). The burial pit of 0.95 m was marked by a number of tufa blocks, a *dolium* which was found on the bottom of the pit with beneath it a statuette which will have been buried first. Between the *dolium* and the wall of the pit an intentionally broken full-sized amphora was found, a hut urn containing the cremation was buried on the bottom of the *dolium*. At the height of its roof three miniature corded jars and an ovoidal jar with 5 lugs were present, furthermore a jar on a foot with two handles, a cup with double loop handle, a knife, a fibula, a deer's bone, a low cylindrical bowl, a bowl with inverted rim and a truncated conical jar with out-turning rim together closed the mouth of the large *dolium* and the burial itself;

2. *Grave 87*, an inhumation, probably of a male and certainly of a mature adult, dating to the second half of the 9th century BC (1992b: pp. 124-25, 658-659, fig. 3a 216). The burial was covered with a large lava block and contained a truncated conical amphora, a globular jug, a cup with double loop handle and a fibula; furthermore a knife and a statuette. The tomb is exceptional because on top of the closed grave unidentifiable sherds of *impasto* pots were found and among these miniature vessels: a cylindrical bowl of 1.6x3 cm and a cylindrical bowl with horned handles 1.5x3.4 cm.

The excavator concluded that the Osteria dell'Osa miniature gifts should be divided in the following sets, all with a different social meaning:

1. Exclusively, or almost exclusively, miniatures, such as the hut-urns or roofed globular urns;

2. The mini lamp, mini three-legged table and the mini perforated stand, which were only present in a limited number of *type a* cremation burials. These objects seem to belong to the class of males with possessions of land (Nos 14-16 above);

3. The corded jars and the jar with in-turned rim, which are seen as "apparently reproducing specialized types of storage vessel" (Bietti Sestieri, 1992: p. 87), which makes them indicative again for individuals with possessions (Nos 4-5 above);

4. Miniatures which copy "real sets of objects the deceased possessed in life, possibly in a more complete form as they were especially made for burial" (Bietti Sestieri, 1992: p. 104). To this category the pots listed above with Nos 1-9 must be reckoned, obviously they are mostly liquid containers;

5. Miniatures occurring only in a few tombs and indicating a special function of the interred individual: a) The miniature terracotta statuette of a human being holding a small cup or bowl. Such terracotta statuettes are also known from tombs in the Alban hills; at Osteria dell'Osa two tombs contained one each (Bietti Sestieri, 1992a: p. 129). The excavator remarks that the size of the terracotta human being would fit the hut urn and consequently she thinks that with the figure the deceased is represented in an act of worship; b) A miniature knife which occurs rarely and which in the ancient world is connected with sacrifice; c) Miniature pots, entirely different from the miniatures buried in the tombs and resembling miniatures found in votive deposits in Lazio (De Santis & La Regina, 1989-1990: pp. 65 ff.; Bietti Sestieri, 1992a; 1992b).

From the above analyses of miniatures in caves and tombs the function of at least some of the miniatures has become clearer: at Osteria dell'Osa the corded jar and the jar with inverted rim probably refer to storage vessels. The globular jar with distinct foot is, like the amphora, associated with cups and together they form drinking sets. In the Osa-graves the mugs are associated with children and young girls. The little cups, either plain or with horned handles, found on top of the graves are votives *per se*, they are very much smaller than the pots in the graves. These cups, plain and with handles, as well as mugs, bowls and jars have a long tradition, they were already frequently dedicated in the Bronze Age (Miari, 1995: figs 8-11). The dedications of miniature cups and bowls on top of special tombs indicate a personal, commemorative act. Members of the family especially honoured these burials, an act which to my mind seems to recall ancestor veneration. At the same time the presence of these different and much smaller miniaturized pots shows that different sets of miniature pots were manufactured contemporary with the grave miniatures. Two very different deposits of miniatures were found at Osteria dell'Osa too; one contained a dog sacrifice buried beside an area which was used for Period III burials (Smith, 1996) and the other dates from period IVA, a period when no grave-miniatures at Osteria dell'Osa are known. This interesting votive deposit, comprising of 60 vessels buried 4 to 5 cm deep, occurred on the northern edge of the necropolis. The excavators state that the vessels, among which miniatures, are identical to those used in votive deposits used elsewhere in Lazio and suggest that the dedication marked the closing of the Osteria dell'Osa cemetery (Bietti Sestieri & La Regina, 1989-1990: p. 76; Bietti Sestieri, 1992a: pp. 34-35; 873-874). Thus at Osteria dell'Osa in the third Latin period the giving of miniature gifts changes considerably: on the one hand miniatures became used in different votive gift rituals such as the deposit closing the Osteria dell'Osa cemetery (Smith, 1996: pp. 73-90) and on the other miniaturization was replaced by a different symbolic act, that of smashing pots at burial. Smashing is as effective as miniaturization because it also makes the pot unfit for use. In Lazio a number of special deceased individuals by burial were delivered to a realm where normal sized pots were not thought to be effective, evidently it was hoped that by miniaturization or by smashing this realm could be reached. Bietti Sestieri concluded for the *type a* cremations at Osteria dell'Osa that the individuals who received extra miniature objects were themselves cult performers or intermediaries dealing with the supernatural. For Osteria dell'Osa this is likely. However, in view of the many miniature objects referring to Late Bronze Age metal status objects, the earlier cremation graves in southern Etruria and the Alban hills will have been more closely connected with ancestor veneration. Cremation as a burial rite in itself was connected with the ancestors, as has become particularly clear from the difference between the burial plots at Osteria dell'Osa: on the one hand the cremations of important males together with miniature weapons, tools and symbolic, miniature pots and on the other the inhumations of women and children. The important men had to be cremated or buried elsewhere because their ties with the ancestors would have made them dangerous, especially when inhumated with full-sized weapons in burial plots near the settlements, the inhumated individuals were not considered to have that power (Hoekstra, 1999). The cremation and miniaturization really was a good solution to a problem, because for the sense of continuity in the extended families the ancestors had to be venerated nearby. In anthropological theory "tombs are the symbols of continuity of the group not only because they are the containers of the ancestors but because they are the containers of the ancestors fixed in a particular place" (Bloch, 1976: p. 208). In other words, the careful cremation ritual accompanied by miniature status objects reserved for a number of special men indicates that the ritualistic behaviour of the early Latin communities still was tightly connected with ancestors. As the use of grave miniatures at Osteria dell'Osa is later than, for instance those in tomb C of the Roman Forum (Bettelli, 1997: p. 160), the cremation graves with their references to old status utensils must primarily have been reserved for status ancestor burials, which in a later phase, like at Osteria dell'Osa, may have been transformed into more linear burials of performers of ancestral rites like Anna Maria Bietti Sestieri suggested.

5.3. Dedications of miniatures in open-air deposits

From the appearance of many votive deposits with miniatures in open country it is clear that at some point in Latin history the hidden cave cults as well as the grave cults expanded into different ones, which may be described as village-based, open-air cults. Special or 'abnormal' water in open country, such as the sulphureous spring at the Lago delle Colonelle near Tivoli in the Bronze Age already had attracted ritual

behaviour, but this deposit never will have been close to a settlement as the sulphur prohibits human presence (Guidi, 1989-1990: p. 409) and its veneration must be seen in the light of the earlier veneration of special water in caves. All other open-air votive deposits of the Early Iron Age are connected to hut settlements, whether the depositions are directly in their neighbourhood, near their burial areas or near the boundaries of their territories. It is a phenomenon known in S. Italy and Etruria as well (Edlund, 1987). At Osteria dell'Osa a votive deposit of miniature and full-sized pots was probably used to mark the boundary of the necropolis or even to mark its closing down at the moment the cult activities moved with the community to a different, more centralized settlement site. Here at the new settlement site in the 7th century BC the dedication of votives steadily continued, but now was carried out at a central open-air, sacred spot, where eventually in the 6th century BC a temple arose (Smith, 1996). The archaeological dataset obtained at Osteria dell'Osa makes it necessary to separate the burial of votives near necropolis from the votive deposits near settlements: for instance, the votive deposits on the Esquiline hill which are near burial plots, from the deposit at S. Omobono which at a later stage was replaced by a temple. In both cases the votive deposits in open-air may be seen as markers of the proto-urban phase in early Latin society, but in the case of the cemeteries the ancestors are still important, in the case of the centralized settlement spots different *numina* or supernatural powers received the votive gifts. Both acts are indicators of a transitional phase, from the veneration of (ancestral) burial sites to the veneration of higher supernatural powers in or near settlements. In general, water cults played an important part in this transitional phase, in the formative period of the larger villages. Edlund (1987: p. 141) discerns three different functions for sacred places outside villages or towns: 1) The sacred places in nature dependent on the setting in the landscape rather than on a settlement; 2) The rural sanctuaries which both incorporate natural features such as springs, and are set within the context of individual farms or clusters of rural activities: 3) The extra-urban sanctuaries belonging to the sphere of the city. For instance sanctuaries which were connected with water and purification were usually extramural. The more common form is a sanctuary separated from the city only by a wall or an equivalent boundary.

In Latium one of the first open-air deposits we know of is the 'Laghetto del Monsignore' here under discussion; the deposits near the mouth of the river Garigliano and two on Monte Cassino were next (for lists and references: Guidi, 1989-1990, p. 412; Bouma, 1995: vol. 3). It seems that the Garigliano and Monte Cassino deposits contained statuettes similar to those from the cremation graves. The deposits at Cassino and Campoverde also continue practices of earlier times, because at Cassino the 8th century BC deposits of Pietra Panetta and S. Scolastica are near Fontino all' Eremità

(Guidi, 1989-1990: p. 409) which had received dedications in the Bronze Age. We saw that the spring at Campoverde had also received a number of earlier dedications before a more steady stream of dedications indicates more regular cult activities by a larger group of people. It would seem that the scarce, earlier votives – from the Late Bronze Age and Early Iron Age – appear at sacred places high in the mountains as well as at low lying special water places. Cults for *numina* or deities, later on venerated with temples, obviously started in this way. From later historical sources it is known that in Latium water nymphs Iuturna and Carmentis played a major role: both had their own festivals, the Iuturnalia on the 11th of January and the Carmentalia on the 15th of January; Iuturna is important at Ardea, *Lavinium* and Rome and Carmenta is especially connected with the Palatine. She had her own *flamen* in Rome and could prophecy. The nymph Egeria was connected with the lake at Nemi with its Diana cult and in Rome she was also venerated together with Diana; the literary sources mention offerings of clear water and milk in her case (Muthmann, 1975: pp. 36 ff.). Veneration on mountains is known from the sanctuary for Feronia near Capena on the Soracte, where first fruits of agriculture were offered (Muthmann, 1975: p. 45). The Latins and Romans venerated rivergods as well and moreover a general water god, named Fons. The gift-giving to these nurturing *numina* or open-air deities, especially miniature vessels, weaving sets and female jewellery by the inhabitants of early Latin villages generally started in the 8th century BC. The deposit at *Satricum* shows a few dedications from the 9th century BC, a much larger amount dates from the 8th century BC. A number of deposits in Rome, for example the one near the S. Maria della Vittoria on the Quirinal, are dated to the 8th century BC too (Bartoloni, 1989-1990: p. 753), but certainly also had received a few earlier dedications (Bettelli, 1997: p. 217). The deposit on the Capitoline hill flourished in the 8th century BC (Bartoloni, 1989-1990: p. 753; Bettelli, 1997: p. 217; Carafa, 1995: p. 14), the period in which also the first traces of the Vesta-cult are detectible (Carafa, 1995: p. 14 with lit.). The other Roman deposits e.g. near the Villa Hüffer, near S. Antonio on the *Cispius*, below the *Lapis Niger* on the Roman Forum, near S. Omobono, near the *Aedes Saturni* on the *Oppius*, near the Porta Esquilina as well as the Porta Portese seem to predominantly contain materials from the 7th and 6th centuries BC (Bartoloni, 1989-1990: p. 749; for a full list with starting dates, Bouma, 1995: vol. 3). Many of these deposits contain small jars, miniature *kernoi* and small wheat cakes imitated in terracotta and the so-called *focacce*, as well as statuettes either cut out of bronze sheet or fused of bronze. The deposit near S. Omobono contained many foodstuffs (Costantini & Costantini Biasani, 1989: pp. 61-64; Tagliacozzo, 1989: pp. 65-69). Gilda Bartoloni noted that many of the Roman deposits contained gifts which in graves

accompany female burials, in those cases either the dedicants or the supernatural power will have been female. Many deposits occur where slightly later temples arose: for instance at *Satricum*, in Rome on the Campidoglio, on the Forum Boarium, and at the Vesta temple on the Forum. Thus a number of the deposits indicate the start of temple cults in Rome itself as well as in the Latin towns, emerging during the 7th and 6th centuries BC. The spread of the Roman cults is attributed to the power of the Tarquins (Bettelli, 1997).

The miniaturization in the tombs almost entirely ceases after period II; the miniaturization of votive vessels in open-air deposits for the greater part only start during this period and continues, even well into Republican times, while the number of votive miniatures in Lazio steadily increases. The many pots dedicated at e.g. the spring at Campoverde shows that individual acts of worship occurred at sacred locations. For the users of the miniatures the difference between grave miniatures and dedicatory ones must have been clear, not only types but also sizes differ. The grave gift miniatures are larger, mostly over 7 cm (see list above) and better made than the very small votive miniatures.[15]

6. DISCUSSIONS OF TYPES AND FUNCTIONS

In general for the purpose of dedication only a few pottery types were in use: at Campoverde were found storage jars, cooking jars and jars for liquid, amphorae and cups accompanied by a few bowls, dishes, trays and stands. At *Lavinium* also cooking stands are frequent among the miniatures. This complies with the general picture of miniatures found in Lazio, all other categories of vessel types dedicated in the deposits are small or of uncertain identification except for the so-called libation tablet and *focacce* and other imitations of foodstuffs which elsewhere, for instance at Tivoli, have been found in larger quantities than at Campoverde.

6.1. Storage jars

In order to detect the function of the miniatures we must compare the extant miniature jars with full-sized types. A minor difficulty stems from the fact that it is sometimes unclear to what specific category miniature jars belong, because of a sloppy manufacture. In the earliest cremation graves in the Alban hills and the Roman Forum *dolia* are exclusively used in combination with male adult burials (Olde Dubbelink, 1992: p. 91). Full-sized storage jars:

Type 1. In the early tombs in Lazio storage jars with very pronounced profiles were in use. They have a small base diameter and distinct neck with out-curving rim and a large body diameter to which often handles are attached (recently Bettelli, 1997: pp. 167-68: types 1, 2 and 3, with references). These handles show that it was not customary to dig the pots in. These vessels could be lifted by cords applied around their necks which for that purpose often were 'collared' at the spot where the cord was applied (compare e.g. *dolium* Bettelli, 1997: pl. 80, 1, dating from his phase IIA1) while the areas below and above were made to excessively protrude to prevent the cord from slipping: thus many rims of these vessels are very sharply out-turning and the shoulder starts with a sharp ridge. The notched cord decoration on the neck of many full-sized pots stands for this way of lifting. In the miniature imitation the cord is missing and we may hope to identify the *dolia* by their morphology. Below only Cat.No. 54 comes close, but the decoration on that pot makes it more likely that it is a water jar;

Type 2. Storage jars with a cylindrical body and fairly straight rims appear during the *Ferro I* period and are in use during period II. The type continues in 8th century BC tombs of Veio. In settlements the straight jars continue well into the 7th century (Castel di Decima; *Lavinium*; *Satricum*). In miniature they are sloppy products and rather than see them as bowls, for which they generally are too high in relation to their diameter, I propose to identify Campoverde Cat.Nos 10, 19-22, 32-33, 38-40, 52-54 as storage vessels;

Type 3. Together with the miniature corded jar (compare miniatures 1 and 2 and the discussion of the grave gifts of this type above under No. 4), a plain similar type with inverted rim decorated with lugs was pointed out by Bietti Sestieri among the grave gifts in the *type a* cremation burials as miniature storage jars. This globular type of miniature vessel with lugs is also present among the *ex-voto* miniatures. The problem is that among the miniatures dedicated in southern Etrurian cremation tombs, miniature vessels occur decorated with three or more lugs below the rim, which clearly are referring to bronze cauldrons (compare above under No. 5). In view of the general height compared to the largest diameter it seems the lug-decorated mini jars generally are not cauldrons but storage jars, since in Latium from the *Ferro* I period large storage vessels of cylindrical shape were produced and decorated with lugs below the rim. These full-sized storage jars have a flat base, a narrow, ovoidal body and a plain rim. They usually are decorated with a notched relief cord around the body below the rim from which four trapezoidal lug handles are protruding. These lugs usually have a small central concavity and curve slightly upwards. With the large Latial storage jars the handles and cord decoration are suggestive of the way in which these large vessels were lifted, i.e. with a cord underneath the lugs. I think that with the miniature pots the cords generally were left out, as they were too complicated to reproduce well (see however, the Garigliano deposit, Mingazzini, 1938: pl. 34, 6). The lugs, however, were added below the rim to indicate the type of pot. As it seems likely that these pots with the three lugs sitting just below the rim, in such a way that they could be dug in, are to be identified with storage vessels, the jars with lugs below the rim in this catalogue are enumerated under this heading, with

which the identification by Anna Maria Bietti Sestieri is followed. In a number of cases though the wide shapes in relation to the diameter seems against this identification and these miniatures must be identified as imitations of cauldrons. Whether referring to cauldrons or to storage jars the miniatures with in-turning rims and little lugs underneath those in the tombs are associated with male burials.

Storage jars: Nos 3-18, 23-31, 34-37, 41-46, 50-51; probable cauldrons Nos 107-114 (here identified as cooking pots because of their relatively late fabrics; the Orientalising period);

Type 4. The moment it was possible to manufacture *dolia* from segments formed on a slow turning tabel, the early elegant Iron Age jars were replaced by a thick walled undecorated type, often of globular or ovoidal-globular shape with strongly overhanging lip: there is only one such shape in miniature; No. 128.

The storage jars from later periods are discussed in Bouma, 1996: pp. 333 ff.

6.2. Jars

The jar, miniature or full-sized, is the most traditional offering in the Iron Age, Archaic and Republican votive deposits. At *Lavinium* in the late Orientalising period thousands of small two-handled jars were dedicated; at Nemi jars and bowls, in full-size only, were offered as in the cult place of Juno at Gabii (from the mid 8th century BC onwards). Elsewhere in Latium jars and *focacce* or *teglie* seem to have been a standard combination (for these, and further references, Bouma, 1996: p. 219). In some, Early Republican, cases they are known to have contained meat and/or lima beans and peas (Bouma, 1996: p. 221). The bulk of miniatures offered at Campoverde also comprises various types of jars. In most Latial cases, as at Campoverde, their contents are unknown.

At Campoverde there are two size groups with the jars: very small ovoidal (2.1/3.5 cm) and cylindrical jars (3.6/5 cm) and a group of ovoidal (5.6/7 cm) and cylindrical (4.1/6 cm) vessels that are larger. Below they are treated together:

Type 1. Biconical vessels, for the history of these vessels compare my remarks above under No. 6. With the biconical miniatures handles are either absent or small lugs are attached to the bodies. Because of the small dimensions it is unclear whether all biconical miniatures imitate biconical jars or a number perhaps the early elegant storage jars. Campoverde Cat.Nos 54-55, 56, 63-64, 69;

Type 2a. Globular jars with more or less distinct necks. By the time consumption patterns were established in early Latium, a distinct type of liquid container was developed out of the biconical shape. It was more globular, had two horizontal handles attached at the broadest diameter of the vessel and a tapering cylindrical neck with a wide out-turning rim. A special variant is set on a high conical foot (Osa). In the Osteria dell'Osa tombs the type, with a cup, belongs to a drinking set; possession of such a set must have implied control over the production of the liquid poured from it, since the vessels only appear in graves of adults and old men and women. Campoverde Cat.Nos 57-58, 60-62, 66, 67-70;

Type 2b. In the Orientalising period, probably derived from this kind of earlier jar (above 2a) for liquids, a special globular water/liquids vessel came into use. In miniature it is best known from *Lavinium* where in red *impasto* ware thousands of such miniature jars were found (Fenelli, 1989-1990: pp. 487 ff.). The shape in votive deposits had a very long existence: Bouma, 1996: p. 373 ff. From the Campoverde deposit Cat.Nos 115-132;

Type 3. Globular jar with inverted rim. At Osteria dell'Osa occasionally a jar with inverted rim, plain or with four horizontal upturning handles appears. Elsewhere the globular jar with rim is a fairly consistent type. This pot, in Lazio appearing from the earliest period onwards, will mainly have been used for cooking. The world over cooking pots have this shape, as contents do not easily spill from it and heat remains better inside than in wide mouthed pots, moreover flat lids easily cover it. A number of such globular jars with inverted rims have sets of lugs beneath the rim (Gierow, 1964: fig. 25) but most are plain. In my opinion the globular cooking jar with a short out-turning rim derived from this earlier type of pot. Thus Campoverde Cat.Nos 107-114 may be cooking pots rather than *dolia.* Another possibility for this type of miniature is that it refers to a cauldron, but these will have been wider at the openings and less rounded;

Type 4. Ovoidal jars. These vessels often are perfectly oval although they also are elongated into a cylindrical/ovoidal shape. They all have a sharply out-turning rim (the so-called *spigolo interno*). After the initial periods of Latin culture pouring from cooking pots must have become important (introduction of porridges?) as we find mostly ovoidal cooking pots with sharply out-turning rims in later Latial culture, from period III onwards. These ovoidal jars often have horizontal handles attached to the widest diameter of the pot. In the Orientalising period, when the throwing wheel was introduced, potters must have been proud of the long and out-curving rims they could produce: most jars, either for liquids or for cooking, proudly show this type of elaborate overhanging rims, often decorated with three ridges or grooves to show them off. In the Archaic period lips and rims became simply functional, out-curving and often thickening at the rim to give the lip solidity. In miniature this type of jar is present in the cremation graves (see above) and at Campoverde: Cat.Nos 72-106;

Type 5. An interesting development in Lazio concerns the stamnoid globular jars, a shape tied up with the Orientalising 'revolution' in pottery shapes. Cat.Nos

133-138 in miniature belong to this category;

Type 6. During the Late Orientalising period a type of wider jar came into fashion, which often was produced on the throwing wheel of coarse ware. These later jars often have a wider opening than the older vessels, they may be tapering towards a smaller base diameter and demonstrate two handles, often near the base resulting in an upside down 'bell' shape, or may continue a heavier shape towards a base diameter more equal to the opening diameter, a shape we labelled 'block jar', because the form of the pot inscribes a square block (e.g. Bouma, 1996: pp. 371 ff.);

Type 6a. The miniatures imitating bell jars are Cat.Nos 139-141, 145-152;

Type 6b. The miniatures imitating block jars are Cat.Nos 142-144, 155-156, 160.

6.3. Amphorae

There are only a few amphorae among the miniatures found in the *laghetto* at Campoverde (Nos 161-163). For the history of the shape see under No. 1 above; it continues to be dedicated for a long time in votive deposits in Lazio (compare Bouma, 1996: pp. 396 ff.).

6.4. Bowls

Type 1. For the history of the shape see the remarks above under No. 8, the shape has a very long existence in votive deposits (Bouma, 1996: pp. 334 ff.). Lid-bowls are very few at Campoverde (Nos 193, 194-195, 198). These bowls must have been produced with little attention for their proportions and general appearance: often they are only little lumps of clay in which a hole has been made with a fingertip. Perhaps they were only used for lids and not for offering anything in them. The existence of such sloppy miniatures, to my mind indicates that such pots were not presented to the deity in any complicated, official, cult, in which they would have been visible for long;

Type 2. Deep bowls with a single handle or without any handles. The deep bowl (*scodella*) in Lazio in the early Iron Age is of a standard Italic type with a half round body and in-turning rim (Bettelli, 1995: pl. 81/4, 84/6, 84/7-8). It is not present among the miniatures at Campoverde;

Type 3. A different type is the very deep little bowl with out-turning straight wall (recently Bettelli, 1995; pl. 81/5-6). Campoverde Cat.Nos 189-192, 196-197, 198-201, 203 imitate this kind of bowl.

6.5. Cups

In Latium it is the cups that demonstrate the most consistent morphological development (e.g. Carafa, 1995: pp. 60 ff.; Bettelli, 1997: pp. 62 ff.). With the miniature imitations, the *tazzine*, the morphological traits are less easy to follow; see for the history of the form above under No. 7. Interestingly, traditional cups with double loop handles or carinated shapes did not continue to be offered, already during the Orientalising and Archaic period they gradually were replaced with all kinds of imported drinking cups:

Type 1. The full-sized earlier cups have a relatively high cylindrical or truncated conical neck with out-curving rim on a fairly deep globular body and the standard double loop handle (e.g. Carafa, 1995: pp. 60 ff.; Bettelli, 1997: type 8, pl. 84/5; type 12, pl. 81/3), is found until the middle of the 7th century BC. Globular mini cups at Campoverde are Cat.Nos 166-172;

Type 2. Later on in phase II and III the full-sized cups expand and are less deep but still rounded, while the necks become shorter and straighter. The bodies of the later cups are truncated conical, hemispherical or squat. These three variations appear in the period 730-700 BC, all at the same time and subsequently are found in all kinds of contexts of the 7th century BC (Carafa, 1995: p. 60). Compare the Campoverde miniatures e.g. Nos 164-165;

Type 3. The rounded bodies of the earlier cups during the 7th century BC changed into carinated types. This happens gradually, the earliest carinated cups with double loop handle are to be dated in the second quarter of the 7th century BC (Carafa, 1995: p. 60). See Campoverde Cat.Nos 182-186;

Type 4. Bowls/cups with horned protrusions on the rim are certainly special old-fashioned products. They continue to imitate the Bronze Age cups which frequently were decorated with plastic protrusions on the handles. Such a cup was dedicated at Osteria dell'Osa on top of a cremation tomb, and is not frequently present among grave gifts, although sporadically it was offered. At Campoverde see Cat.Nos 173-181.

6.6. Mugs

For the history of this shape compare above under No. 13. Most miniatures elsewhere listed under mugs in my opinion are *dolia*, because they generally have no handle and are not tapering, a distinct feature with the full-sized mugs. Here a few examples that are markedly pinched at their bases have been listed as mugs, because such bases are not expected with dolia: Campoverde Cat.Nos 208-214.

6.7. Dishes

For a change the dishes and *teglie* are easily detectable because of their specific forms. However, the triangular dish shape is not found in Iron Age settlements. Therefore it is likely that with the triangular miniature shape of dish an imitation of an old fashioned metal form is meant, as was the case with the horn-decorated shapes. For triangular miniature dishes see Cat.Nos 204-208. The *teglia* is known from settlement excavations and votive deposits of comparatively later dates in Latium

(Bouma, 1996: pp. 376 ff.): compare Campoverde Cat.Nos 187-188.

6.8. Stand

At Campoverde the stand is a rare item in the votive deposit, at *Lavinium* it occurred more often. It is part of luxury drinking sets and goes well with globular jars for wine or other special liquids. Compare Campoverde Cat.Nos 218-220.

6.9. *Kernoi* and composite vases

These are normal equipment in later Latial deposits, at Campoverde they are rare, compare Cat.Nos 216-217.

6.10. Spool

In contrast to the situation in Rome as noted by Bartoloni for the votive deposits in Rome at Campoverde only one spool was found, the rest may have been overlooked as the object is very small. The survival rate of many objects from the votive deposit may have been very narrow.

7. CONCLUSIONS

In Latium, after a modest start in the 8th century BC, votive deposits of various types increased and received gifts ever more regularly. Many of these deposits are found on the spots were in the 7th and early 6th centuries BC temples arose. The many deposits with miniatures in Rome, which was, judging from the contemporary necropoles, one of the more densely occupied areas, shows that the deposits are a sign of centralization, or in more familiar words, of '*Stadtwerdung*'. They demonstrate that after a Final Bronze Age initial period with only a few dedications, village-based ritual activities of a controlled society turned into controlled temple rituals. The divinities venerated with the deposits most likely were female, probably the 'nymphs' later Latin authors write about, at a later date merging with higher powers like Mater Matuta, Iuno Sospita, Fortuna, Dea Marica. In the early Latin periods I and II the supernatural powers received miniatures although not very many yet, in period III and IV they received miniatures as well as full-sized pots, which after c. 550 BC were largely replaced by full-sized vessels. In Roman literary sources (2nd to 1st centuries BC) cooked entrails in jars are mentioned as special offerings to female deities (Bouma, 1996: p. 223) and jars, both for food and for liquids were the most frequently offered miniatures too.

As explained above, a number of open-air deposits received gifts already in the Late Bronze Age, while the bulk of the gifts came only two or three centuries later. This difference between the earlier dedication of a number of miniature pots and frequent ritual dedications, or between a ritual performance by a single individual and the regular offerings by a group of individuals, or even a crowd, is significant. For Campoverde, there was evidence for occasional offerings in the late Bronze Age (in all probability the earliest period of Latin occupation). Ritual behaviour of a group of people can only be concluded for the period from the 8th to 5th centuries BC (compare also Di Gennaro, 1979: p. 151; Giovannini & Ampolo, 1976; Bouma, 1997: 91). The later rituals in Latium are village-based and start apparently the moment the miniatures in graves lost their significance. Or in other words, ancestor based veneration changed into environment based veneration. Sporadically, as the excavations at Osteria dell'Osa demonstrated, special people, called intermediaries dealing with the supernatural, received miniatures on top of their graves as well as receiving miniatures of different morphology in their graves. It seems to me that it is precisely these intermediaries, evidently associated with dedicatory miniatures, who dedicated the first small vessels at the sacred spots, or in other words who must have started the open-air cults. These priests and their cremation graves are the only possible link between the earlier grave cults and the later practices of open-air cults by any number of individuals.

As has recently been pointed out it is important to look for evidence of offerings only made at a certain time, which would imply connections with the agricultural year (Smith, 1996: p. 85). At Campoverde no such connection is evident: the miniatures vary in shape and in manufacture and were moreover accompanied by dedications of full-sized pots. It is also important to know whether the miniatures were dedicated one by one or in sets, because sets could be representative of different daily life rituals such as meals, banquets or ceremonial drinking. The deposit at Campoverde cannot answer this question because it is incomplete, but the discrete variation in pot types seems to indicate that the pots were rather dedicated in sets, just like in the graves.

From the locations where miniatures are found it is clear that they were always directed at natural forces, which, it must be suspected, were paradoxically enough perceived as forces, just because they demonstrated super-natural characteristics: thermal, sulphureous or clear water springs, lakes, small underground streams, etc. Why was food and drink or why were substitute little pots offered? The miniature burial gifts symbolize continuity of a presence of a buried individual in a symbolical sense, this presence is expressed by pots because in life the best exchange with this individual occurred during meals, banquets and/or drinking rituals which are thought to continue in a symbolical way. The dedication of miniatures at a spring almost certainly is directed at a similar symbolical presence of a supernatural power, whose presence also is perceived in a commensural way and whose existence was deduced from the possibility to offer it gifts. More precisely

formulated, at the spring the miniature gift will have expressed a moment in an individual's life which could be symbolized by the offer of the little pots and their contents, because the deity was perceived as symbolically consuming the gifts. Christopher Smith along a different line of reasoning, arrived at a similar conclusion: "the rising importance of the votive deposit may be seen as a form of acquisition of a kind of knowledge for the individual from the specialists: the truth against which the agent measures her/his experience is not the hierarchical truth, but the private truth of experience" (Smith, 1996: p. 85).

As we saw, Bartoloni noted predominantly female attention at the Roman deposits. In view of the male cremation burials at Osteria dell'Osa it is uncertain whether for the earlier Latin deposits this is likely too. It is true that women in the earlier periods generally were producing and handling pots and it is therefore likely that they thought out the different functions, including the symbolic ones. This would mean that for special occasions in male life miniature pots were made by the women as well. Anyway the deposits which were the subject of this article, are sharply contrasted by the hoards or *ripostigli* with their many metal objects as well as the dedications of single swords and other weapons in rivers and lakes, which may have resulted from male competition (Hoekstra, 1997). From the general literature on the subject and the miniatures dedicated at the 'Laghetto del Monsignore' it seems safe to state that the powers venerated were female, and also that the dedicants were predominantly females. In the ancient world small lakes, springs, thermal waters etc. were perceived as female powers and/or nymphs and for that reason received female objects. At Campoverde the percentage of jars, the vessel obviously associated with female toil, far outnumbers the *dolium*, the storage vessel associated with the male and his protection of the household. The miniature jars and cups are usually well manufactured, the storage jars are far less well made. To me the *dolia* seem to be obligatory additions made by females in order to represent the males of their households, the moment they performed their cult acts. Male veneration of water gods was different and required metal objects, swords, axes and the like, which were dedicated in rivers either as hoards or as single objects. All over the ancient world rivers were perceived as male deities (Muthmann, 1975).

8. ADDENDUM

On the significance of the cult at the spring of Campoverde with regard to the urbanization process of Early Latium only a few speculations are as yet available. Lorenzo Quilici identified the site of modern Campoverde with the ancient town of *Polusca*, mentioned by Pliny and known to have been situated somewhere in the Anzio region (Quilici, 1979: pp. 122,

211). In a later article (1984: pp. 130 ff.) Stefania and Lorenzo Quilici report on finds of Archaic roof-tiles pointing to a building-complex to the west of the spring of the 'Laghetto del Monsignore'. An uncertain factor in the reconstruction of this south-western early Latin landscape still is the Pometia question. Surveys (Melis & Quilici-Gigli, 1972: pp. 219-247; Attema, 1993: p. 197; Attema & Bouma, 1995: pp. 127 ff.) identified a large site north of modern Cisterna di Latina as the possible location of this ancient Latin town, famous from ancient literary sources (compare Bouma, 1996: p. 202 with note 229). If we accept the idea that a large settlement, perhaps *Pometia*, existed near Cisterna, then *Satricum* may have developed into its harbour, which would fit the many imported objects present in the 7th century BC. Smaller sites with cult places such as Campoverde, without early imports, may have marked territorial boundaries: the district of Ardea to the north definitely was different territory. Territorial studies in combination with Latin written sources have resulted in the theory that most open-air cult places in early Lazio were sacred woods placed at the borders of the various territories and functioning among other things as places where the different tribes or clans could meet (Guidi, 1989-1990: p. 411). For Campoverde, however, new evidence points to intensive use of the surroundings for agriculture already in the Bronze Age (Veenman, 1996: pp. 59-62). Interestingly the ^{14}C dates together with the pollen core taken near the now dry lake at Campoverde indicated a so-called mirrored sediment, being the effect of lateral erosion of the lake shores. This erosion, very likely, was caused by denudation of the surrounding landscape as a result of removal of all trees in favour of cereal farming. This occurred around 3100<p/m>100 BP = calibrated (1 sigma) to 1414-1272 BC, which is fully in the Bronze Age (Veenman, 1997: pp. 59-62). This of course does not exclude a wooded cult-side near the spring, but it does indicate that if there was such a sacred wood, it was deliberately kept.

9. CATALOGUE OF THE MINIATURE VESSELS

9.1. Storage jars

9.1.1. *Corded, 9th century BC*

1. Miniature corded storage jar
Shape: Globular/ovoidal body on a flat base, inside concave, straight, slightly inverted, cylindrical rim, convex lip bevelled on the inside, slightly corded
Clay: With quartz/feldspar and FeMn
Colour: Exterior light brown 7.5YR 6/4; interior brown 7.5YR 5/4; core dark gray 7.5YR N4/
Ware: Brown untreated *impasto*
Meas.: 7.9x1.0 (base) - 1.0 (wall) - 0.5 (lip); diam. base 5.0, diam. body 8.1, diam. lip 6.3 cm
Comm.: Surface crackled
Inv.: cv 18315; Cat. 87, No. 10.

2. Miniature corded storage jar
Shape: Ovoidal body on a flat base, inside concave, short out-turning rim with internal angle, convex lip, slightly corded
Clay: With quartz/feldspar and FeMn
Colour: Exterior reddish yellow 7.5YR 6/6 strong brown 7.5YR 5/6 and very dark gray 10YR 3/1; interior black 7.5YR N2/ dark gray 10YR 4/1 dark gray and strong brown 7.5YR 5/6; core dark gray 7.5YR N4/
Ware: Common brown *impasto*
Meas.: 5.9x6.2x1.4 (base) - 1.0 (wall) - 0.5 (lip); diam. base 3.2, diam. lip 6.2 cm
Inv.: cv 18213; CV I, 8; Cat. 87., No. 16.

9.1.2. *Plain with inverted rim, mainly 8th century BC*

3. Miniature ovoidal storage jar
Shape: Ovoidal body on a flat base with slightly inverted rim with tapering lip, below the rim three unevenly spaced small knobs
Clay: With quartz/feldspar, matrix invisible
Colour: Covered with a thick burnish in black 7.5YR 1/1; interior very dark grey 10YR 3/1; core 10YR 4/1
Ware: Well burnished brown *impasto*
Meas.: 7.2x7.6x6 (base) cm; diam. mouth 7x, max. diam. body 7.4x, diam. base 4.7 cm
Comm.: Small fragment of rim missing, traces of scale on the interior; near perfect little vessel
Inv.: cv 18204; Cat. 87, No. 131.

4. Miniature cylindrical storage jar
Shape: Cylindrical body, flat base, spreading wall, with knobs, slightly incurving rim
Ware: Unknown
Comm.: Now missing (stolen) but published when found: Crescenzi, 1978: p. 53, pl. XX, 1
Inv.: Cat. 87, No. 151.

5. Miniature ovoidal storage jar
Shape: Ovoidal body on flat base, flaring wall, incurving rim, with knobs below the rim
Ware: Unknown
Comm.: Now missing but published when found: Crescenzi, 1978: p. 53, pl. XX, 1
Inv.: Cat. 87, No. 147.

6. Miniature ovoidal storage jar
Shape: Ovoidal body on flat base, flaring wall, incurving rim decorated with knobs
Ware: Unknown
Comm.: Now missing (stolen), but published when found: Crescenzi, 1978: p. 53, pl. XX, 1
Inv.: Cat. 87, No. 145.

7. Miniature storage jar
Shape: Conical body on flat base, flaring wall, straight rim with knobs
Ware: Unknown
Comm.: Now missing (stolen), but published in Crescenzi, 1978: p. 53, pl. XX, 1
Inv.: Cat. 87, No. 146.

8. Miniature ovoidal storage jar
Shape: Ovoidal body, raised flat base, flaring wall, with knobs or lugs on widest part of body, slightly out-curving rim
Ware: Unknown
Comm.: Now missing (stolen), but published when found: Crescenzi, 1978: p. 53, pl. XX, 1
Inv.: Cat. 87, No. 149.

9. Miniature globular storage jar
Shape: Globular body on a raised flat base, flaring wall, incurving rim, with knobs
Comm.: Now missing but published when found: Crescenzi, 1978: p. 53, pl. XX, 1
Ware: Unknown
Inv.: Cat. 87, No. 150.

10. Miniature globular/ovoidal storage jar
Shape: Globular body, flat base, flaring wall, incurving rim
Comm.: Now missing, but published when found: Crescenzi, 1978: p. 53, pl. XX, 1
Inv.: Cat. 87, No. 193.

11. Ovoidal miniature storage jar
Shape: Ovoidal body on a flat base, inside flat, slightly spreading wall, slightly inverted rim, convex lip, below rim attachments of two horizontal ring-handles, in section rounded, surface covered with yellowish scale
Clay: With quartz/feldspar and FeMn
Colour: Exterior reddish brown 2.5YR 4/4 and reddish yellow 5YR 6/6; interior reddish brown 2.5YR 4/4 and reddish yellow 5YR 6/6; core red 2.5YR 5/6
Ware: Common brown burnished *impasto*
Meas.: Height 5.0x0.6 (base) - 0.6 (wall) - 0.4 (lip); diam. base 3.0, diam. body 5.3, diam. lip 4.1 cm; handles: W (total) 2.5, S 1.0 cm
Comm.: Handles missing
Inv.: cv 18159; CV I, 26; Cat. 87, No. 73.

12. Miniature cylindrical storage jar
Shape: Cylindrical body, flat base, inside flat, slightly spreading wall, straight rim, convex lip, on medium part of body two horizontal trapezoidal ring-handles (one broken)
Clay: With quartz/feldspar
Colour: Exterior very dark gray 5YR 3/1 and reddish yellow 7.5YR 6/6; interior black 5YR 2.5/1 and reddish yellow 7.5YR 6/6; core dark reddish brown 5YR 3/2
Ware: Common brown burnished *impasto*
Meas.: 4.1x4.0x0.8 (base) - 0.6 (wall) - 0.4 (lip); diam. base 2.4, diam. lip 3.0 cm
Comm.: Mended
Inv.: cv 18299; Cat. 87, No. 69.

13. Rim-fragment of miniature storage jar
Shape: Flaring wall with rounded knob, carelessly manufactured
Clay: With quartz/feldspar
Colour: Exterior very dark gray 7.5YR N3/; interior very dark gray 7.5YR N3/ and dark gray 7.5YR N4/; core light brown 7.5YR 6/4
Ware: Common brown burnished *impasto*
Meas.: 4.2x2.7x0.4 (wall); knob: L 0.2, S c. 0.9 cm
Inv.: cv 18597; Cat. 87, No. 154.

14. Miniature cylindrical storage jar
Shape: Cylindrical body on a flat base, inside concave, spreading wall, straight upright or slightly inverted rim, flattened to convex lip, upper part of body with two horizontal semi-rectangular lugs, pierced by stick according to traces on wall
Clay: With quartz/feldspar and FeMn
Colour: Exterior very dark gray 10YR 3/1; interior very dark gray 10YR 3/1; core reddish yellow 5YR 6/6
Ware: Common brown burnished *impasto*
Meas.: 4.1x4.6x0.9 (base) - 0.6 (wall) - 0.4 (lip); diam. base 2.8, diam. lip 3.2; lugs W 1.8, L 0.8, diam. (perforation) 0.2 cm
Inv.: cv 18291; Cat. 87, No. 102.

15. Miniature globular/ovoidal storage jar
Shape: Globular body on a flat base, inside concave, flaring wall, decorated with three rounded knobs just below rim, slightly inverted rim, convex lip

Clay: With fine, well sorted quartz/feldspar
Colour: Exterior reddish brown 5YR 5/4; interior reddish brown 5YR 5/4
Ware: Common brown burnished *impasto*
Meas.: 2.5x3.4x0.6 (base) - 0.6 (wall) - 0.3 (lip); diam. base 2.1, diam. body 3.0, diam. lip 2.2 cm; knobs: W 1.4, L 0.3, S 1.4 cm
Inv.: cv 18281; CV II, 30; Cat. 87, No. 134.

16. Miniature globular/ovoidal storage jar
Shape: Globular/ovoidal body, flaring wall, slightly incurving rim, convex lip, on widest part of body decorated with rounded knobs, on inside strokes of burnish
Clay: With quartz/feldspar and some FeMn
Colour: Exterior reddish yellow 5YR 6/6, very dark gray 2.5YR N3/ and light yellowish brown 10YR 6/4; interior light brownish gray 10YR 6/2 and gray 10YR 5/1, core gray 7.5YR N5/
Ware: Common brown burnished *impasto*
Meas.: 6.3x4.6x0.8 (wall) - 0.5 (lip); diam. lip 0.6/0.7 cm; knob: L 0.7, S 1.3 cm
Inv.: cv 18632; Cat. 87, No. 153.

17. Miniature ovoidal storage jar
Shape: Ovoidal body on flat base, inside concave, flaring wall with pronounced shoulder with attachments of two horizontal handles, cylindrical (?) neck, rim missing
Clay: With quartz/feldspar
Colour: Exterior yellowish red 5YR 5/6; interior reddish brown 5YR 5/4 shifting to dark gray 5YR 4/1, core reddish brown 5YR 5/4
Ware: Common brown burnished *impasto*
Meas.: 3.8x4.8x1.0 (base) - 0.7 (wall); diam. base 2.2, diam. body 4.8; handles: W (total) 3.5, S c. 1.2 cm
Inv.: cv 18294; Cat. 87, No. 40.

18. Base-fragment of miniature storage jar
Shape: Ovoidal body on flat base, inside concave, out-turning (?) rim with spreading wall, decorated with three knobs
Clay: With quartz/feldspar
Colour: Exterior yellowish red 5YR 5/6 and very dark gray 5YR 3/1; interior dark reddish gray 5YR 4/2 and yellowish red 5YR 5/6; core dark gray 5YR 4/1
Ware: Common brown burnished *impasto*
Meas.: 3.4x3.8x0.8 (base) - 0.7 (wall); diam. base 2.2 cm
Inv.: cv 18252; Cat. 87, No. 126.

19. Miniature conical/ovoidal storage jar
Shape: Conical/ovoidal body on a flat base, inside concave, inverted rim, convex lip
Clay: With quartz/feldspar, FeMn and some augite
Colour: Exterior reddish brown 5YR 4/3; interior reddish brown 5YR 5/4
Ware: Common brown burnished *impasto*
Meas.: 2.5x2.8x0.8 (base) - 0.8 (wall) - 0.5 (lip); diam. base 1.8, diam. body 2.9, diam. lip 2.7 cm
Inv.: cv 18290; Cat. 87, No. 176.

20. Miniature cylindrical storage jar
Shape: Cylindrical body on a flat base, inside concave, straight rim, convex lip.
Clay: With quartz/feldspar, FeMn and some biotite
Colour: Exterior reddish brown 5YR 4/3, very dark gray 10YR 3/1 and reddish yellow 7.5YR 6/6; interior very dark gray 10YR 3/1
Ware: Common brown burnished *impasto*
Meas.: 2.7x3.6x0.8 (base) - 0.6 (wall) - 0.4 (lip); diam. base 2.4, diam. lip 3.6 cm
Inv.: cv 18183; Cat. 87, No. 177.

21. Miniature conical storage jar

Shape: Conical body, flat base, inside concave, spreading wall, straight rim, convex lip

Clay: With fine quartz/feldspar, FeMn and some augite

Colour: Exterior very dark gray 5YR 3/1 and reddish brown 2.5YR 4/4; interior reddish brown 5YR 3/2; core dusky red 2.5YR 3/2

Ware: Common brown burnished *impasto*

Meas.: 3.0x4.5x0.8 (base) - 0.9 (wall) - 0.9 (lip); diam. base 2.5, diam. lip 4.5 cm

Inv.: cv 18239; Cat. 87, No. 185.

22. Miniature cylindrical storage jar

Shape: Cylindrical body on a flat slightly raised base, inside concave, spreading wall, straight or slightly inverted rim, flattened lip, on medium part of body with attachments of probably horizontal lugs pierced by stick

Clay: With quartz/feldspar

Colour: Exterior brown 7.5YR 5/2 and brown burnish 7.5YR 5/4 and scale reddish yellow 7.5YR 6/6; interior brown 7.5YR 5/4; core light brown 7.5YR 6/4

Ware: Common brown burnished *impasto*

Meas.: 5.6x5.1x1.4 (base) - 1.0 (wall) - 0.6 (lip); diam. base 2.7, diam. lip 4.5-4.7; lugs: W 3.7, S 1.1-1.8, diam. (perforation) 0.2 cm

Inv.: cv 18309; Cat. 87, No. 101.

23. Miniature storage jar

Shape: Conical body on a slightly raised flat base, inside concave, flaring wall, straight to slightly out-curving rim tapering lip, just above widest part of body semi-circular knob

Clay: With fine quartz/feldspar and FeMn

Colour: Exterior reddish yellow 7.5YR 6/6; interior reddish yellow 7.5YR 7/6; core dark gray 10YR 4/1

Ware: Common brown *impasto*

Meas.: 3.2x3.6x0.6 (base) - 0.6 (wall) - 0.2 (lip); diam. base 2.4, diam. body 3.0, diam. lip 2.8 cm; knob: W 0.8, L 0.4, S 0.6 cm

Inv.: cv 18277; CV II, 34; Cat. 87, No. 142.

24. Miniature ovoidal storage jar

Shape: Oblique cylindrical body, flat base, inside concave, flaring wall, straight rim, convex lip, just below rim four knobs

Clay: With fine quartz/feldspar, augite, biotite, olivine and FeMn

Colour: Exterior reddish brown 5YR 5/4 shifting to pinkish gray 5YR 6/2 and gray 7.5YR N5/; interior red 2.5YR 4/6; core gray 2.5YR N6/

Ware: Common (sandy) brown *impasto*

Meas.: 3.9x4.0x0.8 (base) - 0.7 (wall) - 0.3 (lip); diam. base 2.7, diam. body 3.4, diam. lip 2,3; knobs: W 0.9-1.4, L 0.5-0.6, S 0.5-1.2 cm

Inv.: cv 18282; Cat. 87, No. 139.

25. Miniature ovoidal/cylindrical storage jar

Shape: Ovoidal, slightly elongated body, slightly raised flat base, inside concave, flaring wall, slightly inverted rim, lip irregularly flattened, on widest part of body horizontal trapezoidal lugs not wholly perforated

Clay: With quartz/feldspar and FeMn

Colour: Exterior black 10YR 2/1, red 2.5YR 4/8 and strong brown 7.5YR 5/8; interior red 2.5YR 4/8; core reddish yellow 7.5YR 6/8 and gray 7.5YR N5/

Ware: Common brown *impasto*

Meas.: 5.7x5.8x0.9 (base) - 0.6 (wall) - 0.5 (lip); diam. base 2.9, diam. body 4.1, diam. lip 3.6 cm

Inv.: cv 18268; Cat. 87, No. 105.

26. Ovoidal/cylindrical miniature storage jar

Shape: Ovoidal body on a raised flat base, inside concave, flaring wall, short out-curving rim, convex lip, bevelled on the inside, on widest part of body horizontal semi-circular ring-handle, in section triangular and attachment of handle

Clay: With quartz/feldspar, FeMn and some augite

Colour: Exterior reddish yellow 5YR 6/6 and light gray 10YR 7/1; interior light gray 10YR 7/1; core light gray 10YR 7/1

Ware: Common brown *impasto*

Meas.: 7.1x1.0 (base) - 0.9 (wall) - 0.4 (lip); diam. base 2.9, diam. body 4.3; handle: W 1.8, L 1.1, S 0.6 cm

Comm.: Worn

Inv.: cv 18266; Cat. 87, No. 75.

27. Miniature cylindrical storage jar

Shape: Cylindrical body on irregular almost flat base, inside concave, straight rim, convex lip, on medium part of body with two attachments of horizontal ring-handle

Clay: With quartz/feldspar and some augite

Colour: Exterior yellowish red 5YR 5/4 and very pale brown 10YR 7/3; interior reddish yellow 5YR 6/6; core dark gray 10YR 4/1 dark gray

Ware: Common brown *impasto*

Meas.: 3.3x0.6 (base) - 0.6 (wall) - 0.5 (lip); diam. base 3.0, diam. lip 3.3 cm

Inv.: cv 18280; Cat. 87, No. 82.

28. Miniature ovoidal storage jar

Shape: Ovoidal body on a flat base, inside concave, flaring wall, slightly inverted rim, convex lip, with rounded horizontal pierced lug on medium part of body and on opposite lower part of body horizontal triangular conical lug; top of little finger fits

Clay: With quartz/feldspar, FeMn and some augite

Colour: Exterior reddish brown 5YR 5/4 shifting to dark reddish gray 5YR 4/3; interior reddish brown 5YR 5/4; core reddish brown 5YR 5/4

Ware: Common brown *impasto*

Meas.: 2.9x3.9x1.0 (base) - 0.7(wall) - 0.2 (lip); diam. base 1.9, diam. body 2.8, diam. lip 2.0 cm; lugs: W 0.9-1.0, L 0.5, diam. (perforation) 0.1-0.2 cm

Inv.: cv 18255; CV II, 32; Cat. 87, No. 104.

29. Miniature conical storage jar

Shape: Conical body, raised flat base, inside concave, flaring wall, straight rim, convex lip, body decorated with three knobs

Clay: With quartz/feldspar and FeMn

Colour: Exterior strong brown 7.5YR 5/6, yellowish red 5YR 5/6 and dark gray 10YR 4/1; interior reddish yellow 7.5YR 6/6 and strong brown 7.5YR 5/6, core strong brown 7.5YR 5/6

Ware: Common brown *impasto*

Meas.: 4.6x4.1x1.8 (base) - 0.7 (wall) - 0.5 (lip); diam. base 2.3, diam. body 3.4, diam. lip 3.2 cm

Inv.: cv 18283; Cat. 87, No. 129.

30. Miniature ovoidal storage jar

Shape: Ovoidal shaped body on a slightly raised flattened base, inside concave, flaring to spreading wall, straight rim, just beneath lip decorated with three knobs, in section triangular, convex lip, bevelled on the inside

Clay: With quartz/feldspar, FeMn and some augite

Colour: Exterior reddish brown 5YR 5/4 with patch, very dark gray 5YR 3/1; interior dark gray 5YR 4/1; core very dark gray 5YR 3/1

Ware: Common (sandy) brown *impasto*

Meas.: 4.2x4.5x1.1 (base) - 0.7 (wall) - 0.4 (lip); diam. base 2.8, diam. lip 4.3; knobs: L 0.4, S 1.0 cm

Comm.: Fragment missing from rim

Inv.: cv 18199; Cat. 87, No. 127.

31. Miniature cylindrical storage jar

Shape: Straight and spreading body, flat base, inside concave, convex lip, wall just beneath lip decorated with two extant knobs

Clay: With quartz/feldspar, FeMn and some augite

Colour: Exterior reddish yellow 5YR 6/6. Interior very dark gray 5YR 4/1; core dark gray 7.5YR N4/
Ware: Common (sandy) brown *impasto*
Meas.: 4.0x1.1 (base) - 0.9 (wall) - 0.5 (lip); diam. base 2.1, diam. lip 3.5 cm; knobs: L 0.3, S 1.0 cm
Inv.: cv 18198; Cat. 87, No. 130.

32. Miniature conical storage jar
Shape: Conical body, flat base, spreading wall, straight rim, irregular flattened lip
Clay: With quartz/feldspar and augite
Colour: Exterior red 2.5YR 5/6, pinkish gray 7.5YR 6/2 and very dark gray 10YR 3/1; Interior reddish yellow 7.5YR 6/6 and very dark gray 10YR 3/1; core light brown 7.5YR 6/4
Ware: Common brown *impasto*
Meas.: 3.5x3.6x0.8 (base) - 0.6 (wall) - 0.5 (lip); diam. base 2.5, diam. lip 3.6 cm
Inv.: cv 18189; Cat. 87, No. 174.

33. Miniature globular/ovoidal storage jar
Shape: Globular body, flat base, inside concave, flaring wall, incurving rim, flattened lip
Clay: With quartz/feldspar, FeMn and some augite
Ware: Common (sandy) brown *impasto*
Colour: Exterior brown 7.5YR 5/2; interior brown 7.5YR 5/2 and gray 10YR 5/1; core gray 10YR 5/1
Meas.: 5.5x4.6x1.2 (base) - 0.7 (wall) - 0.5 (lip); diam. base 3.3, diam. body 5.1, diam. lip 4.4 cm
Inv.: cv 18676; Cat. 87, No. 160.

34. Miniature cylindrical storage jar
Shape: Cylindrical body on a flat base, inside concave, straight slightly inverted rim with three knobs, in section triangular rounded, convex lip irregularly formed
Clay: With quartz/feldspar and some FeMn
Colour: Exterior brown to dark brown 7.5YR 4/4 and black 5YR 2.5/1. Interior very dark gray 5YR 3/1
Ware: Untreated brown *impasto*
Meas.: 2.9x3.5x0.6 (base) - 0.6 (wall) - 0.3 (lip); diam. base 2.8, diam. lip 3.3; knobs: L 0.4, S 0.9 cm
Comm.: Much scale on body
Inv.: cv 18197; Cat. 87, No. 133.

35. Miniature globular storage jar
Shape: Globular body on convex base, inside concave, flaring wall, slightly inverted rim, decorated with a knob, convex lip
Clay: With quartz/feldspar and FeMn
Colour: Exterior light yellowish brown 10YR 6/4 and black, mottled 7.5YR N2/; interior light yellowish brown 10YR 6/4 and black mottled 7.5YR N2/
Ware: Untreated brown *impasto*
Meas.: 2.4x3.2x0.6 (base) - 0.7 (wall) - 0.4 (lip); diam. base 1.8, diam. lip 3.0; knob: L 0.2, S 1.0 cm
Inv.: cv 18196; Cat. 87, No. 144.

36. Ovoidal miniature storage jar
Shape: Ovoidal body on a flat base, inside concave, flaring wall, conical neck, incurving rim, irregular lip bevelled sightly inverted rim, shoulder decorated with two knobs
Clay: With quartz/feldspar and FeMn
Colour: Exterior pink 7.5YR 7/4 and black 7.5YR N2/, interior very dark grey 7.5YR N3/, core very pale brown 10YR 7/3
Ware: Untreated *impasto*
Meas.: Height 3.2x1.0 (base) - 1.1 (wall) - 2.1 (lip); diam. base 1.8, diam. body 2.9, diam. lip 2.1; knobs: W 0.8, L 1.2, S 0.9 cm
Inv.: cv 18254; Cat. 87, No. 122.

37. Miniature ovoidal storage jar
Shape: Ovoidal body on flat base, inside concave, flaring wall, inverted rim, convex lip, on wall two irregularly placed knobs

Clay: With quartz/feldspar and FeMn
Colour: Exterior pink 7.5YR 7/4 and black 7.5YR N2/; interior very dark gray 7.5YR N3/; core very pale brown 10YR 7/3
Ware: Brown untreated *impasto*
Meas.: Height 3.2x1.0 (base) - 1.1 (wall) - 0.4 (lip); diam. base 1.8, diam. body 2.9, diam. lip 2.1; knob: W 0.8, L 1.2, S 0.9 cm
Comm.: Damaged on one side
Inv.: cv 18243; Cat. 87, No. 121.

38. Fragment of a globular/ovoidal miniature storage jar
Shape: Flat base, inside concave, lip slightly in-turning and flattened
Clay: With fine quartz/feldspar
Colour: Exterior and interior very dark gray 7.5YR N3/; core reddish yellow 5YR 6/6 and light gray to gray 7.5YR N6/
Ware: Untreated brown *impasto*
Meas.: 2.9x3.6x0.3 (base) - 0.4 (wall); diam. 4 cm
Inv.: cv 18670; Cat. 87, No. 266.

39. Miniature cylindrical/ovoidal storage jar
Shape: Ovoidal body on a pinched, raised flat base, inside concave, flaring wall, inverted rim, convex lip, irregular modelled
Clay: With quartz/feldspar
Colour: Exterior brownish yellow 10YR 6/6. Interior yellow 10YR 7/
Ware: Untreated pale *impasto*
Meas.: 4.3x0.7 (base) - 0.7 (wall) - 0.3 (lip); diam. base 2.3, diam. body 3.5, diam. lip 2.8 cm
Inv.: cv 18190; Cat. 87, No. 163.

40. Miniature cylindrical storage jar
Shape: Cylindrical body on a flat base, inside concave, irregular, spreading wall, slightly incurving rim, flattened lip, irregular modelled
Clay: With quartz/feldspar and FeMn
Colour: Exterior dark gray 5YR 4/1, light gray to gray 10YR 6/1 and reddish brown 5YR 3/4; interior dark gray 5YR 4/1 core dark gray 5YR 4/1
Ware: Untreated brown *impasto*
Meas.: Height 3.6x1.2 (base) - 1.0 (wall) - 0.7 (lip); diam. base 2.8, diam. body 3.9, diam. lip 3.6 cm
Inv.: cv 18288; Cat. 87, No. 168

41. Miniature globular/ovoidal storage jar
Shape: Ovoidal body on a raised flat base, inside concave, flaring wall, inverted rim decorated with four knobs, in section rounded, convex lip
Clay: With quartz/feldspar, augite and biotite
Colour: Exterior weak red 2.5YR 4/2 shifting to black 2.5YR N2.5/ and mottled or striped with brown scale 7.5YR 5/4; interior very dark gray 2.5YR N3/; core very dark gray 2.5YR N3/
Ware: *Impasto* with traces of black slip
Meas.: 4.9x4.7x1.2 (base) - 0.5 (wall) - 0.4 (lip); diam. base 2.9, diam. body 4.7, diam. lip 4.0; knobs: L 0.5, S 0.8 cm
Comm.: Obliquely modelled; much scale
Inv.: cv 18200; CV II, 2+3; Cat. 87, No. 141.

42. Miniature globular/ovoidal storage jar
Shape: Globular body on flat base, inside concave, slightly inverted rim, convex lip, rim decorated with three knobs
Clay: With quartz/feldspar, FeMn and some augite
Colour: Exterior yellowish red 5YR 5/6 and very dark gray 5YR 3/1; interior very dark gray 5YR 3/1
Ware: *Impasto* with internally black slip
Meas.: Height 3.4x0.8 (base) - 0.6 (wall) - 0.4 (lip); diam. base 2.5, diam. body 4.0, diam. lip 3.0 cm; knobs: L 0.5, S 1.1 cm
Inv.: cv 18201; CV II, 4+5; Cat. 87, No. 136.

43. Miniature conical storage jar
Shape: Straight and spreading body, flat base, inside concave, spreading wall, straight rim, convex lip, body just beneath lip decorated with four rounded knobs

Clay: With quartz/feldspar and FeMn
Colour: Exterior yellowish red 5YR 5/6 yellowish red and black
         2.5YR N2.5/; Interior reddish brown 5YR5/4 shifting to red
         2.5YR 5/6; core reddish yellow 7.5YR 6/6
Ware: *Impasto* with traces of black slip
Meas.:   3.4x3.6x1.4 (base) - 0.5 (wall) - 0.4 (lip); diam. base 2.1,
         diam. lip 3.6; knobs: L 0.3, S 0.8-1.1 cm
Inv.:   cv 18195 Cat. 87, No. 140.

44. Miniature cylindrical storage jar
Shape: Elongated cylindrical body, flat base, inside concave, straight
         upright rim, flat lip, just beneath lip decorated with three
         rounded knobs
Clay: With quartz/feldspar and augite
Colour: Exterior burnished black 2.5YR N2.5/; interior black 2.5YR
         N2.5/ and light yellowish brown 10YR 6/4
Ware: *Impasto* with black slip
Meas.:   4.6x3.7x1.1 (base) - 0.6 (wall) - 0.4 (lip); diam. base 2.2,
         diam. body 3.2, diam. lip 3.2 cm; knobs: L 0.3, S 0.9 cm
Inv.:   cv 18194; Cat. 87, No. 132.

45. Miniature cylindrical/ovoidal storage jar
Shape: Cylindrical ovoidal body on a flat base, inside concave,
         flaring wall, inverted rim, convex lip, on widest part of body
         decorated with three knobs, irregular modelled
Clay: With quartz/feldspar
Colour: Exterior very dark gray 2.5YR N3/ and very pale brown
         10YR 7/3, with traces of burnish black 2.5YR N2.5/; interior
         very dark gray 2.5YR N3/
Ware: *Impasto* with black slip
Meas.:   3.2x3.4x1.0 (base) - 0.8 (wall) - 0.3 (lip); diam. base 2.0,
         diam. body 3.0, diam. lip 2.0; knobs: S 0.9 cm
Inv.:   cv 18273; Cat. 87, No. 135.

46. Ovoidal miniature storage jar
Shape: Ovoidal body on a flat base, inside concave, flaring wall,
         conical neck, incurving rim, irregular lip bevelled on the
         inside, shoulder decorated with two knobs
Clay: With quartz/feldspar
Colour: Exterior very dark gray 2.5YR N3/ and dark reddish brown
         2.5YR 3/4; interior very dark gray 2.5YR N3/. and dark
         reddish brown 2.5YR 3/4; core dark reddish brown 2.5YR
         3/4
Ware: *Impasto* with black slip
Meas.:   5.3x1.0 (base) - 0.8 (wall) - 0.7 (lip); diam. base 2.4, diam.
         body 4.3, diam. lip 2.7; knobs: W 1.5, L 1.3, S 1.3 cm
Inv.:   cv 18257; Cat. 87, No. 123.

47. Miniature cylindrical storage jar
Shape: Cylindrical body, flattened base, inside concave, straight to
         very slightly incurving rim, flattened lip bevelled on the
         inside, on inside wall few nailprints visible
Clay: With quartz/feldspar
Colour: Exterior reddish brown 2.5YR 4/4 with burnish between
         very dark gray 5YR 3/1 and very dark gray 2.5YR N3/:
         interior reddish brown 2.5YR 4/4 with burnish very dark
         gray 2.5YR N3/
Ware: *Impasto* with black slip
Meas.:   5.0x4.5x1.0 (base) - 0.6 (wall) - 0.3 (lip); diam. base 4.0,
         diam. lip 6.0 cm
Inv.:   cv 18603; Cat. 87, No. 175.

48. Miniature globular storage jar
Shape: Globular body on a flat base, inside flat, wall in-turning,
         inverted rim, convex lip
Clay: With quartz/feldspar
Colour: Exterior very dark gray burnished 2.5YR N3/; interior
         brown 7.5YR 5/2; core reddish brown 5YR 5/4
Ware: *Impasto* with black slip
Meas.:   2.2x2.4x0.4 (base) - 0.5 (wall) - 0.4 (lip); diam. base 2.4,
         diam. lip 1.7 cm
Inv.:   cv 18244; Cat. 87, No. 194.

49. Miniature globular/ovoidal storage jar
Shape: Globular ovoidal body, flat base, inside irregular concave,
         flaring wall, inverted rim, flattened lip
Clay: With fine and coarse quartz/feldspar and biotite; a number of
         small holes in the clay matrix probably indicate coarse
         tempering
Colour: Exterior and interior very dark gray 5YR 3/1 shifting to
         black 2.5YR N2.5/
Ware: *Impasto* with black slip
Meas.:   3.9x4.8x0.7 (base) - 0.6 (wall) - 0.6 (lip); diam. base 3.4,
         diam. body 4.8, diam. lip 4.0 cm
Inv.:   cv 18167; cv II, 9; Cat. 87, No. 192.

50. Miniature cylindrical ovoid storage or cooking jar
Shape: Cylindrical ovoid body on a flat base, inside concave, flaring
         wall, inverted rim, convex lip, wall just below lip decorated
         with three knobs well proportioned and modelled
Clay: With quartz/feldspar, augite and biotite
Colour: Exterior red 2.5YR 5/6 and dark gray 2.5YR N4/; interior
         light reddish brown 5YR 6/4; core reddish brown 2.5YR
         5/4
Ware: Common red slip *impasto*
Meas.:   4.7x4.2x1.2 (base) - 0.7 (wall) - 0.2 (lip); diam. base 2.6,
         diam. body 4.5, diam. lip 2.8 cm; knobs: W 0.9, L 0.5, S 0.7
         cm
Inv.:   cv 18258; CV II; Cat. 87, No. 137.

51. Miniature globular storage jar with a single lug
Shape: Globular body, convex base, inside concave, flaring wall,
         inverted rim, convex lip, with a small lug
Clay: With fine and coarse quartz/feldspar and some augite
Colour: Exterior covered with burnished slip in reddish brown 2.5YR
         4/4, red 2.5YR 4/6 and very dark gray 5YR 3/1. Interior
         reddish brown 2.5YR 4/4; core reddish yellow 5YR 6/6
Ware: Red slip *impasto* (*impasto rosso*)
Meas.:   2.5x3.2x0.4 (base) - 0.4 (wall) - 0.2 (lip); diam. base 1.2,
         diam. body 3.2, diam. lip 2.2 cm
Inv.:   cv 18225; Cat. 87, No. 191.

52. Miniature ovoidal storage jar
Shape: Ovoidal, spreading body, flat base, inside flat, flaring wall,
         short inverted rim with flattened lip
Clay: With fine quartz/feldspar, FeMn and augite
Colour: Exterior dark reddish brown 5YR 3/3 and very dark gray
         7.5YR N3/; interior reddish brown 5YR 4/3 and very dark
         gray 5YR 3/1; core gray 10YR 5/1
Ware: Dark slipped coarse ware
Meas.:   4.1x4.7x0.5 (base) - 0.7 (wall) - 0.4 (lip); diam. base 2.9,
         diam. body 4.7, diam. lip 4.4 cm
Inv.:   cv 18186; Cat. 87, No. 161.

53. Fragment of a globular/ovoidal storage jar
Shape: Slightly raised base, outside concave, globular body and
         slightly inverted tapering lip
Clay: With fine quartz/feldspar, semi-depurated *impasto*
Colour: Exterior, interior and core reddish yellow 7.5YR 7/6
Ware: Near coarse ware
Meas.:   2.2x0.6 (base)x0.3 (wall); diam. base 1.8-2.0 cm
Inv.:   cv 18236; Cat. 87, No. 267.

9.2.   Decorative jars for liquids (biconical/with
        distinct neck, or deriving from those) 10th/8th
        century BC

54. Miniature jar with distinct neck
Shape: Ovoidal body on a flat base, flaring wall with two horizontal-
         ring-handles attached to widest part of the body, high cylindri-
         cal neck, out-curving rim, lip irregularly modelled. Body
         decorated with horizontal and vertical incised lines in
         quadrangular patterns, no incision on the handles
Colour: Exterior blackish-grey

Meas.:   13.0xdiam. base 7.8-8.0xdiam. (lip) 10.8-11.0 cm
Ware: Unknown
Comm.:   Now missing (stolen) but published when found: Crescenzi,
         1978: p. 52 n.2, pl. XIX n.2. for the decoration compare:
         Giglioli, BPI 1940: pp. 177 ss; Gierow II, pp. 276 ss; Bietti
         Sestieri in *CLP*, pp. 82-83, pl. VI, D; VII - dated to the Early
         Latin Period I

55. Miniature biconical jar
Shape: Biconical body on a flat base, inside concave, spreading
         wall, sharply out-turning rim, convex, tapering, lip; well
         proportioned and modelled
Clay: With quartz/feldspar and FeMn
Colour: Exterior burnished brown to dark brown 10YR 4/3; interior
         dark gray 10YR 4/1, core brown 7.5YR 5/2
Ware: Common brown burnished *impasto*
Meas.:   4.6x4.1x0.7 (base) - 0.5 (wall) - 0.2 (lip); diam. base 2.0,
         diam. body 4.1, diam. lip 2.9 cm
Comm.:   Fragments missing from rim, some scale on body
Inv.:   cv 18275; CV I, 1; Cat. 87, No. 8.

56. Miniature biconical jar
Shape: Biconical body on a raised flat base, inside concave; flaring
         wall, short out-curving rim, convex lip, on widest part of
         body two attachments of horizontal ring-handles
Clay: With quartz/feldspar, FeMn and some augite
Colour: Exterior red 2.5YR 5/6 and very dark gray 5YR 3/1; interior
         red 2.5YR 5/6; core 2.5YR 5/6
Ware: Common brown burnished *impasto*
Meas.:   Height 6.4x0.9, thickness 0.7 (wall) - 0.3 (lip); diam. base
         2.3, diam. body 5.0, diam. lip 3.2; handles: W 2.4, S 8 cm
Inv.:   cv 18217; Cat. 87, No. 60.

57. Rim-fragment of a biconical(?) miniature jar
Shape: Fragment with an elongated conical neck, with attachment
         of a probable lug on lower part of body, short out-turning
         rim, convex lip
Clay: With quartz/feldspar and some augite
Colour: Exterior very dark gray 7.5YR N3/; interior very dark gray
         7.5YR N3/; core dark gray 7.5YR N4/
Ware: Common brown burnished *impasto*
Meas.:   4.6x3.3x0.6 (wall) - 0.4 (lip); diam. lip 4.0 cm
Comm.:   Secondarily burned?
Inv.:   cv 18620; Cat. 87, No. 110.

58. Ovoidal miniature jar with distinct neck
Shape: Ovoidal body on a flat base, inside concave, flaring wall,
         with attachments of two horizontal ring-handles on widest
         part of body, conical neck, straight rim, convex lip (attachment
         of ring-handles show round cavities)
Clay: With quartz/feldspar and small pellets of FeM
Colour: Exterior brown 7.5YR 5/4, reddish brown 5YR 4/3 and very
         dark gray 7.5YR N3/; interior brown 7.5YR 5/4, reddish
         brown 5YR 4/3 and very dark gray 7.5YR N3/; core brown
         to dark brown 7.5YR 4/2
Ware: Common brown burnished *impasto*
Meas.:   5.1x1.1 (base) - 0.8 (wall) - 0.5 (lip); diam. base 2.4x, diam.
         body 4.0x, diam. lip 2.8; handles: W (total) 2.0-2.3 cm
Inv.:   18143; Cat. 87, No. 74.

59. Ovoidal miniature jar with distinct neck
Shape: Ovoidal body on flat base, inside concave, flaring wall, long
         out-turning rim, convex lip, on widest part of body with
         attachments of two horizontal ring-handles
Clay: With quartz/feldspar and some biotite
Colour: Exterior very dark gray 10YR 3/1 and reddish brown 2.5YR
         4/4; interior very dark gray 10YR 3/1; core red 5YR 5/6
Ware: Common brown burnished *impasto*
Meas.:   Height 6.1x1.1 (base) - 0.8 (wall) - 0.5 (lip); diam. base 3.3,
         diam. body 5.2, diam. lip 4.0; handles: W 3.0 cm
Inv.:   cv 18246; Cat. 87, No. 57.

60. Miniature jar with distinct neck
Shape: Ovoidal body, irregular slightly concave base, inside convex,
         flaring wall, rounded shoulder, with attachments of two
         horizontal handles to widest part of body, with angular
         transition from body to neck, out-curving rim, convex to
         tapering lip
Clay: With quartz/feldspar, augite and FeMn
Colour: Exterior reddish brown 2.5YR 4/4 shifting to black 5YR
         2.5/1; interior very dark gray 2.5YR N3/; core brown 7.5YR
         5/2
Ware: Common brown burnished *impasto*
Meas.:   5.4x5.4x0.5 (base) - 0.6 (wall) - 0.3 (lip); diam. base 2.5,
         diam. body 5.4, diam. lip 5.0; handles: W (total) 3.5, W 1.2
         cm
Inv.:   cv 18237; Cat. 87, No. 42.

61. Miniature cylindrical/ovoidal jar with distinct neck
Shape: Cylindrical/ovoidal body on flat irregular base, inside con-
         cave, flaring wall, short out-turning rim, convex lip, on
         widest part of body horizontal semi-circular ring-handles, in
         section rounded, and attachment of ring-handle, irregular
         modelled
Clay: With quartz/feldspar, FeMn and augite
Colour: Exterior reddish yellow 7.5YR 6/6; interior reddish yellow
         7.5YR 6/6; core reddish yellow 7.5YR 6/6 and dark gray
         10YR 4/1
Ware: Common brown *impasto*
Meas.:   5.2x4.8x0.7 (base) - 0.7 (wall) - 0.4 (lip); diam. base 2.3,
         diam. body 4.8, diam. lip 3.4; handles: W (total) 2.1, L 1.4,
         S 0.8 cm
Comm.:   Fragments missing
Inv.:   cv 18163; CV II, 35; Cat. 87, No. 58.

62. Ovoidal miniature jar with distinct neck
Shape: Ovoidal body on a flat base, inside concave, flaring wall,
         short out-turning rim, convex lip, just below widest part of
         body with horizontal semi-circular ring-handle, in section
         rounded, and attachment of the other ring-handle
Clay: With quartz/feldspar, FeMn and augite
Colour: Exterior yellowish brown 10YR 5/4 and dark gray 10YR
         4/1, smoothened; interior very dark gray 10YR 3/1 and
         brownish yellow 10YR 6/6; core very dark gray 10YR 4/1
Ware: Common brown *impasto*
Meas.:   Height 5.2x5.9x1.2 (base) - 0.7 (wall) - 0.4 (lip); diam. base
         2.4, diam. body 4.8, diam. lip 4.5; handles W (total) 2.4,
         1L 0.9, S 0.7 cm
Inv.:   cv 18161; Cat. 87, No. 59.

63. Miniature jar with distinct neck
Shape: Ovoid body on a flat base, inside concave, flaring wall, on
         widest part of the body horizontal segmental ring-handles, in
         section rounded, conical neck, short flaring rim
Clay: With quartz/feldspar and FeMn
Colour: Exterior and interior yellowish red 5YR 5/6; core strong
         brown 7.5YR 5/6
Ware: Common brown *impasto*?
Meas.:   5x5.2x0.9 (base) - 0.7 (wall); diam. base 2.6; handles W 3.1,
         L 1.2, S 0.8 cm
Inv.:   cv 18241; Cat. 78, No. 84.

64. Fragment of a miniature biconical jar
Shape: Fragment of a biconical neck with short out-turning rim,
         flattened lip and flaring wall with attachment of probably
         horizontal ring-handles
Clay: With quartz/feldspar, FeMn and some augite
Colour: Exterior brown to dark brown 7.5YR 4/2, shifting to very
         dark gray 7.5YR N3/; interior very dark gray 7.5YR N3/;
         core gray 10YR 5/1, very dark gray 7.5YR N3/ and brown to
         dark brown 7.5YR 4/2
Ware: Well burnished brown *impasto*, slightly burned

Meas.: 5.5x3.4x0.5 (wall) - 0.4 (lip); diam. lip 6.0?; handle: L 0.7,
S 1.1 cm
Inv.: cv 18657; Cat. 87, No. 78.

65. Miniature globular/ovoidal jar with distinct neck
Shape: Ovoidal body, irregular slightly concave base, inside convex,
flaring wall, rounded shoulder, with attachments of two
horizontal handles to widest part of body, with angular
transition from body to neck, out-curving rim, convex to
tapering lip
Clay: With quartz/feldspar, FeMn and augite
Colour: Exterior reddish brown 2.5YR 4/4 shifting to black 5YR
2.5/1; interior very dark gray 2.5YR N3/; core brown 7.5YR
5/2
Ware: Well burnished brown *impasto*
Meas.: 5.4x5.4x0.5 (base) - 0.6 (wall) - 0.3 (lip); diam. base 2.5,
diam. body 5.4, diam. lip 5.0; handles: W (total) 3.5, W 1.2
cm
Inv.: cv 18237; Cat. 87, No. 42.

66. Miniature globular/ovoidal jar with distinct neck
Shape: Ovoidal body on a flat base, inside flat, flaring wall, rounded
shoulder, with external angular transition to neck, long out-
turning rim, convex lip, shoulder decorated with segmental
lug
Clay: With fine, well sorted, quartz/feldspar
Colour: Exterior burnished black 2.5YR N2.5/; interior black 2.5YR
N2.5/ shifting to very dark gray 5YR 3/1; core dark gray
=7.5YR N4/
Ware: Well burnished brown *impasto*
Meas.: 6.2x5.8x0.6 (base) - 0.4 (wall) - 0.3 (lip); diam. base 3.1,
diam. body 6.2, diam. lip 4.8; knob: W 2.0, L 0.5, S 0.5-1.6
cm
Comm.: Well proportioned, thin walled, fragments missing
Inv.: cv 18203 (on sticker No. 4210); CV I, 11-12; Cat. 87, No. 34.

67. Ovoidal miniature jar with distinct neck
Shape: Ovoidal body on a flat base, inside concave, short sharply
out-turning rim with internal angle, convex lip, with two
horizontal semi-circular lugs on widest part of body
Clay: With quartz/feldspar and FeMn
Colour: Exterior very dark grayish brown 10YR 3/2 slip, burnished
to lustre; interior black 7.5YR N2/ and strong brown 7.5YR
5/8; core reddish brown 5YR 5/4
Ware: Well burnished brown *impasto*
Meas.: 4.8x4.9x0.8 (base) - 0.5 (wall) - 0.3 (lip); diam. base 2.4,
diam. body 4.2, diam. lip 3.6; lugs: W 1.3, L 0.4, S 0.3 cm
Comm.: Fragments missing from rim, some scale on rim
Inv.: cv 18202; CV I, 34; Cat. 87, No. 112.

68. Miniature jar with distinct neck
Shape: Ovoidal body on a raised flat base, inside concave, flaring
wall, rounded shoulder with triangular shaped, not wholly
perforated lug, almost conical neck, with probably slightly
out-curving rim
Clay: With fine quartz/feldspar, augite and FeMn
Colour: Exterior black 2.5YR N2.5/ with traces of burnish, reddish
brown 5YR 4/4; interior dark gray 5YR 4/1; core gray 10YR
5/1
Ware: Well burnished brown *impasto*
Meas.: 4.1x4.5x1.2 (base) - 0.7 (wall); diam. base 2.7, diam. body
3.8; lug: W 1.5, L 0.9, S 0.4-1.5 cm
Inv.: cv 18274; CV II, 31; Cat. 87, No. 106.

69. Miniature biconical jar
Shape: Low conical body on a flat irregular base, inside convex,
long concave neck, short out-turning rim, convex lip, on
widest part of body horizontal ring-handle, in section rounded,
and attachment of horizontal ring-handle
Clay: With quartz/feldspar
Colour: Exterior red 2.5YR 4/6 and very dark gray 5YR 3/1; interior

red 2.5YR 4/6 and very dark gray 5YR 3/1, core red 2.5YR
4/6
Ware: *Impasto* with black slip
Meas.: Height 5.1x0.7 (base) - 0.6 (wall) - 0.4 (lip); diam. base 2.3,
diam. body 4.5, diam. lip 4.3; handles: W (total) 2.3, L 0.9,
S 0.6 cm
Comm.: One handle missing
Inv.: cv 18145; CV I, 18; Cat. 87, No. 47.

70. Miniature jar with distinct neck
Shape: Conical body. flat base, inside flat, flaring wall, rounded
shoulder with angular transition to conical neck, straight
rim, convex lip, on lower part of body two horizontal semi-
circular pierced lugs. lip damaged
Clay: With quartz/feldspar, FeMn and augite
Colour: Exterior brown 7.5YR 5/4, strong brown 7.5YR 5/6, very
dark gray 10YR 3/1 and reddish yellow 5YR 6/8; interior
very dark gray 10YR 3/1 and brown 7.5YR 5/4; core very
dark gray 10YR 3/1 and reddish yellow 7.5YR 6/6
Ware: *Impasto* with black slip
Meas.: 4.2x4.7x0.7 (base) - 0.5 (wall) - 0.4 (lip); diam. base 1.7,
diam. body 3.9, diam. lip 2.8; lugs: W 1.5, L 0.5, diam.
(perforation) 0.2 cm
Inv.: cv 18141; CV I, 31; Cat. 87, No. 107.

71. Ovoidal miniature liquid jar with distinct neck
Shape: Ovoidal body on a flat irregular base, inside concave, flaring
wall, short out-turning rim, with attachments of two horizon-
tal handles just below widest part of body (perforated with
a hole at the height of the handles)
Clay: With quartz/feldspar, a small amount of augite and some
FeMn
Colour: Exterior reddish brown 5YR 5/4 shifting to black, which
seems burned into the vessel .5YR N2.5/; interior black
2.5YR N2.5/; core dark gray 2.5YR N4/
Meas.: 4.6x4.0x1.3 (base) - 0.8 (wall); diam. base 2.1, diam. body
3.5; handles: W (total) 2.3, W 0.7-0.9, L 0.4, S-cavity 0.5 cm
Ware: *Impasto* with black slip
Comm.: Larger part of the rim is missing
Inv.: cv 18151; Cat. 87, No. 80.

9.3. Cooking jars

9.3.1. *Ovoidal (8th and 7th centuries BC)*

72. Miniature ovoidal cooking jar
Shape: Ovoidal body, flat base, flaring wall, lowest part of body
with knobs, slightly out-curving rim
Ware: Unknown
Comm.: Now missing (stolen), but published when found: Crescenzi,
1978: p. 53, pl. XX, 1; Cat. 87, No. 148.

73. Rim fragment of miniature cooking jar
Shape: Vessel with fairly straight wall, a short out-turning rim and
convex lip
Clay: With quartz/feldspar, FeMn
Colour: Exterior between very dark gray 5YR 3/1 and dark reddish
brown 5YR 3/2; interior between very dark gray 5YR 3/1
and dark reddish brown 5YR 3/2; core yellowish red 5YR
5/6
Ware: Well burnished brown *impasto*
Meas.: 3.0x2.8x0.6 (wall) - 0.5 (lip); diam. lip 4.0 cm
Inv.: cv 18638; Cat. 87, No. 22.

74. Rim-fragment of miniature jar
Shape: Slightly out-curving, convex lip
Clay: With quartz/feldspar and FeMn
Colour: Ex- and interior dusky red 2.5YR 3/2; core red 2.5YR 4/8
Ware: Well burnished brown *impasto*
Meas.: 1.9x2.5x0.6 (wall) - 0.4 (lip); diam. lip c. 6.0 cm
Inv.: cv 18614; Cat. 87, No. 28.

75. Fragment of miniature cooking jar
Shape: Vessel with very slightly out-turning rim, convex lip
Clay: With quartz/feldspar and FeMn
Colour: Exterior very dark gray 5YR 3/1 and reddish brown 5YR 4/4; interior very dark gray 5YR 3/1; core dark gray 5YR 4/1
Ware: Well burnished brown *impasto*
Meas.: 1.7x2.7x0.5 (wall) - 0.5 (lip); diam. lip 6.0 cm
Inv.: cv 18653; Cat. 87, No. 23.

76. Miniature jar
Shape: Ovoidal/biconical body with long out-turning rim, with flattened rim, just below the maximum diameter of the body a horizontal ring-handle and the attachments of the second handle are preserved
Clay: With quartz/feldspar and some small black particles probably augite
Colour: Covered with a shiny burnished slip in dark brown 7.5 YR 4/2 over reddish brown core 5 YR5/4
Ware: Well burnished brown *impasto*
Meas.: 8.5x7.2x0.5 (lip); diam. mouth 6.9; diam. body on widest part 7.1. diam. base 4.5 cm
Comm.: Two fragments from rim missing, some scale on rim
Inv.: cv 18314; Cat. 87, No. 52.

77. Base fragment of an ovoidal cooking jar
Shape: Ovoidal body, flat base, inside concave, flaring wall, on lower part of body horizontal segmented ring-handle, and attachment of the second one, in section rounded
Clay: With quartz/feldspar and FeMn
Colour: Exterior brown 7.5YR 5/4 burnished; interior strong brown 7.5YR 5/6; core very dark gray 10YR 5/1
Ware: Common brown burnished *impasto*
Meas.: 5.9x7.3x0.8 (wall) - 0.6 (lip); diam. base 3.2 cm
Inv.: cv 18240; Cat. 87, No. 83.

78. Miniature ovoidal cooking jar
Shape: Ovoidal body on flat base, inside flat, flaring wall, very short out-turning rim, convex lip, just below widest part of body attachments of two horizontal ring-handles
Clay: With quartz/feldspar, augite, FeMn
Colour: Exterior reddish brown 5YR 5/4 and black 2.5YR N2.5/, burnished; interior reddish brown 5YR 4/4; core brown to dark brown 7.5YR 4/2
Ware: Common brown burnished ware
Meas.: 6.5x1.1 (base) - 0.8 (wall) - 0.3 (lip); diam. base 3.6, diam. lip 6.0 cm
Inv.: cv 18164; CV I, 23; Cat. 87, No. 55.

79. Rim-fragment of a miniature cooking jar
Shape: Convex lip
Clay: With quartz/feldspar and augite
Colour: Exterior very dark gray 10YR 3/1, pale brown 10YR 6/3 red 2.5YR 4/6; interior very dark gray 5YR 3/1, core very dark gray 5YR 3/1 and reddish brown 2.5YR 4/4
Ware: Common brown burnished *impasto*
Meas.: 3.5x3.4x0.6 (wall) - 0.4 (lip); diam. lip c. 5.0 cm
Inv.: cv 186**; Cat. 87, No. 20.

80. Miniature cooking jar
Shape: Conical/ovoidal body on a flat base, flaring wall, out-curving rim with a convex irregular lip, on the maximum diameter of the vessel two horizontal ring-handles in section rounded
Clay: With quartz/feldspar, red FeMn
Colour: Reddish yellow burnished 5YR 6/1, shifting from 5YR 4/4 to 5YR 3/1; core very dusky red 2.5YR 2/5.2; inner core very dark grey 2.5YR 3/
Ware: Common brown burnished *impasto*
Meas.: 10.5x11.8x8 - 6 (lip); diam. mouth (without rim) 3,4x, max. diam. body 9.0, diam. base 4.6 cm

Comm.: Mended, irregularly modelled
Inv.: cv 18250; Cat. 87, No. 43.

81. Rim-fragment of an ovoidal miniature cooking jar
Shape: Ovoidal body with out-curving rim, convex lip
Clay: With quartz/feldspar and FeMn
Colour: Exterior very dark gray 10YR 3/1 and reddish yellow 7.5YR 6/6; interior black 7.5YR N2/; core reddish yellow 7.5YR 6/6 and very dark gray 7.5YR N3/
Ware: Common brown burnished *impasto*
Meas.: 4.2x2.6x0.6 (wall) - 0.4 (lip); diam. lip 3.5 cm
Inv.: cv 18577; Cat. 87, No. 13.

82. Ovoidal miniature cooking jar
Shape: Ovoidal body on a flat base, inside flat, flaring wall, short out-turning rim, convex lip, on widest part of body attachments of two horizontal handles
Clay: With quartz/feldspar and FeMn
Colour: Exterior red 2.5YR 4/8 and black 2.5YR N2.5/; interior dark red 2.5YR 3/6 and dark reddish brown 2.5YR 2.5/4; core dark red 2.5YR 3/6
Ware: Common brown burnished *impasto*
Meas.: Height 8.0x0.8 (base) - 0.9 (wall) - 0.5 (lip); diam. base 3.6, diam. body 5.8, diam. lip 4.8; handles: W 2.7, L 0.2, S 0.9 cm
Inv.: cv 18313; CV I, 20; Cat. 87, No. 50.

83. Miniature cylindrical cooking or storage jar
Shape: Cylindrical body on a slightly raised flat base, inside concave, straight rim, convex lip, just below rim horizontal semi-circular ring-handle and attachment of second ring-handle, in section rounded
Clay: With quartz/feldspar and small black particles probably augite
Colour: Exterior reddish yellow 7.5YR 6/6, grayish brown 10YR 5/2 and dark gray 10YR 4/1; interior dark gray 10YR 4/1 shifting to very dark gray 10YR 3/1; core gray 10YR 5/1
Ware: Common (sandy) brown *impasto*
Meas.: 4.3x4.7x0.5 (base) - 0.5 (wall) - 0.3 (lip); diam. base 2.5, diam. body 3.8, diam. lip 3.7; handles: W (total) 1.7, L 0.7, S 0.5 cm
Comm.: Fragments missing from rim, some scale on body
Inv.: cv 18162; CV I, 22; Cat. 87, No. 63.

84. Ovoidal miniature cooking or storage jar
Shape: Ovoidal body on a flat base, inside concave, flaring wall, on widest part of body with attachments of two horizontal ring-handles, convex lip
Clay: With quartz/feldspar, augite, olivine, biotite and FeMn
Colour: Exterior reddish brown 2.5YR 5/4; interior light brown 7.5YR 6/4; core reddish yellow 7.5YR 6/6
Ware: Common brown (sandy) *impasto*
Meas.: 4.2x4.5x0.5 (base) - 0.7 (wall) - 0.2 (lip); diam. base 2.4, diam. body 3.6, diam. lip 3.0 cm; handles: W (total) 2.3, W 1.0, S 0.8 cm
Inv.: cv 18286; Cat. 87, No. 70.

85. Ovoidal miniature cooking jar
Shape: Ovoidal body on slightly raised flat base, inside concave, flaring wall, cylindrical neck, straight rim, convex lip, on widest part of body attachments of two horizontal ring-handles, in section oval and irregular modelled
Clay: With quartz/feldspar and augite
Colour: Exterior dark brown 7.5YR 3/2 and reddish brown 5YR 4/4, burnished; interior dark brown 7.5YR 3/2 and reddish brown 5YR 4/4; core yellowish red 5YR 4/6 and light brownish gray 10YR 6/2
Ware: Common (sandy) brown *impasto*
Meas.: Height 5.7x1.4 (base) - 1.1 (wall) - 0.4 (lip); diam. base 3.3, diam. body 5.5, diam. lip 4.5; handles W (total) 2.5, S 0.8 cm
Inv.: cv 18158; Cat. 87, No. 71.

86. Miniature cylindrical/ovoidal cooking jar
Shape: Cylindrical/ovoidal body, flat base, inside concave, flaring wall, cylindrical neck, straight upright rim, flattened lip, on lowest part of body attachments of two horizontal lugs
Clay: With quartz/feldspar and FeMn
Colour: Exterior reddish yellow 7.5YR 6/6, reddish brown 2.5YR 4/4 and patch, dark gray 2.5YR N4/; interior dark gray 2.5YR N4/ and brown 7.5YR 5/4; core light yellowish brown 10YR 6/4
Ware: Common (sandy) brown *impasto*
Meas.: 4.3x4.6x0.9 (base) - 0.9 (wall) - 0.6 (lip); diam. base 2.5, diam. body 4.0, diam. lip 3.5; lugs: W 2.2, S 1.1-2.2 cm
Inv.: cv 18298; Cat. 87, No. 93.

87. Miniature ovoidal cooking jar
Shape: Ovoidal body on a flat base, inside concave, flaring wall, short out-curving rim, convex lip, on widest part of body two attachments of horizontal ring-handles
Clay: With quartz/feldspar, augite, olivine and FeMn
Colour: Exterior yellowish red 5YR 5/6 and very dark gray 5YR 3/1; interior very dark gray 5YR 3/1;core red 2.5YR 5/6 and very dark gray 5YR 3/1
Ware: Common brown (sandy) *impasto*
Meas.: 6.9x1.1 (base) - 0.8 (wall) - 0.4 (lip); diam. base 3.7, diam. body 5.4, diam. lip 4.7 cm
Inv.: cv 18263; Cat. 87, No. 51.

88. Miniature ovoidal cooking jar
Shape: Elongated ovoidal body on a flat base, inside concave, flaring wall, slightly out-turning rim with tapering lip; on widest part of body a horizontal, trapezoidal, pierced lug and attachment of a damaged lug
Clay: With quartz/feldspar, augite and FeM nodules
Colour: Exterior reddish brown 2.5YR 4/4 and very dark gray 5.YR 3/1; interior reddish brown 5YR 4/3; core dark reddish brown 2.5YR 3/4
Ware: Common sandy brown *impasto*
Meas.: Height 6.0x1.7 (base) - 0.7 (wall) - 0.4 (lip); diam. base 2.4, diam. lip 4.2; lugs W (total) 2.8, L 1.3, S 0.5 cm, diam. of perforation 0.2 cm
Comm.: Damaged on part of body, fragment missing from rim. Some scale on body
Inv.: cv 18153; Cat. 87, No. 94.

89. Miniature ovoidal cooking jar
Shape: Elongated ovoidal body, flat base, flaring wall, short out-turning rim, convex lip, on widest part of body pierced lug, in section triangular
Clay: With quartz/feldspar, 'augite', FeMn
Colour: Exterior burnished black 7.5YR N2/; interior very dark gray 10YR 3/1; Core yellowish brown 10YR 5/6 and light gray 7.5YR N7/
Ware: *Impasto* with black slip
Meas.: 5.0x5.1x0.6 (base) - 0.5 (wall) - 0.2 (lip); diam. base 1.9, diam. body 4.1, diam. lip 3.8; handle: W 1.1, L 1.0, S 0.4 cm
Inv.: cv 18136; Cat. 87, No. 90.

90. Miniature cylindrical ovoid cooking jar
Shape: Cylindrical/ovoidal body on a slightly raised flat base, inside flat, short out-turning rim, neck slightly 'a gola', convex lip, on widest part of body attachments of two horizontal ring-handles, in section probably rounded
Clay: With quartz/feldspar, augite and FeMn
Colour: Exterior reddish brown 5YR 4/4 and very dark gray 7.5YR N3/; interior reddish brown 5YR 4/4: core reddish brown 5YR 4/4
Ware: *Impasto* with black slip
Meas.: 5.7x0.9 (base) - 0.7 (wall) - 0.4 (lip); diam. base 3.5, diam. body 4.9, diam. lip 4.6; handles: W (total) 2.7 cm
Inv.: cv 18147; Cat. 87, No. 56.

91. Miniature ovoidal cooking jar
Shape: Ovoidal body on a flat base, inside concave, flaring wall, out-turning rim with flattened lip; on widest part of the body
Clay: With quartz/feldspar, 'augite' FeMn
Colour: Exterior black 2.5YR 2.5/; interior black 5YR 2.5/; core red 2.5YR 5/6
Ware: *Impasto* with black slip
Meas.: Height 6.7x7.5x1.0 (base) - 0.7 (wall) - 0.4 (lip); diam. base 3.2, diam. lip 4.8; handles W 3.5 cm
Inv.: cv 18265 ; Cat. 87, No. 46.

92. Miniature cylindrical/ovoidal cooking jar
Shape: Cylindrical body on irregular flat base, inside concave, long out-turning rim, convex lip, on lower part of body attachments of two horizontal pierced lugs, irregular modelled
Clay: With quartz/feldspar, augite and some FeMn
Colour: Exterior reddish yellow 5YR 6/6; interior brown 7.5YR 5/4; core reddish brown 5YR5/4 and dark gray 7.5YR N4/. Rim treated *a stecca*
Ware: *Impasto* with black slip
Meas.: 5.8x1.3 (base) - 1.0 (wall) - 0.6 (lip); diam. base 3.2, diam. lip 4.8 cm; lugs: W (total) 2.0 cm
Inv.: cv 18152; Cat. 87, No. 92.

93. Miniature cylindrical cooking jar
Shape: Cylindrical body on a flat base, inside concave, short out-turning rim, convex lip, on widest part of body two horizontal semi-circular ring-handle
Clay: With fine quartz/feldspar
Colour: Exterior and interior black 2.5YR N2.5/; core dark gray 2.5YR N4/
Ware: *Impasto* with black slip
Meas.: 3.7x4.4x0.5 (base) - 0.7 (wall) - 0.2 (lip); diam. base 2.6, diam. body 3.0, diam. lip 2.7 cm; handles: W (total) 1.5-1.7, W 0.5, L 0.8, S 0.4 cm
Inv.: cv 18140; CV I, 33; Cat. 87, No. 98.

94. Rim fragment of a miniature cylindrical cooking jar
Shape: Cylindrical body, short out-turning rim, convex lip
Clay: With quartz/feldspar and 'augite' mica
Colour: Exterior very dark gray 7.5YR N3/; interior very dark gray 7.5YR N3/; core very dark gray 7.5YR N3/
Ware: *Impasto* with black slip
Meas.: 4.3x3.4x0.5 (wall) - 0.3 (lip); diam. lip 3.5 cm
Comm.: Mended, two fragments
Inv.: cv 18633; Cat. 87, No. 14.

95. Ovoidal miniature cooking or storage jar
Shape: Elongated ovoidal body on a flat base, inside concave, flaring wall, short out-turning rim, convex lip, on widest part of body with horizontal lug and attachment of lug
Clay: With quartz/feldspar and small blackish particles, other whitish particles for the most part 'burned' away
Colour: Exterior light brown 7.5YR 6/4, very dark gray 7.5YR N3/ and reddish brown 2.5YR 4/4; interior light brown 7.5YR 6/4, very dark gray 7.5YR N3/ and reddish brown 2.5YR 4/4; core red 2.5YR 5/6
Ware: Red and black slip *impasto*
Meas.: 4.7x0.9 (base) - 1.0 (wall) - 0.5 (lip); diam. base 1.9, diam. body 3.5, diam. lip 2.8 cm
Inv.: cv 18278; Cat. 87, No. 115.

96. Miniature cooking jar
Shape: Ovoidal/cylindrical body on a flat slightly pinched base, short, slightly out-curving rim with rounded lip, above the maximum diameter of the body two horizontal ring handles
Clay: With quartz/feldspar, white grog and 'augite'
Colour: Exterior and part of the interior covered with a well burnished slip in reddish yellow to strong brown YR 7.5 6/6-4/6
Ware: Red slip *impasto*

Meas.: 8.9x6.5x0.5 (rim); diam. mouth 6.3, max. diam. body 6.5x, diam. base 4.1 cm
Comm.: In the interior traces of scale
Inv.: cv 18154, old No. 1505; Cat. 87, No. 49.

97. Miniature ovoidal cooking jar
Shape: Ovoidal body on a flat base, inside flat, flaring wall, on widest diam. of body two horizontal semi-circular lugs with two incised cavities, out-curving rim, convex lip
Clay: With quartz/feldspar
Colour: red 2.5YR 4/6 with shining slip red 10R2.51, to black 2.5YR 3/1, core weak red 10R 4/4
Ware: Red slip *impasto*
Meas.: 8.5x8.7x7 (base) - 0.7 (wall) - 0.4 (lip); diam. base 3.3, diam. body 7 cm
Inv.: cv 18221; Cat. 87, No. 85.

98. Miniature ovoidal cooking jar
Shape: Ovoidal body on flat base, out-curving rim, convex lip with two horizontal semi-circular lugs on widest part of body with incised cavities made with a finger nail
Clay: With quartz/feldspar
Colour: Exterior red 2.5YR 4/6 with shining slip 10R 2.5/1; interior black slip 5YR 2.5/1; core weak red 10R 4/4
Ware: Red/black slip *impasto (impasto rosso)*
Meas.: 8.5x3.3 cm; diam. base 3.3, diam. body 7.0, diam. lip 7.0 cm
Inv.: cv 18222; Cat. 87, No. 86.

99. Miniature ovoidal cooking jar
Shape: Ovoidal body on a flat base, inside concave, flaring wall, out-curving rim, convex lip, on shoulder with two horizontal rectangular ring-handles, in section rounded
Clay: With quartz/feldspar and augite
Colour: Exterior mottled yellowish red 5YR 5/6, very dark gray 10YR 3/1 and reddish yellow 7.5YR 6/6; interior yellowish red 5.YR 5/6; core strong brown 7.5YR 5/6
Ware: Red slip *impasto*
Meas.: 5.4x6.5x1.1 (base) - 0.6 (wall) - 0.4 (lip); diam. base 3.0, diam. body 4.2, diam. lip 4.0; handles: W (total) 1.5-1.8, L 1.0-1.3, S 0.7-0.8 cm
Inv.: cv 18160; Cat. 87, No. 54.

100. Miniature cooking jar
Shape: Ovoidal body on convex base, flaring wall, out-curving rim, convex lip, on widest part of body horizontal semi-circular ring-handle, in section rounded, on the other side the attachment of a similar handle
Clay: With quartz/feldspar
Colour: Exterior reddish brown 5YR 5/4; interior reddish brown 5YR 5/4; core black 7.5YR N2/
Ware: Red slip *impasto (impasto rosso)*
Meas.: 9.8x3.3 cm; diam. base 4.4, diam. body 7.8, diam. lip 6.2 cm
Inv.: cv 18312; Cat. 87, No. 53.

101. Miniature cooking jar
Shape: Ovoidal body on flat base, flaring wall, out-curving rim, convex lip, on shoulder attachments of two horizontal ring-handles, in section rounded
Clay: With quartz/feldspar, augite and FeMn
Colour: Exterior red 2.5YR5/6 and light brown 7.5R5/4; interior red 2.5YR 5/6; core red 2.5YR5/6
Ware: Untreated pale ware
Meas.: 7.0x3.3; diam base 4.1, diam. body 5.6, diam. lip 4.7 cm
Inv.: cv 18215; Cat. 87, No. 48.

102. Miniature cooking jar
Shape: Ovoidal body on a flat base with out-turning rim with rounded internal angle and rounded lip, at the max. diameter of the vessel two horizontal ring-handles
Clay: With quartz/feldspar, some augite and red FeMn
Colour: Inside and outside covered with a thin slip in gray 5YR 5/1

over pinkish core at the neck 5YR 7/4, the core is pinkish gray 5YR 6/2
Ware: Dark slipped pale coarse ware
Meas.: 10x thickn. base 0.1 - 0.8 (lip); diam. body 8.7x, diam. opening 8 cm
Comm.: Large part from upper body and rim missing, on the inside traces of scale, wheel-made
Inv.: cv 18156; Cat. 87, No. 44.

103. Miniature cooking jar
Shape: Ovoidal body on a flat base, out-curving rim with a rounded tapering lip, just below the maximum diameter of the vessel two horizontally placed and internally pierced lugs
Clay: With quartz/feldspar and FeMn
Colour: Thin greyish brown smoothened slip in 7.5YR 5/3-4/1; core grey 7.5 YR 6/1
Ware: Dark thin slipped coarse ware
Meas.: 8.9x6.4x0.5 (lip); diam. mouth (without rim) 3.4x, max. diam. belly 6.4, diam. base 3.4 cm
Comm.: Large part of the rim and part of the lower wall are missing, some traces of scale inside
Inv.: cv 18218; Cat. 87, No. 109.

104. Fragment of a miniature ovoidal cooking jar
Shape: Ovoidal body on a slightly raised convex base, inside concave, flaring wall, on widest part of body with attachments of two horizontal handles, probably out-curving rim, holes in wall for attachment of handles
Clay: With quartz/feldspar, olivine and FeMn
Colour: Exterior reddish brown 2.5YR 4/4; interior weak red 2.5YR 4/2; core reddish brown 2.5YR 4/4
Ware: Dark slipped coarse ware
Meas.: 6.4x5.0x0.8 (base) - 0.6 (wall); diam. base 2.8, diam. body 4.8; handles: W (total) 2.8, S 0.9 cm
Inv.: cv 18267; Cat. 87, No. 81.

105. Ovoidal miniature jar
Shape: Ovoidal body on a flat base, inside concave, flaring wall, long out-turning rim, convex lip, on widest part of body two horizontal lugs
Clay: With quartz/feldspar, augite and FeMn
Colour: Exterior very dark gray 7.5YR N3/, light brown 7.5YR 6/4 burnished; interior dark gray 10YR 4/1; core light brown 7.5YR 6/4 and dark gray 10YR 4/1
Ware: Dark slipped sandwich coarse ware
Meas.: 6.6x0.6 (base) - 0.6 (wall) - 0.4 (lip); diam. base 3.0, diam. body 5.6, diam. lip 4.8; lugs: W 2.3, L 1.1, S 0.7 cm
Comm.: Wheel-turned
Inv.: cv 18219; CV I, 3; Cat. 87, No. 111.

106. Miniature ovoidal cooking jar
Shape: Ovoidal body on flat base, inside concave, short out-turning rim, lip tapering and bevelled on the inside, on widest part of body two horizontal semi-circular pierced handles
Clay: With quartz/feldspar, FeMn and augite
Colour: Exterior reddish brown 5YR 5.4; interior reddish brown 5YR 5/4; core black 7.5R n2/
Ware: Common coarse ware
Meas.: Height 6.1x0.5 (base) - 0.5 (wall) - 0.4 (lip); diam. base 2.9, diam. body 4.8, diam. lip 4.0; lugs: W 2.0. L 1.2, S 0.9, diam. (perforation) 0.4 cm
Comm.: Fragments missing; rim wheel-made
Inv.: cv 18144; Cat. 87, No. 87.

9.3.2. *Globular (8th/7th centuries BC)*

107. Miniature cooking jar
Shape: Cylindrical body on a flat base, short, sharply out-turning rim with internally rounded spigolo interno and rounded lip, below the rim four evenly spaced knobs

Clay: With quartz/feldspar and FeM nodules
Colour: Fairly well burnished slip in brown 7.5YR 4/2-3/2, core light brown 7.5YR 6/4
Ware: Common burnished brown *impasto*
Meas.: 6.8x7.1x0.4, diam. mouth (without rim) 5.1x, max. diam. body 7.1x0.6 cm
Comm.: More than half of the rim is missing, some traces of scale on the inside of the rim
Inv.: cv 18214; Cat. 87, No. 138.

108. Miniature cooking jar
Shape: Ovoidal/cylindrical body on a flat base, out-turning rim and rounded lip, on the shoulder two (of presumably three) knobs are preserved
Clay: With quartz/feldspar and some FeM nodules
Colour: Dark gray 5YR 4/1 over light reddish brown core 5YR 6/4
Ware: Common brown burnished *impasto*
Meas.: 6.5x5.5x0.6; diam. mouth 5, body max. 5.4, base 3.9 cm
Comm.: Large part of upper body missing. some scale on the inside
Inv.: cv 18269; Cat. 87, No. 125.

109. Miniature globular/ovoidal jar
Shape: Globular/ovoidal body on flat base, inside concave, flaring wall, on widest part of body with attachments of two horizontal handles, short out-turning rim
Clay: With quartz/feldspar, olivine and FeMn
Colour: Exterior brown 7.5YR 5/4 and very dark gray 10YR 3/1; interior brown to dark brown 7.5YR 4/2; core yellowish brown 10YR 5/4
Ware: Common brown (sandy) *impasto*
Meas.: 4.1x5.4x0.6 (base) - 0.4 (wall) - 0.3 (lip); diam. base 2.4, diam. body 4.5, diam. lip 4.3 cm
Inv.: cv 18135; Cat. 87, No. 62.

110. Miniature cylindrical cooking jar
Shape: Cylindrical body on a flat base, inside concave, short out-turning rim with vaguely internal angle, tapering lip, on widest part of body with horizontal semi-circular ring-handles, in section rounded
Clay: With quartz/feldspar
Colour: Exterior reddish brown 5YR 5/4 shifting to brown 7.5YR 5/4; Interior dark gray 7.5YR N4/ and brown 7.5YR 5/4; core brown 7.5YR 5/4
Ware: Common brown *impasto*
Meas.: 6.2x7.7x0.9 (base) - 0.6 (wall) - 0.3 (lip); diam. base 4.0, diam. body 6.3, diam. lip 6.1; handles: W (total) 2.5, W 1.0, L 0.8, S 0.6 cm
Inv.: cv 18249; Cat. 87, No. 67.

111. Miniature cooking jar
Shape: Conical body, flaring body on a flat base, inside concave, flaring wall, slightly out-turning rim, convex lip
Clay: With quartz/feldspar and some FeM nodules
Colour: Exterior and interior reddish brown 2.5YR 4/4; core dark gray 2.5YR N4/ and reddish brown 5YR 4/4
Ware: Common brown *impasto*
Meas.: Height 2.9x0.6 (base) - 0.6 (wall) - 0.5 (lip); diam. base 2.2, diam. lip 3.8 cm
Inv.: cv 18253; Cat. 87, No. 178.

112. Rim fragment of miniature cylindrical cooking jar
Shape: Cylindrical vessel, flaring wall, short out-turning rim, lip bevelled on the inside, just beneath rim decorated with rounded knob, on wall vertical damaged line
Clay: With fine quartz/feldspar
Colour: Exterior very dark gray 5YR 3/1 with shining slip 7.5YR N3/; interior dark reddish brown 5YR 3/2; dark reddish gray 5YR 4/2 shifting to very dark gray 5YR 3/1; core very dark gray 5YR 3/1
Ware: *Impasto* with black slip
Meas.: 3.7x4.0x0.5 (wall) - 0.2 (lip); diam. lip 5.5; knob: L 0.6 cm
Inv.: cv 18634; Cat. 87, No. 152.

113. Miniature globular cooking jar
Shape: Globular body on flat base, inside concave, flaring wall, just below the rim knobs, short out-turning rim with internal angle, tapering lip
Clay: With quartz/feldspar and FeMn
Colour: Exterior brown 7.5YR 5/4 and yellowish red 5YR 5/6; interior yellowish red 5YR5/6 and dark grey 7.5YR 4/1; core pinkish white 7.5YR8/2
Ware: Red slip *impasto*
Meas.: 6.7x0.6 (base) - 0.1 (wall) - 0.2 (lip); diam. base 3.4, diam. body 6.8, diam. lip 6 cm
Inv.: cv 18220; Cat. 87, No. 124.

114. Miniature globular cooking jar
Shape: Bell shaped, conical body on flat base, inside concave, flaring almost spreading wall, slightly out-curving rim, convex lip, wall just below rim decorated with two rounded knobs, one missing
Clay: Semi-depurated with fine quartz/feldspar, augite/biotite
Colour: Exterior base, light brownish gray 10YR 6/2, wall, reddish brown 5YR 5/4; interior reddish brown 5YR 5/4, core probably reddish brown 5YR 5/4
Ware: Untreated pale semi-depurated *impasto*
Meas.: 4.0x4.7x0.7 (base) - 0.5 (wall) - 0.4 (lip); diam. base 2.5, Zdiam. body 4.1, diam. lip 4.6; knob: S 1.2, L 0.3 cm
Inv.: cv 18243; CV II, 1; Cat. 87, No. 1.

9.4. Orientalising globular jars, for liquids (end of 8th and full 7th centuries BC)

115. Miniature globular jar
Shape: Body, convex base, inside concave, flaring wall, long out-turning rim, convex lip, at body decorated with knob
Clay: With small amounts of augite and biotite, quartz/feldspar and red FeMn
Colour: Exterior reddish brown 5YR 5/4 and very dark gray 7.5YR N3/; interior reddish yellow 5YR 6/6; core dark gray 5YR 4/1
Ware: Common sandy brown *impasto*
Meas.: 2.8x3.0x0.5 (base) - 0.6 (wall) - 0.3 (lip); diam. base 1.4, diam. lip 3.0; knob: W 0.9, L 0.9 cm
Inv.: cv 18251; CV II, 6; Cat. 87, No. 143.

116. Miniature globular jar
Shape: Globular body on a flat base, inside flat, flaring wall, on widest part of body two horizontal handles, in section rounded
Clay: With quartz/feldspar, some augite particles visible
Colour: Exterior very dark gray slip 10YR 3/1, interior very dark gray 10YR 3/1 and yellowish brown scale 10YR 5/6; core reddish brown 5YR 4/3
Ware: *Impasto* with black slip
Meas.: 5.1x8.4x0.7 (base) - 0.4 (wall); diam. base 3.0, diam. body 5.3; handles: W(total) 2.7, L 1.5-1.6, S 0.8-0.9 cm
Comm.: Rim missing, some scale on body
Inv.: cv 18134; Cat. 87, No. 79.

117. Miniature globular jar
Shape: Globular body, interior concave, pronounced shoulder, conical neck, convex lip, on widest diameter the opposite attachments of lugs
Clay: With quartz/feldspar, augite and FeMn
Colour: Exterior black 2.5YR N2.5/; interior black 5YR 2.5/1; core very dark gray 2.5YR N3/
Ware: *Impasto* with black slip
Meas.: 3.3x4.6x1.3 (base) - 0.6 (wall) - 0.2 (lip); diam. base 1.5, diam. body 4.3, diam. lip 2.2; handles: W 2.9, S c. 0.8 cm
Inv.: cv 18301; CV I, 17; Cat. 87, No. 39.

118. Miniature globular jar
Shape: Body on a flat base, inside concave, flaring wall, short out-

turning rim, convex lip, on widest part of the body conical and rectangular horizontal lug with small cavity imitating perforation
Clay: With quartz/feldspar, tuff and biotite
Colour: Exterior black 7.5YR N2/; interior and core very dark gray 10YR 3/1 - 7.5YR N3/
Ware: *Impasto* with black slip
Meas.: 5.1x8.0x1.1 (base) -1.0 (wall) - 0.3 (lip); diam. base 2.0, diam. body 4.6, diam. lip 3.3; lug: L 1.7 cm
Inv.: cv 18259; CV I, 30; Cat. 87, No. 108.

119. Miniature globular jar
Shape: Ovoidal body, flat base, inside concave, flaring wall, cylindrical neck, convex lip, on widest part of body two horizontal trapezoidal lugs with perforation
Clay: With quartz/feldspar and augite
Colour: Exterior very dark gray 5YR 3/1; interior very dark gray 5YR 3/1 Core red 2.5YR 4/6
Ware: *Impasto* with black slip
Meas.: Height 4.7x0.5 (base) - 0.5 (wall) - 0.4 (lip); diam. base 2.2, diam. body 4.2, diam. lip 3.2; lugs: W 1.8, L 0.9, diam. (perforation) 0.2 cm
Inv.: cv 18137; CV I, 27; Cat. 87, No. 95.

120. Miniature globular jar
Shape: Ovoidal body, rounded shoulder with external angular transition to neck, long out-turning rim, flattened lip, on widest part of body two horizontal semi-circular ring-handles, in section oval
Clay: With quartz/feldspar, augite and FeMn
Colour: Exterior brown 7.5YR 5/4. brown to dark brown 10YR 4/3 and black 7.5YR N3/; interior pale brown 10YR 6/3; core brown 7.5YR 5/4 and dark gray 7.5YR N3/
Ware: *Impasto* with black slip
Meas.: 6.6x6.9x0.4 (wall) - 0.4 (lip); diam. body 9.2, diam. lip 7.0; handles: W (total) 4.0, L 2.1, S 1.2 cm
Comm.: Wheel-made
Inv.: cv 18146; Cat. 87, No. 76.

121. Miniature globular jar
Shape: Globular body on flat base, inside concave, wide flaring out-turning rim, convex lip, on widest part of body a horizontal trapezoidal pierced lug and attachment of lug
Clay: With quartz/feldspar, augite and FeMn
Colour: Exterior brown highly burnished slip 7.5YR5/2, lack 7.5YR N2/; interior reddish brown with black slip 5YR 5/4 7.5YR N2/; core reddish brown 5YR 4/4 and very dark gray 7.5YR N3/
Ware: *Impasto* with black slip
Meas.: 4.9x5.8x0.5 (base) - 0.5 (wall) - 0.3 (lip); diam. base 2.6, diam. body 4.2, diam. lip 3.6; lug: W 1.4, L 1.2, S 5.0x1.4, diam. (perforation) 0.2 cm
Inv.: cv 18142; CV I, 28; Cat. 87, No. 88.

122. Miniature globular jar
Shape: Globular body, flat base, inside concave, pronounced rounded shoulder, with two horizontal conical lugs, rim missing, well proportioned and modelled
Clay: With quartz/feldspar
Colour: Exterior dusky red 10R 3/2 shifting to reddish black 10R 2.5/1 to black 2.5YR N2.5/; interior black 2.5YR N2.5/; core dusky red 10R 3/2
Ware: *Impasto* with black slip
Meas.: 4.2x5.7x0.4 (base) - 0.4 (wall); diam. base 2.3-2.4, diam. body 4.4; lugs: W 1.8, L 0.6, S 0.6-1.6 cm
Inv.: cv 18304; CV I, 16; Cat. 87, No. 38.

123. Miniature globular jar
Shape: Globular body on a flat base, inside concave, pronounced rounded shoulder, decorated with two lugs, neck missing, out-curving rim

Clay: With quartz/feldspar
Colour: Exterior black shifting 2.5YR N2.5/ to very dark gray 5YR 3/1; interior black 2.5YR N2.5/; core dark gray 5YR 4/1
Ware: *Impasto* with black slip
Meas.: 5.4x7.0x1.2 (base) - 0.6 (wall); diam. base 2.6, diam. body 5.5; knobs: L 0.8, S 2.5 cm
Inv.: cv 18308; CV I, 15; Cat. 87, No. 37.

124. Half of a miniature jar
Shape: Body on flat base, long out-turning rim, convex lip
Clay: With quartz/feldspar, FeM and fine augite/biotite
Colour: Exterior reddish brown 5YR 5/4 with traces of slip in red 2.5YR 5/6; interior reddish yellow 7.5YR 6/6; core brown 7.5YR 5/4
Ware: Red slip *impasto*
Meas.: 3.0x3.0x0.4 (base) - 0.4 (wall) - 0.3 (lip); diam. base 2.0, diam. body 3.0, diam. lip 2.3 cm
Comm.: Wheel-made
Inv.: cv 18229; CV I, 2+3; Cat. 87, No. 9.

125. Miniature globular jar
Shape: Body on a flat base, inside concave, flaring wall, cylindrical neck straight rim, convex lip, bevelled on the inside, widest part of body decorated with three knobs
Clay: With quartz/feldspar, augite and FeMn
Colour: Exterior yellowish red 5YR 5/6, dark gray 5YR 4/1 and slip, red 2.5YR 4/8; interior yellowish red 5YR 5/6. red 2.5YR 4/8 and dark gray 5YR 4/1; core dark red 10R 3/6
Ware: Common red slipped *impasto*
Meas.: 2.9x0.7 (base) - 0.5 (wall) - 0.3 (lip); diam. base 1.2, diam. body 3.2, diam. lip 2.7 cm; knobs: L 0.7, S 0.9 cm
Inv.: cv 18224; CV II, 33; Cat. 87, No. 128.

126. Miniature jar
Shape: Ovoidal body on a flat base, inside concave, flaring wall, rounded shoulder, decorated with two lugs, angular external transition from shoulder to conical neck, wide flaring out-turning rim with internal angle, convex lip, well proportioned and modelled
Clay: With quartz/feldspar
Colour: Exterior black 7.5YR N2/; interior black 2.5YR N2.5/; core weak red 10R 4/3
Ware: Dark slipped pale coarse ware
Meas.: 6.6x6.6x1.4 (base) - 0.4 (wall) - 0.3 (lip); diam. base 2.4, diam. body 6.4, diam. lip 4.6; knobs: L 0.3, S 1.5 cm
Comm.: Wheel-made
Inv.: cv 18305; CV I, 13; Cat. 87, No. 35.

127. Ovoidal miniature jar
Shape: Ovoidal body on a flat base, inside concave, out-turning rim with rounded internal angle, convex lip, on widest part of body two horizontal pierced lugs
Clay: With fine, well sorted, quartz/feldspar and much augite and biotite
Colour: Exterior and interior thin slip of very dark gray colour 7.5YR N3/ over a very pale brown clay 10YR 7/3
Ware: Dark slipped pale coarse ware
Meas.: 5.6x1.0 (base) - 0.7 (wall) - 0.4 (lip); diam. base 2.4, diam. body 5.5, diam. lip 4.0 cm
Comm.: Wheel-made
Inv.: cv 18223; CV I, 29; Cat. 87, No. 89.

128. Miniature jar
Shape: Body with convex shoulder, flaring wall, out-turning rim, lip rounded, with marked transition from shoulder to neck, on shoulder small attachment of handle
Clay: With angular fine quartz/feldspar and very small particles of FeMn or grog
Colour: Exterior black 5YR 2.5/1; interior black 5YR 2.5/1; core gray 5YR 5/1
Ware: dark thin slipped pale coarse ware

Meas.: 3.5x4.6x0.4 (wall) - 0.4 (lip); diam. lip 5.0-6.0; wall with attachment: 0.7 cm
Comm.: Wheel-made; with much scale
Inv.: cv 18232; Cat. 87, No. 77.

129. Fragment of a jar
Shape: Body with angular transition at shoulder, long out-curving rim, convex lip
Clay: With quartz/feldspar, augite/biotite and FeMn/grog
Colour: Exterior light brown 7.5YR 6/4 and white 10YR 8/1 with traces of brown slip 10YR 5/3; interior burnished grayish brown 10YR 5/2; core light gray to gray 10YR 6/1
Ware: Dark thin slipped coarse ware
Meas.: 4.3x4.9x0.5 (base) - 0.4 (wall); diam. body 5.8, diam. lip 5.0 cm
Comm.: Wheel-made
Inv.: cv 18230; Cat. 87, No. 17.

130. Fragment of a miniature jar
Shape: Globular body conical neck with out-curving rim, convex lip
Clay: With fine, well sorted, quartz/feldspar, augite and small particles of FeMn/grog
Colour: Exterior reddish brown 5YR 5/4 and dark gray 10YR 4/1; interior reddish brown 5YR 5/4, very dark gray 10YR 3/1 over gray core 7.5YR N5/
Ware: Dark thin slipped pale coarse ware
Meas.: 2.9x3.1x0.4 (wall) - 0.3 (lip); diam. lip 4.0 cm
Comm.: Wheel-made
Inv.: cv 18630; CV I, 9-10; Cat. 87, No. 18.

131. Rim-fragment of a miniature jar
Shape: Globular body on a flat base, inside concave, pronounced rounded shoulder with two horizontal segmental lugs, long out-curving rim, convex lip
Clay: With quartz/feldspar, augite/biotite and FeMn
Colour: Exterior very dark gray 7.5YR N3/ and reddish brown 2.5YR 4/4; interior dark reddish gray 5YR 4/2 shifting to very dark gray 5YR 3/1; core dark reddish brown 5YR 4/2
Ware: Augited dark thin slipped coarse ware
Meas.: 5.4x6.8x0.8 (base) - 0.8 (wall) - 0.3 (lip); diam. base 2.4, diam. body 5.6, diam. lip 4.6; lugs: W 2.0, L 4, S 2-6 cm
Inv.: cv 18303; CV I, 14; Cat. 87, No. 36.

132. Fragment of a globular jar, nearly full-sized
Shape: With convex shoulder, slightly out-turning rim, convex lip,
Clay: With fine quartz/feldspar, some FeMn/FeMn
Colour: Exterior and interior black 7.5YR N2/; core dark gray 10YR 4/1; in- and exterior slightly burnished
Ware: Dark thin slipped semi-depurated ware with organic inclusions
Meas.: 4.1x4.3x0.4 (wall) - 0.4 (lip); diam. lip 10 cm
Comm.: Wheel-made
Inv.: cv 18643; Cat. 87, No. 19.

9.5. Globular stamnoid jars

133. Miniature stamnoid jar
Shape: Cylindrical body, out-curving rim, convex lip
Clay: With quartz/feldspar and FeMn
Colour: Exterior burnished, black 7.5YR N2/; interior black 5YR N2/; core gray 7.5YR N5/
Ware: Burned *impasto*
Meas.: 4.2x2.0x0.6 (wall) - 0.3 (lip); diam. lip 2.3 cm
Inv.: cv 18663; Cat. 87, No. 15.

134. Miniature stamnoid jar
Shape: Body with flaring wall, with at shoulder slightly external angular transition to rim, short inverted conical neck, straight rim, flattened lip, well proportioned and modelled
Clay: With quartz/feldspar, augite and FeMn
Colour: Exterior red 2.5YR 4/6 shifting from dark reddish gray 5YR 4/2 and very dark gray 5YR 3/1; interior very dark gray 2.5YR 3/1; core red 2.5YR 4/6
Ware: Common brown burnished *impasto*
Meas.: 4.5x4.3x0.5 (wall) - 0.4 (lip); diam. body c. 6.0, diam. lip 4.0 cm
Comm.: Presumably coiled
Inv.: cv 18628; Cat. 87, No. 31.

135. Miniature globular jar
Shape: Body, flat base, inside concave, flaring wall, out-curving or out-turning rim (missing)
Clay: With quartz/feldspar and probably augite
Colour: Exterior very dark gray 7.5YR N3/ and dark gray 5YR 4/1; interior light yellowish brown 10YR 6/4; core brown 7.5YR 5/2
Ware: *Impasto* with black slip
Meas.: 3.4x3.5x0.7 (base) - 0.4 (wall); diam. base 1.8, diam. body 3.5 cm
Inv.: cv 18182; Cat. 87, No. 32.

136. Miniature cylindrical/ovoidal stamnoid jar
Shape: Cylindrical/ovoidal body with short out-turning rim, flattened and rounded lip
Clay: With quartz/feldspar, FeMn and augite
Colour: Exterior grayish brown 10YR 5/2, very dark gray 10YR 3/1; interior very dark gray 7.5YR N3/; core dark gray 7.5YR N4/
Ware: Pale coarse ware
Meas.: 4.2x4.1x0.6 (wall) - 0.6 (lip); diam. lip 7.0 cm
Inv.: cv 18637; Cat. 87, No. 30.

137. Fragment of a miniature cylindrical/ovoidal jar
Shape: Cylindrical/ovoidal body with straight inverted collar, slightly out-turning rim on an almost cylindrical neck, convex lip
Clay: With fine quartz/feldspar, FeMn and biotite
Colour: Exterior grayish brown 10YR 5/2 with traces of burnish, dark gray 10YR 4/1; interior burnished, dark gray 10YR 4/1; core light reddish brown 5YR 6/4
Ware: Dark thin slipped pale coarse ware
Meas.: 3.7x2.2x0.4 (wall) - 0.4 (lip); diam. lip 3.5-4.0 cm
Comm.: Presumably wheel-thrown
Inv.: cv 18636; Cat. 87, No. 29.

138. Miniature ovoidal jar
Shape: Globular body on a convex base, inside concave, short out-curving rim, convex lip
Clay: With quartz/feldspar and much augite
Colour: Exterior brown 7.5YR 5/4 and dark grey 7.5YR n3/; interior very dark grey 7.5YR N3/; core very dark grey 10YR 3/1
Ware: Fine augited coarse ware
Meas.: 4.6x0.9 (base) - 0.6 (wall) - 0.5 (lip); diam. base 2.2, diam. body 4.5, diam. lip 3.0 cm
Inv. cv 18261; Cat. 87, No. 11.

9.6. Orientalising and archaic bell & block shaped cooking jars

139. Miniature cylindrical bell jar
Shape: Cylindrical body, flat base, inside concave, straight and slightly out-curving rim, flattened lip, faceted on the inside, on lowest part of body two semi-circular horizontal lugs
Clay : With fine quartz/feldspar
Colour: Exterior dark gray 10YR 4/1 shifting to very dark gray 7.5YR N3/ with traces of burnish black 7.5YR N2/; interior dark gray 10YR 4/1 with traces of burnish black 7.5YR N2/
Ware: Common brown burnished *impasto*
Meas.: 5.3x6.4x1.4 (base) - 0.9 (wall) - 0.6 (lip); diam. base 3.0, diam. body 3.4, diam. lip 3.6; lugs: W 1.8, L 1.0, S
Inv.: cv 18258a; Cat. 87, No. 119.

140. Ovoidal miniature bell jar
Shape: Elongated ovoidal body on a flat base, inside concave, cylindrical neck, straight rim (very slightly out-curving), convex lip, on lower part of body with a horizontal semi-circular pierced lug and a trapezoidal not completely pierced lug
Clay: With quartz/feldspar, probably augite and red FeMn
Colour: Interior very dark gray 5YR 3/1; exterior slightly burnished very dark gray 5YR 3/1 and some reddish brown 5YR 5/4
Ware: Common brown burnished *impasto*
Meas.: 4.5x5.4x0.7 (base) - 0.6 (wall) - 0.4 (lip); diam. base 2.2, diam. body 3.5, diam. lip 3.5 cm; lugs: W 1.8-2.0, L 1.0, diam. (perforation) 0.2 cm
Comm.: Mended
Inv.: cv 18138; Cat. 87, No. 100.

141. Ovoidal miniature bell/block jar
Shape: Elongated ovoidal body on a flat base, inside concave, flaring wall, short out-turning rim, convex lip, on widest part of body with attachments of two horizontal ring-handles
Clay: With quartz/feldspar
Colour: Exterior brown 7.5YR 5/4 and very dark gray 7.5YR N3/; interior brown 7.5YR 5/4
Ware: Common brown burnished *impasto*
Meas.: Height 3.2x0.9 (base) - 0.6 (wall) - 0.4 (lip); diam. base 1.7, diam. body 2.7, diam. lip 2.4; handles: W 1.7 cm
Inv.: cv 18284; Cat. 87, No. 113.

142. Miniature bell jar
Shape: Conical body on a slightly raised flat base, inside concave, flaring wall, short out-curving rim, convex lip exterior of rim just below lip finger imprints as a result of the modelling process, on widest part of body attachments of two horizontal ringhandles
Clay: With quartz/feldspar, augite and FeMn; in wall several small holes as a result of burnt material
Colour: Exterior brown 7.5YR 5/4 and some very dark gray 7.5YR N3/; interior very dark gray 10YR 3/1 shifting to dark grayish brown 10YR 4/2; core dark gray 7.5YR N4/
Ware: Common (sandy) brown *impasto*
Meas.: 5.2x5.6x1.1 (base) - 0.4 (wall) - 0.4 (lip); diam. base 3.0, diam. body 5.0, diam. lip 5.0; attachments handles: W(total) 2.9, S c. 1.0 cm
Inv.: cv 18150; Cat. 87, No. 45.

143. Ovoidal miniature block jar
Shape: Ovoidal body (fragment of) with short out-turning rim, decorated with vertical and parallel notches, made by stick,
Clay: With quartz/feldspar and some FeMn
Colour: Exterior reddish brown 2.5YR 3/4; interior dark reddish brown 2.5YR 3/4; core reddish yellow 7.5YR 6/6
Ware: Untreated semi-coarse *impasto*
Meas.: 3.7x3.0x0.5 (wall) - 0.4 (lip); diam. body 5.7, diam. lip 6.0 cm
Inv.: cv 18093; Cat. 87, No. 156.

144. Ovoidal miniature block jar
Shape: Ovoidal body (fragment of) with short out-turning rim, decorated with notches, made by a stick,
Clay: With quartz/feldspar and FeMn
Colour: Exterior yellowish red 5YR 4/6 shifting to reddish brown 5YR 5/3, slightly smoothened; interior yellowish red 5YR 4/6; core gray 5YR 5/1
Ware: Untreated semi-coarse *impasto*
Meas.: 3.5x3.2x0.4 (wall) - 0.3 (lip); diam. body 5.5, diam. lip 6.0 cm
Inv.: cv 18092; Cat. 87, No. 155.

145. Miniature cylindrical ovoidal bell jar
Shape: Cylindrical/ovoidal body on a flat, slightly concave base, inside concave, flaring wall, out-turning rim, convex lip, on

wall horizontal rectangular pierced lug and attachment of lug
Clay: With quartz/feldspar and augite
Colour: Exterior dark gray 7.5YR N4/ and brown 7.5YR 5/4; interior light reddish brown 5YR 6/4 and red 5YR 5/6; core brown 7.5YR 5/4
Ware: Untreated semi-coarse *impasto*
Meas.: 5.1x4.4x0.9 (base) - 0.6 (wall) - 0.5 (lip); diam. base 2.0, diam. lip 4.4; lugs: W 1.9, L 1.8, S 1.3 cm
Inv.: cv 18238; Cat. 87, No. 91.

146. Miniature ovoidal bell jar
Shape: Ovoidal body on a flat base, inside concave, flaring wall, straight rim, convex to flattened lip, on wall horizontal semi-circular lugs
Clay: With quartz/feldspar and augite
Colour: Exterior light yellowish brown 10YR 6/4 and yellowish red 5YR 5/6; interior yellowish red 5YR 5/6
Ware: Untreated semi-coarse *impasto*
Meas.: 4.5x4.6x1.1 (base) - 0.8 (wall) - 0.5 (lip); diam. base 1.7, diam. lip 3.1 cm
Inv.: cv 18279; Cat. 87, No. 120.

147. Miniature block jar
Shape: Slightly ovoidal body on a flat base, inside concave, flaring wall, with horizontal semi-circular pierced lug on widest part of body, out-turning rim, convex lip
Clay: With quartz/feldspar and 'augite'
Colour: Exterior reddish brown 5YR 5/4 and black 7,5YR N2/; interior reddish brown 5YR 5/4 shifting to very dark gray 5YR 3/1; core very dark gray 5YR 3/1
Ware: Untreated semi-coarse *impasto*
Meas.: 4.7x5.2x0.8 (base) - 0.7 (wall) - 0.4 (lip); diam. base 3.2, diam. body 4.3; lug: W 2.2, L 1.0, diam. (perforation) 0.2 cm
Comm.: Some scale on the base part
Inv.: cv 18139; Cat. 87, No. 96.

148. Miniature cylindrical bell jar
Shape: Cylindrical body on a flat base, inside concave, with spreading wall, straight rim, convex lip, on medium lower part of body two horizontal semi-circular lugs
Clay: With quartz/feldspar, probably augite and FeMn
Colour: Exterior reddish yellow 5YR 6/6 and very pale brown 10YR 7/3; interior light brown 7.5YR 6/4
Ware: Untreated semi-coarse *impasto*
Meas.: 3.8x4.5x0.8 (base) - 0.8 (wall) - 0.6 (lip); diam. base 2.2, diam. lip 3.3; handles: W (total) 1.3, L 0.8, S 0.4x1.2 cm
Inv.: cv 18149; Cat. 87, No. 116.

149. Miniature bell jar
Shape: Square body on flat base, flaring wall, short out-turning rim, convex lip, on lower part of body with attachment of horizontal handle
Clay: With quartz/feldspar, FeMn
Colour: Exterior yellowish red 5YR 4/6 (scale) on and very dark gray well burnished slip 5YR 3/1; interior black burnished slip 7.5YR N2/; core dark gray 5YR 4/1
Ware: Black slip *impasto*
Meas.: 5.8x5.0x0.7 (base) - 0.6 (wall) - 0.6 (lip); diam. base 4.5, diam. lip 7.0 cm
Inv.: cv 18644; Cat. 87, No. 65.

150. Miniature bell jar
Shape: Square cylindrical body on a flat base, inside concave, spreading wall, short out-turning rim, convex lip, on lower part of body with attachments of horizontal handles
Clay: With quartz/feldspar, augite and FeMn
Colour: Exterior burnished black slip 2,5YR N2,5/ with yellowish red scale 5YR 5/6 to 5YR 4/6 and dark reddish brown 2.5YR 3/4; interior yellowish red 5YR 5/6 and very dark gray 10YR 3/1; core yellowish red 5YR 5/6

Ware: *Impasto* with black slip
Meas.:   4.8x6.5x1.1 (base) - 0.7 (wall) - 0.5 (lip); diam. base 4.0, diam. lip 6.5 cm
Inv.:   cv 18247; Cat. 87, No. 66.

151. Miniature bell/block jar
Shape: Wide square body on flat base, inside flat, spreading wall, short out-turning rim, lip bevelled on the inside, on medium part of body horizontal semi-trapezoidal ring-handle, in section rounded, and attachment of handle
Clay: With quartz/feldspar
Colour: Exterior very dark gray 7.5YR N3/; interior very dark gray 7.5YR N3/; core very dark gray 7.5YR N3/
Ware: *Impasto* with black slip
Meas.:   5.4x0.6 (base) - 0.8 (wall) - 0.5 (lip); diam. base 4.0, diam. lip 6.0; handle: W 2.7, L 1.2, S 0.7 cm
Inv.:   cv 18157; CV I, 24; Cat. 87, No. 68.

152. Ovoidal miniature block jar
Shape: Ovoidal body on a raised flat base, inside concave, slightly out-turning rim, convex lip, on widest part of body semi-circular lug
Clay: With quartz/feldspar, FeMn
Colour: Exterior black 7.5YR N2/, dark reddish brown 5YR 3/3, yellowish red 5YR 5/6; interior very dark gray 10YR 3/1 shifting to very dark grayish brown 10YR 3/2; core reddish brown 7.5YR 6/6
Ware: *Impasto* with black slip
Meas.:   5.6x6.2x0.8 (base) - 0.7 (wall) - 0.4 (lip); diam. base 3.3, diam. body 5.2, diam. lip 5.0 cm
Inv.:   cv 18264; Cat. 87, No. 117.

153. Miniature cylindrical bell jar
Shape: Conical body, flat base, inside concave, spreading wall, straight rim, convex lip, on lower part of body two lugs
Clay :   With quartz/feldspar and FeMn
Colour: Exterior red 2.5YR 5/6 shifting to very dark gray 2.5YR N3/, interior light red 2.5 6/6, core light red 2.5YR 6/8
Ware: *Impasto* with black and red slip
Meas.:   3.2x2.6 (base) - 0.8 (wall) - 0.5 (lip); diam. base 2.6, diam. lip 3.7; lugs: W 1.2-1.6 cm
Inv.:   cv 18148; Cat. 87, No. 118.

154. Miniature bell jar
Shape: Bell body on a flat base, inside irregular concave, spreading wall, straight rim, convex and flattened lip, on lower part of body horizontal pierced semi-circular lug and trapezoidal not wholly perforated lug
Clay: With quartz/feldspar, FeMn/red grog
Colour: Exterior weak red 10YR 4/3 burnished; interior reddish brown 2.5YR 5/4 shifting to reddish yellow 5YR 6/6
Ware: Red slip *impasto*
Meas.:   4.2x6.2x1.0 (base) - 0.7 (wall) - 0.5 (lip); diam. base 3.0, diam. lip 4.5; lugs: W 2.7, L 1.1, S 0.7-2.7; diam. (perforation) 0.2-0.6 cm
Inv.:   cv 18270; CV I, 32; Cat. 87, No. 103.

155. Miniature block jar
Shape: Square body on flat base, inside flat, spreading wall, with attachments of horizontal ring-handle on medium part of body, with angular transition from shoulder to rim, short out-turning rim with internal angle, convex lip
Clay: With quartz/feldspar and augite
Colour: Exterior reddish yellow 5YR 6/6 and reddish yellow 7.5YR 6/6; interior light reddish brown 5YR 6/4 shifting to light red 2.5YR 6/6; core light gray to gray 7,5YR N6/
Ware: Semi-depurated pale ware
Meas.:   4.5x5.5x0.6 (base) - 0.6 (wall) - 0.2 (lip); diam, base 4.0, diam. lip 5.8; handle: W (total) 2.6, S 0.7 cm
Comm.:   (sticker 4211); 3/4 missing
Inv.:   cv 18602; Cat. 87, No. 64.

156. Miniature cylindrical block jar
Shape: Cylindrical body, flaring wall with at shoulder external angular transition to slightly out-curving rim, convex to pointed lip
Clay: With quartz/feldspar
Colour: Exterior shifting from reddish brown 5YR 5/4 to brown 7.5YR 5/4; interior very dark gray 7.5YR N3/; core reddish brown 5YR 5/4 and dark gray 7.5YR N4/
Ware: Common pale ware
Meas.:   3.7x3.0x0.6 (wall) - 0.5 (lip); diam. lip 5.0 cm
Comm.:   Wheel-thrown
Inv.:   cv 18625; Cat. 87, No. 26.

157. Miniature cylindrical/ovoidal bell jar
Shape: Cylindrical ovoidal body on a flat base, inside concave, spreading wall, short out-turning rim, lip bevelled on the inside, on medium part of body with two horizontal lugs, pierced by stick
Clay: With quartz/feldspar, olivine, grog and FeMn
Colour: Exterior reddish brown 5YR 5/4 weak red 10R 4/4, black 5YR 2.5/1; interior reddish brown 5YR 4/3 and black 5YR 2.5/1; core gray 5YR 5/1
Ware: Dark slipped coarse ware
Meas.:   3.5x4.7x0.6 (base) - 0.5 (wall) - 0.2 (lip); diam. base 2.6, diam. lip 2.8 cm
Inv.:   cv 18242; CV II, 15; Cat. 87, No. 99.

158. Miniature bell jar
Shape: Conical spreading body, flat base, inside concave, cylindrical neck one side spreading wall, short out-turning rim, other side flaring wall, straight rim, exterior slightly depressed, convex lip, irregularly shaped
Clay: With fine quartz/feldspar, augite and biotite
Colour: Exterior between red 7.5YR 5/6 and reddish brown 5YR 5/4; interior reddish yellow 5YR 5/4
Ware: Close to orange coarse ware
Meas.:   2.7x2.9x0.8 (base) - 0.5 (wall) - 0.4 (lip); diam. base 1.7, diam. lip 2.9 cm
Inv.:   cv 18168; Cat. 87, No. 167.

159. Ovoidal miniature block jar
Shape: Elongated ovoidal body on an irregular flat base, inside concave short out-turning rim, convex to tapering lip, bevelled on the inside; half way up the body two horizontal semi-circular, not wholly perforated, lugs
Clay: With fine, well sorted, quartz/feldspar and much augite
Colour: Exterior brown to dark brown 7.5YR 4/2 brown and very dark gray thin slip 5YR 3/1, Interior very dark gray 5YR 3/1; core light reddish brown 5YR 6/4
Ware: Dark slipped orange coarse ware
Meas.:   5.1x6.1x1.2 (base) - 0.5 (wall) - 0.2 (lip); diam. base 2.9, diam. lip 3.7; lugs: W (total) 2.1, L 1.1, diam. of perforation 0.3 cm
Comm.:   Fragments from rim missing
Inv.:   cv 18295; Cat. 87, No. 97.

160. Miniature cylindrical block jar
Shape: Cylindrical body on a flat base, inside flat, spreading wall, straight rim, convex lip, slightly bevelled on the inside, with two attachments probably of lugs, very irregularly modelled
Clay: With coarse, well sorted, quartz/feldspar, some augite/biotite and FeMn,
Colour: Exterior yellowish red 5YR 5/6 and pinkish gray 7.5YR N3/; interior reddish brown 5YR 5/4; core yellowish red 5YR 5/6 and very dark gray 7,5YR N3/
Ware: Untreated orange coarse ware
Meas.:   Height 6.2x1.3 (base) - 1.2 (wall) - 0.5 (lip); diam. base 5.6, diam. lip 7.0 cm
Inv.:   cv 18216; Cat. 87, No. 114.

9.7. Amphorae

161. Complete miniature amphora
Shape: Biconical body on a flat base, flaring wall with four knobs on the widest part of the body, high conical neck, out-curving rim, two vertical handles from lip to shoulder
Comm.: Now missing, but published when found: Crescenzi, 1978: pl. IXX, No. 3; dating from period II.

162. Complete miniature amphora
Shape: Ovoidal body on a flat base, conical neck with an out-curving rim which is tapering and rounded; the transition from body to neck is marked with a rounded external angle, From the rim two large band-handles
Clay: With quartz/feldspar, 'augite' some grog and some FeM
Colour: Exterior and interior slipped dark gray 5YR 4/1-2; core is pinkish gray 5 YR 6/2
Ware: Dark thin slipped orange coarse ware
Meas.: Height 8.5x5.4x0.5 (rim); diam. mouth 4, diam. body on widest part 5.4, diam. base 2.7 cm
Comm.: Wheel-made
Inv.: cv 18205; Cat. 87, No. 158.

163. Rim-fragment of an amphora
Shape: Broad ovoidal body on a flat base, inside convex, flaring wall with small attachment of handle, rounded shoulder with pronounced transition to a conical neck
Clay: With fine quartz/feldspar, some FeMn
Colour: Exterior and interior dull slip in dark gray 7.5YR 3/1-4/2 over light brown and pinkish core 7.5YR 7/4
Ware: Dark slipped orange coarse ware
Meas.: 6.8x6.4x0.8 (base); diam. base 2.5, diam. body 6.0, wall thickness with attachment 0.9 cm
Comm.: Wheel-made
Inv.: cv 18227; Cat. 87, No. 157.

9.8. Cups

9.8.1. *With double loop handles*

164. Fragment of a miniature cup
Shape: Flaring wall, straight rim, convex lip, on widest part of body a knob decoration
Clay: With quartz/feldspar/feldspar and FeMn
Colour: Exterior black 5YR 2/51, burnished; interior black 5YR 2/51, burnished; core red 2.5YR 5/6 and gray 5YR 5/1
Ware: Well burnished black *impasto*
Meas.: 4.9x5.1x0.5 (wall) - 0.4 (lip); diam. lip 8.0 cm
Inv.: cv 18623; Cat. 87, No. 8.

165. Miniature cup
Shape: Rounded body on a flat base, straight neck, bevelled rim
Clay: No description available
Colour: N
Inv.: cv 18600; Cat. 87, No. 210.

166. Miniature cup with loop handle
Shape: Low squat body on concave base, inside convex, flaring wall with rounded shoulder, conical neck, straight rim, convex lip, with attachments of vertical loop handle on lip
Clay: With fine quartz/feldspar
Colour: Exterior very dark gray 10YR 3/1 shifting to very dark gray and brown 7.5YR N3/ to dark brown 7.5YR 4/2. scale reddish brown 5YR 4/3; interior very dark gray 10YR 3/1; core gray to light gray 5YR 6/1; innercore gray 7.5YR N5/
Ware: Well burnished black *impasto* over grey core
Meas.: 2.9x3.0x4.3x0.5 (base) - 0.3 (wall) - 0.2 (lip); diam. base 2.2, diam. body 3.7, diam. lip 2.5; handles: W 1.3; L 0.5; S c. 0.9 cm
Inv.: cv 18310; CV II, 27-28; Cat. 87, No. 221.

167. Miniature cup with loop handle
Shape: Low squat body on a flat base, inside slightly convex (flattened with 'omphalos'), flaring wall, rounded shoulder, conical neck, straight rim, convex lip, with parts of vertical loop handle from lip to shoulder, in section oval, well modelled
Clay: With fine quartz/feldspar/feldspar and augite
Colour: Exterior very dark gray 7.5YR N3/ and brown 7.5YR 5/4, interior dark gray 7.5YR N4/; core light gray to gray 7.5YR N6/
Ware: *Impasto* with black slip
Meas.: 3.1x4.7x0.6 (base) - 0.3 (wall) - 0.2 (lip); diam. base 3.2, diam. body 4.5, diam. lip 3.0; handle: W 1.4, L 3.0, S 0.6-1.3 cm
Inv.: cv 18180; CV II, 29; Cat. 87, No. 221.

168. Miniature cup with loop handle
Shape: Low squat body, flat base, inside concave, flaring wall, rounded shoulder, cylindrical neck, straight upright rim, convex lip, with attachments of vertical handle on lip and shoulder, underside base is decorated with graffito of incised cross and circle
Clay: With fine quartz/feldspar
Colour: Exterior black 7.5YR N2/ shifting to very dark gray 5YR 3/1; interior very dark gray 7.5YR N3/; core very dark gray 7,5YR N3/
Ware: *Impasto* with black slip
Meas.: 2.3x4.5x0.4 (base) - 0.4 (wall) - 0.3 (lip); diam. base 2.5, diam. body 3.9, diam. lip 2.4; handle: S 0.7-1.1 cm
Inv.: cv 18311a; CV II, 23-26; Cat. 87, No. 223.

169. Miniature conical cup with loop handle
Shape: Conical body on a flat base, inside flat, slightly flaring wall, inverted rim, convex lip, with attachments of vertical handle on lip and wall of base
Clay: With fine, well sorted, quartz/feldspar/feldspar, some augite
Colour: Exterior and interior burnished in dark gray 5YR 4/1 shifting to very dark gray 7.5YR N3/, core brown 10YR 5/3, innercore dark gray 5YR 4/1
Ware: *Impasto* with black slip
Meas.: 2.9x3.9x0.7 (base) - 0.6 (wall) - 0.3 (lip); diam. base 2.7, diam. body 3.7, diam. lip 2.9 cm
Inv.: cv 18272; Cat. 87, No. 219.

170. Miniature cup with loop handle
Shape: Low squat body on a flat base. inside concave, high conical neck and straight rim, convex lip, with attachments of vertical loop handle on lip and wall, in section rounded
Clay: With fine quartz/feldspar covered with black slip
Colour: Exterior and interior dark gray 10YR 4/1; core dark gray 7.5YR N4/
Ware: *Impasto* with black slip
Meas.: 2.8x3.8x0.6 (base) - 0.5 (wall) - 0.4 (lip); diam. base 2.9, diam. lip 2.6; handle: W 2.0, L 0.9, S 0.5 cm
Inv.: cv 18176; Cat. 87, No. 220.

171. Rim-fragment of miniature cup
Shape: Broad globular body, rounded shoulder, cylindrical neck, flattened rim
Clay: With fine quartz/feldspar and some FeMn
Colour: Exterior and interior dull slip in dark gray 7.5YR 3/1-4/2 over pink core 7.5YR 7/4
Ware: Dark slipped orange coarse ware
Meas.: Total height 4.1x height of body 3.1x height of collar 0.9 cm thickness of base 0.5x thickness of wall max. 0.5 at shoulder and min. 0.4 cm at rim
Comm.: Wheel-thrown
Inv.: cv 18667; Cat. 87, No. 204.

172. Fragment of a miniature cup, presumably with loop handle
Shape: Broad ovoidal body and inverted high collared rim, which is flattened on top
Clay: With fine quartz/feldspar, some FeMn
Colour: Exterior and interior dull paint or slip in dark gray 7.5YR 3/1, 4/2 over pink core 7.5YR 7/4
Ware: Dark slipped orange coarse ware
Meas.:   Total height 4.8x height of body 3.9x height of collar 1.5x thickness of base 0.3x thickness of wall max. 0.6 at shoulder and min. 0.4 cm at rim
Comm.:   Wheel-made
Inv.:   cv 18624; Cat. 87, No. 205.

9.8.2. *Conical with horns*

173. Miniature cup decorated with horns
Shape: Conical spreading body, flat slightly concave base, inside concave, spreading wall, straight rim, flattened lip, on lip attachments of vertical double handle or horns, in section rounded, irregularly modelled
Clay: With quartz/feldspar/feldspar, FeM and some augite
Colour: Exterior reddish brown 5YR 5/4 shifting to black 2.5YR N2.5/; interior reddish brown 5YR 5/4; core yellowish red 5YR 4/6
Ware: Common brown *impasto*
Meas.:   4.0x7.1x0.9 (base) - 0.9 (wall) - 0.6 (lip); diam. base 3.4, diam. lip 6.4; handle: W 1.6, L 1.1, S 1.0 cm
Inv.:   cv 18173; Cat. 87, No. 228.

174. Miniature cup decorated with horns
Shape: Conical spreading body, flat base, inside concave, spreading wall, straight rim, flattened lip, on lip attachment of horns
Clay: With quartz/feldspar, FeMn and some augite
Colour: Exterior red 10YR 5/8 light brown 10YR 6/4 shifting to brown 10YR 5/3; interior very dark gray 7.5YR N3/: core gray 2.5YR N5/
Ware: *Impasto* with black slip
Meas.:   Height 2.0x2.5x4.7x0.5 (base) - 0.6 (wall) - 0.3 (lip); diam. base 2.8, diam. lip c. 4.4 cm
Inv.:   cv 18606; Cat. 87, No. 230.

175. Miniature cup decorated with horns
Shape: Low conical body, flat base, inside concave, slightly inverted wall, straight rim, convex lip, with attachments of vertical handle on lip and wall
Clay: With quartz/feldspar/feldspar, augite, olivine and FeMn
Colour: Exterior reddish brown 5YR 5/4 shifting to dark gray 5YR 4/1; interior reddish brown 5YR 5/3 and very dark gray 7.5YR N3/; core dark gray 7.5YR N4/
Ware: Common brown *impasto*
Meas.:   3.0x8.2x1.3 (base) - 0.9 (wall) - 0.5 (lip); diam. base 3.8, diam. lip 8.2 cm
Inv.:   cv 18175; Cat. 87, No. 232.

176. Miniature deep cup with broken handle
Shape: Cylindrical body on a raised flat base, inside concave, flaring wall, slightly incurving rim, convex lip, flattened and convex lip; on lip attachment of knob, now broken
Clay: With fine, well sorted quartz/feldspar/feldspar
Colour: Exterior reddish brown 5YR 4/3 and dark reddish brown 5YR 3/2 with streaks of thin slip in black 10 YR 2/1; interior dusky red 2.5YR 3/4, Core: dark gray 7.5YR 4/1
Ware: Black slip *impasto*
Meas.:   Height 3.9/4.1x4.7x0.4 (rim); diam. opening 4.4x, diam. base 2.9/3 cm
Comm.:   Part of knob broken off
Inv.:   cv 18179; Cat. 87, No. 224.

177. Miniature cup decorated with horns
Shape: Conical spreading body, flat base, inside concave, spreading wall, straight rim, convex lip, on lip with double attachments of vertical handle or horns

Clay: With quartz/feldspar/feldspar FeMn or grog
Colour: Exterior very dark gray 7.5YR N3/; interior very dark gray 7.5YR N3/; core gray 7.5YR N5/
Ware: Black slip
Meas.:   3.0x7.0x1.1 (base) - 0.7 (wall) - (lip); diam. base 4.0, diam. lip 6.9 cm
Inv.:   cv 18174; Cat. 87, No. 227.

178. Miniature cup decorated with horns
Shape: Conical spreading body on a flat base, inside concave, spreading wall, straight rim, convex and flattened lip, on lip vertical conical horn and attachment of second horn
Clay: With quartz/feldspar
Colour: Exterior brown to dark brown 7.5YR 4/2 with lustrous black 2.5YR N2.5/; interior reddish brown 5YR 5/3 shifting to very dark gray 7.5YR N3/; core gray 5YR 5/1
Ware: *Impasto* with black slip
Meas.:   4.3x6.0x0.9 (base) - 0.8 (wall) - 0.5 (lip); diam. base 2.5, diam. lip 4.7-5.0; horn: W 1.6; L 1.4, S 0.8-1.6 cm
Inv.:   cv 18178; Cat. 87, No. 229.

179. Miniature cup
Shape: Almost flat base, inside concave, slightly flaring wall, incurving rim, convex lip; on lip attachments of two protruding horns, broken off
Clay: With fine, well sorted quartz/feldspar/feldspar and some glimmer
Colour: Exterior and interior yellowish red 5YR 4/6, core reddish brown 5YR 4/4; exterior streaks of black slip
Ware: Common red slip
Meas.:   Height 3.9/4.1x4.7x0.4 (rim); diam. opening 4.4x, diam. base 2.9/3 cm
Inv.:   cv 18181; Cat. 87, No. 225.

180. Miniature cup decorated with horns
Shape: Low rounded body, flattened base, inside concave, flaring wall, straight rim, convex lip, with vertical horned handle
Clay: With quartz/feldspar and biotite
Colour: Exterior red 2.5YR 4/6; interior between red 2.5YR 4/6 and reddish brown 2.5YR 4/4; core light yellowish brown 10YR 6/4
Ware: Red slip
Meas.:   2.1x3.7x6.4x1.0 (base) - 0.8 (wall) - 0.3 (lip); diam. base 3.6, diam. lip 5.4; handle: W 2.0, L 3.1 cm
Inv.:   cv 18300; CV II, 16-17; Cat. 87, No. 233.

181. Miniature cup decorated with horns
Shape: Conical body, slightly raised, slightly concave base, inside concave, spreading wall, straight rim, convex lip, with attachments on lip of horns, in section oval irregularly modelled
Clay: With quartz/feldspar, FeMn or grog and some augite
Colour: Exterior yellowish red 5YR 5/6; interior yellowish red 5YR 5/6 and reddish gray 5YR 5/2; core gray 7.5YR N5/
Ware: Augited coarse ware
Meas.:   2.9x4.7x0.6 (base) - 0.7 (wall) - 0.3 (lip); diam. base 2.5, diam. lip 4.4; horns: S 0.7-1.2 cm
Inv.:   cv 18177; Cat. 87, No. 226.

9.8.3. *Carinated*

182. Fragment of a miniature carinated bowl/cup
Shape: Carinated body, flaring wall, rounded shoulder, straight rim, convex lip
Clay: With quartz/feldspar, FeMn
Colour: Exterior and interior black 7.5YR N2/, burnished; core reddish brown 5YR 4/3
Ware: Common brown/black burnished *impasto*
Meas.:   3.1x5.0x0.9 (wall) - 0.5 (lip); diam. lip 8.0 cm
Inv.:   cv 18622; Cat. 87, No. 217.

183. Fragment of a miniature carinated cup
Shape: Rounded shoulder, out-curving rim, flattened lip
Clay: With quartz/feldspar, augite and FeMn
Colour: Exterior dark gray 5YR 4/1, burnished; interior very dark gray 7.5YR N3/; innercore dark gray 7.5YR N4/
Ware: *Impasto*
Meas.: 2.8x2.9x0.8 (wall) - 0.4 (lip) cm
Inv.: cv 18579; Cat. 87, No. 212.

184. Fragment of a miniature carinated bowl/cup
Shape: Carinated body, long tapering and out-curving rim, convex lip
Clay: With quartz/feldspar, augite and FeMn
Colour: Exterior black 7.5YR N2/ and reddish brown 2.5YR 5/4, burnished to lustre; interior dark gray 5YR 4/1; core black 7.5YR N2/
Ware: *Impasto*
Meas.: 3.2x3.4x0.4 (wall) - 0.4 (lip); diam. lip 1.1 cm
Inv.: cv 18615; Cat. 87, No. 215.

185. Miniature carinated cup
Shape: Carinated body, out-curving rim, convex tapering lip
Clay: With quartz/feldspar and FeMn
Colour: Exterior red 2.5YR 5/6; interior reddish brown 2.5YR 4/4 and very dark gray 5YR 3/1. burnished; core dark reddish brown 2.5YR 3/4
Ware: *Impasto*
Meas.: 3.0x3.8x0.7 (wall) - 0.5 (lip); diam. body inside wall c. 7.0 cm
Inv.: cv 18580; Cat. 87, No. 216.

186. Fragment of a small cup
Shape: Vertical fragment of cup with convex base, ovoidal body and high straight lip with tapering lip
Clay: With fine quartz/feldspar and FeMn
Colour: Exterior and interior dull slip in dark gray 7.5 YR 3/1. 4/2 over pink core 7.5YR 7/4
Ware: Dark thin slipped orange coarse ware
Meas.: Total height 2.9x height of collar 1.3x thickness of wall max. 0.6 at shoulder and min. 0.3 cm at rim
Comm.: Wheel-turned
Inv.: cv 18619; Cat. 87, No. 213.

9.9. Large flat bowls (teglie)

187. Fragment of a large flat bowl
Shape: Flat base and one lug preserved
Clay: With quartz/feldspar/feldspar and augite
Colour: Exterior gray 7.5YR 5/1 over light brown sherd 7.5YR 6/4, which is characteristic for Archaic
Ware: Common brown sandy *impasto*, on surface perhaps extra augite
Meas.: 5.7x4.8x0.6 (base); diam. base 11; lug 4.2 cm
Inv.: cv 18228; Cat. 87, No. 203.

188. Fragment of a miniature carinated bowl/cup
Shape: Carinated body, straight short rim, convex lip,
Clay: With quartz/feldspar and FeMn
Colour: Exterior reddish brown 5YR 5/4 with burnished slip in black 2.5YR N2.5/; interior reddish brown 5YR 5/4 with burnished slip in black 2.5YR N2.5/; core dark gray 2.5YR N4/
Ware: Well burnished black *impasto*
Meas.: 1.8x3.3x0.8 (wall) - 0.3 (lip); diam. lip 6.0-7.0; carena wall: 1.2 cm
Inv.: cv 18621; Cat. 87, No. 218.

9.10. Bowls

189. Fragment of a bowl
Shape: Straight rim, flattened lip slightly, bevelled on the inside

Clay: With quartz/feldspar/feldspar, FeMn, red flint, medium to poorly sorted
Colour: Exterior very dark gray 10YR 3/1; interior red 2,5YR 5/8 and very dark gray 5YR 3/1; core gray 5YR 5/1 gray
Ware: Well burnished brown ware
Meas.: 3.4x2.2x0.5 (wall) - 0.5 (lip); diam. lip 8.0-9.0 cm
Inv.: cv 18649; Cat. 87, No. 197.

190. Vertical rim-fragment of a miniature bowl
Shape: Ovoidal body with flaring wall and tapering lip with internal ridge
Clay: With quartz/feldspar, augite and some FeMn
Colour: Exterior grayish brown 10YR 5/2 and dully slipped in dark gray 10YR 4/1; interior dark 10YR 4/1, grayish brown 10YR 5/2 and scale yellowish red 5YR 5/8, core gray 7.5YR N5/
Ware: Common brown burnished ware
Meas.: 3.1x2.7x0.7 (wall) - 0.3 (lip); diam. lip 6.0-8.0 cm
Inv. cv 18650; Cat. 87, No. 196.

191. Fragment of a straight vessel, presumably bowl
Shape: Cylindrical body, flaring wall, straight rim, lip flattened, bevelled on the inside
Clay: With quartz/feldspar and FeMn
Colour: Exterior with traces of slip black 7,5YR N2/; interior very dark gray 5YR 3/1, burnished; core reddish brown 2.5YR 4/4
Ware: Well burnished ware
Meas.: 3.3x3.5x0.4 (wall) - 0.5 (lip); diam. lip 6.0 cm
Inv.: cv 18646; Cat. 87, No. 198.

192. Fragment of a miniature lid bowl
Shape: Conical body with slightly inverted wall, rim flattened
Colour: Black slip 2.5YR N; interior 2.5YR N 2.5; core 5YR 5/8 reddish yellow
Ware: Well burnished *impasto*
Meas.: 2.6x2.5x0.6; diam. lip 7/8 cm?
Inv.: cv 18645; Cat. 87, No. 200.

193. Miniature bowl
Shape: On convex base, inside concave, flaring wall, inverted rim, convex lip
Clay: With quartz/feldspar
Colour: Exterior brown 7.5YR 5/4 and dark gray burnished 5YR 4/1; interior very dark gray 7.5YR N3/ and light reddish brown 5YR 6/4; core brown 7.5YR 3/4, very dark gray 5YR 3/1 and dark reddish gray 5YR 4/2,
Ware: Common brown *impasto*
Meas.: 2.2x3.9x0.5 (base) - 0.5 (wall) - 0.5 (lip); diam. body 3.9 cm
Inv.: cv 18234; CV II, 12; Cat. 87, No. 186.

194. Fragment of miniature bowl
Shape: Body with flaring tapering wall, lip rounded
Clay: With quartz/feldspar. red flint, FeMn, some augite/biotite
Colour: 7.5YR from brown to very dark gray 4/2-3/1
Ware: Untreated *impasto*
Meas.: Height 3.2x thickness of wall 0.7/0.3 cm
Inv.: cv 18647; Cat. 87, No. 201.

195. Fragment of a miniature bowl
Shape: With flaring and tapering wall, lip rounded
Clay: With quartz/feldspar/feldspar, FeMn, flint and high percentage of augite
Colour: 7.5YR from brown to very dark gray 4/2-3/1
Ware: Untreated *impasto*
Meas.: Total height 2.5x thickness of wall 0.7/0.5 cm
Inv.: cv 18642; Cat. 87, No. 202.

196. Miniature bowl
Shape: Conical body on flat base, inside flat, spreading wall, straight rim, irregular flattened lip
Clay: With quartz/feldspar, augite and biotite

Colour: Exterior dark reddish brown 5YR 3/4 and black (scale) 10YR 2/1; interior yellowish red 5YR 5/6 and black (scale) 10YR 2/1
Ware: Common untreated brown *impasto*
Meas.: 3.2x4.1x0.6 (base) - 0.5 (wall) - 0.5 (lip); diam. base 2.2, diam. lip 4.1 cm
Inv,: cv 18187; Cat. 87, No. 165.

197. Miniature bowl
Shape: Conical, flaring body, almost hexagonal pinched, raised and flat base, inside concave, inverted rim, convex lip, on exterior fingerprints visible, irregular modelled, almost hexagonal
Clay: With quartz/feldspar, some 'augite' or biotite and some FeMn
Colour: Exterior reddish brown 5YR 5/4; interior between light reddish brown 5YR 6/4 and light brown 7.5YR 6/4; core gray 10YR 5/1
Ware: Untreated brown *impasto*
Meas.: 3.0x3.7x1.3 (base) - 0.7 (wall) - 0.3 (lip); diam. base 2.2, diam. lip 3.8 cm
Inv.: cv 18226; Cat. 87, No. 179.

198. Miniature plate/bowl
Shape: Triangular concave body on a flat base, spreading wall, flaring rim, convex lip
Clay: With fine quartz/feldspar
Colour: Exterior base: reddish brown 2.5YR 4/4 and black 2.5YR N2.5/, wall: reddish brown 5YR 4/3 and very dark 5YR 3/1 very dark; interior weak red 2.5YR 4/2 shifting to black 25YR N2,5/; core reddish brown 5YR 5/4
Ware: Common brown *impasto* with black slip
Meas.: 2.3x4.4x0.7 (base) - 0.5 (wall) - 0.4 (lip); diam. base 2.3, diam. lip 4.2 cm
Inv.: cv 18289; Cat. 87, No. 238.

199. Miniature lid bowl
Shape: Conical body on a flat base, inside concave, spreading wall, straight rim, convex lip,
Clay: With fine quartz/feldspar and augite
Colour: Exterior reddish brown 5YR 5/4; interior light brown 7.5YR 6/4
Ware: Common brown burnished *impasto*
Meas.: 2.1x3.0x1.0 (base) - 0.8 (wall) - 0.3 (lip); diam. base 1.9, diam. lip 3.0 cm
Inv.: cv 18296; Cat. 87, No. 183.

200. Miniature bowl
Shape: Almost conical body on flat irregular base, inside concave, straight rim, convex lip, underside base conical or triangular shaped, as result of modelling
Clay: With fine quartz/feldspar
Colour: Exterior and interior slipped/painted black 2.5YR N2.5/ shifting to weak red 10R 4/3
Ware: *Impasto* with black slip
Meas.: 2.4x2.9x07 (base) - 0.7 (wall) - 0.4 (lip); diam. base 2.1-2.2, diam. lip 2.9 cm
Inv.: cv 18166; Cat. 87, No. 182.

201. Miniature bowl
Shape: Body on irregular flat base, inside concave, inverted rim, convex to flattened lip
Clay: With quartz/feldspar, augite and FeMn
Colour: Exterior reddish brown 5YR 5/4 with traces of red slip 2.5YR 4/6; interior reddish brown 5YR 5/4
Ware: Common red slipped *impasto*
Meas.: 2.4x3.4x0.4 (base) - 0.7 (wall) - 0.3 (lip); diam. base 1.8, diam. body 3.4, diam. lip 2.6 cm
Inv.: cv 18287; CV II, 10; Cat. 87, No. 189.

202. Half of a miniature bowl
Shape: Body, irregular flat base, inside concave, flaring wall, inverted rim, convex lip, with fingerprints

Clay: With fine quartz/feldspar and FeM
Colour: Exterior reddish brown 2.YR 5/4; interior reddish brown 2.5YR 4/4; core dark reddish brown 2.5YR 3/4
Ware: Red slip *impasto*
Meas.: 2.4x3.5x1.1 (base) - 1.0 (wall) - 0.5 (lip); diam. lip 3.4 cm
Inv. cv 18235; Cat. 87, No. 195.

203. Miniature lid bowl
Shape: Conical almost cylindrical body, irregular flat base, inside irregular oblique concave, almost spreading wall, straight rim, convex lip, inside base made with finger
Clay: With quartz/feldspar, augite, olivine and FeMn
Colour: Exterior reddish brown 2.5YR 4/4 shifting to grayish brown 10YR 5/2; interior reddish brown 2.5YR 4/4
Ware: Augited coarse ware
Meas.: 2.0x2.9x0.8 (base) - 0.8 (wall) - 0.4 (lip); diam. base 2.1, diam. lip 2.9 cm
Inv.: cv 18169; Cat. 87, No. 187.

9.11. Plates

204. Miniature plate
Shape: Triangular body, convex base, inside concave, flaring wall, straight rim, convex lip
Clay: With quartz/feldspar, biotite and some FeMn
Colour: Exterior very dark gray 7.5YR N3/; interior very dark gray 7.5YR N3/; core gray 7.5YR N5/
Ware: Black slip *impasto*
Meas.: 1.5x5.3x0.7 (base) - 0.6 (wall) - 0.4 (lip); diam. base 1.0, diam. body 5.4 cm
Inv.: cv 18306; Cat. 87, No. 234.

205. Miniature plate
Shape: Triangular shaped body, flattened base, inside concave, flaring wall, straight rim, convex lip
Clay: With quartz/feldspar and FeMn
Colour: Exterior very dark gray 7.5YR N3/; interior very dark gray 7.5YR N3/, burnished; core reddish brown 5YR 5/4: innercore dark gray 7.5YR N4/
Ware: *Impasto* with black slip
Meas.: 2.2x6.4x0.8 (base) - 0.7 (wall) - 0.3 (lip); diam. base 2.5, diam. lip 6.4 cm
Inv.: cv 18307; CV II, 18-19; Cat. 87, No. 235.

206. Fragment of miniature plate
Shape: Probably triangular shaped body, flattened base, inside concave, flaring wall, straight rim, convex lip, on inside strokes of burnish visible, made by finger?
Clay: With quartz/feldspar, some red FeMn
Colour: Exterior very dark gray 7.5YR N3/; interior very dark gray 7.5YR N3/, burnished: core very dark gray 7.5YR N3/
Ware: *Impasto* with black slip
Meas.: 1.2x4.0x1.0 (base) - 0.8 (wall) - 0.4 (lip) cm
Inv.: cv 18302; Cat. 87, No. 236.

207. Miniature plate
Shape: Semi-quadrangular form, rounded base, flaring wall, straight rim, convex lip, with four extensions
Clay: With fine quartz/feldspar and augite
Colour: Exterior dark gray 10YR 4/1 and very dark gray 7.5YR N3/ : interior very dark gray 10YR 3/1. burnished; core dark gray 7.5YR N4/
Ware: Black slip *impasto*
Meas.: 2.0x7.5x0.5 (base) - 0.5 (wall) - 0.3 (lip); diam. base 1.8, diam. lip 7.2 cm
Inv.: cv 18206; Cat. 87, No. 239.

208. Miniature plate
Shape: Low conical body, flat base, inside flattened, straight upright rim, flat to convex lip
Clay: With quartz/feldspar, augite and FeMn

Colour: Exterior very dark gray 7.5YR N3/; interior very dark gray
        2.5YR N3/; core gray 2.5YR N6/
Ware: *Impasto*
Meas.: 2.7x3.0x0.7 (base) - 0.6(wall) - 0.4 (lip); diam. lip 6.0 cm
Inv.:   cv 18617; Cat. 87, No. 240.

9.12. Mugs

209. Miniature mug
Shape: Conical body, raised base, straight and inverted rim, convex
        lip,
Clay: With quartz/feldspar and augite;
Colour: Exterior reddish yellow 5YR 6/6, light gray 10YR 7/2
        shifting to light brownish gray 10YR 6/2 and dark gray
        10YR 4/1; interior reddish yellow 7.5YR 6/8 and light
        brownish gray 10YR 6/2
Ware: Common brown *impasto*
Meas.: 4.4x3.5x1.3 (base) - 0.5 (wall) - 0.2 (lip); diam. base 2.1,
        diam. lip 3.5 cm
Inv.:   cv 18191; Cat. 87, No. 171.

210. Miniature mug
Shape: Conical body, flat base, inside concave, flaring wall, straight
        rim, convex lip
Clay: With quartz/feldspar and augite
Colour: Exterior brown 7.5YR 5/4. strong brown 7.5YR 5/6. brown
        to dark brown 7.5YR 4/4 and dark gray 10YR 4/1; interior
        brown to dark brown 7.5YR 4/4.84
Ware: Untreated common brown *impasto*
Meas.: 4.6x4.0x0.6 (base) - 0.7 (wall) - 0.5 (lip); diam. base 1.5,
        diam. lip 4.0 cm
Inv.:   cv 18184; Cat. 87, No. 172.

211. Miniature mug
Shape: Conical body on a flat base, inside concave, spreading wall,
        straight rim, convex lip
Clay: With quartz/feldspar and augite
Colour: Exterior reddish brown 5YR 5/4 with burnish reddish brown
        2.5YR 4/4 and patch black 2.5YR N2.5/; interior reddish
        yellow 7.5YR 6/6 and reddish brown 2.5YR 4/4; core gray
        2.5YR N5/
Ware: Common brown *impasto*
Meas.: 2.5x2.8x0.6 (base) - 0.4 (wall) - 0.2 (lip); diam. base 1.8,
        diam. lip 2.7 cm
Inv.:   cv 18297; Cat. 87, No. 166.

212. Fragment of a mug
Shape: Irregular raised flat base, inside irregular concave
Clay: With quartz/feldspar, augite and FeMn
Colour: Exterior very dark gray 10YR 3/1 shifting to black 7.5YR
        N2/ and reddish brown 5YR 4/3, burnished, Interior dark
        reddish brown 5YR 3/3 and reddish yellow 7.5YR 6/8; core
        reddish yellow 7.5YR 6/8
Ware: Common brown burnished
Meas.: 4.0x5.2x0.9 (base) - 0.5 (wall); diam. base 3.2-3.5 cm
Inv.:   cv 18233; Cat. 87, No. 274.

213. Miniature mug
Shape: Ovoidal body, raised flat base, inside concave, flaring wall,
        slightly inverted rim, convex lip
Clay: Semi-depurated with much biotite
Colour: Exterior reddish yellow 5YR 7/6; interior reddish yellow
        5YR 6/8
Ware: Untreated pale ware
Meas.: Height 4.7x0.5 (wall); diam. lip 4, diam. base 2.4, diam.
        widest part 4.5 cm
Inv.:   cv 18188; Cat. 87, No. 164.

214. Miniature mug
Shape: Conical body, flat base, inside concave, spreading wall,
        straight rim, convex lip

Clay: With quartz/feldspar and augite
Colour: Exterior grayish brown 10YR 5/2, light brownish gray
        10YR 6/2, strong brown 7.5YR 5/6 and dark gray 10YR
        4/1: interior red 2.5YR 5/8, grayish brown 10YR 5/2 and
        black 10YR 2/1; core light gray to gray 10YR 6/1
Ware: Common brown untreated *impasto*
Meas.: 3.3x3.7x1.0 (base) - 0.6 (wall) - 0.5 (lip); diam. base 2.6,
        diam. lip 3.7 cm
Inv.:   cv 18185; Cat. 87, No. 173.

9.13. Votive libation tablet

215. Miniature libation tablet
Shape: Convex base, inside concave, with nine rounded impressions,
        some with upturned edges as result of modelling, convex lip,
        irregular shaped
Clay: With quartz/feldspar, 'augite' and FeMn
Colour: Exterior reddish brown 5YR 5/4 and very dark gray 5YR 3/
        1, Interior reddish brown 5YR 5/4 and very dark gray 5YR
        3/1, Core reddish brown 5YR 4/3
Ware: Untreated brown *impasto*
Meas.: 1.8x7.9x1.3 (base) - 0.6 (lip); diam. lip 7.5/7.9; impressions:
        diam. 1.4; H 0.7 cm
Comm.: Fragment at rim missing
Inv.:   cv 18207; CV II, 21-22; Cat. 87, No. 242.

9.14. Composite vases/kernoi

216. Miniature composite vessel on cylindrical base-ring
Shape: High hollow base ring, with flattened edge, on it a vessel
        with a straight wall and concave interior, with semicircular,
        irregularly modelled lug
Clay: With quartz/feldspar and FeMn, slightly smoothened on the
        outside
Colour: Exterior and interior reddish yellow 5YR 6/6, core reddish
        yellow 5YR 7/6
Ware: Untreated *impasto*
Meas.: 4.1x5.2x1.5 (base) - 1.3 (wall); diam. base 3.5, diam. body
        4.1; lug: W 2.5, L 1.6, S 0.7 cm
Comm.: Most of the upper part missing, much scale on body
Inv.:   cv 18262; Cat. 87, No. 243.

*217. Fragment of composite vase, consisting of small bowl, conical
body, base inside concave, straight rim, flattened lip*
Clay: With quartz/feldspar, augite and olivine
Colour: Exterior very dusky red 2.5YR 2/52 and black 2.5YR N2.5/
        burnished; interior weak red 10R 4/3 and very dark gray
        2.5YR N3/; core dark gray 5YR 4/1
Meas.   3.3x4.0x1.8 (base) - 0.6 (wall) - 0.5 (lip); diam. (lip) 3.3 cm
Inv.:   cv 18292; Cat. 87, No. 244.

9.15. Stands

218. Miniature stand
Shape: With conical body, flat open base ring, straight wall, out-
        curving rim, convex lip, transition from rim to shoulder
        decorated with a horizontal encircling plain cord, in section
        triangular, body decorated with three vertical plain cords
        from horizontal cord to base, in section triangular; good
        proportioned and modelled,
Clay: With fine quartz/feldspar and FeMn
Colour: Exterior reddish brown 2,5YR 4/4 with shining slip, very
        dark gray 2.5YR N3/. Interior lip: shining slip, very dark
        gray 2.5YR N3/; body: very dark gray 2.5YR N3/ shifting to
        dusky red 2.5YR 3/2 and yellowish red 5YR 5/6
Ware: Well burnished brown *impasto*
Meas.: 1.x9.9x0.9 (base) - 0.6 (wall) - 0.4 (lip); diam. base 8.5,
        diam. lip 9.9, diam. (shoulder) 6.4; diam. (horizontal cord)
        6.9; cords: W 0.8-0.9, S 0.3-0.7 cm
Publ.: QuadAEI, 1978: pl. XX, 7
Inv.:   cv 18210; Cat. 87, No. 245.

219. *Stand*
Shape: With conical body, flat open base ring, with horizontal cord on edge, straight wall, wall decorated with vertical plain cord; on interior limonite
Clay: With fine quartz/feldspar and FeMn
Colour: Exterior black 5YR 2/51, burnished, Interior black 5YR 2/51 shifting to very dark gray 10YR 3/1, burnished; core dark yellowish brown 10YR 3/6 and gray 5YR 5/1
Ware: Highly burnished black *impasto*
Meas.: 5.3x4.1x0.9 (base) - 0.6 (wall); diam. base 9.0 cm
Inv.:   cv 18209; Cat. 87, No. 246.

220. *Cooking stand*
Shape: With conical body, flat open base ring, straight wall with partly preserved ventilation hole, body decorated with partly preserved horizontal and vertical plain cords; cords are later on attached to wall
Clay: With quartz/feldspar, some augite, some white FeMn
Colour: Exterior black 7.5YR N2/ with burnish, reddish brown 5YR 4/3 shifting to very dark gray 5YR 3/1, Interior brown 10YR 5/3, burnished; core black 7.5YR N2/
Ware: Common burnished brown *impasto*
Meas.: 4.4x5.4x0.7 (base) - 0.6 (wall); diam. base 1.2, wall with decoration 1.0 cm
Inv.:   cv 18208; Cat. 87, No. 247.

9.16. Loomweight/spool

221. *Miniature spool*
Shape: Central part concave, with thickening slightly convex ends
Clay: With quartz/feldspar and FeMn
Colour: Exterior very dark gray 2.5YR N3/ and light brown 7.5YR 6/4 shifting to reddish brown 5YR 4/4
Ware: Common brown burnished
Meas.: Height 3.0; diam. base 1.8, diam. body 1.3, diam. lip 1.6 cm
Inv.:   cv 18212; Cat. 87, No. 280.

9.17. Base-fragments

222. *Base, presumably of a globular jar*
Shape: Flat base, inside concave, with small encircling lines on the inside
Clay: With quartz/feldspar, augite and red and white FeMn
Colour: Exterior and interior between reddish yellow 5YR 6/6 and light reddish brown 5YR 5/4; core light gray to gray 10YR 6/1
Ware: Coarse 'sandwich' ware
Meas.   2.5x6.6x0.5 (base) - 0.6 (wall); diam. base 3.6 cm
Comm.: Wheel-made
Inv.:   cv 18248; Cat. 87, No. 248.

223. *Base, presumably of a globular jar*
Shape: Flat base, inside concave
Clay: With quartz/feldspar/feldspar, FeMn and micaceous particles, fine and well sorted
Colour: Exterior dark reddish gray 5YR 4/2; interior reddish brown 5YR 5/4, burnished; core dark reddish gray 5YR 4/2
Ware: Dark thin slipped pale coarse ware
Meas.: 2.1x2.9x1.2 (base) - 0.6 (wall); diam. base 2.5-3.0 cm
Inv.:   cv 18671; Cat. 87, No. 249.

224. *Base, presumably of a globular jar*
Shape: Flat base, inside flat clay with quartz/feldspar, augite and FeMn
Colour: Exterior reddish brown 2.5YR 5/4; interior very dark gray 2.5YR N3/; core reddish brown 2.5YR 5/4 and gray 10YR 5/1
Ware: *Impasto*
Meas.: 3.8x3.9x0.9 (base) - 0.9 (wall); diam. base 4.0 cm
Inv.:   cv 18598; Cat. 87, No. 252.

225. *Base, presumably of a globular jar*
Shape: Flat base, inside flattened, flaring wall, forming ovoidal body of a jar
Clay: With fine quartz/feldspar and FeMn
Colour: Exterior very dark gray 2.5YR N3/ with traces of shining slip black 2.5YR N2.5/: interior very dark gray 2.5YR N3/; core dark gray 2.5YR N4/
Ware: Smoothened sandy brown with traces of black slip
Meas.: 4.2x5.3x0.8 (base) - 0.5 (wall); diam. base 3.1, diam. body c. 5.1 cm
Comm.: Wheel-made
Inv.:   cv 18605; Cat. 87, No. 268.

226. *Base, presumably of a globular jar*
Shape: Flat base, inside concave, flaring wall; irregularly modelled
Clay: With quartz/feldspar and FeMn
Colour: N
Ware: *Impasto*
Meas.: 4.3x4.1x0.6 (base) - 0.5 (wall); diam. base 2.3, diam. body c. 5.0 cm
Inv.:   cv 18609; Cat. 87, No. 269.

227. *Base, presumably of a globular jar*
Shape: Raised flat base, inside concave
Clay: With quartz/feldspar, FeMn
Colour: Exterior red 2.5YR 5/6 and black 2.5YR N2.5/, burnished. Interior red 2.5YR 4/6; core yellowish red 5YR 5/6 and dark gray 5YR 4/1
Ware: Untreated *impasto*
Meas.: 1.9x2.6x0.8 (base) - 0.5 (wall); diam. base 4.0 cm
Inv.:   cv 18659; Cat. 87, No. 272.

228. *Base. presumably of a globular jar*
Shape: Raised flat base. inside concave with traces of modelling by a stick
Clay: With quartz/feldspar and white FeMn
Colour: Exterior black 7.5YR N2/ and brown to dark brown 7.5YR 3/2; interior reddish brown 2.5YR 5/4; core reddish brown 2.5YR 5/4
Ware: Dark slipped coarse *impasto*
Meas.: 5.4x8.0x1.4 (base) - 0.7 (wall); diam. base 4.0 cm
Inv.:   cv 18611; Cat. 87, No. 273.

229. *Base of a miniature jar*
Shape: Slightly concave base, inside concave,
Clay: With quartz/feldspar, augite and FeMn
Colour: Exterior reddish brown 2.5YR 4/4. Interior light reddish brown 5YR 6/4; core light reddish brown 5YR 6/4 and very dark gray 5YR 3/1
Ware: N
Meas.: 3.1x3.0x0.7 (base) - 0.6 (wall); diam. base 3.0 cm
Inv.:   cv 18582; Cat. 87, No. 250.

230. *Base fragment of a bowl/open vessel*
Shape: Flat base, inside concave, flaring wall
Clay: With quartz/feldspar, augite and FeMn
Colour: Exterior between reddish brown 5YR 5/4 and yellowish red 5YR 5/6 and light gray to gray 7.5YR N6/; interior brown 7.5YR 5/2; core light gray to gray 7.5YR N6/
Ware: *Impasto*
Meas.: 1.9x2.9x0.5 (base) - 0.5 (wall); diam. base 3.5 cm
Inv.:   cv 18595; Cat. 87, No. 252.

231. *Base fragment presumably of a jar*
Shape: Flat base, inside concave, irregular as result of modelling
Clay: With quartz/feldspar and FeMn
Colour: Exterior between light brown 7.5YR 6/4 and light yellowish brown 10YR 6/4; interior grayish brown 10YR 5/2; core gray 10YR 5/1
Ware: *Impasto*
Meas.: 2.3x3.6x0.5 (base) - 0.4 (wall); diam. base 4.0 cm

Inv.: cv 18604; Cat. 87, No. 253.

232. Base fragment of a jar
Shape: Flattened slightly convex base, inside flattened
Clay: With quartz/feldspar and FeMn
Colour: Exterior gray 7.5YR N5/ and very dark gray 7.5YR N3/ and scale reddish yellow 7.5YR 6/8; interior very dark gray 7.5YR N3/; core dark reddish brown 2.5YR 3/4 and very dark gray 7.5YR N3/
Ware: Well burnished *impasto*
Meas.: 2.3x4.8x0.8 (base) - 0.6 (wall); diam. base 3.8 cm
Inv.: cv 18655; Cat. 87, No. 255.

233. Base of a jar
Shape: Flat base, inside slightly convex, ovoidal body
Clay: With quartz/feldspar, augite, FeMn
Colour: Exterior reddish yellow 7.5YR 6/6 with traces of burnish in brown 7.5YR 5/2; interior dark gray 10YR 4/1; core reddish yellow 7.5YR 6/6 and light gray to gray 10YR 6/1
Ware: Untreated brown *impasto*
Meas.: 2.5x4.8x0.5 (base) - 0.7 (wall); diam. base 4.5 cm
Inv.: cv 18651, old sticker, unreadable number; Cat. 87, No. 256.

234. Base, presumably of a jar
Shape: Flat base, inside concave
Clay: With quartz/feldspar, augite and FeMn
Colour: Exterior very dark gray 5YR 3/1 and reddish yellow 5YR 6/6: interior very dark gray 5YR 3/1; core very dark gray 5YR 3/1 and reddish yellow 5YR 6/6
Ware: *Impasto*
Meas.: 2.6x2.5x0.8 (base) - 0.8 (wall); diam. base 2.5 cm
Inv.: cv 18581; Cat. 87, No. 257.

235. Base fragment of a globular jar
Shape: Flat base, flaring wall, inside irregularly concave
Clay: With quartz/feldspar/feldspar, FeMn, poorly sorted
Colour: Exterior yellowish red 5YR 5/6 and very dark gray 5YR 3/1; interior dark reddish gray 5YR 4/2; core between light brown 7.5YR 6/4 and 7.5YR 5/4
Ware: Common brown *impasto*
Meas.: 2.7x5.6x1.2 (base) - 0.5 (wall); diam. base 3.5 cm
Inv.: cv 18664; Cat. 87, No. 259.

236. Flat base of jar/closed vessel
Shape: Ovoidal body on a flat base, inside concave
Clay: With quartz/feldspar/feldspar, high percentage of augite, olivine
Colour: Exterior black 7.5YR N2/; interior black 7.5YR N2/; core gray 7.5YR N5/
Ware: Untreated *impasto*, slightly burned?
Meas.: 3.8x4.1x1.0 (base) - 0.6 (wall); diam. base 4.0 cm
Inv.: cv 18666; Cat. 87, No. 260.

237. Base fragment of an ovoidal jar
Shape: Flat base, inside concave
Clay: With quartz/feldspar/feldspar, red flint, organic material, FeMn, biotite, poorly sorted
Colour: Exterior very dark gray 10YR 3/1; interior grayish brown 10YR 5/2; core reddish brown 5YR 5/4
Ware: Common brown *impasto*
Meas.: 3.1x5.1x1.0 (base) - 0.6 (wall); diam. base 5.0 cm
Inv.: cv 18665; Cat. 87, No. 261.

238. Base of a jar
Shape: Flat base, inside concave, flaring wall with attachments of horizontal handle,
Clay: With quartz/feldspar, augite and biotite
Colour: Exterior reddish brown 2,5YR 4/4 with burnish, very dark gray 5YR 3/1; interior reddish brown YR 5/4 very dark gray 5YR 3/1; core reddish brown 2.5YR 4/4
Ware: Common brown burnished *impasto*

Meas.: 3.0x4.4x0.8 (base) - 0.6 (wall); diam. base 3.0 cm
Inv.: cv 18668; Cat. 87, No. 262.

239. Lower half of a miniature cup/open vessel
Shape: Flat base, inside irregular concave
Clay: With quartz/feldspar, grog and FeMn
Colour: Exterior black 10YR 2/1: interior dark gray 7.5YR N4/; core dark gray 10YR 4/1
Ware: Black slip
Meas.: 2.8x5.0x0.9 (base) - 0.7 (wall), diam. base 2.9 cm
Comm.: Perhaps wheel-thrown
Inv.: cv 18607, old sticker 4296; Cat. 87, No. 263.

240. Lower half of a jar
Shape: Raised flat base, inside concave, flaring wall with attachment of handle
Clay: With quartz/feldspar, rest matrix invisible
Colour: Exterior, interior and core very dark gray 10YR 3/1
Ware: Burned
Meas.: 3.4x4.0x1.1 (base) - 0.6 (wall); diam. 3.0 cm
Inv.: cv 18612, old sticker 4219; Cat. 87, No. 271.

241. Base, presumably of a globular jar
Shape: Flat base, inside flat, flaring wall
Clay: With quartz/feldspar and some augite/biotite
Colour: Exterior grayish brown 10YR 5/2, light gray 10YR 7/2 and scale yellowish red 5YR 5/8: interior grayish brown 10YR 5/2 and scale yellowish red 5YR 5/8; core gray 7.5YR N5/
Ware: Untreated *impasto*, burned
Meas.: 3.5x3.5x0.5 (base) - 0.7 (wall); diam. base 2.0 cm
Comm.: Much scale on body
Inv.: cv 18245; Cat. 87, No. 264.

242. Base fragment of a cup/bowl
Shape: Flat base, inside flat, in-turning wall
Clay: With quartz/feldspar, augite and FeMn
Colour: Exterior reddish brown 5YR 5/4; interior reddish brown 5YR 5/4; core gray 5YR 5/1
Ware: Brown burnished *impasto*
Meas.: 2.4x3.1x0.7 (base) - 0.5 (wall); diam. base 2.0 cm
Inv.: cv 18596; Cat. 87, No. 265.

243. Base fragment of a miniature jar/closed vessel
Shape: Slightly raised flat base, inside irregular concave; with fingerprints
Clay: With quartz/feldspar and FeMn
Colour: Exterior dusky red 2.5YR 3/2 and very dark gray 2.5YR N3/; interior weak red 2.5YR 4/2; core reddish brown 2.5YR 4/4 and very dark gray 5YR 3/1
Ware: Common brown burnished *impasto*
Meas.: 3.8x5.8x1.1 (base) - 0.6 (wall); diam. base 3.1 cm
Inv.: cv 18608, old sticker 4459; Cat. 87, No. 275.

9.18. Handles

244. Handle of a miniature pot
Shape: Flaring wall-fragment with horizontal ring-handle in section rounded
Clay: With quartz, augite, olivine and FeMn
Colour: Exterior 10R 4/4 weak red with traces of slip in 10R 4/6; interior weak red 10 R 5/3; core dark grey 2.5R4N/
Ware: Red slip *impasto*
Meas.: 2.7x6x5 (wall); diam. body inside wall 7; handle W 4.2, W 2.2, L 2, S 1.1 cm
Inv.: cv 18231; Cat. 87, No. 276.

245. Fragment of a jar with a horizontal ring-handle
Shape: Flaring wall-fragment, with encircling ridge on inside, with horizontal semi-circular ring-handle, in section rounded
Clay: With quartz/feldspar FeMn, much leucite?
Colour: Exterior reddish brown 5YR 5/4 with very dark gray slip

7.5YR N3/; interior reddish brown 5YR 5/4 with reddish
gray slip 5YR 5/2; core dark gray 5YR 4/1
Meas.: 3.8x2.0x0.6 (wall); diam. body inside c. 9.0; handle: W
(total) 3.4, W 1.0, L 2.1, S 0.8 cm
Ware: Dark thin slipped pale coarse ware
Comm.: Wheel-thrown
Inv.: cv 18631; Cat. 87, No. 277.

246. Fragment of a jar with a horizontal ring-handle
Shape: Flaring wall-fragment, with horizontal segmental ring-
handle, in section rounded
Clay: Semi-depurated with quartz and FeMn
Colour: Exterior light reddish brown with slip 5YR 6/4; interior very
dark grey 7.5YR N3/; core dark gray 5YR 4/1
Meas.: 3.6x2.2x0.6 (wall); diam. body inside 7.5/8.5; handle: W
(total) 3.7, W 1.0, L 1.8, S 0.8 cm
Ware: Dark thin slipped pale coarse ware
Comm.: Wheel-thrown
Inv.: cv 18627; Cat. 87, No. 278.

247. Fragment of a jar with a vertical handle or horn
Shape: Flaring wall-fragment, straight rim, probably convex lip,
with attachment of vertical handle or horn
Clay: With quartz and augite
Colour: Exterior weak red 2.5YR 4/2; interior weak red 2.5YR 4/2;
core dark reddish grey 10R 4/1
Meas.: 2.7x3.1x0.5 (wall) - 0.6 (lip); attachment handle: W (total)
1.2, W 1.2, L 1.1, S 0.8 cm
Ware: *Impasto*
Inv.: cv 18626; Cat. 87, No. 279.

10. NOTES

1. This article, a preliminary report, resulted from the work of a
group: the catalogue was for the larger part prepared by Ruud A.
Olde Dubbelink after descriptions and drawings made at the
Dutch Institute in Rome, in 1987, by various Groningen students
of archaeology: Annelies Borchert, Margriet Haagsma, Erik
Seiverling, together with Huib Waterbolk, draughtsman at the
Groningen Institute of Archaeology. Earlier their work was the
basis for a thesis by Annelies Borchert, the first in our department
to recognize the importance of miniatures (Borchert, 1987).
Arnold J. Beijer will publish the full-sized vessels of the
Campoverde votive deposit after which the entire find complex
will be evaluated afresh. The drawings were finished by Mirjam
A. Weijns. I am greatly indebted to all, the rearrangements made
afterwards are, of course, my own responsibility.
2. Veloccia Rinaldi, 1978: p. 24; compare Bouma, 1996: p. 52 who
characterizes it as a *favissae* within the terminology developed by
Tony Hackens (Hackens, 1963).
3. Giovannini & Ampolo, 1976: p. 347 "*alcune centinaia di vasetti
miniaturistici*"; further Ampolo, in *CPL* 1976; Bouma, 1996:
Crescenzi, 1978; Guidi, 1980: pp. 149 ff.; Velocccia Rinaldi,
1978; Maaskant-KLeibrink, 1995; Waarsenburg, 1995.
4. Marco Bettelli (Bettelli, 1997), recently demonstrated that the
earlier Latin periods in absolute dating need to be placed
considerably higher.
5. For a recent evaluation of the merits of De La Blanchère's work:
Attema, 1993; Attema, forthcoming.
6. The spread of a southern identity may even have known a wider
range: Waarsenburg connects the 'shallow technique' (of incising
decorative patterns like out-curving tendrils, MK) of the *Satricum*
potters with the decorative styles at Cassino, Frosinone and
Aufidena. The carinated crater-bowl with surmounting cups are
connected with the Liri/Sacco valley *impasto* and the ribbed
amphora with the Apennine hinterland (Waarsenburg, 1995: pp.
500-501).
7. The traditionally attributed starting date of 725 BC for votive
deposit I (VD I) at *Satricum* was applied because of the presence
of a single Proto-Corinthian pot dating from that era (see recently

and with lit. Quilici-Gigli in Cristofani, 1990: pp. 234 ff.). This
dating demonstrates the usual neglect of indigenous artefacts for
dating; Lowe, 1978: pp. 141-142 even advocates the use of only
full-sized and imported artefacts for dating. At Le Ferriere quite
a few metal votive gifts as well as miniature pots in the deposit are
of a considerably earlier date than the imported Corinthian material
(Maaskant-Kleibrink, 1995: pp. 123-133; Bouma, 1996: p. 124).
8. See for instance the remark by Lorenzo Quilici that on the slopes
of the Monte Cavo miniature vessels imitating the famous corded
jars of the 9th century BC were found (Quilici, 1979: p. 210).
9. Waarsenburg (1995: p. 24, note 69) is of the opinion that these
decorated sherds are not of Bronze Age date, but were imported
from the Apennine hinterland where (he thinks) such incised
Bronze Age decorations remained in fashion for a very long time.
I am of the opinion that without a very thorough examination of
such sherds in question, we cannot lightly do away with very
important evidence for early cult activities. Such statements
should be backed up by actual comparisons or references to
decorated sherds from the *Satricum*/Campoverde finds and those
from the 'hinterland', dated in the later Iron Age by proper find
circumstances. The Campoverde Bronze Age sherds in question
are now missing, so their date cannot be established afresh.
10. Now Peter Attema, Arnold Beijer, Jelle Bouma, Bert Nijboer and
Gert van Oortmerssen together with the present author.
11. Both categories will be incorporated and studied together with the
Satricum excavation material, as promised. The *Soprintendenza
per il Lazio* as well as the directors of the Villa Giulia Museum are
heartily thanked for this opportunity.
12. Attema and Nijboer are directing the fabric-analysis studies,
helped by laboratory work by Van Oortmerssen (Attema, Nijboer
& Van Oortmerssen, 1996: pp. 84-89); the present author and
Attema are directing the ware analysis studies.
13. For a discussion of 'gift giving to the gods' and the ideas of Tyler,
Mauss and Van der Leeuw, see Grottanelli, 1989-1990: pp. 45 ff.,
where the problem of the expectation of a counter-gift by the deity
is debated.
14. As a result of a pre-occupation with the rise of an aristocratic upper
class the miniatures have been interpreted as dedications by the
lower classes, compare also the remarks by Bouma (Bouma,
1996) against this notion.
15. In the Campoverde deposit only a number of vessels were offered
that are larger than most votive miniatures, half way between
miniature (c. 3/5 cm) and normal sized vessels (larger than 6.5
cm). In view of the sizes of the grave miniatures they still are to
be considered miniatures as they were used in the same rituals. It
seems that in Early Latin periods 3 and 4 the discrepancies in size
disappeared because miniature grave goods disappeared altogether
and votive miniatures could become larger.

11. REFERENCES

ADAMS, W.Y. & E.W. ADAMS, 1991. *Archaeological typology
and practical reality: a dialectical approach to artifact
classification and sorting.* Cambridge Univ. Press, Cambridge.

ANGLE, M., A. GIANNI & A. GUIDI, 1991-1992. La grotta dello
Sventatoio, Età del Bronzo in Italia. *Rassegna di Archeologia* 10,
pp. 720-721.

APPADURAI, A., 1986. Introduction: commodities and the politics
of value. In: A. Appadurai (ed.), *The social life of things:
commodities in cultural perspective.* Cambridge Univ. Press,
Cambridge etc., pp. 3-63.

ATTEMA, P.A.J., 1993. *An archaeological survey in the Pontine
region: a contribution to the early settlement history of South
Lazio 900-100 BC.* Groningen.

ATTEMA, P.A.J. & J.W. BOUMA, 1995. The cult places of the
Pontine region in the context of a changing landscape. *Caeculus,
Papers on Mediterranean Archeology* 2 (The landscape of the
goddess), pp. 119-154.

ATTEMA, P.A.J., A.J. NIJBOER & G.J.M VAN OORTMERSSEN,

Fig. 3. Miniature dolium, Cat.No. 3.

Fig. 4. Left: miniature corded storage jar, Cat.No. 1; centre: mini biconical jar, Cat.No. 55; right: miniature globular jar, Cat.No. 138.

Fig. 5. Left: miniature storage jar, Cat.No. 26; right: miniature biconical jar, Cat.No. 56.

Fig. 6. Left: miniature jar with distinct neck, Cat.No. 65; right: miniature ovoidal cooking jar, Cat.No. 89.

Fig. 7. From right to left miniature storage jars: Cat.Nos. 24, 44, 46 and 50.

Fig. 8. Miniature ovoidal storage jar, Cat.No. 37.

Fig. 9. Miniature ovoidal cooking jar, Cat.No. 89.

Fig. 10. Miniature cylindrical bell jar, Cat.No. 148.

Fig. 11. Miniature amphora, Cat.No. 162.

Fig. 12. Miniature cup, reverse, Cat.No. 177.

Fig. 13. Miniature plate, Cat.No. 205.

Fig. 14. Miniature libation tablet, Cat.No. 215.

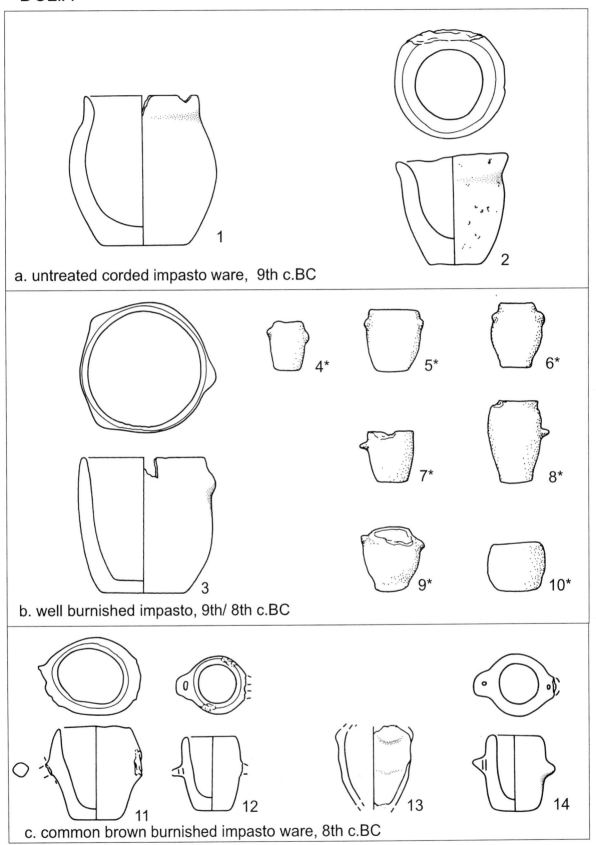

a. untreated corded impasto ware, 9th c.BC

b. well burnished impasto, 9th/ 8th c.BC

c. common brown burnished impasto ware, 8th c.BC

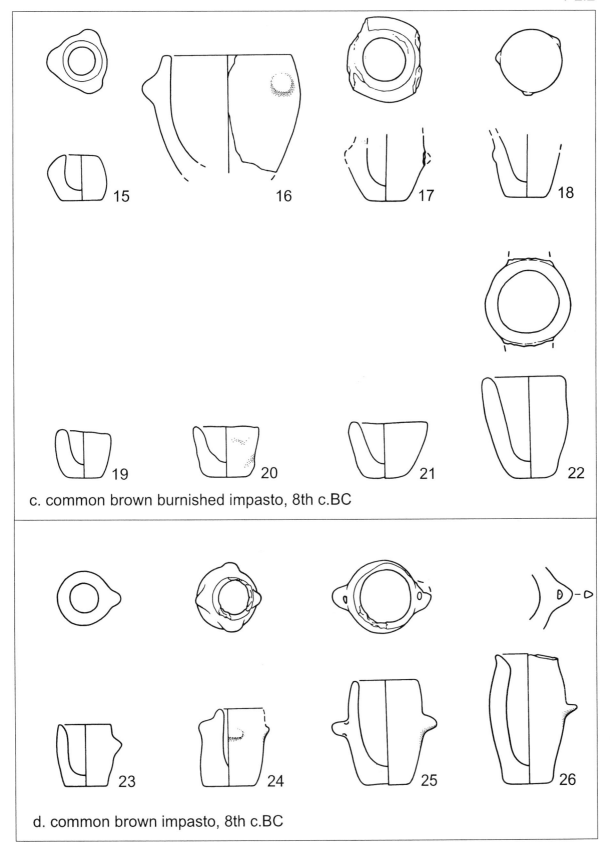

c. common brown burnished impasto, 8th c.BC

d. common brown impasto, 8th c.BC

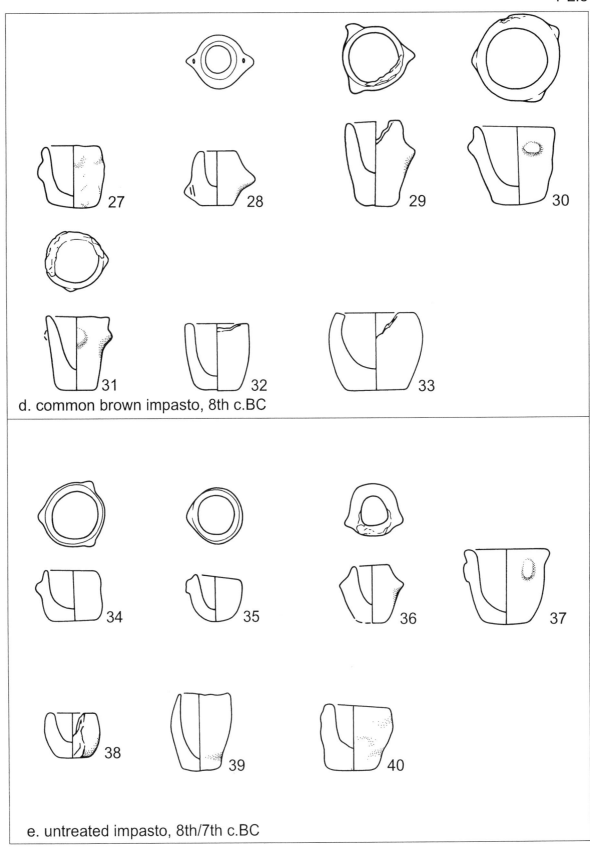

d. common brown impasto, 8th c.BC

e. untreated impasto, 8th/7th c.BC

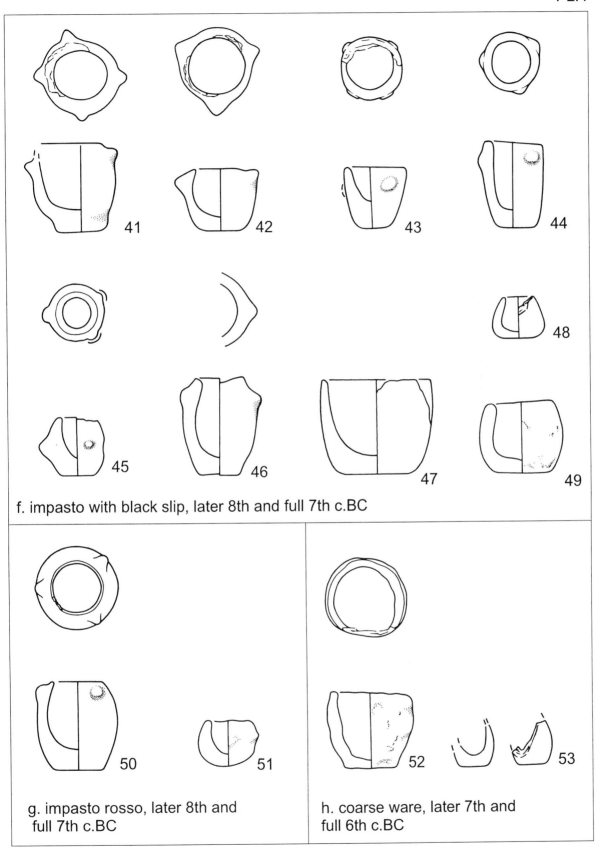

f. impasto with black slip, later 8th and full 7th c.BC

g. impasto rosso, later 8th and
full 7th c.BC

h. coarse ware, later 7th and
full 6th c.BC

DECORATIVE JARS, FOR LIQUIDS

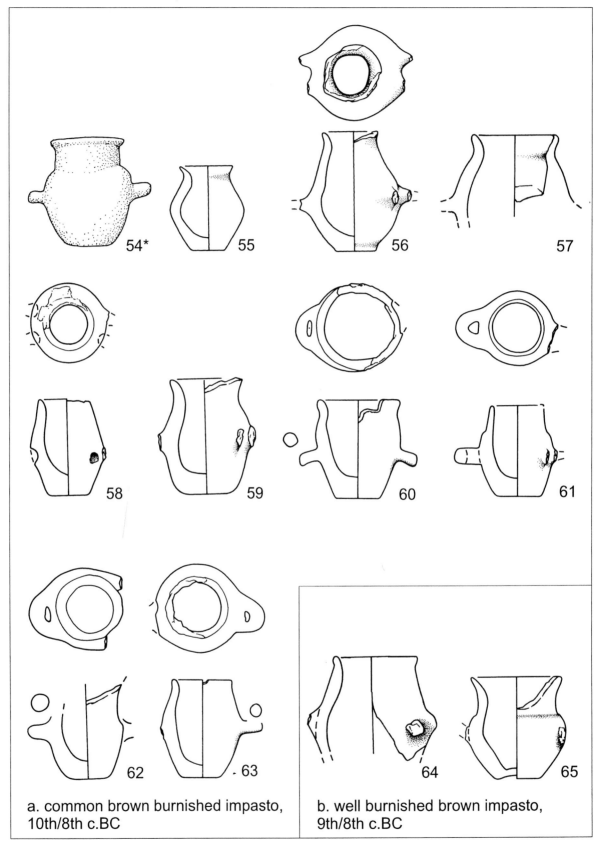

54*

55

56

57

58

59

60

61

62

63

64

65

a. common brown burnished impasto,
10th/8th c.BC

b. well burnished brown impasto,
9th/8th c.BC

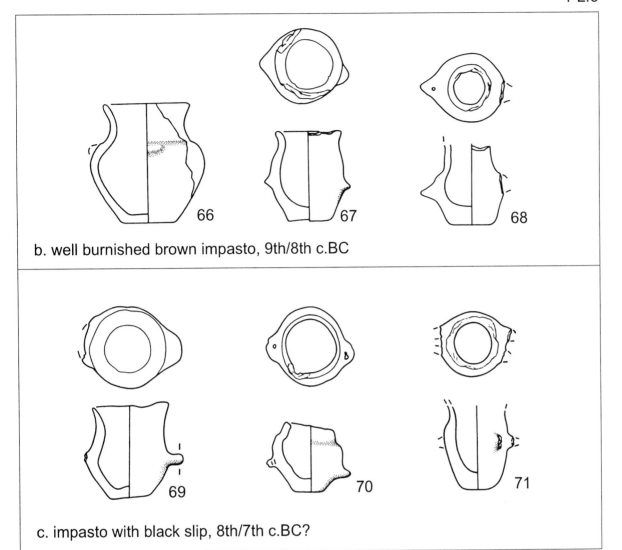

b. well burnished brown impasto, 9th/8th c.BC

c. impasto with black slip, 8th/7th c.BC?

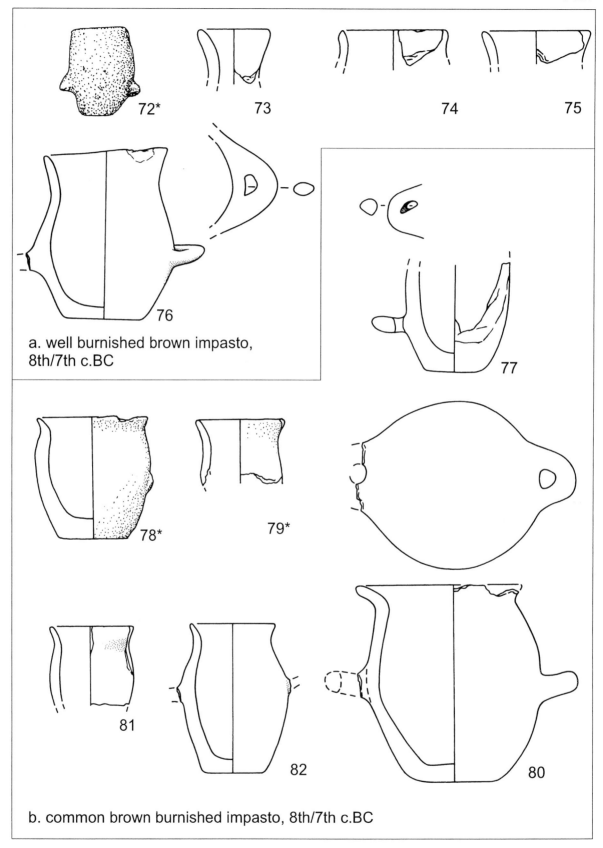

72*   73   74   75

76

a. well burnished brown impasto, 8th/7th c.BC

77

78*   79*

81   82   80

b. common brown burnished impasto, 8th/7th c.BC

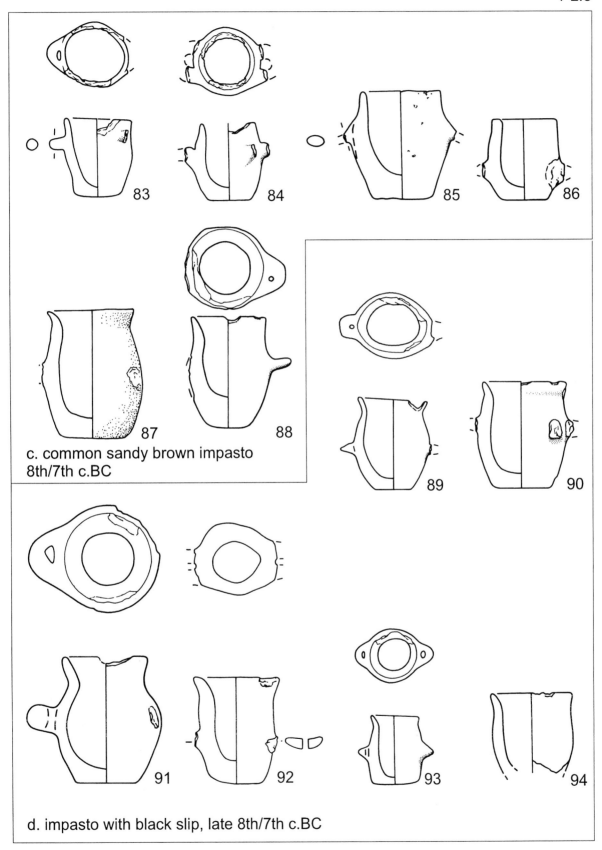

c. common sandy brown impasto
8th/7th c.BC

d. impasto with black slip, late 8th/7th c.BC

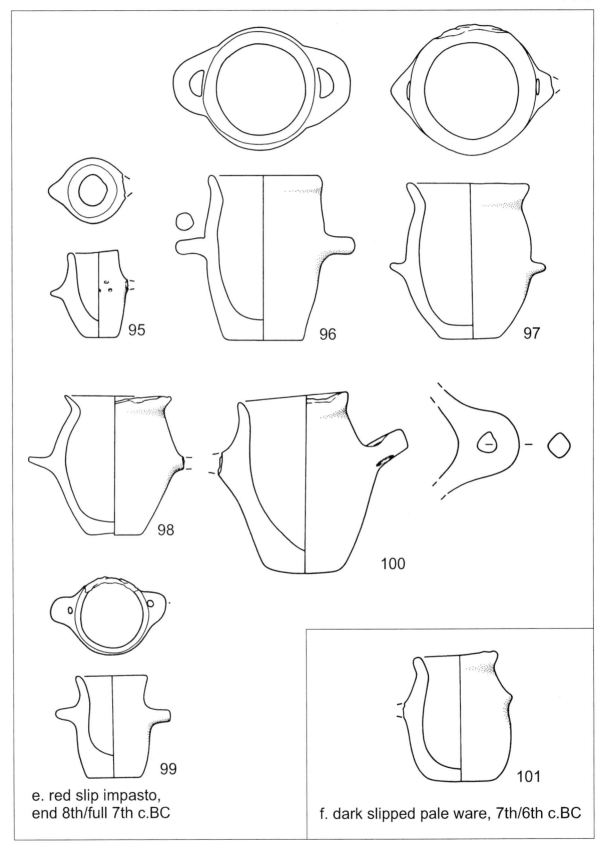

95

96

97

98

100

99

e. red slip impasto,
end 8th/full 7th c.BC

101

f. dark slipped pale ware, 7th/6th c.BC

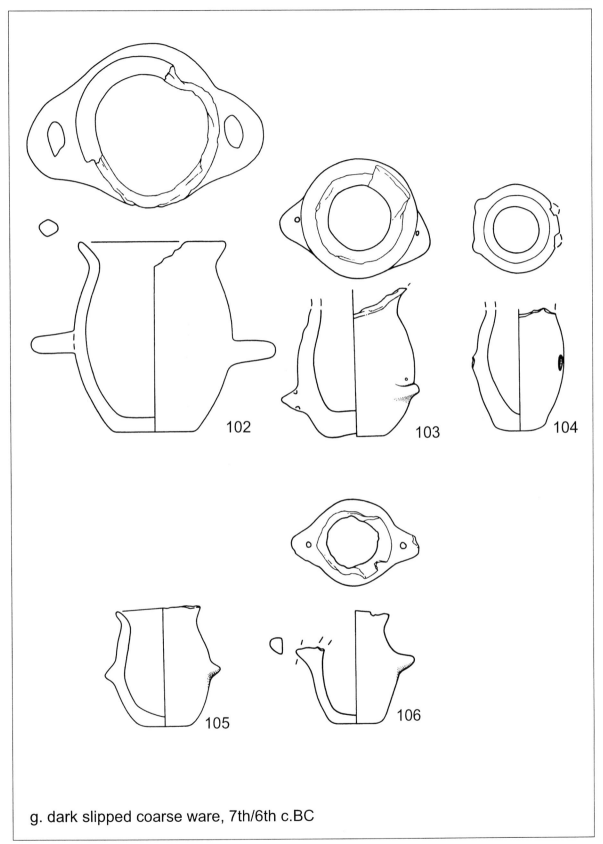

102   103   104

105   106

g. dark slipped coarse ware, 7th/6th c.BC

GLOBULAR COOKING JARS   PL.11

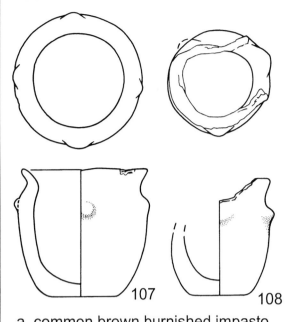

a. common brown burnished impasto,
8th c.BC

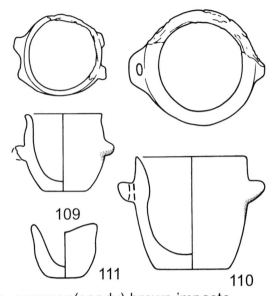

b. common(sandy) brown impasto,
8th c.BC

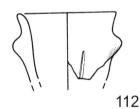

c. black slip impasto,
8th/7th c.BC

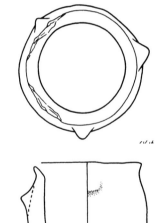

d. red slip impasto,
end of 8th/full 7th c.BC

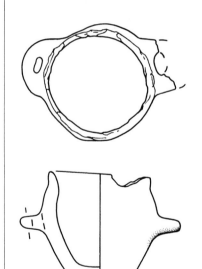

e. untreated semi
depurated impasto

ORIENTALISING GLOBULAR JARS, FOR LIQUIDS

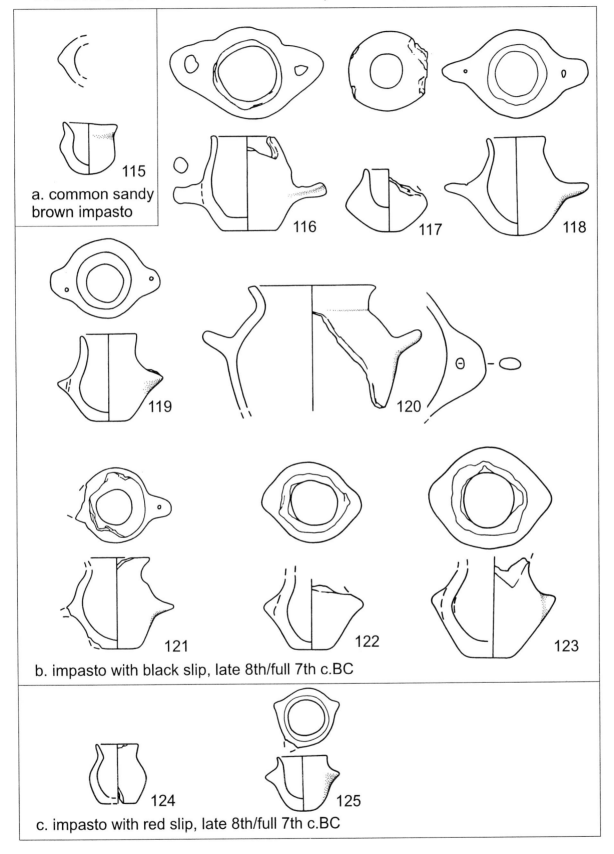

a. common sandy brown impasto

115

116

117

118

119

120

121

122

123

b. impasto with black slip, late 8th/full 7th c.BC

124

125

c. impasto with red slip, late 8th/full 7th c.BC

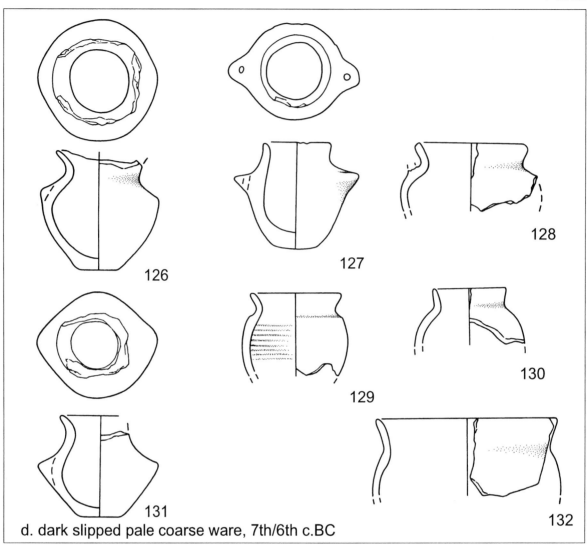

126

127

128

129

130

131

132

d. dark slipped pale coarse ware, 7th/6th c.BC

GLOBULAR STAMNOID JARS

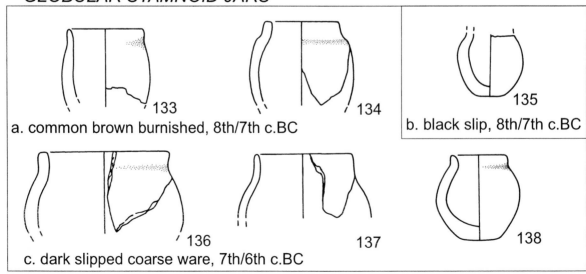

133

134

135

a. common brown burnished, 8th/7th c.BC

b. black slip, 8th/7th c.BC

136

137

138

c. dark slipped coarse ware, 7th/6th c.BC

ORIENTALISING AND ARCHAIC BELL & BLOCK SHAPED JARS PL.14

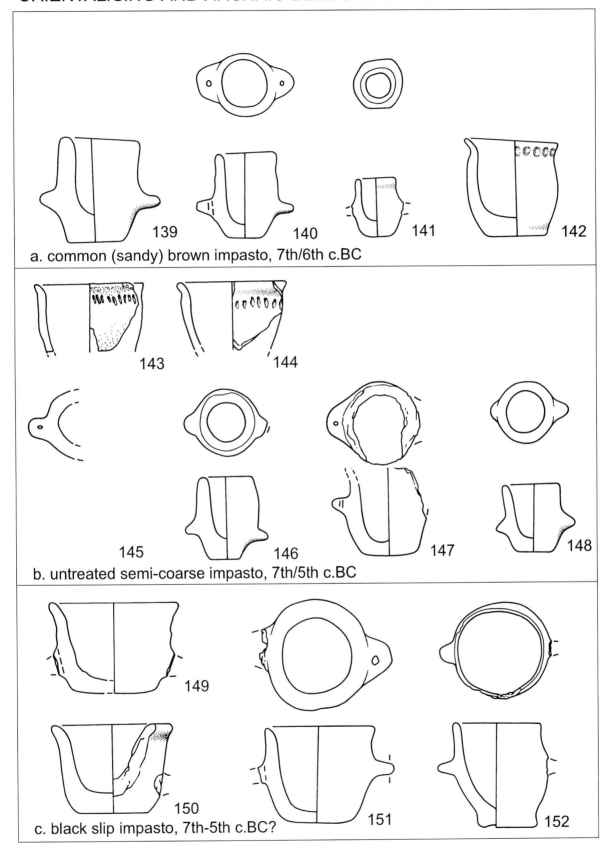

a. common (sandy) brown impasto, 7th/6th c.BC

b. untreated semi-coarse impasto, 7th/5th c.BC

c. black slip impasto, 7th-5th c.BC?

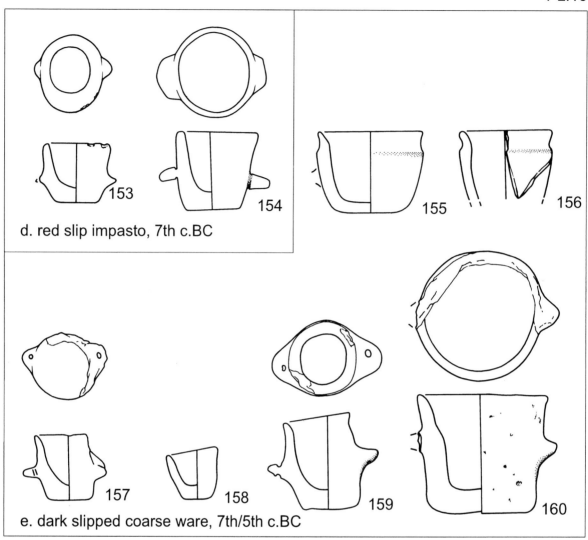

d. red slip impasto, 7th c.BC

e. dark slipped coarse ware, 7th/5th c.BC

AMPHORAE

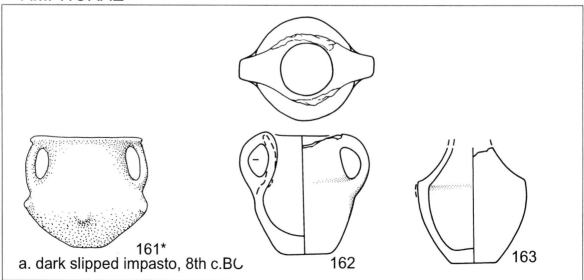

a. dark slipped impasto, 8th c.BC

CUPS WITH DOUBLE LOOP HANDLES

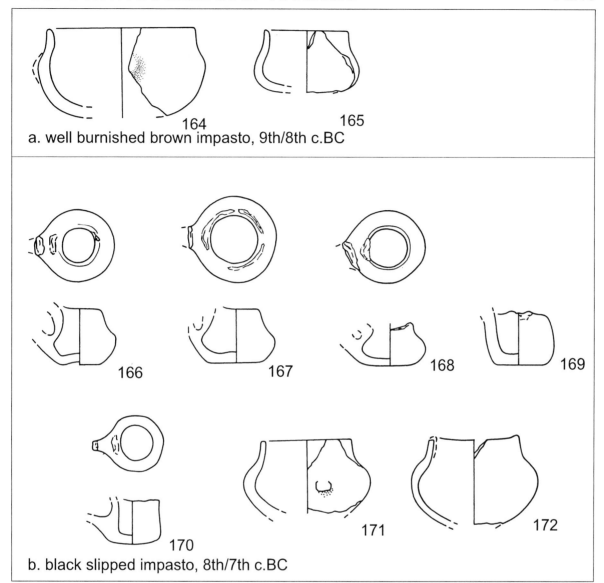

164   165

a. well burnished brown impasto, 9th/8th c.BC

166   167   168   169

170   171   172

b. black slipped impasto, 8th/7th c.BC

CONICAL CUPS WITH HORNS

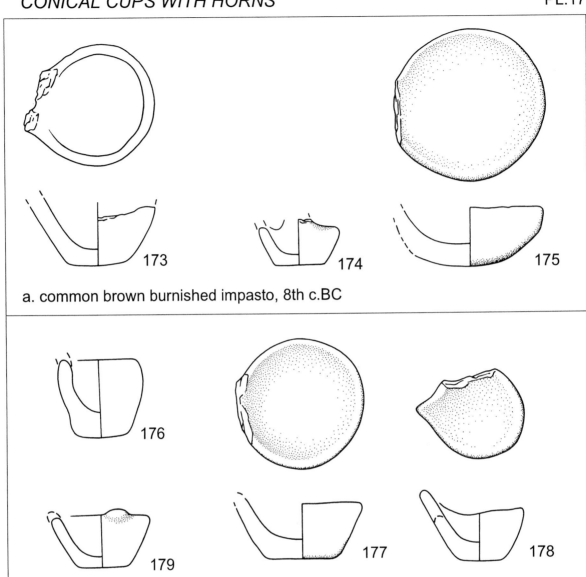

a. common brown burnished impasto, 8th c.BC

b. black slipped impasto, 8th/7th c.BC

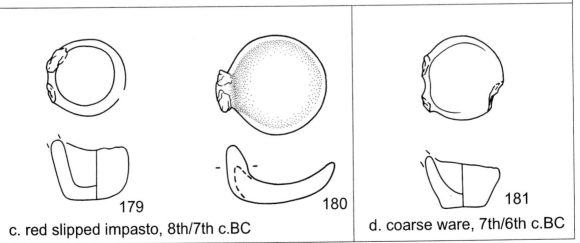

c. red slipped impasto, 8th/7th c.BC

d. coarse ware, 7th/6th c.BC

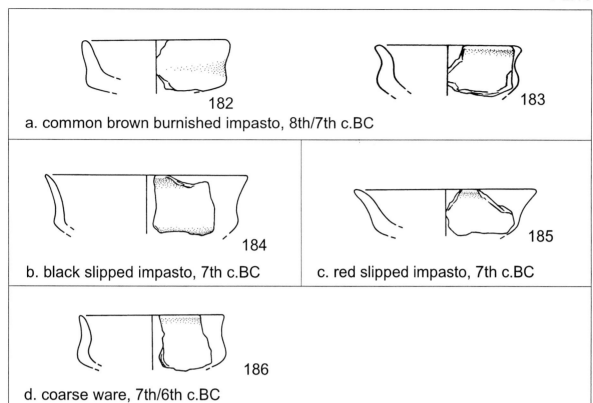

182 183

a. common brown burnished impasto, 8th/7th c.BC

184 185

b. black slipped impasto, 7th c.BC   c. red slipped impasto, 7th c.BC

186

d. coarse ware, 7th/6th c.BC

LARGE FLAT BOWLS (TEGLIE)

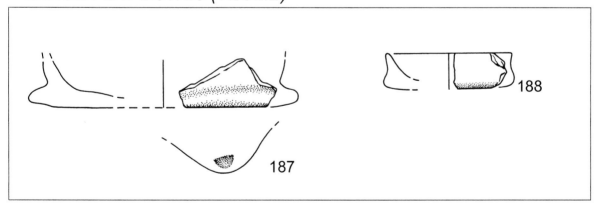

188

187

BOWLS

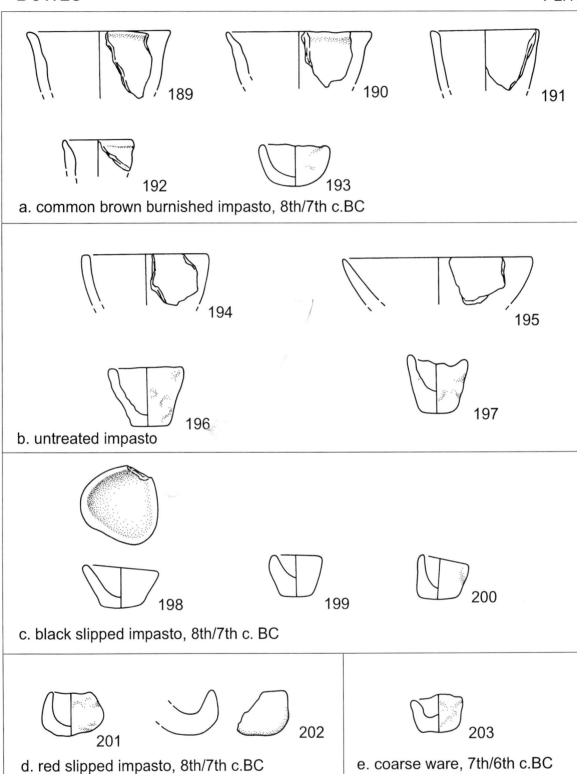

a. common brown burnished impasto, 8th/7th c.BC

b. untreated impasto

c. black slipped impasto, 8th/7th c. BC

d. red slipped impasto, 8th/7th c.BC

e. coarse ware, 7th/6th c.BC

PLATES

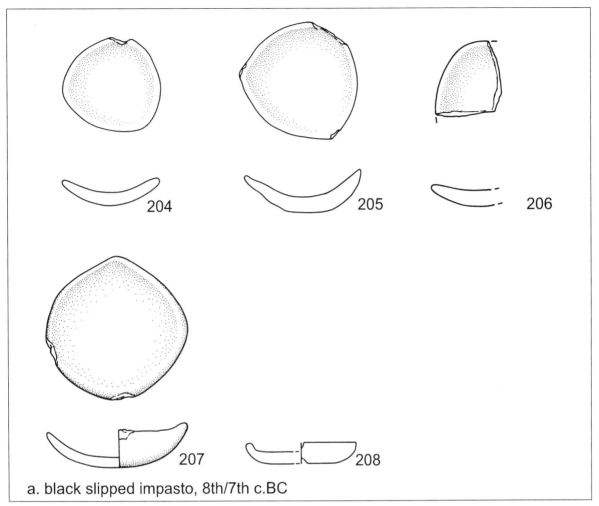

a. black slipped impasto, 8th/7th c.BC

MUGS

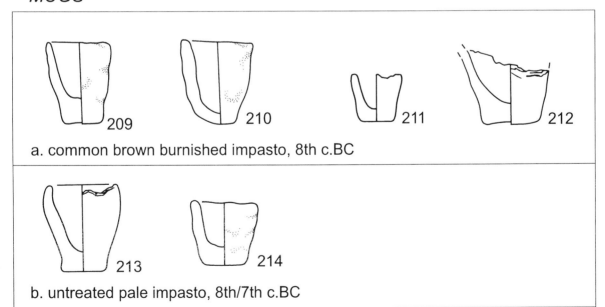

a. common brown burnished impasto, 8th c.BC

b. untreated pale impasto, 8th/7th c.BC

VOTIVE LIBATION TABLET

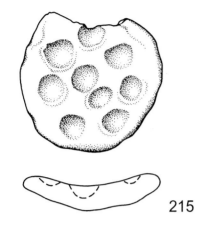

215

COMPOSITE VASES/KERNOI

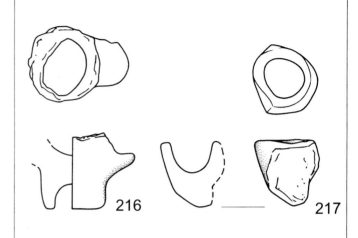

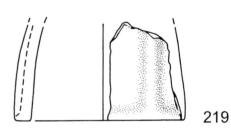

216

217

STANDS

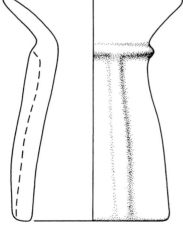

218

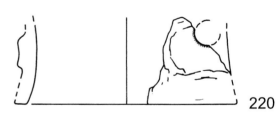

219

220

LOOMWEIGHT / SPOOL

221

BASE FRAGMENTS

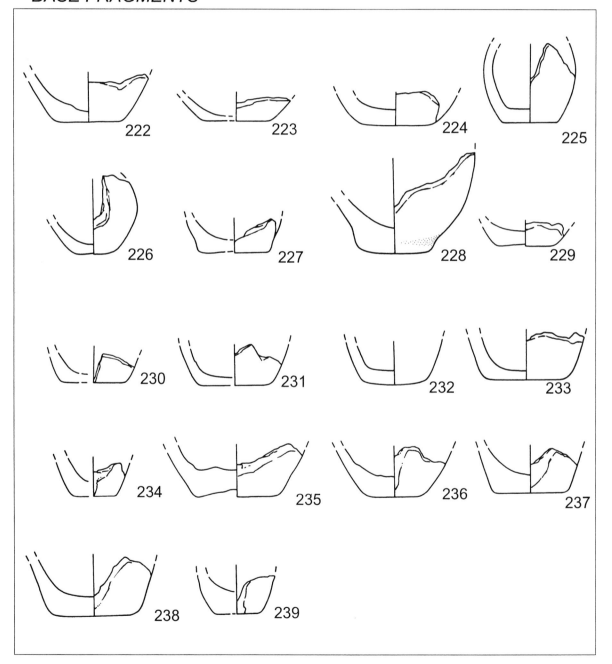

222 223 224 225 226 227 228 229 230 231 232 233 234 235 236 237 238 239

BASE FRAGMENTS

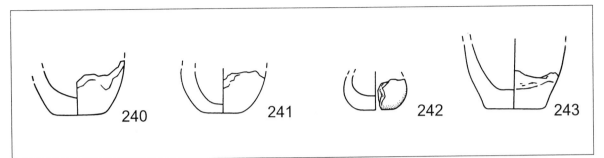

HANDLES

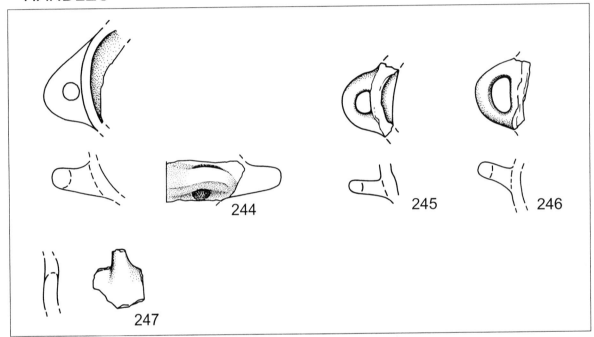

1996. Romeinse kolonisatie ten zuiden van Rome (3): het aardewerkonderzoek. *Paleo-aktueel* 8, pp. 84-88.

BARKER, G., 1981. *Landscape and society: prehistoric Central Italy*. Academic Press, London etc.

BARTOLONI, G. et al., 1987. *Le urne a capanna rinvenute in Italia*. Bretschneider, Roma.

BARTOLONI, G., G. COLONNA & C. GROTTANELLI (eds), 1989-1990. *Anathema: Regime delle offerte e vita dei santuari nel Mediterraneo antico. Atti del Convegno Internationale, 15-18 giugno 1989 Roma* (= Scienze dell'Antichità, 3-4). Dipart. di Scienze Storiche Archeologia e Antropologia, Roma.

BARTOLONI, G., 1989-1990. I depositi votivi di Roma arcaica: alcune considerazioni. In: G. Bartoloni et al. (eds), *Anathema*. Roma, pp. 747-759.

BETTELLI, M., 1997. *Roma. La città prima della città: i tempi di una nascita*. Bretschneider, Roma.

BEIJER, A.J., 1991a. Un centro di produzione di vasi d'impasto a Borgo le Ferriere (*Satricum*) nel periodo dell'orientalizzante. *Mededelingen van het Ned. Instituut te Rome* 50, pp. 63-86.

BEIJER, A.J., 1991b. Impasto pottery and social status in Latium Vetus in the Orientalising period (725-575): an example from Borgo le Ferriere (*Satricum*). In: E. Herring et al. (eds), *Papers of the fourth Conference of Italian archaeology*, II: *The archaeology of power*. Accordia Research Centre, London, pp. 21-39.

BEIJER, A.J., 1992. Pottery and change in Latium in the Iron Age. *Caeculus, Papers on Mediterranean Archeology* 1 (Images in ancient Latial culture), pp. 103-115.

BIANCO PERONI, V., 1987-1979. Bronzerne Gewässer- und Holenfunde aus Italien. *Jahresbericht des Instituts fur Vorgeschichte der Universität Frankfurt a.M.*, pp. 320-335.

BIETTI SESTIERI, A.M. & G. BERGONZI, 1979. La fase più antica della cultura laziale. In: *Atti XXI Riunione Scientifica: il Bronzo finale in Italia, Firenze 21-23 Ottobre 1977*. Instituto Italiano di Preistoria e Protostoria, Firenze, pp. 399-423.

BIETTI SESTIERI, A.M., A. DE SANTIS & A. LA REGINA, 1989-1990. Elementi di tipo cultuale e doni personali nella necropoli laziale di Osteria dell'Osa. In: G. Bartoloni et al. (eds), *Anathema*. Roma, pp. 65-88.

BIETTI SESTIERI, A.M., 1992a. *The Iron Age community of Osteria dell'Osa: a study of socio-polical development in central Tyrrhenian Italy*. Cambridge Univ. Press, Cambridge.

BIETTI SESTIERI, A.M. (ed.), 1992b. *La necropoli laziale di Osteria dell'Osa*. Qausar, Roma.

BLANCHÈRE, M.R. DE LA, 1883. Un chapitre de l'histoire pontine. Etat et décadence d'une partie du Latium. *Mémoires presentés par divers savantes à l'Académie des Inscriptions et Belles Lettres* 10, pp. 33-191.

BLANCHÈRE, M.R. DE LA, 1885. Villes disparues. *Mélanges de l'Ecole française de Rome: Antiquité* 5, pp. 81-95.

BLOCH, R., 1976. *Recherches sur les religions de l'Italie antique*. Droz, Genève etc.

BORCHERT, A.J.A., 1987. Miniatuuraardewerk heilig? Unpublished thesis, Groningen.

BOUMA, J.W., 1996. *Religio votiva: the archaeology of Latial votive religion*. Groningen.

BOUMA, J.W. & E. VAN 'T LINDENHOUT, 1997. Light in Age Latium, evidence from settlement and cult places. *Caeculus* 3, pp. 91-103.

CARAFA, P., 1995. *Officine ceramiche di età regia: produzione di ceramica in impasto a Roma dalla fine dell'VIII alla fine del VI secolo a.C.* Bretschneider, Roma.

Civiltà del Lazio primitivo. Exhibition catalogue, Palazzo delle Esposizioni. Multigrafica, Rome, 1976.

COCCHI GENICK, D. & R. POGGIANI KELLER, 1984. La collezione di grotta Misa conservata al Museo Fiorentino di Preistoria: In: M.G. Marzi Costagli & Luisa Tamagno Perna (eds), *Studi di antichita in onore di Guglielmo Maetzke*. Bretschneider, Roma, pp. 31-65.

COLONNA, G., 1988. La produzione artigianale. In: A. Momigliano & A. Schiavone (eds), *Storia di Roma, 1: Roma in Italia*. Einaudi, Torino, pp. 291-316.

CRESCENZI, L., 1978. Campoverde. *Archeologia Laziale* 1, pp. 51-55.

CRISTOFANI, M., 1990. *La grande Roma dei Tarquini*. Exhibition catalogue, Palazzo delle Esposizioni. Rome.

DOUGLAS, M., 1970. *Natural symbols: explorations in cosmology*. Barrie & Rockliff, London.

EDLUND, I.E.M., 1987. *The gods and the place: location and function of sanctuaries in the countryside of Etruria and Magna Graecia (700-400 BC)*. Svenska Instituti i Rom, Stockholm.

FENELLI, M., 1989-1990. Culti a *Lavinium*: le evidenze archeologiche. In: G. Bartoloni et al. (eds), *Anathema*. Roma, pp. 487-505.

FORMAZIONE, A., 1980. La formazione della città nel Lazio. *Dialoghi di Archeologia* 2, pp. 1-2.

GALESTIN, M.C., 1987. *Etruscan and Italic bronze statuettes*. Proefschrift Groningen.

GALESTIN, M.C., 1993. Figural bronzes as indicators of political and social changes in Latium. *Caeculus* 1, pp. 97-103.

GALESTIN, M.C., 1995. Sheet bronzes and the landscape of the Goddess in Central Italy. *Caeculus* 2, pp. 16-31.

GENNARO, FR. DI, 1979. Topografia dell'insediamento della media età del Bronzo nel Lazio. *Archeologia Laziale* 2, pp. 148-156.

GIEROW, P.G., 1964. *The Iron Age culture of Latium, II: excavations and finds*. Gleerup, Lund.

GIEROW, P.G., 1966. *The Iron Age culture of Latium, I: classification and analysis*. Gleerup, Lund.

GIOVANONINI, G. & C. AMPOLO, 1976. Campoverde. In: *Civiltà del Lazio primitivo*. Multigrafica, Roma, p. 347.

GROTTANELLI, CH., 1989-1990. Do ut Des? In: G. Bartoloni et al. (eds), *Anathema*. Roma, pp. 45-54.

GUIDI, A., 1980. Luoghi di culto nell'età del Bronzo finale e della prima età del ferro nel Lazio meridionale. *Archeologia Laziale* 3, pp. 148-155.

GUIDI, A., 1989-1990. Alcune osservazioni sulla problematica delle offerte nella protostoria dell'Italia centrale. In: G. Bartoloni et al. (eds), *Anathema*. Roma, pp. 403-414.

GUIDI, A., 1991-1992. L'età del Bronzo in Italia nei secoli dal XVI-XIV a.C. *Rassegna di Archeologia* 10, pp. 427-437.

HACKENS, T., 1963. Favisae. In: *Études Étrusco-Italiques, Mélanges pour le 25 anniversaire de la Chaire d'Étruscologie a l'Université de Louvain*. Leuven, pp. 71-99.

HOEKSTRA, T.R., 1996. Life and death in South Etruria. The social rhetoric of cemeteries and hoards. *Caeculus* 3, pp. 47-63.

HOEKSTRA, T.R., 1999 (forthcoming). Buried wealth and its social significance: Metal hoards and tombs in Italy, XII-VIIIth centuries BC. Thesis, Groningen.

LEEUW, G. VAN DER, 1933. *Phänomenologie der Religion*. Groningen.

LOWE, C., 1978. *The historical significance of early Latin votive deposits (up to the 4th century BC)* (= B.A.R. Intern. Series 41). B.A.R., Oxford.

MAASKANT-KLEIBRINK, M., 1989. *Settlement excavations at Borgo le Ferrriere <Satricum> I: The Campaigns 1979, 1980, 1980*. Forsten, Groningen.

MAASKANT-KLEIBRINK, M., 1991. Early Latin settlement plans at Borgo Le Ferriere (*Satricum*). Reading Mengarelli's maps. *Bulletin van de Vereniging tot Bevordering ter Kennis van de Antieke Beschaving* 66, pp. 51-114.

MAASKANT-KLEIBRINK, M., 1992. *Settlement excavations at Borgo le Ferrriere <Satricum> I: The campaigns 1983, 1985, 1987*. Forsten, Groningen.

MAASKANT-KLEIBRINK, M., 1995. Evidence of households or of ritual meals? A comparison of the Finds at *Lavinium*, Campoverde and Borgo le Ferriere (*Satricum*). In: N. Christie (ed.), *Settlement and economy in Italy 1500 BC to 500 AD* (= Oxbow Monograph, 41). Oxbow, Oxford, pp. 123-133.

MAASKANT-KLEIBRINK, M., 1997. Dark Age or Ferro I? A tentative answer for the Sibaritide and Metapontine Plains. *Caeculus* 3, pp. 63-91.

MALONE, C., 1985. Pots, prestige and ritual in Neolithic southern Italy. In: C. Malone & S. Stoddart (eds), *Papers in Italian archaeology*, IV, 2: *Prehistory* (= B.A.R., Intern. Series, 244). B.A.R., Oxford, pp. 118-151.

MELIS, F. & S. QUILICI GIGLI, 1972. Proposta per l'ubicazione di Pometia. *Archeologia Classica* 24, pp. 219-147.

MIARI, M., 1995. Offerte votive legate al mondo vegetale e animale nelle cavità naturali dell'Italia protostoria. *Agricoltura e commercio nell'Italia antica, Atlante tematico di topografia antica, I supplemento*. Rome, pp. 11-31.

MINGAZZINI, P., 1938. Il santuario della dea Marica alle foci del Garigliano. *Monumenti Antichi* 37, pp. 693-984.

MOLINO, J., 1992. Archaeology and symbol systems. In: J.-C. Gardin & Chr.S. Peebles (eds), *Representations in archaeology*. Indiana Univ. Press, Bloomington etc., pp. 15-29.

MUTHMANN, F., 1975. *Mutter und Quelle: Studien zur Quellenverehrung im Altertum und im Mittelalter*. Archäologischer Verlag, Basel etc.

NEGRONI CATACCHIO, N., L. DOMANICO & M. MIARI, 1989-1990. Offerte votive in grotta e in abitato nelle valle del Fiora e dell'Albegna nel corso dell'età del Bronzo: indizi e proposte interpretative. In: G. Bartoloni et al. (eds), *Anathema*. Roma, pp. 580-598.

NENCI, G., 1985. Campoverde. *Bibliografia topografica della colonizzazione greca in Italia e nelle isole tirreniche* 4, pp. 336-337.

NIJBOER, A.J., 1998. From household to workshop, from village to town. Transformations and urbanisation in Central Italy, 800 to 400 BC. Thesis, Groningen.

OLDE DUBBELINK, R.A., 1992. Gifts in cremation tombs and their religious setting during the Iron Age. *Caeculus* 1, pp. 87-96.

OLDE DUBBELINK, R.A., 1994. Huturnen: Imitaties of symbolen. *Tijdschrift voor Mediterrane Archeologie* 13, pp. 24-30.

PIACCIARELLI, M., 1995. Sviluppo verso l'urbanizzazione nell'Italia tirrenica protostorica. *Atti del convegno 'La presenza etrusca in Campania meridionale', Pontecagnano-Salerno 1990*.

QUILICI, L., 1979. *Roma primitiva e le origini della civiltà laziale*. Newton Compton, Roma.

QUILICI, L. & S. QUILICI GIGLI, 1976. Longula e Polusca. *Archeologia Laziale* 6, pp. 107-132.

RADMILLI, A.M. (ed.), 1962. *Piccola guida della preistoria Italiana*. Sansoni, Firenze.

RATHJE, A., 1983. A banquet service from the Latin city of Ficana. *AnalRom* 12, pp. 7-29.

SMITH, C., 1996. Dead dogs and rattles. In: John Wilkins (ed.), *Approaches to the study of ritual, Italy and the ancient Mediterranean* (= Accordia specialist studies on the Mediterranean, 2). Accordia Research Centre, London, pp. 73-90.

TRUCCO, F., 1991-1992. Revisione dei materiali di Grotta Pertosa, Età del Bronzo in Italia. *Rassegna di Archeologia* 10, pp. 471-479.

TUSA, S., 1980. Problematica sui luoghi di culto nel lazio dal neolitico all'età del Bronzo. *Archeologia Laziale* 3, pp. 143-147.

VEENMAN, F., 1996. Landevaluatie in de Pontijnse regio (Zuid-Latium, Italië): dateringsproblemen rond een bronstijd-akkerbouw-fase. *Paleo-aktueel* 8, pp. 59-63.

VELOCCIA RINALDI, M.L., 1978. Aspetti protostorici ed arcaica del Lazio meridiaonale. *Archeologia Laziale* 1, pp. 22-255.

WAARSENBURG, D., 1995. The northwest necropolis of Satricum: an Iron Age cemetery in Latium Vetus. Proefschrift V.U., Amsterdam.

WHITEHOUSE, R.D., 1992. *Underground religion: cult and culture in prehistoric Italy* (= Accordia Specialist Studies on Italy, 1). Accordia Research Centre, London.

TWEE GRAVEN MET ROMEINS BRONZEN VAATWERK UIT DRENTHE

A. TER WAL

Groninger Instituut voor Archeologie, Groningen, Netherlands

ABSTRACT: In this paper two graves with Roman bronze vessels, found in the province of Drenthe (the Netherlands), are presented. The first find consists of a bronze bucket of the so-called Östland-type published by Janssen (1859), but forgotten since. The bucket, which dates from the end of the 2nd or beginning of the 3rd century, was found before 1809 in the vicinity of the village of Anloo. Unfortunately only a drawing of the bucket remains; the object itself has disappeared. Very little is known about the find circumstances, only that it was at the time filled with 'bones, ashes and charcoal'. This makes it more than likely that it was part of a cremation burial, probably a later interment in an older burial mound. The second grave was also a secondary burial in an early or middle Bronze Age barrow, locally known as the Schoeberg near the village of Diever and excavated in 1931. It consisted of an urn grave, accompanied by the burnt remains of at least one, but possibly two bronze vessel(s), fragments of a glass vessel and possibly a bone comb. Some of the bronze fragments probably originate from a bronze basin, type Eggers 99-106. On the basis of urn and bronze fragments the burial most likely dates from the 3rd century.

KEYWORDS: Northern Netherlands, Drenthe, Roman Iron Age, burials, Roman bronze vessels.

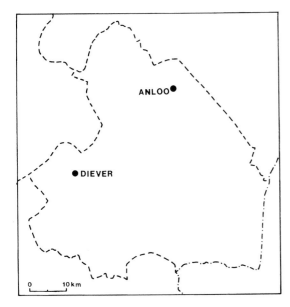

Fig. 1. De ligging van de beide Drentse vindplaatsen.

1. INLEIDING

Graven met Romeins bronzen vaatwerk, gebruikt als grafgift of als urn, zijn aangetroffen in geheel Europa ten noorden van de *limes*. Enkele gebieden, zoals het Elbe-Wesergebied en Oost-Denemarken, vallen op door de aanwezigheid van concentraties van dergelijke vondsten. Ook in Nederland zijn uit het gebied ten noorden van de Rijn graven met Romeins bronzen vaatwerk bekend, zij het slechts vier of vijf. Het bekendste is wel het graf in het Sommeltjesbergje bij De Waal op Texel. Ondanks het feit dat de vondsten, op één voorwerp na,

verloren zijn gegaan, respectievelijk spoorloos zijn verdwenen, kan de inhoud gereconstrueerd worden aan de hand van de afbeeldingen en beschrijvingen van Van Cuyck (1780). Ook internationaal gezien behoort dit graf tot de rijkere van zijn soort (Willers, 1907; Eggers, 1951; Kunow, 1983; Woltering, 1983). Twee bronzen bekkens met crematieresten gevuld, ontdekt in 1913 bij Zeesse, gemeente Ommen, provincie Overijssel, werden door Van Es & Verlinde (1977) gepubliceerd. Of het een of twee graven betrof is niet duidelijk. Een graf met een Romeins bronzen emmertje uit Anloo, provincie Drenthe, werd reeds door Janssen (1859) gepubliceerd, maar is sindsdien in de vergetelheid geraakt. Dit graf vormt samen met een in 1931 opgegraven, maar nog niet eerder gepubliceerde vondst van Romeins bronzen vaatwerk uit de Schoeberg bij Diever, provincie Drenthe, het onderwerp van dit artikel.

2. DE EMMER VAN ANLOO

2.1. Vondstgeschiedenis

In 1809 schonk de heer J. Hofstede, ontvanger-generaal en broer van P. Hofstede, gouverneur van Drenthe, een gedeelte van zijn collectie oudheden uit Drenthe aan het Koninklijk Museum te Amsterdam. Deze collectie omvatte een groot aantal archeologische artefacten uit verschillende perioden. De voorwerpen waren deels door J. Hofstede zelf opgegraven. De collectie van het Koninklijk Museum, waaronder de urnen van Hofstede, werd in de jaren 1825/1826 overgebracht naar het nieuw opgerichte Museum van Oudheden, thans Rijksmuseum van Oudheden (R.M.O.), te Leiden. Ook in het bezit van het R.M.O. (Pleyte-archief) is een

513

tekening van een aantal voorwerpen uit de Hofstede-collectie. Op deze tekening staan vier 'urnen' afgebeeld (Kooi, 1979: fig. 1) (fig. 2). Drie van deze potten zijn vrij onopvallende urnen uit de late bronstijd/vroege ijzertijd afkomstig uit verschillende grafheuvels. Het vierde voorwerp is interessanter en het onderwerp van dit artikel. Bijgevoegd bij de tekening is een aantekening van Hofstede die luidt: "Wat is er van de koperen urn, digt bij Anlo door mij opgegraven, hebbende de gedaante van eene marmiet of kleinen oker, en zijnde tot aan den rand met gemelde stoffen (d.i. met beenderen, asch en houtskool) gevuld? Van welken tijd is dezelve? kenden toen de ingezetenen het slaan en het fatsoeneren van het koper? of was het een vreemd voortbrengsel van eene doortrekkende natie? In dit laatste geval zal het op eene hooge oudheid kunnen bogen" (Janssen, 1859: p. 15). Kennelijk hebben we hier met een koperen, of meer waarschijnlijk een bronzen emmer te maken. Deze emmer is echter niet in het bezit van het R.M.O., hoewel aangenomen mag worden dat Hofstede aanvankelijk wel van plan was hem naar Amsterdam te sturen. Er is reden om aan te nemen dat de emmer aanvankelijk aan de eerste zending, van 4 april 1809, zou worden toegevoegd. De bijbehorende lijst (R.M.O. Reuvens-archief: CII 22-31) omvat 31 nummers. De tweede zending volgde op 18 december 1809. De bijbehorende lijst (Reuvens-archief: CII-32-36) begint met nummer 33 en de opmerking dat het laatste nummer van de vorige zending nummer 32 was. Waarschijnlijk was nummer 32 de emmer die op het laatste moment kennelijk door Hofstede is achtergehouden.

In de *Verhandeling (...)* van Nicolaas Westendorp uit 1815 wordt op pagina 243 namelijk dezelfde emmer genoemd: "In 't kabinet van den Heer Hofstede te Assen, die veel in deze *tumuli* heeft doen graven, ziet men eene kleine koperen urne, eene ware zeldzaamheid in Drenthe". Janssen (1848: p. 163) vermeldt dat hij in juli 1847 van Hofstede, ontvanger-generaal, vernam dat enkele voorwerpen, "waaronder enkel merkwaardige bronzen", nog steeds in bezit waren van de familie. Deze voorwerpen werden bewaard door Hofstede's zoon, W.H. Hofstede, griffier van de Provinciale Staten van Drenthe. Janssen is naderhand kennelijk op onderzoek uitgegaan naar deze 'bronzen', want in 1859 verschijnt van zijn hand het derde deel van de *Oudheidkundige Verhandelingen en Mededelingen*. Hierin wordt, samen met andere voorwerpen uit de collectie Hofstede, de emmer van Anloo vrij uitgebreid behandeld.

Blijkens deze publicatie heeft Janssen ook in 1859 de emmer nog niet met eigen ogen kunnen aanschouwen; hij heeft zelfs de verblijfplaats niet kunnen achterhalen. Al zijn informatie heeft hij kennelijk afgeleid uit de tekening en de aantekening van Hofstede. Opvallend in dit verband is dat hij het nadrukkelijk heeft over een ijzeren bandje en hengsel. Het is niet duidelijk of hij over deze informatie beschikte of dat hij dit afleidde uit de tekening. De oorspronkelijke tekening is namelijk uitgevoerd in twee kleuren: rood voor de pot zelf en zwart voor het bandje om de hals en het hengsel. Mede op grond van het ijzeren hengsel concludeert Janssen dat de emmer niet behoorde tot "dien vóór-romeinschen tijd der bronzen" (p. 15) en dus Germaans of Romeins moet zijn. Op grond van de vorm en overeenkomstige vondsten uit Pompeiï besluit hij tot het laatste. Hij neemt echter aan dat de emmer gediend heeft als urn voor een Germaan, die de emmer als buit of op andere wijze in bezit had gekregen.

De vermelding in de publicatie van Janssen was het laatste 'levensteken' van de emmer van Anloo, sindsdien is er niets meer van vernomen. Misschien is deze nog steeds in bezit van de familie Hofstede, voorlopig moeten we het echter doen met de tekening (met schaal in Rijnlandse duimen; Verhoeff, 1983) en aantekening van Hofstede.

2.2. Vondstomstandigheden

Uit de weinige gegevens die overgeleverd zijn kan in ieder geval opgemaakt worden dat de emmer door J. Hofstede zelf, of in ieder geval in zijn opdracht, is opgegraven. Dit maakt het zeer waarschijnlijk dat de plaats van het graf op een of andere wijze boven de grond zichtbaar was. Aangenomen mag daarom worden dat de emmer afkomstig is uit een grafheuvel, mede omdat van Hofstede bekend is dat hij zich bij zijn speurtochten naar oudheden voornamelijk concentreerde op grafheuvels en hunebedden. Aangezien uit de Romeinse tijd in Noord-Nederland geen grafheuvels bekend zijn, maakte de emmer hoogstwaarschijnlijk deel uit van een nabijzetting in een oudere grafheuvel. De emmer van Anloo zou daarmee eenzelfde status krijgen als de rijke grafvondst uit het Sommeltjesbergje bij De Waal, en de grafvondst uit de Schoeberg bij Diever (zie hoofdstuk 3).

2.3. De emmer: type en datering

De emmer heeft volgens de tekening een vrij gedrongen, vloeiende, 'buikige' vorm. De voet van de emmer loopt aanvankelijk recht naar boven, waarna de wand zich echter al snel in een vloeiende lijn naar buiten afbuigt tot de maximale diameter van ca. 27 cm op een hoogte van ca. 10 cm, iets boven het midden. Naar boven toe versmalt de emmer zich geleidelijk tot ca. 1,5 cm onder de rand. Van hier af knikt de rand vrij scherp naar buiten toe. De diameter aan de rand is ca. 25 cm, die van de bodem ca. 20 cm. De maximale hoogte is ca. 20 cm. Onder de rand is rondom de emmer een ijzeren(?) draad gelegd die zich op twee plaatsen, aan weerszijden van de emmer, tot een lus vormt die iets boven de rand uitsteekt. Aan deze lussen is een eenvoudig hengsel van ijzer(?) bevestigd.

De emmer van Anloo is ondanks haar eenvoudige, ogenschijnlijk weinig specifieke vorm van een duidelijk omschreven type. Dit type, het Östland-type, werd

Fig. 2. De emmer van Anloo naar de kleurenlitho die Janssen (1853) liet vervaardigen van de tekening die in 1809 door J. Hofstede naar het Rijksmuseum in Amsterdam werd gestuurd (thans Leiden, R.M.O., Pleyte-archief). Schaal 2:5.

voor het eerst beschreven door Ekholm (1933) op grond van Scandinavische vondsten. Ekholm onderscheidt drie ontwikkelingsvormen van de Östland-emmers. De eerste daarvan, het Tingvoll-type, is eivormig, het tweede, het Juellinge-type, is meer gedrongen en de derde en laatste vorm is het Sau-type. Dit type is gedrongen als het Juellinge-type, waarbij de onderste helft van de emmer 'ingezogen' is, dat wil zeggen de onderkant is niet afgeknot-kegelvormig, maar heeft ingebogen wanden. De drie vormen zijn stadia in één doorlopende ontwikkeling, er zijn dus vele tussenvormen mogelijk.

In Eggers (1951) worden de emmers van het Östland-type in zeven typen onderverdeeld: type E37 tot en met E43. Type E37 (type Feudenheim) is hoog-eivormig, E38 (type Tingvoll) is eivormig, E39 (type Marwedel) is dubbelconisch met een ronde schouder, E40 (Juellinge-type) heeft een ingezogen onderste helft, E41 (Sau-type) lijkt veel op type 40 maar is gedrongener en breder, E42 (Vestland-type) is dubbelconisch met een hoekige schouder en E43 (Eskildstrup-type) heeft een ingezogen onderste helft en een hoekige schouder.

Volgens de beschrijvingen van Ekholm en Eggers, en de afbeeldingen uit de publicatie van de laatste, voldoet de emmer van Anloo nog het meest aan de kenmerken van de typen E40/41 (Ekholms Sau-type). De afbeelding van type E40, die Eggers geeft, laat een emmer zien die echter nogal verschilt van die van Anloo. Hoewel de hoge, ronde schouder hetzelfde is, mist de emmer van Eggers de ingezogen onderste helft,

de verticale voet en de meer gedrongen gestalte van de emmer van Anloo. Het type E41 dat deze kenmerken wel bezit, heeft volgens Eggers afbeelding een veel lagere, meer hoekige schouder. Kennelijk hebben we hier te maken met een tussenvorm. Echter, in een later artikel van Eggers (1955a) behandelt hij een emmer die in alle opzichten lijkt op die van Anloo. Deze emmer betitelt hij zonder meer als een emmer van type E41. Het veiligste is de emmer van Anloo te beschouwen als een late variant van type E40 of een (vroege?) variant van type E41.

De manier van bevestiging van het hengsel is niet typerend voor een bepaald type, hoewel dat soms wel ten onrechte wordt aangenomen (Wielowiejski, 1985). Naast de bevestiging met behulp van een losse 'kraag', zoals bij de emmer van Anloo, komt een bevestiging aan een met nagels vastgezet oor vaker voor. De 'losse kraag' komt meestal alleen bij de latere typen voor en is dan vaak van ijzer. Het hengsel kan zowel van brons als van ijzer zijn, waarbij bronzen hengsels vaker bij vroegere en ijzeren vaker bij latere typen voorkomen (Lindeberg, 1973).

Eggers dateert het type E40 voornamelijk in zijn *Stufe* B2 met enkele exemplaren in *Stufe* C1. Het type E41 plaatst hij in *Stufe* C1, met exemplaren in *Stufe* B2 en C2. Dit komt neer op een datering voor het type E40 van de tweede helft 1e tot eind 2e eeuw n.Chr. en voor type 41 eind 2e/3e eeuw n.Chr. (Eggers, 1955b). De meeste andere auteurs delen de Östland-emmers, in navolging van Ekholm, voor de datering op in drie groepen: E37/E38, E39/E40 en E41-E43. Kort samengevat geven deze auteurs de volgende dateringen voor de laatste twee groepen:

	Type	Datering
Ekholm (1933)	Juellinge	2e eeuw n.Chr.
	Sau	3e eeuw n.Chr.
Radnóti (1938)	Sau	3e eeuw n.Chr.
Den Boesterd (1956)	Juellinge	1e-3e eeuw n.Chr.
	Sau	2e/3e eeuw n.Chr.
Lindeberg (1973)	E39/E40	2e/begin 3e eeuw n.Chr.
	E41-E43	eind 2e/3e eeuw n.Chr.
Kunow (1983)	E39/E40	1e-3e eeuw n.Chr.
	E41-E43	2e helft 2e/3e eeuw n.Chr.

Hoewel over het begin van het voorkomen van het type E40/Juellinge enige onenigheid bestaat (1e of 2e eeuw n.Chr.), is men het over het einde van dit type wel eens. Ook over de datering van het type E41/Sau bestaat nauwelijks discussie; deze behoort tot het einde van de 2e eeuw/3e eeuw n.Chr. Directe parallellen van de emmer van Anloo (b.v. Radnóti, 1938: afb. 28:4; Eggers, 1955a: Taf. 2-4) worden in de 3e eeuw n.Chr. geplaatst. Blijkens een artikel van Werner (1938) over een groep bronsdepots uit de 3e eeuw zijn twee emmers, die grote gelijkenis vertonen met de emmer van Anloo, afkomstig uit zulke depots.

Gezien het bovenstaande moet de emmer van Anloo geplaatst worden in het einde van de 2e eeuw of in het begin van de 3e eeuw n.Chr.

2.4. Verspreiding van Östland-emmers

De vroegere typen Östland-emmers (E37/38 en waarschijnlijk ook E39/E40) werden geproduceerd in Italië. De latere typen echter werden blijkens het lage tingehalte in het brons buiten Italië vervaardigd, waarschijnlijk in het Rijngebied (Kunow, 1983). Vanuit hier werden zij verhandeld naar het gehele Romeinse rijk en gebieden ver daarbuiten. Hun verspreidingsgebied loopt van Brittannië in het westen tot Rusland in het oosten en ze zijn zover noordelijk gevonden als Trondheim (Eggers, 1951; Lindeberg, 1973). Ten noorden van de *limes* behoren de Östland-emmers tot een van de meest voorkomende Romeinse importbronzen (Wielowiejski, 1985). De verspreiding verschilt echter per type. De vroegere typen (E37/E38) komen voornamelijk voor in Italië zelf en de provincies. De typen E39 en E40 kennen een grotere verspreiding en komen vooral in het westelijke Romeinse rijk vrij vaak voor. Veel zijn gevonden in de legerplaatsen. Ook buiten het Romeinse rijk zijn ze regelmatig aangetroffen. De late typen E41-E43 komen in het 'vrije Germanië' voornamelijk in Scandinavië voor, met name in Noorwegen (Lindeberg, 1973).

2.5. Östland-emmers als grafgift

Bij het onderzoek van Kunow (1983) naar geïmporteerd Romeins vaatwerk bleken de Östland-emmers als grafgift het meest voorkomende type te zijn. Het overgrote deel van de graven met een Östland-emmer had die emmer als enig geïmporteerd stuk vaatwerk. Ook de graven met meer dan één importstuk bevatten echter veelal een Östland-emmer. Kennelijk waren deze emmers het meest eenvoudig en goedkoopst te verkrijgen importvaatwerk. Hoewel deze emmers binnen het Romeinse rijk een functie hadden als eenvoudige kookpot, kon een dergelijke emmer in het vrije Germanië deel uitmaken van een drinkservies samen met een pollepel/zeef en drinkgerei.

Blijkens de aantekening van Hofstede was de emmer van Anloo gevuld met een mengsel van as, verbrand bot en houtskool. Kennelijk is de emmer gebruikt als urn om de verbrande resten van de overledene in bij te zetten. Hierin is het graf van Anloo geen uitzondering. Meerdere voorbeelden van een Östland-emmer als urn zijn bekend. In Scandinavië is dit de meest voorkomende grafvorm, al dan niet met wapens als verdere bijgaven, onder de graven met Romeins bronzen vaatwerk (Lindeberg, 1973). Daarnaast komen de emmers ook voor als bijgaven in brandgraven en in mindere mate in inhumatiegraven. Zij lijken niet sexe-gebonden te zijn. Östland-emmers komen even vaak in vrouwen- als in mannengraven voor.

3. EEN NABIJZETTING UIT DE KEIZERTIJD MET BRONS EN GLAS UIT DE SCHOEBERG BIJ DIEVER

3.1. Kanttekeningen bij het onderzoek

Van 7 tot en met 15 september 1931 werd door het B.A.I. onder leiding van A.E. van Giffen een aantal grafheuvels in de omgeving van Diever onderzocht. Naast de Tweeënberg op de heide bij Wapse, met het aangrenzende urnenveld (zie onder andere Van Giffen, 1936; Waterbolk, 1957), en Tumulus II (Lanting, 1973), werd ook een derde heuvel, gelegen even ten noorden van Diever ten oosten van de weg naar Wateren (fig. 3), de Schoeberg[1] (= tumulus III[2]), onder handen genomen. De korte tijdsduur en het grote aantal objecten dat gelijktijdig onderzocht moest worden, hebben ongetwijfeld invloed gehad op de kwaliteit van het onderzoek. Voorgraver J. Lanting en tekenaar L. Postema, die de dagelijkse leiding van het onderzoek hadden, konden uiteraard niet overal aanwezig zijn om toezicht te houden op de werkzaamheden. De indruk bestaat dat in het geval van het onderzoek van de Schoeberg Van Giffen of de veldtechnici slechts enkele malen langskwamen om de vorderingen van het werk te bekijken en verdere aanwijzingen en opdrachten te verstrekken aan een aantal verder zelfstandig werkende arbeiders. Deze werkwijze is ongetwijfeld van invloed geweest op de

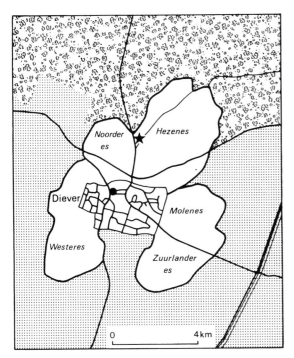

Fig. 3. Diever. De ligging van de Schoeberg (ster). Tek. J.H. Zwier.

manier waarop de nabijzettingen in de heuvel werden ontdekt en gedocumenteerd. Helaas zijn de originele opgravingstekeningen van de Schoeberg verloren gegaan, zodat alleen de voor publicatie gereed gemaakte tekeningen ons resten. Voor verdere informatie zijn we aangewezen op enkele foto's en de (summiere) beschrijvingen in de dagrapporten en de vondstinventaris van het Drents Museum. Aanvullende informatie werd verkregen tijdens een na-onderzoekje[3] in 1997.

3.2. De grafheuvel (fig. 4-5)

Blijkens de opgravingsfoto's was het perceel waarop de heuvel lag tijdens de opgraving nog onontgonnen en begroeid met heide, gras en brem, hoewel zowel ten westen als ten oosten van het perceel een es lag (respectievelijk de Noorder- en de Hezeres). De heuvel was waarschijnlijk tot dan toe ontsnapt aan ontginning door haar ligging aan de rand van een steilkant. Deze steilkant vormt de overgang naar de weg die ter plaatse diep is ingesneden. Aangezien het maaiveld aan de andere kant van de weg ca. 2 m lager ligt dan bij de heuvel, moet de heuvel oorspronkelijk bovenaan een helling hebben gelegen. De heuvel was niet meer intact bij de start van het onderzoek. Op de foto's is te zien dat van de zuidelijke helft in ieder geval het bovenste gedeelte is verdwenen, waarschijnlijk ten gevolge van zandwinning. Daarnaast was de voet van de heuvel aan de noordkant (profiel C) door erosie aangetast. Het resterende deel was echter goed bewaard gebleven. Het onderzoek vond plaats door middel van sleuven in plaats van de

meer gebruikelijke kwadrantenmethode. De eerste sleuf werd aangelegd langs de door de eerdere gedeeltelijke afgraving van de heuvel ontstane steilkant, echter zonder deze recht te trekken. Hierdoor ontstond een lang O-W-gericht profiel, lopend door de gehele heuvel, met ter hoogte van het midden van de heuvel een lichte knik (profiel A). Vanuit het centrum werden daarna twee sleuven gegraven naar de voet van de heuvel, die het resterende intacte gedeelte van de heuvel ongeveer in drieën deelden (profielen B en C). Laatste stadium in het onderzoek was het in twee stappen afgraven van de punt gevormd door de sleuven A en B, uiteindelijk resulterend in profiel D.

De heuvel bleek geheel bedekt te zijn met een laag stuifzand, variërend in dikte van 100 cm aan de westkant tot 40 cm aan de oost/noordoostkant en 20-40 cm bovenop de heuvel. De oorspronkelijke hoogte van de heuvel (minus het opgestoven zand) was ca. 1,70 m (oppervlak 11,30 m NAP, top 13,00 m NAP) bij een diameter van ca. 20 m. De heuvel is in één keer opgeworpen. Van Zeist (1955: p. 45) spreekt van een kern van tamelijk donkergekleurde plaggen, en een mantel van grijzige plaggen. Bij het na-onderzoek van 1997 bleek echter dat de heuvel uit grijzig zand met vage plaggen bestaat, maar dat de kern sterk dooraderd is. Deze aders zijn ook op de foto's van 1931 duidelijk herkenbaar. Kennelijk heeft Van Zeist deze aders voor plaggen aangezien. Over de oorspronkelijke heuvel (onder het stuifzand) had zich een sterk ontwikkeld podsolprofiel ontwikkeld, ten gevolge waarvan door de gehele heuvel infiltratie-aders liepen. Ook onder de heuvel bevond zich een redelijk ontwikkeld bodemprofiel. Er zijn geen sporen van een randstructuur rond de heuvel aangetroffen.

Van een centrale bijzetting was niets anders zichtbaar dan een ca. WNW/OZO-georiënteerde plek (ca. 3,20 m bij 1,60 m) op of vlak onder het oude oppervlak, gekenmerkt door een aantal grillig gevormde infiltratie-aders. Een tweede mogelijke grafkuil werd aangetroffen op 7 m ten oosten van het centrum. Deze kuil (min. lengte ca. 1,40 m, breedte ca. 1,20 m, diameter ca. 0,40 m) werd aangesneden in profiel A en was tangentiaal gelegen. Aangezien in het heuvellichaam boven deze kuil geen insteek zichtbaar was, moet deze voor of kort na het opwerpen van de heuvel gegraven zijn. Uit geen van beide grondsporen zijn vondsten geborgen.

De heuvel kent weinig positief daterende kenmerken. Van Giffen was gedurende het onderzoek van mening dat het een bronstijdheuvel betrof.[4] Van Zeist (1955) echter plaatste de constructie van de heuvel, op grond van een door hem verrichte pollenanalyse van een monster uit de sterk dooraderde kern (*fairly dark-coloured sods*) en een monster uit een lichtgrijze plag uit de mantel, in de vroege ijzertijd. Hij deed dit op grond van het percentage *Fagus*-stuifmeel (resp. 1.3 en 1.4%) dat hij te hoog vond voor een monster uit de (vroege) bronstijd. Hij zag hierbij echter de vondst van een late bronstijdurn als nabijzetting in de heuvel over

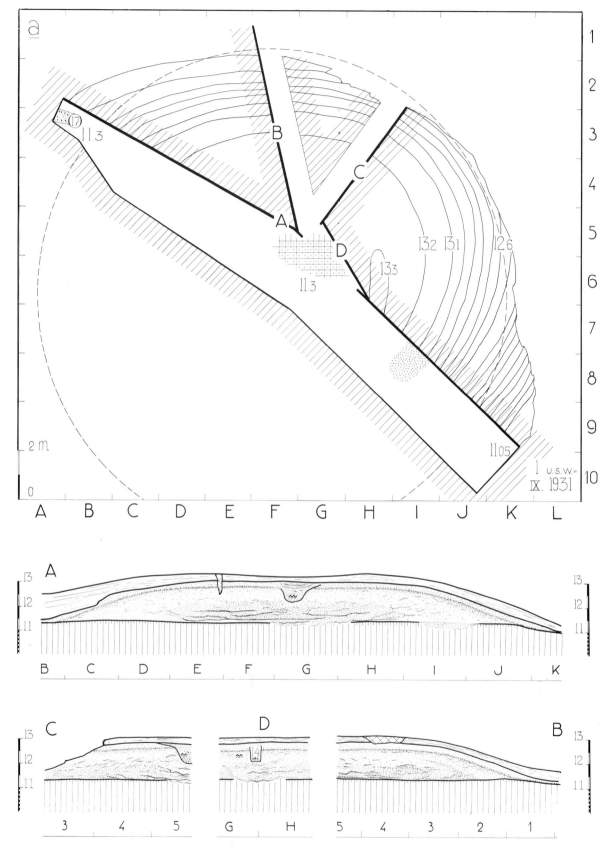

Fig. 4. De Schoeberg. Opgravingsplattegrond en profielen. Tek. L. Postema (met correcties).

Fig. 5. De Schoeberg. A. De Schoeberg tijdens de opgraving van 1931, gezien vanuit NW. Profiel D is deels teruggezet, nabijzetting II is in profiel èn vlak zichtbaar. B. De opgraving gezien vanuit ZO, waarschijnlijk voordat profiel D werd teruggezet. De dikke stuifzandlaag op de NW-hoek van de heuvel is goed zichtbaar. Foto's B.A.I.

het hoofd, evenals het feit dat heuvels met (grote) afmetingen als die van de Schoeberg vooralsnog niet uit de ijzertijd bekend zijn. Daarnaast is het percentage *Fagus*-stuifmeel niet zo hoog dat daarmee een brons- tijddatering valt uit te sluiten. Er is dan ook alle reden om de Schoeberg als een bronstijdgrafheuvel te be- schouwen.

Er is een aantal ^{14}C-dateringen beschikbaar voor zogenaamde structuurloze (zonder randstructuur) brons- tijdgrafheuvels (Lanting & Mook, 1977; Lohof, 1991), waarvan 11 uit Noordoost-Nederland. Deze dateringen bestrijken de periode van ca. 3650 tot ca. 3250 BP, dus de vroege bronstijd (ca. 3650-3450 BP) en de midden- bronstijd A (ca. 3450-3250 BP). Van de 11 dateringen vallen er 5 in de vroege bronstijd en 6 in de midden- bronstijd A. Daarnaast kunnen 6 verdere heuvelperioden op grond van hun associatie met wikkeldraadaardewerk in de vroege bronstijd geplaatst worden. Lohof (1991) geeft een aantal daterende criteria op grond waarvan hij een aantal structuurloze heuvels toewijst aan de mid- den-bronstijd B. Deze zijn echter geen van alle van toepassing op de Schoeberg. De constructie van de Schoeberg heeft dus hoogstwaarschijnlijk in de vroege bronstijd of de midden-bronstijd A plaatsgevonden.

3.3. De nabijzettingen

In de heuvel werd een viertal nabijzettingen ontdekt, terwijl naast de heuvel een graf werd gevonden dat jonger dan de heuvel moet zijn, en waarschijnlijk ge- lijktijdig met twee van de nabijzettingen in de heuvel.

Nabijzetting I is waargenomen in de profielen A en C. Het betrof een ronde, zich naar boven toe verwij- dende kuil (diameter bodem ca. 70 cm, diepte ca. 80 cm) in het centrum van de heuvel. De kuil bevatte voor zover bekend alleen crematieresten. Het is echter niet duide- lijk in hoeverre de kuil systematisch is onderzocht, met name het gedeelte zuidelijk van profiel A. De kuil was door de oerbank in de top van de heuvel heengegraven, maar over de vulling had zich nog geen nieuw bodem- profiel van betekenis gevormd. Dit wijst vermoedelijk op een betrekkelijk jonge datering. Aangezien het- zelfde verschijnsel zich ook bij nabijzetting II voordoet, moet nabijzetting I waarschijnlijk evenals deze (zie hieronder) in de Romeinse tijd worden gedateerd.

Nabijzetting II werd even ten oosten van I ontdekt, bij het afschuinen van de hoek tussen de profielen A en C, in profiel D. Het betrof een in doorsnede U-vormige kuil (breedte ca. 45 cm, diepte ca. 80 cm) met vlakke bodem, althans dat gedeelte dat in profiel D werd opgetekend. Ook in dit geval is niet duidelijk of het graf volledig is onderzocht, of dat het pas op het laatste moment in het profiel werd gezien. In het tweede geval moet er getwijfeld worden aan het feit of de inhoud van het graf volledig is geborgen.

Net als bij nabijzetting I had zich over de kuil van nabijzetting II nog geen bodemprofiel van betekenis gevormd. Nabijzetting II bestond uit: a) crematieresten;

b) scherven van een inheems-Romeinse pot (vondst- nummers 14-15); c) sterk gefragmenteerde en ver- vormde restanten van bronzen vaatwerk (vondstnummer 14a); d) twee door verbranding vervormde stukjes glas (vondstnummer 14a). Deze vondsten worden hieronder uitvoerig besproken. Tot vondstnummer 14a behoren ook nog twee onbewerkte stukjes vuursteen, waarvan niet vaststaat dat ze tot de grafgiften moeten worden gerekend.

Bij het afsluiten van het onderzoek werd nog een aantal fragmenten van een benen kam aangetroffen (vondstnummer 16). De exacte vindplaats is onduide- lijk; in het dagrapport van 15 september 1931 schrijft Van Giffen: "Bij urn bovenin nog fragment driehoekige benen kam". De omschrijving 'urn' kan echter nauwe- lijks slaan op de drie scherven met vondstnummer 16, die volgens het vondstenboekje "in de vaste grond" werden aangetroffen. Het vondstenboekje noemt het kamfragment niet. In de 'Lijst der aanwinsten' bij het Verslag van het Provinciaal Museum van Oudheden over 1931 wordt het kamfragment als bijgave bij de drie aaneenpassende scherven beschouwd. Dat zou inhou- den dat de scherven bovenin de heuvel werden gevon- den en dat Van Giffen met 'vaste grond' in dit geval 'niet vergraven' grond bedoelde. Met 'urn bovenin' kan logischerwijze alleen de situlavormige pot uit nabijzet- ting II bedoeld zijn. De enige andere urn uit de Schoeberg, die van nabijzetting III, komt niet in aanmerking van- wege de vroege datering (zie hieronder) en het 'late' vondstnummer (1931 IX 31). Het vondstnummer van de kam (16) sluit aan bij de vondstnummers (14-15) van de andere bijgiften uit nabijzetting II.

Nabijzetting III is een urn met crematieresten die bij het "in orde brengen der heuvel" (vondstenboekje 1931 A) werd gevonden. De exacte plaats is niet geregis- treerd, wel de hoogte: 12,30 m NAP. Dit sluit alleen de

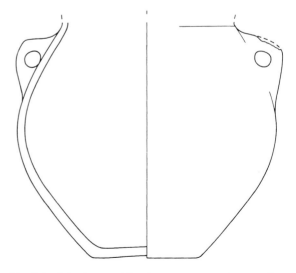

Fig. 6. De Schoeberg. Nabijzetting III. Late bronstijdurn. Schaal 1:3, tek. J.M. Smit.

voet van de heuvel uit als vindplaats. Het betreft een dubbelconische, bijna eivormige pot met ronde schouder van handgevormd ruwwandig aardewerk (fig. 6). Van de hals rest alleen de aanzet, geaccentueerd door een groeflijn. Vlak onder de hals bevinden zich twee afgerond-driehoekige oortjes. De huidige hoogte van de pot is ca. 18 cm, de grootste diameter ca. 20 cm. Potten van deze vorm zijn goed bekend van de urnenvelden uit de late bronstijd/vroege ijzertijd, bijvoorbeeld uit Noord-Barge (Kooi, 1979: fig. 34: 551, fig. 38: 785). Dergelijke vormen dateren uit de middenfase van de urnenveldencultuur, de zogenaamde Sleen-cultuur (850 tot 700 v.Chr.).

Nabijzetting IV bestaat uit crematieresten die pal naast nabijzetting II werden aangetroffen in profiel D op een diepte van ca. 60 cm. Er waren kennelijk geen sporen van een kuil aanwezig. Het bodemprofiel over de heuvel was ter plekke nog intact. Dit wijst op een grotere ouderdom dan van de nabijzettingen I en II. Mogelijk betreft het hier een nabijzetting uit de late bronstijd, net als nabijzetting III.

Bij het graven van sleuf A werd aan de westkant van de heuvel, net buiten de voet, een ca. O-W-gericht 'kistgraf' aangetroffen, bestaande uit een langgerekte kuil met daarin de resten van een (deels) verkoolde houten kist (lengte 80 cm, breedte 50 à 60 cm, diepte niet bekend). Uit het graf komen de bodem en vier wandscherven van een pot van ruw handgevormd, secundair verbrand aardewerk (1931 IX 17) (fig. 7). De

datering van het graf is onduidelijk. Kistgraven komen met name voor in de midden-bronstijd, maar dan zou men deze, in relatie tot een grafheuvel, verwachten als tangentiale nabijzetting. Een andere mogelijkheid is dat het graf uit de laat-Romeinse tijd of de vroege middeleeuwen stamt. Het aardewerk is met zekerheid geen bronstijdaardewerk en past evenmin in het beeld van het vroeg-middeleeuwse aardewerk in Noord-Nederland. Op grond daarvan lijkt een datering in de Romeinse tijd het waarschijnlijkst. De makelij van het aardewerk sluit zo'n datering niet uit.

3.4. De vondsten uit nabijzetting II

Nabijzetting II valt op door de resten van bronzen vaatwerk, gesmolten glas en een benen kam. Nadere bestudering maakt duidelijk dat we hier met een voor Drenthe uitzonderlijk graf te maken hebben. Alle vondsten zijn incompleet. Bij het bronzen vaatwerk, het glas en de kam kan dit het gevolg zijn van het feit dat deze meeverbrand zijn op de brandstapel. Mogelijk zijn slechts fragmenten verzameld en is het grootste deel in de brandstapelresten achtergebleven. Het valt echter op dat ook het aardewerk, dat niet verbrand is en dat hoogstwaarschijnlijk als container voor de crematie heeft gediend, incompleet is. Dat kan het gevolg zijn van het in 3.1 genoemde gebrekkige toezicht tijdens het onderzoek.

Vondstnummers 14-15 (fig. 8): een groot aantal (21) scherven van een pot met een minimale hoogte van 16 cm en een diameter aan de rand van ca. 24 cm. De pot is in volledige staat situlavormig met een rechte wand en een scherpe overgang naar schouder en hals. Deze vormen feitelijk één geheel in de vorm van een sterk gebogen, concaaf profiel. Hals en wand zijn overal vrijwel van gelijke dikte, de rand is licht verdikt. De bodem was waarschijnlijk vlak. Het baksel is licht bruinoranje van kleur en is gemagerd met vrij fijn

Fig. 7. De Schoeberg. Bodemfragment van de pot uit het graf aan de voet van de heuvel. Schaal 1:3. Tek. J.M. Smit.

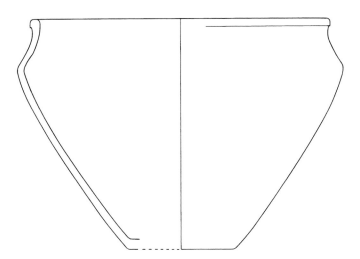

Fig. 8. De Schoeberg. De aardewerken situla uit nabijzetting II. Schaal 1:3. Tek. J.M. Smit.

steengruis. Het oppervlakte, met name de bovenste helft, is licht gepolijst. De vorm van de pot komt overeen met het type IC zoals beschreven door Van Es bij zijn typologie van het aardewerk uit de inheems-Romeinse nederzetting bij Wijster (1967). Dit type is in haar verspreiding beperkt tot het Noord-Nederlandse en het aangrenzende Duitse gebied. Het komt zowel voor in de zandstreken als in het terpengebied, hoewel in de laatste in een iets gewijzigde vorm. Van Es dateert het type in de 3e eeuw, maar sluit het voorkomen tot in de 4e eeuw niet uit. Taayke (1996) prefereert voor dit type een datering in de 4e eeuw. Het type komt niet of nauwelijks voor in de nederzettingen van Paddepoel (Van Es, 1968) en Peelo (Kooi, 1993/1994) die beide tot 250 bewoond werden. Voorzichtigheid is hier echter geboden, aangezien men mede op grond van de aardewerk-typochronologie, ontwikkeld aan de hand van het materiaal van Wijster, tot deze dateringen is gekomen. Een goede parallel voor het exemplaar uit de Schoeberg is afkomstig van de nederzetting Fochteloo (onderzoek 1935)[5] welke gedateerd wordt in de 2e/3e, mogelijk 4e eeuw (Taayke, 1996).

Vondstnummer 14a (fig. 9): de sterk gefragmenteerde en vervormde restanten van bronzen vaatwerk. In totaal gaat het om ca. 30 grotere fragmenten, waaronder 9 randfragmenten, van bronzen vaatwerk van een niet direct herkenbaar type. Het grootste fragment meet (uitgevouwen) ca. 4,5 bij 5 cm. In totaal beslaan de resten een oppervlakte van ca. 170 cm². De meeste fragmenten zijn duidelijk verbrand, gedeeltelijk gesmolten en/of zwaar geoxideerd. Er zijn geen overblijfselen zichtbaar van hengsels, handvatten of andere kenmerkende onderdelen. Binnen de randfragmenten, hoewel allen op doorsnede driehoekig van vorm, lijken twee varianten onderscheiden te kunnen worden. Deze zijn mogelijk afkomstig van twee verschillende stukken vaatwerk. De indruk dat het hier de resten betreft van meerdere stukken vaatwerk, wordt versterkt door het feit dat enkele fragmenten bestaan uit 3 tot 5 met elkaar verkitte lagen bronsblik. Het is moeilijk voor te stellen hoe dit het resultaat kan zijn van de verbranding van slechts één voorwerp. Een van de randen is hoogstwaarschijnlijk afkomstig van een zogenaamde *'mittlere' und 'späte' Becken mit festen Griff*, typen Eggers 99-106 (Eggers, 1951).[6] Deze lage wijde bronzen bekkens met voet en twee handvatten hebben een diameter van 25 tot 40 cm. Het enige niet door verbranding aange-

taste randfragment is te klein om de exacte diameter van het oorspronkelijke stuk vaatwerk te bepalen, maar duidelijk is wel dat deze van vergelijkbare grootte moet zijn geweest. De hoofdvorm van deze groep is het type 99/100, waarbij type 100 zich onderscheidt van type 99 door een hogere voet en *vergröberten Konturen* (Eggers, 1951). Type 101 verschilt slechts van type 100 door het ontbreken van handvatten. De verdere typeindeling door Eggers van deze vorm is voornamelijk gebaseerd op de vorm van de bevestigingsvlakken van de handvatten (typen 102-104) en de afwerking van de bodem (typen 105 en 106, beide zonder handvatten). Deze laatste twee zijn mogelijk slechts, als type 101, handvatloze varianten van de typen 99, 100 en 102-104. Eventuele verschillen in de vorm van het bekken zelf lijken niet bepalend te zijn voor de typen 102-106. Een nadere toewijzing van de fragmenten uit de Schoeberg aan een bepaald type is dus, gezien het ontbreken van eventuele handvatten en fragmenten van de bodem, niet mogelijk. De typen Eggers 99 en 100 worden in het algemeen in de 1e en 2e eeuw n.Chr. gedateerd (Kunow, 1983: Augusteïsch-eind 2e eeuw; Petrovszky, 1993: ca. 25/35-uiterlijk 115/130 n.Chr.). Het aantal dateerbare vondsten van de typen 101-104 is zeer klein. Volgens Kunow mag men echter aannemen dat zij gelijk met de typen 99/100 ontstaan zijn, hoewel met zekerheid uit de 1e eeuw daterende voorbeelden niet bekend zijn. Zij bleven, evenals de typen 105-106, in omloop tot het einde van de 3e eeuw.

De productie van de bekkens vond plaats in Italië en, vanaf de tweede helft van de 1e eeuw, in Gallië (typen 99-100), Pannonië en waarschijnlijk ook in het Rijngebied (typen 102-104). Men mag aannemen dat ook elders in de Romeinse provincies deze bekkens werden vervaardigd (Kunow, 1983). Binnen het Romeinse rijk hadden zij een functie als (voet)wasbekkens. Dit gold waarschijnlijk ook in het vrije Germanië (Kunow, 1983), hoewel een gebruik als mengbekken voor wijn niet uitgesloten kan worden (Petrovszky, 1993). Als grafvondst worden de bekkens met name aangetroffen in combinatie met ander wasgerei als kannen en zogenaamde *Griffschale*. Eggers (1951) merkt op dat meer dan de helft van de bij hem bekende exemplaren afkomstig zijn uit graven behorend tot de zogenaamde *Lübsow*-groep. Deze groep, die voornamelijk bestaat uit inhumatiegraven, wordt met name gekenmerkt door haar opvallende rijkdom aan Romeinse importgoederen (Eggers, 1949/1950; Gebühr, 1974). *Lübsow*-graven kennen hun voornaamste verspreiding in Denemarken en het Elbegebied. De bekkens zelf zijn zeer wijd verbreid; binnen Europa komen zij voor van Brittannië in het westen, tot de Kaukasus in het oosten en Zuid-Noorwegen in het noorden. Er zijn echter ook exemplaren aangetroffen in West-Rusland en het Midden-Oosten. Uit Nederland zijn onder andere vondsten bekend uit Nijmegen (graf 8 uit Nijmegen-West; Koster, 1997), Doorwerth (riviervondst; Holwerda, 1931) en, ten noorden van de *limes*, uit De Waal, Texel (Van

Fig. 9. De Schoeberg. De beide randprofielen die in de bronsfragmenten uit nabijzetting II aanwezig zijn. Ware grootte. De buitenkant is links. Tek. J.M. Smit.

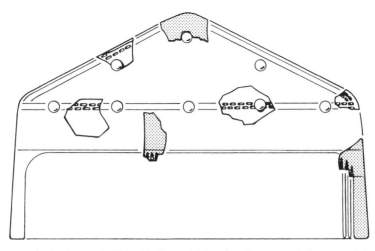

Fig. 10. De Schoeberg. Reconstructietekening van de driehoekige benen drielagenkam. De gerasterde fragmenten behoren tot de tussenlaag. Ware grootte. Tek. J.M. Smit.

Cuyck, 1780). Daarnaast komt uit Weerselo, provincie Overijssel, waarschijnlijk uit nederzettingscontext een handvat van een bekken, type 99/100 (Van Es & Verlinde, 1977).

Vondstnummer 14a: twee door verbranding vervormde stukjes glas. Het kleinste fragment (afmeting 0,4 bij 0,4 cm) is van groen (verkleurd?) transparant glas, het ander (afmeting 2 bij 1 cm) van kleurloos transparant glas. Het eerste fragment zou eventueel van een kraal afkomstig kunnen zijn. Gezien de aard van het glas (kleurloos transparant) is het andere fragment waarschijnlijk afkomstig van een stuk glazen vaatwerk van onbekende vorm.

Vondstnummer 16 (fig. 10). Vrijwel zeker kunnen ook de resten van de benen kam aan nabijzetting II worden toegeschreven. Van de kam resten niet meer dan 13 zeer kleine, verbrande fragmenten. Aangezien Van Giffen (dagrapport 15-9-1931 en 'Lijst der aanwinsten ...' 1931) uitdrukkelijk over een driehoekige kam spreekt, ligt het voor de hand dat deze 13 fragmenten de laatste resten zijn van wat tijdens de opgraving nog een duidelijk herkenbaar stuk van een driehoekige kam was. Onder deze fragmenten bevinden zich 4 vierkante ijzeren nageltjes met een lengte van ca. 9 mm. Aan twee van deze nageltjes bevinden zich nog resten van beide dekplaten van de kam. Gezien de vorm van deze resten moet de kam vlakke, naar de randen dun uitlopende dekplaten hebben gehad. Hoewel de fragmenten zeer klein zijn is het toch mogelijk de oorspronkelijke vorm te reconstrueren (fig. 10). Dit levert een kam op met afgerond-driehoekige dekplaten en een rij tanden die aan beide uiteinden begrensd wordt door een rechthoekige strook. Het feit dat de uiteinden van de tandenrij recht zijn afgesloten en niet de lijn van de dekplaten volgen, zoals gewoonlijk bij driehoekige kammen het geval is, betekent volgens Roes (1963) dat het hier een, waarschijnlijk vroege, afgeleide vorm van de halfronde kammen betreft. Dit wordt ondersteund door de versiering van de dekplaten die bestaat uit twee parallelle, alternerende stippellijnen die de contouren van de dekplaten volgen. Deze wijze van versiering komt alleen voor bij halfronde kammen en slechts zelden bij driehoekige kammen (Roes, 1963). Ook op Thomas (1960) maken de driehoekige kammen met recht afgesloten tandenrij een typologisch oudere indruk. Roes, die deze vorm tot de halfronde kammen rekent, komt tot een datering in de 3e/4e eeuw na Chr. Uit de redenering van Thomas volgt een datering in de 4e eeuw. Beide auteurs sluiten echter een voorkomen tot in de 5e eeuw niet uit. De beste parallel voor de kam van Diever is overigens een recente vondst uit Castrop-Rauxel, terrein Zeche Erin, die in een 3e/4e-eeuwse context werd ontdekt (*Neujahrsgruss Münster* 1994: pp. 62-63, Bild 24).

3.5. Conclusie

Nabijzetting II is een crematiegraf uit de Romeinse tijd met als bijgaven een bronzen bekken (type Eggers 99-106), mogelijk een tweede stuk bronzen vaatwerk en een stuk glazen vaatwerk van onbekende vorm. Het is onduidelijk of brons, glas en de crematieresten zich in de pot bevonden. Het is dus in principe mogelijk dat ook deze een bijgave was. Echter het ontbreken van verbrandingssporen op het aardewerk duidt erop dat de pot niet zoals de andere bijgaven op de brandstapel is meegegeven. Dit maakt het waarschijnlijk dat de pot als urn heeft gediend. Het bekken valt slechts grofweg te dateren in de 1e tot 3e eeuw n.Chr., het aardewerk dateert waarschijnlijk uit de 3e of 4e eeuw. Hiermee is het graf naar grote waarschijnlijkheid te dateren in de 3e eeuw, mits we niet uitgaan van een al te grote ouderdom van het bekken op het moment van bijzetting. Zeer waarschijnlijk heeft ook een driehoekige benen kam tot de bijgiften behoord.

4. ALGEMENE CONCLUSIE

De status van de graven uit Anloo en de Schoeberg kan slechts goed bepaald worden in relatie tot de andere bekende graven uit de Romeinse tijd in Drenthe. Helaas zijn vooralsnog uit deze periode slechts enkele graven bekend. Lang werd aangenomen dat de brandheuvels, zoals die bekend zijn uit de late ijzertijd, nog tot in de eerste eeuwen van onze jaartelling in gebruik bleven. Dit mede op grond van de vondst van een terra sigillatascherf onder een dergelijke heuvel (Van Giffen, 1943). Bestudering van de opgravingsplattegrond maakt echter duidelijk dat deze vondst aan de rand of net buiten de heuvel gevonden is. ^{14}C-dateringen hebben sindsdien aangetoond dat brandheuvels op zijn laatst tot aan het einde van de 1e eeuw v.Chr. werden opgeworpen. Van Es (1990) acht het echter denkbaar dat zij wel degelijk ook in de Romeinse tijd nog werden opgericht, maar voorbeelden hiervan zijn nog niet gevonden. De (waarschijnlijk) enige grafvondst uit vroeg-Romeinse tijd, een verzameling vroeg-1e-eeuwse voorwerpen (waaronder o.a. enkele fibulae, een rechthoekige bronzen spiegel en de mogelijke resten van een militaire uitrusting), is afkomstig uit Bargeroosterveld (Beuker, Van der Sanden & Van Vilsteren, 1991). Helaas is van dit graf vrijwel niets bekend over de vorm, als we er al van mogen uitgaan dat de vondsten afkomstig zijn uit één graf. Gezien het bijzondere karakter van deze vondst wordt deze hier verder buiten beschouwing gelaten. Uit de midden-Romeinse tijd zijn gelukkig meer graven bekend; naast de graven uit Anloo en Diever tenminste vier en mogelijk meer. Deze zijn aangetroffen in Drouwen (Glasbergen, 1945), Fluitenberg (Van der Sanden, 1992), Hijkeresch (Boersma, 1970; De Voogd 1990) en Wachtum (Brunsting, 1941). Van een tweede graf uit Wachtum lijkt, gezien de geringe afstand tot het eerste, een datering in de midden-Romeinse tijd waarschijnlijk. Gezien de onzekerheid inherent aan de ^{14}C-methode is het mogelijk dat ook een aantal crematiegraven van een grafveld op de Hijkeresch uit de midden-Romeinse tijd stammen. Al deze graven zijn crematiegraven: twee in de vorm van een urngraf (Fluitenberg, Wachtum II), een *bustum*graf (Hijkeresch XX) en een *Brandgrube* (Wachtum I). Het graf van Drouwen bevatte waarschijnlijk geen urn; het betrof hier dus mogelijk een *Brandgrube* of een *bustum*graf. Hoewel het aantal graven klein is, is het opmerkelijk dat alle urngraven, met uitzondering van Wachtum II, nabijzettingen in een oudere grafheuvel waren. De beide graven uit Wachtum werden op een nederzettingsterrein uit de Romeinse tijd aangetroffen. Het is echter onmogelijk te zeggen of de graven gelijktijdig waren met de nederzetting. De graven van de Hijkeresch maakten als enige deel uit van een groter grafveld.

Opvallend is dat vier van de hier besproken graven Romeinse importgoederen bevatten. Dit lijkt een groot aandeel, maar dit zal mede bepaald zijn door het feit dat juist deze goederen het mogelijk maakten de graven in de Romeinse tijd te plaatsen. Daarnaast zorgde in minstens één geval (Anloo) juist dit importgoed voor de overlevering van het graf. De importgoederen bestonden in twee gevallen (Diever II en Anloo) uit bronzen vaatwerk, in twee gevallen uit glas (Diever II en Wachtum I - een 'tranenflesje') en in het geval van Drouwen uit minstens drie verschillende voorwerpen van terra sigillata. Zowel Drouwen als Diever II bevatten dus meerdere (respectievelijk minimaal drie en twee) importstukken. De urngraven bevatten een urn (uiteraard) van inheems aardewerk, met uitzondering van Anloo waar een bronzen emmer dit doel diende. Het *bustum*graf Hijker Esch XX bevatte als bijgift een potje van inheems aardewerk. Daarnaast bevatte Diever II de resten van een benen kam van inheemse makelij.

Het is moeilijk op grond van zo weinig vondsten conclusies te trekken. Er lijkt in de midden-Romeinse tijd geen nauw omschreven bijzettingstraditie te zijn geweest. Binnen het kader van crematie waren verschillende vormen mogelijk die naast elkaar voorkwamen. Het ogenschijnlijke overwicht aan urngraven is waarschijnlijk eerder te wijten aan de betere herkenbaarheid en dateerbaarheid van urngraven dan aan een daadwerkelijke voorkeur voor deze bijzettingswijze.

Over de sociale verschillen die mogelijk tot uiting komen in deze graven zijn, weer vanwege het kleine aantal, slechts enkele algemene opmerkingen te maken. Het lijkt waarschijnlijk dat, gezien de aanwezigheid en de aard van de importgoederen, de graven Anloo, Diever II en Drouwen een bijzondere groep vormden. Vooral als men de schaarste van dergelijke goederen in Drenthe uit deze periode in ogenschouw neemt, is de rijkdom van deze graven opvallend. Het lijkt dus meer dan waarschijnlijk dat de personen, bijgezet in deze graven, een zekere rijkdom en daarmee aanzien bezaten. In welk verband (in familie-, lokaal of regionaal) dit aanzien gezien moet worden is echter onduidelijk. Anloo, Diever II en Drouwen lijken echter een aparte klasse te vormen. De aard van de bijgave van Wachtum I (het 'tranenflesje') lijkt niet van dezelfde orde als die van deze graven. Opvallend en misschien van betekenis is het feit dat de twee rijkere graven Anloo en Diever II beide nabijzettingen van urnen in bestaande grafheuvels waren. Mogelijk was de keuze voor een prominente begraafplaats een manier om hun aanzien te benadrukken. Een andere mogelijkheid is dat men een relatie wilde suggereren tussen hun sociale status en die van hun voorouders, als legitimatie voor hun macht.

5. SUMMARY

Burials of the Roman Iron Age with Roman bronze vessels either used as urns or designated as grave gifts are known throughout Europe north of the Roman border. In the Netherlands north of the limes so far only four or five burials of this type have been discovered.

The best known one is the rich burial found in 1777 in the top of the burial mound near De Waal on the island of Texel, of which the contents are known thanks to the publication by Van Cuyck (1780). Since then the objects (with one exception) have disappeared. The burial has been mentioned in several publications (Willers, 1907; Eggers, 1951; Kunow, 1983; Woltering, 1983) and is closely related to the princely burials of Lübsow type (Eggers, 1949/1950; Gebühr, 1974). Two Roman bronze basins were found in or before 1913 near Zeesse, comm. of Ommen, province of Overijssel (Van Es & Verlinde, 1977), but whether these represent one or two burials is unclear.

This publication deals with two burials in the province of Drenthe (fig. 1). The first one is a Roman bronze bucket of Östland type, excavated in a burial mound near Anloo, comm. of Anloo, by J. Hofstede, in or before 1809. Although Hofstede may have intended to donate this bucket to the Royal Museum in Amsterdam (founded by King Louis Napoleon), it remained in his collection, where it was still seen by Westendorp in 1822. The bucket was published by Janssen (1859), who did not see the object personally, but relied on a drawing (fig. 2), sent to the Royal Museum by Hofstede in 1809 (now Rijksmuseum van Oudheden in Leiden, Pleyte archives). It seems likely that Hofstede found the bucket, which contained cremated bones according to a note on the drawing, when excavating a burial mound. It is likely, therefore, that this burial was a later interment in an older burial mound. The most likely date for the manufacture of the bucket is later 2nd-early 3rd century AD.

The second burial was discovered in 1931 during the excavation of tumulus III (the so-called Schoeberg), north of Diever, comm. of Diever (fig. 3). The mound itself dates to the earlier Bronze Age (figs 4 and 5). In its top two late Bronze Age cremation burials were found: an urn (fig. 6) and a cremation without pottery apparently without visible pit. Two cremation burials in well-defined pits also found in the top of the mound, and a rectangular grave pit with the remains of a charred coffin, containing base and wall fragments of a burnt pot (fig. 7), next to the mound, date to the Roman Iron Age. The first pit contained cremated bones only, the second one also contained cremated bones, but included sherds of a pot probably used as urn, remains of burnt Roman bronze vessels (fig. 8), and small pieces of molten Roman glass (fig. 9). Small fragments of a burnt bone comb (described in the field notes as triangular in shape) almost certainly belong to the grave goods as well (fig. 9). The incomplete survival of the grave goods can be explained by two factors. First of all it seems that the excavation was badly supervised. At the same time two other sites were excavated and the excavator and his field technicians visited the Schoeberg only occasionally, leaving the digging to a couple of inexperienced labourers. Parts of the later interments may have been dug away unnoticed.

Secondly the bronze vessels, the glass objects and the bone comb had been placed on the cremation pyre. The badly burnt and molten remains may not have been collected, apart from the few bits and pieces recovered during the excavation. The pot had not been burnt on the pyre, however, and its incomplete state cannot be explained in this way. The contents of the rich interment are:

- A locally made pot of type Wijster 1C (Van Es, 1967), which can be dated to the 3rd, probably even to the 4th century AD (Taayke, 1996);
- The remains of at least two Roman bronze vessels, to judge by the surviving rim fragments. One of these belonged to a basin with fixed handles of the types 99-106 according to Eggers (1951), and can be dated to the 1st-3rd century AD;
- Two tiny pieces of molten glass, probably from different objects;
- Fragments of a triangular bone comb with two sideplates, which on the basis of shape and decoration can be dated to the 3rd-4th century AD (Roes, 1963; Thomas, 1960).
The burial can therefore be dated to the 3rd century AD.

The burials of Anloo and Diever belong to the very small group of burials of the Roman Iron Age recovered in Drenthe. Although in two other cases Roman imports belonged to the contents (Samian ware in Drouwen (Glasbergen, 1945) and a lachrymatory in Wachtum (Brunsting, 1941)). Anloo and Diever clearly stand apart, not only because of the Roman bronze vessels but also due to the fact that they were later interments in the top of older burial mounds, like the burial of De Waal in Texel.

6. NOTEN

1. Deze grafheuvel staat in de literatuur bekend als de Paasberg. Deze naam is zo niet foutief, dan wel verwarrend, aangezien niet ver ten westen van dezelfde weg, maar dan ongeveer 250 m dichter bij Diever, zich nog een Paasberg bevindt. Waarschijnlijk is dit de Paasberg waarbij vroeger het paasvuur ontstoken werd (Mulder, 1975: p. 38). De plaats en naam van deze Paasberg staan met pen genoteerd op een op het B.A.I. aanwezige topografische kaart uit 1932 met de toevoeging voormalige ('vm'). Op dezelfde kaart staat tumulus III aangegeven als de Schoeberg, een naam die ook in gebruik was als veldnaam voor de in de omgeving van de heuvel liggende akkers (Mulder, 1975). Van Giffen heeft het in zijn dagrapporten aanvankelijk over de Paasberg, maar vermeldt ook 'Paasch = Schoeberg'. Maar op de voor publicatie gereed gemaakte tekeningen staat de heuvel weer aangegeven als 'de (nieuwe) Paasberg'. Volgens H. Seinen, de huidige eigenaar van de heuvel, werd de heuvel vanouds alleen aangeduid met de naam Schoeberg. Dit lijkt dan ook de enige juiste naam. Waarschijnlijk is in 1931 de 'echte' Paasberg verward met de Schoeberg.
2. Tumulus I is de in 1929 door Van Giffen opgegraven steenkist-heuvel, gelegen ten ONO van tumulus II (Van Giffen, 1930; Lanting, 1973).
3. Dit na-onderzoek, uitgevoerd door J.N. Lanting, J.H. Zwier en de auteur, heeft aangetoond dat, in tegenstelling tot eerdere berichten (Beuker, 1992), een gedeelte van de heuvel, hoewel zwaar gehavend, nog aanwezig is. Helaas bleek het centrum van de heuvel met daarin mogelijk de resten van de nabijzettingen I en II vergraven te zijn.

4. Dagrapport 14 september 1931.
5. Niet te verwarren met de vroegere nederzetting met het zogenaamde hoofdelingenhof, opgegraven in 1938 (Van Giffen, 1958).
6. Determinatie A. Koster, conservator Provinciaal Museum G.M.
   Kam.
7. Ik wil graag drs. J.N. Lanting bedanken voor zijn vele toevoegingen en suggesties en het mij attent maken op de in dit artikel
   besproken vondsten. Daarnaast wil ik drs. A. Koster bedanken
   voor haar determinatie van het brons uit de Schoeberg en H.
   Seinen voor het verlenen van toestemming voor het uitvoeren van
   een na-onderzoek van de Schoeberg.

5. LITERATUUR

BEUKER, J.R., 1992. De oudste geschiedenis. In: J.Bos e.a. (red.),
   Geschiedenis van Diever. Stichting Het Drentse Boek, Zuidwolde.
BEUKER, J.R., W.A.B. VAN DER SANDEN & V.T. VAN VILS-
   TEREN, 1991. *Zorg voor de doden. Vijfduizend jaar begraven in
   Drenthe* (= Archeologische monografieën van het Drents mu-
   seum, 3). Provinciaal Museum van Drenthe, Assen.
BOERSMA, J.W., 1970. Hijken. *Bulletin van de Koninklijke Neder-
   landse Oudheidkundige Bond* 69, Archeologisch Nieuws, *1-2.
BOESTERD, M.P.H. DEN, 1956. *The bronze vessels* (= Description
   of the collection in the Rijksmuseum Kam at Nijmegen, 5).
   Rijksmuseum G.M. Kam, Nijmegen.
BRUNSTING, H., 1941. Woningsporen uit den romeinschen keizer-
   tijd N. van Wachtum, gem. Dalen. *Nieuwe Drentse Volksalmanak*
   59, pp. 24-26.
CUYCK, P. VAN, 1780. *Beschryving van eenige oudheden, gevon-
   den in een tumulus, of begraafplaats, op het eiland Texel; in
   november, 1777*. Yntema & Tieboel, Amsterdam.
EGGERS, H.J., 1949/1950. Lübsow, ein germanischer Fürstensitz
   der älteren Kaiserzeit. *Prähistorische Zeitschrift* 34-35, pp. 58-
   111.
EGGERS, H.J., 1951. *Der römische Import im freien Germanien* (=
   Atlas der Urgeschichte, 1). Hamburgisches Museum für
   Völkerkunde und Vorgeschichte, Hamburg.
EGGERS, H.J., 1955a. Die römische Bronzegefässe von der Saalburg.
   Salzburg Jahrbuch 14, pp. 45-49.
EGGERS, H.J., 1955b. Zur absoluten Chronologie der RKZ im
   freihen Germanien. *Jahrbuch Römisch-Germanisch
   Zentralmuseum Mainz* 2, pp. 196-244.
EKHOLM, G., 1933. *Bronskärlen av Östlands- och Vestlandstyp* (=
   Det kongelige Norske videnskabers Selskabs Skrifter, 5).
   Trondheim.
ES, W.A. VAN, 1967. Wijster, a native village beyond the imperial
   frontier 150-425 AD. Dissertatie Groningen. Tevens verschenen
   als *Palaeohistoria* 11.
ES, W.A. VAN, 1968. Paddepoel, excavations of frustrated terps, 200
   BC-250 AD. *Palaeohistoria* 35/36, pp. 187-352.
ES, W.A. VAN, 1990. Drenthe's plaats in de Romeinse tijd (en de
   vroege middeleeuwen). *Nieuwe Drentse Volksalmanak* 107, pp.
   181-192.
ES, W.A. VAN & A.D. VERLINDE, 1977. Overijssel in Roman and
   early medieval times. *Berichten van de Rijksdienst voor het
   Oudheidkundig Bodemonderzoek* 27, pp. 7-89.
GEBÜHR, M., 1974. Zur Definition älterkaiserzeitlicher Fürstengräber
   vom Lübsow-Typ. *Prähistorische Zeitschrift* 49, pp. 52-128.
GIFFEN, A.E. VAN, 1930. *Die Bauart der Einzelgräber* (= Mannus-
   Biblithek, 44/45). Kabitzsch, Leipzig.
GIFFEN, A.E. VAN, 1936. Oudheidkundige aanteekeningen over
   Drentsche vondsten (III). *Nieuwe Drentsche Volksalmanak* 54,
   pp. 1-66.
GIFFEN, A.E. VAN, 1943. Opgravingen in Drenthe tot 1941. In: J.
   Poortman (red.), *Drente. Handboek voor het kennen van het
   Drentsche leven in voorbije eeuwen*. Boom, Meppel, pp. 393-564.
GIFFEN, A.E. VAN, 1958. Prähistorische Hausformen auf Sandböden
   in den Niederlanden. *Germania* 36, pp. 35-71.
GLASBERGEN, W., 1945. De invoer van terra sigillata naar Dren-

the. *Nieuwe Drentsche Volksalmanak* 63, pp. 133-144.
HOLWERDA, J.H., 1931. *Een vondst uit de Rijn bij Doorwerth* (=
   Oudheidkundige Mededelingen uit 's Rijksmuseum van Oudhe-
   den, 12 supplement).
JANSSEN, L.J.F., 1848. *Drentsche oudheden*. Kremink & Zn, Utrecht.
JANSSEN, L.J.F., 1859. *Oudheidkundige verhandelingen en
   medeelingen III*. Nijhoff & Zn, Arnhem.
KOOI, P.B., 1979. Pre-Roman urnfields in the north of the Netherlands.
   Dissertatie Groningen. Wolters/Noordhoff/Bouma's Boekhuis
   BV, Groningen.
KOOI, P.B., 1993/1994. Het project Peelo: het onderzoek in de jaren
   1981, 1982, 1086, 1987 en 1988. *Palaeohistoria* 35/36, pp.169-
   306.
KOSTER, A., 1997. *The bronze vessel, 2. Acquisitions 1954-1996
   (including vessels of pewter and iron)* (= Description of the
   collections in the Provinciaal Museum G.M. Kam at Nijmegen,
   13). Provinciaal Museum G.M. Kam, Nijmegen.
KUNOW, J., 1983. *Der römischen Import in der Germania libera bis
   zu den Markomannenkriegen. Studien zu Bronze- und Glasgefässen*
   (= Göttinger Schriften zur Vor- und Frühgeschichte, 21).
   Wachholtz, Neumünster.
LANTING, J.N., 1973. Laat-neolithicum en vroege bronstijd in
   Nederland en N.W.-Duitsland: continue ontwikkelingen.
   Palaeohistoria 15, pp. 215-317.
LANTING, J.N. & W.G. MOOK, 1977. *The pre- and protohistory of
   the Netherlands in terms of radiocarbon dates*. Groningen.
LINDEBERG, I., 1973. Die Einfuhr römischen Bronzegefässe nach
   Gotland. *Saalburg Jahrbuch* 30, pp. 5-70.
LOHOF, E., 1991. Grafritueel en sociale verandering in de bronstijd
   van Noordoost-Nederland. Dissertatie Amsterdam.
MULDER, A., 1975. *De historie en pre-historie van Diever in woord
   en beeld*. Van Goor, Diever.
PETROVSZKY, R., 1993. *Studien zu römischen Bronzegefässen mit
   Meisterstempeln* (= Kölner Studien zur Archäologie der römischen
   Provinzen, 1). Verlag M.L. Leidorf, Buch am Erlbach.
RADNÓTI, A., 1938. *Die römische Bronzegefässe von Pannonien*.
   Institut für Münzkunde und Archäologie der P. Pazmany
   Universität, Boedapest.
ROES, A., 1963. *Bone and antler objects from the Frisian terpmounds*.
   Tjeenk Willink, Haarlem.
SANDEN, W.A.B. VAN DER, 1992. Resten van een lorica hamata
   uit Fluitenberg, Gem. Ruinen. *Nieuwe Drentse Volksalmanak*
   109, pp. 155-166.
TAAYKE, E., 1996. Die einheimische Keramik der nördlichen
   Niederlande 600 v.Chr. bis 300 n. Chr. Dissertatie Groningen.
   Tevens verschenen als *Berichten van Rijksdienst voor Oudheidkun-
   dig Bodemonderzoek* 40 (1990) pp. 101-222, 41 (1995) pp. 9-102,
   42 (1996) pp. 9-208.
THOMAS, S., 1960. Studien zu den germanischen Kämmen der
   römischen Kaiserzeit. *Arbeits- und Forschungsberichte zur
   sächsischen Bodendenkmalpflege* 8, pp. 54-216.
VERHOEFF, J.M., 1983. *De oude Nederlandse maten en gewichten*.
   P.J. Meertens Instituut voor Dialectologie, Volkskunde en Naam-
   kunde, Amsterdam.
VOOGD, J. DE, 1990. Het grafveld 'Hijker Esch' (gem. Beilen).
   Doctoraalscriptie B.A.I., Groningen.
WATERBOLK, H.T., 1957. Een kringgrepurnenveld te Wapse.
   Nieuwe Drentse Volksalmanak 75, pp. 42-67.
WERNER, J., 1938. Die römische Bronzegeschirrdepots des 3.
   Jahrhunderts und die mitteldeutsche Skelettgräbergruppe. In: E.
   Sprockhoff (ed.), *Marburger Studien*. Wittich Verlag, Darmstadt,
   pp. 259-267.
WESTENDORP, N., 1822. *Verhandeling, ter beantwoording der
   vrage: welke volkeren hebben de zoogenaamde hunebedden ge-
   sticht? In welke tijden kan men onderstellen, dat zij deze oorden
   hebben bewoond?* Oomkens, Groningen.
WIELOWIEJSKI, J., 1985. Die spätkeltischen und römischen
   Bronzegefässe in Polen. *Bericht der Römisch-Germanischen
   Kommission* 66, pp. 123-320.
WILLERS, H., 1907. *Neue Untersuchungen über die römische

Bronzeindustrie van Capua und von Niedergermanien. Hahnsche Buchhandlung, Hannover, etc.

WOLTERING, P.J., 1983. De Sommeltjesberg op Texel: het graf van een hereboer? 1777. In: M. Addink-Samplonius (red.), Urnen delven. Het opgravingsbedrijf artistiek bekeken. De Bataafsche Leeuw, Dieren, pp. 32-36. Dissertatie Utrecht. Tevens verschenen als *Acta Botanica Neerlandica* 4, 1955. North Holland Publishing Company, Amsterdam.

ZEIST, W. VAN, 1955. Pollen analytical investigations in the northern Netherlands. Proefschrift Rijksuniversiteit Utrecht. Amsterdam.

EEN NIEUWE VONDST VAN EEN FIBULA GEMAAKT VAN EEN ALMOHADISCHE DINAR EN TWEE VONDSTEN VAN PSEUDO-MUNTFIBULA'S VAN ALMOHADISCH TYPE

J.N. LANTING & J. MOLEMA

Groninger Instituut voor Archeologie, Groningen, Netherlands

ABSTRACT: In two papers in this journal attention was drawn to brooches made of 11th-13th century gold coins (largely Almohad dinars and half dinars) and of local imitations in gold of Almohad coins in the coastal areas of the northern Netherlands and northern Germany (Koers et al., 1990; Lanting & Molema, 1993/1994).

In this paper three recent discoveries are presented (fig. 1). The first one is a brooch made of an Almohad dinar/ *dobla* found during an archaeological excavation at the Haukenwarf near Oldorf, Ldkr. Friesland in Germany, in a 12th/13th century context (fig. 2). The *dobla* was minted for caliph Idris I al-Ma'mun (1227-1232), who reigned only in the Andalusian part of the Almohad empire (fig. 3). The reverse of the brooch shows a cross made of two narrow strips of a gold-silver alloy.

The second find is a brooch made of a local imitation in gold of a *dobla* of Almohad type. It was found by a metal detector user on a construction site near Heerenveen, province of Friesland, the Netherlands (fig. 4). The back of this brooch is decorated with a cross in low relief, made of silver, closely related to the anchor-crosses on the coin brooches of Scheemda, Leeuwarden and Veenklooster (Koers et al., 1990; Lanting & Molema, 1993/1994).

The third find is a brooch made of lead-tin alloy, found by a metal detector user in a soil dump, excavated at an unknown locality in the inner city of Dokkum, province of Friesland, the Netherlands. This brooch clearly is a copy of a *dobla* of Almohad type, with its square-in-circle motive, and its short wigglely lines imitating Arabic script (fig. 5). A lily-cross in high-relief on its front side is parallelled by a similar cross in gold filigree on the coin brooch of Itzingaborg near Norden in northern Germany, made of a *masse d'or* of the French king Philippe IV, minted between 1285 and 1314 (Berghaus, 1958, *Tafel* 3: 24). Late 13th-century dates are proposed for the two coin brooches of Heerenveen and Dokkum.

Although the number of 'Almohad' coin brooches is small, two subgroups seem to be present: an eastern group with crosses made of metal strips, and a western group with crosses made of metal wire on the reverse. Local imitations have sofar only been found in the Dutch province of Friesland (fig. 6).

The presence of this small number of Almohad coins in the northern Netherlands and northern Germany is striking. Historical sources make clear that thousands of Almohad coins were imported into England in the 12th-13th century. Despite that, no Almohad coin has been found in England, sofar (Grierson, 1974, p. 391).

KEYWORDS: Northern Netherlands, northern Germany, Middle Ages, coin brooches, Almohad gold coins.

1. INLEIDING (fig. 1)

In dit tijdschrift zijn twee artikelen verschenen waarin aandacht werd gevraagd voor fibula's vervaardigd van 11e/13e-eeuwse gouden munten en van lokale imitaties van dergelijke munten (Koers et al., 1990: Lanting & Molema, 1993/1994). De hoofdmoot werd gevormd door Almohadische munten afkomstig uit Andalusië of Noord-Afrika en naslagen daarvan. We hadden verwacht dat naar aanleiding van deze artikelen meer exemplaren bekend zouden worden. Dat is inderdaad gebeurd, maar deze vondsten zijn niet afkomstig uit oude verzamelingen, maar zijn nieuwe aanwinsten. Het betreft een fibula van een Almohadische *dobla* uit de Haukenwarf in de buurt van Wilhelmshaven en een fibula van een imitatie-*dobla* van Almohadisch type uit Heerenveen. Verder werd nog een fibula bekend, vervaardigd uit een lood-tinlegering, waarvan de beeldenaar een *dobla* van Almohadisch type imiteert. Deze fibula werd gevonden bij Dokkum.

2. DE MUNTFIBULA VAN DE HAUKENWARF (fig. 2)

In 1996 voerde het Niedersächsisches Institut für Historische Küstenforschung uit Wilhelmshaven onder leiding van Erwin Strahl een opgraving uit in de Haukenwarf (Oldorf FstNr 5), *Gemeinde* Wangerland, Ldkr. Friesland, ca. 18 km ten NW van Wilhelmshaven. In de vulling van een voormalige watervoerende laagte op de terp werd een licht beschadigde muntfibula gevonden. Het overige vondstmateriaal uit de vulling dateert in de 12e/13e eeuw. Strahl gaf ons toestemming de, inmiddels gerepareerde, muntfibula te vermelden en af te beelden.

Bij de munt gaat het om een Almohadische *dobla* of dinar (zie Lanting & Molema, 1993/1994: p. 324), die zich verrassend eenvoudig liet determineren aan hand van de voortreffelijke foto's die Strahl ons zond (fig. 2). De vierkanten op voor- en achterzijde bevatten namelijk zes regels tekst in plaats van de gebruikelijke vijf.

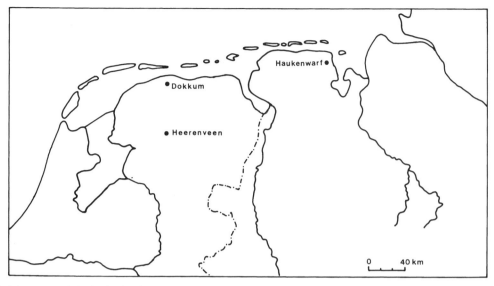

Fig. 1. De vindplaatsen van de in de tekst beschreven muntfibula's.
The findspots of the coin brooches described in this paper.

Fig. 2. De muntfibula van de Haukenwarf, voor- en achterzijde. 3/2 ware grootte.
The coin brooch of Haukenwarf, front and reverse. Scale 3:2.

Het standaardwerk van Medina Gomez (1992) maakte duidelijk dat dit alleen voorkomt op *dobla's* van kalief Idris I al-Ma'mun (1227-1232). G.J.M. van Gelder (afd. Talen en Culturen van het Midden-Oosten, Rijksuniversiteit Groningen) bevestigde vervolgens dat de teksten op voor- en achterzijde, voor zover leesbaar, corresponderen met de door Medina Gomez gepubliceerde *leyendas* en randschriften. Op de voorzijde luidt de tekst in het vierkant (*leyenda* 28):

> *Aangesteld in opdracht van Gof, kalief*
> *Abu Muhammad Abd Al-Mu'min, zoon van Ali,*
> *vorst der gelovigen Abu Yaqub*
> *Yusuf, zoon van de vorst der gelovigen,*
> *vorst der gelovigen Abu Yusuf*
> *Yaqub, zoon van de twee kaliefen*

Het randschrift op de voorzijde (no. 30):

> *Vorst der gelovigen, Abu Abd-Allah*
> *Muhammad, zoon van de vorst der gelovigen*

> *vorst der gelovigen Abu Yaqub*
> *Yusuf, zoon van de rechtzinnige kaliefen*

De tekst in het vierkant op de achterzijde (*leyenda* 27):

> *In naam van God, de erbarmer, de barmhartige*
> *prijs God voor Muhammad en zijn familie*
> *en lof zij God alleen*
> *er is geen god dan God*
> *Muhammad is de gezant van God*
> *Al Mahdi, Iman van de gemeenschap*

Het randschrift op de achterzijde (no. 29):

> *Al-Muyahid al Ma'mun*
> *vorst der gelovigen Abu al-Ula*
> *Idris ben Al-Mansur, vorst der gelovigen*
> *zoon van twee kaliefen, vorsten van de gelovigen*

In deze teksten noemt Idris I zijn overgrootvader Abd-al-Mu'min ben Ali, zijn grootvader Abu Ya'qub Yusuf I, zijn vader Abu Yusuf Ya'qub (*leyenda* 28) en zijn broer Abu-Abd-Allah Muhammad (randschrift 30).

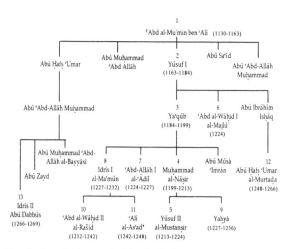

Fig. 3. Genealogie van de Almohadische kaliefen (naar Medina Gomez, 1992).
The genealogy of the Almohad caliphs (after Medina Gomez, 1992).

Fig. 4. De muntfibula van Heerenveen, vervaardigd van een lokale naslag van een *dobla* van Almohadisch type, voor- en achterzijde. 3/2 ware grootte.
The coin brooch of Heerenveen, made of a local imitation of a dobla of Almohad type, front and reverse. Scale 3:2.

Dezen waren de eerste vier Almohadische kaliefen regerend van 1130 tot 1213 AD (fig. 3). De volgende drie kaliefen, Yusuf II, Abd Al-Wahid I en Abd-Allah I, respectievelijk oomzegger, oom en broer van Idris I en regerend tussen 1213 en 1227, worden niet genoemd. Kennelijk probeerde Idris I zijn rechten op de troon te benadrukken door te wijzen op zijn afstamming. Zijn rijk beperkte zich namelijk tot Andalusië; in het Noord-Afrikaanse deel van het Almohadische rijk regeerde zijn neef Yahya, de broer van Yusuf II. De *dobla* van de Haukenwarf is dus zeker in Andalusië geslagen, wat van de andere Almohadische gouden munten in Noord-Nederland en Noordwest-Duitsland niet vaststaat.

Dat de teksten op de foto's zo duidelijk leesbaar zijn, toont aan dat de munt weinig slijtage kent en niet lang in omloop kan zijn geweest, noch als munt noch als fibula. De achterzijde van de fibula is voorzien van een kruis van twee smalle strippen blik van een goud-zilverlegering. De naaldhouders zijn aangebracht op de uiteinden van één van deze strippen; de naald zelf ontbreekt, zoals gewoonlijk.

3. DE PSEUDO-MUNTFIBULA VAN HEERENVEEN (fig. 4)

Deze fibula werd gevonden door J. Henstra uit Buitenpost, met behulp van een metaaldetector, in de bouwput van het hoofdkantoor/distributiecentrum van de supermarktketen Nieuwe Weme op het nieuwe bedrijventerrein van Heerenveen, oostelijk van de (oude) weg Steenwijk-Leeuwarden en zuidelijk van de weg Drachten-Heerenveen (fig. 1). Het betreft een 'losse' vondst; verdere aanwijzingen voor 12e/13e- eeuwse bewoning ter plaatse werden niet gevonden.

De fibula is beschadigd: een doorboring is uitgebroken en aan één zijkant ontbreekt een groot stuk met de naaldhouder. De naaldklem is verwijderd of afgebroken. Bij de 'munt' gaat het om een namaak-*dobla*, vervaardigd van twee identieke, op elkaar geperste ronde stukken goudblik, zoals een kleine beschadiging aan de voorzijde laat zien. Het goudgehalte is niet bepaald, maar te oordelen naar de kleur gaat het om een betere kwaliteit goud dan die van de pseudo-*dobla's* van Damwoude en Stavoren. Ook in andere opzichten wijkt de 'munt' van Heerenveen af: terwijl bij de exemplaren van Damwoude en Stavoren geprobeerd is de rondere vormen van het Nashkischrift van de Almohadische munten en hun navolgers te imiteren, is het 'schrift' op de namaak-*dobla* van Heerenveen uitgesproken hoekig van vorm.

De achterzijde is versierd met een variant van het ankerkruis dat op de muntfibula's van Scheemda, Leeuwarden en Veenklooster voorkomt (Lanting & Molema, 1993/1994: fig. 4). Het kruis is een variant in die zin, dat twee armen met hun dubbele krullen een anker vormen en twee armen met een enkele krul niet. Eén arm is extreem kort om plaats te bieden aan de naaldhouder. Juist daar is een deel van de fibula afgebroken. De naaldklem is ook niet meer aanwezig, maar een onderbreking in één van de krullen geeft aan waar deze gezeten heeft. Tussen een dubbele krul, haaks op de naaldinrichting, is nog een spoor van een secundaire doorboring te zien. Juist hier is nog een stukje uit de fibula gebroken. De doorboring moet secundair zijn, omdat de randen van het gat zijn omgeslagen. Mogelijk is deze doorboring aangebracht om een ketting te bevestigen. Een andere mogelijkheid is dat de fibula secundair tot hangertje is verwerkt, bij welke gelegenheid ook de naaldinrichting verwijderd kan zijn.

Het kruis op de keerzijde is gemaakt van smalle strippen zilver. Op dezelfde manier is rondom een pseudo-kabelrand aangebracht. Het bijzondere van deze strippen is dat ze opstaande buitenranden hebben die op min of meer regelmatige afstand door een opstaand binnenrandje verbonden worden. Mogelijk hebben deze randen te maken met de manier waarop de strippen gefabriceerd zijn. De krullen van het kruis, zes in getal, zijn verstevigd met dun zilverdraad dat op de strippen gesoldeerd is. Het midden van het kruis en de plaatsen waar de krullen van het kruis elkaar of de buitenrand raken, zijn eveneens met zilverdraad verstevigd. Op doorsnee vertoont dit draad aan beide zijden een vertanding, hetgeen ook weer met de fabricage te maken kan hebben.

4. DE PSEUDO-MUNTFIBULA VAN DOKKUM (fig. 5)

Op deze fibula werden wij attent gemaakt door onze collega J.M. Bos, die bezig is met een inventarisatie van fibula's uit Friesland, in samenwerking met J. Zijlstra uit Leeuwarden (Bos & Zijlstra, in druk: cat.nr. 851). Dit exemplaar werd gevonden door L. Haak te Drachten met behulp van een metaaldetector, in een depot grond afkomstig uit de binnenstad van Dokkum. De oorspronkelijke vindplaats kon niet meer bepaald worden.

Het voorwerp is beschadigd, maar verkeert verder in goede conditie, ondanks het feit dat het vervaardigd is uit een lood-tinlegering. Het imiteert zonder enige twijfel een *dobla* van het Almohadische type. De diameter van 27 mm, het vierkant met meervoudige omranding binnen een cirkel, en de 'sliertjes' die Arabische schrifttekens suggereren, laten geen andere interpretatie toe. De achterzijde is glad, afgezien van de naaldhouder en -klem.

Afwijkend van de fibula's vervaardigd van Almohadische munten of van lokale naslagen daarvan, heeft de fibula van Dokkum een kruis in hoog reliëf op de voorzijde. De armen van dit kruis hebben een brede middenbaan en twee smallere zijbanen en eindigen lelievormig; op de drie ronde uiteinden van elke arm zijn halve bolletjes aangebracht. Op het snijpunt van de armen is een grotere halve bol aanwezig, terwijl in de vier hoekpunten kleine halve bolletjes aangebracht zijn.

Fig. 5. De muntfibula van Dokkum, vervaardigd uit een lood-tinlegering naar voorbeeld van een *dobla* van Almohadisch type. Voorzijde in foto en tekening, schaal 3:2.
The coin brooch of Dokkum, made of lead-tin alloy, after a dobla *of Almohad type. Front in photo and drawing, scale 3:2.*

5. PARALLELLEN EN DATERINGEN

De minst problematische qua datering is de muntfibula van de Haukenwarf. De *dobla* is tussen 1227 en 1232 geslagen en toont weinig sporen van slijtage. Noch als munt, noch als muntfibula heeft dit voorwerp een lange omlooptijd gekend. Dat wordt bevestigd door het 12e/13e-eeuwse vondstmateriaal uit de vulling van de dobbe waarin deze fibula werd ontdekt. De *dobla* van Haukenwarf is de jongste van de tot nu toe in Noord-Nederland en Noordwest-Duitsland gevonden Almohadische gouden munten.

De pseudo-muntfibula van Heerenveen is niet zonder meer dateerbaar. Het voorbeeld is een *dobla* van Almohadisch type geweest, maar dit type werd ook in post-Almohadische tijd, tot in de 16e eeuw, geslagen. Gezien de dateringen van de tot nu toe in Noord-Nederland en Noordwest-Duitsland gevonden echte

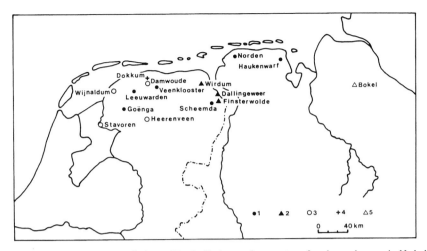

Fig. 6. De verspreiding van muntfibula's, vervaardigd van Almohadische gouden munten of naslagen daarvan in Nederland en Noordwest-Duitsland.
Distribution of coin brooches made of Almohad gold coins or of local imitations in the Netherlands and NW-Germany. Legenda/*key*: 1. Almohad(ische) *dobla*; 2. Almohad(ische) halve/*half dinar*; 3. Lokale imitatie in goud van/*local imitation in gold of* Almohad(ische) *dobla*; 4. Lokale imitatie in lood-tin van/*local imitation in lead-tin of* Almohad(ische) *dobla*; 5. Almohad(ische) halve/*half dinar*, uit muntschat/*found in coinhoard*, niet veranderd in fibula/*not changed into brooch*.

dobla's, is het echter waarschijnlijk dat de bron van inspiratie een Almohadische *dobla* uit de 12e of 13e eeuw was. De versiering op de achterzijde is verwant aan de ankerkruizen op de fibula's van Leeuwarden, Veenklooster en Scheemda (Lanting & Molema, 1993/1994: fig. 2 en 4). Gezien de verschillen is het waarschijnlijk dat het kruis op de fibula van Heerenveen een jongere variant is en dan waarschijnlijk in de gevorderde 13e eeuw gedateerd moet worden.

De pseudo-muntfibula van Dokkum kent als zodanig geen tegenhangers. Maar ook hier zal wel een 12e/13e-eeuwse Almohadische *dobla* als voorbeeld hebben gediend. Een datering aan de jongere kant van deze periode wordt gesuggereerd door de vondst van een muntfibula uit de Itzingaborg bij Norden, die een vrijwel identiek, opgelegd leliekruis heeft (Berghaus, 1958: *Tafel* 3:24). De munt is in dat geval een *masse d'or* van de Franse koning Philippe IV (1285-1314). Het kruis is vervaardigd van goudfiligrain. Op grond van het Almohadische muntbeeld en de parallel van Itzingaborg is voor de fibula van Dokkum een laat 13e-eeuwse datering goed verdedigbaar.

Het kruis op de achterzijde van de fibula van de Haukenwarf bestaat uit twee dunne strippen blik van een goudlegering. Het kruis is diagonaal over het vierkant in de beeldenaar aangebracht. Op de fibula van Norden (Grotefend, 1853; Dirks, 1886) komt een vergelijkbaar kruis voor, eveneens van strippen goudblik en diagonaal aangebracht. Het kruis is echter kleiner en minder regelmatig dan dat van de Haukenwarf. Een kruis van twee reepjes zilverblik was aanwezig op de keerzijde van de fibula van Finsterwolde. De ligging ten opzichte van het vierkant in de beeldenaar wordt echter niet vermeld (vgl. Koers *et al.*, 1992: noot 2). Het lijkt

erop dat bij de Almohadische muntfibula's in Noord-Nederland/Noordwest-Duitsland twee groepen te onderscheiden zijn. De eerste wordt gekenmerkt door filigrain ankerkruizen en afgeleide versiering en is bekend van Leeuwarden, Scheemda, Veenklooster (*dobla's*), Wirdum (halve dinar) en Heerenveen (naslag-*dobla*). De tweede groep bestaat uit bovengenoemde exemplaren met een kruis van blikreepjes van Norden, Haukenwarf (*dobla's*) en Finsterwolde (halve dinar).

De fibula's van Dallingeweer (halve dinar waarvan de achterzijde geheel met goudblik is bedekt) en van Goënga (*dobla* zonder versiering op de achterzijde) behoren tot geen van beide groepen. De naslagen van Stavoren, Damwoude en Wijnaldum waren op de achterzijde niet versierd of bedekt, in tegenstelling tot de naslag van Heerenveen.

Met enige voorzichtigheid, vanwege de kleine aantallen, kan dus onderscheid gemaakt worden tussen een oostelijke (Noord-Duitsland en oostelijk Groningen) en een westelijke (Friesland en Groningen) groep. Eveneens regionaal beperkt lijken de naslagen te zijn: alle vier gouden imitatiemunten zijn in de provincie Friesland gevonden, evenals de tot dusver unieke imitatie in lood-tinlegering. Ook de hier gepubliceerde nieuwe vondsten maken duidelijk dat alleen in het Friese kustgebied van Noord-Nederland en Noordwest-Duitsland vraag was naar muntfibula's van Almohadische munten en van kopieën daarvan. Tot dusverre zijn geen exemplaren buiten het Friese gebied bekend geworden.

Uit historische bronnen is bekend dat de Engelse koningen in de late 12e en 13e eeuw duizenden Almohadische gouden munten (*oboli et denarii de musc'*) opkochten (Grierson, 1951; 1974; Carpenter, 1987). Tot dusver is in Engeland echter geen Almo-

hadische gouden munt bekend geworden uit een munt-
schat of als losse vondst (Grierson, 1974: p. 391). Al die
munten lijken dus uiteindelijk te zijn omgesmolten. In
het Friese kustgebied zijn de Almohadische munten
uitsluitend bewaard gebleven, omdat daar muntsieraden
in trek waren.

6. LITERATUUR

BERGHAUS, P., 1958. Die ostfriesische Münzfunde. *Friesisches Jahrbuch (= Jierboek 1958 fan de Fryske Akademy; Jahrbuch des nordfriesischen Vereins für Heimatkunde und Heimatliebe 32; Jahrbuch der Gesellschaft für bildende Kunst und vaterländische Altertümer zu Emden* 38), pp. 9-73.

BOS, J.M. & J. ZIJLSTRA, in druk. Medieval brooches from the Dutch province of Friesland (Frisia): a regional perspective on the Wijnaldum brooches. Part 2: disc and related brooches. In: J.C. Besteman, J.M. Bos, D.A. Gerrets & H.A. Heidinga (eds), *The excavation near Wijnaldum. Reports on Friesland in Roman and Medieval Times.* Volume I. Balkema, Rotterdam.

CARPENTER, D., 1987. Gold and gold coins in England in the mid-thirteenth century. *The Numismatic Chronicle* 147, pp. 106-113.

DIRKS, J., 1886. Herinnering aan den kruistogt der Friezen in het jaar 1217. *De Vrije Fries* 16, pp. 51-58.

GRIERSON, P., 1951. Oboli de Musc'. *The English Historical Review* 66, pp. 75-81.

GRIERSON, P., 1974. Muslim coins in thirteenth-century England. In: Dickran M. Kouymjian (ed.), *Near Eastern numismatics, iconography, epigraphy and history. Studies in honor of George C. Miles.* American University of Beirut, pp. 387-391.

GROTEFEND, C.L., 1853. Ein Beutestück aus dem Kreuzzuge der Friesen, 1217. *Zeitschrift des historischen Vereins für Niedersachsen*, pp. 414-417.

KOERS, J.P., J.N. LANTING & J. MOLEMA, 1990. De muntfibula van een Almohadische dobla uit Scheemda: vondstomstandigheden, parallellen en historische context. *Palaeohistoria* 32, pp. 331-338.

LANTING, J.N. & J. MOLEMA, 1993/1994. Nogmaals gouden muntfibula's uit de 12e-13e eeuw. *Palaeohistoria* 35/36, pp. 323-328.

MEDINA GOMEZ, A., 1992. *Monedas hispano-musulmanas. Manul de lectura y clasificacion.* Instituto provincial de investigaciones y estudios toledanos. Toledo.

ON THE ORIGIN OF PLUMS: A STUDY OF SLOE, DAMSON, CHERRY PLUM, DOMESTIC PLUMS AND THEIR INTERMEDIATE FORMS

H. WOLDRING

Groninger Instituut voor Archeologie, Groningen, Netherlands

ABSTRACT: In this paper the origin of plums is investigated through a study of intermediate forms of sloe and damson. Furthermore the role of cherry plum in connection with the evolution of plums is discussed, as well as the various opinions on the origin of husbanded and feral damson. There is general agreement that damson is the ancestor of our domestic plums. The cultivation of *Prunus insititia* since the Neolithic era, as well as the subsequent development and spread of domestic plums, have led to the emergence of several local varieties in both groups.

In order to be informed on the multitude of varieties and range of distribution, the author has collected great numbers of stones of damson varieties and related groups in various parts of Europe and Anatolia. Fruit stones of both damson and domestic plums are shown to have characteristic varietal differences. This study has revealed several morphologically intermediate forms of sloe and damson. The features of these forms indicate that they result from hybridization between sloe and damson, which implies a close relationship between the species.

The conclusions in this study are principally based on results from breeding tests of varieties of damson, sloe, cherry plums and the intermediates, performed during the years 1989-1997. The tests demonstrate that fruit stones of black-fruited damson varieties germinate readily and that the seedlings usually develop into normal shrubs or trees. By contrast, fruit stones obtained from damson specimens with yellow, green or red fruits show seed sterility or produce seedlings characterized by poor growth and viability. These features suggest hybridization and such specimens probably originate from crossings between damson and domestic plums. The characteristics found in the progeny of black-fruited damsons suggest that this group represents the original, botanical species.

Fruit stones of cherry plums, irrespective of the colour of the fruits, show high germination capacity while the growth of their seedlings is remarkably homogeneous and vigourous. The strikingly similar features of sloe and black-fruited damsons, the evidence of their close relationship derived from the hybrid forms and the absence of cherry plum features have led to the conclusion that (black-fruited) damson plums developed directly from forms of sloe. The extreme rareness of intermediates between damson and cherry plum and the striking differences in features between these species indicate that cherry plum did not play a role in the ancestry of the damson.

KEYWORDS: Botany, species, hybridization, intermediates, *Prunus*, sloe, damson, cherry plum, origin of domestic plums.

1. INTRODUCTION

The genus *Prunus* (Prunoidae subfamily, Rosaceae family) is generally subdivided into four subgenera: Prunophora (plums), Cerasus (cherries), Amygdalus (almond) and Padus (cherries with flowers in terminal racemes 'bird cherries'). The genus as a whole comprises 150-200 species, depending on the definition of species.

Within the Prunophora group sloe, cherry plum, damson and domestic plum constitute four closely related species. Sloe is a widely distributed natural species of the temperate parts of Europe and Asia. Cherry plums (*Prunus cerasifera* ssp. *divaricata*) occur wild in central and western Asia and probably also on the Balkans. Cultivated and naturalized cherry plums (*Prunus cerasifera* ssp. *cerasifera*) are widespread in Europe and Anatolia. Related to these species but geographically distant is the *Prunus salicina/triflora* group, cultivated in east Asia (China, Japan). Other wild plums in Eurasia include *Prunus brigantina*, an endemic plum with inedible fruits of the southwestern Alps (France, Italy) and two species related to cherry plum, which occur locally in the Mediterranean: *Prunus cocomilia* (Italy, Greece, Turkey) and *Prunus ursina* (Israel to southern Turkey). Russian researchers distinguish several species related to cherry plum in the Caucasus and central Asia (Komarov, 1941).

Damson (*Prunus insititia*) is considered the main progenitor of the large-fruited domestic plums. This species is thought to have originated in western Asia or southern Russia (e.g. Caucasus; Rybin, 1936) and subsequently to have spread over Europe and much of Asia by cultivation. Its simple reproduction from rootsuckers, plants which develop from roots at some distance from the primary tree, has certainly assisted its distribution in the past. Though the fruits of most *insititia* varieties are economically worthless, damsons are still much present in gardens, farm-yards, old orchards etc. Feral and possibly wild specimens occur throughout Europe, North Africa and Anatolia. In France the species is common in hedgerows and waste places near villages. Rikli (1943-1948: p. 675) mentions *Prunus insititia* as a component of holm oak forest in the Tell Atlas, Algeria (altitude 1030-1150 m). Another more or less natural habitat of the plant includes open places in the jungle vegetation that has developed on former dunes along the southern coast of the Caspian Sea. All the same, Russian researchers state that in the former USSR no plums occur in a wild state (Komarov, 1941). It is not impossible that wild populations have disappeared through cross-breeding with cultivated specimens.

The foregoing means that the origin of damson plums is unclear. As a polyploid species, damson plums probably evolved from another species or from crossings between *Prunus* species. According to Rybin (1936) plums originate from crossings between sloe (*Prunus spinosa* L.) and cherry plums (*Prunus cerasifera* Ehrh.). Rybin performed experimental crossings between these species, which in one case produced a polyploid plum resembling the damson. Werneck (1961) assumes a great contribution of sloe in the parentage of some Austrian damson varieties, whereas in others (e.g. 'Weinkrieche') he found dominating features of cherry plum. His conclusions were based chiefly on the features of the fruit stones. Zohary & Hopf (1988) suggest that damson plums evolved directly from polyploid cherry plums; they reject the role of sloe in the ancestry of damson plums. On the other hand, Körber-Grohne (1996) attributes a significant role to sloe in the development of *Prunus insititia*.

Prunus fruit stones have morphologically distinct and genetically fixed features, which enables the identification of species and even most varieties of plums. This is of special advantage in *insititia* plums, since within this group other varietal differences are small (fruits 20-25 mm in size, usually round/oval, and blue to violet in colour).

Since 1989 the author has collected fruit stones of damson and related groups in various parts of Europe and Anatolia with the following objectives:

- To trace the unknown origin of damson and other plums;

- To expand the rather scanty knowledge of the number and geographical distribution of *insititia* varieties;

- To perform basic research in the form of breeding tests in order to compare seedlings of cherry plum, sloe and damson varieties with the maternal plants;

- To obtain reference material to facilitate identification of plum stones from archaeological assemblages.

2. STUDIES ON PLUMS

The earliest written information on fruit and fruit cultivation comes from Roman authors, e.g. Pliny and Columella (Roach, 1985). Illustrations of plum fruits are available from the beginning of book printing. Konrad Gesner illustrated the yellow-fruited 'Ziparte' of central Europe in *Historia Plantarum* (1516-1565), while the 'Gelbe Spilling', also a yellow-fruited *insititia* variety, is illustrated by J.Th. Tabernaemontanus (1588). Carolus Clusius (1583) published the earliest illustration of cherry plums (see also Körber-Grohne, 1996). Other old plum varieties, such as the English damsons, are illustrated by John Gerard (1597).

Studies with the aim to survey the number and value of plum varieties were carried out in the 18th and 19th centuries. One of the earliest inventories was drawn up by Jahn et al. (1850-1875). The described fruit varieties include almost 300 plum varieties, occurring in Germany alone. Dutch fruit varieties were listed by Berghuis (1868). In the first half of this century some specialized handbooks were published in the U.S. (Hedrick, 1911), in Britain (Taylor, 1949) and in Sweden (Dahl, 1943). Peyre (1945) describes the 'wild' and cultivated plums of France. Most of these works provide also illustrations and descriptions of the stones, which already indicates the significance the various authors attribute to this part of the fruit as a means of identification. In general, however, it is difficult to identify unfamiliar varieties from the illustrated stones alone (with the exception of Dahl, 1943).

The following publications highlight the importance of the fruit stones as identifying features. Röder (1940) found that the identification of plum varieties is greatly facilitated by the characteristics of the stones. His work includes several plates with fruit stones of (mostly) domestic plums. A table with indices of the fruit stones (and fruits) completes the study. Except for two varieties belonging to the var. *pomariorum*, Röder did not include the *insititia* plums in his research. In Austria, Werneck (1958; 1961) studied the latter group for two reasons. First, the rapid decrease of damsons and related groups at the time of research; and secondly, the proven hardiness of these nongrafted plums to winter conditions in Austria. In Austria domestic plums were killed off by several severe winters this century, so that selected varieties of *insititia* might be of great economic advantage.

Monographs on cherry plums are scarce; an informative study is that of Stika & Frank (1988) which deals with the variability and distribution of modern cherry plums (wild, economic and ornamental) including pictures of fruit stones.

A thorough study of ancient plum varieties in Germany and adjacent regions (Alsace, France and the north of Switzerland) has been published recently by Körber-Grohne (1996). The origin of the ancient, nongrafted varieties of plums and prunes, but also of cherry plums, large-fruited forms of sloe and hybrids between sloe and *Prunus insititia* is discussed in connection with their respective histories as revealed from archaeological assemblages.

It is impossible to enumerate here all the papers

which discuss and illustrate ancient plum stones. The following are mentioned (see also Körber-Grohne, 1996):

Prunus insititia

Neolithic	Hopf, 1968
	Bertsch & Bertsch, 1947
Bronze Age	Jacquat, 1988
Roman Period	Baas, 1936; 1951
	Frank & Stika, 1988
	Maier, 1988
Middle Ages	Behre, 1978
	Gregor, 1995
	Knörzer, 1979; 1987
	Kroll, 1980
	Opravil, 1976; 1986a; 1986b
	Van Zeist, 1994
16th/17th century	Behre, 1978
	Van Zeist, 1988

Prunus cerasifera

	Baas, 1936
	Kühn, 1995
	Stika & Frank, 1988

Prunus spinosa ssp. *macrocarpa/Prunus fruticans* (intermediates)

	Kühn, 1995
	Opravil, 1976
	Van Zeist, 1988; 1994

3. SOME NOTES ON THE VALUE OF IDENTIFICATION CRITERIA IN PRUNUS

In general the identification of the discussed *Prunus* species does not present difficulties. Untypical cherry plums, e.g. specimens with shorter pedicels, may at first sight be confused with damson plums. Some local *Prunus* species in the eastern Mediterranean, such as *Prunus cocomilia* in Greece and Turkey and *Prunus ursina* in western Syria and Lebanon, may be confused with the related cherry plum because of their likeness in foliage and fruits.

The identification of groups at lower levels (subspecies, varieties) is usually more complicated. Such is the case with cherry plums: cultivated cherry plums (*Prunus cerasifera* ssp. *cerasifera*) and wild cherry plums (*Prunus cerasifera* ssp. *divaricata*) of western and central Anatolia differ only in minute detail. The subspecies *insititia* and subspecies *domestica* include such a wide range of forms with so many overlapping features that it is hardly possible to point out diagnostic features which clearly distinguish the two groups. Recently, Körber-Grohne (1996) has included the 'Roter Spilling' in the group of prunes (ssp. *oeconomica*) on the basis of the features of the fruits and fruit stones. Up till then, this variety had been regarded as an *insititia* plum. This indicates that the present division of the subspecies is not (or cannot be) settled on well-defined

characteristics. A group that clearly shows features of ssp. *insititia* and ssp. *domestica* are the typical English damsons. By their properties, the small-fruited English damson varieties are rightly classified in the *insititia* group. The small-fruited forms, even though some varieties produce pyriform fruits, are no doubt identical to the continental *insititia* varieties (in terms of the size and shape of the fruits and fruit stones). Yet this country also produces varieties with large fruits and stones, e.g. Damson Merryweather and Bradley's King, which given the size of their fruits should be classified as *domestica* plums. Their fruits show some resemblance to prunes. In this case it is easier to name the variety than the subspecies under which it is classified. The presence of features of *insititia* as well as those of *domestica* in a group with such typical properties as damsons is in all probability the consequence of crossings between damsons and different groups of plums. According to Taylor (1949) varieties like Damson Merryweather probably resulted from such crossings, but the typical damson flavour and bitterness of the fruits were decisive for their classification under the *insititia* group.

The identification of varieties is often complicated, firstly because of the number of varieties, and secondly because the properties of these varieties are not always as constant as is often suggested. Properties such as fragrance and taste, the size of the fruits, their time of ripening, the degree to which the flesh clings to the stone and the presence of pubescence on young twigs are decisive factors used in the identification of *insititia* and *domestica* varieties (see for instance Hogg, 1884). But these features may vary considerably. Some of these properties depend greatly on the weather in the growing season and on early or late harvesting. Large yields generally produce smaller fruits (and stones). The degree of pubescence on one-year-old twigs depends greatly on habitat and possibly also on the nature of individuals. As an example we might consider 'St. Julien', a well-defined French variety. Pubescent and glabrous specimens of this variety have been collected in equal numbers in the Morvan region in central France.

A general feature in young *Prunus* specimens is spinescence. This is of special significance in cherry plums; in floristic works, the absence of spines is a discriminating identification mark of this species. Yet, of some 100 specimens raised from stones of various origin, almost all developed an abundance of immense spines in the third or fourth year of growth. This spinescence apparently decreases at an older age. Even old specimens of sloe often lose their characteristic spinescence.

Of all the identification marks, the features of the stones seem the most stable characteristics. Hedrick (1911) notes: "In describing the several hundred forms of plums for *The Plums of New York*, the stone has been quite as satisfactory if not the most satisfactory, of any of the organs of this plant for distinguishing the various species and varieties". In fact the size of the fruit stones is the sole feature that may vary to some extent. Experience teaches us that the dimensions of the stones slightly decrease in fertile years, especially in the large-fruited commercial plums. The value of fruit stones as a means of identification is affirmed by various authors (Röder, 1940; Werneck, 1961). They state that the characteristics of the stones are constant, providing a decisive identification criterion, not only for the identification of the species, but particularly for determining varieties. This is true especially for the commercial plum varieties. In a 'blindfold' test, Röder (1940) could correctly identify 95 out of 100 varieties, just by examining the stones.

4. THE INTERMEDIATES

During the present investigation it became evident that quite a number of plants with *insititia*-type fruits have also features which are not typical of this species, but bear closer resemblance to sloe, e.g. in the properties of fruit stones, leaves, taste of fruits and/or length of pedicels. By contrast, intermediate forms of damson/domestic plum and cherry plum are rare and were found only in Italy, while no specimens intermediate to sloe and cherry plum were recorded. The morphology and the properties of fruit and fruit stones of these intermediate forms suggest a relationship between sloe and damson, which lends this group a particular interest in the discussion on the origin and historical development of plums.

Opinions differ on the taxonomical status of the intermediates. Reference works assume the intermediate specimens to be hybrids of sloe and damson plums, *Prunus x fruticans* (Tutin et al., 1968), or include them as large-fruited varieties of sloe (*Prunus spinosa* var. *macrocarpa*) (Hegi, 1906 ff.), *Prunus spinosa* ssp. *megalocarpa* and *Prunus spinosa* ssp. *ovoideoglobosa* (Werneck, 1961). Fournier (1977) includes the intermediate specimens in sloe as possible intra-specific hybrids. Apart from *Prunus fruticans*, Peyre (1945) distinguishes five large-fruited forms at species level. Körber-Grohne (1996) divides the intermediates into large-fruited forms of *Prunus spinosa* (var. *macrocarpa*)

and hybrids of *Prunus spinosa* x *Prunus insititia*. This division is in some cases supported by chromosome research. Large-fruited specimens with $2n = 32:4x$ chromosomes belong to *Prunus spinosa,* which has the same number of chromosomes. Accordingly, specimens with $2n=40:5x$ chromosomes should originate from crossings between sloe and the hexaploid ($2n=48:6x$) damson (see also section 4).

As a consequence of their problematic definition, the nomenclature of the intermediates and botanical species is quite confusing. A summary of scientific and vernacular names is presented in table 1, while characteristics of the groups are described in section 5. For a clear understanding of the term 'intermediates': these plants display features of sloe as well as damson. Plants with fruits that are larger than sloe, but with other characteristics which fully match that species, are considered as intermediates. Similarly *insititia*-type plants with for instance wry fruits have also been included as intermediates.

In this study the term damson refers to the group of varieties with round or oval, small plums (*Prunus domestica* ssp. *insititia*) which occur throughout Europe. In fact, some of the true English *insititia* varieties from which the noun damson is taken differ slightly from the continental *insititia*s in their typical flavour and necked (pyriform) fruit shape. Well-known and widespread typical *insititia* varieties are the German 'Krieche' and the French 'St. Julien'. In everyday language the term 'bullace' is often applied to the entire group of *insititia* varieties. The author is of the opinion that the bullace, even though it is considered an (English) *insititia* variety, has so many features in common with sloe, that this name is unsuitable to cover all the *insititia* varieties. Other plums, often larger-fruited (Reine Claude, oval plums, round plums, prunes, etc.), have been categorized under 'domestic' or *domestica* plums (*Prunus domestica* ssp. *domestica*).

More than 30 intermediate specimens (see Appendix) discussed here demonstrate a seemingly random variation in size and shape of the leaves, length of the fruit stalks, tannin and sugar content of the fruits and growth habit, properties which display traits of sloe or damson plums. In practice, features of either sloe or damson predominate in most specimens. From the

Table 1. Scientific and principal vernacular names of species and intermediates.

Latin name	English	French	German	Dutch
Prunus x *fruticans*	Intermediate	Prunellier à fruits	Wilde Kriech, Saukriech,	Grootvruchtige
Prunus spinosa var. *macrocarpa*	specimens	gros	Gartenschlehe, Kultur-schlehe (Werneck 1961)	sleedoorn
Prunus spinosa	Sloe, blackthorn	Prunellier, épine-noir	Schwarzdorn, Schlehe	Sleedoorn
Prunus insititia	Damson, bullace	Pruneolier, prune sauvage, crèque	Ziparte, Krieche, Haferpflaume	Kroosjes, kriekpruim, wichteries
Prunus cerasifera	Cherry plum	Prune-cerise	Kirschpflaume	Kerspruim

varying and interspecific features of the specimens, the author concludes that the specimens originate from crossings between sloe and damson.

4.1. Geographical distribution and habitats of intermediates

Written accounts indicate that intermediate specimens are distributed throughout central and western Europe (Domin, 1944; Peyre, 1945; Werneck, 1961; Woldring, 1993) and as far north as Småland in the south of Sweden (Weimarck, 1942). They are particularly common in France (Dordogne, Normandy, Morvan). Most of the discussed intermediates were collected in this country. According to Peyre (1945), particularly large numbers, comprising several types (according to Peyre: species), occur around the cities of Lyon and Bordeaux. Reports of extremely large-fruited (*spinosa*?) specimens occurring in Russia could not be verified. In an attempt to increase the range of grown fruit varieties, members of a Dutch pomological society (Noordelijke Pomologische Vereniging) requested Russian colleagues to send over fruit stones of such specimens. The sent samples contained a variety of *spinosa* stones, but hardly any exceeded 10 mm length, the minimum size for fruit stones of large-fruited specimens. The regions where intermediate specimens have been documented fall within the range of distribution of sloe and damson. Interestingly, intermediates seem to be absent in the southern European countries, although sloe and damson plums are widespread there. Davis (1956-1988) and Pignatti (1982) do not specifically mention these forms in their floras. Searches by the present author for intermediates in central and western Turkey, the Othris mountains in Greece and Tuscany in Italy, however, were indeed unsuccessful.

The discussed intermediates were mostly found in man-made habitats, such as hedgerows, along roadsides,

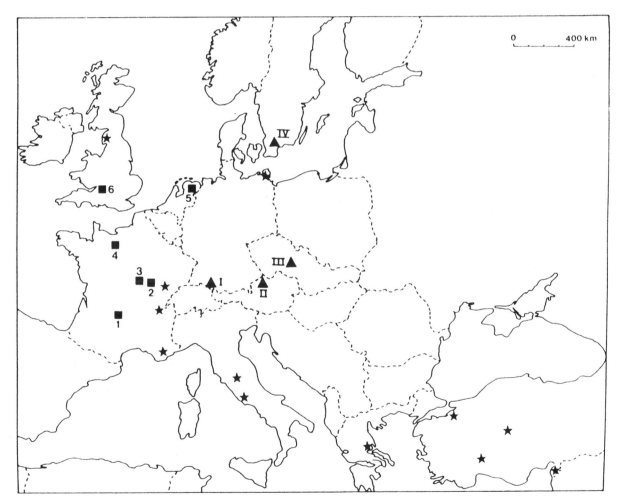

Fig. 1. Distribution of intermediates. The numbers indicate the occurrences of the discussed intermediates. 1. Dordogne, France, 10 types; 2. Côte d'Or, France, 5 types; 3. Morvan, France, 4 types; 4. Normandy, France, 5 types; 5. Northern Netherlands, 9 types; 6. Cotswold, UK, 2 types. The Roman numerals represent the records of intermediates/hybrids from literature: I. Bodensee (Körber-Grohne, 1996); II. Northern Austria (Werneck, 1958; 1961); Moravia (Kühn, 1995); IV. Southern Sweden (Weimarck, 1942). The asterisks indicate regions which lack intermediates.

edges of gardens, etc. They always grow near habitations or in the cultural landscape surrounding villages and hamlets. Seemingly spontaneous specimens appear to grow in the same habitats as sloe, such as hedgerows. Sometimes it was clear that the specimens had been planted. In France, cultivated specimens were encountered amidst different domestic fruit trees. Farmers in Normandy state that the wry fruits of these shrubs are consumed directly. Cultivated intermediates are also mentioned for Austria (Werneck, 1961). According to Werneck, the fruits are among other things used for the production of alcoholic beverages.

5. CHARACTERISTICS OF SLOE, DAMSON AND CHERRY PLUM

5.1. Sloe (*Prunus spinosa* L.)

Chromosome number usually (x=8) 2n=32 (4x), but also 2x (2n=16), 3x (2n=24), 5x (2n=40) and 6x (2n=48) (Watkins, 1976).
Shrubs or small trees, up to 3(5) m, spiny. Rootsuckers.
Leaves (ob)lanceolate, elliptic, (ob)ovate, 3-5 cm long.
Flowers 13-18 mm in diameter, borne singly.
Pedicels (3)5-10(15) mm long, diameter => 1 mm, pubescent or glabrous.
Fruits 10-15 mm in size, (sub)globose, ovoid, conoid, black(-violet), astringent taste, borne in rigid, non-drooping position. Mostly heavily bloomed. Ripe by end of August/September.
Fruit stones c. 7-10(12) mm long. The size separates *spinosa* stones fairly well from the other groups. Large *spinosa* stones overlap with the smallest in the other groups.
Tannin present. Citric acid absent (Komarov, 1941).

5.2. Damson (*Prunus domestica* ssp. *insititia*)

Chromosome number (x=8) 2n=48 (6x) (Watkins, 1976).
Shrubs or small trees attaining 4-8 m, spiny or unarmed. Rootsuckers.
Leaves elliptic, (ob)ovate or almost circular, 5-8(-10) cm long.
Flowers c. 25 mm in diameter, frequently in pairs, arising from one bud.
Pedicels (5)10-15(20) mm long, diameter >1 mm, pubescent or glabrous.
Fruits (15)20-25(30) mm in size, drooping, (sub)globose, ovoid or oval, usually bluish-black, but also yellow, red or green. Bloom mostly thin. Ripe in August-October.
Fruit stones (10)12-16(20) mm long. Ventral suture fairly complex, often broadened and with lateral grooves and ridges. Several types can be distinguished according to the varieties.
Tannin and citric acid present (Komarov, 1941).

5.3. Cherry plum (*Prunus cerasifera* Ehrh.)

Chromosome number usually (x=8) 2n=16 (2x), but also 3x (2n=24), 4x (2n=32), 6x (2n=48) (Watkins, 1976).
Many-stemmed shrubs or trees, up to 8 m. Rootsuckers absent.
Leaves (mostly) serrate, (ob)ovate, elliptic, oval.
Shoots thin, glabrous and smooth, usually unarmed.
Flowers borne singly. Blossoming (in northwestern Europe) c. 2-3 weeks before the other groups.
Pedicels (10)15-22(25) mm long, diameter =>1 mm, often between 0.6 and 0.9 mm, green or reddish, glabrous.
Fruits red or yellow, more rarely black-violet, green, orange, brownish; drooping, ripening early, bloom thin if present: June (Mediterranean), July, August.
Fruit stones 10-22(27) mm long. Ventral suture sharp-angled. Lateral grooves shallow, indefinite and mostly smooth lateral faces. In some Mediterranean cherry plums elevated lateral ridges are found.
Citric acid present. Tannin absent (Komarov, 1941).

5.4. Characteristics of the intermediates and comparison with sloe, damson and cherry plum

The following features describe the discussed intermediates: shrub or small tree, spiny or unarmed. A common feature of intermediates, sloe and damson plums is the abundant development of rootsuckers. A seemingly random variation exists in the size and shape of the leaves, which either resemble those of sloe or damson plums. Flowers, single or in pairs, 18-25 mm in diameter (measurements provided from specimens in the Netherlands), and frequently equalling those of damson in size. Intermediates blossom at the same time as sloe and damson (in the Netherlands, around mid-April). The fruits, c. 15-25 mm in size, are mostly globose or oval, occasionally subglobose or ovoid. This suggests a considerable variation, but broadly speaking one could say that the fruits of the intermediates are round or oval, c. 20 mm in size, purple to almost black and mostly with thick bloom (like the fruits of sloe). The features of the fruits largely match those of damson and differ from those of sloe only in the larger dimensions. Ripe fruits often tend to droop, like those of damson plums. The taste is variable: sweet, sour or astringent, depending on the tannin and sugar content of the fruits. The chromosome number of the intermediates is discussed in 6.2.

The dimensions of the fruit stones of the intermediates (length c. 10-15 mm) generally exceed those of sloe. In size, stones of the intermediates largely overlap with damson and cherry plum stones. A frequent feature of intermediates are the irregular indentations on the dorsal side of the stones (fig. 1). The stones of intermediates range in characteristics between true *spinosa* type stones

Table 2. Summary of the dimensions (in mm) of some morphological features of the discussed intermediates and the botanical species; * derived from Dutch specimens only.

	Diameter of flowers*	Length of fruits	Length of fruit stones	Length of pedicels	Diameter of pedicels
Intermediates	18-25	15-25(28)	10-15(18)	4-12(18)	(0.8)0.9-1.5(1.8)
Sloe	(13)15(20)	10-15(17)	≤10(12)	(2)4-12(15)	(0.7)0.9-1.5(1.9)
Damson	(18)20-25(28)	(17)20-25(30)	10-18(20)	10-15	≥1
Cherry plum	(20)25-(28)	20-30(35)	≥10	(10)15-20(25)	(0.4)0.5-0.9(1.1)

and *insititia* type. In the majority of the stones *spinosa* features dominate e.g. heavy sculpture, domed lateral sides, rounded outline (e.g. plate I, appendix), whereas in other types *insititia* features predominate, e.g. elongated, relatively flat stones, often with more or less pronounced s-shape (e.g. plate V, appendix). Stones of the last type resemble those of damsons so much that in many cases other features, such as *spinosa*-type leaves or wry fruits, must be used to distinguish the specimens from true damsons. Nevertheless, with some specimens it remained unclear whether one was dealing with an intermediate or with a true damson. It should be noted here that some *insititia* varieties exist such as the Dutch *kroosjes*, of which sculpture and shape of the stones are basically identical with the general characteristics of *spinosa* stones (see also Kroll, 1980).

The properties of the intermediates described here indicate a close relationship with sloe and damson. The intermediates lack the typical features of cherry plums (glabrous, thin and long pedicels, shape and serration of the leaves, glabrous twigs and the lack of rootsuckers). These differences indeed suggest that cherry plums are not involved in the ancestry of the West-European intermediates.

This does not imply that crossings between sloe and cherry plums do not occur. Sterile triploid hybrids (2n=24; 3x) between those species seem to be common in the Caucasus (Rybin, 1936). Zohary & Hopf (1988) note that "*domestica* and *insititia* plums apparently intercross and intergrade with *cerasifera-divaricata* forms". The present author found three almost identical trees which showed a true mixture of both aggregates near Tuoro, north of the Lago di Trasimeno in central Italy (*cerasifera* features: early flowering, fruits, foliage; *insititia*/*domestica* features: fruit stones, pubescent twigs, one specimen with rootsuckers). The intermediate traits suggest that these specimens originate from crossings between *cerasifera* and *insititia*/*domestica* plums.

6. GENETICS AND THE POSSIBLE ORIGIN OF INTERMEDIATE SPECIMENS

Theoretically, four genetic processes might lead to forms that are morphologically intermediate to sloe and damson.

6.1. Autopolyploidy

In this process, one, several or all chromosomes of a genome are duplicated or multiplicated. Morphologically, autopolyploidy may take shape in the enlargement of some or all parts of the plant. Thus, larger fruits might result from such a process in sloe. Retarded growth, decreased amount of branching, longer time of flowering, later flowering and reduction of seed fertility are features which may distinguish autopolyploids from the original species. During the study, no differences of this nature between sloe and the intermediates were noticed. In addition, sloe is a polyploid (4x), while the occurrence of autopolyploidy seems to be a regular feature in diploids only (Stebbins, 1960). The presence of *insititia* features in most intermediates also suggests a different origin. Two identical large-fruited specimens from Sainte Marie-en-Anglais in Normandy (see Appendix) might represent autopolyploids of sloe. These specimens differ from the common sloe only in the strongly enlarged fruits and stones.

6.2. Hybridization

Spontaneous and experimentally obtained interspecific (and even intergeneric) hybrids are fairly common in the Prunophora. Some examples:

- Crossings between sloe and cherry plum have been experimentally achieved by Rybin (1936). He also states that hybrids of these species are common in the Caucasus;

- According to Hegi (1906 ff.), mirabelle (*Prunus insititia* var. *cerea*) arose from crossings between cultivated plums and cherry plum;

- A peculiar specimen collected by the author in the mountains south of Isparta, southwestern Turkey, was identified by Professor Browicz (Poznan, Poland) as a hybrid between *Amygdalus communis* and a *Prunus* species (probably nearby-growing cherry plum);

- Numerous experimentally obtained hybrids have resulted from efforts to improve the quality of fruits, adaptation of trees to environment and resistance to diseases, especially in America, e.g. crossings of Japanese plums (*Prunus triflora*) x native American species (Hedrick, 1911).

The morphological features suggest that the intermediate specimens result from crossings between sloe and damson. Chromosome research on two specimens has confirmed hybridization between these species. Analysis of an intermediate specimen near Lake Constance in southern Germany showed a chromosome number of 2n=40 (5x), intermediate to that of sloe and damson (Körber-Grohne, 1996). The same chromosome number was found by Weimarck (1942) in hybrids between sloe and the so-called 'terson' or 'tersen', an *insititia* variety of southern Sweden.

6.3. Sexual reproduction

Downing, a nurseryman from New York (1896), notes: "When reared from seeds, our fruit trees always show the tendency to return to a wilder form". This trait hints that our fruit trees are domesticates which would not occur in nature. Generally, seedlings of damson have a more spiny habitus than the parent plants. Notwithstanding their 'wild' appearance, seedlings of damson plums retain the diagnostic features of the species, above all in their fruit stones. Evidence for this statement may be found in the 'St. Julien', a variety that in the last centuries has been the chief rootstock for grafting plums in France. Until recently, its reproduction occurred from seed. In spite of this long tradition the fruit stones have remained quite uniform in their appearance. Another example is represented by the German 'Krieche', which according to Körber-Grohne (1996) has not changed significantly. Modern fruit stones of the 'Krieche' are identical to those found in excavations in southern Germany and in Swiss lake-dwelling settlements.

However, the mix of *spinosa* and *insititia* features in most intermediates make it unlikely that we are dealing here with 'reverting' *insititia* specimens, since the emergence of features of a different species (sloe) in those plants would be impossible. The origin of the intermediates must therefore be a different one. The possible origin of some questionable *insititia* specimens is discussed in section 8.1.

6.4. Apomixis

Specific pollinating processes have contributed to a great variability and the establishment of several micro-species in members of the Rose family (Rosaceae). Fairly common is apomixis, a reproductive process in which fertilization takes place without transfer of the genetic material of the pollinator. The progeny or the F_1 population is therefore identical to the maternal plant. Reproduction by apomixis is usual in e.g. blackberries (*Rubus fruticosus* s.l.), Lady's mantle (*Alchemilla vulgaris* agg.) and cinquefoil or tormentil (*Potentilla* species).

Chance cross-fertilizations in apomictic species produce F_1 plants which are morphologically intermediate to the parent plants. Continued apomictic reproduction (F_2) of the intermediate plants leads to a new micro-species. Although these F_2 plants differ only slightly from the parent species, authorities rank such new forms at species level, e.g. in *Rubus fruticosus* (Hegi, 1906 ff.).

A comparable process occurs in the usually self-pollinating dog rose and its siblings (*Rosa canina* complex). Again cross-pollination between related (sub)species occasionally alternates with the usual process of self-pollination. Because of its dominating genetic influence, the progeny of cross-breeding species in the *Rosa canina* complex differs only slightly from the maternal plant. Continued reproduction of the progeny by means of self-pollination leads to the formation of a new subspecies or micro-species.

The great number of varieties and strains in sloe and damson and the minor differences between them might suggest similar processes in these species. Such is not the case. It is stated in the literature that cross- and self-pollination are common (Taylor, 1949), whereas reproduction by apomixis is nowhere considered a serious possibility.

7. SOME RESULTS OF BREEDING EXPERIMENTS

A great number of seedlings have been grown from several varieties of the discussed species and intermediate forms, in order to provide insight into the reproductive capacities of varieties, the characteristics of the offspring, and possible differences in fruits and fruit stones, viability, rate of growth and growth habit among seedlings and between the seedlings and the mother plants. The experiments were undertaken also to test a statement in the literature (e.g. Werneck, 1961: p. 25) to the effect that the fruit stones of seedlings of *Prunus* varieties are morphologically identical to those of the maternal plant. Also segregating progeny would be evidence of hybridization between species and might therefore provide significant information on the origin of the intermediates.

Stones for sowing were selected from reference samples. It was decided to sow limited numbers of stones from a range of varieties. Because of their complex nature, priority was given to the sowing of intermediates, but the experiments also included several varieties of cherry plum, damson and some strains of sloe. The tests started in 1989 and notes were made on germination capacity, viability and growth. Part of the seedlings of the starting years have blossomed and, notably the cherry plums, also set fruit. In cherry plums, first fruits appeared in the fourth or fifth year of growth, but in the same timespan fruiting succeeded also in some specimens of sloe. In general, fruiting occurs in the second or third year of flowering. No fruiting has yet been achieved in damsons and intermediates.

A conspicuous feature revealed by the breeding tests is the variation in (rate of) growth among seedlings from the same plant. This variation has been noted chiefly in *insititia* progeny, but also in seedlings of some *spinosa* strains. This heterogeneous growth suggests heterozygosity and is defined in genetics as the effect of the fusion of genomes of genetically different genotypes (cross-breeding plants). Each plant has thousands of genetic factors, genes which determine the individual characteristics. Cross-fertilization therefore gives an almost infinite number of potential recombinations (the seedlings). By contrast, self-fertilizing plants produce homozygous progeny, which only shows the genetic variation of the parent plant. The appearance of heterozygous progeny is therefore evidence of cross-breeding.

7.1. Sloe

Average germinative capacity: c. 60-80% (Grisez, 1974: c. 90%). Seedlings of the same origin show moderate to fairly vigorous and uniform growth, but the progeny of some strains shows more variation in growth and/or growth habit. The height of the different breeds varies between 20-30 to 60-80 cm by the end of the first growing season. Variation in growth between breeds is thus more pronounced in this species than in cherry plums (see below). This apparently is due to the wide range of forms (low to tall shrubs, small trees) existing in sloe.

In sloe the first flowers appear 4-5 years after germination.

7.2. Cherry plum

Germination rate: c. 70-80% (Grisez, 1974: 58%). One-year-old seedlings measure 50-100 cm or more and show uniform growth. Many specimens flower and fruit after 4-5 years. The first results show that fruit stones of the seedlings conform fairly well to the maternal plant. This does not hold for the colour and shape of the fruits, which either differ from or are identical to the maternal plant. A yellow-fruited specimen from Sölöz (Iznik Gölü, Turkey) yielded one red

and several yellow-fruited F$_1$ specimens. Seedlings from a black-fruited specimen in the Jura (France) have so far produced fruits in several colours: red, brown-orange and bright yellow, but none having the black fruits of the parent. Shape and size of the fruits also differ from those of the parent. The fruit stones are copies of those which were sown.

7.3. Damson plum

Germination rate: 0-70% (Grisez, 1974: 89%). A most prominent feature observed in the offspring of *insititia* varieties is the variability in growth, not only between varieties and strains, but also among seedlings of the same plant. The dissimilar development of the seedlings is most pronounced at the end of the first growing season. One-year-old seedlings of the same origin may vary in height between a few centimetres and one metre. The smallest specimens often show little viability and part of them perish in the winter season. The variable growth is attributed to a heterozygous origin of the offspring.

Interesting contrasts are found between dark blue-purple-fruited varieties and those with differently coloured fruits (green, yellow, red or two-coloured), especially with regard to the germinative capacity of the stones and growth capacities of the seedlings. Usually, the stones of the dark-fruited category germinate readily. By contrast, stones of varieties with light-coloured fruits show failing or poor germination while the seedlings show poor growth. The straggling growth is frequently accompanied by characteristic growth deficiencies, such as multifold branching, easily breaking twigs and insufficient development of roots. Two- to four-year-old specimens died back almost to ground surface in the cold winter of 1995/1996. Such characteristics are very likely to be a consequence of hybridization.

The following cases suggest that hybridization has resulted in seed sterility. As reference material, fruit stones were collected from c. 150 *insititia* plants, the identification of which was based particularly on the characteristics of the fruit stones. Only two of these samples were collected from specimens with two-coloured fruits. One large tree with purple-and-yellow fruits was found in Groningen, the Netherlands, the second specimen grew in Les Piards, a village in the Jura, eastern France. Both specimens produce fruits which are somewhat larger than the average damson fruits. Other peculiarities are the king-size leaves (up to 11 cm) of the Groningen specimen (*insititia* leaves usually measure 5-7 cm) and the many-stemmed, dwarfish habitus of the Jura specimen. Stones from both specimens were sown. Fifty stones of the Groningen specimen, sown in two successive seasons, failed to germinate. Later examination of fresh fruit stones from this tree confirmed the absence of viable endosperm. Twenty stones of the blue-and-yellow-fruited Jura specimen yielded five very similar and seemingly healthy seedlings, but the height of c. 50 cm which these specimens attained in six growing seasons illustrates an unusual stunted growth (a height of 2 or 3 m in the same period is common in most dark-fruited varieties).

Considering the characteristics, these specimens might be crossings between dark-fruited *insititia* specimens and a category of plums with larger and light-coloured fruits such as greengages (Reine Claude), a group that includes several varieties with large and green to yellow fruits.

According to Stebbins (1960) failing germination and inhibited growth are pronounced features of hybridization between related species and between groups (populations, varieties) within a species. They might result from the lack of homology between chromosomes of the parents of the hybrid. Judging by the list of examples cited by Stebbins, this is a widespread phenomenon in the plant kingdom.

7.4. Intermediates

Germination rate: 20 to 80%. The progeny of many intermediate types shows vigorous growth, and seedlings of the same parent are usually remarkably uniform in morphology. So far, segregating features, which characterize hybrid offspring, have only been observed in the progeny of an intermediate form near Gieten, the Netherlands (GIE-90-2). Two specimens (out of 30) have leaves resembling those of damson plums. Several seedlings show slightly smaller flowers than the hybrid, suggesting the involvement of sloe in the parentage of this specimen. Variable progeny, pointing to heterozygosity, is not common in this group. The progeny of some intermediate types is slightly heterozygous, but less markedly than in seedlings of damson plums.

Seedlings first blossomed at the age of 5-6 years. Fruiting has not yet been observed.

8. DISCUSSION

8.1. The origin of the intermediate specimens

As has been explained in the preceding section, the characteristics of the intermediate specimens resemble those of sloe and damson. The properties of the fruits, the presence of rootsuckers, flowering time, the frequency of pubescent twigs, length of pedicels, etc. contrast sharply with the characteristics of cherry plums. This suggests that sloe and damson are involved in the parentage of the interspecific forms. The processes that theoretically might have produced them have been considered in section 6 and will be briefly reviewed here.

Features of autopolyploidy, as pointed out by Stebbins (1960) are mostly lacking in the intermediates. Besides the absence of these features, the specimens were all found at sites in man-made habitats, such as hedgerows, orchards and waste places near human habitation. By contrast, intermediates are conspicuously lacking in natural and isolated plant communities with sloe. This also argues against an autopolyploid origin from sloe, for in that case large-fruited specimens would also arise in places where only sloe occurs. Features of damson in most intermediates also make autopolyploidy unlikely.

The presence of traits of sloe in most intermediates also seems to exclude the possibility of 'regressive' *insititia* seedlings, but some questionable specimens with dominating *insititia* features may actually be seedlings of damson plums. Apart from these particular cases, the interspecific and variable morphological features and other traits suggest that the specimens originate from crossings between sloe and damson.

The variable morphology of the hybrids/intermediates contrasts strongly with the mostly homogeneous progeny produced by individual plants. The plants grown from fruit stones of intermediates in many cases resemble the parent. This feature of the progeny conflicts with Mendelian rules of hybridization, which say that F_1 hybrids of the same parent plants are quite uniform, but that F_2 progeny segregates into types which partly resemble the parent plants. The value of progeny tests in providing evidence of hybridization is clearly demonstrated by Stebbins (1960: p. 25) and others. They found evidence for segregation of the progeny of hybrids of two species or other genetically distant groups, segregations which include types resembling the hybrid and types resembling the parents of the hybrid. Why the progeny of the hybrids does not segregate can only be guessed at. The homogeneous growth of the progeny suggests homozygosity and would indicate self-fertilizing hybrids. In that case the progeny is identical and varies only within the genetic limits of the parent plant. Self-fertilization is, however, unlikely to be a much more pronounced feature of hybrids than it is in the parents. If that were the case it would be natural for larger numbers of identical intermediates to occur in regions where intermediates are common.

It seems almost impossible to regard the intermediate forms as an isolated group, or as one or more subspecies or varieties of either sloe or damson, because of their different and variable phenotypes. It was found for instance that intermediates with identical stones mostly have a highly differentiated morphology (growth, foliage, wry or sweet fruits), whereas morphologically identical plants may produce different types of stones. The nature of this variation does not comply with the definition of any taxonomical group; (sub)species, varieties, populations etc. are similar or differ in fixed characteristics. The variability found among the intermediates can only be expected in hybrids of diverse origin, and in the case of sloe and damson is probably the consequence of the wide range of specific *spinosa* and *insititia* varieties between which crossings may produce a great number of recombinations. The chance of obtaining F₁ types with unique properties in that case seems more probable than the creation of fully identical intermediate specimens. Indeed, in practice fully identical specimens are rare, if any occur at all.

Despite the morphological variation of fruits, leaves, growth, etc. in sloe and damson, written accounts emphasize the morphological invariability of the fruit stones in successive generations; in other words, the parent and its offspring will have morphologically identical stones, not only in self-pollinating, but also in cross-breeding lines. A significant implication of this mechanism is that the maternal plant as the producer controls the morphological configuration of the stones. There are indications that the mechanism works in the same way in crossings at species level (interspecific hybrids). A practical case, discussed by Hedrick (1911), concerns the beach plum, *Prunus maritima*, a low shrubby species from the east coast of the United States. The shrubs produce prolific crops, but the fruits are small and of an inferior quality. To improve the latter properties, the renowned Californian fruitgrower Burbank fertilized a selected *maritima* specimen with pollen of Japanese plums. A quotation: "The very first generation produces a plum which is an astonishing grower for a *maritima*, almost equal to *triflora*, with large, broad, glossy foliage almost of the exact shape of *maritima*, *maritima* blossoms, and fruits weighing nearly a quarter of a pound each, with an improved, superior *maritima* flavour, *maritima* pit in form, but enlarged".

The domination of maternal genes would explain the occurrence of intermediates with *spinosa* type stones and with *insititia* type stones. The different types of stones of the intermediates are very likely the result of crossings between different *insititia* and *spinosa* varieties. The dominance of the maternal plant in the formation of the stones in crossings would make it possible to identify the maternal plant, or variety involved in the parentage of the intermediates. The actual practice is mostly different. Owing to the number of varieties, and the small variability and size of *spinosa* stones, it is not possible to deduce specific varieties or strains from the features of intermediate stones. Stones of *insititia* varieties display more differentiation owing to their larger size, and more diverse shape and surface sculpture. This makes it possible in some cases to trace an intermediate's ancestry from the characteristics of its stones. The author compared types of stones of intermediates with similar stone types of *insititia* varieties, which were apparently involved in their parentage (Woldring, 1993). Stones of four intermediate types

appeared to be so similar to those of certain *insititia* varieties (viz. two local Dutch varieties ('kroosjes' and 'blauwtjes'), the 'St. Julien', and a 'Spilling') as to clearly indicate the involvement of these varieties in the origin of the hybrid. In regions where a specific *insititia* variety predominates one would expect this variety to be a main contributor in the parentage of the intermediates. Proof for this statement is not available. The region between Lormes and Avallon, in the northwestern Morvan, central France, is studded with the French damson variant, the 'St. Julien'. Curiously, none of the samples secured from supposed hybrid specimens in this area shows the typical morphology of a 'St. Julien' stone.

Also remarkable is the occurrence of specimens with stones of identical type, but which on account of the other morphological features should be divided into intermediates and true damsons. Such was found in a series of specimens from the above-mentioned Morvan region. Besides the identical stones in this series, some of the specimens show features of both sloe and damson, and have therefore been interpreted as intermediates, whereas other specimens display dominating features of damson plums. It seems as if this phenomenon particularly shows up in areas where plums and/or sloe are abundant. The presence of such intermediate specimens with identical stones and variable other characteristics is quite confusing, but on the other hand might equally point to hybridization.

According to the Mendelian rules, interspecific hybrids (F₁) of the same origin are similar and uniform, whereas the progeny of F₁ specimens will segregate into types which partly resemble the parent plants (P₁). On the other hand, Stebbins (1960) argues that in general back-crossing between hybrids and the parental species is much more likely (because of the greater number of the latter) than the chance of intercrossing hybrid specimens. Back-crossing also leads to types which in part resemble the original parent plants. Specimens with dominating *insititia* features like those from the Morvan might thus originate from back-crossing processes rather than from segregating progeny of F₁ specimens. This would not be so important, were it not that back-crossing may have a significant side effect, namely an exchange of genes or genomes between the parental species. This process is sometimes termed introgressive hybridization (Stebbins, 1960). Indicators of such introgression might be the *insititia* specimens with bitter, inferior fruits, which are frequent in France, but occur also in other parts of Europe (Shiskin, in: Komarov, 1941).

Hybridization and subsequent back-crossing, and possibly also segregating F₂ progeny, leads to the establishment of a variable aggregate of intermediates including types which approach the original parent species in likeness. Such hybrid swarms can be seen in other woody members of the rose family (*Crataegus, Sorbus*). In undisturbed natural situations these hybrid groups are found where genetically different and geographically isolated populations come into contact or where ecologically different habitats occur side by side. The distribution of interspecific types of sloe and damson, which seems to concentrate in central and western Europe, might be an indication that damson only recently intruded into previously sloe-dominated areas.

The earliest palaeobotanical evidence of damson plums in Europe consists of fruit stones recovered from Swiss lake-dwelling sites (Heer, 1866). Palaeobotanists disagree whether these were indigenous plums, as has been suggested for Austria by Werneck (1961), or were introduced by migrating farmers. *Prunus instititia* is a light-demanding species; it does not thrive in forest. The clearance of woodland and the exploitation of the environment may have encouraged the expansion of indigenous plums or the escape and running wild of cultivated specimens. In France, seemingly spontaneous *insititia* plums are still found in substantial numbers in hedgerows near villages and waste places.

Disturbed habitats also support the light-demanding and pioneering sloe. Because of its thorniness and rapid reproduction from rootsuckers, this species was popular as a cattle fence and was planted on the ramparts of early towns. The open conditions developing since the Neolithic caused two related species to invade identical habitats, which greatly increased the chances of hybridization.

8.2. The genetic origin of damson plums

The results of the breeding tests (section 5.3) show striking differences between black-fruited *insititia* specimens and those with other fruit colours. In most cases the black-fruited specimens produce fertile seeds, which develop into normal, be it heterozygous plants, whereas green-, yellow- or red-fruited *insititia* specimens show a universal seed sterility or inferior and aberrant growth of seedlings. The latter might therefore represent hybrids between damson (for the stones) and a *Prunus* group with variously coloured fruits, probably domestic plums, but also *Prunus cerasifera* plums may be considered potential parents. The inability of these hybrids to produce viable progeny suggests a genetic distance or barrier between *insititia* plums and cultivated *domestica* plums or *cerasifera* plums. Apparently these groups represent genetically different units.

The above suggests a genetic separation between black-fruited *insititia* varieties and the multi-coloured *insititia* group. The heterozygous growth of black-fruited *insititia*s, inferred from the breeding tests, can have its origin only in cross-fertilization between *insititia* varieties. The discovery of the pronounced differences

Table 3. Evolution of the different groups of plums.

Spinosa		(Black-fruited) *insititia* Domestica
Spinosa x *insititia*	=	Intermediates (hybrids)
Insititia x *domestica*?		Red/yellow/green-fruited *insititia* varieties

in reproduction and growth between the two *insititia* groups may have important consequences and suggests that the group of black-fruited *insititia* varieties represents the original 'botanical' species, which morphologically and genetically does not depart significantly from its wild ancestors.

Zohary & Hopf (1988) conclude that *Prunus insititia* might have evolved from (polyploid specimens of) the *cerasifera-divaricata* complex, as *insititia* and *cerasifera-divaricata* intergrade and apparently intercross with one another. In addition they state that sloe, with its wry and small fruits, is isolated cytologically and reproductively from the *domestica-cerasifera-divaricata* complex. Hybrids between sloe and the complex would be sterile; a statement which is however countered by the results of the progeny tests of intermediates, performed by the author. These tests reveal a complex of fertile hybrid forms between sloe and damson. The present study also found that interspecific forms of damson and cherry plum are uncommon. Viable crossings between the latter species would be expected if damson plums indeed arose from hybridization between sloe and cherry plum, as Rybin (1936) concluded from his investigations.

The morphological resemblance of sloe and black-fruited damsons, the global characteristics of the fruit stones and the occurrence of hybrids indicate a close relationship between those two species. Contemporary flowering, the characteristic development of rootsuckers, and the pubescence of twigs and fruit stalks are further traits which sloe and damson have in common. These features do not occur or are of a different nature in the *cerasifera-divaricata* aggregate of Zohary & Hopf, which diametrically opposes the interrelated sloe/damson cluster to *cerasifera-divaricata*. These discrepancies imply that an evolution of *insititia/domestica* directly from the *cerasifera/divaricata* complex as suggested by Zohary & Hopf must be considered improbable. The absence of features of *cerasifera/divaricata* in *insititia/domestica* also suggests that *Prunus insititia* did not evolve from crossings between sloe and cherry plums as claimed by Rybin (1936), but could have evolved directly from (hexaploid?) *spinosa* specimens.

8.3. The geographic origin of damson plums

Unlike domestic plums, feral *insititia* specimens

maintain themselves quite easily in Europe. Seemingly natural occurrences are frequent. Climatic aspects also indicate that *insititia* plums are at home in Europe. Its range of distribution includes various climates, but it seems that the species prefers the temperate parts of Europe and western Asia. The (English) damson and bullace thrive in the cool and humid Atlantic climate of Britain, as do the mirabelles and other *insititia* varieties in temperate France. *Insititia* plums are highly adjusted to the continental winters of central Europe. They have survived mass destruction among plums in severe winters, e.g. the loss of almost all prune trees in Germany in 1860 (Jahn et al., 1861) and the large-scale devastation of domestic varieties in Austria in 1928/1929, 1940/1941 and 1956 (Werneck, 1961). This hints that prehistoric fruit stones reported for central Europe (Heer, 1866; Hopf, 1968; Werneck, 1958; Bertsch, 1947) concern this species. Interestingly, such early records are practically missing in western Asia, e.g. the Caucasus, the region where *insititia* plums are thought to have their roots. (Admittedly, *divaricata* plums and other *Prunus* species, at home in western Asia by nature, are also absent in early archaeobotanical assemblages.) Palaeobotanists (Hopf, 1968; Körber-Grohne, 1996) suggest that *insititia* was not indigenous but was introduced in central Europe by the Neolithic farmers. According to Zohary & Hopf (1988), who cite Werneck & Bertsch (1959), pre-Neolithic remains of carbonized stones discovered in the Upper-Rhine and Danube regions closely resemble the stones of present-day spontaneous *domestica* plums (= *Prunus insititia*?). According to Zohary & Hopf these finds suggest that *Prunus insititia* could have predated agriculture and should be regarded as an indigenous element in central Europe.

This food resource, whether present or introduced into central Europe, has certainly been taken into cultivation and improved by further selection. Wild archetypes may eventually have disappeared through destruction of their habitats, competition and merging with the newly husbanded forms, a process that has been ascertained in various wild plants of which domesticated forms became widespread. For instance, the wild form of olive is not exactly known. In France and Italy, a great number of semi-wild forms of apple and pear show fruits which to some extent depart from the small-fruited, wild specimens. These specimens apparently result from intercrossing with domestic relatives. On the other hand, it has been demonstrated by Körber-Grohne (1996) that modern fruit stones of the German 'Krieche' are identical to those found in excavations of Swiss lake-dwelling sites and other Neolithic sites, e.g. Ehrenstein (c. 4000 BC) in central Europe. The millennia-long unaltered stone morphology would lead one to consider this black-fruited plum to be (one of) the elementary wild form(s) of *insititia*, even though it is maintained now by cultivation.

8.4. The importance of grafting for the development of domestic plums

The genetic range of domestic plums and the fact that most varieties are self-incompatible (and thus need to be cross-fertilized to set fruit) readily give rise to new types. Liegel, an Austrian who lived in the 19th century, in his life obtained c. 50 new plum varieties from fruit stones, some of which still exist. Many of our modern commercial plums date from the 19th century and were found as chance seedlings in gardens and hedges, such as Reine Claude d'Ouillins, Reine Victoria and Diamond, or have resulted from breeding tests at nurseries, e.g. Czar, River's Early Prolific, Jefferson and Belle de Louvain. Bud sports, spontaneous mutations in body (somatic) cells, usually in buds or tips of shoots, are another source of new types, e.g. Purple Pershore, which is a budsport of the yellow-fruited Pershore. Most of these forms would be shortlived, if not a new method of propagation - grafting - had emerged in Roman times. Technically, grafting is the method by which a part of the desired plant, the graft or scion, is inserted upon a related (purposely selected) rootstock. If successful, scion and rootstock will unite and grow up as one plant. This method ensures replication of specific features and therewith the preservation and continuation of varieties. Crops are often increased by grafting. The discovery of grafting with its advantages has been an essential condition for the development of *domestica* varieties. Its importance is emphasized in the so-called *Pelzbuch* (Gottfried von Franken, 1380), a treatise on the various aspects of grafting.

But not all plums depend on grafting. It is interesting to note that most *insititia* varieties produce acceptable crops when grown on their own roots. This goes also for prunes (*Prunus domestica* var. *pruneauliana*) and some other *domestica* plums such as Pershore, Aylesbury prune and Warwickshire drooper, varieties which are simply raised from rootsuckers. This method of reproduction might in part explain the expansion of *insititia* plums since the Neolithic era.

Grafting usually does not produce new fruit types, even though there are some examples of 'grafting hybrids', such as the two Crataegomespilus species, which arose from the union of *Mespilus* grafted on the rootstock of *Crataegus* (*C. dardari, C. asnieresii;* Boom, 1965). Most of the (often local) apple, pear and plum varieties have arisen from the age-long tradition of growing fruit trees from seed, a practice that is still successfully exercised by some people nowadays. In general, it is not possible to reproduce modern breeds from rootsuckers, cuttings or seeds, since these methods do not succeed or the plants produce poor yields and seedlings do not have the desirable qualities of the parent plants. In these cases grafting has proved to be an adequate method of reproduction.

8.5. The value of written historical evidence

Roman written accounts point to Syria as the place where damsons (damason, damascenes: from Damascus), but also mirabelles (*Prunus insititia* ssp. *cerea*) and greengages or Reine Claudes (*Prunus domestica* ssp. *italica*) were thought to have originated. At present, plums are extensively cultivated in the coastal areas of Syria. Further inland, arid conditions in the growing season prohibit plum cultivation (Damascus average rainfall <200 mm per year). At the time of Roman hegemony in this area, various fruit types including the plum varieties mentioned by Pliny (23-79 AD; see Roach, 1985: p. 145) were introduced in Rome[1], where fruit growing was a popular hobby among prominent Romans. Marcus Lerentius Varro (116-27 BC) delightedly notes that the former woodland is so bestrewn with fruit trees from the Orient (Greece, Syria) in his time, that the landscape resembles a large fruit garden (Reinhardt, 1911: p. 86).

There are various statements by Roman writers on plums. Some of these raise questions about the taxonomy of the Roman damascenes, in the sense that these probably differed from the modern damsons which belong to the *insititia* group. The statements of Pliny on the conservation of damascene plums make it clear that these plums were preserved by drying in the sun, but, judging by the texts, with indifferent results - "they miss the sun of their homeland" - and concerning quality - "the fruits have larger stones and are less fleshy than in their homeland". Another author comments: "The best sorts of plums are damascenes, this testimony of Syria" (in: Reinhardt, 1911). At present the French 'St. Julien' is the only known *insititia* variety that can be suitably dried (like prunes). Of course, comparison of aspects such as taste remains hazardous; the perception of taste in Roman times probably greatly differed from ours. Comments as - 'the best sort of plums' - may indeed refer to conserving properties, but taking one thing with another, the descriptions of damascenes in Roman texts do not evoke the small and inferior *insititia* plums!

English historical records mention various authors/ fruit growers, e.g. Gerard (16th cent.), Evelyn (17th cent.), Hogg (19th cent.), who distinguish between 'Damasq' or 'Damaszen Plums' and damson varieties (Greenoak, 1983: p. 80), which suggests different groups.

Cherry plum is another frequently cultivated *Prunus* species in the western part of Syria. According to Post (1932) it is also found wild in hedges. Cherry plums thrive in the warm (sub-)Mediterranean climate, e.g. in western Anatolia, where the species in places dominates the arboreal vegetation of forest steppes. Husbanded and seemingly natural specimens are frequent in the Mediterranean climate zone of Greece and Italy. This plum probably spread in southern Europe through cultivation, possibly contemporarily with the so-called damascenes. It is not mentioned specifically in Roman accounts, even though it is in some respect superior to damson. The plants are extremely disease-resistant and are early and prolific croppers. Several strains produce excellent fruits. Disadvantageous (in northern countries) is its early flowering, which means that the flowers are often subject to frost damage.

Prunus insititia and *P. cerasifera* show much likeness. Authoritative researchers (compare Körber-Grohne, 1984; 1992) initially had difficulty separating the species. Even pomologists of the Noordelijke Pomologische Vereniging, who trace old fruit varieties in the Netherlands and are used to identifying fruit forms with minor differences, occasionally confuse forms of damson and cherry plum. It is possible that the Romans did not distinguish these plums as different groups. We may assume that part of the plums mentioned in Roman accounts belong to the *cerasifera* group, such as the so-called barley plum (*Prunus 'hordearium'*). According to Theophrastus this plum was so named because it ripens at the time of the barley harvest, approximately May-June. In the Mediterranean, only cherry plums ripen so early.

Questions are raised also by the Roman 'wax plum', a type thought to be identical with the modern mirabelle. If this is true, it would be one of the oldest known varieties. At present, the mirabelle is classified as a subspecies or variety of *Prunus insititia*, but some authors (Hegi, 1906 ff.) assume it to be a hybrid between plum and cherry plum. Indeed, leaves, fruits and growth of the mirabelle show much resemblance to (yellow-fruited) forms of cherry plums. It is not impossible that the noun 'myrobalan', a common synonym for cherry plums, and 'mirabel' became confused in later translations of Latin texts. Written records are almost the only information on fruit cultivation in ancient Rome. In contrast to the ample written documentation, archaeobotanical evidence such as fruits or seeds is virtually lacking in Roman Italy.

9. CONCLUSION

Results of breeding tests by the present author lead to the following conclusions (table3):

1. The intermediate forms (*Prunus* x *fruticans* in the *Flora Europaea*) investigated in this study are mostly hybrids of *Prunus spinosa* x *P. insititia*. These crossings are usually fertile and imply a close relationship between the parent species;

2a. As a rule, black-fruited *insititia* varieties readily produce viable progeny from seed. By contrast, seed sterility or growth deficiencies are common in *insititia* forms with other fruit colours;

2b. It is inferred from these data (2a) that black-fruited *insititia* specimens form the original species. *Insititia* specimens with differently coloured fruits probably result from hybridization between *insititia* and other groups of plums, e.g. *domestica*;

3. The relationship between *spinosa* and *insititia* is manifested in the frequency of intermediates, the morphological resemblance of the fruits, identical (often shrub-like) growth, synchronic flowering, luxuriant development of rootsuckers, etc. This suggests that *Prunus insititia* evolved from certain strains of *Prunus spinosa*. There are no indications for the involvement of cherry plums in the development of *insititia* plums;

4. The constancy of many *domestica* plums depends on grafting, since seedlings produce plants with different qualities. Seed sterility and low viability of many *domestica* varieties suggest heterozygosity and an origin from genetically different groups. Crossings between *insititia* varieties may have been the principal ancestry of *domestica* varieties.

The conclusions mentioned here are strongly based on the results of the breeding tests. The underlying idea in undertaking this project, the comparison of fruits and fruit stones of seedlings with those of the respective parent plants, is still to be worked out. With the exception of a number of cherry plum seedlings, most offspring of the other *Prunus* species and intermediates has not yet fruited. The author hopes to present the results of this research in a future paper.

10. ACKNOWLEDGEMENTS

Several people have, in one way or another, contributed to this study. They collected fruits during their travels or mentioned locations of interesting trees. Mr R. Bengtsson (Alnarp, Sweden) provided cuttings from rootsuckers of the hybrid sloe x terson. The cuttings were brought to Holland by Mr Rob Leopold and his wife (Niebert). Thanks are due to Prof. H.T. Waterbolk, who traced a hybrid form of sloe and damson located near Gieten (province of Drenthe). In fact, the problematic nature of this specimen provided the starting point of the research. He also provided fruits of cherry plums from France and Holland. Drs C.A.G. Lagerwerf (Jipsinghuizen) traced two old local *insititia* varieties in the sandy region in the east of the province of Groningen (type GRO-1; see Van Zeist & Woldring, this volume). Prof. A.T. Clason located this type in Rasquert, in the same province. Mr J. de Boer (Lageland) provided fruits from cherry plums and domestic plums in Denmark. Dr U. Baruch (Jerusalem, Israel) made available fruits from *Prunus ursina*, a native species in the north of Israel. Prof. U. Körber-Grohne (Wiesensteig, Germany) kindly contributed fruit stones of the 'Roter Spilling' specimen from Stromberg near Stuttgart. F. Ertuğ (Istanbul, Turkey) collected a large number of edible plants in central Anatolia (Mamasun Barajı, east of Aksaray) including fruits of *Prunus divaricata* and *Prunus cocomilia*. She also acted as a guide during sampling in private gardens in the villages of Güçünkaya and Kızılkaya. During an excursion in the Othris mountains (Greece) with Prof. H.R. Reinders (Groningen) I became acquainted with the Thessalian form of *Prunus cocomilia*. At the same time several samples of cherry plums were collected in the adjacent plains.

Thanks are also due to Mr J. Venema and the Cazemier family both from Lettelbert, Mr C. Couvert (secretary of the N.P.V., Assen) and all those who provided plums from their garden and to those owners of plum trees who are ignorant of their having contributed to this study.

The complex matter was extensively discussed with Prof. U. Körber-Grohne and Prof. S. Bottema. Genetics, in particular in relation to the behaviour of the seedlings, have been discussed with Dr. L.P. Pynacker (Haren). Mrs G. Entjes-Nieborg processed the manuscript. The English text was improved by Ms A.C. Bardet.

11. GLOSSARY OF TECHNICAL TERMS

Bloom
    Waxy layer on the surface of *Prunus* fruits, giving the impression of a blue or whitish coloured fruit

Citric acid
    Chemical component causing the sour taste of e.g. oranges and grape fruits

Dorsal/ventral suture
    Opposite sharp-angled parts of the fruit stone. The ventral suture runs parallel and is located at the same side as the line of junction visible on the exterior of the fruit

Chromosomes
    Linear bands in cells that carry the genes

Cross/self-fertilization
    Fusion of male and female gametes. Self-fertilization is the fusion of male and female gametes from the same individual

F_1 The first filial generation

Fruit stones
    The pits or seeds of *Prunus* fruits

Gamete
    Haploid reproductive cell

Genus
    Taxonomic group of closely related species. Genera are grouped into families

Gen
    Basic unit of inheritance by which hereditary characteristics are transmitted from parent to offspring

Genome
    The haploid genetic set of a living (diploid) organism

Grafting
    Insertion of scion (graft) onto stock, usually of an other organism

Homologous chromosomes
    Contain the same sequence of genes, but derived from different parents

Large-fruited
    Indicates specimens with the normal morphology of the type species, but with larger fruits as the type species

Pedicels
    Fruit stalks
Polyploid
    Plants having more than two chromosome sets per somatic (body)
    cell
Prunes
    Group of domestic plums with specific drying qualities. Typical
    varieties: German prune ('Zwetsche'), 'Stanley', 'Prune 'd Ente
    (d' Agen)', 'Italian prune', 'Hungarian' (date) plum. The term
    'prune' is used here to distinguish the group from other domestic
    plums.
Species
    Taxonomic unit which normally does not interbreed with other
    such groups; related species are grouped into genera
Variety
    Taxonomic group below the species level

12. NOTE

1. The sharp increase of plum, apple and pear varieties in Pliny's
time, the first century AD, is not necessarily due to the introduction
of 'foreign' varieties in Rome. The Romans' passion for fruit
growing must have led to the development of new fruit varieties.
A recent equivalent of rapid accumulation of varieties is found in
the very young States of America, where plum cultivation started
c. 1750. By 1828, Prince Nurseries, New York, were offering 140
plum varieties for sale, including several American varieties!

13. REFERENCES

BAAS, J., 1936. Die Kulturpflanzen aus den frühgeschichtlichen
    Burgen von Zantoch bei Landsberg a.d. Warthe. *Natur und Volk*
    66, pp. 461-468.
BAAS, J., 1951. Die Obstarten aus der Zeit des Römerkastells
    Saalburg im Taunus bei Bad Homburg v.d.H. *Bericht des
    Saalburgmuseums* 10, pp. 14-28.
BAAS, J. (ed.), 1971. *Pflanzenreste aus römerzeitlichen Siedlungen
    von Mainz-Wiesenau und Mainz-Innenstadt und ihr Zusammen-
    hang mit Pflanzen-Funden aus vor- und frühgeschichtlichen
    Stationen Mitteleuropas*. Mainz.
BEHRE, K.-E., 1978. Formenkreise von *Prunus domestica* L. von der
    Wikingerzeit bis in die frühe Neuzeit nach Fruchtsteinen aus
    Haithabu und Alt-Schleswig. *Berichte der Deutschen Botanischen
    Gesellschaft* 91, pp. 45-82.
BERGHUIS, S., 1868. *De Nederlandsche Boomgaard*. Groningen.
BERTSCH, K. & F., 1947. *Geschichte unserer Kulturpflanzen*.
    Wissenschaftliche Verlagsgesellschaft, Stuttgart.
BOOM, B.K., 1965. *Nederlandse dendrologie* (= Flora der cultuur-
    gewassen van Nederland, 1). 5e druk. Wageningen.
DAHL, C.G., 1943. *Pomologi*. Stockholm.
DAVIS, P.H. (ed.), 1956-1988. *The flora of Turkey and the East
    Aegean islands*. 10 vols. Edinburgh Univ. Press, Edinburgh.
DOMIN, 1944. *De variabilitate Pruni spinosae* L. Praha.
DOWNING, C., 1896. *Fruit and fruit trees of America*. New York-
    London.
FOURNIER, P., 1977. *Les quatres flores de France*. Paris.
FRANK, K.-S. & H.-P. STIKA, 1988. Bearbeitung der makros-
    kopischen Pflanzen und einiger Tierreste des Römerkastells
    Sablonetum (Ellingen bei Weissenburg in Bayern). *Materialhefte
    zur Bayerischen Vorgeschichte*, Reihe A, pp. 5-99.
GOTTFRIED VON FRANCKEN, 1380. *Pelzbuch*.
GREENOAK, Fr., 1983. *Forgotten fruit*. London.
GREGOR, H.-J., 1995. Mittelalterliche Pflanzenreste von Bad
    Windsheim. In: W. Janssen, *Der Windsheimer Spitalfund aus der
    Zeit um 1500*. Verlag des Germanischen Nationalmuseums, pp.
    123-134.

GRISEZ, T.J., 1974. *Seeds of woody plants in the United States*.
    Agriculture Handbook No. 450. Forest Service, U.S. Department
    of Agriculture, Washington D.C. (reviewed March 1989 by
    technical coordinator C.S. Schopmeyer).
HEER, O., 1866. Die Pflanzen der Pfahlbauten. *Neujahrsblätter der
    Naturforsch. Gesellschaft Zürich* 68, pp. 3-53.
HEDRICK, U.P., 1911. *The plums of New York*. Albany.
HEGI, G., 1906 ff. *Illustrierte Flora von Mitteleuropa*. 1., 2. und 3.
    Auflage., 7 Bände, zum Teil in Teilbänden. München, später
    Berlin und Hamburg.
HOGG, F.M., 1884. *The fruit manual*. 5th edition, London.
HOPF, M., 1968. Früchte und Samen. In: H. Zürn, Das jungsteinzeitliche
    Dorf Ehrenstein (Kreis Ulm). *Veröff. Staatl. Amt. Denkmalpfl.
    Stuttgart*, Reihe A 10/2, pp. 7-77.
JACQUAT, C., 1988. Les plantes de l'âge du Bronze. Catalogue des
    fruits et graines. Hauterive - Champréveyres 1. *Archéologie
    Neuchâteloise* 7, pp. 9-47.
JAHN, F., E. LUCAS & J.G.C. OBERDIECK, 1861. *Illustriertes
    Handbuch der Obstkunde*. Band III. Ebner & Seubart, Stuttgart.
KNÖRZER, K.-H., 1979. Spätmittelalterliche Pflanzenreste aus der
    Burg Brüggen, Kr. Viersen. *Bonner Jahrbuch* 179, pp. 595-611.
KNÖRZER, K.-H., 1987. Geschichte der synantropen Vegetation
    von Köln. *Kölner Jahrbuch* 20, pp. 271-388.
KOMAROV, V.L. (ed.), 1941. *Flora of the U.S.S.R.* Vol. 10: Rosaceae-
    Rosoidae, Prunoidae. Moscow-Leningrad.
KÖRBER-GROHNE, U., 1984. Über die Notwendigkeit einer
    Registrierung und Dokumentation wilder und primitiver
    Fruchtbäume, zu deren Erhaltung und zur Gewinnung von
    Vergleichsmaterial für paläo-ethnobotanische Funde. In: W. van
    Zeist & W.A. Casparie (eds.), *Plants and Ancient Man*. Balkema,
    Rotterdam, pp. 237-241.
KÖRBER-GROHNE, U., 1992. Kirschpflaume *Prunus cerasifera*
    und einige seltene Varietäten der Pflaume *Prunus domestica* L.
    Präsentation und Reservate. In: H. Kroll & R. Pasternak (eds.),
    *International Work Group for Palaeoethnobotany, Proceedings
    of the Ninth Symposium Kiel 1992*, pp. 87-99.
KÖRBER-GROHNE, U., 1996. *Pflaumen, Kirschpflaumen und
    Schlehen. Heutige Pflanzen und ihre Geschichte seit der Frühzeit*.
    Stuttgart.
KROLL, H., 1980. Mittelalterlich/Früheolithisches Steinobst aus
    Lübeck. *Lübecker Schriften zur Archäologie und Kulturgeschichte*
    3, pp. 167-173.
KÜHN, F., 1991. Nález semen ze stredoveké Johlavy, ze zvláštním
    zretelem k peckámsliv (Ein Fund von Samen aus dem Mittelalter
    aus Iglau, mit besonderer Hinsicht auf Steinkerne von *Prunus*.
    Darin: Bestimmungsschlüssel für Steinkerne von *Prunus* ssp. pp.
    33-35). *Vlastivedny sbornik vysociny Oddil ved prirodnich* 10, pp.
    17-36.
KÜHN, F., 1992. Ältere Typen von *Prunus* sect. *Prunus* in Mähren
    und die Möglichkeiten ihrer Erhaltung. *Vort. Pflanzenzüchtung*
    25, pp. 117-120.
KÜHN, F., 1995. Ein neuer Fund mittelalterlicher Samen und Früchte
    aus Jihlava. In: H. Kroll & R. Pasternak (eds.), *International Work
    Group for Palaeoethnobotany, Proceedings of the Ninth Sympo-
    sium Kiel 1992*, pp. 145-148.
MAIER, S., 1988. Botanische Untersuchung römerzeitlicher
    Pflanzenreste aus dem Brunnen der römischen Zivilsiedlung
    Köngen (Landkreis Esslingen). In: H. Küster (Hrsg.), *Der
    prähistorische Mensch und seine Umwelt* (= Feschrift U. Körber-
    Grohne, Forschungen und Berichte zur Vor- und Frühgeschichte
    in Baden-Württemberg 31), pp. 291-324.
OPRAVIL, E., 1976. Archeo-botanické nálezy z městského jádra
    Uherského Brodu (Archäobotanische Funde aus dem Stadtkern
    von Uherský Brod). *Studie archeologického Ustavu Československé
    Akademie věd v Brně* 3 (4), pp. 3-59.
OPRAVIL, E., 1986a. Rostlinné makrozbytky z historickeho jadra
    Prahy (Pflanzliche Makroreste aus dem historischen Stadtkern
    von Prag). *Archeologica Pragensis* 7, pp. 237-271.
OPRAVIL, E., 1986b. Archeobotanické náhlezy z areálu brány v
    Opave (býv. Hotel Koruna) (Archäobotanische Funde aus dem

Areal Jaktarer Tor in Opava). *Čes. Slez. Muz. Opava* (A) 35, pp. 227-253.

PEYRE, P., 1945. *Les prunes sauvages et cultivés.* Clermont-Ferrand, Paris.

PIGNATTI, S., 1982. *Flora d'Italica.* 3 Volumes. Edagricole, Bologna.

POST, G.E., 1932. *Flora of Syria, Palestine and Sinai.* American Press, Beirut.

REINHARDT, L., 1911. *Kulturgeschichte der Nutzpflanzen.* München.

RIKLI, M., 1943-1948. *Das Pflanzenkleid der Mittelmeerländer.* Hans Huber, Bern.

ROACH, F.A., 1985. *Cultivated Fruits of Britain. Their Origin and History.* Oxford.

RÖDER, K., 1940. Sortenkundliche Untersuchungen an *Prunus domestica. Kühn-Archiv* 41, pp. 1-132.

RYBIN, W.A., 1936. Spontane und experimentell erzeugte Bastarde zwischen Schwarzdorn und Kirschpflaume und das Abstammungsproblem der Kulturpflaume. *Planta-Archiv für wissenschaftliche Botanik* 25, pp. 22-58.

STEBBINS, G., 1960. *Variation and evolution in plants* (4th printing). G. Ledyard and Stebbins Jr, New York.

STIKA, H.-P. & K.-S. FRANK, 1988. Die Kirschpflaume: Systematik, Morphologie, Verbreitung, Verwendung, Genetik und archäologische Funde. *Der prähistorische Mensch und seine Umwelt (= Festschrift U. Körber-Grohne* zusammengestellt von Hansjörg Küster), Forschungen und Berichte zur Vor- und Frühgeschichte in Baden-Württemberg 31, pp. 65-71.

TAYLOR, H.V., 1949. *The plums of England.* London.

TUTIN, T.G., V.H. HEYWOOD, N.A. BURGES, D.M. MOORE, D.H. VALENTINE, S.M. WALTERS & D.A. WEBB, 1968. *Flora Europaea.* 2 Vols. Cambridge University Press, Cambridge.

WATKINS, R., 1976. Cherry, plum, peach, apricot and almond. In: N.W. Simmonds (ed.), *Evolution of crop plants.* Longman, London and New York, pp. 242-247.

WEIMARCK, H., 1942. Bidrag till Skånes Flora. En spontan hybrid mellem slan och terson. *Botaniska Notiser Lund,* pp. 218-226.

WERNECK, H.L., 1958. Die Formenkreise der bodenständigen Pflaumen in Oberösterreich. Ihre Bedeutung für die Systematik und Wirtschaft der Gegenwart. *Mitteilungen der Höheren Bundeslehr- und Versuchsanstalten für Wein-, Obst- und Gartenbau (Klosterneuburg), Ber. B Obst u. Garten* 8, pp. 59-82.

WERNECK, H.L., 1961. Die wurzel- und kernechten Stammformen der Pflaumen in Oberösterreich. *Naturkundliches Jarhbuch der Stadt Linz,* pp. 7-129.

WOLDRING, H., 1993. Over tussenvormen van sleedoorn en kriekpruim. *Paleo-aktueel* 4, pp. 85-89.

ZEIST, W. VAN, 1988. Zaden en vruchten uit een zestiende-eeuwse beerkuil. In: P.H. Broekhuizen, A. Carmiggelt, H. van Gangelen & G.L.G.A. Kortekaas (eds.), *Kattendiep deurgraven,* pp. 140-160. Groningen.

ZEIST, W. VAN, H. WOLDRING & R. NEEF, 1994. Plant husbandry and vegetation of early medieval Douai, northern France. *Vegetation History and Archaeobotany* 3, pp. 191-218.

ZOHARY, D. & M. HOPF, 1988. *Domestication of plants in the Old World.* Clarendon Press, Oxford.

APPENDIX 1. Intermediate forms of *Prunus insititia* and *Prunus spinosa*.

In this Appendix, *Prunus* forms intermediate to *insititia* and *spinosa* are described and depicted. The selection of the specimens is based on the characteristics of the stones; each specimen represents a different type of stone. Locations of specimens with identical stones are mentioned under the type-specimen.

The type description includes location, date of collection, habitat, character and measurements of the tree/shrub, leaves, pedicels, fruit and fruit stones. In many cases measurements of leaves of summer shoots and the fruit-bearing lateral spurs are indicated separately. Some of the types were used in the breeding tests. Where this is the case, germination and growth rate are indicated.

The tables present the average, minimum and maximum measurements of length, thickness and breadth of the fruits and fruit stones. The dimensions of fruits and fruit stones show much overlap, for which reason proportional indices have been omitted. The measurements of fruits and stones of modern *insititia* varieties presented in Van Zeist and Woldring (this volume) may serve as a reference.

Owing to their fairly similar appearance (usually black to purple or bluish colour, round or almost round-shape), black-and-white photographs of the fruits also were deemed to be of little value.

HELP.Z-92-1: Helpman, suburb of the town of Groningen, the Netherlands, September 1992
Small-sized tree with many root suckers in planting alongside road, height c. 4 m. Leaves almost circular to obovate, 7×4.5 cm. Summer shoots subglobose with much bloom. Fruits subglobose with much bloom. Taste sweet but not pleasant. Pedicels smooth, length 5-10 mm, diameter c. 1.0 mm. General impression of *insititia*, but shape of the plums resembles *spinosa*. *Spinosa*-type stones. Germination rate c. 70%, seedlings fairly homogeneous. Moderate growth.

VAG-91-2: Nietap, province of Drenthe, the Netherlands, 5th September 1991
Large shrub with few stems and many rootsuckers, height up to 5 m. Summer shoots thinly pubescent. Leaves quite large, oval to elliptic, 7×4 cm. Fruits almost round to oval, drooping, blackish, glossy. Taste wry. Pedicels thinly pubescent to glabrous, length 8-18 mm, diameter unknown. *Insititia* features: general fruit characteristics, leaves. *Spinosa* features: stones, wry fruits, habitus(?). Germination rate 20%. Seedlings display heterogeneous growth.
NB. In newly planted, c. 25-year-old forest, but possibly part of a former hedgerow. A second specimen, with different stones (not shown), grows at a distance of only 50 m. This specimen flowers abundantly each year, with large *insititia*-type flowers (diameter 2.5 cm), but fruit setting is extremely poor.

DOM-95-1: Domecy-sur-Cure, Morvan, France, 31st August 1995
Many-stemmed shrub in front of the local château, as broad as high, c. 3 m. Summer shoots smooth. Leaves oval to elliptic, 6×3.5 cm at maximum. Fruits slightly drooping, overspread with thick bloom, round to subglobose, sweet and tasty, free stone. Pedicels thinly pubescent to glabrous, length 9-14 mm, diameter 1.0-1.1 mm. *Insititia* features: leaves, taste of fruit. *Spinosa* features: stones, habitus, bloom?

BARN-96-1: Barnsley, Cotswold Hills, Gloucestershire, Great Britain, 8th September 1996
Productive shrub in a hedgerow dominated by sloe, height 3 m. Summer shoots pubescent. Leaves oval, c. 4×2.5 cm. Leaves of fruit spurs larger(!), oval (sometimes obovate), c. 4.5×3 cm. Fruits round, drooping. Taste sugary, free stone. Pedicels glabrous, length 4-11 mm, diameter 1.1-1.3 mm. *Insititia* features: fruits. *Spinosa* features: stones, leaves.
NB. Another specimen with the same type of stones (BARN-96-2) has leaves identical to *spinosa* leaves.

BONG-91-1: Bunnerveen, near Peize, province of Drenthe, the Netherlands, 28th September 1992
Old plantings between sandy track and arable land. Small to medium-sized tree with abundant secondary, extremely spiny vegetation, height c. 4 m. Summer shoots pubescent. Leaves appr. oval, 4-4.5×3-3.5 cm. Leaves of lateral spurs oblanceolate-obovate, 3-4×1.6-2.3 cm. Fruits oval, more or less drooping, with or without bloom. Taste very acid. Pedicels thinly pubescent, length 7-11 mm, diameter 0.8-1.2 mm. *Insititia* features: fruits. *Spinosa* features: size and arrangement of leaves, habitus. Stones with predominantly *spinosa* features.

ESBR-93-2: Esbruyère, between Arnay-le-Duc and Autun, Côte d'Or, France, 3rd September 1993
Next to SPIN-ESBR-93-1, from which it might be a seedling (originating from fertilization with *insititia* pollen). Both specimens located in pasture. Shrub with five stems, height c. 3 m. Summer shoots pubescent. Leaves obovate, 4-6.5×2.3-3.5 cm. Leaves of lateral spurs lanceolate (small ones) or obovate (larger ones), 2.5-6×2.3-3.5 cm. Fruits almost round, drooping. Taste acid to wry. Pedicels almost smooth, sometimes in pairs, length 7-12 mm, diameter 1.0-1.5 mm. *Insititia* features: fruits, leaves. *Spinosa* features: stones, taste of fruits. Germination rate c. 60%. Seedlings display homogeneous growth. Indices fruits: $B/L.100=104$, $T/L.100=98$, $T/B.100=94$; indices stones: $B/L.100=56$, $T/L.100=84$, $T/B.100=151$

	HELP.Z-92-1	VAG-91-2
Fruits		
Number	15	12
Length	16.6(15.5-17.7)	17.5(14.5-20.5)
Thickness	18.1(16.5-19.4)	16.7(14.0-19.1)
Breadth	18.8(17.4-20.2)	17.5(14.5-21.3)
Stones		
Number	23	24
Length	9.8(9.0-10.9)	10.5(9.2-12.0)
Thickness	8.6(8.0-9.4)	8.3(7.0-9.6)
Breadth	6.7(6.3-7.2)	6.3(5.6-7.1)

	DOM-95-1	BARN-96-1
Fruits		
Number	10	16
Length	19.8(19.0-21.1)	20.9(18.5-23.1)
Thickness	20.0(18.0-21.3)	19.7(17.7-21.9)
Breadth	20.2(18.0-22.5)	20.5(18.3-23.0)
Stones		
Number	20	15
Length	12.0(10.7-13.0)	12.7(11.7-13.7)
Thickness	9.7(8.7-10.8)	9.4(8.8-10.1)
Breadth	6.7(6.1-7.3)	7.4(6.9-8.8)

	BONG-91-1	ESBR-93-2
Fruits		
Number	11	20
Length	18.1(17.1-19.9)	18.7(16.2-20.9)
Thickness	16.6(15.6-18.1)	18.3(15.7-19.7)
Breadth	16.7(15.4-18.4)	19.5(16.5-21.3)
Stones		
Number	19	25
Length	12.5(11.4-13.6)	12.7(11.5-13.7)
Thickness	9.8(8.7-10.8)	10.7(9.5-11.6)
Breadth	6.3(5.7-7.3)	7.1(6.5-7.6)

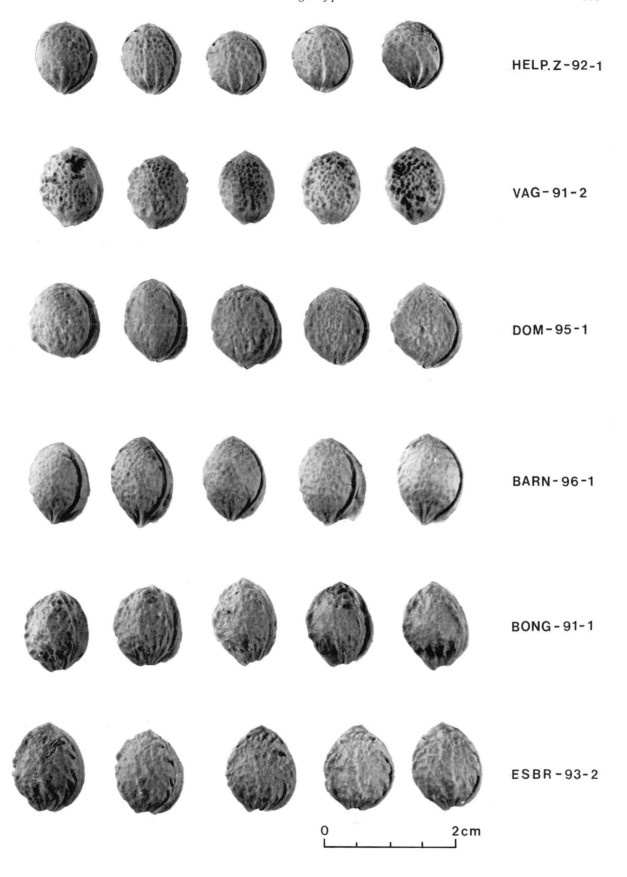

HELP. Z-92-1

VAG-91-2

DOM-95-1

BARN-96-1

BONG-91-1

ESBR-93-2

0   2 cm

SPIN-ESBR-93-1: Esbruyère, between Arnay-le-Duc and Autun, Côte d'Or, France 10th September 1993

Next to ESBR-93-2, spreading shrub, not very spiny, height c. 3 m. Summer shoots pubescent. Leaves oblanceolate-elliptic-obovate, length c. 4×1.5-2.0 cm. Leaves of lateral spurs (ob)lanceolate, 3-5×1.0-1.8 cm. Fruits round, non-drooping. Taste wry. Pedicels smooth, length 4-5 mm, diameter 0.9-1.0 mm. Indices fruits: B/L.100=102, T/L.100=98, T/B.100=96; indices stones: B/L.100=64, T/L.100=84, T/B.100=132

NB. Indices of fruit and fruit stones show remarkable correspondence with ESBR-93-2, whose (maternal) parent this *spinosa* specimen is assumed to be.

GERAUD-92-1: La Chapelle Saint Geraud, Dordogne, France, 5th September 1992

Slender, spinescent shrub in hedgerow, height c. 5 m. Summer shoots densely pubescent. Leaves elliptic to oval, 9×5 cm or smaller. Fruits appr. round, drooping. Taste acid. Pedicels pubescent, length 4-8 mm, diameter 1.0-1.2(1.5) mm. *Insititia* features: drooping, large fruits. *Spinosa* features: stones, leaves, spinescence.

GIE-90-2: Gieten, province of Drenthe, the Netherlands, 31st July 1990

Spiny shrubs and rootsuckers over tens of metres under tall oaks, height 2-3 m. Summer shoots sparsely pubescent. Leaves oval, 6×4.5 cm. Some dead stems occur with a diameter of c. 10 cm at 1 m height. Flower diameter c. 2.5 cm, fruits resemble large sloe fruits, semi-drooping. Taste wry. Pedicels smooth, length 8-13 mm, diameter 0.8-1.3 mm. *Insititia* features: leaves. *Spinosa* features: habitus, type and taste of fruit. Germination rate 50%. Seedlings display vigorous homogeneous growth.

NB. The characteristics of the Gieten specimen, in particular those of the stones, suggest an origin from a crossing of 'kroosjes' and sloe (cf. Woldring, 1993).

GIE-91-4: Gieten, province of Drenthe, the Netherlands, 22nd October 1991

Shrub with few rootsuckers at the edge of a forest (chiefly oaks) and plantation of spruce, height c. 3 m. Summer shoots pubescent. Leaves elliptic-oval, 5-7×2.5-5 cm. Fruits resemble GIE-90-2, but slightly more oval, slightly drooping. Taste acid. Pedicels pubescent, length 7-13 mm, diameter 1.0-1.4 mm, stones resembling the previous type. *Insititia* features: fruits, leaves. *Spinosa* features: shrubby growth. Germination rate 100%. Seedlings display mostly homogeneous, moderate growth. Stones with predominantly *spinosa* features.

ST.GERM-95-1: St. Germain des Champs, Morvan, France, 31st August 1995

Large, very productive tree in hedgerow between meadows, height 6-7 m. Summer shoots pubescent. Leaves oblanceolate-obovate, 5.5×3.3 cm at maximum. Leaves of lateral spurs smaller, elliptic to (ob)lanceolate. Fruits round, drooping. Taste wry. Pedicels glabrous, also in pairs, length 9-15 mm, diameter 1.0-1.2 mm. *Insititia* features: habitus, size of fruits. *Spinosa* features: leaves, stones, taste of fruits. Types with identical stones: Esbruyère, Dracy Chalas (Côte d'Or), Brazey-en-Morvan, Dalmazane (Dordogne), possibly also Rasquert (Groningen, the Netherlands). Most common type of stone in the intermediates.

ONLAY-95-1: Onlay, Morvan, east-central France, 7th September 1995

Two identical trees near the village, height c. 5m. Summer shoots glabrous. Leaves oval, 7×5.5 cm or smaller. Fruits globular, drooping. Taste sweet. Pedicels mostly glabrous, length 7-10 mm, diameter 1.0 mm. *Insititia* features: size and taste of fruits, habitus and size of trees, leaves. *Spinosa* features: stones.

	SPIN-ESBR-93-1	GERAUD-92-1
Fruits		
Number	15	11
Length	13.8(12.5-14.8)	24.8(22.5-27.8)
Thickness	13.5(12.8-14.1)	22.6(19.7-26.0)
Breadth	14.1(12.9-15.1)	24.2(21.2-27.4)
Stones		
Number	25	20
Length	8.8(8.1-9.4)	14.3(12.6-15.3)
Thickness	7.4(6.7-8.1)	10.5(8.6-11.4)
Breadth	5.6(5.0-6.2)	6.8(6.4-7.3)

	GIE-90-2	GIE-91-4
Fruits		
Number	16	12
Length	18.6(15.0-21.0)	26.1(22.7-28.8)
Thickness	18.2(14.8-20.3)	24.6(21.2-27.3)
Breadth	18.4(15.2-21.1)	25.6(21.5-28.2)
Stones		
Number	26	25
Length	12.7(11.5-14.1)	14.7(13.5-16.6)
Thickness	11.3(9.9-12.4)	12.5(11.1-14.4)
Breadth	7.8(6.5-8.9)	8.5(7.7-9.3)

	ST.GERM-95-1	ONLAY-95-1
Fruits		
Number	10	11
Length	21.4(19.3-22.7)	20.5(17.5-23.2)
Thickness	20.5(17.7-21.9)	19.3(16.8-22.1)
Breadth	21.1(18.0-23.0)	20.3(18.5-22.9)
Stones		
Number	22	22
Length	13.3(12.2-13.9)	13.0(11.5-14.3)
Thickness	11.3(10.4-12.0)	10.5(9.2-11.4)
Breadth	8.5(7.7-9.3)	6.6(5.8-8.1)

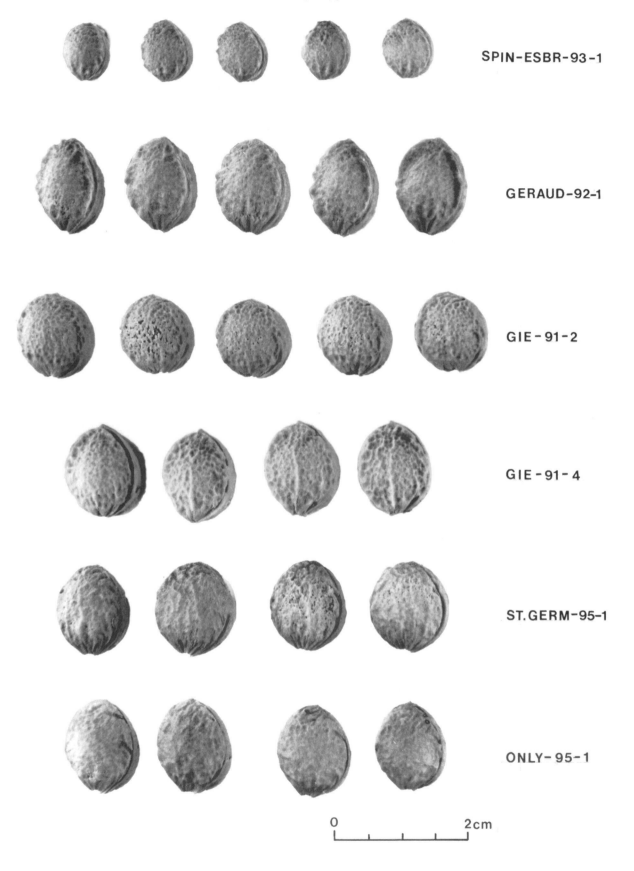

LESS-94-1: Lessard-et-le-Chêne, Normandy, France, 7th September 1994

Medium-sized, somewhat spiny shrub with few rootsuckers at the edge of a garden, height almost 3 m. Summer shoots thickly pubescent. Leaves (oblanceolate) elliptic to obovate, 4-7×2.5-4 cm. Fruits round-truncate, drooping? Taste acid to sweet. Pedicels pubescent, length 7-14 mm, diameter 1.4-1.8 mm. *Insititia* features dominant, except for habitus and leaves.

MASS-92-2: Massalve, Dordogne, France, 3rd September 1992

Thickets at the fringe of forest and meadow, forming a hedgerow over tens of metres, up to 5 m in height. Summer shoots densely pubescent. Leaves oval to broad elliptic, appr. 5×3 cm. Fruits subglobose to round, large, bloom not removable. Taste acid to wry. Pedicels pubescent, often in pairs or in clusters, length 6-13 mm, diameter 1.1-2.2 mm. *Insititia* features: drooping, large fruits. *Spinosa* features: stones, taste of fruits, habitus, leaves. Germination rate 50%. Seedlings display slightly heterogeneous growth.

ST.MARIE-94-1: Sainte Marie-en-Anglais, Normandy, France, 31st August 1994

Shrub on short stem, cultivated in garden, height 2m, breadth c. 2 m. Summer shoots thickly pubescent. Leaves uniform oval to almost circular, 3×2.5 cm. Leaves of lateral spurs elliptic or lanceolate, 2-4.5×1.0-2.0 cm. Fruits round, semi-drooping, bloom. Taste wry (but not very ripe). Pedicels pubescent, length 4-6 mm, diameter 1.2-1.9 mm. *Spinosa* features in every aspect, except for the extremely large fruits and stones. Might be a 'macrocarpa' form or result from cultivation.

NB. Six round-topped shrubs, height c. 3 m, cultivated in a garden near Lassery, Monteille (Normandy) display identical morphological features, fruits and stones. Six stones of this type rendered three heterogeneous seedlings.

SERVE-93-1: Serve, between Arnay-le-Duc and Autun, Côte d'Or, France, 6th September 1993

Round-shaped, productive tree with shrubby rootsuckers, in (abandoned?) farmyard, height c. 4 m. Summer shoots pubescent. Leaves obovate, 8×3.5-4 cm. Leaves of lateral spurs 5-8×3-3.5 cm. Fruits slightly ovate, drooping. Taste acid to wry. Pedicels thinly pubescent, length 6-10 mm, diameter (1.2)1.4-1.5(1.8) mm. *Insititia* features: fruit arrangement, size of fruits, leaves. *Spinosa* features: stones, wry taste. Germination rate 85%. Homogeneous, vigorous growth of seedlings.

MAGNY-94: Magny-le-Freule, Normandy, France, 5th September 1994

Trimmed(!) spiny hedge over c. 20 m, between road and arable land, height c. 1,5 m. Summer shoots thickly pubescent. Leaves elliptic or obovate, 4-6.5×2.5-3.5cm. Leaves of lateral spurs (ob)lanceolate to elliptic, 2.5-5×1.0-3.0 cm. Fruits round, slightly drooping, thick bloom, fruit setting from about 30 cm above the ground. Taste sugary. Pedicels pubescent, length 3-9 (mostly 6) mm, diameter 1.3-1.8 mm. *Insititia* features: fruit characteristics, stones. *Spinosa* features: shrubby habitus (evident from some free-standing specimens), leaves.

ST.PAIR-94-1: Saint Pair du Mont, Normandy, France, 28th August 1994

Large, almost spineless tree with vigorous branches growing in a hedgerow, height c. 5 m. Summer shoots pubescent. Leaves appr. oval, c. 6×3.5 cm. Leaves of lateral spurs oblanceolate-obovate, 2.5-5×1.5-2.5 cm. Fruits roundish or truncate, drooping. Taste wry. Pedicels glabrous, length 6-10 mm, diameter 1.0-1.4 mm. *Insititia* features: stones, size of fruits, habitus. *Spinosa* features: leaves, taste of fruits.

	LESS-94-1	MASS-92-2
Fruits		
Number	16	11
Length	25.2(22.0-29.1)	27.5(25.3-29.5)
Thickness	22.3(19.0-25.6)	26.6(24.0-28.3)
Breadth	23.8(20.9-27.0)	28.5(26.0-30.2)
Stones		
Number	21	25
Length	15.0(12.9-17.5)	14.9(13.5-16.3)
Thickness	10.5(9.1-11.8)	11.3(10.1-12.1)
Breadth	6.9(6.2-7.5)	7.5(6.7-8.3)

	ST.MARIE-94-1	SERVE-93-1
Fruits		
Number	20	16
Length	20.3(17.4-23.4)	23.0(19.7-24.6)
Thickness	20.2(16.9-23.1)	21.0(17.8-22.6)
Breadth	20.5(17.0-23.3)	22.6(19.8-24.6)
Stones		
Number	23	25
Length	12.9(10.7-14.6)	15.1(12.9-16.1)
Thickness	10.5(8.2-12.0)	11.1(9.6-11.9)
Breadth	7.0(6.0-8.2)	7.8(6.7-8.8)

	MAGNY-94	ST.PAIR-94-1
Fruits		
Number	15	15
Length	22.6(20.1-24.1)	20.1(18.1-22.4)
Thickness	21.2(19.1-23.8)	18.1(16.7-19.4)
Breadth	22.0(19.8-25.1)	19.3(17.4-20.7)
Stones		
Number	19	24
Length	14.6(13.5-15.5)	13.1(11.3-14.7)
Thickness	10.4(9.3-11.5)	9.2(8.2-10.0)
Breadth	7.7(6.9-8.6)	6.5(5.6-7.2)

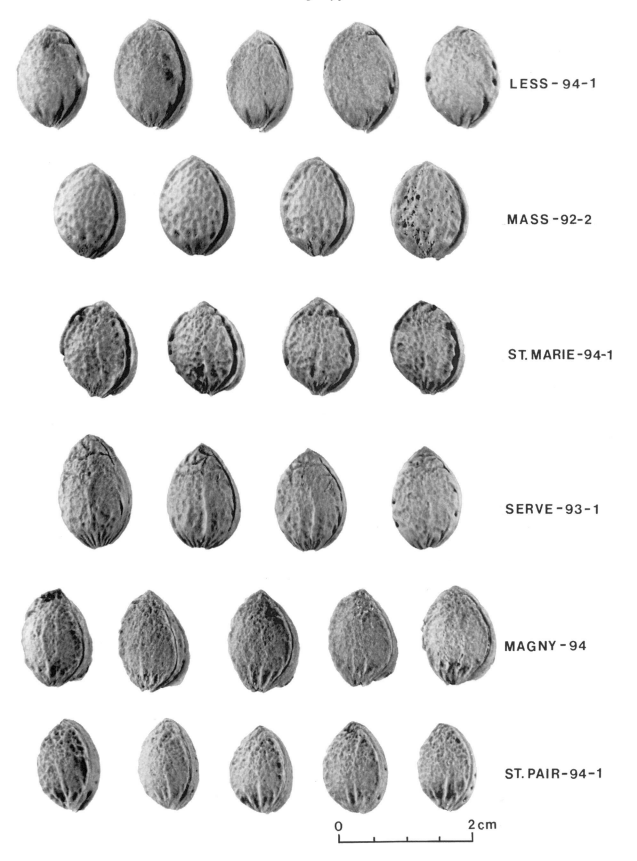

LESS-94-1

MASS-92-2

ST. MARIE-94-1

SERVE-93-1

MAGNY-94

ST. PAIR-94-1

0   2 cm

LASS-94-3: Lassery, near Monteille, Normandy, France, 31st August 1994

Small-sized, almost spineless tree with some rootsuckers, in hedgerow, height 3-4 m. Summer shoots pubescent. Leaves elliptic to (ob)lanceolate, c. 3×1.5 cm. Leaves of lateral spurs almost the same size. Fruits oval, drooping, thickly bloomed. Taste wry. Pedicels pubescent, length 4-8 mm, diameter 1.1-1.5 mm. *Insititia* features: size of fruits and stones, habitus. *Spinosa* features: sculpture of stones, leaves, taste of fruits.

PONC-93-1: Poncey, between Arnay-le-Duc and Autun, Côte d'Or, France, 5th September 1993

Spiny shrubs in hedgerow between *spinosa* specimens, at the edge of a meadow, many rootsuckers, height up to 3 m. Summer shoots thinly pubescent. Leaves elliptic-obovate, 5×2.5 cm. Leaves of lateral spurs oblanceolate, 3-4.5×1.6-2.5 cm. Fruits drooping, ovate, sometimes oval. Taste wry. Pedicels glabrous, length 6-9 mm, diameter 0.9-1.2(1.4) mm. *Insititia* features: stones, most fruit characteristics. *Spinosa* features: leaves, habitus, taste of fruits. Germination rate 50%. Seedlings display homogeneous growth.

LAB-92-1: Laboureyrie, south of Le Pêcher, Dordogne, France, 11th September 1992

Shrub in hedgerow, height c. 3 m. Summer shoots smooth. Leaves elliptic to oval-obovate, 7×3.5 cm at maximum. Leaves of lateral spurs smaller, elliptic-lanceolate. Fruits drooping, subglobose. Taste sweet. Pedicels almost smooth, sometimes in pairs, length 5-12 mm, diameter 1.0-1.5 mm. *Insititia* features: fruits. *Spinosa* features: stones, habitus, leaves. Specimens with identical stones: St.-Julien-Maumont, Dordogne; St.-Pair-du-Mont, Normandy, France.

LEUT-91-1: Leutingewolde, province of Drenthe, the Netherlands, 5th October 1991

Shrub with many rootsuckers, in hedgerow alongside road, height c. 3 to 4 mu. Leaves elliptic to lanceolate, 6×2.5-3 cm. Fruits ovate. Taste wry. Pedicels smooth, length 5-10 mm, diameter 1.1-1.6 mm. Except for the size of the fruits, features of sloe predominate. Large-fruited form of sloe? Germination rate c. 50%. Seedlings demonstrate homogeneous, quite vigorous growth. A specimen with identical stones was found in a plantation in the nearby village of Peize.

GR.ST-92-6: Groningen 'Stadspark', the Netherlands, 18th August 1992

Many-stemmed spiny shrub, with many rootsuckers, height c. 4 m. Summer shoots pubescent. Leaves oval, 8×4-4.5 cm. Fruits ovate, blackish-brown. Taste acid to wry. Pedicels length 11-15 mm, diameter 1.3 mm. *Insititia* features: leaves, large drooping fruits. *Spinosa* features: shrub habitus, taste of fruits, stones(?) Three specimens with similar stones were found in the park.

GERAUD-92-2: La Chapelle Saint Geraud, Dordogne, France, 5th September 1992

Small-sized tree in garden, height c. 3 m. Summer shoots sparsely pubescent. Leaves oblanceolate-elliptic, 6×3 cm at maximum. Fruits drooping, ovate to oval. Taste sweet/sugary. Pedicels in pairs, pubescent, length 5-9 mm, diameter 1.1-1.4 mm. Stones identical to a specimena in the nearby hamlet of Croisille, Dordogne, France.

	LASS-94-3	PONC-93-1
Fruits		
Number	14	17
Length	22.5(18.3-24.6)	21.8(20.3-24.0)
Thickness	19.3(14.7-21.2)	18.6(17.2-21.4)
Breadth	20.3(16.1-22.3)	19.7(17.9-22.6)
Stones		
Number	14	25
Length	14.1(11.6-15.6)	15.1(13.7-16.3)
Thickness	8.8(7.0-9.3)	9.9(9.2-10.8)
Breadth	6.2(4.9-6.9)	6.4(5.8-6.8)

	LAB-92-1	LEUT-91-1
Fruits		
Number	15	20
Length	21.9(20.7-23.7)	17.1(15.5-18.4)
Thickness	22.8(21.8-24.3)	16.1(15.1-18.0)
Breadth	23.5(22.2-25.2)	16.8(15.2-17.8)
Stones		
Number	22	20
Length	11.9(11.0-13.1)	12.9(11.7-13.8)
Thickness	9.3(8.7-10.0)	9.4(8.4-10.0)
Breadth	6.0(5.6-6.7)	6.7(6.0-7.4)

	GR.ST-92-6	GERAUD-92-2
Fruits		
Number	11	10
Length	19.6(18.1-21.1)	24.5(23.4-26.6)
Thickness	17.0(15.3-18.0)	21.9(19.8-25.0)
Breadth	17.6(15.8-18.5)	23.2(21.3-24.4)
Stones		
Number	22	21
Length	13.4(11.8-14.5)	13.8(13.0-14.8)
Thickness	9.0(8.0-10.1)	8.6(8.0-9.3)
Breadth	6.3(5.7-7.0)	6.4(5.9-7.6)

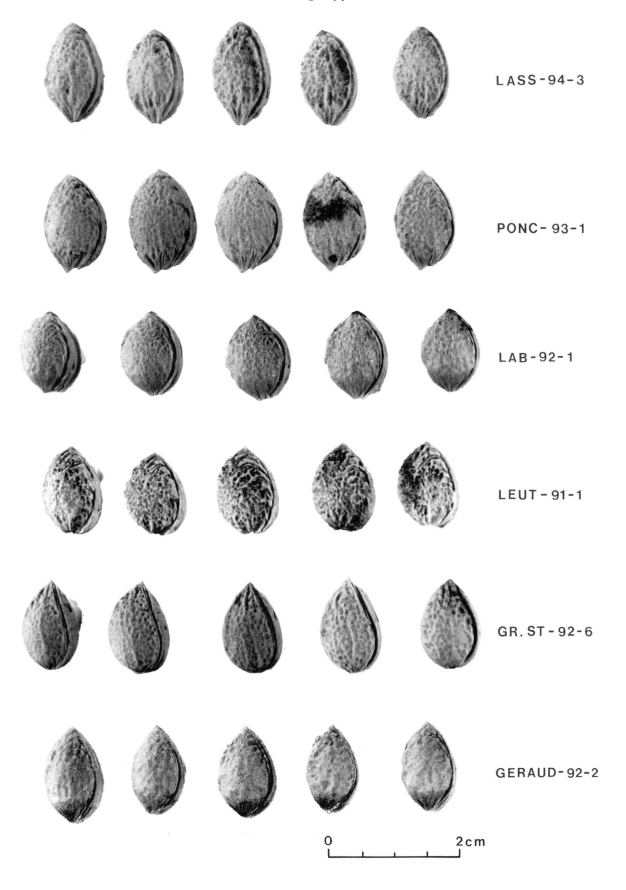

LASS - 94 - 3

PONC - 93 - 1

LAB - 92 - 1

LEUT - 91 - 1

GR. ST - 92 - 6

GERAUD - 92 - 2

0   2 cm

ST.ROM-95-2: Saint Romain, near Beaune, Côte d'Or, France, 1995
Shrub on castle ramparts, height 2 m. Summer shoots pubescent. Leaves mostly obovate, some (ob)lanceolate, 2.5-5×1.3-3.0 cm. Fruits almost black, drooping, oval-ovate. Taste almost wry. Pedicels smooth, length 7-11 mm, diameter 1.0-1.4 mm. Mostly *insititia* features, except for its shrubby habitus and small stones. The leaves of this specimen are much smaller but similar in shape to a nearby-growing *insititia* specimen of the variety 'St.-Julien'.

ST.BONNET-92-1: Saint Bonnet near Sexcles, Dordogne, France, 3rd September 1992
Shrub, height unrecorded. Summer shoots pubescent. Leaves elliptic to almost oval, 5×2.5-3.5 cm. Fruits roundish with bloom. Taste sweet with acid aftertaste. Pedicels pubescent, length 6-9 mm, diameter 1.0-1.4 mm. *Insititia* features: taste and size of fruits. *Spinosa* features: stones, leaves, habitus. Identical type: Le Pêcher, Dordogne, France.

LE PECH-92-1: Le Pêcher, Dordogne, France, 11th September 1992
Small, spineless tree in meadow, height 3-4 m. Summer shoots densely pubescent. Leaves elliptic-oblanceolate. Leaves of lateral spurs glossy, elliptic-oval, 6×3.5 cm. Fruits roundish, drooping. Taste sweet. Pedicels pubescent, length 6-10 mm, diameter 1.3-1.7 mm. *Insititia* features: size and taste of fruits, stones, habitus. *Spinosa* features: leaves. Identical type: Massalve, Dordogne.

CHAL-95-1: Chalaux, Morvan, France, 3rd September 1995
Very productive tree with abundant rootsuckers at the edge of the village, height 5 m. Summer shoots almost glabrous. Leaves oval or elliptic, 5.5×3.5 cm at maximum, on average 3×2 cm. Fruits ovate to round or oval, drooping, thick bloom. Taste acid. Pedicels glabrous, length 6-8 mm, diameter 1.0-1.4 mm. *Insititia* features: tree dimensions, fruits. *Spinosa* features: foliage, stones.

ROB-92-1: Robert, Dordogne, France, 1992
Thickets over c. 30 meter, height c. 3 m. Leaves oval, 3-4.5×2-3 cm. Fruits drooping, almost round, with or without bloom. Taste sweet. Pedicels pubescent, length 4-10 mm, diameter 1.0-1.7 mm. *Insititia* features: size and taste of fruits, stones. *Spinosa* features: leaves, growth properties. Germination rate c. 30%. Seedlings display heterogeneous growth.

GR.ST-92-2: Groningen 'Stadspark', the Netherlands, 26th August 1992
Sturdy tree with few spines, upright-spreading with few rootsuckers, height c. 4 m. Summer shoots pubescent. Leaves oval, 3.5-5×2.5-3.5 cm. Fruits drooping, slightly necked, oval, asymmetric, in outline resembling prunes. Taste acid. Pedicels pubescent, length 5-16 mm, diameter 1.2-1.5 mm. *Insititia* features: size and shape of fruits, stones. *Spinosa* features: leaves. Another specimen with similar stones grows in the park.

	ST.ROM-95-2	ST.BONNET-92-1
Fruits		
Number	15	11
Length	21.6(18.9-24.4)	23.0(21.7-25.4)
Thickness	17.6(15.2-21.1)	21.6(20.5-24.2)
Breadth	18.2(15.1-21.1)	22.6(21.6-25.3)
Stones		
Number	20	21
Length	11.5(10.3-13.0)	12.6(11.8-13.5)
Thickness	7.5(6.7-8.4)	8.9(8.1-9.7)
Breadth	5.4(4.8-6.1)	5.8(5.5-6.3)

	LE PECH-92-1	CHAL-95-1
Fruits		
Number	5	14
Length	26.4(25.4-27.0)	22.9(19.8-26.0)
Thickness	24.6(23.6-25.5)	21.4(18.2-24.7)
Breadth	25.9(25.1-26.8)	21.1(18.4-23.8)
Stones		
Number	18	20
Length	14.2(13.1-14.9)	13.6(11.2-15.5)
Thickness	10.1(9.3-10.7)	10.5(8.9-12.2)
Breadth	6.5(6.2-6.9)	7.2(6.2-9.0)

	ROB-92-1	GR.ST-92-2
Fruits		
Number	9	15
Length	21.7(20.4-23.4)	24.7(23.3-26.0)
Thickness	19.9(18.7-21.2)	19.3(17.9-20.6)
Breadth	20.6(19.4-22.0)	19.8(18.6-20.9)
Stones		
Number	21	25
Length	14.0(12.9-15.0)	15.2(13.3-16.5)
Thickness	9.8(8.9-10.5)	8.6(7.7-9.1)
Breadth	6.4(5.8-7.2)	5.6(5.1-6.5)

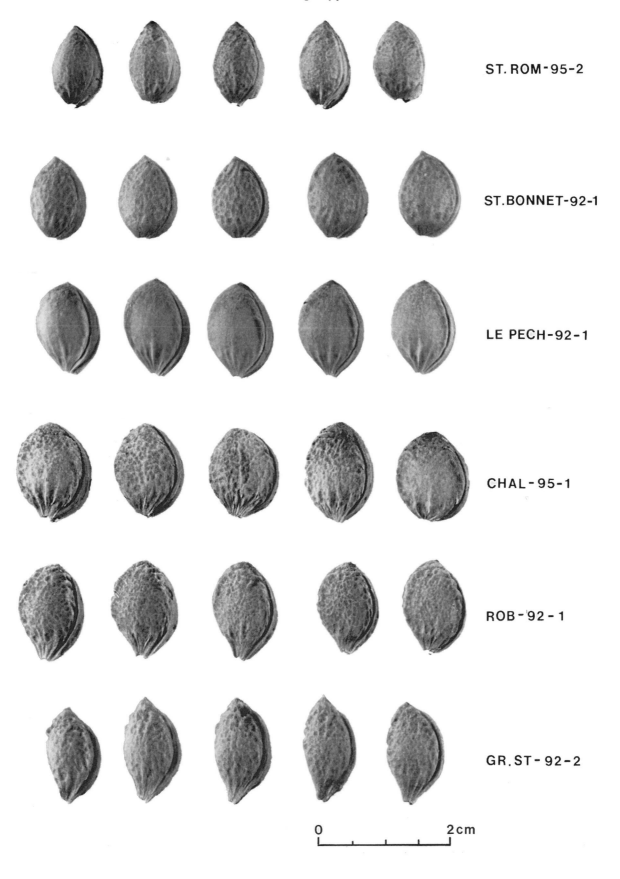

ST. ROM - 95 - 2

ST. BONNET - 92 - 1

LE PECH - 92 - 1

CHAL - 95 - 1

ROB - 92 - 1

GR. ST - 92 - 2

0   2 cm

AMPN-96-1: Ampney Saint Mary, Cotswold Hills, Gloucestershire, Great Britain, 9th September 1996

Productive shrubs bordering a path over ten metres, height up to 2.5 m. Summer shoots pubescent. Leaves obovate, smaller ones elliptic to oval, 3.5-6.5×2.5-5 cm. Fruits oval, drooping, sweet but not tasty. Pedicels smooth, also in pairs, length 7-13 mm, diameter 0.7-1.0 mm. Mostly *insititia* features with stones much resembling those of the local English damson. The fruits of this specimen are smaller than any of the collected English damsons. The combination of small (but full-grown!) shrubs and small damson-type stones suggests a crossing between damson and sloe. A type with similar stones was found at the edge of a small orchard in Sapperton, west of the town of Cirencester, Gloucestershire. This type has somewhat larger stones, necked and wry fruits and *spinosa*-type leaves.

PEI.'W-92-1: Peizerwold, province of Groningen, the Netherlands, 21st August 1992

Small-sized tree, alongside a sloe specimen in hedgerow between meadows, height 4 m. Summer shoots smooth. Leaves 6.5×3 cm. Fruits obovate, taste wry. Pedicels pubescent, length 7-11 mm, diameter 0.9-1.4 mm. *Insititia* features: habitus, leaves, drooping fruits, shape of stones. *Spinosa* features: taste of fruits, size of stones.

TU-90-15: Tuoro, locality Monticchio, Italy, 10th May 1990.

Stones from under tree with few rootsuckers in vineyard. Summer shoots thickly pubescent. Leaves crenate, oval to obovate, 7×4 cm. Leaves of lateral spurs variable, 2.5-6.5×1.5-4 cm. Leave margins serrate to crenate. Fruits oval, immature (therefore not measured). Pedicels thickly pubescent, length 15 mm.

	AMPN-96-1	PEI.'W-92-1
Fruits		
Number	19	15
Length	20.1(17.9-22.3)	18.3(17.1-19.7)
Thickness	17.1(15.6-18.7)	16.3(15.0-17.8)
Breadth	17.0(15.3-18.6)	16.9(15.4-18.9)
Stones		
Number	25	23
Length	13.6(12.2-15.5)	12.2(11.0-13.4)
Thickness	8.7(7.8-9.4)	7.8(7.1-8.4)
Breadth	6.4(5.8-7.6)	5.1(4.5-5.6)

	TU-90-15
Fruits	
Number	
Length	
Thickness	
Breadth	
Stones	
Number	20
Length	15.7(14.9-16.5)
Thickness	13.2(12.1-14.5)
Breadth	7.6(6.9-8.0)

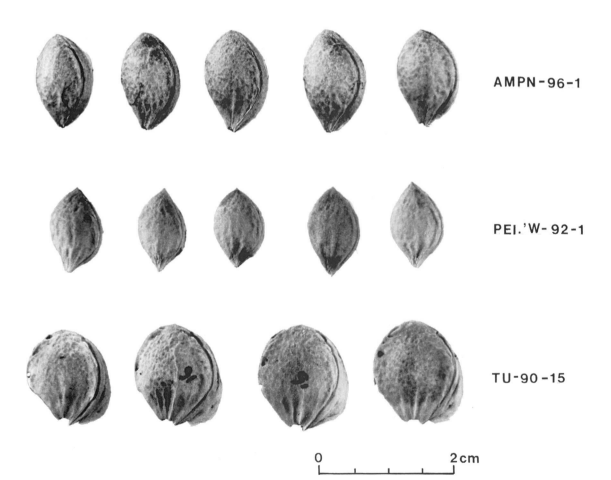

AMPN-96-1

PEI.'W-92-1

TU-90-15

0   2cm

PLUM (*PRUNUS DOMESTICA* L.) VARIETIES IN LATE- AND POST-MEDIEVAL GRONINGEN: THE ARCHAEOBOTANICAL EVIDENCE

WILLEM VAN ZEIST & HENDRIK WOLDRING
Groninger Instituut voor Archeologie, Groningen, Netherlands

ABSTRACT: Among the plum-stones recovered from late- and post-medieval cesspits in Groningen, thirteen different types have been distinguished. In the present paper these types are discussed and illustrated. Some of the Groningen plum-stone types match stones of traditional plum varieties from the north of the Netherlands and France.

KEYWORDS: Archaeological plum-stones, traditional plum varieties.

1. INTRODUCTION

One of the long-term research projects of the Groninger Instituut voor Archeologie of the University of Groningen is the archaeobotanical examination of late- and post-medieval occupation deposits in the town centre of Groningen. Some of the results of this study have already been published (Van Zeist, 1988; 1992) and a comprehensive, fully documented report is in preparation. In addition to the remains of a great number of other wild and cultivated plants, pips and stones of native and imported fruit are also commonly found in the town-centre deposits. Mention may be made here of apple, pear, plum, sloe, grape, red currant, strawberry and fig. The present article deals with a discussion of plums consumed in (early-)historical Groningen. The term 'plum' (*Prunus domestica*) is used here in its widest sense, to include true plums in the modern sense, as well as damsons, gages, bullaces and Mirabelles.

The contents of a number of cesspits yielded, in addition to the remains of other fruits, substantial quantities of plum-stones. Most of the rather large fruitstones of plum and some other fruit species may not have been excreted with the faeces, but may have ended up in cesspits as kitchen refuse. The rich and varied plum-stone material invited, as it were, more detailed examination. It has repeatedly been established that fruitstones of plum recovered from archaeological contexts show quite a variety in shape and size, indicating the presence of diverse kinds of plum at the sites concerned (for example, Baas, 1971; 1974; Behre, 1978; Knörzer, 1971; Kroll, 1980; Lange, 1988). Among the Groningen material a remarkably large number of plum-stone types could be distinguished.

In examining archaeological plum-stones one naturally wishes to know which plum varieties were cultivated in the past. This raises the question as to what extent it is possible to identify the kind of plum from the stones. In this respect the evidence from modern plum cultivars is encouraging in that Röder (1940) has demonstrated that the shape of the stones, which finds expression in the so-called index values (see section 2), is characteristic of a particular variety.

It is self-evident that identification of subfossil stone types is possible only by comparison with stones of plum varieties which still exist. In principle, for a comparison with archaeological plum-stones, traditional ('old-fashioned') varieties are of prime interest as these are the kinds of plum cultivated in the past. Unfortunately, many of these old sorts have virtually disappeared. In addition, stones of modern cultivars may provide indications as to the identity of subfossil stones. This is because modern cultivars are derived from traditional varieties and the shape of the stones may not have changed markedly in the selection process. It should be borne in mind that for various archaeological plum-stone types a modern equivalent may never be found. A few examples of the identification of subfossil plum-stones beyond the more general indications '*Rundpflaume*' and '*Ovalpflaume*' (round plums, oval plums, in the German literature) are given below. For a discussion of the relationships between present-day and ancient plum varieties, the reader is referred to Körber-Grohne's (1996) book on plums, cherry plums and sloes.

Knörzer (1971) compares one of the plum-stone types identified from the medieval 'Niederungsburg' near Büderich (lower Rhineland) with stones of primitive plums (*Haferpflaume*) escaped from cultivation in the northern Eifel. Körber-Grohne (1996: pp. 149-151) indicates the close resemblance of plum-stones from Roman and medieval sites in Germany to those of the traditional variety 'Kleine Damascener'. Behre (1978) found a fair correspondence of stone types (*Formenkreise*) A and B established for Haithabu and Alt-Schleswig with those of plum cultivars illustrated in Röder (1940: figs 78 and 94, respectively).

With respect to the Groningen plum-stones, we are very fortunate that a large reference collection is available. For many years, H. Woldring has been in search of specimens of traditional plum varieties which still exist, in the Netherlands as well as in England,

France, Italy, Greece and Turkey. On the basis of the plum-stone material collected by him, a modern equivalent could be established for more than half of the stone types determined from Groningen. A publication on traditional plum varieties by Woldring, with descriptions of the trees, the fruits and the fruitstones, is in preparation.

2. METHODOLOGICAL ASPECTS

In distinguishing between different types of plum-stones, in the first place the shape of the stones, the dimensions and the index values (the ratios between measurements) are of importance. The position of the measurements (length, breadth and thickness) is indicated in figure 2. Plum-stones are laterally compressed, as a result of which the breadth is smaller than the thickness. The relatively broad lateral sides are domed to a greater or less degree. Where the term 'sides' is used below, the lateral sides are meant (this in contrast to the narrow ventral and dorsal sides). The base of the stone is at the end (the attachment) of the fruit-stalk. The following index values are usually defined in plum-stones: 100B:L (100 x breadth/length), 100T:L and 100T:B. The 100T:L index value is a measure of the relative slenderness; the more slender the stone, the lower this index value is. Roundness finds expression in the 100T:B value: stones with strongly domed sides show a relatively low 100T:B value, whereas in rather flat stones this value is relatively high (in plum-stones the 100T:B value is always more than 100).

In addition to shape and dimensions, the following features play a part in characterizing stone types. The surface of the stones usually shows a network pattern of pits of varying size and depth. If this surface pattern is only weakly developed, the wall looks rather smooth. In addition, the surface may show one or more longitudinal

creases which start from the base. The ventral side is made up of a thickened ridge or rim (*Wulst* in German) which may be more or less strongly developed. The ventral ridge is usually bordered by a distinct groove on both sides.

The numbers of stones of some of the plum-stone types established for Groningen are quite small, so these types are not supported by satisfactorily large numbers of measurements. However, we are of the opinion that each of the stone types defined by us is justified, because it is characterized by a combination of features and clearly differs from the other types. Moreover, for most of our types either a matching modern equivalent is present, or they correspond with subfossil stone types described and illustrated in the literature. To emphasize their local significance, the type numbers are given the prefix 'Gro' (Gro-1, Gro-2, etc.).

Opinions on the subdivision of *Prunus domestica* L. into subspecies differ. For practical reasons, and in conformity with, among others, Behre (1978) and Körber-Grohne (1996), the subdivision into two subspecies is adopted here: subsp. *insititia* and subsp. *domestica* (syn. *oeconomica*). With respect to the term 'variety' as used in this paper, we follow the practice of (British) fruit breeders in which different forms and races are indicated as variety (Roach, 1985; Simmons, 1978). In this sense 'variety' largely corresponds with '*Sorte*' in German, but differs from the term variety (var.) as defined in plant nomenclature, for example, *Prunus domestica* subsp. *insititia* var. *subrotunda*.

3. SAMPLES AND PRESENTATION OF THE RESULTS

The samples which yielded a fair number of plum-stones, with numbers of stones per type are presented in

Table 1. Plum (*Prunus domestica*). Numbers of fruitstone types recovered from the contents of cesspits in Groningen. For explanation, see text. KL Klooster/Rode Weeshuis, WNC Wolters-Noordhoff-Complex, MKH Martinikerkhof, KAT Gedempte Kattendiep, C century.

Sample Date	KL271 1800-1840	KL328 c.1800	WNC750A c.1800	MKH345 1600-1650	MKH195 16th C	KAT62 1550-1575	MKH639 1525-1550	MKH178 c.1500	MKH356 14th C
Type Gro-1	7	6	2	78	15	3770	-	58	27
Type Gro-2	-	2	1	-	5	35	11	5	8
Type Gro-3	-	-	-	83	2	20	-	36	-
Type Gro-4	4	32	51	86	-	-	-	27	1
Sub-type Gro-5a	83	119	12	13	7	2030	-	63	6
Sub-type Gro-5b	6	40	9	14	1	177	3	17	3
Type Gro-6	-	-	-	6	-	-	-	2	-
Type Gro-7	-	16	6	3	-	-	-	-	-
Type Gro-8	-	9	1	-	-	-	-	-	-
Type Gro-9	21	20	4	-	-	5	-	-	-
Type Gro-10	5	3	-	-	-	-	-	-	-
Type Gro-11	17	20	2	-	-	-	-	-	-
Type Gro-12	-	-	-	-	8	12	440	-	4
Type Gro-13	42	145	3	6	5	17	-	9	1
Unidentified	21	31	13	20	4	44	12	25	3

Fig. 1. Town centre of Groningen. Location of cesspit sites discussed in this paper. 1. Martinikerkhof; 2. Wolters-Noordhoff-Complex; 3. Klooster/ Rode Weeshuis; 4. Gedempte Kattendiep.

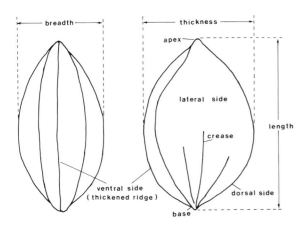

Fig. 2. Key to the terminology used for the description of plum-stones and position of the measurements (adopted from Behre, 1978: fig. 1).

table 1. The find sites from which the samples originate are indicated on the map of the Groningen town centre (fig. 1). With respect to these sites the following may be mentioned.

In the area on the west side of the Martinikerkhof (MKH) excavated in 1987 and 1989 a large number of cesspits came to light (Schoneveld, 1990). Various cesspits were also excavated at the Wolters-Noordhoff site (WNC) (Kortekaas & Waterbolk, 1992), but here the contents of cesspits had not been washed over a

screen to recover small objects (see below). The large cesspool uncovered at the Kattendiep site (KAT) in all probability belonged to a building (the so-called 'Langhuis') which formed part of the Peper- or Sint Geertruids hospital (Carmiggelt & Van Gangelen, 1988). A report on the excavations at the site indicated as Klooster/ Rode Weeshuis (KL), carried out by the Stichting Monument en Materiaal, is in preparation. The fill of the cesspit at this site consisted of a lower and upper part separated by a brick floor.

With one exception (WNC 750A), the contents of the cesspits included in the present paper were washed over a screen of 4 mm mesh, after which the residue that stayed on the sieve was dried. The dried residue was subsequently sorted for artifacts, animal bones and plant remains, in particular fruitstones.

The numbers of plum-stones listed for Wolters-Noordhoff (WNC) 750A are the totals of stones recovered from a relatively small sediment sample (c. 10 litres in volume), which had been washed over a sieve of 2 mm mesh in the laboratory, and stones hand-picked in the field by the excavators.

As for the Kattendiep (KAT 62) sample, the results presented in table 1 differ considerably from those published earlier (Van Zeist, 1988: table 6). In re-examining the Kattendiep plum-stones it turned out that the 'Mirabelle type' of the earlier publication comprises two different types: our present types Gro-1 and Gro-5. In addition, the stone type listed in the Kattendiep

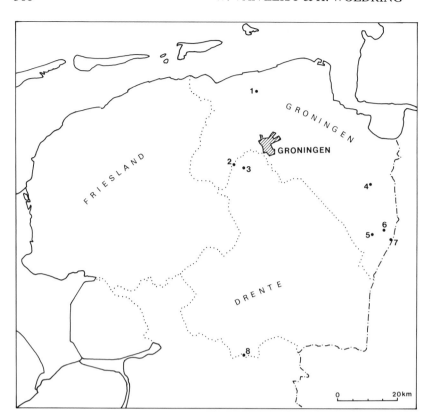

Fig. 3. Find-spots of traditional plum varieties in the north of the Netherlands mentioned in this paper. 1. Rasquert; 2. Nietap; 3. Foxwolde; 4. Blijham; 5. Sellingerbeetse; 6. Jipsinghuizen; 7. Hasseberg; 8. Schrapsveen.

publication as 'Behre type B' is definitely not of this type. Stones which match those of Behre's (1978) *Formenkreis* B have not been found in Groningen.

The category 'Unidentified' includes stones which could not (satisfactorily) be attributed to one of the types distinguished here. This is only in part due to poor preservation or serious deformations. Some stones look more or less intermediate between types and/or may be aberrant forms of one of the types distinguished. In addition, some stones listed as unidentified may represent a specific type. However, as only one or a few stones of such a type were present and no matching modern equivalent was available, no separate type has been defined.

4. STONE TYPES DISTINGUISHED AND COMPARISON WITH LIVING PLUM VARIETIES

4.1. Type Gro-1 (fig. 4)

The stones of this type are slightly asymmetric in outline; near the base they are somewhat curved inward on the dorsal side. The stones are fairly flat and pointed at the base. The apex is blunt, sometimes slightly pointed. The stone is fairly smooth; a surface pattern is only weakly developed. The stones of this type are small, mostly not larger than 15 mm.

The Gro-1 stones correspond with those of an old plum variety, relict specimens of which are still found in Rasquert and Jipsinghuizen (for the location of these places, see fig. 3). The plums, 2 to 2.5 cm large, are suboval to globular in shape, with a yellow-red skin. The fruit flesh has a good flavour and is free from the stone. For dimensions and index values of subfossil and modern stones, see table 2:1.

4.2. Type Gro-2 (fig. 4)

The stones of this type fit into Behre's (1978) *Formenkreis* A. The Gro-2 stones are oblique-oval in outline, somewhat pointed at the base and with strongly domed sides. The ventral ridge is strongly developed. Fairly short creases on the surface of the stone radiate from its base. According to Behre, the stones of *Formenkreis* A correspond with those of modern '*Rundpflaumen*' (*P. domestica* subsp. *insititia* var. *subrotunda*). He compares them with stones of the variety 'Gute aus Bry' shown in Röder (1940: p. 91, fig. 78). So far, H. Woldring has not found modern plum-stones which match the subfossil Gro-2 specimens.

The Gro-2 stones show a considerable variation in size as is evident from the minimum and maximum values for the length (table 2:2). A similar variation has also been determined for *Formenkreis*-A stones from Haithabu, Alt-Schleswig and Lübeck in Germany (cf. table 2:2).

Table 2. *Prunus domestica*. Mean, minimum and maximum dimensions in mm and index values of subfossil and modern plum-stone types. An asterisk indicates a modern provenance. L length, B breadth T thickness, N number of stones measured, KL Klooster/Rode Weeshuis, MKH Martinikerkhof, KAT Gedempte Kattendiep.

	L	B	T	100B:L	100T:L	100T:B	N
1. Type Gro-1							
MKH 345	14.13	5.84	10.14	41	72	174	50
	(12.7-15.2)	(5.3-6.8)	(9.4-11.1)	(37-47)	(65-78)	(160-192)	
KAT 62	13.85	6.11	9.84	44	71	161	50
	(13.0-15.3)	(5.4-7.1)	(9.1-11.3)	(40-49)	(62-79)	(149-175)	
*Jipsinghuizen	15.01	6.45	9.83	43	66	153	22
	(13.2-16.4)	(5.7-8.0)	(8.5-10.8)	(37-51)	(59-74)	(130-177)	
*Rasquert	14.36	6.27	9.71	44	68	156	29
	(12.1-16.0)	(5.1-7.4)	(8.4-10.5)	(37-51)	(62-72)	(135-176)	
2. Type Gro-2							
MKH	14.20	8.41	10.99	59	78	131	32
(various samples)	(11.4-17.3)	(7.4-10.7)	(9.4-13.5)	(49-68)	(71-84)	(115-159)	
KAT 62	14.62	9.01	11.51	62	79	128	30
	(12.1-16.5)	(8.1-10.0)	(10.0-12.8)	(53-75)	(68-87)	(110-137)	
Haithabu	14.42	8.23	11.02	57	76	134	797
(Behre, 1978)	(10.2-17.6)	(4.4-10.4)	(7.6-13.7)	(43-73)	(57-97)	(108-166)	
Alt-Schleswig	14.31	8.26	10.91	58	76	132	581
(Behre, 1978)	(10.3-17.8)	(6.1-10.9)	(8.3-13.5)	(44-80)	(61-94)	(105-156)	
Lübeck	14.34	8.11	11.18	57	79	139	258
(Kroll, 1980)	(10.6-17.4)	(6.0-10.4)	(8.5-14.5)	(46-81)	(65-100)	(112-172)	
3. Type Gro-3							
MKH 178	14.53	6.98	10.33	48	71	148	26
	(12.7-16.3)	(6.1-8.4)	(9.2-11.2)	(43-55)	(65-79)	(129-163)	
MKH 345	15.11	7.25	10.59	48	70	146	60
	(12.8-17.0)	(6.3-8.0)	(9.4-11.8)	(43-53)	(63-77)	(134-160)	
*Mont-les-Etrelles	14.93	7.27	10.38	49	70	143	40
	(13.8-16.1)	(6.7-7.8)	(9.5-11.0)	(44-55)	(66-76)	(132-151)	
*Betaille	15.14	6.86	10.30	45	68	150	22
	(13.3-16.4)	(6.4-7.9)	(9.3-11.4)	(42-50)	(62-73)	(140-164)	
*Blaubeuren	13.7	6.7	9.5	49	69	144	20
(Körber-Grohne, 1996)	(12.2-14.8)	(5.2-7.7)	(8.7-10.2)	(43-58)	(65-73)	(125-157)	
4. Type Gro-4							
MKH 178	17.97	7.36	11.98	41	67	163	25
	(16.6-19.6)	(6.6-7.9)	(11.0-13.1)	(36-46)	(61-75)	(148-176)	
MKH 345	18.79	7.29	12.32	39	66	169	60
	(17.4-20.4)	(6.3-8.3)	(11.2-13.8)	(32-43)	(61-73)	(155-192)	
KL 328	18.39	7.48	12.26	41	67	164	28
	(16.6-20.8)	(6.5-8.3)	(10.7-13.8)	(36-46)	(58-71)	(148-182)	
*L'Emprunt	18.96	7.77	11.89	41	63	153	20
	(17.4-20.4)	(7.0-8.3)	(10.9-12.8)	(38-46)	(57-66)	(144-161)	
*Bassignac-le-Bas	16.54	7.29	11.38	44	69	156	20
	(15.5-17.5)	(6.6-7.9)	(10.2-12.2)	(40-50)	(61-74)	(145-165)	
5. Type Gro-5							
MKH 178	13.42	6.78	9.76	51	73	144	45
sub-type 5a	(11.6-14.8)	(6.0-7.7)	(8.1-11.3)	(41-60)	(67-81)	(122-170)	
KAT 62	13.46	6.92	9.72	52	72	141	50
sub-type 5a	(11.0-14.9)	(6.0-8.5)	(8.1-11.2)	(44-61)	(65-81)	(118-158)	
MKH 178	15.88	7.52	10.99	47	69	147	13
sub-type 5b	(15.0-17.2)	(6.9-8.3)	(9.7-12.2)	(42-53)	(64-77)	(129-164)	
MKH 345	15.92	7.43	10.94	47	69	147	14
sub-type 5b	(15.0-17.8)	(6.9-8.0)	(10.0-12.2)	(43-53)	(65-75)	(138-160)	
KAT 62	16.39	7.49	10.96	46	67	147	50
sub-type 5b	(15.1-17.7)	(6.6-9.0)	(10.1-12.0)	(42-52)	(60-75)	(121-166)	
*Nietap	16.74	7.95	11.94	48	71	150	35
(Dubbele Boerewitte)	(14.4-17.8)	(7.0-8.5)	(11.1-12.8)	(44-53)	(65-81)	(140-167)	
6. Type Gro-6							
MKH 178/345	17.13	7.06	10.98	41	64	156	8
	(16.1-18.3)	(6.3-7.6)	(10.0-11.7)	(38-45)	(59-70)	(141-168)	
*Blijham	16.81	7.36	10.57	44	63	145	25
	(15.2-18.4)	(6.4-8.9)	(9.6-11.7)	(39-50)	(57-70)	(125-163)	

Table 2. (continued)

	L	B	T	100B:L	100T:L	100T:B	N
7. Type Gro-7							
KL 328	19.60	6.37	11.35	33	58	179	15
	(17.5-22.9)	(5.7-7.4)	(10.4-12.7)	(29-36)	(53-62)	(167-190)	
Alt-Schleswig	19.66	6.36	11.26	32	57	177	14
(Behre, 1978)	(14.6-22.2)	(4.9-7.5)	(9.7-12.4)	(27-37)	(53-65)	(157-206)	
*Belvoir	20.84	6.38	11.52	31	55	181	11
	(18.6-22.0)	(5.9-6.8)	(10.8-12.3)	(28-37)	(51-59)	(162-192)	
8. Type Gro-8							
KL 328	24.11	6.14	10.23	26	43	167	8
	(22.3-26.8)	(5.6-7.2)	(9.8-10.7)	(23-32)	(38-48)	(149-178)	
*Stromberg	20.0	5.6	8.7	28	43	155	50
(Körber-Grohne, 1996)	(17.3-24.2)	(4.5-6.8)	(7.4-10.0)	(23-33)	(38-50)	(129-188)	
9. Type Gro-9							
KL 328	20.01	6.74	11.18	34	56	166	18
	(18.2-22.9)	(6.0-7.7)	(10.0-12.6)	(30-39)	(48-62)	(146-184)	
KL 271	20.46	6.58	11.11	32	54	169	21
	(18.0-23.9)	(5.8-7.5)	(9.3-12.4)	(29-38)	(50-62)	(151-188)	
*La Croisille	20.45	7.09	11.52	35	56	164	17
	(19.3-22.1)	(6.1-8.8)	(10.4-12.4)	(31-42)	(54-61)	(132-194)	
*Prune d'Agen	24.89	7.48	13.53	30	54	181	19
	(22.1-27.4)	(6.6-8.3)	(12.0-15.0)	(26-35)	(49-60)	(166-201)	
10. Type Gro-10							
KL 328/271	16.87	7.35	13.18	44	78	180	6
	(16.1-18.0)	(7.0-8.3)	(12.2-14.5)	(41-46)	(71-81)	(172-192)	
*Nietap	17.12	7.48	13.07	44	76	175	15
	(15.0-18.9)	(6.1-8.5)	(11.4-14.6)	(38-49)	(70-80)	(160-192)	
11. Type Gro-11							
KL 328	14.45	7.53	11.54	52	80	154	19
	(12.9-15.6)	(7.0-8.3)	(11.0-12.5)	(47-58)	(74-86)	(143-171)	
KL 271	14.53	7.46	11.85	52	82	159	16
	(13.0-15.8)	(7.0-8.3)	(10.8-12.7)	(46-57)	(77-84)	(147-173)	
12. Type Gro-12							
MKH 639	15.24	6.85	9.79	45	64	143	80
	(13.2-16.6)	(5.6-8.1)	(8.6-11.0)	(39-52)	(58-72)	(124-168)	
13. Type Gro-13							
KL 328	14.35	6.19	9.03	43	63	146	50
	(12.1-15.7)	(5.6-7.5)	(8.3-10.0)	(37-50)	(58-70)	(125-171)	
*Sellingerbeetse	14.52	6.22	8.75	43	60	141	19
	(13.1-16.2)	(5.6-7.2)	(7.6-9.9)	(38-49)	(54-65)	(123-157)	

4.3. Type Gro-3 (fig. 4)

The Gro-3 stones are clearly asymmetric in outline. The greatest thickness is in the lower half of the stone. The (lateral) sides are moderately domed. The apex is sharply pointed and the base is somewhat truncated. The stone surface is fairly smooth. One or more creases run from the base in a longitudinal direction. The groove on both sides of the ventral ridge is very narrow.

There are modern equivalents of this type of plum-stone; stones of a bullace-type plum (*Krieche*) from Blaubeuren in southern Germany, described by Körber-Grohne (1996: pp. 65-66), closely resemble the Gro-3 specimens. This appears not only from a comparison with the photographs of one of the Blaubeuren stones

(Körber-Grohne, 1996: Plate If), but also from the fair correspondence of the index values (table 2:3). The Groningen stones are, on average, somewhat larger. The *Krieche* from Blaubeuren is a sucker of a rootstock on which another plum had been grafted. The round, dark-blue fruits are 22 to 27 mm large.

The Gro-3 stones exactly match those of bullace-type plums collected by H. Woldring in southern France. The index values of the stones from two French sources do not differ significantly from those of the subfossil specimens (table 2:3). The French plum-trees belong, just as the Blaubeuren specimen, to the group of St Julien plums. It is not unlikely that the Groningen plum-trees in question were of French origin, that is to say, they had originally been imported from France. It should be pointed out that not nearly all St Julien type plums have stones of our Gro-3 type. This appears from the findings of Körber-Grohne (1996: Plate I) and from other St Julien plum-stones collected by H. Woldring in France (see also our Gro-10 type, section 4.10).

At present St Julien type plum-trees are used only as rootstocks for grafting modern plum cultivars. In view of the fairly large numbers of Gro-3 stones it may be assumed that at the time this variety was cultivated here for its fruits.

4.4. Type Gro-4 (fig. 4)

The stones of this type are (slightly) asymmetric in outline; near the base they are somewhat curved inward at the dorsal side. The stones are rather flat (slightly domed sides) and distinctly extended at the base. The groove on both sides of the ventral ridge is absent or at most rudimentarily developed. On the other hand, the ventral ridge is flanked by a longitudinal depression on the lateral sides. The surface sculpture is made up of a narrow-meshed network of shallow pits.

The Gro-4 stones closely resemble those of plums collected by H. Woldring in the Dordogne (France). These plums are rounded-obovate, 30 to 35 mm large, with a violet-reddish skin and firm sweet flesh. In table 2:4 the dimensions and index values of subfossil and modern stones from two provenances are presented.

4.5. Type Gro-5: sub-types 5a and 5b (fig. 5)

The stones of this type are oval in outline, with a rather broad base. The sides are clearly domed and the surface is pitted. The thickened ventral ridge is comparatively broad.

Among the Gro-5 stones two sub-types are distinguished: a small sub-type Gro-5a and a larger sub-type Gro-5b. At first these sub-types were regarded as separate types and, in fact, they may represent two different varieties. The Kattendiep sample yielded a very large number of Gro-5a stones, which in the Kattendiep publication are included in the 'Mirabelle type' (see section 3). In addition, a much smaller number of larger-sized stones of the same shape as those of sub-type 5a were recovered from the Kattendiep sample. These stones, the present sub-type Gro-5b, closely resemble those of the 'Dubbele Boerewitte' (Double Farmers' White), a plum variety which is still common in the north of the Netherlands. The fruits of this variety are suboval to round, 30 to 35 mm large and yellow-skinned.

The question arose whether the stones of sub-type 5a were perhaps small specimens of the 'Dubbele Boerewitte'. However, the minimum length of modern stones of the 'Dubbele Boerewitte' from Nietap is 14.4 mm (see table 2:5), whereas most of the subfossil stones are smaller than 14.4 mm. This has led to the conclusion

that the small type Gro-5 stones are not of the 'Dubbele Boerewitte'. The dividing line between sub-types 5a and 5b has arbitrarily been drawn at 15 mm (15.0 mm and more is sub-type 5b). Admittedly, this is not quite satisfactory as some of the stones listed as sub-type 5a may in fact be of the 'Dubbele Boerewitte', whereas small specimens of sub-type 5b may be of the as yet unknown variety represented by sub-type 5a.

With respect to the possible identity of the Gro-5a stones, the following should be remarked. As there is a continuous size range from the smallest Gro-5a stones to the largest Gro-5b specimens, one wonders whether the variety represented by sub-type 5a was the predecessor of the 'Dubbele Boerewitte', and whether this was the form from which the latter has developed. In this connection, the extinct variety called 'Enkele Boerewitte' (Single Farmers' White) should be mentioned, which according to Knoop (c. 1750: p.19) differed from the 'Dubbele Boerewitte' by the smaller size of the plums and a slightly different skin colour. According to the same author the 'Enkele Boerewitte' was widely cultivated in the Netherlands and its fruits were much appreciated because of their rich flavour. For that reason one wonders whether sub-type 5a may correspond with the 'Enkele Boerewitte'.

Dimensions and index values of stones of both sub-types and of the 'Dubbele Boerewitte' from Nietap (for location, see fig. 3) are presented in table 2:5. From this table it is clear that the index values of the Gro-5b stones correspond well with those of modern 'Dubbele Boerewitte'. The index values of stones of sub-type 5a differ somewhat, but not significantly, from those of sub-type 5b. The fair correspondence in index values between the two sub-types supports the hypothesis that the 'Dubbele Boerewitte' has developed from the variety represented by sub-type Gro-5a.

4.6. Type Gro-6 (fig. 5)

Only a few stones of this type were found. As they form a rather uniform group which differs from the other types determined from Groningen, they are distinguished as a separate type. The oval stones are symmetric in outline, minutely pointed at the apex and blunt at the base. The stone surface is pitted.

The distinction as a separate type is supported by the fact that we believe that we know a modern equivalent. The Gro-6 stones match those of blue plums from Blijham (fig. 3). The dimensions and index values of the subfossil stones also correspond reasonably well with those of the modern ones (table 2:6).

4.7. Type Gro-7 (fig. 6)

The Gro-7 stones are fairly flat (only slightly domed sides), strongly asymmetrical in outline, with an almost straight dorsal side. They are blunt to pointed at the apex, with an extended, more or less pointed base and a rough, pitted surface. A prominent crest is present on the ventral ridge. The features of this type of stone are characteristic of the true or European plum, *Prunus domestica* subsp. *domestica* (*Zwetsche* in German). The Gro-7 stones closely resemble those of subsp. *domestica* from Alt-Schleswig in northern Germany, illustrated in Behre (1978: fig. 9). There is also a markedly good correspondence between the Groningen and the Alt-Schleswig stones with respect to dimensions and index values (table 2:7).

The stones from Groningen and Alt-Schleswig are distinctly smaller than those of modern subsp. *domestica* cultivars, which are about 30 mm long as against c. 20 mm for the subfossil ones. However, stones of traditional subsp. *domestica* varieties are of about the same size as the archaeological ones, as is demonstrated by the example from Belvoir in eastern France (table 2:7).

4.8. Type Gro-8 (fig. 6)

A small number of stones from sample KL 328 bear a slight resemblance to the Gro-7 stones from the same sample (section 4.7), but there are clear differences in shape. The Gro-8 stones are very slender, pointed at the top and with a narrow base terminating in a point; they are more or less sickle-shaped. The greater slenderness as compared with type Gro-7 finds expression in the lower 100B:L index values: a mean value of 43 as against 58 in Gro-7; there is even no overlap in the 100B:L values (table 2:7,8).

The Gro-8 stones correspond reasonably well with those of yellow/yellow-red/red *Spilling* described and illustrated by Körber-Grohne (1996: p. 170, Plate IVd). The index values of the Gro-8 stones do not differ significantly from those of modern *Spilling* stones from southwestern Germany (table 2:8). Yellow/yellow-red/ red *Spilling* belongs to subsp. *domestica* and is distinguished by Körber-Grohne as a separate variety: *Prunus domestica* subsp. *oeconomica* (syn. *domestica*) var. *odorata*.

4.9. Type Gro-9 (fig. 6)

The Gro-9 stones are elliptic in outline, with a blunt to rounded apex and a fairly broad base. The sides are slightly domed, with a median crease which usually does not reach the apex. The stone surface is fairly smooth. As in the Gro-4 stones, the ventral ridge is flanked by a depression on the lateral sides, but in contrast to the Gro-4 stones, the groove on both sides of the ventral ridge is present as well.

The Gro-9 stones match those of plums collected by H. Woldring in southern France (La Croisille) very well, a likeness which also finds expression in the close

similarity of the dimensions and index values of the subfossil and modern stones (table 2:9). The La Croisille plums are obovate to oval in shape, and 30 to 35 mm large (the taste of the flesh and the colour of the skin could not be determined as the fruits were not yet ripe). In addition, the shape of the Gro-9 stones fairly closely resembles that of modern, commercially sold dried plums (prunes) of the variety Prune d'Agen. The latter are larger, c. 25 mm on average, and comparatively flatter than the subfossil stones, which finds expression in a higher mean 100T:B index value (table 2:9).

4.10. Type Gro-10 (fig. 5)

A small number of stones from the two cesspit samples from the Klooster/Rode Weeshuis site are distinguished as a separate type (Gro-10). These stones perfectly match those of a St Julien type plum collected by H. Woldring at several localities in the north of the Netherlands (this is a different kind of St Julien plum from the one mentioned in section 4.3). The stones of this type are ovate in outline, blunt at the apex and rounded at the base. The greatest thickness and also the greatest breadth are below the middle of the stone. A striking feature of the subfossil as well as of the modern stones is the corrosion of the stone surface. Near the apex, a remnant of the original, fairly smooth stone surface is usually still preserved. For dimensions and index values, see table 2:10.

4.11. Type Gro-11 (fig. 7)

The stones of this type are oval to sub-oval in outline, with clearly domed sides. They are blunt to minutely pointed at the apex and blunt to slightly extended at the base. The surface is pitted. The thickened ventral ridge is relatively broad. For dimensions and index values, see table 2:11.

No modern equivalent of this stone type is known to us, nor have we found descriptions of plum-stones which satisfactorily match the Gro-11 stones in the literature either.

4.12. Type Gro-12 (fig. 7)

Almost 95% of the plum-stones of sample MKH 639 belong to a separate type labelled Gro-12. Only small numbers of this type were found in other samples. The Gro-12 stones are almost symmetrical in outline with the greatest thickness in the middle. They are pointed at the apex and tapering towards a narrow base. The sides are moderately domed. The surface shows a narrow-meshed pattern of shallow pits. A longitudinal crease, which may extend up to the apex, is observed in the

Fig. 4-7. Plum-stone types identified from Groningen. KAT. Gedempte Kattendiep; KL. Klooster/Rode Weeshuis; MKH. Martinikerkhof. Photos J. Buist and H. Woldring.

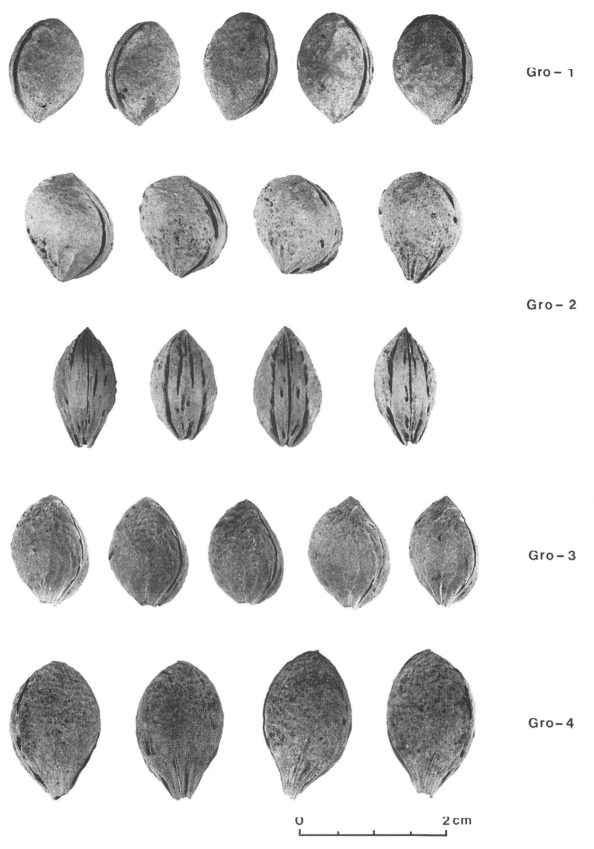

Fig. 4. Gro-1, MKH 345; Gro-2, KAT 62; Gro-3, MKH 345; Gro-4 MKH 345.

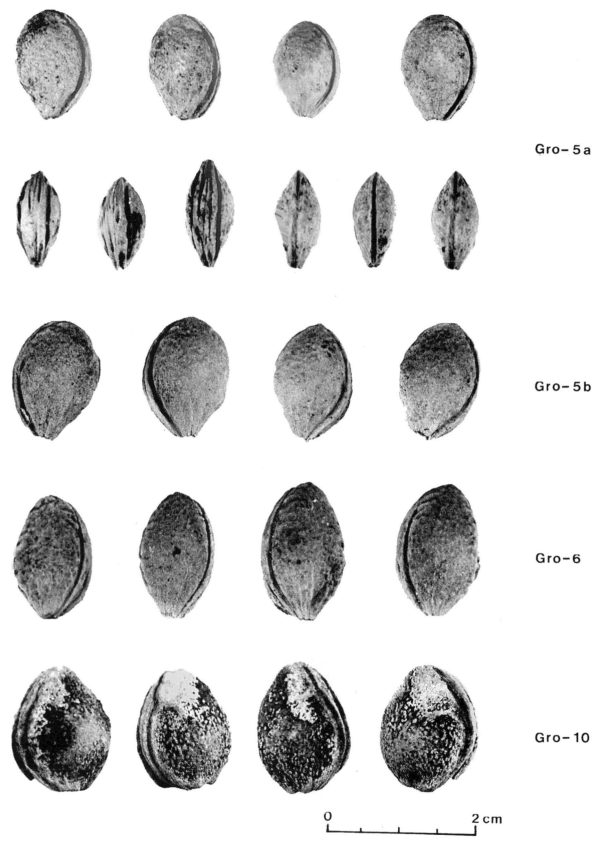

Gro–5a

Gro–5b

Gro–6

Gro–10

Fig. 5. Gro-5a, MKH 178; Gro-5b, KAT 62; Gro-6, MKH 345; Gro-10, KL 271.

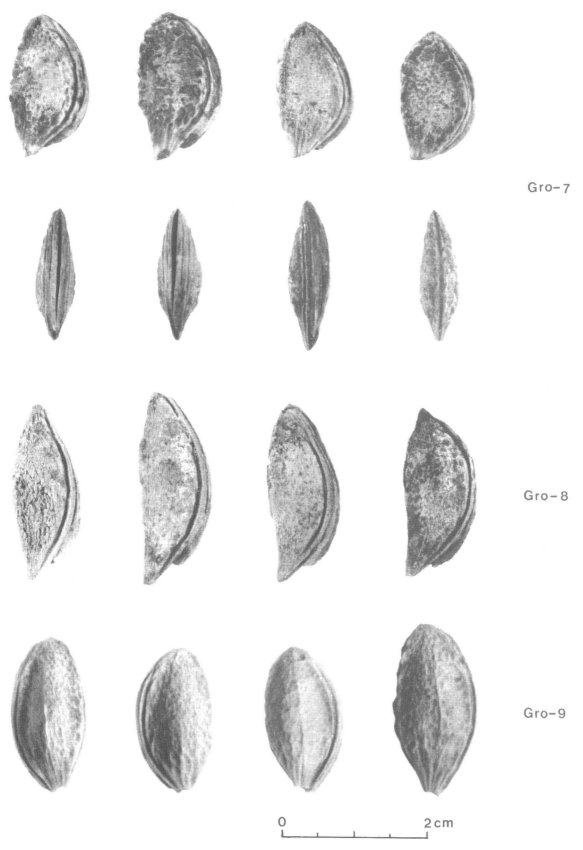

Gro-7

Gro-8

Gro-9

0   2 cm

Fig. 6. Gro-7, KL 328; Gro-8, KL 328; Gro-9, KL 271.

Fig. 7. Gro-11, KL 328; Gro-12. MKH 639; Gro-13, KL 271.

majority of the stones. For dimensions and index values, see table 2:12. No modern equivalent of this stone type is known to us.

4.13.   Type Gro-13 (fig. 7)

Sample KL 328 yielded an appreciable number of plum-stones which are indicated here as type Gro-13. After this type had been distinguished as such, small numbers of Gro-13 stones were also recognized in other samples. The stones of this type are elliptic in outline and more or less blunt at the basal and apical ends. The surface shows a narrow-meshed network of shallow pits. The sides are only moderately domed, which finds expression in a relatively low mean 100T:B index value (table 2:13).

The Gro-13 stones match those of a traditional plum variety found in Sellingerbeetse (fig. 3). The fruits of the latter are oval in shape, blue-skinned and of a reasonably good flavour. The visual resemblance between the modern and subfossil plum-stones is supported by the dimensions and index values (table 2:13). Trees of the same variety are also found in a few other places in the north of the Netherlands: Foxwolde, Schrapsveen and Hasseberg (fig. 3). It is likely that this plum variety used to be widely cultivated in the north of the Netherlands.

There is a superficial resemblance between the Gro-12 and Gro-13 stones (fig. 7). Moreover, there is a markedly good correspondence with respect to index values (table 2:12,13). However, in comparing the stones of the two types with each other, some clear differences are evident, which justifies the distinction of two separate types.

5. CONCLUDING REMARKS

The results of the examination of plum-stones from Groningen give occasion to the following comments.

Most striking is the large number of different types that could be identified. So far, a similarly great diversity of plum-stone types has not been reported from any other site. This may in part be accounted for by the fact that the Groningen plum-stone material covers a period of about five centuries, which is much longer than at most other sites which yielded appreciable numbers of plum-stones. Only the plum-stones recovered from Alt-Schleswig cover a similarly long period, from the 11th to the 16th/17th century, but here only five different types were distinguished (Behre, 1978). The fact that, in contrast to the other sites, the 18th and early 19th centuries are represented in the Groningen material has also contributed to the total number of stone types identified from this town. However, most of the individual samples presented in table 1 have six and more different types, indicating that a fairly large variety of plums was always consumed in Groningen.

Only a few of the plum-stone types identified from Groningen have been reported from other sites. Our Gro-2 type, corresponding with Behre's (1978) *Formenkreis A*, appears to have been of a variety, or group of closely related sorts, which was cultivated over a large area, from north and central Germany for many hundreds of years (cf. Körber-Grohne, 1996: table 5) up to northern France (Douai: Van Zeist et al., 1994). The true or European plum (our type Gro-7) is represented in a great number of Roman, medieval and post-medieval sites in Germany (cf. Körber-Grohne, 1996: table 7). The occurrence of Gro-8 stones in Groningen is a rather isolated one as other subfossil finds of this stone type, which is attributed to yellow/yellow-red/red *Spilling*, are from southwestern Germany (Körber-Grohne, 1996: pp. 159-163).

The other stone types defined from Groningen have not been recorded from any of the many German sites which yielded appreciable numbers of plum-stones. Some of them may have been of regional significance only. Thus, modern equivalents of the Groningen stone-types Gro-1, Gro-5b, Gro-6 and Gro-13 are still present in the provinces of Groningen and Drenthe, but have not been found elsewhere by H. Woldring. This could indicate that the plum varieties concerned were cultivated in a rather limited area and that perhaps they were locally developed cultivars. Some of the plum varieties found at Groningen probably originated from France. At least, this is suggested by the fact that of our types Gro-3, Gro-4 and Gro-8, modern equivalents are found in France, but not in the north of the Netherlands. It is evident that the virtual absence of subfossil plum-stone finds from France and Belgium makes any suggestion about the spread of plum varieties from southern France in a northward direction highly speculative.

Conclusions on changes in the plum assemblage in the course of time should be drawn with some reserve. The evidence is largely of incidental nature in that the contents of cesspits may comprise a short period only (one or a few years) and, moreover, may reflect the consumption pattern of one individual family. Table 1 suggests that some sorts of plum were consumed or otherwise used throughout the centuries, for example types Gro-1, Gro-5a and Gro-5b. Others, such as type Gro-3, are absent from the more recent periods, whereas types Gro-8, Gro-10 and Gro-11 were apparently latecomers. Small-fruited plums, with fruits 20 to 25 mm large, appear to have played a prominent role all the time. We do not know to what extent certain sorts of plum were preferred for being eaten fresh or stewed, for being made into jam or jelly, or for the preparation of alcoholic drinks.

It is likely that most of the plums and other sorts of native fruits consumed in Groningen were locally cultivated. A variety of fruit-bearing trees and shrubs would have been grown in (former) monastic gardens and in gardens of well-to-do citizens. In addition fruit was cultivated on a commercial basis, in orchards, which were found inside as well as outside the town wall as is shown on the town maps of Braun and Hogenberg from 1575 and Haubois (c. 1635). Some fruit may have been brought to the market from a greater distance, for instance from the sandy soils south of Groningen extending to the province of Drenthe and/or from relatively high-lying areas in the clay district to the north of the town.

It is tempting to hypothesize that rather small-scale fruit-growing and in particular fruit cultivation in private gardens have contributed to the remarkably large number of plum varieties identified from Groningen.

6. ACKNOWLEDGEMENTS

Rita M. Palfenier-Vegter assisted in the preparation of the publication. The co-operation of J. Buist and F. Vrede (Stichting Monument en Materiaal, Groningen) is gratefully acknowledged. G. Delger prepared the illustrations. The authors are much indebted to J.R.A. Greig (Birmingham) for correcting the English text and for his comments on the manuscript.

7. REFERENCES

BAAS, J., 1971. Pflanzenreste aus römerzeitlichen Siedlungen von Mainz-Weisenau und Mainz-Innenstadt und ihr Zusammenhang mit Pflanzen-Funden aus der vor- und frühgeschichtlichen Stationen Mitteleuropas. *Saalburg-Jahrbuch* 28, pp. 61-87.

BAAS, J., 1974. Kultur- und Wildpflanzenreste aus einem römischen Brunnen von Rottweil-Altstadt. *Fundberichte aus Baden-Württemberg* 1, pp. 373-416.

BEHRE, K.-E., 1978. Formenkreise von *Prunus domestica* L. von der Wikingerzeit bis in die frühe Neuzeit nach Fruchtsteinen aus Haithabu und Alt-Schleswig. *Berichte der Deutschen Botanischen Gesellschaft* 91, pp. 161-179.

CARMIGGELT, A. & H. VAN GANGELEN, 1988. De beerkuil. In: P.H. Broekhuizen, A. Carmiggelt, H. van Gangelen & G.L.G.A. Kortekaas (eds), *Kattendiep Deurgraven. Historisch-archeologisch onderzoek aan de noordzijde van het Gedempte Kattendiep te Groningen*. Stichting Monument en Materiaal, Groningen, pp. 123-143.

KNOOP, J.H., c. 1750. *Fructologia, of Beschryving der Vrugtbomen en Vrugten die men in de hoven plant en onderhout*. A. Ferwerda & G. Tresling, Leeuwarden.

KNÖRZER, K.-H., 1971. Die bisherigen Obstfunde aus der frühmittelalterlichen Niederungsburg bei Haus Meer. *Schriftenreihe des Kreises Grevenbroich* 8, pp. 131-186.

KÖRBER-GROHNE, U., 1996. *Pflaumen, Kirschpflaumen, Schlehen. Heutige Pflanzen und ihre Geschichte seit der Frühzeit*. Konrad Theiss Verlag, Stuttgart.

KORTEKAAS, G.L.G.A. & H.T. Waterbolk, 1992. De opgraving. In: P.H. Broekhuizen, H. van Gangelen, K. Helfrich, G.L.G.A. Kortekaas, R.H. Alma & H.T. Waterbolk (eds), *Van boerenerf tot bibliotheek. Historisch, bouwhistorisch en archeologisch onderzoek van het voormalig Wolters-Noordhoff-Complex te Groningen*. Stichting Monument en Materiaal, Groningen, pp. 181-234.

KROLL, H., 1980. Mittelalterlich/frühneuzeitliches Steinobst aus Lübeck. *Lübecker Schriften zur Archäologie und Kulturgeschichte* 3, pp. 167-173.

LANGE, E., 1988. Obstreste aus dem Zisterzienserkloster Seehausen, Kreis Prenzlau. *Gleditschia* 16, pp. 3-24.

ROACH, F.A. 1985. *Cultivated fruits in Britain, their origin and history*. Blackwell, Oxford.

RÖDER, K., 1940. Sortenkundliche Untersuchungen an *Prunus domestica*. *Kühn-Archiv* 54, pp. 1-132.

SCHONEVELD, J., 1990. De opgravingen aan het Martinikerkhof. In: J.W. Boersma, J.F.J. van den Broek & G.J.D. Offerman (eds), *Groningen 1040. Archeologie en oudste geschiedenis van de stad Groningen*. Uitgeverij Profiel, Bedum, pp. 237-274.

SIMMONS, A.F. 1978. *Simmons' manual of fruit; tree, bush, cane and other varieties*. David & Charles, Newton Abbot.

ZEIST, W. VAN, 1988. Zaden en vruchten uit een zestiende-eeuwse beerkuil. In: P.H. Broekhuizen, A. Carmiggelt, H. van Gangelen & G.L.G.A. Kortekaas (eds), *Kattendiep Deurgraven. Historisch-archeologisch onderzoek aan de noordzijde van het Gedempte Kattendiep te Groningen*. Stichting Monument en Materiaal, Groningen, pp. 144-160.

ZEIST, W. VAN, 1992. Cultuurgewassen en wilde planten. In: P.H. Broekhuizen, H. van Gangelen, K. Helfrich, G.L.G.A. Kortekaas, R.H. Alma & H.T. Waterbolk (eds), *Van boerenerf tot bibliotheek. Historisch, bouwhistorisch en archeologisch onderzoek van het voormalig Wolters-Noordhoff-Complex te Groningen*. Stichting Monument en Materiaal, Groningen, pp. 525-535.

ZEIST, W. VAN, H. WOLDRING & R. NEEF, 1994. Plant husbandry and vegetation of early medieval Douai, northern France. *Vegetation History and Archaeology* 3, pp. 191-218.

THE ANALYSIS OF CAULKING MATERIAL IN THE STUDY OF SHIPBUILDING TECHNOLOGY

R.T.J. CAPPERS, E. MOOK-KAMPS, S. BOTTEMA
Groninger Instituut voor Archeologie, Groningen, Netherlands

B.O. VAN ZANTEN
Dept. of Plant Biology, Haren, Netherlands

K. VLIERMAN
Nederlands Instituut voor Scheeps- en onderwaterArcheologie, Lelystad, Netherlands

ABSTRACT: An analysis was made of 182 caulking samples that belong to 98 different shipwreck(fragments) excavated in the Netherlands from 1942 onwards. These ships represent several different types and were built between the second half of the 9th century and the beginning of the 20th century.

The caulking samples consist of mosses, other plant species, hair and amorphous material. Also taking into account mixtures and considering *Sphagnum* separately, we recognized ten different categories of caulking material. Besides *Sphagnum*, 35 different bryophytes could be identified: 1 liverwort, 7 acrocarpous mosses and 27 pleurocarpous mosses. With the exception of unintentionally gathered species, these mosses are easily gathered, owing to their relatively large size and their growth-form in connection with abundance. Caulking samples from ships that were built between the 9th and the middle of the 13th century are composed of mosses that were purposely gathered in (deciduous) woods. From the 13th century onwards, mosses were gathered in wetter environments. From the 14th century onwards, most moss samples contain only one species. *Sphagnum* becomes predominant and also *Drepanocladus aduncus* and *D. exannulatus* remain well represented. One possible explanation is that the availability of woodland mosses in sufficient amounts decreased. However, it is more likely that, along with the improvement of the caulking technique, the following properties may have become increasingly important: 1) long fibres; 2) absorbency and 3) absence of contaminants.

Both the identification of mosses and pollen analysis can provide information on the type of environment and the possible area where the caulking material was gathered. The composition of some caulking material indicates that it was gathered from a variety of locations. This can be explained by the large quantities required for the caulking of a single ship. Also the replenishment of stock supplies will have produced mixtures of species from different origins.

KEYWORDS: The Netherlands, Middle Ages, post-medieval period, maritime archaeology, archaeobotany, pollen analysis, shipbuilding, caulking, moss, hair, oakum.

1. INTRODUCTION

When wooden ship hulls are made of loose elements such as planks, it is important to prevent penetration of water through the seams. This could be achieved by filling up the seams with various kinds of material. Two different terms are used for this filling. A general term is 'caulking material'. A wide variety of materials is mentioned in the literature: mosses, cotton, paper, putty and hair, leaves, grass and hazel twigs (McGrail, 1987; Vlierman, 1996a). A more specific term is 'oakum' (Dutch: *werk*; German: *Werg*), referring particularly to fibres of hemp (*Cannabis sativa*) and flax (*Linum usitatissimum*). Caulking material could either be coated or impregnated with tar or pitch, or it remained uncovered, especially if the wood was not allowed to dry out when the ship was hauled up.

Caulking material was used not only when ships were built, but could also be applied during a ship's repair. Special techniques and instruments were developed for caulking, such as a caulking-mallet and caulking-iron. The iron clamps (Dutch: *sintelnagels* and *sintels*) that were used for clamping the small wooden slats over the caulking material show a significant transformation in shape during the Hanseatic period (c. 1150-1550), thus facilitating the dating of shipwrecks (Vlierman, 1996a). It is evident that in all Dutch shipwrecks of the later Middle Ages only moss was used as a caulking material in combination with *sintels* or other fastenings. For that reason, Vlierman (1996a) introduced the term *gesinteld mosbreeuwsel* to replace *gesinteld werk* as used by Sopers (1974).

Material that serves the purpose of caulking must have special qualities. First of all, it should prevent the penetration of water and it must be easily pushed into the narrow joins. Moreover, it must last for many years which means that it must withstand fluctuations in temperature and salinity and must be immune to microbiological decay. A more practical criterion for the choice of caulking material is the availability of sufficient amounts, since a considerable quantity of caulking material is necessary for the caulking of a moderate-sized ship.

The use of caulking material has a long tradition in shipbuilding technology in different parts of the world. Caulking has been practised in northwestern Europe from the Bronze Age onwards (Wright & Churchill, 1965; Dickson, 1973). Strabo mentioned that the Gallic tribe of the Veneti caulked or covered their ships with seaweed, so as to prevent the wood from drying out (Geography IV.4.1). Pounded reed (probably *Phragmites australis*) was used in Gallia (Belgium) where it grew abundantly and had the quality of remaining viscous to some extent (Pliny: Natural History XVI.158). The use of indigenous species can be illustrated by some examples from other parts of the world. In ancient Egypt, papyrus (*Cyperus papyrus*) has been used for caulking, as described by Herodotus (Book II.96). The traditional wooden lateen sailing ships known as 'Arab dhow' that were used for trade in the Indian Ocean from medieval times onwards, were sometimes caulked with cotton (*Gossypium* sp.) or fish-oil mixed with oakum (Yajima, 1976). Although an oakum-like substance made from date palm (*Phoenix dactylifera*) fibres is mentioned by ibn-Jubayr, most Arabic authors only mention the use of a mixture of pitch or resin and whale- or shark-oil (Hourani, 1995).

Despite the use of caulking material on a large scale, analyses of its composition are sparse. Fortunately, many samples of caulking material have been collected during excavations of Dutch shipwrecks from 1942 onwards. From this collection, which is stored at the Nederlands Instituut voor Scheeps- en onderwater Archeologie (Lelystad, the Netherlands), samples from six different ships have been botanically analyzed and published (Bottema, 1983; Touw & Rubers, 1989). The present study deals with the analysis of the complete collection, with special emphasis on moss and pollen analysis. For the sake of completeness, samples from the above-mentioned six shipwrecks have also been incorporated in this study.

The present article summarizes the results of both the identification of bryophytes and pollen analysis. A more detailed report will be published separately, including information on the ships, a complete list of the botanical composition of each sample, all the available pollen diagrams and radiocarbon datings in relation to dendrochronological evidence.

2. MATERIALS AND METHODS

A total of 182 samples, originating from 98 different shipwrecks, were screened for their composition. Those samples that contained moss species were selected for further examination. Small samples were completely investigated, whereas from larger samples several representative subsamples were taken. Of each sample a small subsample remained untouched for future research (see appendix 1).

Moss samples were examined under a dissecting microscope. Owing to the tamping of the caulking material, it was sometimes necessary to soak the material in tap water for some time before examination could be performed. Representative specimens of all different species were isolated and identified under a high-power microscope. Problem species were checked with herbarium specimens from the Herbarium Groninganum (GRO). *Sphagnum* ('bog' or 'peat' moss) was only sporadically identified to the level of species. The identification of *Sphagnum* species not only is problematic because of the variability of these aquatic moss species, but is also hampered by the severe fragmentation in many samples.

Each moss species was quantified by establishing its frequency in a sample according to five different classes. Besides moss species, also some seeds and stem fragments were found and identified.

A selection of 21 caulking samples were further investigated by pollen analysis. This selection was based on the assemblage of the moss species and the type of the ship. Subsamples of c. 1 ml were prepared according to standard procedures described by Faegri & Iversen (1975). Pollen of aquatic plants, spores and algae were excluded from the pollen sum.

Finally, 19 caulking samples were submitted to the Centrum voor Isotopen Onderzoek (University of Groningen, the Netherlands) for radiocarbon dating.

3. RESULTS

The locations of the shipwrecks from which caulking samples were investigated are shown in (fig. 1). Although a reasonable spread of locations is evident, the greatest concentration is found along the shores of the IJsselmeer lake and in the province of Flevoland which was reclaimed from this lake that was formerly open water connected with the sea.

Most shipwrecks were found in situ. Exceptions are reused ship fragments from Amsterdam, Deventer and Rotterdam. In Amsterdam parts of a cargo-vessel were found under one of the towers of the Nieuwezijds Kolk 'castle' (Vlierman, 1995), whereas in Deventer fragments of two different barges were used as a riverbank revetment (Vlierman, 1996b). In Rotterdam reused shipwood concerns samples 11, 12 and 25.

The shipwrecks represent eight different types of ship and their building periods cover the second half of the 9th century up to the early 20th century (table 1). However, their chronological distribution is not even. For example, the 10th and 11th centuries are represented only by barges, whereas *waterschepen* are limited to the 16th and 17th centuries.

Fig. 1. Location of shipwrecks from which caulking samples were investigated.

Table 1 also shows the composition of the caulking samples, in which the following categories are distinguished: 1) mosses, with *Sphagnum* ('bog' or 'peat' moss) separated from the other moss species; 2) other plant remains, such as stem and root fragments of vascular plants; 3) hair and 4) amorphous material. In addition to these homogeneous samples, also six different combinations of the first three categories were found.

Sphagnum was only sporadically identified to the level of species. In those cases it proved to be *S. cuspidatum*, a floating or submerged moss which grows in oligotrophic pools. Most of the other mosses could be identified to the level of species, producing a list of 35 species (table 2). The moss remains that were identified as *Homalothecium* cf. *sericeum* have leaves c. 2 mm long which are clearly dentate. The related species *H. lutescens* has longer leaves with almost smooth margins, making it a less plausible candidate. In addition to the moss species, also six vascular plants are represented in

the caulking samples by seeds or small stem fragments: *Rhynchospora alba*, *Eriophorum*, *Rumex acetosella*, *Dactylis glomerata*, *Calluna vulgaris*, *Erica tetralix*, *Betula* and *Carpinus betulus*.

The caulking sample of *Neckera crispa* from an extended logboat of Utrecht type, excavated in the Lange Lauwerstraat in Utrecht (sample No. 7) and dated to the first half of the 12th century (Vlierman, 1996a), concerns a different sample from the one published by Touw & Rubers (1989). The latter belongs to a boat that was found in the Van Hoornekade. An erroneous dating of c. 500 BC is mentioned by Touw & Rubers, but dendrochronological and archaeological research indicate that the boat was built in the 11th century AD (Vlek, 1987).

Sample 87 from a 19th century vessel, found in the former IJsselmeer, cannot easily be identified as caulking. The sample consists of dark brown threads, about 0.1-0.2 mm thick. The threads show branching at 1-4 mm intervals. Often the branching is accompanied

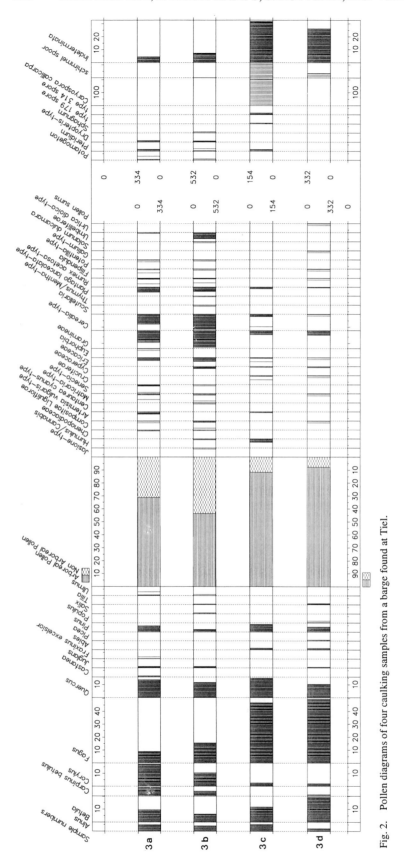

Fig. 2.   Pollen diagrams of four caulking samples from a barge found at Tiel.

Table 1. Building period of ships (N = 98) and composition of caulking samples (N = 182). Abbreviation: LM = Late Middle Ages.

	Centuries																				
	9	10	10 11	11	12	13	13 14	14	14 15	15	LM	15 16	16	16 17	17	17 18	18	18 19	19	19 20	?
Barge	-	2	1	2	-	1	-	-	-	-	-	-	1	-	-	-	-	-	-	-	-
Cog	-	-	-	-	-	3	-	3	2	1	-	-	-	-	-	-	-	-	-	-	-
Cargo-vessel	1²	-	-	-	-	3²	2	-	1²	2	1	3	7	-	8²;¹	-	7	1	6¹	-	1²;³
Fishing-boat	-	-	-	-	-	-	-	-	-	-	-	-	2	1	2	-	-	-	-	-	-
Log-vessel	-	-	-	-	1	1	-	-	-	-	-	-	-	-	-	-	-	-	-	-	-
Punt	-	-	-	-	-	2²	-	-	-	1²	-	1	-	-	-	-	1¹	-	-	-	-
Veenderijschuit	-	-	-	-	-	-	-	-	-	-	-	-	-	-	1	-	-	-	-	-	-
Waterschip	-	-	-	-	-	-	-	-	-	-	-	-	8	3	2	-	-	-	-	-	-
Ship fragment(s)	-	-	-	-	1	-	-	-	2	-	1	-	-	-	-	-	-	-	-	-	1
Unknown	-	-	-	-	-	-	-	-	-	1	-	-	-	1¹	-	-	-	-	-	1	5
Sphagnum	-	-	-	-	-	6	1	6	6	4	3	3	30	3	10¹	-	4	1	-	1	1
Sphagnum/ other mosses	-	-	-	-	-	1	-	-	-	-	-	-	1	-	-	-	-	-	-	-	-
Sphagnum/ other plants/hair	-	-	-	-	-	-	-	-	-	-	-	-	1	-	-	-	1	-	-	-	-
Sphagnum/ other plants	-	-	-	-	-	-	1	-	1	2	1	-	1	-	2	-	1¹	-	1	-	-
Other mosses	-	4	4	2	1	12	2	-	2	-	1	-	3	-	-	-	-	-	2	-	1²
Other mosses/ other plants	-	-	-	-	-	1	-	-	-	-	-	-	-	-	-	-	-	-	-	-	-
Other mosses/hair	-	-	-	-	1	-	-	-	-	-	-	-	-	-	-	-	-	-	-	-	-
Other plants	-	-	-	-	-	3	1	-	1	2	-	1	5	2	5	-	3	-	1	-	-
Other plants/hair	-	-	-	-	-	-	-	-	-	-	-	-	-	-	-	-	1	-	-	-	1
Hair	1	-	-	-	-	1	-	1	-	-	2	-	1	3¹	-	6	-	1¹	-	-	4
Amorphous	-	1	-	-	-	-	-	-	-	-	-	-	5	-	-	-	-	-	-	-	-
Unknown	-	-	-	-	-	-	-	-	-	-	-	-	-	-	-	-	-	1	-	-	-

[1] Dating of one ship or caulking sample uncertain.

[2] Identification of one ship uncertain.

[3] Middle Ages.

by slight thickenings in the form of rings. The sample of these threads is associated with about 50 transparent, juvenile mussel shells, some of which are still attached to each other. The shells measure about 2-5 mm and belong to the edible mussel *Mytilus edulis* (identification by R.G. Moolenbeek). It is not easily demonstrated that the threads and the shells are contemporaneous.

The tiny shells are so fragile that it is almost impossible that they survived caulking. If they had been hammered in between planks together with the threads they would have been smashed.

A possibility that was considered for the identification of the threads is that they are *byssus* threads from mussels. These are the threads that mussels form to attach to a substrate. The *byssus* threads could have held mussels onto the hull of the ship. Mussels (*Mytilus edulis*) collected on the coast of Groningen on a basalt-clad dike had their *byssus* threads extended mostly to each other, to broken shells and to the underlying basalt blocks. The straight ends of these *byssus* threads did not resemble the material in the 19th-century sample. Where the threads were fastened to the substrate they showed branching but they did not display the thickened rings.

Although only whole centuries are mentioned in table 2, including transitional phases, more detailed information on the dating of the samples has been used to put the samples on this time scale. This means that, within a century, the oldest samples are positioned to the left and the youngest to the right.

Figure 2 presents the results of the pollen analysis of four caulking samples. These samples originate from the same shipwreck (viz. Tiel, Tol-noord; sample Nos 3a-d in table 2). A discussion of the moss species from the caulking samples will follow in the next section.

4. DISCUSSION AND CONCLUSIONS

4.1. Characterization of caulking samples

The number of moss species in caulking samples varies from one to twelve. Well over fifty percent of the investigated caulking samples contain just a single moss species. The majority of these samples (82%) consist of

Table 2. Presence of mosses and vascular plants in caulking samples. Caulking samples with only *Sphagnum* are not presented. Moss frequency is indicated by a number: 1. Single leaf/stem fragment; 2. Few fragments; 3. Moderate number of fragments; 4. Large number of fragments; 5. Sole moss species. Remains of vascular plants are indicated with 'x'. An asterisk (*) indicates that the identification to the level of species is uncertain.

Centuries	10				10/11				11			12	13												
Samples	3				4				5	6	7	8	9	10	11	12			13	14		15	16	17	
	a	b	c	d	a	b	c	d							d	a	b	c	b	a	b			a	b
Isothecium myosuroides	-	-	-	-	-	-	-	-	-	-	-	-	-	-	-	-	-	-	-	-	-	-	-	-	-
Rhynchospora alba	-	-	-	-	-	-	-	-	-	-	-	-	-	-	-	-	-	-	-	-	-	-	-	-	-
Ditrichum flexicaule	-	-	-	-	-	-	-	-	-	-	-	-	-	-	-	-	-	-	-	-	-	-	-	-	-
Polytrichum commune	-	-	-	-	-	-	-	-	-	-	-	-	-	-	-	-	-	-	-	-	-	-	-	-	-
Scorpidium scorpioides	-	-	-	-	-	-	-	-	-	-	-	-	-	-	-	-	-	-	-	-	-	-	-	-	-
Eriophorum	-	-	-	-	-	-	-	-	-	-	-	-	-	-	-	-	-	-	-	-	-	-	-	-	-
Plagiomnium affine	-	-	-	-	-	-	-	-	-	-	-	-	-	-	-	-	-	-	-	-	-	-	-	-	-
Rumex acetosella	-	-	-	-	-	-	-	-	-	-	-	-	-	-	-	-	-	-	-	-	-	-	-	-	-
Dactylis glomerata	-	-	-	-	-	-	-	-	-	-	-	-	-	-	-	-	-	-	-	-	-	-	-	-	-
Polytrichum formosum	-	-	-	-	-	-	-	-	-	-	-	-	-	-	-	-	-	-	-	-	-	-	-	-	-
Isopterygium elegans	-	-	-	-	-	-	-	-	-	-	-	-	-	-	-	-	-	-	-	-	-	-	-	-	-
Mnium hornum	-	-	-	-	-	-	-	-	-	-	-	-	-	-	-	-	-	-	-	-	-	-	-	-	-
Hypnum jutlandicum	-	-	-	-	-	-	-	-	-	-	-	-	-	-	-	-	-	-	-	-	-	-	-	-	-
Isothecium alopecuroides	-	-	-	-	-	-	-	-	-	-	-	-	-	-	-	-	-	-	-	-	-	-	-	-	-
Eurhynchium striatum	-	-	-	-	-	-	-	-	-	-	-	-	-	-	-	-	-	-	-	-	-	-	-	2	-
Cratoneuron commutatum	-	-	-	-	-	-	-	-	-	-	-	-	-	-	-	-	-	-	-	-	5*	-	-	-	-
Sphagnum	-	-	-	-	-	-	-	-	-	-	-	-	-	-	-	-	2	-	-	5	-	-	-	-	-
Calliergon giganteum	-	-	-	-	-	-	-	-	-	-	-	-	-	-	-	-	4	-	-	-	-	-	-	-	-
Rhytidium rugosum	-	-	-	-	-	-	-	-	-	-	-	-	-	-	-	-	-	1	-	-	-	-	-	-	-
Plagiochila asplenioides	-	-	-	-	-	-	-	-	-	-	-	-	-	-	-	1	-	-	-	-	-	-	-	-	-
Plagiomnium undulatum	-	-	-	-	-	-	-	-	-	-	-	-	-	-	-	1	-	-	-	-	-	-	-	-	-
Carpinus betulus	-	-	-	-	-	-	-	-	-	-	-	-	-	-	-	x	-	-	-	-	-	-	-	-	-
Drepanocladus aduncus	-	-	-	-	-	-	-	-	-	-	-	-	4	-	5	-	-	-	-	5	-	-	4	-	-
Rhytidiadelphus squar/subp	-	-	-	-	-	-	-	-	-	-	-	-	1	-	-	-	-	-	-	-	-	-	-	-	-
c.f.Herzogiella seligeri	-	-	-	-	-	-	-	-	-	-	-	-	2	-	-	-	-	-	-	-	-	-	-	-	-
Hypnum cupressiforme	-	-	-	-	-	-	-	-	-	1	-	-	-	-	-	-	-	-	-	-	-	-	-	-	-
Calliergonella cuspidata	-	-	-	-	-	-	-	-	-	1	-	2	-	-	-	-	-	-	-	-	-	-	-	-	-
Pseudoscleropodium purum	-	-	-	-	-	-	-	-	-	1	-	-	-	-	-	-	-	-	-	-	-	-	-	-	-
Thuidium delicat./phil.	-	-	-	-	-	-	-	-	-	2	-	-	-	-	-	-	-	3	-	-	-	-	-	4	2
Neckera complanata	-	-	-	-	-	-	-	-	-	3	-	-	-	-	-	-	-	-	-	-	-	-	-	-	-
Calluna vulgaris	-	-	-	-	-	-	-	-	-	x	-	-	-	-	-	-	-	x	-	-	-	-	-	-	-
Erica tetralix	-	-	-	-	-	-	-	-	-	x	-	-	-	-	-	-	-	-	-	-	-	-	x	-	-
Homalothecium sericeum	-	-	-	-	-	-	-	-	-	2*	-	-	-	-	-	-	-	-	-	-	-	-	-	-	-
Antitrichia curtipendula	-	-	-	-	-	-	-	2	-	3	-	-	-	-	-	-	-	-	-	-	-	-	-	-	-
Betula	-	-	-	-	-	-	-	x	-	-	-	-	-	-	-	-	-	-	-	-	-	-	-	-	-
Drepanocladus exannulatus	-	-	-	-	5	5	5	-	-	-	-	-	-	-	-	-	-	-	-	-	-	-	1	-	-
Neckera crispa	-	-	-	-	5	-	-	-	-	4	-	5	-	-	-	-	-	-	-	-	-	-	-	-	-
Hylocomium brevirostre	-	-	-	2	-	-	-	-	3	1	-	-	3	2	-	3	-	-	-	-	-	-	-	3	4
Rhytidiadelphus loreus	-	1	-	-	-	-	-	-	-	-	-	-	-	-	-	-	-	-	-	-	-	-	-	-	-
Pleurozium schreberi	2	4	-	-	-	-	-	-	4	-	-	4	4	-	-	4	4	-	-	-	-	-	-	2	-
Dicranum scoparium	2	-	-	-	-	-	-	-	-	1	-	-	-	-	-	-	2	-	-	-	-	-	-	1	2
Rhytidiadelphus triquetrus	3	2	-	-	-	-	-	-	-	-	-	-	-	-	-	-	2	-	-	-	-	-	-	1	-
Hylocomium splendens	3	1	-	-	-	-	-	-	-	1	-	-	3	3	-	-	-	1	-	-	-	-	-	3	-
Thuidium tamariscinum	3	3	5	4	-	-	-	-	2	3	-	-	-	-	-	-	-	-	-	-	-	-	-	-	-

Sphagnum, sometimes contaminated with small fragments of herbs or trees that grow in peat or heath vegetations. The composition of caulking samples that contain moss species other than *Sphagnum* is quite variable. Almost half of these samples consist of only one species, whereas the others are a mixture. The most diverse caulking sample (table 2, No. 6) originates from a barge found in Utrecht and in addition to leaves of *Erica tetralix* and *Calluna vulgaris* contains twelve different moss species. Moss species that are found in

Centuries	13/14	14	14/15		MA		16						16/17	17		18/?	19		Species
Samples	18	19	21	25	26	27	37	40	42	43	45	48	56	60	75	76	84	86	88
	c	a	a	b	b		b	a		a	b	c		b	a	a	c		c
-	-	-	3	-	-	-	-	-	-	-	-	-	-	-	-	-	-	-	Isothecium myosuroides
-	-	-	-	-	-	x	-	-	-	-	-	-	-	-	-	-	-	-	Rhynchospora alba
-	-	-	3	-	-	-	-	-	-	-	-	-	-	-	-	-	-	-	Ditrichum flexicaule
-	-	-	-	-	-	-	2	-	-	-	-	-	-	-	-	-	-	-	Polytrichum commune
-	-	-	-	-	-	-	-	-	-	-	-	-	-	-	-	-	-	4	Scorpidium scorpioides
-	-	-	-	-	-	-	-	-	-	-	-	x	-	-	-	-	-	-	Eriophorum
-	-	2	-	1	-	-	-	-	-	-	-	-	-	-	-	-	-	-	Plagiomnium affine
-	-	-	-	-	-	-	-	-	-	-	x	-	-	-	-	-	-	-	Rumex acetosella
-	-	-	-	-	-	-	-	-	-	-	x	-	-	-	-	-	-	-	Dactylis glomerata
-	-	2	-	-	-	-	-	-	-	-	-	-	-	-	-	-	-	-	Polytrichum formosum
-	-	4	-	-	-	-	-	-	-	-	-	-	-	-	-	-	-	-	Isopterygium elegans
1	-	-	-	-	-	-	-	-	-	-	-	-	-	-	-	-	-	-	Mnium hornum
1*	-	-	-	-	-	-	-	-	-	-	-	-	-	-	-	-	-	-	Hypnum jutlandicum
1	-	-	-	-	-	-	-	-	-	-	-	-	-	-	-	-	-	-	Isothecium alopecuroides
-	-	-	-	-	-	-	-	-	-	-	-	-	-	-	-	-	-	-	Eurhynchium striatum
-	-	-	-	-	-	-	-	-	-	-	-	-	-	-	-	-	-	-	Cratoneuron commutatum
-	-	-	5	-	-	3	-	-	-	5	5	5	2	5	5	5	4	-	Sphagnum
-	-	-	-	-	-	-	-	-	-	-	-	-	-	-	-	-	-	-	Calliergon giganteum
-	-	-	-	-	-	-	-	-	-	-	-	-	-	-	-	-	-	-	Rhytidium rugosum
-	-	-	-	-	-	-	-	-	-	-	-	-	-	-	-	-	-	-	Plagiochila asplenioides
-	-	-	-	-	-	-	-	-	-	-	-	-	-	-	-	-	-	-	Plagiomnium undulatum
-	-	-	-	-	-	-	-	-	-	-	-	-	-	-	-	-	-	-	Carpinus betulus
-	-	-	-	-	-	-	-	5	-	-	-	-	4	-	-	-	-	1*	Drepanocladus aduncus
-	-	-	-	-	-	-	-	-	-	-	-	-	-	-	-	-	-	-	Rhytidiadelphus squar/subp
-	-	-	-	-	-	-	-	-	-	-	-	-	-	-	-	-	-	-	cf. Herzogiella seligeri
-	-	-	-	1	-	-	-	-	-	-	-	-	-	-	-	-	-	-	Hypnum cupressiforme
-	-	-	-	-	-	-	-	-	-	-	-	-	-	-	-	-	-	-	Calliergonella cuspidata
-	-	3	-	-	-	-	-	-	-	-	-	-	-	-	-	-	-	-	Pseudoscleropodium purum
-	-	-	4	-	-	-	-	-	-	-	-	-	-	-	-	-	-	-	Thuidium delicat./phil.
-	-	-	-	-	-	-	-	-	-	-	-	-	-	-	-	-	-	-	Neckera complanata
-	-	-	-	-	-	-	-	-	-	-	x	x	-	x	x	x	-	-	Calluna vulgaris
-	-	-	x	-	-	x	-	-	-	-	-	-	-	-	x	-	-	-	Erica tetralix
-	-	-	-	-	-	-	-	-	-	-	-	-	-	-	-	-	-	-	Homalothecium sericeum
-	-	-	-	-	-	-	-	-	-	-	-	-	-	-	-	-	-	-	Antitrichia curtipendula
-	-	-	-	-	-	-	-	-	-	-	-	-	-	-	-	-	-	-	Betula
-	5	-	-	-	5	-	-	5	-	5	5	-	-	-	-	-	5	-	Drepanocladus exannulatus
-	-	-	-	-	-	-	-	-	-	-	-	-	-	-	-	-	-	-	Neckera crispa
2	-	-	-	-	-	-	-	-	-	-	-	-	-	-	-	-	-	-	Hylocomium brevirostre
-	-	-	-	-	-	-	-	-	-	-	-	-	-	-	-	-	-	-	Rhytidiadelphus loreus
2	-	1	3	-	4	-	-	4	-	-	-	-	-	-	-	-	-	-	Pleurozium schreberi
2	-	2	-	-	-	-	-	-	-	-	-	-	-	-	-	-	-	-	Dicranum scoparium
2	-	1	1	-	3	-	-	-	-	-	-	-	-	-	-	-	-	-	Rhytidiadelphus triquetrus
-	-	4	-	-	-	-	-	-	-	-	-	-	-	-	-	-	-	-	Hylocomium splendens
4	-	-	-	-	-	-	-	-	-	-	-	-	-	-	-	-	-	-	Thuidium tamariscinum

more than five caulking samples are: *Drepanocladus aduncus* (7x), *Dicranum scoparium* (7x), *Thuidium tamariscinum* (7x), *Rhytidiadelphus triquetrus* (8x), *Hylocomium splendens* (8x), *Hylocomium brevirostre* (9x), *Drepanocladus exannulatus* (11x) and *Pleurozium schreberi* (13x).

Most of the mosses are pleurocarpous; only seven species are acrocarpous: *Plagiomnium affine, Polytrichum commune, Ditrichum flexicaule, Polytrichum formosum, Mnium hornum, Dicranum scoparium* and *Plagiomnium undulatum.* Acrocarpous mosses are of erect habit, whereas pleurocarpous mosses form intricate mats or wefts. Nevertheless, the acrocarpous mosses found in the caulking samples are characterized by their growth in relatively large turfs. Both large size and growth-form, together with abundance, constitute favourable conditions for the gathering of mosses on a large scale.

Of special interest is *Plachiochila asplenioides*, which was found in caulking sample No. 12a and originates from a shipwreck (probably a cargo-vessel) unearthed in Rotterdam. This is the only liverwort that has been found. Only three records of this species are mentioned by Dickson (1973). Partly, this rare occurrence of liverworts in subfossil records can be explained by their being less common and more delicate than mosses. Possibly, also the growth-form plays a role, making it unattractive to gather. Although *Plachiochila asplenioides* is quite large, with shoots up to 10 cm long, and lush tufts have been recorded e.g. in the former Beekbergerwoud around c. 1850, and in floating rich-vens (Gradstein & Van Melick, 1996), its single stem fragment indicates that it was unintentionally gathered along with *Thuidium delicatulum/philibertii* and *Hylocomium brevirostre*.

Caulking samples that consist of hair are found in both medieval and post-medieval shipwrecks. Besides pure samples, hair also occurs together with mosses and other plants. Oakum, on the other hand, is conspicuous by its absence despite the attention it is given in written sources (see for a review of relevant literature: Vlierman, 1996a). As far as flax is concerned, two possible explanations may be put forward. Flax is known for its poor preservation and is certainly underrepresented in the archaeobotanical record. Empty seams in shipwrecks could therefore be indicative of the use of flax as caulking material. It is also possible that although waste products from flax-processing industries were available on a large scale, the economic value of this versatile material was still considerable. Consequently, it may have been rather too costly a product for caulking ships.

4.2. Composition of caulking samples in relation to building period

From table 1 it becomes clear that caulking samples from ships built between the 9th and the middle of the 13th century are composed of mosses that were purposely gathered in woods. If collected in the Netherlands, this would point to sandy soils, either the eastern part of the Netherlands or the dunes along the coast. The composition changes from the middle of the 13th century onwards. Mosses are now mostly gathered from wetter environments such as mires, peatbogs, heathland, fenbogs, ditches, oxbow lakes and reedland. This is accompanied by a predominance of *Sphagnum*. The other two mosses that are relatively well represented are *Drepanocladus aduncus* and *D. exannulatus*. The former is characteristic of marshy areas in the clay district

(western part of the Netherlands and along rivers), whereas the latter is indicative of bogs and brook valleys in the eastern part of the Netherlands). This seems to be in accordance with a recently found stock of caulking material in the attic of a farmhouse, which consisted of *Drepanocladus fluitans* (pers. comm. W. Baas and H. During), a moss which also grows in moist places on boggy or peaty soils though it is also found in drier environments.

A second change concerns a shift from mixed moss samples to (almost) pure moss samples, which takes place in the beginning of the 14th century (table 2).

Two possible explanations may be put forward for these changes. One possibility is that moss species that were used in the first instance, gradually became rare. Consequently other, still abundant species were gathered instead. This not only suggests that mosses were gathered in the vicinity of the shipyards, but also that, initially, terrestrial mosses were preferred to mosses from swampy areas. Moreover, it implies that the ships whose caulking material has been investigated were built either in the eastern part of the Netherlands or along the coast. Sufficient quantities would still have been available in more remote places, but transport would have been problematic and expensive.

Indeed, quite a number of mosses that are present in caulking samples of early shipwrecks contain moss species that now are rare or even endangered in the Netherlands: *Hylocomium brevirostre*, *Neckera complanata*, *Neckera crispa*, *Rhytidium rugosum*, *Drepanocladus exannulatus*, *Antitrichia curtipendula*, *Calliergon giganteum*, *Cratoneuron commutatum*, *Ditrichum flexicaule*, *Rhytidiadelphus triquetrus*, *R. loreus* and *Thuidium delicatulum/philibertii*. Assuming that these mosses were indeed gathered in the Netherlands, it implies that for example *Hylocomium brevirostre* must have been quite common up to the end of the 16th century. It is questionable, however, that intensive gathering of these mosses was the decisive factor in the presumed diminishment of these species. If so, it may even have been the case that special regulations were issued to prevent overexploitation. Indeed, plants that are today protected by law in the Netherlands are not primarily characterized by their rarity but by having a market value. This also applies to the moss species *Leucobryum glaucum*, which is not mentioned in the Floron Red Data List 1990 (Siebel et al., 1992) but is now protected by law because it is in heavy demand for making Christmas bouquets. Alternatively, mosses may have become rare as a result of the disappearance of complete biotopes, lowering of the water table and the increasing air pollution and eutrophication, to which many of the above-mentioned species are sensitive. In this connection it is worth mentioning that large pleurocarpous moss species such as *Hylocomium brevirostre*, *H. splendens*, *Rhytidiadelphus triquetrus* and *R. loreus*, being indicative of woodland fringes and north-facing exposures with a low nutrient availability, were replaced by *Brachythecium rutabulum* and *Eurhynchium praelongum* as a result of eutrophication (Siebel et al., 1992). Although the last two species are easily collected and very common today in all parts of the Netherlands, they are absent in all of the caulking samples.

A second explanation for the shift in the composition of caulking samples may be that the caulking technique was improved. This could mean that greater demands were placed on the caulking material. The following properties may have become increasingly important: 1) long fibres; 2) absorbency and 3) absence of contaminants. To prevent loss of caulking material, especially during caulking into seams along the bottom part of strakes, the caulking material was twisted. Sarrazin & Van Holk (1996) report that this was done by wetting moss a little and subsequently rolling it over the thigh. The longer the particles, the better the strands would twist. Although caulking material is not intended to be exposed to water, it may at some time become so. In such cases, its dry condition ensures that it will swell and thus fill up the seam to a maximum. For the same reason it was unadvisable to caulk in rainy weather. Another advantage of dry caulking material is that it lacks elasticity, making it much easier to press into the seams. Caulking samples that lack contaminations are easier to twist and have a maximum swelling potential.

Sphagnum and *Drepanocladus* meet these conditions to a considerable degree and it seems very likely that their preference from the 13th century onwards is in line with more advanced caulking practices. The predominance of *Sphagnum* in caulking material can be explained by its excellent absorbent qualities due to the many large hyaline cells, which have no function in photosynthesis but can absorb much water. Beijerinck (1934) demonstrated that a dry specimen of *S. papillosum* could absorb an amount of water equal to 41 times its own body weight.

For the replica of a cog, built by the 'Stichting Kamper Kogge', *Sphagnum* was used for caulking. The use of this moss is in accordance with the composition of the caulking material of a cog which was found near Nijkerk (the Netherlands) and served as a model. It was decided to clean the *Sphagnum* before drying. Sieving it over a coarse mesh to get rid of small particles and removing contaminants such as roots of heather, pine-needles and bilberries by hand took two workers almost one month. Even odd specimens of *Polytrichum* sp. were picked out. Up to 25-30% of the original volume was removed in this way, leaving c. 1850-2000 litres of pressed Sphagnum for caulking a boat measuring 20x9 m. Apparently, such an investment is considered worthwhile for the sake of improved absorbency.

A similar input of labour can be deduced from the almost pure caulking material of a Bronze Age boat from eastern England, consisting of *Neckera complanata*, with only a slight admixture of *Eurhynchium striatum* (Dickson, 1973). According to Dickson,

collecting an almost pure stock of this species cannot have been easy, even if the species were commoner than it is today. One can only guess at the motive.

Four caulking samples from a Danish shipwreck, the building period of which was dated to the second half of the 13th century, consisted of cow hair and *Sphagnum cuspidatum* mixed with some unidentifiable leaves of other *Sphagnum* species (Robinson & Aaby, 1994). The building period and composition of these caulking samples fit in with the change in composition of the Dutch samples.

Besides economic motives and selective preservation, as mentioned above, the absence of oakum in the investigated caulking samples may also be explained by the relatively short fibres in the waste product, making it labour-intensive to process and, eventually, causing a substantial loss of caulking material for a second time. To prevent this kind of loss, short-fibred hemp or flax could have been used for caulking the upper part of strakes in particular, where it has to be hammered downwards. The absence of these fibres in the analyzed caulking material, however, does not support this hypothesis and selective sampling seems unlikely in a study of such a scale. Differences in preservation between fibres of hemp and flax in waterlogged contexts do not seem to be relevant. Also the rare identification of these fibres in subfossil records (e.g. Körber-Grohne, 1967; Pals & Van Dierendonck, 1988; Dörfler, 1990) is probably due to the fact that processing areas of flax are seldom excavated.

Hair that is present in caulking samples, on the other hand, is mostly of considerable length. Probably it originates from horses and cows. Unfortunately, this category of samples is relatively poorly dated, so that no clear picture of its use through time can be assembled.

4.3. Composition of caulking samples in relation to type of ship

Although the type of ship is biased to some extent by its building period, there seems to be no correlation between the composition of the caulking samples and the type of ship. For example, the large number of caulking samples from the cargo-vessels, which cover almost the whole period under investigation, represent most of the combinations that were summarized in table 1. And a similar trend is shown by the samples from the *waterschepen*, mainly used for fishing, which were all dated to the 16th and 17th centuries.

4.4. Origin of caulking materials

Both moss and pollen analysis can provide evidence on the type of environment and the possible area of origin where the caulking material was gathered. As was stated above, it is evident that, as far as mosses are concerned, they were probably gathered at relatively short distances from where the ships were built.

In this connection, the four samples that originate from the barge fragments excavated at Tiel (table 2: No. 3a-d; fig. 2) are an illustrative example. Both mosses and pollen diagrams clearly show that these caulking samples were gathered from two different locations. Samples 3a and 3b consist of a mixture of five mosses, with *Pleurozium schreberi*, *Rhytidiadelphus triquetrus*, *Hylocomium splendens* and *Thuidium tamariscinum* present in both samples. Samples 3c and 3d, on the other hand, are dominated by *Thuidium tamariscinum*, the former being a pure sample and the latter contaminated with some stem fragments of *Hylocomium brevirostre* in sample 3d. All these mosses point to a deciduous forest on sandy soil, but probably not in the Dutch dunes, judging by the present distribution of *Rhytidiadelphus loreus* (in sample 3b) and *Hylocomium brevirostre*. The pollen diagrams of samples 3a and 3b indicate the fringe of a mixed forest with cereal fields nearby. The arboreal pollen percentages of samples 3c and 3d are considerably higher and show a predominance of beech (*Fagus sylvatica*). Of particular interest is the presence of silver fir (*Abies alba*) in both pollen diagrams. This tree is a neophyte in the Netherlands and its occurrence in caulking samples that are dated to the second half of the 10th century points to woodland in central Germany and implies that the vessel was built in that area. Possibly, all four of these samples originate from the same forest, in which samples 3a and 3b were gathered near clearings, whereas samples 3c and 3d originate from open, wet locations within the forest.

The interpretation of the pollen content of moss samples is complicated by the fact that moss may contain pollen that represent a long period. Although this may be counteract spurious peak representations of certain species, the pollen may reflect a period which is not contemporaneous with the life of the moss plant. Bottema (1995) demonstrated that pollen of vegetations at least one century old can be found in present-day moss samples. This timespan far surpasses the age of the moss plants themselves and Bottema assumes that transport of old pollen from soil sediments into nearby tufts of moss probably occurs through splash water.

If the botanical composition of caulking samples from the same ship indicates that they were gathered from different localities, it is not surprising to find representatives of different environments mixed within the same sample. One of the caulking samples (No. 12c) from a possible cargo-vessel excavated in Rotterdam may serve as an example for this degree of mixture. The sample is dominated by *Pleurozium schreberi*, which is strongly calcifuge, but also contains a single specimen of *Rhytidium rugosum*, which in the Netherlands is only known from the coastal dunes, thus being indicative of calcareous substrata. Its only occurrence in the Netherlands outside this area is dated to the Pleistocene (Cappers & Van Zanten, 1993). Although Weeda (1996) discusses some localities within its worldwide distribution where *R. rugosum* is not limited to calcareous

substrata, it seems unlikely that it was gathered together with *Pleurozium schreberi*. Also the pollen diagram deviates by its high percentage of *Sphagnum* (14%), indicating the nearby presence of peat. In all other moss samples that do not contain *Sphagnum*, the percentages of *Sphagnum* spores are always less than 5%.

The fact that caulking samples from one and the same ship were sometimes gathered from different localities may also explain why the moss species found in the caulking samples of two vessels found at Meinerswijk (Arnhem, Nos 9 and 10) differ from the species (viz. *Scorpidium scorpioides*) that was found in two caulking samples from the same ships that were investigated earlier (Bottema, 1983). This is especially notable in the case of boat No. 9, on which repairs with *gesinteld mosbreeuwsel* were carried out.

In view of the large amount of caulking material that is necessary for a single ship, it is not surprising that even in the close surroundings of a shipyard a variety of habitats were exploited. Moreover, stock supplies will have been replenished at regular intervals, which may also contribute to the heterogeneous nature of the caulking samples.

4.5. Dating of caulking material

Like wood, moss remains from caulking material too are suitable for radiocarbon dating. Whereas wood has the disadvantage that a single plank may cover several decades, and heartwood in particular will make radiocarbon dates older, tufts of most moss species are only a few years old. Hence, mosses may be preferred to wood if conventional radiocarbon dating is used for detecting a ship's building period.

A degree of inaccuracy may be introduced to the stocking of mosses for many years. Also the impregnation of mosses with tar and pitch may influence the dating. This may be avoided by sampling caulking material from the inner part of the seams.

5. ACKNOWLEDGEMENTS

The authors would like to thank the staff members of 'Stichting Kamper Kogge' (Kampen, the Netherlands) who were very helpful in providing us with valuable information on caulking, based on their own experience during the rebuilding of a cog. Figure 1 was prepared by G. Delger. The English text was improved by A.C. Bardet.

6. REFERENCES

BEIJERINCK, W., 1934. *Sphagnum en Sphagnetum. Bijdrage tot de kennis der Nederlandsche veenmossen naar hun bouw, levenswijze, verwantschap en verspreiding.* Amsterdam, W. Versluys.
BOTTEMA, S., 1983. *Pollenanalytisch onderzoek van breeuwsel.* In: H.R. Reinders (ed): Drie Middeleeuwse rivierschepen gevon-

den bij Meinerswijk (Arnhem) opgravingsverslagen 5, 6 en 7 (= Flevobericht, 221.). Lelystad, Rijksdienst voor de IJsselmeerpolders.

BOTTEMA, S., 1995. Het oppervlaktemonster: de relatie tussen stuifmeelregen en vegetatie. *Paleo-aktueel* 6, pp. 99-101 (English summary).

CAPPERS, R.T.J. & B.O. VAN ZANTEN, 1993. Mossen rond Orvelte over een tijdspanne van 45.000 jaar. *Buxbaumiella* 30, pp. 31-36 (English summary).

DICKSON, J.H., 1973. *Bryophytes of the Pleistocene. The British record and its chronological and ecological implications.* London, Cambridge University Press.

DÖRFLER, W., 1990. Die Geschichte des Hanfanbaus in Mitteleuropa aufgrund palynologischer Untersuchungen und von Grossrestnachweisen. *Praehistorische Zeitschrift* 65, pp. 218-244.

FAEGRI, K. & J. IVERSEN, 1975. *Textbook of pollen analysis*, 3rd ed. Copenhagen, Munksgaard.

GÖRBER-GROHNE, U., 1967. *Geobotanische Untersuchungen auf der Feddersen Wierde.* Wiesbaden, Franz Steiner Verlag GMBH.

GRADSTEIN, S.R. & H.M.H. VAN MELICK. 1996. *De Nederlandse levermossen & hauwmossen.* Utrecht, KNNV.

HERODOTUS *Book II.* A.D. Godley. London, Harvard University Press.

HOURANI, G.F., 1995. *Arab seafaring in the Indian Ocean in ancient and early Medieval Times.* Princeton, Princeton University Press.

MCGRAIL, S., 1987. *Ancient boats in N.W. Europe. The archeology of water transport to AD 1500.* London, Longman.

PALS, J.P. & M.C. VAN DIERENDONCK, 1988. Between flax and fabric: cultivation and processing of flax in a Mediaeval peat reclamation settlement near Midwoud (prov. Noord-Holland). *Journal of Archaeological Science* 15, pp. 237-251.

PLINY. *Natural History*, XVI. Cambridge, Harvard University Press.

ROBINSON, D. & B. AABY, 1994. Pollen and plant macrofossil analyses from the Gedesby ship – a medieval shipwreck from Falster, Denmark. *Vegetation History and Archaeobotany* 3, pp. 167-182.

SARRAZIN, J. & A. VAN HOLK, 1996. Schopper und Zillen. Eine Einführung in den traditionellen Holzschiffbau im Gebiet der deutschen Donau. *Schriften des Deutschen Schiffahrtsmuseums* 38, pp. 1-205.

SIEBEL, H.N., A. APTROOT, G.M. DIRKSE, H.F. VAN DOBBEN, H.M.H. VAN MELICK & D. TOUW, 1992. Rode lijst van in Nederland verdwenen en bedreigde mossen en korstmossen. *Gorteria* 18, pp. 1-20.

SOPERS, P.J.V.M., 1974. *Schepen die verdwijnen.* Amsterdam, P.N. van Kampen en Zonen.

STRABO, 1988. *Geography*, IV. London, Willian Heinemann LTD, Loeb Classical Library.

TOUW, A. & W.V. RUBERS, 1989. *De Nederlandse bladmossen. Flora en verspreidingsatlas van de Nederlandse Musci (Sphagnum uitgezonderd).* Utrecht, KNNV.

VLEK, R., 1987. *The Medieval Utrecht boat* (= BAR International Series, 382). Greenwich, B.A.R.

VLIERMAN, K., 1995. Scheepshout, mos en sintelnagels. Datering van middeleeuws scheepshout aan de hand van een breeuwmethode. In: M.B. de Roever (ed), *Het "Kasteel van Amstel". Burcht of bruggehoofd?*. Amsterdam, Stadsuitgeverij, pp. 91-104 (English summary).

VLIERMAN, K., 1996a. *'...Van Zintelen, van Zintelroeden ende Mossen...' Een breeuwmethode als hulpmiddel bij het dateren van scheepswrakken uit de Hanzetijd* (= Flevobericht, 386). Lelystad, Rijksdienst voor de IJsselmeerpolders (English summary).

VLIERMAN, K., 1996b. *Kleine bootjes en middeleeuws scheepshout met constructiedetails* (= Flevobericht, 404). Lelystad, Rijksdienst voor de IJsselmeerpolders (English summary).

WEEDA, E.J., 1996. Drie zeldzame kalkmossen in de Hollandse duinen: Pleurochaete squarrosa, Rhytidium rugosum en Thuidium abietinum. *Stratiotes* 12, pp. 5-28 (English summary).

WRIGHT, E. & D. CHURCHILL, 1965. The boats of North-Ferriby, Yorkshire, England. *Proceedings Prehistoric Society* 1, pp. 1-24.

YAJIMA, H., 1976. The Arab dhow trade in the Indian Ocean. *Studia Culturae Islamicae* 3, pp. 1-58.

APPENDIX 1: Locations of shipwrecks, type of ship, building period of ships, composition and specification of caulking samples. A and B following the centuries indicate first and second half, respectively.

Abbreviations:

Location: NOP = Noordoostpolder; O.Fl. = Oostelijk Flevoland; Z.Fl. = Zuidelijk Flevoland.

Type of ship: BA = Barge (*aak*); CO = Cog (*kogge*); CV = Cargo-vessel (*vrachtschip*); FB = Fishing-boat (*visserschip*); LB = Extended logboat; PU = Punt (*punter*); SF = Ship fragment; VS = *Veenderijschuit*; WS = *Waterschip*; FR = Fragment(s); ? = Unknown; > = Large; < = Small;

Composition caulking sample: 1 = *Sphagnum*; 2 = Sphagnum/other mosses; 3 = *Sphagnum*/other plants/hair; 4 = *Sphagnum*/other plants; 5 = Other mosses; 6 = Other mosses/other plants; 7 = Other mosses/hair; 8 = Other plants; 9 = Other plants/hair; 10 = Hair; 11 = Amorphous; 12 = Unknown.

No.	Location	Type of ship	Cent.	CM	Specification caulking sample
1	Wijk bij Duurstede	CV ?	9B	10	No number
2	Deventer	BA	10B	11	Ship remnant 1 (between VB 3 and VA 3), IJsselstraat (1983)
3a	Tiel	BA (FR)	10B	5	Tol-noord, ship remnant east, No. 1-0-261 (1996-2)
3b	Tiel	BA (FR)	10B	5	Tol-noord, ship remnant east, No. 1-0-263 (1996-2)
3c	Tiel	BA (FR)	10B	5	Tol-noord, ship remnant west, No. 1-7-291 (1996-2)
3d	Tiel	BA (FR)	10B	5	Tol-noord, ship remnant west, No. 1-7-292 (1996-2)
4a	Tiel	BA (FR)	10B/11A	5	Tol-zuid, from seam ship's wood, No. 3-0-6 (9-8-1996)
4b	Tiel	BA (FR)	10B/11A	5	-
4c	Tiel	BA (FR)	10B/11A	5	-
4d	Tiel	BA (FR)	10B/11A	5	-
5	Deventer	BA	11A	5	Ship remnant 2, IJsselstraat (1983)
6	Utrecht	BA	11A	5	Waterstraat, from bottom seam, no number
7	Utrecht	LB (FR)	12A	5	Lange Lauwerstraat, LL/1
8	Dordrecht	SF	12B	7	Voorstraat/Visstraat, no number (1983)

9	Arnhem	LB	13A	5	Meinerswijk 3, 3/16
10	Arnhem	PU (cf.)	13A	5	Meinerswijk 2, 2/3
11a	Rotterdam	BA	13	8	Lock 1 (barge bottom), north wall, No. 13-26/136AA
11b	Rotterdam	BA	13	8	Lock 1 (barge bottom), north wall, No. 13-26/133A
11c	Rotterdam	BA	13	8	Lock 1 (barge bottom), southern end, No. 13-26/129A-B
11d	Rotterdam	BA	13	5	Lock 1 (barge bottom), middle, No. 13-26/1366
12a	Rotterdam	CV ?	13	5	Lock II, sample of bottom, No. 13-26/1381
12b	Rotterdam	CV ?	13	5	Lock ll, southeast wall, No. 13-26/1331
12c	Rotterdam	CV ?	13	5	Lock II, from oaken wall (crack repair), No. 169B
13a	NOP A 57	CO	13	1	A57/257, stern hook/garboard strake
13b	NOP A 57	CO	13	2	A57/85
13c	NOP A 57	CO	13	1	A57/255
13d	NOP A 57	CO	13	1	A57/256
14a	Z.Fl. OZ 43	CO	13	5	OZ43/66, seam E2/F
14b	Z.Fl. OZ 43	CO	13	5	OZ43/69
14c	Z.Fl. OZ 43	CO	13	1	OZ43/71
15	NOP Q 75	CO	13B	1	Z1959/XII 62
16	Rotterdam	PU	13B	6	13-26/1459, boat 2
17a	Amsterdam	CV	13B	5	Under northwest tower of the Nieuwezijds Kolk castle (bottom layer between bottom shelf, A)
17b	Amsterdam	CV	13B	5	Under northwest tower of the Nieuwezijds Kolk castle (keelstrake/ floorstrake, southern side)
17c	Amsterdam	CV	13B	5	Under northwest tower of the Nieuwezijds Kolk castle (top layer between bottom shelf, B)
18a	Rotterdam	CV (<)	13B	5	BOOR, boat 1, M 1
18b	Rotterdam	CV (<)	13B	1	BOOR, boat 1, No. 13-26/1458
19a	Hattem	CV	13B/14A	5	From scarf, No. 24
19b	Hattem	CV	13B/14A	5	No. 25
19c	Hattem	CV	13B/14A	8	No. 26
20a	NOP G 37	CV	13-14	1	Z1955/XII 428
20b	NOP G 37	CV	13-14	10	Z1955/XII 429
20c	NOP G 37	CV	13-14	4	Z1964/2 from rabbet stern, at the bottom
21a	O.Fl. N 5	CO	14A	1	ON5/45, from seam side
21b	O.Fl. N 5	CO	14A	1	ON5/44
21c	O.Fl. N 5	CO	14A	1	ON5/46
21d	O.Fl. N 5	CO	14A	1	ON5/47
22	Z.Fl. OZ 36	CO	14A	1	OZ 36/358
23	Z.Fl. NZ 43	CO	14B	1	Seam G2 c
24	Enkhuizen	SF	14B/15A	10	Drie Baanen, no number
25	Rotterdam	SF	14B/15A	5	BOOR, Crédit Lyonnais, 189
26a	Oosterhout	CV ? (<)	14B/15A	1	No. 4
26b	Oosterhout	CV ? (<)	14B/15A	5	No. 6
26c	Oosterhout	CV ? (<)	14B/15A	1	No. 14
27a	Z.Fl. NZ 42 II	CO	14B/15A	4	NZ42II/46
27b	Z.Fl. NZ 42 II	CO	14B/15A	1	ZN42II/47
27c	Z.Fl. NZ 42 II	CO	14B/15A	1	ZN42II/49
28a	Z.Fl. NZ 43	CO	14B/15A	1	ZN43/26
28b	Z.Fl. NZ 43	CO	14B/15A	8	ZN43/33
28c	Z.Fl. NZ 43	CO	14B/15A	1	ZN43/36
29a	Almere W 13	CO	15A	1	ZW13/79
29b	Almere W 13	CO	15A	1	ZW13/74
30a	NOP F 86	PU (cf.)	15	4	Z1960/II 168
30b	NOP F 86	PU (cf.)	15	4	Z1968/II 168
31a	Z.Fl. NZ 66W	CV	15	1	NZ66W/73, from bottom seam b.b. NZ 66w/73
31b	Z.Fl. NZ 66W	CV	15	8	NZ66W/57
31c	Z.Fl. NZ 66W	CV	15	8	NZ66W/60
32	O.Fl. B 55	CV	15B	1	OB55/35
33	Hellendoorn	PU	15B/16A	8	No. 5
34	NOP J 137	CV	15B/16A	10	Z1949/VII 14
35a	NOP O 28	CV	15B/16A	1	Z1955/IX 177
35b	NOP O 28	CV	15B/16A	10	Z1956/XII 433
36a	O.Fl. U 34	CV (>)	15B/16A	1	G1 4/5, from seam
36b	O.Fl. U 34	CV (>)	15B/16A	1	GC4/GB3 s.b
37	Arnhem	CV (?)	MA	5	Bijland, ZR 1959/XII 61

38a	NOP E 159	SF	L.M.	1	Z1965/VI 73
38b	NOP E 159	SF	L.M.	1	Between 1st and 2nd strake side, no number
38c	NOP E 159	SF	L.M.	1	Between 4th and 5th strake side, no number
39	Medemblik Zeebad	CV	L.M.A.	4	MB/11
40	Rotterdam	?	L.M.A.	5	5-33/11, ship's wood under tower
41a	Kessel		BA	16A	8 No. 3
41b	Kessel		BA	16A	8 No. 7
42a	Krabbendijke	CV	16A	5	NL1/3A
42b	Krabbendijke	CV	16A	5	NL1/3B
42c	Krabbendijke	CV	16A	5	NL1/3C
43	NOP M 40	CV	16A	1	Z1952/XII 439
44a	O.Fl. M 11	CV	16A	1	Sample 1
44b	O.Fl. M 11	CV	16A	1	GC2-C3/s.b
44c	O.Fl. M 11	CV	16A	1	M11/250
45a	O.Fl. L 89	CV	16A	1	Stern scarf, KP1-HS (1-8-1996)
45b	O.Fl. L 89	CV	16A	1	GA 5/SB, from scarf between S-24 and S-26 (25-7-1996)
45c	O.Fl. L 89	CV	16A	1	GA 3/BB, starboard side of strake (29-7-1996)
46	Workummer Nieuwland	CV	16A	1	FWN-71
47a	Z.Fl. NZ 74 I	WS	16A	3	NZ74I/98
47b	Z.Fl. NZ 74 I	WS	16A	4	NZ741/96
47c	Z.Fl. NZ 74 I	WS	16A	1	NZ741/97
48a	Z.Fl. NZ 74 II	WS	16A	1	NZ74II/73
48b	Z.Fl. NZ 74 II	WS	16A	1	NZ74II/71
49a	Z.Fl. MZ 22	WS	16A	1	MZ22/140
49b	Z.Fl. MZ 22	WS	16A	1	MZ22/141
50	Z.Fl. NZ 42	WS	16A	1	ZN42/120
51a	Z.Fl. NZ 44	WS	16A	1	ZN44/153
51b	Z.Fl. NZ 44	WS	16A	1	ZN44/154
52	Z.Fl. OZ 39	WS	16	1	ZO39/5
53a	NOP P 40	WS	16	1	Z1950/X 53
53b	NOP P 40	WS	16	1	Z1960/II 169
53c	NOP P 40	WS	16	1	Z1960/II 170
54a	NOP M 93	FB (<)	16	1	Z1960/II 171
54b	NOP M 93	FB (<)	16	1	Z1960/II 172
55	Wieringermeer	LW 58	FB	16	8 Z1951/V 37
56a	O.Fl. W 10	WS	16B	2	OW10/197
56b	O.Fl. W 10	WS	16B	1	OW10/198
56c	O.Fl. W 10	WS	16B	1	OW10/199
57a	Inschot	CV	16B	1	Zuidoost Rak, 031090 14
57b	Inschot	CV	16B	8	Zuidoost Rak, 031090 16
58a	Scheurrak SO 1	CV (>)	16B	11	Keel, inside/upper rabbet 1st strake VE SB
58b	Scheurrak SO 1	CV (>)	16B	1	From keel, bevelled halved joint
58c	Scheurrak SO 1	CV (>)	16B	11	From keel, above rabbet in front of 1st strake
58d	Scheurrak SO 1	CV (>)	16B	8	From keel, outside/bottom rabbet 1st hull strake, in rabbet
58e	Scheurrak SO 1	CV (>)	16B	11	From keel, outside/bottom rabbet 1st hull strake, only on bottommost edge
58f	Scheurrak SO 1	CV (>)	16B	1	VE. keel and stem, from halved joint keel/bottommost piece of stem
58g	Scheurrak SO 1	CV (>)	16B	1	VE. keel and stem, from seam between keel and upper piece of stem
58h	Scheurrak SO 1	CV (>)	16B	1	VE. keel, bevelled halved joint keel fragments
58i	Scheurrak SO 1	CV (>)	16B	1	VE. keel, bevelled halved joint keel fragments
58j	Scheurrak SO 1	CV (>)	16B	11	From groove SO1 15208
58k	Scheurrak SO 1	CV (>)	16B	11	VE. keel stem, from seam between upper part of stem and inset
59	NOP O 99	FB (<)	16B/17A	1	Z1952/VIII 52
60a	NOP P 33	WS	16B/17A	10	Z1958/IV 1
60b	NOP P 33	WS	16B/17A	1	Z1958/IV 2
60c	NOP P 33	WS	16B/17A	1	Z1958/III 100
61	NOP R 13	WS	16B/17A	8	Z1960/II 176
62	O.Fl. U 86	WS	16B/17A	8	No number
63	NOP N 14/15	VS	17A	1	Z1960/II 173
64	Kreupel	CV	17	10	YKR/104
65a	NOP E 81	CV (>)	17	8	NE81-213
65b	NOP E 81	CV (>)	17	10	B.b. forward part of vessel, no number
66	NOP O 79	CV (<)	17	1	Z1950/III 140A

67	O.Fl. G 34	WS	17	4	Z1965/I 298
68	O.Fl. T 23	WS	17	1	T23/26
69	NOP E 42/43	CV ? (<)	17 ?	10	Z1950/XII 372,
70	O.Fl. J 68	?	17 (?)	1	Z1965/II 219
71	NOP E 160	FB (<)	17B	1	Z1954/II 143
72a	O.Fl. H 41	FB	17B	8	Seam 3rd and 4th strake b.b. bow side, no number
72b	O.Fl. H 41	FB	17B	8	Seam 1st and 2nd strake b.b. behind, no number
73a	O.Fl. F 34	CV	17B	8	FO34/72
73b	O.Fl. F 34	CV	17B	8	FO34/73
74	O.Fl. M 65	CV	17B	4	Z1965/V 27
75	Z.Fl. AZ 71	CV	17B	1	ZA 71-31
76a	Z.Fl. OZ 71	CV	17B	1	ZO71/179
76b	Z.Fl. OZ 71	CV	17B	1	ZO71/180
76c	Z.Fl. OZ 71	CV	17B	1	ZO71/181
76d	Z.Fl. OZ 71	CV	17B	1	ZO71/182
77	O.Fl. B 55 II	CV	18A	1	From seam side
78a	Oostvoornse Meer	CV	18A	10	OVM2/5 (southern shore)
78b	Oostvoornse Meer	CV	18A	10	OVM2/39.1 (southern shore)
78c	Oostvoornse Meer	CV	18A	10	OVM2/117 (southern shore)
78d	Oostvoornse Meer	CV	18A	10	OVM2/39.2 (southern shore)
78e	Oostvoornse Meer	CV	18A	10	OVM2/122 (southern shore)
79a	Waddenzee: Buitenzorg	CV (>;VOC)	18A	10	ZWA 1958-III 90
79b	Waddenzee: Buitenzorg	CV (>;VOC)	18A	3	ZWA 1958-III 91
80a	NOP E 161	CV	18	1	Z1954/V 90
80b	NOP E 161	CV	18	1	No number
81	NOP B 6	CV	18B	8	NB6/175
82a	NOP E 165	CV	18B	8	Z1954/XII 75
82b	NOP E 165	CV	18B	8	Z1954/XII 76
82c	NOP E 165	CV	18B	1	Z1954/XII 77
83	NOP L 61	CV	18B	9	Z1952/XII 124
84	Z.Fl. LZ 8	PU	18B ?	4	ZL8/9
85	O.Fl. T 21	CV	18B/19A	1	ZO1966/V 91
86	NOP M 20	CV	19A	5	Z1946/VII 180
87	NOP H 49	CV	19	12	Z1956/XII 436
88	NOP P 15	CV (<)	19	5	Z1960/II 175
89	O.Fl. E 46	CV	19A/B	4	No number
90	O.Fl. H 92	CV	19	8	ZO1965/X 68
91	Hondsb. Zeew.	CV (>)	19 ?	10	Z1965/VII 154
92	O.Fl. ('t Spijk)	?	19/20	1	Z1965/VII 58
93	Hindeloopen	?	?	10	II, no number
94	Kornwerderzand	?	?	9	ZY1957/IV 232
95	NOP K 47	?	?	10	Z1955/X 44
96	O.Fl. G 64	?	?	1	No number
97	Stavoren	?	?	10	Z1965/I 76
98	Terschelling	SF	?	10	Beach pole 19/20, Ter.19/20-2

HET ARCHEOLOGISCH-HISTORISCH ONDERZOEK VAN DE KERKSTEEËN VAN GROOT WETSINGE EN KLEIN MAARSLAG

J.W. BOERSMA

Groninger Instituut voor Archeologie, Groningen, Netherlands

ZUSAMMENFASSUNG: Die beiden Ausgrabungen gelten Kirchplätze in der Provinz Groningen, die im 19. Jahrhundert beim Abbruch der Gotteshäuser wüst fielen und nachher sparsam mit Gräbern belegt wurden. Nahm die Kirche von Wetsinge (Gemeinde Winsum) die Zentralstelle der gleichnamigen Dorfwurt ein, die Kirche von Maarslag erhob sich weit abseits der Siedlung (Groot Maarslag), und zwar auf einer niedrigen Wurt namens Klein Maarslag (Gemeinde De Marne), auf dem Gräberfeld der Dorfgemeinschaft. Auf diese Verwandlung von Gräberfeld in Kirchhof, dürften die Eigentumsrechte der Kirchspielleute von Maarslag in Bezug auf den Glockenstuhl usw. zurückgehen, die ihnen 1911 vom Kirchenvorstand Mensingeweer-Maarslag bestritten wurden.

Beide Kirchplätze konnten nur teilweise freigelegt werden. Hinweise auf das Vorkommen eines Vorgängerbaues aus Holz fehlen, so daß die Grabungsergebnisse die Fundamente der Gründungskirchen beider Orte darstellen: Saalkirchen aus Tuff mit leicht eingezogenem, gestrecktem Rechteckchor, der im Innern stark vom Schiff abgeschnürt war. Dieser Befund entspricht den Ergebnissen anderer Kirchengrabungen in der Provinz Groningen. Der Bautypus wiederspiegelt deshalb die Zeit, wo die Pfarrorganisation ausgebaut wurde und gleichzeitig Tuffstein das geeignete Baumaterial war, also das 11./12. Jahrhundert, frühestens die zweite Hälfte des 10. Jahrhunderts. Aus geographischer Sicht ist zu bemerken, daß in den nördlichen Niederlanden die Verbreitung dieses Kirchentypus sich auf den Küstenstreifen östlich der Lauwers beschränkt.

Die Kirche von Wetsinge ist von einigen Abbildungen bekannt. Sie besaß einen freistehenden Turm aus Backstein; der jüngere, angebaute Westturm datiert vom Anfang des 17. Jahrhunderts. Der Backsteinchor mit einem 3/8-Schluß, der ebenso breit wie das Schiff ist, stellt einen Umbau dar, der wahrscheinlich aus der Mitte des 16. Jahrhunderts stammt. Die Kirche zu Klein Maarslag besaß einen Glockenstuhl aus Holz. Von dieser Kirche gibt es keine Abbildungen.

STICHWÖRTER: (Groot) Wetsinge, (Klein) Maarslag, Groningen (Provinz), Niederlande, Mittelalter, Kirchengrabung, Saalkirche, Gründerkirche, Rechteckchor, Tuffstein, Backstein, Gräberfeld, Tonlampe.

1. INTRODUCTIE

De twee opgravingen waarvan hier gecombineerd verslag gedaan wordt, hebben drie aspecten gemeen. Het eerste aspect betreft het opgravingsterrein, een buiten gebruik gesteld kerkhof waarvan de kerk wegens haar desolate staat in de vorige eeuw gesloopt werd. Het tweede heeft betrekking op het vroegste kerkgebouw: de vorm van de plattegrond, het type fundering en de steensoort waaruit het was opgetrokken. Het derde punt van overeenkomst vormt het vermoeden dat aan de eerste stenen kerk geen gebouw uit hout voorafging.

Het eerste hoofdstuk van dit artikel verscheen in enigszins aangepaste vorm eerder onder de titel 'Het archeologisch-historisch onderzoek van de kerkstee van Groot Wetsinge' in het *Gronings Historisch Jaarboek* 1997, pp. 9-29.

2. GROOT WETSINGE

2.1. Inleiding

Het archeologisch onderzoek van de kerkstee van Wetsinge, het wierdedorpje dat inmiddels ter onderscheiding van Klein Wetsinge de weidse naam Groot Wetsinge draagt, mag een maatschappelijk relevante opgraving worden genoemd (fig. 1). Immers, het was de gemeente Adorp (thans, na de herindeling, gemeente Winsum) die in 1986 het toenmalige Biologisch-Archeologisch Instituut (B.A.I.), thans Groninger Instituut voor Archeologie (G.I.A.), van de Rijksuniversiteit Groningen (R.U.G.) verzocht medewerking te verlenen aan het plan het dorpje weer een aantrekkelijke aanblik te geven, vooral door versterking van het historisch karakter.[1] Onder meer werd overwogen aan de hand van de uitkomsten van een oudheidkundig bodemonderzoek op het oude, buiten gebruik gestelde kerkhof, de plattegrond van het voormalige kerkgebouw aan het maaiveld zichtbaar te maken. De gemeente was sinds enige jaren eigenaar van deze vroegere begraafplaats.

De wetenschappelijke interesse van het B.A.I. betrof met name de ontwikkelingsstadia waarin de kerk haar vorm had gekregen, én de chronologie en datering daarvan. Een opgraving zou hierop antwoord kunnen geven en daarmee een bijdrage leveren aan de geschiedenis van de Noord-Nederlandse, kerkelijke bouwkunst.

2.2. Voormalig kerkgebouw: historisch en cartografisch

De kerk van Wetsinge werd in 1840 afgebroken. Zij was bouwvallig geworden en restauratie werd zinloos geacht, omdat de hervormde gemeente had besloten samen te gaan met die van Sauwerd. Beide werkten al lange tijd nauw samen. Zo hadden zij sinds 1739 steeds gezamenlijk een predikant beroepen. De kerkvoogdijen verenigden zich tussen 1831 en 1834. De sluitsteen vormde de beslissing om voor de gecombineerde gemeente Wetsinge-Sauwerd aan de Molenstreek, halverwege beide dorpen waar het thans Klein Wetsinge heet, een nieuwe kerk te bouwen en de oude gebouwen op afbraak te verkopen. Dit besluit kwam maar moeilijk tot stand, maar was wegens de slechte staat waarin de kerkgebouwen verkeerden en het gebrek aan geldmiddelen om daaraan iets te doen, onvermijdelijk. De kerk van Sauwerd viel in 1840 als eerste onder slopershand, daarna volgde die van Wetsinge (De Groot, 1974: pp. 97-99). De precieze standplaats van het godshuis te Sauwerd werd in 1982 archeologisch vastgesteld en in het maaiveld aangegeven (Boersma, 1986). Uit een anoniem gedicht in de Groninger Courant van 20 januari 1837 – een samenspraak tussen beide kerkgebouwen – en de inleiding daarop blijkt dat het besluit als verstandig en logisch werd ervaren. Dat het eveneens nostalgische gevoelens losmaakte, mag worden afgeleid uit een serie steendrukken die in 1840 bij J.

Oomkens te Groningen verscheen. Deze steendrukken hadden als onderwerp de kerken die in dat jaar onder de slopershamer waren gevallen of nog zouden vallen: Wetsinge, Sauwerd en Onderwierum. Van de eerste twee kerken bestaat tevens een aquarel van H.K. de Maat, gedateerd 1841.

In totaal is het kerkgebouw te Wetsinge van de volgende afbeeldingen bekend:

1. Detail uit de getekende kaart van het kerspel Garnwerd van Jannes Baptista van Regemortes, niet gedateerd (1643 of 1644)[2] (fig. 2);

2. Verschillende gedrukte provinciekaarten, met name die van Barthold Wicheringe (1616)[3], de getekende kaart van Antoni Coucheron (1630)[4] (fig. 3) en de zogenaamde Coenders-kaart (ca. 1677)[5] (zie ook Pathuis, 1958 en Tonckens, 1961);

3. Een prent uit 1840, naar een waarschijnlijk kort daarvoor vervaardigde krijttekening[6] (fig. 4);

4. Een aquarel van H.K. de Maat (1841)[7] (fig. 5).

ad. 1. De getekende kaart toont in de marge als detail-in-vogelvlucht een zaalkerk met aan de westzijde een aangebouwde toren met een oost-west gericht zadeldak tussen sluitgevels, en een robuuste, vrijstaande toren met eenzelfde dak ten zuidoosten van het koor. Het is een eenvoudig tekeningetje, zodat hieruit geen conclusies mogen worden getrokken inzake details, zoals bijvoorbeeld de vorm van de koorsluiting. Het kerkhof is ommuurd.

ad. 2. De bruikbaarheid van gedrukte provinciale kaarten voor de beschrijving van gebouwen is uit de aard der zaak gering. Toch is raadpleging soms nuttig, zoals in dit geval vanwege het al dan niet voorkomen van torens. Barthold Wicheringe namelijk laat in 1616 geen westtoren zien, maar wel een toren die ten oosten van het kerkgebouw staat. Antoni Coucheron daarentegen tekent in 1630 in de marge als detail een kerkgebouw met aangebouwde westtoren, maar geeft niet de vrijstaande toren weer die volgens de onder nummer 1 genoemde, eveneens getekende kaart van Regemortes in 1643 of 1644 nog wel bestaat. Hierbij moet wel opgemerkt worden dat Coucheron al zijn details schetsmatig tekent. De Groot demonstreert de juistheid van Regemortes' cartografische gegevens fraai door te verwijzen naar het verzoek van de 'pastor' (van Garnwerd) en de kerkvoogden aan de Staten van Stad en Lande in 1645 "om d'ene oude toren te mogen verlaten, de materialen vercopen ende d'ander aen de kercke staende te accomoderen dat de klocke daerin kan hangen".[8]

De suggestie van De Groot dat de westtoren omstreeks 1635 gebouwd zou kunnen zijn, kan dus, vertrouwend op Wicheringe en Coucheron, worden aangescherpt tot tussen 1616 en 1630. De oude, los van het kerkgebouw staande toren is inderdaad na 1645 afgebroken, want bijvoorbeeld de gebroeders Coenders tekenen ca. 1677 alleen nog de westtoren. Betrouwbare informatie over de vorm van de kerk, met name van de

Fig. 1. Kaart van Nederland met de ligging van Groot Wetsinge (1) en Klein Maarslag (2) in de provincie Groningen (tek. G.I.A., G. Delger).

Fig. 2. Naar Jannes Baptista van Regemortes, 1643 of 1644 (coll. R.A.G.; foto R.A.G.).

koorsluiting, geven genoemde gedrukte kaarten niet. Bij provinciekaarten spelen zulke details een ondergeschikte rol. De mening van De Groot (1974: p. 97) dat Regemortes' kaart een zaalkerk toont, is dan ook niet meer dan een vrijblijvende interpretatie.

ad. 3. De prent die gesigneerd noch gedateerd is, toont het kerkgebouw uit het zuidwesten. Het betreft een zaalkerk met aangebouwde toren. Midden onder staat gedrukt: De Oude Kerk te Wetsinge. De gedrongen toren gaat onversneden op en bezit een oost-west gericht zadeldak tussen puntgevels. Op de nok staat in het midden een makelaar eindigend in een bol die bekroond is met een windkruis waarop een windvaan. Het torenlichaam bezit in de west- en zuidmuur een rondbogig gesloten galmgat waarvan alleen het zuidelijke begeleid wordt door een kleine rondboognis. Onder dit galmgat staat een smalle lichtspleet. De ingang bevindt zich in de westzijde. Het muurwerk van de zuidwand van schip en koor wordt ongeveer halverwege geschoord door een zware, diagonale steunbeer. Aan het oostelijk deel zijn drie lisenen aangebracht waarvan één op de hoek met de sluiting die recht is. In elk van beide velden tussen de lisenen staat op onderling verschillende hoogte een spitsboogvenster dat, met uitzondering van de kop, gevuld is met twee even grote,

lancetvormige ramen. Het overige muurgedeelte heeft drie spitsbogig gesloten vensters waarvan de dagkanten inspringen. Het westelijke venster is gevuld met een gaffeltracering en het middelste met een middenstijl. Het andere venster bezit geen tracering. Een spitsbogig venstertje ernaast staat lager in de muur. Alle ruiten zijn in roeden gevat. In een rondboognis onder het westelijk venster bevindt zich de ingang die dichtgezet is. De bovenste afwerking van de muur vormt een lijst die niet nader kan worden gepreciseerd. De zuidwesthoek buigt uit en het pannendak vertoont een gat. De omgeving lijkt geromantiseerd.

ad. 4. De aquarel, gesigneerd H.K. de Maat en gedateerd 'Wetsing 1841', laat de kerk zien uit het zuidoosten. Het gebouw bestaat uit een schip met een aan drie zijden vrijstaande westtoren en een polygonale sluiting. De toren is slank, gaat onversneden op en bezit een oost-west gericht zadeldak tussen puntgevels. Op het midden van de nok staat een makelaar die eindigt in een bol welke bekroond is met een windkruis waarop een windvaan. Het torenlichaam bezit in de zuid- en oostmuur een rondbogig gesloten galmgat. Het vierkant boven het galmgat in de oostmuur stelt de wijzerplaat voor. Het muurwerk van de zuidwand van het schip wordt even westelijk van het midden diagonaal

Fig. 3. Naar Antoni Coucheron, 1630 (coll. R.A.G.; Fotodienst R.U.G.).

De Oude Kerk te Wetsinge.

Fig. 4. Lithografie, 1840 (coll. G.A.G.; foto G.A.G.).

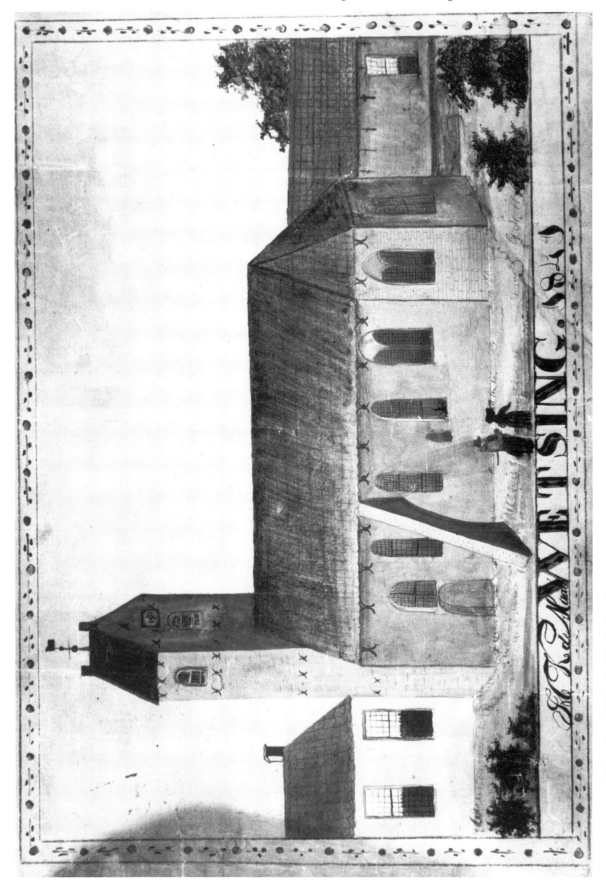

Fig. 5. Aquarel van H.K. de Maat, 1841 (coll. G.M.; foto John Stoel).

geschoord door een steunbeer waarin een doorgang is uitgespaard. In het muurwerk staan drie lange, smalle, min of meer spitsbogig gesloten vensters, alle waarschijnlijk met inspringende dagkanten. Het oostelijke van deze drie en een klein spitsbogig venstertje ernaast beginnen op een lager niveau. Nog verder naar het oosten komt hoger in de muur een flauw-spitsbogig gesloten venster voor dat, met uitzondering van de kop, gevuld is met twee lancetramen. Dan, om de hoek, de zuidoostzijde van de polygonale sluiting met een dakschild, eenzelfde type venster en ramen, de aanduiding van individuele stenen en de afwijkende kleurstelling. Daarna volgt de sluitwand met een dito lichtopening. In het westelijk eind van de zuidwand bevinden zich een kleiner en breder rondboogvenster met daaronder, in een eveneens rondbogige nis, een dichtgezette toegang. In alle gevallen bestaan de ramen uit vele kleine ruitjes die in horizontale en verticale roeden zijn gevat. Boven in de muur zijn ankers afgebeeld. De dakbedekking bestaat uit blauwe pannen, in tegenstelling tot de daken van de pastorie ten westen en de kosterij/school noordoostelijk van de kerk, die met bruine pannen belegd zijn. Deze gebouwen lijken op grond van de huidige situatie en van de toestand kort geleden, realistisch te zijn weergegeven.

Uit de beschrijvingen 'ad 3' en 'ad 4' blijkt dat tussen de figuren 4 en 5 aanzienlijke verschillen bestaan. Hierop wordt in paragraaf 2.4 ingegaan.

Historische gegevens over het kerkgebouw bestaan er nauwelijks. Het belangrijkst zijn de kadastrale minuut van 1828 en het zogenaamde schoolmeesterrapport uit hetzelfde jaar.[9] Het rapport vermeldt dat men aan het gebouw veel 'dufsteen', dat wil zeggen tufsteen, ziet, "(...) van onderscheiden grootte; zijnde de kleinste soort iets groter dan gewone baksteen, en de anderen ter grootte van ruim drie baksteen". Voorts wordt het opschrift op de klok genoemd: "Anno 1604. Fri, doe got Gert Powels mi, to Embden". Bovendien geeft de schoolmeester van 'Wetsing', Nikolaus Copius Bolt, op de vraag betreffende de overige plaatselijke bijzonderheden nauwkeurig op, welke grafstenen in het interieur van de kerk op de grafkelder liggen en welke steen zich ervoor bevindt (zie ook Pathuis & De Visser, 1943: nr. 431 en De Olde & Pathuis, 1996: pp. 217-218). Enkele andere wetenswaardigheden, onder meer betreffende de afbraak, vindt men bij De Groot (1974: pp. 97-99).

2.3. Opgraving

2.3.1. *Informatie*

Over de situering van de kerk gaf de kadastrale minuut uitsluitsel. De exacte lokalisatie geschiedde door het graven van een noord-zuidgerichte zoeksleuf die al snel succes opleverde: op een diepte van ca. 0,50 m onder het maaiveld begonnen zich op ca. 7 m van elkaar twee parallelle, oost-westgerichte sporen af te tekenen. Door vervolgens behalve deze sporen ook het gebied ertussen

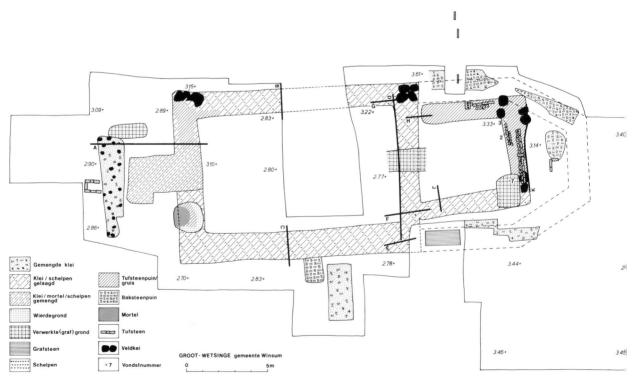

Fig. 6. Groot Wetsinge, kerk; opgravingsplattegrond (tek. G.I.A., G. Delger).

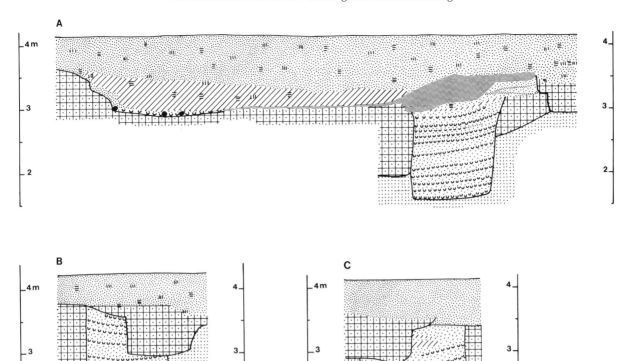

Fig. 7. Groot Wetsinge, kerk; profielen A-C. Voor legenda zie fig. 5 (tek. G.I.A., G. Delger).

te verdiepen tot even onder het niveau tot waar de losse bovengrond – veelal grafkuilen – reikte en het daar te nivelleren (ca. 2,80 NAP), werd in dit nu goed leesbare opgravingsvlak behalve het vervolg van de eerste beide sporen nog een derde spoor zichtbaar. Deze drie sporen vormden samen een U-vormig patroon en bleken bij verdieping sleuven te zijn, gevuld met lagen klei en schelpen om en om: een grondverbetering op de plaats waar de noordelijke, westelijke en zuidelijke kerkmuur hadden gestaan (fig. 6 en 7). De doorsneden laten zien dat de diepte varieert (fig. 7: prof. A-C). Sleuven met dit soort gelaagde inhoud representeren een funderings-type dat in Noord-Nederland vaak bij romaanse kerken voorkomt. De funderingssleuven hebben min of meer rechte wanden, zijn ca. 1,30-1,70 m breed en steken (nog) van 2,15-1,50 NAP. De top ligt minimaal op ca. 3,75 NAP (is ongeveer 0,50 m onder het huidige maai-veld; zie fig. 7: prof. B en fig. 8: prof. K, waarin de onderkant van de muurvoeting inderdaad op 3,75 NAP ligt). De grondvesten waren derhalve bij aanleg onge-veer 1,60-2,25 m diep. De voeting heeft gezien de aanwezigheid van tufsteenpuin/gruis bovenin (fig. 6; fig. 7: prof. A en C; zie ook fig. 8: prof. K) uit tufsteen bestaan. Drie veldkeien in het westelijk gedeelte van het

opgravingsvlak die op de fundering liggen en waarvan de hoogste tot 3,15 NAP reikt, hadden dus oorspron-kelijk geheel of gedeeltelijk in de grondvesten gelegen (fig. 6; fig. 8: prof. D en G; zie tevens prof. K). Zij markeren de noordwesthoek. Het gebruik van veld-keien op hoeken en wel om deze te versterken, is in de romaanse architectuur niet ongebruikelijk.

Aan de buitenkant van de zuidelijke fundering be-vinden zich twee rechthoekige kuilen. De ene van ca. 1,45x1,10 m ligt tegen de fundering aan en is gevuld met baksteenpuin. Deze plek zal de plaats van een steunbeer uit baksteen voorstellen. De andere kuil die ca. 3,30x1,45 m meet en eveneens puin bevat, duidt op de plaats waar de bakstenen steunbeer stond, zoals te zien is op de figuren 4 en 5. Een plek die uit kleigrond gemengd met bak- en tufsteenpuin, mortel, schelpen en veldkeien bestaat en voor het midden van de westelijke fundering ligt, geeft de plaats van de aangebouwde toren aan (fig. 6; fig. 7: prof. A). Dit pakket gemengde grond dat tot ca. 2,90 NAP reikt en waaronder zich grafgrond bevindt, stelt niet de grondvesten van de toren voor, maar heeft zich gevormd bij de afbraak van zowel de toren als de westelijke kerkmuur – dat wil zeggen de westmuur van het schip – die tot in de gelaagde fundering werd uitgebroken (fig. 7: prof. A, waar zich ter hoogte van deze muur aan de top een dikke laag mortel bevindt). Bij de bouw van de toren zal de oostelijke torenmuur in de westelijke schipmuur zijn gezet – figuur 4 wijst daar eveneens op – waarbij van de bestaande fundering gebruik gemaakt werd. De andere torenmuren waren 'op de kleef' gebouwd, dat wil zeggen dat de cohesie van de kleibodem geacht werd de stabiliteit van het bouwwerk te verzekeren. Het formaat van de toren kan wat betreft de lengte worden afgeleid uit een tufstenen grafkeldertje ten westen van de puinplek, dat bij de bouw gehalveerd werd (fig. 6). De breedte kan niet met zekerheid worden vastgesteld.

In het opgravingsvlak ten oosten van de proefsleuf en het daarop aansluitende, uitgespaarde oppervlak, markeren vier zwerfstenen de hoek die de noordelijke en oostelijke funderingssleuf met elkaar maken. De oostelijke funderingssleuf helt naar het zuiden af: onderkant 2,30-1,70 NAP (fig. 6; fig. 8: prof. D). Het hiaat in het midden is structureel, maar door graverijen vervormd. Het verschil in hoogteligging tussen de onderkant van de funderingsdelen ten noorden en ten zuiden van dit hiaat – 30 cm over een afstand van slechts 1,40 m – maakt één doorgaande fundering onwaarschijnlijk. Bovendien komen er in het 'gat' geen funderingsresten voor, wat vanwege het niveau van de ondergrond (2,25 NAP) zou mogen worden verwacht indien daar ooit wel grondvesten hadden gelegen. Figuur 8: prof. D zuidelijk eind en prof. E laten zien dat de zuidelijke funderingssleuf dieper reikt dan de oostelijke en vrijwel geheel

onderin in plaats van een laagje schelpen een laagje tufsteenpuin/gruis bezit.

In het opgravingsvlak nog verder naar het oosten liggen eveneens funderingssleuven. Deze laten zich in twee typen indelen: het eerste type is gelijk aan dat van de kerk, het tweede aan dat van de toren. Het beloop van de eerstbedoelde funderingssleuven dat U-vormig is en ten opzichte van de hierboven behandelde funderingsconfiguratie inspringt, wijst op een versmald koor, wat de tot nu toe als kerk bestempelde ruimte tot het kerkschip maakt. De sleufbreedte bedraagt ongeveer 1,20 m. De onderkant ligt aan alle zijden hoger dan onder het schip: 2,50-2,20 NAP (fig. 8: prof. F, H, J en K), zodat bij een hoogteligging van ca. 3,75 NAP voor de muurvoeting – gelijk aan de situatie bij het schip – de diepte oorspronkelijk 1,25-1,55 m was. Aan de zuidzijde lopen de grondvesten tegen de oostelijke schipfundering op, aan de noordzijde raken beide elkaar niet, althans niet in de opgravingsvlakken, wat niet uitsluit dat zij op een hoger niveau wel op elkaar zijn gestoten (fig. 6; fig. 8: prof. F en H). In het vlak is het beloop van de koorfundering aan de noord- en oostkant herkenbaar aan tufstenen van divers formaat, tufsteenpuin en veldkeien (fig. 6; fig. 8: prof. K). De top ligt op 3,75 NAP (fig. 8: prof. K).

Parallel aan de noordelijke en zuidelijke fundering van de U-vorm liggen aan de buitenkant, in het verlengde van de grondvesten onder de lange wanden van het schip, hier en daar plekken baksteenpuin gemengd met zand die maximaal nog ca. 20 cm dik zijn (3,61-

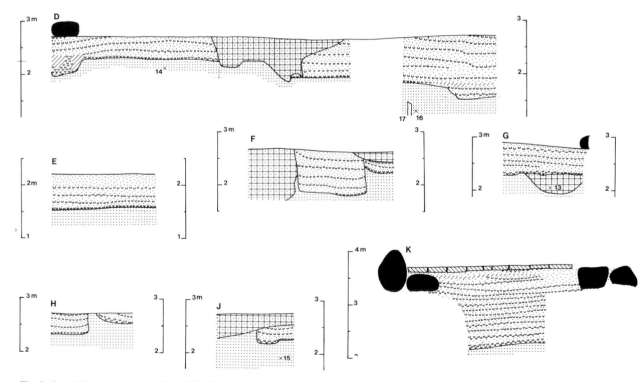

Fig. 8. Groot Wetsinge, kerk; profielen D-K. Voor legenda zie fig. 5 (tek. G.I.A., G. Delger).

3,40 NAP). Zij stellen de resten voor van een uit-braaksleuf die zo'n 1,20 m breed was. Aan de noordoost-kant bevindt zich een soortgelijke puinbaan die noord-west-zuidoost loopt. Beide eerstgenoemde sporen wor-den doorsneden door graven die met een staande steen (noordzijde) en een liggende steen (zuidzijde) gedekt zijn. Het is evident dat de bedoelde, sterk vergraven grondsporen wijzen op een driezijdig gesloten, bakste-nen koor waarvan de voeting, gezien de samenhang van koor en schip, eveneens op ca. 3,75 NAP moet hebben gelegen (fig. 6). Evenals de westtoren was ook dit koor 'op de kleef' gebouwd en werd de sloop grondig uitge-voerd. Van wat daarna eventueel nog restte, is bij het delven van graven veel opgeruimd.

De toren die volgens afbeeldingen zuidoostelijk van de kerk stond, liet geen herkenbare sporen na. Gezien het voorafgaande zal ook deze wel 'op de kleef' ge-bouwd zijn geweest en uit baksteen hebben bestaan. De afbraak en de graven die daarna op deze plek gedolven werden, hebben de resten ervan uitgewist.

Sporen van eventuele houten kerken voorafgaand aan de eerste stenen kerk, zijn niet gevonden. Hiernaar is ook niet met alle middelen gezocht. Het terrein, een kerkhof op een wierde, bood ook weinig kans op succes. Zijn in de bovenste lagen van een wierde de condities voor conservering van houten bouwresten en de sporen daarvan normaliter al ongunstig, de talloze begravingen hebben die voorwaarden nog verder verslechterd.

2.3.2. *Interpretatie*

Het verschil in diepteligging ten opzichte van NAP van de twee gelaagde funderingsstelsels en hun aansluiting op elkaar, weerspiegelen de volgorde waarin de funde-ringen zijn gelegd: de grondvesten van het schip eerst, daarna die van het koor. De vorm van de plattegrond als geheel en het hiaat op de overgang van beide delen wijzen op een kerk van het type 'zaalkerk met inspring-gend, rechtgesloten koor dat afgesnoerd is van het schip' en waartussen een nauwe doorgang de verbin-ding vormt. De breedte van het hiaat komt overeen met de 1,20 m brede open ruimte in de oostelijke schip-fundering van de kerk van Klein Maarslag-fase 1, die van hetzelfde type is (zie hoofdstuk 3). Ook de afmetin-gen van beide kerken liggen dicht bij elkaar. Dat laatste geldt eveneens voor de eerste fase van de kerk van Hellum die ook tot dit type hoort. (Let wel, het gaat hier dus niet om een zaalkerk met rechtgesloten koor, die op een later tijdstip met een inspringend koor werd uitge-breid, zoals de voorlopige interpretatie luidde en op grond waarvan de plattegrond van de kerk in drie fasen op het kerkhof is aangegeven.)

Uit het feit dat de funderingen van schip en koor niet *aus einem Guß* zijn en in breedte en diepte verschillen, mag een onderscheid in hoogte van de opstand worden afgeleid. Het minder zwaar gefundeerde koor zou dan lager zijn geweest dan het schip. Ook op dit punt is de situatie gelijk aan die bij de kerk van Klein Maarslag-

fase 1. Een ander interessant verschijnsel betreft de onderkant van de grondvesten. Deze liggen noch bij het schip, noch bij het koor vlak. Kennelijk werd dit niet nodig geacht en vloeit de oneffenheid voort uit de aanleg, bijvoorbeeld omdat men van twee kanten groef, zoals de situatie bij het hiaat in de oostelijke schip-fundering doet vermoeden.

Van den Berg (1970) toont aan dat het type 'zaalkerk met inspringend, rechtgesloten koor dat afgesnoerd is van het schip', uitsluitend ten oosten van de Lauwers voorkomt. Als voorbeelden noemt zij de vroegste vor-men van de kerken van Klein Maarslag, Loppersum, Holwierde, Hellum en Termunten in Groningen en die van Anloo en Vries in Drenthe. Ten westen van de Lauwers overheerst het type met rondgesloten koor waarbij schip en koor ofwel zonder merkbaar onder-scheid in elkaar overgaan, ofwel een geringe versmal-ling bij de aanzet van de altaarruimte vertonen. De verklaring voor het feit dat eerstgenoemd type kerk uitsluitend ten oosten van de Lauwers voorkomt, zal volgens haar gezocht moeten worden "in de richting van de economische politieke invloed van de grote kloosters, eventueel in samenhang met de eisen van de liturgie". Het zou interessant zijn haar suggesties uit te werken. Hoe dan ook, de door Van den Berg opge-merkte geografische scheiding tussen twee verschillen-de typen tufstenen zaalkerken wordt versterkt door de resultaten van het archeologisch onderzoek van de kerkstee van Wetsinge.

Vervanging van een romaans koor door een grotere en moderne altaarruimte uit baksteen is in de late gotiek gebruikelijk. De geringe diepte van de voeting van de laat-gotische koormuren wijst in dit geval niet op een lage opstand, maar vloeit voort uit de toegenomen bouwkundige kennis en uit de gebruikte steensoort. Een grondverbetering ontbreekt dan ook. De afbeeldingen laten zien dat koor en schip onder één, over beide delen doorlopend zadeldak liggen waarop de dakschilden van de polygonale absis aansluiten.

De reden waarom de aangebouwde toren de plaats innam van de vrijstaande is niet bekend, maar zal wel bouwvalligheid zijn geweest. Het bezit van een toren was voor dorp en omgeving belangrijk, want de klok-slag luidde oudtijds niet alleen de kerkelijke ceremo-niën in en uit, maar reguleerde ook de dagelijkse, profane werkzaamheden. Het luiden van de klok bij begrafenissen kennen we nog steeds.

2.3.3. *Samenvatting en conclusie* (fig. 9)

Het type gelaagde fundering, een zogenaamde 'spek-koekfundering', en de aanwezigheid van tufsteen(puin) wijst op een romaanse, tufstenen kerk met inspringend, rechtgesloten koor dat in het interieur sterk afgesnoerd is van het schip. Op basis van de funderingen meet het schip hart op hart ca. 13,50x8,50 m, het koor ca. 6,50x5,50 m (fase 1). De spitsbogig gesloten vensters zijn veranderingen uit de (romano-)gotiek. Aan dit

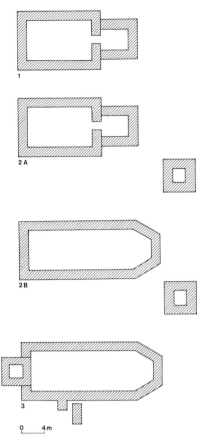

Fig. 9. Groot Wetsinge, kerk; plattegronden fase 1-3 (tek. G.I.A., G. Delger).

kerkgebouw werd een vrijstaande, gotische toren uit baksteen toegevoegd (fase 2 A). Het romaanse koor is in de late gotiek vervangen door een bakstenen koor met een 3/8-sluiting dat zonder onderbreking op het oude schip aansluit en met ca. 10,00x8,50 m hart op hart anderhalf maal zo groot is als het voorafgaande koor. De lengte van het rechte koorgedeelte bedraagt ca. 6,50 m, de breedte hart op hart ca. 8,50 m. De middenas van de absis tot het hart van de sluitwand meet ca. 3,50 m. De in de koormuur staande vensters die op de afbeeldingen zijn te zien, zijn eveneens laat-gotisch. De totale lengte van de kerk bedraagt hart op hart ca. 23,50 m, de breedte ca. 8,50 m (fase 2 B). De subfasering in A en B is nodig omdat tussen toren en kerk archeologisch gezien geen chronologisch onderscheid bestaat, maar wel wordt vermoed (zie de paragrafen 2.4 en 2.5).

De losse toren verdwijnt in het midden van de 17e eeuw nadat twee à drie decennia eerder tegen de westgevel van het schip een waarschijnlijk vierkante, bakstenen toren van ca. 5,00x5,00 m is aangebouwd; de steunberen tegen de zuidgevel zijn jonger en volgen elkaar op (fase 3). Sporen van een voorafgaande houten kerk zijn niet aangetroffen.

2.4. Correlatie

Nagegaan moet worden of de archeologische en historische gegevens betreffende het gebouw met elkaar overeenstemmen, van elkaar afwijken of elkaar aanvullen. De cartografische informatie met haar onderlinge verschillen en specifieke eigenaardigheden is in paragraaf 2.2 onder 'ad 2' behandeld.

De in paragraaf 2.2 onder nummer 3 genoemde prent en de aquarel van nummer 4 worden als topografica beschouwd. Hun artistieke en kunsthistorische waarde is gering, hun informatieve betekenis daarentegen groot, en wel omdat zij de enige bron zijn die ons de gedaante van de kerk duidelijk tonen. Een vergelijking is interessant. Heeft de prent nog enige artistieke kwaliteit, de aquarel verraadt de dilettant. Wie de krijttekening vervaardigde waarnaar de prent gedrukt werd, is onbekend[10]; de aquarellist Hindrik Klaasz de Maat was 'verwer' van beroep en woonde in Sauwerd.[11] De prent is romantisch en de tekening die eraan ten grondslag ligt, zal aan de hand van een ter plaatse gemaakte schets in het atelier zijn uitgewerkt; de aquarel wekt de indruk realistisch te zijn, zij het met duidelijke, perspectivische vertekeningen van bijvoorbeeld de torenvoet en de zuidoostelijke sluitingszijde. De weergave van de omgeving met de pastorie en de kosterij/school, respectievelijk links naast en rechts achter de kerk, verhogen het betrouwbaarheidsgehalte, evenals het beroep en de woonplaats van de aquarellist dat doen. Hij moet het kerkgebouw goed hebben gekend en daarin geïnteresseerd zijn geweest. Ook de kerk van Sauwerd aquarelleerde hij in 1841.

Met voorbijgaan van details zijn op de prent de toren plomp en de steunbeer massief weergegeven, op de aquarel daarentegen lang en slank. Een wezenlijk verschil tussen de twee afbeeldingen vormen het al dan niet voorkomen van lisenen, de vorm van de koorsluiting en het aantal vensters. De prent geeft op het oostelijk eind van de zuidwand drie muurdammen – waarbinnen twee vensters – en een rechte sluiting; de aquarel kent deze dammen niet en laat een polygonale sluiting zien. Bovendien komen op de aquarel in het oosteind niet twee, maar drie vensters voor die qua type overigens wel gelijk zijn aan die op de prent. Zulke essentialia kunnen niet verklaard worden uit het verschillende standpunt dat de 'kunstenaars' bij het maken van hun werk innamen, maar berusten op een onjuiste weergave op een van beide afbeeldingen. Zoals vanwege haar realistisch karakter – een ooggetuigeverslag – reeds werd vermoed, is de aquarel het meest waarheidsgetrouw. Het bewijs hiervoor vormen zowel een historische als een archeologische bron, namelijk de kadastrale minuut en het archeologisch vastgestelde, jongste grondplan: de minuut laat zien dat de sluiting inderdaad veelhoekig is en meer in het bijzonder driezijdig, de opgravingsplattegrond geeft aan dat de jongste koorvorm uit een rechthoekige travee met, inderdaad, een driezijdige sluiting bestaat.

De bron die ons de meeste informatie levert over de vroegere bouwstadia, hun chronologie en datering, is de archeologie. Uit paragraaf 2.3.3 blijkt immers dat de kerk een tufstenen zaalkerk is van het type met inspringend, rechtgesloten koor afgesnoerd van het schip (fase 1). De volgende verandering betreft waarschijnlijk tijdens de gotiek de toevoeging van een vrijstaande, bakstenen toren (fase 2A). Daarop volgt dan de vervanging van het tufstenen koor door een bakstenen altaarruimte met driezijdige absis (fase 2B). De hier gesuggereerde volgorde van toren en koor is niet zeker, omdat van de toren geen fundering bewaard bleef om te onderzoeken. Vanwege het nut van een toren voor de gehele dorpsgemeenschap zal deze wel ouder dan dit tweede koor zijn, maar zekerheid daarover bestaat er niet: strikt genomen kunnen toren en koor-fase 2B ook synchroon zijn en mogelijk blijft eveneens dat de toren jonger is dan dit koor. De westtoren en de beide successieve steunberen vormen de laatste toevoegingen (fase 3).

Het archeologisch geconstateerde gebruik van tufsteen vindt bevestiging in het 'schoolmeesterrapport' dat van veel 'dufsteen (...)' aan de kerk spreekt. Bij de andere steensoort gaat het natuurlijk om baksteen waarvan mag worden aangenomen dat die in het oudste bouwgedeelte sporadisch – bijvoorbeeld als gevolg van vergroting van de vensters en door reparaties – voorkwam en in de jongere delen, het driezijdig gesloten koor en de toren, uitsluitend optrad. De Maat toont, versluierd, het verschil in steensoort eveneens, en wel in kleur en arcering, echter niet consequent: roestbruin met arcering voor de zuidmuur van de toren (de oostmuur ligt in de schaduw), roestbruin zonder arcering voor de zuidwand van schip en koor, en grijsbruin met arcering voor de koorsluiting en de bovenkant van de steunbeer (de rest ligt in de schaduw). De kleurweergave is echter impressionistisch, want de 17e-eeuwse toren bestond ongetwijfeld louter uit baksteen en zou derhalve dezelfde kleur als de sluiting moeten hebben gehad. Dat De Maat de kleuren niet natuurgetrouw weergeeft, blijkt tevens uit zijn aquarel van de kerk van Sauwerd. Daarvan kleurde hij het muurwerk – uitsluitend baksteen – donkerbruin. Dat de arceringen bakstenen weergeven, blijkt bovendien uit de later toegevoegde, bakstenen steunbeer waarvan de rug eveneens gearceerd is. Het roestbruine, tufstenen muurwerk van het schip waarop de arcering dus ontbreekt, zou derhalve bepleisterd en/of beschilderd kunnen zijn geweest, zoals ook de effen, witte kleur van de pastoriemuur ten westen van de toren op bepleistering wijst. De blauwe kleur van het dak, zijn golvende onderkant en de arcering die over het algemeen ook golft, wijzen op een bedekking van blauwe pannen. De muurankers tot slot duiden op een balkenzoldering.

De conclusie luidt dan ook dat de aquarel een romaanse kerk laat zien met een laat-gotisch koor en een 17e-eeuwse westtoren. De ingang, het westelijk venster en het laag in de muur staande venstertje dat een hagioscoop voorstelt, herinneren nog aan de oudste, romaanse periode. De andere vensters in het schip zijn (romano-)gotische vergrotingen van romaanse lichtopeningen en/of eventueel nieuwe vensters.

2.5. Datering

De parochie Wetsinge – en daarmee dus het voorkomen van de kerk – treedt met vermeldingen als 'Werschum', 'Wessinge' en 'Wetsinge' in Munsterse kerspellijsten uit het midden van de 15e eeuw pas laat in het licht der historie (Von Ledebur, 1836). Het patrocinium is niet bekend. Het kerkgebouw-fase 1 is duidelijk ouder. Het type en het gebruik van tufsteen wijst naar globaal de 11e of 12e eeuw. Zekerheid op dit punt verschaffen de archeologische bevindingen niet, wat ook nauwelijks mag worden verwacht. Voor bouwfase 2 waarin de vrijstaande toren en de nieuwe koorpartij tot stand komen, kan zoals eerder uiteengezet niet één datering worden voorgesteld, vandaar dat gekozen is voor de subfasering 2A/2B. De gotische, vrijstaande klokkentoren die volgens het detail op de getekende kaart van Regemortes meer weg heeft van een klokkenhuis, zal wel uit de late 13e of uit de 14e eeuw stammen, een tijd waarin in Groningen meer vrij van het kerkgebouw staande torens verrezen (fase 2A). Met het koor (fase 2B) is het misschien anders. Wij willen niet volstaan met de aanduiding laat-gotisch, maar willen proberen deze periode nader te preciseren. Daar ook de geboekstaafde geschiedenis de bouw niet vermeldt, zullen wij een andere weg bewandelen, en wel die van het uit de antropologie overgewaaide begrip 'prestigegoed'. De uitkomst kan uiteraard niet anders dan hypothetisch zijn.

Uit het voorkomen van eigenkerken, het bezit van het patronaatsrecht en later het collatierecht, én de inrichting van kerkgebouwen met pracht en praal die de macht en luister weerspiegelen van het ter plaatse heersende geslacht, blijkt de invloed van de Groninger hoofdeling in kerkelijke aangelegenheden. Tot 'prestigegoed' moet ook worden gerekend het eigendom van een grafkelder die bij voorkeur op het koor ligt, voor het hoofdaltaar, en waarin de gezaghebbende familie haar gestorven leden ter aarde bestelde. In Wetsinge was dat het geslacht Onsta waarvan Aepke, een machtig heerschap, na zijn huwelijk met Gela van Ewsum in 1539, met vooral geld uit haar goederen op een onbekend tijdstip ten noordoosten van Wetsinge de Onstaborg liet bouwen (Formsma, Luitjens-Dijkveld Stol & Pathuis, 1973: pp. 472-476). In het verlengde van dit prestigieuze project lijkt het aannemelijk dat het echtpaar, met als aanleiding het verlangen naar een eigen grafkelder, eveneens opdracht gaf het kleine, romaanse koor te vervangen door een grotere, moderne koorpartij. De bouwactiviteiten betekenden een breuk met Sauwerd waar Aepke vandaan kwam en zijn neef de daar gelegen Onstaborg bewoonde, en waar telgen van het geslacht Onsta tot dan toe waren begraven of in de kerk in een grafkelder waren bijgezet (Formsma, Luitjens-Dijkveld Stol & Pathuis, 1973: pp. 340-346). De grote, zware en fraai gebeeldhouwde, hardstenen zerk voor Aepke en Gela die op de grafkelder in Wetsinge lag, markeert dit proces. Aepke stierf in 1564, zijn vrouw tien jaar later in 1574.[12] Het recht van eigendom van de kelder bleef ook daarna nog honderden jaren op de borg te Wetsinge liggen (Formsma, Luitjens-Dijkveld Stol & Pathuis, 1973: pp. 474-476). Uit de kerk zijn geen oudere zerken bekend. De precieze plaats en omvang van de grafkelder is onbekend, maar we mogen wel aannemen dat deze recht voor het hoofdaltaar heeft gelegen en, naar het bodemonderzoek aantoont, eveneens ten westen van de koorsluiting-bouwfase 1. De fundering hiervan was immers niet doorgraven, wat anders wel het geval zou zijn geweest. De veronderstelde gang van zaken dateert bouwfase 2B in het midden van de 16e eeuw. Hoe logisch verklaarbaar een datering via de 'prestigegoed-route' ook lijkt, het blijft een veronderstelling zolang die niet anderszins bevestigd wordt. De vergroting van het koor kan immers ook veel eerder om bijvoorbeeld liturgische redenen hebben plaatsgevonden, zodat Aepke en Gela al ruimte ter beschikking stond.

Rest ons nog de datering van bouwfase 3. Deze fase waartoe de aangebouwde westtoren en de successieve steunberen tegen de zuidgevel behoren, betreft zoals eerder al uiteengezet, de periode ca. 1616-1630 voor de toren; de steunberen zullen jonger zijn.

2.6. Mobilia

De tijdens het onderzoek gedane vondsten vallen in twee groepen uiteen. De eerste groep heeft betrekking op de wierdebewoning die aan de bouw van de kerk voorafgaat, de tweede op het kerkgebouw zelf of op zijn inventaris. Zij bevinden zich in de collectie van het G.I.A. Daarnaast bestaat er een inventarisstuk dat vóór de sloop uit de kerk gehaald is en zijn er voorwerpen die na de afbraak op de kerkstee of elders zijn gevonden. Deze maken deel uit van de historische respectievelijk archeologische collectie van het Groninger Museum voor Stad en Lande te Groningen.

De vondsten die bij de opgraving onder de funderingssleuven vandaan komen en de wierdebewoning voorafgaand aan de kerk demonstreren, stammen *grosso modo* uit het eerste millennium (nrs. 11, 13-17). Het gaat om aardewerkscherven, fragmenten dierlijk bot en een paalstomp. Zij hebben geen daterende waarde voor het begin van de kerkbouw. Het materiaal verzameld in de opgravingsvlakken (nrs. 2-7, 12) dateert het begin van de bouw evenmin. Nu betreft het aardewerk(scherven), metaal, glas en steen. Omdat de bovengrond sterk geroerd is, onder meer vanwege de graven in de kerk, de egalisatie na de afbraak en de ter plekke nieuw gedolven graven, zijn sommige van deze vondsten ouder dan het kerkgebouw (aardewerkscherven), andere met de kerk gelijktijdig (aardewerk(scherven), ijzeren riemtong),

en gaat het bij weer andere om bouwfragmenten (stukjes vensterglas, bouwmateriaal). De zogenaamde losse vondsten zijn van alle tijden. Een bespreking van de bodemvondsten ouder dan het kerkgebouw is hier niet aan de orde. Wij zullen ons richten op de mobilia die met de kerk zelf te maken hebben: het bouwmateriaal en de voorwerpen die deel hebben uitgemaakt van de kerkinventaris of van de inventaris van een graf, ook de 'losse' vondsten wanneer zij duidelijk tot een van beide categorieën behoren.

Het bouwmateriaal betreft vooral tufsteen. Behalve enkele los gevonden stenen leverden de noordelijke en oostelijke koormuurvoet-fase 1 stenen in situ. Hetzelfde deed het tufstenen grafkeldertje westelijk van de toren. Zoals bij tufstenen gebruikelijk variëren de maten.[13] Baksteen is zeldzamer: het zijn louter losse vondsten waaronder een kraalsteen. De dikte van de gewone bakstenen wijst naar de late 13e en de 14e eeuw, zodat zij wel eens van de vrijstaande toren kunnen zijn afgekomen.[14] Een in het koor vrijgelegd brok Bremer zandsteen (nr. 4) – een fragment van de bovenkant van een grafsteen of sarcofaagdeksel – heeft gezien de op alle zijden voorkomende metselkalk secundair in de muur dienst gedaan, en wel als anker voor een ijzeren deurscharnier. Twee secundair ingekapte, rechthoekige sleufjes die V-vormig ten opzichte van elkaar staan, geven namelijk de plaats weer waarin de benen van dit scharnier ingemetseld waren, en de roestsporen in die sleufjes het soort materiaal waaruit zij bestonden. De enkele stukjes glas komen uit de vensters en de los gevonden, lichtbruine plavuis van 14,7x14,4x2,5/2,9 cm en de fragmenten van gele plavuizen (d. 2,7 cm) getuigen van een dito vloer.

De langgerekte, trapezoïdale, ijzeren riemtong (nr. 7) die uit verwerkte (graf)grond binnen het kerkgebouw tevoorschijn kwam, zal wel uit een graf afkomstig zijn, en een stuk hardsteen gevonden ten zuiden van het koor behoort gezien de fragmentarische tekst tot een grafsteen uit 166?.

Twee kelken uit zachtgebakken, dikwandig kogelpotaardewerk zijn van de mobiele vondsten het interessantst (nrs. 2, 3). Zij werden op een halve meter van elkaar staande tegen de fundering van de sluitwand van het koor-fase 1 aangetroffen. Vindplaats noch positie vormen een verklaring voor de functie die de kelken hadden. Kelk vondstnummer 2 (fig. 10: links; fig. 11: links) is een *cuppa* op ronde, concave voet. De halfbolvormige *cuppa* met een diameter van ca. 12,8 cm heeft een vlakke rand. De voet bezit een diameter van ca. 6,2 cm. Centraal onder in de *cuppa* bevindt zich een putje met een doorsnee van ca. 1 cm. Het aardewerk is handgevormd, zacht, grof, verschraald met steengruis en voelt ruw aan; de scherf is zwart. Het oppervlak is lichtbruin tot rossig, met plaatselijk plekken zwart en grijs; beschadigingen tonen de zwarte kern, wat vooral in de *cuppa* het geval is. De hoogte bedraagt ca. 8 cm. Kelk vondstnummer 3 (fig. 10: midden en 11: rechts) heeft een *cuppa* in de vorm van een omgekeerde klok op

Fig. 10. Groot Wetsinge, vetpotjes (vondstnr. 2-links en 3-midden) en kandelaar (coll. G.I.A., resp. G.M.; Fotodienst R.U.G.).

ronde, vlakke voet. De buitenkant van de *cuppa* is gewelfd, de hals staat uit en de binnenwand is vlak, evenals de rand. Ook dit potje bezit centraal onder in de *cuppa* een putje. De hoogte bedraagt ca. 10 cm, de diameter van de *cuppa*-mond ca. 14 cm, van de voet ca. 6 cm en van het putje ca. 2 cm. Het soort aardewerk is gelijk aan dat van nummer 2, behalve de kleur van het oppervlak dat grijszwart en plekkerig grijsbruin is.

Dit soort voorwerpen wordt voor 'olielampen' of 'branders' (voor geurende olie?) aangezien. Tot voor kort bleken alle stukken met een bekende vindplaats bij kerkopgravingen te zijn gevonden of anderszins in verband te kunnen worden gebracht met een plek waar eens een kerk of klooster stond. Op grond daarvan werd dit type object een sacrale functie toegedacht. Dit is onjuist, want er is ook een tweetal uit een wereldlijke context bekend (Boersma, 1997). Een kleiner, soortgelijk kelkje maar dan uit een legering van lood en tin, werd gevonden tussen graven in de St.-Servaas in Maastricht. Dit kelkje wordt de functie van grafkelk toegeschreven, al staat niet vast dat het uit een graf afkomstig is (Jenniskens e.a., 1982: pp. 36-37; Panhuysen, 1984: p. 85). Wel een grafkelk is het tinnen hostiekelkje dat samen met een dito pateen uit een priestergraf van ca. 1160 in de Grote Kerk te Vlaardingen tevoorschijn kwam (Sarfatij, 1990: p. 182).

Olielamp of grafkelk, dat is dus de vraag bij het bepalen van de functie van de Wetsinger kelken. Uit Noord-Nederland is ons één grafkelk bekend. Dit stuk werd gevonden tijdens de afbraak van de Galileërkerk te Leeuwarden in een lijkkist waarin zich overigens meer dan één skelet bevond. De kelk is noch uit een metaallegering noch uit aardewerk vervaardigd, maar uit was.[15] Bovendien betreft het een ander type. Graf-

kelken uit aardewerk zijn niet bekend, uit edelmetaal, tin, metaallegeringen en zelfs uit leer wel, met name in Duitsland waar naar dit verschijnsel onderzoek is verricht (Braun, 1932/1973; Elbern, 1963). Het kelkje uit Maastricht dat 5,4 cm hoog is, zal dan ook wel een grafkelk voorstellen, mede vanwege de flauw ontwikkelde *nodus* op de overgang van voet naar *cuppa*. Wat betreft de functie van de noordelijke aardewerken kelken bestaan er meer voor de hand liggende redenen om eerder te denken aan verlichting dan aan begrafenis-rituelen, maar dan niet aan verlichting met olie, maar met kaarsen. Een aantal kelkvormige potjes vertoont op de binnenwand van de *cuppa* namelijk roetaanslag die zich echter nooit tot op de bodem uitstrekt. Een enkele maal komen ook op de buitenwand brandsporen voor. Er bestaat nog een belangrijk element dat voor de functie van verlichting pleit, namelijk het ondiepe putje centraal onder in de *cuppa* (fig. 11). Dit element treedt bij verreweg de meeste potjes op.

Lobbedey gaat ervan uit dat in het putje onder in de *cuppa* de kaarsenpit werd vastgezet (Claussen & Lobbedey, 1984: pp. 45-50).[16] Deze verklaring lijkt ook het meest logisch. We hebben dan ook niet te maken met olielampjes, maar met vetpotjes zoals wij ze heden ten dage nog kennen, maar dan zonder verdieping in de bodem. Een vroeg soort waxinelichtje dus. De vaste brandstof met in het midden de pit zal was of talg zijn geweest. Bij olielampjes zou een tuit mogen worden verwacht of op zijn minst een gootje in de rand waar het kousje uit kon hangen. Het aardewerk dat Lobbedey zonder enige aarzeling de functie van lampje toeschrijft, kwam bij een opgraving in de stiftskerk te Neuenheerse bij Paderborn tevoorschijn. Het lag in secundaire positie in de noordelijke zijgang van de crypte, naast het

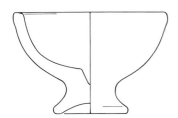

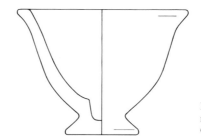

Fig. 11. Groot Wetsinge, vetpotjes vondst-nr. 2 (links) en 3 (rechts). Schaal 1:3 (tek. G.I.A., J.M. Smit).

voormalige podium – ongetwijfeld bestemd voor cultische doeleinden – vóór de *fenestella* (venster-vormige opening) van een grafaltaar. Men kan er ge-voeglijk van uit gaan dat hierop kaarsen zijn neergezet. Lobbedey spreekt dan ook van *Tonlampen*. Deze Duitse vetpotjes, kandelaars of (talg)lampjes, hoe men ze ook maar wil noemen, hebben de vorm van kommetjes op een lage, vlakke voet en zijn dus morfologisch anders dan de kelkvormen uit Noord-Nederland. Ook van dit type kommetjes hebben sommige midden onderin een klein, rond putje, andere daarentegen weer niet. Boven-dien gaat het hier niet om zachtgebakken, handge-vormd, maar om hardgebakken, gedraaid aardewerk. Tevens zijn zij kleiner: twee volledig bewaard gebleven exemplaren waren maar 4,5 cm hoog. Hun datering ligt tussen de tweede helft van de 13e en de tweede helft van de 14e eeuw.

De conclusie luidt dan ook, dat de beide Wetsinger kelkjes vetpotjes zijn die, gevuld met was of talg, als lampjes fungeerden. Een datering in de late 13e en de eerste helft van de 14e eeuw ligt vanwege het grove, dikwandige kogelpotaardewerk-op-voet voor de hand.

Het object dat vóór de sloop uit de kerk is gehaald en in 1893 aan het Groninger Museum werd geschonken, is het prachtig gesneden eikenhouten opzetstuk van de herenbank, een werkstuk van Jan de Rijk[17] (zie ook Pathuis, 1977: nr. 4137; Veldman, 1995-1: p. 18). In datzelfde jaar verwierf het museum eveneens drie grafstenen[18] (zie ook Pathuis, 1977: nrs. 487, 4138 en 4139; Feith, 1909) waaronder de fraaie, hardstenen zerk voor Aepke Onsta en zijn gemalin Gela van Ewsum.[19] Zij waren in 1840 onberoerd gelaten, maar als gevolg van de afbraak wel in de open lucht, dat wil zeggen op het kerkhof komen te liggen. In 1893 dus verhuisden zij naar het museum, waar zij in het interieur werden opgesteld. Drie bodemvondsten die ook in verband staan met de kerk, ontving het museum in 1895 en 1896.

De vondst uit 1895 werd gedaan 'in een graf ter plaatse, waar vroeger de kerk heeft gestaan' (waar-schijnlijk zal 'bij het delven van een nieuw graf' zijn bedoeld). De vondst betreft een vierkante, bruinrode baksteen kandelaar met oorspronkelijk negen pijp-vormige kaarshouders, geordend in drie rijtjes van drie.[20] Eén kaarshouder ontbreekt. De kandelaar heeft een 10,4x10,1 cm groot standvlak, loopt licht-conisch toe en is 5,4 cm hoog. De diameter van de kaarshouders

bedraagt ca. 1,8 cm, de diepte 4,0-4,5 cm. Het stuk is, behalve aan de onderkant, versierd in diepsteektechniek met driehoekjes die op de zijkanten in verticale rijen staan; deze rijen worden van elkaar gescheiden door een groef (fig. 10: rechts).

Beide andere voorwerpen werden in 1896 "(...) in een hoop puin in de wierde van Wetsinge (...)" gevon-den. Hoewel niet zeker, lijkt het toch op zijn minst waarschijnlijk dat zij van het afgebroken kerkgebouw afkomstig zijn. Het zijn volgens het jaarverslag en het inschrijfboek van het museum twee baksteen koppen, maar de nadere omschrijving op beide plaatsen ver-schilt.[21] Bij een poging deze stukken in het museum voor de dag te halen om ze te bestuderen, bleken zij niet te vinden te zijn. Hun belang ligt hierin verscholen dat, wanneer zij inderdaad van de kerk zijn afgekomen, zij het laat-gotische koor (bouwfase 2B) representeren en mogelijk ook kunnen dateren.

Waarschijnlijk afkomstig uit de kerk of van het kerkhof te Groot Wetsinge zijn twee rood-zandstenen, trapeziumvormige sarcofaagdeksels die thans voor de voorgevel van de kerk van Klein Wetsinge liggen.[22] De ene is versierd[23], de andere onversierd. Uiteraard zou ook de kerk of het kerkhof van Sauwerd hiervan de leverancier kunnen zijn geweest, maar dat lijkt ons gezien de vermoedelijke ouderdom van de kerk aldaar iets minder waarschijnlijk. Of zouden de resultaten van het archeologisch onderzoek te Sauwerd in het licht van de opgraving te Wetsinge aan herziening toe zijn (Boersma, 1986)?

3. KLEIN MAARSLAG

3.1. Inleiding

De redenen om de plattegrond van de vroegere kerk van Klein Maarslag vrij te leggen komen overeen met die in Wetsinge (fig. 1). Eigenaar en onderhoudsplichtige was niet, zoals in Wetsinge, de burgerlijke gemeente (hier Leens), maar de kerkelijke (hervormde) gemeente Mensingeweer-Maarslag. De sterk verwaarloosde staat waarin het kerkhof verkeerde en het feit dat de kerk-voogdij zich financieel niet in staat achtte hierin veran-dering te brengen, gaf in 1952 de gemeente Leens (thans De Marne) aanleiding de hulp in te roepen van de Provinciale Groningse Archeologische Commissie

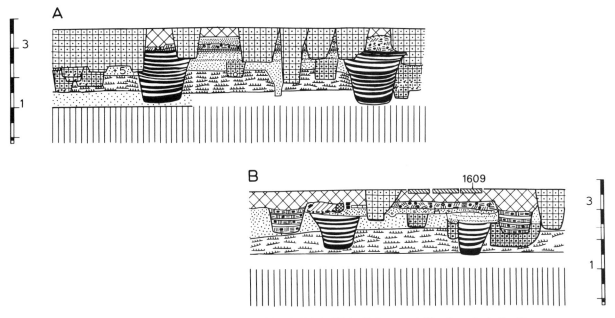

Fig. 12. Klein Maarslag, kerk; opgravingsplattegrond en profielen A-B (tek. G.I.A., H. Praamstra). Voor legenda zie fig. 13.

(P.G.A.C.). Omdat het hier om een wierde ging, nam de Commissie contact op met prof.dr. A.E. van Giffen, directeur van het B.A.I. Besloten werd op kosten van de P.G.A.C. de plattegrond van het kerkgebouw bloot te leggen en, met financiële steun van de gemeente Leens, het resultaat daarvan tijdens de totale opknapbeurt van de begraafplaats, ter plekke in het terrein aan te geven.[24] Van het onderzoek dat in de tweede helft van oktober 1953 werd uitgevoerd, bleven geen dagrapporten bewaard. Uit de veldtekeningen kan worden afgeleid dat de ervaren veldtechnicus R. Woudstra als tekenaar optrad. Deze tekeningen werden lang nadien door H. Praamstra opnieuw in het net gezet (fig. 12 en 13). Zij vervangen Woudstra's nette tekeningen met Van Giffens interpretatie waarbij de teruggevonden grondsporen werden beschouwd als afkomstig van een kerk die in drie fasen haar uiteindelijke vorm had gekregen.[25] Deze plattegrond-oude-stijl werd in 1957 uitgezet. Pas drie jaar later, in februari/maart 1960, heeft de voormalige gemeente Leens, met financiële steun van de P.G.A.C., de begraafplaats heringericht en daarbij die inmiddels dus achterhaalde plattegrondvorm als een pad bestrooid met deels steenslag deels schelpen, in het terrein aangegeven.[26]

3.2. Historie

De in 1811 afgebroken kerk van het kerspel Maarslag stond niet op de grote wierde Groot Maarslag, maar op de 1 km noordwestelijk daarvan gelegen kleine wierde die Klein Maarslag heet. Dit lijkt op het eerste gezicht merkwaardig omdat men de kerk eerder op eerstgenoemde wierde zou verwachten. Op de vraag waarom

de kerk daar niet verrees, heeft het archeologisch onderzoek van de kerkstee *en passant* ook antwoord gegeven.

De parochie Maarslag wordt als 'Marsliar' voor het eerst genoemd in een Munsterse kerspellijst uit het midden van de 15e eeuw (Von Ledebur, 1836). De kerkpatroon is niet bekend. In 1635 wordt de dan hervormde gemeente uit Warfhuizen bediend en in 1676 uit Zuurdijk (Van der Aa, 1846: p. 505). Met de bevestiging in 1682 van één predikant voor Mensingeweer en Maarslag samen, komt een combinatie van beide gemeenten tot stand (Werkman, 1938). De kerkvoogdijen groeiden vanaf 1811, toen de kerk op Klein Maarslag – waaraan volgens Vinhuizen en Wumkes veel tufsteen voorkwam – op afbraak werd verkocht, steeds verder naar elkaar toe.[27] De redenen om het gebouw af te breken waren zoals overal elders: bouwvalligheid en gebrek aan fondsen.[28]

Voor zover wij kunnen nagaan heeft de kerk nooit een toren uit steen bezeten. Dit in tegenstelling tot wat de gedrukte provinciale kaarten suggereren. Getekende kaarten waarop de kerk voorkomt, zijn ons niet bekend. Wel is in een concept-brief aan de synode van de Hervormde Kerk in Nederland sprake van een toren, maar daarmee wordt een houten klokkenstoel bedoeld.[29] Deze werd in 1789 door een nieuwe stoel vervangen; het klokgestoelte dat in 1911 werd afgebroken, dateerde van 1880.[30] De luiklok uit 1621 is toen naar de kerktoren in Mensingeweer overgebracht (Pathuis & De Visser, 1943: nr. 239 resp. 250; Pathuis, 1977: nr. 2444).

3.3. Opgraving

3.3.1. Informatie en interpretatie

Zeker door de aanwezigheid van grafzerken en waar-schijnlijk ook door gebrek aan geld en tijd, is bij de opgraving niet gekozen voor blootlegging van de ge-hele kerkplattegrond of één der langshelften, maar voor vrijlegging van bepaalde gedeelten door middel van sleuven die vanwege de lokale omstandigheden ver-schillende vormen kregen. Sleufconfiguratie 1 bestaat uit twee sleuven die scheef op elkaar staan, sleuf 2 vormt een rechthoek en sleuf 3 heeft de vorm van een rafelige, omgekeerde U met ongelijke benen. De bevindingen in sleuf 1 en 2 betreffen de noord-, zuid-respectievelijk de westzijde van het schip, die in sleuf 3 de oostzijde van het schip en alle zijden van de twee successieve koren. Sleuf 4, een rechthoek, kan buiten beschouwing blijven.

Sleuf 1 met profiel A toont de noordelijke en zuide-lijke, sleuf 2 met profiel C de westelijke schipmuur-fundering (fig. 12 en 13). Deze funderingen bestaan uit sleuven gevuld met laagjes klei en schelpen om en om. De bovenkant bleef nergens ongeschonden bewaard, zodat de oorspronkelijke breedte moet worden geschat: ca. 2,20 m. De onderkant meet ca. 1,20 m. De dwars-doorsnede geeft derhalve een conisch verloop te zien.

De bodem van beide sleuven ligt op ca. 1,00 NAP en raakt plaatselijk de vaste grond. De muurvoet die niet bewaard bleef, zal niet dieper hebben gereikt dan 2,90 NAP. Dit kan worden afgeleid uit een op dit niveau op de noordelijke en zuidelijke fundering gelegen laag veldkeitjes en specie die de uitgebroken langsmuren representeren. De diepte van de fundering bedraagt derhalve maximaal 1,90 m. De voortzetting van de 'sloophorizon' in de ruimte tussen beide langsfun-deringen, ligt op een dun bed van baksteengruis dat een vloerniveau aanduidt.

Profiel A toont tevens de verticale opbouw van de wierde. De zool ligt op ca. 1,00 NAP, de top op ca. 3,60 NAP. Van 1,50-2,30 NAP bestaat het wierdelichaam uit zoden, daarboven uit grafgrond. De graven zijn van verschillende ouderdom. De meeste dateren van na de afbraak van de kerk: zij versnijden immers de muur-funderingen en de vloer. Enkele echter gaan aan het gebouw vooraf. Zo toont profiel A twee graven waar de vloer ongeschonden overheen loopt en laat het vlak vóór dit profiel zelfs een zuidoost-noordwest georiën-teerde grafkuil zien. Dit betekent dat de kerk op een grafveld verrees dat gezien de niet-christelijke oriënta-tie van een der graven van voor- of vroegchristelijke tijd dateert, dat wil zeggen uit de 8e of de 9e eeuw stamt.

Het vlak in het westelijke been van de omgekeerd U-vormige sleuf 3 toont de oostelijke schipmuurfundering

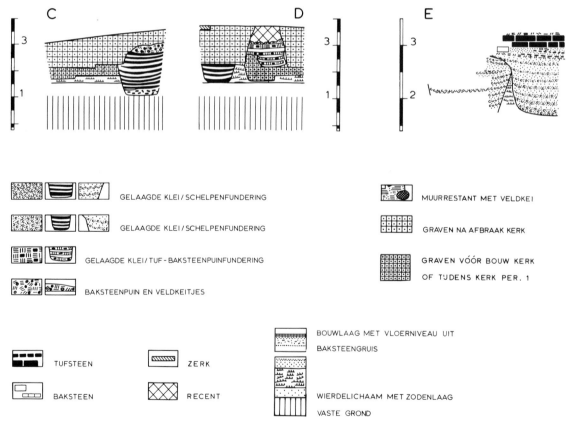

Fig. 13. Klein Maarslag, kerk; profielen C-E (tek G.I.A., H. Praamstra).

en de oostelijke uiteinden van de langsfunderingen van het schip (fig. 12). Het valt op dat de oostelijke fundering geen doorlopend geheel vormt, maar in het midden een onderbreking ter breedte van 1,20 m bezit. Uit de rechte afsnijding van beide funderingshelften en de situering van het hiaat midden voor het koor mag worden opgemaakt, dat de uitsparing opzettelijk werd aangebracht. De diepte van de fundering is niet vastgesteld (fig. 13: prof. E). Voorts is in het vlak de aansluiting te zien van de noordelijke en zuidelijke koormuurfundering-fasen 1 en 2 op de grondvesten van de oostelijke schipmuur. Evenals bij het schip bestaat ook koormuurfundering-fase 1 uit een sleuf gevuld met lagen klei en schelpen om en om, zij het dat de lagen hier vaker van min of meer gelijke dikte zijn. Aan de noordkant laat de versnijding zien, dat de koorfundering het laatst gelegd werd (fig. 13: prof. E). Deze fundering reikt tot maximaal 1,50 NAP (fig. 12: prof. B en fig. 13: prof. E), zodat zij ca. 0,50 m minder diep gaat dan die van het schip. De breedte boven moet op ca. 2,00 m worden geschat, onder op ca. 0,70 m respectievelijk ca. 1,00 m. Van de muurvoet bleven in profiel E vanaf 3,00 NAP twee lagen bewaard. Een laag met enig baksteenpuin op ca. 3,00 m NAP (fig. 12: prof. B en vlak waarin noordelijke muurvoet op 3,17 NAP[31]) weerspiegelt de sloop van het koor. De funderingen waren 1,20-1,50 m diep (tot maximaal 1,50 NAP). In de vlakken in beide andere benen van de omgekeerde U-vorm zijn het vervolg van de noordelijke koormuurfundering-fase 1 te zien, de aansluiting daarvan op de oostelijke fundering en het middendeel van die fundering (fig. 13: prof. D).

Het wierdelichaam onder het koor bezit dezelfde samenstelling als onder het schip. Voorts komt ook hier een graf voor dat ouder is dan de kerk: het wordt namelijk door de zuidelijke muurfundering-fase 1 doorsneden (fig. 12: prof. B). Ook buiten de kerk liggen graven die blijkens hun diepte aan de kerk voorafgaan (fig. 12: prof. A en B; fig. 13: prof. C).

In alle benen van het omgekeerde U-vormige opgravingsvlak loopt aan de buitenkant van en parallel met koorfundering-fase 1 een ander stelsel van funderingssleuven gevuld met lagen klei en tuf/baksteenpuin om en om (fig. 12: vlak en prof. B; fig. 13: prof. D). Dit patroon stelt koorvorm-fase 2 voor. Aan de noord- en zuidzijde liggen de sleuven in het verlengde van de langsgevelfunderingen van het schip. Op de noordoosthoek ligt een kei. Deze jongere koorfunderingen reiken van (nog) ca. 3,00-2,20 NAP en gaan dus minder diep dan die uit fase 1; bovendien zijn zij boven en onder smaller: ca. 1,20 m respectievelijk 1,00 m. Voorts versnijden zij behalve graven die tot het voorafgaande koor behoren ook de graven die hier weer aan voorafgaan. De vloer is te vinden in een ca. 0,20 m dik pakket baksteenpuin met veldkeitjes op een hoogte van rond 3,10 NAP (fig. 12: prof. B). Zoals in vlak en profiel is te zien, bleven van de vloer op 3,17 NAP aan de noord- en zuidzijde[32] grotere en waarschijnlijk zelfs hele tuf- en bakstenen bewaard.

3.3.2. *Conclusie, datering en mobilia*

Evenals in Wetsinge gaat het ook hier vanwege de vorm van de plattegrond, het type fundering en de resterende tufsteen om een romaanse, tufstenen kerk met een iets inspringend, rechtgesloten koor dat afgesnoerd is van het schip. Het schip meet hart op hart 11,00x7,50 m, het koor ca. 5,00x5,00 m (fase 1). Bouwfase 2 betreft een koor uit baksteen dat eveneens met een vlakke zijde sluit (fig. 14). De afmetingen hiervan bedragen ca. 7,50x8,00 m. Al deze maten zijn aan de hand van de funderingen, en wel hart op hart, bepaald. Bij de bouw van het tweede koor is in de fundering en de vloer gebruik gemaakt van afkomende tufsteen.

Aanwijzingen voor een nauwkeurige datering van bouwfase 1 en 2 ontbreken. Een datering voor fase 1 als 11e/12e-eeuws ligt voor de hand, omdat het waarschijnlijk om de allereerste kerk gaat. De sloop van het koor vond plaats vóór 1609: een graf gedekt met een zerk uit dat jaar snijdt namelijk de zuidelijke koorfundering[33] (zie ook Pathuis, 1977: nr. 2446). De datering van het bakstenen koor (fase 2) kan het best met de term laat-gotisch worden aangeduid. Zoals te Wetsinge is de jongste fundering lichter en ondieper dan de oudste en ligt ook de basis niet waterpas.

De mobiele vondsten zijn nauwelijks interessant. Even boven de zodenlaag werden in profiel A enkele kogelpotscherven aangetroffen (vonstnummer 5). Als los gevonden voorwerpen staan op een der veldtekeningen genoteerd: glas, brons en een randscherf. Het glas en het brons konden in het depot van het G.I.A. worden opgespoord, de aardewerkscherven daarentegen niet. Het glas betreft vijftien scherfjes van een gebrandschilderd glas-in-loodraam. Het brokje brons kan niet nader worden gedetermineerd.

De eerste kerk van Maarslag was een gebouw uit tufsteen dat in de 11e of 12e eeuw werd gesticht. Sporen van een eventuele, voorafgaande houten kerk zijn niet aangetroffen, waarbij moet worden opgemerkt dat voor het vaststellen van de aanwezigheid van zo'n gebouw, een opgraving door middel van sleuven ook niet de geëigende werkwijze is. Het voorkomen van een voorchristelijk grafveld maakt begrijpelijk waarom de kerk niet centraal op de wierde Groot Maarslag maar op Klein Maarslag, een satellietwierde in een uithoek van het dorpsgebied, verrees. De bewoners van Maarslag zijn na de invoering van het christendom hun voorvaderlijk grafveld eenvoudigweg trouw gebleven.

3.4. Territoriale en sociale relicten

Er wordt wel aangenomen dat bij de kerkelijke indeling van het wierdenlandschap in kerspelen of parochies teruggegrepen is op bestaande territoria of dorpsgebieden. In de archeologie is Miedema (1983) de eerste die van deze hypothese gebruik heeft gemaakt. Door een bepaald economisch model te hanteren en dit te projecteren op Siemens' kaart der kerspelgrenzen van vóór 1559 (Siemens, 1962), gelukte het haar een

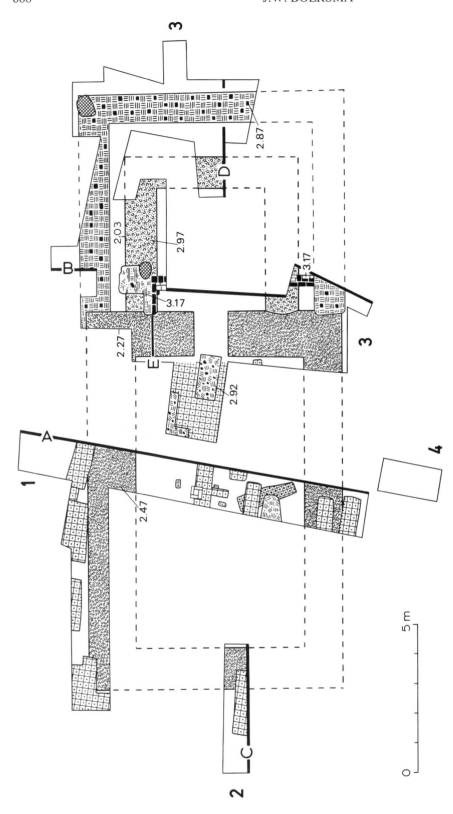

Fig. 14. Klein Maarslag, kerk; plattegronden fase 1-2 (tek. G.I.A., G. Delger).

vertrouwenwekkend beeld te schetsen van enkele zulke vroegmiddeleeuwse territoria. Het kerspel Maarslag vertoont het samenvallen van kerspel en dorpsgebied bijzonder fraai: de dorpswierde Groot Maarslag zal oudtijds de enige nederzetting in het kerspel zijn geweest[34], de kleinere en grotendeels afgegraven wierde Klein Maarslag (Klok, 1974-1975: kaart) kan het best als een jongere satellietnederzetting worden beschouwd.[35] De ligging van Groot Maarslag centraal in zijn territorium met een oppervlak van ca. 3 km² of 300 ha vormt het ideaalbeeld van een dorpsterp en zijn invloedssfeer. De oorsprong van zo'n territorium of dorpsgebied zou teruggaan tot de Romeinse tijd. Dit vóór-christelijke territorium Maarslag werd, waarschijnlijk in de 11e of 12e eeuw, het kerspel Maarslag. Ook na de Hervorming bleef het als kerspel voortleven. Aan de congruentie kwam een eind toen in 1811 de hervormde gemeente met die van Mensingeweer samenging.

Als sociale instelling evenwel wist het kerspel Maarslag zijn bestaan nog precies honderd jaar te rekken. In 1911 ontstaat in de boezem van de kerkvoogdij onzekerheid of zij dan wel de kerspellieden – door haar steeds aangeduid als kerspelleden – gerechtigd zijn te besluiten inzake het al dan niet afbreken van de klokkenstoel op de begraafplaats te Klein Maarslag. De kerkvoogden begrepen namelijk "(...) dat hier voetangels en klemmen lagen, en wijl zij tot nog toe zich om het kerkhof van Maarslag weinig of niet bekommerd hadden, om reden, dat het van ouder op ouder heette, dat het kerkhof toekwam aan de kerspelleden van Groot Maarslag en Klein Maarslag, die er dan ook altoos voor gezorgd hadden (...)". Twee kerspellieden aan wie enkele kerkvoogden op dit punt om inlichtingen vroegen, wisten niets meer te vertellen dan wat die kerkvoogden zelf al wisten. "Wel wisten zij [namelijk de kerspellieden, J.W.B.], dat het kerkhof altijd in orde gehouden was en dat in der tijd de klokkestoel ook opgericht en geheel bekostigd was door de kerspelleden van Maarslag [namelijk in 1880, J.W.B.], maar zij konden de kerkv. geen inlichtingen verschaffen omtrent de rechten van eigendom op dezelfde". Het leek de kerkvoogden het best rechtskundig advies in te winnen bij jhr. mr. C. de Ranitz, notaris te Winsum. Deze stelde dat het kerkhof van Maarslag met alles wat daar toebehoorde sinds 1811 eigendom was van de kerkelijke gemeente Mensingeweer-Maarslag. Voorts gaf hij als zijn mening te kennen dat: "Al hebben nu ook derden die klok in een gestoelte doen plaatsen, daardoor is die klok niet hun eigendom geworden; en bovendien wie zijn die derden? Het zijn niet de kerspellieden van het kerspel Maarslag, want dat kerspel bestaat niet meer; het zijn eenige willekeurige personen, waaronder katholieken; de meesten zijn overleden en niet meer aan te wijzen. Een beroep op art. 2000 Burgerlijk wetboek kan door hen niet worden gedaan". De afloop laat zich raden. De kerkvoogdij volgt dit advies en in een openbare vergadering op 4 september deelt zij dan ook mee, dat zij heeft besloten de klokkenstoel om veiligheids-

redenen te doen amoveren, tenzij belangstellenden – let wel, door de kerkvoogdij niet als belanghebbenden aangeduid! – gelden willen storten of bijeen willen brengen waarmee het gevaarte wordt hersteld. Verder zet de kerkvoogdij uiteen, "(...) dat zij in de advertentie hebben melding gemaakt van kerspelleden van Maarslag – hoewel zulk een afzonderlijk kerspel niet meer bestaat – omdat zij meende in den omtrek van het klokgestoelte de meeste belangstellenden te zullen aantreffen". Van een stemming over dit onderwerp kon geen sprake zijn.[36]

Tegen zoveel juridisch geweld en kosten benodigd voor herstel van het klokgestoelte waren de opgekomen kerspellieden niet opgewassen. Zij legden zich bij de gang van zaken neer. Het komt ons voor dat zij werden overdonderd. Immers, het juridisch advies stelt – ons inziens ten onrechte – de kerspellieden gelijk aan de lidmaten van de hervormde gemeente, terwijl in Maarslag bijvoorbeeld tevens katholieken woonden, zoals de opsteller van het advies ook zelf opmerkt. Hoe dan ook, de oorsprong van het begrip kerspel en de daarmee samenhangende rechten en plichten werden in 1911 niet meer begrepen, noch door de jurist, noch door de kerspellieden. Geheel verwonderlijk is dat niet, want de ongeschreven regels zullen nog uit het voorhistorisch verleden stammen: de verantwoordelijkheid voor het onderhoud van de begraafplaats weerspiegelt namelijk de zorg die de 'buren' van Maarslag van oudsher voor elkaar hadden, bij leven en bij dood. In hun rechten en plichten anno 1911 klinkt de situatie van meer dan duizend jaar eerder door, toen het grafveld werd aangelegd. Het conflict in 1911 vindt zijn oorsprong in de gebeurtenissen van 1811 toen de vanzelfsprekende eenheid van kerspel en kerkelijke gemeente werd gespleten. Om die reden is het dan ook begrijpelijk dat de kerkvoogdij voordien, in 1789, de kosten van een nieuwe klokkenstoel voor haar rekening had genomen.

Als 'typisch Gronings' zal door velen zeker worden beschouwd wat op een vergadering enkele dagen later gebeurde. Dan vraagt de heer E. Hekma uit Schouwerzijl, één der kerspellieden, betaling van twee oude rekeningen "(...) die bij de afrekening van kosten voor het oprichten van den klokkestoel in 1880 onvoldaan waren gebleven, en die hij moeilijk kon gekwiteerd krijgen aangezien er in 30 jaren een heel nieuw geslacht was opgestaan, waarvan hij moeilijk betaling kon vorderen".[37] Dit hadden de kerkvoogden enkele dagen eerder vast niet vermoed, maar zij hielden zich kranig en voldeden. Zij bleken juridisch toch eigenaar te zijn van de begraafplaats met alles wat daarbij behoorde! *Noblesse oblige.*

4. CONCLUSIE

Aan de tufstenen kerken in Wetsinge en Klein Maarslag lijken geen kerkgebouwen uit hout te zijn voorafgegaan. Derhalve waren de eerste daar gestichte kerken tufstenen kerken van het type 'zaalkerk met inspringend, rechtgesloten koor dat afgesnoerd is van het schip'. Ook uit de resultaten van andere kerkopgravingen in Groningen blijkt dit type het oudst te zijn. Het is opvallend dat dit kerktype in Noord-Nederland uitsluitend ten oosten van de Lauwers voorkomt. De kerspelen Wetsinge en Maarslag zullen afsplitsingen zijn van 'oerparochies' en zich hebben gevormd in een tijd dat voor godshuizen in het Groninger kleigebied tufsteen het gangbare bouwmateriaal was. Te denken valt dan aan de 11e en 12e eeuw, in bijzondere gevallen zelfs aan de tweede helft van de 10e eeuw. In het kerspel Maarslag werd voor de standplaats van de kerk het grafveld gekozen waar de buurschap reeds in voor- of vroegchristelijke tijd haar doden begroef. Vanuit deze optiek worden ook de rechten van de kerspellieden van Maarslag begrijpelijk wanneer daarover in 1911 onenigheid ontstaat tussen de kerkvoogdij van Mensingeweer-Maarslag enerzijds en de kerspellieden van Maarslag anderzijds. Er zijn geen aanwijzingen gevonden die de keuze van de wierdekruin van Wetsinge als standplaats voor de kerk verklaren.

5. NOTEN

Gebruikte afkortingen: F.M. = Fries Museum, Leeuwarden; G.A.G. = Gemeentearchief Groningen; G.M. = Groninger Museum voor Stad en Lande, Groningen; R.A.G. = Rijksarchief in de provincie Groningen.

1. Het onderzoek werd uitgevoerd in het kader van het landschapsrenovatieplan Sauwerd dat grotendeels werd bekostigd uit gelden verstrekt vanwege het Integraal Structuur Plan voor het Noorden des Lands (I.S.P.). De opgraving vond plaats van 26.10.-5.11.1987 en stond onder leiding van drs. J.W. Boersma, G. Delger en K. Klaassens. J.B. de Voogd, student archeologie, fungeerde als assistent. Voorts werkten mee twee werknemers van het Werkvoorzieningsschap Wehe-Den Hoorn en het loonbedrijf T. Danhof (kraanmachinist T. Danhof). De toenmalige gemeente Adorp nam enkele resterende uitgaven voor haar rekening.
2. R.A.G., Verzameling kaarten: stamnr. 1578.
3. Ibidem, stamnr. 2301.
4. Ibidem, stamnr. 1243.
5. Ibidem, stamnr. 818.
6. G.A.G., bergnr. Tp 2*/2. Een ongedateerde pentekening, vervaardigd "naar een teekening berustende in het Archief van de Gemeente Adorp", bevindt zich in de 'collectie Peters' in het G.A.G., bergnr. Tp 2*/2. De architect C.H. Peters was in de periode 1884-1916 rijksbouwmeester te Groningen. Deze tekening zal wel van Peters' hand zijn. Het voorbeeld dat zich thans, na de gemeentelijke herindeling, in het gemeentehuis van Winsum bevindt, is niet de prent uit 1845, maar een kopie daarvan in potlood (met dank aan de heer J.H. Koop, hoofd afdeling Middelen gemeente Winsum). Zie voorts Van der Ploeg (1985). Diens opvatting over de successieve ontwikkeling van het gebouw is onjuist. De Groot (1974: p. 97) spreekt van een "kort tevoren gemaakte krijttekening", maar deelt de bron van zijn kennis niet mee. Het 'kort tevoren' ligt weliswaar voor de hand, maar blijkt niet uit de advertentie van de uitgever in de Groninger Courant van 5 mei 1840 (cf. Vinhuizen & Wumkes, 1935: pp. 250-251). De specificatie 'krijttekening' gaat terug op de omschrijving 'litho naar krijttekening' in de catalogus van het Museum van Oudheden (thans G.M.). De prent stamt namelijk uit deze museale collectie die zich in het G.A.G. bevindt. Met dank aan mevrouw drs. M.E. de Jonge, hoofd Topografisch-Historische Atlas G.A.G..

7. G.M., invnr. 1964/271.
8. R.A.G., Statenarchief, invnr. 127, 542-543 (aangehaald bij De Groot, 1974: p. 97).
9. R.A.G., Schoolmeesterrapporten E 16:99.
10. De Groninger Courant van 5 mei 1840 vermeldt niet wie de aan de litho ten grondslag liggende krijttekening vervaardigde.
11. Huwelijksakten gemeente Adorp d.d. 03.01.1842: Hindrik Klaassen de Maat en Grietje Klaassen van Dijk. Als beroep van de bruidegom staat opgegeven: 'verwer'.
12. Formsma, Luitjens-Dijkveld Stol & Pathuis (1973: p. 472) deelt mee dat Gela van Ewsum in 1580 overleed. Dit moet een fout zijn gezien de vermelding bij Formsma & Van Roijen (1964: p. 260): "Saterdach 13 Februarii 1574": "(...) Nota, dat de frouwe van Wetsinge hiir gestorven ende darwerts gefuert worden". In een noot tekent de redactie hierbij aan dat het gaat om Gela van Ewsum, de vrouw van de in 1564 gestorven Aepke Onsta.
13. Tufsteenformaten koor-fase 1:

25x16x7 cm	36x17x9,5 cm
30x14x8 cm	37x16x9 cm
30x15x9 cm (2x)	37x12x9,5 cm
33x16x8 cm	38x12x9 cm
33x12x9 cm	38x15x9 cm (2x)
33x14x9 cm	40x15x8 cm
33x15x9 cm	40x15x9 cm (2x)
35x12x9 cm	40x17x9 cm

    Formaten van los gevonden tufstenen:
    36x12,5/13x8/9 cm
    38/40x15,5/16x7/9 cm
    47x18/19,5x10/11 cm
    Van een stuk tufsteen van 36/38x20x7/8,5/9 cm met onbekende functie bezit een der brede zijden in het midden een 26 cm brede, licht-concave band waarop bewerkingssporen, met ter weerszijden een 5,5 en 6 cm brede sponning die respectievelijk 2 en 1 cm diep is.
14. Baksteenformaten: 31x14/14,5x8/8,5 cm; 31x14,5/15x9/9,5 cm. Dikte kraalsteen: 8,5 cm.
15. F.M., inv.nr. 1941-36.
16. Met dank aan Dr. Bernd Thier, Westfälisches Museum für Archäologie, Münster, Amt für Bodendenkmalpflege, Referat Mittelalter, die mij op deze literatuur opmerkzaam maakte.
17. G.M., inv.nr. 457.
18. G.M., inv.nrs. 2088, 456, 2089.
19. G.M., inv.nr. 456.
20. G.M., inv.nr. 546.
21. Het Verslag van den toestand van het Museum van Oudheden voor de provincie en stad Groningen over het jaar 1896: p. 11 nr. 10 vermeldt: "Twee baksteenen koppen, 1. een engelenhoofd, 2. een krijgsman met helm;...". Het inschrijfboek noemt deze aanwinsten onder inv.nr. 406: "Fragment van een baksteenen menschenhoofd", en onder inv.nr. 411: "Baksteenen, geglazuurde mannenkop, met een kam en twee hoornen op zyn hoofdbedekking, in de mond de beide wysvingers der handen (geschonden)".
22. Vriendelijke mededeling drs. H.G. de Olde, Zuidlaren.
23. De versiering bestaat uit een brede rand waarbinnen een veld dat door zes horizontale lijsten en, in het midden, een verticale lijst in vlakken is onderverdeeld. De beide langshelften bezitten elk zes verdiept gelegen rechthoeken van dezelfde grootte; midden tussen deze rechthoeken bevindt zich een vierkant. In de bovenste rechthoek van elke langshelft staat tegen de zijrand een halfcirkelvormige lijst die van hoek tot hoek loopt.
24. Notulen P.G.A.C., 1952-1959. Met dank aan dr. G. Overdiep, Peize, die zo vriendelijk was op mijn verzoek de notulen op dit punt te willen excerperen.
25. Het is merkwaardig dat Van den Berg (1970: pp. 17, 19 en 21) Van Giffens 'drie perioden interpretatie' kritiekloos overneemt, maar anderzijds de kerk toch rekent tot het type tufstenen kerken met een iets inspringend, rechtgesloten koor dat afgesnoerd is van het schip.
26. Notulen P.G.A.C., 1960.
27. R.A.G.. Archief van de hervormde gemeente Mensingeweer en

Maarslag 1782-1965 (1980). Staatboek van ontvangsten en uitgaven voor de kerk te Maarslagh (1782-1817 etc.). De jaarrekening over 1811 kent onder meer een post extra ontvangsten. Hieronder wordt vermeld: "Ten gevolge Authorisatie van den Heer Prefect in het Departement van de WesterEems, en met onderling goedvinden van de Ingezeetenen der hervormde Gemeenten van Maarslag en Mensingeweer dewelke zich wat de Kassen van gemelde Kerken betreft, onderling vereenigd hebben, is de kerk te Maarslag publiek aan de meestbiedenden op Strijkgelds Conditien verkogt op afbraak, aan pieter cornelis de Jonge, voor ene Somme van Een duizend en drie honderd guldens, en van denzelve ontvangen".

Waarschijnlijk in navolging van Van der Aa (1846: p. 505), die als jaar van afbraak abusievelijk 1807 noemt, vindt men sindsdien bij diverse auteurs dit jaartal terug, hoewel Vinhuizen & Wumkes (1935: pp. 79 en 83) en Ter Laan (1954) ook het jaar 1811 opgeven.

Inzake het integreren van de inkomsten uit de kerkegoederen van Maarslag in die van de kerk van Mensingeweer, zie voorts de jaarrekeningen over 1814 en 1817 in genoemd staatboek van Maarslag en die over 1817 en 1820 in het staatboek van de kerk te Mensingeweer.

28. Ibidem, doos 7: Stukken betreffende het herstel van de klokkenstoel op de begraafplaats te Klein Maarslag, 1911. Hierin bevindt zich een concept-brief gericht aan "de Hoog Eerwaarde Synode der Hervormde Kerk in Nederland" met het verzoek gesubsidieerd te worden uit het fonds voor noodlijdende kerken ten behoeve van het zeer vervallen kerkgebouw te Mensingeweer (niet gedateerd, doch van 1839 of 1840 gezien het noemen van een bijgaand afschrift van de begroting over 1840). Op p. 2 hiervan wordt inzake de kerk van Maarslag gezegd: "(...) dat dat gebouw, nu ruim dertig jaren geleden, wegens bouwvalligheid en gebrek aan fondsen afgebroken werd (...)".

29. Ibidem, p. 5 : "Zoo werden ook de torens van Mens en Maars welke volstrekt hersteld moesten worden, geheel uit vrijwillige bijdragen der karspellieden in orde gebragt, hoewel daartoe eene som van f. 600,- benodigd was".

30. Ibidem, Staatboek van ontvangsten en uitgaven voor de kerk te Maarslagh (1782-1847 etc.). Blijkens de jaarrekening over 1789 is op 30 september van dat jaar betaald aan Roelof Japinga, timmerman te Winsum, een bedrag van f. 255,- voor een nieuwe klokkenstoel volgens bestek, materialen en arbeidsloon. In 1911 werd besloten de toenmalige klokkenstoel die uit 1880 stamde, wegens bouwvalligheid te slopen (Notulen van het college van kerkvoogden en notabelen d.d. 1 september 1911). Uit deze notulen blijkt tevens dat op de vergadering van 11 september van dat jaar aan E. Hekma uit Schouwerzijl twee oude rekeningen worden voldaan, "(...) die bij de afrekening van kosten voor het oprichten van den klokkenstoel in 1880 onvoldaan waren gebleven (...)". Uit de jaarrekening over 1782 blijkt dat de toren uit 1789 ten minste van 1782 dateert, want in dat jaar wordt "voor tooren etc. teren" aan Pieter Jans 1 gulden en 16 stuivers betaald. Het bestaan van een klokkenstoel op Klein Maarslag zal wel teruggaan op 1621, omdat blijkens het opschrift de klok in dat jaar gegoten werd.

31. De veldtekening die de hoogten in Hunsingo Peil (HP) geeft, vermeldt hier 3,20, wat ongetwijfeld op een meetfout van 1 m berust. HP = -0,93 NAP.

32. Zie noot 31.

33. Grafsteen voor Kornelius Wiersema, gestorven 23 juni 1609.

34. De oudst bekende bodemvondst uit Groot Maarslag betreft een sestertius van Maximinus I, 235-236, geslagen te Rome (RIC 58). G.M. afd. Archeologie, inv.nr. 1990/VI 5. Van der Vin (1996: nr. 1060).

35. De oudst bekende bodemvondst uit de wierde Klein Maarslag betreft de bovenhelft van een bronzen beugelfibula met driehoekige kopplaat waaraan drie sierkoppen uit de Volksverhuizingstijd in de collectie H. van Eekeren, Groningen. In deze collectie bevinden zich eveneens verschillende typen Karolingische fibulae en Karolingisch beslag vandaar afkomstig. Het Groninger Museum bezit uit Klein Maarslag een pseudo-muntfibula naar

Karolingisch prototype (afdeling Archeologie, inv.nr. 1990/VI 17).

36. R.A.G., Archief Mensingeweer en Maarslag, Notulen van het college van kerkvoogden en notabelen d.d. 1 september 1911. Voorts doos 7: Stukken etc.

37. Ibidem, Notulen d.d. 11 september 1911.

6. LITERATUUR

AA, A.J. VAN DER, 1846. *Aardrijkskundig woordenboek der Nederlanden*, 7. Noorduyn, Gorinchem.

ALFÖLDI, M.R.- & J.P.A. VAN DER VIN, 1996. *Die Fundmünzen der römischen Zeit in den Niederlanden*, 2. Mann, Berlin.

BERG, H.M. VAN DEN, 1970. Plattegrondvormen van middeleeuwse kerken in Groningen en Friesland. *Bulletin van de Koninklijke Nederlandse Oudheidkundige Bond* 69, pp. 4-26.

BOERSMA, J.W., 1986. Het archeologisch onderzoek van de standplaats van de Ned. Herv. kerk te Sauwerd. *Groningse Volksalmanak*, pp. 145-156.

BOERSMA, J.W., 1997. Vetpotjes ter illuminatie uit Noord-Nederland. *Westerheem* 46, pp. 14-18.

BRAUN, J., 1932/1973. *Das christliche Altargerät*. München; fotomech. herdr. Hildesheim, etc.

CLAUSSEN, H. & U. LOBBEDEY, 1984. Untersuchungen in der Krypta der Stiftskirche Neuenheerse. *Westfalen* 62, pp. 26-53.

ELBERN, V.H., 1963. Der eucharistische Kelch im frühen Mittelalter 1. *Zeitschrift des deutschen Vereins für Kunstwissenschaft* 17, pp. 1-76.

FEITH, J.A., 1909. Grafstenen uit de voormalige kerk te Wetsinge. *Groningse Volksalmanak*, pp. 84-98.

FORMSMA, W.J. & R. VAN ROIJEN (eds), 1964. *Diarium van Egbert Alting, 1553-1594* (Rijks Geschiedkundige Publicatiën, grote serie 111). Nijhoff, 's-Gravenhage.

FORMSMA, W.J., R.A. LUITJENS-DIJKVELD STOL & A. PATHUIS, 1973. *De Ommelander borgen en steenhuizen*. Van Gorcum, Assen.

GROOT, A. DE, 1974. De archieven van de hervormde gemeente van Wetsinge-en-Sauwerd, 1683-1969. In: Y. Botke & A. de Groot, *De archieven van de hervormde gemeenten te Garmerwolde, Thesinge, Wetsinge-Sauwerd en de Stichting "Jesaja 46 vers 4" te Winsum* (= R.A.G. Gebundelde inventarissen, 2), pp. 87-154.

JENNISKENS A.H. e.a. (red.), 1982. *Campus liber* (= Werken Limburgs Geschied- en Oudheidkundig Genootschap, 8). L.G.O.G., Maastricht.

KLOK, R.H.J., 1974-1975. Terpen zullen ons een zorg zijn. *Groningse Volksalmanak*, pp. 129-166.

LAAN, K. TER, 1954. *Groninger encyclopedie* 1. Spiering, Groningen.

LEDEBUR, L. VON, 1836. *Die fünf münsterschen Gaue und die sieben Seelande Friesland's*. Gropius, Berlin.

MIEDEMA, M., 1983. Vijfentwintig eeuwen bewoning in het terpenland ten noordwesten van Groningen, 1. Proefschrift Amsterdam, VU.

OLDE, H.G. DE & A. PATHUIS, 1996. De kerk en de klok. In: P.Th.F.M. Boekholt & J. van der Kooi (red.), *Spiegel van Groningen* (= Groninger Historische Reeks, 13). Van Gorcum, Groningen, pp. 212-237.

PANHUYSEN, T.A.S.M., 1984. *Maastricht staat op zijn verleden* (= Vierkant Maastricht, 3; Stichting Historische Reeks). Leiter-Nijpels, Maastricht.

PATHUIS, A., 1958. De datering van de kaart der gebroeders Coenders. *Groningse Volksalmanak*, pp. 20-26.

PATHUIS, A., 1977. *Groninger gedenkwaardigheden*. Van Gorcum, Assen etc.

PATHUIS, A. & M.A. DE VISSER, 1943. Beredeneerde lijst van torenklokken in de provincie Groningen. *Verslag omtrent den toestand van het Museum van Oudheden voor de provincie en stad Groningen over 1943*, pp. 1-99.

PLOEG, K. VAN DER, 1985. Plaatjes uit de provincie. Aantekeningen bij enkele topografische afbeeldingen uit de Ommelanden. *Vereniging van Vrienden van het Groninger Museum* 19 (december).

SARFATIJ, H. (red.), 1990. *Verborgen steden: stadsarcheologie in Nederland*. Meulenhoff, Amsterdam.

SIEMENS, B.W., 1962. *Historische atlas van de provincie Groningen* (atlas en toelichting). Topografische Dienst/Wolters, Groningen.

TONCKENS, N., 1961. De kaart van de gebroeders Coenders en de plannen tot oprichting van een Ommelander ridderschap in de 17e eeuw. *Groningse Volksalmanak*, pp. 20-48.

VELDMAN, F.J., 1995. Van "Kock vaer" tot beeldsnijder: leven en werk van Jan de Rijk, beeldhouwer, 1 en 2. *Groninger Kerken* 12(1/2), pp. 5-18, resp. 55-68.

Verslag van den toestand van het Museum van Oudheden voor de provincie en stad Groningen over het jaar 1896.

VINHUIZEN, J. & G.A. WUMKES, 1935. *Stads- en dorpskroniek van Groningen (1800-1900)*. Osinga, Bolsward.

WERKMAN, E.J., 1938. De combinatie van Mensingeweer en Maarslag. *Groningse Volksalmanak*, pp. 86-96.

DE LEDERVONDSTEN UIT DE WIERDE HEVESKESKLOOSTER

O. GOUBITZ

Rijksdienst voor het Oudheidkundig Bodemonderzoek, Amersfoort, Netherlands

J.W. BOERSMA

Groninger Instituut voor Archeologie, Groningen, Netherlands

ZUSAMMENFASSUNG: Der Fundplatz betrifft den nordöstlichen Bereich der Wurt Heveskesklooster (Gemeinde Delfzijl) in der Provinz Groningen, der etwa 1300-1610 als Bezirk der Kommende Oosterwierum diente, und wo nachher mehrere Bauernhöfe errichtet wurden. Der Außengraben, der die Kommende auf zwei Seiten abgrenzt, gehört zum Wassergrabensystem, das den Fuß der Wurt rechteckig umfaßt. Bei den Lederfunden handelt es sich nur um Teile von Schuhen. Ein Handschuhfragment und eine Hand voll Lederreste, die nicht genauer zu bestimmen sind, bilden die einzigen Ausnahmen. Sie kamen aus einem Graben in der Ackerflur (Per. II), aus dem Binnen- und Außengraben der Johanniterkommende (Per. III) und aus Brunnen, Gräben und einer Abfallgrube (Per. IV) zum Vorschein und stammen aus dem späten Mittelalter und der (frühen) Neuzeit, etwa 1300-1750.

Die Fundstellen der Perioden III und IV schneiden ältere Schichten. Außerdem wurden in Periode IV die ehemaligen Kommendegräben mit Erde von sonstwo auf der Wurt zugeschüttet und neue Gräben ausgetieft. Demzufolge ist die Gefahr groß, daß Material aus stratigraphisch unterschiedlichen Perioden sich gemischt hat, und ist in Bezug auf die Datierung, die Typologie höher als die Stratigraphie einzuschätzen.

STICHWÖRTER: Heveskesklooster, Groningen (Provinz), Niederlande, Mittelalter, (frühe) Neuzeit, Lederfunde, Schuhe, Handschuh, Typologie, Stratigraphie.

1. INLEIDING

In de jaren 1982-1988 werd de noordelijke helft van de wierde Heveskesklooster (gem. Delfzijl, prov. Groningen) en de ondergrond daarvan, met een noodopgraving archeologisch onderzocht (fig. 1). Een voorlopig overzicht van de resultaten verscheen in 1988 (Boersma, 1988). Hierin wordt de wierdebewoning chronologisch als volgt onderverdeeld:
– Periode I: tweede helft 1e eeuw v.Chr.-eind 4e/begin 5e eeuw n.Chr;
– Periode II: ca. 800-ca. 1300;
– Periode III: ca. 1300-1610 (de johannietercommanderij Oosterwierum-periode);
– Periode IV: 1610-1975.
De ledervondsten zijn op twee na afkomstig uit het noordoostelijke wierdedeel. Dit gebied fungeerde in periode II als valg, bood in periode III plaats aan de commanderij en werd in periode IV door verschillende boerderijen ingenomen (fig. 2). Typologisch en stratigrafisch hoort het leder tot de perioden II-IV. Slootjes op de valg die de vindplaatsen vormen van het materiaal uit periode II, blijken geen rijke archeologische bronnen te zijn. Met de sloten en grachten uit de beide andere perioden is het omgekeerde het geval. Voor toewijzing aan één van deze perioden is de typologie geschikter dan de stratigrafie. Behalve dat voor het ledermateriaal de typologie nauwkeurigere

dateringen oplevert dan de stratigrafie, speelt daarnaast ook een rol dat de onderverdeling in deze drie perioden een historische is en niet berust op een archeologisch culturele breuk waardoor de vondsten uit de ene periode wezenlijk van die uit de andere zouden verschillen. De chronologische driedeling stoelt immers alleen op veranderingen in de inrichting van het terrein. Het wordt nog slechter voor de stratigrafie wanneer men bedenkt dat die veranderingen forse ingrepen in de bodem met zich meebrachten, zoals het graven van grachten en sloten die later weer werden gedicht met grond van de wierde waardoor oud en jong materiaal met elkaar vermengd raakte, zeker boven in die dan gedempte waterlopen. Daarom wordt in een aantal gevallen bij toewijzing van het leder uit grachten en sloten aan een bepaalde periode, meer waarde gehecht aan de begeleidende vondsten dan aan de ouderdom van de exacte vindplaats.

Twee ledervondsten zijn uit het noordwestelijke wierdedeel afkomstig. Vondstnummer 3106 (schoentype C) komt uit een sloot die stratigrafisch tot periode IV hoort, maar ter plekke een valgsloot uit periode II versnijdt. Het begeleidende materiaal dateert de vondst in periode III. Bij demping is dus gebruikgemaakt van grond die vrijkwam bij egalisatie van oudere cultuurlagen. Vondstnummer 2068 (schoentype K) stamt uit periode IV en ligt in een sloot die in periode IV zowel gegraven als gedicht is.

Fig. 1. Kaart van Nederland met de ligging van Heveskesklooster in de provincie Groningen. Tek. G. Delger (G.I.A.).

De andere ledervondsten zijn gedaan op het noordoostelijke deel van de wierde. Vondstnummmer 92 (schoentype D) hoort gezien zijn ligging waarschijnlijk tot periode II, al kan periode III niet worden uitgesloten. De sloot waarin het leder zich bevond, werd namelijk in periode III gedicht toen het deel van de valg waar de sloot liep, de standplaats werd van de johannietercommanderij Oosterwierum. Vondstnummer 3159, een laars, zou op grond van haar ligging ook tot periode II gerekend moeten worden, maar het bijgevonden materiaal maakt aannemelijker dat zij uit periode III stamt. De oostelijke binnengracht is gegraven ter plaatse van de sloot die de valg aan die zijde begrenst. De ligging van vondstnummer 3073 (schoentype B) onder in deze gracht en de datering van de bijbehorende vondsten wijzen het leder met dit nummer toe aan periode III. Vondstnummer 2417 (schoentype A) uit de zuidelijke binnengracht hoort om dezelfde redenen ook tot periode III, evenals vondstnummer 2433 (type E: laars; komt volgens het vondstenboekje uit dezelfde gracht van hetzelfde opgravingsvlak, maar staat niet op de veldtekening aangegeven). De westelijke binnengrachtvondsten 103 (handschoen), 242 (schoenzool) en 259 (schoentype F) zijn vanwege het begeleidende materiaal tot periode III of IV te rekenen. De ledervondsten nummers 2228 (schoentype I), 2323 (schoentype O – muil en schoenzool) en 2328 (mogelijk een afsplitsing van nr. 2327; schoentype G en schoenzool) bevinden zich in de noordelijke en oostelijke buiten-

gracht die zowel de commanderij als de wierde in haar totaliteit begrenzen. Dit leder hoort mede vanwege het begeleidende materiaal tot periode III of IV. Het leder met de vondstnummers 3033 (schoentype J), 3034 (schoentype H), 3055 (schoentype N en schoenzolen) en 3056 (schoentype H, L, M, O en schoenzool) behoort stratigrafisch tot periode IV. Het eerste nummer komt uit een sloot bij de aanleg waarvan onder meer de koorsluiting van de tweede kerk uit periode III werd opgeruimd. De andere drie nummers betreffen leder uit een afvalkuil die stratigrafisch jong is. De ledervondsten met de nummers 2585 (schoenzool) en 3068 (schoentype L) bevinden zich in waterputten die na de afbraak van de commanderij gegraven zijn en dus van periode IV dateren. Omdat bij de aanleg daarvan ook oudere strata zijn aangesneden, kunnen deze jongere putten ook oudere vondsten bevatten, maar dat is hier niet het geval.

2. VONDSTCATEGORIEËN EN DATERING

Op één uitzondering na betreffen de ledervondsten schoeisel. De uitzondering vormt een lederen handschoen. De datering van de vondsten die globaal tussen de 13e/14e eeuw en het midden van de 18e eeuw ligt, kan aan de hand van het schoentype als volgt worden gepreciseerd: a) 13e/14e-15e eeuw; b) eerste helft 16e eeuw; c) 17e-midden 18e eeuw. In totaal zijn minstens tachtig schoenen herkend.

2.1. Schoeisel

De gebruikte letters bij de verschillende schoentypen gelden alleen voor de in dit artikel genoemde exemplaren. Een algemeen geldende typecodering voor schoeisel ontbreekt. De afgebeelde snijpatronen zijn vanaf de binnenzijde van het leder getekend.

2.1.1. *13e/14e-15e eeuw*

Het schoeisel uit de 13e/14e-15e eeuw is vertegenwoordigd met vijf typen: A-E (fig. 3-7):
Schoentype A (nr. 2417; fig. 3) is in de 13e eeuw algemeen (Goubitz, 1983: type 5a; Barwasser & Goubitz, 1990: type 1-B; Van de Walle-van der Woude, 1989: pp. 76-77; Grew & De Neergaard, 1988: pp. 60-61). Het is een laag model schoen met een lederen knopje op de wreef, waarop de tot sluitbanden verlengde hielpanden aansluiten. De schoen heeft altijd een randafwerking langs de instapopening. Een bijzonderheid van het exemplaar uit Heveskesklooster vormt de zeer brede randboord. Deze boord bestaat uit een stuk leder dat met begin en eind onderaan de sluitbanden in het schachtleder is ingestoken en daarop aan de binnenzijde met een paar steken is vastgezet. De tong is afgestompt.
Schoentype B (nr. 3073; fig. 4) is een bijzondere vorm die nog niet bekend was. Ondertussen is ook een

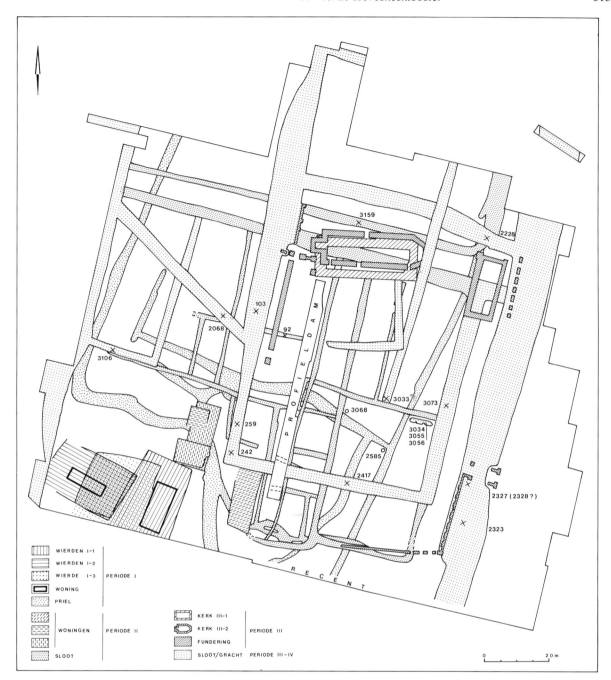

Fig. 2. Heveskesklooster. Overzichtsplattegrond perioden I-III met enkele elementen uit periode IV. Tek. G. Delger (G.I.A.).

exemplaar van dit type in Dokkum tevoorschijn gekomen. Dit stuk is inmiddels gepubliceerd (Goubitz, 1991). Type B lijkt sterk op type A en zal daarom wel van dezelfde tijd zijn als A. Het verschil tussen beide typen betreft de tongvorm: bij type A afgestompt, bij type B spits. Dit element en de grootte van de gaatjes (bij A groter dan bij B) in de sluitbanden maken dat een type B-schoen niet met een schoen van het type A kan worden verward, wanneer van laatstbedoeld model het

knopje zou zijn verdwenen en daarvoor in de plaats een knoopvetertje en een gaatje extra op de wreef zouden zijn aangebracht. Deze verschillen rechtvaardigen het bestaan van een apart type. Type B zou zelfs beschouwd kunnen worden als het archetype van een 16e/17e-eeuws schoenmodel dat volgens dezelfde principes sluit (Goubitz, 1983: type 15a; Goubitz, 1987: type 5).

Schoentype C (nr. 3106; fig. 5) stamt uit de 14e eeuw. Het is een subtype van de schoen-met-zijsluiting

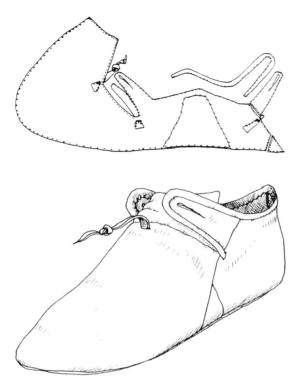

Fig. 3. Type A. Boven: vondstnummer 2417: bovenleder met hiel-versteviging en delen van de randafwerking. Tong en zool ontbreken. Onder: reconstructie. Tek. O. Goubitz (R.O.B.).

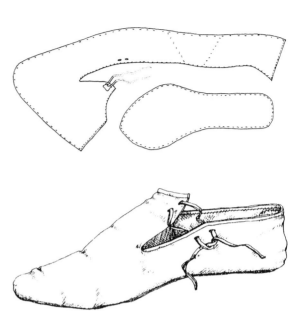

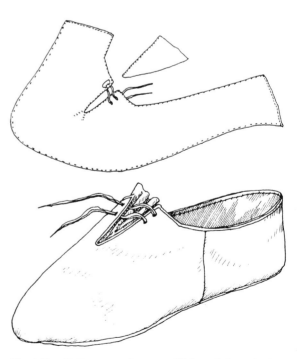

Fig. 5. Type C. Boven: vondstnummer 3106: bovenleder met veterfragment en zool. Randafwerking ontbreekt. Onder: reconstructie. Tek. O. Goubitz (R.O.B.).

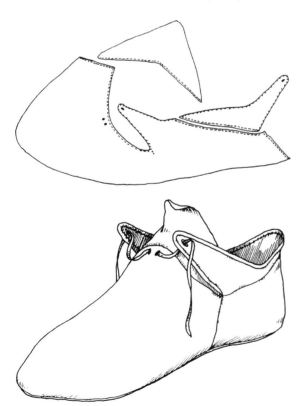

Fig. 4. Type B. Boven: vondstnummer 3073: bovenleder met tong. Randafwerking, veter en zool ontbreken. Onder: reconstructie. Tek. O. Goubitz (R.O.B.).

Fig. 6. Type D. Boven: vondstnummer 92: bovenleder met veter en tong. Randafwerking en zool ontbreken. Onder: reconstructie. Tek. O. Goubitz (R.O.B.).

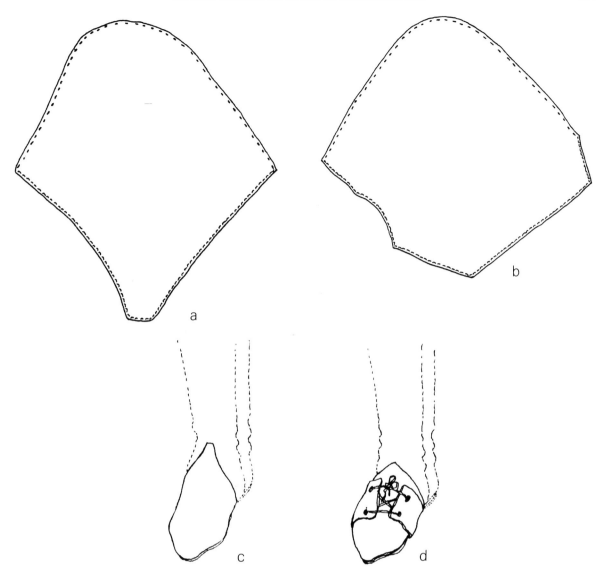

Fig. 7. Type E. Vondstnummers 3159 en 2433: voorbladen van laarzen (a-b). Onder: reconstructies (c-d). Tek. O. Goubitz (R.O.B.).

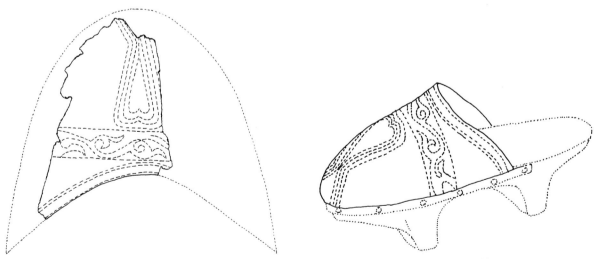

Fig. 8. Type F. Links: vondstnummer 259: kapfragment van houttrip. Rechts: reconstructie. Tek. O. Goubitz (R.O.B.).

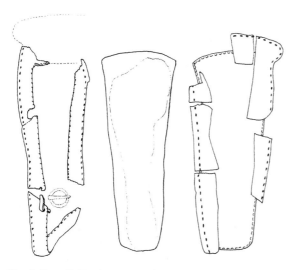

Fig. 9. Type G. Vondstnummer 2328: onderdelen van koeienbek-schoen. Neusdeel, hieldeel, randafwerking, loopzool; gesp en gesp-riem ontbreken. Gesp gereconstrueerd. Tek. O. Goubitz (R.O.B.).

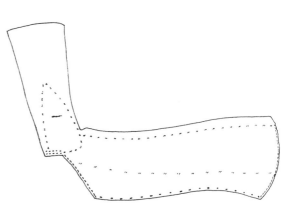

Fig. 12. Type L. Vondstnummer 3068: hielblad (binnenzijde) van lage gespschoen met naaigaten en verstevigingsleders. Tek. O. Goubitz (R.O.B.).

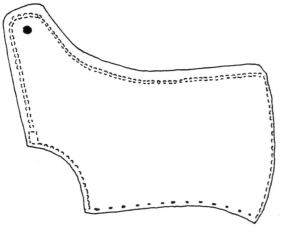

Fig. 10. Type H. Vondstnummer 3034: hielblad (buitenzijde) van lage veterschoen met siersteek. Tek. O. Goubitz (R.O.B.).

Fig. 13. Gespsoort zoals gebruikt voor schoentype L. Tek. O. Gou-bitz (R.O.B.).

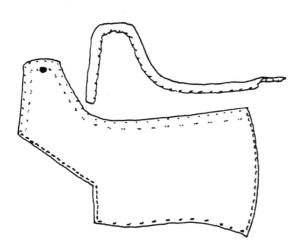

Fig. 11. Type I. Vondstnummer 2228: hielblad (binnenzijde) van lage veterschoen met randafwerking. Tek. O. Goubitz (R.O.B.).

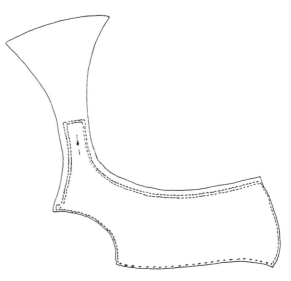

Fig. 14. Type L. Vondstnummer 3056: hielblad (buitenzijde) van lage gespschoen met siersteek. Tek. O. Goubitz (R.O.B.).

(Goubitz, 1983: type 3) omdat het een diagonale zij-sluiting bezit. Een exemplaar uit de Rijksdienst voor het Oudheidkundig Bodemonderzoek (R.O.B.) – opgraving Dordrecht-De Waag in 1987, vondstnummer 66-4-12 – heeft daaronder zelfs nog een tong, wat bij een normale, verticaal verlopende zijsluiting nooit voorkomt (Goubitz, 1996-1997: pp. 445-447). Blijkens de naaigaten langs de instapopening heeft het exemplaar uit Heves-kesklooster een randboord gehad. Type C is zeldzaam. Een schoen uit Kampen vormt voor Nederland het tweede bekende exemplaar van dit type (Barwasser & Goubitz, 1990: type 3-B).

Schoentype D (nr. 92; fig. 6) komt minder vaak voor dan bijvoorbeeld schoentype A. Type D treedt op in de 14e en 15e eeuw en, met een wat gewijzigd model, ook nog in de eerste helft van de 16e eeuw. Modellen met een tong zijn waarschijnlijk al 15e-eeuws, en met een tong en een dubbele zool 16e-eeuws (Goubitz, 1987: type 1). Het exemplaar uit Heveskesklooster is zorgvuldig vervaardigd. Het heeft een ruime instap die is afgewerkt met een randboord waarvan beide uiteinden elkaar onder het einde van de sluitingsopening ontmoeten. Tevens is langs één zijde van de sluitingsopening een tong genaaid. De bijbehorende zool is niet gevonden. Onder meer uit Monnickendam en Kampen zijn ver-schillende exemplaren van dit type bekend, maar dan zonder tong (Van de Walle-van der Woude, 1989; Barwasser & Goubitz, 1990: type 5).

Bij type E (nrs 3159 en 2433; fig. 7) gaat het om een laars waarvan in Heveskesklooster twee exemplaren zijn gevonden (fig. 7a en b). Het voorblad nr. 3159 (fig. 7a) dateert van de 15e eeuw en behoort tot een laars die, net als de hiervoor besproken typen, binnenstebuiten genaaid en vervolgens gekeerd is. De reconstructiete-kening (fig. 7c) laat zien hoe zo'n voorblad aan de eendelige schacht vastzit. De schacht zelf heeft doorgaans de naad langs de binnenzijde van het been. Van opgravingen te Monnickendam is een identiek voorblad bekend (Van de Walle-Van der Woude, 1989: p. 83). Het voorblad nr. 2433 (fig. 7b) is van een laars uit de 16e eeuw. Bij dit voorblad werd namelijk een binnenzool gevonden, wat impliceert dat er ook een buitenzool was. Dubbele zolen komen in de 16e eeuw in gebruik. Dit 16e-eeuwse laarsfragment vertoont verder een merkwaardige, zelf-gemaakte reparatie of een speciale, zelfaangebrachte bescherming: een rond de voet geslagen stevig stuk leder dat met een veter op de wreef is vastgemaakt (fig. 7d). Vanwege het ontbreken van de buitenzool is het niet mogelijk te bepalen of dit stuk leder als reparatie is bedoeld dan wel een beschermende functie had, bij-voorbeeld in verband met een bepaald beroep waarbij dat deel van de laars aan druk of stoten onderhevig was.

2.1.2. *Eerste helft 16e eeuw*

Uit de eerst helft van de 16e eeuw dateren de schoenen van het type F en G (fig. 8-9):

Het fragment (nr. 259; fig. 8) van type F is afkomstig van een lederen tripkap. De wijze waarop dit fragment is versierd alsmede de stijl van de versiering zelf, duiden op een houttrip en niet op een muil. De versie-ring is lijnvormig en bestaat uit insteken van een els. Deze techniek werd voornamelijk op tripbladen toege-past. Het rankenmotief in de bovenste zone is nog laatmiddeleeuws. Het uit vier stippellijnen opgebouwde ornament over de tenen geeft nog de plaats aan waar vroeger, in de 15e eeuw, menige tripkap een split van die vorm had (Barwasser & Goubitz, 1990: p. 81). De gestippelde omtreklijn geeft aan hoe groot deze kap was.

Schoentype G (nr. 2328; fig. 9) is vertegenwoordigd met fragmenten bovenleder, een binnenzool en een aantal zool-tussenstukken. Zowel de resten bovenleder als de vorm van de zool wijzen op een zogenaamde koeienbekschoen. De koeienbekschoen was de alge-mene dracht van de eerste helft van de 16e eeuw (Goubitz, 1992: p. 34). De bovenzijde van de binnen-zool toont nog de indruk van de voet. De gestippelde gesp geeft de plaats aan waar deze op het bovenleder heeft gezeten. Deze schoen is te fragmentarisch om er een verantwoorde reconstructietekening van te maken.

2.1.3. *17e-midden 18e eeuw*

Tot de 17e-midden 18e eeuw horen de schoenen van het type H-O (fig. 10-24):

Op de muil (fig. 24) na, is het sluitingsprincipe van deze schoentypen hetzelfde. De hielbladen hebben ban-den die tot op of over het 'wreef-midden' van het voorblad vallen en daar gestrikt of gegespt worden (fig. 10 en 11, 12-15). Op grond hiervan kunnen twee typen worden onderscheiden: het met een veter geknoopte/ gestrikte type (fig. 19 en 20) en het met een gesp gesloten type (fig. 16 en 17). Zowel de vorm van het hielblad als het voorkomen van een vetergaatje dan wel gespgaten bepalen het type. De hielbladen hebben ver-schillende sluitbanden en lengten en ook de zijnaden zijn verschillend. Laatstgenoemde zijn recht, haak-vormig of boogvormig. Het is mogelijk dat de vorm van de zijnaad in combinatie met de soort en de vorm van het hielblad bij nadere studie een redelijk nauwkeurig date-rend element is. De met een veter geknoopte schoen-modellen (fig. 19 en 20) laten zien tot welk type de leerfragmenten nrs 3034 en 2228 (fig. 10 en 11) en 3056 (fig. 18) behoren: H en I. Ook de voorbladen verschillen iets. Schoentype H (fig. 19) heeft een aangenaaide tong en twee duidelijke vetergaten midden op de wreef. Schoentype I (fig. 20) heeft geen aparte tong en ook geen vetergaten. Voorts is het voorblad van dit type langs de instaprand later met een mes deels iets ingekort en reiken de sluitbanden meer naar voren dan bij type H. Schoentype J (fragmenten nr. 3033; fig. 21) heeft een grote, aangenaaide tong en twee zeer kleine, wellicht nooit gebruikte vetergaatjes in het voorblad. Uit het voorblad is vrij ruw een stuk leder weggesneden en ook de sluitbanden zijn afgesneden. Waarom dat gebeurde

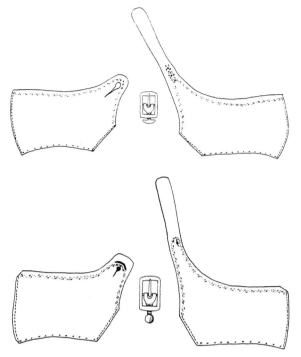

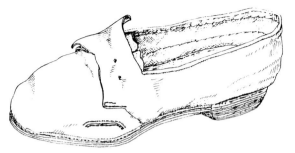

Fig. 16. Type L. Vondstnummers 3068: reconstructie van laag uitgesneden gespschoen met lange gespbanden; gerepareerde snede
op voorblad. Lederhak. Tek. O. Goubitz (R.O.B.).

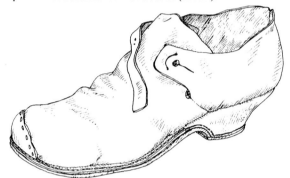

Fig. 15. Type M. Vondstnummers 3056: hielbladen (binnenzijden)
van lage gespschoenen met naaigaten van verstevigingskoord.
Beide gespen van verschillend type zijn toegevoegd. Tek. O. Goubitz (R.O.B.).

Fig. 17. Type M. Vonstnummer 3056: reconstructie van gespschoen voor gesp met knopbeslag. Lederbeklede houthak. Tek. O.
Goubitz (R.O.B.).

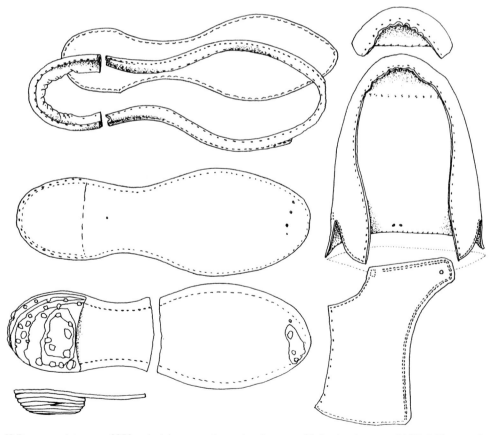

Fig. 18. Type H. Boven: vondstnummer 3056: onderdelen van een lage veterschoen: voorblad met onderneus en hielblad, binnenzool met zoolrand,
tussenzool en loopzool met hak. Tong ontbreekt. Tek. O. Goubitz (R.O.B.).

is niet duidelijk. De hielbladen nrs 3034 en 2228 (fig. 10 en 11) tonen de verschillen in zijnaadvorm die bij de schoenen van het type H en I kunnen voorkomen.

Schoentype K (fragment nr. 2068; fig. 22) tot slot heeft een zogenaamde verdekte zijnaad, dat wil zeggen dat het hielpand halfweg een insnede heeft waarlangs de verbindingsnaad tussen voorblad en hielblad wordt genaaid. Zijn de vorige drie schoenen (typen H-J) in de tweede helft van de 17e eeuw algemeen voorkomende typen, schoentype K is tot nu toe slechts tweemaal in Nederlandse context aangetroffen: in de R.O.B.-opgraving Dordrecht-Groenmarkt in 1981, vondstnummer 9-5-28 (ongepubliceerd), en in de walvisvaardersnederzetting Smeerenburg op Spitsbergen (Goubitz, 1988: type IV).

De schoenen type L en M (fig. 16 en 17) zijn de gereconstrueerde modellen van de gevonden onderdelen. Zij worden gesloten met gespen die afneembaar zijn en op andere schoenen kunnen worden overgezet. Bij type L hoort een gesp als figuur 13 en bij type M een gesp als figuur 15. De afgebeelde gespen (fig. 13 en 15) die er overigens niet bij gevonden zijn, hebben elk hun eigen bevestigingssysteem: op de hielpanden nummers 3068 en 3056 (fig. 12 en 14) hoort een gesp met een onderbeugel (fig. 13), op de panden nummers 3056 een gesp met een anker respectievelijk een knop (fig. 15: boven resp. onder). Beide laatstgenoemde panden bezitten dan ook verschillende gesp-insteekgaten. De hielpanden verschillen naar lengte, vorm en verloop van de zijnaad. Nummer 3068 (fig. 12) toont de binnenzijde van het pand met de steken waarmee ooit de voering en de versteviging waren vastgenaaid, van nummer 3056 (fig. 14) is de buitenkant afgebeeld die de schoenmaker met een siersteek heeft verfraaid. De versterkingen van de panden 3056 (fig. 15) bestaan uit aan de binnenzijde op het leder genaaide koordjes die het uitrekken van het leder tegengaan. Schoen nr. 3068 van het type L (fig. 16) is een lage schoen met lange sluitbanden voor een gesp met onderbeugel, een voorblad met op de buitenzijde van de voorvoet een gerepareerde beschadiging en een uit laagjes opgebouwde lederhak. Schoen nr. 3056 van het type M (fig. 17) heeft een meer gesloten model. De neus draagt als reparatie een lap en de hak is een met leder beklede houthak. Deze beide schoentypen werden vooral tussen 1675 en 1725 gedragen.

Van de schoenen gesloten met veters, respectievelijk gespen zijn goede parallellen in de stad Groningen gevonden (Goubitz, 1987).

Schoentype N (nr. 3055; fig. 23) waarvan twee exemplaren gevonden zijn, is een laag uitgesneden schoen met een deltavormige sluitingsopening die van onder met een tong is afgesloten. Behalve deze deltavormige sluitingsopening-met-tong, heeft dit type verder als kenmerk dat het bovenleder uit één stuk bestaat en een sluitnaad achter op de hiel bezit. Het eerste exemplaar van dit type kwam uit de Beulaker Wijde tevoorschijn (Goubitz, 1982). De tong van deze schoen was, in tegenstelling tot die van de schoen uit Heveskesklooster, ovaal van vorm. Eenzelfde schoen die in 1992 in Dirksland werd gevonden, heeft ook zo'n smalle tong (*Bodemvondsten uit Goeree-Overflakkee*, 1994: p. 223, schoen 24-4). Een ander exemplaar, uit Sommelsdijk, heeft een tong met een gelobde versiering. Het bovenleder van die schoen heeft een siernaad (*De Motte 1987-1990*, tekening op omslag en p. 39). Andere vondsten van dit type schoen zijn gedaan te Voorburg (Hagers & Herschel, 1988) en in Flevoland (Van der Land, 1982). Een schoenenpaar in bruikleen in het Gemeentemuseum Weesp, met aan weerszijden van de sluitingsopening twee vetergaten, werd in 1991 gevonden bij de afbraak van een stadsboerderij aan de Kerklaan te Weesp. De datering van dit type wordt in het eerste kwart van de 18e eeuw gedacht.

In Heveskesklooster zijn twee muilen (schoentype O) gevonden: vondstnummers 2323 (zie hoofdstuk 2.1.4) en 3056 (fig. 24). De muil met laatstgenoemd nummer bleef het meest volledig bewaard. De kap die uit twee lagen leder bestaat, is versierd met uitgestanste figuurtjes. Deze muil is, op de zoolrand langs de kap na, compleet. Aan de indrukken van de spandraden onder tegen de binnenzool en op de loopzool is te zien dat deze zoolrand, evenals rond de hiel, een rolrand was die daar door die spandraden gefixeerd werd. De hak is opgebouwd uit ongeveer acht lederlagen die met houtpennen op elkaar gezet zijn. Ook in het reparatiestuk op de teen zitten houten pennen. Gezien de maat en vooral ook vanwege de versiering, mag deze muil als een vrouwenmuil worden beschouwd. De datering is eind 17e-eeuws. De mate van volledigheid waarin de muil bewaard bleef, stelde mrs. Anne Wright in staat het stuk te restaureren. Met name de muil R4f uit Groningen (Goubitz, 1987) is een goede parallel.

2.1.4. *Zolen* (fig. 25 en 26)

Tot slot een zevental zolen op een rijtje, bedoeld om enkele markante verschillen te laten zien. De zolen weerspiegelen de verschillen in datering die ook voor de schoentypen gelden. De vorm van de zool vormt vaak een aanwijzing voor de eeuw waaruit zij stamt. Het model schoen dat erbij hoort, valt er niet uit af te leiden. Hiervoor heeft men de kenmerkende onderdelen van het bovenleder nodig. Uit het soort naaigaten langs de zoolrand kan worden opgemaakt dat het om binnenzolen gaat. De zool met het vondstnummer 242 valt in dit verband af omdat deze als zool van een middeleeuwse schoen nog binnen- en buitenzool tegelijk is (fig. 26a). De andere zes (fig. 26b-g) zijn binnenzolen die met de onderzijde naar boven getekend zijn om de steken te laten zien. Zool nr. 2328 is van een koeienbekschoen uit de eerste helft van de 16e eeuw. Ook zool nr. 2323 dateert van die periode en hoort op grond van haar typische vorm waarschijnlijk bij een muil. De vierde zool, nr. 3055, stamt uit de periode 1550-1650 en de vijfde, eveneens nr. 3055, die voorzien is van span-

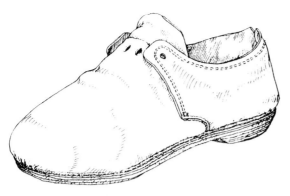

Fig. 19. Type H. Vondstnummer 3056: reconstructie van schoen naar de onderdelen van fig. 18. Tek. O. Goubitz (R.O.B.).

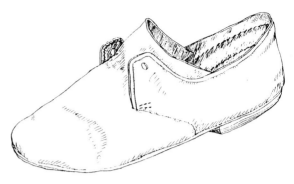

Fig. 20. Type I. Vondstnummer 2228: reconstructie van lage veterschoen. Tek. O. Goubitz (R.O.B.).

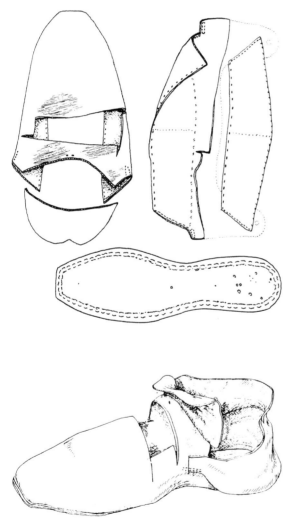

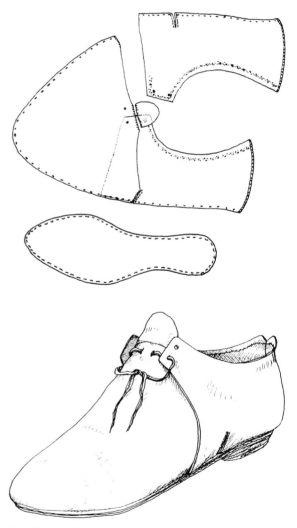

Fig. 21. Type J. Boven: vondstnummer 3033: onderdelen van veterschoen: voorblad (versneden) met tong, hielpand (waarvan de sluitbanden zijn afgesneden) met hielversteviging en binnenzool. Zoolrand en loopzool ontbreken. Onder: reconstructie. Tek. O. Goubitz (R.O.B.).

Fig. 22. Type K. Vondstnummer 2068: onderdelen van veterschoen: voorblad met tongetje, hielbladen en binnenzool. Zoolrand en loopzool met lage lederhak ontbreken. Onder: reconstructie. Tek. O. Goubitz (R.O.B.).

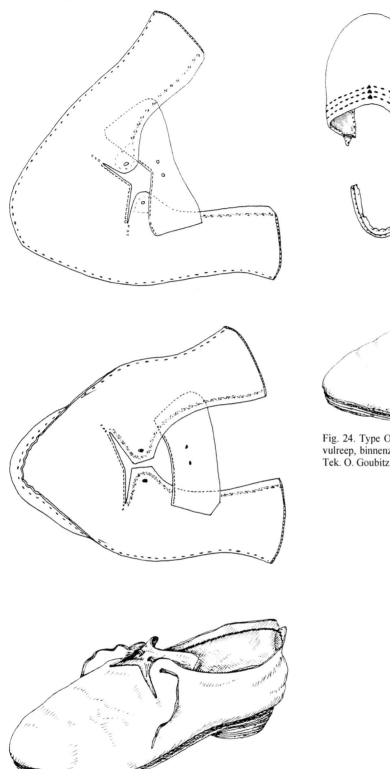

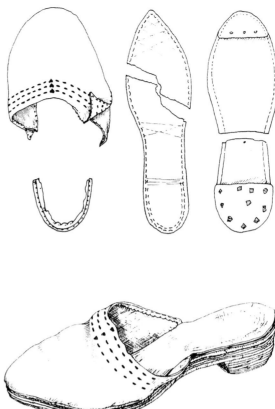

Fig. 24. Type O. Damesmuil.Vondstnummer 3056: versierde kap, vulreep, binnenzool, loopzool met lederhak. Onder: reconstructie. Tek. O. Goubitz (R.O.B.).

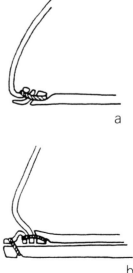

Fig. 23. Type N. Boven: vondstnummer 3055: bovenleder met tong van twee lage veterschoenen. Het bovenleder bestaat uit één stuk met een naad op de hiel. Tong genaaid op deltavormige basis. Onder: reconstructie. Tek. O. Goubitz (R.O.B.).

Fig. 25. Twee methoden gebruikt om zool en bovenleder aan elkaar te naaien: a) de zogenaamde retourné of gekeerd genaaide methode (ijzertijd-ca. 1500); b) de randgenaaide methode voor dubbelzolig schoeisel (ca. 1500-heden). Tek. O. Goubitz (R.O.B.).

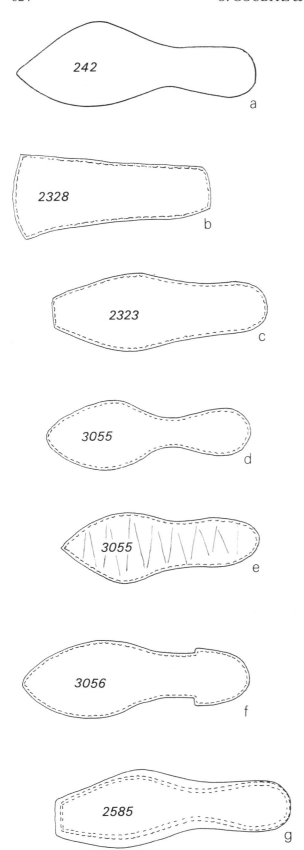

Fig. 26. Zeven zoolvormen. Tek. O. Goubitz (R.O.B.).

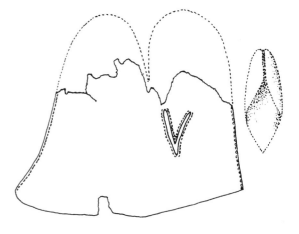

Fig. 27. Vondstnummer 103: fragment van een lederen hand-schoen (de duim ontbreekt). Tek. O. Goubitz (R.O.B.).

draadindrukken, uit de tweede helft van de 17e eeuw. Zool nr. 3056 is van een schoen rond 1700 en nr. 2585 van een type dat tussen 1700-1750 werd gedragen.

2.2. Handschoen (fig. 27)

Slechts een handvol lederresten behoorde niet tot schoei-sel, al is het onduidelijk waarvan deze fragmenten dan wel deel hebben uitgemaakt. Een relatief groot frag-ment, nr. 103, is wel als zodanig herkenbaar: een handschoen. Hoewel beschadigd en met een duim die ontbreekt, kan het geheel op papier toch goed worden gereconstrueerd. De handschoen is, zoals gebruikelijk, gemaakt van geitenleder. Dit soort leder is behalve sterk vooral ook soepel, wat voor de gewenste beweeglijkheid van de hand belangrijk is. Handschoenen zijn archeolo-gisch zeldzaam. Omdat de vorm in de loop der tijd niet veranderd is en het snijpatroon eigenlijk evenmin, kan dus op basis hiervan geen datering worden voorgesteld. Materiaal en stiksel geven op dit punt ook geen uitsluit-sel. Stratigrafisch hoort de handschoen tot periode III of IV.

3. CONCLUSIE

Onder de vondsten uit de late ijzertijd/vroeg-Romeinse tijd (per. I) bevinden zich geen uit leder vervaardigde voorwerpen. De Karolingische tijd-volle middeleeu-wen (per. II) kent stratigrafisch maar één lederfragment: een onderdeel van een schoentype dat vooral in de 14e eeuw voorkomt en dus van de late fase van periode II dateert. Het werd niet gevonden in de nederzetting, maar onder in de vulling van een sloot van het daarbij behorende valgland. Het kan niet worden uitgesloten dat het stuk daarin terechtgekomen is toen de sloot in periode III werd gedicht. Alle andere ledervondsten behoren tot periode III en IV. Geen enkel stuk is karakteristiek voor de commanderij die in periode III op de plaats stond waar de vondsten werden gedaan. De datering van het leder op typologische gronden is niet in strijd met de globalere chronologische indeling in perioden op basis van de stratigrafie.

4. LITERATUUR

BARWASSER, M. & O. GOUBITZ, 1990. Leder, hout en textiele vondsten. In: H. Clevis & M. Smit (red.), *Verscholen in vuil: archeologische vondsten uit Kampen 1375-1925*. Stichting Archeologie IJssel/Vechtstreek, Kampen, pp. 70-99.

Bodemvondsten uit Goeree-Overflakkee, 1994. Vereniging van Amateurarcheologen De Motte, Ouddorp.

BOERSMA, J.W., 1988. Een voorlopig overzicht van het archeologisch onderzoek van de wierde Heveskesklooster (Gr.). In: M. Bierma e.a. (red.), *Terpen en wierden in het Fries-Groningse kustgebied*. Wolters-Noordhoff/Forsten, Groningen, pp. 61-87.

De Motte, Jaarboek van de Vereniging van Amateurarcheologie voor Goeree-Overflakkee 87-90, 1991.

GOUBITZ, O., 1982. Beulake (ca. 1600-1776). In: A. D. Verlinde, Archeologische kroniek van Overijssel over 1980/1981. *Overijsselse Historische Bijdragen* 97, pp. 167-208, in het bijzonder pp. 206-208.

GOUBITZ, O., 1983. De ledervondsten. In: H. L. Janssen (red.), *Van Bos tot Stad: opgravingen in 's-Hertogenbosch*. Gemeente 's-Hertogenbosch, pp. 274-283.

GOUBITZ, O., 1987. Lederresten uit de stad Groningen: het schoeisel. *Groningse Volksalmanak*, pp. 147-169.

GOUBITZ, O., 1988. Op lage schoenen in de kou. In: L. Hacquebord & W. Vroom, *Walvisvaart in de Gouden Eeuw: opgravingen op Spitsbergen*. De Bataafsche Leeuw, Amsterdam, pp. 91-96.

GOUBITZ, O., 1991. Vijf eeuwen schoeisel uit Dokkumer grond. *Jaarverslag 1990 Streekmuseum Het Admiraliteitshuis te Dokkum*, pp. 37-52.

GOUBITZ, O., 1992. Schoeisel uit de Deventer binnenstad: een keuze uit de vondsten 1969-1984. *Deventer Jaarboek*, pp. 26-41.

GOUBITZ, O., 1996-1997. Eight exceptional medieval shoes from the Netherlands. *Berichten van de Rijksdienst voor het Oudheidkundig Bodemonderzoek* 42, pp. 425-455.

GREW, F. & M. DE NEERGAARD, 1988. *Medieval finds from excavations in London, 2. Shoes and pattens*. Museum of London, Londen.

HAGERS, J.K.A. & R.L. HERSCHEL (red.), 1988. Voorburgs bodemarchief belicht. *Jaarverslag Archeologische Werkgroep Voorburg*, p. 14.

LAND, J. VAN DER, 1982. De restauratie van vier paar schoenen uit een scheepswrak op kavel OZ 71 in zuidelijk Flevoland. *Werkdocument 1982-92 Abw*. Rijksdienst voor de IJsselmeerpolders. Rijksdienst voor de IJsselmeerpolders, Lelystad.

WALLE-VAN DER WOUDE, T. Y. VAN DE, 1989. Een 14e-eeuws industriecomplex te Monnickendam – het leer. In: H. A. Heidinga & H. H. van Regteren Altena (eds), *Medemblik and Monnickendam. Aspects of medieval urbanization in northern Holland*. Universiteit van Amsterdam, Amsterdam, pp. 69-103.

DATES FOR ORIGIN AND DIFFUSION OF THE EUROPEAN LOGBOAT

J.N. LANTING

Groninger Instituut voor Archeologie, Groningen, Netherlands

ABSTRACT: More than 600 radiocarbon and dendrodates for European logboats are presented. The progressive but surprisingly slow adoption of the logboat from two core areas (?) is documented.

KEYWORDS: Europe, prehistory, history, logboats, skin/barkboats, paddles, radiocarbon dating, dendrodating.

1. INTRODUCTION

Logboats have an almost world-wide distribution. It is hardly likely that they have a single common origin, however. More likely is that the logboat was invented in different places, at different times. The basic idea is rather simple, after all. Even within Europe several centres of development cannot be excluded beforehand. Only a large series of dates can show where the European logboat was introduced first.

According to our information more than 3500 'archaeological' finds of logboats are documented in Europe. This paper will not deal with the development of the logboat through time, or with technical details and performance. In fact the monograph in two volumes on Central-European logboats by Arnold (1995; 1996) gives all necessary information. Some general trends in development and the introduction of technological improvement are noticeable over large areas. Side by side with more sophisticated logboats more primitive looking vessels were produced, however. That makes it very difficult to date a logboat just by its appearance. Only occasionally the combination of shape and wood species used may give clues to the dating. The Late Mesolithic canoes in Denmark, for example, are clearly recognizable by the use of soft wood species like alder and lime, the long and slender shape, the U-shaped cross-section and some technical details (Andersen, 1994: p. 10). But as a rule dating a logboat is only possible through archaeological association, or by scientific dating methods like radiocarbon or dendrodating, or indirectly through pollen analysis.

Dating by association with archaeological objects is rare. Objects are seldom found in logboats. Occasionally artefacts are found outside, but near logboats, but the actual association remains to be proven in such cases. Near one of the Ukrainean logboats (see 6.4) 15 bronze vessels of the 5th century BC are said to be found. The boat itself turned out to be considerably younger.

Sometimes logboats are found in an archaeological context, mostly in the form of discarded ones, used secondarily in foundations etc. Archaeological dating is possible in such cases, but surprises are possible. Part of a logboat of the Younger Ertebølle culture, according to its ^{14}C-date of c. 5400 BP, was found standing upright in settlement layers of the Older Ertebølle culture, dated to c. 5800 BP, at Maglemosegårds Vaenge (Rieck & Crumlin-Pedersen, 1988). Some Swiss logboats were found in stratified lakeside settlements, and could be dated fairly accurately by dendrodating the layers above and below. Caution is needed, however, in case of logboats found near settlements, or on top of submerged settlements. A good example is the medieval logboat found in front of the Early Bronze Age settlement Ezerovo III in Lake Varna, Bulgaria (see 6.2).

In most cases radiocarbon and/or dendrodating are the only way to get an accurate date. Radiocarbon dating is almost always possible, provided the wood has not been treated with chemicals. Recently large numbers of logboats from Ireland and Poland, and smaller numbers from Scotland, the Netherlands and Slovenia were dated in the radiocarbon laboratory of Groningen at our request. In addition we collected radiocarbon dates carried out by other laboratories, and dendrodates for European logboats. At the moment we have 551 radiocarbon en 58 dendrodates at our disposal, but we realize that this figure will have been exceeded by the time this paper is published. Nevertheless, the publication of these dates presents a clear picture of the areas where the logboat was used first, and of its diffusion across Europe. These dates are presented here by country, after a short introduction in which the most recent numbers of documented finds, and published and unpublished studies are mentioned. No distinction has been made between simple logboats, and paired, expanded and/or extended ones (cf. McGrail, 1987: pp. 66-75).

2. IRELAND AND BRITAIN

2.1. Ireland

An attempt to catalogue Irish logboats was undertaken by U. MacDowell who in an unpublished MA thesis

Table 1. Dated logboats of Ireland.[1]

Radiocarbon dates

Bond's Bridge, Cos Armagh/Tyrone	GrN-14741	245±15
The Argory, Co. Armagh	UB-3871	272±35
Derrygally 2, Co. Tyrone	GrN-16868	287±16
Drumnacor 1, Co. Longford	GrN-18757	290±25
Northern Ireland	GrN-14744	305±30
Urney Glebe, Co. Tyrone	GrN-16865	310±30
Clooncunny 2, Co. Sligo	GrN-18750	330±20
Cloongee B, Co. Mayo	GrN-18752	335±20
Drumnacor 2, Co. Longford	GrN-18758	340±20
Fossa More, Co. Clare	GrN-18760	375±20
Fahy, Co. Leitrim	GrN-18759	385±30
Cavan, Co. Leitrim	GrN-18748	385±25
Carr, Co. Fermanagh	GrN-14739	395±25
Derryloughan B, Co. Tyrone	GrN-14738	410±35
Rosserk, Co. Mayo	GrN-18762	410±30
Derrybroughas, Co. Armagh	UB-2397	420±45
Castledargan, Co. Sligo	GrN-18747	430±30
Leamore, Co. Roscommon	GrN-18761	515±25
Co. Leitrim ('Cambridge')	Q-1364	535±45
Derryloughan A, Co. Tyrone	GrN-14737	570±25
Copney, Co. Armagh	GrN-16866	585±30
Maghery, Co. Armagh	GrN-14742	590±20
Derrygally 1, Co. Tyrone	GrN-16867	840±20
R. Foyle 2, Co. Tyrone	GrN-16872	880±20
Templemoyle A, Co. Galway	GrN-18763	925±20
Church Island, Co. Derry	GrN-16870	942±17
Clooncunny 1, Co. Sligo	GrN-18749	990±20
R. Foyle 3, Co. Tyrone	GrN-16873	1070±30
Derrygally 3, Co. Tyrone	GrN-16869	1140±20
Inch, Co. Down	UB-3651	1188±22
Callow, Co. Roscommon	GrN-18746	1195±25
Levaghery, Co. Down	UB-3549	1197±33
Lough Neagh, Co. Armagh	GrN-17241	1245±30
R. Foyle 1, Co. Tyrone	GrN-16871	1410±30
West Ward 1, Co. Tyrone	GrN-16863	1440±30
West Ward 3, Co. Tyrone	GrN-19282	1440±30
West Ward 2, Co. Tyrone	GrN-16864	1470±30
Corlummin 2, Co. Mayo	GrN-18755	1520±20
Corlummin 1, Co. Mayo	GrN-18754	1590±20
Collenstown, Co. Westmeath	GrN-18753	1590±20
Curragh, Co. Cork	GrN-19693	1605±35
Drummans Lower, Co. Leitrim	GrN-18756	1630±30
Crevinish Bay 1, Co. Fermanagh	HAR-1969	1860±70
Gortgill, Co. Antrim	UB-2681	2060±60
Ballinphort, Co. Westmeath	GrN-20551	2100±20
Eskragh, Co. Tyrone	GrN-14740	2165±25
Kilraghts, Co. Antrim	GrN-14743	2405±20
Derrybrusk 1, Co. Fermanagh	UB-3846	2876±34
Derrybrusk 2, Co. Fermanagh	UB-3848	2912±38
Tonregee, Co. Mayo	Beta-78159	3080±60
Curraghtarsna, Co. Tipperary	GrN-12618	3120±35
Cloongalloon, Co. Mayo	GrN-18751	3265±30
Ballyvoghan, Co. Limerick	GrN-18361	3300±30
Teeronea, Co. Clare	GrN-15968	3310±35
Cuilmore, Co. Mayo	Beta-83891	3410±80
Carrowneden, Co. Mayo	Beta-85979	3890±90
Lurgan, Co. Galway	GrN-18565	3940±25
Ballygowan, Co. Armagh	GrN-20550	4660±40
Carrigdirty, Co. Limerick	GrN-21936	5820±40

Table 1 (Cont.).

Dendrodates (site, age of youngest ring, corresponding ^{14}C-age)

Mullynascarty, Co. Fermanagh	1520 AD	330 BP
Strabane, Lifford Br. Co. Derry	1393 AD	580 BP
Unprovenanced, NMI	1273 AD	730 BP
Summerville, Co. Galway	1001 AD	1050 BP
Oxford Island, Co. Armagh (Kinnegoe)	492 AD	1590 BP
Strabane, Co. Derry	431 AD	1610 BP
Ballagh Lough, Co. Monaghan	999 BC	2830 BP
Inch Abbey, Co. Down	2771 BC	4140 BP

entitled 'Irish logboats' (University College, Dublin, 1983) listed 283 possible logboats, based partly on actual remains and recently inspected but not curated finds, but largely on old and often inadequately reported finds. She illustrated fifty-four specimens and referred to two radiocarbon dates and two dendrodates. At present, N. Gregory is working on a comparison of Irish and Scottish logboats (University of Edinburgh). An important contribution to Irish logboat studies was made by Lucas (1963) who showed on the basis of literary evidence, that logboats were in widespread use until the late 17th century and probably well into the 18th century. Recently Fry (1995) found evidence for the use of logboats in Ulster as late as 1796. In the intervening years, many new finds of logboats have been reported, especially from Northern Ireland. The total number of logboats is now approximately 350. Of these 59 have been dated by radiocarbon and 8 by dendrochronology. The following datelist is largely based on unpublished material. Detailed information on find circumstances, present whereabouts, etc. are presented elsewhere (Lanting & Brindley, 1996). All dated logboats were made of oak, with the exceptions of Derrybrusk 1 and 2, which were made of alder, and Carrigdirty, made of poplar.

The datelist, table 1, presents the dates in order of age. It includes both radiocarbon dates and dendrodates for Irish logboats. To make the dendrodates more easily comparable, they have been translated into radiocarbon years, using the calibration curve published by Pearson et al. in *Radiocarbon* 28/2B, 1986 (for the rejection of the 1993 curve, see McCormac et al., 1995). This may seem unusual, for normally these curves are used to convert radiocarbon dates into calendar years. This procedure has one advantage, however; each dendrodate has only one corresponding radiocarbon age whereas a radiocarbon date usually has several ranges of calendar years. It is assumed that the radiocarbon dated samples contained the youngest rings present. An unknown number of year and sapwood rings will have disappeared, however. To make radiocarbon and dendrodates more comparable, the radiocarbon date of the youngest ring present in the dendrosample has been calculated, not of the possible felling date of the tree in question. Where

Table 2. Dated logboats of Britain.

Radiocarbon dates

	Weybridge		HAR-4996	410±60
104	Oakley Park	Q-3135	470±50	505±35
		Q-1398	525±40	
127	Smallburgh	Q-3130		520±45
66	Hulton Abbey	Q-3137		545±40
105	Oakmere	Q-1495		560±40
79	Llyn Llydaw (W)	Q-1243		640±50
49	Giggleswick Tarn	Q-1245	615±40	650±30
		Q-3049	690±40	
70	Kentmere 1	D-71	650±120	730±65
		Q-3126	740±35	
73	Kew	Q-3038	720±40	740±30
		Q-1453	770±45	
146	Warrington 1	Q-1390		760±60
M21	Closeburn	GrN-19279		810±50
M49	East Green/Forfar 2	Q-3143		860±50
152	Warrington 7	Q-1395		860±60
69	Irlam	Q-1456		865±40
103	North Stoke	Q-3127	860±40	880±35
		Q-1387	915±50	
149	Warrington 4	Q-1393		880±60
M64	Springfield 1	GrN-19280		885±50
79	Llandrindod Wells (W)	Q-3136		915±40
11	Barton	Q-1396		920±65
147	Warrington 2	Q-1391		930±50
156	Warrington 11	Birm-269		950±90
31	Chirbury 1	Q-3051	930±40	960±35
		Q-1247	1000±50	
132	Stanley Ferry	HAR-2835		960±70
6	Astbury	Q-1457		980±50
150	Warrington 5	Q-1394		990±65
M14	Cambuskenneth	GrN-19281		1035±45
148	Warrington 3	Q-1392		1075±60
123	Sewardstone	Q-3052	1070±45	1100±35
		Q-3040	1130±45	
9	Banks	Q-1386		1120±45
78	Llyn Llangorse (W)	Q-857		1135±60
M118	Loch of Kinnordy	Q-3142		1215±45
23	Burpham 1	Q-1455	1200±40	1220±30
		Q-3139	1245±45	
129	South Stoke	Q-1454	1150±90	1255±50
		Q-3128	1275±35	
137	Thornaby	Q-3132		1265±40
74	Knockin	Q-1248		1270±45
141	Walthamstow	Q-3041	1255±40	1290±30
		Q-1388	1335±45	
1	Amberley 1	Q-3140		1290±50
3	Amberley 3	Q-828		1310±70
118	Ryton	Q-3131	1340±50	1380±35
		Q-1379	1410±40	
M96	Loch Doon 1	SRR-501		1441±110
M38	Errol 2	Q-3121	1465±40	1490±30
		Q-3141	1520±45	
-	Mattersea Thorpe	HAR-4997		1490±80
54	Hardham 1	Q-3138	1530±45	1550±35
		Q-1244	1575±50	
142	Walton	Q-3042		1585±50
55	Hardham 2	Q-827		1655±50
122	Seasalter	OxA-1054		1740±80
168	Wisley	Q-1399		1780±45
7	Baddiley Mere	Q-1496		1980±50

Table 2 (Cont.).

M44	Erskine 6	GU-1016		1995±50
170	Woolwich	Q-1389	1990±50	2035±35
		Q-3039	2070±45	
M92	Loch Lotus/Arthur 1	SRR-403		2051±80
50	Glastonbury 1	Q-3125	2095±45	2105±35
		Q-1563	2120±50	
57	Holme Pierrepont 1	Birm-132	2180±110	2210±60
		Q-1473	2220±55	
41	Clifton 2	Q-1375	2175±50	2235±35
		Q-3134	2270±50	
112	Poole Harbour	Q-821		2245±50
40	Clifton 1	Q-1374	2250±45	2275±35
		Q-3048	2310±50	
47	Ellesmere	Q-3050	2260±45	2285±35
		Q-1246	2320±50	
124	Shapwick	Q-357		2305±120
14	Blae Tarn	Q-1497		2550±50
108	Peterborough	Q-3129	2535±40	2565±35
		Q-1564	2610±50	
22	Brigg	Q-78		2784±100
126	Short Ferry	Q-79		2795±100
5	Appleby	Q-80	3050±80	
		Q-1462	3080±60	3120±35
		Q-3133	3135±40	
28	Chapel Flat Dyke	BM-213[2]	3450±120	
		Q-3122	3500±40	3520±45
		Q-3046	3590±60	
19	Branthwaite	Q-288	3520±100	3540±55
		Q-3053	3545±50	
M20	Locharbriggs	SRR-326		3754±125

Dendrodates
Clapton	932 AD	1110 BP
Hasholme	323 BC	2200 BP[3]

two or more dates are available for the same boat the weighed mean is calculated, unless these samples were taken from different parts of the trunk.

2.2. Great Britain

In his survey of logboats of England and Wales, McGrail (1978) described 179 finds, while Mowat (1996) lists another 154 from Scotland. The total number of recorded logboats in Great Britain may be estimated as being in the order of 350-400. Of these, at least 66 have been dated by radiocarbon, and 2 by dendrodating. Most datings were carried out in Cambridge in the context of a research programme on early boats. Quite a number of boats were dated more than once in order to test different ways of pretreatment in the laboratory. These Cambridge dates are all published (Switsur, 1989). Since then, no other logboats have been dated by this laboratory (Switsur, pers. comm.). Scottish logboats are under-represented at the moment. All dated logboats are of oak, with the exception of Giggleswick Tarn (ash) and Warrington 11 (elm).

The above does not include the logboat from 'Cambridge?' (McGrail, 1978: cat.No. 27) as the original findspot appears to be County Leitrim, Ireland.

2.3. Comment: Ireland and Great Britain

The period during which logboats were used in Ireland and Britain is not immediately apparent from the datelists. This becomes more obvious when the dates are presented in a graph. In figure 1 the number of dated logboats per period of 250 radiocarbon years is given. Only the radiocarbon ages have been taken in account, not the standard deviations. From the figure it is immediately obvious that most of the logboats are very young. Of the 134 dates, 55 are younger than 1000 BP, and 99 younger than 2000 BP. The peak of the Irish series lies in the period 250-500 BP, which after correction for loss of sapwood and the number of rings in the dated samples, roughly corresponds with the period 1450-1700 AD. The peak in the British series occurs between 750 and 1000 BP, or roughly 1050-1300 AD. Prehistoric logboats are relatively rare. Given

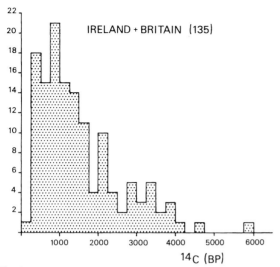

Fig. 1.

Table 3. Dated logboats of Norway.[4]

Radiocarbon dates		
Froland, Aust-Agder	T-3774	170±60
Aremark, Østfold	T-3810	210±40
Rakkestad, Østfold	T-4127	220±70
Aremark, Østfold	T-3813	270±80
Aremark, Østfold	T-3812	290±60
Vegårdshei, Aust-Agder	T-5740	290±70
Hurum, Buskerud	T-1580	330±110
Birkenes, Aust-Agder	T-6268	340±60
Rødnes, Østfold	T-4128	390±40
Tvedestrand, Aust-Agder	T-9045	395±75
Aremark, Østfold	T-3810	470±60
Birkenes, Aust-Agder	T-6266	580±40
Åmli, Aust-Agder	T-3773	580±70
Skrøvlingen, Telemark	T-2303	590±60
Gjerstad, Aust-Agder	T-3305	650±50
Gjesdal, Rogaland	T-5373	740±80
Moen, Telemark	T-1429	740±110
Froland, Aust-Agder	T-4351	790±80
Os, Hordaland	T-9700	795±65
Froland, Aust-Agder	T-3772	870±50
Birkenes, Aust-Agder	T-6267	980±70
Nissedal, Telemark	T-6083	1000±70
Bygland, Aust-Agder	T-1897	1140±70
Asvang, Hedmark	T-2052	1140±80
Søndre Land, Oppland	T-4288	1170±70
Froland, Aust-Agder	T-9307	1210±80
Froland, Aust-Agder	T-9306	1245±55

the large numbers of dates available, it seems very unlikely that much older logboats will turn up. Without the Carrigdirty date of c. 5800 BP we would have been inclined to postulate an introduction of the logboat in Ireland (and Britain?) at the beginning of the Neolithic, that is at c. 5300/5200 BP. In case the early Carrigdirty date is confirmed – redating is advisable – the introduction of the logboat took place during the Later Mesolithic, at least in Ireland. It is certain that during the Later Mesolithic contacts existed between Britain and the Continent, given the fact that around 6000 BP T-shaped antler axes appear in Britain and NW Continental Europe. In the flint industries these contacts are not noticeable. The Carrigdirty logboat may be the result of contacts between NW France and SW Ireland, without other traces in the material culture. At the moment it looks as if logboats were introduced in Ireland much earlier than in Britain, with no British logboat older than 4000 BP known. It is likely that further dating will bring the British series more in line with the Irish ones, but whether the gap of 2000 years can be closed, is questionable.

The shape of the curve is the result of several factors. First of all, increases in the population during the prehistoric period, the Early Christian period and the Middle Ages played a role as the number of logboats rose accordingly. Only after the 17th century did the logboat lose its popularity and, as a result, disappear rapidly. A second important factor is the chance of survival of a logboat. Many logboats ended up in places which were not conducive to long term survival. Younger logboats are therefore more numerous. However, this does not mean that older logboats must be less well preserved. Well preserved specimens such as the Lurgan, Co. Galway logboat survived in particularly suitable conditions. It is likely, however, that logboats of oak had a better chance of survival than specimens made of soft wood species like poplar and alder.

3. SCANDINAVIA

3.1. Norway

We have no information on the number of logboats found in Norway, but given the situation in Sweden, it can be estimated as being approximately 150-200. At least 27 of these have been dated by ^{14}C; no dendrodates are known. All dated logboats are from southern Norway.

3.2. Sweden

According to Westerdahl (pers. comm. 28-11-1991), some 400 logboats are probably known from Sweden. Of these, at least 38 have been dated by radiocarbon and 1 has been dendrodated. The oldest boat in this series dates to the transition Late Bronze Age-Early Iron Age. Two pollen dated logboats mentioned by Salomonsson (1957), namely the unfinished one from Tosthult in Scania, and the one from Sparreholm in Södermansland may be of the same age or slightly older.

3.3. Finland

According to Chr. Westerdahl (pers. comm. 28.11.1991), his Finnish colleague Toivo Itkonen once estimated that 500-600 logboats had been found in Finland. This is possibly an over-estimate. Only 8 Finnish logboats have been dated by [14]C.

Table 4. Dated logboats of Sweden.[5]

Radiocarbon dates

Lassbyn, Råneå	St-5913/24	<250
Sjättesjö, Unnaryd	St-4890	<250
Månserudssjön, Björkäng	St-5915	<250
Västra Älten, Blekinge	St-603	<265
Blomskog, Värmland	St-5914	255±100
Bergvattssjön, Björna sn	St-8296	275±80
Vreta, Värmdö	St-5919	285±100
Lörby, Blekinge	St-605	315±80
Hyltinge, Tappnäs	St-5912	425±130
Ingmarsjön, Ljusterö	St-5917	430±95
Fagersanna, Västergötland	St-1660	465±65
Långvattnet, Björna sn	St-7844	525±80
Skärsjön 1, Skinnskatteberg	St-3738	565±100
Rumlaborg, Huskvarna	St-9923	590±80
Christiansø (40 miles NE)	St-27	595±150
Färila, Hälsingland	St-306	600±65
Kyrksjön	Ua-5924	635±55
Ursjön, Skorped	St-4101	720±100
Västra Lillträsket, Nyland	Lu-2227	730±45
Åbyn, Byske	Lu-2226	770±45
Nyboholm, Sorunda sn	St-5923	945±90
Söderbysjön Nacka, Stockholm	St-784	970±80
Fiholm, Västmanland	St-5921	985±95
Vreta, Värmdö	St-5918	1010±90
Penningby, Uppland	St-786	1060±70
Skärsjön 2, Skinnskatteberg	St-4497	1065±100
Skyttorp, Uppland	U-67	1100±80
Mosjön, Kumla sn	St-5920	1155±95
Jusjön, Hil	St-11653	1165±70
Runsa, Ed sn	St-4392	1260±180
Fagerhult, Agunnaryd	St-5740	1475±80
Tuna socken, Uppland	St-5916	1545±90
Lindholmsundet	St-8534	1655±105
Lövsätra, Vallentuna	St-5922	1820±95
Västra Frölunda, Göteborg	St-2561	2005±100
Kvillehed, Bohüslan	St-787	2135±105[6]
Låssby, Göteborg	St-3550	2215±100
Skäggered, Göteborg	St-3551	2485±100

Dendrodate

Trollhättan	1064 AD	900 BP

Table 5. Dated logboats of Finland.[7]

Radiocarbon dates

Majalampi, Esbo	Hel-80	'modern'
Heinola, Salajärvi	Hel-1538	140±100
Suomenniemi, Luotolahti	Hel-2688	300±80
Valkolampi, Kyrkslätt	Hel-1001	410±100
Tammela, Liesjärvi	Hel-2687	430±80
Nyåker, Snappertuna	Hel-1003	690±100
Kolmikulmalampi, Esbo	Hel-1002	720±90
Sorvalampi, Esbo	Ua-11497	755±65

3.4. Comment: Norway, Sweden and Finland

The 74 dates combined in figure 2 clearly show that logboats were only introduced to Scandinavia at a late date. It is probably not a coincidence that the oldest dated logboat comes from southern Sweden, where continental influences are strongest. It is, however,

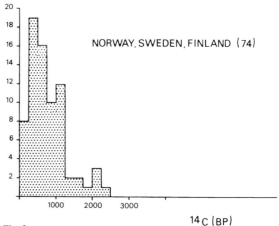

Fig. 2.

surprising that no late Mesolithic or Neolithic logboats are known from southern Sweden, as logboats were used by the Ertebølle and Funnel Beaker groups in Denmark and these two cultures are also found in southern Sweden. The Norwegian dates seem to indicate that logboats were only introduced there in the 7th and 8th centuries AD. The number of dates from Finland is too small for any clear picture but it appears that logboats were only adopted there after 1000 AD. Logboats were used in Scandinavia until very recently and in some places are still in use.

4. CONTINENTAL EUROPE, NORTH OF ALPS AND PYRENEES

4.1. Denmark

Sixty-nine Danish logboats were listed by Rasmussen (1953), but nearly forty years later, Christensen (1990) was able to list some 250 Danish logboats, of which more than 50 date to the Stone Age. These Mesolithic and Neolithic logboats were largely made of lime or alder, but from the Funnel Beaker period onwards were also made of oak. At least 39 Danish logboats have been dated by radiocarbon and 3 have been dendrodated. The number of Mesolithic and Neolithic logboats is clearly over-represented in this sample. A large number of older boats was apparently dated to prove that these have special characteristics. The logboat from Knudsbøl Mose may have been older than any of the radiocarbon dated examples. It was made of pine, but when found in 1945 it was not curated due to its bad state of preservation. The large gap between the youngest Neolithic logboat Verup 1 and the Late Bronze Age logboat Varpelev seems to be real. During Early and Middle Bronze Age logboats were either not used at all, or only at a very limited scale. It is very tempting to see a connection between the reintroduction of the logboat in Denmark in the Late Bronze Age and its first introduction in southern Sweden, shortly afterwards. From the famous

Table 6. Dated logboats of Denmark.[8]

Radiocarbon dates				
Ryå	K-3907		470±65	oak
Arslev Enge	K-1213		820±100	oak
Barsø	K-3743		940±65	beech
Fannerup	K-3893		970±70	oak
Randers Fjord	K-3787		1010±70	oak
Gåsekrog	K-3786		1050±70	oak
Kolindsund 2	K-1777		1050±100	oak
Gelsted	K-1483	1120±100	1100±70	oak
	K-1484	1080±100		
Nørre Kongerslev 2	K-848		1170±100	oak
Illerup 3	K-2768		1630±55	oak
Mondbjerg/Sattrup Mose	K-3501		1720±75	oak
Jyllinge	K-2898		1860±75	oak
Kallehavegård/Tebbestrupkar	K-1340		1870±55	oak
Egernsund	K-2513		1900±75	?
Vestersø	K-5328		2400±75	oak
Varpelev	K-2228		2780±100	oak
Verup 1	K-4098B		4220±75	alder
Øgårde 5	K-3637		4280±85	?
Praestelyngen 3	K-1649		4420±110	lime
Kildegård 2	K-4338		4500±85	lime
Bølling sø 3	K-1214		4510±120	alder
Søndersted 1	K-3638		4540±90	oak
Øgårde 1	K-3675	4520±65	4530±55	alder
	K-3676	4550±85		
Øgårde 3	K-1165		4590±120	alder
Bodal 2	K-2177		4690±100	alder
Broksø	K-4099		4790±90	oak
Praestelyngen 1	K-2009		4930±100	lime
Praestelyngen 2	K-1473		5010±100	lime
Tybrind Vig 3	K-6177		5090±140	?
Tybrind Vig 1	K-3557		5260±95	lime
Tybrind Vig 2	K-4149		5370±95	lime
Maglemosegårds Vaenge 2	K-4336		5420±75	lime
Maglemosegårds Vaenge 1	K-2722		5720±75	lime
Møllegabet 2	K-5640		5910±75	lime
Horsekaer 1	K-5313		6020±100	lime
Horsekaer 2	K-5314		6040±100	lime
Lystrup 1	K-5730		6110±100	aspen
Korshavn/Mejlø Nord	K-5040		6260±95	lime
Lystrup 2	K-6012		6550±105	lime
Dendrodates				
Ry bådehavn	1585 AD	350 BP		
Slåensø	1587 AD	350 BP		
Gudenåen 2	1598 AD	350 BP		

oak coffins in Early and Middle Bronze Age burials in Denmark it is clear that the lack of logboats in that period is not due to lack of suitable trees, or to lack of craftsmanship.

4.2. Germany

In his Kiel doctoral thesis of 1988, Hirte listed the logboats found in the former German Federal Republic. This work is unfortunately largely unpublished (see Hirte, 1989). The total number then known to him was 558. Since 1988, several new discoveries have been made. The number of logboats found in the former German Democratic Republic is unknown. However, in the Neubrandenburg area alone, some 40 have been discovered (Schoknecht, 1991). The total number of German logboats must therefore be in the order of 700-750. Of these, at least 71 have been dated by ^{14}C and 18 have been dendrodated. Of the latter, two were also dated by ^{14}C, but these ^{14}C-dates are not included here. It is possible that within Germany, there are differences in the date of introduction of the logboat. Both of the

Table 7. Dated logboats of Germany.[9]

Radiocarbon dates

78a	Neuburg/Elde	Bln-3051		140±60
348	Feldafing (E1976-52)	KI-1171		160±70
357	Munich	KI-1089		200±60
	-Gadebusch	Bln-1665		235±40
162	Leese	KN-403		250±100
10	Bohnert	KI-2561		275±43
352	Inzell	KI-2139		320±36
17	Dollerup	KI-2251		330±50
1a	Altenhagen/Bolzsee	Bln-2007		360±60
8	Alt Bülk	KI-2104		370±45
362	Pflegersee	KI-931		380±50
	-Breiholz	KI-2970		380±50
247	Eisbergen	KN-2317		410±45
93	Hamburg	KI-637		435±42
134	Fischbeck	KI-2102		450±55
344	Barmsee	KI-2265		480±47
367	Staffelsee	KI-2264		490±49
368	Starnberger See	KI-1172		510±120
	-Eisenhüttenstadt	Bln-4394		550±50
368	Starnberger See (E1977-102)	KI-1332		560±50
406	Heilbronn	Hv-7385		565±35
349	Garstadt	KI-1432		575±45
	-Berlin-Spandau	Bln-3566		610±60
	-Seeoner See	KI-3232		640±50
164	Liebenau	Hv-5268		650±85
193	Steinhude/Bückeburg	Hv-10873		665±55
368	Starnberger See (E1977-77b)	KI-1331		670±55
78	Stocksee	KI-2367		690±42
347	Brunnensee	KI-2266		700±48
373/5	Viereth	KI-2141		810±47
6	Averlak	KI-2103		830±49
	-Starnberger See (No.?)	KI-3091		860±50
423	Pforzheim	KI-2389		870±41
	199Stolzenau	Hv-328		920±60
133	Evensen	Hv-5489		945±40[10]
211	Vietze	KI-1200		970±80
260	Kirchlengern	KI-2273		980±55
368	Starnberger See (E1974-87)	KI-1088		990±60
354	Leoni	KI-1940		1000±60
32	Haddeby	KI-2243		1085±49
353	Leoni	KI-1939		1100±60
	-Starnberger See (E1975-48)	KI-1093		1100±60
114	Bederkesa 1	Hv-7403		1110±55
33	Haddeby	KI-2244		1130±70
238	Benninghausen	KN-3455	1100±50	1175±45
		KI-2245	1310±65	
267	Meerbusch	BONN-1680		1180±70
246	Eisbergen	KN-2365		1250±45
214	Wienhausen	Hv-2507		1295±95
277	Rünthe	KN-3454	1290±55	1370±40
		KI-2246	1450±55	
343	Barmsee	KI-907		1370±60
253	Gohfeld	KI-2153		1378±41
53a	Klein Upahl/Lohmen	Bln-1719		1390±40
	-Wasserburg	KI-1739		1450±70
	-'Ems'	KI-2603		1570±44
115	Bederkesa 2	Hv-7404		1630±55
125	Dannenberg	Hv-1200		1720±75
31	Haale	KI-2250		1720±55
51	Leck	KI-2249		1790±44
85	Vaale	KI-2342		1820±55

Table 7 (Cont.).

194	Steinhuder Meer	Hv-10872		1835±60
	-Schwerin	Bln-1863		2100±65
	-Drochtersen-Ritsch	Hv-16666		2245±155
160	Lathen	KI-2248		2530±60
13	Berlin	KN-1606		3110±60
86	Warnsdorf	KN-320		3340±65
150	Hüde	Hv-55		4040±100
412	Mannheim	Hv-11748	4515±60	4640±45
		H-7204	4770±60	
151	Hüde	Hv-1221		4800±85
	-Dullenried	HD-11996-11546		4810±30
195	Steinhude/Wilhelmsburg	Hv-10871		5855±60
130	Dümmerlohausen	KI-2247.01	7610±100	
		KI-2247.02	7700±75	7670±50
		KI-2247.03	7670±75	
Dendrodates				
304	Grosskrotz	1622 AD	360	
433	Steisslingen	1428 AD	500	
	-Volkach-Astheim	1369 AD	670	
316	Schwebda	1322 AD	580	
399	Durmersheim 1	1104 AD	920	
401	Durmersheim 3	1104 AD	920	
400	Durmersheim 2	927 AD	1110	
	-Flosswiesen	650 AD	1410[11]	
332	Speyer/Angelhof	569 AD	1490	
	-Schonungen	50 AD	1960	
349	Garstadt/Bergrheinfeld	260 BC	2230	
	-Roseninsel/Starnberger See	900 BC	2740[12]	
	-Forschner 3	1811 BC	3460	
	-Federsee WLM 3	1819 BC	3480	
	-Federsee WLM 2	1963 BC	3590	
	-Federsee WLM 1	1979 BC	3625	
	-Forschner 2	1983 BC	3630	
	-Forschner 1	2002 BC	3640	

oldest logboats came from northern Germany; the earliest logboat from Bavaria (Roseninsel/Starnberger See) dates to the Later Bronze Age. More dates are needed, however, to confirm this. The logboat from Dümmerlohausen is made of alder, that from Dullenried of oak. The wood species of Steinhude/Wilhelmsburg is unknown.

4.3. Netherlands

No up-to-date survey of logboats in the Netherlands exists. Van der Heide (1974: pp. 106-120) mentioned 10 finds (the Terbregge find was erroneously included twice). Since then, several new discoveries have been made. Moreover, Van der Heide overlooked several old finds. Some thirty logboats are now known, including several extended ones. The 'treetrunk-plank boats' of Utrecht-type (Vlek, 1987) are not included here, although they are clearly related to the extended logboat of Velzen. Two recently discovered logboats of Hardinxveld-Giessendam have not been dated yet, but on basis of the first ^{14}C-dates for the settlement ages between c. 6400 and c. 6000 BP are likely.

Samples of 19 logboats were available for radiocarbon dating. Four of these were sampled after the wood had been treated with polyethyleneglycol (PEG). The historic age of three of these logboats was known. The radiocarbon ages were several hundred years older than expected. The dates of these four logboats are therefore not included in the graph (see Appendix; the fourth logboat was found at Kerk-Avezaath). The remains of the Bergschenhoek logboat were dated indirectly, on three samples of wood found in the small fishing camp in which the remains of the logboat were excavated. The number of finds is surprisingly small for such a wet country. This seems to be partly due to a lack of interest on behalf of a former generation of archaeologists who were too quick to claim that logboats were naturally rotted out tree trunks.

The logboat of Pesse is made of pine, that of Bergschenhoek is made of alder. One of the Hardinxveld-Giessendam logboats is made of lime; the wood species of the second one is not yet known (pers. comm. L.P. Louwe Kooijmans 12.6.1998). Not everybody is convinced that the Pesse vessel is a logboat. It should be emphasized that it was found embedded in Boreal peat

(Van Zeist, 1957) in a small river valley (Harsema, 1992: pp. 29-32). McGrail (1978: p. 8) quotes Van der Heide as the source of his reservations and writes "it is the best that judgment be reserved". He must have misunderstood, however, what Van der Heide (1974: pp. 106-111) wrote, for Van der Heide is convinced of the logboat character of the Pesse find. He points out that given the ^{14}C-date the vessel could not have been used as a trough or a treetrunk coffin, and also that preliminary calculations show that it could carry a weight of 90-120 kg, i.e. an adult male. Søren Andersen (quoted in Beuker & Niekus, 1997: noot 3) also raised objections based on the small size, the crude workmanship and the thick walls of the vessel, compared with later Danish logboats. One should not forget that the Pesse logboat is the earliest known specimen in Europe, and that the oldest Danish logboat is 2000 years younger. The Pesse logboat compares very well with the logboats of Noyen-sur-Seine and Nandy in northern France, which are also made of pine. Only gradually was the experience necessary to construct thin-walled logboats accumulated. Even in case the Pesse logboat could only carry 60 kg, like Arnold (1995: p. 26) claims, its logboat status is not in danger. In 1999 the Drents Museum will construct two replicas of the Pesse logboat, to test its performance.

4.4. Belgium

No survey of logboats from Belgium in available. An unpublished thesis by N. Beeckman (Free University Brussels, 1985) lists 8 finds in Belgium. Four logboats have been dated by radiocarbon. The Mechelen-Nekkerspoel boat seems to have been impregnated with candlewax or a related substance. A small sample of purified cellulose has been dated by AMS (see also Appendix).

4.5. France

Cordier (1963, 1972) listed 98 French logboats, Lerat-Renon (1989) 160. But due to the large number of recent finds (Sanguinet, Paris-Bercy, river Brivet) the actual number may well be more than 200. Of these, 60 have been dated by ^{14}C, and 7 by dendrochronology. However, the dates of the logboats found in the river Brivet are not included in this list (see Miquel, 1996; Bahn, 1996). Four of the dendrodated boats were also dated by radiocarbon. The Mesolithic logboats of Nandy and Noyen-sur-Seine are made of pine, the logboats 1 and 6 of Paris-Bercy of oak. The Taillebourg (1984) logboat (Gif-6681 1480±50 BP) is not included in this list. Contrary to Arnold (1995: pp. 16-17) the association of the dated pole and the actual logboat is far from certain

Table 8. Dated logboats of the Netherlands.[13]

Radiocarbon dates			
Oss	GrN-19278		790±35
Essche Stroom	GrN-21479		970±20
Velzen	GrN-8276		975±30
Zeewolde	GrN-18884		1210±50
Daarle	GrN-2005		1285±65
Kuinre	GrN-20054		1450±50
Angerlo	GrN-8027		1700±35
Gieten	GrN-15888		1890±30
Empel	GrN-20552		2120±30[14]
Kolderveen	GrN-19277		2280±40
Nijeveen (1870)	GrN-15887		2480±25
Terbregge	GrN-18351		2505±35
Nigtevecht	GrN-16548		2745±20[15]
Hazendonk	GrN-9190		4400±60
Bergschenhoek	GrN-7764	5415±60	
	GrN-9897	5335±45	5380±25
	GrN-9898	5400±35	
Pesse	GrN-486	8270±275	8760±145[16]
	GrN-6257	8825±100	

Table 9. Dated logboats of Belgium.[17]

Radiocarbon dates			
Antwerpen/Austruweel 2 (1911)	Lv-827		820±45
Antwerpen/Austruweel 1 (1910)	Lv-826	1050±65	990±45
	IRPA-453	940±60	
Pommeroeul	IRPA-383		1725±45
Mechelen-Nekkerspoel (cellulose)	GrA-5432		2345±50

Table 10. Dated logboats of France.[18]

Radiocarbon dates			
Saint Fraigne, Charente	Gif-7159		250±50
Sanguinet 10, Landes	Gif-8776		460±60
Lepin, Lac du Paladru, Isère	Ly-2274		570±230
Moncey, Doubs	Gif-3716		610±90
Chalon 2, Saône-et-Loire	Ly-2743		720±120
Dompierre-sur-Charente, Charente Maritime	Gif-7388		800±60
Argenteuil, Val d'Oise	Gif-3750		870±90
Le Cellier, Loire-Atlantique	Gif-7040		880±60
Granat-sur-Engievre, Allier	Ly-2252		900±110
Massay, Cher	Gif-6379		940±60
Ancenis (1985), Loire-Atlantique	Gif-7041		1010±60
Oudon-Vauvressix, Loire-Atlantique	Ly-7154		1135±50
Gueugnon 2, Saône-et-Loire	Gif-6761		1140±60
Port Berteau, Charente Maritime	Gif-7158		1150±70
Sainte-Anne de Campbon, Loire-Atlantique	Gif-5430		1190±60
Epervans, Saône-et-Loire	Ly-2199		1260±140
Saint Marcel 3, Saône-et-Loire	Ly-4749		1320±75
Saintes 1, Charente Maritime	ARC-455		1325±50[19]
Taillebourg, Charente Maritime (1980)	Gif-6680		1340±50
Port d'Envaux, Charente Maritime	Gif-6679		1350±50
Flavigny-sur-Moselle, Meurthe-et-Moselle	Ny-720		1410±80
Saintes 2, Charente Maritime	ARC-458		1450±50
Chissey, Jura	Gif-5539		1480±60
Baupte, Manche, (Marais de Gorges)	Gsy-60		1500±100
Bregnier-Cordon, Ain	Ly-68		1500±110
Sanguinet 1, Landes	Gif-7658		1520±60
Rauville-la-Place, Manche	Gif-2463		1530±100
Chaudeney-sur-Moselle 3, Meurthe-et-Moselle	Ny-314		1750±70
Paris – Ile de la Cité	Ly-6542		1815±50
Ancenis (1950), Loire-Atlantique	Gif-236		1820±200
Chaudeney-sur-Moselle 1, Meurthe-et-Moselle	Ny-313		1850±60
Sanguinet 21, Landes	Gif-9983		1880±55
Sanguinet 3, Landes	Gif-7657		1900±60
Sanguinet 2, Landes	Gif-7656		1930±60
Sanguinet 11, Landes	Gif-9976		2000±50
Sanguinet 18, Landes	Gif-9981		2040±60
Sanguinet 16, Landes	Gif-9980		2060±50
Sanguinet 14, Landes	Gif-9979		2130±70
Oudon, Loire-Atlantique	Gif-5431		2320±60
Saint Germain-du-Plain, Saône-et-Loire	Ly-5566	2370±45	2395±45[20]
	Ly-5819	2455±70	
Sanguinet 5, Landes	Gif-7431		2630±60
Saint Marcel 5, Saône-et-Loire	Ly-4751		2660±75
Sanguinet 9, Landes	Gif-8285		2660±50
Sévrier, Crèt de Chatillon, Haut Savoie	Ly-1951		2700±140
Sanguinet 22, Landes	Gif-9984		2930±70
Sanguinet 20, Landes	Gif-9982		3270±70
Sanguinet 7, Landes	Gif-9977		3300±50
Ile Bridon, Maine-et-Loire	Ly-5973	3575±75	3495±45
	Ly-6067	3457±50	
Brison-Saint-Innocent, Les Mémers, Savoie	Ly-2305		3740±130
Paris-Bercy 2	Gif-9225	3810±50	
	Gif/		3800±30
	LSM-9225	3800±25	
Paris-Bercy 8	Ly-6426		3860±75
Paris-Bercy 12	Gd-7318		4140±40
Paris-Bercy 3	Gif-9226	4180±50	
	Gif/		
	LSM-9226	4140±20	4145±25
	Ly-6023	4125±55	

Table 10 (Cont.).

Charavines-Les-Baigneurs, Savoie	Ly-792		4190±150
Bourg-Charente, Charente	Gif-5156		4540±110
Paris-Bercy 1	Gif/		
	LSM-9224		5510±20
Paris-Bercy 6	Ly-6880		5745±95
Noyen-sur-Seine, Seine-et-Marne	Gif-6559		7960±100
Nandy 2, Seine-et-Marne	ARC-1196		7990±55
Nandy 1, Seine-et-Marne	ARC-1197		8060±55
Dendrodates			
Saint-Aubin-en-Charollais, Sâone-et-Loire	1561 AD	340[21]	
Scey-sur-Sâone, Sâone-et-Loire	1534 AD	280[22]	
Verjux, Sâone-et-Loire	1466 AD	400[23]	
Noyen-sur-Seine, Seine-et-Marne	834 AD	1200[24]	
Chalain-Marigny, Jura (1904)	959 AD	2800	
Chalain-Marigny, Jura (1988-1)	2503 BC	4010	
Chalain-Marigny, Jura (1988-2)	3027 BC	4390	

Table 11. Dated logboats of Switzerland.[25]

Radiocarbon dates			
Beinwil am See, AG (1977)	UCLA-2706G		450±30
Cudrefin, VD (1871)	UCLA-2706A		2045±60
Bevaix, NE (1879)	Lv-270		2890±110
Grandson-Corcelettes, VD (1880)	ETH-15251	3075±50	3125±40[26]
	ETH-14257	3185±55	
Twann, BE (1975)	B-2750		3250±60[27]
Bevaix, NE (1990/3)	UZ-1593		3265±65
Bevaix, NE (1990/4)	UZ-3705/		
	ETH-12894		4540±65
Pfäffikon-Riet, ZH (1991)	UZ-1511		5135±90
Hauterive, NE (1976)	B-4771	5280±50	5440±35
	B-4529	5540±40	
Männedorf, ZH (1977)	UCLA-2706B		5490±50
Dendrodates/direct			
Bevaix, NE (1977)	39 BC	2040	
Chabrey-Montbec, VD (1989)	957 BC	2810	
Bevaix, NE (1980/2)	998 BC[28]	2830	
Twann-Wingries, BE (1880)	1000 BC[29]	2830	
Bevaix, NE (1980/1)	1003 BC	2830	
Bevaix, NE (1990/2)	1028 BC	2860	
Gals, BE (1942)	1216 BC[30]	2970	
Twann-St. Peterinsel, BE (1911)	1313 BC[31]	3040	
Erlach-Heidenweg, BE (1992)	1564 BC[32]	3290	
Bevaix, NE (1987)	1609 BC	3290	
Dendrodates/indirect			
Auvernier, NE (1975)	850-80 BC	c. 2715	
Hauterive-Champréveyres, NE (1984)	960-90 BC	c. 2820	
Hauterive-Champréveyres, NE (1985)	1030-50 BC	c. 2870	
Auvernier-Port, NE (1973)	c. 3680 BC	c. 4860	

(pers. comm. E. Rieth, 19-12-'96). The logboat of Mûrs-Erigné, Maine-et-Loire has been dendrodated to 569 AD (Jonchery, 1986: p. 11), but this date is not accepted by Gassmann et al. (1996: p. 117) and therefore has not been included here.

4.6. Switzerland

According to Arnold (1995; 1996) 133 logboats are known from Switzerland. The 'Mesolithic' logboat from Estavayer-le-Lac (Ramseyer, Reinhard & Pillonei 1989) is not included in this series. According to Arnold

(1995: p. 69) the object in question is a tree trunk with traces of insect damage, which collapsed into the water and was shaped by natural erosion and rotting processes. Ten logboats have been dated by radiocarbon, 10 by dendrochronology of the wood of the boat, and 4 by dendrochronology of settlement layers in which the boats were embedded. Four of the dendrodated boats were also dated by radiocarbon. Several dendrodates mentioned in previous publications (Arnold, 1985; Egger, 1985) have been withdrawn or changed in the meantime (see notes 26, 27, 29 and 30). The logboats of Auvenier-Port, Männedorf and Hauterive are made of lime, the logboat of Bevaix (1990/4) is made of pine. The wood species of the Pfäffikon-Riet logboat is not known.

4.7. Austria

The number of logboats from Austria is surprisingly small. Werner (1973) could list only eight finds. One logboat has been dated by radiocarbon:

Obertrummer See/Salzburg	KI-2724	580±50 BP[33]

4.8. Czech Republic

According to Gorecki (1985) in 1950 at least twenty logboats are known from the Czech Republic, largely from the Elbe and Morava valleys. One sample has been dated:

Mikulčice	GrA-9465	1180±40 BP

4.9. Poland

An up-to-date survey of Polish logboats is not yet available, but information provided by A. Szymczak (Szczecin) who is working on logboats found in the Oder catchment area and in Pomerania, and by W. Ossowski (Gdansk) working on logboats in NE Poland and the Vistula basin, makes clear that some 400 archaeological finds of logboats are known. A large number of these has been curated and could be sampled for dating. Unfortunately, a relatively large proportion has been treated with chemical compounds containing carbon, partly of modern origin (linseed oil a.o.), partly of fossil origin (oil- or coal-based). In a number of cases it turned out to be impossible to remove these substances. Of the 120 samples dated by radiocarbon, 9 were rejected for this reason (see Appendix). Of the remaining 111 ^{14}C-dates in table 12 the very young ones should be treated with caution. The oldest dates are reliable, however: the wood in question had either not been treated, or was sampled before treatment. Four of the five dendrodated boats have been ^{14}C-dated, as well.[34] In this paper the radiocarbon ages obtained by converting the dendrodate into a radiocarbon date by means of the calibration curve are used. In three out of four cases calculated age and measured age agree quite well; in the fourth case the measured age is considerably older. The

Table 12. Dated logboats of Poland.[35]

Wigry-binduga	Gd-7907	modern
Gim	Gd-7909	20±60
Lake Radunskie	Gd-5482	<40
Chelmno	Gd-6002	<50
Lake Mausz	Gd-5483	<50
Laskownica Wielka*	GrN-21957	50±30
Chmielonko*	GrN-20992	60±35[36]
Borkowo I	Gd-922	60±60
Bobrowniki (Sieradz)	GrN-22450	85±30[37]
Borsk*	GrN-20991	125±35
Wadag	Gd-9721	130±180
MNS A/17312	GrN-20650	130±30[38]
Bukowiec*	GrN-21955	140±30
MAP/CMM-2	GrN-21961	140±30[39]
Charzykowy	Gd-1010	<150
Szczecin-Rubinowy Staw	Gd-2313	<150
Radun	GrA-9462	165±35
Rusek	Gd-7916	190±50
Wigry	Gd-7915	190±50
Majcz	Gd-7905	200±50
Lake Radunskie	GrN-21419	215±35
Wieleckie Lake	GrN-21002	215±40
Dzierzazno	GrN-20994	225±65
KPE/164/E	GrN-21420	230±40[40]
Marwice 2	GrN-23056	240±15
Weltyn	GrN-20640	245±30[41]
Kashubian Lake Distr. 1	GrN-21859	245±30
Szklana Huta	GrN-21428	250±25
MAP/CMM-5*	GrN-21964	270±30
Borkowo II	Gd-1424	270±40
Radunskie Lake A	GrN-20997	290±110
Kamien Pomorski/Karpina Bay	GrN-20642	295±25
Lipnica-Trzebielsk	GrN-21413	295±30
Radunskie Lake B	GrA-9463	300±35
Omulew II	Gd-7918	300±60
Orzolek	Gd-7917	310±60
Kosewo	GrN-21952	330±25
Skorzecin A*	GrN-21958	330±45
MD/Tp/104	GrN-21001	340±60
Razny	Gd-7910	340±60
MNP/E/?	GrN-23351	350±30[42]
Czarnoglowy	GrN-20641	365±20
MNS A/17307	GrN-20647	365±25
MPS/E-SK3	GrN-21422	380±35[43]
Lake Biale	Gd-2656	400±60
MPS/E-SK2	GrN-21421	420±25
Kashubian Lake Distr. 2	GrN-21860	440±30
Elblag I	Gd-7914	460±60
Sierakow	GrN-21953	475±30[44]
Pawlowice	Gd-7938	480±50
Krosnowo	GrN-21861/62/63	490±18
Kwidzyn	GrN-23060	510±40
Czolnow	GrN-21418	530±30
MG-1	GrN-22461	560±40[45]
Wojtkowice	Gd-7921	570±50
Otalzyno Lake	GrN-21414	575±40
Zelazna	GrN-22457	590±50
Lake Jawor	GrN-20655	600±50
Lednickie Lake	Lod-272	610±100
Swleszewo	Gd-5956	620±50
Lubin	GrN-22459	640±35
Jelowa	GrN-23752	640±55

Table 12 (Cont.).

Jurki	Gd-7922	650±60
Glodowo	GrN-21951	680±30
Ostrow Lednicki III	Gd-10625	680±120
Marwice 1	GrN-20654	690±30
MAP/CMM-6	GrN-21965	695±30
Gora	GrN-21423	740±120[37]
Nowa Cerkiew	GrN-21429	780±90[46]
Chobienia	GrN-22451	825±40
MAP/CMM-3a	GrN-23061	830±50
Wolin/Dziwna R.	Gd-6335/47	835±55
Konin	GrN-21956	870±30
MAP/CMM-4	GrN-21963	900±50
Swarzedz	GrN-21960	900±30
Bojadka	GrN-22458	910±40
Nowa Sol	GrN-22460	930±45
Czermnica	GrN-20643	950±20
Poleczynsskie Lake	GrN-21426	950±100
Kamien Pomorski/Swiniec R.	GrN-21425	980±110[47]
Elblag II	Gd-11305	1030±110
MNS A/17305	GrN-20645	1100±30
MAP/CMM-3	GrN-21962	1120±30
Nieszawa	GrN-23059	1125±30
Szczecin-Podzamcze	GrN-20639	1135±30
MK/A/2842	GrN-21000	1140±45[48]
MNS A/17306	GrN-20646	1175±30
Czolpino	GrN-20651	1180±30
Puck	Gd-891	1190±70
Lednagora*	GrN-21954	1210±50
Steklin	Gd-11303	1230±90
Szczecin-Glebokie	GrN-20644	1235±25
Poleczyno	GrN-21415	1315±40
MNS A/17309	GrN-20649/21141	1345±35
Zlotoryjsko*	GrN-21959	1350±50
Bielice	GrN-20653	1360±50
MNS A/17308	GrN-20648	1400±30
CMM/OT/162	Gd-1895	1490±50
Szczecin Bay	GrN-20652	1550±30
Kamien Pomorski/cathedral	Gd-1876/2309	1570±40[49]
Lewin Brzeski 1	Gd-5958	1620±50
Lewin Brzeski 2	Gd-7279	1760±40
Bobrowniki (Otyn)	GrN-22449	1890±40
MAP/CMM 7	GrN-21966	1960±35
MNP/E/973	GrN-23352	2270±35
Chwalimki 2	GrN-23053	2910±35
Lazno Lake	Gd-11304A	2930±100
Ciesle	Gd-6604	3470±100
Chwalimki 1	GrN-22462	3660±40
MOB/A-1033	GrN-21416	4050±50[50]
Szlachcin	GrN-23058	4830±30
Dendrodates		
Zlotoryjsk	1394 AD	670
Nowa Cerkiew	959 AD	1110[51]
Gotland Bay	730 AD	1245[52]
Ulanow	728 AD	1245[53]
Pinczow	1220 BC	2975[54]

datelist is not complete: more [14]C- and dendrodates are in preparation, resp. available but not at our disposal.

Oak and pine are the preferred wood species. The oldest logboat, found under water on the edge of a lakeside settlement of the Funnelbeaker Culture (Wiorek phase) near Szlachcin (30 km SE of Poznan; Jazdzweski, 1936: pp. 291-292 and 380-381) and according to the radiocarbon date clearly belonging to this settlement, was made of alder, however (A. Szymczak, letter 15-12-'97).

4.10. Estonia/Latvia/Lithuania

Logboats have been found in the Middle Neolithic settlements of the Narva Culture, such as Sarnate in Latvia and Sventoji 1B and 4B in Lithuania (Rimantiene, 1992). None of these boats has been dated directly, but radiocarbon dates of other material in these and related settlements indicate dates in the bracket 4700-4400 BP (Rimantiene 1979; 1992). Logboats are also known from settlements of the Late Neolithic Bay Coast Culture, such as Sventoji 9 (Rimantiene, 1980). The Bay Coast Culture can be dated to 4350-3750 BP.

4.11. Comment: West and Central Continental Europe

When working with the dates of the logboats dealt with in chapters 4.1 to 4.10 some patterns in distribution both in space and time are noticeable. To visualize these patterns Continental Europe north of the Alps and the Pyrenees, and west of the Russian border has been divided in two zones (fig. 3). Zone 1 comprises Denmark, northwestern Germany (i.e. Schleswig-Holstein, Hamburg, Niedersachsen, Bremen and Nordrhein-Westfalen), Netherlands, Belgium and northwestern France (i.e. the regions Nord-Pas-de-Calais, Picardie, Haute- and Basse-Normandie, Ile-de-France, Champagne-Ardenne and the departments Eure-et-Loir and Meuse). Zone 2 comprises the rest of France and Germany, Switzerland, Austria, the Czech Republic and Poland. Although without ^{14}C-dates Latvia and Lithuania must belong to this zone, as well. The Swiss and Austrian logboats were found north of the Alps, in fact.

There is a clear difference between these two zones. Mesolithic canoes have only been found in the first zone (fig. 4). In the second zone logboats started clearly later, i.e. after the beginning of the Neolithic (fig. 5). Given the fact that Mesolithic population densities were much lower than those of the Neolithic and later periods, the number of Mesolithic logboats is surprisingly high. The combined figures used to construct figures 4 and 5 are probably large enough to warrant reliable pictures, even although samples were not collected completely at random. The majority of logboats dated in Denmark are older than 4000 BP, which seems to be the result of selective dating of typologically older boats, made of lime and alder, with younger boats made of oak being

Fig. 3.

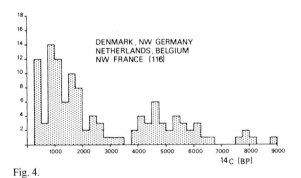

Fig. 4.

neglected to some degree. The selection of samples in Switzerland was not random either, with an emphasis on dendrodated logboats of the Later Bronze Age. These selection criteria do not influence the overall picture, however.

In zone 2 two regions with earlier logboats are present. The first one is a wide corridor along the southern edge of the Baltic Sea, from Mecklenburg to Latvia and Lithuania. The logboat is introduced here between 5000 and 4500 BP. The second one is a wide Rhine-Saône-Rhône corridor, that comprises eastern France, southwestern Germany and western Switzerland. Here logboats are introduced around 5500 BP. The remaining parts of zone 2 seem to have accepted the logboat only gradually. It is amazing to see that the earliest logboat in Bavaria is of Late Bronze Age date.

The continuity in the southern part of zone 1 is not so self-evident as it looks. This is the area of the Linear Bandceramic Culture (LBC), which until recently was seen as the classic example of an invading group, spreading rapidly from the Hungarian Plain over the loess areas of Central and western Europe. Recently doubts have been expressed. Tillmann (1993) sees the earliest phase of LBC as a result of a 'neolithization' of the indigenous Mesolithic groups in Central Europe shortly after 6400 BP. In northern France, Belgium, the German Lower Rhine area and the southern part of the

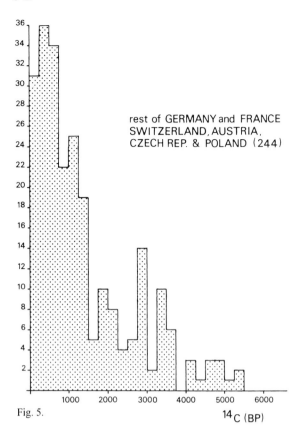

rest of GERMANY and FRANCE
SWITZERLAND, AUSTRIA,
CZECH REP. & POLAND (244)

Fig. 5.

14C (BP)

never been doubted. In the Netherlands and NW Germany west of the Elbe, more and more indications for continuity are found. In NW Germany sites like Dümmer and Hamburg-Boberg are likely to show the gradual 'neolithization' of the local Mesolithic populations (Schwabedissen, 1994). In the northern Netherlands the Bronneger-Voorste Diep finds (Lanting, 1992) and the Almere-'Hoge Vaart' settlement (Hogestijn et al., 1995; Hogestijn & Peeters, 1996) probably represent a comparable development. Apparently the Hardinxveld-Giessendam settlement (in excavation at the moment of writing) shows transition from pure Mesolithic to ceramic Mesolithic, as well.

5. ITALY AND THE NORTHWESTERN BALKAN

5.1. Italy

Cornaggia Castiglioni & Calegari (1978) listed 57 logboats, largely from northern Italy. Since then, a small number of new finds has been published. The most interesting new find is the logboat of Lago di Bracciano near Rome, found on the edge of a submerged early Neolithic settlement (Fugazzola Delpino & Mineo, 1995). This logboat is made of oak, worked with axes and has four low ridges across the inside of the base. Thirteen boats have been dated by radiocarbon; the Lago di Viverone logboat dated to 5010±110 BP (R-1637) is rejected by Fugazzola Delpino & Mineo (1995: p. 238) and is not included in table 13. The Lago di Bracciano vessel is dated indirectly; the sample was taken from a pole near the stern that kept the boat in position.

5.2. Former Yugoslavia

Erič (1993/1994: p. 126) states that c. 60 logboats and logboat models are known in Slovenia. Of these, ten

Dutch province of Limburg the lateralization of the asymmetric flint arrowheads of the LBC can only be explained by a related process or by absorption of the Mesolithic population by invading LBC farmers (Löhr, 1994). In Schleswig-Holstein and Denmark the basic population continuity during the transition Early Ertebølle-Late Ertebølle-Early Funnelbeaker Culture, despite cultural influences from outside the area, has

Table 13. Dated logboats of Italy.[55]

Radiocarbon dates			
Lago Monticolo	R-894á		710±50
Lago Trasimeno	Pi-84		744±110
Lago di Monate 1	F-62	940±75	950±65
		970±105	
Selvazzano 2	R-918á		1200±50
Selvazzano 1	R-917á		1210±50
Lago di Monate 2	F-63	1580±105	1460±60
	R-854á	1430±50	
Valle Isola	R-2		1810±140
Sasso di Furbara	Pi-?		2695±100[56]
Lago Lucone 1	R-375	3360±50	3260±35
	R-375á	3160±50	
Bertignano	R-1639		3460±180
Bande di Cavriana	R-786á		3520±50
Lago di Fimon	R-359á		4580±50
Lago di Bracciano	R-2561		6565±64

Table 14. Dated logboats of former Yugoslavia.[57]

Radiocarbon dates			
Ozalj, R. Kupa (Cr.)	Z-563		'modern'
Vukovar, R. Danube (Cr.)	Z-224		237±63
Slavonski Brod, R. Sava (Cr.)	Z-553		240±80
Sremska Mitrovica, R. Sava (Sb.)	BC-42		250±100[58]
Karlovac, R. Kupa (Cr.)	Z-164		281±67
Hrvatska Dubica, R. Una (Cr.)	Z-255		417±60[59]
Hutovo Blato, Desilo spring, (B.-H.)	Z-236		430±60
Bosanska Gradiska, R. Jablanica (Cr.)	Z-256		1759±55
Iska Loka (Sl.)	GrN-20808		1800±35
Lipe, Ljubljansko Barje (Sl.)	Z-634		1940±80
Sisak, R. Kupa (Cr.)	Z-1147		2040±130[60]
Krtine II (Sl.)	GrN-23544		2050±30
Bevke-Notranje Gorice (Sl.)	GrN-20809	2125±30	2090±22
	GrN-20810	2055±30	
Zakotek (Sl.)	Z-1932		2310±90
Matena (Sl.)	GrN-20811		2700±35
Blatna Brezovica (Sl.)	Z-1931		3140±90
Ledina Malence (Sl.)	Z-737		3290±120[61]
Veliki Mah (Sl.)	GrN-23550		4210±40
Hotiza, R. Mura (Sl.)	GrN-20807	7340±30	
	Z-2294	7392±177	7325±70
	Z-2359	7030±110	

logboats have been dated by radiocarbon. Of special interest is the Hotiza logboat, with its very early date, and its low ridges across the inside of the base. The vessel is clearly related to the Lago di Bracciano (It.) logboat. No corresponding surveys are known from other parts of former Yugoslavia. Nine logboats found in Croatia, Serbia and Bosnia-Hercegovina have been dated by radiocarbon, however, showing that they occur in these areas. All dated logboats are of oak.

5.3. Comment (Italy and former Yugoslavia)

The dates from Italy and former Yugoslavia have been combined in a single graph (fig. 6). These logboats share a distribution area south of the Alps. The number of dates is too limited to be conclusive, but the existence of a second centre of origin seems likely. The Hotiza date is surprisingly early for a canoe made of oak (Erič, 1993/1994), but there are no grounds for doubting the reliability of either find or date. In fact the Lago di Bracciano logboat is only slightly younger, of the same type and made of oak, as well. The gap between Hotiza and Veliki Mah on the one hand, and Lago di Bracciano

and Lago di Fimon on the other is remarkably large. This may be due to the small number of dates available at the moment. But one could question the continuity of the use of logboats in these areas between c. 6500 and c. 4500 BP.

6. THE REST OF EUROPE

6.1. Spain/Portugal

According to Alves (1988), only three archaeological logboats have been discovered in Portugal and one or two in Spain. It is known, however, that logboats were in use till quite recently. One of the Portuguese finds has been dated:

Geraz do Lima	ICEN-20	1000±40 BP

References in Strabo's *Geographica* indicate that logboats were in use on the river Guadalquivir (book 3, chapter 2,3) and in the northwestern part of the peninsula (book 3, chapter 3,7) during the last centuries BC and the first century AD. How much earlier the logboat was introduced, is not established, yet.

6.2. Bulgaria

Only one logboat from Bulgaria seems to be known, namely the one found on the lake bed in front of the Early Bronze Age settlement of Ezerovo III (c. 4100-4200 BP; Tončeva, 1981: p. 45 and fig. 4: 1 a-d). This logboat is not prehistoric like claimed by Neville (1993). It was dated both in the British Museum (*Radiocarbon*

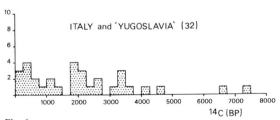

Fig. 6.

19, 1977: p. 143) and in Berlin (Görsdorf & Bojadžiev, 1996: p. 157) and turned out to be medieval:

BM-760	559±40 BP
Bln-1017	618±100 BP

6.3. Greece

During the International Radiocarbon Conference of 1997 in Groningen one of the Greek participants mentioned the discovery of a logboat in a Late Neolithic settlement near Lake Kastoria. We have not been able to collect first-hand information, sofar. Almost certainly the find in question is 'the trace of a small flatboat' found in the Late Neolithic site of Dispilio on the shore of Lake Kastoria (Andreou, Fotiadis & Kotsakis, 1996: p. 568). The corresponding radiocarbon ages for Late Neolithic are 6400-5800 BP. In case this early date is confirmed, and the 'flatboat' is indeed a logboat (Paret (1930) uses the term *Flachboot* for a logboat with a flat base), this find can be used as another argument in favour on an independent origin of the logboat in SE Europe.

6.4. Russia/White Russia/Ukraine

No survey of logboats in these countries seems to exist. Okorokov (1995) published 26 logboats from Russia and Ukraine, four of which have been dated by radiocarbon. Unfortunately he mentions no laboratory numbers in three cases:

Confluence of Protva and Oka R., 1992

GIN-7282	240±30 BP
Drutskoye, 1960	300±60 BP
Khortitsa, 1984	550±40 BP
Khortitsa, 1985	990±40 BP

Recently Burov (1997) described eleven logboats found in Russia and Ukraine, and one from Latvia. Of the Russian and Ukrainean examples six are not mentioned by Okorokov. Burov mentions the Khortitsa 1984 and 1985 dates, under entry 9 ('Town of Zaporozhye'). He also mentions a logboat found in 1961 near Glazunovskaya village, in southern Russia, found in sediment of the Medveditsa river. This logboat has been dated by ^{14}C to the third-fourth centuries AD, which means c. 1650 BP. A laboratory number, or standard deviation is not given.

Thanks to Burov, another puzzle can be solved. In *Radiocarbon* 12 (1970: pp. 131-132) the Leningrad laboratory published a date for a logboat found near Peschanoye, Cherkassy Oblast, Ukraine:

Le-654	1120±100 BP

Okorokov does not mention this boat or its date. It seems likely that it should be identified with Burov's No. 6, a logboat found near Peschance, district of Zolotonosha, Ukraine, given the fact that the findspot on Burov's map and the latitude/longitude in *Radiocarbon* correspond. One of the entries must contain a printing error; with the second 'c' in Peschance turned into an 'o' or the other way around. According to Burov 15 bronze vessels of the 5th century BC were found beside the boat, but the radiocarbon date makes clear that boat and vessels are not associated.

6.5. Slovakia/Hungary/Romania/Albania

Although logboats were still in use in these countries until quite recently (Paret, 1930; McGrail, 1978), no information on 'archaeological' finds is available, apart from the fact that Paret (1930: p. 111) mentions a logboat in the Museum of Budapest.

7. DISCUSSION

It is not yet possible to describe in detail the origin and spread of logboats. However, a distinct trend is already apparent. The oldest logboats are to be found in northwest Germany, the Netherlands and northern France where dates older than 7500 BP occur. From here, they spread out towards Denmark before 6500 BP, towards Ireland shortly after 6000 BP and towards eastern France and western Switzerland around c. 5500 BP. The logboats from Hotiza (Slovenia, c. 7100 BP) and Lago di Bracciano (Italy, c. 6550 BP) do not conform to this interpretation. Almost certainly a second centre of early logboats was established in the northern Balkans and Italy. The possible Greek example of c. 6000 BP belongs to this second core area, as well. Later, logboats spread to the rest of Europe: along the southern coast of the Baltic Sea (Poland after c. 5000 BP, Latvia/Lithuania, c. 4500 BP), Southwest Germany after 5000 BP, Great Britain around 4000 BP (?), Southwest France after 3500 BP (?), Southeast Germany after 3000 BP (?), southern Sweden, also after 3000 BP, northern Sweden and Norway after 2000 BP, possibly Finland after 1000 BP. Logboats may have disappeared from Denmark between c. 4000 and 3000 BP. In case logboats disappeared from the Balkan and Italy after c. 6500 BP, re-introduction may have taken place from SW-Switzerland and/or SE-France after 5000 BP. There are sufficient dates to demonstrate the differences between the northern part and the remainder of Continental Europe, Scandinavia (i.e. Norway, Sweden and Finland) and Ireland/Britain. The graph for the northwestern part of Continental Europe shows continuous use from c. 9000 BP onwards. Earlier use of logboats was probably not possible because trees of sufficient size and suitable quality were not yet available. The graph of the Scandinavian logboats contrasts markedly, with dates from 2500 BP onwards. The Irish/British curve occupies an intermediary position.

It is clear, however, that other types of boats must have been in use in these areas before the introduction of logboats. Good supporting evidence is provided by the dates of wooden paddles. It is very unlikely that bulky and relatively strong objects such as logboats would disappear completely where much smaller and fragile objects such as paddles, which are often made of relatively soft wood species, could survive. Dates for paddles have not been collected systematically, but a few examples will suffice. In Finland at least three paddles have been dated (Vilkuna, 1986):

Konginkangas/Lake Keitele *Pinus*	SU-1327	3660±110 BP
Laukaa *Pinus*	SU-1328	3840±130 BP
Järvensuo, Humppila?	Hel-1004	4210±140 BP

In Sweden a paddle made of pine and found at Kroknäs, Skellefteå has been dated (*Radiocarbon* 28: p. 1126):

Lu-2384   4200±60 BP

In Denmark, a number of paddles have been dated by radiocarbon, or found in dated settlements (Rieck & Crumlin-Pedersen 1988). The oldest ones are:

Holmegard	*Salix*	K-4152	8220±100 BP
		K-3749	8090±100 BP
Ulkestrup Lyng	*Corylus*	K-2174	8140±100 BP

In Britain a large part of a paddle made of *Betula* was found at Star Carr. This site can be dated to c. 9500 BP, or slightly later.

In northern Germany at least three paddles were found in Friesack 4 in Early Mesolithic contexts, with dates of c. 9400-8800 BP (Gramsch 1987: Abb. 17:6 and Taf. 24:3). Other paddles are known from Duvensee 2, with a date of c. 9300 BP (Schwantes, 1958: Abb. 56) and from Gettorf/Duxmoor with a pollen date of 8000-9000 BP (*Schleswig-Holstein in 150 archäologischen Funden*, 1986, Nr. 9).

In every case, paddles appear much earlier than logboats in the same areas. Thus other types of boats must have been used and these were almost certainly skin- or barkboats. That is not a new idea, but has been concluded before (a.o. Smith, 1992: pp. 139-143). There is evidence that skinboats were already in use during the Late Upper Palaeolithic Ahrensburg Culture, about the time of the transition Younger Dryas/Preboreal, c. 10,000 BP. This evidence consists of worked reindeer antlers which may have been used as frames (Ellmers 1980; Tromnau 1987). Younger skin- and barkboats will have had wooden frames. Archaeological evidence is not known but in any case would be difficult to recognize. Skinboats, in the form of coracles, were used until the recent past on inland waters of Ireland and Britain (McGrail, 1987: ch. 10; Evans, 1957: ch. 17). The closely related seaworthy curraghs which use nowadays tarred canvas instead of hide are still in use. Rock art in Scandinavia leaves no doubt that skin- or barkboats were in use there in the Bronze Age (Johnstone, 1980: ch. 9). Strabo makes clear that skinboats were used in NW Iberia shortly before the beginning of our era (*Geographica* book 3, chapter 3,7). Barkboats were still produced in Norway around 1860 (Ellmers, 1990: p. 195).

A clear development in the choice of wood is visible.

The oldest logboats, from Pesse (NL), Nandy 1 and 2 (Fr) and Noyen-sur-Seine (Fr) are made of pine. This is certainly not a coincidence. Before 8000 BP, in northwestern Europe pine was the only tree of sufficient length and diameter available for this purpose. During the Later Mesolithic a clear preference existed for soft and easily workable wood such as lime, alder and poplar/aspen. The earliest appearance of alder in this context is the logboat from Dümmerlohausen (Ger) which dates to 7600 BP. Oak was exploited only during the Neolithic. Up to now logboat 6 from Paris-Bercy (c. 5750 BP) is the oldest example north of the Alps. The use of oak is probably connected with a preference for longlasting wood combined with the development of the tools which made the working of this harder wood possible. But it is likely that the absence of lime and alder of sufficient size in the late Neolithic will also have contributed to this change.

South of the Alps the use of oak started earlier. The Hotiza and Lago di Bracciano logboats seem to be the products of an early Neolithic centre of development which may be independent of the developments in northwestern continental Europe. The possible Greek example belongs to this early Neolithic tradition, as well. It is not sure, however, that the later developments on the Balkan and in Italy are independent of what happened elsewhere in Europe. There may have been discontinuity in the use, and re-introduction after 5000 BP.

8. NOTES

1. The datelist is largely based on published evidence. Information was provided by R. Switsur (Cambridge), M. Hardiman (Harwell), R. Mowat (Dunfermline), A. Sheridan and T. Cowie (Edinburgh). Numbers without prefix refer to McGrail's catalogue, the ones with prefix M to the catalogue of Scottish logboats by Mowat (1996).
2. Recalculated: the published error term included a contribution of ±80 years for possible isotopic fractionation effect.
3. Also radiocarbon dated on sapwood: HAR-6395 2550±100, HAR-6394 2350±50 and HAR-6441 2280±80 BP.
4. The datelist is largely based on unpublished information provided by S. Gulliksen (Trondheim), to whom many thanks are due.
5. The datelist is largely based on Westerdahl (1988/1989), with additonal information provided by B. Westenberg (Stockholm), S. Claesson (Stockholm), I. Olsson (Uppsala), G. Possnert (Uppsala) and Chr. Westerdahl (Copenhagen).
6. Older part of wood dated.
7. Three unpublished dates have been provided by H. Jungner (Helsinki) en M. Söderman (Uppsala).
8. The datelist is largely based on published evidence (Rieck & Crumlin-Pedersen, 1988; Christensen, 1990). Additonal information was provided by S.H. Andersen (Aarhus) and K. Rasmussen (Copenhagen).
9. For unpublished dates and information regarding the samples we wish to thank H. Willkomm (Kiel), M. Geyh (Hannover), Chr. Hirte (now Berlin), J. Görsdorf (Berlin), H. Dannheimer (Munich), H. Beer (Munich), K. Günther (Bielefeld) and F. Steffan (Wasserburg/Inn). The catalogue numbers are from Hirte's thesis.
10. Previously dated to 2830±60 BP (Hv-4653).
11. This is the definitive result. The preliminary date was 1094 BC (!). Also ^{14}C-dated: HD-13239/13617 1584±75 BP.

12. Also ^{14}C dated: KI-2968 2570±70, KI-3197 2880±65, KI-3198 2690±65 and KI-3199 2910±90. The mean of these four measurements is 2755±40 BP.

13. The following datelist is partly based on information stored in the database of the Groningen radiocarbon laboratory, and partly on information provided by V.T. van Vilsteren (Assen), H. Sarfatij (Amersfoort), M.D. de Weerd (Amsterdam), K. Vlierman (Ketelhaven), L.P. Louwe Kooijmans (Leiden) and G.H.J. van Alphen (Den Bosch).

14. A sample of wood taken from the inside of the bottom was dated to GrN-19723 2110±35 BP.

15. Charcoal found within the logboat was dated as well: GrN-16549 2420±25 BP. Some sherds found within the boat indicate an archae-ological date of c. 600 BC.

16. Two parts of the same sample were dated. Despite the larger standard deviation the mean age should be used instead of GrN-6257.

17. The information on the provenance of the Austruweel sample dated in Brussels was taken from Beeckman's thesis. Thanks are due to A. Cahen-Delhaye (Brussels), M. van Strydonck (Brussels) and E. Warmenbol (Antwerp).

18. The datelist given here is based on published information and unpublished results provided by E . Rieth (Paris), L. Bonnamour (Chalon-sur-Saône), J. Evin (Lyon), R. Jeagy (Nancy), J. Corrocher (Vichy), B. Maurin (Sanguinet) and V. Grandjean (Annecy).

19. ARC: Archeolabs.

20. The Saint-Germain-du-Plain logboat has been dendrodated to 959 BC (Dumont & Treffort, 1994), but this date is not accepted by Gassmann et al. (1996: p. 122).

21. Also ^{14}C-dated: Gif-5413 480±80 BP.

22. Also ^{14}C-dated: Ly-6543 585±45 BP.

23. Also ^{14}C-dated: Ly-5677 390±50 BP.

24. Also ^{14}C-dated: Ly-5891 1305±65 BP.

25. The datelist is based on Arnold (1995; 1996).

26. A dendrodate of 978 BC has been withdrawn.

27. A dendrodate of 986 BC has been withdrawn.

28. Also ^{14}C-dated: UZ-1594 2645±60 BP.

29. Originally published as 975 BC, but meanwhile corrected.

30. Previously known under the name Erlach, BE (1942).

31. Dendrodate previously given as 949 BC (!). Core of trunk ^{14}C-dated to 3310±55 BP, ETH-14258.

32. Also radiocarbon dated: rings 20-21 UZ-2906/ETH-9362 3395±60 BP; rings 119-129 UZ-2907/ETH-9363 3335±55 BP. The total number of rings present is 134.

33. This unpublished date has been provided by H. Willkomm (Kiel) and E. Stüber (Salzburg).

34. Three samples treated with chemicals were ^{14}C-dated in Groningen, and dendrodated later on in Poland. ^{14}C-sample MAP/CMM-1 (Swarzedz) equals dendrosample Tczew 1 a/b. The ^{14}C-dates are 900±30 BP (C-fraction) and 830±70 BP (N-fraction); the dendrodate is reported as 1547 AD, which means a ^{14}C-age of c. 340 BP. NAP/CMM-2 equals Tczew 2+3. ^{14}C-results: 140±30 BP (C-fraction) and 125±30 BP (N-fraction). Dendro: 1583 AD or c. 340 BP. MAP/CMM-5 equals Tczew 10. ^{14}C-result: 270±30 BP (both fractions combined), dendro: 1153 AD or c. 900 BP.
At first glance the results seem to be quite devastating for ^{14}C-dating. It is more likely, however, that either ^{14}C-samples MAP/CMM-1 and 5, or dendrosamples Tczew 1 a/b and 10 got mixed up. In that case the ^{14}C-results would still be too young, but within limits. Another possibility is that the dendrodates are not correct. Given these uncertainties the dendrodates are not included in table 12.

35. The datelist includes unpublished information provided by the late M. Pazdur (Gliwice), W. Filipowiak and A. Szymczak (Szczecin) and W. Ossowski (Gdansk).

36. Base of boat. Side dated to 215±35 BP, GrN-20993 (also treated with chemicals!).

37. See appendix.

38. MNS = Muzeum Narodowe, Szczecin.

39. MAP/CMM = Centralne Muzeum Morskie/Polish Maritime Museum, Gdansk.

40. KPE = Kashubian Ethnographic Park, Wdzydze Kiszewskie.

41. Repair of the same boat dated to 180±25 BP, GrN-20980.

42. MNP = Store of National Museum Poznan, in Adam Mickiewicz Muzeum, Smielow.

43. MPS = Ethnographic Skansen Museum, Kluki.

44. The same boat was dated in Gliwice, as well: 270±250 BP, Gd-9764.

45. MG = Museum, Gliwice.

46. See appendix. A sample of this boat was dated in Gliwice, as well: 1070±40 BP, Gd-3176. This date is in between the dates of the C- and N-fractions dated in Groningen, as could be expected (780±90, resp. 1850±140 BP).

47. A sample of this boat was dated in Gliwice to 770±60 BP, Gd-2311. The age is halfway the ages of C- and N-fractions, dated in Groningen: 980±110, resp. 720±120 (GrN-23663).

48. MK = Regional Museum, Koszalin.

49. GD-2309 on tree nail, Gd-1876 on wood from side of boat.

50. MOB = Regional Muzeum, Bydgoszcz.

51. Also ^{14}C-dated: 1070±40 BP, Gd-3176.

52. Also ^{14}C-dated: 1200±50 BP, Gd-1896.

53. Also ^{14}C-dated: 1300±50 BP, Gd-2064.

54. Also ^{14}C-dated: 3130±70 BP, Gd-11304.

55. The following list is based partly on unpublished results, supplied by M. Alessio and S. Improta (Rome), and L. Fozzati (Turin).

56. The Pisa laboratory no longer exists. We have been unable to establish the precise result and the laboratory number. The published date is 746±100 BC (Brusadin Laplace & Patrizi Montoro, 1977-1982: p. 371).

57. The datelist is partly based on unpublished information provided by M. Erič (Ljubljana) and N. Horvatinčić (Zagreb).

58. BC = Brooklyn College, New York.

59. A second sample, possibly of older wood of the same logboat has been dated: Z-251 541±60 BP.

60. A sample of wood from the core of the trunk has been dated: Z-1148 2330±140 BP.

61. According to M. Erič, this sample was taken from a logboat. *Radiocarbon* 23 (1981), p. 413 mentions only "fragments of wood, associated with wooden oar".

9. REFERENCES

ALVEZ, F.J.S., 1988. The dugout of Geraz do Lima. In: O.L. Filgueiras (ed.), *Local boats*. Fourth International Symposium on Boat and Ship Archaeology, Porto 1985 (= BAR International Series, 483). BAR, Oxford, pp. 287-292.

ANDERSEN, S.H., 1994. New finds of mesolithic logboats in Denmark. In: C. Westerdahl (ed.), *Crossroads in ancient shipbuilding*. Oxbow, Oxford, pp. 1-10.

ANDREOU, S., M. FOTIADIS & K. KOTSAKIS, 1996. Review of Aegean prehistory V: the Neolithic and Bronze Age of Northern Greece. *American Journal of Archaeology* 100, pp. 537-597.

ARNOLD, B., 1985. Navigation et construction navale sur les lacs suisses au Bronze final. *Helvetia Archaeologica* 16 (63/64), pp. 91-117.

ARNOLD, B., 1993. Logboats of the 6th millennium BC discovered in Switzerland. In: J. Coles, V. Fenwick & G. Hutchinson (eds), *A spirit of enquiry. Essays for Ted Wright* (= WARP Occasional Paper 7). WARP, Exeter, pp. 5-8.

ARNOLD, B., 1995. *Pirogues monoxyles d'Europe centrale, tome 1* (= Archéologie Neuchâteloise 20). Musée d'Archéologie, Neuchâtel.

ARNOLD, B., 1996. *Pirogues monoxyles d'Europe centrale, tome 2* (= Archéologie Neuchâteloise 21). Musée d'Archéologie, Neuchâtel.

ARNOLD, B., R. BERGER, E.G. GARRISON & E.G. STICKEL, 1988. Radiocarbon dating of six Swiss watercrafts. *International Journal of Nautical Archaeology* 17, pp. 183-186.

BAHN, P., 1996. French dugouts. *NewsWARP* 20, p. 26.

BAUER, S., 1992. Wasserfahrzeuge aus Bayerns Vorzeit. *Das archäologische Jahr in Bayern 1991*, pp. 80-82.

BEUKER, J.R. & M.J.L.Th. NIEKUS, 1997. De kano van Pesse – de bijl erin. *Nieuwe Drentse Volksalmanak* 114, pp. 122-126.

BRUSADIN LAPLACE, D. & S. PATRIZI MONTORO, 1977-1982, L'imbarcazione monossile della necropoli del caoline al Sasso di Furbura. *Origini* 11, pp. 355-379.

BUROV, G.M., 1997. Ancient dugouts of eastern Europe. *NewsWarp* 22, pp. 17-21.

CHRISTENSEN, C., 1990. Stone Age dug-out boats in Denmark: occurrence, age, form and reconstruction. In: D.E. Robinson (ed.), *Experimentation and reconstruction in environmental achaeology.* Oxbow Books, Oxford, pp. 119-141.

CORDIER, G., 1963. Quelques mots sur les pirogues monoxyles de France. *Bulletin de la Société Préhistorique Française* 60, pp. 306-315.

CORDIER, G., 1972. Pirogues monoxyles de France (premier supplément). *Bulletin de la Société Préhistorique Française* 69, pp. 206-211.

CORNAGGIA CASTIGLIONI, O. & G. CALEGARI, 1978. Le piroghe monossili italiane. *Preistoria Alpina* 14, pp. 163-172.

DUMONT, A. & J.-M. TREFFORT, 1994. Fouille d'une pirogue monoxyle protohistorique à Saint-Germain-du-Plain (Saône-et-Loire). *Revue Archéologique de l'Est et du Centre-Est* 45, pp. 305-319.

EGGER, H., 1985. Dendrochronologische Analyse spätbronzezeitlicher Einbäume aus dem Raume Jura-Südfuss. *Helvetia Archaeologica* 16 (63/64), pp. 118-122.

ELLMERS, D., 1980. Ein Fellboot-Fragment der Ahrensburger Kultur aus Husum, Schleswig-Holstein? *Offa* 37, pp. 19-24.

ELLMERS, D., 1990. Schiffsarchäologische Experimente in Deutschland. In: *Experimentelle Archäologie in Deutschland* (= Beiheft of 'Archäologische Mitteilungen aus Nordwestdeutschland', 4). Isensee Verlag, Oldenburg, pp. 192-200.

ERIČ, M., 1993/1994. Začasno poročilo o deblaku iz Hotize. *Zbornik Soboškega Muzeja* 3, pp. 115-129.

FRY, M.F., 1995. Communicating by logboat: past necessity and present opportunity in the North of Ireland. *Irish Studies Review* 12, pp. 11-16.

FUGAZZOLA DELPINO, M.A. & M. MIÑEO, 1995. La piroga neolitica del Lago di Bracciano ('La Marmotta 1'). *Bulletino di Paletnologia Italiana* 86, pp. 197-266.

GASSMANN, P. et al., 1996. Pirogues et analyses dendrochronologiques. In: B. Arnold, *Pirogues monoxyles d'Europe centrale, tome 2.* Musée d'Archéologie, Neuchâtel, pp. 89-127.

GÖRSDORF, J. & J. BOJADŽIEV, 1996. Zur absoluten Chronologie der bulgarischen Urgeschichte. Berliner ^{14}C-Datierungen von bulgarischen archäologischen Fundplätzen. *Eurasia Antiqua* 2, pp. 105-173.

GORECKI, J., 1985. Wczesnośredniowieczna łódź z Ostrawa Lednickiego koło Gniezna (Frühgeschichtlicher Einbaum aus Ostrow Lednicki bei Gniezno). *Fontes Archaeologici Posnanienses* 34 (1982-1985), pp. 86-93.

GRAMSCH, B., 1987. Ausgrabungen auf dem mesolithischen Moorfundplatz bei Friesack, Bezirk Potsdam. *Veröffentlichungen des Museums für Ur- und Frühgeschichte Potsdam* 21, pp. 75-100.

HARSEMA, O.H., 1992. *Geschiedenis in het landschap.* Drents Museum, Assen.

HEIDE, G.D. VAN DER, 1974. *Scheepsarcheologie.* Strengholt, Naarden.

HIRTE, Chr., 1989. Bemerkungen zu Befund und Funktion der kaiserzeitlichen Stammboote von Vaale und Leck. *Offa* 46, pp. 111-136.

HOGESTIJN, W.-J., H. PEETERS, W. SCHNITGER & E. BULTEN, 1995. Bewoningsresten uit het Laat-Mesolithicum/Vroeg-Neolithicum bij Almere (prov. Fl.): Verslag van de eerste resultaten van de opgraving 'A-27-Hoge Vaart'. *Archeologie* 6, pp. 66-89.

HOGESTIJN, W.-J. & H. PEETERS, 1996. De opgraving van de mesolithische en vroegneolithische bewoningsresten van de vindplaats 'Hoge Vaart' bij Almere (prov. Fl.): Een blik op een duistere periode van de Nederlandse prehistorie. *Archeologie* 7, pp. 80-113.

JAZDZEWSKI, K., 1936. *Kultura Puharow Lejkowatych w Polsce Zachodniej i Srodkowej (Die Trichterbecherkultur in West- und Mittelpolen).* Polskie Towarzystwo Prehistoryczne, Poznan.

JOHNSTONE, P., 1980. *The sea-craft of prehistory.* Routledge, London & New York.

JONCHERAY, D., 1994. *Les embarcations monoxyles dans la région Pays de la Loire* (= Associations d'études préhistoriques et historiques des Pays de la Loire 9). Nantes.

LANTING, J.N., 1992. Aanvullende ^{14}C-dateringen. *Paleo-aktueel* 3, pp. 61-63.

LANTING, J.N. & A.L. BRINDLEY, 1996. Irish logboats and their European context. *Journal of Irish Archaeology* 7, pp. 85-95.

LERAT-RENON, G., 1989. Les pirogues monoxyles de la préhistoire découvertes en France. In: *L'Homme et l'eau au temps de la préhistoire* (= Actes du 112e Congrès National des Sociétés Savantes, Lyon 1987). Commission de Pré- et Protohistoire, Paris, pp. 103-114.

LÖHR, H., 1994. Linksflügler und Rechtsflügler in Mittel- und Westeuropa. *Trierer Zeitschrift* 57, pp. 9-127.

LUCAS, A.T., 1963. The dugout canoe in Ireland. The literary evidence. *Varbergs Museum Årbok* 1963, pp. 57-68.

MCCORMAC, F.G., M.G.L. BAILLIE, J.R. PILCHER & R.M. KALIN, 1995. Location-dependent differences in the ^{14}C content of wood. *Radiocarbon* 37, pp. 395-407.

MCGRAIL, S., 1978. *Logboats of England and Wales* (= BAR British Series, 51 (2 vols)). BAR, Oxford.

MCGRAIL, S., 1987. *Ancient boats in N.W. Europe. The archaeology of water transport to AD 1500.* Longman, London/New York.

MIQUEL, A., 1946. Le cimetière à pirogues du Brivet. *L'Archéologue* 20, pp. 6-8.

MOOK, W.G. & H.J. STREURMAN, 1983. Physical and chemical aspects of radiocarbon dating. *PACT* 8 (= Proceedings of the First International Symposium ^{14}C and Archaeology, Groningen 1981), pp. 31-55.

MOWAT, R.J.C., 1996. *The logboats of Scotland* (= Oxbow Monograph, 68). Oxbow Books, Oxford.

NEVILLE, J.C., 1993. Opportunities and challenges in the Black Sea. *The INA Quarterly* 20 (3), pp. 12-16.

OKOROKOV, A.V., 1995. Archaeological finds of ancient dugouts in Russia and the Ukraine. *International Journal of Nautical Archaeology* 24, pp. 33-45.

PARET, O., 1930. Die Einbäume im Federseeried und im übrigen Europa. *Prähistorische Zeitschrift* 21, pp. 76-116.

RAMSEYER, D., J. REINHARD & D. PILLONEL, 1989. La pirogue monoxyle mésolithique d'Estavayer-le-Lac FR. *Archäologie der Schweiz* 12, pp. 90-93.

RASMUSSEN, H., 1953. Hasselø-egen. Et bidrag til de danske stammebådes historie. *Kuml* 1953, pp. 15-46.

RIECK, F. & O. CRUMLIN-PEDERSEN, 1988. *Både fra Danmarks Oldtid.* Vikingeskibshallen, Roskilde.

RIMANTIENE, R., 1979. *Šventoji. Narvos kulturos gyvenvietes.* 'Mokslas', Vilnius.

RIMANTIENE, R., 1980. *Šventoji. Pamariu kulturos gyvenvietes.* 'Mokslas', Vilnius.

RIMANTIENE, R., 1992. The Neolithic of the Eastern Baltic. *Journal of World Prehistory* 6, pp. 97-143.

SALOMONSSON, B., 1957. Découverte d'une pirogue préhistorique en Scanie (Suède). *L'Anthropologie* 61, pp. 289-294.

Schleswig-Holstein in 150 archäologischen Funden, 1986. Herausgegeben vom Archäologischen Landesmuseum der Christian-Albrechts-Universität. Wachholtz, Neumünster.

SCHOKNECHT, U., 1991. Einbäume in der Region Neubrandenburg. *Mitteilungen zur Ur- und Frühgeschichte für Ostmecklenburg und Vorpommern* 38, pp. 62-67.

SCHWABEDISSEN, H., 1994. Die Ellerbek-Kultur in Schleswig-Holstein und das Vordringen des Neolithikums über die Elbe nach Norden. In: J. Hoika & J. Meurers-Balke (eds), *Beiträge zur frühneolithischen Trichterbecherkultur im westlichen Ostseegebiet.* Wachholz, Neumünster, pp. 361-401.

SCHWANTES, G., 1958. Die Urgeschichte. In: *Geschichte Schleswig-Holsteins.* Wachholtz, Neumünster, pp. 113-376.

SMITH, C., 1992. *Late Stone Age hunters of the British Isles.* Routledge, London/New York.

SWITSUR, R., 1989. Early English boats. *Radiocarbon* 31, pp. 1010-1018.

TILLMANN, A., 1993. Kontinuität oder Diskontinuität? Zur Frage einer bandkeramischen Landnahme im südlichen Mitteleuropa. *Archäologische Informationen* 16 (2), pp. 157-187.

TONČEVA, G., 1981. Un habitat lacustre de l'age du Bronze Ancien dans les environs de la ville de Varna (Ézérovo II). *Dacia* N.S. 25, pp. 41-62.

TROMNAU, G., 1987. Late palaeolithic reindeer-hunting and the use of boats. In: J.M. Burdukiewicz & M. Kobusiewicz (eds), *Late Glacial in Central Europe: Culture and environment.* Zaklad Norodowy im. Ossolińskich-Wydawnictwo, Wroclaw, pp. 95-105.

VERHOEVEN, P., P.J. SUTER & J. FRANCUZ, 1994. Erlach-Heidenweg 1992. Herstellung und Datierung des (früh)-bronzezeitlichen Einbaumes. *Archäologie im Kanton Bern* 3B, pp. 313-329.

VILKUNA, J., 1986, Prehistoric paddles from central Finland. *The maritime museum of Finland Annual Report* 1984-1985, pp. 8-12.

VLEK, R., 1987. *The mediaeval Utrecht boat* (= BAR International Series 382). BAR, Oxford.

WEERD, M.D. DE, 1988. *Schepen voor Zwammerdam.* Thesis. University of Amsterdam.

WERNER, W., 1973. Einbäume auf österreichischen Seen. *Das Logbuch* 9, pp. 43-50.

WESTERDAHL, Chr., 1988-1989. *Norrlandsleden I* (= The Norrland Sailing Route I). Länsmuseet, Murberget.

ZEIST, W. VAN, 1957. De mesolithische boot van Pesse. *Nieuwe Drentse Volksalmanak* 75 (Van Rendierjager tot Ontginner), pp. 4-11.

APPENDIX: The reliability of dates on preserved wood.

In a number of cases, samples were submitted for dating which had been taken from logboats that had been treated with carbon containing chemicals to preserve the wood. Experience has shown that it is sometimes very difficult to remove these substances completely, and that dates obtained on samples of preserved wood may therefore be unreliable. This can be shown for two chemicals, namely polyethylene glycol (PEG) which is widely used in modern preservation techniques, and candlewax, which was used for the same purpose towards the end of the last century and at the beginning of this century.

PEG

The logboat from Crevinish Bay, Co. Fermanagh was sampled for dating before treatment with PEG:

HAR-1969	1860±70 BP

After preservation, another sample was taken and dated in Belfast. The sample was not given special treatment, and the resulting date is far too old:

UB-2396	2855±50 BP

The wood must have contained 10-15% PEG. This contamination does not show in the $^{13}C/^{12}C$ ratio. The $\delta^{13}C$-values were -28.1‰ and -27.5‰, respectively.

The logboat of Alblasserdam (NL) was found in a definite Roman context (1st-3rd century AD; see *Jaarverslag R.O.B.* 1973: p. 14). The boat was treated with PEG shortly after discovery. In the laboratory the cellulose fraction was separated and used for dating:

GrN-20053	2410±130 BP

It is clear, that some PEG (at least 5%) was still present in the dated fraction, for the expected ^{14}C-age is 1800-1900 BP.

The logboats (Nos 3 and 5) and the plank-built boat (No. 2) of Zwammerdam were also found in Roman context (De Weerd, 1988) and also treated with PEG. The samples were finely divided, boiled with water several times, and finally given the standard acid-alkali-acid treatment. This was apparently insufficient to remove all traces of PEG:

Zwammerdam 2	GrN-20517	2180±35 BP
Zwammerdam 3	GrN-20518	2185±40 BP
Zwammerdam 5	GrN-20519	2180±50 BP

The expected ^{14}C-ages are 1800-1900 BP. This means that some 3-5% PEG must still have been present.

The amount of contamination is also visible in the dates of the alkaline extracts:

Zwammerdam 2	GrN-20713	2285±40 BP
Zwammerdam 3	GrN-20715	2450±140 BP
Zwammerdam 5	GrN-20714	2725±55 BP

The $\delta^{13}C$-values for residues, resp. extracts are:

Zwammerdam 2	-27.7	-27.2‰
Zwammerdam 3	-26.0	-27.9‰
Zwammerdam 5	-26.5	-27.7‰

With Zwammerdam 3 and 5 the differences are quite large, and probably related to the degree of contamination.

Later on, pure cellulose was prepared from a large chunk of PEG-treated plank of boat No. 2. The yield was quite small, showing that most of the cellulose had degraded. This time the date was according to expectation:

GrN-21647	1930±55 BP

The $\delta^{13}C$-value of the cellulose was -26.8‰.

By way of experiment a sample of the PEG-treated wood was combusted, without chemical pretreatment, and two fractions of CO_2-gas were collected and dated. These contain the volatile constituents (N-fraction), resp. the carbonized residu (C-fraction). The dates were:

GrN-21516	N-fraction	10.510±120 BP
GrN-21481	C-fraction	4750±60 BP

The $\delta^{13}C$-values were -26.2, resp. -28.0‰. It is clear that PEG can only be removed with the greatest possible effort.

Candlewax

The wood of the Mechelen-Nekkerspoel (B) logboat, which was found next to a settlement of the Middle Iron Age, was apparently impregnated with candlewax or a closely related substance. In the Groningen laboratory the finely divided wood was treated with hot, but not boiling, water. This was insufficient to remove the candlewax:

GrN-20372	3180±40 BP

Subsequently, cellulose was separated from another part of the sample. Again this turned out to be insufficiently cleaned: with the naked eye small lumps of wax were visible in the cellulose powder. The date shows the extent of the contamination:

GrN-20566	4700±140 BP

The alkaline extract of the same portion of wood, containing the lignin fraction, was dated as well:

GrN-20469	2610±35 BP

This fraction may have contained humic substances as well and the date should be considered as a *terminus post quem*. A small sample of cellulose, treated with boiling water and with petroleum ether, was dated by AMS. The result is according to expectation:

GrA-5432	2345±50 BP

Other chemicals

A large number of Polish logboats turned out to be treated with chemicals, sometimes even more than once. In a few cases the vessels had only been stored in 3 to 10% formaldehyde solutions, which can be considered to be harmless for dating purposes. But in most cases the boats had been impregnated with mixtures of turpentine and linseed oil with or without the addition of resin or candlewax, or with mixtures of turpentine and varnish, or mixtures of turpentine, beeswax and chlorophenols. But also substances like alum, polyvinyl-acetate and coal tar were used. It is clear, however, that in some cases the documentation is incomplete.

The technician of the Groninger radiocarbon laboratory, mr. Harm-Jan Streurman, spent a lot of time and energy on the development of methods of pretreatment for this kind of samples. In the end dating two fractions gave the most satisfying results. This method can be applied to purified wood samples, and to purified cellulose samples. Preparing cellulose is more time consuming, requires more sample material, but has the advantage of getting rid of a larger amount of contaminants. The wood or cellulose sample is heated to 1000 °C in the combustion oven in a stream of pure nitrogen. This result in pyrolysis of the sample material, and in the production of a series of carbon-containing substances of low molecular weight, like CO, CO_2, CH_4 etc., as well as H_2O, NO_2 etc. These gases are collected, combusted to CO_2 with pure O_2, purified etc., and finally dated. This is the so-called N-fraction. The remaining material is pure carbon, which is subsequently combusted in pure oxygen. The resulting CO_2, the so-called C-fraction, is dated as well.

In both fractions the carbon content can be calculated. In a pure wood sample the carbon content is in the order of 50±6% (Mook & Streurman, 1983: p. 48), in a pure cellulose sample c. 38% (Streurman, pers. comm.) although Mook & Streurman (1983: p. 48) quote 44%. Experiments have shown that in the case of pure cellulose the carbon divides almost equally over the C- and N-fractions. This can be shown in three cases of cellulose samples prepared from Polish logboats (C_v = carbon content, expressed in % of the original sample):

Lubin	C	640±35	GrN-22459	C_v: 19%
	N	350±35	GrN-23010	C_v: 20%
Nowa Sol	C	930±45	GrN-22460	C_v: 20%
	N	1010±55	GrN-22998	C_v: 22%
MG-1	C	560±40	GrN-22461	C_v: 19%
	N	710±40	GrN-23008	C_v: 21%

In a sample of cellulose prepared from freshly collected bog pine in a peat cutting in the Wicklow Mountains, Ireland:

	C	4570±60	GrN-23353	C_v: 17%
	N	4720±50	GrN-23360	C_v: 22%

In wood the results seem to be less predictable, probably depending on the state of preservation of the wood. But in those cases where carbon contents of C- and N-fractions in untreated wood can be checked, the carbon content of the C-fraction seems to be much higher than that of the N-fraction.

Glodowo	C	680±30	GrN-21951	C_v: 33%
	N	650±80	GrN-23029	C_v: 18%
Kosewo	C	330±25	GrN-21952	C_v: 31%
	N	360±30	GrN-22996	C_v: 17%
Lipnica	C	295±30	GrN-21413	C_v: 32%
	N	235±30	GrN-23012	C_v: 17%
Kash. Lake Distr. 2	C	440±30	GrN-21860	C_v: 37%
	N	450±50	GrN-23171	C_v: 15%
Krosnowo 2	C	490±35	GrN-21862	C_v: 33%
	N	310±40	GrN-23172	C_v: 20%

These data can be used to check the reliability of dates obtained on C-fractions of cellulose. Assuming that contaminants disappear largely or completely in the N-fraction, the carbon content of the C-fraction should be close to the expected value of 19%. The carbon content of the N-fraction may differ from the expected value, depending on the amount and nature of the contaminants. In case the carbon content of the C-fraction deviates, part of the carbon must originate from the contamination. One should not be too dogmatic in these cases, however, differences up to plus or minus 2% should be tolerated.

In wood carbon contents of 30-35% in the C-fractions should be expected, but differences up to ±5% seem to occur, depending on the amount of lignin left in the material. The carbon content of lignin is much higher than of cellulose: 61 vs 44%, according to Mook & Streurman (1983: p. 48). The radiocarbon ages of both fractions may provide additional information. More or less comparable ages suggest that the contaminants are of the same age as the wood, and that contamination therefore does not affect the age of the C-fraction. It is possible, however, that the carbon of the contamination divides

equally over both fractions, resulting in comparable deviations of the real ^{14}C-ages. In a number of cases it can actually be shown that the contaminants occur in both fractions. Some logboats had been treated with chemicals based on modern carbon, with ^{14}C-activities of more than 100%. These activities can only be expected in natural products grown after 1956, when test explosions in the atmosphere of nuclear weapons started.

First some examples of contaminated cellulose:

Drobnice	C	111.0±0.47%	GrN-22452	C_v: 24%
	N	115.9±0.69%	GrN-23005	C_v: 22%
Skorzecin B	C	112.3±1.06%	GrN-22456	C_v: 23%
	N	116.7±0.96%	GrN-23002	C_v: 30%
Sliwiny	C	108.8±1.76%	GrN-20999	C_v: 26%
	N	112.2±1.28%	GrN-23664	C_v: 28%

The C-fractions contain less contamination than the N-fraction, the carbon contents of the C-fractions are closer to the expected values, but are still far too high. It is clear that the contaminants in question did not disappear fully into the N-fraction during the pyrolysis. That is not surprising. The experiment with Zwammerdam 2 (see above) showed that some chemicals cannot be removed by pyrolysis. In one of the wood samples the same process is noticeable:

Osieczna	C	115.5%	GrN-20995	C_v: 27%
	N	128.5%	GrN-23027	C_v: 33%

The four samples are not included in table 12, although it must be clear that the logboats in question cannot have been very old specimens.

In case one of the fractions has a ^{14}C-activity over 100%, and the other one has a definite ^{14}C-age, the final judgment may depend on the carbon contents of the fractions. Three examples of cellulose:

Bobrowniki (Sieradz)	C	85±30 BP	GrN-22450	C_v: 20%
	N	100.8±0.45%	GrN-23009	C_v: 19%
Gniezno	C	150±40 BP	GrN-22453	C_v: 23%
	N	103.9±0.64%	GrN-23001	C_v: 29%
Gora	C	740±120 BP	GrN-21423	C_v: 20%
	N	100.1±1,57%	GrN-23665	C_v: 29%

These logboats were clearly treated with chemicals based on modern carbon. Given the high carbon content of the C-fraction of the Gniezno vessel, its C-fraction date cannot be trusted. The C-fraction was still contaminated, and the real age must be considerably older than 150±40 BP. In case of the Bobrowniki vessel the carbon contents of both fractions are more or less according to expectation. The N-fraction contains almost certainly some modern carbon, but the C-fraction might be clean. I am inclined to accept the date of 85±30 BP, keeping in mind that this can indicate a real age around 1700 AD, or in the 19th century.

The same is true in the case of the Gora logboat. The carbon content of its C-fraction is according to expectation. The large standard deviation of the determination of the carbon content of the N-fraction (±1.57%) does not exclude the possibility of a ^{14}C-age of this fraction of 250-350 years. The age of the C-fraction, 740±120 BP, can be accepted.

Rejected, however, should be three dates on wood, for which no separate C- and N-fractions were collected:

Zukowo Slawienskie	103.6±0.40%	GrN-21003	C_v: 53%
Jastarnia	101.0±0.46%	GrN-21429	C_v: 59%
Suleczyno	101.0±0.41%	GrN-21427	C_v: 61%

The Jastarnia logboat has been dated in Gliwice, as well: 40±170 BP, Gd-9739. Given the large standard deviation of the Gliwice date, and the uncertainty in the Groningen determination which does not exclude the possibility of a definite ^{14}C-date, the dates agree quite well. It is likely that these three boats were not very old, anyhow.

In the remaining samples of which two fractions were dated, both fractions had definite ^{14}C-ages. That does not imply, however, that the C-fraction dates are automatically reliable. These samples may have been treated with chemicals based on fossil carbon. In those cases where cellulose was prepared, the judgment can be based on the carbon contents of the fractions. Two cases of large age differences between C- and N-fractions in cellulose samples are worth mentioning:

Bobrowniki (Otyn)	C 1890±40	GrN-22449	C$_v$: 21%
	N 4370±50	GrN-23009	C$_v$: 28%
Prezyce	C 2195±35	GrN-22455	C$_v$: 25%
	N 5390±80	GrN-23006	C$_v$: 28%

The Bobrowniki logboat had been treated a.o. with engine oil and 'candlewax'. The pretreatment of the Mechelen-Nekkerspoel vessel (see above) showed how difficult it is to get rid of this substance completely. Although the carbon content of the C-fraction of the Bobrowniki logboat is within limits (see above), a slight contamination seems likely. Nevertheless the date of the C-fraction is accepted as a more-or-less reliable indicator of the real age, which can only be slightly younger than 1890±40 BP. The pretreatment of the Prezyce vessel is not fully documented. It had been treated before World War II with unknown substances, and after the war with turpentine/linseed oil. It seems likely that the unknown substances contained 'candlewax'. In this case the C-fraction must have been severely contaminated, given the high carbon content. The real age must be much younger than 2195±35, perhaps as much as 600-1000 years. The date is not included in the list.

Other cases with large age differences between both fractions are:

Bielice	C 1360±50	GrN-20653	C$_v$: 18%
	N 2080±70	GrN-21349	C$_v$: 27%

Nova Cerkiew	C 780±90	GrN-21429	C$_v$: 22%
	N 1850±140	GrN-23667	C$_v$: 25%

The date of the Bielice C-fraction might be reliable, given its carbon content. The carbon content of the Nowa Cerkiew C-fraction is relatively high. Nevertheless the date is accepted, because the real age can be only slightly younger. It is clear that in both cases large amounts of contamination went into the N-fractions.

There is one case of a large age difference between C- en N-fraction in a wood sample:

MNS A/17309	C 1340±40	GrN-21141	C$_v$: 22%
	N 2425±65	GrN-21142	C$_v$: 24%

In this case a cellulose sample was prepared and dated, as well, after rigorous pretreatment:

	C 1350±50	GrN-20649	C$_v$: 15%
	N 1670±30	GrN-21140	C$_v$: 29%

It is clear that the C-fraction of the wood sample produced a reliable date.

A number of logboats were dated on wood, without separation of fractions. In table 12 the boats with received treatment with chemicals (in all cases with turpentine/linseed oil) are indicated with an asterisk. The corresponding dates should be treated with caution, because the reliability of these dates cannot be checked.